生命科学名著

海洋群落生态学与保护

Marine Community Ecology and Conservation

〔美〕
M. D. 伯特尼斯（M. D. Bertness）

J. F. 布鲁诺（J. F. Bruno）

B. R. 西利曼（B. R. Silliman）　　编

J. J. 斯塔霍维奇（J. J. Stachowicz）

徐　敏　王宇飞　译

科学出版社

北　京

图字：01-2023-5999 号

内 容 简 介

本书是 *Marine Community Ecology*（2001）的第二版。*Marine Community Ecology* 曾被评为海洋生物/生态学方面的最佳教材之一。

全书共 23 章，第 1 章介绍海洋生态学的发展简史，其后 22 章分为三个部分。第一部分以产生海洋生物群落格局的过程为中心，介绍塑造海洋生物群落的各种物理和生物的驱动力、生物多样性与生态系统功能之间的关系，海洋生物地理学，海洋历史生态学等内容。第二部分分别介绍各种典型海洋生物群落类型的特征及其动态变化。第三部分介绍海洋面临的威胁及海洋生物保护学为应对气候变化、人为干扰在保护与管理上的应用与进展。

本书可作为高等院校海洋科学各相关专业高年级本科生和研究生的教学参考书，也可供从事海洋科学、生态学和生物保护的科技工作者参考。

Marine Community Ecology and Conservation was originally published in English in 2014. This translation is published by arrangement with Oxford University Press. China Science Publishing & Media Ltd. is solely responsible for this translation from the original work and Oxford University Press shall have no liability for any errors, omissions or inaccuracies or ambiguities in such translation or for any losses caused by reliance thereon.

英文版原书 *Marine Community Ecology and Conservation* 于 2014 年出版。中文翻译版由牛津大学出版社授权出版。中国科技出版传媒股份有限公司（科学出版社）对原作品的翻译版本负全部责任，且牛津大学出版社对此类翻译产生的任何错误、遗漏、不准确之处或歧义以及任何损失概不负责。

审图号：GS 京（2024）0391 号

图书在版编目（CIP）数据

海洋群落生态学与保护/（美）M. D. 伯特尼斯（M. D. Bertness）等编；徐敏，王宇飞译. —北京：科学出版社，2024.3
书名原文：Marine Community Ecology and Conservation
ISBN 978-7-03-078052-2

Ⅰ.①海… Ⅱ.① M…②徐…③王… Ⅲ.①海洋生态学–群落生态学–研究 Ⅳ.① Q178.53

中国国家版本馆 CIP 数据核字（2024）第 040160 号

责任编辑：罗　静　岳漫宇/责任校对：杨　赛
责任印制：肖　兴/封面设计：刘新新

科 学 出 版 社 出版
北京东黄城根北街 16 号
邮政编码：100717
http://www.sciencep.com
北京建宏印刷有限公司印刷
科学出版社发行　各地新华书店经销
*
2024 年 3 月第 一 版　开本：889×1194　1/16
2025 年 1 月第二次印刷　印张：35 1/4
字数：1 193 000
定价：398.00 元
（如有印装质量问题，我社负责调换）

撰 稿 人

屯迪·阿格弟（Tundi Agardy），健康的海洋*（Sound Seas）（第 21 章）

安德鲁·H. 阿尔铁里（Andrew H. Altieri），史密斯热带研究所（Smithsonian Tropical Research Institute）（第 3 章）

爱德华·B. 巴尔比耶（Edward B. Barbier），怀俄明大学（University of Wyoming）（第 18 章）

利桑德罗·贝内德蒂−切基（Lisandro Benedetti-Cecchi），比萨大学（University of Pisa）（第 9 章）

马克·D. 伯特尼斯（Mark D. Bertness），布朗大学（Brown University）（第 1 章和第 11 章）

凯萨琳·E. 博耶（Katharyn E. Boyer），旧金山州立大学（San Francisco State University）（第 22 章）

约翰·F. 布鲁诺（John F. Bruno），北卡罗来纳大学教堂山分校（University of North Carolina at Chapel Hill）（第 19 章）

迈克尔·T. 伯罗斯（Michael T. Burrows），苏格兰海洋研究所（Scottish Marine Institute）（第 19 章）

詹姆斯·E. 拜尔斯（James E. Byers），佐治亚大学（University of Georgia）（第 10 章）

贾勒特·E. K. 伯恩斯（Jarrett E. K. Byrnes），马萨诸塞大学波士顿分校（University of Massachusetts，Boston）（第 6 章）

伊莎贝尔·M. 科特（Isabelle M. Côté），西蒙弗雷泽大学（Simon Fraser University）（第 13 章）

拉里·B. 克劳德（Larry B. Crowder），斯坦福大学（Stanford University）（第 23 章）

J. 埃米特·达菲（J. Emmett Duffy），弗吉尼亚海洋科学研究所（Virginia Institute of Marine Science）（第 12 章）

凯尔·F. 爱德华兹（Kyle F. Edwards），密歇根州立大学（Michigan State University）（第 16 章）

乔纳森·A. D. 费希尔（Jonathan A. D. Fisher），纽芬兰纪念大学（Memorial University of Newfoundland）（第 15 章）

肯尼思·T. 弗兰克（Kenneth T. Frank），加拿大贝德福德海洋研究所（Bedford Institute of Oceanography，Fisheries and Oceans Canada）（第 15 章）

乔纳森·H. 格拉博夫斯基（Jonathan H. Grabowski），东北大学（Northeastern University）（第 10 章）

本杰明·S. 哈尔彭（Benjamin S. Halpern），加利福尼亚大学圣巴巴拉分校（University of California，Santa Barbara）（第 21 章）

克里斯托弗·D. G. 哈利（Christopher D. G. Harley），不列颠哥伦比亚大学（University of British Columbia）（第 19 章）

C. 德鲁·哈维尔（C. Drew Harvell），康奈尔大学（Cornell University）（第 5 章）

布赖恩·赫尔穆特（Brian Helmuth），东北大学（Northeastern University）（第 2 章）

A. 兰德尔·休斯（A. Randall Hughes），东北大学（Northeastern University）（第 12 章）

克雷格·R. 约翰逊（Craig R. Johnson），塔斯马尼亚大学（University of Tasmania）（第 14 章）

彼得·M. 卡雷瓦（Peter M. Kareiva），大自然保护协会（The Nature Conservancy）（第 23 章）

南希·诺尔顿（Nancy Knowlton），史密斯学会（Smithsonian Institution）（第 13 章）

凯文·D. 拉弗蒂（Kevin D. Lafferty），加利福尼亚大学圣巴巴拉分校（University of California，Santa Barbara）（第 6 章）

---

*由 Tundi Agardy 创建的一个总部位于美国华盛顿特区的组织，专门从事研究海洋科学和政策，以保护海洋生物——译者

亨特・S. 勒尼汉（Hunter S. Lenihan），加利福尼亚大学圣巴巴拉分校（University of California，Santa Barbara）（第 20 章）

希瑟・M. 莱斯莉（Heather M. Leslie），布朗大学（Brown University）（第 18 章）

埃琳娜・利奇曼（Elena Litchman），密歇根州立大学（Michigan State University）（第 16 章）

海克・K. 洛策（Heike K. Lotze），达尔豪斯大学（Dalhousie University）（第 8 章）

洛伦・麦克莱纳坎（Loren McClenachan），科尔比学院（Colby College）（第 8 章）

菲奥伦扎・米凯利（Fiorenza Micheli），斯坦福大学（Stanford University）（第 18 章）

佩尔–奥拉夫・莫克斯内斯（Per-Olav Moksnes），哥德堡大学（University of Gothenburg）（第 12 章）

劳伦・S. 穆利诺（Lauren S. Mullineaux），伍兹霍尔海洋研究所（Woods Hole Oceanographic Institution）（第 17 章）

玛丽・I. 奥康纳（Mary I. O'Connor），不列颠哥伦比亚大学（University of British Colombia）（第 6 章）

斯蒂芬・R. 帕伦比（Stephen R. Palumbi），斯坦福大学（Stanford University）（第 4 章）

马林・L. 平斯基（Malin L. Pinsky），普林斯顿大学（Princeton University）（第 4 章）

肖恩・P. 鲍尔斯（Sean P. Powers），南亚拉巴马大学（University of South Alabama）（第 22 章）

玛丽・H. 拉克尔肖斯（Mary H. Ruckelshaus），斯坦福大学（Stanford University）、普吉特湾合作组织（The Puget Sound Partnership）和美国国家海洋与大气管理局（National Oceanic and Atmospheric Administration）（第 23 章）

埃里克・桑福德（Eric Sanford），加利福尼亚大学戴维斯分校（University of California，Davis）（第 7 章）

布赖恩・R. 西利曼（Brian R. Silliman），杜克大学（Duke University）（第 1 章和第 11 章）

约翰・J. 斯塔霍维茨（John J. Stachowicz），加利福尼亚大学戴维斯分校（University of California，Davis）（第 1 章）

罗伯特・S. 斯坦尼克（Robert S. Steneck），缅因大学（University of Maine）（第 14 章）

杰弗里・C. 特鲁塞尔（Geoffrey C. Trussell），东北大学（Northeastern University）（第 18 章）

约翰・范德科佩尔（Johan van de Koppel），荷兰皇家海洋研究所（Royal Netherlands Institute for Sea Research）（第 3 章）

马克・魏斯堡（Marc Weissburg），佐治亚理工学院（Georgia Institute of Technology）（第 2 章）

乔恩・威特曼（Jon Witman），布朗大学（Brown University）（第 2 章）

鲍里斯・沃尔姆（Boris Worm），达尔豪斯大学（Dalhousie University）（第 20 章）

译 者 序

与这本书结识源自于 2013 年在南京师范大学开始教授"海洋生态学"课程。作为课程参考书籍，我请母校美国罗格斯大学（Rutgers University）的著名生态学家 Peter J. Morin 教授推荐一本他最认可的国外教材，当时他推荐了本书的前身 *Marine Community Ecology*。2018 年，南京师范大学涉海学科整合成立为海洋学院。在徐敏教授的提议下，我们决定将 *Marine Community Ecology* 的第二版——*Marine Community Ecology and Conservation* 译为中文，以便跟踪学科的发展前沿，推动课程教学与国际接轨，为培养具有竞争力的优秀人才尽绵薄之力。

作为一本面向高年级本科生和研究生的海洋生态学教材，本书具有以下几个特点：①内容丰富翔实，分别阐述了塑造海洋生物群落的各种物理和生物的驱动力、海洋生物群落类型，以及新兴的保护与管理话题，且大量引用最新文献，以最新的经验证据来反映相关领域十余年来的研究进展；②增加新的章节以紧跟学科的发展变化，例如，独辟一章（第 1 章）介绍海洋生态学的发展简史，第Ⅲ篇"保护"从三章增加到六章，都很好地反映了海洋生态学在近十年来发展的新领域、新趋势；③各章节均邀请学科领域内的著名专家和学者参与编写，牢牢把握了学科的基础与核心内容。

新一代海洋生态学家在不断成长，正如前言所言，一些人在本书第一版出版时尚在读研，到第二版编写时，业已成为杰出的海洋生态学家，甚至还是此书的撰稿人之一。例如，第 4 章的一名编者——Malin L. Pinsky 彼时尚在普林斯顿大学从事博士后工作，现已成为著名生态学家，并在罗格斯大学担任生态学与进化研究生部（Graduate Program in Ecology and Evolution）主任。生态学就是在这样不断接力的过程中成长、进步和发展。这本译著若能使更多的读者了解海洋生态学，吸引更多的青年学生投入海洋生态学的研究工作中，是我们从事本书翻译工作的最大动力和欣慰之处。

南京师范大学海洋学院对本书的翻译工作进行了统筹安排，并给予了多方面的支持。徐敏教授负责全书翻译的组织、审稿和校对工作，由王宇飞统译全文。在翻译过程中，部分内容保留了原文中科技写作的风格，即先说中心思想和重要内容，修饰和解释的内容置后的表达方式，由此带来的阅读不便，敬请谅解。王涛副教授完成第 4 章和第 5 章的审稿工作，并提供了宝贵建议。赖正清副教授对相关地图进行重绘，并在查阅资料时提供宝贵帮助。2020 级研究生陈舒参与图表和参考文献的整理。海洋科学专业 2023 级研究生参与二校后的文字校对工作，他们是：李天珺、潘益翔、陈振、黄珮媛、魏宇星、曹虔豪、崔玉、邱雨、孙玲虹、潘琪琪、许琳璐、商美琪、顾诗雅、王馨、刘冠琪、刘怡韬、陈天宇、刘圣智、赵盼龙、刘喆元、伏家璇、于慧颖、董菁、霍潇佳、吕雯龙、陈梓纯、周子奕、孙敏。在编写过程中，海洋学院和地理科学学院多位老师给予了专业解答和热情帮助，在此谨致以衷心的感谢！本书出版得到了科学出版社编辑的大力协助，在此一并感谢！

由于时间仓促和水平有限，本书涉及研究领域广泛且又有多学科交叉，译稿中难免有理解不够透彻和疏漏之处，恳请读者批评指正。

王宇飞

2023 年 10 月 30 日

序

随着生态学走向成熟，它也日益多样化。达尔文的思想依然是我们学科的核心，但随着自然界的变化，我们的观点也发生了改变。18世纪和19世纪是生态学黎明前的黑暗时期。20世纪，生态学迎来了启蒙，这得益于数学的发展、对各种种间相互作用重要性的认可，以及室内与野外实验解决问题能力的提升。但20世纪同样也给我们的自然带来日益加剧的干扰，非自然的选择在逐渐占据越来越重要的地位。人类主宰了地球的生态系统，利用了绝大多数土地和沿海，使如碳、氮、磷等生命赖以生存的生物地球化学循环发生根本变化。气候变化的速度、顶级捕食者的消失和物种灭绝都在不断加快。大自然的残余只能怯生生地从过度捕捞海域和死亡区的边缘向外探望，如同玉米田边的树篱。

幸运的是，由于在海洋生物学的巨大财力投入，我们对海洋及其居民过去的生活方式已略有所知。然而，即便变化在加剧，物种在消失，这种贴补仍然处于襁褓和发现阶段。科学还有待罗列海洋中层物种的数量与生态，或者理解古细菌或病毒为代表的巨大遗传变异库的重要性。尽管仍存在许多未知的缺口，相比之下，我们对珊瑚礁和其他浅水或潮间带的生物学已有所了解。与深蓝、黑暗的深海环境相比，在那些生物易于观察的地方，分类工作领先几十年，实验操控也日益普遍和成为可能。

Sinauer Associates公司出版的《海洋群落生态学》（*Marine Community Ecology*）（M. D. Bertness，S. D. Gaines and M. E. Hay，2001），牢牢抓住了20世纪在理解海洋生物群落如何动态组织方面的进展。但世界在变化，而我们的注意力也在发生转变。在物理上，海平面正在上升，海水也在逐渐变暖，海洋酸化的威胁也在日益迫近。对生物来说，这种变化更为直接和剧烈，这是因为人类对从海洋中获取食物欲壑难填的需求，以及对浅水生境的加速破坏，以至于我们不再只谈论极度濒危物种，而是整个生态系统的崩溃：珊瑚礁和牡蛎礁、红树林、沼泽、海藻林和海草床，都在快速地退化为沙质基底和泥滩。与此同时，随着被过度捕捞的渔业资源数量的增加，鱼类正在沿食物网向下捕捞，从鱼类到鱿鱼和磷虾，甚至再到水母和海葵。

那么，面对所有这些挑战，海洋生态学所扮演的角色是什么呢？事实上，并不是所有的消息都是坏消息。如果我们能够学会更好地处理手头上的问题，我们可以做更多的事情。海洋保护区的数量和面积都在增加，有时甚至成为一个国家的骄傲。对捕捞的管制也渐渐地由科学家来控制，而不是政客。公众对自然的经济与社会价值有所认知，对幽灵渔具或塑料垃圾与日俱增的威胁也有所了解。我们所担心的是，新一代的海洋生态学家甚至从未见到过天然完好的河口或珊瑚礁，除非有幸去过一些人迹罕至、"幸运"地被人类忽视的地方。年轻一代将越来越难以定义和理解其所想要保护的是什么，基线变化综合征（shifting base-lines syndrome）的挑战也将越来越困难。

通过强调基本过程与群落类型，以及增加对保护问题的重视，《海洋群落生态学》抓住了海洋群落生态学在20世纪末的精髓。这些基本的主题在此新版本中得到了更新和扩展，但更重要的是，新版更进一步地体现了20世纪观点的必要扩展，以应对海洋保护与管理的现有挑战，并帮助定义海洋保护生态学这一新科学所需的不断扩展的工具包。我们无意在此枚举海洋生态系统面临的广泛挑战，也无意罗列为解决这些问题所付出努力的成效，但该书的内容可以作为一个良好的开始。然而，该书的未尽之处将面临这些发展的问题，正如"序"的撰写者将描述进展，并列出那些似乎被忽视甚至被遗忘的最喜欢主题的清单。

许多挑战相对直白。我们需要摒弃那些有严重缺陷的概念，如最大可持续渔获量，这一概念一直都是地球上过度捕捞的"女仆"。将海洋保护区与更合理的渔业管理相结合，可以保证未来的鱼类资源，停止向沿海水域大规模倾倒氮，治愈沼泽和海草床，使死亡区渐渐消失。

但是，凝视我们这个云层包裹的"水晶球"，预测未来的主要挑战和寻找解决方案是非常困难的。由于保护的努力，灰鲸的数量有可能增长，但其所增加的消耗量会如何影响浮游动物群落，以及那些曾在鲸鱼数量大量减少期间受益的物种呢？相比之下，由于为获得鱼鳍而猎杀鲨鱼的情况减少得很有限，以及自身繁殖异常缓慢，鲨鱼的种群将继续衰减。

当然，我们都应该关心鲨鱼的健康，但其真正对群落直接和间接影响产生的后果是什么呢？具有碳酸盐骨骼的生物未来的命运会千差万别，在二氧化碳浓度增加的世界里，藻类的性能亦是如此。海洋物种能够适应气候变化吗？或是在某种气候避难所中存活上万年，以等待碳循环和海洋 pH 重新达到平衡？答案将取决于它们对环境变化的敏感性与适应率的物种特异性差异。有些物种会适应，有些会追踪变化的环境而发生迁徙，还有一些会灭绝。

从某种意义上说，保护工作将试图重建早期的现状，尽管早期条件的性质仍难以辨别。因此，保护的结果往往会出乎意料。部分原因是，就像胖蛋先生[*]，打碎一个鸡蛋总是比恢复其原样容易。但最主要的是因为，如托马斯·沃尔夫（Thomas Wolfe）所著的《无处还乡》（*You Can't Go Home Again*）^{**}。也许我们能指望的最好办法就是阻止事情朝着错误的方向继续发展，并将它们移回更理想的状态，尽管不可避免地与其原本的方式不同。但这将是一个巨大的成就，这部佳作为理解和应对这些挑战提供了科学的起点。

J. B. C. 杰克逊（J. B. C. Jackson）
罗伯特·T. 佩因（Robert T. Paine）

---

* 原文为"Humpty Dumpty"，是《爱丽丝镜中奇遇记》中的一个角色，形容人矮胖，因此被称为胖蛋先生或鸡蛋胖胖。而科学家用这个故事来比喻热力学第二定律——熵增原理：不可逆热力过程中熵的微增量总是大于零。在自然过程中，一个孤立系统的总混乱度（即"熵"）不会减小。鸡蛋摔碎后就几乎不可能回到之前熵值更低的状态，也就是破镜难圆的道理——译者

** 托马斯·沃尔夫是美国著名小说家，通过《无处还乡》这部小说，描写了人类贪婪、强权的一面，而这些都是人类的敌人，使人们无处还乡，失去自由——译者

前　言

《海洋群落生学》（*Marine Community Ecology*）（Bertness et al.，2001）已绝版多年，但它仍是教授海洋生态学高级课程和研究生准备资格考试的必读书籍。鉴于对这门学科的需求以及日益增长的社会重要性，我们觉得是时候更新这本参考书了。此外，在上一版之后的近15年时间里，海洋生态学领域又有了长足的进展。建立了许多新的方法，例如历史生态学和疾病生态学，海水变暖和海洋酸化对生态系统的威胁不断扩大也变得越来越棘手。我们邀请了这些领域现有和崭露头角的学术带头人来分别编写各章，重点介绍自上一版以来科研文献中出现的变化。

与上一版的不同之处是，我们没有试图出版一本包罗万象的参考书。在这本续版中，我们将填补知识空白，介绍海洋生态学与保护的最新进展。其中最明显的一个进展是海洋应用生态学——第一版中有关保护的内容只有两章，而这一版中有六章概述了该领域在解决应用问题方面所取得的重大进展，包括生态系统服务、气候变化、恢复，以及海洋保护的未来。保护章节和许多生境章节都描述了新的经验证据，阐明了海洋生态系统健康的剧烈变化。像珊瑚这样的营造生境物种与大型脊椎动物捕食者的同时丧失，是历史生态学新兴领域中的刺耳话题。最后，一个广泛的发现是，人类活动在多大程度上改变着海洋的物理特征：温度、盐度、清澈度、营养盐浓度和含氧量，以及风暴强度和浪高等。仅仅是这个"幕布"*自身的变化就足以使我们海洋科学家的工作变得更加困难，并有必要定期地更新我们学科领域的状态。

对于特定的生态系统，一些重要发现改变了十年来关于群落是如何组织的范式，如盐沼的自上而下控制和岩岸的非消费性效应。在海洋保护方面也涌现出了新的思想，例如，将正面相互作用纳入生态系统管理与恢复中的重要性。我们还注意到，对人的需求和作用的认识日益增强，以及认识到生态学与经济学和其他社会科学相结合的价值。

许多章节的一个显著特征是，日益重视非生物要素在控制种群动态和群落结构的交互作用。在过去的几十年里，海洋生态学几乎主要关注负面的生物相互作用，如捕食作用和竞争作用。然而，近来研究井喷式地强调上升流、干扰的关键作用，以及生物和物理要素之间相互作用的重要性，为物理驱动力在海洋生物群落中的重要性提供了令人信服的证据。在某些类型的物种间相互作用方面也取得了重要的进展，特别是寄生与病原体、互惠共生和其他正面相互作用，以及捕食者的非消费性效应（即"恐惧的生态"**）。新的挑战将是将这些被长期忽视的相互作用纳入食物网和生态系统模型之中。

我们很高兴有一些新的作者参与编写这个版本中的一些章节——其中一些人甚至在第一版发行时还没有开始读研。这一领域显然受益于不断涌入的新观点和新思想。他们的贡献是2001年以来海洋生态学知识显著增长的一部分。我们将本书献给下一代海洋生态学家，以及献给海洋群落生态学和保护的未来发展与成功。

编　者

　＊生态学研究的是生物与环境之间的相互作用和相互联系。这里的"幕布"（canvas）是指将物理要素作为背景，即仅仅考虑环境变化就已经足够复杂——译者

　＊＊"恐惧的生态"（the ecology of fear），即捕食者的一种间接作用，与传统的捕食者对猎物直接捕杀作用不同，这是由于捕食者的存在对猎物产生的间接（心理）影响，从而降低其觅食、繁殖、存活和种群大小——译者

目　　录

第Ⅱ篇　群落类型

第Ⅲ篇　保　　护

第 1 章

海洋群落生态学简史

Mark D. Bertness、John F. Bruno、Brian R. Silliman 和 John J. Stachowicz

　　缺乏对历史的了解，我们就难以品味当下，也无法对未来做出预测。这一点对任何学习来说都是如此，但却往往被忽视，特别是那些沉醉于研究热点，却从来没有关注过其所学领域的历史和思想发展的学生。海洋群落生态学（marine community ecology）是一门相对年轻的学科，许多奠基者和重要历史人物至今仍然在世。但它仍然有着丰富的理论发展历史，需要学生们认真地理解，以正确看待他们的兴趣，避免他们无意中闭门造车。对于本书的读者来说，了解一点海洋群落生态学的历史尤为重要。本书的前身是由 Mark D. Bertness、Mark E. Hay 和 Steven D. Gaines 所编写的《海洋群落生态学》（*Marine Community Ecology*）（Sinauer Associates，2001），该书旨在相对全面地介绍当时的研究前沿。而这部续篇旨在讲述海洋群落生态学在过去的 13 年（注：本书英文版于 2014 年出版）中是如何变化和进展的。因此，简短地了解其发展历史，有助于我们了解海洋与陆地系统之间如何相互交流思想和方法，以及它又是如何使得群落生态学发展为一门独立学科的。图 1.1 对海洋群落生态学在过去一个世纪里，一些主要思想、发展历程和关注重点的变化进行了概括。我们先从它是如何从广义的海洋生物学发展出来开始介绍。

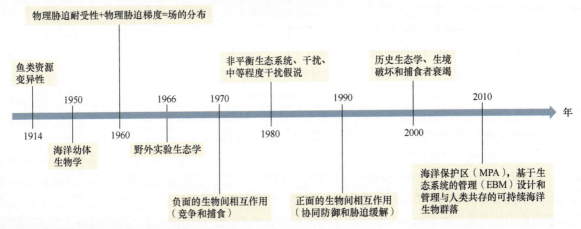

图 1.1　海洋群落生态学思想和重要进展的时间线

海洋生态学的早期

　　海洋生态学的起源可以追溯到两个方面：对自然世界的学术兴趣和了解渔业资源变化的实际需求。从自然史的角度来看，查尔斯·达尔文对藤壶的进化非常感兴趣，并推断了形成其分布格局的物理和生物因子（Darwin，1851）。类似地，"挑战者"号海洋科考航行（1872—1876 年）的主要目的是发现新的海洋生物，对其进行分类，并对其分布和数量制图（Mills，1989）。Mobius（1880）在其关于牡蛎生物学具有重要影响力的专著中，描述了牡蛎礁群落、牡蛎礁的演替，以及捕捞压力对牡蛎礁的影响。德国生物学家维克托·亨森（Victor Hensen，1911）因命名了"浮游生物"（plankton）而被称为浮游生物之父，他将浮游生物称为"海洋的血液"。他对浮游生物开展了定量研究，并提出了微型浮游生物（nanoplankton）在热带海域比温带海域更为丰富的假说。如果说 Hensen 所关注的是质量平衡，以及和现代生态系统研究方法更接近的普适性方法，那么恩斯特·海克尔（Ernst Haeckel，1890）关注的则是自然系统的斑块分布（patchiness）和不可预测性（unpredictability）。这两位先哲之间的分歧预示着现代生态学在深度概括的普适性理论与令人不适的驳杂现实世界之间的斗争（DeGrood，1982）。

图 1.2   挪威海洋生物学家约翰·约尔特（Johan Hjort）

海洋群落生态学的其他起源还可以追溯到一个世纪前，有关渔业和发育生物学的研究。1914 年，著名挪威海洋生物学家约翰·约尔特（Johan Hjort，图 1.2）发表了题为"从生物学研究看北欧大渔业的波动"（Fluctuations in the great fisheries of northern Europe viewed in the light of biological research）的文章，引发了近一个世纪的争论（Houde，2008）。Hjort 在综合分析海洋渔业补充量年际变化数据之后提出，具有浮游幼体的海洋生物的生命周期早期所发生的事件是造成鱼类物种丰度年际变化的原因。

尤其重要的是，Hjort 还提出了两个假设来解释海洋生物中常见的补充量大范围年际波动，并着手收集数据验证这些假设。尽管他的初衷主要是关注对关键物种种群动态的理解，但他提出了一个替代假设：成体数量的波动要么取决于食物供应时间的变化，即关键期假说（critical period hypothesis），要么取决于水动力学上的变化，即异常漂移假说（aberrant drift hypothesis），从而在群落生态学领域引发了一场大辩论。海洋生物学家围绕这些假说及其后续学说争论了数十年。至今，补充量波动仍然是海洋生态学和保护生物学中的一个关键问题。Hjort 是他那个时代最为著名的动物学家之一，除了许多其他荣誉，他还是第一位获得阿加西斯奖章*的生态学家。

在 Hjort 对鱼类补充量的年际波动进行研究的同时，首次对海洋底栖生物群落做出描述的丹麦生物学家卡尔·彼得森（Peterson，1918）对潮下带底栖生物与物理要素变动的相互关系进行了研究。美国生态学家维克托·谢尔福德（Victor Shelford）从该研究中得到了灵感。他在美国华盛顿州的圣胡安群岛（San Juan Islands），对潮间带生物群落的生物和物理要素进行了研究，并发现了相似的关系（Shelford，1916，1932）。与此同时，在美国的东海岸，后来创立了杜克大学海洋实验室并担任主任的亚瑟·斯佩里·皮尔斯（Arthur Sperry Pearse，1913）阐述了马萨诸塞州纳罕特岩岸岬角潮间带分带的现象。而哈罗德·塞勒斯·科尔顿（Harold Sellers Colton，1916）基于对缅因州芒特迪瑟特岛（Mount Desert Island）岩岸的观察，首次提出了"食物网"（food web）这一概念，尽管并未被他同时代的人所重视。

丹麦动物学家贡纳尔·托尔松（Gunnar Thorson）——Peterson 的学生，是 20 世纪早期海洋生态学的另一先驱。Thorson 对海洋生物的幼体和幼体发育进行了研究，并创立了哥本哈根大学海洋生物实验室。他确定了幼体发育的主要生物地理格局，包括著名的托尔松法则（Thorson's rule），即高纬度生物的幼体比低纬度同类的幼体个体更大、数量更少，从母体获取的营养也更多。他的经典论文"海洋底栖无脊椎动物的繁殖与幼体生态学"（Reproductive and larval ecology of marine bottom invertebrates）（Thorson，1950），是海洋无脊椎动物幼体生态学的开创性著作。Thorson 还有一些前瞻性研究，主要讨论幼体生态学和底栖生物群落发育之间的关系（Thorson，1946，1966），这些主题虽然被淹没在浩瀚文牍之中，但即使在几十年后，仍然是海洋生态学家努力盼望解决的问题。早期的海洋生态学家主要关注大尺度格局上的研究，并倾向于利

---

　* 亚力山大·阿加西斯奖章（Alexander Agassiz Medal），由美国国家科学院颁发，授予最杰出的海洋科学家，五年评选一次，约翰·约尔特（Johan Hjort）是 1913 年首次颁发该奖章时的获得者——译者

用观察和推断，而不是实验来进行研究。他们主要关注非生物要素在驱动海洋生物分布与数量动态变化中所扮演的角色。

在现代生态学建立之前，还有许多海洋自然历史和生物学先驱为海洋生态学的建立打下基础。在美国加利福尼亚州沿海，埃德·里克茨（Ed Ricketts）在帕西菲克格罗夫（Pacific Grove）建立了一个很小的、独立的海洋实验室。在那里，他对潮间带生境的自然历史进行了探索和描述。Ricketts 和他的朋友约翰·斯坦贝克（John Steinbeck）经常共同撰稿。在他俩撰写的《科特斯海：一个旅行和研究的休闲日记》（*Sea of Cortez: A Leisurely Journal of Travel and Research*）一书中，有关海洋生物探险的描写激发了公众对海洋生物学的兴趣。在 1939 年，Ricketts 和他的同事杰克·卡尔文（Jack Calvin）所著的《在太平洋的潮汐之间》（*Between Pacific Tides*）发行了第一版，Steinbeck 为其写了前言。《在太平洋的潮汐之间》很快成为几代在美国西海岸从事海洋潮间带生态学研究工作者的圣经。Ricketts 因车祸不幸英年早逝。乔尔·赫奇佩思（Joel Hedgpeth）接起了他的火炬，并编著了后续的版本。该书在 2004 年发行了最新的版本，距离第一版几乎跨越四分之三个世纪。在海洋生态学的萌芽期，随着从研究自然历史向生态学新兴领域的转变，该书使学生们得以了解潮间带生物群落。Hedgpeth（1957）编写的《海洋生态学与古生态学专著》（*Treatise on Marine Ecology and Paleoecology*）是奠定海洋群落生态学发展基石的另一巨著。

早期的实验研究主要关注潮间带分带格局，如法国的 Baker（1910）和 Hatton（1938）。到了 20 世纪 50 年代，新一代的海洋群落生态学家开始关注海洋生物的分布与数量，及其与物理环境条件之间的相互关系，而且通常会假设它们之间存在因果关系。大部分这些研究工作主要关注潮间带生境，特别是岩岸潮间带的生境，因为其既容易进入，又具有清晰的垂直分带格局。后续的科学家根据海洋生物的分布与数量取决于物理胁迫时空变化的假设，对海洋生物的生理耐受性开展研究。理查德·纽厄尔（R. C. Newell）于 1970 年出版的《潮间带动物学》（*The Biology of Intertidal Animals*）是物理胁迫时代的最后一部圣经。针对物理胁迫和生理耐受性是导致海洋生物数量与分布格局的唯一因素这一观点，英国生态学家约翰·刘易斯（John Lewis）于 1964 年发表的《岩质海岸生态学》（*The Ecology of Rocky Shores*）对其进行了最为清晰和最具影响力的阐述。基于物理胁迫与海洋生物分布关系的学说，特德和安妮·斯蒂芬森（Ted and Anne Stephenson，1949）建立了一个新的理论，即岩岸潮间带的生物分带存在一个全球性的模式。基于潮汐暴露程度，马克斯韦尔·多蒂（Maxwell Doty，1946）提出了类似的影响潮间带分带的统一模式。在那个时代，物理要素对存活和繁殖影响的定量分析，都是在实验室内完成的，然后将其外推到野外。那时的科研工作者并不认为野外实验是必要的。

与此同时，在陆地上，生态学家和数学家正在开发各种模型，以及一个理论，即生物间相互作用对其数量与分布格局影响的重要性。数学家艾尔弗雷德·洛特卡（Alfred Lotka）和维托·沃尔泰拉（Vito Volterra）分别独立提出了捕食模型，认为捕食者与被捕食者之间存在数量周期波动的模式，可能是由与环境变化无关的、二者自身之间的相互作用关系造成的。格奥尔基·高斯（Georgii Gause）、乔治·哈钦森（G. Evelyn Hutchinson）先后参与研究，最终由罗伯特·麦克阿瑟（Robert MacArthur）讨论、发展并完善了生态学里的生态位（niche）和极限相似性（limiting similarity）理论。该理论阐述了群落内的物种如何通过竞争作用相互约束，而不仅仅受非生物的生境适宜性的限制。对原生生物和昆虫的室内实验结果表明，生物能够通过竞争淘汰其他物种；或者，如果它们能够充分利用不同的资源，或是对环境条件的反应不同，则物种能够共存。类似的实验揭示，理论上，捕食者也能够导致被捕食者局部的灭绝，或者导致捕食者与被捕食者种群数量的波动。这些研究表明，生物间的相互作用可能是自然生物群落的重要影响因素，但受到观察和推断的限制，很少有来自自然生物群落的证据。

简单但有说服力的野外实验使海洋生态学的重点和严谨性发生转变

到了 20 世纪 60 年代，随着生态学引入野外实验，一切都发生了变化。这种新的由假设命题驱动，进行野外实验的研究方法，首先出现在对岩质海岸的研究中。在苏格兰，约瑟夫·康奈尔（Joe Connell，1961）通过操控藤壶群落来验证假设命题——种间竞争是分带格局的重要决定要素。在美国华盛顿州的海

图1.3　罗伯特·特里特·佩因（Robert Treat Paine），"关键种"概念之父，和海星在一起［图片由安妮·佩因（Anne Paine）提供］

岸，罗伯特·佩因（Bob Paine*，1966）将被波浪拍打的岩质海岸上的海星——顶级捕食者移除，从而证实了消费者对群落物种分布的控制作用。该研究还显示了野外实验对揭示生态学复杂现象的意义（图1.3），如营养级联（trophic cascades）。这些简单的实验是最早通过野外实验为各种假说提供强有力证据的研究，证明了种间竞争导致的物种更替、关键种（keystone species）的概念、物种间相互作用对于自然生物群落结构的形成具有重要影响等假说。

　　Paine和Connell所提出的观点，生物区系（biota），即生命体自身能够调节生物的分布与数量，从很大程度上来说是受到Paine在密歇根大学时的导师弗雷德里克·史密斯（Frederick E. Smith）和纳尔逊·海尔斯顿（Nelson Hairston）的影响。Smith和Hairston（Hairston，Smith，and Slobodkin，1960）共同发表了一篇非常著名的文章，在文中他们提出了一个假说，即绿色地球假说，一个强大的营养级联作用，使得捕食者能够限制食草动物，以保证植物不被其啃食殆尽。而Smith和拉里·斯洛博金（Larry Slobodkin）都是G. Evelyn Hutchinson在耶鲁的学生，他俩不仅接受了Hutchinson对他们的传道授业，同时也深受Hutchinson认为生态学研究应强调自然历史基础以及对食物网联系认识的影响。Hutchinson也因此被称为"生态学之父"，并对将生物间相互作用的观点引入海洋生态学中起到了重要影响。而Paine和Connell所做的是接受这些思想，在他们的研究环境里发现那些最有可能对其他生物产生强烈影响的物种，然后通过实验来验证假设命题。他们的研究结果是如此具有开创性，以至于改变了整个海洋生态学，乃至生态学。

　　有趣的是，尽管本书介绍的是海洋群落生态学，Hutchinson也为海洋生态系统生态学的发展做出了突出贡献。他的另一得意弟子，霍华德·奥多姆（Howard T. Odum）于1950年毕业于耶鲁大学并取得博士学位。随后H. T. Odum去了美国的东南部。在耶鲁大学学习时，H. T. Odum就已受到Hutchinson的另一学生雷蒙德·林德曼（Raymond Lindeman）的思想的影响。Lindeman强调了通过食物网来理解能量流动的重要性，以及将物种组合成更大的集合，如取食种团（guild）或营养级（trophic level），从而以自下而上（bottom-up）的方式来研究能量流动影响的重要性。在50年代初，H. T. Odum和他的哥哥尤金·奥多姆（Eugene P. Odum）进一步发展了自下而上理论——资源如何控制生态系统的结构和功能。此后不久，E. P. Odum于1959年出版了系统生态学的第一本教科书《生态学基础》（*Fundamentals of Ecology*）。自此，Odum兄弟建立了生态学的一个新学派，其研究主要集中于盐沼、珊瑚礁、美国佛罗里达州的银泉，以及热带森林。他们的研究为当代生态系统生态学建立了基础。

　　学生们需要牢记的是，在海洋生态学理论框架中具有重要影响的多条分支，其实都能在Hutchinson的实验室里找到源头。那些在研究生时期萌发的思想火花和发展起来的理论，都深受其身边的同学、同事和导师等人的影响**。因此，这些起源都会影响到其中每一个学生关于海洋系统的看法。Paine和Connell的研究的深远影响远远超出了岩质海岸的范畴，而野外实验的研究方法也在随后十年内成为海洋生态学的绝对驱动力。Paine的学生及其他一些受到Paine影响的生态学家，包括保罗·戴顿（Paul Dayton）、约翰·萨瑟兰（John Sutherland）、布鲁斯·门格（Bruce Menge）、简·卢布琴科（Jane Lubchenco）等其他许多学者，通过实验剖析了岩岸潮间带的生态系统过程与格局。他们主要关注竞争、捕食和物理胁迫在塑造岩岸潮间带生物群落中所扮演的角色。随后，这些实验方法逐渐推广到软质基底（Woodin，1978；Peterson and

---

　　* 即Robert Paine，Bob是对其的昵称——译者

　　** 事实上，本书的作者Mark Bertness就是Hutchinson的弟子W. D. Hartman的第二代传人，参见"学术家谱"中的海洋生态学（https://academictree.org/mareco/tree.php?pid=26710）——译者

Andre，1980）、珊瑚礁（Glynn，1976）、海草床（Williams，1980）和盐沼（Bertness and Ellison，1987）等多种不同海洋生态系统类型，并覆盖了多种生物地理区域（Dayton et al.，1974；Menge and Lubchenco，1981）。

海洋群落生态学接下来的主要转变是认识到种群和群落并非处于平衡状态。而在当时，出于简化的目的，生态学理论假设其处于平衡状态（如 Gause，1932）。但是，在海洋生物群落里，自然产生的干扰对其过程与格局具有很大的影响。Dayton 在其于 1971 年发表的一篇经典文献中首次提出了这一理论。通过调查被打入基底的钉子的丢失和破损情况 *，Dayton 研究了浮木对研究样地产生的干扰的差异。随后不久，Connell（1978）提出了"中等程度干扰假说"（intermediate disturbance hypothesis），该假说基于陆地植物群落的一些观点（Grime，1973；Horn，1975）发展起来，用于解释非平衡过程如何维持珊瑚礁和热带雨林的高生物多样性。与此同时，Connell 的学生韦恩·苏泽（Wayne Sousa）利用实验验证了中度干扰假说。在圣巴巴拉 Connell 办公室不远处的卵石海岸，Sousa（1979）将鹅卵石的大小作为衡量干扰频率和强度的指标，并通过实验人为操控干扰发生的频率。在这个经典的实验之后，有关中度干扰假说和恢复性演替或次生演替机制的研究就迅速传遍生态学的其他各个分支。

海洋生态学对群落受到干扰之后的恢复与发育的研究与关注，最终促成了对定居速率随地点和季节不同而发生变动的认识，而群落中初始定居物种构成的差异可能会导致作为演替结果的顶级群落的不同，即便其处于相同的物理环境（Sutherland，1974）。尽管替代稳定群落的学说还存在很多争议，但它使我们重新关注幼体补给量变化对群落中成体数量和物种构成重要性的学说。Paine、Connell 和其他关注成体生物间相互作用的学者的大获成功，使得一些海洋生态学家忘记了 Hjort 曾在半个多世纪前观察所得出的结论——具有浮游幼体阶段的海洋生物的年际补充量变化可以是相当可观的。此外，Thorson 于 1950 年发表在美国期刊上的文章中的生态学遗产被淡化，他对幼体补充与成活方面的重要成果被忽略了。该研究证明捕食者对特定大小猎物进行捕食的各种影响，这些捕食者会在这些动物的幼体长大到足以成为补充之前就将其吃掉（Thorson，1946，1966）。遗憾的是，这一宝贵遗产被忽略了。而 Paine（1966）和 Connell（1961）从事的研究，分别位于美国的华盛顿州和苏格兰的温带海岸，都具有很高的幼体补充量。因此，抵达岸边的幼体个体数量远远超出该生境所能容纳的成体数量，从而导致成体间的竞争作用（和其他相互作用）成为关键影响要素。而补充学派在 20 世纪 80 年代末重新抬头，开始关注补充量不足的问题（Gaines and Roughgarden，1987）。而这受到已被淡忘的澳大利亚海洋科学研究所在海岸带物理海洋学方面所做出的研究遗产（如 Hamner and Hauri，1981；Hamner and Wolanski，1988）的激发。

这些方法的力量，以及对竞争和捕食等负面相互作用的强调（由于它们与数学和概念理论的契合程度），在很大程度上限制了人们对正面相互作用的研究兴趣，如促进作用（facilitation）、偏利共生（commensalism）和互惠共生（mutualism）等，而它们都是物种分布格局的决定要素。然而，从 20 世纪 80 年代和 90 年代开始，对亚热带和热带海岸带的研究揭示了一些适口生物与具有良好保护的邻居共生所带来的群体收益和协同防御（Hay，1986）。类似的，对物理胁迫较为严重生境中不同物种的操控实验证明，改善周边生境所产生的正面相互作用是很常见的（Bertness and Callaway，1994），并且往往是驱动演替的主导过程。该研究还为研究互惠共生和偏利共生提供了理论基础，并进一步加深了相互作用对群落构成所起决定性作用的认识（Stachowicz，2001）。对自然和人工生态系统里正面相互作用普遍性的认识，使得生态学家开始重新评价海洋生态系统和陆地生态系统中那些基本的群落构成法则和生成模式，包括对自 20 世纪 60 年代到 80 年代建立的一些重要范式的改进（Bruno et al.，2003）。

2000 年以来的海洋群落生态学

在过去的 15 年中，由于新思想、新技术的注入，以及了解和保护海洋生物的种群及生态系统的日益紧

---

　* 在该研究区域——美国华盛顿州的沿海岛屿，无论人工砍伐还是自然侵蚀造就的浮木，对潮间带生境的撞击就如同波浪一样，是对如贻贝和藤壶等潮间带生物的一种物理干扰。在实验设计中，打入基底的钉子所示的情况可反映浮木撞击这一干扰的程度与结果——译者

迫性（Underwood and Peterson，1988），海洋群落生态学得以持续发展。一些研究主题在海洋群落生态学里占据越来越突出的地位，如物种多样性对生态系统过程的影响，捕食者和被捕食者之间非消耗性相互作用的影响（Trusell et al.，2002），以及大尺度视角和元分析方法作为局部尺度实验方法补充的重要性等。在本书剩余章节中，将对这些主题和方法予以介绍。分子生态学技术的迅猛发展和DNA测序成本的降低，提高了我们在微生物世界中"做"生态学的能力，并为我们理解一个世纪前Hjort最初认识到的扩散的基本过程提供了额外的途径。这些发展再次说明了海洋生态学领域的成熟，以及海洋生态学与陆地生态学之间思想和技术的相互交流。

和其他任何成熟的学科一样，海洋群落生态学同样放弃了对偏好理论的强硬立场，转而支持多元化理论，认同多种因果要素的重要性——物理要素、幼体补充、生物间的（无论正面的还是负面的）相互作用都对群落结构产生影响。之前采用"自上而下"（top-down）的生物控制理论研究的系统，从引入"自下而上"（bottom-up）控制方法中受益，反之亦然。像Odum学派（物理驱动，即潮汐、营养物质和盐度等的作用）和Paine与Connell学派（生物控制）的融合，在海洋生态学领域是习以为常的事。生态学家常常陷入"非此即彼"的窘境，即便二者明显都是正确的。例如，布鲁斯·门格等（Menge et al.，2003）对早期的海洋学研究（如Sverdrup et al.，1942）进行重新研究发现，在美国西海岸，上升流造成了底栖生物群落结构中自上而下控制强度的时空差异。与此同时，Robert Jefferies、Brian Silliman和Mark D. Bertness等人的研究也显示，在大西洋西北部的盐沼，自上而下的驱动力普遍存在而且非常重要，尽管长久以来，研究海洋生态系统的生态学家一直认为该生境主要受物理要素驱动（Jefferies，1997；Silliman and Zieman，2001；Silliman and Bertness，2002；Bertness et al.，2008）。海洋群落生态学的研究方法正在逐渐从证明给定区域某个要素的方法，向理解几个关键要素的相对重要性，以及这些重要性是如何随着地点和尺度不同发生变化的方法转变。有的尺度甚至超过了实验方法所能达到的范畴。例如，通过团队合作、数据共享和使用统计工具进行数据分析（如元分析），已发现营养级联的作用强度因生态系统而异（Shurin et al.，2002），并对其原因假设进行检验。多元化方法还延伸到海洋群落生态学的应用层面。例如，除那些将营养物质输入和污染作为人类活动对生态系统主要影响因素的研究之外，通过历史数据证明人类捕鱼活动对顶级捕食者种群的毁灭性影响，以及研究营养级联作用对生态系统中其他生物的连锁影响，是研究人类活动对生态系统影响的有力补充（Jackson et al.，2001；Lotze et al.，2004）。

元分析方法和团队合作还为说明人类对海洋的影响程度提供了坚实的数据基础。基本上，海洋的每个部分都会受到人类活动的影响：没有一种生境类型能够免受过度捕捞、气候变化，以及其他形式人类活动的影响。历史生态学告诉我们，地球上的每一个海洋生态系统都受到过人类活动的影响；而几十年来，海洋生态学家的研究始终没有考虑这些活动所造成的基准变化（Jackson et al.，2001；Myers and Worm，2003；Lotze et al.，2004）。即使在偏远的地方，如极地海洋和深海，采矿、捕鱼、海水变暖和酸化等都在快速地改变群落结构和生态系统的功能。这些群落和生态系统的变化，已经并将继续改变我们身边的海洋，这使得我们在保护生物学、海洋群落可持续性和海洋群落工程方面的努力成为一个艰难的考验——海洋群落生态学经过一个世纪的发展，是否已经足够成熟？是否足以为未来海洋生态系统和生态服务的管理提供帮助？

我们认为，海洋生态学正在朝着正确的方向发展。我们中的一些人还记得，20年前，身为一名保护生物学家往往被认为不是做基础研究的。面对人类对海洋生态系统影响的实证，我们现在必须承认，群落生态学和保护生物学是不可分割的学科。我们希望二者的结合将促使海洋群落生态学家积极关注海洋生态系统的未来。

为什么是海洋生态学？

在对海洋生态学历史的简要回顾中，我们强调了海洋生态学在更广泛的生态学领域发展中所起的关键作用。在该领域的学生必须认识到，海洋群落生态学与生态学在其发展过程中的相互推动和借鉴作用。海洋群落生态学家需要积极地跟踪其陆地生态学同行的最新进展（反之亦然）。然而，海洋的一些独特性质说明，海洋生态学是一门独立的学科。我们没有试图对作为流体介质的空气和水之间的化学和物理差异作详尽的综述，因为这已经在相关文献（如 Denny，1993）里得到很好的阐述。但略举几个例子，如水体中氧气的扩散系数、密度、黏度和热容量等，对海洋生物的进化，以及生物与环境之间，生物与生物之间的相互作用方式具有显著影响（Carr et al.，2003；Vermeij and Grosberg，2010）。空气和水的这些差异以及其他差异，对海洋群落生态学和保护生物学与陆地生态学带来深刻的影响（Carr et al.，2003），也是海洋生态学成为生态学中一门分支学科的关键原因。下面我们将简单讨论这些差异。

海水的密度从多个方面对海洋生态产生关键影响。许多微生物终其一生都悬浮在海水之中，并为其他生物提供悬浮食物，使固着异养生物成为可能。悬浮在海水中的物质（食物）和生物还可以被动地传输很远的距离。与陆地上的同类相比，甚至连附着在海底的初级生产者对不可食用的结构部分投入的能量也要少得多。因此，海洋生态系统中光合作用固定能量的很大一部分都位于可食用的部分。再加上许多海洋生产者与消费者相比，个体较小、周转更快，都可能使海洋生态系统更易受消费者自上而下的控制，而非资源的自下而上控制。

由于海流能够传输生物幼体或成体，海洋生境比陆地生态系统具有更高的扩散性和连通性。由于幼体的补充可能会与现有成体相分隔，这与陆地生态系统存在的明显差异，会影响到海洋生态系统中相互作用的尺度。连通性可能使局部海洋系统具有更高的弹性，但也有可能降低生物适应局部环境的能力。由于海洋生态系统连通性更高，并缺少授粉那样的植物–动物相互作用机制，海洋生物很少有像陆地生物那样高度特化，紧密共同进化的相互作用（Vermeij and Grosberg，2010）。这种差异对群落结构和物种相互作用影响巨大，但很少被生态学家所认识。

最后，在海洋系统和陆地系统中，人类与环境和生物的相互作用的历史是不同的。在绝大多数陆地表面，人类早已放弃以游牧的方式获取食物，代之以农业和畜牧业，所以人类对陆地生态系统的影响已有数千年的历史。事实上，一些动物和植物与人类共同进化的方式，体现在其与人类当前的相互作用之中。相比之下，人类对海洋的影响时间较短。仅仅几个世纪，技术的进步增加了人类对海洋的影响，并使得我们有机会见证和记录数千年来在陆地生态系统发生过的悲剧，正在海洋生态系统重演。过度捕捞导致的顶级捕食者数量的急剧下降不胜枚举（Jackson et al.，2001；Estes et al.，2011）。水产养殖的历史较短，且不像陆地上的农业那样遍布海洋。这种在资源所有权和管理上的显著区别，决定了海洋生态学与陆地生态学在应用层面和保护方面的重大差异。

所以，尽管海洋生态学与陆地生态学的研究在基本问题和目的上是一致的，但其物理环境的显著差异，使得其存在的物种有很大不同，而且这些生物与环境之间，或者生物之间的相互作用也有很大不同。这使得海洋群落生态学和海洋保护生态学成为一个独立的分支。

引用文献

Baker, S. M. 1910. On the causes of zoning of brown seaweeds on the seashore. *New Phytol.* 9: 54–67.

Bertness, M. D. and R. Callaway. 1994. Positive interactions in communities. *Trends Ecol. Evol.* 9: 191–193.

Bertness, M. D. and A. M. Ellison. 1987. Determinants of pattern in a New England salt marsh plant community. *Ecol Monogr* 57: 129–147.

Bertness, M. D., S. D. Gaines, and M. E. Hay (eds.). 2001. *Marine Community Ecology*. Sunderland, MA: Sinauer Associates.

Bertness, M. D., C. M. Crain, C. Holdredge, and N. Sala. 2008. Eutrophication triggers consumer control of New England salt marsh primary production. *Conserv Biol* 22: 131–139.

Bruno, J. F., J. J. Stachowicz, and M. D. Bertness. 2003. Inclusion of facilitation into ecological theory. *Trends Ecol. Evol.* 18: 119–125.

Carr, M. H., J. E. Neigel, J. A. Estes, et al. 2003. Comparing marine and terrestrial ecosystems: Implications for the design of coastal marine reserves. *Ecol Appl* 13: S90–S107.

Colton, H. S. 1916. On Some Varieties of *Thais lapillus* in the Mount Desert Region, a Study of Individual Ecology. *Proc. Acad. Nat. Sci. Philadelphia* 68: 440–454.

Connell, J. H. 1961. The influence of interspecific competition and other factors on the distribution of the barnacle *Chthamalus stellatus*. *Ecology* 42: 710–723.

Connell, J. H. 1978. Diversity in tropical rain forests and coral reefs. *Science* 199: 1302–1310.

Darwin, C. 1851. *A Monograph of the Sub-class Cirripedia, with Figures of all the Species. The Lepadidae; or, Pedunculated Cirripedes*. London: Royal Society Publications.

Dayton P. K., G. A. Robilliard, and R. T. Paine. 1974. Biological accommodation in benthic community at McMurdo-Sound, Antarctica. *Ecol Monogr* 44: 105–128.

Dayton, P. K. 1971. Competition, disturbance and community organization: The provision and subsequent utilization of space in a rocky intertidal community. *Ecol Monogr* 41: 351–389.

DeGrood, D. H. 1982. *Haeckel's Theory of the Unity of Nature*. Amsterdam, Netherlands: B. R. Grunner Publishing.

Denny, M. W. 1993. *Air and Water: The Biology and Physics of Life's Media*. Princeton, NJ: Princeton University Press.

Doty, M. S. 1946. Critical tide factors that are correlated with the vertical distribution of marine algae and other organisms along the Pacific Coast. *Ecology* 27: 315–338.

Estes J. A., J. Terborgh, J. S. Brashares, et al. 2011. Trophic Downgrading of Planet Earth. *Science* 333: 301–306.

Gaines, S. D. and J. Roughgarden, J. 1987. Fish in offshore kelp forests affect recruitment to intertidal barnacle populations. *Science* 235: 479–481.

Gause, G. F. 1932. Experimental studies on the struggle for existence. *J. Exp. Biol.* 9: 389–402.

Glynn P. W. 1976. Some physical and biological determinants of coral community structure in eastern Pacific. *Ecol Monogr* 46: 431–456.

Grime, J. P. 1973. Competitive exclusion in herbaceous vegetation. *Nature* 242: 344–347.

Haeckel, E. 1890. *Plankton-studien. Vergleichende untersuchungen über die bedeutung und zusammensetzung der pelagischen fauna und flora.* Jena, Germany: Verlag von G. Fischer.

Hairston N. G., F. E. Smith, and L. B. Slobodkin. 1960. Community structure, population control and competition. *Am. Nat.* 94: 421–425.

Hamner W. M. and I. R. Hauri. 1981. Effects of island mass: Water flow and plankton pattern around a reef in the Great Barrier Reef lagoon, Australia. *Limnol. Oceanogr.* 26: 1084 –1102.

Hamner, W. M. and E. Wolanski. 1988. Hydrodynamic forcing functions and biological processes on coral reefs: A status review. In, *Proceedings of the 6th International Coral Reef Symposium: Vol. 1: Plenary Addresses and Status Reviews* (J. H. Choat et al. eds.), pp. 103–113. Townsville, Australia.

Hatton, H. 1938. Essais de bionomie explicative sur quelques especes intertidales d'algues et d'animaux. *Annls Inst. Oceanogr.* l7: 241–238.

Hedgpeth, J. W. (ed.). 1957. *Treatise on Marine Ecology and Paleoecology.* New York, NY: National Research Council.

Hensen, V. 1911. *Das Leben im Ozean nach Zählungen seiner Bewohner: Übersicht und Resultate der quantitativen Untersuchungen; 28 Tabellen.* Kiel, Germany: Lipsius & Tischer.

Hay M. E. 1986. Associational plant defenses and the maintenance of species-diversity—turning competitors into accomplices. *Am. Nat.* 128: 617–641.

Hjort, J. 1914. Fluctuations in the great fisheries of northern Europe viewed in the light of biological research. *Rapports et Proces-verbaux des Réunions.* Conseil International pour l'Éxploration de la Mer 20: 1–228.

Horn, H. S. 1975. Markovian properties of forest succession. In, *Ecology and Evolution of Communities* (Cody, M. L. and J. M. Diamond, eds.), pp. 196–211. Cambridge, MA: Belknap Press.

Houde, E. D. 2008. Emerging from Hjort's shadow. *J. Northwest Atl. Fish. Soc.* 41: 53–70.

Jackson, J. B. C., M. X. Kirby, W. H. Berger, et al. 2001. Historical overfishing and the recent collapse of coastal ecosystems. *Science* 293: 629–638.

Jefferies, R. L. 1997. Long-term damage to subarctic coastal ecosystems by geese: Ecological indicators and measures of ecosystem dysfunction. In, *Disturbance and Recovery in Arctic Lands: An Ecological Perspective* (R. M. M. Crawford, ed.), pp. 151–166. Boston, MA: Kluwer Academic.

Lewis, J. R. 1964. *The Ecology of Rocky Shores.* London: English University Press.

Lotze, H. K., H. S. Lenihan, B. J. Bourque, et al. 2004. Depletion, degradation, and recovery potential of estuaries and coastal seas. *Science* 312: 1806–1809.

Menge B. A. and J. Lubchenco. 1981. Community organization in temperate and tropical rocky inter-tidal habitats: Prey refuges in relation to consumer pressure gradients. 1981. *Ecol Monogr* 51: 429–450.

Menge, B. A., J. Lubchenco, M. E. S. Bracken, et al. 2003. Coastal oceanography sets the pace of rocky intertidal community dynamics. *Proc. Natl. Acad. Sci. (USA)* 21: 12229–12234.

Mills, E. L. 1989. *Biological Oceanography: An Early History, 1870–1960.* Ithaca, NY: Cornell University Press.

Mobius, K. 1880. The oyster and oyster culture. *Report of Fish and Fisheries (Germany) Bulletin* VIII: 683–751.

Myers, R. A., and B. Worm. 2003. Rapid worldwide depletion of predatory fish communities. *Nature* 423: 280–283.

Newell, R. C. 1970. *Biology of Intertidal Animals.* New York, NY: Elsevier.

Odum, E. P. 1959. *Fundamentals of Ecology.* Philadelphia, PA: Saunders.

Paine, R. T. 1966. Food Web Complexity and Species Diversity. *Am. Nat.* 100: 65–75.

Pearse, A. S. 1913. Observations on the fauna of the rock beaches at Nahant, Massachusetts. *Bull. Wisc. Nat. Hist. Soc.* 11: 8–34.

Petersen, C. G. J. 1918. The sea bottom and its production of fish food. *Report of the Danish Biological Station* 25:1-62.

Peterson, C. H. and S. V. Andre. 1980. An experimental analysis of interspecific competition among marine filter feeders in a soft-sediment environment. *Ecology* 61: 129–139.

Ricketts, E. F. and J. Calvin. 1939. *Between Pacific Tides: An Account of the Habits and Habitats of Some Five Hundred of the Common, Conspicuous Seashore Invertebrates of the Pacific Coast Between Sitka, Alaska, and Northern Mexico.* Stanford, CA: Stanford University Press.

Shelford, V. E. 1932. Basic principles on the classification of communities and habitats and the use of terms. *Ecology* 13: 105-120.

Shelford, V. E 1916. Ways and means of measuring the dangers of pollution to fisheries. Illinois Department of Education. *Bull. Ill. Nat. Hist. Surv.* XIII: 37-42.

Shurin, J. B., E. T. Borer, E. W. Seabloom, et al. 2002. A cross-ecosystem comparison of the strength of trophic cascades. *Ecol. Lett.* 5: 785–791.

Silliman, B. R. and J. C. Zieman. 2001. Top-down control of *Spartina alterniflora* production by periwinkle grazing in a Virginia salt marsh. *Ecology* 82: 2830–2845.

Silliman, B. R. and M. D. Bertness. 2002. A trophic cascade regulates salt marsh primary production. *Proc. Natl. Acad. Sci. (USA)* 99: 10500–10505.

Sousa, W. P. 1979. Disturbance in marine intertidal boulder fields: The nonequilibrium maintenance of species diversity. *Ecology* 60: 1225–1239.

Stachowicz, J. J. 2001. Mutualism, facilitation and the structure of ecological communities. *BioScience* 51: 235–246.

Steinbeck, J. and E. F. Ricketts. 1941. *Sea of Cortez: A Leisurely Journal of Travel and Research, with a Scientific Appendix Comprising Materials for a Source Book on the Marine Animals of the Panamic Faunal Province.* New York, NY: Viking Press.

Stephenson T. A and A. Stephenson. 1949. The universal features of zonation between tidemarks on rocky voasts. *Journal of Ecology* 37: 289–305.

Sutherland, J. P. 1974. Multiple stable points in natural communities. *Am. Nat.* 108: 859–873.

Sverdrup, H., M. W. Johnson, and R. H. Fleming. 1942. *The Oceans: Their Physics, Chemistry and General Biology.* New York, NY: Prentice-Hall.

Thorson, G. 1946. Reproduction and larval development of Danish marine bottom invertebrates; with special reference to the planktonic larvae in the Sound (Øresund). Meddelelser fra Kommissionen for Danmarks Fiskeri-og Havundersøgelser. *Ser. Plankton* 4: 1–523.

Thorson, G. 1950. Reproductive and larval ecology of marine bottom invertebrates. *Biological Reviews* 25: 1–45.

Thorson, G. 1966. Some factors influencing the recruitment and establishment of marine benthic communities. *Neth. J. Sea Research* 3: 267–293.

Trussell, G. C., P. J. Ewanchuk, M. D. Bertness. 2002. Field evidence of trait-mediated indirect effects in a rocky intertidal food web. *Ecol. Lett.* 5: 241–245.

Underwood, A. J., and C. H. Peterson. 1988. Towards an ecological framework for investigating pollution. *Mar. Ecol. Prog. Ser.* 46: 227–234.

Vermeij, G. J. and R. K. Grosberg. 2010. The great divergence: When did diversity on land exceed that in the sea? *Integr. Comp. Biol.* 50: 675–682.

Williams, S. L. 1980. Experimental studies of Caribbean seagrass bed development. *Ecol Monogr* 60: 449–469.

Woodin, S. A. 1978. Refuges, disturbance, and community structure: a marine soft-bottom example. *Ecology* 59: 274–284.

产生海洋生物群落格局的过程

关于图片：智利瓦尔帕莱索省拉斯克鲁塞斯（Las Cruces）海岸。摄于 2003 年 10 月。图片由 Mark Bertness 提供

第 2 章

海洋生物群落的物理环境

Marc Weissburg、Brian Helmuth 和 Jon Witman

　　试想一颗海星正在海底爬行，寻觅食物或配偶，并小心谨慎地提防着饥饿的捕食者。这种动物的身体浸泡在流动的海水之中，无处不受到其所处的物理环境的影响。正是水体的运动给这种动物带来食物（或配偶）的气味，或潜在天敌的气味及其活动信息。海星可能会被出其不意的大浪卷走和带离，甚至受到伤害。更为常见的是，可能仅仅因为难以逆流而行，海星无法像正常情况下那样进行有效的搜寻，从而使其无法获取食物。如果在退潮时离开了水面，那么海星在涨潮时重新回到海水中之前，将暴露在空气中，在太阳的照射下，面临着升温、脱水等风险，可能造成生理上的损伤、危及生命，或者使其应对其他各种生存挑战的能力下降。海星的后代将在同样的水流环境中出生，在被这些水流带离祖辈生活的栖息地之前，必须找到回到海底生境的通路，并完成变态。其他的海洋生物同样受到这种物理环境的影响，区别在于不同的生物适应其周边环境的方式不同，而这取决于其个体大小、形状、运动能力或其他特征。例如，像藤壶这种固着生物，无法躲避潜在的、暴露在危险物理环境中的风险，它只能完全依赖于水流提供其所需的食物和氧气，并清除其不需要的废物。像海带这样的大型海藻对其环境的体验与躲藏在其下层的小小藤壶是很不同的。但对任何生物而言，物理环境都对生物的行为产生根本影响，并进一步影响生物与其他物种的相互作用关系。这些影响不仅取决于生物本身，还取决于流体环境的一些基本性质。因此，理解海洋生物群落就必须先对这些物理作用，以及生物如何应对这些作用有所了解（图 2.1）。

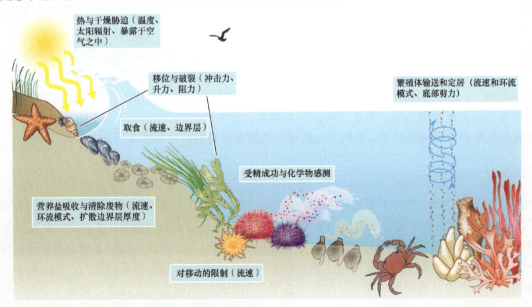

图 2.1　海洋生物面临的挑战以及产生这些挑战的物理因素

在本章，我们将对流体的基本物理特性，以及这些特性如何影响海洋生物与其物理环境及生物之间复杂的相互作用进行概述。我们还将研究这些物理特性的生态影响，并讨论生物的机械、形态和生理特征的重要性。尽管流体环境的不同特性对不同生物的影响方式不尽相同，但一些共性，例如一些要素（温度、浓度、水流能量等）的梯度变化的绝对重要性，有助于我们掌握一些基本原则。这些梯度变化影响着动物获取营养物质或保持适当体温的能力，或者它们会给生物施加其必须克服的机械力。

我们的目的不是描述海洋环境的物理特征。在这方面已经有许多权威的文献，从不同的角度对其进行了阐述（Denny，1988；Denny and Wethey，2001；Denny and Gaylord，2010）。确切地说，我们的目的是通过对这些物理环境的基本描述，来理解从个体、种群再到群落层次的生态过程。要解释或理解海洋生物的许多特征，只能将其置于所处环境之下，了解物理环境对个体水平的作用，再放大到它是如何决定种群和群落水平的特征的。人们早就认识到，物理环境限制了具有不同生态位和形态型的物种的分布和丰度。因此，物理环境与生命体的生理耐受性一起设定了生物的特征，并进一步决定了其相互作用。此外，人们早已了解，在海洋生态系统中，物种间相互作用的强度可能是由物理环境所驱动的。Connell（1961，1972）和 Wethey（1983，1984）在岩岸潮间带开展的物种竞争的开创性研究表明，物理环境条件是如何改变物种间相互竞争关系的。在 Menge 和 Sutherland（1976）的群落组织理论中，物理环境对捕食者与被捕食者的差异性影响至关重要。该模型主要研究波浪驱动的水流如何对捕食者和被捕食者的运动能力产生不同的影响，从而影响它们觅食的能力。物理环境还改变着海洋生物性能的许多其他方面（图 2.1）。在本章中，我们也将探讨这些环境对各种非觅食行为的影响。

海洋生物物种间的相互作用受到很多物理因素的影响，包括光照、紫外线辐射、盐度、干燥、水流和温度等。在本章，我们将主要讨论水流、干燥和温度对物种间相互作用及群落结构的影响，因为我们希望强调的是，如何从这些基本物理原理去理解其对生物的影响与作用。其他物理要素对物种间相互作用的影响可以参考其他综述（Underwood，1986）。

生物与环境相互作用的情境感知

在这里，我们想要传递的主要信息之一是，与海洋生物相关的物理环境特性取决于生命体自身。换句话说，生物自身的相关特性决定了其基础生态位空间（Kearney et al.，2010）。近年来的研究尤其强调了生物自身的形态和行为对其与物理环境相互作用的影响的重要性；如果不理解生物与其周边环境相互作用的机制，以及随之产生的生理反应，就很难确定物理环境是如何影响生物的。我们所认为的构成物理环境的要素并非都与某一特定生物相关。例如，暴露在相同水流（例如流经基底的水流的流速）中的两个生物所面临的物理胁迫可能并非在一个量级上。即便是缓和的水流，也会将藻类冠层冲散或者冲走（Blanchette，1997）。但是，水流加快对生长在岩石下的帽贝来说可能是无关痛痒的（Denny et al.，1985）。部分是因为它所生活的边界层水流相对较缓，部分是因为其流线型的形状。因此，除非我们了解决定生物如何应对环境的那些特征（在这个例子里指的是大小和形状），否则很容易对物理环境做出错误论断。下面我们还会提供很多类似的例子，但我们想要强调的一点是，至少从某种程度上来说，仅仅去测量物理环境指标而没有考虑对应的生物，可能会提供关于塑造生物群落的要素的误导性信息（Monaco and Helmuth，2011）。如果将物理要素与其生物背景割裂开来，就根本无法理解物理要素对海洋生物群落所起的作用。

尺度上推效应

需要注意的另一点是，物理要素对生物的作用可能会通过调节生物的生理表现而级联到大尺度的生态过程。广义上的生理，是指决定生物生长、移动、保护自己避免被捕食或对抗潜在竞争者、获取资源、繁殖，或收集各种信息以做出能够保持所有这些关键生命过程决定的能力。因此，生物在特定条件下的生理表现决定了所有影响群落过程的生态相互作用。物理作用改变了生物个体相互作用的强度，并直接影响它们的生长和繁殖，从而影响种群和群落动态。尽管生态学从不同尺度来研究生态现象，但从生命的个体层次理解物理环境如何影响生命体的过程，仍然是获取种群、群落乃至生态系统的关键信息的基础。

在更大的尺度上，最近对厄尔尼诺–南方涛动，简称恩索（El Niño Southern Oscillation，ENSO）等气候过程的研究表明，气候在驱动生态过程中扮演着重要角色，特别是在全球变化的背景之下（Glynn，1990；Stenseth et al.，2003）。然而，仍然亟待大量工作来探索研究大尺度气候现象，如 ENSO 和全球气候变化等是如何影响局部生物个体水平上的过程的，如存活、生长和繁殖等；或反言之，这些小尺度上的过程会如何导致大的、区域尺度上的过程，如幼虫产卵率（Gouhier et al.，2010），以及群落调节与构成格局。需要注意的是，生物所体验的气候和天气之间既存在联系，又有所区别。我们将看到，基本物理原理的应用知识有助于我们理解环境变化是如何影响生命体和生态系统的。

物理环境的一些重要方面

本章探讨的一个中心概念是梯度变化（gradient）。无论是由生物体自身（如自组织）产生的，还是通过生物体与其环境的相互作用产生的热量和物质的交换，如营养物和气体，最终是由梯度驱动的。例如，尽管许多生物和物理的过程都会影响到生物的氧气供应，但所有这些过程都与生物内外部环境的氧气浓度差以及氧气穿过中间边界的移动速度有关。因此，无论水如何从呼吸系统的表面经过，如果生物的体内与体外不存在氧气浓度差（即梯度），就不会有气体交换发生（如 Finelli et al.，2006）。这同样适用于对流热交换，它是温度梯度与流体混合相结合的产物。流体运动对生物体的许多影响来自流速梯度，并进一步影响生物体与其环境之间的物质（气体、营养物）交换。梯度的性质最终取决于流体的性质及其与生物体的相互作用。下面我们将介绍流体的一些重要的性质。

流体的一些基本性质

专题 2.1 描述了流体（水和空气）的一些基本性质，为理解物理环境如何影响生物提供了一个有力（尽管不完整）的框架。这些最基本的特性，如密度和黏度，是限制生物体及其生理的基本因素。从这点来说，一些流体的基本物理属性以及从中衍生出的许多其他属性，对动物获取营养、交换气体、升温或降温，适应周边流动液体的能力提供有力的见解。

专题 2.1　流体动力学中的物理学

密度（ρ）是物体每单位体积的质量。因为密度是对质量的相对度量（即质量/体积），它还表明了给定体积的物质以一定速度运动所产生的力。用装满羽毛的枕套互相击打会很有趣，但被一个装着煎锅的枕套击打则是另一回事。在海洋环境中，水即使以普通的速度运动，其所产生的力也足以驱离生物或对其造成伤害。因此，水是水生生物所必须面对的一个重要挑战。此外，由于流体具有密度，运动的流体具有动量，其启动或停止所需的能量在一定程度上取决于其密度。这对水生生物呼吸系统的结构造成了一些重要的限制（Schmidt-Nielsen，1997）。

流体（如空气或水）的密度也是决定溶解在流体中的分子运动速度的基本因素。正是由于这个原因，在流体没有净运动（流动）的情况下，扩散控制着流体中分子运动的速率，在水中扩散要比在空气中慢就是这个道理。所以，在水中呼吸是一个挑战，有一部分原因是气体在水中的扩散速度与在空气中相比较低，如下所述。

分子扩散是指分子以随机布朗运动（扩散）的形式在流体中的运动，并进而影响浓度梯度的形成和浓度的衰减。假如一定量的物质从一个点被释放，当这种物质的分子（如水中的溶解氧）开始移动（扩散）时，随着它们远离源头，它们的体积不断膨胀。因此，其浓度将从源头开始，在任一方向上均匀地降低。然而，由于扩散是随机运动的产物，一个分子移动的净距离会很小，除非经历了极长的时间。通常情况下，水中的分子在一秒钟内大约移动 10μm。其扩散的距离与其运动时间的平方根成正比。所以，分子在 1min（60s）内移动的距离是其在 1s 移动距离的 7.5 倍左右（$60^{1/2}=7.75$）。如果分子连续运动一年，其移动距离则是 0.5m！

专题 2.1（续）

扩散系数，D（以 cm^2/s 为单位）表示分子扩散的速度，它取决于发生移动的是什么物质，它在什么流体中移动，以及该流体的温度。取决于流体温度的不同，氧气在水中的扩散系数大约是其在空气中的 $1/6000 \sim 1/11\,000$。当水温为 5℃时，水中氧气的扩散系数与二氧化碳的扩散系数大致相同；而当水温为 30℃时，水中氧气的扩散系数大约比二氧化碳的扩散系数高 30%。相比之下，当气温处于生物可适温度下时，氧气在空气中的扩散系数始终高于二氧化碳。

由于扩散是仅在很短距离发生的传输过程，除了最微小的生物，其他所有生物都依赖于其周边的流体传送或移除分子。我们将在稍后讨论这个概念及其与梯度的关系。

黏度（μ）是衡量流体中分子黏稠度的指标。黏度的一个重要特性是它消散了外力施加在流体上的能量。当你用勺子搅动杯子里的咖啡，即使取出勺子，杯中的咖啡仍会继续转动，直到液体的黏度消耗了咖啡中所有动能，咖啡才会最终停止运动，这时动能已转化为热能。黏度越大，使流体发生运动所需的能量就越多。与咖啡的例子相比，要使蜂蜜被搅动起来要困难得多，而一旦停止搅动，蜂蜜很快就会停下来。因此，流体的黏度是其动量的反作用力。所以，黏度可以表示为动态（绝对）黏度（μ），也可以是其黏度与密度的比（μ/ρ），即运动黏度（v）。

热容量（**比热**，C）是指给定质量的物体温度每提升 1K（每提升 1K 的变化与提升 1℃相同）所需热能的度量。它是一个给定质量的度量，说明其单位是 $J/(g \cdot K)$。热容量较高的流体，比如水，需要相对更多的能量达到升温目的，而其降温时会比比热容量低的流体，如空气，需要更长的时间。同理，流体体积（质量）越大，升温所需的热量就越多。需要注意的是，温度和热是不可互换的，热能够沿着温度梯度移动。质量较小的生物，或者组成它的物质比热相对较低，其受热和冷却（即改变其体温）的速率就比相对质量较大的生物或含比热较高物质（如水分）的生物要快。这一热惯性对于生活在温度变化剧烈的周边环境中的生物来说非常重要（Pincebourde et al.，2009）。

流体（对固体来说也一样）的**导热系数**（K）同样会影响物体传热的能力。水的导热系数要比空气高约 25 倍。这意味着热量一旦从一个温暖的生命体内传输到水中，热量就会立即被带走，而生命体与水之间较高的温度梯度仍然被保持。与之相反，密闭的空气是很差的传导器。羊绒衫非常保暖，是因为接近体表的空气层能够快速升温，并造成较低的温度梯度，这样，热量从身体向外扩散的就少。同样的常识，如果坐在 25℃水温的浴缸里，身体会迅速变凉，而在 25℃的空气中则会感到特别舒适。

导出量

有些时候，一些物理性质会共同作用产生一个参数，而其具有指示作用。我们将在这里介绍一些物理要素之间有用的关系，特别是对我们理解海洋生态很重要的流体运动学方面的物理要素。

雷诺数（Reynolds number，Re）　流体运动的程度影响许多过程，包括化学浓度和流体速度梯度。流动越大传热越大，正如我们从风扇和微风的冷却作用中所知道的。因此，表征生物体所处流体的流动状态是非常重要的。其中，一个简单但所含信息丰富的参数是雷诺数，它从广义上描述了惯性力和黏性力的相对重要性及其相对重要性的结果（图 2.2）。

雷诺数（Re）描述的是流体速度（U）、流体流过物体的特征长度（l）、流体密度（ρ）和动态黏度（μ）之间的关系：

$$Re = \rho U l / \mu$$

式中的分子是那些与惯性相关的特性——流体密度、流速及与之相互作用的生物的大小，而分母是黏度。由于其单位相互抵消，雷诺数是一个无量纲数。这意味着两个雷诺数相同的生物可能面临多少有些相同的环境，即便与雷诺数相关的特性值可能各自不同。

许多文献都认可这种简单测量方法的实用性，也讨论了其局限性，但雷诺数仍然概括了生物-流体相互作用的一些重要特征。当雷诺数小于 1 时，表明黏度比惯性占优势。因此，缓慢移动的微小（l 非常小）浮

图 2.2　低雷诺数与高雷诺数相关的流体环境对比。（A）低雷诺数时，流线不相互交叉，因此流动仅仅将化学物质传输到下游。扩散在化学物质（或热）向其他方向移动中起重要作用，但因为扩散很慢，化学物的羽流较窄较长。由于混合极少，这些羽流是集中和连贯的。由于流体在物体下游平滑地重新汇合，在低雷诺数流体中的物体不会产生尾流。阻力是表面积的函数，因此表面积与体积之比较小的物体，如球体，阻力最小。（B）高雷诺数下的流动是混沌的，由向下游之外方向运动的涡流组成，这就使流体的化学物质混合，而羽流快速地横向扩散并变得稀薄。流体在流经物体时分离，在尾部形成以涡流组成的尾流，从而产生压差阻力（阻力）。因此，在高雷诺数下减小阻力的方法是降低横截面积。流线型的形状（如泪滴）向后变窄，能够阻止流体分离，从而降低阻力

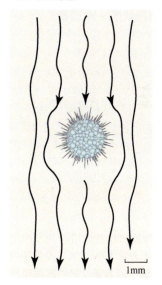

（A）低雷诺数　　　　　（B）高雷诺数

1mm　　　　　　10cm

- 流线相对平行；通过扩散向其他方向移动
- 物体周围的流区扰动极少
- 较小表面积产生较小阻力
- 化学物质没有广泛扩散
- 化学物浓度、温度或流速梯度较大（边界层较厚）

- 流线混乱；大量流体向其他方向流动
- 流体在物体周围分离，在尾流中产生湍流
- 横截（投影）面积大的物体所受阻力更大
- 化学物质发生扩散
- 边界层较薄

游植物生活在一个低雷诺数的世界中。在这个世界中，水流在浸没于其中的物体周围平滑地流动，并在下游位置重新汇合，在物体的后面没有发生流体干扰（Vogel，1994）。低雷诺数时，流体很少发生混合，扩散是导致分子向下游之外的方向散布的主要机制。

对个体较大、雷诺数较高的生物来说，情况则截然不同。在高雷诺数环境下，流体在物体周围分离，并在物体的尾流（wake）中产生湍流（Vogel，1994）。湍流可以被看作流体在平均流（或集流）以外的流体块。试想在地铁列车后追逐的飓风，其实就是一种涡流（eddy）。这种结构能使化学物质（和热量）发生快速的移动。湍流扩散导致的净移动距离要比分子扩散大好几个数量级。由于湍流移动的方向不是标定流向（通常表示为 x 方向），因此，对湍流的量化通常用 x 方向流速的标准差，或两个速度分量（如下游流速 x 和横向流速 y；Denny，1988）的协方差来表示。在快速流动的流体中，雷诺数越大，湍流的作用就越重要。湍流强烈影响着化学物质、幼虫、热量等的稀释和运输，除了非常接近水体表面处之外（见本章中有关"水底、动量和扩散边界层"小节中的讨论）。

雷诺数特别重要的一点是，它取决于有机体大小的某个方面，正如其所含要素 l 所表明的。最普遍的是，l 是描述生物（或生物上的某个结构）和流体之间的相互作用最相关的大小维度。通常 l 是平行于水流方向的长度，但在特定情况下，它也可以指其他方面的大小。最重要的是，即使在同一流体、相同流速的情况下，大小不同的生物的体验也会不同。对幼鱼来说，其生活的流体世界更像糖浆，也就是说，它比成年的同类受到更多的黏度影响。

阻力（drag）　雷诺数还有助于我们了解作用于生物的那些力。其中一个重要的力就是阻力，即作用于生物的与其运动方向相反的力，或者说，是流体把静止物体朝流动方向推动的力（图 2.3）。在高雷诺数时，

$$F_{\text{drag}} = \frac{1}{2}\rho A C_{\text{d}} U^2$$

式中，

ρ——作用于生物的流体的密度；

A——生物在流向上的投影面积；

U——流体的流速；

C_d——阻力系数，是生物形状的一个函数。

（A）

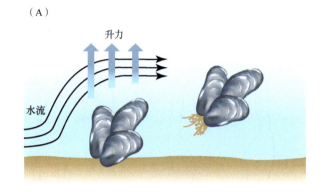

（B）

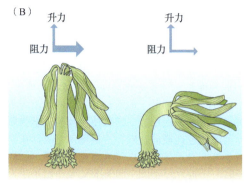

图2.3　生物的形状如何与流体相互作用，从而产生升力和阻力。图中箭头的厚度表示大小。（A）脱落是较短的固着生物的一个主要问题，因为通过它们的水流产生了升力，会破坏其与基底的附着。除非在特殊情况下，许多固着生物的附着强度大于其所受升力。（B）但是，有些生物是柔软的，它们在水流中弯曲和蜷缩。这样可以降低流速，并减小垂直于水流的面积，二者都能降低阻力。（C）移动生物，如蟹，也会遭受阻力，该阻力会阻碍其运动，或使移动付出更高成本。通过降低横截面积和流线化能够降低阻力。固着动物和移动生物都会采用这些策略

（C）

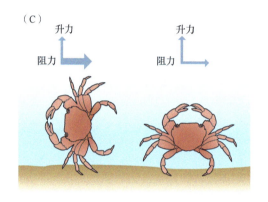

阻力还能说明为什么游泳需要能量。能够运动的生物有多种策略来减小阻力并增加运动的效率。同样的，阻力会使固着生物被驱离或者遭受损害。这对许多生物来说，即使并不致命，但也不是一件好事（Carrington，1990，2002），即便有些生物在被撕成碎片之后仍能完成繁殖（Highsmith，1982）。

特别是，阻力作用的大小随着雷诺数的大小发生变化。如上所述，大小是个问题；生物的形状对阻力系数（C_d）的影响也具有同样效力。更准确地说，形状的重要性还是取决于其尺寸大小（图2.2）。在低雷诺数时，流体在物体周围平缓地流过，并在下游重新汇合。影响阻力大小的生物或物体的因素是其与流体接触的面积（A）的大小。这种阻力通常称为表面摩擦阻力（Vogel，1994）。球体是使阻力最小的形状，因为对于任何给定体积的物体而言，球体的表面积最小。这对生活在高雷诺数空间中的人类来说是难以感知的。

在雷诺数较大时，由于流体不会在物体后面重新汇合，物体后面的湍流尾迹中会形成一个压力较低的区域。产生的压力差会将物体向后（流动的反方向）推。通过流线型来阻止流动分离是在高雷诺数情况下减少阻力的一种方法，自行车运动员所佩戴的细长尾巴的头盔就是为此而设计的。所以，许多生物，从鱼类到甲壳类动物，都具有同样的策略：通过其身体（或部分身体）的形状来减少流动分离。将其与流体的接触面最小化是减小阻力的另一种方法。与水流垂直的平板会经受巨大的阻力，而与水流方向平行时阻力会相对很小。在高流速区域的固着生物较多使用这种策略（Nakamura，1994）；而在低流速区域则相反，这时，面向高阻力的方向是有利的，因为流体在生物尾流中的混合可以加快气体交换，并且有利于捕获颗粒物（Abelson et al.，1993；Helmuth and Sebens，1993）。螃蟹在高流速情况下会保持使其横截面最小化的方向（图2.3C；Weissburg et al.，2003）。当流速增加时，阻力也随之加大（事实上，当其他要素保持不变时，阻力增加的倍数是流速的平方），但是柔软的生物在水流中会发生变形，以降低其所受阻力（图2.3B；Friedland and Denny，1995）。生活在波浪摇曳的海滨的海带和海葵就是很好的例子。由于没有坚硬的骨骼，这种柔软的生物能够在低流速时尽量伸展其叶片或附肢（最大面积 A），以最大限度地捕获食物或营养物质；而在高流速时蜷缩，从而使它们的投射面积最小。这种形态重构降低了可能会将生物驱逐或造成损害的力量。柔韧性还可以使大型藻类能够随波逐流，以减少阻力（但也有不同观点，如 Henny et al.，1998），但也

存在其他潜在的负面影响（见本章中有关"流动效应：对阻力、升力和剪力的抗力或适应"中的讨论）。

升力（lift） 另一个重要的力是升力。它的作用方向与水流垂直，而且大多数情况下是向上的。升力产生的方式与高雷诺数时产生阻力的方式基本相同。它是由于生物顶部的压力低于底部的压力而造成的。这样，压力梯度就会产生一个净的向上的力。翼型，如飞机的机翼，可以加快通过其上表面的流速，而使下表面的流速相对较低。流速较高的一（上）侧气压较低，这样就会产生净的向上的力。鲨鱼水平方向的鳍就是如此，扇贝不对称的上下壳（Vogel，1994），以及夏威夷岩蟹半扁平的形状也是如此。相比之下，大型藻类充分利用升力使其叶状体竖立在水中，以增加对光合作用所需光照的获取。它们利用浮力效应，通过气囊产生升力。由于能够减少阻力的弯曲形状可能会难以获取所需的升力，许多生物的形状反映了其在考虑阻力和升力之间的折中。

剪力（shear） 最后我们需要讨论的力是剪力。剪力的定义是物体沿某一维度所受力的变化。在我们所考虑的海洋环境里，剪力是由流速梯度所造成的，在垂直于水流的方向上沿物体长度所产生的大小不同的力。这会产生彼此不同的流体"切片"的滑动，就像我们推一副扑克牌中最上面一张牌时所发生的情况一样。如图 2.4 所示，速度梯度的变化在接近基底的时候最陡（变化最快）。所以，剪力对附着于基底的生物来说特别重要。海洋生物的幼体似乎会利用剪力作为定居的信号，以确保找到一个流速足够的地点（Mullineaux and Butman，1991），但又不会因为剪力过高而被驱离。因此，剪力大小的时空变化是决定定居的关键因素。幼体必须在被过高的剪力卷走之前完成固着。

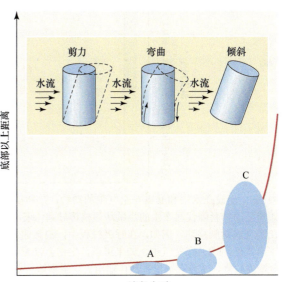

图 2.4 在从底部发展起来的流速梯度（边界层），剪力对生活在其中的生物的影响。由于不同大小的生物体遭受的流速梯度不同，其所受剪力影响也不同。（A）个体极小的生物，如小藤壶或壳状藻（几毫米到几厘米），其高度不足以感受到太多的流速梯度，所以不会受到太大影响。（B）而稍大的生物，如高一点的藤壶（1cm 到数厘米），身体的一部分处于流速随着高度增加而快速变化的区域，就会体验到剪力的影响。（C）而更大一点的生物，如珊瑚或海扇（高于 10cm），正好处于流速梯度范围内，会受到剪力的强烈影响。处于流速梯度中的生命体会受剪力影响，但也可能因为从底部到顶部的流速差异而发生弯曲或倾斜

我们将不在这里对有关流体的力进行全面的综述，感兴趣的读者可以参考一些关于海洋生物的力学综述（Denny，1988；Vogel，1994；Denny and Gaylord，2010）。

梯度的重要性

梯度是生理表现的决定性因素

生命可以被视为一种能力，在面对外部扰动时，将内部条件保持在生理可接受范围之内（Schmidt-Nielsen，1997）。尽管生物在对温度、渗透浓度或其他特性的变化上耐受程度有所不同，但所有生命体都有一个极限，一旦超过极限，就会降低其生长、繁殖或与环境彼此作用的能力。在极端情况下，还会造成伤害或死亡。梯度既可能有助于，也可能妨碍生物运输营养物质和废物。营养物质需要被输送到生命体内部，如果生物体内营养物质的浓度高，就要求生物消耗能量来逆梯度完成传输。由于要维持生命体组织内必需物质的积累，这种能量的消耗对生物来说可能是非常可观的（氧气是一个明显的例外，因为它会被迅速地消耗；除了那些正在进行高水平光合作用的生物体，一般也不会在生物体内聚集）。蓄积在生物体内的废物通

常很容易被释放到浓度较低的外部环境中，但也并非总是如此。因此，对特定物质的内外部浓度有一个深入的理解是非常重要的。

自然状态下，梯度会变得均匀，不需要使用外部能量。溶解性化学物的移动也许是最常见的例子。如果用透性膜隔离高浓度溶液和低浓度溶液，那么每种物质都将沿其浓度梯度扩散。水将从溶质浓度较低（或水浓度较高）的分室散出，而溶质将从浓度更高的分室散出。随着时间的推移，这两个分室的溶质浓度将变得相等。重要的是，从高浓度分室向低浓度分室移动的净速率与浓度差成正比。所以，当梯度变小时，净运动速率也减小，直到浓度相等时变为零。

因此，梯度的强度受生物体内情况的显著影响。好氧生物需要在其组织和外部环境之间维持高浓度梯度，前提是外部的氧气能够得到不断补充。这样，氧气才能扩散到生物体内（图2.5）。在海洋环境中，CO_2通常会迅速转化为碳酸氢盐。因此，虽然环境中的CO_2浓度似乎很高，但它被绑定在不同的分子中，所以气态的CO_2从生物体内向外扩散一般不会受到限制。当补给不能满足需求时，该系统被称为是质量通量受限（mass flux limited）的。在现实世界中，生物体外的条件很少是静态的，所以质量通量受限会出现在一系列的系统之中（Thomas and Atkinson，1997）。尽管海水中的碳含量很高（以碳酸氢盐的形式），流向如珊瑚等生物的碳通量却往往会限制光合作用的速率（Patterson，1992；Lesser et al.，1994）。

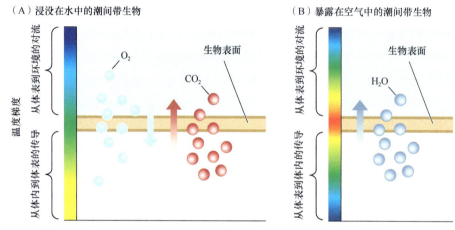

图2.5 浸没在水中和暴露在空气中的动物，热和质量在热梯度和化学浓度梯度中运动的对比。（A）在水中，内温动物，如哺乳动物新陈代谢产生的热量从热核传导到体表，然后通过对流散失在环境之中。气体和其他化学物质沿着其浓度梯度在渗透膜两侧移动。例如，在呼吸过程中，消耗的氧气（O_2）可以通过扩散来补充，而产生的二氧化碳（CO_2）通过扩散排出体外。（B）在空气中，如果可以，生物会收缩可渗透的体表，以限制水分通过扩散造成的损失。否则，由于其体内水分浓度较高，水分会通过扩散传输出去。生物体从太阳辐射中获得热量，然后通过对流（如图所示）散失到（通常较冷的）周边空气之中。在较热的体表与较冷的体内之间产生传导

质量传递

质量传递（mass transfer）是指任何物质（质量）从一个库（如动物体内）转移到另一个库（环境）中的过程。对动物来说，物质主要是指水、各种离子、氧气、二氧化碳和热量等。这些离子可能是特定生理过程所必需的，也可能是新陈代谢所产生的废物。对植物和其他自养生物（那些利用化学能或光能合成有机物的生物）来说，主要与二氧化碳（碳酸氢盐）的吸收、氧气的排出，以及溶解无机物有关，如铁或硅酸盐等。有壳的动物需要碳酸氢盐来制造其外保护层。在许多情况下，重要的物质不得不逆梯度传输，如果可以，生物必须消耗能量来传输这些物质；而在另一些情况下，动物必须阻止可能会发生的物质传输。对具有湿润体表的潮间带生物（如藻类、海葵和海星等）来说，干燥胁迫的影响尤为重要。这些生物体内含水量较高，这意味着当潮水退去，它们很容易失去水分（Bell，1993；Iacarella and Helmuth，2011a；Power et al.，2011）。

热量传递

热量传递（heat transfer）与质量传递相似，热量沿着温度梯度传递（图2.5）。杯子中的冰融化是因为

水中的热量传递给了冰，最终杯中的水温达到均温而冰完全融化。正因为如此，环境能够将热量传递给生物，或者生物将热量传递到环境，而这都是受温度梯度驱动的。海洋生物与其周边环境的热量交换机制是非常复杂的，详细内容可以参考其他文献（如 Helmuth，2002）。但值得一提的是，暴露在潮间带的生物体温不能直接用气温来代替（Helmuth et al.，2011）。即便是始终保持在水面以下的珊瑚（或大多数海洋生物），在低流速、高光照的条件下也能够被动地获取热量，使其体温略高于环境（水）温度（Fabricius，2006；Jimenez et al.，2008）。低潮位时暴露在光照之下的潮间带藻类和无脊椎动物，可能会在几个小时内经历25℃或更高的温度变化，比周边气温高出 15℃以上（Marshall et al.，2010）。此外，由于反射光中表面颜色的影响和生物形状与气流模式相互作用的方式，以及（如上所述的）热惯性的影响，两个暴露在完全相同外部天气条件下的生物可能显示出截然不同的温度（Broitman et al.，2009）。

尽管有些生物的温度耐受范围比其他有机体的更宽，但所有的动物都有一个具体的耐受区间。超过这个范围，它们进行正常功能的能力就会受到影响。如果一个生物的体温长时间超过其最适温度，就可能造成生殖失败（Petes et al.，2008；Wethey and Woodin，2008）。在极端情况，高温胁迫（和低温胁迫）会导致死亡。例如，Tsuchiya（1983）的研究发现，暴露在极端温度下的贻贝死亡率超过 50%。因此，长时间的高死亡率会导致物种分布范围的变化（Smale and Wernberg，2013）。

对许多潮间带的无脊椎动物来说，维持一个可接受的体温范围是较为困难的（Somero，2002）。海洋生物必须在温度变化和干燥之间艰难地做出权衡，而可选余地又少之可怜（Lent，1968；Iacarella and Helmuth，2011a）。对表面湿润的生物来说，体表水分的蒸发是一个重要的冷却机制，但有脱水的风险（Bell，1995）。一些带壳动物会利用相同的机制，将其湿润的组织暴露在流动的空气中（Williams and Morritt，1995；Iacarella and Helmuth，2011b）。对许多暴露在太阳辐射下受热的生物来说，周边的气温是其体温可承受的下限。因为当二者相等时，对流产生的热交换将不再起作用。太阳辐射直接引起的升温，可能会使生物的体温明显（10～15℃）超出周边气温（Helmuth et al.，2011）。

在自然界中，热量和质量的传递与水动力作用之间的权衡是很常见的，而动物是被空气还是被水包围，对这些过程的相对重要性有着巨大影响。相同梯度（如浓度差）下，气体在水中的扩散的速度是其在空气中扩散速度的 1/10 000（Denny，1993）。这意味着，扩散速率可能会限制水生动物的气体和营养物质交换。相比之下，水的密度和热容更大，使其成为一个良好的热交换媒介（Denny，1993）。因此，通常当潮间带动物暴露在空气中时，它们就容易受到高温胁迫，特别是同时暴露在高气温和高太阳辐射之下时。

水底、动量和扩散边界层

可以这么说，发生在生物体表面与外部流体环境间的相互作用最终驱动了所有生物过程。正是在这个界面，生物与流体环境交换热量、气体和营养物质，并在某些情况下，受到流体运动破坏的威胁。此外，这样的交换又反过来影响生物之间的相互作用。基于我们之前对梯度概念的讨论，现在我们更正式地讨论流体-固体相互作用如何通过边界层驱动梯度。

尽管对边界层理论进行全面的讨论远远超出了本章的范畴，但对水的基本特性的一些简单介绍，有助于我们理解流体运动是如何影响海洋生物的生理和生态的。如上所述，所有流体，包括空气和水，都有密度和黏度；因此，流动的流体都有动量，但黏度的内部黏稠度往往会抵消动量，使流体减速。这就是黏度与密度之比通常被称为运动黏度的原因。然而，液固界面的一个特殊性质是边界层的一个关键因素——无滑移条件（no-slip condition）。简单来说，无滑移条件是指液体倾向于粘在固体表面上。回溯前面扑克牌的例子，推动桌子上一副牌中最上面的那张，最上面的那张牌滑动得最远，在其下面的每张牌依次移动得稍微少一些，而底牌会留在原处。所有的液固界面上重复着同样的过程；在固体表面一定距离处，流体的动量推动着流体；但随着离液固界面越来越近，流体速度会逐步降低；在接近固体表面时，流体会在非常薄的一层急刹车式地进入无滑移条件（Denny，1988；Vogel，1994）。黏度是这两种状态——完全静止或运动之间的媒介，通过耗散固体表面上方流体的动量（搅拌咖啡的例子），从而在（固体）表面和部分水体之间形成流速梯度，这时表面不再受影响，该部分水体的流速也被称为额定流速或自由流速（图 2.4）。这种流速梯度被称为边界层（boundary layer），并最终驱动生物和环境之间的界面交换。

重要的是，只要有新的液固界面出现，就会形成边界层。因此，边界层是在边界层内形成的（Denny，1988；Vogel，1994）。海洋底部大尺度的边界层（以米为单位）被称为水底边界层（benthic boundary layer，BBL），在其内部又形成不同分层。例如，在每个生物的表面形成的被称为动量边界层（momentum boundary layer，MBL）。如前所述，雷诺数表示动量和黏性效应的相对重要性；因此，雷诺数减小将会增加边界层的厚度（图2.2）。因此，流体的自由流速以及流体密度和黏度（对温度敏感），都会影响边界层的厚度。当存在粗糙表面（如粗糙的基底、突起的结构或鱼的粗糙体表）时，边界层厚度会减小，从而使动量从自由流传递到物体表面的速率加大（Jackson et al.，2007）。然而，有些时候，由于珊瑚和多毛类管虫的聚集，突起结构的厚度可能足以限制流动，导致聚集体表面上产生滑行水流，并显著降低聚集体内部的水流（Friedrichs et al.，2000；Reidenbach et al.，2006）。

在动量边界层中非常靠近生物体表面处，存在一个流体速度异常缓慢的层，扩散和传导是其唯一的传输机制，也被称为扩散边界层（diffusion boundary layer，DBL）。扩散边界层越薄（一到几微米），越有利于质量或热量的交换，而较厚的扩散边界层会使生物面临质量或热量传递受限的风险。前面已经提到，扩散距离与时间的平方根成正比，扩散时间会对扩散距离产生严重影响。换句话说，扩散距离加倍，则扩散时间会增加4倍。因此，即使扩散边界层厚度只超过几十微米，也会限制进出生物体的传输，从而产生有害影响（见下一节）。扩散边界层的厚度取决于扩散常数以及其他一些影响边界层厚度的因素。

请注意，动量边界层中生物周围的流体对通过扩散边界层的物质和热量通量有显著影响。如前所述，任何通过生物体表面的溶解物质（如空气中的水蒸气、水中的氧及热量）的运动，通常由接近其表面的局部浓度梯度以及生物形态与局部水流的相互作用决定。流速增加，通常会降低扩散边界层的厚度，并通过保持接近生物表面的环境浓度而产生更大的浓度梯度。这有助于改善扩散传输，否则传输就可能会受到限制。因此，依赖被动气体交换进行呼吸的好氧生物，有可能在静止的水中窒息，或至少严重缺氧，这是因为氧气的扩散速率无法满足其代谢需求（Kühl et al.，1995；Shashar et al.，1996；Edmunds，2005）。即使氧气浓度在离生物只有几厘米远的地方很高，这种情况也会发生。众人皆知，如果水箱里的水循环不足，会导致饲养的生物死亡。扩散边界层的通量如何受生物周围水流影响，及其如何与有机体特性相互作用，都已被反复证明，并且具有重要的生态后果（见下一节对珊瑚的讨论）。

类似地，水流不断地替换被生物表面传导加热或冷却的流体。因此，在有水流的情况下，热量传递会迅速增加，这同样是因为流动会导致更高的温度梯度。这一过程称为强迫对流（forced convection），以区别于直接接触表面或流体静止时的热传递（图2.5）。当水流不足以降低珊瑚表面的温度时，处于高日照（高热量输入）环境中的珊瑚温度比周围的水更高（Jimenez et al.，2008）。

生态意义

扩散边界层和质量通量限制的生态影响

如前所述，流体流动和生物特性的相互作用，决定了扩散边界层的厚度和浓度梯度的大小。二者都会影响质量通量。生物体有时会受到扩散边界层特性的约束，或者会采用一定的策略来降低扩散边界层的厚度。例如，在受保护的环境里，流速不足以维持扩散边界层中氮的浓度，大型海藻对氮的吸收就可能受到限制。换句话说，大型海藻的生长受到抑制（Hepburn et al.，2007）。有趣的是，这种情况只发生在氮浓度较低的季节。大型海藻通常是近岸海岸带系统的关键物种，它为其他生物提供了食物、基底和庇护所。因此，尽管大型海洋藻类一般不会受到质量通量的限制（Hurd，2000），但仍有可能在某些时间段和地点出现短暂的生长受限，影响关键的生态相互作用。

珊瑚中的质量传递也会受到流速的强烈影响。扩散边界层的通量增加，其结果是流速加快，导致质量传递速率提高。例如，流速增加导致磷酸盐（Atkinson and Bilger，1992；Cuet et al.，2011）、碳（Lesser et al.，1994），以及铵（Thomas and Atkinson，1997）的吸收也增加；还防止氧气在扩散边界层的累积，从而提高了光合作用效率，并减少了氧化胁迫（Finelli et al.，2006；Mass et al.，2010）。珊瑚形状对水动力环境和随之产生的质量通量（Reidenbach et al., 2006; van Woesik et al., 2012）有很大影响。因为形状如何影响动量边界层，就会如何影响扩散边界层。直径较小的珊瑚枝具有更开放的空间，允许水更自由地流过珊瑚头，而密集生长的珊瑚会对水流产生影响。由于珊瑚形状至少部分取决于水流环境，物理要素和生物之间就会存在一个复杂的反馈，强烈影响珊瑚的健康、生产力和抗胁迫能力（van Woesik et al., 2012）。有趣的是，热损失和质量传递容量间的联系似乎是这样的，即具有更高质量通量的珊瑚更能抵抗热胁迫。这意味着，如果定居形态能够保持高质量通量，特别是在流速缓慢的情况下，就不太容易受热胁迫而导致死亡（Jimenez et al., 2008）。珊瑚和珊瑚多样性的主导作用表明，物理条件可能是珊瑚礁群落生态相互作用的重要驱动力。

水流对水底边界层的影响

对于附着在基底上的动物，水底边界层产生的力被传递到动量边界层。在那里，它们常常具有强烈的生理和生态影响。回想一下，水底边界层的特点是，靠近基底的流速非常慢，然后以对数增长的方式，在距离基底上方的某处达到标准的自由流速。这些流体力影响着对海洋生物生存、生长和繁殖等至关重要的各种过程。

流动效应：流动和取食　当在显微镜下观察海水样本时，看到的如同充满悬浮物的汤：从泥沙到被动漂流的硅藻，再到浮游动物（如桡足类）等所有的活体颗粒和非活体颗粒。许多海洋生物通过捕获或过滤"汤"中的这些物质来获取所需营养。因此，颗粒通量是食物颗粒浓度和流速的乘积，是决定悬浮滤食者食物供给速率的重要因素。自然地，几乎所有描述底栖和远洋生物悬浮滤食的方程里都有流速这个成分（Patterson, 1991; Shimeta and Jumars, 1991）。许多滤食悬浮物的生物都会将其滤食结构伸展入动量边界层，以增加其滤食构造的食物颗粒通量。例如，生长在平静海底的海百合和海蛇尾有优美的扇形触手。即使结构简单的生物也同样受到流动的影响，如藤壶，在低速水流时主动滤食，而在高速水流时伸出其滤食结构被动滤食（Trager and Genin, 1993）。

然而，不要忘记，生物的特性同样会起作用。尽管流动最快时颗粒通量水平更高，但许多固着悬浮物滤食者在中等流速下时颗粒捕获量最高（Leonard et al., 1988; Patterson, 1991; Sebens and Johnson, 1991; Dai and Lin, 1993; Fabricius et al., 1995; Sebens et al., 1998; Wijgerde et al., 2012）。这是因为，在低流速下，颗粒捕获速率受颗粒通量的限制；而在流速较高时，许多悬浮物滤食者的滤食器官可能无法发挥正常功能。例如，触手会向下游方向偏转（Patterson, 1991），或者颗粒没有足够的时间黏附在捕捉表面上。

流动效应：对阻力、升力和剪力的抗力或适应　底栖生物必须与升力和阻力（图 2.3）相抗争，因为二者可能会驱使底栖生物移动或限制其移动。同样地，如果从附着在基底上的动物的底部到其顶部具有速度梯度，剪力可能会使其弯曲或倾斜（图 2.4）。这些力对许多生物的特性和相互作用有相当大的影响。

海洋藻类有一系列策略来降低水流中的阻力（Hurd, 2000）。海棕榈属（*Postelsia*）兼具有韧性（toughness）和柔性（flexibility），使其能够在强流中匍匐（Holbrook et al., 1991），以减小其投影面积，并使阻力最小化（图 2.3B）。有趣的是，通过减小表面积和改变形态来降低阻力系数以减小阻力是两个完全不同的策略，而且相互独立地运作。不同藻类会采用这两种策略的不同组合（Martone et al., 2012）。这表明藻类形态的多样性主要源于其对抗阻力的机制。同样，弯曲使植物冠层更接近流速较缓的底部，进一步降低其所受阻力。大型海洋附着藻类（如海带）更多地采用这一适应机制（Gaylord et al., 1994）。有趣的是，大型藻类会随着水流移动，否则会产生阻力。然而，当藻类加速并快速调转方向时，这一策略会产生相当大的力。因此，大型藻类会更多地受到其移动所产生的惯性力的影响，而对小型藻类来说，流体运动直接产生的力对其影响更为重要（Denny et al., 1998; Gaylord et al., 2008）。

通过改变其形态和生物力学特性，关键藻类种抵抗流体力的需求会产生重要的生态影响。受强波浪影响的潮间带藻类具有韧性，通常长有短而粗的主柄和小而韧的叶片，如典型的、抗波浪的 *Postelsia*（Holbrook et al., 1991）。潮下带的藻类同样受到水流的强烈影响。Duggins 等（2003）发现，潮下带海带的分布沿流速梯度发生变化，从矮小的灌木状到参天大树状 [多肋藻（*Costaria costata*）、孔叶藻（*Agarum fimbriatum*）和海带属物种 *Laminaria complanatd*]。一般来说，生长在高流速地方的大型海藻具有较小、较窄但是更粗的叶片和更大的茎片，以及更高的固着器与叶片的面积比。这些特点的最终结果是使其叶片韧性更大，而驱离海带所需的力也更大。改变不同器官的相对比例及生物力学特征，如叶片韧性等，对食草动物或者靠大型藻类庇护赖以生存的生物都会产生影响。

要提供一个强有力的预测或解释框架，有赖于把生物形状和水流的函数用于估算升力、阻力和破断力的能力，以及对环境变量的了解（如流速）。Denny（1987）对破碎波给贻贝（*Mytilus californianus*）施加的升力，以及贻贝的黏附力进行了测量，发现大的波浪产生的升力足以偶尔清除贻贝斑块，并导致基底的重定居。Carrington 等发现贻贝（*Mytilus edulis*）的被驱逐率是波力与黏附力的乘积（Carrington，2002；Carrington et al.，2009）。但是贻贝的黏附力会随着季节发生变化，因此，并非波力最大，驱逐率也最大。这一基本方法还可应用于比较贻贝的本地种和入侵种对被驱逐的脆弱度差异。入侵种紫贻贝（*Mytilus galloprovincialis*）原产于地中海地区，现已散布在大西洋的东西两侧海岸。在南非，在潮间带上层区域，*M. galloprovincialis* 替代了本地种（*Perna perna*），而在下层则没有出现这种情况，因为存在较高的水动力（Zardi et al.，2006）。*P. perna* 能产生更多的足丝，因而具有更强的附着能力。因此，分配于附着能力上的能量差异可能是 *M. galloprovincialis* 无法入侵底层区域的部分原因（Zardi et al.，2007）。所以，对水动力的了解，加上对个体对这些力的反应的分析，能够帮助我们理解存在相互竞争的物种的分布。使用类似的方法，Madin 等（2006）通过观察珊瑚在不同流速下如何发生弯曲或破碎，对一次风暴事件后不同珊瑚物种的存活率进行了建模分析，从而了解物种的分布。这些方法可用于理解和预测气候变化的影响。海洋 pH 和温度的变化将影响碳酸盐的沉积，从而改变许多海洋生物的形态和物质特性。这些变化还会影响动物抵抗破裂的形态依赖（shape-dependent）策略。据预测，气候变化还将增加极端天气事件的严重程度和频率。建立良好的给定物种的形态依赖性模型，并结合水动力预测模型，有助于预测生物和群落对气候变化的响应。

Siddon 和 Witman（2003）发现，尽管潮下带的海胆和海星无须担心被驱离，但长期处于高流速下，它们的移动会受限制（可能是由于阻力），导致其难以获取猎物。由于波浪流在浅水处会加大，在暴露于波浪的区域，海胆会选择相对不受波浪影响的更深水域，也就是水流相对较弱的地方。海胆的这种分布特征会给其猎物——藻类提供一个可以庇护的场所，即浅水处。这不禁让人回想起 Menge 和 Sutherland（1976）提出的消费者胁迫模型——在恶劣物理环境对捕食者造成损害的地方，被捕食者物种能够主宰和竞争。但是，在 Siddon 和 Witman 的研究中，物理胁迫（如流速）远远低于驱离这些海胆类捕食者或对其造成伤害的水平。这说明，我们需要重新审视对胁迫的定义。胁迫并非一定要达到非常严重的程度，即使是一些轻微的作用，仍然会对生物的行为和生理表现带来严重的影响，从而影响重要的生态结果（Smee et al.，2010）。

Monaco 和 Helmuth（2011）指出，胁迫水平是生物所面对的环境条件和其自身生理反应的共同产物。因此，即使是相对而言，仅从物理环境来考虑环境胁迫也是不可行的。例如，如果体温升高是一种胁迫，生物的生理表现可能会增强、减弱，或者没有任何变化，而这取决于其生理耐受能力。因此，一个生境对某种生物来说可能是一种胁迫，而对其他某种生物来说可能是一个理想环境；而在不同生境，这两个物种所受胁迫的水平可能会发生逆转。

热胁迫的物理和生态效应 栖息于潮间带生态系统的海洋生物展示了生物与环境之间相互作用的复杂性。潮间带的动物和植物承受着这样的环境压力：高潮时处于海洋环境，而在低潮时处于陆地环境。正是因为其极大的胁迫梯度，如温度，长久以来，潮间带都是一个适于研究环境变化对生态格局影响的范式生态系统（Paine，1994）。在低潮位时，潮间带生物（包括生活在潮间带的陆生无脊椎动物）暴露于阳光之下，其体温受到多种环境要素相互作用的影响，包括气温、表面温度、太阳辐射、云量、相对湿度和风速等（Wethey，2002；Denny et al.，2006），而这可能使体温和生境水平的环境要素（如气温）之间产生微弱的联系（Southward，1958）。由于这些相互作用的影响，在局部和纬度尺度上，体温和热胁迫之间的模式将非常复杂。例如，Pearson 等（2009）发现，葡萄牙岩岸潮间带平均最大水温和英国的相似，这可能是影响潮间带水温的要素间复杂的相互作用造成的。同样，Helmuth 等（2006b）的研究表明，北美洲太平洋海岸潮间带贻贝（*Mytilus californianus*），的分布呈现出区域差异。北部的贻贝会比南部的贻贝遭遇更多极端温度的挑战。

总体上，潮间带生态系统的地理分布变化要远远快于陆地生态系统的变化（Helmuth et al.，2006a）。重要的是，热胁迫（无论是高潮或低潮）能够通过一系列机制改变群落。极端条件下的死亡率可能会在数十年里持续影响群落动态（Harley and Paine，2009；Wethey et al.，2011b）。环境变化导致的众多亚致死效应对自然生态系统的影响也已得到证实（Howard et al.，2013）。Wethey 和 Woodin（2008）发现，由于长期暴露在海水升温之中，北欧的藤壶出现繁殖失败的情况。Pete 等（2008）的研究显示，在退潮时，贻贝被迫遭受对生理有害的温度，导致其产卵量下降。类似地，Sará 等（2011）对地中海的贻贝研究表明，即便没有达到致命体温，低潮期体温升高导致的生殖失败也限制了其在潮间带的分布。许多研究都显示，在物种分布界限之内的生物，在环境胁迫作用下生长放缓（Beukema et al.，2009）。

重要的是，生理胁迫还会对生物产生间接作用（Kordas et al.，2011）。Wethey（1984）用实验证明，藤壶的相对竞争能力是由低潮期所遭遇的热胁迫或干燥胁迫所决定的。Sanford（2002）发现，水温升高后，海星（*Pisaster ochraceus*）对贻贝的捕食率增加；而同样的物种，在暴露于空气中体温升高之后，其捕食率下降达 40%（Pincebourde et al.，2008）。

不同尺度上的物理力效应

如果没有从多个尺度整合数据和原理，就无法回答生态学的许多问题（Levin，1992；Dayton and Tegner，1984）。这是因为，动物的生理表现会影响生物间的相互作用，从而使种群、群落及集合群落的动态都会受到物理环境的影响。此外，不同的物理力在不同尺度上会影响某个特定生态过程。正是由于这些不同尺度上的联系，我们强调对影响生物的物理过程，以及对剪力、湍流和流体结构等影响程度的重视。

从不同尺度研究物理环境对生物相互作用的影响，在群落生态学可谓源远流长。追溯到在苏格兰岩岸潮间带开展的开创性研究，Connell（1961）证明，种间竞争的相互作用，以及对干燥胁迫的耐受性，导致了藤壶的区化分布。随后，对物理要素研究的关注点转向波浪运动（Menge and Sutherland，1976）和波浪产生的干扰（Dayton，1971；Sousa，1979；Paine and Levin，1981）对岩岸潮间带生物群落的竞争、捕食和演替的影响（参见第 9 章）。Menge 和 Sutherland（1976）提出了群落调节的理论模型，可用于预测（大部分是有关波浪的）环境胁迫梯度中竞争和捕食的相对重要性。随后，该模型被拓展应用于研究补充量和营养级的影响（Menge and Sutherland，1987），以及正面相互作用的影响等（Bertness and Callaway，1994；Bruno et al.，2003；He et al.，2013；详见第 3 章）。

生态学家很早就认识到，水流对物种间相互作用和底栖生物群落构成具有广泛而深远的影响。而水流施加这些影响的机制（通过降低边界层耗竭导致更高的物理胁迫等）往往仅是一些推论，甚至不得而知。而且这些机制往往是多个要素在共同作用。Kitching 等（Kitching et al.，1959；Kitching and Ebling，1961）在爱尔兰的海因湖（Lough Ine）*以及 Hiscock（1976，1983）在英国和威尔士对潮下带生物群落所开展的重要研究揭示，水流会对贻贝和大型海藻以及它们各自的捕食者的分布产生影响，在高流速潮流中，滤食悬浮物的无脊椎动物的生物量比低流速潮流中的高（Hiscock，1976）。在海因湖，高流速生境下的生物群落中，优势种是被动滤食者；而在低流速情况下，生物群落的优势种则是主动滤食者。这也是最早提出的假说——功能多样性可能与水流有关（Hiscock，1983）。在 1983 年出版的关于水流运动的著作的一章里，Hiscock 列出了一个表格，包含了一系列水流运动的有利或不利影响，对生态力学（ecomechanics）和海洋群落生态学的许多关键问题（Denny and Gaylord，2010）做出了预测。例如，他写到，较强的水流运动会减少对空间的竞争，可以使捕食者难以承受环境压力，从而降低其取食压力。他还进一步地阐述，能够适应强水流的物种在高流速环境下具有竞争优势（Hiscock，1983）。

关注水流对种间竞争影响的研究要远远少于水流对捕食的限制及其对群落结构影响的研究。为了观察好斗的丛生棘杯珊瑚（*Galaxea fascicularis*）的特化攻击长触手，Genin 等（1994）使用潜水泵加大珊瑚附近水的流速，以检验水流阻碍干扰竞争（interference competition）的假设命题。在增加流速的实验组，攻击触手偏离了与从属珊瑚的接触，使其对从属珊瑚的损害降低，这表明珊瑚的攻击行为受到水流的调节。水流可能影响了珊瑚利用性竞争（exploitation competition）的强度，如 Kim 和 Lasker（1997）发现，在珊瑚聚集中心水流较缓处，悬浮物滤食者柳珊瑚（*Plexaura homomalla*）的生长要比在外沿水流较急处的更低。

---

* "Lough Ine" 也称为 "Lough Hyne"，此处是以常用的后者作为译名——译者

这一结果与预计的格局一致，即聚集中心的集落（colony）与聚集外沿对浮游食物竞争的差异。水流和湍流混合对大型藻类（Rasher et al.，2010）和海绵（Engel and Pawlik，2000）分泌的他感素（allelochemical）分散到周边生物的过程具有显著影响，从而影响珊瑚礁种间干扰竞争的强度。

众所周知，与波浪和潮流相关的高流速能够通过限制捕食者的运动，降低其觅食成功率，进而减小捕食作用（Kitching et al.，1959；Menge and Sutherland，1976；Menge，1978）。然而，通过对捕食者和其猎物之间感官知觉的影响，水流还会对捕食，以及随之发生的分布、数量和多样性的格局等产生微妙的影响。如前所述，水流可以通过非消耗性或消耗性作用，降低捕食作用的影响（Trussell et al.，2006）。地形导致的长期高流速（Hiscock，1983）或风暴导致的极端流速（Witman，1987；Seymour et al.，1989），其所造成的影响都与景观生态尺度的食物网结构有关（Leonard et al.，1998；Byrnes et al.，2011）。例如，Leonard 等（1998）在美国缅因州潮汐河口潮间带进行的实验操控表明，高流速提高了营养盐通量和所有被捕食者幼体的补充量，从而改变了河口（狭窄的潮流）的约束，形成高流速处食物网中可观的自下而上的驱动力（图 2.6）。在高流速的地方，食物网自上而下的节制作用急剧降低，与低流速相比，由于水流混合作用，螃蟹发现猎物的能力降低，其取食贻贝的数量也会减少（见"捕食者—猎物信息传递的调节"小节）。该研究表明，水流使食物网自上而下和自下而上的驱动力相互割裂。该研究还提供了一个很好的例子——水动力是如何从生物水平尺度放大到群落水平的。在巨型海藻林，风暴导致的波浪干扰的频率对潮下带食物网的复杂程度起到调节作用，频繁的风暴会使其食物网简化，并缩短其食物链的长度（Byrnes et al.，2011）。

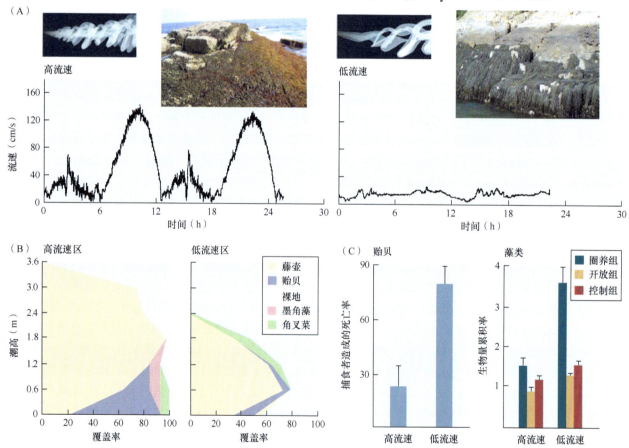

图 2.6 美国缅因州岩岸潮间带生物群落的结构与功能受水流的影响。（A）Leonard 等测量了两个不同区域的流速，并定性描述其水流和混合动态。在流速高的地方，繁殖体供应量高，化学信号分散而不集中，感知（和运动）受损。而低流速会降低繁殖体供应量，提高化学信号浓度，动物能够轻易地感知并做出响应。（B）在高流速区域的生物群落中，藻类和滤食性无脊椎动物占优势，因为其补充量高，而其消费者的捕食效率相对较低。这时，对空间的竞争很重要；在低流速的生物群落中，藻类和滤食性动物的数量则较少，因为其补充量低，而捕食作用更显著。（C）对贻贝和藻类的捕食率。捕食者造成的贻贝死亡率在低流速区域更高，因为其条件使得捕食者更易发现和消费其猎物。圈养实验表明，在低流速区，免受捕食作用的藻类生长远远快于暴露在捕食作用下的同类。因此，在低流速区，捕食作用更为重要，对贻贝来说也是如此（图片由 Robert Steneck 提供）

表 2.1 中总结了一系列作用于生物尺度，但又能逐级影响到种群、群落和景观生态的物理要素。表中还强调了关键物理要素（如剪力、湍流和温度等）与大尺度气候过程之间的联系，如 ENSO 和太平洋十年际振荡（Pacific Decadal Oscillation，PDO）。这些联系非常重要，特别是要想广泛地了解生物与其物理环境相互作用的生态后果时。即便在能够反映一个较小的种群或群落（如一个河口的一些生物）特征的时空尺度上，要测量剪力、温度或湍流等要素都是比较困难的，更不用说在大尺度高分辨率上会更加艰巨。通常，有两种方法来解决这些问题。第一种方法是使用较大尺度的环境数据，对生物和群落与其物理环境在小尺度上的相互作用进行建模。例如，修改后的陆地表面模型可被用于预测跨越地理尺度上潮间带生物的温度（如 Wethey et al.，2011a）。因此，这一生物物理方法与已使用了几十年的陆地生态系统模型是相似的（Porter and Gates，1969）。另一种方法则是对大尺度的气候过程（如 ENSO 或 PDO）进行建模。这种模型缺少特定要素的细节，但它能将重要的物理驱动力（如温度、流速）聚合到一个单一的度量中（Hallett et al.，2004），从而在无法获取一些单一变量的大尺度数值时，对物理环境条件对种群、群落和生态系统的影响进行研究。

表 2.1 不同尺度下的物理要素及其对不同尺度上的生物过程的作用，以及大尺度气候变化的影响

物理作用		生物效应			大尺度效应与联系	
物理性质	驱动因素	个体	种群和群落	景观	区域变化的原因和结果	全球联系
阻力、升力、剪力	浪高、流速	基础种（贻贝、海带、珊瑚等）被驱离 繁殖体附着 抑制捕食 竞争能力	开启或改变演替，影响恢复力 多样性、食物网结构	斑块分布和区化	风、波浪和气候条件 极端条件（如飓风）的频率和强度 海岸地形影响流力的强度	风暴度（H） 流动（M、L）
营养物质、食物、化学物，以及配子的浓度或通量	流速、湍流混合、潮流	捕食者和猎物的察觉 生长率或进食率 受精成功率	消耗性及非消耗性捕食者效应的强度 种群大小 自上而下和自下而上作用的强度	种群统计	海岸地形影响大尺度的传输和小尺度的混合 繁殖体补给的变化会改变集合群落连通度格局 自上而下和自下而上驱动力的变化产生群落结构的不同格局	流动（M、L）
营养物质、浮游植物、食物和繁殖体的传输	海水温度密度气压	生长率 产卵 繁殖体长距离传输 存活率	丰度、分布和恢复力 多样性	区化	风和内潮产生的垂直传输导致质量传递的区域性差异 水底地形 自上而下和自下而上驱动力的变化产生群落结构的不同格局	洋流（ENSO、PDO）变化的强度和频率（M、H） 海水变暖（M、H）
环境（水、空气）温度、太阳辐射	环流型	亚致死温度胁迫 超出致死温度极限 捕食率	区化和群落结构的变化 物种入侵	斑块分布	大尺度的分布范围变化 气候驱动的食物网、营养级联 增加物种灭绝风险	洋流（ENSO、PDO）变化的强度和频率（M、H） 空气、海水变暖（M、H）

注：物理性质是对生物效应最重要的环境性质。驱动因素构成了物理环境的各个方面，而这些方面决定了物理性质的大小。生物效应是物理性质对不同层次的生物组织的作用。大尺度效应是驱动因素在更大时空尺度上变化的结果。全球联系是大尺度气候变化对这些物理过程的影响。H. 高影响；M. 中等影响；L. 低影响

当然，挂一漏万，不同尺度间的这种联系实在太多，这里难以尽述。这里仅仅是对物理要素作用从小尺度逐级上升到更大尺度的一些方式进行了粗略的概述。后面，我们还将结合一些实例，专门讨论这些联系是如何产生的，又具有什么样的生态后果。

受精、附着和繁殖体供给

海洋动物将它们的配子、幼体，或二者兼有，释放到水中。这里对补充（recruitment）过程的定义是，包含受精到幼体附着的所有事件。这些事件都受到水流环境的显著影响。因此，对补充的充分描述，就必须考虑水动力是如何影响这一过程的所有阶段的，从受精到幼体如何被传输到基底，再到幼体发现和附着在基底上的能力。

对体外受精来说，相容配子相遇的概率是将其带到一起的湍流混合过程的函数。一个由来已久但可能是错误的看法是，湍流扩散会快速稀释生物所释放的配子羽流，所以会降低接触率，除非释放配子的生物非常密集，而且距离非常近。使用平均时间的湍流扩散模型来预测受精成功率就是基于这一思想。这类模型使用经验方法所导出的湍流混合常数来估算湍流扩散，这与分子扩散模型是类似的，所以模型模拟效果往往很不好（Levitan and Young，1995），甚至会严重地低估受精成功率（Crimaldi，2012）。例如，Metaxas等（2002）使用湍流扩散模型，对生活在海草床和沙质基底生境里的海星受精成功率进行了预测。其结果对沙质基底生境尚可，但对海草床则会出现低估，特别是对那些不直接处于配子（精子）羽流下游处的地方而言。此外，这些模型还无法解释受精成功率在小尺度（厘米到米）上的变化（Coma and Lasker，1997），而这些变化对空间格局具有很重要的影响。因此，海洋无脊椎动物中扩散型产卵生物的受精成功率受配子接触率约束的假设也许并不正确（Yund and Meidel，2003）。

尽管其意义重大，我们对控制配子混合的流水动力学却所知甚少。一个未被现有模型所考虑的新要素是，许多配子被释放到黏性流体中，而并非被广泛扩散。相反，湍流可能会将不同的配子束混合，从而提高受精成功率（Crimaldi，2012）。不管怎样，非常清楚的一点是，小尺度上的混合过程在时空上的变化是非常大的。那么，在大多数情况下，使用大尺度湍流扩散模型将其进行平均就有可能不够准确。

一旦到了合适的生命阶段，许多浮游生物的繁殖体就必须到达基底并定居。在这一系列事件中，无论大尺度还是小尺度的流水动力学过程都非常重要。在小尺度上，生物能够成功黏附在基底上的能力，是受主要的流体动力影响的。幼体所受的力与边界层湍流如何影响接近底部的水动力环境紧密相关。平均流速加大，边界层湍流就会变大，湍流超出幼体固着能力的概率也就越大，进而降低定居概率（Eckman et al.，1990；Crimaldi et al.，2002）。有趣的是，成体的聚集也会对定居产生负面影响。因为成体过于接近的聚集，会使水流紊乱，从而产生更多的湍流（Crimaldi et al.，2002）。因此，成体密度和定居之间存在着负反馈。这与成体通过聚集分泌化学诱素来促进定居的即定作用相反（Tamburri et al.，1992；Hadfield and Koehl，2004）。

物理要素影响定居和大尺度格局与过程的另一个例子来自流速对底栖生物群落影响的研究。Palardy 和 Witman（2011）等观察到，潮下带岩壁上自然底栖无脊椎动物群落在高流速处具有更多的物种。因此，他们设计了一个水流增强器，用以提高流经定居基底的局部水流的流速。随后，在美国阿拉斯加州和缅因州分别进行平行实验。在所有加大流速的实验点上，物种丰富度提高（图 2.7）。数据显示，在多个生物物理区域的局部景观空间尺度上，水流通过调节稀有种繁殖体的传输率，影响着生物多样性。尽管其作用机制尚不清楚，但在大堡礁的许多地点，潜水员对颗粒通过一个尺子的时间计时来估算流速。其结果显示，取决于其取食模式，流速对八放珊瑚的物种丰富度具有微弱的影响（Fabricius and De'ath，2008）。

在更大尺度上，海岸地形会影响幼体传输及其尝试定居时所受的水动力。重要的地形要素包括海湾和河口的形状，以及海岸地形的一些小尺度结构要素，如河口流或岩岸潮间带通道的大小和形状等（Hiscock，1983；Denny et al.，1992）。从小尺度到大尺度，地形变化可以通过改变繁殖体被成功传输到基底的概率、成功附着的概率和补充量的存活率，影响种群数量的变化。此外，幼体到其成体前栖地的传输取决于大尺度洋流及其特征，如上升流、洋流锋，以及幼体对这些特征的响应。行为响应，如下沉或向上游动，通常还决定幼体所能搭乘的洋流，从而影响其被传输的距离和位置。洋流还会影响水温，进而决定幼虫的生长率，及其能够坚持到定居的时间（O'Connor et al.，2007）。这些大尺度水流特征的变化，以及它们与幼体行为和生理之间的相互作用，影响繁殖体的传输，从而影响大尺度上的补充动态，而且它能通过改变猎物的供给，自下而上地影响更高营养级的生物（Leonard et al.，1998；Gouhier et al.，2010）。

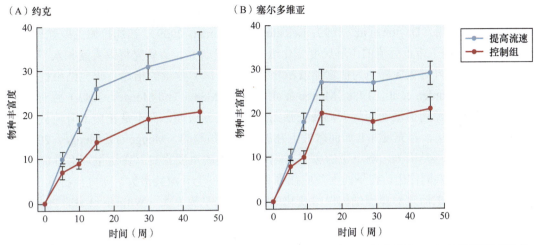

图 2.7　底上无脊椎动物的多样性（物种丰富度）随流速增加而增加。图中显示了分别在（A）美国缅因州的约克（York）和（B）阿拉斯加州的塞尔多维亚（Seldovia）的实验结果（Palardy and Witman，2011）。暴露在增强水流下的定居板上的局部物种丰富度（Chao2 指数±1 标准差）要高于处于低流速下的控制板上的物种丰富度。物种的密度也有相同模式。其他的研究结果显示，流速通过提高稀有种的补充量来驱动多样性。在帕劳和阿拉斯加都发现，相隔数十千米的岩壁自然无脊椎动物群落，依然存在流速和物种丰富度的正相关关系，这表明水流的作用是跨景观尺度的（仿自 Palardy and Witman，2011）

　　上升流是自上而下和自下而上效应中主要的与流体相关的物理驱动力。从局部尺度到地理空间尺度，通过对繁殖体和营养供给、新陈代谢、猎物补充、竞争和捕食等一系列生态过程的影响，上升流会对底栖生物群落和食物网造成潜在的影响（Dayton and Tegner，1984；Roughgarden et al.，1988；Sanford，1999；Menge，2000；Navarrete et al.，2005；Weiters et al.，2009；Menge and Menge，2013）。上升流是由一系列机制作用产生的：从大尺度的风力驱动的东边界流（Eastern Boundary Currents，EBC），如非洲南部的本格拉寒流（Benguela Current）、非洲北部的加那利寒流（Canary Current）、沿秘鲁和智利的秘鲁寒流（或称洪德堡洋流，Humboldt Current），以及加利福尼亚寒流（California Current）等（Barth，2007），到小尺度的内波（Pineda，1991；Witman et al.，1993；Leichter et al.，2003）和岛屿伴流（Mann and Lazier，1991）。大部分上升流的生态研究主要对美国加利福尼亚州、智利和非洲南部的东边界流系统的岩岸潮间带生物群落开展。在前面提到的一个研究中，Sanford（1999，2002）发现，上升流期间水温的小幅下降（3～5℃），导致关键种——捕食者海星（*Pisaster ochraceus*）对贻贝捕食率的减少。上升流冷水导致的代谢反应比波浪作用对捕食的影响更明显，说明研究生理响应和水动力对捕食者觅食约束的同等重要性。

　　尽管每个东边界流系统各不相同（Blanchette et al.，2009；Wieters et al.，2009），但上升流在所有这些系统的潮间带生物群落中，通过对营养物质供给（硝酸盐、浮游植物）的作用，进而影响被捕食者物种的补充，从而扮演着自下而上驱动力的角色。随之，有可能产生捕食者自上而下的强烈作用（Navarrete et al.，2005；Menge et al.，1997；有关上升流的详细讨论参见第 9 章）。对东边界流系统的上升流效应研究的一个关键假设是，上升流扮演着一个传输带的角色，将潮间带被捕食者物种（如藤壶、贻贝等）的幼体带离岸，从而导致这些生物在岩岸潮间带生境补充量的减少。当上升流减小，向岸流恢复，幼体补充将会开始（Roughgarden et al.，1988）。其所导致的海岸生物群落的时空格局是，在上升流持续强烈的地方，生物的补充量低（Roughgarden et al.，1988；Menge et al.，2004；Menge and Menge，2013）。尽管有研究（Keister et al.，2009）证明，海岸带浮游动物的确存在离岸传输，但在美国俄勒冈州上升流系统中幼体浓度、幼体行为和传输的综合研究中，对传输带假设提出了挑战。如 Shanks 和 Shearman（2009）发现，在加利福尼亚州北部的强上升流区域，许多无脊椎动物的幼体被保留在近岸区域，而不是被卷离海岸。显然，还需要很多研究工作来解决这个问题：上升流如何影响幼体的行为、分布和数量，并最终驱动海岸带生物群落结构的大尺度格局？对此，Menge 和 Menge（2013）提出了间歇性上升流假说（intermittent upwelling hypothesis，IUH），即岩岸潮间带生物群落的生态响应和物种间相互作用的强度是不断发生变化的，是上升流的一个单峰函数，上升流的作用在其中等程度时最大。

尽管上升流主要是潮下流，但其作为潮下带生物群落结构和种间作用的物理驱动力，所受关注远远少于其在潮间带所起的作用（Dayton et al.，1999；Leichter and Witman，2009）。在加拉戈斯群岛的 12 个样点，Witman 等（2010）对潮下带上升流的中等尺度变化进行了定量研究。该研究将垂直流和水平流，以及是否存在赤道潜流、温度和叶绿素 a 等作为估算浮游植物（食物资源）数量的指标。研究结果提供了一个与岩岸潮间带研究（Roughgarden et al.，1988；Menge et al.，2004；Menge and Menge，2013）强有力的对照。藤壶的补充量随垂直水流流速的增加而加大，并在强上升流处达到最高，而不是在弱上升流处（图 2.8）。在加拉帕戈斯的这个研究里，补充量并非如间歇性上升流假说所预测的（Menge and Menge，2013）在中等程度上升流处达到最高。这是因为，潮下带的藤壶是峨螺和鱼类的重要猎物。在这里，上升流和食物网的自下而上和自上而下效应共同作用。自下而上效应在强和中等程度上升流处最大。研究点持续 1～4 周的三维流速观察显示，垂直流的流速对藤壶幼体供给变化的影响比水平流更大（Witman et al.，2010），并且自下而上是与自上而下效应共同作用的，正如河口的潮汐流一样（Leonard et al.，1999）。导致潮间带和潮下带系统上升流和水流作用差异的原因有很多，包括测量上升流方法的差异、作用于捕食者的水流流向和流速量级的差异（可能影响其觅食），以及潮下带捕食性鱼类（运动能力极强，并可在高流速的各种条件下灵活自如地移动和取食）的重要作用等。显然，更多的潮下带生态系统研究将有助于建立控制海洋生物群落的物理要素的通用概念模型。

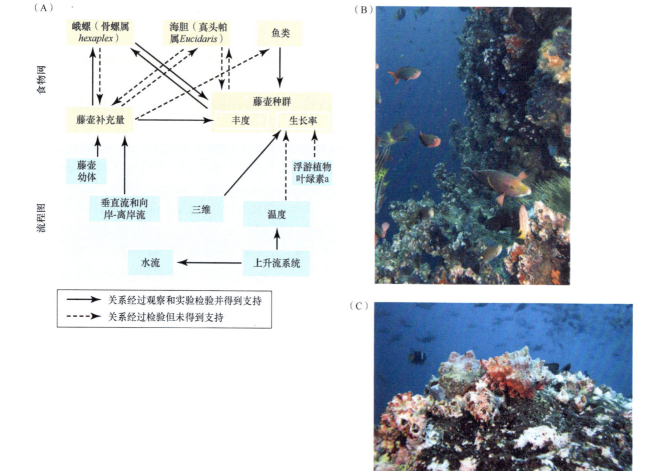

图 2.8 上升流对加拉帕戈斯群岛岩岸潮下带群落的影响。（A）该图由一个流程图（下图）和一个食物网图（上图）组成。水流成分是上升流系统中最重要的方面：平均垂直流（以及更小尺度上的向岸一离岸流）影响着主要猎物藤壶（巨藤壶属 *Megabalanus*）的补充量，从弱上升流到强上升流的地点，补充量和丰度不断增加。捕食性峨螺（骨螺属物种 *Hexaplex princeps*）的丰度与藤壶补充量和覆盖度之间的显著关系表明，上升流通过对猎物藤壶补充量的作用，产生自下而上的影响。在整个研究区 6m 水深处进行的捕食强度实验表明，峨螺和鱼类是成年藤壶的主要捕食者。在强上升流点，对成体藤壶的捕食普遍明显高于弱上升流点的，表明在中等尺度（大约 125km）上存在自下而上与自上而下驱动力的共同作用。（B）强上升流典型岩壁上覆盖的藤壶，以及数量众多的捕食者——带纹普提鱼（*Bodianus diplotaenia*）。（C）两个峨螺（中）在强上升流点取食藤壶。（A 仿自 Witman et al.，2010；图片由 Jon Witman 提供）

食物传输

尽管一般认为，质量通量限制主要发生在扩散边界层，但在大尺度上同样可能发生。Monismith 等（2010）对珊瑚礁，以及其他底栖群落（如贻贝床或松软基底群落）的观察发现，有浓度边界层（食物浓度梯度）的存在。在接近基底（数十厘米以内）的水底边界层处，悬浮物浓度降低，可能是悬浮物取食者摄食造成的。他们发现，在美国佛罗里达州的海螺礁（Conch Reef），对悬浮物的摄食率随着剪切速度增大而增加，这说明剪力速度是边界层湍流造成的基底流速变化的一个指标。摄食率与剪力速度间的相关性意味着，流速加大或珊瑚引起的混合（都会加大剪力速度）都会增加边界层湍流，进而提高传输到基底可供滤食者食用的颗粒物的量。看起来，海草能够充当一个挡板，防止悬浮物被水流冲走，从而提高双壳类的食物供应（Peterson et al.，1984），还会增加混合。这些例子说明，物理环境是如何驱动影响群落的自下而上的过程的。

捕食者—猎物信息传递的调节

通过促进或降低捕食者和猎物相互感知的能力，湍流混合会显著影响捕食过程。这种作用对海洋生态系统尤其重要，因为化学物感知是许多海洋生物的重要感觉模式。许多研究表明，捕食者对猎物气味羽流的感知可能随着湍流混合加大而减小，例如在蓝蟹寻找可以食用的蛤时（Weissburg and Zimmer-Faust，1993；Zimmer-Faust et al.，1995）。而在另一方面，被捕食者并非被动地接受其悲惨命运——饥饿的捕食者的午餐；当感觉到捕食者气味时，它们能够主动地躲避和隐藏（Smee et al.，2008）。湍流混合同样会干扰这一过程，减小猎物的感知范围，及其做出反应的可能性（Smee et al.，2008；Large et al.，2011）。所以，许多捕食者—猎物系统，就像是一场感知的军备竞赛，胜出者是在给定环境下感知能力最强的一方。在实验场景下，双壳类与捕食者强度的关系可以用水流和混合的驼峰函数表示（Smee et al.，2008，2010）。这一研究结果表明，水流混合强度最低时对被捕食者感知捕食者最有利，中等强度对捕食者感知其猎物有利，并产生更多直接捕食效应，而更高强度会导致二者感知的折中，捕食效应会全面降低。由于被捕食者需要躲避捕食者，所以无法进行其他活动（进食和交配），捕食者可能会对被捕食者产生强烈的生态作用，即便猎物没有被取食［特性调节，或非消耗性效应（nonconsumptive effect，NCE）］。对蓝蟹—蛤的研究表明，这些作用受到水流的影响，而且在水流或混合强度低时最强烈（图 2.9）。

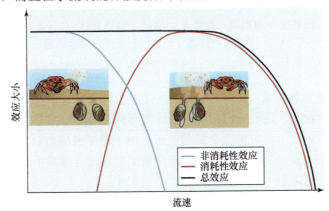

图 2.9　流速对捕食者的直接影响和间接影响，导致其聚集和对化学信号响应能力的变化。流速较低时，化学信号浓度高，更易被察觉，猎物能够较好地察觉捕食者的存在。当猎物感觉到捕食者之后，捕食者通过非消耗性（间接）效应来改变猎物的行为或其他特性，从而对其施加影响；而随着流速增高，猎物和捕食者的感知能力都将受损，但优势转到捕食者一方。捕食者通过消耗性取食（直接效应）对猎物产生影响。在流速过高的地方，捕食者不再能感知到其猎物，其移动成本也受到大量阻力影响而增加，因此，消耗性效应会开始下降

繁殖体供给和大尺度连通度

繁殖体生物学、水动力学和塑造岸线或海底时空格局的过程，对群落繁殖体的可获性都有重要影响。

因此，这些要素对种群大小产生重要的约束，并且是决定相隔甚远（如数十到数千千米）种群连通度的关键。大尺度循环/洋流模型可用于估计一系列可能相互连通种群间的繁殖体传输模式。

集合种群是指生活在不同生境斑块，因而彼此分隔，但可以通过迁入和迁出相互联系起来的一些种群（Hanski，1999）。连通度的因与果是集合种群研究的主要内容。类似地，如名所示，集合群落是指相互作用的物种在空间上是分离的，但通过扩散可以相互联系。同样，那些包含流场、扩散和湍流，以及其他物理驱动力的模型，是预测集合种群和集合群落联系向量的关键。Kritzer 和 Sale（2006）对鲍鱼、海胆、珊瑚、大型海藻、螃蟹和龙虾、潮间带贻贝和藤壶等海洋生物的集合群落结构进行了综述研究。例如，Watson 等（2010）将近岸流作为模型的重要驱动力，其结果显示，一些岩礁物种的潜在连通度和实际连通度之间存在对应关系。而对加利福尼亚湾北部的两种岩礁软体动物的扩散模拟显示，在海洋保护区内，礁石网络中上游的源种群可以为保护礁提供幼体补充（图 2.10），以维持种群的可持续性（Cudney-Bueno et al.，2009）。这些模型的共同点是，只要垂直流或循环流最小，传输距离将随着平流流速和幼虫期延长而增加。这些模型倾向于预测底栖无脊椎动物的过度扩散，因为大多数模型假设幼虫缺乏游泳技能，而这使它们难以上下移动到不同的流场中。有研究指出，需要考虑这些扩散行为的作用（Morgan，2001；Pineda et al.，2007）。在澳大利亚的一项较大空间范围的研究中，Coleman 等（2011）发现，大型藻类种群之间的连通性随着平流边界流的强度增大而增加。

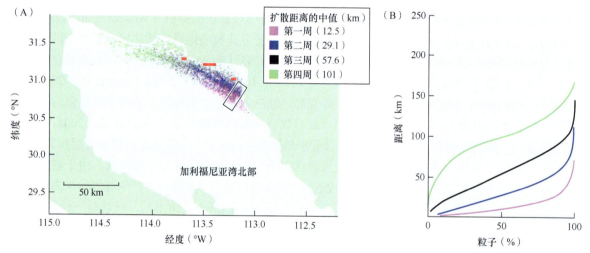

图 2.10 粒子追踪模型模拟的栖息在加利福尼亚湾北部的峨螺（刺球骨螺 *Hexaplex nigritus*）和扇贝（海菊蛤属物种 *Spondylus calcifer*）的幼体扩散结果。（A）从上游种群源（矩形）到海洋保护区的礁石（红色）的扩散，显示了种群连通度的潜在规模；（B）不同幼体浮游期的扩散距离（仿自 Cudney-Bueno et al.，2009）

利用理论更好地理解繁殖体传输对海洋生物种群和群落影响的一个新途径，是将环境异质性与洋流流速空间变化的基本原理结合起来。这种方法类似于前述的潮间带热胁迫模型。图 2.11 给出了该方法用于硬质基底生物（如表栖无脊椎动物）研究的一个简单例子。由于沿岸风应力对海流的影响，平流流速随离岸距离的增加而增大；在接近水底边界层时，平流流速从表层到底部逐渐减小（图 2.11A）。其流速会影响繁殖体的输送，而速度的空间变化是一个关键要素。

传统的集合种群模型假定不存在环境异质性（Hanski，1999），但这种模型已被改进，以反映生境斑块和当地种群的实际空间分布（Hanski，2001；Kritzer and Sale，2006）。海底环境非常适合集合种群，因为其往往由嵌入一个不适宜环境的许多生境斑块所组成。图 2.11 是一个在硬质基底生境斑块分布的集合种群的理论结构示意图。在世界各地的岩质海岸，适宜表栖生物栖息的岩质生境通常随着深度和离岸距离加大而减少（图 2.11B）。而由于适宜斑块面积的减小，生境斑块间的距离随着深度的增大而增加。因此，海岸带深水区由嵌入软质基底的一系列小的、相互分隔的岩质生境斑块所组成。其结果是，依赖于岩质基底的被动扩散底栖无脊椎动物种群的连通度可能会发生很多变化，从接近岸边的中等连通度，随着深度和到远离边界层的潮下带的距离的增加而加大，再到进入离岸较远的深水区急剧下降到很低的程度（图 2.11B）。该理论强调了考虑深度相关的连接度的必要性，无论是研究捕食者—猎物耦合（Witman et al.，2003）或大尺度海洋胁迫（Morgan et al.，2009），还是规划海洋保护区（Largier，2003；Guichard et al.，2004；Coleman et al.，2011）。

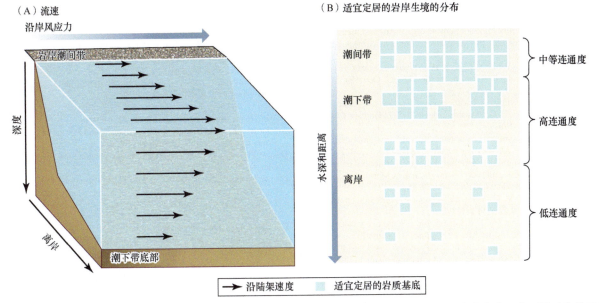

图 2.11　（A）平流（水平流）的概念图；（B）显示岩岸生境的分布如何随水深和离岸距离而发生变化，从而影响依赖于岩质基底，被动扩散的底栖无脊椎动物的种群连通度，并进而影响集合种群和集合群落的结构。在许多岩质海岸（英国、智利、南非和美国阿拉斯加州），硬质基底斑块的面积、数量等，从潮间带到潮下带随着水深和离岸距离增加而降低。海岸带深水区域是一个软质基底上镶嵌了一系列较小的、相互分隔的岩质栖息地斑块的生境。因此，连通度水平在最靠近岸边的地方中等，随着进入潮下带后远离边界层的深度和距离增加而增加，在离岸深水生境急剧下降到最低水平。水平箭头的长度与平流流速成正比（仿自 Largier 2003；Lentz and Fewings，2012）

结语

生态学是研究生物与生物之间，以及生物与其环境之间相互作用的学科。尽管有时为了方便（或是恰当）起见，仅仅关注其中某种类型的作用，但许多生态过程是受多种因素共同影响的。在本章，我们尽可能地提供了关于生物与其物理环境相互作用的基本信息。正如我们所展示的，这些相互作用的多样性和复杂度，反映了生物的特定属性如何调节它们与物理环境的相互作用。同样的环境对不同物种的影响也会不同。物种有不同策略的选择以达到成功，物理环境也对生物从多个方面产生约束。反过来，生物对物理环境挑战的响应方式对决定种群和群落中后续生物相互作用的特征至关重要。应对物理环境成功策略的多样性导致了随后生物相互作用的多样性。即便生态学家没有在他们的分析中明确地提及物理环境，它仍是我们所看到的大部分现象的基础。因此，我们必须认识到，生态相互作用可能会在不同时间、不同物理环境，发挥不同的作用。在如此众多的尺度上开展研究工作的挑战也正是生态学的魅力所在。

致谢

作者在此感谢科学界的同仁，特别是编委们的支持和讨论对本章大有助益。Brian Helmuth 受到 NSF（OCE-0926581）和 NASA（NNX11AP77）的资助。Jon Witman 感谢 NSF 生物海洋学项目（OCE-1061475）和 NOAA 的支持。Marc Weissburg 感谢 NSF 综合生物系统部和生物海洋学项目，以及乔治亚理工学院水生化学生态学 IGERT 项目的持续支持。

引用文献

Abelson, A., T. Miloh, and Y. Loya. 1993. Flow patterns induced by substrata and body morphologies of benthic organisms, and their roles in determining availability of food particles. *Limnol. Oceanogr.* 38: 1116–1124.

Atkinson, M. J. and R. W. Bilger. 1992. Effects of water velocity on phosphate uptake in coral reef-flat communities. *Limnol. Oceanogr.* 37: 273–279.

Barth, J. A. 2007. Upwelling. In, *Encyclopedia of Tidepools and Rocky Shores* (M. W. Denny and S. D. Gaines, eds.), pp. 609–613. Berkeley, CA: University of California Press.

Bell, E. C. 1993. Photosynthetic response to temperature and desiccation of the intertidal alga *Mastocarpus papillatus*. *Mar. Biol.* 117: 337–346.

Bell, E. C. 1995. Environmental and morphological influences on thallus temperature and desiccation of the intertidal alga *Mastocarpus papillatus* Kützing. *J. Exp. Mar. Biol. Ecol.* 191: 29–55.

Bertness, M. D. and R. M. Callaway. 1994. Positive interactions in communities. *Trends Ecol. Evol.* 9: 191–193.

Beukema, J. J., R. Dekker, and J. M. Jansen. 2009. Some like it cold: Populations of the tellinid bivalve *Macoma balthica* (L.) suffer in various ways from a warming climate. *Mar. Ecol. Prog. Ser.* 384: 135–145.

Blanchette, C. A. 1997. Size and survival of intertidal plants in response to wave action: A case study with *Fucus gardneri*. *Ecology* 78: 1563–1578.

Blanchette, C. A., E. A. Wieters, B. R. Broitman, et al. 2009. Trophic structure and diversity in rocky intertidal upwelling ecosystems: A comparison of community patterns across California, Chile, South Africa and New Zealand. *Prog. Oceanogr.* 83: 107–116.

Broitman, B. R., P. L. Szathmary, K. A. S. Mislan, et al. 2009. Predator–prey interactions under climate change: The importance of habitat vs. body temperature. *Oikos* 118: 219–224.

Bruno, J. F, J. J. Stachowicz and M. D. Bertness. 2003. Inclusion of facilitation into ecological theory. *Trends Ecol. Evol.* 18: 119–125.

Byrnes, J. E., D. C. Reed, B. J. Cardinale, et al. 2011. Climate-driven increases in storm frequency simplify kelp forest food webs. *Glob. Chang. Biol.* 17: 2513–2524.

Carrington, E. 1990. Drag and dislodgment of an intertidal macroalga: Consequences of morphological variation in *Mastocarpus papillatus* Kützing. *J. Exp. Mar. Biol. Ecol.* 139: 185–200.

Carrington, E. 2002. The ecomechanics of mussel attachment: From molecules to ecosystems. *Integr. Comp. Biol.* 42: 846–852.

Carrington, E., G. M. Moeser, J. Dimond, et al. 2009. Seasonal disturbance to mussel beds: Field test of a mechanistic model predicting wave dislodgment. *Limnol. Oceanogr.* 54: 978–986.

Coleman M. A., J. Chambers, N. A. Knott, et al. 2011. Connectivity within and among a network of temperate marine reserves. *PLoS ONE* 6: e20168

Coma, R. and H. R. Lasker. 1997. Small-scale heterogeneity of fertilization success in a broadcast spawning octocoral. *J. Exp. Mar. Biol. Ecol.* 214: 107–120.

Connell, J. H. 1961. The influence of interspecific competition and other factors on the distribution of the barnacle *Chthamalus stellatus*. *Ecology* 42: 710–723.

Connell, J. H. 1972. Community interactions on marine rocky intertidal shores. *Annu. Rev. Ecol. Evol. Syst.* 3: 169–192.

Crimaldi, J. 2012. The role of structured stirring and mixing on gamete dispersal and aggregation in broadcast spawning. *J. Exp. Biol.* 215: 1031–1039.

Crimaldi, J. P., J. K. Thompson, J. H. Rosman, et al. 2002. Hydrodynamics of larval settlement: The influence of turbulent stress events at potential recruitment sites. *Limnol. Oceanogr.* 47: 1137–1151.

Cudney-Bueno R., M. F. Lavín, S. G. Marinone, et al. 2009. Rapid effects of marine reserves via larval dispersal. *PLoS ONE* 4: e4140. doi: 10.1371/journal.pone.0004140

Cuet, P., C. Pierret, E. Cordier, et al. 2011. Water velocity dependence of phosphate uptake on a coral-dominated fringing reef flat, La Reunion Island, Indian Ocean. *Coral Reefs* 30: 37–43.

Dai, C. F. and M. C. Lin. 1993 The effects of flow on feeding of three gorgonians from southern Taiwan. *J. Exp. Mar. Biol. Ecol.* 173: 57–69.

Dayton, P. K. 1971. Competition, disturbance, and community organization—Provision and subsequent utilization of space in a rocky intertidal community. *Ecol. Monogr.* 41: 351–389.

Dayton, P. K. and M. J. Tegner. 1984. The importance of scale in community ecology. In, *A New Ecology: Novel Approaches to Interactive Systems* (P. W. Price, C. N. Slobodchiknoff and W. S. Gaud, eds.), pp. 457–481. New York, NY: John Wiley and Sons.

Dayton, P. K., M. J. Tegner, P. B. Edwards and K. L. Riser. 1999. Temporal and spatial scales of kelp demography: The role of oceanographic climate. *Ecol. Monogr.* 69: 219–250.

Denny, M. W. 1987. Lift as a mechanism of patch initiation in mussel beds. *J. Exp. Mar. Biol. Ecol.* 113: 231–245.

Denny, M. W. 1988. *Biology and the Mechanics of the Wave-swept Environment.* Princeton, NJ: Princeton University Press.

Denny, M. W. 1993. *Air and Water: The Biology and Physics of Life's Media.* Princeton, NJ: Princeton University Press.

Denny, M. W. and B. Gaylord. 2010. Marine ecomechanics. *Ann. Rev. Mar. Sci.* 2: 1–26.

Denny, M. W. and D. S. Wethey. 2001. Physical processes that generate patterns in marine communities. In, *Marine Community Ecology* (M. D. Bertness, S. D. Gaines and M. E. Hay, eds.), pp. 3–37. Sunderland, MA: Sinauer Associates.

Denny, M. W., J. Dairiki, and S. Distefano. 1992. Biological consequences of topography on wave-swept rocky shores I: Enhancement of external fertilization. *Biol. Bull.* 183: 220–232.

Denny, M. W., T. L. Daniel, and M. A. R. Koehl. 1985. Mechanical limits to size in wave-swept organisms. *Ecol. Monogr.* 55: 69–102.

Denny, M. W., L. P. Miller, and C. D. Harley. 2006. Thermal stress on intertidal limpets: Long-term hindcasts and lethal limits. *J. Exp. Biol.* 209: 2420–2431.

Denny, M. W., B. Gaylord, B. Helmuth, et al. 1998. The menace of momentum: Dynamic forces on flexible organisms. *Limnol. Oceanogr.* 43: 955–968.

Duggins, D. O., J. E. Eckman, C. E. Siddon, and T. Klinger. 2003. Population, morphometric and biomechanical studies of three understory kelps along a hydrodynamic gradient. *Mar. Ecol. Prog. Ser.* 265: 57–76.

Eckman, J. E., W. B. Savidge, and T. F. Gross. 1990. Relationship between duration of cyprid attachment and drag forces associated with detachment of *Balanus amphitrite* cyprids. *Mar. Biol.* 107: 111–118.

Edmunds, P. J. 2005. Effect of elevated temperature on aerobic respiration of coral recruits. *Mar. Biol.* 146: 655–663.

Engel, S. and J. R. Pawlik. 2000. Allelopathic activities of sponge extracts. *Mar. Ecol. Prog. Ser.* 207: 273–281.

Fabricius, K. E., A. Genin, and Y. Benayahu. 1995. Flow-dependent herbivory and growth in zooxanthellae-free soft corals. *Limnol. Oceanogr.* 40: 1290–1301.

Fabricius, K. E. 2006. Effects of irradiance, flow, and colony pigmentation on the temperature microenvironment around corals: Implications for coral bleaching? *Limnol. Oceanogr.* 51: 30–37.

Fabricius, K. E and G. De'ath. 2008. Photosynthetic symbionts and energy supply determine octocoral biodiversity in coral reefs. *Ecology* 89: 3163–3173.

Finelli, C. M., B. S. T. Helmuth, N. D. Pentcheff, and D. S. Wethey. 2006. Water flow controls oxygen transport and photosynthesis in corals: Potential links to coral bleaching. *Coral Reefs* 25: 47–57.

Friedland, M. T. and M. W. Denny. 1995. Surviving hydrodynamic forces in a wave-swept environment: Consequences of morphology in the feather boa kelp, *Egregia menziesii* (Turner). *J. Exp. Mar. Biol. Ecol.* 190: 109–133.

Friedrichs, M., G. Graf, and B. Springer. 2000. Skimming flow induced over a simulated polychaete tube lawn at low population densities. *Mar. Ecol. Prog. Ser.* 192: 219–228.

Gaylord, B., C. A. Blanchette, and M. W. Denny. 1994. Mechanical consequences of size in wave-swept algae. *Ecol. Monogr.* 64: 287–313.

Gaylord, B., M. W. Denny, and M. A. Koehl. 2008. Flow forces on seaweeds: Field evidence for roles of wave impingement and organism inertia. *Biol. Bull.* 215: 295–308.

Genin, A., L. Karp, and A. Miroz. 1994. Effects of flow on competitive superiority in scleractinian corals. *Limnol. Oceanogr.* 39: 913–924.

Glynn, P. W. 1990. *Global Ecological Conseqences of the 1982–83 El Niño Southern Oscillation.* Amsterdam, The Netherlands: Elsevier Oceanographic Series.

Gouhier, T. C., F. Guichard, and B. A. Menge. 2010. Ecological processes can synchronize marine population dynamics over continental scales. *Proc. Natl. Acad. Sci. (USA)* 107: 8281–8286.

Guichard, F., S. A. Levin, A. Hastings, and D. Siegel. 2004. Toward a dynamic metacommunity approach to marine reserve theory. *Bioscience* 54: 1003–1011.

Hadfield, M. G. and M. A. R. Koehl. 2004. Rapid behavioral responses of an invertebrate larva to dissolved settlement cue. *Biol. Bull.* 207: 28–43.

Hallett, T. B., T. Coulson, J. G. Pilkington, et al. 2004. Why large-scale climate indices seem to predict ecological processes better than local weather. *Nature* 430: 71–75.

Hanski, I. 1999. *Metapopulation Ecology.* Oxford, UK: Oxford University Press.

Hanski, I. 2001. Spatially realistic theory of metapopulation ecology. *Naturwissenschaften* 88: 372-381

Harley, C. D. G. and Paine, R. T. 2009. Contingencies and compounded rare perturbations dictate sudden distributional shifts during periods of gradual climate change. *Proc. Natl. Acad. Sci. (USA)* 106: 11172–11176.

Helmuth, B. 2002. How do we measure the environment? Linking intertidal thermal physiology and ecology through biophysics. *Integr. Comp. Biol.* 42: 837–845.

Helmuth, B. and K. Sebens. 1993. The influence of colony morphology and orientation on particle capture by the scleractinian coral *Agaricia agaricites* (Linnaeus). *J. Exp. Mar. Biol. Ecol.* 165: 251–278.

Helmuth, B., N. Mieszkowska, P. Moore, and S. J. Hawkins, 2006a. Living on the edge of two changing worlds: Forecasting the responses of rocky intertidal ecosystems to climate change. *Annu. Rev. Ecol. Evol. Syst.* 37: 373–404.

Helmuth, B., B. R. Broitman, C. A. Blanchette, et al. 2006b. Mosaic patterns of thermal stress in the rocky intertidal zone: Implications for climate change. *Ecol. Monogr.* 76: 461–479.

Helmuth, B., L. Yamane, S. Lalwani, et al. 2011. Hidden signals of climate change in intertidal ecosystems: What (not) to expect when you are expecting. *J. Exp. Mar. Biol. Ecol.* 400:191–199.

Hepburn, C. D., J. D. Holborow, S. R. Wing, et al. 2007. Exposure to waves enhances the growth rate and nitrogen status of the giant kelp *Macrocystis pyrifera. Mar. Ecol. Prog. Ser.* 339: 99–108.

Highsmith, R. C. 1982. Reproduction by fragmentation in corals. *Mar. Ecol. Prog. Ser.* 7: 207–226.

Hiscock, K. 1976. The influence of water movement on the ecology of sublittoral rocky areas. University of Wales. Ph.D. thesis.

Hiscock, K. 1983. Water movement. In, *Sublittoral Ecology: The Ecology of the Shallow Sublittoral Benthos* (R. Earll and D. G. Erwin, eds.), pp. 58–96. Oxford, UK: Clarendon Press.

Howard, J., E. Babij, R. Griffis, et al. 2013. Oceans and marine resources in a changing climate. *Oceanogr. Mar. Biol., Annu. Rev.* 51: 71–192.

Holbrook, N. M., M. W. Denny, and M. A. R. Koehl. 1991. Intertidal trees: Consequences of aggregation on the mechanical and photosynthetic properties of sea-palms *Postelsia palmaeformis* Ruprecht. *J. Exp. Mar. Biol. Ecol.* 146: 39–67.

Hurd, C. L. 2000. Water motion, marine macroalgal physiology, and production. *J. Phycol.* 36: 453–472.

Iacarella, J. C. and B. Helmuth. 2011a. Body temperature and desiccation constrain the activity of *Littoraria irrorata* within the *Spartina alterniflora* canopy. *J. Therm. Biol.* 37: 15–22.

Iacarella, J. C. and B. Helmuth. 2011b. Experiencing the salt marsh environment through the foot of *Littoraria irrorata*: Behavioral responses to thermal and desiccation stresses. *J. Exp. Mar. Biol. Ecol.* 409: 143–153.

Jackson, J. L., D. R. Webster, S. Rahman, and M. J. Weissburg. 2007. Bed roughness effects on boundary-layer turbulence and consequences for odor tracking behavior of blue crabs (*Callinectes sapidus*). *Limnol. Oceanogr.* 52: 1883–1897.

Jimenez, I. M., M. Isabel, M. Kühl, et al. 2008. Heat budget and thermal microenvironment of shallow-water corals: Do massive corals get warmer than branching corals? *Limnol. Oceanogr.* 53: 1548–1561.

Kearney, M., S. J. Simpson, D. Raubenheimer, and B. Helmuth. 2010. Modelling the ecological niche from functional traits. *Phil. Trans. R. Soc. B.* 365: 3469–3483.

Keister, J. E., W. T. Peterson, and S. D. Pierce. 2009. Zooplankton distribution and cross-shelf transfer of carbon in an area of complex mesoscale circulation in the northern California Current. *Deep-Sea Res. Pt. I* 56:212–231.

Kitching, J. A., J. F. Sloane, and F. J. Ebling. 1959. The ecology of Lough Ine. VIII. Mussels and their predators. *J. Anim. Ecol.* 28, 331–341

Kitching, J. A and F. J. Ebling. 1961. The ecology of Lough Ine XI. The control of algae by *Paracentrotus lividus* (Echinoidea). *J. Anim. Ecol.* 30: 373–384.

Kim, K. and H. R, Lasker. 1997 Flow-mediated resource competition in the suspension feeding gorgonian *Plexaura homomalla* (Esper). *J. Exp. Mar. Biol. Ecol.* 215: 49–64.

Kordas, R. L., C. D. G. Harley, and M. I. O'Connor. 2011. Community ecol-

Kordas, R. L., C. D. G. Harley, and M. I. O'Connor. 2011. Community ecology in a warming world: The influence of temperature on interspecific interactions in marine systems. *J. Exp. Mar. Biol. Ecol.* 400: 218–226.

Kritzer, J. P. and P. F. Sale. 2006. *Marine Metapopulations.* Burlington, MA: Elsevier.

Kühl, M., Y. Cohen, T. Dalsgaard, et al. 1995. Microenvironment and photosynthesis of zooxanthellae in scleractinian corals studied with microsensors for O_2, pH and light. *Mar. Ecol. Prog. Ser.* 117: 159–172.

Large, S. I., D. L. Smee, and G. C. Trussell. 2011. Environmental conditions influence the frequency of prey responses to predation risk. *Mar. Ecol. Prog. Ser.* 422: 41–49.

Largier, J. 2003. Considerations in estimating larval dispersal distances from oceanographic data. *Ecol. Appl.* 13: S71–S89.

Leichter, J. J. and J. D. Witman. 2009. Basin-scale oceanographic influences on marine macroecological patterns. In, *Marine Macroecology* (J. D. Witman and K. Roy, eds.), pp. 205–226. Chicago, IL: University of Chicago Press.

Leichter, J. J., H. L. Stewart, and S. L. Miller. 2003. Episodic nutrient transport to Florida coral reefs. *Limnol. Oceanogr.* 48: 1394–1407.

Lent, C. M. 1968. Air-gaping by the ribbed mussel, *Modiolus demissus* (Dillwyn): Effects and adaptive significance. *Biol. Bull.* 134: 60–73.

Lentz, S. J. and M. R. Fewings. 2012. The wind-and wave-driven inner-shelf circulation. *Ann. Rev. Mar. Sci.* 4: 317-343.

Leonard, G. H., M. D. Bertness, and P. O. Yund. 1999. Crab predation, waterborne cues, and inducible defenses in the blue mussel, *Mytilus edulis. Ecology* 80: 1–14.

Leonard A. B., J. R. Strickler, and N. D. Holland. 1988. Effects of current speed on filtration during suspension feeding in Oligometra serripinna (Echinodermata: Crinoidea). *Mar. Biol.* 97: 111–125.

Leonard, G. H., J. M. Levine, P. R. Schmidt, and M. D. Bertness. 1998. Flow driven variation in intertidal community structure in a Maine estuary. *Ecology* 79: 1395–1411.

Lesser, M. P., V. M. Weis, M. R. Patterson, and P. L. Jokiel. 1994. Effects of morphology and water motion on carbon delivery and productivity in the reef coral, *Pocillopora damicornis* (Linnaeus): Diffusion barriers, inorganic carbon limitation, and biochemical plasticity. *J. Exp. Mar. Biol. Ecol.* 178: 153–179.

Levin, S. A. 1992. The problem of pattern and scale in ecology. *Ecology* 73: 1943–1967.

Levitan, D. R. and C. M. Young. 1995. Reproductive success in large populations: Empirical measures and theoretical predictions of fertilization in the sea biscuit *Clypeaster rosaceus. J. Exp. Mar. Biol. Ecol.* 190: 221–241.

Madin, J., K. Black, and S. R. Connolly. 2006. Scaling water motion on coral reefs: From regional to organismal scales. *Coral Reefs* 25: 635–644.

Mann, K. H. and J. R. N. Lazier. 1991. *Dynamics of marine ecosystems: Biological–Physical Interactions in the Oceans.* Boston, MA: Blackwell Scientific Publications.

Martone, P. T., L. Kost, and M. Boller. 2012. Drag reduction strategies in wave-swept-macroalgae: Alternative strategies and new predictions. *Am. J. Bot.* 99: 806–815.

Marshall, D. J., C. D. McQuaid, and G. A. Williams. 2010. Non-climatic thermal adaptation: Implications for species' responses to climate warming. *Biol. Lett.* 6: 669–673.

Mass, T., A. Genin, U. Shavit, et al. 2010. Flow enhances photosynthesis in marine benthic autotrophs by increasing the efflux of oxygen from the organism to the water. *Proc. Natl. Acad. Sci. (USA)* 107: 2527–2531.

Menge, B. A. 1978. Predation intensity in a rocky intertidal community: Relation between predator foraging activity and environmental harshness. *Oecologia* 34: 1–16.

Menge, B. A. 2000. Top-down and bottom-up community regulation in marine rocky intertidal habitats. *J. Exp. Mar. Biol. Ecol.* 250: 257–289.

Menge, B. A. and D. N. L. Menge. 2013. Dynamics of coastal metaecosystems: The intermittent upwelling hypothesis and a test in rocky intertidal regions. *Ecol. Monogr.* doi: 10.1890/12-1706.1

Menge, B. A. and J. P. Sutherland. 1976. Species diversity gradients: Synthesis of the roles of predation, competition and temporal heterogeneity. *Am. Nat.* 110: 351–369.

Menge, B. A. and J. P. Sutherland. 1987. Community regulation—Variation in disturbance, competition, and predation in relation to environmental stress and recruitment. *Am. Nat.* 130: 730–757.

Menge, B. A., C. Blanchette, P. Raimondi, et al. 2004. Species interaction strength: Testing model predictions along an upwelling gradient. *Ecol. Monogr.* 74: 663–684.

Menge, B. A., B. A. Daley, P. A. Wheeler, et al. 1997. Benthic-pelagic links and rocky intertidal communities: Bottom-up effects on top-down control? *Proc. Natl. Acad. Sci. (USA)* 94:14530-14535.

Metaxas, A., R. E. Scheibling, C. M.Young. 2002. Estimating fertilization success in marine benthic invertebrates: A case study with the tropical sea star *Oreaster reticulatus. Mar. Ecol. Prog. Ser.* 226: 87–101.

Monaco, C. J. and B. Helmuth. 2011. Tipping points, thresholds, and the keystone role of physiology in marine climate change research. *Adv. Mar. Biol.* 60: 123–160.

Monismith, S. G., K. A. Davis, G. G. Shellenbarger, et al. 2010. Flow effects on benthic grazing on phytoplankton by a Caribbean reef. *Limnol. Oceanogr.* 55: 1881–1892.

Morgan, S. G. 2001. The larval ecology of marine communities. In, *Marine Community Ecology* (M. D. Bertness, S. D. Gaines and M. E. Hay, eds.) pp. 159–182. Sunderland, MA: Sinauer Associates.

Morgan, S. G., J. L. Fisher, S. H. Miller, et al. 2009. Nearshore larval retention in a region of strong upwelling and recruitment limitation. *Ecology* 90(12): 3489–3502.

Mullineaux, L. S. and C. A. Butman. 1991. Initial contact, exploration and attachment of barnacle (*Balanus amphitrite*) cyprids settling in flow. *Mar. Biol.* 110: 93–103.

Nakamura, R. 1994. Lift and drag on inclined sand dollars. *J. Exp. Mar. Biol. Ecol.* 178: 275–285.

Navarrete, S. A., E. A. Wieters, B. R. Broitman, and J. C. Castilla. 2005. Scales of benthic-pelagic and the intensity of species interactions: From recruitment limitation to top-down control. *Proc. Natl. Acad. Sci. (USA)* 102: 18046–18051.

O'Connor, M. I., J. F. Bruno, S. D. Gaines, et al. 2007. Temperature control of larval dispersal and the implications for marine ecology, evolution, and conservation. *Proc. Natl. Acad. Sci. (USA)* 104: 1266–1271.

Paine, R. T. 1994. *Marine Rocky Shores and Community Ecology: An Experimentalist's Perspective*. Oldendorf/Luhe, Germany: Ecology Institute.

Paine, R. T. and S. A. Levin. 1981. Intertidal landscapes: Disturbance and the dynamics of pattern. *Ecol Monogr* 51: 145–178.

Palardy, J. E. and J. D. Witman. 2011. Water flow drives biodiversity by mediating rarity in marine benthic communities. *Ecol. Lett.* 14: 63–68.

Patterson, M. R. 1991. The effects of flow on polyp-level prey capture in an octocoral, *Alcyonium siderium. Biol. Bull.* 180: 93–102.

Patterson, M. R. 1992. A chemical engineering view of cnidarian symbioses. *Am. Zool.* 32: 566–582.

Pearson, G. A., A. Lago-Leston, and C. Mota. 2009. Frayed at the edges: Selective pressure and adaptive response to abiotic stressors are mismatched in low diversity edge populations. *J. Ecol.* 97: 450–462.

Petes, L. E., B. A. Menge, and A. L. Harris. 2008. Intertidal mussels exhibit energetic trade-offs between reproduction and stress resistance. *Ecol. Monogr.* 78: 387–402.

Peterson, C. H., H. C. Summerson, and P. B. Duncan. 1984. The Influence of Seagrass Cover on Population-Structure and Individual Growth-Rate of a Suspension-Feeding Bivalve, *Mercenaria-Mercenaria. J. Mar. Res.* 42: 123–138.

Pincebourde, S., E. Sanford, and B. Helmuth. 2008. Body temperature during low tide alters the feeding performance of a top intertidal predator. *Limnol. Oceanogr.* 53: 1562–1573.

Pincebourde, S., E. Sanford, and B. Helmuth. 2009. An intertidal sea star adjusts thermal inertia to avoid extreme body temperatures. *Am. Nat.* 174: 890–897.

Pineda, J. 1991. Predictable upwelling and the shoreward transport of planktonic larvae by internal tidal bores. *Science* 253: 548–551

Pineda, J., J. A. Hare, and S. Sponaugle. 2007. Larval Transport and Dispersal in the Coastal Ocean and Consequences for Population Connectivity. *Oceanography* 20: 22–39.

Porter, W. P. and D. M. Gates. 1969. Thermodynamic equilibria of animals with environment. *Ecol. Monogr.* 39: 227–244.

Power, A. M., K. McCrann, D. McGrath, et al. 2011. Physiological tolerance predicts species composition at different scales in a barnacle guild. *Mar. Biol.* 158: 2149–2160.

Rasher, D. B., E. Paige Stout, S. Engel, et al. 2010. Macroalgal terpenes function as allelopathic agaents against reef corals. *Proc. Natl. Acad. Sci. (USA)* 108: 17726–17731.

Reidenbach, M. A., J. R. Koseff, S. G. Monismith, and J.V. Steinbuck. 2006. The effects of waves and morphology on mass transfer within branched reef corals. *Limnol. Oceanogr.* 51: 1134–1141.

Roughgarden, J., S. Gaines, and H. Possingham. 1988. Recruitment dynamics in complex life cycles. *Science* 241: 1460–1466.

Sanford, E. 1999. Regulation of keystone predation by small changes in ocean temperature. *Science* 283: 2095–2097.

Sanford, E. 2002. Water temperature, predation, and the neglected role of physiological rate effects in rocky intertidal communities. *Integr. Comp. Biol.* 42: 881–891.

Sará, G., M. Kearney, and B. Helmuth,. 2011. Combining heat-transfer and energy budget models to predict thermal stress in Mediterranean intertidal mussels. *Chem. Ecol.* 27: 135–145.

Schmidt-Nielsen, K. 1997. *Animal Physiology: Adaptation and Environment*. Cambridge, UK: Cambridge University Press.

Sebens, K. P., S. P. Grace, B. Helmuth, et al. 1998. Water flow and prey capture by three scleractinian corals, *Madracis mirabilis, Montastrea cavernosa* and *Porites porites*, in a field enclosure. *Mar. Biol.* 131: 347–360.

Sebens, K. P. and A. S. Johnson. 1991. Effects of water movement in prey capture and distribution of reef corals. *Hydrobiologia* 216: 247–258.

Seymour R. J., M. J. Tegner, P. K. Dayton and P. E. Parnell. 1989. Storm wave induced mortality of giant kelp, *Macrocystis pyrifera*, in southern California. *Estuar. Coast Shelf Sci.* 28: 277–293.

Shanks, A. L. and R. K. Shearman. 2009. Paradigm lost? Cross-shelf distributions of intertidal invertebrate larvae are unaffected by upwelling or downwelling. *Mar. Ecol. Prog. Ser.* 385: 189-204.

Shashar, N., S. Kinane, P. L. Jokiel, and M. R. Patterson. 1996. Hydromechanical boundary layers over a coral reef. *J. Exp. Mar. Biol. Ecol.* 199: 17–28.

Shimeta, J. and P. A. Jumars. 1991. Physical mechanisms and rates of particle capture by suspension feeders. *Oceanogr. Mar. Biol., Annu. Rev.* 29: 191–257.

Siddon, C. E. and J. D. Witman. 2003. Influence of chronic, low-level hydrodynamic forces on subtidal community structure. *Mar. Ecol. Prog. Ser.* 261: 99–110.

Smale D. and T. Wernberg. 2013. Extreme climatic event drives range contraction of a habitat-forming species. *Proc. Biol. Sci.* 280: 2812–2829.

Smee, D. L., M. C. Ferner, and M. J. Weissburg. 2008. Alteration of sensory abilities regulates the spatial scale of nonlethal predator effects. *Oecologia* 156: 399–409.

Smee, D. L., M. C. Ferner, and M. J. Weissburg. 2010. Hydrodynamic sensory stressors produce nonlinear predation patterns. *Ecology* 91: 1391–1400.

Somero, G. N. 2002. Thermal physiology and vertical zonation of intertidal animals: Optima, limits, and costs of living. *Integr. Comp. Biol.* 42: 780–789.

Sousa, W. P. 1979. Disturbance in marine intertidal boulder fields: The nonequilibrium maintenance of species diversity. *Ecology* 60: 1225–1239.

Southward, A. J. 1958. Note on the temperature tolerances of some intertidal animals in relation to environmental temperatures and geographical distribution. *J. Mar. Biolog. Assoc. U.K.* 37: 49–66.

Stenseth, N. C., G. Ottersen, J. W. Hurrell, et al. 2003. Studying climate effects on ecology through the use of climate indices: The North Atlantic Oscillation, El Nino Southern Oscillation and beyond. *Proc. Biol. Sci.* 270: 2087–2096.

Tamburri, M. N., R. K. Zimmer-Faust, and M. L. Tamplin. 1992. Natural sources and properties of chemical inducers mediating settlement of oyster larvae: A re-examination. *Biol. Bull.* 183: 327–338.

Thomas, F. I. M. and M. J. Atkinson. 1997. Ammonium uptake by coral reefs: Effects of water velocity and surface roughness on mass transfer. *Limnol. Oceanogr.* 42: 81–88.

Trager, G. and A. Genin. 1993. Flow velocity induces a switch from active to passive suspension feeding in the porcelain crab *Petrolisthes leptocheles* (Heller). *Biol. Bull.* 185: 20–27.

Trussell, G. C., P. J. Ewanchuk, and C. M. Matassa. 2006. The fear of being eaten reduces energy transfer in a simple food chain. *Ecology* 87: 2979–2984.

Tsuchiya, M. 1983. Mass mortality in a population of the mussel *Mytilus edulis* L. caused by high temperature on rocky shores. *J. Exp. Mar. Biol. Ecol.* 66: 101–111.

Underwood, A. J. 1986. Physical factors and biological interactions: The necessity and nature of ecological experiments. In, *The Ecology of Rocky Coasts: Essays Presented to J. R. Lewis* (J. R. Lewis, P. G. Moore and R. Seed, eds.), pp. 372–390. New York, NY: Columbia University Press.

van Woesik, R., A. Irikawa, R. Anzai, and T. Nakamura. 2012. Effects of coral colony morphologies on mass transfer and susceptibility to thermal stress. *Coral Reefs* 31: 633–639.

Vogel, S. 1994. *Life in Moving Fluids*. Princeton, NJ: Princeton University Press.

Watson, J.R., S. Mitarai, D.A. Siegel, et al. 2010 Realized and potential larval connectivity in the Southern California Bight. *Mar. Ecol. Prog. Ser.* 401: 31-48.

Weissburg, M. J., C. P. James, and D. R. Webster. 2003. Fluid mechanics produces conflicting constraints during olfactory navigation in blue crabs, *Callinectes sapidus*. *J. Exp. Biol.* 206: 171–180.

Weissburg, M. J. and R. K. Zimmer-Faust. 1993. Life and death in moving fluids: Hydrodynamic effects on chemosensory-mediated predation. *Ecology* 74: 1428–1443.

Wethey, D. S. 1983. Geographic limits and local zonation: The barnacles *Semibalanus* (*Balanus*) and *Chthamalus* in New England. *Biol. Bull.* 165: 330–341.

Wethey, D. S. 1984. Sun and shade mediate competition in the barnacles *Chthamalus* and *Semibalanus*: A field experiment. *Biol. Bull.* 167: 176–185.

Wethey, D. S. 2002. Biogeography, competition, and microclimate: The barnacle *Chthamalus fragilis* in New England. *Integr. Comp. Biol.* 42: 872–880.

Wethey, D. S. and S. A. Woodin. 2008. Ecological hindcasting of biogeographic responses to climate change in the European intertidal zone. *Hydrobiologia* 606: 139–151.

Wethey, D. S., L. D. Brin, B. Helmuth, and K. A. S. Mislan. 2011a. Predicting intertidal organism temperatures with modified land surface models. *Ecol. Model.* 222: 3568–3576.

Wethey, D. S., S. A. Woodin, T. J. Hilbish, et al. 2011b Response of intertidal populations to climate: Effects of extreme events versus long term change. *J. Exp. Mar. Biol. Ecol.* 400: 132–144.

van Woesik, R., A. Irikawa, R. Anzai, and T. Nakamura. 2012. Effects of coral colony morphologies on mass transfer and susceptibility to thermal stress. *Coral Reefs* 31: 633–639.

Vogel, S. 1994. *Life in Moving Fluids*. Princeton, NJ: Princeton University Press.

Watson, J.R., S. Mitarai, D.A. Siegel, et al. 2010 Realized and potential larval connectivity in the Southern California Bight. *Mar. Ecol. Prog. Ser.* 401: 31-48.

Weissburg, M. J., C. P. James, and D. R. Webster. 2003. Fluid mechanics produces conflicting constraints during olfactory navigation in blue crabs, *Callinectes sapidus*. *J. Exp. Biol.* 206: 171–180.

Weissburg, M. J. and R. K. Zimmer-Faust. 1993. Life and death in moving fluids: Hydrodynamic effects on chemosensory-mediated predation. *Ecology* 74: 1428–1443.

Wethey, D. S. 1983. Geographic limits and local zonation: The barnacles *Semibalanus* (*Balanus*) and *Chthamalus* in New England. *Biol. Bull.* 165: 330–341.

Wethey, D. S. 1984. Sun and shade mediate competition in the barnacles *Chthamalus* and *Semibalanus*: A field experiment. *Biol. Bull.* 167: 176–185.

Wethey, D. S. 2002. Biogeography, competition, and microclimate: The barnacle *Chthamalus fragilis* in New England. *Integr. Comp. Biol.* 42: 872–880.

Wethey, D. S. and S. A. Woodin. 2008. Ecological hindcasting of biogeographic responses to climate change in the European intertidal zone. *Hydrobiologia* 606: 139–151.

Wethey, D. S., L. D. Brin, B. Helmuth, and K. A. S. Mislan. 2011a. Predicting intertidal organism temperatures with modified land surface models. *Ecol. Model.* 222: 3568–3576.

Wethey, D. S., S. A. Woodin, T. J. Hilbish, et al. 2011b Response of intertidal populations to climate: Effects of extreme events versus long term change. *J. Exp. Mar. Biol. Ecol.* 400: 132–144.

Wieters, E. A., B. R. Broitman, and G. M. Branch. 2009. Benthic community structure and spatiotemporal thermal regimes in two upwelling ecosystems: Comparisons between South Africa and Chile. *Limnol. Oceanogr.* 54: 1060–1072

Williams, G. A. and D. Morritt. 1995. Habitat partitioning and thermal tolerance in a tropical limpet, *Cellana grata*. *Mar. Ecol. Prog. Ser.* 124: 89–103.

Witman, J. D. 1987. Subtidal coexistence-storms, grazing, mutualism and the zonation of kelps and mussels. *Ecol. Monogr.* 57: 167–187.

Witman, J. D., M. Brandt, and F. Smith. 2010. Coupling between subtidal prey and consumers along a mesoscale upwelling gradient in the Galapagos Islands. *Ecol. Monogr.* 80: 153–177.

Witman, J. D., J. J. Leichter, S. J. Genovese, and D. A. Brooks. 1993. Pulsed phytoplankton supply to the rocky subtidal zone: Influence of internal waves. *Proc. Natl. Acad. Sci. (USA)* 90: 1686–1690.

Witman, J. D., S. J. Genovese, J. F. Bruno, et al. 2003. Massive prey recruitment and the control of rocky subtidal communities on large spatial scales. *Ecol. Monogr.* 73: 441–462.

Wijgerde, T., P. Spijkers, E. Karruppannan, et al. 2012. Water flow affects zooplankton feeding by the scleractinian coral *Galaxea fascicularis* on a polyp and colony level. *J. Mar. Biol.* doi: 10.1155/2012/854849

Yund, P. O. and S. K. Meidel. 2003. Sea urchin spawning in benthic boundary layers: Are eggs fertilized before advecting away from females? *Limnol. Oceanogr.* 48: 795–801.

Zardi, G. I., C. D. McQuaid, and K. R. Nicastro. 2007. Balancing survival and reproduction: Seasonality of wave action, attachment strength and reproductive output in indigenous *Perna perna* and invasive *Mytilus galloprovincialis* mussels. *Mar. Ecol. Prog. Ser.* 334: 155–163.

Zardi, G. I., K. R. Nicastro, C. D. McQuaid, et al. 2006. Hydrodynamic stress and habitat partitioning between indigenous (*Perna perna*) and invasive (*Mytilus galloprovincialis*) mussels: Constraints of an evolutionary strategy. *Mar. Biol.* 150: 79-88

Zimmer-Faust, R. K., C. M. Finelli, N. D. Pentcheff, and D. S. Wethey. 1995. Odor plumes and animal navigation in turbulent water flow. A field study. *Biol. Bull.* 188: 111–116.

第3章

海洋生态系统中的基础种

Andrew H. Altieri 和 Johan van de Koppel

基础种（foundation species）是指那些创造生境和改变环境，并对相关生物的多样性、分布和数量具有正面影响的物种。基础种的例子很多，且遍布全球，无论生物学家、业余博物学者，还是普通大众，对基础种建立和定义的海洋生态系统都耳熟能详，如珊瑚礁、海藻林、海草床、深海管状蠕虫、红树林、牡蛎礁和盐沼等（图3.1）。

图3.1　由营造生境的基础种定义的生态系统实例包括：（A）珊瑚礁；（B）海草床；（C）红树林；（D）牡蛎礁；（E）盐沼。由于其结构复杂、体型大等特点，基础种能够改变物理条件，调节种间相互作用。因此，它们对其他生物的多样性、数量和动态都有重要影响（图片 A～D 由 Tanya Rogers 提供；图片 E 由 Tyler Coverdale 提供）

"基础种"的概念是 Paul Dayton 首先提出的。他在对南极海绵的研究中发现，这些海绵代表了底栖生物的特征（图3.2），受此启发而提出了这一概念。Dayton 对其的定义是"定义群落大部分结构的关键物种"（Dayton，1972）。随后，Bruno 和 Bertness（2001）对其进行了补充和完善——"影响力较大，且对群落里的栖息生物具有正面作用的物种"，包括那些"由于它们的存在，改变了群落的环境条件、生物间相互作用和可用资源，从而对群落结构产生很大影响的物种"。鉴于其结构的复杂性和所占优势，基础种为群落提供了基底，降低了生物与非生物的胁迫，并增加了食物供给，这些对群落和生态系统产生了许多正面效应，包括增加物种的生物量、丰度和多样性，拓宽分布约束的范围，提高繁殖体存留、聚落和存活率（Bruno and Bertness，2001；Stachowicz，2001；Bracken et al.，2007a；Bulleri，2009）。例如，互花米草，在北大西洋的盐沼和卵石海滩上茂密生长，能够增加土壤的通透性以促进植物生长，通过巩固基底可以促进非禾本科草本植物的生长，加大淤积并固定沉积物以建立草沼，降低干燥胁迫和温度以提高固着无脊椎动物的存活率，以及阻挡捕食者的进入，为螺类和双壳类动物提供庇护场所。

（A）　　　　　　　　　　　　　　　　　（B）

图 3.2　（A）1967 年，Paul Dayton 准备潜入南极洲的冰下，他在这里对海绵的研究启发了他提出"基础种"的概念。（B）2008—2010 年，Dayton 及其研究团队重返南极，研究环境变化与海绵长期动态之间的关系，Kevin O'Connor 与 *Anoxycalyx joubini* 合影（Dayton et al.，2013）（图片 A 由 Paul Dayton 提供；图片 B 由 Julie Barber 提供）

由于其对物理环境和其他生物的影响，基础种是强有力的相互作用者，也为海洋生态系统中的促进作用提供了一些很明显的例子。促进作用（facilitation）是指两个或多个物种之间的相互作用，使得其中至少一个物种受益，而没有一个物种会受到负面影响（Bertness and Callaway，1994；Bronstein，1994）。尽管促进作用的生态意义早已为人所知（Clements，1936；Allee et al.，1949），但基础种所扮演的重要角色再次激发对正面相互作用研究的兴趣（Callaway，1995；Bertness and Leonard，1997；Stachowicz，2001；Bulleri，2009）。Bruno 等（2003）的开创性研究以基础种为例，牢固树立了正面相互作用在主流生态学理论中的地位。基础种还是"生态系统工程"（ecosystem engineering）的最佳范例之一（*sensu* Jones et al.，1994，1997）。尽管根据定义，这是指生命体对物理环境的改造，而不是指种间相互作用。但是，由于其能在各种时空尺度上对其他物种造成深刻影响（Hastings et al.，2007），它仍然是最重要的机制之一，通过调节消费者的作用，基础种对其他物种产生强烈的促进作用。

尽管大多数有关基础种的研究关注它们的正面生态相互作用，但它们的影响可远远不止促进作用。基础种具有竞争潜力来替代其他主要的空间占据者，例如，潮间带的贻贝会占据藤壶和大型藻类的空间（Paine，1966），或是改变物理环境，使其对栖息者而言变为亚优的；互花米草入侵泥沼后会抑制表层食底泥动物（Neira et al.，2005），或者它们对一些物种的庇护会对其捕食者或竞争者造成间接的负面影响；贻贝为取食附生大型藻类的海胆提供庇护（Witman，1987）。然而，基础种与其他生物最大的区别在于其对群落结构净正面影响的规模和广度。例如，对鹅卵石海滩上营造生境的互花米草与其他动物和大型藻类之间的 16 个配对相互作用实验表明，其中 12 个呈正相关关系，三个是中性的，只有一个是负相关的（Altieri et al.，2007）。

基础种创造了一个如此独特的环境，并为其他种类繁多的生物提供了一个可供栖息的生境，因此其有"促进整个群落的作用"（Bruno et al.，2003；Silliman et al.，2011）。尽管基础种的促进作用被认为是定义该群落的初级相互作用，受益的其他物种之间的次级相互作用（竞争、捕食和促进等）进一步细化了物种丰度和分布的格局。这种看法——基础种奠定了其他物种的相互作用，被称为"等级组织"（Bruno and Bertness，2001）。此外，基础种在景观生态上所创建的生境斑块和相应群落是许多集合群落经验研究的基础（Wilson，1992；Leibold et al.，2004）。由于其对其他物种的促进作用，建立群落，以及奠定次级相互作用的基础等方面的重要性，基础种被认为在种间关系的生态网络中起到核心作用（Kefi et al.，2012）。

由于其对群落结构和生态系统功能深远和广泛的影响，基础种已经成为许多研究的主题。自 Dayton 命名"基础种"之后，又出现了一些其他术语和概念，如生态系统工程师（ecosystem engineer）、基石调节者（keystone modifier）、优势种（dominant species）等（相关术语和定义的综述详见 Bruno and Bertness，2001；Ellison et al.，2005；Angelini et al.，2011）。许多经典的生态学研究都验证了基础种的重要性。Paine（1966）建立的关键种捕食者（在这个研究里指海星）的概念，在几十年后依然引人注目，捕食贻贝的海星给其他生物提供了栖息环境而成为基础种（Suchanek，1986）。同样，最广为人知的营养级联的例子是虎鲸、海獭和海胆，一部分原因就是其对维持基础种——大型海藻的直接和间接作用，而后者造就了潮间带巨大的海底森林生境（Estes and Palmisano，1974）。在 Simberloff 和 Wilson（1969）验证岛屿生物地理学原理的经典回迁研究中，岛屿生境是由另一个基础种——红树林所创造的。Connell（1978）通过收集造礁珊瑚群落的数据，验证了中等干扰假说。这些影响深远的研究不仅揭示了基础种在自然界广泛的生态意义，而且阐明了其在现代生态学理论发展上的重要影响。

尽管从 Dayton 提出这一概念以来，基础种的广泛重要性早已被普遍认可，但这一概念仍在不断启发新的理论理解，并在海洋生态学和保护领域产生实用见解。因此，我们将在本章重点介绍基础种及与其相关生态系统的几个活跃研究领域，大部分是将基础种置于其栖息和所创建的景观生态背景之中。我们将分别介绍基础种沿环境条件梯度的作用，反馈和自组织对创建景观生态的重要性，多基础种相互作用产生的格局，并以最新发现的基础种的保育价值和所面临威胁结尾。

环境胁迫梯度下的基础种

由于物理条件常常可以限制海洋生物的补充量、生长率和存活率等，因此，基础种最为重要的功能之一就是对非生物条件的改善（Bruno and Bertness，2001；Stachowicz，2001；Bruno et al.，2003）。环境胁迫可以分为两大类：①物理胁迫（如冰雪或波浪的冲刷、基底的不稳定），会产生施加于生物的机械力，导致其受挤压或被移除；②生理胁迫（如温度、干燥和缺氧等），会影响生命体的生物化学速率（Menge and Sutherland，1987）。作为大尺度景观生态要素的一个功能，环境胁迫可以跨梯度发生。例如潮汐，会影响暴露在极端气温、干燥胁迫下的历时长短，以及海湾与陆源输入之间的距离和海湾与大洋的交换，这会决定缺氧和盐度胁迫的严重程度，或是与盛行风和风浪区的相对朝向，从而决定波浪冲刷的程度。基础种可以调节这些环境胁迫，使耐受性略低的物种也能定居，并扩展它们的分布范围。

研究基础种跨越环境胁迫梯度仍然是验证基础种重要性的一个有效方法，并有助于进一步探索和理解更复杂的景观尺度格局。其中最有力的方法之一是，沿着环境胁迫梯度进行重复操纵实验，这种设计也称为比较实验方法（Menge et al.，2002）。实验操作包括移除或移植一个假设的基础种，或者布设一个结构物来模拟基础种的假设效应。

基础种如何为其他生物提供环境胁迫的缓冲并扩展其分布的一些最佳例证，来自岩岸潮间带热胁迫梯度和干燥胁迫梯度的实验研究。有赖于其空间统治力和所创建生境的复杂性，基础种能够缓冲温度变化，并降低干燥胁迫。例如，厚密的海鞘床能够使低潮区高多样性的生物群落向上延伸至中潮区（Castilla et al.，2004），正如互花米草也能够在卵石海滩上延伸海洋动植物的分布（Altieri et al.，2007）。这一作用还可以延伸到纬度尺度上的胁迫梯度：在光照胁迫更强的低纬度地区，无性系繁殖的盐沼优势植物的促进作用更为普遍（Bertness and Ewanchuk，2002）。

在不同胁迫梯度下，基础种的作用会发生很大变化，从而会在景观尺度上产生截然不同的生境类型。van Wesenbeeck 等（2007）对互花米草作为基础种在波浪冲刷梯度下作用的研究很好地证明了这一点。在低波浪胁迫时，互花米草能够拦截泥沙并固定基底，从而形成一个盐沼群落（Redfield，1965）；而在中等波浪胁迫时，互花米草能够缓冲水流使卵石固定，并促进在互花米草草甸之后的多样性盐生非禾本科草本植物群落（Bruno，2000）；而当波浪胁迫最大时，互花米草也无法维持生长，基底变成了岩质表面及留在其表面上的卵石。通过操控基底，移植幼苗和测量波浪能量，van Wesenbeeck 等（2007）的研究显示，岩质海岸、卵石海滩植物群落、盐沼等这些之前被孤立研究，甚至是被完全不同的生态学家所研究的生境，事实上都是一个特定基础种在环境胁迫连续梯度下相互作用的产物。

一般来说，基础种促进栖息群落的机制应该是沿环境胁迫梯度而发生变化的，正如胁迫梯度假说（stress gradient hypothesis，SGH）所提出的广泛的正面相互作用那样（Bertness and Callaway，1994）。胁迫梯度假说认为，基础种的促进作用应在环境胁迫条件下最为重要，这样，基础种能够缓解物理条件；而在梯度的另一端，胁迫较为缓和而捕食作用较为强烈时，基础种能够提供相应的防御和庇护空间。对该假说的验证来自两种丛生的草本植物，它们都能形成相似的格局——非禾本科草本植物在草丛内的多样性和丰度更高，而不是在草丛外，但由于两个例子中的河口盐度梯度截然相反，因而其作用机制不同。一系列实验研究表明，淡水湿地的草丛提供的是一个免于被食植者啃食的庇护场所，而盐沼的草丛则缓解物理胁迫（Fogel et al.，2004；Crain and Bertness，2005）。类似的例子还有，贻贝床在潮间带与潮下带等不同胁迫梯度下促进栖息群落多样性的机制不同。在高潮区，主要胁迫是高温和干燥，贻贝保持它们之间空隙的潮湿度和较低的温度，从而为其他物种提供便利（图 3.3A、B）；而在生理条件较为温和的潮下带，贻贝之间的间隙能够作为它们躲避捕食的庇护场所，从而促进群落的多样性（Witman，1985）。

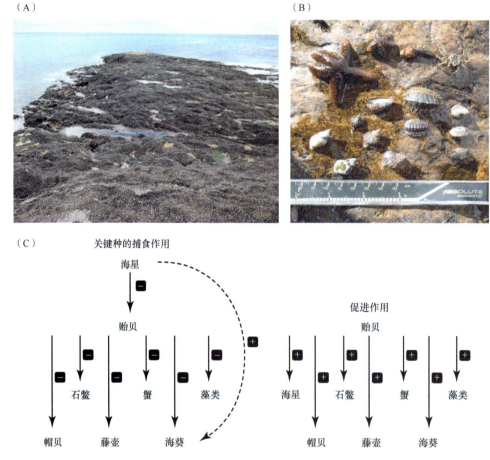

图 3.3 （A）阿根廷巴塔哥尼亚海滨上的贻贝床。（B）完全依赖于贻贝床内缝隙空间的栖息群落，使其免受持续干燥风所造成的严酷的干燥胁迫。（C）表示贻贝床中主要作用机制变化——从湿润温带海滨的关键种捕食作用转变为巴塔哥尼亚干旱多风海滨上的促进作用的示意图。实心箭头表示直接相互作用，虚线箭头表示间接相互作用，"–"表示负面相互作用，而"+"表示正面相互作用（仿自 Silliman et al.，2011；图片由 Brian Silliman 提供）

基础种作用的变化同样体现在全球尺度的气候要素梯度上。在相对湿润的美国太平洋沿岸西北地区，关键种（海星）通过控制贻贝床的存在而调节潮间带景观生态的多样性（Paine，1966），正如在其他温带生态系统所常见到的一样（Paine et al.，1985）。然而，在干燥、狂风肆虐的巴塔哥尼亚沿岸，自然条件如此恶劣以至于潮间带捕食者（如海星）难以生存，而贻贝的促进作用成为驱动多样性模式的初级相互作用

（图 3.3C）。一些研究对胁迫梯度假说是否存在普遍性提出了质疑，因为其存在明显的实际上的不一致。但最近一项包含海洋和陆地植物的全球尺度元分析，再次证明胁迫梯度假说经得起时间的考验，确实普遍适用于广泛的方法论、物种性状和胁迫类型，随着胁迫作用加大，正面相互作用增大，竞争减弱（He et al.，2013）。

基础种自身也受到胁迫的影响，并进而对与其相关的物种产生重要影响。例如，在纳拉甘西特湾，贻贝形成了一个面积很大（接近 27hm²）的潮下生物礁，若无贻贝的存在，这里将是空无一物的软质基底生境。由于人类活动造成的缺氧胁迫梯度的影响，海湾靠近上游部分的贻贝礁被大量削弱，有一个甚至完全消失，而在靠近大洋的一侧，礁石仅受到很小的影响（Altieri and Witman，2006）。这一研究揭示了基础种所创建的生境斑块在环境胁迫梯度下的变化。这一变化对集合群落动态具有重要意义，因为这些礁石也是其他物种的避难岛（Lindsey et al.，2006）。在另一种情况下，温和的缺氧胁迫能够"点亮"潜在基础种的隐藏促进作用。例如，在澳大利亚的河口，双壳类动物从泥沙中露出，能够给其他定植生物提供一个硬质基底，否则该生境就会是基底限制性的（Gribben et al.，2009）。正如在美国缅因州的岩质海岸上所观察到的一样，基础种的身份会与环境胁迫梯度一起发生变化。在这个例子中自上而下变化的梯度是指水流的流速（Bertness et al.，2002）和波浪的能量（Bertness et al.，2004），它们决定着主宰生境的基础种是贻贝床还是藻类。即便基础种不发生变化，干扰产生的梯度变化所导致的基础种丰度的变化，依然对多样性具有复杂的影响（Kimbro and Grosholz，2006）。

塑造景观生态空间格局的基础种

事实早已证明，基础种对其所创建生境内的本地群落具有重大影响。最新研究显示，基础种的作用可能远远超出之前对其的认知。例如，一系列研究发现，基础种的作用可以延伸至很远的范围，连邻近群落的生物也能从其生态系统工程师的作用中受益（Bruno，2000；van de Koppel et al.，2006；Donadi et al.，2013）。此外，对贻贝床、滩涂和盐沼的一系列研究揭示，基础种能够通过其空间自组织过程，其在小尺度上局部的相互作用会产生大尺度上的复杂空间结构，从而创建一个异质的景观格局（van de Koppel et al.，2012）。在某些生态系统，如沉积性盐沼中，基础种甚至对其他物种产生胁迫梯度。本节，我们将讨论一些基础种在大尺度上的间接作用，及其所造成的复杂生态系统的空间结构。

一系列研究都已表明，基础种对其物理和生物环境的作用可以延伸到其发生范围之外的一段距离，甚至在一定距离之外作用才是最强的。例如 van de Koppel 等（2006）发现，在新英格兰地区的卵石海滩上，Bruno 等（2000）所观察到的互花米草对非禾本科草本植物的促进作用是在草丛数米开外，而不是在草丛内部。因此，在水线以上出现了单一物种的互花米草草丛，而其分布上限与草本植物群落相邻。这是对光照的局部相互竞争作用造成的，基础种互花米草对光照具有竞争优势，但其减弱波浪运动和减少卵石移动的作用，使其之外的草本植物受到长距离的促进作用，否则草本植物将被卵石磨蚀而无法生存。

最新研究表明，随着与基础种距离的增加，其相互作用会发生从负到正的转变，这是潮间带海滩一个重要的构造过程（Donadi et al.，2013）。贻贝床对其周边环境具有强烈的影响，可以缓冲波浪的作用，还能增加沉积物中的泥沙含量，而这很可能是排泄富含泥沙的假粪和降低泥沙侵蚀共同造成的。在贻贝床上，贻贝对鸟蛤——荷兰潮间带海滩上的次优势底栖种，产生负面影响。但是，鸟蛤的密度在距离贻贝床 300m 外远远超出其背景值。实验分析表明，这可能是附近的贻贝床对水动力条件的作用，使得鸟蛤能够存活。如果没有贻贝的这种作用，这种环境条件对鸟蛤的幼体是有害的。在景观尺度上，贻贝在近距离对鸟蛤产生负面影响，而在几百米之外起正面作用。

基础种对生态系统空间组织上的作用不仅仅局限于潮间带的区化。局部的促进作用与大尺度上的抑制作用被广泛用于解释海洋景观的常见格局，如贻贝床（van de Koppel et al.，2005a）、海草床（van der Heide et al.，2010）、硅藻覆盖的滩涂（图 3.4，Weerman et al.，2010），以及陆地景观生态，如撒哈拉南部的干旱矮灌丛（Klausmeier，1999）和西伯利亚的北方泥炭地（Rietkerk et al.，2004）等。例如，贻贝形成了明显的空间组织，如果从上向下看，贻贝的垂直分带形成一层层垂直于潮流方向的规则条带（van de Koppel et al.，

2005a）。在水体底部，贻贝们要争食浮游植物，由于潮汐的作用，在几米之内就会产生这样的竞争作用。但在更小尺度上也会存在强烈的促进作用，挨附在一起的贻贝能够共同抵御被捕食的风险和波浪的冲刷。因此，贻贝们在小空间尺度上能够相互促进，而在稍大尺度上却为藻类相互竞争。数学模型分析的结果认为这种尺度依赖性的相互作用可以解释所观察到的格局。但是，在实际情况中，也许还有其他过程影响贻贝床格局的形成（Liu et al.，2012）。

（A）　　　　　　　　　　（B）　　　　　　　　　　（C）

图 3.4　潮间带系统空间自组织格局的例子。（A）荷兰斯希蒙尼克岛南部贻贝床的格局分布，部分被墨角藻覆盖。（B）法国圣埃弗拉姆（Saint Efflam）附近海草床的分布格局。（C）荷兰西斯海尔德河口的 Kapellebank 潮滩被硅藻生物膜覆盖的格局（图片 A 和 C 由 Johan van de Koppel 提供；图片 B 由 Tjisse van der Heide 提供）

　　贻贝床例子中体现的这种促进和抑制之间尺度依赖性的相互作用，不仅会产生生态系统规律性的格局（van de Koppel et al.，2012），而且会产生生态系统空间组织的不同形式。在盐沼观察到潮间带一个异乎寻常的例子（Temmerman et al.，2007）。盐沼的空间结构以大量的潮沟网络构成，涨落潮的潮水可以在其间流动。这个网络的初步形成是潮水和盐沼植被交互作用的结果。蔓延生长的植被斑块对水流产生摩擦力而滞缓其流动（Temmerman et al.，2005），从而加速斑块内的泥沙淤积，形成抬高的小丘。水流的动量在此一分为二，又提升了这些斑块周边水流的流速（Temmerman et al.，2005），其结果是加剧植被斑块外围的泥沙侵蚀，限制了植被在那里的生长（van Wesenbeeck et al.，2008）。这一过程与在格局化贻贝床中所观察到的生物对同种生物生长条件的尺度依赖性效应类似：邻近基础种会引起促进作用，而距离较远（基础种斑块之外）会导致限制生物生长的负面效应。然而，无论是贻贝床还是泥滩，这一过程是否会形成一个规则的景观格局，取决于湿地的大尺度背景条件。在海湾及河口处于半保护状态下的地方（至少有一部分是陆地环绕的）发展起来的湿地（Allen，2000），通常形成破碎的潮沟网络；而在没有陆地包围的地方，则形成开放的潮汐滩涂，并在盐沼内建立起一个半规则的潮沟网络（Temmerman et al.，2007）。因此，与许多基础种控制的生态系统类似，空间复杂的盐沼景观是由基础种的生长和水动力交互作用而形成的。

　　基础种的空间自组织不仅影响依赖于它的其他物种，还会对物理景观的地貌产生重要影响（van de Koppel et al.，2005b；Kirwan and Murray，2007；Rietkerk and van de Koppel，2008；Weerman et al.，2010；Liu et al.，2012）。究其原因，许多自组织的基础种也是生态系统工程师，能够改变物理景观。例如，被贻贝滤食进体内的无机物颗粒（砂或土）无法被消化，将会以颗粒状的假粪形式排出体外，从而导致贻贝身下累积成一个厚厚的泥层（Flemming and Delafontane，1994）。其结果是，软质基底生境的成熟贻贝床，通常是由布满贻贝的小丘和低洼存水处组成的一个波浪形景观。类似的自组织景观还有硅藻泥滩，散落的硅藻生物膜形成一个由小丘包和促进泥沙淤泥（而在海草床则是诱发或减少侵蚀）的低洼所共同组成的景观。在陆地生态系统，类似塑造物理景观的过程在北方泥炭地（Rietkerk et al.，2004）和白蚁栖息的热带稀树草原（Pringle et al.，2010）可见。

　　基础种的生态系统工程对自组织生态系统的作用与其在同质性景观中的迥然不同（Weerman et al.，2010）。与经典胁迫梯度研究中所见到的缓冲和缓和物理胁迫在物种配置（species sorting）上的作用不同，通过基础种的景观塑造活动，自组织生态系统自身能够产生物理环境的空间梯度。在这种情况下，物种配置过程中的胁迫梯度实际上是由基础种所产生的。这种效应在盐沼中非常明显。在许多以沉积物为基础的盐沼中，植被造就了复杂的、异质性的潮沟景观，坑洼的草沼被抬高的堤坝环绕，在被潮水淹没后很长一段时间内保存大量的咸水。在这种盐沼中，植被基本沿地貌所造成的高程梯度分布，但潮沟、堤坝和平台等结构自身是植被、水流和沉积相互作用的结果。这与传统的对盐沼植被区化的理解不同，在传统观念中，物种隔离和物种间相互作用是业已存在的高程梯度的产物（Pennings and Bertness，2001）。

自组织空间格局的形成对生态系统的功能具有重要意义（Levin，1992；Rietkerk and van de Koppel，2008）。一项对贻贝床进行的理论和实验相结合的研究结果表明，通过聚集形成一定格局，贻贝们能够使被波浪驱离的损失最小化，与此同时，对藻类的竞争也最小化（van de Koppel et al.，2005a，2008），从而提高了贻贝床的生产力。无论是盐沼，还是贻贝床和泥滩，空间组织是否能够加速泥沙淤积和促进植物生长，这将是未来的一个研究课题。然而，上述的研究指出，所谓的平均场方法，忽略了生态系统的空间结构，仅考虑种群的平均密度或生物量，会忽略重要的突发效应（如加速泥沙淤积和提高生产力会对生态系统功能产生重要影响）。

多个基础种之间的相互作用

尽管基础种的重要性在近几十年来已非常明显，但大多数的研究都仅关注某一个基础种，或将一起出现的基础种捆绑成一个功能单元（Bruno and Bertness，2001）。但当我们环顾四周，难以想象什么地方只有一个隔绝的基础种在单独发挥作用。首先，基础种所创建的生境通常是紧密相连、犬牙交错的。例如，在温带河口，牡蛎礁和盐沼常常相互毗邻，正如热带沿海的海草床、红树林和珊瑚礁密不可分一样；其次，一个给定生境往往是由多个基础种作用形成的。例如，海草床和红树林很少会是单养的，而且由于干扰历史事件、补充量和种间关系等原因，它们之中总会有相互点缀的海草和红树的散布物种。取决于基础种之间相互关系的远近，它们之间存在一系列潜在的相互作用，而这对于景观上的生境结构、多样性模式，以及与共同基础种多样性相关的关联物种丰度等都有重要意义（Yakovis et al.，2008；Cordes et al.，2010）；此外，成对基础种之间的紧密联系在相同的两个属内可能是有规律可循的，这表明基础种之间的这种关系可能对其功能是必需的，并且可能是共同进化的（van der Heide et al.，2012）。在这里，我们将关注多个基础种，因为我们对它们之间的相互作用及其在景观上的空间排列模式有较好的研究。但是，我们认为，下面将讨论的许多原理可以延伸适用于给定基础种的多基因型，因为基因型的多样性与生境功能相关（Hughes et al.，2008；Hori et al.，2009）。

为什么多基础种的重要性直到最近才得到重视呢？首先，出于理论或逻辑简化需要，研究者将多基础种作为一个单元看待，或者他们认为这是一种功能冗余（Jones et al.，1994）；其次，有的研究完全在一个生境中开展，而无视其邻近生境其他基础种与其潜在的相互作用。随着对基础种与其环境间的相互作用，以及对基础种之间相互作用广泛性的认识的提高，现在已经很清楚，对基础种的功能一刀切的方式过于简单。而事实上，基础种是景观的响应特征。

共存基础种在空间上的排列可以分为以下两种模式：

（1）嵌套组合，其中一个或多个次级基础种生活在由初级基础种所创建的生境之中；

（2）邻近组合，多个基础种分别创建相互毗邻的单型生境（图 3.5；Angelini et al.，2011）。

在嵌套组合中的次级基础种既可以在初级基础种的夹缝间生存，也可以附着在其表面生活。例如，海草床包含多个草本物种，以及大型藻类、珊瑚、海绵和双壳类等（Duffy，2006）；珊瑚礁除了共存的珊瑚物种，还有其他生境建立者，如海绵等（Idjadi and Edmunds，2006）；还有盐沼草本植物之间（Tyrrell et al.，2012），或是红树林之间（Bishop et al.，2009）的大型藻类，或是附着在管栖多毛类上的大型海藻（Thomsen and McGlathery，2005）。

嵌套在一起的基础种间的促进作用是等级组织的一个特例，也被称为"促进级联"。首次揭示这种促进作用链的研究，来自卵石海滩上的两个基础种——互花米草和肋贻贝的完全析因实验。互花米草（初级基础种）减弱光照胁迫，同时给贻贝（次级基础种）提供一个可以附着的基底，进而贻贝又为其他多样性的生物组合（包括端足目、藤壶、螺类和其他双壳类等）提供一个稳定的硬质基底和缝隙空间（图 3.6；Altieri et al.，2007）。随后的研究揭示，促进级联的强度可能取决于基础种的密度（Bishop et al.，2012）与形态性

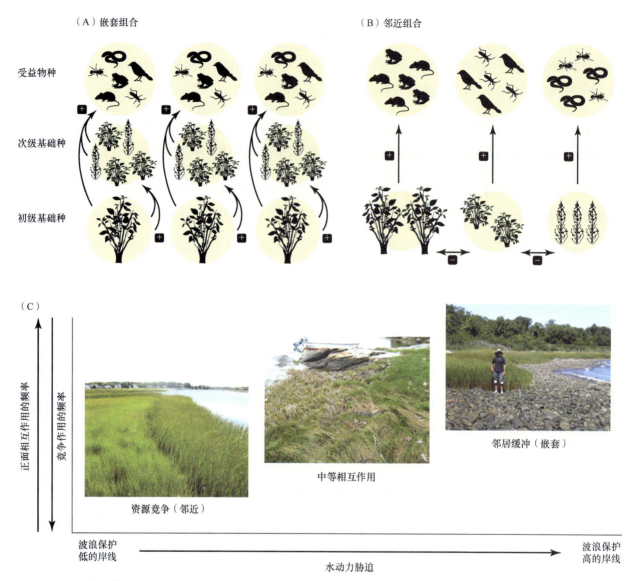

图 3.5　（A）因促进作用或降低竞争而聚在一起的基础种如何使一个给定群落形成嵌套组合。（B）由于竞争作用而相互毗邻的基础种如何形成邻近组合。（C）给定基础种（互花米草）在同一种环境胁迫梯度的两个相反的极端情况下，导致嵌套组合或邻近组合的实例（仿自 Angelini et al.，2011；左图由 Tyler Coverdale 提供；中图由 Christine Angelini 提供；右图由 Andrew Altieri 提供）

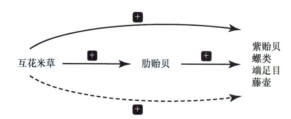

图 3.6　促进级联的示意图。其中肋贻贝是次级基础种，嵌套在一个由互花米草形成的生境之中。互花米草是初级基础种，对肋贻贝产生促进作用，并进而促进其他物种，如紫贻贝、螺类、端足目和藤壶等。实线箭头表示直接影响，虚线箭头表示间接影响

状（Bishop et al.，2009）。

　　在新英格兰地区的盐沼可以找到邻近组合的例子。互花米草、狐米草、灯芯草和一种菊科灌木（marsh elder）等在景观上成片分布。其中每种植物都是基础种，可以调节土壤中的氧气浓度、盐度和光照。实验表明，其竞争能力的等级导致了它们的区化（Pennings and Bertness，2001）。这样的邻近组合与红树林沿高

程梯度的区化类似（Ellison and Farnsworth，2001）。

无论是邻近组合还是嵌套组合，其基础种的排列模式对多样性格局都有重要影响。在嵌套组合里，移除任何一个基础种，无论是初级基础种还是次级基础种，都会导致多样性的非线性损失，因为它们是协同作用，共同支撑栖息群落的（Altieri et aL，2010）；而在邻近组合中，群落区化往往是其基础种区化的一个镜像（图 3.5B），导致 α 和 β 多样性之间的强烈偏离（Angelini et al.，2011）。但是，一个特定基础种的物种构成也会受到相邻基础种的影响（Grabowski et al.，2005）。

尽管基础种通常可以改善物理条件，但其自身却受到环境胁迫和协变因子（如捕食）的限制，所以环境胁迫假说（Bertness and Callaway，1994）可以用来预测嵌套组合和邻近组合会在何处产生（图 3.5B；Angelini et al.，2011）。高环境胁迫会阻止单一基础种的资源垄断与空间优势；而其他的基础种可以占据初级基础种间的缝隙，从缓解的环境胁迫中受益（如互花米草床中的贻贝；Altieri et al.，2007）；在胁迫梯度的较低一端，可能存在多基础种的嵌套组合，这时的捕食压力最高（Menge and Sutherland，1987），而次级基础种通过协同防御，在初级基础种间寻找庇护场所（如大型藻类上的附生植物；Hay，1986）；而在中等强度胁迫时，胁迫相关的干扰不足以维持自由的缝隙空间，捕食也被抑制，这时的竞争作用最强烈，导致基础种的排斥和区化，从而形成清晰的界线（如在巴塔哥尼亚岸滩上的贻贝和珊瑚藻；Bertness et al.，2006）。

嵌套组合中基础种营养级位置的一般模式遵循能量学的一些基本原则。当基础种嵌套在一起时，与初级基础种相比，初级基础种一般处于相对较低的营养级。这一模式首先是在卵石海滩的促进级联中发现的，其中的次级基础种（贻贝）的营养级高于初级基础种——互花米草（Altieri et al.，2007）。随后，在潮间带系统发现，初级基础种往往是生产者（Bulleri，2009；但不同观点参见 Thomsen et al.，2010）。最可能的解释是，能量沿着营养级而逐渐减少，因此初级基础种需要拥有最高的生物量，才有可能在群落中居于主导地位（Altieri et al.，2007）。如果这一假说成立，那么我们应该可以预见，在一些能量转换效率高的高能量系统，生产者的能量可以直接传递给初级消费者，那么情况就会反转：消费者是初级基础种，而依赖于初级基础种的生产者在等级中占据次要位置。事实上，这种反转可以在表层浪涌、内部被波浪冲刷的潮下带贻贝床中观察到，在那里，波浪的能量驱动着消费者的高生产力（Leigh et al.，1987），在贻贝创建生境之后逐渐被大型藻类定居（Witman，1987）。营养级衰减假说认为，嵌套组合中的层数（如促进级联）最终是由营养传输效率和总生产力决定的。

尽管基础种通常形成的是一个较大的、固定的生境，但邻近基础种及相应群落间的相互作用会受到可移动消费者的运动和被动传输物质的调节（图 3.7）。例如，白天躲在珊瑚礁上的鱼类和海胆，会在夜晚到邻近的海草床大快朵颐（Nagelkerken et al.，2000a）。这些基于某个基础种的移动消费者，不仅对邻近基础种的被捕食者群落的多样性和丰度产生重要影响，还能抑制基础种间的潜在竞争，这就如同依赖于珊瑚礁的食植者一样，既能在珊瑚礁和海草床之间维持一个缓冲区（Ogden et al.，1973），也能防止大型藻类竞争淘汰珊瑚（Jompa and McCook，2002）。觅食活动还能够将邻近基础种联系起来，例如消费者在某个基础种生境中取食，而将营养物质以排泄物和粪便的形式带到另一个基础种的群落中，正如鱼类在海草床取食后能促进珊瑚的生长一样（Meyer et al.，1983）。营养的传递同样可以以碎屑的形式从一个基础种的生境被动传输到另一个基础种的生境，就像海草的碎屑可以被带到红树林和珊瑚礁群落（Duffy，2006；Heck et al.，2008），大型海藻的碎屑也可以被传输到海草床（Wernberg et al.，2006）。据推测，这种连接基础种生境的营养传递模式应该遵从 Polis 等（1997）提出的跨生态系统交换的基本形式。

邻近的基础种能够共同参与，维持个体发育过程中需要转换生境的物种。最好的例子是礁鱼，实际上，礁鱼幼体被补充到红树林或海草床，并将其作为育种场，直到成年后才返回珊瑚礁（Nagelkerken et al.，2000b；Mumby et al.，2004）。在这种情况下，多个基础种相互作用，因为它们都是维持依赖于它们的物种所需要的种群。更广泛地说，一个或多个基础种所创建的生境岛屿，以及由于生物移动所产生的相互作用，是集合群落最好的例证（Wilson，1992；Leibold et al.，2004）。

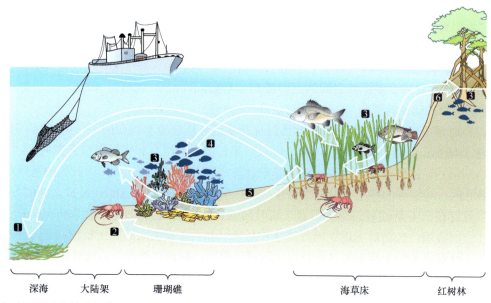

深海　　大陆架　　　珊瑚礁　　　　　　　　海草床　　　红树林

图 3.7　动物和碎屑通过多种途径的运动，将不同基础种创造的生境连接起来，如图所示的海草床与珊瑚礁、红树林及其他生境的联系方式。（1）海草的碎屑被传输到深海，作为其食物网的补充。这也是基础种对在其存在范围之外群落动态大尺度影响的例子。（2）在大陆架捕捞的虾，其育苗场是海草床。（3）与没有基础种的区域相比，成鱼的丰度和多样性在靠近海草床、红树林和珊瑚礁的地方明显增加。（4）无论捕食性鱼类还是植食性鱼类，都在海草床觅食，但都利用珊瑚礁作为庇护场所，其排泄物有助于珊瑚的生长。（5）大型捕食性鱼类成年时栖息在珊瑚礁，但海草床才是其育苗场。（6）生活在红树林之间的鱼类在海草床觅食（仿自 Heck et al., 2008）

基础种的社会价值

人类是基础种最主要的使用者和受益者之一。基础种对生物群落和生态系统功能的影响可以被直接转化为人类所定义的生态系统服务价值。长久以来，基础种的价值一直驱动着人类人口增长和定居的模式。从史前和早期历史时期开始，人类就从基础种获取必需的食物和原材料。到了近代，基础种所创建的海岸带生境又为人类提供了游憩娱乐的机会，以及景色优美的观光景点，从而提升其经济价值。人类从基础种受益主要来自以下几个方面。

首先，人类可以从基础种对物理环境的调节中直接受益。例如，基础种，如沼泽中的草本植物，是一个生物地球化学过滤器和碳汇（Valiela and Teal，1979；Chmura et al.，2003）。更为显著的一个例子是，基础种可降低波浪冲刷和护岸（Gedan et al.，2011）。通过对比人类居住点在有无红树林时抵御灾难性事件（如海啸）所受损害情况，突出了基础种挽救人类生命的价值（Danielsen et al.，2005）。

其次，人类社会可以（至少短时间内）从高产的基础种获取食物、燃料及建筑材料。牡蛎礁是人类的宝贵食物资源，已被持续开发利用以满足全球市场的需求（Kirby，2004）；或者，人类可以利用基础种来提高其他食物资源的产量，例如将潮间带藻类作为农作物的肥料，或将狐米草作为牲畜的饲料（Bromberg Gedan et al.，2009）等；随着食品加工技术的进步，海带还可以被用来制作食品添加剂；基础种也可以被当作燃料，如热带地区将红树作为薪柴使用（Bandaranayake，1998），而北欧则露天开采泥炭（Bakker et al.，2002）。基础种的结构使它们在自然状态下成为重要的生境创建者，也使它们被人类用作建筑材料。例如，红树会被砍伐用于建房或是造船（Bandaranayake，1998）；在巴拿马，珊瑚礁则被开采，用于扩充和加固低洼的岛屿（Guzman et al.，2003）。或者，人类会直接将基础种所创建的平坦、宽阔，受到保护的空间作为理想的建筑地点。例如，波士顿将 80% 以上的盐沼转化为城市景观，从而迅速扩大其城市足迹（Bromberg and Bertness，2005）。基础种生境还会因为水产养殖用途而被开发利用，如亚洲红树林被转变为虾塘（Primavera，1997）。

再次，人类可以从基础种间接受益，因为其提升了栖息生物的多样性和丰度，包括人类捕获的物种。例如，大尺度相关性分析显示，至少一半以上的礁鱼丰度受益于邻近红树林的育种效应（Mumby et al.，2004）。这种效应体现在，有红树林的区域捕获量更高（Naylor et al.，2000）。一项元分析研究的结果显示，有基础种存在的地方，无脊椎动物和鱼类的丰度是没有基础种处的三倍以上，而且关系很稳定（Bracken et al.，2007a）。由此看来，高捕获量与基础种的相关性可能是一种普遍现象。通过实验模拟，将提供食物资源的作用从基础种的育苗功能中分离出来，以检验物理结构的单独作用，结果发现其物理结构是一种广泛存在的促进机制，如海草床（Lee et al.，2001）、贻贝床（Witman，1985；Lindsey et al.，2006）和潮间带的互花米草（Altieri et al.，2007）等。基础种生境中栖息生物的高生产力和高密度会产生高价值的目标渔业。例如，西北太平洋的巨型海藻曾支撑着单一物种的渔业，如鲍鱼、海胆、海参和礁鱼等，直到这些资源被捕捞殆尽（Jackson et al.，2001）。珊瑚礁生境同样支撑着多样性的鱼类组合，只不过这些鱼太少或太小而缺少有效的食物价值，但在水族馆却喜闻乐见（Chapman et al.，1997）。由于基础种对捕捞物种多方面的增强作用（Bracken et al.，2007a），海岸带基础种生境的单位面积捕获量远远超出大洋的捕获量（MEA，2005）。

在许多地方，珊瑚礁及其他海岸带生境作为吸引游客的观光景点的价值已使其食物价值黯然失色（MEA，2005）。游客们愿意为水肺潜水、浮潜和观鸟等活动支付额外费用，这些活动都有赖于珊瑚礁、红树林等保护完整的生境，因为它们具有较高的多样性和物种丰度（Bacon，1987；Brander et al.，2007）。尽管向生态旅游业的转型有助于加深公众对基础种价值的认识，并向非摄取式利用资源转变，但并非如其所称的那样没有任何风险。在澳大利亚的大堡礁保护区的区化中，不仅限制钓鱼，还对生态旅游设置了相应的禁区（Day，2002）。

最后，人类早已学会利用基础种改变物理环境，将其作为一种建立新景观和恢复退化生境的工具。基础种在大尺度上的应用至少可以追溯到 18 世纪的荷兰，人工构建的向海沟渠和闸坝引发了草沼植物定居和泥沙蓄积的正反馈，使得其最终得以封闭并转化为农田（Bakker et al.，2002）。在当代，出于类似的土地围垦的目的，如在旧金山湾（Callaway and Josselyn，1992）；或是为了护岸，如在中国（An et al.，2007），草沼植物被引入其他很多地区。在夏威夷，通过引种红树林来护岸已有上百年的历史（Allen，1998）。尽管这些物种引进从单纯的生态系统工程师意义而言是成功的，但其代价是产生了与本地种的杂交和竞争（Daehler and Strong，1997；Neira et al.，2006）。最新研究显示，牡蛎礁的恢复对于岸线保护非常有效，因为它们能够逆转对岸线的侵蚀，而且它们的生长能够跟得上海平面上升的速度（Meyer et al.，1997；Grabowski et al.，2012）。恢复牡蛎礁的潜在生态收益（Coen et al.，2007）和金融可持续性（Grabowski et al.，2012）使人类产生了引种牡蛎的渴望，然而这种策略具有巨大的风险，因为非本地种的牡蛎可能会对生态系统带来负面影响，并成为病原体和其他入侵物种的载体（Ruesink，2007；Green et al.，2012）。

基础种的生态系统工程特性使其成为非常重要的修复工具，但这些作用尚未被广泛认知和利用（Byers et al.，2006）。也不能因为一些失败的修复工作，就抹杀基础种对生境成功调节的重要性。这些失败的修复往往只提供很少的种苗或繁殖体，所以移植得非常稀疏，而且为了尽可能地扩大覆盖范围而均匀地排列（短期来说），使得幼苗只能孤零零地独自抵抗恶劣的物理环境。因此，成功的修复工作通常是将其密集成团布置，这样才能形成生态系统工程总体的反馈——更高的补充量、存活率和植被生长，从而形成更大的基础种覆盖范围，并能长期维持（Halpern et al.，2007；Gedan and Silliman，2009）。

保护的相关问题

尽管基础种具有重要的生物和经济价值，但它们面对人类的影响却非常脆弱，并受到一系列问题的困扰。气候变化对基础种功能的影响包括：海平面上升远远超出红树林和盐沼植物建立基底和维持高程的能力（Ellison and Stoddart，1991；Nicholls et al.，1999；Donnelly and Bertness，2001）；风暴频率的增加使巨型海藻群落的多样性丧失（Byrnes et al.，2011）；干旱加剧放大了捕食者自上而下的控制（Silliman et al.，2005）或疾病的作用（Zieman et al.，1999）；海面水温上升改变岩岸共存基础种的分布和丰度（Hawkins et al.，2009）；海水酸化和气候变化损害珊瑚的造礁能力，并危及现有的珊瑚礁（Hoegh-Guldberg et al.，2007）；过度捕捞通过营养级联的作用给珊瑚礁和草沼带来间接但灾难性的后果（Mumby et al.，2006；Altieri et al.，

2012）；如上所述，围海造田会给湿地造成直接影响；富营养化会通过一系列影响，如缺氧、藻华及光衰减等，造成造礁双壳类动物、海草、珊瑚和其他基础种的消亡（Lenihan and Peterson，1998；McCook，1999；Duarte，2002；Scheffer and Carpenter，2003；Altieri and Witman，2006）；污染，比如原油泄漏，会直接导致潮间带和潮下带基础种的死亡（Jackson et al.，1989；Ellison and Farnsworth，1996；Silliman et al.，2012）；入侵物种会导致基础种的损失，无论是通过直接替代（Minchinton et al.，2006）、杂交（Daehler and Strong，1997），还是间接的相互作用（Kimbro et al.，2009）；此外，人类活动会促进生物活体，如病原体和寄生物，在基础种生境中自我传播，造成快速、广泛和难以预料的后果（Harvell et al.，2002）。

　　这些持续恶化的威胁所造成的后果是，基础种生境正以惊人的速度消失。由于对基础种生境的开发和转换利用通常处于社会发展的早期阶段，缺乏科学数据乃至历史记录，对其损失的量化仍是一个挑战（Jackson et al.，2001；Lotze et al.，2006）。然而，通过历史重建和保守估算，仍然给出了令人震惊的答案。盐沼是人类最易接近的海洋基础种生境（Bromberg Gedan et al.，2009），自然而然，对其开发和利用也开始得最早、最为极致。研究表明，全球 2/3 的盐沼已经消失（Lotze et al.，2006；Silliman et al.，2009）；红树林是另一种被人类活动严重影响的海岸带湿地基础种群落，全球接近 1/3 的红树林已消亡（Alongi，2002）。随着人口增长、技术进步和经济政策转变，人类的影响已不再局限于近海，大洋也未能幸免（He et al.，未发表），远海中居主导地位的基础种也在频繁受到滋扰。2/3 的海草床已经消失（Lotze et al.，2006），对其相关联物种产生负面影响（Hughes et al.，2009），在某些区域，珊瑚的消亡甚至超过了 80%（Gardner et al.，2003），极大降低了生境的复杂性（Alvarez-Filip et al.，2009）。全球牡蛎礁的消失估计也在 80% 左右（Lotze et al.，2006），在系统性地过度捕获之后（Kirby，2004），在切萨皮克湾和其他温带河口，原本占优势的牡蛎已经功能性灭绝（Rothschild et al.，1994；Beck et al.，2011）。而最需关注的可能是如冷水珊瑚、蠕虫、双壳类和海绵等深海基础种，它们面对拖网捕鱼和其他资源开发方式极为脆弱，甚至人类还未来得及进行科学和定量的研究（Fossa et al.，2002；Hall-Spencer et al.，2002；Reed，2002；Althaus et al.，2009）。当基础种被整体消除后，其重要性可能会更加显而易见，如图 3.8 中，红树林被移除后的岛屿，遭受了严重的土壤侵蚀，造成土地减少。

（A）

（B）

图 3.8 （A）红树林是稳定岸线和促进海滨生物群落的基础种。其重要性在伯利兹的加里博岛（Carrie Bow Cay）体现得一览无余，红树林的清除造成土壤侵蚀，棕榈树孤立在潮间带上，而地质标记要依靠沙袋支撑才能竖立。（B）邻近的南怀特岛（Southwater Cay），红树林完好无损（图片由 Andrew Altieri 提供）

　　即便人类只是部分移除了基础种，或是略微改变了其结构，依然会对基础种的功能产生重要影响，这是由于其生态系统工程师效应的性状依赖性所造成的。例如，卵石海滩互花米草床的空间范围和受益于它的非禾本科草本植物群落的多样性之间存在非线性的相关关系（Bruno，2002），这意味着互花米草床范围的部分减少可能会导致多样性非对称的急剧降低。针对该生态系统的另一个实验表明，互花米草床的性状，包括幼苗高度和密度等，会影响到非禾本科草本植物的存活率（Irving and Bertness，2009）。一些大型藻类也存在着基础种斑块性状与群落构成之间的相似关系（Christie et al.，2009），说明其对轻微的生境损失也很敏感。改变牡蛎礁的三维结构也会产生类似的非线性效应。例如，疏浚会降低牡蛎礁的高度，牡蛎礁被消除的部分本可高出低氧浓度的底层水，从而支撑螃蟹、鱼类和牡蛎自身的生存（Lenihan and Peterson，1998）。

入侵物种是与基础种相关的最为重要的保护话题之一，究其原因，无外乎下面两个：首先，基础种有潜力介导入侵物种的成功。例如，在地中海的海滨，藻坪促进了入侵绿藻的生长（Bulleri and Benedetti-Cecchi，2008）；贻贝为潮下带污损生物群落的入侵海鞘生物创建了生境（Stachowicz and Byrnes，2006）；多毛类为泥滩的入侵海藻提供附着基底（Thomsen et al.，2010）。卵石海滩的实验表明，基础种对本地种和入侵物种都有正面影响，从而导致本地多样性与整个景观上的物种入侵成功之间存在正相关关系（Altieri et al.，2010）。这一研究结果与生物抵抗假说（biotic resistance hypothesis）（Bulleri et al.，2008）和入侵悖论（invasion paradox）（Altieri et al.，2010）的预测背道而驰。

基础种自身就是有力的入侵者，因为它们能够通过改变生境而自我促进（Cuddington and Hastings，2004），而且它们对被入侵的生态系统具有重要影响（Crooks，2002；Wallentinus and Nyberg，2007）。例如，入侵的海鞘类动物能够创建一个潮间带生境，从而使本地种的分布发生转变（Castilla et al.，2004）；入侵苔藓虫的蓬蓬头既能促进本地种（Sellheim et al.，2010），也会协助其他物种的入侵（Floerl et al.，2004）；大型入侵海藻会给本地的双壳类施加选择压力（Wright et al.，2012）；而入侵的蠕虫能够在软质基底形成一个类似于珊瑚礁的复杂空间结构（Bazterrica et al.，2012）。通过对这些实例的研究，Crooks（2002）发现入侵基础种的生境复杂性与其对入侵生境的作用有相关关系，这可能是因为生境复杂性对一系列次变量有重要影响，如躲避捕食和改变生境。因为入侵基础种能够提高其他入侵物种的丰度和性能（Crooks，2002；Wallentinus and Nyberg，2007；Bulleri et al.，2008），它们可以是引发"入侵熔毁"（invasional meltdown）的重要机制——一个物种的入侵会导致其他的物种入侵（Simberloff，1999）。

如上所述，有时为了巩固岸线和围垦湿地会人为、有意地引入基础种。除此之外，有时还会为了食物资源人为地引入基础种。例如，将大西洋牡蛎引种到太平洋一侧，随之而来的是其他入侵物种，包括基础种——大西洋互花米草（Civille et al.，2005）。尽管入侵的基础种会对某些本地种具有正面作用（Rodriguez，2006），也能使人类受益，但从某些保护主义者的观点来看，任何与自然系统的偏离都是不可接受的。有人建议，在气候变化背景下，基础种应该是支撑与维持生态系统功能的"辅助拓殖"的目标（Kreyling ef al.，2011）。然而，这仍然存在很大疑问，在本地基础种或基因型已不再存活的地区，是否需要人为引入基础种（Frascaria-Lacoste and Fernandez-Manjarres，2012），以达到"重新野化"的目的（Donlan et al.，2005）。

由于它们建立了整个群落的基础，而且提升了许多其他物种的生产力和丰度，所以有人提出，基础种，而不是那些容易吸引公众注意的萌宠，才是保护需要关注的重点（Crain and Bertness，2006）。令人欣慰的是，基础种的保护前景要比其他濒危物种更加光明。基础种改变环境条件的能力，使其能够促进自身的持续性和再拓殖（Gutierrez et al.，2003；Cuddington et al.，2009；Irving et al.，未发表），并增强它们之间相互作用的稳定性（Falkenberg et al.，2012）。一旦繁殖体或残余种群引发恢复（Allison，2004），基础种生长和生境改善的正反馈就会快速逆转干扰，并从中恢复（Bertness and Shumway，1993），如数十年人为作用导致崩溃后的盐沼得以恢复一样（图 3.9；Altieri et al.，2013）。基础种和其他栖息者之间也存在重要反馈，从而促进其生长和提升适合度，或是缓解资源限制，如草沼中的贻贝和穴居蟹（Bertness，1984；Bertness，

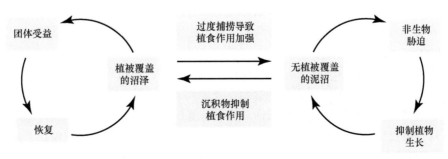

图 3.9 人类活动造成盐沼崩溃后，状态转变和快速逆转的反馈示意图。沼泽有无植被覆盖的状态交替，通过互花米草（建立和建造大西洋西北部盐沼的基础种）对生境改造的反馈而增强（仿自 Altieri et al.，2013）

1985）、藻类冠层中的小型动物（Bracken et al.，2007b）、栖息在珊瑚中的鱼类（Holbrook et al.，2008）等；或是降低捕食压力，如巨型海藻冠层中的鱼类可以消除一些小型无脊椎植食动物（Davenport and Anderson，2007）。基础种的自愈机制是如此的有效，以至于一些管理计划依赖于"消极恢复"（Kauffman et al.，1997），几乎完全依靠自然自生自灭。

此外，一些相对简单的措施也能保护基础种。一般来说，海洋保护区能够在景观上形成一个巨大的、空间隔离的和不会产生移动的结构，其所提供的空间保护对基础种非常合适。事实上，基础种创建生境的位置又是海洋保护区选址的参考（Leslie et al.，2003）。但是，一些大尺度的威胁是可以跨越海洋保护区边界的，如气候变化、海水酸化、污染和物种入侵等，因此在基础种管理和保护中必须引起注意（Allison et al.，1998）。对关键栖息地转化和其他有害基础种活动的立法也会奏效。但是，一些措施在抵抗长期影响的协同效应时并不奏效，如沿岸湿地（Coverdale et al.，2013）。

近期的研究开始考虑基础种改变生境的空间背景，这对我们如何管理海洋生态系统，以及在海洋保护区工作方面需要考虑哪些问题提出了要求。现有管理实践活动的一个重要假设是，局部人类活动对生态系统的影响仅仅停留在局部。例如，对贻贝的过度捕捞，无论多么强烈，也不会影响到其他地方。这种假设基于局部环境条件是群落结构的决定性要素，而否认了大尺度的要素，特别是基础种的作用可以通过其对物理环境和可移动动物、繁殖体和碎屑的改造，远远超出局部范围。海洋生态系统管理的政策制定者需要认识到，人类对基础种的局部干扰会造成大尺度的作用，间接影响到整个生态系统。

未来关注的议题

基础种对群落结构、生态系统功能和人类社会具有如此重要的意义，因此，在将各种大型改造生境的物种统一置于这一概念之下后的数十年中，新的成果和重大研究仍在不断持续。在过去十年（2003～2012年）中，每年发表在学术期刊上有关基础种研究的文章在不断增加，这一趋势表明未来还会有更多研究提出和验证更多新的假设和命题。基础种的普遍重要性意味着将来的研究会包括许多不同方向，这里我们想强调将来会有重要贡献的几个研究领域。

首先，基础种理论的应用还有可以拓展的空间。迄今为止，绝大多数有关基础种的详尽研究都集中在潮间带和浅潮下带生态系统，这可能与便于开展观察和进行实验有关。然而，基础种在其他生态系统具有同等重要的地位，并日益得到重视，如深海的冷渗泉和热液口（Govenar，2010）。同样，深海海绵和珊瑚，如在美国阿拉斯加州海域，可以作为鱼类的育种生境（Baillon et al.，2012），并为鱼类成体和无脊椎动物提供重要的栖息地（Cordes et al.，2008；Lessard-Pilon et al.，2010；Miller et al.，2012），可以大大提高渔业的捕获量（Bracken et al.，2007a）。需要更多的实验来验证，这些在海岸带生境建立起来的基础种理论是否可以推广到深海生态系统（Govenar and Fisher，2007）。

鉴于基础种最大的作用就是提高生境的复杂度和可供性，我们有理由推测，最能发挥这一作用的生态系统应该是平实结构的，如开放的大洋。尽管人们早已熟悉：鲸可以给藤壶提供附着的基底，马尾藻海区有大量的鱼类和无脊椎动物，但直到最近，创建和改变生境的远洋基础种才刚刚开始得到关注（Breitburg et al.，2010；Thomsen et al.，2010）。即便是早已确认基础种的生态系统，系统中的一些其他物种同样值得研究。例如，加拉帕戈斯群岛的铅笔海胆，之前并未被视为基础种，因为它个体很小，且会移动。而新近的研究表明，它可以和基础种共同发挥创建生境和提高多样性的作用，特别是在珊瑚（基础种）作用下降的情况下（Altieri and Witman，未发表）。

其次，即便是早已了解并已深入研究过的基础种，仍然需要额外的研究来了解它们在气候变化下所面临的新问题（Hastings et al.，2007）。模型预测显示，外驱动力的变化，如海平面上升或其他高能天气，会导致这些系统的空间重组，以适应新的环境条件。然而，基础种所产生的环境梯度，是部分独立于外部要素的，如我们在具有很强空间自组织能力的系统里所看到的一样。因此，一些刻画该系统的生态位就应该被保留下来，而不是随着气候变化而改变。所以，我们提出一个假设，这种塑造格局的基础种具有重要的庇护作用，使得其他物种能够在局部维持生存，并在气候变化导致环境胁迫加大时，减缓其分布范围缩小的速度。在低纬度温度胁迫较为严重的地区，已经有基础种促进其他物种生存的例子（Bertness et al.，1999；Bertness and Ewanchuk，2002）。最终，基础种也会对气候变化做出响应，如风暴频率增加（Maggi et al.，2012）和海表水温升高（Helmuth et al.，2002；Wernberg et al.，2013），因此，我们需要更多的研究来了解这些生态系统工程师能力的临界值。

再次，从根本上讲，我们对基础种促进作用的机制仍然所知甚少。简单地移除或添加实验可以有效地证明其总体重要性，却并不能解释其作用的机理。要了解其机理，就必须揭示基础种和其他栖息者之间是怎样的关系，以及在何处是重要的，要能够预测它们如何对外界因素做出响应，并能揭示基础种改造群落的一些基本原则。在大多数情况下，我们并不清楚，群落中所有的物种是否都依赖于某个基础种相同的还是不同的促进作用？我们也不清楚，生境的改变完全是基础种自身的产物，还是与其相关联的生物的次级作用？要了解和揭示基础种的机制和相互作用，就需要对单一要素进行操控，并模仿假定重要的基础种特征进行实验。

然后，在大尺度上进行的更多的基础种研究，揭示了其相应的对生境创建和生态系统结构的大尺度影响。如上所述，基础种的空间影响力通常可以超出其自身范围。同样，在时间尺度上，对生境的改造和反馈也在不断积累，就如在盐沼中发展出泥炭地，以及随之而来的盐沼表面的植被区化和水文要素。了解这些大尺度特征和长期过程，需要包括生态学家、地质学家和海洋学家在内的跨学科视角。同样，尺度缩小到个体层面，以了解基础种生物如何对胁迫（如海水酸化和气候变化等）做出响应，需要分子生物学家和生理学家的参与。基础种是生态学领域的一个十字路口，物理和生物的要素共同作用于生态格局，就需要整合多个学科（Altieri and Witman，2006）。

最后，对于逐渐开始意识到基础种重要性的生态学家来说，他们所面临的最大挑战之一是如何对外交流，把信息传递给保护工作者，增强公众意识。确定基础种的价值并建立可持续利用的能力，将是应用研究的重要途径。这将有助于未来有关基础种的研究，并使更多研究者意识到，实际上海洋群落生态学和保护是围绕基础种展开的。

致谢

作者在此感谢 C. Angelini、J. Bruno 和 M. Thomsen 的评论，以及编辑 B. Silliman 的建议，这些建议完善了本章。我们对基础种的研究得到了美国环境保护署、美国国家河口研究保留区系统、美国国家科学基金会和罗得岛海洋基金会的支持。

引用文献

Allee, W. C., A. E. Emerson, O. Park, and K. P. Schmidt. 1949. *Principles of Animal Ecology*. Philadelphia, PA: Saunders Co.

Allen, J. A. 1998. Mangroves as alien species: The case of Hawaii. *Global Ecol Biogeogr* 7: 61–71.

Allen, J. R. L. 2000. Morphodynamics of Holocene salt marshes: A review sketch from the Atlantic and Southern North Sea coasts of Europe. *Quat Sci Rev* 19: 1155–1231.

Allison, G. 2004. The influence of species diversity and stress intensity on community resistance and resilience. *Ecol Monogr* 74: 117–134.

Allison, G. W., J. Lubchenco, and M. H. Carr. 1998. Marine reserves are necessary but not sufficient for marine conservation. *Ecol Appl* 8: S79–S92.

Alongi, D. M. 2002. Present state and future of the world's mangrove forests. *Environ Conserv* 29: 331–349.

Althaus, F., A. Williams, T. A. Schlacher, et al. 2009. Impacts of bottom trawling on deep-coral ecosystems of seamounts are long-lasting. *Mar. Ecol. Prog. Ser.* 397: 279–294.

Altieri, A. H. and J. D. Witman. 2006. Local extinction of a foundation species in a hypoxic estuary: Integrating individuals to ecosystem. *Ecology* 87: 717–730.

Altieri, A. H. and J. D. Witman. Unpublished. A modular mobile foundation species sustains biodiversity in a degraded ecosystem.

Altieri, A. H., B. R. Silliman, and M. D. Bertness. 2007. Hierarchical organization via a facilitation cascade in intertidal cordgrass bed communities. *Am. Nat.* 169: 195–206.

Altieri, A. H., B. K. van Wesenbeeck, M. D. Bertness, and B. R. Silliman. 2010. Facilitation cascade drives positive relationship between native biodiversity and invasion success. *Ecology* 91: 1269–1275.

Altieri, A. H., M. D. Bertness, T. C. Coverdale, et al. 2012. A trophic cascade triggers collapse of a salt-marsh ecosystem with intensive recreational fishing. *Ecology* 93: 1402–1410.

Altieri, A. H., M. D. Bertness, T. C. Coverdale, et al. 2013. Feedbacks underlie the resilience of salt marshes and rapid reversal of consumer driven die-off. *Ecology* 94: 1647–1657.

Alvarez-Filip, L., N. K. Dulvy, J. A. Gill, et al. 2009. Flattening of Caribbean coral reefs: Region-wide declines in architectural complexity. *Proc. Biol. Sci.* 276: 3019–3025.

An, S. Q., B. H. Gu, C. F. Zhou, et al. 2007. Spartina invasion in China: Implications for invasive species management and future research. *Weed Res.* 47: 183–191.

Angelini, C., A. H. Altieri, B. R. Silliman, and M. D. Bertness. 2011. Interactions among foundation species and their consequences for community organization, biodiversity, and conservation. *Bioscience* 61: 782–789.

Bacon, P. R. 1987. Use of wetlands for tourism in the insular Caribbean. *Ann Tourism Res* 14: 104–117.

Baillon, S., J. F. Hamel, V. E. Wareham, and A. Mercier. 2012. Deep cold-water corals as nurseries for fish larvae. *Front Ecol Environ* 10: 351–356.

Bakker, J. P., P. Esselink, K. S. Dijkema, et al. 2002. Restoration of salt marshes in the Netherlands. *Hydrobiologia* 478: 29–51.

Bandaranayake, W. M. 1998. Traditional and medicinal uses of mangroves. *Mangroves and Salt Marshes* 2: 133–148.

Bazterrica, M. C., F. Botto, and O. Iribarne. 2012. Effects of an invasive reef-building polychaete on the biomass and composition of estuarine macroalgal assemblages. *Biol. Invasions* 14: 765–777.

Beck, M. W., R. D. Brumbaugh, L. Airoldi, et al. 2011. Oyster reefs at risk and recommendations for conservation, restoration, and management. *Bioscience* 61: 107–116.

Bertness, M. D. 1984. Ribbed mussels and *Spartina alterniflora* production in a New England salt marsh. *Ecology* 65: 1794–1807.

Bertness, M. D. 1985. Fiddler crab regulation of *Spartina alterniflora* production on a New England salt marsh. *Ecology* 66: 1042–1055.

Bertness, M. D. and R. Callaway. 1994. Positive interactions in communities. *Trends Ecol. Evol.* 9: 191–193.

Bertness, M. D. and P. J. Ewanchuk. 2002. Latitudinal and climate-driven variation in the strength and nature of biological interactions in New England salt marshes. *Oecologia* 132: 392–401.

Bertness, M. D. and G. H. Leonard. 1997. The role of positive interactions in communities: Lessons from intertidal habitats. *Ecology* 78: 1976–1989.

Bertness, M. D. and S. W. Shumway. 1993. Competition and facilitation in marsh plants. *Am. Nat.* 142: 718–724.

Bertness, M. D., G. H. Leonard, J. M. Levine, and J. F. Bruno. 1999. Climate-driven interactions among rocky intertidal organisms caught between a rock and a hot place. *Oecologia* 120: 446–450.

Bertness, M. D., G. C. Trussell, P. J. Ewanchuk, and B. R. Silliman. 2002. Do alternate stable community states exist in the Gulf of Maine rocky intertidal zone? *Ecology* 83: 3434–3448.

Bertness, M. D., C. M. Crain, B. R. Silliman, et al. 2006. The community structure of western Atlantic Patagonian rocky shores. *Ecol Monogr* 76: 439–460.

Bertness, M. D., G. C. Trussell, P. J. Ewanchuk, et al. 2004. Consumer-controlled community states on Gulf of Maine rocky shores. *Ecology* 85: 1321–1331.

Bishop, M. J., J. E. Byers, B. J. Marcek, and P. E. Gribben. 2012. Density-dependent facilitation cascades determine epifaunal community structure in temperate Australian mangroves. *Ecology* 93: 1388–1401.

Bishop, M. J., T. Morgan, M. A. Coleman, et al. 2009. Facilitation of molluscan assemblages in mangroves by the fucalean alga *Hormosira banksii*. *Mar. Ecol. Prog. Ser.* 392: 111–122.

Bracken, M. E. S., B. E. Bracken, and L. Rogers-Bennett. 2007a. Species diversity and foundation species: Potential indicators of fisheries yields and marine ecosystem functioning. *Cal Coop Ocean Fish* 48: 82–91.

Bracken, M. E. S., C. A. Gonzalez-Dorantes, and J. J. Stachowicz. 2007b. Whole-community mutualism: Associated invertebrates facilitate a dominant habitat-forming seaweed. *Ecology* 88: 2211–2219.

Brander, L. M., P. Van Beukering, and H. S. J. Cesar. 2007. The recreational value of coral reefs: A meta-analysis. *Ecological Economics* 63: 209–218.

Breitburg, D. L., B. C. Crump, J. O. Dabiri, and C. L. Gallegos. 2010. Ecosystem engineers in the pelagic realm: Alteration of habitat by species ranging from microbes to jellyfish. *Integr. Comp. Biol.* 50: 188–200.

Bromberg, K. D. and M. D. Bertness. 2005. Reconstructing New England salt marsh losses using historical maps. *Estuaries* 28: 823–832.

Bromberg Gedan, K., B. R. Silliman, and M. D. Bertness. 2009. Centuries of human-driven change in salt marsh ecosystems. *Ann Rev Mar Sci* 1: 117–141.

Bronstein, J. L. 1994. Conditional outcomes in mutualistic interactions. *Trends Ecol. Evol.* 9: 214–217.

Bruno, J. F. 2000. Facilitation of cobble beach plant communities through habitat modification by *Spartina alterniflora*. *Ecology* 81: 1179–1192.

Bruno, J. F. 2002. Causes of landscape-scale rarity in cobble beach plant communities. *Ecology* 83: 2304–2314.

Bruno, J. F. and M. D. Bertness. 2001. Habitat modification and facilitation in benthic marine communities. In, *Marine Community Ecology* (M. D. Bertness, S. D. Gaines, and M. E. Hay, eds.), pp. 201–220. Sunderland, MA: Sinauer Associates.

Bruno, J., J. Stachowicz, and M. Bertness. 2003. Inclusion of facilitation into ecological theory. *Trends Ecol. Evol.* 18: 119–125.

Bulleri, F. 2009. Facilitation research in marine systems: State of the art, emerging patterns and insights for future developments. *J. Ecol.* 97: 1121–1130.

Bulleri, F. and L. Benedetti-Cecchi. 2008. Facilitation of the introduced green alga *Caulerpa racemosa* by resident algal turfs: Experimental evaluation of underlying mechanisms. *Mar. Ecol. Prog. Ser.* 364: 77–86.

Bulleri, F., J. F. Bruno, and L. Benedetti-Cecchi. 2008. Beyond competition: Incorporating positive interactions between species to predict ecosystem invasibility. *PLoS Biol.* 6: 1136–1140.

Byers, J. E., K. Cuddington, C. G. Jones, et al. 2006. Using ecosystem engineers to restore ecological systems. *Trends Ecol. Evol.* 21: 493–500.

Byrnes, J. E., D. C. Reed, B. J. Cardinale, et al. 2011. Climate-driven increases in storm frequency simplify kelp forest food webs. *Glob Chang Biol* 17: 2513–2524.

Callaway, R. M. 1995. Positive interactions among plants. *Bot. Rev.* 61: 306–349.

Callaway, J. C. and M. N. Josselyn. 1992. The introduction and spread of smooth cordgrass (*Spartina alterniflora*) in south San Francisco Bay. *Estuaries* 15: 218–226.

Castilla, J. C., N. A. Lagos, and M. Cerda. 2004. Marine ecosystem engineering by the alien ascidian *Pyura praeputialis* on a mid-intertidal rocky shore. *Mar. Ecol. Prog. Ser.* 268: 119–130.

Chapman, F. A., S. A. FitzCoy, E. M. Thunberg, and C. M. Adams. 1997. United States of America trade in ornamental fish. *J. World Aquac. Soc.* 28: 1–10.

Chmura, G. L., S. C. Anisfeld, D. R. Cahoon, and J. C. Lynch. 2003. Global carbon sequestration in tidal, saline wetland soils. *Global Biogeochem Cycles* 17: 20–22.

Christie, H., K. M. Norderhaug, and S. Fredriksen. 2009. Macrophytes as habitat for fauna. *Mar. Ecol. Prog. Ser.* 396: 221–233.

Civille, J. C., K. Sayce, S. D. Smith, and D. R. Strong. 2005. Reconstructing a century of *Spartina alterniflora* invasion with historical records and contemporary remote sensing. *Ecoscience* 12: 330–338.

Clements, F. E. 1936. Nature and structure of climax. *J. Ecol.* 24: 252–284.

Coen, L. D., R. D. Brumbaugh, D. Bushek, et al. 2007. Ecosystem services related to oyster restoration. *Mar. Ecol. Prog. Ser.* 341: 303–307.

Connell, J. H. 1978. Diversity in tropical rain forests and coral reefs. *Science* 199: 1302–1310.

Cordes, E. E., E. L. Becker, S. Hourdez, and C. R. Fisher. 2010. Influence of foundation species, depth, and location on diversity and community composition at Gulf of Mexico lower-slope cold seeps. *Deep-Sea Res Pt II* 57: 1870–1881.

Cordes, E. E., M. P. McGinley, E. L. Podowski, et al. 2008. Coral communities of the deep Gulf of Mexico. *Deep-Sea Res Pt I* 55: 777–787.

Coverdale, T. C., N. C. Herrmann, A. H. Altieri, and M. D. Bertness. 2013. Latent impacts: The role of historical human activity in coastal habitat loss. *Front. Ecol. Enivorn.* 11: 69–74.

Crain, C. M. and M. D. Bertness. 2005. Community impacts of a Tussock Sedge: Is ecosystem engineering important in benign habitats? *Ecology* 86: 2695–2704.

Crain, C. M. and M. D. Bertness. 2006. Ecosystem engineering across environmental gradients: Implications for conservation and management. *Bioscience* 56: 211–220.

Crooks, J. A. 2002. Characterizing ecosystem-level consequences of biological invasions: The role of ecosystem engineers. *Oikos* 97: 153–166.

Cuddington, K. and A. Hastings. 2004. Invasive engineers. *Ecol. Model.* 178: 335–347.

Cuddington, K., W. G. Wilson, and A. Hastings. 2009. Ecosystem engineers: Feedback and population dynamics. *Am. Nat.* 173: 488–498.

Daehler, C. C. and D. R. Strong. 1997. Hybridization between introduced smooth cordgrass (*Spartina alterniflora; Poaceae*) and native California cordgrass (*S. foliosa*) in San Francisco Bay, California, USA. *Am. J. Bot.* 84: 607–611.

Danielsen, F., M. K. Sorensen, M. F. Olwig, et al. 2005. The Asian tsunami: A protective role for coastal vegetation. *Science* 310: 643–643.

Davenport, A. C. and T. W. Anderson. 2007. Positive indirect effects of reef fishes on kelp performance: The importance of mesograzers. *Ecology* 88: 1548–1561.

Day, J. C. 2002. Zoning—lessons from the Great Barrier Reef Marine Park. *Ocean Coast Manag* 45: 139–156.

Dayton, P. K. 1972. Toward an understanding of community resilience and the potential effects of enrichments to the benthos of McMurdo Sound, Antarctica. In, *Proceedings of the Colloquium on Conservation Problems in Antarctica* (B. C. Parker, ed.), pp. 81–95. Lawrence, KS: Allen Press.

Dayton, P. K., S. Kim, S. C. Jarrell, et al. 2013. Recruitment, growth, and mortality of an Antarctic Hexactinellid sponge. *PLoS ONE* 8.

Donadi, S., T. van der Heide, E. van der Zee, et al. 2013. Cross-habitat interactions among bivalves species control community structure on intertidal flats. *Ecology.* 94: 489-498.

Donlan, J., J. Berger, C. E. Bock, et al. 2005. Re-wilding North America.

Nature 436: 913–914.

Donnelly, J. P. and M. D. Bertness. 2001. Rapid shoreward encroachment of salt marsh cordgrass in response to accelerated sea-level rise. *Proc. Natl. Acad. Sci. (USA)* 98: 14218–14223.

Duarte, C. M. 2002. The future of seagrass meadows. *Environ Conserv* 29: 192–206.

Duffy, J. E. 2006. Biodiversity and the functioning of seagrass ecosystems. *Mar. Ecol. Prog. Ser.* 311: 233–250.

Ellison, A. M. and E. J. Farnsworth. 1996. Anthropogenic disturbance of Caribbean mangrove ecosystems: Past impacts, present trends, and future predictions. *Biotropica* 28: 549–565.

Ellison, A. M. and E. J. Farnsworth. 2001. Mangrove communities. In, *Marine Community Ecology* (M. D. Bertness, S. D. Gaines, and M. E. Hay, eds.), pp. 423–442. Sunderland, MA: Sinauer Associates.

Ellison, J. C. and D. R. Stoddart. 1991. Mangrove ecosystem collapse during predicted sea-level rise- holocene analogs and implications. *J. Coast. Res.* 7: 151–165.

Ellison, A. M., M. S. Bank, B. D. Clinton, et al. 2005. Loss of foundation species: Consequences for the structure and dynamics of forested ecosystems. *Front Ecol Environ* 3: 479–486.

Estes, J. A. and J. F. Palmisano. 1974. Sea otters: Their role in structuring nearshore communities. *Science* 185: 1058–1060.

Falkenberg, L. J., B. D. Russell, and S. D. Connell. 2012. Stability of strong species interactions resist the synergistic effects of local and global pollution in kelp forests. *PLoS ONE* 7.

Flemming, B. W. and M. T. Delafontane. 1994. Biodeposition in a juvenile mussel bed of the East Frisian Wadden Sea (southern North Sea). *Neth. J. Aquat. Ecol.* 28: 289–297.

Floerl, O., T. K. Pool, and G. J. Inglis. 2004. Positive interactions between nonindigenous species facilitate transport by human vectors. *Ecol Appl* 14: 1724–1736.

Fogel, B. N., C. M. Crain, and M. D. Bertness. 2004. Community level engineering effects of *Triglochin maritima* (seaside arrowgrass) in a salt marsh in northern New England, USA. *J. Ecol.* 92: 589–597.

Fossa, J. H., P. B. Mortensen, and D. M. Furevik. 2002. The deep-water coral *Lophelia pertusa* in Norwegian waters: Distribution and fishery impacts. *Hydrobiologia* 471: 1–12.

Frascaria-Lacoste, N. and J. Fernandez-Manjarres. 2012. Assisted colonization of foundation species: Lack of consideration of the extended phenotype concept—Response to Kreyling et al. (2011). *Restor Ecol* 20: 296–298.

Gardner, T. A., I. M. Cote, J. A. Gill, et al. 2003. Long-term region-wide declines in Caribbean corals. *Science* 301: 958–960.

Gedan, K. B., M. L. Kirwan, E. Wolanski, et al. 2011. The present and future role of coastal wetland vegetation in protecting shorelines: Answering recent challenges to the paradigm. *Clim Change* 106: 7–29.

Gedan, K. B. and B. R. Silliman. 2009. Using facilitation theory to enhance mangrove restoration. *Ambio* 38: 109–109.

Govenar, B. 2010. Shaping vent and seep communities: Habitat provision and modification by foundation species. *Topics Geobiol* 33: 403–432.

Govenar, B. and C. R. Fisher. 2007. Experimental evidence of habitat provision by aggregations of *Riftia pachyptila* at hydrothermal vents on the East Pacific Rise. *Mar Ecol-Evol Persp* 28: 3–14.

Grabowski, J. H., R. D. Brumbaugh, R. F. Conrad, et al. 2012. Economic valuation of ecosystem services provided by oyster reefs. *Bioscience* 62: 900–909.

Grabowski, J. H., A. R. Hughes, D. L. Kimbro, and M. A. Dolan. 2005. How habitat setting influences restored oyster reef communities. *Ecology* 86: 1926–1935.

Green, D. S., B. Boots, and T. P. Crowe. 2012. Effects of non-indigenous oysters on microbial diversity and ecosystem functioning. *PLoS ONE* 7.

Gribben, P., J. Byers, M. Clements, et al. 2009. Behavioral interactions between ecosystem engineers control community species richness. *Ecol. Lett.* 12: 1–10.

Gutierrez, J. L., C. G. Jones, D. L. Strayer, and O. O. Iribarne. 2003. Mollusks as ecosystem engineers: The role of shell production in aquatic habitats. *Oikos* 101: 79–90.

Guzman, H. M., C. Guevara, and A. Castillo. 2003. Natural disturbances and mining of Panamanian coral reefs by indigenous people. *Conserv Biol* 17: 1396–1401.

Hall-Spencer, J., V. Allain, and J. H. Fossa. 2002. Trawling damage to Northeast Atlantic ancient coral reefs. *Proc. Biol. Sci.* 269: 507–511.

Halpern, B. S., B. R. Silliman, J. D. Olden, et al. 2007. Incorporating positive interactions in aquatic restoration and conservation. *Front Ecol Environ* 5: 153–160.

Harvell, C. D., C. E. Mitchell, J. R. Ward, et al. 2002. Climate warming and disease risks for terrestrial and marine biota. *Science* 296: 2158–2162.

Hastings, A., J. E. Byers, J. A. Crooks, et al. 2007. Ecosystem engineering in space and time. *Ecol. Lett.* 10: 153–164.

Hawkins, S. J., H. E. Sugden, N. Mieszkowska, et al. 2009. Consequences of climate-driven biodiversity changes for ecosystem functioning of North European rocky shores. *Mar. Ecol. Prog. Ser.* 396: 245–259.

Hay, M. E. 1986. Associational plant defenses and the maintenance of species diversity: Turning competitors into accomplices. *Am. Nat.* 128: 617–641.

He, Q., M. D. Bertness, and A. H. Altieri. 2013 Global shifts toward positive spcies interactions with increasing environmental stress. *Ecol. Lett.* 16: 695-706.

He, Q., M. D. Bertness, J. F. Bruno. et al. Unpublished. Impacts of booming economy on China's coastal ecosystem.

Heck, K. L., T. J. B. Carruthers, C. M. Duarte, et al. 2008. Trophic transfers from seagrass meadows subsidize diverse marine and terrestrial consumers. *Ecosystems* 11: 1198–1210.

Helmuth, B., C. D. G. Harley, P. M. Halpin, et al. 2002. Climate change and latitudinal patterns of intertidal thermal stress. *Science* 298: 1015–1017.

Hoegh-Guldberg, O., P. J. Mumby, A. J. Hooten, et al. 2007. Coral reefs under rapid climate change and ocean acidification. *Science* 318: 1737–1742.

Holbrook, S. J., A. J. Brooks, R. J. Schmitt, and H. L. Stewart. 2008. Effects of sheltering fish on growth of their host corals. *Mar. Biol.* 155: 521–530.

Hori, M., T. Suzuki, Y. Monthum, et al. 2009. High seagrass diversity and canopy-height increase associated fish diversity and abundance. *Mar. Biol.* 156: 1447–1458.

Hughes, A. R., B. D. Inouye, M. T. J. Johnson, et al. 2008. Ecological consequences of genetic diversity. *Ecol. Lett.* 11: 609–623.

Hughes, A. R., S. L. Williams, C. M. Duarte, et al. 2009. Associations of concern: Declining seagrasses and threatened dependent species. *Front Ecol Environ* 7: 242–246.

Idjadi, J. A. and P. J. Edmunds. 2006. Scleractinian corals as facilitators for other invertebrates on a Caribbean reef. *Mar. Ecol. Prog. Ser.* 319: 117–127.

Irving, A. D. and M. D. Bertness. 2009. Trait-dependent modification of facilitation on cobble beaches. *Ecology* 90: 3042–3050.

Irving, A. D., S. D. Connell, B. D. Russell, and M. D. Bertness. Unpublished. Breakdown of coastal self-sustaining positive feedbacks.

Jackson, J. B. C., J. D. Cubit, B. D. Keller, et al. 1989. Ecological effects of a major oil-spill on Panamanian coastal marine communities. *Science* 243: 37–44.

Jackson, J. B. C., M. X. Kirby, W. H. Berger, et al. 2001. Historical overfishing and the recent collapse of coastal ecosystems. *Science* 293: 629–638.

Jompa, J. and L. J. McCook. 2002. Effects of competition and herbivory on interactions between a hard coral and a brown alga. *J. Exp. Mar. Biol. Ecol.* 271: 25–39.

Jones, C. G., J. H. Lawton, and M. Shachak. 1994. Organisms as ecosystem engineers. *Oikos* 69: 373–386.

Jones, C. G., J. H. Lawton, and M. Shachak. 1997. Positive and negative effects of organisms as physical ecosystem engineers. *Ecology* 78: 1946–1957.

Kauffman, J. B., R. L. Beschta, N. Otting, and D. Lytjen. 1997. An ecological perspective of riparian and stream restoration in the western United States. *Fisheries* 22: 12–24.

Kefi, S., E. L. Berlow, E. A. Wieters, et al. 2012. More than a meal . . . integrating non-feeding interactions into food webs. *Ecol. Lett.* 15: 291–300.

Kimbro, D. L. and E. D. Grosholz. 2006. Disturbance influences oyster community richness and evenness, but not diversity. *Ecology* 87: 2378–2388.

Kimbro, D. L., E. D. Grosholz, A. J. Baukus, et al. 2009. Invasive species cause large-scale loss of native California oyster habitat by disrupting trophic cascades. *Oecologia* 160: 563–575.

Kirby, M. X. 2004. Fishing down the coast: Historical expansion and collapse of oyster fisheries along continental margins. *Proc. Natl. Acad. Sci. (USA)* 101: 13096–13099.

Kirwan, M. L. and A. B. Murray. 2007. A coupled geomorphic and ecological model of tidal marsh evolution. *Proc. Natl. Acad. Sci. (USA)* 104: 6118–6122.

Klausmeier, C. A. 1999. Regular and irregular patterns in semiarid vegetation. *Science* 284: 1826–1828.

Kreyling, J., T. Bittner, A. Jaeschke, et al. 2011. Assisted colonization: A question of focal units and recipient localities. *Restor Ecol* 19: 433–440.

Lee, S.Y., C. W. Fong, and R. S. S. Wu. 2001. The effects of seagrass (*Zostera japonica*) canopy structure on associated fauna: A study using artificial seagrass units and sampling of natural beds. *J. Exp. Mar. Biol. Ecol.* 259: 23–50.

Leibold, M. A., M. Holyoak, N. Mouquet, et al. 2004. The metacommunity concept: A framework for multi-scale community ecology. *Ecol. Lett.* 7: 601–613.

Leigh, E. G., R. T. Paine, J. F. Quinn, and T. H. Suchanek. 1987. Wave energy and intertidal productivity. *Proc. Natl. Acad. Sci. (USA)* 84: 1314–1318.

Lenihan, H. S. and C. H. Peterson. 1998. How habitat degradation through fishery disturbance enhances impacts of hypoxia on oyster reefs. *Ecol Appl* 8: 128–140.

Leslie, H., M. Ruckelshaus, I. R. Ball, et al. 2003. Using siting algorithms in the design of marine reserve networks. *Ecol Appl* 13: S185-S198.

Lessard-Pilon, S. A., E. L. Podowski, E. E. Cordes, and C. R. Fisher. 2010. Megafauna community composition associated with Lophelia pertusa colonies in the Gulf of Mexico. *Deep-Sea Res Pt II* 57: 1882–1890.

Levin, S. A. 1992. The problem of pattern and scale in ecology. *Ecology* 73: 1943–1967.

Lindsey, E., A. H. Altieri, and J. D. Witman. 2006. Influence of biogenic habitat on the recruitment and distribution of a subtidal xanthid crab. *Mar. Ecol. Prog. Ser.* 306: 223–231.

Liu, Q.-X., E. J. Weerman, P. M. J. Herman, et al. 2012. Alternative mechanisms alter the emergent properties of self-organization in mussel beds. *Proc. Biol. Sci.* doi: 10.1098/rspb.2012.0157

Lotze, H. K., H. S. Lenihan, B. J. Bourque, et al. 2006. Depletion, degradation, and recovery potential of estuaries and coastal seas. *Science* 312 1806–1809.

Maggi, E., F. Bulleri, I. Bertocci, and L. Benedetti-Cecchi. 2012. Competitive ability of macroalgal canopies overwhelms the effects of variable regimes of disturbance. *Mar. Ecol. Prog. Ser.* 465: 99–109.

McCook, L. J. 1999. Macroalgae, nutrients and phase shifts on coral reefs: Scientific issues and management consequences for the Great Barrier Reef. *Coral Reefs* 18: 357–367.

MEA. 2005. Millennium Ecosystem Assessment (MEA). *Ecosystems and Human Well-being: Wetlands and Water.* Washington, DC: World Resources Institute.

Menge, B. and J. Sutherland. 1987. Community regulation: Variation in disturbance, competition, and predation in relation to environmental stress and recruitment. *Am. Nat.* 130: 730–757.

Menge, B. A., E. Sanford, B. A. Daley, et al. 2002. Inter-hemispheric comparison of bottom-up effects on community structure: Insights revealed using the comparative-experimental approach. *Ecol. Res.* 17: 1–16.

Meyer, D. L., E. C. Townsend, and G. W. Thayer. 1997. Stabilization and erosion control value of oyster cultch for intertidal marsh. *Restor Ecol* 5: 93–99.

Meyer, J. L., E. T. Schultz, and G. S. Helfman. 1983. Fish schools: An asset to corals. *Science* 220: 1047–1049.

Miller, R. J., J. Hocevar, R. P. Stone, and D.V. Fedorov. 2012. Structure-forming corals and sponges and their use as fish habitat in Bering Sea submarine canyons. *PLoS ONE* 7.

Minchinton, T. E., J. C. Simpson, and M. D. Bertness. 2006. Mechanisms of exclusion of native coastal marsh plants by an invasive grass. *J. Ecol.* 94: 342–354.

Mumby, P. J., C. P. Dahlgren, A. R. Harborne, et al. 2006. Fishing, trophic cascades, and the process of grazing on coral reefs. *Science* 311: 98–101.

Mumby, P. J., A. J. Edwards, J. E. Arias-Gonzalez, et al. 2004. Mangroves enhance the biomass of coral reef fish communities in the Caribbean. *Nature* 427: 533–536.

Nagelkerken, I., M. Dorenbosch, W. Verberk, et al. 2000a. Day-night shifts of fishes between shallow-water biotopes of a Caribbean bay, with emphasis on the nocturnal feeding of Haemulidae and Lutjanidae. *Mar. Ecol. Prog. Ser.* 194: 55–64.

Nagelkerken, I., M. Dorenbosch, W. Verberk, et al. 2000b. Importance of shallow-water biotopes of a Caribbean bay for juvenile coral reef fishes: Patterns in biotope association, community structure and spatial distribution. *Mar. Ecol. Prog. Ser.* 202: 175–192.

Naylor, R. L., R. J. Goldburg, J. H. Primavera, et al. 2000. Effect of aquaculture on world fish supplies. *Nature* 405: 1017–1024.

Neira, C., E. D. Grosholz, L. A. Levin, and R. Blake. 2006. Mechanisms generating modification of benthos following tidal flat invasion by a Spartina hybrid. *Ecol Appl* 16: 1391–1404.

Neira, C., L. A. Levin, and E. D. Grosholz. 2005. Benthic macrofaunal communities of three sites in San Francisco Bay invaded by hybrid *Spartina*, with comparison to uninvaded habitats. *Mar. Ecol. Prog. Ser.* 292: 111–126.

Nicholls, R. J., F. M. J. Hoozemans, and M. Marchand. 1999. Increasing flood risk and wetland losses due to global sea-level rise: Regional and global analyses. *Global Environmental Change-Human and Policy Dimensions* 9: S69-S87.

Ogden, J. C., R. A. Brown, and N. Salesky. 1973. Grazing by echinoid *Diadema antillarum*: Formation of halos around West Indian patch reefs. *Science* 182: 715–717.

Paine, R. T. 1966. Food web complexity and species diversity. *Am. Nat.* 100: 65–75.

Paine, R.T., J. C. Castillo, and J. Cancino. 1985. Perturbation and recovery patterns of starfish-dominated intertidal assemblages in Chile, New Zealand, and Washington State. *Am. Nat.* 125: 679–691.

Pennings, S. C. and M. D. Bertness. 2001. Salt Marsh Communities. In, *Marine Community Ecology* (M. D. Bertness, S. D. Gaines, and M. E. Hay, eds.), pp. 289–316. Sunderland, MA: Sinauer Associates.

Polis, G. A., W. B. Anderson, and R. D. Holt. 1997. Toward an integration of landscape and food web ecology: The dynamics of spatially subsidized food webs. *Annu Rev Ecol Syst* 28: 289–316.

Primavera, J. H. 1997. Socio-economic impacts of shrimp culture. *Aquac. Res.* 28: 815–827.

Pringle, R. M., D. F. Doak, A. K. Brody, et al. 2010. Spatial pattern enhances ecosystem functioning in an African savanna. *PLoS Biol.* 8.

Redfield, A. C. 1965. Ontongeny of a salt marsh estuary. *Science* 147: 50–55.

Reed, J. K. 2002. Deep-water Oculina coral reefs of Florida: Biology, impacts, and management. *Hydrobiologia* 471: 43–55.

Rietkerk, M. and J. van de Koppel. 2008. Regular pattern formation in real ecosystems. *Trends Ecol. Evol.* 23: 169–175.

Rietkerk, M., S. C. Dekker, M. J. Wassen, et al. 2004. A putative mechanism for bog patterning. *Am. Nat.* 163: 699–708.

Rodriguez, L. F. 2006. Can invasive species facilitate native species? Evidence of how, when, and why these impacts occur. *Biol. Invasions* 8: 927–939.

Rothschild, B. J., J. S. Ault, P. Goulletquer, and M. Heral. 1994. Decline of the Chesapeake Bay oyster population—A century of habitat destruction and overfishing. *Mar. Ecol. Prog. Ser.* 111: 29–39.

Ruesink, J. L. 2007. Biotic resistance and facilitation of a non-native oyster on rocky shores. *Mar. Ecol. Prog. Ser.* 331: 1–9.

Scheffer, M. and S. R. Carpenter. 2003. Catastrophic regime shifts in ecosystems: Linking theory to observation. *Trends Ecol. Evol.* 18: 648–656.

Sellheim, K., J. J. Stachowicz, and R. C. Coates. 2010. Effects of a nonnative habitat-forming species on mobile and sessile epifaunal communities. *Mar. Ecol. Prog. Ser.* 398: 69–80.

Silliman, B. R., M. D. Bertness, A. H. Altieri, et al. 2011. Whole-community facilitation regulates biodiversity on Patagonian rocky shores. *PLoS ONE* 6.

Silliman, B. R., E. D. Grosholz, and M. D. Bertness (eds.). 2009. *Human Impacts on Salt Marshes: A Global Perspective.* Berkeley, CA: University of California Press.

Silliman, B. R., J. van de Koppel, M. D. Bertness, et al. 2005. Drought, snails, and large-scale die-off of southern US salt marshes. *Science* 310: 1803–1806.

Silliman, B. R., J. van de Koppel, M. W. McCoy, et al. 2012. Degradation and resilience in Louisiana salt marshes after the BP-Deepwater Horizon oil spill. *Proc. Natl. Acad. Sci. (USA)* 109: 11234–11239.

Simberloff, D. 1999. Positive interactions of nonindigenous species: Inasional meltdown? *Biol. Invasions* 1: 21–32.

Simberloff, D. S. and E. O. Wilson. 1969. Experimental zoogeography of islands: The colonization of empty islands. *Ecology* 50: 278–296.

Stachowicz, J. 2001. Mutualism, facilitation, and the structure of ecological communities. *Bioscience* 51: 235–246.

Stachowicz, J. J. and J. E. Byrnes. 2006. Species diversity, invasion success, and ecosystem functioning: Disentangling the influence of resource competition, facilitation, and extrinsic factors. *Mar. Ecol. Prog. Ser.* 311: 251–262.

Suchanek, T. H. 1986. Mussels and their role in structuring rocky shore communities. In, *The Ecology of Rocky Coasts* (P. G. Moore and R. Seed, eds.), pp. 70–96. New York, NY: Columbia University Press.

Temmerman, S., T. J. Bouma, G. Govers, et al. 2005. Impact of vegetation on flow routing and sedimentation patterns: Three-dimensional modeling for a tidal marsh. *J. Geophys. Res.* 110: 18.

Temmerman, S., T. J. Bouma, J. van de Koppel, et al. 2007. Vegetation causes channel erosion in a tidal landscape. *Geology* 35: 631–634.

Thomsen, M. S. and K. McGlathery. 2005. Facilitation of macroalgae by the sedimentary tube forming polychaete *Diopatra cuprea*. *Estuar Coast Shelf Sci* 62: 63–73.

Thomsen, M. S., T. Wernberg, A. H. Altieri, et al. 2010. Habitat cascades: The Conceptual context and global relevance off facilitation cascades via habitat formation and modificaiton. *Integr. Comp. Biol.* 50: 158–175.

Tyrrell, M. C., M. Dionne, and S. A. Eberhardt. 2012. Salt marsh fucoid algae: Overlooked ecosystem engineers of north temperate salt marshes. *Estuaries Coast* 35: 754–762.

Valiela, I. and J. M. Teal. 1979. Nitrogen budget of a salt-marsh ecosystem. *Nature* 280: 652–656.

van de Koppel, J., A. H. Altieri, B. S. Silliman, et al. 2006. Scale-dependent interactions and community structure on cobble beaches. *Ecol. Lett.* 9: 45–50.

van de Koppel, J., T. J. Bouma, and P. M. J. Herman. 2012. The influence of local- and landscape-scale processes on spatial self-organization in estuarine ecosystems. *J. Exp. Biol.* 215: 962–967.

van de Koppel, J., J. C. Gascoigne, G. Theraulaz, et al. 2008. Experimental evidence for spatial self-organization and its emergent effects in mussel bed ecosystems. *Science* 322: 739–742.

van de Koppel, J., M. Rietkerk, N. Dankers, and P. M. J. Herman. 2005a. Scale-dependent feedback and regular spatial patterns in young mussel beds. *Am. Nat.* 165: E66-E77.

van de Koppel, J., D. van der Wal, J. P. Bakker, and P. M. J. Herman. 2005b. Self-organization and vegetation collapse in salt-marsh ecosystems. *Am. Nat.* 165: E1-E12.

van der Heide, T., T. J. Bouma, E. H. van Nes, et al. 2010. Spatial self-organized patterning in seagrasses along a depth gradient of an intertidal ecosystem. *Ecology* 91: 362–369.

van der Heide, T., L. L. Govers, J. De Fouw, et al. 2012. A three-stage symbiosis forms the foundation of seagrass ecosystems. *Science* 336: 1432–1434.

van Wesenbeeck, B. K., C. M. Crain, A. H. Altieri, and M. D. Bertness. 2007. Distinct habitat types arise along a continuous hydrodynamic stress gradient due to interplay of competition and facilitation. *Mar. Ecol. Prog. Ser.* 349: 63–71.

van Wesenbeeck, B. K., J. van de Koppel, P. M. J. Herman, and T. J. Bouma. 2008. Does scale-dependent feedback explain spatial complexity in salt-marsh ecosystems? *Oikos* 117: 152–159.

Wallentinus, I. and C. D. Nyberg. 2007. Introduced marine organisms as habitat modifiers. *Mar. Pollut. Bull.* 55: 323–332.

Weerman, E. J., J. van de Koppel, M. B. Eppinga, et al. 2010. Spatial self-organization on intertidal mudflats through biophysical stress divergence. *Am. Nat.* 176: E15-E32.

Wernberg, T., D. A. Smale, F. Tuya, et al. 2013. An extreme climatic event alters marine ecosystem structure in a global diversity hotspot. 3: 78–82.

Wernberg, T., M. A. Vanderklift, J. How, and P. S. Lavery. 2006. Export of detached macroalgae from reefs to adjacent seagrass beds. *Oecologia* 147: 692–701.

Wilson, D. S. 1992. Complex interactions in metacommunities with implications for biodiversity and higher levels of selection. *Ecology* 73: 1984–2000.

Witman, J. D. 1985. Refuges, biological disturbance, and rocky subtidal community structure in New England. *Ecol Monogr* 55: 421–445.

Witman, J. D. 1987. Subtidal coexistence: Storms, grazing, mutualism, and the zonation of kelps and mussels. *Ecol Monogr* 57: 167–187.

Wright, J. T., P. E. Gribben, J. E. Byers, and K. Monro. 2012. Invasive ecosystem engineer selects for different phenotypes of an associated native species. *Ecology* 93: 1262–1268.

Yakovis, E. L., A. V. Artemieva, N. N. Shunatova, and M. A. Varfolomeeva. 2008. Multiple foundation species shape benthic habitat islands. *Oecologia* 155: 785–795.

Zieman, J. C., J. W. Fourqurean, and T. A. Frankovich. 1999. Seagrass die-off in Florida Bay: Long-term trends in abundance and growth of turtle grass, *Thalassia testudinum*. *Estuaries* 22: 460–470.

第 4 章

海洋扩散、生态学和保护

Stephen R. Palumbi 和 Malin L. Pinsky

　　海洋生态系统和陆地生态系统的种群生物学的最大差别之一是其稚体的扩散能力。许多海洋动物的卵、幼体或稚体都有一个生活阶段，可以被洋流传输到某个地方（Thorson，1950；Grantham et al.，2003）。因此，对任何本地种群来说，许多补充到下一代的幼体，其母体可能并非来自这个本地种群。这种代际之间种群数量统计联系程度的差异对海洋生态系统的种群模型、补充动态、生物地理、可持续性和局部适应等的影响远远超过其对陆地生态系统的影响（Roughgarden et al.，1985；Bertness and Gaines，1993；Gaylord and Gaines，2000；Grosberg and Cunningham，2001）。尽管一个种群的代际之间的联系会因扩散能力的影响而减弱，但是在更大尺度上，不同种群间的代际联系会增强。这对种群数量的稳定性、分布范围的扩张和物种寿命都有广泛的影响（Palumbi，1992；Emlet，1995；Shanks and Eckert，2005）。因此，对某一特定种群来说，其对迁入补充量的"开放"程度，对于它的生态和保护至关重要（Caley et al.，1996；Cowen et al.，2000），而且它是种群最难定量化研究的方面之一。在本章，我们将讨论扩散的生态意义，描述使用遗传数据来定量研究扩散的方法，解释影响幼体扩散的因素及其对保护的意义。

　　值得一提的是，有些动物的生命周期包含数个可以扩散的阶段。特别是，有些物种（如鲸、海龟和鲨鱼等）的成体可以进行非常远的移动，或者个体沿着固定的线路迁徙数千千米，或者以很强的游泳能力扩散至海洋景观尺度（Baker et al.，1993；Block et al.，2011）。这种成体的大范围移动，可以越来越多地通过卫星来识别（Block et al.，2011），但对幼体的扩散来说尚不可行。由于成体移动的生物后果和生态效应与其幼体扩散存在天壤之别，在本章，我们将仅讨论后者。

扩散核

　　首先需要考虑的一个关键问题是，如何定义幼体的扩散？大洋生物的幼体被释放到动荡的近海，而湍流时刻不停地将其扩散和稀释。即便是在一次产卵过程中，同一地点同一时间所释放的所有幼体，有些会比其他幼体传播得更远，或是向不同的方向传播（Cowen et al.，2000）。因此，统计分布是对幼体扩散距离最好的描述，也被称为扩散"核"（kernel），它能够以图表形式，直观地显示指定地点释放的幼体扩散到其他地点的概率。所以，扩散核不是就扩散距离而言的，而是指扩散距离的分布。因此，扩散核可以通过其量级、宽度、位移和形状来描述幼体如何"选择"在何处定居（图 4.1）。核的大小取决于幼体的存活率：如果所有的幼体都能存活，那么核就会聚合成一个。而在现实中，核是离散的，因为幼体的存活率很低。因此，当我们讨论扩散距离时，指的是核的宽度和位移。核的宽度通常以其标准差（σ）来衡量。幼体扩散更远的物种，通常具有一个更宽或更大位移的核，或者二者兼具。

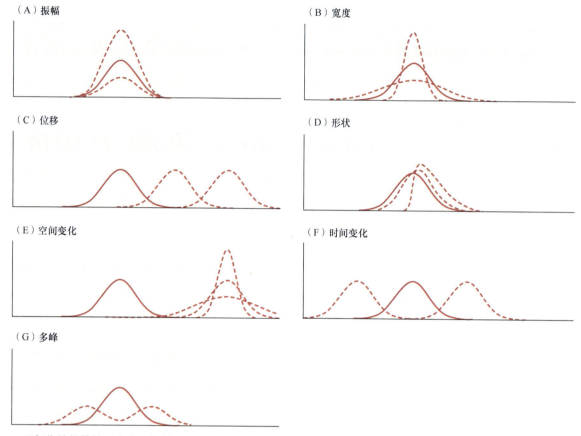

图 4.1　理想化的扩散核（虚线）与基准扩散核（实线）在不同扩散核变化场景下的对比示例（仿自 Botsford et al., 2009）

　　幼体扩散核的性质通常不能直接测定。只有少数具有较大幼体，而且其幼体能在水中停留数分钟至数小时的物种，如被囊动物，才有可能在水下跟踪到其幼体个体（Shanks et al., 2003; Shanks, 2009）。因此，只有极少数扩散核被详细描述过，而绝大多数是通过生态、遗传和海洋数据推断得出的。

　　而通过海洋数据模拟的一个重要教训是，与实际幼体扩散相比，即便生物基础特性保持不变，湍流混合和洋流的年际变化也会产生显著的时间差异（Siegel et al., 2008; Watson et al., 2012）。例如，在美国的罗得岛州，藤壶的定居模式受到降水和海湾的冲刷率的严重影响（Bertness et al., 1996）。同样，在俄勒冈州，对 9 年中藤壶遗传模式的年际变化研究显示，某些年份的平均基因混合远远超出其他年份，而这主要取决于上升流的强度（Barshis et al., 2011）。这种随机发生的年际变化意味着，从某种程度上来说，对单一年度测定的扩散模式会产生误导（Siegel et al., 2008）。在一个研究的随机模拟中显示，要得到较好的平均扩散核结果，需要 10 到 20 年时间的幼体定居观察数据（Siegel et al., 2008）。

扩散的重要性

种群动态

　　扩散将一个种群与另一个种群的数量联系起来，尽管其连通度随着物种不同而发生变化。在极特殊情况下，所有成体产生的幼体都将进入同一个幼体库，而所有下一代将全部从这个库中得到补充（Roughgarden and Iwasa, 1986）。在这种情况下，一个种群的成体数量多，将增加所有其他种群的补充量，而在所有种群中，补充数量的变化是同时发生的；在另一种极端情况下，所有种群都是相互分隔的，无论成体还是幼体都没有发生交换。这时，所有的补充量都来自本地种群的成体，而每个种群的数量变化也都是相对独立的。绝大多数海洋生物的种群动态不会陷入这两种极端情况，而是位于二者之间的某个处境（图 4.2）。因此，在大多数情况下，使亚种群同步（其种群数量耦合）的种群交换量是不得而知的，并且取决于干扰、繁殖力和生长的规模（Gouhier and Guichard，2007），以及种群间扩散的地理细部特征（Watson et al.，2012）。Hastings（1993）建议，对于一个简单的种群模型，种群数量采用下限为 10% 的交换量，以保证足够的种群数量同步。而对潮间带的贻贝来说，扩散至附近地点的贻贝与当地贻贝的相互作用，似乎可以使数百千米之内的种群同步（Gouhier et al.，2010）。

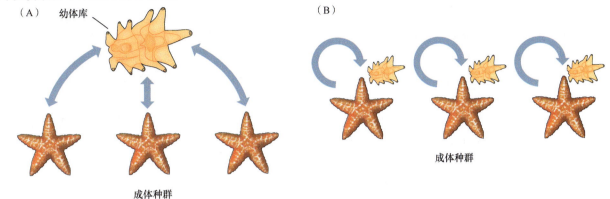

图 4.2　海洋生物种群连通度两种极端情况的模型。（A）所有成体都将幼体贡献给一个单一幼体库，而所有幼体的补充都来自这个幼体库。（B）所有的补充幼体都来自本地的成体，种群之间不存在扩散或种群数量动态的联系。几乎所有的海洋生物种群都介于这两种极端情况之间

到 20 世纪 80 年代，已经可以清楚地看出，有些时候补充率是成体种群动态的主要决定因素，而且在决定种群密度或群落特征上，比局部的物种间相互作用更为重要（Victor，1983；Gaines and Roughgarden，1985；Doherty and Fowler，1994）。藤壶就是一个很好的例子。在定居率普遍较低的地方，成体数量随定居率变化而发生波动，每个年龄组的相对大小主要取决于定居量，而不是随后发生的种间相互作用（Gaines and Roughgarden，1985）；相比之下，在定居率高的地方，藤壶数量动态有本质不同。在这种情况下，局部资源（如潮间带的开放空间）达到饱和，定居后种内和种间关系会很大程度上影响群体数量（Gaines and Roughgarden，1985）。总而言之，在补充量低的地方，补充量对种群数量动态起调节作用；而在补充量高的地方，定居后的生态过程在调节中起更重要的作用。

群落结构

上述例子表明，扩散不仅驱动单个物种的种群动态，而且会影响种间关系，进而影响群落的结构。常见的一个种间关系就是捕食者与被捕食者之间的关系。简单的理论表明，捕食者与被捕食者的数量关系取决于它们的扩散能力。如果捕食者的扩散能力远远小于其猎物，那么捕食者数量就会与猎物的定居呈正相关（Wieters et al.，2008）。与之相反，如果二者的扩散能力都较强，捕食者与被捕食者的数量无相关性。另一种可能性是，由于受到相同的洋流传输作用，捕食者和被捕食者（或许还包括被捕食者的取食对象）会一起进行扩散（White and Samhouri，2011）。在这种情况下，共同定居会放大二者之间的相互作用。

物种之间还会为了资源产生直接竞争，如潮间带的空间或定居后躲避捕食者的庇护场所等。生态学的传统理论认为：竞争同一资源的两个物种无法共存。竞争优势者会最终驱使弱势一方灭绝。该理论主要是基于单一群落中长期 Lotka-Volterra 动态提出的。然而，如果在该群落外存在"正在消失"物种的幼体源，那么弱势一方是可以继续存在的。例如，竞争弱势者可以在竞争对手到达之前，在新清理（如干扰）后的生境斑块定植并存活（Tilman，1994）；或者，所谓的弱者可以从竞争优势一方的生境扩散出来。只要扩散距离大于这种竞争能力的生态差异的尺度，那么扩散就可以维持比预期更高的生物多样性水平。

即使物种具有相同的竞争能力，不同的扩散模式将使不同物种对特定的海洋景观具有更高的适宜度。具体而言，扩散核狭窄的物种对生境斑块相距较近的区域有更高的适宜度，而扩散核宽的物种更适合生境斑块分散的区域（Bode et al.，2011）。随机定居是使等值种能够共存的另一个机制。如果物种的扩散模式是不相关的，或仅微弱相关，当两个物种在不同季节产卵，其幼体将在任意年份被随机传送到海洋景观尺度的不同地点，就会很大程度上避免直接竞争（Berkley et al.，2010）。湍流扩散机制与此观点高度吻合，即

海洋群落是一个非平衡、高度动态变化的组合，这个组合主要取决于幼体的随机定居，而非定居后种间关系的作用（Sale，2004）。

集合种群数量动态

通过扩散联系在一起的多个种群被称为集合种群（metapopulation）。种群间的连通度（connectivity）（Cowen and Sponaugle，2009）影响每个单一种群和整个集合种群的生长和持久性（Hanski and Gaggiotti，2004；Watson et al.，2012）。由于食物供给、物理条件，或种间关系的不同，不同种群中的成体可能会有截然不同的生态联系。然而，由于不同种群内生态轨迹的多样性，以及它们之间存在的扩散，使其比单一种群的多样性高于预期（Hanski and Gaggiotti，2004）。

对于集合种群持久性而言，关键种群是指那些可以通过扩散将幼体提供给其他种群的种群（Figueira and Crowder，2006；Watson et al.，2012）。三个或三个以上种群的扩散联系（幼体从种群 A 扩散到 B，再从 B 扩散到 C，又从 C 扩散到 A）也是维持种群持久性的重要因素（Hastings and Botsford，2006）。然而，海洋生物种群间的扩散往往是高度随机的（Siegel et al.，2008）。如果连通度不能随时间推移而发生变化，这种扩散的变化就会使总体的种群增长低于预期（Watson et al.，2012）。

生物地理

扩散还有助于物种的长距离传播以扩大其分布范围，并在新的地区定居。例如，与世隔绝的夏威夷群岛，大部分物种是通过迁徙，从遥远的印度洋–西太平洋迁入的（Kay and Palumbi，1987）。夏威夷的化石记录显示，物种伴随着一系列定植—灭绝事件而出现和消失（Kohn，1981）。温带物种偶尔会穿越赤道，在另一个半球上建立种群，有时会成为异域姐妹种（allopatrically derived sister species）（Briggs，1974）。

就像在集合种群中的扩散一样，长距离扩散也可以是连续的，从而导致种群在演化和数量动态上相互联系；或者，长距离移动可能是零星的，导致定植事件很少发生，从而产生隔离种群。随后，这些种群可能通过本地补充而维持，或者逐渐地灭亡。夏威夷引以为豪的是有大量稳定的隔离种群。例如，造礁珊瑚包含种最多的属——鹿角珊瑚属（*Acropora*），在整个太平洋都非常丰富，在那里它可以成为生态优势珊瑚（Wallace，1999）。在夏威夷，只有一种珊瑚——浪花鹿角珊瑚（*A. cytherea*）的一个较小种群（Kenyon et al.，2006），仅能靠自身维持，尽管可能是极罕见的长距离扩散帮助该物种最先在夏威夷定植。其他一些物种在定植后都灭绝了：Kohn（1981）通过化石记录发现，许多从印度洋–西太平洋抵达夏威夷的物种，在度过一段旺盛期后，最终消失了。

优势等位基因的扩散

扩散还起到一些关键的演化和适应性作用。每个新的基因突变都是从某个地方的某个生物开始的。如果它是优势等位基因，就有可能在一个物种中逐渐占主导地位。但是，除非存在从一个区域到另一个区域的扩散和基因流，否则该优势等位基因的突变也只能停留在原地。从某种角度来说，遗传变异的扩散及持久性的动态变化，类似于集合种群内竞争物种的扩散及持久性的变化：其频率和稳定性取决于扩散和局部成功的相互作用。

一个著名的陆地生态例子是，决定袖蝶属（*Heliconius*）蝴蝶翅膀颜色、条纹的一组基因，会反过来控制其被捕食的风险（Mallet et al.，1990）。在南美洲，同样的条纹元素出现在不同的栖息地。新的研究表明，这些元素在种群之间是可以相互交换的（Mallet and Consortium，2012）。这种共享优势等位基因的"混杂"模式对蝴蝶来说是个意外，但对大多数海洋生物来说是翘首以盼的方式。

许多海洋生物的高扩散性对等位基因的扩散有一些简单的影响。最近，Pespeni 等（2012）发现，自然选择使美国西海岸海胆种群在许多与抗病性和蛋白质更新相关的遗传基因座上出现差异。然而，在某个环境中存在的优势等位基因在其他环境中同样能够找到。事实上，至少在一个地方常见的所有等位基因，在整个海岸似乎随处可见（Pespeni and Palumbi，2013）。以袖蝶的例子来说，所有的等位基因都是混乱无章的。

这种等位基因广泛传播的模式可能是自然选择和扩散之间相互平衡的结果（Slatkin，1987；Lenormand，2002；Sotka，2012）。在某些情况下，自然选择如同一个广泛的环境梯度变异（Koehn et al.，1980；Hilbish，1996），建立起等位基因频率的梯度（Slatkin，1973），而这种频率是由单个基因座或离散基因组（divergent genomes）的选择所驱动的（Sotka and Palumbi，2006）。在另一种情况下，自然选择可能是一个空间镶嵌体，由一系列异质生境（Helmuth et al.，2002）或选择压力下形成的空间斑块组合（de Wit and Palumbi，2012；Pespeni et al.，2012）所驱动。当一个等位基因适宜某个生境，而另一个等位基因适宜其他生境时，演化的镶嵌模型使自然选择在空间上得以平衡（Levine，1953；Sotka，2012）。然而，自然选择的影响会被跨越空间镶嵌的扩散作用所抵消。洋流的变化同样可以发挥重要作用，决定自然选择在何处产生局部适应（Pringle and Wares，2007；Sotka，2012）。

这些因素的相互作用会产生一个不同的局部适应模式。在这个模式中，成体对某个局部环境的适应是自然选择的结果；但是对定居的幼体来说，其母体并非都来自这一局部环境，其适应性就会不如母体来自本地的幼体。这种情况被 Marshall 等（2010）称为表型—环境错配。Koehn 等（1980）在长岛海峡发现了与其相似的情况，在那里，每年都有来自海洋种群的紫贻贝幼体被冲得很远而进入海湾。这些幼体在 LAP 蛋白质基因座上有一个混合的等位基因。在第一年中，自然选择造成的死亡会产生可预计的基因频移，导致本地选择的成年种群的 *LAP* 等位基因谱与幼虫供给的显著不同。这种局部适应模式会给每一代际的自然选择带来种群数量上的损失（Haldane，1957）。相比之下，对于适应本地的种群来说，其本地（已事先适应）的补充量能够减小这样的损失。

用基因技术测量扩散

幼体的入侵率、幼体标记和自然化学标记、海洋学模拟及遗传模式可用于计算某些幼虫扩散特征的值，包括扩散核的宽度和大小，某些情况下还可用于模拟其形状（Jones et al.，1999；Kinlan and Gaines，2003；Palumbi，2003；Becker et al.，2007；Siegel et al.，2008；Pinsky et al.，2010a；Watson et al.，2012）。尽管本章考虑了直接测量扩散数据的方法，例如幼虫标记（Thorrold et al.，2002；Cowen and Sponaugle，2009），但主要还是侧重于用遗传工具来测量扩散，因为有如此多的物种，如此多不同的生活史，都可以获得其遗传数据。

通常，卵、幼体和稚体太小而难以追踪。然而，这些生物都携带着 DNA——其母体的 DNA，因此，使用遗传标记作为种群的标记逐渐开始流行。其基本假设是：一个生物从其母体扩散，随之进行的是其基因的扩散。如果一个个体扩散后，在新的地点存活和繁殖，其结果是基因流向了这一新的地点。

在最简单的种群模型中，一个物种的所有个体，无论它们在哪里生活，都将其后代贡献给一个幼体库，从而为该物种的所有种群提供补充量（图 4.2A）。在这种情况下，如果不存在局部的自然选择，所有种群的等位基因频率应该是相同的，因为它们都是从每一个代际的同一个幼体库中获取的；而在另一种极端的情况下，本地成体所繁殖的幼体全部留在原地（图 4.2B）。这时，种群间的幼体扩散为零，而本地的等位基因频率取决于当地的自然选择，以及遗传漂变的随机过程。下一节将介绍一些通过基因测量扩散的基本理论和方法，旨在为读者提供这些基本工具的信息。有关扩散模式及其生态联系和进化意义的最新研究进展将在后续章节予以介绍。

种群遗传学中的标准平衡

种群遗传学关注的是一个物种内个体内部和个体之间特定基因的等位基因频率。对于一个给定的种群，其基因频率随着时间的推移而不断发生变化，这是由突变、自然选择和遗传漂变所造成的。其结果是，被扩散界线分隔的两个种群的基因频率会逐渐产生分异。但是种群间的扩散和基因流会消除这些遗传差异，因此，能够相互交换个体的两个种群的遗传差异比两个分隔种群的要小。大部分种群遗传学理论都对简化场景进行了分析。在该场景下，不同种群的遗传影响力，如扩散和漂变，或扩散和自然选择，都会在遗传差异的同质化或多样化中起到作用（Slatkin，1987）。对中性基因来说，选择的作用可以忽略不计，扩散和遗传漂变之间的平衡才是测量长期扩散模式的核心。

遗传漂变

遗传漂变（genetic drift）是由成体随机、不相等的繁殖数量所造成的一个随机过程。由于成体繁殖的随机性，遗传漂变会导致代际之间基因频率的微小变化。通过其自身作用，遗传漂变将最终消除每个遗传基因座上的替代等位基因，并在一个种群内维持较高水平的纯合性（homozygosity）。然而，从一个种群到另一个种群，这一过程所固定的等位基因是随机的。所以，随着时间推移，遗传漂变将在种群之间造成遗传差异。由于种群数量小，其对应的等位基因就少，所以遗传漂变往往对小的种群影响更大。因此，较小的种群在中性基因上的遗传差异变化比较大种群的要快。在极端情况下，即种群间没有基因流，遗传漂变将产生极强的遗传差异，其速率与种群繁殖成体数量成反比（种群遗传学基础理论的总结可参见 Hartl and Clark，1997）。

哈迪–温伯格定律

哈迪–温伯格定律（Hardy-Weinberg equilibrium）是种群遗传学中最有用的概念之一。假设在一个种群内，两个等位基因 A 和 a 所占的比例分别是 $p(A)$ 和 $p(a)$，那么，其所对应的纯合子（homozygotes）的比例分别是 $p(A)^2$ 和 $p(a)^2$，而其杂合子（heterozygotes）的比例应为 $2p(A)p(a)$。该定律在满足下列条件时成立：①该基因是中性基因；②符合孟德尔遗传规律；③突变率低；④种群足够大并充分混合，因此每一个个体都有相同的繁殖机会（Hartl and Clark，1997）。在这些条件都满足的情况下，每一代都将恢复哈迪–温伯格平衡，即便其种群受到了干扰。因此，如果种群平衡发生了偏离，就为种群的进化和数量动态提供有力的线索。

分化检验

种群扩散的遗传检验通常至少分为两个阶段。首先要检验的前提假设是，对于某个基因座，所有种群的基因频率是相同的。只有第一个假设被拒绝，而且没有发生选择，检验才能够进入第二阶段——对基因流模式（见"测量基因流"小节）的假设进行检验。对第一个假设的相关基因频率检验往往取决于对每个样本种群中特定基因座上杂合个体所占比例（杂合度）的测量，以及所有种群聚合总样本的杂合度期望值的比较。

Sewall Wright（1978）建议使用 F 统计检验值来比较具有遗传变化的种群之间的遗传差异。他将总体（T）和样本（S）[*]中个体间的遗传分化（genetic differentiation）定义为 F_{ST}，而 $F_{ST}=(H_T-H_S)/H_T$，其中 H_T 是总体种群的杂合度，H_S 是单个样本种群的杂合度。其他测量遗传分化的方法以其他方式测定种群内部和种群之间个体的遗传差异（Takahata，1983；Slatkin and Maddison，1989；Excoffier et al.，1992；Rousset，1997；Hedrick，2005）。然而，这些测量中的基本方法通常是通过估算地理分布的遗传多样性比例来实现的，无论是 F_{ST} 或模拟值（如 G_{ST}、ϕ_{ST}）。

通常，对等基因流假设的检验是指对比 F_{ST} 观察值和同一数据在无限制基因流条件下的 $F_{ST}s$ [**]期望值。尽管方法会略有差异，但基本方法是将一个数据集之中每个个体的局部信息随机化，然后反复（数千次）重新计算其 F_{ST}。如果 F_{ST} 的观察值比95%的模拟的 $F_{ST}s$ 值高，则可认为检验结果是显著的。Kelly 等（2010）通过比较随机分布的低频率等位基因的地理位置，建立了一个特别敏感的遗传分化测定方法。常见等位基因应该是广泛分布的，但在一个数据集中出现2~5次的等位基因，有时仅在一到两个地方出现。如果这样的等位基因足够多，就说明其与预期的高扩散率地理分布模式出现了明显的偏离。模拟显示，这一检验对多样性高和扩散性高的物种的非随机遗传特征是非常敏感的。

---

[*] T 是指 total，S 指 sample——译者

[**] s 的解释原文未说明，根据上下文，该期望值是通过模拟获得，估计是 simulated 的首字母——译者

测量基因流

在对随机模式的总体分化进行检验之后，大多数分析方法试图从遗传数据中推断扩散的空间参数或种群参数。在一个被称为岛屿模型的特殊场景下，Wright 及其他研究者根据一个漂变和扩散的组合估算了 F_{ST}。其条件如下，如果种群的大小相同，并且随着时间的推移是稳定的，而且它们之间的迁徙率是相等的，并且没有选择发生且只有两个等位基因，那么 $F_{ST}=1/(4Nm+1)$，其中 N 是有效种群大小（类似于繁殖成体的数量），m 是种群之间的迁移率。事实上，这种情况通常是不存在的（Whitlock and McCauley，1999）。因此，F_{ST} 并不能作为一个精准的扩散测量指标。但是，这个基本的等式能够反映扩散和遗传分化之间的一些重要关系，而这些关系通常对检验偏离模型的情况十分稳健。

总的来说，种群大小与平均迁移率的乘积（每个世代中种群间发生迁移的个体数量，Nm）是决定遗传分化的最重要因素。无论种群的大小，是 100 万还是 100，种群间的单一迁移个体同质化基因频率的能力是相等的。因为虽然单一个体的迁移对大种群的基因频率影响甚微，但大种群的遗传漂变非常低；反过来，单一个体对小种群的基因频率影响较大，但遗传漂变的作用同样很大，从而抵消扩散作用。这两个作用都与 $1/N$ 有关，所以无论种群的大小如何，它们都会趋于大致相同。

第二个归纳是，F_{ST} 与 Nm 的倒数相关，所以当 Nm 低时，F_{ST} 的变化会很大；而在扩散水平较高时，F_{ST} 变化很小（图 4.3）。例如，当 Nm 从 1 增加到 2 时，F_{ST} 大约下降 0.1；而当 Nm 从 9 增加到 10 时，F_{ST} 仅下降 0.003（Waples，1998）。

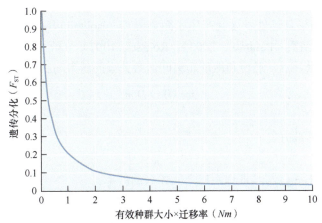

图 4.3 Wright 的种群结构岛屿模型中，遗传分化（F_{ST}）与有效种群大小（N）和迁移率（m）的乘积之间的理论关系。F_{ST} 在 Nm 值极低的情况下发生很大变化，而对具有高扩散潜力（高 Nm）的海洋生物来说，F_{ST} 值较低，并且对 Nm 的变化不敏感

韦普尔斯带

第三个归纳是，特别是对种群中个体数量巨大的海洋生物来说，大量迁移可能足以使遗传频率同质化，但从生态尺度来说其作用仍然很低。例如，在一个岛屿模型中，当 Nm 值为 100 时，F_{ST} 为 0.004，将其与 $F_{ST}=0$ 相比，很难得出统计上的显著差异。然而，如果迁入的种群中个体数量非常大，每个世代发生迁移的个体数是 100，对迁入种群的生态影响就非常小。Robin Waples（1998）指出这样一个难题：种群可能因为基因流而具有演化联系，但在生态上是非耦合的。陷入这一困境的种群被称为处于"韦普尔斯带"（Waples zone）。

处于韦普尔斯带的种群的问题是，当在大种群里不存在遗传分化时，通过遗传数据就无法区分大量扩散和生态上微不足道的扩散。例如，在印度洋和太平洋，分布横跨 15 000km 的四带笛鲷（*Lutjanus kasmira*），无论其 mtDNA 还是核内含子都没有出现分化，除了中太平洋东部的马克萨斯群岛（Marquesas Islands）是个例外（Gaither et al.，2010b）。这种鱼类能否在辽阔的海洋扩散，并通过两个大洋间的频繁迁移而具有生态联系？遗传数据也许可以用来解释这种可能性。但是，四带笛鲷在马克萨斯群岛是高度遗传分化的（Gaither et al.，2010b），但在夏威夷却从未定植过（Gaither et al.，2010a）。这些观察表明，跨越这两个大洋的扩散并不常见，而且印度洋和太平洋的种群也不是随机交配的。像这种情况，较低的遗传分化可能并不意味着存在持续的高扩散现象，而可能是由于每一个世代数百万个体中仅有百余个发生扩散，或者是由于新近的扩散之后的高种群增长率。

虽然要解释大种群的低遗传分异比较困难，但与其相反的情况却很容易解释。如果海洋生物的两个大种群显示出显著的遗传差异，即便差异很小，该遗传差异也表明存在很大的生态隔离。例如，对于美国西海岸平鲉属（*Sebastes*）岩鱼的研究表明（Sivasundar and Palumbi，2010），15 种平鲉里有 4 种具有显著的种群结构。有的物种甚至出现显著分化，其 F_{ST} 值小于 0.02，而 15 个平鲉物种的 F_{ST} 值都小于 0.11。对岛屿模型中的基因流来说，与 F_{ST} 值相关的 Nm 则在 3 到 10 之间。对具有上百万个体的海洋生物种群来说，这种扩散量是如此之小，以至于可以认为其种群是数量非耦合的。其他许多例子都表明，F_{ST} 值虽然较小但体现出显著的遗传结构，这意味着其种群的基因流低且相互隔离。

扩散和遗传的地理分布

距离隔离

岛屿模型中最不现实的假设之一就是，一个物种的所有种群都通过基因流平等地联系在一起。事实上，按照常识，应该是距离相近的种群间的迁移交换高于距离遥远的种群。种群在空间上分布，扩散更容易在距离相近时发生，而不是相隔甚远处。这就产生了距离隔离（isolation by distance，IBD）关系，即种群间的遗传分化是其地理距离的函数（Palumbi，2003）。Rousset（1997）分析了一个简单的一维脚踏石种群模型（stepping-stone model），结果显示，遗传和地理距离间函数关系的斜率与扩散距离相关：

$$\sigma = \sqrt{1/4D_e m}$$

式中，

σ——扩散核的宽度（标准方差）；

D_e——有效密度；

m——每对种群的 $F_{ST}/(1-F_{ST})$ 与其地理距离之间关系的斜率。

其他假设条件还有：假设所有的种群大小相同，而且遗传变化是中性的，并处于平衡状态。这种关系在修正后同样适用于二维脚踏石模型中的种群（Rousset，1997）。有效密度可表示为一个种群的有效大小（N_e）除以该种群所占据的面积。在斜率较高的情况下，种群的遗传分化随着距离的增加而迅速增强，并且与较短的扩散距离（σ）相对应。

Pinsky 等（2010a）使用该方法对双锯鱼属（*Amphiprion*）的扩散尺度进行了估算。他们估算了位于菲律宾的两个种群间的遗传分化，并结合生态调查与跨世代的遗传变化比较估算了有效密度（图 4.4）。在宿务岛沿岸绵延近 250km，克氏双锯鱼（*A. clarkii*）的大种群表现出中度隔离；而莱特岛的小种群则具有更高的斜率，尽管其扩散距离与宿务岛是相同的（Pinsky et al.，2010a）。在这种情况下，遗传分化的地理距离所包含的信息要超出 F_{ST} 值是否在统计学上显著大于零所含的信息。

基因流的海洋景观模型

种群结构的简单模型在分析扩散时设定了很多前提。例如，上述的距离隔离方法中，Rousset（1997）提出了所有种群的迁入与迁出受地理距离平等地影响，而扩散是对称的假设。然而，海洋的洋流和岸线是极其复杂的，而洋流决定了扩散距离和模式。快速且具有一定方向的洋流将使某个方向上产生更多的扩散，而洋流的更大变化将增加扩散核的宽度。得益于海洋模型的进展，现在我们可以将虚拟幼体加入虚拟的海洋，并不断地跟踪它们，以估算扩散核。多个不同种群的扩散核可以被视为一个连通度矩阵，矩阵中的每一项即为一个种群到另一个种群的扩散概率（图 4.5）。但这些模型从来都不是完全准确的，特别是在模拟近岸洋流上存在困难。然而，通过在数百千米尺度上的模拟，至少可以获取扩散的一些基本地理信息。

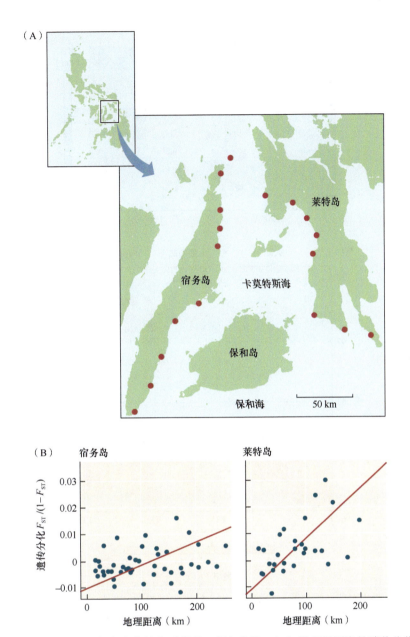

图 4.4 （A）沿两个菲律宾岛屿——宿务岛和莱特岛采样的双锯鱼种群。（B）微卫星测定的遗传分化值（F_{ST}）与种群间的地理距离线性相关（仿自 Pinsky et al.，2010）

有胜于无，对海洋生物遗传空间模式的预测总比更简单的零模型要强（Galindo et al.，2006；Selkoe et al.，2010；Crandall et al.，2012）。

尽管海洋学模型建立起来非常复杂，且需要运行大量计算，但还是具有一些普遍性。例如，岬角的背风面通常会减缓水流，从而将幼体滞留在岬角内（White et al.，2010）；而岬角自身可以使洋流向离岸方向偏转而形成扩散障碍（Gilg and Hilbish，2003）。同样，珊瑚礁岛尾流中的涡旋能够使幼体再循环，使它们保持靠近其出生的地点（Christie et al.，2010；Cetina-Heredia and Connolly，2011）。海洋锋面将水团分开，并将不同流向的洋流分隔开。对地中海的一种底栖鱼九带鮨（*Serranus cabrilla*）的研究发现，跨越锋面的扩散可能性很低（Schunter et al.，2011）。洋流汇聚处的锋面也可以将幼体聚合在很小的一片区域，例如美国加利福尼亚州沿海的锋面就很容易形成海洋生物的大量补充（Woodson et al.，2012）。

海洋学在决定幼体扩散轨迹上的存活率中也扮演着重要角色。扩散轨迹会将幼体带入密集的捕食者陷阱中吗？或是给幼体带来丰富的食物资源，如浮游植物暴发，从而加速其定居吗？捕食者与猎物的空间分布格局很可能决定了扩散核的总体大小，并改变其形状。在早期的幼体扩散模型中，仅考虑了平均洋

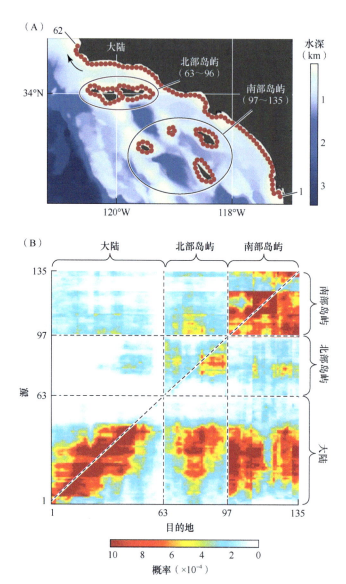

图 4.5 （A）美国加利福尼亚州南部海湾地图。圆圈表示用于海洋学模拟幼鱼扩散的副鲈种群。（B）副鲈种群的连通度。红色表示从给定源（行）到给定目的地（列）的扩散概率最高。图（B）中的数字与图（A）中种群的数字相对应。（仿自 Watson et al.，2011）

流和幼体阶段时长，从而得出幼体可以轻易地在加勒比海岛屿间传播数百千米或者更远的结论（Roberts，1997）。然而，如果模型考虑更多的实际情况，例如，假如幼体的死亡率是 20%/天，就将极大地降低幼体在岛屿间扩散的程度，甚至接近于零，而对于留在出生地的幼体来说极为有利（Cowen et al.，2000）。即使在非常小尺度上，存活的地理分布模式也会决定扩散的幼体是否会取得成功。在几米距离的尺度上，选择远离相同物种定居的珊瑚幼体存活得更好。显然，随着距离增加，被微生物病原体感染的概率就会下降（Marhaver et al.，2012）。然而，一般来说，我们对决定扩散幼体存活率的景观仍然所知甚少。

海洋景观模型也可以被用来建立零模型，以取代检验扩散的遗传数据的模型。Galindo 等（2011）使用海洋学模拟预测了加利福尼亚州中部沿海的基因流，并将其结果与藤壶属一种 *Balanus glandula* 的遗传变化模式进行了比较。前期研究（Sotka et al.，2004）显示，该物种在这个范围内具有极强的遗传渐变。而其基本问题在于，这一结果是否与南向的洋流一致？Galindo 等通过海洋模型建立了连通度矩阵，并将其与该矩阵参数化得到的一个简单种群遗传模型相结合，其结果显示，海洋学模型所得出的基因流水平非常高，以至于该沿海地区的遗传差异应该非常小。这一结果说明，零模型至少有一部分是不正确的。随后，Galindo 等提出了模型存在偏差的三种可能：①可能存在近岸逆流导致的从南向北的隐蔽扩散；②近岸的幼体存留率要比模型预测的高；③对北部的等位基因的自然选择要比南部略高。在这三种假设场景中，近岸的存留率假设似乎更为合理。因为简单的海洋模型无法解决近岸浅水的水流问题。当然，自然选择的假设也是合理的。因为该物种近岸的遗传渐变是如此之强和广泛分布，不太可能是由简单的中性遗传分化所造成的（Sotka and Palumbi，2006）。

非平衡的条件

在将扩散和遗传分化关系应用于实际时，必须要留意岛屿模型和其他基因流模型中关于平衡的假设，特别是种群在很长一段时间内始终保持同等大小并具有相同扩散关系的前提条件。如果扩散水平或者其他种群特征（如种群的大小）随着时间推移在不断发生变化，这样的关系假设就不再准确。例如，若两个种群间的 F_{ST} 值低，很可能说明二者之间的基因流和扩散程度较高。然而，如果种群是新近才分隔开的，其 F_{ST} 值也可能非常低。在刚刚发生隔离的时候，其 F_{ST} 值可能会接近于零，因为两种群是同时建立起来的，又具有相同的基因频率。如果它们之间的扩散很少，那么遗传漂变会使 F_{ST} 值逐渐增大到接近平衡值，但过程会较缓慢（图 4.6）。对一个小的种群（$N=100$）来说，如果基因流较低，达到最终平衡的 F_{ST} 值的 95%所需的时间可能是近千个世代，而大种群需要的时间会更长（Whitlock and McCauley，1999）。

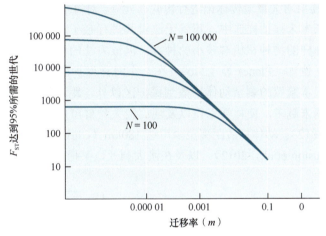

图 4.6　迁移率（m）和有效种群大小（N）决定了随机交配种群的 F_{ST} 接近 95% 平衡值所需的时间（仿自 Whitlock and McCauley，1999）

来自加拿大不列颠哥伦比亚省的例子很好地证明了这一点。蝙蝠海星（*Patiria miniata*）和鳞片岩螺（*Nucella lamellosa*）都沿海岸分布，但是蝙蝠海星在横跨夏洛特王后湾（温哥华岛北部）中显示出极大的遗传分化（高 F_{ST} 值），而鳞片岩螺则没有显示（Marko and Hart，2011）。这一发现与已知的这两个物种的扩散能力相矛盾。鳞片岩螺的幼体是爬行、无扩散能力的（Marko，1998），而蝙蝠海星幼体的生活史很长，应该能够扩散很长的距离。使用"迁移隔离"模型所进行的更复杂分析揭示了其原因：蝙蝠海星的种群分化时间较长（大约 28.2 万年前就已开始分化），而鳞片岩螺的种群可能在冰川消退后，于最近（约 1.5 万年前）才开始分化（Marko and Hart，2011）。这个例子也再次说明，随着一系列新的分析方法的出现，需要重新考虑有关平衡假设的合理性，同时能够在对过去发生的扩散缺乏全面了解的情况下，对现有的扩散水平得出结论（Csilléry et al.，2010；Marko and Hart，2011）。

如上所述，距离隔离方法的前提假设是平衡的条件。然而，在偏离假设的情况下，距离隔离（IBD）方法还远不如简单的 F_{ST} 值配对比较更加敏感。在不到 10 倍扩散核的距离之内，IBD 的斜率在几个世代就达到稳定状态。随着距离增加，其斜率达到稳定状态的时间也越长，从十个世代到上百个世代不等（Slatkin，1993；Hardy and Vekemans，1999；Vekemans and Hardy，2004）。因此，更多情况下，小尺度上的 IBD 模式代表最近的、与生态相关联的扩散。Bradbury 和 Bentzen（2007）对 18 种溯河洄游型鱼类和海洋鱼类进行了分析，发现很多物种的 IBD 斜率在较小的空间尺度上较大。这一结果表明，IBD 模式在最大尺度上没有达到平衡状态，这也与其范围大小和有限的扩散能力相一致。

种群归属和亲子鉴定

最新的分析方法使我们能够鉴定一个种群中个体的遗传特征，从而准确地指出与长期平均无关的同代扩散事件。这些方法大体上可以分为两类：将个体与其源种群匹配（归属检验），或将个体与其亲本匹配（亲子方法）。因此，这些方法可以检测出刚刚进入种群的个体，有的时候，甚至能够发现这些个体的直系后代（Manel et al.，2005）。该方法使用多位点基因型来计算单一个体来源于某个特定种群或特定亲本的概率。微卫星是迄今为止最为常用的基因座类型，但是单核苷酸多态性（single nucleotide polymorphism，SNP）的使用正日益广泛（Anderson and Garza，2006）。

在基因流速率低且种群分化较明显时（如 F_{ST} 值高于 0.08），归属检验（assignment test）最有效（Paetkau et al.，2003）。否则，检验难以确定个体最有可能来自哪个种群。每个种群的样本要相对较大（如每个种群包含 50 个个体），而且所有可能的种群源都必须抽样，以避免假阳性匹配（Paetkau et al.，2003）。一项研究发现归属检验成功地区分了相距 1800km 的小丑鱼种群，但在 5km 范围内却没能区分（Saenz-Agudelo et al.，2009）。然而，这并不意外，因为在这两个相距遥远的种群之间没有发现直接扩散的个体。

亲子鉴定（parentage assignment）方法在理论上（与归属检验）是相似的，但尺度更加精细。由于需要识别的是个体，而非种群，需要对大量遗传标记进行检验。此外，对每个种群也需要很大比例的抽样。毕竟，如果一个新近扩散幼体的亲本未被抽样选中，那就无法对其进行亲子匹配。这一条件极大地限制了该方法的使用，只能应用于易于抽样的物种和相对较小的种群。但该方法的优点是，可以将单个幼体与其亲本匹配，直接识别其扩散途径。例如，Planes 等（2009）在一个海洋保护区检测到，40% 的幼体是其亲本在该海域产卵繁殖的，而这些亲本繁殖的剩余幼体扩散到保护区以外，距离最远可达 35km（图 4.7）。近年来，使用亲子鉴定方法的研究越来越多，使科学家得以发现：较大种群可以更持久地将其幼体扩散至其周边种群（Saenz-Agudelo et al.，2012）；幼体扩散距离至少可达 180km（Christie et al.，2010）；幼体扩散成功率随着距离增加而急剧下降（Buston et al.，2012）；以及在澳大利亚，某捕鱼区近一半的新补充量来自海洋保护区（Harrison et al.，2012）。

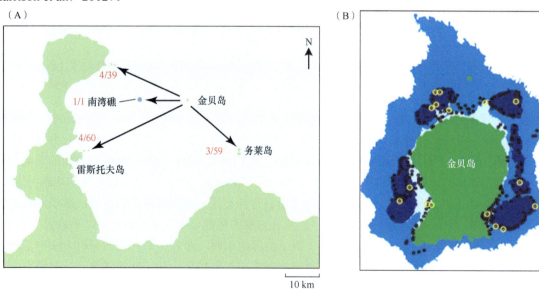

图 4.7 巴布亚新几内亚金贝岛的双锯鱼幼鱼扩散。（A）四个地点中金贝岛鱼类后代占最近定居幼鱼的比例。（B）黑圈代表金贝岛成体双锯鱼的位置，包括成功繁殖扩散幼鱼（黄圈）的成鱼。深蓝色代表潟湖（仿自 Planes et al.，2009）

自然选择、基因流和扩散

到目前为止，我们已讨论了对自然选择来说中性的等位基因的移动。然而，一些自然种群中的遗传变化必然在选择之下交换其个体所携带的有利或有害的性状。对于一组二倍体中性基因，基因座中每世代的迁移率是相等的，因为伴随着个体的移动，每个个体都携带着它所有的基因。因此，所有中性基因座中的个体平均内禀迁移率（m）是相等的。线粒体和叶绿体基因是个例外，因为它们是单倍体，且遗传方式不同（Avise et al.，1987）。相对于中性基因座，对一个基因座的选择可能会降低或提高其迁移率。从这个意义上来说，选择是将扩散和基因流去耦。

　　一个种群的某个等位基因在持续选择下，会快速变为100%（固定）或0%（灭绝），从而使种群遗传分析无法识别，因为该基因座不再是多态的。与之相比，中性基因座的固定时间大约是 $4N$ 个世代，其中 N 是有效种群大小（Kimura and Ohta，1969）。对处于选择下的一个基因来说，固定速度取决于选择的强度（s）和有效种群的大小（N）。例如，当 N_s=5 时，固定时间差不多减半到 $2N$（Kimura and Ohta，1969）。如果 N 足够大，那么固定速率可以非常快，即便其选择强度非常低。例如，当 N=10 000，选择系数为 0.0005 时，则 N_s=5，固定将在 $2N$ 个世代内完成。

　　因此，选择下的现有多态性要么是新的，或是在某个地方或时间被选择过的，而在其他地方或时间的选择相反。这种选择的不同——有时被称为时空平衡选择——能够保持一个种群的多态性（Turelli and Barton，2004），并在面对基因流时，能够在选定的基因座提供遗传分化。最近，对紫球海胆的 12 000 个基因座的基因组扫描显示，在中性条件下，参与发育、免疫和蛋白质代谢的基因座的分化要显著高于预期（Pespeni et al.，2012）。进一步的研究（Pespeni and Palumbi，2013）还表明，沿美国西海岸存在着异质的遗传分化，最强烈的分化信号集中在局部环境条件差异最大的地方。类似地，对暴露在不同热胁迫强度下的无柄目藤壶来说，即使相隔数米，很少量的代谢酶也会维持不同的等位基因频率（Schmidt and Rand，1999，2001；Schmidt et al.，2000）。这种基因座很难被发现，但可以通过统计分析方法，识别具有高于预期 F_{ST} 值的异常基因座（Foil and Gaggiotti，2006，2008）。

　　当选择随着环境梯度而发生变化时，所选基因的地理差异显示在其遗传梯度变异上（Sotka et al.，2004）。梯度的宽度和斜率是扩散、选择和历史事件之间平衡的函数（Sotka and Palumbi，2006；Strand et al.，2012）。而且，它们既可以是基于物理或生物环境施加的外部选择，也可以是对杂交种群内共适应基因的选择（Barton and Hewitt，1989）。

　　在这些情况下，所选基因座的遗传分化无法实现对扩散精确的测量。研究人员必须非常谨慎，因为分异的基因座也许会使种群间数量交换的估算产生偏斜。例如，大西洋鳕的 pantophysin I 基因座随着生境和深度不同而发生变化，在水深 300m 处捕获的鳕鱼的 A 等位基因的频率是 20%，而在表层捕获的鳕鱼对应的频率超过 80%（Arnason et al.，2009），如此大的差异很可能是种群间交换的减少和选择所造成的。

扩散传播与模式的关键决定因素

　　鉴于扩散在海洋生物的生态和演化上所发挥的核心作用，自然而然的，我们需要了解什么因素决定着扩散的距离和模式？随着时间的推移，不同地点、不同物种，其扩散是迥异的。理解扩散在何时、何地会变大或减小，有助于我们理解扩散在种群动态、局部适应、分布范围界限和其他生态过程中所扮演的角色。

浮游阶段

　　许多对这些因素的研究集中在影响其扩散距离的扩散幼体的性状上。例如，许多海洋无脊椎动物和鱼类的幼体都会经历一段浮游生活阶段，也被称为幼体浮游期（pelagic larval duration，PLD）。一种雀鲷，多刺棘光鳃鲷（*Acanthochromis polyacanthus*）是一种很罕见的，不存在幼体浮游阶段的珊瑚礁鱼类，所以其极少扩散，即便是在距离很近的地点，种群也会呈现高度遗传差异（Planes et al.，2001）；而另一种极端，龙虾幼体的浮游期可以长达一年以上，所以能够传播到很远的距离（Sponaugle et al.，2002）。简单的近海海洋幼体扩散模型显示，扩散核的宽度与幼体浮游期的平方根成正比，而位移与幼体浮游期呈正线性相关（Siegel et al.，2003）。然而，当科学家研究反映在遗传结构中的 PLD 和扩散距离之间联系时，分析却比较混乱。这部分是由于扩散难以精确地测量，而且还有幼体浮游期以外的其他因素在起作用。

　　最重要的概括是，没有幼体浮游阶段的物种通常具有极强的种群结构和极低的扩散能力。Kelly 和 Palumbi（2010）对美国西海岸 50 个物种的种群结构分析后发现，没有浮游阶段的物种总体上具有更高的遗传结构（图 4.8）。在其他分类群和其他海岸，没有浮游阶段的物种基本上都显示出较强的遗传结构（Marko，1998；Planes and Doherty，1997；Sanford et al.，2003；Selkoe and Toonen，2011）。

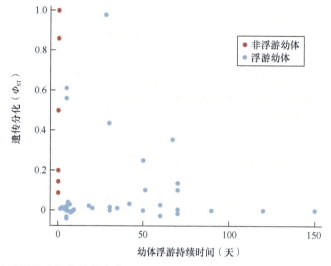

图 4.8 来自美国西海岸 50 种无脊椎动物的遗传分化（Φ_{ST}——F_{ST} 的变体）和幼体浮游期关系的例子。无幼体浮游阶段的物种用红色表示，蓝色表示具有幼体浮游阶段的物种（仿自 Kelly and Palumbi，2010）

然而，许多研究发现，具有幼体扩散期的物种间存在很大的遗传结构差异。Kelly 和 Palumbi（2010）在具有极长浮游期的寄居蟹上发现了最高水平的遗传结构。与之相反，一些腹足类，其幼体浮游期仅有 5~7 天，遗传结构水平却较低（Burton and Tegner，2000；Gruenthal et al.，2007）。一般而言，浮游期较长的物种的遗传结构水平确实较低（Weersing and Toonen，2009；Selkoe and Toonen，2011），但也有例外（Marko，2004）。

幼体取食

在幼体浮游期未知的情况下，其他三个性状也能提供物种在洋流中扩散时间长短的信息。有些无脊椎动物的幼体以浮游植物为食，而另一些则依赖于储藏在自身，来自其母体的有限能量。所以，前者具有更长的幼体浮游期就不足为奇（O'Connor et al.，2007）。幼体在冷水中要比在暖水中发育得慢，所以，水温也可以作为幼体浮游期之外的指标（O'Connor et al.，2007）。与这一模式一致，靠近赤道（水温较高）的鱼类和无脊椎动物的 F_{ST} 值要比那些接近两极的物种高（Kelly and Eernisse，2007；Bradbury et al.，2008）。最后，相比于幼体浮游物种，那些将卵产在水底的生物似乎具有更高的遗传分化水平（很可能是由于更低的扩散水平），而前者的卵在孵化成幼体之前可能就已经开始扩散（Bradbury et al.，2008）。

幼体行为

幼体行为对扩散也有重要影响。在幼体结束其浮游阶段前，会发育出较强的感觉和行为能力，而这些能力能够显著调整其扩散模式。定居前的珊瑚鱼类幼体在水平方向上的移动速度能够达到 45cm/s，而且通常大于珊瑚礁周围的平均（虽然还不是最大）水流流速（Leis et al.，1996；Fisher，2005）。这一能力使得珊瑚鱼可以主动地回到适宜其定居的生境，至少在接近其结束浮游期时。幼鱼还能通过声音和气味识别珊瑚礁（Leis et al.，2011）。例如，波浪撞击会在水下产生独特的声波。在一个化学诱感物的研究中，海葵双锯鱼（*Amphiprion percula*，俗称小丑鱼）有两个选择：一个是之前含有海葵（来自其定居环境）和雨林植物（生境附近）的海水，另一个则是从开放大洋提取的海水。小丑鱼的幼鱼会游向那个"有气味的"海水（Dixson et al.，2008）。在另一个研究中，幼鱼倾向于选择来自其母礁的海水，而不是同一地点其他礁石的海水（Gerlach et al.，2007）。这种浮游后期的归巢能力的最终结果是，在定居生境周围延伸出一个"缓冲区"。即便水流不能将幼体带回适宜的生境，但其只要在浮游后期进入这个缓冲区，就能够顺利返回栖息地。

不仅一些鱼类幼体可以在其结束浮游阶段时主动归巢（水平运动），还有更多生物的幼体具有垂直移动的能力，而这点非常关键。海洋的很多部分可以被看作一层层的蛋糕，而每一层的水流的方向各不相同。因此，通过控制其所处深度，幼体就具有同样的能力控制自己水平运动。例如，在巴巴多斯西海岸，由于风力的作用，表层水流是沿离岸方向流动的；而底层生活的鱼类会将卵产在水面以下 35m 深处，在这里，水流大体上是向岸移动的（Cowen et al.，2000；Paris and Cowen，2004）。贻贝的幼体在遇到湍流时会停止游动并下沉，因为湍流的产生意味着具有硬质基底的生境，这种行为有助于在适宜的表面定居。由于每个幼体都具有这样的行为，这就能促使幼体存留在靠近其出生地的地方（Fuchs and Dibacco，2011）。由于潮汐作用可能很强，幼体对深度的控制对出入河口尤为重要。正在变形中的欧洲鲽（*Pleuronectes platessa*）幼体在夜间涨潮时进入水体，而在其他时候（水流较弱）都留在水底（Rijnsdorp et al.，1986）。这种行为能保证它们被潮汐带入河口，而不是被卷走。

成体的产卵行为

研究人员开始意识到，除了幼体，成体的行为，如选择产卵的时间和地点，都对幼体的扩散具有重要影响。洋流随着时间和空间的变化而变化。从某种程度上，成体可以选择其所进入的洋流，并释放其后代。例如，在美国西海岸，加利福尼亚海流在一年中的大部分时间里沿着大陆架向南流动，会将幼体扩散到远离其母体的地方。在该区域，大部分（62%）底栖生物选择在 4 月产卵，因为在 4 月，该区域的海流会转变方向，而且水流变化最大（Byers and Pringle，2006）。这种变动的水流能使更多的幼体存留在靠近其母体的地方，而不是被水流卷走。在另一个例子里，在加利福尼亚州南部，两种近缘的贻贝［加利福尼亚贻贝（*Mytilus californianus*）和紫贻贝（*M. galloprovincialis*）］分别在不同的季节产卵，从而导致其幼体朝着两个完全不同的方向扩散（Carson et al.，2010）。

同样地，产卵的地点对幼体扩散也有重要影响。仍以贻贝为例，产于加利福尼亚州南部开放大洋的卵更容易受到向南流动的沿岸海流影响，而产在海湾的卵所孵化的幼体显示出更为多变的扩散情况（Becker et al.，2007）。对美国东南沿海条纹锯鮨（*Centropristis striata*）幼体扩散的模拟显示，在近岸浅水处产卵后孵化的幼体更容易返回适宜定居的近岸生境（Edwards et al.，2008），部分是由于沿岸边界层比远离岸边的水流更缓慢（Nickols et al.，2012）。不幸的是，近岸的条纹锯鮨比离岸的种群更容易被捕捞。

海洋条件的时间变化

物种的其他性状也会影响同一范围内不同物种的扩散。使用遗传工具对平鲉属（*Sebastes*）的 15 种鱼类进行分析后发现，鲪亚属（*Sebastosomus*）的物种比粗鳍平鲉亚属（*Pteropodus*）的物种更容易发生遗传分化（Sivasundar and Palumbi，2010）。这些鱼类的幼体定居模式不同：高分化亚属（*Sebastosomus*）的平鲉在强上升流期定居，而低分化亚属（*Pteropodus*）的平鲉更多情况是在下降流时定居。这种亚属间的差异可能是由于产卵时间不同，或是由于产卵位置的不同。特别是，在上升流期间流入和流出水体之间的水层，也称为薄层（McManus et al.，2005），反映了一个区域近岸流能够聚集浮游生物的空间稳定性（McManus and Woodson，2012）。遗传分化的亚属差异可能反映了幼体生境的差异，如薄层。同样的，在美国俄勒冈州近海，藤壶在强上升流年份显示出更多的种群结构和更多的定居（Barshis et al.，2011）。

鲉鱼和藤壶具有相似的模式——在强上升流期定居的种群具有更高的遗传分化水平，可能与薄层存留机制或其他隐含的幼体性状有关。遗传数据显示，在强上升流期定居的幼体更多来自本地，这意味着成功的幼体更多来自离岸非常近的地方。一些近海物种的离岸幼体在下降流期间历经长途跋涉之后，也许能够返回岸边。这些案例都表明海洋条件、幼体位置和扩散之间存在一定联系，但仍需深入的研究。

生境的斑块分布

定居和产卵生境的地理特征对扩散会产生重要影响。幼体成功扩散到特定位置的概率随着距离增加而下降。因此，在破碎（被不适宜生境阻断分隔）的生境里，幼体的交换较少；而在连续的适宜生境，种群间的交换更多。这种影响会直接作用于定居于某特定生境斑块的幼体源。由于一个孤立生境的迁入幼体很少，本地繁殖率和幼体存留率就相对更为重要（这种种群称为封闭种群）；与之相反，如果生境斑块相互接近，例如沿着海岸线，迁入比种群自身动态更重要（这种种群称为"开放"种群）。特别是对于干扰后的恢复，这种差异显得尤为重要：因为有更多的定植，开放种群会更有弹性。例如，孤立程度较低的大型海藻斑块不太可能会灭绝，在本地种群灭亡后会很快重新发生定植，因此，和相邻种群的遗传分化也较小（Reed et al.，2006；Alberto et al.，2010）。

　　一项模拟研究使用斑块分布原理对全世界海洋景观尺度上的珊瑚礁分布进行分析后发现，在绝大部分海洋景观尺度上都包括同一个物种的开放种群和封闭种群（Pinsky et al.，2012）。该研究预测，如果斑块相隔距离超过扩散核宽度的两倍，则很可能是封闭种群，更多地依赖于本地幼体的繁殖，而分隔不远的斑块之间会有很大的迁入比例（Pinsky et al.，2012）。如图 4.9 所示，巴哈马的珊瑚礁中，有许多种群有较大比例的迁入幼体（蓝色阴影）；而一些区域的碎小生境上迁入率很低（黄色至红色阴影）。

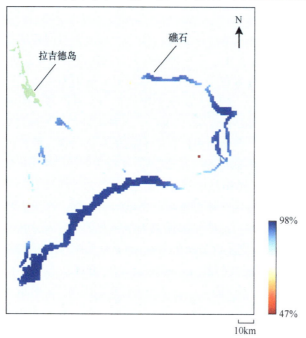

图 4.9　巴哈马的拉吉德岛地图显示了预测的该区域珊瑚礁的种群开放度（迁入的百分比，%）。开放度是 250 000m² 生境斑块中迁入幼体占所有补充量的比例。高（蓝色）数值表示种群更为开放，而低（红色）数值表示单独礁石上的种群更为封闭。扩散模型使用长度为 2km 的二维高斯扩散核（仿自 Pinsky et al.，2012）

　　生境地理特征的重要性在下面的例子里得到清晰的体现，对 4 种近缘螺类进行比较，其中两种螺类的成体需要在淡水中生活，而另外两种只生活在潮间带（Crandall et al.，2012）。在西太平洋，后两种螺类的生境分布更为广泛，特别是珊瑚环礁。所有这 4 个物种的生活史都有浮游幼体期，穿越珊瑚环礁需要多个步骤的长距离扩散途径，淡水螺类的基因流就比另外两种少得多（Crandall et al.，2012）。根据推测，由于生境的缺乏，淡水螺类无法利用这些礁岛作为跳板延续其扩散轨迹。

　　生境的不连续性会对幼体产生一个分布边界，如果幼体的扩散能力不足以越过该边界，就无法到达边界另一侧的适宜生境。例如，美国西海岸的一种潮间带帽贝 *Collisella scabra* 分布最北的种群被大片的沙质海岸所分隔，与其最近的北方种群在 50km 开外。这也许就解释了气候和其他条件都明显适宜，帽贝却没有继续向北扩散的原因（Gilman，2006）。

　　对生境异质性的认识在生物保护方面也有实践意义。通过创建那些渔业对象死亡率变大或变小的区域，海洋保护区（禁止捕鱼的区域）实质上建立了生境的斑块分布。这些人为"生境"的空间布置对种群的维持和物种保护的成功至关重要（Botsford et al.，2001；Gaines et al.，2010）。

存留与迁入

近来有关海洋生物扩散的研究常常讨论将一个海洋生物种群的幼体存留作为衡量种群生态开放或封闭程度的一个指标（Cowen et al.，2000）。存留（retention）的定义是，在本地繁殖又补充回原地的比例（Thorrold et al.，2002；Saenz-Agudelo et al.，2012）。但这一定义的缺陷是，忽略了那些从其他地方迁入的幼体。例如，在一些地方，本地的幼体部分会存留下来，但是，同样会有其他种群迁入过来的幼体存在。而这些迁入的幼体实际上对存留在本地的幼体起到一定稀释作用。同样，在一个地区定居的幼体可能主要是本地繁殖的，但并不意味着其内禀扩散率很低，而有可能是生境斑块分布，导致所有迁入幼体的来源距离遥远所造成的（Pinsky et al.，2010）。因此，迁入率——既考虑本地存留幼体的比例，又兼顾外来幼体对本地的稀释程度——才是衡量一个种群是否开放或封闭（开放度）的适当指标。

选择或抵制迁入者

是什么样的选择压力驱动了如此多类群中的海洋物种演化出如此高的扩散潜力？卵的大小、数量和幼体浮游生长率之间的取舍形成了繁殖力和扩散之间的正相关关系（Strathmann，1990）。此外，高扩散性还与更大的分布范围、更长的物种持续时间，以及对环境灾害更强的弹性有关（Vance，1973；Palmer and Strathmann，1981）。一些证据表明，取决于其扩散史，某些幼体在定居后会比其他幼体存活得好。Hamilton 等（2008）采用痕量元素分析方法来区分迁入和自补充的幼体，研究对象是位于加勒比海圣克罗伊岛（Saint Croix）的双带锦鱼（*Thalassoma bifasciatum*）。首先，对刚定居（选择之前）的补充幼体进行采样，在一个月后（选择发生之后）再次采样。他们发现，迁入幼体的存活率要高于自补充的幼体。这可能是因为迁入幼体的生长速度更快，在变形成稚体时，身体储藏了更多能量。

选择的作用也可能是反其道而行之的——对迁入者不利，而对自补充幼体有利。越来越多的证据表明，许多海洋生物的种群即便有较高的基因流率，但仍适应于当地的条件（Conover et al.，2006；Hauser and Carvalho，2008；Marshall et al.，2010）。这种本地适应通过自然选择，过滤每一个迁入个体，从而可能使迁入个体的表型与其所进入的环境发生不匹配。至少在对一些固着无脊椎动物的实验中表明，本地个体的存活率高于外来者，适合度高出 34%（Marshall et al.，2010）。这种抵制迁入的选择可能是这样一种机制，即这种机制本身并不限制扩散，但会约束扩散个体在新的种群内的生长和繁殖，从而限制了种群的连通度。

对美国西海岸的藤壶来说，低上升流期定居更高，且在定居者之间产生更大的遗传分化（Barshis et al.，2011）。这些结果表明，上升流较弱时，近海存留提高了幼体存活率，而且这些幼体很少扩散。如果这并非个例的话，幼体"拥抱"岸线的行为性状更为有利，所以即便其幼体浮游期较长，也不会扩散很远。Kelly 和 Palumbi（2010）认为，这也是为什么行为复杂的幼体，如甲壳类和鱼类，尽管其幼体浮游期较长，有时也会具有遗传分化的种群。然而，至今，我们对近海海洋生物的选择驱动力、海洋条件和扩散之间的相互作用所知寥寥。

种群大小的影响

正如有些种群是地理隔离的，而有些不是；有些种群会产生大量幼体，而有些不会。种群数量与个体的繁殖能力决定了产生幼体的数量。大型鱼类比小型鱼类具有更多存活更好的幼体（Berkeley et al.，2004）。由于禁捕区的鱼类有机会生长到较大尺寸，这些保护区就有可能大量输出幼体，从而成为一个集合种群的幼体的重要来源（Gaylord et al.，2005）。

实证研究显示，繁殖旺盛的种群能够主宰进入周边种群的扩散途径，从而影响一个区域内整个集合种群和其他种群的数量动态。例如，Saenz-Agudelo 等（2012）使用遗传亲缘技术探测珊瑚礁之间的单个幼体轨迹发现，在巴布亚新几内亚，高繁殖率的种群更有可能将幼体扩散到其他珊瑚礁。模拟研究显示，在美国加利福尼亚州南部，不到 25% 的海岸带至少为 7 种不同鱼类提供了高于 50% 的幼体补充量（Watson et al.，2011）。其中，鮠属一种 *Girella nigrians* 和美丽突额隆头鱼（*Semicossyphus pulcher*）的情况更为突出：

10% 的海岸带产生了一半的补充幼体。这少数几个生境主导了整个集合种群的数量动态。在对种群灭绝的模拟研究中，移除最大丰度（以生境面积衡量）种群，集合种群崩溃的速度远远快于随机移除某个种群的速度（Watson et al.，2011）。

种群大小对遗传多样性在更为广阔的集合种群中的传播也至关重要。在一些海洋集合种群里，某些种群可以作为连接更广阔区域的跳板，从而起到关键作用（Treml et al.，2008；Crandall et al.，2012）。例如，太平洋中一些孤立隔绝的岛屿就相当于这样的跳板，虽然与其他岛屿也足够接近，但其扩散幼体可以在一个世代之内直接跳过阻碍距离（Treml et al.，2008）。一个世代之后，扩散事件携带的基因会沿着扩散途径再次发生跳跃。然而，小种群的遗传漂变较强，从而遗传多样性消失的速率更快。因此，如果关键跳板上是一个很小的种群，就会变成一个空间瓶颈，也许它会获得很大数量的遗传多样性，但这些遗传多样性却无法越过这个瓶颈传到下一个种群。

在比较不同物种时，种群大小的类似关系同样成立。通过基本岛屿模型中遗传分化与基因流的关系可以得知，如果个体平均迁移率（m）相同，较大种群（N）的遗传分化水平 [$F_{ST}=1/(4Nm+1)$] 更低。因此，遗传分化的差异可能是由物种的种群大小（N）所造成的。所以，当迁入水平相同时，常见物种的遗传分化水平要低于稀有物种。换句话说，对于给定分化水平（F_{ST}），常见物种的迁入率和基因流要远比稀有物种低。这也是对于数量庞大的鱼类物种来说，即使出现轻微的遗传分化也会被视为种群隔离的强烈信号的原因之一。

遗传和扩散的区域调查

早期成功对比物种间遗传结构的研究试图寻找生物地理中断的一致模式。John Avise 和同事在对墨西哥湾和大西洋种群进行对比之后，发现美国东海岸的海洋生物具有较强的地理结构。随后对鲨的研究发现，其基因频率的重要漂变发生在美国佛罗里达州和佐治亚州之间（Saunders et al.，1986），而这大约是两个主要生物地理区域的边界（Briggs，1974）。对鱼类（Bermingham and Avise，1986）、牡蛎（Reeb and Avise，1990；Karl and Avise，1992；Hare and Avise，1998）、鸟类及其他物种（Avise and Ball，1990）的进一步研究显示，这一整片区域蕴藏着许多物种的遗传漂变。在其他跨越生物地理区域时出现的一致性遗传中断也有类似的模式，如地中海入海口附近（Borsa et al.，1997）、跨越马来群岛和东印度尼西亚处（McMillan and Palumbi，1995；Barber et al.，2006），但在加利福尼亚州的康塞普申角（Point Conception）没有发现（Burton，1998）。

跨越较短海岸线的强烈遗传中断可能表明，分化基因座上的基因流水平非常低（Hare and Avise，1996；Sotka and Palumbi，2006）。如果强遗传梯度变异仅限于一个或几个基因座，那么这一遗传梯度可能是在面对高水平扩散时由环境选择所造成的，如长岛海峡的贻贝中出现的 LAP 等位酶梯度（Koehn et al.，1980）。然而，多个基因座的遗传梯度变异以及多个物种的一致性遗传中断表明，在生物地理边界处存在广泛的扩散中断（Avise，1992，1994）。

对多物种组合的后续研究表明，物种间的情况更为复杂，即便是存在潜在一致性扩散障碍的近海也是如此。加利福尼亚州中部的康塞普申角是一个很强的生物地理边界，但绝大多数物种遗传中断则很弱（Burton，1998；Dawson，2001）；而加利福尼亚州北部的门多西诺角（Cape Mendocino）虽然只是少数几个物种分布的端点（Briggs，1974），但其潮间带生物和鱼类组合仍有明显的遗传漂变（Blanchette et al.，2008）。65 种鱼类和无脊椎动物的数据显示（Kelly and Palumbi，2010；Sivasundar and Palumbi，2010），门多西诺角的遗传中断强于康塞普申角。在 50 种无脊椎动物中，有 6 种表现出较强的遗传梯度变异，向门多西诺角以南延伸 200～400km（图 4.10）。

然而，许多物种并未出现这种模式，尽管有些生物的扩散潜力似乎较弱，如鲍鱼（Gruenthal et al.，2007）。总体上，多物种调查强调的是同一地理区域内的各种模式。如果海洋物理要素是决定一个地区生物扩散的主要因素，那么物种间的模式应该更加趋同（Avise，1992）。门多西诺角复杂多变的模式表明，有多种因素影响着生物的扩散和遗传分化，而且这种模式可能与直觉相悖。

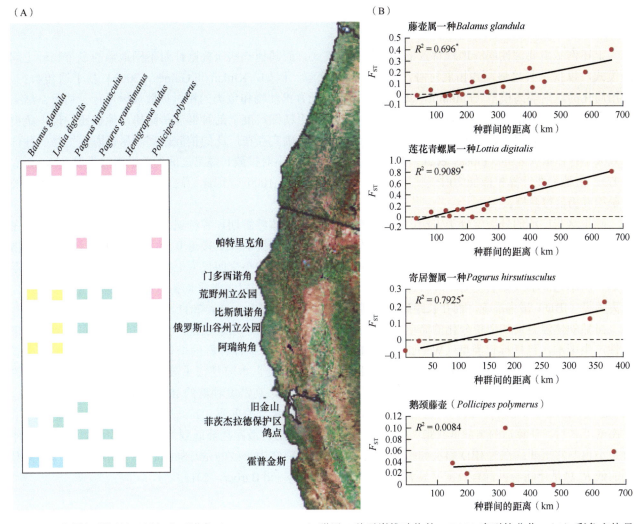

图 4.10　美国加利福尼亚州门多西诺角（Cape Mendocino）附近 6 种无脊椎动物的 mtDNA 序列的分化。（A）彩色方块显示每个物种的采样点位置，不同颜色代表遗传上的不同种群。（B）这 6 个物种的遗传和地理距离的关系。R^2 值右上角的星号表示在 P=0.05 水平上的显著性

　　例如，在美国西海岸，从加利福尼亚州南部到俄勒冈州的辽阔海域，鲍鱼种群间显示出极低的基因频率差异（Burton and Tegner，2000；Hamm and Burton，2000；Gruenthal et al.，2007）。这一发现出乎意料，因为大量鲍鱼幼体的浮游期仅有 5～7 天，说明其扩散能力很弱。一种可能是，真实的扩散水平确实很低，但鲍鱼巨大的种群数量意味着每代的迁移数量（Nm）也非常大，足以抵消遗传分化。对红鲍近 19 000 个基因座的种群遗传模式和多样性的研究显示，其估算结果与低空间扩散水平（约 15km）和非常大的种群数量（de Wit and Palumbi，2012）相一致。在这种情况下，两个物种性状（大种群数量和低扩散水平）共同作用，使得在低扩散水平的情况下，仍能维持高基因流。

　　如果对物种进行比较，那么整个夏威夷群岛至少存在 4 个显著差异的地理区域（Toonen et al.，2011）。遗传配对对比测试结果显示，对于 50% 的测试物种，每条边界都显示出显著的遗传分化（尽管通常很小）。但是，物种采样来自不同分布范围、不同地点，它们的中断组合也不同。例如，夏威夷石斑鱼（*Epinephelus quernus*）在岛屿间无任何结构，仅在中央沙洲和环礁是个例外（Rivera et al.，2011）。黄高鳍刺尾鱼（*Zebrasoma flavescens*）在岛屿内无任何结构，但在整个北太平洋却显示出较强的遗传分化（Eble et al.，2011）。对黄高鳍刺尾鱼进行的基于归属检验的亲缘调查显示，亲本来自夏威夷岛的一些幼体在同一个岛的珊瑚礁上定居（Christie et al.，2010），这可能是因为一个海洋流涡导致了水流在当地循环。相比之下，在整个夏威夷内，近一半的黑海参（*Holothuria atra*）种群间具有较强的结构（Skillings et al.，2010）。然而，对这个群岛的扩散和存留的其他机制仍不清楚（Toonen et al.，2011）。

遗传和扩散的元分析

上述例子主要关注同一地理背景下多个物种的模式。而其他一些研究则针对不同地点的多个物种之间的模式，以揭示其趋势，并拓展对海洋生物扩散的理解。例如，Kinlan 和 Gaines（2003）基于遗传数据，使用简化的距离隔离模型（Palumbi，2003）对藻类、无脊椎动物和鱼类的相对扩散规模进行了估算。结果证明，通常被认为孢子扩散能力较弱的藻类，往往具有更精细尺度上的种群遗传结构。他们还发现，鱼类和无脊椎动物反映出大范围的距离隔离信号，说明物种间确实存在广泛的扩散距离。尽管海洋生物的种群有效大小存在很大差异（Pinsky et al.，2010a），而且种群大小对扩散和隔离之间的关系至关重要（Rousset，1997），但他们在计算扩散能力时仅使用了单一种群大小（N=1000）。因此，这些研究所提出的扩散规模的精确程度仍值得商榷。

除了这些广泛的分类学分类方法，许多研究还探索了幼体浮游期和各种遗传分化指标之间的关系。在对物种的比较中，较短的幼体浮游期通常具有较高的距离隔离斜率（R^2 接近 0.3），说明幼体浮游期短的物种的扩散能力和遗传分化较弱（Selkoe and Toonen，2011）。在较小空间尺度上抽样的研究结果中，幼体浮游期和斜率之间的关系会更好一些（R^2=0.5），这可能是因为，在仅大于平均扩散距离数倍的空间尺度上，距离隔离（IBD）最为准确，而在长距离上达到饱和（Selkoe and Toonen，2011）。

虽然幼体浮游期和遗传分化的简单相关性很直观，但这些科学家也发现，数据的其他方面也会对其相关性产生影响，包括标记类型（Weersing and Toonen，2009）和抽样种群的个体数量（Selkoe and Toonen，2011）。理论上，IBD 的斜率与种群密度成反比，因此种群大小本应是很重要的相关因素，却常常被忽略。例如，对菲律宾小丑鱼的研究发现，在相似地理尺度上，高密度种群的 IBD 斜率更低（Pinsky et al.，2010a）。Puebla 等（2009）认为，在估算扩散时纳入生态密度至关重要。其结果显示，如果谨慎地考虑了生态密度之后，估算后的美丽低纹鮨（*Hypoplectrus puella*）的扩散距离降低到 15km。模型模拟还显示，种群大小也非常重要：在对 IBD 斜率和扩散的模拟中，与预料之中一致的是，Selkoe 和 Toonen（2011）所得到的低 R^2 总是伴随着种群有效密度显著变化而出现（Faurby and Barber，2012）。

关于扩散所能做出的推断

对绝大多数海洋生物来说，对幼体扩散的估算依然非常困难。直接估算幼体移动的方法包括幼体标记（Jones et al.，1999；Thorrold et al.，2002；Becker et al.，2007；Planes et al.，2009）和亲子鉴定（Planes et al.，2009；Christie et al.，2010），在对几种鱼类的研究中，获得了其移动模式和距离的直接证据。但这些方法在实际应用中仅限于特定环境，而且难以探测到长距离扩散。如果这些方法应用成功，就会发现幼体从亲本所在地返回同一岛屿的近海区域或至少接近的地方。但是，这些方法不可避免地放大了检测到稀少标记幼体的重要性。例如，Jones 等（1999）发现，在 5000 个标记幼体中，有 15 个待在靠近其出生的珊瑚礁，所以他们推断，超过 60% 的定居幼体来自本地的母体繁殖，然而，这仅仅是因为他们只标记了种群的极小一部分。同样，Christie 等（2010）测定了 1000 个成体和稚体，其中只有 4 个是亲子匹配的。由此可以看出，这些方法很难描述扩散的一个完整画面。这些问题在调查物种丰度较高的幼体时不可避免，但在更为有效的技术方法出现之前，可以谨慎地采用这些方法。从这些精细的研究中可以得出的结论是，鱼类的扩散距离相对较短，即便是对具有较长幼体浮游期的物种而言（Almany et al.，2007）。

其他估算扩散的方法采用间接的方式，如基于迁入率（Kinlan and Gaines，2003；Shanks，2009）、微量元素标记（Thorrold et al.，2002）或基因频率漂变等做出的推断。后者被广泛应用于数百个物种，形成了最大的数据库。然而，对基因流速率的推断依赖于特定的模型，而这样的模型需要量化遗传分化和扩散之间的关系。如前所述，遗传分化的程度取决于一系列因素，如物种、区域、海洋环境、所使用的标记、种群大小、杂合度、幼体形态和行为、自然选择，以及其他很多因素。面对如此多的影响因素，这样的间接方法如何才能使用？我们又能从中做出什么样的推断？

一个重要的答案是对海洋生物的扩散类型予以区分（表 4.1）。类型 1 种群（生态连通和遗传连通）扩散水平高，且所有种群都有强烈的数量联系。这种混合良好的种群构成了渔业种群结构理论的核心。在该理论中，鱼类种群常常被划分为一个个不同的管理单元，每个单元都是均质的。对于这样的种群，生态交换频率是如此之高，以至于中性基因的遗传分化几乎是不可能的。即便是自然选择下的基因，也必须具有巨大的选择优势（Koehn et al.，1980；Schmidt and Rand，2001），才能在如此高扩散水平下显示出分化。

表 4.1　以生态和遗传隔离划分的海洋生物种群类型

	种群数量	演化	F_{ST}	IBD	异常基因座	可能的种群结构
类型 1	生态连通	遗传连通	0	无	很少	随机交配
类型 2	生态隔离	遗传连通	0 至较低	可能有	常见	有限的扩散
类型 3	生态隔离	遗传隔离	较低到中等	小空间尺度	难以检测	隔离的种群或物种

类型 2 种群（生态隔离但遗传连通）是指处于韦普尔斯带的种群，其生态联系较弱但种群数量没有耦合关系。扩散水平依然足够高，但中性基因的遗传分化较弱（Waples，1998）。对这些物种来说，从其遗传分化水平低而得出种群联系强的结论是不对的。在韦普尔斯带，由于迁移率（m）较低，适应性基因的分化更为容易，这意味着较少量的自然选择也能够有效地抵消基因流的效应。在这些例子里，也许异常基因座——在种群间通过自然选择作用的基因座——是最常见的（Foil and Gaggiotti，2008），因为中性基因会形成一个同质环境以抑制自然选择出来的基因座（Nielsen et al.，2009）。这些种群还可能显示出隔离的距离模式，即遗传分化随着地理距离的增加而加大，即便是没有明显的成对遗传分化（Pinsky et al.，2010a）。距离隔离理论（IBD）认为，存在于跳板结构内的种群最有可能向其邻近区域扩散。IBD 斜率和浮游生物幼体扩散时间之间的关系（Selkoe and Toonen，2011）表明，这种种群结构在海洋中是普遍存在的。IBD 和没有高全局 F_{ST} 值的显著异常基因座都意味着该种群可能属于类型 2 种群。

类型 3 种群具有显著的全局 F_{ST} 值，而且明显偏离中性基因的随机期望值。这样的例子最为清晰，而且强烈暗示高度受限的生态交换与高度受限的基因流。从同世代的迁入与迁出情况来看，这些种群是相互隔绝的。很多情况下，并非所有种群配对比较都有较高的全局 F_{ST} 值（Gaither et al.，2010b），这时，混淆因素（confounding factor），如隐存种（cryptic species）、历史过程或幼体交换的奇特模式可能会起到重要作用。

对海洋生物的数据分析表明，在广阔海域具有强烈生态和遗传连通的类型 1 种群，可能远远少于之前所认为的数量。相反，在与管理和保护相应的空间尺度上，更多物种应该属于类型 2 种群（韦普尔斯带），即生态隔离和遗传连通共存。类型 3 的物种可能包含了强烈遗传分化的隐存种（或亚种），或是由被种群屏障与遗传屏障所隔断的种群所组成。这种屏障最为人所知的是生物地理区（Avise，1992），或是隔离岛屿的海水（Barber et al.，2006；Toonen et al.，2011），但实际上可以处处皆是。

扩散和海洋保护

扩散的尺度

早期对海洋生物种群遗传的研究强调从进化轨迹和物种形成机制的角度出发，研究多个物种在大尺度上的遗传相似性（Waples，1987；Palumbi，1992）。因此，通过对许多远离岸边的海洋生物幼体的观察（Scheltema，1971，1986），这些研究认为，许多海洋生物幼体的长距离传输可能是普遍存在的。然而，由于越来越多的遗传技术被应用于界定渔业资源结构方面的种群边界（Utter，2006），通过遗传模式对当代种群特征推断的需求有所增长。即便很轻微的遗传分化也可能表明种群之间存在极强的种群隔离（Waples，1998），这一认识开启了一扇窗户，即遗传结构水平很低的海洋生物种群，依然可能由种群隔离单元组成，而且长距离扩散的可能性很低。

20 世纪末至 21 世纪初，一系列研究发现，原以为具有长距离扩散潜力的物种，令人诧异地显示出短距离扩散。对双带锦鱼的耳石化学信号的测量说明，其幼体通常在接近岸边的地方有较长的幼体浮游期，从而对其出生岛屿形成补充（Swearer et al.，1999，2002）。热带的口足目（stomatopod）在精细尺度上具有非常明显的遗传分化模式。尽管其具有极长的浮游阶段，但在相距 100km 的种群之间显示出很大的遗传差异（Barber et al.，2000）。最后，Jones 等（1999）使用耳石标记方法发现，珊瑚礁鱼类的幼体有很大一部分作为补充量，返回其母礁。这些研究及对遗传、耳石化合物、幼体标记的后续调查显示，在某些情况下，海洋生物"高扩散幼体"的扩散规模可达数十千米（Thorrold et al.，2002；Barber et al.，2002，2006；Almany et al.，2007；Planes et al.，2009）。

扩散和当地渔业资源

这种短距离扩散能有效地隔断海洋生物种群间的数量交换，从而要求海洋管理从精细尺度着手。例如，大西洋鳕曾被认为是在海洋尺度上庞大的随机交配种群。然而，近期遗传和标记方法的研究表明，其近岸和离岸种群存在显著差异（Pampoulie et al.，2011），而且对当地条件都有不同的适应性（Nielsen et al.，2009；Larsen et al.，2012）。因此，短距离扩散、对产卵场超出预期的确限度（fidelity）及本地选择，共同成为北大西洋鳕鱼管理的重要因素（Pampoulie et al.，2012）。

在另一个例子里，大西洋蓝鳍金枪鱼（*Thunnus thynnus*）由大西洋金枪鱼养护国际委员会（International Commission for the Conservation of Atlantic Tunas，ICCAT）管理，并被列为西大西洋和东大西洋的双重种群。新的标记和遗传证据表明，蓝鳍金枪鱼在 ICCAT 建立的管理线之间大量迁移（Boustany et al.，2009），这说明应该对管理单位进行调整。值得注意的是，遗传数据还表明，地中海内的蓝鳍金枪鱼包括两个种群，它们之间的迁徙交流非常少（Ricconi et al.，2010）。

拯救种群

从种群调节、管理和保护的角度来说，扩散具有很多后果。对通过扩散而紧密相连的种群来说，被过度捕捞的种群可以从其他具有大量成体的种群中获得幼体补充量，从而"拯救"其每个世代。百慕大的真龙虾就是这样一个例子（Hateley and Sleeter，1993），由于其幼体具有非常长的扩散距离，因此百慕大龙虾种群的幼体鲜有定居于此的。相反，其每个世代的成体几乎都会被南边很远的成体产卵孵化的幼体所替代。与之相比，珊瑚礁鱼通常只有很短的扩散距离，因此，百慕大的鱼类种群的稳定性依赖于来自本地成体的大量补充量（Schultz and Cowen，1994）。

在太平洋，北海狗在其原本分布范围很大程度上已接近灭绝，但是繁殖地之间母海狗的扩散使得这一物种得以广泛地重建其种群，且数量快速增长（Pinsky et al.，2010b）。在这种情况下，本地种群的增长来自本地繁殖成功和外来迁入的共同作用。在变暖的北极地区，鲑鱼已在原本冰雪覆盖无法生存的新栖息地定植（Nielsen et al.，2012）。从更广泛的意义上来说，海洋生物的扩散能够拯救那些经历自然浩劫的种群，而这也被推测是许多海洋生物生命周期高扩散阶段演化存留的主要原因之一（Vance，1973）。

海洋保护区的设计

扩散对于海洋保护区（marine protected areas，MPAs）的设计及其周边的渔业资源管理都很重要（见第 21 章）。成体从保护区向外移动称为溢出效应，从而增加保护区外的成体数量和渔业收获（McClanahan and Mangi，2000；Roberts et al.，2001；Kelly et al.，2002；Tewfik and Bene，2003；Palumbi，2004；Stamoulis and Friedlander，2012）。其幼体一样可以从保护区向外溢出。在加利福尼亚湾，商业捕捞的软体动物种群在一些海洋保护区的下游得到了额外补充（Cudney-Bueno et al.，2009）。海洋模型模拟证实，这种补充量的增加很可能来自海洋保护区的输出，但其影响取决于本地水流的变化。这种幼体补充很重要，因为渔业可以从保护区中受益——保护区内更大的成鱼可为其后代提供新的补充（Allison et al.，1998；Lubchenco et al.，2003）。

海洋保护区对特定物种的生态效应不仅取决于扩散，而且与相对于保护区大小的扩散距离有关（Botsford et al.，2001，2003）。保护区太小，过大的扩散范围会使所有的卵和幼体都移动到保护区边界之外。在这种情况下，被隔离的保护区内的种群只能被保护区外的幼体所替代。而在相反的极端情况，扩散距离与保护区面积相比过小，会导致没有卵或幼体的输出，也不能从保护区外受益。保护区网络在理论上可以改变种群的稳定性（Hastings and Botsford，2006），但在实践中的经验案例极少。

然而，目前大部分的海洋保护区还很小，10～20km 的范围，仅仅是海洋的极小一部分（Wood et al.，2008）。单个保护区内种群持续性的模型显示，如果保护区宽度超出平均扩散距离的两倍以上，该种群就可以自我持续，不需要外来的幼体输入（Botsford et al.，2001；Hastings and Botsford，2003）。在这种情况下，既有大量的本地幼体存留在保护区内，又有很多幼体逃离保护区进入周边的捕获区。同一海域的多个海洋保护区能够形成一个保护区网络，从而增强种群的可持续性（Hastings and Botsford，2006）。

因此，海洋保护区理论将这种管理工具和潜在扩散能力紧密地结合在一起（Shanks et al.，2003）。然而，一个特定的保护区可能是为了保护多个物种，而多个保护区通常能够关注整个生态系统的开发利用和健康（Agardy et al.，2003）。此外，由于海洋条件、环境或繁殖率的差异，任何海洋生物的扩散很可能存在年际差异。如果扩散在物种和年际之间有如此多的变化，如何设计海洋保护区和保护区网络呢？

美国加利福尼亚州的海洋保护区和扩散

这个问题可以从两个层面上来回答，并在加利福尼亚州的海洋保护区网络中得以实现。首先，海洋保护区对被大量捕捞的物种具有最积极的影响。未被捕捞物种的丰度在保护区会略有增长，但也有可能降低（Micheli et al.，2004）。这一结果表明，海洋保护区的设计需要考虑的应该是那些被开发利用最大的物种。而被大量捕捞的鱼类和无脊椎动物往往有浮游幼体，从而具有较高的扩散潜力（Shanks and Eckert，2005）。但也有例外，一些过度捕捞的海洋生物，如鲍鱼，扩散能力较弱，而且某些具有高扩散能力的物种在实际中仅发生很短距离的移动（见"遗传和扩散的区域调查"）。

其次，在设计海洋保护区时，不是围绕某个特定扩散核，而是根据平均预计扩散范围来设计海洋保护区网络，以保证在大多数年份获取较大比例的扩散幼体。该方法在加利福尼亚州被用于制定保护区的大小和间距的准则（Carr et al.，2010；Saarman et al.，2012）。例如，加利福尼亚州海洋保护区的前两个设计原则规定，保护区至少要保证 5～10km 的范围，并且相距不得超过 50～100km（Carr et al.，2010）。保护区面积足够大，才能获取低扩散能力物种的本地补充。而保护区的间距则用以保证那些中等扩散潜力物种的幼体能够在保护区之间进行交换。第三条设计原则是允许甚至是鼓励，保护区大小（超过最大值）和间距（低于最小值）的变化，这样，某些保护区之间的间距会很小。第四条设计原则是尽可能"复制"保护区，以保证每个保护区网络中都有多个保护区（Gaines et al.，2010）。这些原则能够保证海洋保护区网络在大多数年份里，获取从极低到中等扩散能力生物的幼体，但在不同年份、不同地点，可能会发挥不同的作用。而且，这些经验法则不能保证对所有物种、所有地点、所有年份都奏效。也许对任何一个物种来说，这都不是最佳的设计，但其目的是通过这样的一个设计，使绝大多数物种都能受益（Saarman et al.，2012）。

扩散和本地适应

遗传工具在过去十年的迅猛发展使得对整个基因组中成千上万个遗传标记进行种群遗传分析成为可能（de Wit et al.，2012）。使用这些遗传工具后发现，很多时候遗传基因座的分化超出预期（Nielsen et al.，2009；Bradbury et al.，2010；de Wit and Palumbi，2012；Pespeni et al.，2012）。这种分化可能是种群中基因流和选择的平衡造成的，这些种群至少存在一定程度的遗传交换，而这种分化可以在空间（Schmidt et al.，2000）或时间（Bertness and Gaines，1993）上形成梯度或遗传镶嵌。

以这种方式进行的选择可能对海洋生物的种群增长和保护工作产生两种不同的结果。第一种情况是对高度封闭种群（表 4.1 中的类型 3 种群）的自然选择。这时，选择后存活下来且适应当地的母体（Sanford and Kelly，2011）所产生的后代，很大可能存留在本地及其附近，因而会面对同样的选择。因此，这些幼体对当地是"预先适应的"，在当地生境中所遭受的由选择引发的适合度降低会更少。而同样的幼体，如果进入新的生境，就很可能遭遇较强的适合度损失。在这种情况下，扩散可能会受到生境斑块的强烈本地适应的限制，一个生境中繁盛的本地种群并不一定能为其他生境提供有效的繁殖体。长久以来，本地适应种群及对其的管理一直都是鲑鱼保护的重要话题。对鲑鱼来说，每个流域之间的情况各不相同，每个单独的种群都有不同的保护状态，而人为地迁移鲑鱼很少取得成功。为了保留这些对特定环境的适应，需要将保护本地适应种群作为"进化显著单元"（evolutionarily significant unit）（*sensu* Moritz，1994）来对待。对正在适应气候变化条件的种群来说，这一方法尤为重要（Barshis et al.，2013）。在最极端的情况下，由于扩散能力极低，这些本地适应的基因只能在当地分布，并无法为其他生境提供适应潜力。

第二种情况是其对具有高扩散能力和开放结构的种群中外来幼体的影响。如果该种群扩散能力足够高，实现了种群连通（表 4.1 中的类型 1 种群），那么定居的幼体可能来自很遥远的地方。每个同生群都被自然选择过滤，形成一个更适合当地环境的成体种群。从这个意义上来说，本地成体是适应当地的，而定居幼体则不一定是。因此，定居种群的每个世代的适合度都会因自然选择而降低。另一方面，其种群结构会允许适应的等位基因广泛传播，这意味着在整个物种的分布范围之内，适应的多态性会更加普遍。Pespeni 等（2013）通过实验检测紫球海胆中适应高 CO_2、低 pH 环境的等位基因，结果显示这些等位基因广泛分布于整个种群内。这种结构对于管理的意义在于，对某一特定环境适应的基因有可能也存在于其他地方，在其他许多地方，都会对幼体的这一基因进行选择。

来自本地适应模式的最新研究表明，许多海洋生物生活在自然选择的镶嵌海洋景观之中。由于过往的选择结果，不同种群的成体可能具有不同的环境耐受性。它们的后代可能会广泛传播，并具有这些耐受能力，但随后会面对完全不同的选择压力，无论是适应或不适应的。这种选择、环境和扩散的动态交互作用可能是许多海洋生物具有遗传多样性的原因之一。从管理的角度来说，同种海洋生物的种群不应该被视为完全一样的，而要考虑其环境背景。这种差异，以及某些种群在某些环境下的高适合度，都对海洋管理提出了新的挑战。

结语

种群的连通度涉及一系列过程，每个过程都参与塑造和影响扩散及随后的个体存活率（图 4.11）。产卵量、产卵场的地理特征和产卵时间都决定了海洋生物的幼体将被释放到什么样的洋流中。洋流的强度和方向在整个海洋都存在差异，尽管其作用会被幼体行为、浮游幼体期，以及其他的幼体特征所调节。幼体在浮游期的存活率受到捕食者与被捕食者的影响，决定了有多少幼体能够成功抵达一个指定地点，也因此引出了扩散核的概念（图 4.1）。但是，定居生境的可供性进一步对扩散幼体进行过滤，使其仅能在特定区域继续存活。最终，定居后的存活率，以及自然选择对迁入者的筛选，通过促进特定个体的生长及最终的繁殖，

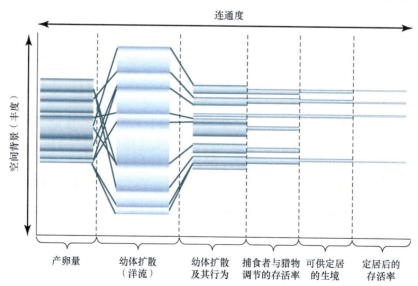

图 4.11 示意图显示扩散如何与其他过程相互作用，从而决定种群间的空间连通度。左侧的每个条带代表一个种群，而条带的宽度代表该种群的产卵量（如繁殖力、丰度和其他因素的函数）。洋流会混合和稀释幼体（宽条和浅色），而幼体行为，如垂直迁移和水平游动，则抵消这一过程，并使幼体存留在适宜定居生境的附近。捕食者与猎物的相互作用，以及可供定居生境，影响着幼体的存活率，后定居过程也依赖于幼体自身的条件（仿自 Cowen and Sponaugle，2009）

更进一步地调控扩散种群的结果。这一个完整的循环，从一个地点的繁殖到另一个地点的繁殖，形成了种群的连通度，并深刻影响着海洋生态、演化和保护。

致谢

Malin L. Pinsky 得到了 David H. Smith 保护研究奖学金的支持。Stephen R. Palumbi 得到了 NSF、Gordon and Betty Moore 基金会，以及作为 PISCO 一部分的 David and Lucille Packard 基金会的资助。

引用文献

Agardy, T., P. Bridgewater, M. P. Crosby, et al. 2003. Dangerous targets? Unresolved issues and ideological clashes around marine protected areas. *Aquat. Conserv.* 13: 353–367.

Alberto, F., P. T. Raimondi, D. C. Reed, et al. 2010. Habitat continuity and geographic distance predict population genetic differentication in giant kelp. *Ecology* 91: 49–56.

Allison, G. W., J. Lubchenco, and M. H. Carr. 1998. Marine reserves are necessary but not sufficient for marine conservation. *Ecol. Appl.* 8: 79–92.

Almany, G. R., M. L. Berumen, S. R. Thorrold, et al. 2007. Local replenishment of coral reef fish populations in a marine reserve. *Science* 316: 742–744.

Anderson, E. C., and J. C. Garza. 2006. The power of single-nucleotide polymorphisms for large-scale parentage inference. *Genetics* 172: 2567–2582.

Arnason, E., U. B. Hernandez, and K. Kristinsson. 2009. Intense habitat-specific fisheries-induced selection at the molecular Pan I locus predicts imminent collapse of a major cod fishery. *PLoS ONE* 4: e5529.

Avise, J. C. 1992. Molecular population structure and biogeographic history of a regional fauna: a case history with lessons for conservation and biology. *Oikos* 63: 62–76.

Avise, J. C. 1994. *Molecular Markers, Natural History, and Evolution.* New York, NY: Chapman and Hall.

Avise, J. C., J. Arnold, R. M. Ball, et al. 1987. Intraspecific phylogeography: the mitochondrial DNA bridge between population genetics and systematics. *Annu. Rev. Ecol. Syst.* 18: 489–522.

Avise, J. C., and R. Ball, M, Jr. 1990. Principles of genealogical concordance in species concepts and biological taxonomy. *Oxford Surv. Evol. Biol.* 7: 45–67.

Baker, C., A. Perry, J. Bannister, et al. 1993. Abundant mitochondrial DNA variation and worldwide population-structure in humpback whales. *Proc. Natl. Acad. Sci. (USA)* 90: 8239–8243.

Barber, P., S. Palumbi, M. Erdmann, and M. Moosa. 2002. Sharp genetic breaks among populations of *Haptosquilla pulchella* (Stomatopoda) indicate limits to larval transport: patterns, causes, and consequences. *Mol. Ecol.* 11: 659–674.

Barber, P. H., M. V. Erdmann, and S. R. Palumbi. 2006. Comparative phylogeography of three codistributed stomatopods: Origins and timing of regional lineage diversification in the coral triangle. *Evolution* 60: 1825–1839.

Barber, P. H., S. R. Palumbi, M.V. Erdmann, and M. K. Moosa. 2000. Biogeography - A marine Wallace's line? *Nature* 406: 692–693.

Barshis, D., E. Sotka, R. Kelly, et al. 2011. Coastal upwelling is linked to temporal genetic variability in the acorn barnacle *Balanus glandula*. *Mar. Ecol. Prog. Ser.* 439: 139–150.

Barton, N. H., and G. M. Hewitt. 1989. Adaptation, speciation, and hybrid zones. *Nature* 341: 497–502.

Becker, B. J., L. A. Levin, F. J. Fodrie, and P. A. McMillan. 2007. Complex larval connectivity patterns among marine invertebrate populations. *Proc. Natl. Acad. Sci. (USA)* 104: 3267–3272.

Berkeley, S. A., C. Chapman, and S. M. Sogard. 2004. Maternal age as a determinant of larval growth and survival in a marine fish, *Sebastes melanops*. *Ecology* 85: 1258–1264.

Berkley, H. A., B. E. Kendall, S. Mitarai and D. A. Siegel. 2010. Turbulent dispersal promotes species coexistence. *Ecol. Lett.* 13: 360–371.

Bermingham, E., and J. C. Avise. 1986. Molecular zoogeography of freshwater fishes in the southeastern United States. *Genetics* 113: 939–965.

Bertness, M., S. Gaines, and R. Wahle. 1996. Wind-driven settlement patterns in the acorn barnacle *Semibalanus balanoides*. *Mar. Ecol. Prog. Ser.* 137: 13–110.

Bertness, M. D., and S. Gaines. 1993. Larval dispersal and local adaptation in acorn barnacles. *Evolution* 47: 316–320.

Blanchette, C. A., C. M. Miner, P. T. Raimondi, et al. 2008. Biogeographical patterns of rocky intertidal communities along the Pacific coast of North America. *J. Biogeogr.* 35: 1593–1607.

Block, B., I. Jonsen, S. Jorgensen, et al. 2011. Tracking apex marine predator movements in a dynamic ocean. *Nature* 475: 86–90.

Bode, M., L. Bode and P. R. Armsworth. 2011. Different dispersal abilities allow reef fish to coexist. *Proc. Natl. Acad. Sci. (USA)* 108: 16317–16321.

Bohonak, A. J. 1999. Dispersal, gene flow, and population structure. *Q. Rev. Biol.* 74: 21–45.

Borsa, P., M. Naciri, L. Bahri, L. Chikhi, F. J. G. d. Leon, G. Kotoulas, and F. Bonhomme. 1997. Infraspecific zoogeography of the Mediterranean: population genetic analysis on sixteen Atlanto-Mediterranean species (fishes and invertebrates). *Vie Milieu* 47: 295–305.

Botsford, L. W., A. Hastings, and S. D. Gaines. 2001. Dependence of sustainability on the configuration of marine reserves and larval dispersal distance. *Ecol. Lett.* 4: 144–150.

Botsford, L., F. Micheli, and A. Hastings. 2003. Principles for the design of marine reserves. *Ecol. Appl.* 13: S25-S31.

Boustany, A. M., C. A. Reeb, and B. A. Block. 2008. Mitochondrial DNA and electronic tracking reveal population structure of Atlantic bluefin tuna (*Thunnus thynnus*). *Mar. Biol.* 156: 13–24.

Bradbury, I. R., and P. Bentzen. 2007. Non-linear genetic isolation by distance: implications for dispersal estimation in anadromous and marine fish populations. *Mar. Ecol. Prog. Ser.* 340: 245–257.

Bradbury, I. R., B. Laurel, P.V. R. Snelgrove, et al. 2008. Global patterns in marine dispersal estimates: The influence of geography, taxonomic category and life history. *Proc. Biol. Sci.* 275: 1803–1809.

Bradbury, I. R., S. Hubert, B. Higgins, et al. 2010. Parallel adaptive evolution of Atlantic cod on both sides of the Atlantic Ocean in response to temperature. *Proc. Biol. Sci.* 277: 3725–3734.

Briggs, J. C. 1974. *Marine Zoogeography*. New York, NY: McGraw-Hill.

Burton, R. 1998. Intraspecific phylogeography across the Point Conception biogeographic boundary. *Evolution* 52: 734–745.

Burton, R. S., and M. J. Tegner. 2000. Enhancement of red abalone *Haliotis rufescens* stocks at San Miguel Island: Reassessing a success story. *Mar. Ecol. Prog. Ser.* 202: 303–308.

Buston, P. M., G. P. Jones, S. Planes, and S. R. Thorrold. 2012. Probability of successful larval dispersal declines fivefold over 1 km in a coral reef fish. *Proc. Biol. Sci.* 279: 1883–1888.

Byers, J. E., and J. M. Pringle. 2006. Going against the flow: Retention, range limits and invasions in advective environments. *Mar. Ecol. Prog. Ser.* 313: 27–41.

Caley, M. J., M. H. Carr, M. A. Hixon, et al. 1996. Recruitment and the local dynamics of open marine populations. *Annu. Rev. Ecol. Syst.* 27: 477–500.

Carr, M. H., E. Saarman, and M. R. Caldwell. 2010. The role of "rules of thumb" in science-based environmental policy: California's Marine Life Protection Act as a case study. *Stanf. J. Law Sci. Policy* 2: 1–17.

Carson, H. S., P. C. López-Duarte, L. Rasmussen, et al. 2010. Reproductive timing alters population connectivity in marine metapopulations. *Curr. Biol.* 20: 1926–1931.

Cetina-Heredia, P., and S. R. Connolly. 2011. A simple approximation for larval retention around reefs. *Coral Reefs* 30: 593–605.

Christie, M. R., B. N. Tissot, M. A. Albins, et al. 2010. Larval connectivity in an effective network of marine protected areas. *PLoS ONE* 5: e15715.

Conover, D. O., L. M. Clarke, S. B. Munch, and G. N. Wagner. 2006. Spatial and temporal scales of adaptive divergence in marine fishes and the implications for conservation. *J. Fish Biol.* 69: 21–47.

Cowen, R. K., K. M. M. Lwiza, S. Sponaugle, et al. 2000. Connectivity of marine populations: Open or closed? *Science* 287: 857–859.

Cowen, R. K., and S. Sponaugle. 2009. Larval dispersal and marine population connectivity. *Ann. Rev. Mar. Sci.* 1: 443–466.

Crandall, E. D., E. A. Treml, and P. H. Barber. 2012. Coalescent and biophysical models of stepping-stone gene flow in neritid snails. *Mol. Ecol.* 21(22): 5579–5598.

Csilléry, K., M. G. B. Blum, O. E. Gaggiotti, and O. François. 2010. Approximate Bayesian Computation (ABC) in practice. *Trends Ecol. Evol.* 25: 410–418.

Cudney-Bueno, R., M. F. Lavín, S. G. Marinone, et al. 2009. Rapid effects of marine reserves via larval dispersal. *PLoS ONE* 4:e4140.

Dawson, M. N. 2001. Phylogeography in coastal marine animals: A solution from California? *J. Biogeogr.* 28: 723–736.

de Wit, P., and S. R. Palumbi. 2012. Transcriptome-wide polymorphisms of red abalone (*Haliotis rufescens*) reveal patterns of gene flow and local adaptation. *Mol. Ecol.* doi: 0.1111/mec.12081

de Wit, P., M. H. Pespeni, J. T. Ladner, et al. 2012. The simple fool's guide to population genomics via RNA-Seq: an introduction to high-throughput sequencing data analysis. *Mol. Ecol. Resour.* 12: 1058–1067.

Dixson, D. L., G. P. Jones, P. L. Munday, et al. 2008. Coral reef fish smell leaves to find island homes. *Proc. Biol. Sci.* 275: 2831–2839.

Doherty, P. J. and T. Fowler. 1994. An empirical test of recruitment limitation in a coral reef fish. *Science* 263: 935–939.

Eble, J. A., R. J. Toonen, L. Sorenson, et al. 2011. Escaping paradise: larval export from Hawaii in an Indo-Pacific reef fish, the Yellow Tang (*Zebrasoma flavescens*). *Mar. Ecol. Prog. Ser.* 428: 245–258.

Edwards, K. P., J. A. Hare, and F. E. Werner. 2008. Dispersal of black sea bass (*Centropristis striata*) larvae on the southeast U.S. continental shelf: results of a coupled vertical larval behavior 3D circulation model. *Fish. Oceanogr.* 17: 299–315.

Emlet, R. B. 1995. Developmental mode and species geographic range in regular sea urchins (Echinodermata:Echinoidea). *Evolution* 49: 476–489.

Excoffier, L., P. Smouse, and J. Quattro. 1992. Analysis of molecular variance inferred from metric distances among DNA haplotypes - application to human mitochondrial DNA restriction data. *Genetics* 131: 479–491.

Faurby, S. and P. H. Barber. 2012. Theoretical limits to the correlation between pelagic larval duration and population genetic structure. *Mol. Ecol.* 21: 3419–3432.

Figueira, W. F. and L. B. Crowder. 2006. Defining patch contribution in source-sink metapopulations: the importance of including dispersal and its relevance to marine systems. *Popul. Ecol.* 48: 215–224.

Fisher, R. 2005. Swimming speeds of larval coral reef fishes: impacts on self-recruitment and dispersal. *Mar. Ecol. Prog. Ser.* 285: 223–232.

Foll, M. and O. Gaggiotti. 2006. Identifying the environmental factors that determine the genetic structure of populations. *Genetics* 174: 875–891.

Foll, M. and O. Gaggiotti. 2008. A genome-scan method to identify selected loci appropriate for both dominant and codominant markers: A Bayesian perspective. *Genetics* 180: 977–993.

Fuchs, H. L. and C. DiBacco. 2011. Mussel larval responses to turbulence are unaltered by larval age or light conditions. *Limnol. Oceanogr.* 1: 120–134.

Gaines, S. D. and J. Roughgarden. 1985. Larval settlement rate: a leading determinant of structure in an ecological community of the marine intertidal zone. *Proc. Natl. Acad. Sci. (USA)* 82: 3707–3711.

Gaines, S. D., C. White, M. H. Carr, and S. R. Palumbi. 2010. Designing marine reserve networks for both conservation and fisheries management. *Proc. Natl. Acad. Sci. (USA)* 107: 18286–18293.

Gaither, M. R., B. W. Bowen, R. J. Toonen, et al. 2010a. Genetic consequences of introducing allopatric lineages of Bluestriped Snapper (*Lutjanus kasmira*) to Hawaii. *Mol. Ecol.* 19: 1107–1121.

Gaither, M. R., R. J. Toonen, D. R. Robertson, et al. 2010b. Genetic evaluation of marine biogeographical barriers: Perspectives from two widespread Indo-Pacific snappers (*Lutjanus kasmira* and *Lutjanus fulvus*). *J. Biogeogr.* 37: 133–147.

Galindo, H. M., D. B. Olson, and S. R. Palumbi. 2006. Seascape genetics: A coupled oceanographic-genetic model predicts population structure of Caribbean corals. *Curr. Biol.* 16: 1622–1626.

Galindo, H. M., A. S. Pfeiffer-Herbert, M. A. McManus, et al. 2011. Seascape genetics along a steep cline: using genetic patterns to test predictions of marine larval dispersal. *Mol. Ecol.* 19: 3692–3707.

Gaylord, B. and S. D. Gaines. 2000. Temperature or transport? Range

limits in marine species mediated solely by flow. *Am. Nat.* 155: 769–789 doi: 0.1086/303357

Gaylord, B., S. D. Gaines, D. A. Siegel, and M. H. Carr. 2005. Marine reserves exploit population structure and life history in potentially improving fisheries yields. *Ecol. Appl.* 15: 2180–2191.

Gerlach, G., J. Atema, M. J. Kingsford, et al. 2007. Smelling home can prevent dispersal of reef fish larvae. *Proc. Natl. Acad. Sci. (USA)* 104: 858–863.

Gilg, M. R. and Hilbish, T. J. 2003. The geography of marine larval dispersal: Coupling genetics with fine-scale physical oceanography. *Ecology* 84: 2989–2998.

Gilman, S. E. 2006. The northern geographic range limit of the intertidal limpet *Collisella scabra*: A test of performance, recruitment, and temperature hypotheses. *Ecography* 29: 709–720.

Gouhier, T. C. and F. Guichard. 2007. Local disturbance cycles and the maintenance of heterogeneityacross scales in marine metapopulations. *Ecology* 88: 647–657.

Gouhier, T. C., F. Guichard and B. A. Menge. 2010. Ecological processes can synchronize marine population dynamics over continental scales. *Proc. Natl. Acad. Sci. (USA)* 107: 8281–8286.

Grantham, B., G. Eckert, and A. Shanks. 2003. Dispersal potential of marine invertebrates in diverse habitats. *Ecol. Appl.* 13: S108-S116.

Grosberg, R. K., and C. W. Cunningham. 2001. Genetic structure in the sea: From populations to communities. In, *Marine Community Ecology* (M. D. Bertness, S. Gaines, and M. E. Hay, eds.), pp. 61–84. Sunderland, MA: Sinauer Associates.

Gruenthal, K., L. Acheson, and R. Burton. 2007. Genetic structure of natural populations of California red abalone (*Haliotis rufescens*) using multiple genetic markers. *Mar. Biol.* 152: 1237–1248.

Haldane, J. B. S. 1957. The cost of natural selection. *J. Genet.* 55: 511–524.

Hamilton, S. L., J. Regetz, and R. R. Warner. 2008. Postsettlement survival linked to larval life in a marine fish. *Proc. Natl. Acad. Sci. (USA)* 105: 1561–1566.

Hamm, D. E. and R. S. Burton. 2000. Population genetics of black abalone, *Haliotis cracherodii*, along the central California coast. *J. Exp. Mar. Biol. Ecol.* 254: 235–247.

Hanski, I. and O. E. Gaggiotti, eds. 2004. *Ecology, Genetics, and Evolution of Metapopulations.* Burlington, MA: Elsevier.

Hardy, O. J. and X. Vekemans. 1999. Isolation by distance in a continuous population: Reconciliation between spatial autocorrelation analysis and population genetics models. *Heredity* 83: 145–154.

Hare, M. P. and J. C. Avise. 1996. Molecular genetic analysis of a stepped multilocus cline in the American oyster (*Crassostrea virginica*). *Evolution* 50: 2305–2315.

Hare, M. P. and J. C. Avise. 1998. Population structure in the American oyster as inferred by nuclear gene genealogies. *Mol. Biol. Evol.* 15: 119–128.

Harrison, H. B., D. H. Williamson, R. D. Evans, et al. 2012. Larval export from marine reserves and the recruitment benefit for fish and fisheries. *Curr. Biol.* 22: 1023–1028.

Hartl, D. L. and A. Clark. 1997. *Principles of Population Genetics.* Sunderland, MA: Sinauer Associates.

Hastings A. 1993. Complex interactions between dispersal and dynamics: Lessons from coupled logistic equations. *Ecology* 74: 1362-1372.

Hastings, A. and L. Botsford. 2003. Comparing designs of marine reserves for fisheries and for biodiversity. *Ecol. Appl.* 13: S65-S70.

Hastings, A. and L. W. Botsford. 2006. Persistence of spatial populations depends on returning home. *PNAS* 13: 6067–6072.

Hateley, J. G. and T. D. Sleeter. 1993. A biochemical genetic investigation of spiny lobster (*Panulirus argus*) stock replenishment in Bermuda. *Bull. Mar. Sci.* 52: 993–1006.

Hauser, L. and G. R. Carvalho. 2008. Paradigm shifts in marine fisheries genetics: Ugly hypotheses slain by beautiful facts. *Fish Fish* 9: 333–362.

Hedrick, P. 2005. A standardized genetic differentiation measure. *Evolution* 59: 1633–1638.

Helmuth, B., C. D. G. Harley, P. M. Halpin, et al. 2002. Climate change and latitudinal patterns of intertidal thermal stress. *Science* 298: 1015–1017.

Hilbish, T. J. 1996. Population genetics of marine species: The interaction of natural selection and historically differentiated populations. *J. Exp. Mar. Biol. Ecol.* 200: 67–83.

Jones, G., M. Milicich, M. Emslie, and C. Lunow. 1999. Self-recruitment in a coral reef fish population. *Nature* 402: 802–804.

Karl, S. A. and J. C. Avise. 1992. Balancing selection at allozyme loci in oysters: Implications from nuclear RFLPs. *Science* 256: 100–102.

Kay, E. A. and S. R. Palumbi. 1987. Endemism and evolution in Hawaiian marine invertebrates. *Trends Ecol. Evol.* 2: 183–186.

Kelly, R. P. and Eernisse, D. J. 2007. Southern hospitality: A latitudinal gradient in gene flow in the marine environment. *Evolution* 61: 700–707.

Kelly, R. P., T. A. Oliver, A. Sivasundar, and S. R. Palumbi. 2010. A method for detecting population genetic structure in diverse, high gene-flow species. *J. Hered.* 101: 423–436.

Kelly, R. P. and S. R. Palumbi. 2010. Genetic structure among 50 species of the northeastern Pacific rocky intertidal community. *PLoS ONE* 5: e8594.

Kelly, S., D. Scott, and A. MacDiarmid. 2002. The value of a spillover fishery for spiny lobsters around a marine reserve in Northern New Zealand. *Coast. Manage.* 30: 153–166.

Kenyon, J. C., P. S. Vroom, K. N. Page, et al. 2006. Community structure of hermatypic corals at French Frigate Shoals, Northwestern Hawaiian Islands: Capacity for resistance and resilience to selective stressors 1. *Pac. Sci.* 60: 153–175.

Kimura, M. and T. Ohta. 1969. The average number of generations until fixation of a mutant gene in a finite population. *Genetics* 61: 763.

Kinlan, B. and S. Gaines. 2003. Propagule dispersal in marine and terrestrial environments: A community perspective. *Ecology* 84: 2007–2020.

Koehn, R. K., R. I. E. Newell, and F. Immerman. 1980. Maintenance of an aminopeptidase allele frequency cline by natural selection. *Proc. Natl. Acad. Sci. (USA)* 77: 5385–5389.

Kohn, A. J. 1981. *Conus kahiko*, a new Pleistocene gastropod from Oahu, Hawaii. *J. Paleontol.* 54: 534–541.

Larsen, P. F., E. Nielsen, K. Meier, et al. 2012. Differences in salinity tolerance and gene expression between two populations of Atlantic cod (*Gadus morhua*) in response to salinity stress. *Biochem. Genet.* 1–13.

Leis, J. M., U. Siebeck, and D. L. Dixson. 2011. How Nemo finds home: The neuroecology of dispersal and of population connectivity in larvae of marine fishes. *Integr. Comp. Biol.* 51: 826–843.

Leis, J. M., H. P. A. Sweatman, and S. E. Reader. 1996. What the pelagic stages of coral reef fishes are doing out in blue water: daytime field observations of larval behavioral capabilities. *Mar. Freshw. Res.* 47: 401–411.

Lenormand, T. 2002. Gene flow and the limits to natural selection. *Trends Ecol. Evol.* 17: 183–189.

Levine, H. 1953. Genetic equilibrium when more than one ecological niche is available. *Am. Nat.* 87: 331–333.

Lubchenco, J., S. Palumbi, S. Gaines, and S. Andelman. 2003. Plugging a hole in the ocean: The emerging science of marine reserves. *Ecol. Appl.* 13: S3-S7.

Mallet, J., N. Barton, G. Lamas, et al. 1990. Estimates of selection and gene flow from measures of cline width and linkage disequilibrium in *Heliconius* hybrid zones. *Genetics* 124: 921–936.

Mallet, J. and The Heliconius Genome Consortium. 2012. Butterfly genome reveals promiscuous exchange of mimicry adaptations among species. *Nature* 487: 94–98.

Manel, S., O. E. Gaggiotti, and R. S. Waples. 2005. Assignment methods: matching biological questions with appropriate techniques. *Trends Ecol. Evol.* 20: 136–142.

Marhaver, K. L., M. J. A. Vermeij, F. Rohwer, and S. A. Sandin. 2012. Janzen-Connell effects in a broadcast-spawning Caribbean coral: Distance-dependent survival of larvae and settlers. *Ecology* doi: 0.1890/12–0985.1

Marko, P. B. 1998. Historical allopatry and the biogeography of speciation in the prosobranch snail genus *Nucella*. *Evolution* 52: 757–774.

Marko, P. B. 2004. "What's larvae got to do with it?" Disparate patterns of post-glacial population structure in two benthic marine gastropods with identical dispersal potential. *Mol. Ecol.* 13: 597–611.

Marko, P. B. and M. W. Hart. 2011. The complex analytical landscape of gene flow inference. *Trends Ecol. Evol.* 26: 48–456.

Marshall, D. J., K. Monro, M. Bode, et al. 2010. Phenotype-environment mismatches reduce connectivity in the sea. *Ecol. Lett.* 13: 128–140.

McClanahan, T. and S. Mangi. 2000. Spillover of exploitable fishes from a marine park and its effect on the adjacent fishery. *Ecol. Appl.* 10: 1792–1805.

McManus, M. A., O. M. Cheriton, P. J. Drake, et al. 2005. Effects of physical processes on structure and transport of thin zooplankton layers in the coastal ocean. *Mar. Ecol. Prog. Ser.* 301: 199–215.

McManus, M. A. and C. B. Woodson. 2012. Plankton distribution and ocean dispersal. *J. Exp. Biol.* 215: 008–1016.

McMillan, W. and S. Palumbi. 1995. Concordant evolutionary patterns among Indo-West Pacific butterflyfishes. *Proc. Biol. Sci.* 260: 229–236.

Micheli, F., B. S. Halpern, L. W. Botsford, and R. R. Warner. 2004. Trajectories and correlates of community change in no-take marine reserves. *Ecol. Appl.* 14: 1709–1723.

Moritz, C. 1994. Defining "evolutionary significant units" for conservation. *Trends Ecol. Evol.* 9: 373–375.

Nickols, K. J., B. Gaylord, and J. L. Largier. 2012. The coastal boundary layer: predictable current structure decreases alongshore transport and alters scales of dispersal. *Mar. Ecol. Prog. Ser.* 464: 17–35.

Nielsen, E. E., J. Hemmer-Hansen, N. A. Poulsen, et al. 2009. Genomic signatures of local directional selection in a high gene flow marine organism; the Atlantic cod (*Gadus morhua*). *BMC Evol. Biol.* 9: 276.

Nielsen, J., G. Ruggerone, and C. Zimmerman. 2012. Adaptive strategies and life history characteristics in a warming climate: Salmon in the Arctic? *Environ. Biol. Fishes* doi: 0.1007/s10641–012–0082–6

O'Connor, M. I., J. F. Bruno, S. D. Gaines, et al. 2007. Temperature control of larval dispersal and the implications for marine ecology, evolution, and conservation. *Proc. Natl. Acad. Sci. (USA)* 104: 1266–1271.

Paetkau, D., R. W. Slade, M. Burden, and A. Estoup. 2003. Genetic assignment methods for the direct, real-time estimation of migration rate: A simulation-based exploration of accuracy and power. *Mol. Ecol.* 13: 5–65.

Palmer, A. R. and R. R. Strathmann. 1981. Scale of dispersal in varying environments and its implications for life histories of marine invertebrates. *Oecologia* 48: 308–318.

Palumbi, S. 2003. Population genetics, demographic connectivity, and the design of marine reserves. *Ecol. Appl.* 13: S146-S158.

Palumbi, S. R. 1992. Marine speciation on a small planet. *Trends Ecol. Evol.* 7: 114–118.

Palumbi, S. R. 2004. Marine reserves and ocean neighborhoods: The spatial scale of marine populations and their management. *Annu. Rev. Environ. Resour.* 29: 31–68.

Pampoulie, C., A. K. Danielsdottir, M. Storr-Paulsen, et al. 2011. Neutral and nonneutral genetic markers revealed the presence of inshore and offshore stock components of Atlantic cod in Greenland waters. *Trans. Am. Fish. Soc.* 140: 307–319.

Pampoulie, C., A. K. Danielsdottir, V. Thorsteinsson, et al. 2012. The composition of adult overwintering and juvenile aggregations of Atlantic cod (*Gadus morhua*) around Iceland using neutral and functional markers: a statistical challenge. *Can. J. Fish. Aquat. Sci.* 69: 307–320.

Paris, C. B. and R. K. Cowen. 2004. Direct evidence of a biophysical retention mechanism for coral reef fish larvae. *Limnol. Oceanogr.* 49: 1964–1979.

Pespeni, M. H. and S. R. Palumbi. 2013. Signals of selection in outlier loci across a spatially heterogeneous landscape in the highly dispersing purple sea urchin, *Strongylocentrotus purpuratus*. *Mol. Ecol.* doi: 10.1111/mec.12337

Pespeni, M. H., D. A. Garfield, M. K. Manier, and S. R. Palumbi. 2012. Genome-wide polymorphisms show unexpected targets of natural selection. *Proc. Biol. Sci.* 279: 1412–1420.

Pespeni, M. H., E. Sanford, B. Gaylord, et al. 2013. Evolutionary change during experimental ocean acidification. *Proc. Natl. Acad. Sci. (USA)* 110: 6937–6942.

Pinsky, M., H. Montes, and S. Palumbi. 2010a. Using isolation by distance and effective density to estimate dispersal scales in anemonefish. *Evolution* 64: 2688–2700.

Pinsky, M., S. Newsome, B. Dickerson, et al. 2010b. Dispersal provided resilience to range collapse in a marine mammal: Insights from the past to inform conservation biology. *Mol. Ecol.* 19: 418–2429.

Pinsky, M. L., S. R. Palumbi, S. Andréfouët, and S. J. Purkis. 2012. Open and closed seascapes: where does habitat patchiness create populations with low immigration? *Ecol. Appl.* 22: 1257–1267.

Planes, S. and P. J. Doherty. 1997. Genetic and color interactions at a contact zone of *Acanthochromis polyacanthus*: A marine fish lacking pelagic larvae. *Evolution* 51: 1232–1243.

Planes, S., P. J. Doherty, and G. Bernardi. 2001. Strong genetic divergence among populations of a marine fish with limited dispersal, *Acanthochromis polyacanthus*, within the Great Barrier Reef and the Coral Sea. *Evolution* 55: 2263–2273.

Planes, S., G. P. Jones, and S. R. Thorrold. 2009. Larval dispersal connects fish populations in a network of marine protected areas. *Proc. Natl. Acad. Sci. (USA)* 106: 5693–5697.

Pringle, J. and J. Wares. 2007. Going against the flow: Maintenance of alongshore variation in allele frequency in a coastal ocean. *Mar. Ecol. Prog. Ser.* 335: 69–84.

Puebla, O., E. Bermingham, and F. Guichard. 2009. Estimating dispersal from genetic isolation by distance in a coral reef fish (*Hypoplectrus puella*). *Ecology* 90: 3087–3098.

Reeb, C. A. and J. C. Avise. 1990. A genetic discontinuity in a continuously distributed species: mitochondrial DNA in the American oyster, *Crassostrea virginica*. *Genetics* 124: 397–406.

Reed, D. C., B. P. Kinlan, P. T. Raimondi, et al. 2006. A metapopulation perspective on patch dynamics and connectivity of giant kelp. In, *Marine Metapopulations* (J. P. Kritzer, and P. F. Sale, eds.), pp. 352–386. San Diego, CA: Academic Press.

Riccioni, G., M. Landi, G. Ferrara, et al. 2010. Spatio-temporal population structuring and genetic diversity retention in depleted Atlantic Bluefin tuna of the Mediterranean Sea. *Proc. Natl. Acad. Sci. (USA)* 107: 2102–2107.

Rijnsdorp, A. D., M. Van Stralen, and H. W. Van Der Veer. 1986. Selective tidal transport of North Sea Plaice larvae *Pleuronectes platessa* in coastal nursery areas. *Trans. Am. Fish. Soc.* 114: 461–470.

Rivera, M. A. J., K. R. Andrews, D. R. Kobayashi, et al. 2011. Genetic analyses and simulations of larval dispersal reveal distinct populations and directional connectivity across the range of the Hawaiian Grouper (*Epinephelus quernus*). *J. Mar. Biol.* doi: 0.1155/2011/765353

Roberts, C., J. Bohnsack, F. Gell, et al. 2001. Effects of marine reserves on adjacent fisheries. *Science* 294: 1920–1923.

Roberts, C. M. 1997. Connectivity and management of Caribbean coral reefs. *Science* 278: 1454–1457.

Roughgarden, J. and Y. Iwasa. 1986. Dynamics of a metapopulation with space-limited subpopulations. *Theor. Popul. Biol.* 29: 235–261.

Roughgarden, J., Y. Iwasa, and C. Baxter. 1985. Demographic theory for an open marine population with space-limited recruitment. *Ecology* 66: 54–67.

Rousset, F. 1997. Genetic differentiation and estimation of gene flow from F-statistics under isolation by distance. *Genetics* 145: 1219–1228.

Saarman, E., M. Gleason, J. Ugoretz, et al. 2012. The role of science in supporting marine protected area network planning and design in California. *Ocean Coast Manag* doi: 0.1016/j.ocecoaman.2012.08.021

Saenz-Agudelo, P., G. P. Jones, S. R. Thorrold, and S. Planes. 2009. Estimating connectivity in marine populations: an empirical evaluation of assignment tests and parentage analysis under different gene flow scenarios. *Mol. Ecol.* 18: 1765–1776.

Saenz-Agudelo, P., G. P. Jones, S. R. Thorrold, and S. Planes. 2012. Patterns and persistence of larval retention and connectivity in a marine fish metapopulation. *Mol. Ecol.* 21: 4695–4705.

Sale, P. F. 2004. Connectivity, recruitment variation, and the structure of reef fish communities. *Integr. Comp. Biol.* 44: 390–399.

Sanford, E. and M. W. Kelly. 2011. Local adaptation in marine invertebrates. *Ann. Rev. Mar. Sci.* 3: 509–535.

Sanford, E., M. S. Roth, G. C. Johns, et al. 2003. Local selection and latitudinal variation in a marine predator-prey interaction. *Science* 300: 1135–1137.

Saunders, N. C., L. G. Kessler, and J. C. Avise. 1986. Genetic variation and geographic differentiation in mtDNA of the horseshoe crab *Limulus polyphemus*. *Genetics* 112: 613–627.

Scheltema, R. S. 1971. Larval dispersal as a means of genetic exchange between geographically separated populations of shoal-water benthic marine gastropods. *Biol. Bull.* 140: 284–322.

Scheltema, R. S. 1986. Long distance dispersal by planktonic larvae of shoal-water benthic invertebrates among central Pacific islands. *Bull. Mar. Sci.* 39: 241–256.

Schmidt, P. S., M. D. Bertness, and D. M. Rand. 2000. Environmental heterogeneity and balancing selection in the acorn barnacle *Semibalanus balanoides*. *Proc. Biol. Sci.* 267: 379.

Schmidt, P. S., and D. M. Rand. 1999. Intertidal microhabitat and selection at Mpi: Interlocus contrasts in the northern acorn barnacle, *Semibalanus balanoides*. *Evolution* 53: 135.

Schmidt, P. S., and D. M. Rand. 2001. Adaptive maintenance of genetic polymorphism in an intertidal barnacle: Habitat- and life-stage-specific survivorship of Mpi genotypes. *Evolution* 55: 1336.

Schultz, E. T. and R. K. Cowen. 1994. Recruitment of coral-reef fishes to Bermuda - local retention or long-distance transport. *Mar. Ecol. Prog. Ser.* 109: 15–28.

Schunter, C., J. Carreras-Carbonell, E. Macpherson, et al. 2011. Matching genetics with oceanography: Directional gene flow in a Mediterranean fish species. *Mol. Ecol.* 20: 5167–5181.

Selkoe, K. A., J. R. Watson, C. White, et al. 2010. Taking the chaos out of genetic patchiness: Seascape genetics reveals ecological and oceanographic drivers of genetic patterns in three temperate reef species. *Mol. Ecol.* 19: 3708–3726.

Selkoe, K., and R. J. Toonen. 2011. Marine connectivity: a new look at pelagic larval duration and genetic metrics of dispersal. *Mar. Ecol. Prog. Ser.* 436: 291–305.

Shanks, A. 2009. Pelagic larval duration and dispersal distance revisited. *Biol. Bull.* 216: 373–385.

Shanks, A., and G. Eckert. 2005. Population persistence of California Current fishes and benthic crustaceans: A marine drift paradox. *Ecol. Monogr.* 75: 505–524.

Shanks, A., B. Grantham, and M. Carr. 2003. Propagule dispersal distance and the size and spacing of marine reserves. *Ecol. Appl.* 13: S159-S169.

Siegel, D. A., B. P. Kinlan, and S. D. Gaines. 2003. Lagrangian descriptions of marine larval dispersal. *Mar. Ecol. Prog. Ser.* 260: 83–96.

Siegel, D. A., S. Mitarai, C. Costello, et al. 2008. The stochastic nature of larval connectivity among nearshore marine populations. *Proc. Natl. Acad. Sci. (USA)* 105: 8974–8979.

Sivasundar, A. and S. R. Palumbi. 2010. Life history, ecology and the biogeography of strong genetic breaks among 15 species of Pacific rockfish, *Sebastes. Mar. Biol* 157: 1433–1452.

Skillings, D. J., C. E. Bird, and R. J. Toonen. 2010. Gateways to Hawaii: Genetic population structure of the tropical sea cucumber *Holothuria atra*. *J. Mar. Biol.* 2011 doi: 10.1155/2011/783030.

Slatkin, M. 1973. Gene flow and selection in a cline. *Genetics* 75: 733.

Slatkin, M. 1987. Gene flow and the geographic structure of natural populations. *Science* 236: 787–792.

Slatkin, M. 1993. Isolation by distance in equilibrium and non-equilibrium populations. *Evolution* 47: 264–279.

Slatkin, M. and W. P. Maddison. 1989. A cladistic measure of gene flow inferred from the phylogenies of alleles. *Genetics* 123: 603–613.

Sotka, E. E. 2012. Natural selection, larval dispersal, and the geography of phenotype in the sea. *Integr. Comp. Biol.* 52: 538-545.

Sotka, E. E., and S. R. Palumbi. 2006. The use of genetic clines to estimate dispersal distances of marine larvae. *Ecology* 87: 1094–1103.

Sotka, E. E., J. P. Wares, J. B. Barth, et al. 2004. Strong genetic clines and geographic variation in gene flow in the rocky intertidal barnacle *Balanus glandula*. *Mol. Ecol.* 13: 2143–2156.

Sponaugle, S., R. K. Cowen, A. L. Shanks, et al. 2002. Predicting self-recruitment in marine populations: Biophysical correlates and mechanisms. *Bull. Mar. Sci.* 70: S341-S375.

Stamoulis, K. A. and A. M. Friedlander. 2012. A seascape approach to investigating fish spillover across a marine protected area boundary in Hawaii. *Fish. Res.* doi: 0.1016/j.fishres.2012.09.016

Strand, A. E., L. M. Williams, M. F. Oleksiak, and E. E. Sotka. 2012. Can diversifying selection be distinguished from history in geographic clines? A population genomic study of killifish (*Fundulus heteroclitus*). *PLoS ONE* 7: e45138.

Strathmann, R. R. 1990. Why life histories evolve differently in the sea. *Am. Zool.* 30: 197-207.

Swearer, S. E., J. E. Caselle, D. W. Lea, and R. R. Warner. 1999. Larval retention and recruitment in an island population of a coral reef fish. *Nature* 402: 799–802.

Swearer, S. E., J. S. Shima, M. E. Hellberg, et al. 2002. Evidence of self-recruitment in demersal marine populations. *Bull. Mar. Sci.* 70: 251.

Takahata, N. 1983. Gene identity and genetic differentiation of populations in the finite island model. *Genetics* 104: 497–512.

Tewfik, A. and C. Bene. 2003. Effects of natural barriers on the spillover of a marine mollusc: implications for fisheries reserves. *Aquat. Conserv.* 13: 473–488.

Thorrold, S., G. Jones, M. Hellberg, et al. 2002. Quantifying larval retention and connectivity in marine populations with artificial and natural markers. *Bull. Mar. Sci.* 70: 291–308.

Thorson, G. 1950. Reproductive and larval ecology of marine bottom invertebrates. *Biol. Rev. Camb. Philos. Soc.* 25: 1–45.

Tilman, D. 1994. Competition and biodiversity in spatially structured habitats. *Ecology* 75: 2–16.

Toonen, R. J., K. R. Andrews, I. B. Baums, et al. 2011. Defining boundaries for ecosystem-based management: a multispecies case study of marine connectivity across the Hawaiian Archipelago. *J. Mar. Biol.* 2011 doi: 0.1155/2011/460173

Treml, E. A., P. N. Halpin, D. L. Urban, and L. F. Pratson. 2008. Modeling population connectivity by ocean currents, a graph-theoretic approach for marine conservation. *Landsc. Ecol.* 23: 19–36.

Turelli, M. and N. Barton. 2004. Polygenic variation maintained by balancing selection: pleiotropy, sex-dependent allelic effects and G↔E interactions. *Genetics* 166: 1053–1079.

Utter, F. 2006. Biochemical genetics and fishery management: An historical perspective. *J. Fish Biol.* 39: 1–20.

Vance, R. 1973. On reproductive strategies of marine invertebrates. *Am. Nat.* 107: 339–352.

Vekemans, X. and O. J. Hardy. 2004. New insights from fine-scale spatial genetic structure analyses in plant populations. *Mol. Ecol.* 13: 921–935.

Victor, B. 1983. Recruitment and population dynamics of a coral reef fish. *Science* 219: 419–420.

Wallace, C. C. 1999. *Staghorn Corals of the World: A Revision of the Coral Genus Acropora (Scleractinia; Astrocoeniina; Acroporidae)*. Collingwood, Australia: CSIRO.

Waples, R. S. 1987. A multispecies approach to the analysis of gene flow in marine shore fishes. *Evolution* 41: 385–400.

Waples, R. S. 1998. Separating the wheat from the chaff: Patterns of genetic differentiation in high gene flow species. *J. Hered.* 89: 438–450.

Watson, J. R., B. E. Kendall, D. A. Siegel, and S. Mitarai. 2012. Changing seascapes, stochastic connectivity, and marine metapopulation dynamics. *Am. Nat.* 180: 99.

Watson, J. R., D. A. Siegel, B. E. Kendall, et al. 2011. Identifying critical regions in small-world marine metapopulations. *Proc. Natl. Acad. Sci. (USA)* 108: E907–913.

Weersing, K., and R. J. Toonen. 2009. Population genetics, larval dispersal, and connectivity in marine systems. *Mar. Ecol. Prog. Ser.* 393: 12.

White, J. W. and J. F. Samhouri,. 2011. Oceanographic coupling across three trophic levels shapes source–sink dynamics in marine metacommunities. *Oikos* 120: 1151–1164.

White, J. W., L. W. Botsford, A. Hastings, and J. L. Largier. 2010. Population persistence in marine reserve networks: incorporating spatial heterogeneities in larval dispersal. *Mar. Ecol. Prog. Ser.* 398: 49–67.

Whitlock, M. C., and D. E. McCauley. 1999. Indirect measures of gene flow and migration: F_{ST} not equal to $1/(4Nm+1)$. *Heredity* 82: 117–125.

Wieters, E. A., S. D. Gaines, S. A. Navarrete, et al. 2008. Scales of dispersal and the biogeography of marine predator-prey interactions. *Am. Nat.* 171: 405–417.

Wood, L. J., L. Fish, J. Laughren, and D. Pauly. 2008. Assessing progress towards global marine protection targets: Shortfalls in information and action. *Oryx* 42: 340–351.

Woodson, C. B., M. A. McManus, J. A. Tyburczy, et al. 2012. Coastal fronts set recruitment and connectivity patterns across multiple taxa. *Limnol. Oceanogr.* 57: 582–596.

Wright, S. 1978. *Volume Four: Variability Within and Among Natural Populations.* Chicago, IL: University of Chicago Press.

第 5 章

传染病在海洋生物群落中所扮演的角色

Kevin D. Lafferty 和 C. Drew Harvell

海洋生物学家认为，传染病在海洋生态系统中扮演重要的角色。随着时间的推移，这种作用在某些宿主类群中可能会增强（Ward and Lafferty，2004）。本章从介绍海洋生态系统的感染原及其与宿主的关系开始。然后从海洋生物多样性的角度来讨论感染原，以及影响寄生的不同因子。特别地，我们将介绍一些流行病学的基本概念，包括胁迫和自生多样性对寄生物的影响。随后，我们将简要介绍宿主体内的寄生物群落，具体而言，那些可以使我们对群落生态学有更全面认识的部分。我们还以一些实例来说明，传染病会如何影响宿主的种群，并扩大到海洋生物群落。最后，我们举例证明海洋传染病对海洋保护和渔业的危害。

传染病简介

海洋中有许多具有传染性的生物，其中有很多种对大部分生态学家来说是陌生的。本节我们将从它们的营养策略（什么是寄生物？）开始，讨论寄生物的生命周期，并对包括寄生物在内的主要分类群予以概述。我们将以鱼类身上的噬菌体和寄生物的多样性为例，讨论每一个自生物种的寄生物物种数量，以及决定生态系统中寄生物丰度的因素。

营养策略

传染病是由感染原引起的。这些感染原称为寄生物，与捕食者营养策略的不同之处在于，它们在特定的寄生生命阶段只利用一种资源；而与分解者的不同之处在于，它们攻击的是生物活体。寄生物具有多种营养策略，这些策略有助于我们理解它们对群落生态学的贡献。对感染原的生态学分类体系考虑"消费者—资源"间相互作用的问题（图 5.1；Lafferty and Kuris，2002）。例如，病原体（微型寄生物）在一次传染事件中大量繁殖，而典型的寄生虫（大型寄生物）找到宿

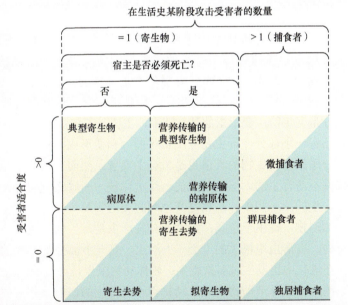

图 5.1 按照 4 种生活史二分法，消费者策略可以分为 7 种寄生和 3 种捕食类型。对角线上方的是强度依赖性关系，对角线下方是非强度依赖性关系。一共形成了 10 种天敌的营养策略。注意，三种捕食策略形成 4 种捕食者：微捕食者、兼性微捕食者、独居捕食者和兼性群居捕食者。受害者适合度=0，表示相互作用或者杀死受害者，或者使其无法繁殖，而受害者适合度＞0，表示受害者在相互作用下得以存活，并能进行繁殖（仿自 Lafferty and Kuris，2002）

主并生长，但通常不会无性繁殖。还有拟寄生物（如大多数噬菌体）在发育过程中会杀死宿主，去势寄生者会使宿主丧失繁殖能力，而通过营养关系传播的寄生物只能在捕食者宿主取食猎物宿主的时候，才能进入其生命周期的下一个阶段。

生命周期

要完成一个生命周期，寄生物就必须寻找到一个新的宿主。在这个宿主之后，寄生物生活史的下一个阶段可能需要使用另一个不同物种的宿主。对于多宿主寄生物的生命周期来说，寄生物繁殖时的宿主称为终宿主，而其幼体形式存活的宿主称为中间宿主。在宿主中传播主要有三个主要途径。

自生阶段　许多寄生物都有一个通过伤口或腔口离开宿主的感染期。一旦离开宿主，寄生物在这种感染期通常不再进食，而且会是短暂的（如病毒），或是持续一种休眠状态（如线虫卵）。其移动方式，或是被动的（如卵），或是主动的（如游动的幼体）。在这种阶段，它们可以直接在宿主间传播。然而，在海洋生态系统中，直接接触并非如陆地生态系统那样普遍，这可能是由于水生环境对自生阶段更为适宜（McCallum et al.，2004）。寄生物在自生阶段可以通过水传播，只需要简单地与宿主接触，并穿透它们的皮肤，或是被意外摄入。或者，病毒、细菌、原生生物、后生生物（如桡足类和单殖吸虫）等可以利用自生阶段在宿主间传播。

媒介　有些寄生物在从一个宿主到另一个宿主时需要一个媒介。这些寄生物通常在宿主的血液内循环，并在水蛭、鱼虱等病媒生物吸血时被摄入。在病媒中，寄生物可能会进一步发育，并且一般是从病媒生物的消化道进入其唾液腺或其他靠近嘴部的器官。当病媒生物叮咬下一个宿主时，就会通过血液进行传播。依靠病媒生物传播的寄生物包括一些病毒、丝虫和鱼类锥虫等。

营养传输　某些寄生物在猎物宿主体内（通常在组织内）度过幼体阶段，然后在捕食者宿主体内（通常在消化道里）开始繁殖。捕食者与猎物之间的传输是绦虫、线虫和吸虫等到达终宿主的常见方式。这些寄生物有时会经过一系列的中间宿主。

分类群

寄生在许多谱系中进化，有时不止一次。下面举例说明从病毒到脊椎动物，寄生是如何分布的：所有病毒和噬菌体都是寄生的；许多细菌是寄生的，包括那些机会主义者（通常是自由生活的，但也有可能会寄生）；一小部分沟鞭藻类是寄生的，有些甚至会引起鱼类和无脊椎动物的疾病；顶复动物亚门（Apicomplexa）完全是寄生的，而且常常有一个胞内阶段；纤毛类原生动物大部分是自由生活的，一小部分是寄生的；变形虫的种类繁多，主要是营自由生活的物种。但一些自生变形虫会在伤口上形成二次感染，还有一小部分变形虫是专属寄生的；和变形虫类似，黏菌也可能是机会性的寄生物，主要感染植物；大部分感染海洋生物的真菌也是机会主义者。然而，微孢子虫是真菌中的寄生类生物；我们称之为轮虫的生物都不是寄生的，但是轮虫的一个进化枝——棘头动物门（直到最近才将其单独归属为一个新的门）是完全寄生的；一些刺胞动物是其他刺胞类动物及鱼卵中的寄生物。刺胞动物还有一个寄生的进化分枝，称为黏体动物，寄生于鱼类；绝大部分扁形虫是寄生的，包括三个完全寄生的群组：单殖吸虫、吸虫和绦虫。此外，扁形虫中很大的一类——涡虫，有一小部分是寄生的；绝大部分线虫物种是自由生活的，但该类生物在进化中也发生过多次寄生；软体动物很少是寄生的，最常见的寄生软体动物是寄生于棘皮动物的瓷螺类；绝大多数环节动物和节肢动物都不是寄生的，但某些甲壳纲会发生寄生的现象，例如等足目、藤壶和桡足类的鳃尾类动物；棘皮动物是唯一一种不存在已知寄生物的海洋无脊椎动物；脊索动物几乎不存在寄生物。但是有一种鱼，细潜鱼属（*Encheliophis*）的鱼类，生活在海参的泄殖腔内，以宿主的性腺为食（Parmentier and Vandewalle，2005）。

作为海洋生物多样性一分子的寄生物

生物多样性对大多数人来说具有积极的意义。拥有无数色彩斑斓的鱼类和无脊椎动物的珊瑚礁就是一个典型的例子。尽管寄生物小到肉眼难以发现，也不那么讨喜，但它们是生物多样性的一部分。总体来说，40%的已知后生生物是寄生性的（Rohde，2005）。但受到样本的限制，40%很可能是一个被低估的数字。例如，在美国西海岸，110种潮间带十足目甲壳动物中，只有15%在调查中发现了至少一种寄生物，但还有68%未能进行最低限度的寄生物检验（Kuris，2007）。即使是被广泛研究的陆地动物，从平均来看，每种哺乳动物身上有8种蠕虫，鸟类身上则有9种［此外还有其他分类群中已知寄生物的数量（未经正式统计）；Dobson et al.，2008］。人类，最为人所知的宿主，一般有超过上百种宿主特异性（每个寄生阶段仅有一种宿主物种）的后生寄生物（Kuris，2012）。海洋就像是寄生物的一个巨型游乐场。

海洋噬菌体是海洋中最具多样性的生命形式。这些微小的病毒会感染海洋细菌。由于宏基因组学的进展，对噬菌体多样性的量化变得更加容易。噬菌体对其细菌宿主是特异性的（Suttle，2007），有人估算，噬菌体的多样性可达几十万种基因型（Angly et al.，2006）。

我们对鱼类寄生物的了解远远超出其他任何海洋生物分类群，这是因为渔业生物学家和水产养殖学家长久以来就在关注鱼类的健康。但是，仅有12%的鱼类被发现体内有至少一种寄生物（Strona and Lafferty，2012）。这并不令人意外，因为大部分鱼类不是被捕来食用的，所以很多种鱼类并没有接受过寄生物检验。

鱼身上有多少寄生物？一款专为鱼类寄生物学家设计的创新软件——FishPEST（Strona and Lafferty，2012）得出的结果是，在不到3000种海洋鱼类中检查到3000多种已知蠕虫。从平均来看，每2.8种海洋鱼类身上就发现了1种蠕虫，而每1种海洋鱼类身上发现了5.9种寄生蠕虫（略低于鸟类和哺乳动物）。河口（8.8种）及淡水（6.7种）中的鱼类身上发现的蠕虫种数要高于海洋鱼类。不管是哪种生态系统，鱼类都是富含寄生物的类群，而且还有很多鱼类寄生物尚不为人知。

尽管在物种丰富度上占优，但寄生物的个体往往小于其宿主，所以可能有人会说，它们在生态系统水平上的影响可能微不足道。一项生态系统尺度的研究显示，寄生物可以占到河口生态系统自生生物量的1%（Kuris et al.，2008）。乍看起来，这点生物量确实微不足道，但仅仅是其中一种常见的类型——吸虫的生物量就超过了河口鸟类的生物量（图5.2）。之所以这样比较，是因为鸟类和吸虫位于相同营养级上。一般来说，在考虑营养级后，寄生物和同营养级的自生生物是同等丰富的。换句话说，寄生物和位于食物链顶端的其他消费者的生物量一样多。因此，不能因为其个体小，就将其从群落生态学中抹除（Hechinger et al.，2011a）。

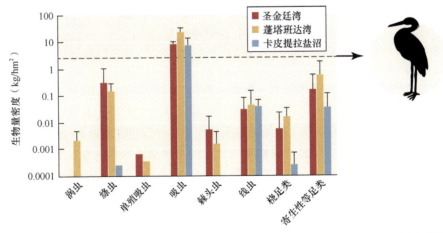

图5.2　尽管寄生物很小，但如果看总和，其生物量密度可达千克/公顷的级别。本图显示了生活在美国加利福尼亚州和墨西哥三个河口不同寄生物类群的生物量密度。对应于寄生物生物量，虚线代表鸟类的平均生物量密度。总体上，排除营养级和个体大小，寄生物与自生生物一样丰富。就生物量而言，吸虫的最高，这主要是由于该生态系统中的一种常见螺类被吸虫幼体广泛感染。此外，吸虫不仅普遍存在，而且个体很大。它们占据了螺类三分之一的组织，比鸟类的生物量高得多。这三个河口的寄生物群落也不尽相同，相对来说，卡皮提拉盐沼的涡虫、绦虫、单殖吸虫、棘头虫和桡足类等较少。这可能是由于卡皮提拉盐沼是一个较小的河口，被建成区所包围，宿主丰度可能受到了干扰（仿自 Kuris et al.，2008）

总之，寄生物的物种数至少与自由生活的物种数一样多，而寄生物的物种数可能比我们想象中的数目高出几个数量级。寄生物的多样性体现了一系列营养策略和生命周期。了解这些细节有助于我们对寄生物的潜在作用做出有效的预测。寄生物和同样大小或同营养级的自生生物的数量基本相同。事实上，这个星球上数量最多的生物是噬菌体（约 10^{30} 个，即百穣），其生物量的总和相当于 100 万头蓝鲸（Abedon，2001）。迄今为止，每当我们谈起海洋生态系统，吸引我们注意力的总是那些顶级捕食者，如鲨鱼或海洋哺乳动物等。如果我们能够同样轻易地观察到寄生物，那么我们应该知道，从总量上来说，它们和前者同样丰富，同样值得关注。

基础流行病学

我们在本章提出的很多关键问题都基于流行病学的基本原理。流行病学采用种群生物学的方法来研究感染原与其宿主之间的关系。在本节，我们将解释宿主种群密度如何影响寄生物的传播。我们将讨论强度依赖性效应（在这里，强度是指每个宿主体内寄生物的数量），以及寄生物是否影响宿主死亡率或繁殖率。

群落生态学里描述流行病学的一个关键要素是接触率。在最简单的理论模型中，接触与易感宿主密度线性相关，这类似于消费者–资源模型中的 Type Ⅰ（非饱和）功能反应。因此，只有当易感宿主的种群密度超过其理论最小值时，一个寄生物才有机会入侵宿主。这种宿主密度阈值对群落生态学来说有多种含义，我们将在"自生生物多样性对寄生物的影响"一节中进行讨论。例如，对美国加利福尼亚州南部海藻林的研究显示，细菌流行的概率随着海胆密度的增加而加大，而在海胆密度低于最小宿主密度时，没有感染发生（图 5.3；Lafferty，2004）。这一发现与密度依赖性传播的简单流行病学模型吻合，即感染概率随宿主密度增加而增加。

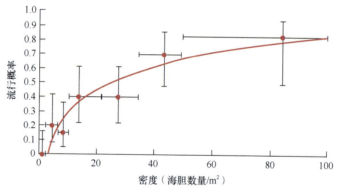

图 5.3　流行概率与海胆密度的关系图。估算的宿主密度阈值约为 3 个海胆/m² （仿自 Lafferty，2004）

宿主密度和传播之间还可能存在其他关系。例如，有些类型的接触会在高宿主密度下达到饱和，或者是，对一些群居物种来说，在低密度时，接触也能维持在较高水平。此外，替代宿主物种的存在会将单一宿主物种和寄生物的传播分离。我们将在"传染病的间接作用"一节中继续讨论这一点。

寄生物从其宿主那里获取营养，但其所获能量与其对宿主所造成的影响却是不成比例的。如果寄生物从宿主某个关键器官或组织中获取营养，那么即便很少量也会对其宿主造成严重伤害。例如，感染鲽鱼眼睛的桡足类（Kabata，1969），对这一关键器官的微小损害也会对宿主造成很大损害，远远超出桡足类在其身体普通部位同等取食量的影响。也许，最复杂的能量消耗模式就是寄生去势，如软体动物中吸虫幼虫和螃蟹体内的根头目藤壶。这类寄生物能够从它们的宿主身上最大限度地获取能量，而使宿主（包括它们自己）寿命降至最低（Lafferty and Kuris，2009b）。此外，寄生物对宿主的另一个影响是，它们会迫使宿主将能量投入免疫系统进行免疫防御。人类对海洋生物的免疫仍然所知甚少，但值得对其进行研究，以减少寄生的直接损失（Careau et al.，2010）。

在估算寄生物对其宿主种群影响时，寄生物如何影响其宿主的细节非常重要。寄生物可能减缓宿主的生长，或者阻断其繁殖，其所造成的这种影响与那些造成宿主死亡的寄生效果完全不同。特别是，增加宿主的死亡率会降低寄生物自身的传播率。这种烈性寄生物接触易感宿主的时间通常少于无毒寄生物。这也意味着，烈性寄生物需要更高的宿主密度，或者它们必须在产生感染阶段更为高效。

典型寄生物的一个重要特征是，种群内的大部分寄生物仅出现在一小部分宿主个体上（Shaw et al.，1998）。这种寄生物的聚集分布增强了寄生物种群的调节能力，即感染最严重的宿主最易死亡，从而消除数量不成比例的寄生物（Anderson and May，1985）。寄生物密度高的另一后果是，聚集会增加对宿主资源的种内和种间竞争。

与上述的典型寄生传播不同，许多机会性寄生物会导致传染病。例如，对人类来说，我们对伤口在不卫生条件下可能被细菌感染再熟悉不过。这种感染伤口的细菌，与利用直接、营养或病媒等方式传播的寄生物相比，有着截然不同的种群动态。最为重要的是，它们在宿主种群内的流行程度（感染率）更依赖于环境要素，如胁迫和损伤，而不是宿主密度阈值。许多珊瑚病就属于这种模式，我们将在"环境对传染病的影响"一节中进行讨论。这也许能够解释为什么它们似乎与环境驱动力相关（Ruiz-Moreno et al.，2012）。而其他的珊瑚病则符合密度制约性传播的假设，即珊瑚覆盖或密度高时，传染病更为盛行（Bruno et al.，2007）。

总而言之，要理解传染病的流行病学，需要了解寄生物生活史对策的相关知识。特别是，对病原体和典型寄生物的建模是不同的，因为对蠕虫来说，计算每个宿主的寄生物数量，对了解其对宿主的影响非常重要。但是，传染病模型的一个共性是，在高宿主密度下传播更为有效。正如我们将在"传染病对宿主的调节"一节中所讨论的那样，这种密度制约性的传播使得宿主特异性寄生物能够调节宿主的种群数量（Tompkins and Begon，1999），而这对宿主群落有重要意义，使竞争物种更易共存（Mordecai，2011）。而另一方面，广适寄生物可能会导致宿主灭绝，因为它们不依赖于某个单一宿主物种。宿主依赖性最小的寄生物是可以在环境中存活的机会种。由于大部分自生生物都有特异的、广适的和机会性的生物寄生，传染病就会有许多不同的方式，进而影响群落生态学。

环境对传染病的影响

海洋环境影响着群落生态学的许多方面，包括我们在这里讨论的传染病。在本节，我们从环境要素如何影响传染病动态的理论层面开始，主要关注海水升温、酸化和富营养化的影响。经验例子包括珊瑚和鲍鱼，因为这些宿主疾病的增加与不断变化的环境条件有关。

在预测环境变量对传染病影响的时候需要考虑很多要素。首先，环境对单一宿主的影响可能会，也可能不会通过尺度放大效应影响整个宿主的种群（Lafferty and Holt，2003）。人类自身作为宿主，往往会担心胁迫如何增加易感性。当个体暴露于胁迫之下而更易感染时，受胁迫的感染宿主也许将无法存活到能够传播寄生物的时候。更进一步地说，如果宿主密度因为胁迫而降低，密度依赖性的传播会变得更加低效，而传染病更不易传播。然而，如"大规模死亡"一节中所述，机会性寄生物对宿主密度不是很敏感，因此在压力大的环境条件下状态良好。对实证研究的综述表明，总体上，应激源确实会对寄生物产生正面或负面的影响（Lafferty，1997）。

其次，一些环境要素与宿主和寄生物的生理过程呈非线性相关。特别是，每个物种都有自己的一个最适范围，如光、温度、氧气、pH，以及其他水化学相关内容。例如，寄生物的自由生活阶段需要温暖的环境来辅助其发育，但温度过高则死亡更快（King and Monis，2007），这使得温度和其生理表现的关系表现为一个驼峰型曲线。因此，某个环境变量的突然变化会影响寄生物业已适应的感染宿主的能力。这些寄生物可能会再次适应变化的环境条件，或者被生态系统所淘汰，或者其他寄生物在这一新的环境条件下如鱼得水，形成新的宿主—寄生组合（Harvell et al.，1999）。

热胁迫与气候变暖

气候变暖是海洋生物学家最为关注的环境应激源（见第 19 章），也是许多宿主—寄生相互作用的关键因素（Harvell et al.，2002，2009；Burge et al.，2013）。尽管看起来气候变暖会导致传染病的纬度分布变化，但很难确定这些变化会增加还是减少传染病的发生（Lafferty，2009）。因为我们最关心的是导致寄生优化而宿主亚优的气候变化场景，我们将重点介绍一些传染病增加与气候变暖相关的例子。

气候变化导致的暖冬会使一些寄生物的越冬存活率和生长率得到提高（Harvell et al.，2009；Weil et al.，2009）。有时，传染病是与温暖环境相关的。有充足的数据表明，牡蛎寄生虫——帕金虫（*Perkinsus marinus*）的暴发周期与气候变化周期相关（Powell et al.，2012）。这种原生动物在高水温和高盐度（如干旱条件）下迅速繁殖，在 20 世纪 90 年代，它曾随着水温升高，沿着美国东海岸一路向北传播（Ford，1996）。

当水温升高时，宿主会承受压力。例如，造礁珊瑚正接近其耐受温度上限（见第 13 章）。当水温升高影响了珊瑚和其伴生藻类的共生关系时，会造成珊瑚白化。白化后的珊瑚更易死亡或被感染（Harvell et al.，2009；Weil et al.，2009；Ruiz-Moreno et al.，2012）。例如，长期观察研究显示，从 1996 年至 2006 年，加勒比海主要的造礁珊瑚，园菊珊瑚（*Montastraea* spp.）的病灶增长率在变暖的冬季和夏季翻了一倍（Weil et al.，2009）。区域变暖的异常事件与加勒比海和太平洋的珊瑚病盛行呈相关关系（Ruiz-Moreno et al.，2012）。

传染病导致的黑鲍大量死亡通常似乎与温度有关。实验室的研究显示，只要保持较低温度，大部分感染鲍枯萎综合征（withering-syndrome rickettsia-like organism，WS-RLO）的鲍鱼物种都能存活较久（Moore et al.，2009）。温度还会影响易感性，但方式不同：易感性并不随着平均水温升高而增加，而是因为水温的不断变化而增加。潮间带生境易变的水温就使黑鲍更易受到 WS-RLO 的干扰，最终在平均水温升高时受感染的黑鲍大量死亡（Ben-Horin et al.，2013）。这一实例研究揭示了，潮间带热胁迫如何使一些宿主更易受到感染。

海水酸化

温室气体驱动的另一个气候变化胁迫是海水吸收 CO_2 后的直接效应，即海水酸化（ocean acidification，OA；见第 19 章）。特别是 pH 的降低会对造礁珊瑚和贝类的生长造成损害（Hofmann et al.，2010）。但很少有人关注海水酸化对传染病的影响（MacLeod and Poulin，2012）。如果海水酸化对宿主产生胁迫，或是有利于寄生，那么宿主就会变得易感。例如，塔氏弧菌（*Vibrio tubiashii*）就是一个可疑对象，这种海洋贝类幼体身上的寄生病原体一直是贝类养殖育苗的噩梦（Estes et al.，2004）。自 2005 年以来，美国华盛顿州和俄勒冈州的两个育苗场发生了大量长牡蛎（*Crassostrea gigas*）幼苗死亡的事件，而这都与上升流时间吻合。科学家怀疑，当育苗场的水温升高时，上升流所携带的营养物质为细菌生长提供了一个良好条件，但是他们也注意到，富含营养物质的上升流的 pH 较低，这表明也许还存在海水酸化的作用（Elston et al.，2008）。随后，通过室内实验发现，在低温时，如果将 CO_2 浓度提升 5 倍，那么塔氏弧菌的生长率会提高 13%，但海水酸化本身对贝类幼苗的易感性或感染幼苗的死亡率没有直接影响（Dorfmeier，2012）。尽管大部分人关注海水酸化是否会增加感染性，但是海水酸化也有可能对寄生物的生命周期产生影响。例如，在一个淡水生态系统酸化的例子里，由于缺乏如螺类等中间宿主，鱼类降低了寄生物的丰度（Marcogliese and Cone，1996）。

富营养化

营养物会促进传染疾病的传播（Johnson and Carpenter，2008）。其中一个原因是，生产力会提高宿主密度，从而提高传播效率。例如，浮游植物群落的噬菌体数量动态是由上升流输入的营养物质所驱动的，因为在富营养条件下有更多的宿主（Parsons et al.，2012）。此外，富营养条件下螺类数量也会增加，这就使将螺类作为中间宿主的寄生类吸虫受益（Johnson and Carpenter，2008）。珊瑚是适应于贫养环境的生物，因此富营养化会增加珊瑚的胁迫，而使细菌和真菌类病原体受益，从而增加珊瑚的染病风险。例如，在珊瑚附近添加营养物，会加速其病变进展，感染黑带病的部分会扩大（Bruno et al.，2003；Voss and Richardson，2006）。富营养化还有利于珊瑚礁上的藻类生长，藻类的分泌物会增加珊瑚染病的风险，并成为一些病原体的储存库（Szmant，2002；Nugues et al.，2004；Kaczmarky et al.，2005；Haas et al.，2011）。

最后，众所周知，海洋生物群落对环境要素非常敏感。寄生物同样对环境要素敏感，但它们的反应可能与其宿主完全不同。尽管我们列举了一些环境变化与疾病增加相关的例子，对自生生物造成损害的环境要素变化，并不一定就会使其寄生者受益。许多寄生物在宿主大量死亡的情况下也会自身难保，而且有些寄生物自身也受到环境条件的影响。因此，寄生物和自生生物一样，都有自己的生态位，外部环境的变化会造成现有寄生物失去它们的生态位空间，就如这些变化同样为新的寄生物打开了一个与之匹配的新生态位一样。新的宿主—寄生组合通常是失败的，但有时，这种新的关系对宿主来说是致命的，会造成宿主的大量死亡（Lafferty and Gerber，2002）。

自生生物多样性对寄生物的影响

寄生物依赖于宿主的存在。因此，我们有理由相信，自生生物群落的变化将会导致疾病传播的变化。对这一关系简单而又普遍的假设是，复杂的生物群落具有支撑更多寄生物物种的潜力（Hudson et al.，2006）。例如，在未遭受破坏的珊瑚礁上的鱼类寄生物丰富度更高（Lafferty et al.，2008a）。

将寄生物多样性和自生生物多样性联系在一起的一个因素是生命周期的复杂性。寄生物依赖于其宿主，就如同捕食者依赖于其猎物一样。但其中的差别在于，寄生物在其生活史的不同阶段都是宿主特异性的，这意味着它们对宿主多样性的丧失更为敏感（Rudolf and Lafferty，2011）。每个寄生物种对多样性丧失的敏感度各自不同，但食物网模型的结果显示，总体上，宿主和寄生物的物种丰富度呈正相关关系（图 5.4；Lafferty，2012）。换句话说，如果自生生物的多样性下降 50%，那么平均来看，寄生物多样性也将减少 50%。经验数据也支持这一预测。在不同国家，人类传染病和脊椎动物多样性呈正相关关系（Dunn et al.，2010）。在水生生态系统中，在群落里添加鱼类会使寄生物丰富度增加（Amundsen et al.，2013）。这种模式在小尺度上的海洋生物群落中也有实例。例如，在河口螺类样本中发现的吸虫多样性，随着最终宿主——鸟类的多样性增加而增加（Hechinger and Lafferty，2005；Fredensborg et al.，2006）。

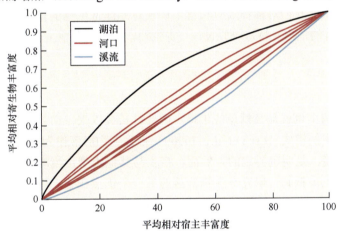

图 5.4　基于 8 种水生食物网模型模拟的宿主与寄生物物种丰富度之间的关系（仿自 Lafferty，2012）

尽管通常情况下，自生物物种丰富度的增加会使寄生物的丰富度也增加，但是增加新物种之后，一些寄生物会因宿主密度降低而受到间接影响。例如，在一个生态系统内加入新物种会造成其竞争者丰度的减少。如果物种多样性高，导致出现许多数量稀少的宿主物种，那么，一些宿主特异性的寄生物的宿主密度将低于阈值下限，从而导致至少在局部尺度上寄生物在系统中消失（Clay et al.，2008）。而另一方面，广适性寄生物受宿主数量减少的影响很小，除非存在频率依赖性传播（传播速率取决于易感宿主的相对丰度，而不是其绝对丰度），或是宿主之间的接触较少（Dobson，2004）。同样，在系统中加入一个新捕食者会降低其猎物的丰度。例如，在海胆捕食者数量多的地方，海胆就会很少，从而导致海胆的感染寄生细菌也较少（Lafferty，2004）。

稀释效应是一个关于自生群落会如何影响寄生物的假设。该假设认为，在多样性高的群落，寄生物会被“稀释”，甚至会遇到终结宿主（会被感染，但会让寄生物停止传播的宿主），从而减缓其向目标宿主的传播。稀释作用曾被认为是生物多样性为人类健康提供的一种生态系统服务（Keesing et al.，2010），但所谓的证据缺少经验数据的支持（Randolph and Dobson，2012）。在海洋生态系统，有关稀释效应的信息很少，所以现在对其定论为时尚早，但有必要想象一下，在海洋生态系统中也会有稀释效应的存在。吸虫就是一个很好的例子，这些寄生物的幼体有一个游动阶段，也称为尾蚴，在离开第一个中间宿主（螺类）之后需要进入第二中间（有时候是最终）宿主。许多生物，如鱼类、多毛类和海葵，会吃掉这些"没有防备"的游泳尾蚴（Kaplan et al.，2009；Johnson et al.，2010）。尾蚴也有可能进入一个不适宜的第二中间宿主，从而在那里死亡。在淡水生态系统中，室内实验和野外实验都表明，水箱中尾蚴的捕食者和不匹配宿主越多，其能够进入恰当宿主的机会就越少（Johnson et al.，2013）。

群落里的入侵物种（通常没有被寄生）也会造成稀释效应，从而破坏寄生物在本地种中的传播。如在旧金山湾，生态系统以入侵物种为主，从而避免了寄生（Foster，2012）。但是，造成这种情况的原因不是捕食者和不匹配宿主的丰富度，而是其相对丰度。所以，稀释效应并非如我们所讨论过的其他假设一样，它并非一种多样性效应，除非随着多样性增加，捕食者和不匹配宿主的相对丰度呈不对称的增长，在这种情况下，传染病才会因多样性的增加而间接降低。此外，如果有竞争力的宿主的相对丰度随多样性增加而增加，传染的概率就会增加。

总之，寄生物依赖于但又影响着自生生物的多样性。没有宿主，寄生者无法生存。一个生态系统的宿主物种越少，寄生的生物物种也就越少。在许多不同的生态系统中，寄生物的多样性和自生生物的多样性都呈正相关关系。然而，这种关系可能受到宿主阈值和稀释效应的驱动而进一步复杂化。特别是，在一个群落里新增种，可能会给某些寄生物提供新的资源，也可能对其他寄生物的传播造成间接的负面影响。如果多样性的增加造成每个自生物种平均丰度的降低，将使寄生物传播的概率降低。多样性丰富的群落会导致宿主物种个体数量稀少，从而会使其免受寄生，这将有利于它们维持生存。此外，如果大多数物种，无论是捕食者还是终结宿主，都对寄生物的传播产生干扰，那么，寄生物多样性就不一定随着自生生物多样性增加而呈线性增长。虽然我们对稀释效应和宿主稀缺对海洋寄生物的重要性所知甚少，仍有很多假设命题需要严格检验，但现有的证据支持这一假设——寄生物丰富度随着宿主丰富度增加而增加。

寄生物群落

对寄生物而言，一个宿主也就是其栖息的生境。因此，长久以来，宿主体内的寄生物群落都被作为模型系统来理解群落生态学中的模式（Esch et al.，1990）。将寄生物群落作为研究系统的一个关键优点在于，群落的界线——宿主或生境，是明确界定的。然而，宿主与其他类型生境略有不同的是，宿主并不欢迎寄生物，对已感染的寄生物也很抵制。研究寄生物群落的另一个优点在于，可以轻易地获得大量宿主，从而获取研究群落的重复样本。研究寄生物群落本身就很有趣，特别是当我们关注不同寄生物会如何相互干扰或相互促进，从而对宿主健康产生重要影响时（Lafferty，2010）。尽管有关寄生物群落的研究层出不穷，但很少会将其置于普通群落生态学的研究之中。在本节，我们将首先介绍探讨寄生物群落的主要理论的综述，然后讨论鱼类中的寄生物群落和螺类中的吸虫幼体群落，这也是海洋寄生物群落研究中最受关注的两个系统。我们将展示这些工作如何引导生态学家对群落结构的思考。

关于寄生物群落结构的影响要素，研究人员通常会思考宿主生物学的重要性，如纬度、隔绝、个体大小和年龄。同时，他们也会关注寄生物如何找到宿主，寄生物是否会对宿主资源进行分化或相互竞争，甚至通过损害宿主的抵御能力达到相互促进的作用？这些都是海洋生态学家对自生生物群落时常提出的问题。

在对寄生物群落进行预测时，有许多方面值得注意，特别是寄生物的生命周期。所有的寄生物都必须从别处寻找宿主。寄生物的成功招募必须先通过两道关卡——生态驱动的遭遇过滤器和进化驱动的兼容过滤器（Combes，2001）。如"营养策略"小节中所述，在传染阶段进入宿主之后，一些寄生物会通过繁殖在宿主体内或体表建立种群，而有些则不会；第二个问题是宿主作为资源的有限程度。如果寄生物耗尽可用空间或营养，会导致相互竞争或生态位隔离，正如在自生生物群落中所发生的一样。寄生物群落甚至会同时受到干扰或捕食的作用。宿主的死亡就是一个重要干扰，而宿主的诞生则为定植创建了一个新的生境，宿主的免疫系统有时扮演的就是类似捕食者的角色。总而言之，寄生物群落和自生生物群落之间有着很多相似之处。

鱼类中的寄生物群落

鱼类具有独特的寄生动物区系。例如，鱼类中的蠕虫群落与其他脊椎动物的不同，吸虫和棘头虫所占比例较高（Poulin et al.，2011）。在鱼类中，有的寄生物群落包含丰富的泛化种和特化种，而有的则只有少数泛化种，从而在鱼类—寄生物网络中形成一种嵌套（物种丰富度低的群落往往具有相同的物种）结构（Bellay et al.，2011）。宿主的系统发生学影响着寄生物群落，例如相关鱼类具有相同的寄生物种和相似的寄生物群落（Poulin et al.，2011）。这是因为它们具有相同的宿主——特异性寄生物进化史和相似的生态过程，这也是鱼类中的寄生物群落模块化的原因之一。

鱼类宿主的一些生态性状可能与鱼类中的寄生物群落有关，如大小和年龄、生境、食物、营养级、集群行为、种群大小、密度、分布范围、纬度和深度等（Luque and Poulin，2008）。年龄和大小决定了宿主能够积累寄生物的时间，所以大鱼比小鱼具有更多数量和更多类型的寄生物（Rohde et al.，1995；Timi and Poulin，2003）。对寄生物来说，大型鱼类的目标也更大。由于幼鱼更容易被常见物种寄生，而成鱼更容易接触到稀有物种，这种个体大小导致的寄生物物种丰富度累积的效应，会在鱼类物种中形成一个嵌套结构的寄生物群落（Vidal-Martinez and Poulin，2003）。生境同样会影响鱼类的寄生物群落。例如，远洋鱼类比底栖鱼类的寄生物种更少（Rohde et al.，1995），这可能是因为，相对于三维空间，寄生物在二维空间更容易找到宿主。因为鱼类会摄食许多以不同营养方式传播的寄生物（Marcogliese，2002），（特别是由营养级所决定的）食物可能是寄生物群落结构的一个重要驱动力，例如，取食无脊椎动物的鱼类的寄生物群落和食鱼类动物的就不同（Timi and Poulin，2003；Jacobson et al.，2012）。

任何对群落的研究都要考虑采样误差。大样本中容易发现更多的寄生物种，常见宿主被采样得更多，或更为人所熟知。此外，分布范围广的鱼类更多地被发现有寄生物，这是因为它们更经常被采样来检查寄生物（Poulin，1997）。

群落生态学最负盛名的地理分布之一是纬度梯度，即靠近赤道的地方多样性最高。鱼类体外寄生物的分布就符合这一规律，但这种规律不适用于蠕虫群落（Rohde and Heap，1998）。纬度对蠕虫的唯一显著影响体现在鱼类中的线虫物种会在低纬度成比例地增加（Poulin et al.，2011）。尽管难以从温度效应中区分深度和纬度的影响，但深海鱼类比其他鱼类感染率更低，可能是因为深海的鱼类密度更低（Rohde et al.，1995）。

总体来说，鱼类的系统发育和生态的特征塑造了其寄生物群落的结构，但寄生物自身似乎没有太多相互作用。对体外寄生物（Rohde et al.，1995）和蠕虫（Sasal et al.，1999）来说，几乎没有证据表明物种之间存在足够强或足够频繁的负面竞争作用，以构建寄生物群落。

螺类中的吸虫幼体群落

除了鱼类，研究最为广泛的寄生物群落是螺类中的吸虫幼体。吸虫是一种具有复杂生命周期的寄生蠕虫，通常其终宿主是脊椎动物，而软体动物（如螺类）是其第一中间宿主。螺类数量庞大，很容易被采样，而且有些螺类体内具有丰富和普遍的吸虫组合。在这里，我们至少需要考虑寄生物群落的两种不同尺度（Bush et al.，1997）。内群落（infracommunity）是指一个宿主体内所有寄生物种的集合。而组合群落（component community）是指一个宿主种群（或宿主样本）中的所有寄生物种的集合。在本节，我们将描述塑造吸虫群落结构的三个要素（图 5.5）。

螺类种群中吸虫群落的首要决定要素是其终宿主——脊椎动物的存在，因为这些终宿主给吸虫成体提供了产卵的机会，从而感染螺类。由于不同吸虫物种感染不同的终宿主，所以会在终宿主中造成生态位分化，从而在吸虫补充到螺类时形成一个负相关关系，进而导致吸虫物种在空间上的相互隔离（Sousa，1990）。不过，总体来说，终宿主之间的分布是正相关的（例如，对某种脊椎动物有利的地点对其他种类的脊椎动物同样有利），所以，一些螺类种群仅被少数吸虫物种感染，而有些螺类种群则被许多吸虫物种感染（Kuris and Lafferty，1994）。这种招募方式会强化物种间的相互作用。例如，在河口鸟类丰度和多样性高的地方，螺类的吸虫丰度和多样性也很高（Hechinger and Lafferty，2005）。正因如此，栖息的鸟类增多，会产生螺

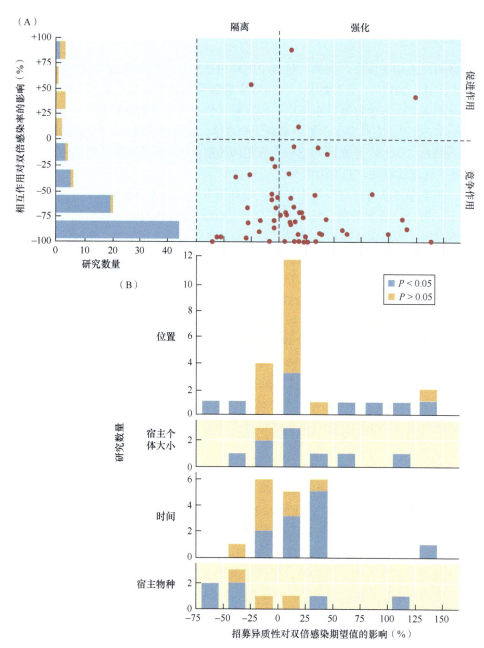

图 5.5 （A）螺类体内吸虫相互作用的类型，以及（B）位置、宿主个体大小、时间和宿主（螺类）物种等要素驱动的吸虫招募异质性的影响。例如，鸟类丰度的变化可能导致不同地点补充的异质性，而且随着时间推移，吸虫会在较大螺内积累。大部分研究都位于右下象限，表明这些外部驱动力会增加物种间的相互作用，然后通过竞争作用，使得一个被感染螺体内只有一个寄生物种得以存活（仿自 Kuris and Lafferty，1994）

类吸虫丰度和多样性高的感染热点（Smith，2001）。同样的，在退化生境得到修复后，吸虫群落也会随之增加，这意味着吸虫群落是生态系统完整性的一个良好指示器（Huspeni and Lafferty，2004）。

　　决定吸虫群落结构的第二个要素是螺类的种群数量。如上一节"鱼类中的寄生物群落"中所述，随着时间推移，鱼类宿主会积累寄生物。年长、个体较大的螺也会有更高的吸虫数量和丰富度（Sousa，1990）。在年长螺类中积累的寄生物会将吸虫集聚到一个螺类种群的子集中（而不是随机分布或均匀分布）。

　　影响吸虫幼体群落的第三个要素是种间竞争。螺内的大部分吸虫幼体是寄生去势者。这一特殊的生活史策略使其与鱼类的肠道寄生蠕虫和体外寄生物有所区别。不像鱼类消化道内的蠕虫，螺内的吸虫幼体能够无性繁殖，直到其耗尽宿主繁殖所需的所有能量。其他任何试图侵入螺类宿主的吸虫物种必须为此能量展开竞争。因此，一个螺内的吸虫幼体之间存在着强烈的竞争关系（Kuris，1973）。一些吸虫物种甚至进化出战斗等级，会对其他吸虫物种进行种团内捕食（Hechinger et al.，2011b）。其结果是，甚至在螺类种群中存在多种吸虫的地方，也很难在一个螺内发现一种以上的吸虫，虽然在极个别的例子中，吸虫可以从前期被感染宿主的抵御能力损害中受益（Kuris and Lafferty，1994）。如果在一个螺内发现多个吸虫物种，这可能只是优势种替代从属种过程中的一个瞬间。由于吸虫群落存在稳定的优势等级，竞争会以预定的方式塑造单个螺中"内群落"的结构。有时，这种竞争会通过尺度放大，从而影响螺类种群水平上的吸虫群落结构。招募的异质性会导致吸虫在部分螺类种群的子集中积聚，种间相互作用（以及由此导致的对从属种的竞争排斥）发生的频率要远远超过随机概率（Kuris and Lafferty，1994）。从属种采用的是另一种生活史策略，它们习惯于从螺类获取更多的资源，尽可能早地繁殖，这是以螺类（包括寄生者）的生长和寿命为代价（Hechinger，2010）。

综上所述，寄生物可以在其宿主、宿主种群，乃至宿主群落中形成结构化的寄生群落。尽管寄生群落是研究群落一般问题的便利单元，但宿主自身是一个独特的生境类型。寄生物首先必须与宿主接触（由宿主生态特征所驱动的事件，特别是宿主密度和累积时间），然后必须感染宿主并在其体内发育（宿主—寄生物协同进化的结果）。年长宿主的寄生物群落丰富度更高，填充了更多的生态位。对鱼类肠道寄生物来说，宿主的食谱是影响其结构的一个重要因素。对体外寄生者来说，宿主密度增加可产生有效的传播。即使在高补充量下，鱼类寄生物依然能够共存，因为鱼提供多样性的生态位。相反，螺内的吸虫幼体利用相同的生态位（螺类体内用于繁殖的能量），导致剧烈的种间竞争和物种丰富度极低的内群落。由于来自终宿主的传播会在空间上积聚，竞争作用会被强化，所以吸虫的招募会集中在螺类种群的一个子集上。简而言之，塑造寄生物群落的格局和机制的多样性与自生生物群落相似。

传染病对宿主的调节

我们习惯于关注疾病对宿主个体的影响，却很少考虑其对宿主种群的影响。在本节，我们主要关注传染病对海洋生物在种群层面上影响的例子，并在可能的情况下，将其与理论结合起来。其主题将是寄生物减少或调节宿主种群密度的条件是什么？

噬菌体和细菌

噬菌体颗粒在其宿主——异养细菌和蓝细菌丰富的地方最为丰富（Cochlan et al.，1993），这与密度依赖性传播的预测一致。病毒感染可能非常普遍：约 70% 的蓝细菌被噬菌体感染，造成浮游植物现存量的急剧下降（Suttle，2007）。这些证据表明，噬菌体比滤食生物更容易导致细菌的死亡。在海洋中，上升流会导致浮游细菌的暴发，随之而来的是浮游病毒达到峰值，使浮游细菌的数量下降，这样的病毒—宿主周期类似于 Lotka-Volterra 的捕食者—猎物周期（图 5.6；Parsons et al.，2012）。这种模式对浮游植物群落、生产力、食植者的可用资源、碳固存和地化循环都有重要意义。一个新的应用是利用噬菌体来控制珊瑚上的细菌性疾病（Efrony et al.，2007；Atad et al.，2012）。

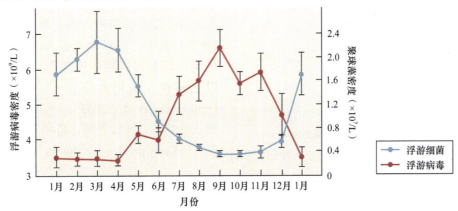

图 5.6 通过浮游病毒追踪浮游细菌的年周期变化（仿自 Parsons et al.，2012）

海胆的流行病

随着时间的推移，关于海胆疾病的报道越来越多，这可能是海胆捕食者（如螃蟹、龙虾和鱼类等）的减少导致海胆种群增长（Ward and Lafferty，2004）。尤其是，有时海胆会发生与细菌性病原体相关的大量死亡事件（Lessios，1988）。但尚难以区分这些细菌是致死的病原体，还是在海胆死亡后繁殖生长的（Gilles and Pearse，1986）。在加拿大新斯科舍省和美国缅因湾，致病性变形虫导致了类似的死亡事件（图 5.7；Scheibling and Hennigar，1997）。在感染流行后的几年中，海胆密度下降，意味着如果海胆的天敌数量稀少，这些传染病能够调节海胆种群数量，尽管其调节能力似乎略弱（Behrens and Lafferty，2004）。我们将在"传染病的间接作用"小节中讨论这些海胆疾病的间接影响。

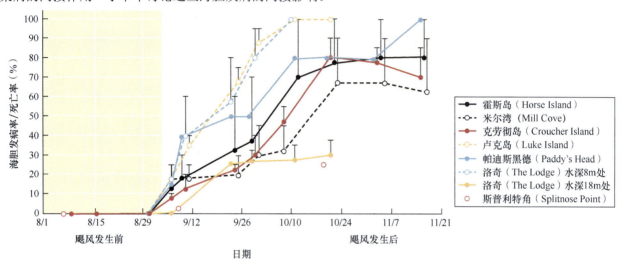

图 5.7 加拿大新斯科舍省圣玛格丽特湾不同地点绿海胆发病率与死亡率的增加，与（8 月底的一场飓风引发的）副变形虫属物种 *Paramoeba invadens* 的流行有关（仿自 Feehan et al.，2012）

吸虫和螺类

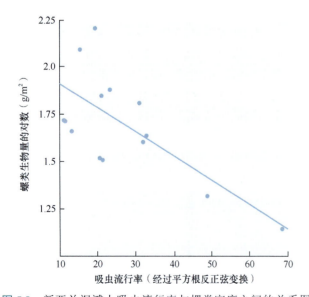

图 5.8 新西兰泥滩上吸虫流行率与螺类密度之间的关系图（仿自 Fredensborg et al.，2005）

非致死性寄生物对宿主种群的影响有多大？吸虫幼体不会杀死其宿主，但作为一个寄生去势者，它们的确阻断了宿主的繁殖。在终宿主（如鸟类）普遍存在的地方，吸虫向螺类的传播率高，这会导致能够繁殖的螺类减少（Hechinger and Lafferty，2005）。对具有远洋幼体阶段的海洋螺类来说，很难发现吸虫对螺类密度的影响，因为成体种群的大小并不受到其繁殖力的限制（Kuris and Lafferty，1992）。然而，对封闭式招募的宿主物种来说，例如河口具有爬行幼体的螺类，寄生传播和宿主密度之间存在负相关关系（图 5.8；Lafferty，1993；Fredensborg et al.，2005）。这种寄生去势在种群层面上的效应会比较普遍，特别是在传染率高的情况下（Lafferty and Kuris，2009b）。

特拉华湾的牡蛎和原生寄生动物

有关海洋宿主——寄生物周期能够调节宿主的机制，仅有少数几个具有详细的、长期数据的例子。其中最好的例子也许来自特拉华湾的美洲巨牡蛎（*Crassostrea virginica*）上的两种亚洲原生寄生动物，尼氏单孢子虫（*Haplosporidium nelsoni*）和帕金虫（*P. marinus*）。时间倒退到 1957 年，尼氏单孢子虫被鉴定为特拉华湾单孢子虫病（MSX）的致病病原体（Haskin et al.，1966）。随后帕金虫从切萨皮克湾被引入（Mackin et al.，1950），在 20 世纪 90 年代初牡蛎皮肤病（Dermo disease）开始暴发。目前，帕金虫导致的自然死亡率已经超过了牡蛎造礁率，导致牡蛎礁及其相关联生态系统服务的净损失（Powell et al.，2012）。牡蛎也许能够在流行病过后恢复。易感宿主为抵抗力和耐受力所付出的代价也许能够换来机会，一旦流行病消失，它们的数量会反弹，又为下一轮传染病的流行奠定基础。这种对海洋寄生物进化响应最好的例子之一是 20 世纪 80 年代，尼氏单孢子虫病的幸存者产生了抵抗力，其后代在海湾得以继续繁衍（Ford and Bushek，2012）。

寄生物与海獭

寄生物即便不调节宿主种群，也会对其产生负面影响。加利福尼亚海獭就是一个很好的例子。海獭难以从灭绝的边缘恢复的一个主要原因是高死亡率（U.S. Fish and Wildlife Service，2003）。海獭是一些细菌感染的终结宿主或意外宿主（Miller et al.，2010），还有三种病原寄生物会导致海獭死亡（Lafferty and Gerber，2002；Kreuder et al.，2003）。其中一种致死寄生物是一种属于原生生物的弓形虫 *Toxoplasma gondii*，是将温血动物作为中间宿主的猫科动物特异性寄生物（Dubey and Beattie，1988）。早期的研究将海獭感染这一寄生物归咎于宠物的主人将猫的粪便冲入下水道所造成的污染（Miller et al.，2002）。但是，通过更好的空间溯源表明，海獭感染的高风险区并非人口稠密地区（Johnson et al.，2009）。此外，海獭体内发现的 *T. gondii* 的菌株在野生动物身上最为常见（Miller et al.，2008）。这两条线索表明，野生猫科动物（美洲狮和短尾猫），而不是家猫，是重要的感染源。无论源头来自何处，弓形虫的囊合子会以某种方式进入海獭产生栖息地，并被误食。许多海獭被感染，其中一些出现症状，从而遭受神经损伤（Thomas and Cole，1996）。神经型肉孢子虫（*Sarcocystis neurona*），是类似于负鼠身上的原生寄生动物，也会造成海獭产生病理变化，而且与 *T. gondii* 相比，它与淡水径流期的关系更大（Shapiro et al.，2012）。造成海獭生存困难的第三种寄生物是棘头虫。这种寄生物将沙蟹作为其中间宿主，而一些潜水的鸟类或滨鸟是其终结宿主（Hennessy and Morejohn，1977；Mayer et al.，2003）。在鸟类经常出没的海滩，沙蟹感染棘头虫的比率较高（Smith，2007）。当海獭取食这些沙蟹时，就会将这些蠕虫幼体误食进体内，而这些蠕虫尚未进化到适应海獭的消化道，它们会穿透海獭的肠道，造成腹膜炎和海獭的死亡（Thomas and Cole，1996）。然而，由于这些寄生物并未从寄生中受益，所以它们并不能调节海獭的种群动态。如果它们能够调节海獭种群，那么其数量就应该在海獭多时增加，而在海獭稀少时降低。

总而言之，在陆地生态系统，有大量证据表明寄生物能够调节宿主的种群密度（Tompkins and Began，1999）。这种调节作用是现代生物控制理论的基础（Laffetry and Kuris，1996），也是入侵物种在逃离其寄生者后表现更佳的一种解释（Torchin et al.，2003）。在海洋生态系统，开放式招募使得寄生非致死性效应的结果难以体现。然而，我们的确见证了，寄生物能够对宿主做出密度依赖性反应，并能降低宿主密度，这是种群调节的两个关键前提条件。鉴于寄生在海洋生态系统的普遍存在，寄生所产生的广泛调节作用应该远远超出一般的认知。但是，寄生物并不需要去调节宿主种群才会影响到它们。海獭就是其他野生动物寄生物的意外宿主，而这些寄生物会阻止它们从灭绝边缘恢复。

大规模死亡

大规模死亡是极其罕见的，而且意味着整个系统的生态变化（Harvell et al.，1999）。在海洋生态系统，这样的例子倒是不少，但与寄生传染病无关。最常见的是缺氧，突然发生的细菌降解作用，或是耗氧水体的侵入，会导致海洋生物的窒息（Lim et al., 2006）。突如其来的温度变化也会造成大规模死亡事件（Laboy-Nieves et al., 2001）。另一种常见的造成大规模死亡的原因是藻华，这些藻类会产生毒素或耗尽氧气（Pitcher and Calder, 2000）。最后一种大规模死亡的类型是海洋环境条件发生变化，导致营养物质浓度降低，海洋生物因为缺少食物而死亡（Wang and Fiedler, 2006）。在本节，我们将关注罕见的、传染病导致的海洋生物大规模死亡事件，而且同样地，尽量使用广泛的宿主–寄生类群的例子，并将其与理论相结合。

第一个例子发生在 20 世纪 30 年代，在北大西洋的两侧都发生了鳗草（*Zostera marina*）大量死亡事件，死亡率高达 90%（Renn, 1936）。罪魁祸首是一种黏菌 *Labyrinthula zosterae*，它导致了鳗草萎缩病（Muehlstein et al., 1988）。后来这种病在地中海和西北太平洋也发生过（Short et al., 1987）。我们将在"传染病的间接作用"小节中讨论鳗草萎缩病的广泛影响。

在加勒比海地区，常见的无脊椎动物经历了一系列大规模死亡事件。在 1983～1984 年，优势食草种——冠海胆属物种 *Diadema antillarum* 的死亡席卷整个加勒比海地区。海胆的刺开始脱离后，几天内就会死亡，数周之后海胆种群减少了 95%（Lessios et al., 1984）。1995 年，海扇曲霉病首先在巴哈马暴发，随之扩散到整个加勒比海地区（Nagelkerken et al., 1997）和佛罗里达角（Kim and Harvell, 2004）。这种疾病是由一种常见的陆生真菌聚多曲霉（*Aspergillus sydowii*）造成的。感染后的海扇出现坏死性病斑，外围是一圈紫色的环（Petes et al., 2003），说明海扇对真菌出现炎症反应。这种反应包括变形细胞密度变大和生成酚氧化酶（Mydlarz et al., 2008）。这种真菌在海洋环境中是一种污染性病原体（pollutogen），这意味着其数量动态主要受非感染过程驱动（Lafferty and Kuris, 2005）。曾有研究认为，其来源是地表径流（Smith et al., 1996; Rypien et al., 2008），但空间分析显示，海扇之间的相互传染也很重要（Jolles et al., 2002）。在 1997～2003 年，曲霉病造成了大范围的海扇死亡。大约 50% 的海扇组织消失，在受感染地点，海扇的死亡率从 20% 到 90% 不等。流行病最终消失和新的健康海扇种群的建立要归功于对抵抗力增加个体的强烈选择（Kim and Harvell, 2004; Bruno et al., 2011）。

尽管掌叶鹿角珊瑚（*Acropora palmata*）和摩羯鹿角珊瑚（*Acropora cervicornis*）在最近几次间冰期是加勒比海最为常见的珊瑚（Pandolfi et al., 2002），但现都已被《美国濒危物种保护法》于 2006 年列入保护名单（Hogarth, 2006）。这两种基础种珊瑚在加勒比海地区大范围的死亡主要是由于疾病（Aronson and Precht, 2001），特别是鲨鱼弧菌（*Vibrio carchariae*）所导致的白带病（Gil-Agudelo et al., 2006）和近来盛行的白斑病，其发病率和流行率似乎与温度有关（图 5.9）。据推测，白斑病也可能是与生活污水有关（Sutherland et al., 2010）的机会性人类病原体——黏质沙雷菌（*Serratia marcescens*）所造成的（Sutherland et al., 2011）。在 20 世纪 80 年代，掌叶鹿角珊瑚和摩羯鹿角珊瑚感染白带病的暴发造成珊瑚密度下降 95%（Bythell and Shepparq, 1993; Aronson and Precht, 2001）。古生物学证据表明，这些传染病导致的摩羯鹿角珊瑚的减少，至少是三千年以来前所未有的（Aronson et al., 2002）。

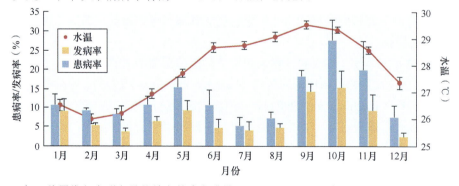

图 **5.9** 2003～2009 年，美属维尔京群岛圣约翰岛的豪尔弗湾（Haulover Bay），每月海水温度与掌叶鹿角珊瑚（*Acropora palmata*）白斑病的发病率和患病率之间的关系（仿自 Rogers and Muller, 2012）

有很多寄生物影响鲍鱼渔业和养殖业。在美国加利福尼亚州和墨西哥下加利福尼亚半岛，黑鲍曾被用于钓饵。尽管出口渔业耗尽了潮下带的物种资源，但在潮间带，鲍鱼依然极为丰富，甚至达到鳞次栉比的程度（也可能是因为历史上对鲍鱼的捕食者——海獭捕杀的结果）。在 20 世纪 80 年代中期，海洋生物学家发现，鲍鱼开始从他们的实验区消失了。鲍鱼腹足变得萎缩，使其无法附着在岩石之上。这种死亡往往是非常快速而且广泛传播的（Richards and Davis，1993）。病理学家发现，一种立克次体寄生物是造成鲍鱼死亡的元凶（Friedman et al.，2000）。这种寄生物的起源尚不清楚，但其自圣巴巴拉海峡群岛向北和向南传播，在温暖海水中传播更为快速（Lafferty and Kuris，1993；Altstatt et al.，1996）。目前，几乎所有黑鲍分布的范围都有这种疾病发生。甚至在黑鲍因此灭绝的地方，这种寄生物仍然存活于更加耐受的其他鲍鱼物种之中（包括养殖场里的红鲍）。其结果是，即使黑鲍已经稀少，也无法使该寄生物消退。由于种群数量的锐减，黑鲍已被列入美国濒危物种清单。也许黑鲍种群能够得到恢复，因为病理学家已经发现了一个能够感染这些寄生物的新噬菌体（Friedman and Crosson，2012）。

　　1995 年 9 月，一种令澳洲拟沙丁鱼（*Sardinops sagax neopilchardus*）致死的疱疹病毒（Crockford et al.，2005）横扫新西兰和澳大利亚（图 5.10；Whittington et al.，1997）。这种病原体的源头被认为是喂食金枪鱼的进口冷冻沙丁鱼饲料（Griffin et al.，1997），至少 10% 的沙丁鱼死于这场传染病（Gaut，2001）。1998 年，这种病毒再次来袭，尽管传播较慢，但却更加严重（接近 70% 的死亡率）。沙丁鱼的集群行为使其并不符合密度依赖性传播的前提假设。类似于沙丁鱼这种集群行为的结果是，大集群的局部密度和小集群的密度是一样的。一个鱼群里可能有多个集群，因此，要衡量感染者和易感者之间的接触程度，集群可能是一个更适宜的尺度（Murray et al.，2001）。根据估算，扩散的速度在向西、向东方向上分别是 21km/d 和 40km/d，而且扩散的方向是与盛行洋流背道而驰的，这令一些人猜测，疾病可能由海鸟捕食死鱼或垂死的鱼传播（Griffin et al.，1997）。这种疾病和其他快速传播的海洋流行病表明，动物流行病在海洋的传播速度可能比在陆地上更快（McCallum et al.，2004）。

图 5.10　1980～2005 年，澳大利亚附近商业渔获量变化反映了沙丁鱼的大规模死亡事件（凤尾鱼可能是沙丁鱼的竞争者）（仿自 Chiaradia et al.，2010）

　　随着海洋哺乳动物受到保护免受捕猎，对传染病的规范化报告也随之增加（Ward and Lafferty，2004）。这种疾病的增长可能是因为传染病对宿主种群恢复后的密度依赖性响应，也可能是毒素的生物累积造成的，而这种毒素能够损害鳍足类的免疫系统（DeStewart et al.，1996）。最受关注的海洋哺乳动物大规模死亡例子是 1988 年北海的斑海豹瘟热病。这种病原体可能来自迁徙的格陵兰海豹。但令人惊讶的是，大集群中的海豹死亡率并不比小集群的更高，这说明海豹上岸地点的群体聚集提供了足够的接触机会，使病毒能够在一个群体里的所有海豹中传播（Heide-Jorgensen and Harkonen，1992）。在北海，接近 1/3 的斑海豹死亡（Dietz et al.，1989），但幸存者得以免疫，而病原体在北海灭绝（Swinton et al.，1998）。

　　综上所述，大规模死亡意味着一个系统的失衡。这并不是说大规模死亡是非自然的，或是人为的，但从我们上述的例子中，可以发现一些共同点，并将它们与其他更加典型的例子进行对比，无论疾病对宿主种群起到调节作用还是无关痛痒。大规模死亡引发了很多问题：这些寄生物源自何处？它们是突发的吗？是什么推动了它们的兴衰？胁迫会导致宿主免疫受损和机会性感染吗？完整的生态系统可以保持宿主-寄生物相互作用的稳定性吗？在我们提供的几个例子里，造成大规模死亡的寄生物对于某个地区来说可能是全新的。这些寄生物可能是由于人类活动引入或间接引入的（如沙丁鱼的疱疹病毒、造礁珊瑚中的黏质沙雷氏菌、鲍鱼中的立克次体等），但一般很难确定入侵病毒的来源，也很难将其与一些未知寄生物区分开来，后者会以某种方式变得有毒或易于传播。事实上，现在有新的假设提出，在许多新暴发的珊瑚流行病中，由于环境变化，导致现有细菌成为病原体（Bourne et al.，2009）。新的寄生物往往与宿主种群大小的急剧减少有关系，特别是，如果存在一个耐受宿主的储存库，或者是寄生物储存库的寄生物输入（如生活污水），其他宿主的数量会大量减少或灭绝（Lafferty and Gerber，2002）。无论缘由是什么，大规模死亡事件都会造成巨大的经济损失，并将宿主物种推向灭绝的边缘。

传染病对海洋生物群落的影响

我们已经展示了寄生物是如何影响生物个体及其种群的。这些影响能在多大程度上扩大到改变整个群落呢？有两种方式来考虑这一问题：我们可以考虑寄生物对自由生活物种群落的影响；或者可以更进一步，将寄生物视为海洋生态系统中群落的一分子。在本节，我们将讨论寄生物如何增加或降低竞争者之间的共存性。然后通过一些间接作用的例子来说明，传染病会使重要宿主的密度降低，或改变其行为和分布。最后进行综述，如果我们将寄生物和自生生物放在同等地位，寄生物会如何改变食物网的结构。

传染病的间接作用

群落生态学的一个主题是，相似的竞争物种究竟是如何达到共存的？这也是海洋生态学家密切关注（也是本书中大量讨论）的一个话题。密度依赖性调节是广为使用的物种共存方式，尽管更多是在陆地生态系统。其前提假设是，完全相同是一种成本，因为它会导致频率依赖性的缺点。换句话说，强烈的竞争者会从自身的成功中遭受损失，而这为从属种腾出了空间。由于传染病是一种密度依赖性传播疾病，所以能够以密度依赖的方式对种群做出调节，从而促进共存（Mordecai，2011）。然而，在海洋生态系统，类似的调节作用却很少见。一个被高度认可的研究发现，寄生植物降低了盐沼植物竞争优势种的丰度，从而促进了河口的植物多样性（Pennings and Callaway，1996）。此外，对浮游植物群落的观察表明，噬菌体的数量动态可能是频率依赖性的，导致了常见种的不适和浮游植物群落的周期循环（Parsons et al.，2012）。另外，如果相互竞争的宿主物种间存在感染的耐受差异，传染病也会降低其共存性。如果这种情况发生，耐受力低的物种就处于不利地位。如果竞争优势种是更耐受的一方，排斥就会加速；而从属种是更耐受的一方，就会达到共存目的（Mordecai，2011）。如前所述，美国加利福尼亚州的黑鲍大量死亡的一个关键因素可能是其他鲍鱼物种对此传染病更为耐受，从而形成了一个造成黑鲍种群接近灭绝的病原体储存库，使得黑鲍难以与其他鲍鱼物种共存。

除了对竞争物种的相互作用产生影响，传染病还能对食物链的上下级产生间接的作用。这种作用在常见种因传染病大规模死亡后最为明显。我们之前讨论了"传染病对宿主种群的调节"的间接作用，并将展示被感染宿主的营养级如何影响与之相关的间接作用类型。

如果寄生物传染的是植物或生境塑造种，整个生态系统都会发生变化。鳗草床为无脊椎动物、鱼类和海洋鸟类提供了一个生境，稳定海岸沉积物，并过滤陆源营养物质（de Boer，2007）。鳗草萎缩病造成的鳗草床损失导致了一些鱼类和迁徙水鸟关键育种栖息地的丧失（Hughes et al.，2002），进而导致莲花青螺属物种 *Lottia alveus* 的次生灭绝（Carlton et al.，1991）。像珊瑚这样塑造群落结构的物种的丧失，是传染病对群落普遍影响的另一个例子。珊瑚礁感染后的潜在危害在加勒比海得到很好的体现，持续暴发的传染病最终导致群落的优势种从鹿角珊瑚属（*Acropora*）转变为菌珊瑚属（*Agaricia*）（Aronson and Precht，2001）。造礁珊瑚的减少反过来使礁石的三维结构变得扁平，也使其为依赖于珊瑚礁的其他鱼类和无脊椎动物提供庇护场所和其他资源的能力减弱（Alvarez-Filip et al.，2009）。

如果传染病攻击的是一个重要的食植者，植物就有可能从中受益。由于加勒比海的草食性鱼类早已被过度捕捞，冠海胆属（*Diadema*）的大量死亡就导致了大型藻类的暴发和蔓延，甚至有人认为流行病导致了珊瑚礁从珊瑚群落到藻类群落的相移（phase shift），尽管影响相移的因素不止这些（Hughes et al.，2010）。新斯科舍省与一种寄生变形虫 *Paramoeba invadens* 有关系的北方球海胆（*Strongylocentrotus droebachiensis*）的大量死亡，导致群落发生了从海胆荒原转变为海藻床的相移（Lauzon-Guay et al.，2009）。类似地，在加利福尼亚州，细菌流行病导致海胆密度降低，海藻林也因而得以维系，否则海藻会被海胆啃食殆尽，变成一片荒芜之地（Behrens and Lafferty，2004）。黑鲍的大规模死亡释放了藻类与其他无脊椎动物的捕食和（空间）竞争压力，从而改变了沿岸潮间带的群落结构（Miner et al.，2006）。

　　大规模死亡事件还会影响捕食者—猎物之间的相互作用。如果传染病感染的是被捕食者，寄生物实际上是在与其上一个营养级进行竞争。例如，沙丁鱼的大量死亡会导致小企鹅取食减少，企鹅的死亡率增加，而繁殖成功率下降（Dann et al.，2000）。与之相反，如果传染病感染的是顶级捕食者，被捕食者就可以解脱，甚至会引发营养级联作用。海獭是知名的关键种，它们取食植食性无脊椎动物，从而降低对海藻林的植食压力。如果寄生物妨碍了加利福尼亚海獭的种群恢复，海藻林也会因此间接地减少。

行为

　　寄生物并不一定要通过降低宿主丰度来影响生物群落。有时，它们会改变宿主的行为，使其在生态系统内扮演一个新的角色。最好的一个例子来自新西兰的泥滩（图 5.11），最常见的物种是占据泥滩生物量主导地位（Hartill et al.，2005）的短颈蛤。无论是死是活，蛤蜊的壳能够露出底泥，给一些底表生物创造一个生境（Thomas et al.，1998）。由于替代硬质基底的匮乏，提供新生境的小蛤蜊就成为生态系统工程师（Thomas et al.，1998）。但是，真正的工程师其实是寄生吸虫。在泥滩上取食的澳洲斑蛎鹬的消化道内携有吸虫成体。有两个属的吸虫将蛤蜊作为次级中间宿主，在其足尖形成包囊（Babirat et al.，2004），并降低蛤蜊掘穴的能力，从而使其停留在泥滩表面，成为蛎鹬易于捕食的猎物（Thomas and Poulin，1998）。此外，被感染的蛤蜊挖藏得更浅，也会改变底层水生生物群落（Mouritsen and Poulin，2005）。没有这些寄生物的操控，蛤蜊会深深地躲在泥下，新西兰的泥滩的多样性将会减少。

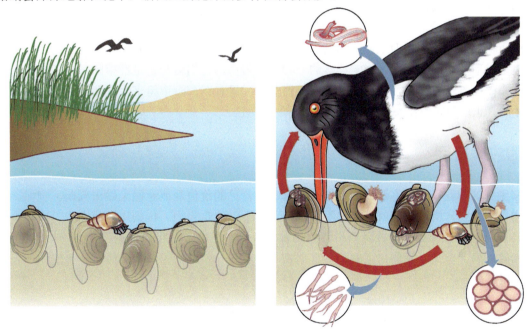

图 5.11　在新西兰泥滩，吸虫的操控作用能够影响群落结构。该寄生物能够阻止其宿主蛤蜊掘穴，从而促进一个新的表生群落的产生（仿自 Lafferty and Kuris，2012）

食物网

　　食物网是理解复杂性的一张生态地图，也是考虑群落中种间关系的常用方式。我们已经讨论过传染病如何影响食物网。如果在食物网分析中把寄生物和自生生物放在同等水平上会发生什么？寄生物提高了食物网的复杂度。特别是，将寄生物包含在食物网中，能够提高物种丰富度和连通度（复杂度的一个指标）。此外，寄生物的出现，意味着大型捕食者不再位于食物链的顶端（图 5.12；Lafferty et al.，2006）。尽管在这里我们考虑的主要是寄生阶段，但自由生活阶段的寄生物同样可以成为食物网中的重要食物来源（Johnson et al.，2010）。没有寄生物的食物网是不完整的（Lafferty et al.，2008）。

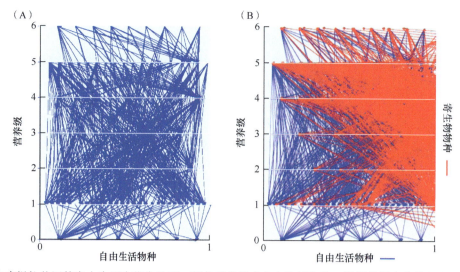

图 5.12 （A）卡皮提拉盐沼的自由生活生物食物网。蓝色节点代表自由生活物种，根据其最大营养级在 Y 轴上排列，植物位于底端，而顶级捕食者位于最上方。蓝线代表节点之间的摄食关系。（B）添加寄生物物种后的卡皮提拉盐沼食物网。寄生物沿右侧纵轴排列。红色节点代表寄生物物种，红线代表寄生物–宿主之间的关系

　　总之，寄生物通过影响宿主种群及宿主行为来影响生物群落。海洋环境中的传染病引发整个群落和整个生态系统的变化（Harvell et al.，2004；Sutherland et al.，2004）。它们还可以使常见种处于劣势，以促进竞争者之间的共存。然而，竞争优势种对感染的耐受性会降低共存水平。通过降低宿主密度，寄生物间接影响其他依赖于宿主或受宿主影响的物种。因此，理解寄生物在群落水平上作用的关键所在，是确定其宿主在群落中所扮演的角色。新西兰泥滩的例子就说明，寄生物的操控作用甚至能够改变宿主在生态系统内扮演的角色。最后，寄生物不仅是影响群落的一种外在力量，它们自身也是群落的一分子。它们能够通过食物网的关系改变群落复杂度，并可以成为顶级消费者。只有在分析中将寄生物和其他消费者置于同等地位，我们才能真正理解它们在海洋生物群落中所扮演的角色。

传染病的应用层面

　　科学家受到的教育是保持客观公正。但人类常常用自己的价值观或意愿来做出判断。例如，人类将一些海洋生物作为食物，所以他们就想能够不停地捕获，不停地吃它们。传染病会使渔业限产，导致经济物种或人们喜食物种数量的稀少，或者阻碍濒危物种的恢复。在本节，我们讨论那些会感染人类所"关心"的海洋生物的疾病。首先，我们来了解一下寄生物对渔业和养殖业的影响，然后讨论寄生物和入侵物种之间的相互作用。

渔业和传染病

　　寄生物会降低渔业资源的丰度，从而与渔业产生竞争（Kuris and Lafferty，1992）。在澳大利亚，疱疹病毒引起的沙丁鱼大规模死亡造成了 500 万美元的经济损失（以 2001 年美元价格计算；Gaut，2001）。黑鲍的大量死亡（包括过度捕捞）使曾经价值数百万美元的产业陷入绝境（Parker et al.，1992）。如果渔业模型能够将传染病、捕捞和鲍鱼年龄结构之间的相互作用纳入考虑范畴，会给鲍鱼产业带来更加可持续的战略（Ben-Horin，2013）。鲱鱼易受环境敏感疾病的影响，如鱼孢霉病和病毒性出血性败血症（Kocan et al.，2004）。对易受感染渔业管理的关键是关注传染病与捕捞物种的补充规模（Kuris and Lafferty，1992）。

　　海洋保护区是保护渔业免遭崩溃，以及保护生物多样性和生态系统功能的管理方式。最近的研究表明，在保护区内珊瑚发病频率更低（Page et al.，2009；Raymundo et al.，2009）。第一种猜测是，如果没有渔业捕捞，顶级捕食者能够降低无脊椎动物与较小的食珊瑚鱼类的捕食压力（图 5.13）。食珊瑚鱼类既可能是潜在的疾病载体，也是产生伤口，造成机会性珊瑚病有机可乘的原因；另一个猜测是，保护区外的捕鱼活动

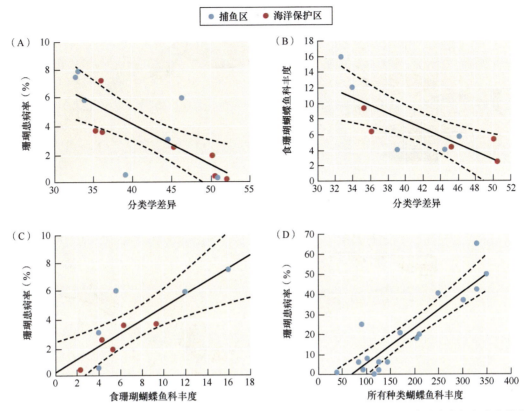

图 5.13　海洋保护区和捕鱼区内，珊瑚疾病与食珊瑚鱼之间的关系。（A）在不同地点，珊瑚患病率与鱼类分类学差异之间的关系。（B）食珊瑚蝴蝶鱼的丰度与分类学差异（群落中物种亲缘关系较远时增加）之间的关系。（C）珊瑚患病率与食珊瑚蝴蝶鱼丰度之间的关系。（D）珊瑚患病率与所有种类蝴蝶鱼丰度之间的关系（仿自 Raymundo et al.，2009）

会损害珊瑚，从而造成二次感染。

　　通过提高宿主密度，保护区也有可能增加鱼类感染传染病的风险（McCallum et al.，2005；Wood et al.，2010）。例如，在新西兰的海洋保护区实施保护后，龙虾的数量增加，随之而来的是细菌性疾病的增加（Wootton et al.，2012）。但这并不奇怪，因为它取决于海洋保护区的具体情况。在美国加利福尼亚州的海洋保护区，海胆感染疾病的数量下降（Lafferty，2004）；而在加拉帕戈斯群岛，由于食物网的差异，海胆在保护区内的疾病感染率更高（Sonnenholzner et al.，2011）。

　　除了直接减少渔业资源，寄生物还会降低感染鱼类的销售价格。拟地新线虫是一组生活在鱼类和头足类肉中线虫幼体的统称，就具有使其价值降低的作用（图 5.14；McClelland，2002）。这些寄生物的终宿主是海豹和鼠海豚，其数量在实施海洋保护后开始上升。人类食用了未煮熟或腌制的感染鱼类后会生病。幸运的是，这种寄生物很容易被肉眼发现，并能在烹饪或冷冻后被杀死。在荷兰，人们曾因食用腌制的鲱鱼而感染疾病，但在法律规定腌制前先冷冻之后，这种疾病就在很大程度上消失了（Bouree et al.，1995）。拟地新线虫造成的不可避免的主要损失是，没有人会想食用里面有 1~3cm 蠕虫的鱼。而处理鱼片的时候将寄生物抽出费时又费力，最终导致鱼类产品价格的增高。所以鱼群感染后就不会再有人去捕捞。渔业界提倡捕杀海豹，以降低鳕鱼和其他鱼类被感染的风险，而保护界则反对这种屠杀行为。另一个例子是黏孢子虫（*Kudoa thyrsites*）（Moran et al.，1999），这种原生动物并不感染人类，但会感染很多海洋鱼类，在其肌肉系统内形成孢囊。严重感染会损害肌肉，使其变软而口感极差。对渔业来说，这种疾病最令人沮丧的是，无法区别肉质，直至被送上餐桌。这种疾病在纯养殖鱼类中发病率最高。

　　在水产养殖中，增加饲养密度会提高寄生物的传播水平，笼养为中间宿主和寄生物卵创造生境（Ogawa and Yokoyama，1998）。所以，水产养殖业会投入大量的疫苗、抗生素，甚至采用生物控制手段（健康鱼类和益生菌），以保持生态健康。渔业和保护者对水产养殖最关心的问题是，养殖生物对野生种群输出疾病的程度到底有多大？例如，从南非进口的感染了缨鳃虫的养殖鲍鱼，会使加利福尼亚州的腹足类动物感

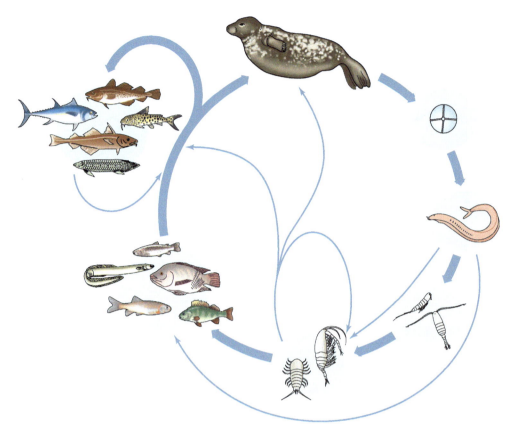

图 5.14　海豹寄生物的生命周期。这种线虫以海豹作为终宿主。虫卵随着海豹粪便一起离开，孵化成自由游动的幼体，随后被甲壳类吃掉。鱼类捕食受感染的甲壳类动物使得线虫幼体沿着食物链向上传播，最终捕食感染线虫幼虫的鱼类被海豹捕食（仿自 McClelland，2002）

染（Culver and Kuris，2004）。鲍鱼养殖也在向自然界源源不断地释放鲍枯萎综合征的病原体（Lafferty and Ben-Horin，未发表）。另一个引人注目的例子是感染三文鱼的贫血症病毒（一种 RNA 病毒），造成了挪威、苏格兰和智利养殖大西洋鲑鱼的大面积感染，甚至在加拿大不列颠哥伦比亚省也曾发现（Kibenge et al.，2001）。养殖业争论最大的就是感染鱼类的一种桡足类，鲑疮痂鱼虱（*Lepeophtheirus salmonis*），在养殖三文鱼中大量繁殖，甚至对野生群体造成溢出效应，感染的鱼群死亡率高达 40%（Krkosek et al.，2007）。养殖业与捕鱼业之间冲突最明显的是在澳大利亚，养殖鲍鱼释放的疱疹病毒已经扩散到自然种群，造成了巨大的损失（Hooper et al.，2007）。除了利用新技术去消减这些疾病对水产养殖的影响，还需要考虑如何减少这些疾病向野生种群的传播。

入侵物种

入侵物种对自然生态系统的威胁越来越大。特别是，航运和牡蛎养殖导致了海湾和河口动物区系的同质化。入侵物种所带来的天敌会影响它们在新的环境中的成功定殖。压舱水中的入侵者幼体通常并未感染寄生物，即便是极少数携带了寄生物，新的环境也未必适合它的生命周期。总体上，成功的入侵者只携带了极少量寄生物，而且这些寄生物也与本地没有太大差异。实际上，海洋入侵物种最多只贡献了其本地寄生物的 1/3（Torchin et al.，2002）。这也是为什么有些海洋入侵物种在新的栖息地生存下来，尽管有时付出了其本地竞争者和猎物的代价（但逃离了寄生物）。一些港口和海湾出现了大量活跃的入侵者，而对其约束的传染病少之又少（Foster，2012）。

如果入侵物种逃离了大多数其原本的寄生物是件坏事，那么更糟糕的是，一些海洋入侵生物会给入侵地带来广适性的寄生物。这些新的疾病会扩散到没有协同进化的本地种。入侵造成寄生传播的例子包括，寄生于螃蟹的根头类藤壶、双壳类动物中的桡足类、鱼类中的单殖吸虫和鱼鳔线虫、螺类中的吸虫，以及牡蛎中的各种原生寄生动物（Torchin et al.，2002）。在所有造成海洋生物健康水平降低的人为因素之中，人为引入是最需要去研究和预防的。

综上所述，海洋生物的传染病会造成鱼类数量下降和市场价值损失，从而给人类带来损失。但反过来，渔业也会因为降低宿主密度而减少感染率。事实上，过去 30 年中海洋生物传染病最明显的趋势是，有关鱼类寄生的报道越来越少，这可能是因为过度捕捞导致的寄生物灭绝（Ward and Lafferty，2004）。而人类为保护鱼类种群所建立的海洋自然保护区，很可能会使寄生物恢复到其自然水平（无论是否比保护区外高或是低）。此外，水产养殖始终使疾病的传播处于一种理想条件，并给入侵物种进入自然系统提供了传播途径。

结语

寄生物和病原体是海洋生物群落不可分割的一部分，并推动着群落的变化。但是，传染病的动态同样受到宿主的群落生态特征的影响。对群落生态学更全面的理解，需要考虑这些寄生物的作用。新的诊断方法可以帮助我们去研究和识别传染病的起源和动态，从而为海洋生态系统的管理提供理论依据。

致谢

我们感谢编者在本书中加入有关传染病的一章。一些同行阅读并评论了本章的初稿。我们特别感谢编者、匿名审稿者，以及 C. Burge、C. Couch、C. Fong、A. Garcia、C. Kim、A. Kuris 和 D. Morton。本书中使用的任何贸易、产品或公司名称仅用于描述性目的，并不意味着获得美国政府的认可。

引用文献

Abedon, S. T. 2001. How big is 10^{30}? *BEG News* 22.

Altstatt, J. M., R. F. Ambrose, J. M. Engle, et al. 1996. Recent declines of black abalone *Haliotis cracherodii* on the mainland coast of central California. *Mar. Ecol. Prog. Ser.* 142: 185–192.

Alvarez-Filip, L., N. K. Dulvy, J. A. Gill, et al. 2009. Flattening of Caribbean coral reefs: Region-wide declines in architectural complexity. *Proc. Biol. Sci.* 276: 3019–3025.

Amundsen, P. A., K. D. Lafferty, R. Knudsen, et al. 2013. New parasites and predators follow the introduction of two fish species to a subarctic lake: Implications for food-web structure and functioning. *Oecologia* 171: 993-1002.

Anderson, R. M. and R. M. May. 1985. Helminth infections of humans: Mathematical models, population dynamics, and control. *Adv. Parasitol.* 24: 1–101.

Angly, F. E., B. Felts, M. Breitbart, et al. 2006. The marine viromes of four oceanic regions. *PLoS Biol.* 4: 2121–2131.

Aronson, R. B. and W. F. Precht. 2001. White-band disease and the changing face of Caribbean coral reefs. *Hydrologia* 460: 25–38.

Aronson, R. B., I. G. Macintyre, W. F. Precht, et al. 2002. The expanding scale of species turnover events on coral reefs in Belize. *Ecol. Monogr.* 72: 233–249.

Atad, I., A. Zvuloni, Y. Loya, and E. Rosenberg. 2012. Phage therapy of the white plague-like disease of *Favia favus* in the Red Sea. *Coral Reefs* 31: 665–670.

Babirat, C., K. N. Mouritsen, and R. Poulin. 2004. Equal partnership: Two trematode species, not one, manipulate the burrowing behaviour of the New Zealand cockle, *Austrovenus stutchburyi. J. Helminthol.* 78: 195–199.

Behrens, M. D. and K. D. Lafferty. 2004. Effects of marine reserves and urchin disease on southern California rocky reef communities. *Mar. Ecol. Prog. Ser.* 279: 129–139.

Bellay, S., D. P. Lima, R. M. Takemoto, and J. L. Luque. 2011. A host-endoparasite network of Neotropical marine fish: Are there organizational patterns? *Parasitology* 138: 1945–1952.

Ben-Horin, T. 2013. Withering syndrome and the management of southern California abalone fisheries. University of California, Santa Barbara. Ph.D. dissertation.

Ben-Horin, T., H. S. Lenihan, and K. D. Lafferty. 2013. Variable intertidal temperature explains why disease endangers black abalone. *Ecology* 94:161-168.

Bouree, P., A. Paugam, and J. C. Petithory. 1995. Anisakidosis—report of 25 cases and review of the literature. *Comp. Immunol. Microbiol. Infect. Dis.* 18: 75–84.

Bourne, D. G., M. Garren, T. M. Work, et al. 2009. Microbial disease and the coral holobiont. *Trends Microbiol.* 17: 554–562.

Bruno, J. F., L. E. Petes, C. Drew Harvell, and A. Hettinger. 2003. Nutrient enrichment can increase the severity of coral diseases. *Ecol. Lett.* 6: 1056–1061.

Bruno, J. F., S. P. Ellner, I. Vu, et al. 2011. Impacts of aspergillosis on sea fan coral demography: Modeling a moving target. *Ecol. Monogr.* 81: 123–139.

Bruno, J. F., E. R. Selig, K. S. Casey, et al. 2007. Thermal stress and coral cover as drivers of coral disease outbreaks. *PLoS Biol.* 5: e124.

Burge, C. A., M. Eakin, C. S. Friedman, et al. 2013. Climate change influences on marine infectious diseases: Implications for management and society. *Ann. Rev. Mar. Sci.* doi: 10.1146/annurev-marine-010213-135029

Bush, A. O., K. D. Lafferty, J. M. Lotz, and A. W. Shostak. 1997. Parasitology meets ecology on its own terms: Margolis et al revisited. *J. Parasitol.* 83: 575–583.

Bythell, J. and C. Sheppard. 1993. Mass mortality of Caribbean shallow water corals. *Mar. Pollut. Bull.* 26: 296–297.

Careau, V., D. W. Thomas, and M. M. Humphries. 2010. Energetic cost of bot fly parasitism in free-ranging eastern chipmunks. *Oecologia* 162: 303–312.

Carlton, J. T., G. J. Vermeij, D. R. Lindberg, et al. 1991. The first historical extinction of a marine invertebrate in an ocean basin: The demise of the eelgrass limpet *Lottia alveus. Biol. Bull.* 180: 72–80.

Chiaradia, A., M. G. Forero, K. A. Hobson, and J. M. Cullen. 2010. Changes in diet and trophic position of a top predator 10 years after a mass mortality of a key prey. *ICES J. Mar. Sci.* 67: 1710–1720.

Clay, K., K. Reinhart, J. Rudgers, et al. 2008. Red queen communities. In *Infectious Disease Ecology: Effects of Disease on Ecosystems and of Ecosystems on Disease.* (R. Ostfeld, F. Keesing, and V. Eviner, eds.), pp. 145–178. Millbrook, NY: Institute for Ecosystem Studies.

Cochlan, W. P., J. Wikner, G. F. Steward, et al. 1993. Spatial distribution of viruses, bacteria and chlorophyll *a* in neritic, oceanic and estuarine environments. *Mar. Ecol. Prog. Ser.* 92: 77–87.

Combes, C. 2001. *Parasitism: The Ecology and Evolution of Intimate Interactions.* Chicago, IL: University of Chicago Press.

Crockford, M., J. B. Jones, M. S. J. Crane, and G. E. Wilcox. 2005. Molecular detection of a virus, Pilchard herpesvirus, associated with epizootics in Australasian pilchards *Sardinops sagax neopilchardus*. *Dis. Aquat. Org.* 68: 1–5.

Culver, C. S. and A. M. Kuris. 2004. Susceptibility of California gastropods to an introduced South African sabellid polychaete, *Terebrasabella heterouncinata*. *Invertebr. Biol.* 123: 316–323.

Dann, P., F. I. Norman, J. M. Cullen, et al. 2000. Mortality and breeding failure of little penguins, *Eudyptula minor*, in Victoria, 1995–96, following a widespread mortality of pilchard, *Sardinops sagax*. *Mar. Freshw. Res.* 51: 355–362.

de Boer, W. 2007. Seagrass-sediment interactions, positive feedbacks and critical thresholds for occurrence: A review. *Hydrobiologia* 591: 5–24.

DeStewart, R. L., P. S. Ross, J. G. Voss, and A. D. M. E. Osterhaus. 1996. Impaired immunity in harbour seals (*Phoca vitulina*) fed environmentally contaminated herring. *Vet. Q.* 18: S127–S128.

Dietz, R., C. T. Ansen, P. Have, and M. P. Heidejorgensen. 1989. Clue to seal epizootic. *Nature* 338: 627.

Dobson, A. 2004. Population dynamics of pathogens with multiple host species. *Am. Nat.* 164: S64–S78.

Dobson, A. P., K. D. Lafferty, A. M. Kuris, et al. 2008. Homage to Linnaeus: How many parasites? How many hosts? *Proc. Natl. Acad. Sci. (USA)* 105: 11482–11489.

Dorfmeier, E. M. 2012. Ocean acidification and disease: How will a changing climate impact *Vibrio tubiashii* growth and pathogenicity to Pacific oyster larvae? University of Washington, Master's thesis.

Dubey, J. P. and C. P. Beattie. 1988. *Toxoplasmosis of Animals and Man.* Boca Raton, FL: CRC Press.

Dunn, R. R., T. J. Davies, N. C. Harris, and M. C. Gavin. 2010. Global drivers of human pathogen richness and prevalence. *Proc. Biol. Sci.* 277: 2587–2595.

Efrony, R., Y. Loya, E. Bacharach, and E. Rosenberg. 2007. Phage therapy of coral disease. *Coral Reefs* 26: 7–13.

Elston, R. A., H. Hasegawa, K. L. Humphrey, et al. 2008. Re-emergence of *Vibrio tubiashii* in bivalve shellfish aquaculture: Severity, environmental drivers, geographic extent and management. *Dis. Aquat. Org.* 82: 119–134.

Esch, G. W., A. O. Bush, and J. M. Aho. 1990. *Parasite Communities: Patterns and Processes.* London, UK: Chapman and Hall.

Estes, R. M., C. S. Friedman, R. A. Elston, and R. P. Herwig. 2004. Pathogenicity testing of shellfish hatchery bacterial isolates on Pacific oyster *Crassostrea gigas* larvae. *Dis. Aquat. Org.* 58: 223–230.

Feehan, C., R. E. Scheibling, and J. S. Lauzon-Guay. 2012. An outbreak of sea urchin disease associated with a recent hurricane: Support for the "killer storm hypothesis" on a local scale. *J. Exp. Mar. Biol. Ecol.* 413: 159–168.

Ford, S. and D. Bushek. 2012. Development of resistance to an introduced marine pathogen by a native host. *J. Mar. Res.* 70: 205–223.

Ford, S. E. 1996. Range extension by the oyster parasite *Perkinsus marinus* into the northeastern United States: Response to climate change? *J. Shellfish Res.* 15: 45–56.

Foster, N. L. 2012. Reduced Parasitism in a Highly Invaded Estuary: San Francisco Bay. University of California, Santa Barbara. Ph.D. dissertation.

Fredensborg, B. L., K. N. Mouritsen, and R. Poulin. 2005. Impact of trematodes on host recruitment, survival and population density in the intertidal gastropod *Zeacumantus subcarinatus*. *Mar. Ecol. Prog. Ser.* 290: 109–117.

Fredensborg, B. L., K. N. Mouritsen, and R. Poulin. 2006. Relating bird host distribution and spatial heterogeneity in trematode infections in an intertidal snail-from small to large scale. *Mar. Biol.* 149: 275–283.

Friedman, C. S. and L. M. Crosson. 2012. Putative phage hyperparasite in the rickettsial pathogen of abalone, "*Candidatus Xenohaliotis californiensis.*" *Microb. Ecolo.* 64: 1064–1072.

Friedman, C. S., K. B. Andree, K. A. Beauchamp, et al. 2000. "*Candidatus Xenohaliotis californiensis*" a newly described pathogen of abalone, *Haliotis* spp., along the west coast of North America. *Int. J. Syst. Evol. Microbiol.* 50: 847–855.

Gaut, A. C. 2001. *Pilchard (Sardinops sagax) Mortality Events in Australia and Related World Events.* Adelaide, Australia: Primary Industries and Resources South Australia.

Gil-Agudelo, D., G. Smith, and E. Weil. 2006. The white band disease type II pathogen in Puerto Rico. *Rev. Biol. Trop.* 54: 59–67.

Gilles, K. W. and J. S. Pearse. 1986. Disease in sea urchins *Strongylocentrotus purpuratus* experimental infection and bacterial virulence. *Dis. Aquat. Org.* 1: 105–114.

Griffin, D. A., P. A. Thompson, N. J. Bax, et al. 1997. The 1995 mass mortality of pilchard: No role found for physical or biological oceanographic factors in Australia. *Mar. Freshw. Res.* 48: 27–42.

Haas, A. F., C. E. Nelson, L. Wegley Kelly, et al. 2011. Effects of coral reef benthic primary producers on dissolved organic carbon and microbial activity. *PLoS ONE* 6: e27973.

Hartill, B. W., M. Cryer, and M. A. Morrison. 2005. Estimates of biomass, sustainable yield, and harvest: Neither necessary nor sufficient for the management of non-commercial urban intertidal shellfish fisheries. *Fish. Res.* 71: 209–222.

Harvell, C. D., K. Kim, J. M. Burkholder, et al. 1999. Emerging marine diseases: Climate links and anthropogenic factors. *Science* 285: 1505–1510.

Harvell, C. D., C. E. Mitchell, J. R. Ward, et al. 2002. Climate warming and disease risks for terrestrial and marine biota. *Science* 296: 2158–2162.

Harvell, D., S. Altizer, I. M. Cattadori, et al. 2009. Climate change and wildlife diseases: When does the host matter the most? *Ecology* 90: 912–920.

Harvell, D., R. Aronson, N. Baron, et al. 2004. The rising tide of ocean diseases: Unsolved problems and research priorities. *Front. Ecol. Environ.* 2: 375–382.

Haskin, H. H., L. A. Stauber, and J. A. Mackin. 1966. *Minchinia nelsoni* n. sp. (Halosporida, Haplosporidiiade): Causitive agent of the Delaware Bay oyster epizootic. *Science* 153: 1414–1416.

Hechinger, R. F. 2010. Mortality affects adaptive allocation to growth and reproduction: Field evidence from a guild of body snatchers. *BMC Evol. Biol.* 10: 1–14.

Hechinger, R. F. and K. D. Lafferty. 2005. Host diversity begets parasite diversity: Bird final hosts and trematodes in snail intermediate hosts. *Proc. Biol. Sci.* 272: 1059–1066.

Hechinger, R. F., K. D. Lafferty, A. P. Dobson, et al. 2011a. A common scaling rule for abundance, energetics, and production of parasitic and free-living species. *Science* 333: 445–448.

Hechinger, R. F., A. C. Wood, and A. M. Kuris. 2011b. Social organization in a flatworm: Trematode parasites form soldier and reproductive castes. *Proc. Biol. Sci.* 278: 656–665.

Heide-Jorgensen, M. P. and T. Harkonen. 1992. Epizootiology of the seal disease in the Eastern North Sea. *J. Appl. Ecol.* 29: 99–107.

Hennessy, S. L. and G. V. Morejohn. 1977. Acanthocephalan parasites of sea otter, *Enhydra lutris*, off coastal California. *Calif. Fish Game* 63: 268–272.

Hofmann, G. E., J. P. Barry, P. J. Edmunds, et al. 2010. The effect of ocean acidification on calcifying organisms in marine ecosystems: An organism-to-ecosystem perspective. *Annu. Rev. Ecol. Evol. Syst.* 41: 127–147.

Hogarth, W. T. 2006. Endangered and threatened species: Final listing determinations for elkhorn coral and staghorn coral. *Federal Register* 71: 26852–26861.

Hooper, C., P. Hardy-Smith, and J. Handlinger. 2007. Ganglioneuritis causing high mortalities in farmed Australian abalone (*Haliotis laevigata* and *Haliotis rubra*). *Aust. Vet. J.* 85: 188–193.

Hudson, P. J., A. P. Dobson, and K. D. Lafferty. 2006. Is a healthy ecosystem one that is rich in parasites? *Trends Ecol. Evol.* 21: 381–385.

Hughes, J., L. Deegan, J. Wyda, et al. 2002. The effects of eelgrass habitat loss on estuarine fish communities of southern New England. *Estuaries* 25: 235–249.

Hughes, T. P., N. A. J. Graham, J. B. C. Jackson, et al. 2010. Rising to the challenge of sustaining coral reef resilience. *Trends Ecol. Evol.* 25: 633–642.

Huspeni, T. C. and K. D. Lafferty. 2004. Using larval trematodes that parasitize snails to evaluate a salt-marsh restoration project. *Ecol. Appl.* 14: 795–804.

Jacobson, K. C., R. Baldwin, and D. C. Reese. 2012. Parasite communities indicate effects of cross-shelf distributions, but not mesoscale oceanographic features on northern California Current mid-trophic food web. *Mar. Ecol. Prog. Ser.* 454: 19–36.

Johnson, C. K., M. T. Tinker, J. A. Estes, et al. 2009. Prey choice and habitat use drive sea otter pathogen exposure in a resource-limited coastal system. *Proc. Natl. Acad. Sci. (USA)* 106: 2242–2247.

Johnson, P. T. J. and S. R. Carpenter. 2008. Influence of eutrophication on disease in aquatic ecosystems: patterns, processes and predictions. In, *Reciporical Interactions between Ecosystems and Disease* (R. Ostfeld, F. Keesing, and V. Eviner, eds.), pp. 71–99. Princeton, NJ: University Press.

Johnson, P. T. J., A. Dobson, K. D. Lafferty, et al. 2010. When parasites become prey: Ecology and epidemiological significance of eating parasites. *Trends Ecol. Evol.* 25: 362–371.

Johnson, P. T. J., D. L. Preston, J. T. Hoverman, and K. L. D. Richgels. 2013. Biodiversity decreases disease through predictable changes in

Hughes, J., L. Deegan, J. Wyda, et al. 2002. The effects of eelgrass habitat loss on estuarine fish communities of southern New England. *Estuaries* 25: 235–249.

Hughes, T. P., N. A. J. Graham, J. B. C. Jackson, et al. 2010. Rising to the challenge of sustaining coral reef resilience. *Trends Ecol. Evol.* 25: 633–642.

Huspeni, T. C. and K. D. Lafferty. 2004. Using larval trematodes that parasitize snails to evaluate a salt-marsh restoration project. *Ecol. Appl.* 14: 795–804.

Jacobson, K. C., R. Baldwin, and D. C. Reese. 2012. Parasite communities indicate effects of cross-shelf distributions, but not mesoscale oceanographic features on northern California Current mid-trophic food web. *Mar. Ecol. Prog. Ser.* 454: 19–36.

Johnson, C. K., M. T. Tinker, J. A. Estes, et al. 2009. Prey choice and habitat use drive sea otter pathogen exposure in a resource-limited coastal system. *Proc. Natl. Acad. Sci. (USA)* 106: 2242–2247.

Johnson, P. T. J. and S. R. Carpenter. 2008. Influence of eutrophication on disease in aquatic ecosystems: patterns, processes and predictions. In, *Reciporical Interactions between Ecosystems and Disease* (R. Ostfeld, F. Keesing, and V. Eviner, eds.), pp. 71–99. Princeton, NJ: University Press.

Johnson, P. T. J., A. Dobson, K. D. Lafferty, et al. 2010. When parasites become prey: Ecology and epidemiological significance of eating parasites. *Trends Ecol. Evol.* 25: 362–371.

Johnson, P. T. J., D. L. Preston, J. T. Hoverman, and K. L. D. Richgels. 2013. Biodiversity decreases disease through predictable changes in host community competence. *Nature* 494: 230–234.

Jolles, A. E., P. Sullivan, A. P. Alker, and C. D. Harvell. 2002. Disease transmission of aspergillosis in sea fans: Inferring process from spatial pattern. *Ecology* 83: 2373–2378.

Kabata, Z. 1969. *Phrixocephalus cincinnatus* Wilson, 1908 (Copepoda: Lernaeoxeridae): Morphology metamorphosis and host–parasite relationship. *J. Fish. Res. Board Can.* 26: 921–934.

Kaczmarky, L., M. Draud, and E. Williams. 2005. Is there a relationship between proximity to sewage effluent and the prevalence of coral disease. *Caribb. J. Sci.* 41: 124–137.

Kaplan, A. T., S. Rebhal, K. D. Lafferty, and A. Kuris. 2009. Small estuarine fishes feed on large trematode cercariae: Lab and field observations. *J. Parasitol.* 95: 477–480.

Keesing, F., L. K. Belden, P. Daszak, et al. 2010. Impacts of biodiversity on the emergence and transmission of infectious diseases. *Nature* 468: 647–652.

Kibenge, F. S., O. N. Gárate, G. Johnson, et al. 2001. Isolation and identification of infectious salmon anaemia virus (ISAV) from Coho salmon in Chile. *Dis. Aquat. Org.* 45: 9–18.

Kim, K. and C. D. Harvell. 2004. The rise and fall of a six-year coral-fungal epizootic. *Am. Nat.* 164: S52–S63.

King, B. J. and P. T. Monis. 2007. Critical processes affecting *Cryptosporidium* oocyst survival in the environment. *Parasitology* 134: 309–323.

Kocan, R., P. Hershberger, and J. Winton. 2004. Ichthyophoniasis: An emerging disease of chinook salmon in the Yukon River. *J. Aquat. Anim. Health* 16: 37–41.

Kreuder, C., M. A. Miller, D. A. Jessup, et al. 2003. Patterns of mortality in southern sea otters (*Enhydra lutris nereis*) from 1998–2001. *J. Wildl. Dis.* 39: 495–509.

Krkosek, M., J. S. Ford, A. Morton, et al. 2007. Declining wild salmon populations in relation to parasites from farm salmon. *Science* 318: 1772–1775.

Krkosek, M., C. W. Revie, P. G. Gargan, et al. 2012. Impact of parasites on salmon recruitment in the Northeast Atlantic Ocean. *Proc. Biol. Sci.* 280: 20122359.

Kuris, A. M. 1973. Biological control: Implications of the analogy between the trophic interactions of insect pest–parasitoid and snail–trematode systems. *Exp. Parasitol.* 33: 365–379.

Kuris, A. M. 2007. Parasitism. In, *Encyclopedia of Tidepools and Rocky Shores* (M. Denny and S. D. Gaines, eds.), pp. 421–423. Berkeley, CA: University of California Press.

Kuris, A. M. 2012. The global burden of human parasites: Who and where are they? How are they transmitted? *J. Parasitol.* 98: 1056–1064.

Kuris, A. M., R. F. Hechinger, J. C. Shaw, et al. 2008. Ecosystem energetic implications of parasite and free-living biomass in three estuaries. *Nature* 454: 515–518.

Kuris, A. M. and K. D. Lafferty. 1992. Modelling crustacean fisheries: Effects of parasites on management strategies. *Can. J. Fish. Aquat. Sci.* 49: 327–336.

Kuris, A. M. and K. D. Lafferty. 1994. Community structure: Larval trematodes in snail hosts. *Annu. Rev. Ecol. Syst.* 25: 189–217.

Laboy-Nieves, E. N., E. Klein, J. E. Conde, et al. 2001. Mass mortality of tropical marine communities in Morocco, Venezuela. *Bull. Mar. Sci.* 68: 163–179.

Lafferty, K. D. 1993. Effects of parasitic castration on growth, reproduction and population dynamics of the marine snail *Cerithidea californica*. *Mar. Ecol. Prog. Ser.* 96: 229–237.

Lafferty, K. D. 1997. Environmental parasitology: What can parasites tell us about human impacts on the environment? *Parasitol. Today* 13: 251–255.

Lafferty, K. D. 2004. Fishing for lobsters indirectly increases epidemics in sea urchins. *Ecol. Appl.* 14: 1566–1573.

Lafferty, K. D. 2009. The Ecology of climate change and infectious diseases. *Ecology* 90: 888–900.

Lafferty, K. D. 2010. Interacting parasites. *Science* 330: 187–188.

Lafferty, K. D. 2012. Biodiversity loss decreases parasite diversity: Theory and patterns. *Phil. Trans. R. Soc. B* 367: 2814–2827.

Lafferty, K. D and T. Ben-Horin. Unpublished. Abalone farms discharge WS-RLO into the wild.

Lafferty, K. D. and L. R. Gerber. 2002. Good medicine for conservation biology: The intersection of epidemiology and conservation theory. *Conserv. Biol.* 16: 593–604.

Lafferty, K. D. and R. D. Holt. 2003. How should environmental stress affect the population dynamics of disease? *Ecol. Lett.* 6: 797–802.

Lafferty, K. D. and A. M. Kuris. 1993. Mass mortality of abalone *Haliotis cracherodii* on the California Channel Islands: Tests of epidemiological hypotheses. *Mar. Ecol. Prog. Ser.* 96: 239–248.

Lafferty, K. D. and A. M. Kuris. 1996. Biological control of marine pests. *Ecology* 77: 1989–2000.

Lafferty, K. D. and A. M. Kuris. 2002. Trophic strategies, animal diversity and body size. *Trends Ecol. Evol.* 17: 507–513.

Lafferty, K. D. and A. M. Kuris. 2005. Parasitism and environmental disturbances. In, *Parasitism and Ecosystems* (F. Thomas, J. F. Guégan, and F. Renaud, eds.), pp. 113–123. Oxford, UK: Oxford University Press.

Lafferty, K. D. and A. M. Kuris. 2009a. Parasites reduce food web robustness because they are sensitive to secondary extinction as illustrated by an invasive estuarine snail. *Phil. Trans. R. Soc. B* 364: 1659–1663.

Lafferty, K. D. and A. M. Kuris. 2009b. Parasitic castration: the evolution and Ecology of body snatchers. *Trends Parasitol.* 25: 564–572.

Lafferty, K. D. and A. M. Kuris. 2012. Ecological consequences of manipulative parasites. In, *Host Manipulation by Parasites* (D. P. Hughes, J. Brodeur, and F. Thomas, eds.), pp. 158–168. Oxford, UK: Oxford University Press.

Lafferty, K. D., A. P. Dobson, and A. M. Kuris. 2006. Parasites dominate food web links. *Proc. Natl. Acad. Sci. (USA)* 103: 11211–11216.

Lafferty, K. D., J. C. Shaw, and A. M. Kuris. 2008a. Reef fishes have higher parasite richness at unfished Palmyra Atoll compared to fished Kiritimati Island. *EcoHealth* 5: 338–345.

Lafferty, K. D., S. Allesina, M. Arim, et al. 2008b. Parasites in food webs: The ultimate missing links. *Ecol. Lett.* 11: 533–546.

Lauzon-Guay, J. S., R. E. Scheibling, and M. A. Barbeau. 2009. Modelling phase shifts in a rocky subtidal ecosystem. *Mar. Ecol. Prog. Ser.* 375: 25–39.

Lessios, H. A. 1988. Mass mortality of *Diadema antillarum* in the Caribbean: What have we learned? *Annu. Rev. Ecol. Syst.* 19: 371–393.

Lessios, H. A., J. D. Cubit, D. R. Robertson, et al. 1984. Mass Mortality of *Diadema antillarum* on the Caribbean Coast of Panama. *Coral Reefs* 3: 173–182.

Lim, H. S., R. J. Diaz, J. S. Hong, and L. C. Schaffner. 2006. Hypoxia and benthic community recovery in Korean coastal waters. *Mar. Pollut. Bull.* 52: 1517–1526.

Luque, J. L. and R. Poulin. 2008. Linking Ecology with parasite diversity in Neotropical fishes. *J. Fish Biol.* 72: 189–204.

Mackin, J. G., H. M. Owen, and A. Collier. 1950. Preliminary note on the occurence of a new protistan parasite, *Dermocyctidium marinum*, in *Crassostrea virginica*. *Science* 111: 328–329.

MacLeod, C. D. and R. Poulin. 2012. Host–parasite interactions: A litmus test for ocean acidification? *Trends Parasitol.* 28: 365–369.

Marcogliese, D. J. 2002. Food webs and the transmission of parasites to marine fish. *Parasitology* 124: S83–S99.

Marcogliese, D. J. and D. K. Cone. 1996. On the distribution and abundance of eel parasites in Nova Scotia: Influence of pH. *J. Parasitol.* 82: 389–399.

Mayer, K. A., M. D. Dailey, and M. A. Miller. 2003. Helminth parasites of the southern sea otter *Enhydra lutris nereis* in central California: Abundance, distribution and pathology. *Dis. Aquat. Org.* 53: 77–88.

McCallum, H., L. Gerber, and A. Jani. 2005. Does infectious disease influence the efficacy of marine protected areas? A theoretical framework. *J. Appl. Ecol.* 42: 688–698.

McCallum, H. I., A. M. Kuris, C. D. Harvell, et al. 2004. Does terrestrial epidemiology apply to marine systems? *Trends Ecol. Evol.* 19: 585–591.

McClelland, G. 2002. The trouble with sealworms (*Pseudoterranova decipiens* species complex, Nematoda): A review. *Parasitology* 124: S183–S203.

Miller, M. A., B. A. Byrne, S. S. Jang, et al. 2010. Enteric bacterial pathogen detection in southern sea otters (*Enhydra lutris nereis*) is associated with coastal urbanization and freshwater runoff. *Vet. Res.* 41.

Miller, M. A., I. A. Gardner, C. Kreuder, et al. 2002. Coastal freshwater runoff is a risk factor for *Toxoplasma gondii* infection of southern sea otters (*Enhydra lutris nereis*). *Int. J. Parasitol.* 32: 997–1006.

Miller, M. A., W. A. Miller, P. A. Conrad, et al. 2008. Type X *Toxoplasma gondii* in a wild mussel and terrestrial carnivores from coastal California: New linkages between terrestrial mammals, runoff and toxoplasmosis of sea otters. *Int. J. Parasitol.* 38: 1319–1328.

Miner, C. M., J. M. Altstatt, P. T. Raimondi, and T. E. Minchinton. 2006. Recruitment failure and shifts in community structure following mass mortality limit recovery prospects of black abalone. *Mar. Ecol. Prog. Ser.* 327: 107–117.

Moore, J. D., C. I. Juhasz, T. T. Robbins, and L. I. Vilchis. 2009. Green abalone, *Haliotis fulgens* infected with the agent of withering syndrome do not express disease signs under a temperature regime permissive for red abalone, *Haliotis rufescens*. *Mar. Biol.* 156: 2325–2330.

Moran, J. D. W., D. J. Whitaker, and M. L. Kent. 1999. A review of the myxosporean genus *Kudoa* Meglitsch, 1947, and its impact on the international aquaculture industry and commercial fisheries. *Aquaculture* 172: 163–196.

Mordecai, E. A. 2011. Pathogen impacts on plant communities: Unifying theory, concepts, and empirical work. *Ecol. Monogr.* 81: 429–441.

Mouritsen, K. N. and R. Poulin. 2005. Parasites boost biodiversity and change animal community structure by trait-mediated indirect effects. *Oikos* 108: 344–350.

Muehlstein, L. K., D. Porter, and F. T. Short. 1988. *Labyrinthula* sp., a marine slime-mold producing the symptoms of wasting disease in eelgrass, *Zostera marina*. *Mar. Biol.* 99: 465–472.

Murray, A. G., M. O'Callaghan, and B. Jones. 2001. A model of transmission of a viral epidemic among schools within a shoal of pilchards. *Ecol. Model.* 144: 245–259.

Mydlarz, L. D., S. F. Holthouse, E. C. Peters, and C. D. Harvell. 2008. Cellular responses in sea fan corals: Granular amoebocytes react to pathogen and climate stressors. *PLoS ONE* 3.

Nagelkerken, I., K. Buchan, G. W. Smith, et al. 1997. Widespread disease in Caribbean sea fans: II. Patterns of infection and tissue loss. *Mar. Ecol. Prog. Ser.* 160: 255–263.

Nugues, M. M., G. W. Smith, R. J. Hooidonk, et al. 2004. Algal contact as a trigger for coral disease. *Ecol. Lett.* 7: 919–923.

Ogawa, K. and H. Yokoyama. 1998. Parasitic diseases of cultured marine fish in Japan. *Fish Pathol.* 33: 303–309.

Page, C., D. Baker, C. D. Harvell, et al. 2009. Influence of marine reserves on coral disease prevalence. *Dis. Aquat. Org.* 87: 135–150.

Pandolfi, J. M., C. E. Lovelock, and A. F. Budd. 2002. Character release following extinction in a Caribbean reef coral species complex. *Evolution* 56: 479–501.

Parker, D. O., P. L. Haaker, and H. A. Togstad. 1992. Case histories for three species of California abalone, *Haliotis corrugata*, *H. fulgens* and *H. cracherodii*. In, *Abalone of the World: Biology, Fisheries and Culture* (S. A. Shepherd, M. J. Tegner, and S. G. d. Próo, eds.), pp. 384–394. Oxford, UK: Blackwell Scientific.

Parmentier, E. and P. Vandewalle. 2005. Further insight on carapid-holothuroid relationships. *Mar. Biol.* 146: 455–465.

Parsons, R. J., M. Breitbart, M. W. Lomas, and C. A. Carlson. 2012. Ocean time-series reveals recurring seasonal patterns of virioplankton dynamics in the northwestern Sargasso Sea. *ISME J* 6: 273–284.

Pennings, S. C. and R. M. Callaway. 1996. Impact of a parasitic plant on the structure and dynamics of salt marsh vegetation. *Ecology* 77: 1410–1419.

Petes, L. E., C. D. Harvell, E. C. Peters, et al. 2003. Pathogens compromise reproduction and induce melanization in Caribbean sea fans. *Mar. Ecol. Prog. Ser* 264: 167–171.

Pitcher, G. C. and D. Calder. 2000. Harmful algal blooms of the southern Benguela Current: A review and appraisal of monitoring from 1989 to 1997. *Afr. J. Mar. Sci.* 22: 255–271.

Poulin, R. 1997. Species richness of parasite assemblages: Evolution and patterns. *Annu. Rev. Ecol. Syst.* 28: 341–358.

Poulin, R., F. Guilhaumon, H. S. Randhawa, et al. 2011. Identifying hotspots of parasite diversity from species-area relationships: Host phylogeny versus host ecology. *Oikos* 120: 740–747.

Powell, E., J. Klinck, K. Ashton-Alcox, et al. 2012. The rise and fall of *Crassostrea virginica* oyster reefs: The role of disease and fishing in their demise and a vignette on their management. *J. Mar. Res.* 70: 505–558.

Randolph, S. E. and A. D. M. Dobson. 2012. Pangloss revisited: A critique of the dilution effect and the biodiversity–buffers–disease paradigm. *Parasitology* 139: 847–863.

Raymundo, L. J., A. R. Halford, A. P. Maypa, and A. M. Kerr. 2009. Functionally diverse reef-fish communities ameliorate coral disease. *Proc. Natl. Acad. Sci. (USA)* 106: 17067–17070.

Renn, C. E. 1936. The wasting disease of *Zostera marina*: A phytological investigation of the diseased plant. *Biol. Bull.* 70: 148–158.

Richards, D. V. and G. E. Davis. 1993. Early warnings of modern population collapse in black abalone *Haliotis cracherodii*, Leach 1814 at the California Channel Islands. *J. Shellfish Res.* 12: 189–194.

Rogers, C. S., and E. M. Muller. 2012. Bleaching, disease and recovery in the threatened scleractinian coral *Acropora palmata* in St. John, US Virgin Islands: 2003–2010. *Coral Reefs* 31: 1–13.

Rohde, K. 2005. *Marine Parasitology*. Collingwood, Australia: CSIRO Publishing.

Rohde, K. and M. Heap. 1998. Latitudinal differences in species and community richness and in community structure of metazoan endo- and ectoparasites of marine teleost fish. *Int. J. Parasitol.* 28: 461–474.

Rohde, K., C. Hayward, and M. Heap. 1995. Aspects of the ecology of metazoan ectoparasites of marine fishes. *Int. J. Parasitol.* 25: 945–970.

Rudolf, V. and K. D. Lafferty. 2011. Stage structure alters how complexity affects stability of ecological networks. *Ecol. Lett.* 14: 75–79.

Ruiz-Moreno, D., B. L. Willis, A. C. Page, et al. 2012. Global coral disease prevalence associated with sea temperature anomalies and local factors. *Dis. Aquat. Org.* 100: 249–261.

Rypien, K. L., J. P. Andras, and C. D. Harvell. 2008. Globally panmictic population structure in the opportunistic fungal pathogen *Aspergillus sydowii*. *Mol. Ecol.* 17: 4068–4078.

Sasal, P., N. Niquil, and P. Bartoli. 1999. Community structure of digenean parasites of sparid and labrid fishes of the Mediterranean sea: A new approach. *Parasitology* 119: 635–648.

Scheibling, R. E. and A. W. Hennigar. 1997. Recurrent outbreaks of disease in sea urchins *Strongylocentrotus droebachiensis* in Nova Scotia: Evidence for a link with large-scale meteorologic and oceanographic events. *Mar. Ecol. Prog. Ser.* 152: 155–165.

Shapiro, K., M. Miller, and J. Mazet. 2012. Temporal association between land-based runoff events and California sea otter (*Enhydra lutris nereis*) protozoal mortalities. *J. Wildl. Dis.* 48: 394–404.

Shaw, D. J., B. T. Grenfell, and A. P. Dobson. 1998. Patterns of macroparasite aggregation in wildlife host populations. *Parasitology* 117: 597–610.

Short, F. T., L. K. Muehlstein, and D. Porter. 1987. Eelgrass wasting disease—cause and recurrence of a marine epidemic. *Biol. Bull.* 173: 557–562.

Smith, G. W., L. D. Ives, I. A. Nagelkerken, and K. B. Ritchie. 1996. Caribbean sea-fan mortalities. *Nature* 383: 487–487.

Smith, N. F. 2001. Spatial heterogeneity in recruitment of larval trematodes to snail intermediate hosts. *Oecologia* 127: 115–122.

Smith, N. F. 2007. Associations between shorebird abundance and parasites in the sand crab, *Emerita analoga*, along the California coast. *J. Parasitol.* 93: 265–273.

Sonnenholzner, J. I., K. D. Lafferty, and L. B. Ladah. 2011. Food webs and fishing affect parasitism of the sea urchin *Eucidaris galapagensis* in the Galápagos. *Ecology* 92: 2276–2284.

Sousa, W. P. 1990. Spatial scale and the processes structuring a guild of larval trematode parasites. In, *Parasite Communities: Patterns and Processes* (G. W. Esch, A. O. Bush, and J. M. Aho, eds.), pp. 41–67. New York, NY: Chapman and Hall.

Strona, G. and K. D. Lafferty. 2012. FishPEST: An innovative software suite for fish parasitologists. *Trends Parasitol.* 28: 123–123.

Sutherland, K. P., J. W. Porter, and C. Torres. 2004. Disease and immunity in Caribbean and Indo-Pacific zooxanthellate corals. *Mar. Ecol. Prog. Ser.* 266: 273–302.

Sutherland, K. P., J. W. Porter, J. W. Turner, et al. 2010. Human sewage identified as likely source of white pox disease of the threatened Caribbean elkhorn coral, *Acropora palmata*. *Environ. Microbiol.* 12: 1122–1131.

Sutherland, K. P., S. Shaban, J. Joyner, et al. 2011. Human pathogen shown to cause disease in the threatened elkhorn coral *Acropora palmata*. *PLoS ONE* 6: e23468.

Suttle, C. A. 2007. Marine viruses—major players in the global ecosystem. *Nat. Rev. Microbiol.* 5: 801-812.

Swinton, J., J. Harwood, B. T. Grenfell, and C. A. Gilligan. 1998. Persistence thresholds for phocine distemper virus infection in harbour seal *Phoca vitulina* metapopulations. *J. Anim. Ecol.* 67: 54–68.

Szmant, A. 2002. Nutrient enrichment on coral reefs: Is it a major cause of coral decline? *Estuaries* 25: 743–766.

Thomas, F. and R. Poulin. 1998. Manipulation of a mollusc by a trophically transmitted parasite: Convergent evolution or phylogenetic inheritance? *Parasitology* 116: 431–436.

Thomas, F., F. Renaud, T. de Meeüs, and R. B. Poulin. 1998. Manipulation of host behaviour by parasites: Ecosystem engineering in the intertidal zone? *Proc. Biol. Sci.* 265: 1091–1096.

Thomas, N. J. and R. A. Cole. 1996. The risk of disease and threats to the wild population. *Endanger. Species Update* 13: 24–28.

Timi, J. T. and R. Poulin. 2003. Parasite community structure within and across host populations of a marine pelagic fish: How repeatable is it? *Int. J. Parasitol.* 33: 1353–1362.

Tompkins, D. M. and M. Begon. 1999. Parasites can regulate wildlife populations. *Parasitol. Today* 15: 311–313.

Torchin, M. E., K. D. Lafferty, and A. M. Kuris. 2002. Parasites and marine invasions. *Parasitology* 124: S137–S151.

Torchin, M. E., K. D. Lafferty, A. P. Dobson, et al. 2003. Introduced species and their missing parasites. *Nature* 421: 628–630.

U.S. Fish and Wildlife Service. 2003. Final Revised Recovery Plan for the Southern Sea Otter (Enhydra lutris nereis). Portland, Oregon.

Vidal-Martinez, V. M. and R. Poulin. 2003. Spatial and temporal repeatability in parasite community structure of tropical fish hosts. *Parasitology* 127: 387–398.

Voss, J. D. and L. L. Richardson. 2006. Nutrient enrichment enhances black band disease progression in corals. *Coral Reefs* 25: 569–576.

Wang, C. Z. and P. C. Fiedler. 2006. ENSO variability and the eastern tropical Pacific: A review. *Prog. Oceanogr.* 69: 239–266.

Ward, J. R. and K. D. Lafferty. 2004. The elusive baseline of marine disease: Are diseases in ocean ecosystems increasing? *PLoS Biol.* 2: 542–547.

Weil, E., A. Croquer, and I. Urreiztieta. 2009. Temporal variability and impact of coral diseases and bleaching in La Parguera, Puerto Rico from 2003–2007. *Caribb. J. Sci.* 45: 221–246.

Whittington, R. J., J. B. Jones, P. M. Hine, and A. D. Hyatt. 1997. Epizootic mortality in the pilchard *Sardinops sagax neopilchardus* in Australia and New Zealand in 1995. I. Pathology and epizootiology. *Dis. Aquat. Org.* 28: 1–16.

Wood, C. L., K. D. Lafferty, and F. Micheli. 2010. Fishing out marine parasites? Impacts of fishing on rates of parasitism in the ocean. *Ecol. Lett.* 13: 761–775.

Wootton, E. C., A. P. Woolmer, C. L. Vogan, et al. 2012. Increased disease calls for a cost–benefits review of marine reserves. *PLoS ONE* 7: e51615.

第 6 章

生物多样性和生态系统功能

格局会影响过程吗？

Mary I. O'Connor 和 Jarrett E. K. Byrnes

海洋群落生态学的许多进展都是通过理解作为生态和演化过程产物的自然格局（特别是多样性的格局）来实现的（见第 1 章）。这种观点激发了开创性的实验研究，并培育了强烈的研究传统——将自然历史和实验研究相结合，从而奠定了现代海洋群落研究的特点。现有的基于过程的研究模式遇到的新问题是，如何理解群落结构：人类活动正在快速降低很多海洋生境的生物多样性（见第 20 章）。由于物种引进造成的生物多样性丧失或提高，不仅会损害海洋生物群落的结构，而且会使其生态系统功能退化（图 6.1）。

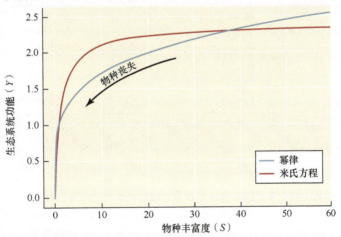

图 6.1 总体上，物种丰富度与生态系统功能之间的关系是单调性的。如黑色箭头所示，物种的丧失将降低（生态系统的）功能。大部分研究都发现二者之间存在幂律或米氏方程（Michaelis-Menten function）关系（Cardinale et al.，2011）。在本图中，幂律关系更为陡峭，表明一个物种的丧失或增加给功能带来更大的变化，即物种丰富度（S）与生态系统功能（Y）之间的关系更强。米氏方程曲线则显示多样性与功能之间的关系很弱［基于 Cardinale 等（2011）分析拟合的曲线］

研究生物多样性和生态系统功能（biodiversity and ecosystem function，BEF）之间关系，源于对物种丧失后果的担忧（Naeem，2002，2012；Barnosky et al.，2011），以及渴望理解群落结构和生态系统功能是如何关联的（Naeem，2002；Loreau，2010）。出于这样的目的，已有上百个在海洋生物群落开展的研究（图 6.2；Worm et al.，2006；Stachowicz et al.，2007；Solan et al.，2012），去探索格局——局部多样性对生态系统过程的影响，从而在海洋群落生态学里形成了一个新的研究方向。我们知道，当某个物种在一个群落中灭绝，该群落的功能特征和种间关系的数量就会减少，从而改变生态过程的速率和结果。BEF 研究提出了一些新的问题和争议，引入了一些新的实验方法，并对海洋群落生态学家关于结构和功能的传统观点提出了挑战。BEF 研究自身也在接受常见的挑战，例如，如何进行逻辑性实验来检验理论？如何将局部的实验结果与大尺度格局相关联？ BEF 研究还为保护生物多样性提供了新的理由——保护可持续的生态系统服务（Balvanera et al.，2006；Cardinale et al.，2012）。

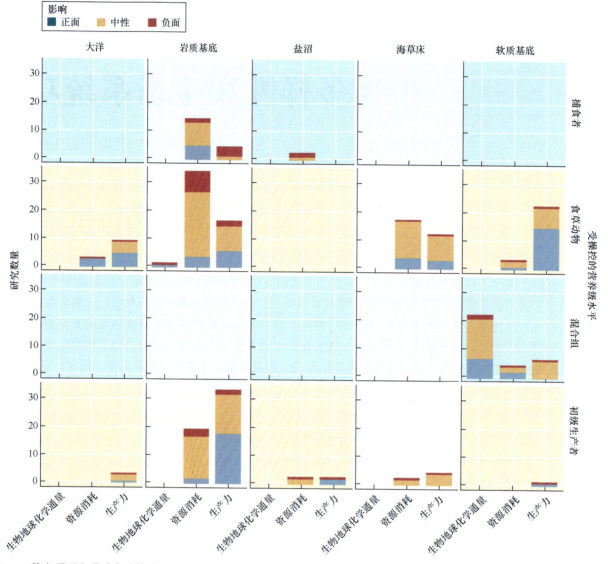

图6.2 数十项研究通过实验检验了物种丰富度对海洋生态系统功能的影响。在许多生境类型和不同营养级水平上，对 BEF 关系进行了量化。对于每项测量（48 个研究中共有 235 项测量），根据最多样化的混合组与平均单一物种实验组之间功能值比率的对数，物种丰富度对生态系统功能的影响可以被判定为正面的或负面的或中性的［感谢 L. Gamfeldt、J. Griffin、J. S. Lefcheck 和 J. E. Duffy 提供所发表研究（2011）中的数据］

在本章，我们将对海洋 BEF 研究的概念、主要结论及深远意义做出综述。首先是对生物多样性会如何影响生态系统功能的简要概述，包括其中心概念、假设和实验方法。我们会讨论，在海洋系统快速变化的时期，BEF 研究如何推动海洋群落生态学和保护生态学研究的进展，以及海洋研究如何为 BEF 研究提供重要视角？然后，我们将讨论目前 BEF 概念的一些局限性，并指出未来会取得进展的一些研究领域。

定义和核心概念

BEF 研究的核心概念是，生物多样性浓缩了生态系统中生命体的各种性状（Magurran，2003；Leinster and Cobbold，2011）。一组生物的性状多样性越高，对资源的利用就更完整。对可用资源的利用程度越高，就越能增强和稳定生态系统内部的物质循环和能量流动。生物多样性的组分包括：任意给定群落（或组合）中不同类型生物的丰富度（物种的数量），以及描述系统内物种丰度相似性的均匀度，即在均匀度高的群落里，不同物种的丰度是相近的。丰富度和均匀度结合在一起，可以得到香农多样性指数，以发现物种相对丰富度的变化，即便某个物种并未完全灭绝（Jost，2006）。

多样性也可以用一组个体（有时是一组物种）的性状、功能类型和系统发育史等的变化来衡量。物种丰富度是估算生物多样性最常见、最直接的方法（Magurran，2003；Leinster and Cobbold，2011），但它的假设前提是，分类多样性是与性状或功能多样性相关的（Naeem and Wright，2003；Cadotte et al.，2011），这一假设还有待进一步研究。尽管功能冗余可能很普遍（Rosenfeld，2001），Micheli 和 Halpern（2005）的研究发现，在海洋生物群落中，物种多样性和功能多样性呈正相关关系。功能多样性是指一个或多个特定生态位轴上特征值的多样性（Diaz and Cabido，2001；Cadotte et al.，2011），包括生境偏好、取食模式、形态、营养级位置和资源利用等（Steneck and Dethier，1994；Schmitz，2009；Behl et al.，2011）。例如，藻类的不同形态与光线利用和营养利用的不同水平，以及食草抗力有关联（Steneck and Dethier，1994）。功能多样性有多种定义和不同的定量化方法，从量化群落中的一个性状的变化，到度量多个性状并估算它们之间的距离（Diaz and Cabido，2001；Petchey and Gaston，2002；Cadotte et al.，2011）。

丰富度、均匀度和多样性等指标可以用于量化多样性，但并没有考虑物种的一致性和组成。一致性和组成是物种的独特属性，如杂食性、固氮能力或高生产力。当一个组合中某个物种的影响力过于突出时，一致性效应会非常重要。例如，在 5 个物种组成的捕食者组合中，捕食者对植物的影响高度依赖于是否有某个物种是杂食性的（Bruno and O'Connor，2005）。通过衡量有效丰富度指标，多样性估算也可以包含一个组合中的物种相似性（Leinster and Cobbold，2011）。

BEF 研究将生物多样性和生态系统功能联系在一起。生态系统功能是指一个生态系统中物质或能量的存量、通量和相对稳定性（Pacala and Kinzig，2001）。在 BEF 研究中，最常测量的功能是初级生产者的现存量，尽管也可以是许多其他功能，包括生产力、资源通量和捕食抑制等（Balvanera et al.，2006；Cardinale et al.，2006）。但是，现存量和通量之间的关系并不总是很清楚（Stocker et al.，1999；Petchey，2003）。我们认为，现存量是群落结构的最好表达，而且可以和通量联系在一起，以表达内在的过程。尽管存量（群落结构）和通量（过程）都被视为生态系统功能，但它们对非生物或生物条件的响应是不同的（Duarte and Cebrian，1996）。因此，区分存量和通量，对于稳健地整合生物多样性变化和生态系统科学至关重要（Petchey，2003）。

生态系统功能是生态系统服务的基础，但二者不是同义词（Millenium Ecosystem Assessment，2005；Balvanera et al.，2006）。生态系统服务是生态系统功能或群落结构的社会、文化与经济价值（Millenium Ecosystem Assessment，2005）。这些服务有时，但并不总是，会与功能直接相关（Balvanera et al.，2006；Cardinale et al.，2012）。

理论方法、概念方法和经验方法

生物多样性和生态系统功能研究的理论基础

生物多样性和生态系统功能（BEF）研究是建立在物种共存的概念和数学理论基础之上的。与其他任何生态学研究一样，BEF 也是通过对理论的仔细检验，确认其对自然系统理解的优势与局限性发展起来的。因此，需要在理论背景下，考虑对多样性和生态系统功能关系进行经验观察。在达尔文的《物种起源》（*On the Origin of Species*）中就提到了多样性会影响生产力的假设命题（Hector and Hooper，2002；Tilman and Lehman，2002）。生态学的奠基者又再次将多样性与功能的正相关关系概念化（Odum，1953；MacArthur，1955；Elton，1958；Margalef，1969；见 Tilman and Lehman，2002 的综述）。这些概念已经融入数学 BEF 理论，根植于竞争、共存和群落结构的模型之中（Loreau，1996，1998a；Tilman，1999；Chesson et al.，2001；Loreau et al.，2001）。BEF 理论的一个假定是，物种在功能上是不同的，如果相似物种利用资源的方式不同就可以共存（不会产生竞争排斥），换言之，它们具有不同生态位（Lareau，1996，1998a；Tilman，1999；Carroll et al.，2011；Turnbull et al.，2013）。

BEF 理论描述两种本地多样性影响本地功能的过程，即互补性和选择性（Loreau et al.，2001）。每种类型的过程分别反映了维持本地集群多样性的不同机制。互补性描述的是共存物种需要利用生态位空间中不同要素的过程。基于种内和种间竞争的强度，以及竞争物种的相对承载能力，竞争理论认为，共存物种的多样性与总体资源利用之间存在正相关关系（Cardinale et al.，2004；Weis et al.，2007；Gotelli，2008）。通过生态位分化等过程，如资源分化（Tilman et al.，1997；Tilman，1999）或明显的竞争差异（Loreau，1996），以及促进作用（Mulder et al.，2001）等，多样性能够通过互补性影响功能。这些机制被认为是确定性的，不需要建模或考虑随机变化，其结果与基于生态位共存理论的预测非常吻合。互补性不是一个机制或过程，但它能够把握住一系列过程，这些过程导致了物种间的各种差异，而多样性对功能的影响取决于共存机制（Mouquet et al.，2002）。基于资源分化的互补性假设，总生物量或丰度是受资源限制的。因此，互补性可以解释为什么丰富度增加，功能也随之增加（图 6.3A），因为，多样性高的集合或者对给定资源的使用更完整，或者比多样性低的集合利用更广泛的资源。

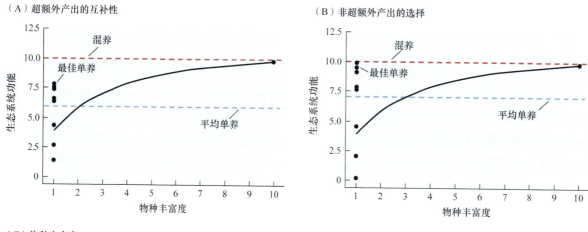

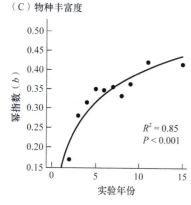

图 6.3 多样性通过互补性和选择影响功能。（A）物种对生态系统功能影响的互补性会导致多样化物种组合的功能比基于单养平均的预测更高。（B）如果一个物种单养表现较佳，在混养中又占据优势，多样性就能够通过选择效应而增强系统功能，混养就会"额外产出"*。这与图（A）中所显示的额外产出相反，在图（A）中，混养的产出甚至高于单养功能最佳的表现。（C）随着时间推移，多样性的影响越强，如图所示，以幂律表示的多样性–功能关系的标度指数随时间推移而增长（$Y=S^b$；见图 6.1）（仿自 Reich et al.，2012）

互补性足以解释多样性–功能关系，但不是必需的（Tilman，1999；Chesson et al.，2001；Loreau et al.，2001）。群落集合理论认为，局部的物种组分（至少部分上）是受反映随机事件的过程所影响的，包括干扰、定植或死亡，从而会随机地对某个物种或地方的影响高于另一个。对于给定的区域物种库，如果在本地群落纳入一个物种是随机的，会产生抽样效应。即多样性高的集合更有可能包含任一物种。这种物种的随机集合是理解抽样效应的关键。如果本地群落加入一个物种是随机的，而且生态系统功能是由主导资源利用的物种所决定的，那么随机抽样加上丰产物种的局部优势就会使丰富度对生产力产生正面效应，也称为选择效应（图 6.3B）。与之相反，如果优势种的生产力比其他物种还低，选择会对生态系统功能的丰富度产生负面影响（Lareau，2000；Bruno et al.，2006；Jiang et al.，2008；Boyer et al.，2009）。鉴于性状决定了优势性或功能，群落中物种的来去必须是随机的。否则，灭绝脆弱性（或定植）和竞争结果之间的关系将深刻

　＊原文为"nontransgressive overyielding"，即由于优势种的作用，混养的产出超出了平均预期，称为额外产出；而在"transgressive overyielding"（图 A）的情况下，甚至超出了最佳单养，所以称为超额外产出——译者

影响多样性对功能的作用。

根据理论预测，多样性能够缓冲环境的时间变化对生态系统功能的影响，因为在不同环境条件下，不同物种能够相互协调对生态系统功能的强烈作用。如果生产力是由所有物种加权平均所决定的，而且物种的生产力是随时间波动的，那么，多样性能够减少长期平均生产力的上下波动（Yachi and Lareau，1999）；而如果生产力由物种库中的优势种所决定，而且优势种随着时间推移会发生变化，那么，相对于多样性低的组合来说，多样性高的组合既可以随着时间推移而提高平均生产力，又可以降低其变化（Yachi and Lareau，1999）。在 BEF 研究中，这一概念称为保险假说（insurance hypothesis），意思是多样性高的组合更有可能包含一个在异常或不同环境下具有生产力的物种，从而使这个组合更容易在变化的环境里保持生态系统功能（图6.4）。相似的概念称为投资组合效应（portfolio effect），即无论哪个股票发生涨跌，投资组合通常表现得更为稳定（Hooper et al.，2005）。如果群落中物种丰富度的变化是非同步的，或者负相关的，就不太可能发生所有物种同时衰退。因此，功能能够被一些物种所维持（Doak et al.，1998；Hooper et al.，2005）。保险假说和投资组合效应描述了多样性如何协调群落的稳定性。这些观点已被概念化、理论化和经验化地讨论了近半个世纪（Roberts，1974；McCann，2000；Cottingham et al.，2001；Allesina and Tang，2012）。基于对不同环境条件响应差异的共存理论（Chesson，2000）认为，多样性效应在包含更大环境变化的更大时空尺度上作用更强烈（Chesson et al.，2001）。

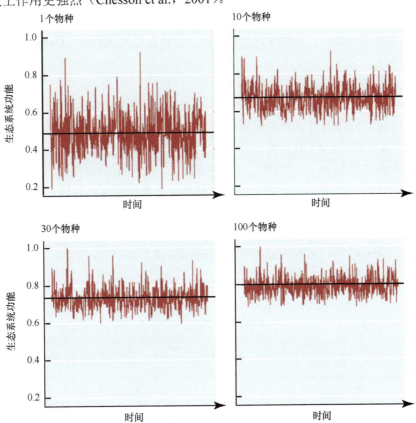

图6.4　保险假说。如果功能是由生产力水平最高的物种所决定的，多样性能够保持功能稳定，并在一个随时间变化的环境中提高平均功能（黑线）

生态位分化理论和选择效应的模拟表明，多样性对功能的影响会逐渐减弱（可能是饱和）（见图6.1和图6.3A、B）。其他基于竞争性结构群落假设的理论也得出同样的结论（Tilman et al.，1997；Naeem，2002；Thebault and Lareau，2003；Cardinale et al.，2004；Gonzalez et al.，2009）。Duffy 等（2007）指出，通过扩展现有竞争模型，纳入相互营养关系，能够预测多营养级背景下多样性的结果。这些分析表明，营养关系能够改变建立在选择和互补性基础上的多样性和功能间关系的大小，但不能改变其形式（Ives et al.，2005）。然而，这些改变通常假设群落是由竞争所塑造的（Thebault and Lareau，2003）。

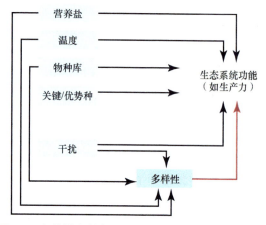

图 6.5 多样性与其他生物和非生物因素一起影响功能。BEF 研究表明，多样性的变化会改变生态系统功能（红线）。其他生物与非生物因素也会影响生态系统功能和多样性（黑线）。BEF 研究控制（或明确操控）这些因素，并将多样性对生态系统功能的影响剥离出来

结合所有这些过程，经典 BEF 理论提出两个关键预测：

（1）在两种条件下，多样性能够提高生态系统功能：（a）在局部，由竞争塑造群落的结构，其中生态位分化会影响共存；（b）竞争优势种对功能的正面影响最强烈，而且物种是从物种库中随机抽样的。

（2）当不同物种对环境变化响应的规模、时间和局部适应存在差异时，多样性对功能的影响应随着时空的变化而增长。

这些预测只有在相关假设得到满足时才有效。例如，BEF 理论通常会假设所有其他能够改变多样性或功能的要素（图 6.5）是不变的（Lareau et al.，2001），而群落是竞争性结构。在这些条件下，物种灭绝将降低功能及其稳定性，提高罕见或随机干扰的可能性，从而使多样性和功能降低到极低水平。其他的一些假说也建立在这两个基本预测上。例如，如果物种在其贡献的功能上存在差异，那么在考虑多功能时，多样性将会对整体功能具有更大的影响（Duffy et al.，2003；Hector and Bagchi，2007）。

检验概念、问题和理论的实验方法

海洋 BEF 实验与 BEF 理论有着各种不同的联系。许多实验被明确地设计以检验基于理论的预测，如存在性、功能形式，以及所提出的 BEF 关系的潜在原因（如 Duffy et al.，2001；Bracken and Stachowicz，2006；Bruno et al.，2006；Griffin et al.，2009）。要检验理论，实验设计需要简化一些条件，一般在中型实验生态系或较小的实验地块上进行，以方便控制非生物条件、干扰和物种构成等。实验设计的核心是，尽量控制一系列混淆效应（Huston，1997）。实验包括对物种库中每个物种的单养，以估算单个物种对生态系统功能的影响，以及一个或更多高多样性的实验组，重复实验组的物种构成不会完全相同，以避免物种构成和丰富度的混淆效应（图 6.6；如 Duffy et al.，2001；Bruno et al.，2005）。

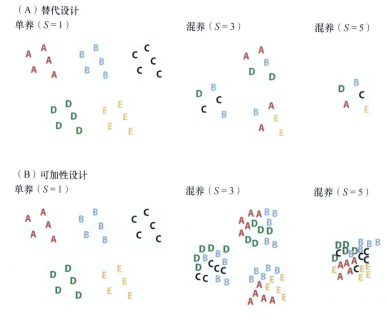

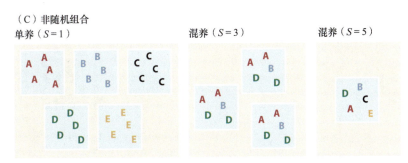

图 6.6　三种常见的检验物种丰富度对生态系统功能影响的实验设计类型。在三种类型中，实验组包括物种库每个物种的单养组（S=1）。每个单养组重复 n 次。较高丰富度的混养组包括从物种库抽取的物种，并随机组合（A 和 B），中等丰富度组合中的物种包括从该物种库中随机抽取的物种。每种丰富度水平重复 n 次，其中丰富度水平低于最大值的混养组，每次重复的构成会有所不同。（A）在替代设计中，个体丰度不变，而丰富度随着处理组不同而发生变化。（B）在可加性设计中，丰度随着丰富度发生变化。（C）在该设计中，物种丧失或组合是非随机的，混养组的物种构成是重复和嵌套的

操控多样性面临的一个挑战是，在操控多样性的时候要控制密度的变化。迄今为止，绝大多数实验使用的是替代设计，即初始密度或生物量是个常数，只有多样性会发生变化（图 6.6A；如 Duffy et al.，2003；Stachowicz et al.，1999）。这种实验设计的目的是阐明多样性效应的本质，并评估从种内关系转变到种间关系的作用。与之相反，可加性设计检验的是，当实验包含了更多个体之后，多样性是否放大或减弱了个体平均效应（图 6.6B；Finke and Denno，2004）。这两种方法的主要区别在于，它们对种内和种间密度的处理不同，以及它们如何精确操控种内和种间竞争，因为这二者可能是潜在的密度与功能间关系的驱动力（Weis et al.，2007）。选择替代设计还是可加性设计，决定了结果将如何与理论进行对比。其他方法会将二者相结合，以检验密度和多样性（表 6.1；Griffin et al.，2008；Byrnes and Stachowicz，2009a）及均匀度（Kirwan et al.，2009）之间的全部相互作用。

在实验中，识别和解释多样性作用需要对比物种组合和单一物种的功能表现（Lareau，1998b）。首先，多个物种实验组的功能（如生产力）是否超过单养实验组的平均功能（图 6.3A、B）？如果多物种组的功能大于单养的平均功能，就称为额外产出（overyielding）；其次，多样性最高的实验组的功能是否超过功能最高的单养组？如果是的，则称为超额外产出（transgressive overyielding）（图 6.3A）。如果不是，则称为非超额外产出（nontransgressive overyielding）（图 6.3B）。超额外产出可能是互补性或者物种组合的选择造成的，物种间的相互作用可能会提高功能（Fridley，2001）。

为了理清多样性对功能影响的机制，生态学家设计了几种不同的统计框架。最常用的是可加性划分框架，可以将选择效应从多样性的其他效应中剥离出来（Loreau and Hector，2001）。一旦选择效应被划分出来，剩余的多样性对生态系统的效应就可以都归因于互补性。其他的统计方法会使用更细化的划分方法（Fox，2005），或者将结果与潜在的共存机制更直接地联系起来（Carroll et al.，2011）。这些划分方法只有在每个单一物种的作用被清晰地识别之后，才容易应用于应变量。例如，如果生物量可以很容易地分配给混养中的每一个物种，才适合使用划分方法。在单个物种的作用尚不清楚，却要确定多样性效应的驱动力的情况下，就需要其他更细化的实验设计方法（Kirwan et al.，2009）。这些方法对于一些不能归因于单一物种的功能是有效的，如入侵抵抗力或净捕食率等。要将所观察到的这些类型的功能和理论联系起来，需要更仔细地测量、额外的实验，或添加更多的假设。缺乏与理论的联系，对实验结果的解释就会更具挑战。

即便使用这些方法，解释 BEF 实验中的机制也非易事。一个问题是互补性，如统计划分方法所定义的，互补性是指一类机制，包括了基于竞争与生态位分化，以及营养作用、促进作用和互利共生等生态过程（Duffy et al.，2007）。因此，互补性会推动多样性效应，这一结论表明，物种差异参与了这些过程，但如果没有额外的实验、测量或这些物种的相关知识来提供额外信息，就无法识别其潜在的过程（如生态位分化、促进作用等）（Duffy et al.，2007；Carroll et al.，2011；Turnbull et al.，2013）。此外，这些实验很少检验理论预测所提出的前提假设——这些物种集合是具有竞争性结构的（Duffy et al.，2007；Naeem，2012）。另一个常常被忽略的前提假设是，分类多样性（自变量）和功能多样性（应变量）之间存在正相关关系。因此，

表 6.1 不同 BEF 实验设计的特征

	可加性组合	替代组合	嵌套替代组合	混合的可加性/替代组合（如单纯形设计）	去除	具有密度补偿的去除	使用环境操控
总体描述	不同物种的功能与单一个体的功能与混合物种功能的比较	单一物种多个个体的多个等同个体的功能与混合物种密度的功能的比较	替代设计，但在每个多样性水平上重复不同的构成。使用嵌套的构成。ANOVA 未评估构成效应	密度和多样性的可加性交义。如 Kirwan 等（2009）的单纯形设计，允许均匀度的变化，即使均匀是单一（物种）构成也是如此	自然组合的功能，与没有去除、去除单一物种、以及去除多个物种的组合进行对比	自然组合功能，与没有去除、与去除单一物种、以及去除多个物种的组合进行对比。将剩余物种以补充，以使所有物种的丰度保持不变	操控环境，将原有多样性或功能联系起来。如果多样性与功能是由多元建模方法（如 SEM）一起使用，能够区分更为强大、能够间接和间接地影响
实例	Finke and Denno, 2004	Bruno et al., 2006	Giller et al., 2004	Griffin et al., 2008	O'Connor and Crowe, 2005	O'Connor and Crowe, 2005	Bracken et al., 2011
能清楚地检测什么?							
种间相互作用效应	×			×	×		
种间捕食作用	×	×	×	×	×	×	×
种内相互作用效应				×			
种内捕食作用	×	×	×	×		×	
协同捕食相互作用	×		×	×	×	×	×
互补性		×	×	×		×	
抽样	×	×	×	×	×	×	
构成效应	×	×	×	×			
符合潜在的真实灭绝场景							×
区分均匀度和丰富度				×			×
独特优势	清晰评估种间效应	清晰评估多样性自身的效应	对多样性和构成效应都做出评估	对密度和多样性相互作用建模的稳健框架	生物学上现实，并与保护相关	生物学上现实，并与保护相关	生物学上现实，并与保护相关；能够分区的环境通过多样性所调节的环境驱动力的直接和间接影响
存在问题	合并了密度和多样性；对空间、时间和基础资源的划分，使物种看起来具有可替代性；忽略幸存物种的自然密度	合并了种内和种间相互作用的变化；高密度单条不现实；在生物学上是人为的；为过达到足够的统计功效而对个体构成的重复是不现实的	合并了种内和种间相互作用的变化；高密度单条不现实；在生物学上是人为的	也许逻辑上不可行	假设缺乏密度补偿；未去除物种密度的不平衡可能会混淆多样性效应	假设有完全补偿；合并了种内和种间相互作用的变化；未去除物种都补充为同等密度，这其实就是一个替代设计	可能会混淆多样性和环境驱动效应

来源：仿自 Byrnes and Stachowicz, 2009a

注：" × " 表示 " 是 "

尽管这些实验所得到的模式通常与理论预测相一致，即多样性会增强生态系统功能，但对理论谨慎细致的检验却为数很少。仍然有很多机会通过实验和模型来增强 BEF 的理论框架。

目前为止，在我们所讨论的实验设计中，隐含着这样一个假设，即混养中的物种是从物种库中随机选取的（图 6.6）。这意味着在重复抽取的混养中，物种构成是不一样的，而其中任一给定重复的物种构成是研究人员从所有单养物种的物种库中随机选择的结果。有些实验会背离这一随机组合设计，通过非随机的模拟灭绝来测试物种消失的影响（图 6.8；如 O'Connor and Crowe，2005）。为了研究非随机灭绝场景，低多样性实验组中包含了嵌套入高多样性结构的物种组成（图 6.6C；Bracken et al.，2008）。现有环境梯度也被用于模拟环境条件变化导致的物种灭绝（Byrnes et al.，2013；Bracken et al.，2008）。这些实验的主要目的是，详尽地研究非随机灭绝的后果，从而能够在实验设计中，将多样性的变化和假设中的灭绝脆弱性联系起来（Duffy，2002；O'Connor et al.，2008）。但由于物种构成的变化以及与物种无关的丰富度和均匀度的变化等，这种方法不能清晰地区分影响，尽管这些方法能够预测功能群中重要物种的损失，却非常难以识别丰富度对生态系统变化的影响（Duffy et al.，2012）。其研究结果仅限于特定物种消失场景的影响，因此在跨系统的多样性自身效应研究中不具有普遍性。

海洋生物多样性和生态系统功能研究的主要发现

到 2011 年，已有 100 多个实验研究了生物多样性是如何影响海洋生物群落结构和生态系统功能的（图 6.2）。总体上，这些研究发现，多样性增强了生态系统功能，从初级生产力到捕食，再到对资源消耗的抵抗力（综述见 Duffy，2006；Worm et al.，2006；Stachowicz et al.，2007；Cardinale et al.，2011；Solan et al.，2012）。这些海洋 BEF 研究强调了营养性结构的群落，发现了营养级内的多样性不仅影响该营养级所表现出的功能，还通过营养级联影响到其他营养组团（综述见 Stachowicz et al.，2007；Edwards et al.，2010；Duffy et al.，2012）。

长久以来，理解生物如何影响生态系统的方法，或是关注在数量上占据生态系统主导地位的单一物种（如巨型海藻），或是侧重于对生态系统功能产生与其自身数量不对称的巨大影响的关键种，如赭色海星（*Pisaster ochraceus*）或海獭（*Enhydra lutris*）（Paine，1966；Estes and Palmisano，1974；Dayton，1985；Power et al.，1996），BEF 框架为这些传统方法做了补充。传统方法试图用单一物种或少数物种的丰度来解释群落结构和生态系统功能，相比之下，海洋 BEF 研究强调的是多样性增加或减少的后果，而与是否存在强烈作用的物种无关。这种出发点迫使生态学家去努力关注生物复杂性的后果，即使在单一物种的水平上。顺着这一脉络，对海洋的研究发现，物种内的多样性、竞争物种间的多样性、跨越营养级的多样性都对生态系统功能产生影响。这里，我们回顾一些重要的实验研究，了解这些重要发现如何促进拓展海洋群落生态学的基本认识。

遗传多样性对恢复力和其他功能的影响

传统的海洋群落生态学强调物种之间的相互作用，并假设物种内部的变化对群落结构和功能的影响相对较小。尽管早已有人提出，种群的杂合度在时空变化的选择机制下是有利的（Gillespie，1974；Schmidt et al.，2000），直到最近，有关遗传多样性的研究才证实了种群杂合度能够调节生物群落和生态系统水平上的功能（Hughes et al.，2008）。如果遗传多样性与种群的表型多样性有关（非中性的），较高的遗传多样性能够使种群从变化的条件中获利或者更好地抵抗干扰。

在美国阿拉斯加州，红大麻哈鱼（*Oncorhynchus nerka*，红鲑）渔业的长期稳定性证明了遗传组合效应（图 6.4；Hilborn et al.，2003；Schindler et al.，2010）。每个被捕捞的红鲑鱼群代表一个遗传隔离的亚种群。鲑亚种群的繁殖能力存在年际差异，而这种差异曾被归结于生活史和局部环境变化的相互作用，以及鱼群（亚种群）自身的随机波动（Hilborn et al.，2003）。这些差异意味着局部捕获量的变化。因此，某个鱼群收成较差的一年并不意味着其他鱼群的收成也会很糟糕。Schindler 等（2010）对 50 年的捕获数据进行了分析，其结果显示亚种群之间的遗传多样性赋予了区域渔业的稳定性：与整个种群由一个均质鱼群所组成，并同时对环境变化做出响应的渔业相比，该区域红鲑渔业发生变动的概率是单一均质鱼群的 1/2.2，发生资源枯竭的概率则为 1/10。

仍以鲑为例，遗传多样性能够在区域尺度上缓冲种群波动，也能在局部尺度上增强对干扰的抵抗力和弹性（Hughes and Stachowicz，2004；Reusch et al.，2005；Gamfeldt and Kallstrom，2007）。遍布北半球浅海生境的基础种鳗草（Zostera marina）是个再好不过的例子（见第 12 章），不管是欧洲还是美洲的海草床，海草的基因型多样性显然能够缓解极端干扰情况下的生物量损失，如热浪（Reusch et al.，2005）和过度啃食（Hughes and Stachowicz，2004）。这些遗传多样性的效应可以通过级联上升至群落结构的更高层次（Hughes and Stachowicz，2004，2011；Reusch et al.，2005），而实际观察证据表明，这些遗传多样性的作用在群落处于胁迫阶段时最强烈（Hughes and Stachowicz，2009，2011）。

尽管有关遗传多样性影响海洋生态系统功能最清晰的证据将基因型多样性与抗干扰能力和弹性相关联，但遗传还会以许多其他机制影响功能，包括生产力和营养循环（Hughes et al.，2008）。例如，潮间带的基础种之一——藤壶，其遗传多样性能显著提高定居速率，并可能通过增加密度和基因型的变化，来改变未来的种间相互作用（Gamfeldt et al.，2005b）。

海洋 BEF 研究为具有影响力的物种（如基础种、优势种等）如何影响生态系统功能提供了一个视角。一个生态系统内部优势种的遗传多样性能够调节其与其他物种相互作用的强度和稳定性，以及生态系统功能。这些研究的结果表明，在 BEF 实验中，个体变化的作用（Bolnick et al.，2003）也值得注意，即便是个体间轻微的差异也会产生强烈的影响（Pruitt et al.，2012）。此外，对遗传多样性、表型多样性和生态系统功能之间的功能性关系的进一步研究，有助于将演化和生态框架统一起来，从而对生态系统如何在变化的环境中运转有更为一致的理解。

物种多样性对营养级内外功能的影响

物种多样性能够提高或降低许多生态系统功能，而这种影响能够通过相互作用的物种网络产生级联传递（Bruno and O'Connor，2005；Duffy et al.，2005；Gamfeldt et al.，2005a；Byrnes et al.，2006；Boyer et al.，2009；Moran et al.，2010）。物种丰富度的变化通常与海洋生物群落的功能变化相关，其存在关系和潜在机制很多，并产生一个复杂的景象。通过证明多样性如何改变竞争性结构生物群落的资源利用，一些研究清晰、直接地检验了这一理论（Bracken and Stachowicz，2006；Griffin et al.，2008）。Bracken 和 Stachowicz（2006）的研究表明，在美国加利福尼亚州的潮池中，丰富多样的藻类组合所吸收的氮要高于基于每个单一藻类物种摄取率所估算的期望值。这一结果表明，这是每个物种接触和吸收氮的方式差异所造成的。尽管组合中所有藻类物种都能接触到两种形态的有效氮（铵态氮和硝态氮），对每种形态氮的摄取率却大相径庭。对铵态氮平均摄取率和储存量最高的物种，如刚毛藻属物种 Cladophora columbiana，并不是对硝态氮摄取率最高的物种，如锯齿藻属物种 Prionitis lanceolata。因此，多样性高的藻类组合摄取氮更多是由互补性所造成的。

与理论一致的基于竞争的多样性–功能关系，在空间属于限制性资源的底栖生物群落中也得到证实。例如，在高度入侵、空间拘束的海洋污损生物群落中，物种多样性会减少可用空间资源，从而降低新的入侵物种的进入水平（Stachowicz et al.，1999）。在另一个例子里，Griffin 等（2008）证明，潮间带蟹类的食谱互补性是密度依赖性的，只有在蟹类密度高而偏好食物资源有限时，净取食率才会变得重要。这种密度依赖性的生态位分化，为生态位互补是捕食者多样性对猎物丰度影响的驱动力提供了强有力的证据（Fridley，2001；Griffin et al.，2009）。

在海洋生态系统中发现了许多物种丰富度—生态系统功能关系的例子，虽然难以明确其共存机制，但在相似物种之间存在显著的功能差异。大型藻类的多样性提高了潮下带生态系统局部的初级生产力、稳定性和食植者多样性等（Bruno et al.，2005，2006；Boyer et al.，2009；Moran et al.，2010）。捕食者的多样性又通过捕食选择和互补的密度调节和行为调节降低猎物丰度和食草作用（Bruno and O'Connor，2005；Byrnes et al.，2006；Griffin et al.，2008；O'Gorman et al.，2008）。例如，在加利福尼亚州，在海星出现的情况下，紫球海胆的取食速率会降低；在捕食者岩蟹存在的情况下，取食大型海藻的蟹类会避免进食，而这两个捕食者的同时出现，会降低整个群落的平均进食率（Byrnes et al.，2006）。一些研究发现了同时存在的正面和负面的 BEF 关系（Gamfeldt et al.，2005a；Bruno et al.，2006；Douglass et al.，2008；Boyer et al.，2009）。

更高的多样性能够导致更完整地利用可用生态位，因此，多样性有利于阻止入侵（Stachowicz and Tilman，2005）。大部分的假设命题试图解释是什么使系统形成一个被空生态位所包围的可入侵中心，这些空生态位，如未利用资源或缺少捕食者（天敌逃避假说；Catford et al.，2009），往往是人类扰动造成的（Gurevitch and Padilla，2004）。尽管潜在（基础）生态位永远无法被完全定量化，使得多样性–可入侵性假说难以得到检验，但一些研究表明，通过在一个系统内增加实际可利用生态位，多样性会改变实际生态位与基础生态位的比例。例如，在海草床生态系统，消费者的物种多样性能够通过降低无捕食者生态位的可供性，从而减少物种的入侵（France and Duffy，2006）。事实上，成功的入侵者是那些能够利用空生态位的物种，从而增加系统的多样性（Sax and Gaines，2003）。在一些生态系统，包括海洋污损生物群落，与本地种相比，成功入侵者具有不同的定居物候（季节变化）特征（Wolkovich and Cleland，2011），即所谓的"时间互补性"（Stachowicz and Byrnes，2006；Byrnes and Stachowicz，2009b），或者利用基础种所创建的开放空间，而这些基础种往往是入侵者自身（Stachowicz and Byrnes，2006；Heiman and Micheli，2010）。

在许多海洋系统中，营养动态调节着竞争者或捕食者与猎物之间的共存。影响食物网结构与功能的各种直接和间接作用，使多样性在营养级内及营养级之间的作用变得更为复杂（Paine，2002）。例如，如果捕食性关键种对竞争优势种选择性地捕食，在群落中加入一个捕食关键种就会增加当地的物种多样性（Paine，1966）。当难以确定某个物种的营养级时，对多样性效应的解释就变得困难。通过非线性和更高阶的相互作用，种团内的捕食（捕食者会捕食其他捕食者）会降低捕食者的数量和效率（Sih et al.，1998；Finke and Denno，2004；见图 6.7B）。杂食者会产生强烈的选择效应和短回路的营养级联（Polis and Strong，1996；Bruno and O'Connor，2005；见图 6.7D）。理论上，捕食（或易受捕食）和竞争优势之间的权衡影响着食物网内多样性和功能的关系（Best and Stachowicz，2012）。这些例子说明，食物网动态会使多样性和功能的关系复杂化，而其机制尚未被完全理解。

考虑食物网中多样性影响的一种方法是，将一个营养级内部的多样性（平行多样性）与不同营养级之间的多样性（垂直多样性；见图 6.7）分开（Duffy et al.，2007）。水平多样性能够改变营养级层次之间相互

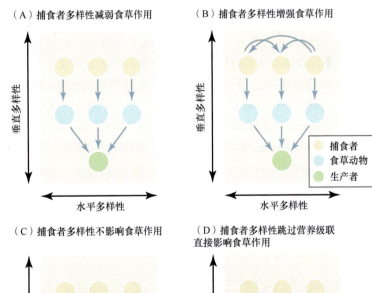

图 6.7 食物网的结构决定了捕食者多样性对营养级联的影响。（A）当食物网是相对线性，捕食者之间食物互补，或者有猎物的行为响应时，捕食者多样性会降低食草作用。（B）种团内的捕食作用增强了食草作用，因为捕食者在多样性高的情况下捕食效率降低。（C）如果捕食者是广食性的，且功能多样性低，多样性对食草作用影响很小。（D）杂食性捕食者能够缩短营养级联，造成捕食者多样性的显著选择效应，以及总捕食者效应，而这严重依赖于杂食者是否包含在这个组合之中（A 仿自 Byrnes et al.，2006；Byrnes and Stachowicz，2009b；B 仿自 Finke and Denno，2004；C 仿自 Snyder et al.，2008；D 仿自 Bruno and O'Connor，2005）

作用的强度（Duffy et al.，2005；Douglass et al.，2008；Reynolds and Bruno，2012）。因此，要理解捕食作用在一个生态系统内的重要性，海洋 BEF 研究强化这样一个论点：人们必须知道整个食物网的结构，或者至少是捕食者与其猎物的多样性（Hairston et al.，1960；Palis et al.，2000；Duffy，2002；Duffy et al.，2007；Hillebrand and Cardinale，2004）。关于能量如何在多样化食物网中流动的现有假设命题预测，一个营养级内部的多样性能够增强或减弱不同营养级之间的能量传递。例如，如果在一个营养级内部，生产者的多样性增加了生产力，可食用食物的增加就会使食物网抬升，正如溞属（*Daphnia*）和微型藻类之间的关系所示（Behl et al.，2012）；此外，对许多消费者来说，取食对象的多样化显然能够提高其生长速率（Lee et al.，1985；DeMott et al.，1998）。这一效应可以归结为，一系列关键营养元素可供性的增加，即营养平衡假说（*sensu* Rapport，1971），或是任一单个猎物来源输入的任何毒素的减少，即毒素最小化假说（*sensu* Freeland and Janzen，1974）。另外，猎物多样性的增加也意味着采样中包含不可口或不可食用的物种，从而减弱对更高营养级的能量传递（Gliwicz and Lampert，1990；Hillebrand and Cardinale，2004）。

多样性可以决定能量和营养物质如何在食物网中流动的观点和生态学的思维很相似（Oksanen et al.，1981；Strong，1992；Stibor et al.，2004）。对捕食者及其猎物多样性的思考，为许多海洋生态学的经典难题的解决提供了不同的视角。为什么这样说呢？例如，为什么美国阿拉斯加的海獭灭绝会使大型海藻床转变为海胆啃食过后的贫瘠生境，而在其更南方的海獭灭绝却并未导致同样的转变（Estes and Palmisano，1974；Foster and Schiel，1988）？海洋 BEF 研究给出的一个答案是，在南部海域，捕食者的多样性削弱了失去顶级捕食者对海藻林的影响（Stachowicz and Byrnes，2006）；而在北部的生态系统中多样性较低，单一物种海獭，会对生态系统功能产生不对称的影响。特别是在南部的海藻林，捕食者取食对象和捕食行为的互补性可以累加至与海獭控制食植者相同的作用。类似地，单个或少数食植者物种的恢复能够逆转珊瑚礁上藻类的过度生长吗？在加勒比海，即便因为过度捕捞而移除了大量植食性鱼类，使得食植者生物量和多样性降低，单一丰富的食植者冠海胆属一种 *Diadema antillarum*，仍能维持着较低的藻类覆盖度，并促进珊瑚礁的生长（Carpenter，1986）。然而，在一场突如其来的疾病使得冠海胆功能性灭绝后，植食性鱼类数量下降的后果得以显现（Carpenter，1990；见第 5 章），珊瑚礁随后被海藻所覆盖。此外，通过实验研究表明，尽管缺失了大量的海胆，形态和功能多样化的植食性鱼类组合接替了海胆的角色——控制大型藻类，并促进珊瑚藻和珊瑚的生长，其效率超出单一鱼类物种的作用（Burkepile and Hay，2008，2010；Rasher et al.，2013）。通过冗余和互补，这种食植者的多样性组合能够长期维持藻类的低覆盖度，但是在某些珊瑚礁上，这种藻类低覆盖度的维持仍然依赖于一到两个关键植食性物种。

传统的海洋生态学研究认为，一些物种是强烈的相互作用者，而其他大部分物种是弱相互作用者（Paine，1992；Sala and Graham，2002），而微弱的相互作用可以保持整个生态系统的稳定（McCann et al.，1998；Navarrete and Berlow，2006）。BEF 实验检验了弱相互作用者是否能够补偿强相互作用者的损失，从而形成物种对生态系统功能的净效应。其结果不尽相同。单一消费者物种在许多 BEF 实验中显示出主导效应（Bruno and O'Connor，2005；O'Connor and Crowe，2005）。而在具有一个优势种的系统之内，如果多个从属物种只是略微弱于优势种，也能够扮演其类似角色，就如同在加拉帕戈斯群岛的一些地方，海胆能够控制藻类一样（Brandt et al.，2012）。因此，多样性成为损失一个关键种的保险（Byrnes et al.，2006）。此外，在低营养级，非关键种的丧失对于时间变化过程具有同等的效应（O'Gorman and Emmerson，2009）。这给我们的警示是，通常仅有很少一部分生态系统功能被考虑，而当同时考虑多个功能时，显然会减少物种冗余。

功能多样性对多样性效应的解释

尽管物种多样性常常被作为度量生物多样性和功能关系的指标，但在理论上，它是通过生物影响生态系统过程的功能性状来衡量的，而不是拉丁命名法（Petchey and Gaston，2002）。强调物种多样性却不考虑物种间的性状如何分布，或者没有考虑这些性状如何与资源利用和生态系统功能相关联，这导致了一些 BEF 研究适用程度的局限性（Hillebrand and Matthiessen，2009；Leinster and Cobbold，2011）。仅有少数海洋研究检验了功能、性状或系统发育多样性对生态系统功能的影响（如 Norling et al.，2007；O'Connor and Bruno，2007；Griffin et al.，2009）。Griffin 等（2009）对岩质海岸的藻类组合进行了研究，他们对功能多样性和藻类生产力的关系进行了检验。其结果显示，尽管功能多样性不能解释藻类组合的所有生产力，但它能稳健地预测额外产出。他们还检验了 BEF 框架的一个隐含假设，即物种差异驱动着多样性与功能之间的关系，其结果表明，只有在考虑特有物种的强烈作用情况下，功能多样性才是预测功能的重要变量。一些研究发现，作为预测变量，性状对生态系统功能的影响要强于分类学或系统发育。例如，在预测共存和资源利用时，端足类的取食性状要优于系统发生多样性（Best et al.，2012）。同样，O'Connor 和 Bruno（2007）通过实验操控三个高等级捕食者（鱼、蟹和虾）组合的丰富度，每种组合的捕食者至少包含两个物种。他们发现，捕食者组合中的特定物种，而不是组合的数量，决定了捕食者对食植者的级联作用（O'Connor and Bruno，2007）。当鱼类被移除时，食植者数量急剧上升，无论其他的捕食者是否存在。

食物网结构对多样性效应的调节

海洋研究对 BEF 研究领域最明显的贡献之一是承认食物网结构的重要性，以及它会如何调节物种与基因型多样性对生态系统功能的影响（Paine，2002）。此类研究极大地受到植物–昆虫生态系统研究的影响和完善（Rosenheim et al.，1993；Cardinale et al.，2003；Straub and Snyder，2006）。早期对多样性与食物网结构关系的研究表明，两个营养级之间捕食者与猎物的比例可用于预测营养级联的强度（Duffy，2002）。然而，食物网并非线性的。关于捕食者多样性对自上而下控制的影响的研究强调，在评价生物多样性在食物网水平上对生态系统功能的影响时，不仅要考虑物种丰富度，还要兼顾食物网的拓扑结构（图 6.7；Duffy，2002；Duffy et al.，2005）。在简单线性排列的海洋营养系统中，捕食者多样性能够增加营养级联的强度（图 6.7A；Byrnes et al.，2006）。相反，在昆虫种团内部相食普遍存在的盐沼，捕食者多样性会减弱营养级联的作用（图 6.7B；Finke and Denno，2004，2005）。同样，当低营养级中包含一个非完全广食性物种，就为食物互补提供了可能，而其上一营养级的多样性效应就可能更强烈（图 6.7C；Snyder et al.，2008）。此外，如果捕食者是杂食性的，且在多个营养级上取食，那么，捕食者多样性效应就会被该杂食性捕食者所主宰（图 6.7D；Bruno and O'Connor，2005）。食物网的拓扑结构还能决定捕食者丧失后对整个生态系统的影响（Gamfeldt et al.，2005a；Reynolds and Bruno，2012；O'Connor et al.，2013；Poisot et al.，2013），尽管该研究强调，没有普遍规则能将食物网或其他相互作用的网络拓扑结构与生态系统功能联系起来（但不同看法见 Schneider and Brose，2012），使其尚为研究空白。因此，海洋研究强调了理解多样性、食物网结构和生态系统功能之间关系与反馈的必要性。

灭绝顺序能够决定多样性损失如何影响功能

许多使用 BEF 概念框架的研究人员都是受到人类活动导致物种灭绝的激发，去理解多样性的变化是否会影响生态系统功能，而不仅仅是物种消失的后果，以及它们与竞争者、捕食者或互利共生者的相互作用。对人类活动导致的物种灭绝后果的考虑，引发了一些将观察结果与理论框架联系起来的概念上的挑战。首先，正如传统 BEF 框架所假设的，由于人为灭绝导致的多样性变化在物种性状上一般是非随机的（图 6.6A、B）；其次，除了在新的多样性水平上产生间接影响，导致物种灭绝的驱动力还可能会直接作用于生态系统功能（图 6.5）；最后，大部分特定灭绝驱动力可能会选择性地影响具有特定性状的物种（如个体较大的物种、丰度较低的物种等；图 6.8；参见图 6.6C），而这些性状可能与这些物种对生态系统功能的影响具有正或负相关关系。因此，检验在人为灭绝背景下，多样性损失如何影响功能的实验会定量化或假设物种灭绝顺序、脆弱性与对生态系统功能贡献之间的关系，以及灭绝驱动力与生态系统功能之间的关系（Bracken et al.，2008；Cardinale et al.，2009）。这种复杂情况的原因是，物种灭绝发生在这些复杂性和反馈的条件之下（Bracken et al.，2008；O'Connor et al.，2013）。大量研究发现，物种有序的灭绝，与过度捕捞或营养耗竭相一致，会对生态系统功能造成与物种随机灭绝完全不同的结果。

一种物种非随机损失的情况是，高营养级物种比例失调地减少（图 6.9、参见图 6.8B）。过度捕捞导致的物种丰度下降，会非对称地影响处于食物网上端的物种（Pauly et al.，1998；Essington et al.，2006；Branch et al.，2010；见第 20 章）。这种情况被称为"沿食物网向下捕捞"（fishing down the food web）（Pauly et al.，1998）。即使当过度捕捞明显不是直接元凶时，灭绝和局部灭绝也会偏向更高营养级的物种，这是因

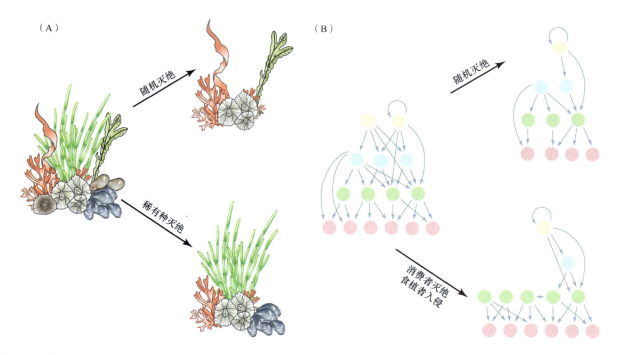

图 6.8 群落中特定物种的消失可能是随机的，也可能是偏性的。（A）由两种藤壶、贻贝和五种藻类组成的假想潮间带组合可能随机丧失其中某个物种，比如一种相对稀少的深绿色藻类和一种更常见的红藻；也可能偏向于最稀少种，如两种绿藻和较大的藤壶。该群落的总体丰度受稀有种丧失的影响较小。（B）与随机灭绝相比，不对称地影响特定营养级的灭绝会对食物网结构产生更为明显的影响

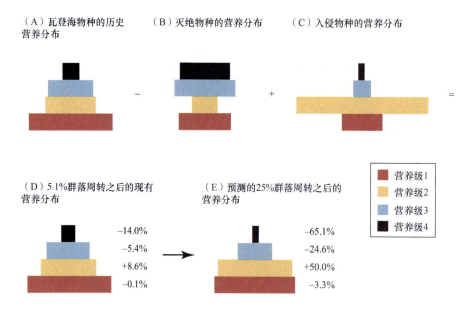

图 6.9 在荷兰的瓦登海，灭绝大部分发生在更高营养级（初级和次级消费者），而入侵物种主要是食植者和食碎屑动物。营养偏性的物种灭绝和入侵使营养级金字塔产生偏斜，并进一步地使营养结构强烈偏斜。条带的宽度代表从数据中获得的瓦登海本土种的营养偏斜以及那里的灭绝物种和入侵物种分布的实际百分比（数据引自 Byrnes et al.，2007）

为，捕食者形体巨大，需要更大面积的连续生境，并且具有较长的世代时间，因此其种群数量对干扰的反应速度也较为缓慢（Duffy，2003；Dulvy et al.，2003；Byrnes et al.，2007）。高营养级物种的丧失会降低与捕食者有强烈相互作用物种的多样性，并通过被称为"营养偏斜"（trophic skew）的过程改变食物网的拓扑结构（Duffy，2003；Byrnes et al.，2007）。随着对营养级底部的入侵，消费者的灭绝使得典型的营养金字塔变成了扁盒状的食物网，即绝大部分物种处于较低营养级，而只有极小一部分物种处于食物网的顶端（见图 6.9；Byrnes et al.，2007；Reynolds and Bruno，2012）。

除了营养偏斜导致的灭绝，海洋 BEF 研究还考虑了按照丰度顺序的灭绝场景，即稀有物种仅存在于高多样性的实验组中（图 6.8A；Bracken et al.，2008；Walker and Thompson，2010）。例如，潮间带生态系统的实验研究显示，当稀有物种更容易灭绝时，多样性减少对功能的影响与多样性随机损失的效应完全不同，这主要是由于景观生态中的物种丰度与它们的资源摄取率存在明显的相关性（Bracken et al.，2008）。此外，对海洋生物扰动者的模型研究显示，在许多实验中，如果某些特定性状与灭绝风险相关，那么按照风险排序的系统性灭绝的结果与随机灭绝的结果截然不同（Solan et al.，2004）。

从局部实验到区域过程的多样性尺度上升效应

对物种丰富度的实验操控通常在非常精细的空间尺度上进行，一般不会超过 1m³，且环境均质，只有一个世代（图 6.10）。因此，一个关键问题是，实验所观察到的丰富度的局部效应能够在多大程度上反映多样性在群落尺度和生态系统尺度上的重要性？有几种方法可以"放大"实验结果。其中一种方法是通过精心设计的实验来检验多样性和功能的理论关系。机理性的食物网理论，具有清晰和可检验的，能够与空间、时间或组织尺度相关联的假设，有助于将实验观察尺度放大到更大、更长和更复杂的场景之中。

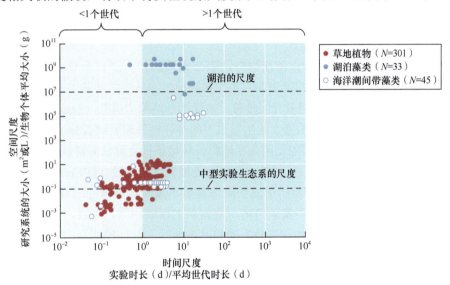

图 6.10　大部分水生藻类 BEF 实验都是在相对于生物个体大小和世代时间的较小空间尺度和较短时间尺度上进行的。红圈代表草地植物（*N*=301），蓝圈代表湖泊藻类（*N*=33），空圈代表海洋潮间带藻类（*N*=45）（仿自 Cardinale et al.，2011）

在理论上，BEF 关系与提高生态位分化重要性的过程的尺度相关（Chesson et al.，2001）。因此，也许单一物种能够在某个时空点位占据优势，完全占据局部的生态位空间，而在更大范围的环境条件下，环境的变化会增加物种之间差异的重要性。实证研究支持这一理论预测，即多样性效应随时间变化而增强（Yachi and Loreau，1999；Cardinale et al.，2007；Stachowicz et al.，2008b；Reich et al.，2012；见图 6.3D 和图 6.4）。证据显示，多样性–功能关系适用于满足基于生态位共存理论假设的群落（Chesson，2000；Chesson et al.，2001）。尽管如此，依据理论的尺度放大仍然受限于我们对区域种群和群落动态如何影响 BEF 关系的理解（图 6.11；Cardinale et al.，2011）。BEF 理论已开始融入区域动态，如斑块占有率模型（patch occupancy models）可以捕捉到只有在区域尺度才会出现的一些种群和群落动态（Cardinale et al.，2004；Gonzalez et al.，2009）。尽管这些例子仍然强调竞争性的群落，但它们足以推广到更广阔尺度的理论。

另一种方法是在野外实验的同时，进行高度控制的室内实验，与中型实验生态系相比，这种实验适用于更大空间尺度、更长时间范围和更多的空间动态，例如扩散。这种研究倾向于显示更大的多样性效应，而不是更短或更小尺度的研究（Cardinale et al.，2007）。多样性效应在长时间范围更大，这主要归因于更大的环境异质性，使生态位差异能够得到更多的体现，而不是许多实验中更为均质的条件（Stachowicz et al.，2008a）。野外和实验室平行操控潮间带藻类多样性的研究提供了一个清晰的例子：在实验室内，混

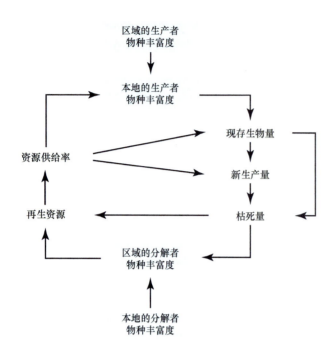

养藻类的功能与单养藻类的平均值吻合；而在野外，多个物种的组合要比最佳单一物种具有更大的功能（Stachowicz et al.，2008a）。此外，一些实验表明，正如在陆地生态系统的实验中一样（Tilman et al.，2001；Reich et al.，2012），在海洋生态系统，随着时间推移，多样性效应越来越强（Stachowicz et al.，2008b）。与之相反，其他研究显示，在简单结构的中型实验生态系下的多样性效应要比野外的更强烈（如 Boyer et al.，2009；O'Connor and Bruno，2009），这可能是因为移除野外环境条件会降低多样性效应的重要程度。在一个例子中，在野外封闭的环境下，捕食者效应被外来迁入的被捕食者所淹没（O'Connor and Bruno，2009）。

野外研究还可用于检验基于室内实验结果的预测，甚至不需要严格遵守共存理论或随机组合的假设。开始时，我们可以预测野外的模式应该与实验室内所观察到的模式相同。或者，如果理解其潜在过程，研究人员也许会预测，根据潜在过程在野外和实验室的相对重要性，野外模式会与实验结果有差异。对这种比较的解释，需要仔细地考虑可能存在的潜在过程，以及它们从中型实验生态系到野外会发生什么变化，正如我们在实验室与野外相互作用强度的经典对比中所看到的一样（Ruesink，2000）。例如，野外实验通常比中型实验生态系包含更多的环境异质性。而相对于均质的中型实验生态系，这种野外实验的环境异质性能够改变物种共存和生态位分化机制的相对重要性。

尽管物种在划分环境上存在潜在差异，可操控与定量化 BEF 研究的定性结论往往一致。物种丰富度较高的污损生物群落中入侵生物更少，但仅在对资源的竞争受到实际限制时才会发生（Stachowicz et al.，2002；Stachowicz and Byrnes，2006）。正如中型实验生态系实验所预测的那样，捕食者多样性更高的大型海藻林中，食植者更少，大型海藻更多（Byrnes et al.，2006）。在海草床群落中，对北半球 15 个实验样点的对比实验表明，在考虑温度和其他可能解释藻类丰度的因素之后，局部食植者多样性是预测当地附生微型藻类丰度的要素之一，正如基于 BEF 假设的生物地理学所预测的一样（根据 J. E. Duffy 未发表的数据）。对海洋浮游生物菌株多样性的控制实验发现，光吸收、色素多样性和生产力的模式与天然湖泊生物群落所观察到的一致（Striebel et al.，2009）。对小尺度实验操控结果和对应的大尺度研究结果的比较表明，这两个不同尺度上的多样性与功能的关系是一致的，尽管有一些比较还存在争议（见第 12 章；Balvanera et al.，2006；Worm et al.，2006；Cardinale et al.，2011）。

另一种评估精细尺度 BEF 实验相关性的方法是将许多不同的实验整合在一起。通过合理比较在不同系统或对不同生物进行的相似实验的效应大小，元分析能够为从单一实验的结果中提取共性提供支撑。对海洋 BEF 实验的整合分析表明，在大量各种生境和物种组合的海洋实验中都发现了多样性效应（Cardinale et al.，2006；Stachowicz et al.，2007；见图 6.2）。BEF 元分析表明，多样性效应，特别是互补性，在更大空间尺度和持续时间更长的实验中更强烈（Cardinale et al.，2006，2011）。其他的元分析显示，在类似的析因实验设计中，多样性效应可与其他因素（如养分富集、变暖等）对生态系统功能（如生产力和分解作用）的影响强度大致相当（Godbold，2012；Hooper et al.，2012）。

生物多样性和生态系统功能和海洋生态学研究面临的挑战

对理解多样性如何影响生态系统结构和功能的研究而言，仍存在很多挑战。自然系统的复杂性以及人类活动对群落结构和生态系统功能影响的速率需要一个综合的概念框架，以整合现有的科学知识和进一步发展，BEF 的概念和理论就提供了这样一个框架（Loreau，2010）。未来的海洋 BEF 研究将继续推动这一目标，如果其假设命题能够将维持多样性的过程（如共存，从区域物种库中随机抽样等）与既能调节生态系统功能又将决定灭绝脆弱性的性状清晰地结合起来。这个统一的框架将为海洋生物学和海洋生态学提供一个系统的基础。

其中最大的挑战是将对群落结构的深刻理解与通常在生物海洋学中所研究的海洋生态系统过程的知识统一起来（Duffy and Stachowicz，2006；Loreau，2010）。通过将产生和维持多样性的过程与物质的存量和通量定量结合，BEF 理论有望综合和简化跨学科的研究，也将促进对环境驱动的生态系统功能变化以及群落结构变化的普遍效应的研究（Eklof et al.，2012）。此外，海洋生物多样性与海洋过程的关系，能够加深我们对物种构成和多样性变化与碳循环变化之间反馈的重要性的理解（Duffy and Stachowicz，2006）。例如，许多海洋生态系统模型将物种分为不同的功能类型：浮游动物、微型浮游动物、大型和微型浮游植物等。当应用于更大尺度，海洋生物地球化学模型将这些功能分类视为处理营养、氧气和碳的生物分室。这些模型通常不会考虑这些分室中物种构成或多样性的影响。而海洋 BEF 研究显示，这些分室内的物种多样性变化能够改变通过分室中物质和能量的通量（Duffy and Stachowicz，2006；Striebel et al.，2009；Behl et al.，2011）。在证实多样性效应之后，下一步就应该是确定这些效应的程度是否足以保证海洋生物地球化学模型在更大空间尺度上做出调整。一个统一的框架将有助于综合性的研究。

另一个有待发展的领域是生物多样性与生态系统服务之间的关系（Balvanera et al.，2006；Worm et al.，2006；Cardinale et al.，2012）。大部分生态系统服务与生物多样性的关系尚未得到充分研究。生物多样性和生态系统服务的联系不仅取决于多样性会如何影响生态系统功能，还依赖于这些功能如何与生态系统服务相关联（图 6.12）。然而，海洋系统具有最清晰的生态系统功能和服务联系的例子，即生态系统的次级生产力与渔获量之间的关系（Millenium Ecosystem Assessment，2005；Worm et al.，2006）。我们认为，这个研究清晰和明确地证明了多样性为什么，以及将如何影响次级生产力，从而改变渔业的生产力、弹性和长期可持续性，为未来的生物多样性和生态系统服务研究提供了破解天书的罗塞塔石碑。

此外，海洋系统还提供了许多由一整套生态系统功能所提供的生态系统服务的例子。生态系统服务反映了社会和经济赋予它的价值，而生态系统服务的这些价值和概念通常都与生态系统功能间接相关，或将许多功能捆绑成一个单一的服务。遗传、物种与（食物网的）垂直多样性都可以和许多与生态系统服务相关的不同生态系统功能相关联。例如，在海草床生态系统就曾进行过遗传和物种多样性的各种操控实验（Duffy，2006）。尽管每个研究只能显示一小部分多样性对生态系统功能的影响，但是我们可以将它们拼合成一个完整的画面，显示多样性最终会如何影响海草床所提供的各种生态系统服务（见图 6.12；另见第 12章）。虽然大量多样性与服务的联系是通过功能实现的，但这也并非一个完整的画面。不过，单从这个画面自身就可看出，在海洋生态系统，多样性和生态系统服务间千丝万缕的直接和间接联系，以及多种功能如何归为单一服务都亟须详细地调查研究。

BEF 研究的进展还需要更多的经验和理论理解多样性和生态系统功能之间的反馈，以及它们将如何影响多样性和功能之间的最终关系（如图 6.11）。BEF 的基本假设在预测多样性对功能的影响时认为其他条件是不变的（Lareau et al.，2001）。在复杂的系统中，多样性可能会缓和、调节区域过程，并对其做出反馈（Hughes et al.，2007；Cardinale et al.，2009）。对这些反馈和多样性-功能效应背景的更深入研究，需要进一步整合生态学和生态系统学的理论、模型与方法（Lareau，2010）。而且，我们需要更深入地理解其他因素（如非生物条件）如何调节多样性与功能之间的关系。最后，我们需要一个理论框架，将生态系统和食物网

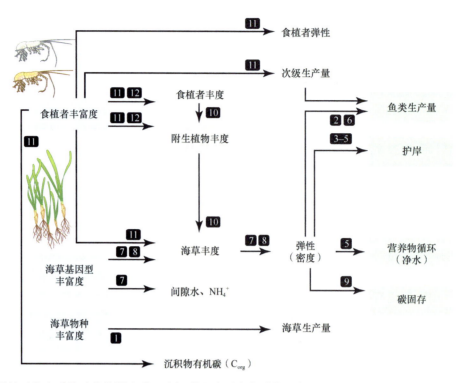

图 6.12　生物多样性对生态系统功能的影响进一步级联影响到生态系统服务。一个或几个生态系统功能往往是生态系统服务的基础。在海草床，经验证据将多样性（蓝框）和功能（黄框），以及功能与生态系统服务（绿框）联系起来。海草的基因型和物种多样性增强了海草的丰度、生产力和间隙水营养物浓度。通过营养途径和互惠共生，食植者多样性增强了食植者、海草和鱼类生产力。通过其他有待量化的途径，海草群落可能支撑着其他额外服务（源自：1. Duarte，2000；2. Hemminga and Duarte，2000；3. Christiansen et al.，1981；4. Gacia et al.，1999；5. Terrados and Duarte，1999；6. Duffy，2006；7. Hughes and Stachowicz，2004；8. Reusch et al.，2005；9. Smith，1981；10. Hughes et al.，2004；11. Duffy et al.，2003；12. Duffy et al.，2005）

生态学以及资源竞争等概念都纳入其中。我们认为，海洋生态系统的动态特征—跨生态系统的相互作用、营养相互作用的重要性、无所不在的基础种和生态系统工程师，以及各种类型的促进作用，都为 BEF 研究新思想的发展提供了沃土。

结语

在本章开始，我们讨论了，BEF 研究与传统海洋群落生态学研究的思路背道而驰，而将格局视为过程的重要预测因子。海洋 BEF 研究表明，与关键种、基础种和间接相互作用一样，多样性是海洋生物群落中一个有价值的功能维度。然而，更进一步地研究显示，正是多样性格局的潜在机制驱动着生态系统的功能。这些过程，如生态位分化、竞争和随机性等，塑造了群落多样性，并随之产生不同层次的生态系统功能。物种的损失和增加会通过潜在过程造成功能的变化，并对其他生物和非生物变化产生同等影响（Godbold，2012；Hooper et al.，2012）。随后我们讨论了，海洋 BEF 所面临的巨大挑战是，确定多样性的变化在多大程度上缓解或加重人类活动对海洋产生的其他影响。如果 BEF 研究能够在全球变化背景下进一步发展对生态学的一般认识，那就需要将其与 BEF 的基本理论框架小心翼翼地联系起来，必要时对其做出修改或否定。如果海洋 BEF 研究应用于生物保护，那就需要如实地说明多样性对保护决策的价值，这些都可以用物种丰富度、功能组团等进行量化（Srivastava and Vellend，2005）。海洋 BEF 研究已经为我们加深理解群落生态学、生态系统生态学以及物种灭绝后果做出了很多贡献。然而，对于海洋研究者所特别关注的问题，BEF 领域仍然面临重大的理论、实验和实践的挑战——革命尚未成功，同志仍需努力。

致谢

感谢 L. Gamfeldt、J. E. Duffy、J. S. Lefcheck 和 J. Griffin 提供图 6.2 中的数据。也感谢 L. Gamfeldt、M. E. Bracken、J. Bruno 和 J. J. Stachowicz 的评论和讨论，为完善本章提供帮助。

引用文献

Allesina, S. and S. Tang. 2012. Stability criteria for complex ecosystems. *Nature* 483: 205–208.

Balvanera, P., A. B. Pfisterer, N. Buchmann, et al. 2006. Quantifying the evidence for biodiversity effects on ecosystem functioning and services. *Ecol. Lett.* 9: 1–11.

Barnosky, A. D., N. Matzke, S. Tomiya, et al. 2011. Has the Earth's sixth mass extinction already arrived? *Nature* 471: 51–57.

Behl, S., V. De Schryver, S. Diehl, and H. Stibor. 2012. Trophic transfer of biodiversity effects: Functional equivalence of prey diversity and enrichment? *Ecol. Evol.* 2: 3110–3122.

Behl, S., A. Donval, and H. Stibor. 2011. The relative importance of species diversity and functional group diversity on carbon uptake in phytoplankton communities. *Limnol. Oceanogr.* 56: 683–694.

Best, R. J. and J. J. Stachowicz. 2012. Trophic cascades in seagrass meadows depend on mesograzer variation in feeding rates, predation susceptibility, and abundance. *Mar. Ecol. Prog. Ser.* 456: 29–42.

Bolnick, D. I., R. Svanbäck, J. A. Fordyce, et al. 2003. The ecology of individuals: Incidence and implications of individual specialization. *Am. Nat.* 161:1–28.

Boyer, K. E., J. S. Kertesz, and J. F. Bruno. 2009. Biodiversity effects on productivity and stability of marine macroalgal communities: The role of environmental context. *Oikos*, 118: 1062–1072.

Bracken, M. E. S. and J. J. Stachowicz. 2006. Seaweed diversity enhances nitrogen uptake via complementary use of nitrate and ammonium. *Ecology* 87: 2397–2403.

Bracken, M. E. S., S. E. Friberg, C. A. Gonzalez-Dorantes, and S. L. Williams. 2008. Functional consequences of realistic biodiversity changes in a marine ecosystem. *Proc. Natl. Acad. Sci. U.S.A.* 105: 924–028.

Branch, T. A., R. Watson, E. A. Fulton, et al. 2010. The trophic fingerprint of marine fisheries. *Nature* 468: 431–435.

Brandt, M., J. D. Witman, and A. I. Chiriboga. 2012. Influence of a dominant consumer species reverses at increased diversity. *Ecology* 93: 868–878.

Bruno, J. F. and M. I. O'Connor. 2005. Cascading effects of predator diversity and omnivory in a marine food web. *Ecol. Lett.* 8: 1048–1056.

Bruno, J. F., K. E. Boyer, J. E. Duffy, et al. 2005. Effects of macroalgal species identity and richness on primary production in benthic marine communities. *Ecol. Lett.* 8: 1165–1174.

Bruno, J. F., S. C. Lee, J. S. Kertesz, et al. 2006. Partitioning the effects of algal species identity and richness on benthic marine primary production. *Oikos* 115: 170–178.

Burkepile, D. E. and M. E. Hay. 2008. Herbivore species richness and feeding complementarity affect community structure and function on a coral reef. *Proc. Natl. Acad. Sci. U.S.A.* 105: 16201–16206.

Burkepile, D. E. and M. E. Hay. 2010. Impact of herbivore identity on algal succession and coral growth on a Caribbean reef. *PloS ONE* 5: e8963.

Byrnes, J. E. and J. J. Stachowicz. 2009a. The consequences of consumer diversity loss: Different answers from different experimental designs. *Ecology* 90: 2879–2888.

Byrnes, J. E. and J. J. Stachowicz. 2009b. Short and long term consequences of increases in exotic species richness on water filtration by marine invertebrates. *Ecol. Lett.* 12: 830–841.

Byrnes, J. E. K., B. J. Cardinale, and D. C. Reed. 2013. Interactions between sea urchin grazing and prey diversity on temperate rocky reef communities. *Ecology* 94: 1636–1646.

Byrnes, J. E., P. L. Reynolds, and J. J. Stachowicz. 2007. Invasions and extinctions reshape coastal marine food webs. *PLoS ONE* 2: e295.

Byrnes, J. E., J. J. Stachowicz, K. M. Hultgren, et al. 2006. Predator diversity strengthens trophic cascades in kelp forests by modifying herbivore behavior. *Ecol. Lett.* 9: 61–71.

Cadotte, M. W., K. Carscadden, and N. Mirotchnick. 2011. Beyond species: Functional diversity and the maintenance of ecological processes and services. *J. Anim. Ecol.* 48: 1079–1087.

Cardinale, B. J., A. R. Ives, and P. Inchausti. 2004. Effects of species diversity on the primary productivity of ecosystems: extending our spatial and temporal scales of inference. *Oikos* 104: 437–450.

Cardinale, B. J., D. M. Bennett, C. E. Nelson, and K. Gross. 2009. Does productivity drive diversity or vice versa? A test of the multivariate productivity-diversity hypothesis in streams. *Ecology* 90: 1227–1241.

Cardinale, B. J., C. T. Harvey, K. Gross, and A. R. Ives. 2003. Biodiversity and biocontrol: Emergent impacts of a multi-enemy assemblage on pest suppression and crop yield in an agroecosystem. *Ecol. Lett.* 6: 857–865.

Cardinale, B. J., J. E. Duffy, A. Gonzalez, et al. 2012. Biodiversity loss and its impact on humanity. *Nature* 486: 59–67.

Cardinale, B. J., K. Matulich, D. U. Hooper, et al. 2011. The functional role of producer diversity in ecosystems. *Am. J. Bot.* 98: 572–592.

Cardinale, B. J., D. S. Srivastava, J. E. Duffy, et al. 2006. Effects of biodiversity on the functioning of trophic groups and ecosystems. *Nature* 443: 989–992.

Cardinale, B. J., J. P. Wright, M. W. Cadotte, et al. 2007. Impacts of plant diversity on biomass production increase through time because of species complementarity. *Proc. Natl. Acad. Sci. U.S.A.* 104: 18123–18128.

Carpenter, R. C. 1986. Partitioning herbivory and its effects on coral reef algal communities. *Ecol. Monogr.* 56: 345–364.

Carpenter, R. C. 1990. Mass mortality of *Diadema antillarum* II: Effects on population densities and grazing intensity of parrotfishes and surgeonfishes. *Mar. Biol.* 104: 79–86.

Carroll, I. T., B. J. Cardinale, and R. M. Nisbet. 2011. Niche and fitness differences relate the maintenance of diversity to ecosystem function. *Ecology* 92: 1157–1165.

Catford, J. A., R. Jansson, and C. Nilsson. 2009. Reducing redundancy in invasion ecology by integrating hypotheses into a single theoretical framework. *Divers. Distrib.* 15: 22–40.

Chesson, P. 2000. General theory of competitive coexistence in spatially-varying environments. *Theor. Popul. Biol.* 58: 211–237.

Chesson, P., S. W. Pacala, and C. Neuhauser. 2001. Environmental niches and ecosystem functioning. In, *The Functional Consequences of Biodiversity* (D. Tilman, A. P. Kinzig, and S. Pacala, eds.), pp. 213–245. Princeton, NJ: Princeton University Press.

Christiansen, C., H. Christoffersen, J. Dalsgaard, and P. Nomberg. 1981. Coastal and nearshore changes correlated with die-back in eelgrass (*Zostera marina*, L.). *Sediment. Geol.* 28: 163–173.

Cottingham, K. L., B. L. Brown, and J. T. Lennon. 2001. Biodiversity may regulate the temporal variability of ecological systems. *Ecol. Lett.* 4: 72–85.

Dayton, P. K. 1985. Ecology of kelp communities. *Annu. Rev. Ecol. Syst.* 16: 215–245.

DeMott, W. R., R. D. Gulati, and K. Siewertsen. 1998. Effects of phosphorus-deficient diets on the carbon phosphorus balance of *Daphnia magna. Limnol. Oceanogr.* 43: 1147–1161.

Diaz, S. and M. Cabido. 2001. Vive la difference: Plant functional diversity matters to ecosystem processes. *Trends Ecol. Evol.* 16: 646–655.

Doak, D. F., D. Bigger, M. A. Harding, et al. 1998. The statistical inevitability of stability-diversity relationships in community ecology. *Am. Nat.* 151: 264–276.

Douglass, J. G., J. E. Duffy, and J. F. Bruno. 2008. Herbivore and predator diversity interactively affect ecosystem properties in an experimental marine community. *Ecol. Lett.* 11: 598–608.

Duarte, C. M. 2000. Marine biodiversity and ecosystem services: An elusive link. *J. Exp. Mar. Biol. Ecol.* 250: 117–131.

Duarte, C. M. and J. Cebrian. 1996. The fate of marine autotrophic production. *Limnol. Oceanogr.* 41: 1758–1766.

Duffy, J. E. 2002. Biodiversity and ecosystem function: the consumer connection. *Oikos* 99: 201–219.

Duffy, J. E. 2003. Biodiversity loss, trophic skew and ecosystem functioning. *Ecol. Lett.* 6: 680–687.

Duffy, J. E. 2006. Biodiversity and the functioning of seagrass ecosystems. *Mar. Ecol. Prog. Ser.* 311: 233–250.

Duffy, J. E. and J. J. Stachowicz. 2006. Why biodiversity is important to oceanography: Potential roles of genetic, species, and trophic diversity in pelagic ecosystem processes. *Mar. Ecol. Prog. Ser.* 311: 179–189.

Duffy, J. E., J. P. Richardson, and E. A. Canuel. 2003. Grazer diversity effects on ecosystem functioning in seagrass beds. *Ecol. Lett.* 6: 637–645.

Duffy, J. E., J. P. Richardson, and K. E. France. 2005. Ecosystem consequences of diversity depend on food chain length in estuarine vegetation. *Ecol. Lett.* 8: 301–309.

Duffy, J. E., J. J. Stachowicz, and J. F. Bruno. 2012. Multitrophic biodiversity and the responses of marine ecosystems to global change. In, *Marine Biodiversity and Ecosystem Functioning: Frameworks, methodologies, and integration* (M. Solan, R. J. Aspden, and D. M. Paterson, eds.), pp. 164–184. Oxford, UK: Oxford University Press.

Duffy, J. E., K. S. Macdonald, J. M. Rhode, and J. D. Parker. 2001. Grazer diversity, functional redundancy, and productivity in seagrass beds: An experimental test. *Ecology* 82: 2417–2434.

Duffy, J. E., B. J. Cardinale, K. E. France, et al. 2007. The functional role of biodiversity in ecosystems: Incorporating trophic complexity. *Ecol. Lett.* 10: 522–538.

Dulvy, N. K., Y. Sadovy, and J. D. Reynolds. 2003. Extinction vulnerability in marine populations. *Fish Fish* 4: 25–64.

Edwards, K. F., K. M. Aquilino, R. J. Best, et al. 2010. Prey diversity is associated with weaker consumer effects in a meta-analysis of benthic marine experiments. *Ecol. Lett.* 13: 194–201.

Eklof, J., C. Alsterberg, J. N. Havenhand, et al. 2012. Experimental climate change weakens the insurance effect of biodiversity. *Ecol. Lett.* 15: 864–872.

Elton, C. S. 1958. The ecology of invasions by animals and plants. Oxford, UK: Methuen.

Essington, T. E., A. H. Beaudreau, and J. Wiedenmann. 2006. Fishing through marine food webs. *Proc. Natl. Acad. Sci. U.S.A.* 103: 3171–3175.

Estes, J. A. and J. F. Palmisano. 1974. Sea otters: Their role in structuring nearshore communities. *Science* 185: 1058–1060.

Finke, D. L. and R. F. Denno. 2004. Predator diversity dampens trophic cascades. *Nature* 429: 407–410.

Foster, M. S. and D. R. Schiel. 1988. Kelp communities and sea otters: keystone species or just another brick in the wall? In, *The Community Ecology of Sea Otters* (G. R. VanBlaricom and J. A. Estes, eds.), pp. 92–115. Berlin, Germany: Springer-Verlag.

Fox, J. W. 2005. Interpreting the "selection effect" of biodiversity on ecosystem function. *Ecol. Lett.* 8: 846–856.

France, K. E. and J. E. Duffy. 2006. Diversity and dispersal interactively affect predictability of ecosystem function. *Nature* 441: 1139–1143.

Freeland, W. J. and D. H. Janzen. 1974. Strategies in herbivory by mammals: The role of plant secondary compounds. *Am. Nat.* 108: 269–289.

Fridley, J. 2001. The influence of species diversity on ecosystem productivity: How, where and why? *Oikos* 93: 514–526.

Gacia, E., C. M. Duarte, and T. Granata. 1999. An approach to the measurement of particle flux and sediment retention within seagrass (*Posidonia oceanica*) meadows. *Aquat. Bot.* 65: 255–268.

Gamfeldt, L. and B. Kallstrom. 2007. Increasing intraspecific diversity increases predictability in population survival in the face of perturbations. *Oikos* 116: 700–705.

Gamfeldt, L., H. Hillebrand, and P. R. Jonsson. 2005a. Species richness changes across two trophic levels simultaneously affect prey and consumer biomass. *Ecol. Lett.* 8: 696–703.

Gamfeldt, L., J. Wallen, P. R. Jonsson, et al. 2005b. Increasing intraspecific diversity enhances settling success in a marine invertebrate. *Ecology* 86: 3219–3224.

Gillespie, J. 1974. Role of environmental grain in maintenance of genetic variation. *Am. Nat.* 108: 831–836.

Gliwicz, Z. M. and W. Lampert. 1990. Food thresholds in *Daphnia* species in the presence and absence of blue-green filaments. *Ecology* 71: 691–702.

Godbold, J. A. 2012. Effects of biodiversity-environment conditions on the interpretation of biodiversity-function relations. In, *Marine Biodiversity and Ecosystem Functioning: Frameworks, Methodologies and Integration* (M. Solan, R. J. Aspden, and D. M. Paterson, eds.), pp. 101–108. Oxford, UK: Oxford University Press.

Gonzalez, A., N. Mouquet, and M. Loreau. 2009. Biodiversity as spatial insurance: the effects of habitat fragmentation and dispersal on ecosystem functioning. In, *Biodiversity, Ecosystem Functioning, and Human Well-being: an Ecological and Economic Perspective* (S. Naeem, D. E. Bunker, A. Hector, et al. eds.), pp. 134–146. Oxford, UK: Oxford University Press.

Griffin, J. N., K. L. De la Haye, S. J. Hawkins, et al. 2008. Predator diversity and ecosystem functioning: Density modifies the effect of resource partitioning. *Ecology* 89: 298–305.

Griffin, J. N., V. Méndez, A. F. Johnson, et al. 2009. Functional diversity predicts overyielding effect of species combination on primary productivity. *Oikos* 118: 37–44.

Gurevitch, J., and D. K. Padilla. 2004. Response to Ricciardi. Assessing species invasions as a cause of extinction. *Trends Ecol. Evol.* 19: 620.

Hairston, N. G., F. E. Smith, and L. B. Slobodkin. 1960. Community structure, population control, and competition. *Am. Nat.* 94: 421–425.

Hector, A. and R. Bagchi. 2007. Biodiversity and ecosystem multifunctionality. *Nature* 448: 188–190.

Hector, A. and R. Hooper. 2002. Darwin and the first ecological experiment. *Science* 639–640.

Heiman, K. W. and F. Micheli. 2010. Non-native ecosystem engineer alters estuarine communities. *Integr. Comp. Biol.* 50: 226–236.

Hemminga, M. and C. M. Duarte. 2000. *Seagrass Ecology*. New York, NY: Cambridge University Press.

Hilborn, R., T. P. Quinn, D. E. Schindler, and D. E. Rogers. 2003. Biocomplexity and fisheries sustainability. *Proc. Natl. Acad. Sci. U.S.A.* 100: 6564–6568.

Hillebrand, H. and B. J. Cardinale. 2004. Consumer effects decline with prey diversity. *Ecol. Lett.* 7: 192–201.

Hillebrand, H. and B. Matthiessen. 2009. Biodiversity in a complex world: Consolidation and progress in functional biodiversity research. *Ecol. Lett.* 12: 1405–1419.

Hooper, D. U., E. C. Adair, B. J. Cardinale, et al. 2012. A global synthesis reveals biodiversity loss as a major driver of ecosystem change. *Nature*, 486: 105–108.

Hooper, D. U., F. S. Chapin, J. J. Ewel, et al. 2005. Effects of biodiversity on ecosystem functioning: A consensus of current knowledge. *Ecol. Monogr.* 75: 3–35.

Hughes, A. R. and J. J. Stachowicz. 2004. Genetic diversity enhances the resistance of a seagrass ecosystem to disturbance. *Proc. Natl. Acad. Sci. (USA).* 101: 8998–9002.

Hughes, A. R. and J. J. Stachowicz. 2009. Ecological impacts of genotypic diversity in the clonal seagrass *Zostera marina*. *Ecology* 90: 1412–1419.

Hughes, A. R. and J. J. Stachowicz. 2011. Seagrass genotypic diversity increases disturbance response via complementarity and dominance. *J. Ecol.* 99: 445–453.

Hughes, A. R., K. J. Bando, L. F. Rodriguez, and S. L. Williams. 2004. Relative effects of grazers and nutrients on seagrasses: A meta-analysis approach. *Mar. Ecol. Prog. Ser.* 282: 87–99.

Hughes, A. R., J. E. Byrnes, D. L. Kimbro, and J. J. Stachowicz. 2007. Reciprocal relationships and potential feedbacks between biodiversity and disturbance. *Ecol. Lett.* 10: 849–864.

Hughes, A. R., B. D. Inouye, M. T. J. Johnson, et al. 2008. Ecological consequences of genetic diversity. *Ecol. Lett.* 11: 609–623.

Huston, M. A. 1997. Hidden treatments in ecological experiments: Re-evaluating the ecosystem function of biodiversity. *Oecologia* 110: 449–460.

Ives, A. R., B. J. Cardinale, and W. E. Snyder. 2005. A synthesis of subdisciplines: Predator-prey interactions, and biodiversity and ecosystem functioning. *Ecol. Lett.* 8: 102–116.

Jiang, L., Z. Pu, and D. R. Nemergut. 2008. On the importance of the negative selection effect for the relationship between biodiversity and ecosystem functioning. *Oikos* 117: 488–493.

Jost, L. Entropy and diversity. *Oikos* 113: 363–375.

Kirwan, L., J. Connolly, J. A. Finn, et al. 2009. Diversity-interaction modeling: Estimating contributions of species identities and interactions to ecosystem function. *Ecology* 90: 2032–2038.

Lee, W. Y., X. K. Zhang, C. Van Baalen, and C. R. Arnold. 1985. Feeding and reproductive performace of the harpacticoid *Tisbe carolinensis* (Copepoda, Crustacea) in four algal cultures. *Mar. Ecol. Prog Ser.* 24: 273–279.

Leinster, T. and C. A. Cobbold. 2011. Measuring diversity: The importance of species similarity. *Ecology* 93: 477–489.

Loreau, M. 1996. Coexistence of multiple food chains in a heterogeneous environment: Interactions among community structure, ecosystem functioning and nutrient dynamics. *Math. Biosci.* 134: 153–188.

Loreau, M. 1998a. Biodiversity and ecosystem functioning: A mechanistic model. *Proc. Natl. Acad. Sci. (USA).* 95: 5632–5636.

Loreau, M. 1998b. Separating sampling and other effects in biodiversity experiments. *Oikos* 83: 600–602.

Loreau, M. 2000. Biodiversity and ecosystem functioning: recent theoretical advances. *Oikos* 91: 3–17.

Loreau, M. 2010. *From Populations to Ecosystems: Theoretical Foundations for a New Ecological Synthesis. Monographs in Population Biology.* Princeton, NJ: Princeton University Press.

Loreau, M. and A. Hector. 2001. Partitioning selection and complementarity in biodiversity experiments. *Nature* 412: 72–76.

Loreau, M., S. Naeem, P. Inchausti, et al. 2001. Biodiversity and ecosystem functioning: Current knowledge and future challenges. *Science* 294: 804–808.

MacArthur, R. H. 1955. Fluctuations of animal populations and a measure of community stability. *Ecology* 36: 533–536.

Magurran, A. E. 2003. *Measuring Biological Diversity.* Malden, MA: Blackwell Science Ltd.

Margalef, R. 1969. Diversity and stability: a practical proposal and a model of interdependence. *Brookhaven Symp. Biol.* 22: 25–37.

McCann, K. S., A. Hastings, and G. R. Huxel. 1998. Weak trophic interactions and the balance of nature. *Nature* 395: 794–798.

McCann, K. S. 2000. The diversity-stability debate. *Nature* 405: 228–233.

Micheli, F. and B. S. Halpern. 2005. Low functional redundancy in coastal marine assemblages. *Ecol. Lett.* 8: 391–400.

Millenium Ecosystem Assessment. 2005. *Ecosystems Human Well-Being: Synthesis.* Washington, DC: Island Press.

Moran, E. R., P. L. Reynolds, L. M. Ladwig, et al. 2010. Predation intensity is negatively related to plant species richness in a benthic marine community. *Mar. Ecol. Prog. Ser.* 400: 277–282.

Mouquet, N., J. L. Moore, and M. Loreau. 2002. Plant species richness and community productivity: Why the mechanism that promotes coexistence matters. *Ecol. Lett.* 5: 56–65.

Mulder, C. P. H., D. D. Uliassi, and D. F. Doak. 2001. Physical stress and diversity-productivity relationships: The role of positive interactions. *Proc. Natl. Acad. Sci. (USA).* 98: 6704–6708.

Naeem, S. 2002. Ecosystem consequences of biodiversity loss: The evolution of a paradigm. *Ecology* 83: 1537–1552.

Naeem, S. 2012. Ecological consequences of declining biodiversity: a biodiversity–ecosystem function (BEF) framework for marine systems. In, *Marine Biodiversity and Ecosystem Functioning: Frameworks, methodologies, and integration* (M. Solan, R. J. Aspden, and D. M. Paterson, eds.), pp. 34–51. Oxford: Oxford University Press.

Naeem, S. and J. P. Wright. 2003. Disentangling biodiversity effects on ecosystem functioning: Deriving solutions to a seemingly insurmountable problem. *Ecol. Lett.* 6: 567–579.

Navarrete, S. and E. Berlow. 2006. Variable interaction strengths stabilize marine community pattern. *Ecol. Lett.* 9: 526–536.

Norling, K., R. Rosenberg, S. Hulth, et al. 2007. Importance of functional biodiversity and species-specific traits of benthic fauna for ecosystem functions in marine sediment. *Mar. Ecol. Prog. Ser.* 332: 11–23.

O'Connor, M. I. and J. F. Bruno. 2009. Predator richness has no effect in a diverse marine food web. *J. Anim. Ecol.* 78: 732–740.

O'Connor, N. E. and J. F. Bruno. 2007. Predatory fish loss affects the structure and functioning of a model marine food web. *Oikos* 116: 2027–2038.

O'Connor, N. E. and T. P. Crowe. 2005. Biodiversity loss and ecosystem functioning: Distinguishing between number and identity of species. *Ecology* 86: 1783–1976.

O'Connor, N. E., M. C. Emmerson, T. P. Crowe, and I. Donohue. 2013. Distinguishing between direct and indirect effects of predators in complex ecosystems. *J. Anim. Ecol.* 82: 438–448.

O'Connor, N. E., J. H. Grabowski, L. M. Ladwig, and J. F. Bruno. 2008. Simulated predator extinctions: Predator identity affects survival and recruitment of oysters. *Ecology* 89: 428–438.

O'Gorman, E. J. and M. C. Emmerson. 2009. Perturbations to trophic interactions and the stability of complex food webs. *Proc. Natl. Acad. Sci. (USA).* 106: 13393–13398.

O'Gorman, E. J., R. A. Enright, and M. C. Emmerson. 2008. Predator diversity enhances secondary production and decreases the likelihood of trophic cascades. *Oecologia* 158: 557–567.

Odum, E. P. 1953. *Fundamentals of Ecology.* Philadelphia, PA: Saunders.

Oksanen, L., S. D. Fretwell, J. Arruda, and P. Niemela. 1981. Exploitation ecosystems in gradients of primary productivity. *Am. Nat.* 118: 240–261.

Pacala, S. W. and A. P. Kinzig. 2001. Introduction to Theory and the Common Ecosystem Model. In, *The Functional Consequences of Biodiversity: Empirical Progress and Theoretical Extensions* (D. Tilman, A. P. Kinzig, and S. Pacala, eds.), pp. 169–174. Princeton, NJ: Princeton University Press.

Paine, R. T. 1966. Food web complexity and species diversity. *Am. Nat.* 100: 65–75.

Paine, R. T. 1992. Food-web analysis through field measurement of per capita interaction strength. *Nature* 355: 73–75.

Paine, R. T. 2002. Trophic control of production in a rocky intertidal community. *Science* 296: 736-739.

Pauly, D., V. Christensen, J. Dalsgaard, et al. 1998. Fishing down marine food webs. *Science* 279: 860–863.

Petchey, O. L. and K. J. Gaston. 2002. Functional Diversity (FD), species richness and community composition. *Ecol. Lett.* 5: 402–411.

Petchey, O. L. 2003. Integrating methods that investigate how complementarity influences ecosystem functioning. *Oikos* 101: 323–330.

Poisot, T., N. Mouquet, and D. Gravel. 2013. Trophic complementarity drives the biodiversity–ecosystem functioning relationship in food webs. *Ecol. Lett.* 16: 853–861.

Polis, G. A. and D. R. Strong. 1996. Food web complexity and community dynamics. *Am. Nat.* 147: 813–846.

Polis, G. A., A. L. W. Sears, G. R. Huxel, et al. 2000. When is a trophic cascade a trophic cascade? *Trends Ecol. Evol.* 15: 473–475.

Power, M. E., D. Tilman, J. A. Estes, et al. 1996. Challenges in the quest for keystones. *Bioscience* 46: 609–620.

Pruitt, J. N., J. J. Stachowicz, and A. Sih. 2012. Behavioral types of predator and prey jointly determine prey survival: Potential implications for the maintenance of within-species behavioral variation. *Am. Nat.* 179:217–227.

Rapport, D. J. 1971. An optimization model of food selection. *Am. Nat.* 105: 575–587.

Rasher, D. B., A. S. Hoey, and M. E. Hay. 2013. Consumer diversity interacts with prey defenses to drive ecosystem function. *Ecology* 94: 1347–1358.

Reich, P. B., D. Tilman, F. Isbell, et al. 2012. Impacts of biodiversity loss escalate through time as redundancy fades. *Science* 336: 589–592.

Reusch, T. B. H., A. Ehlers, A. Hammerli, and B. Worm. 2005. Ecosystem recovery after climatic extremes enhanced by genotypic diversity. *Proc. Natl. Acad. Sci. U.S.A.* 102: 2826–2831.

Reynolds, P. L. and J. F. Bruno. 2012. Effects of trophic skewing of species richness on ecosystem functioning in a diverse marine community. *PLoS ONE* 7: e36196.

Roberts, A. 1974. The stability of a feasible random ecosystem. *Nature* 251: 607–608.

Rosenfeld, J. S. 2002. Functional redundancy in ecology and conservation. *Oikos* 98: 156–162.

Rosenheim, J. A., L. R. Wilhoit, and C. A. Armer. 1993. Influence of intraguild predation among generalist insect predators on the suppression of an herbivore population. *Oecologia* 96: 439–449.

Ruesink, J. L. 2000. Intertidal mesograzers in field microcosms: Linking laboratory feeding rates to community dynamics. *J. Exp. Mar. Biol. Ecol.* 248: 163–176.

Sala, E. and M. H. Graham. 2002. Community-wide distribution of predator-prey interaction strength in kelp forests. *Proc. Natl. Acad. Sci. U.S.A.* 99: 3678–3683.

Sax, D. F. and S. D. Gaines. 2003. Species diversity: From global decreases to local increases. *Trends Ecol. Evol.* 18: 561–566.

Schindler, D. E., R. Hilborn, B. Chasco, et al. 2010. Population diversity and the portfolio effect in an exploited species. *Nature* 465: 609–612.

Schmidt, P. S., M. D. Bertness, and D. M. Rand. 2000. Environmental heterogeneity and balancing selection in the acorn barnacle *Semibalanus balanoides. Proc. R. Soc. Lond., B, Biol. Sci.* 267: 379–384.

Schmitz, O. J. 2009. Effects of predator functional diversity on grassland ecosystem function. *Ecology* 90: 2339–2345.

Schneider, F. D. and U. Brose. 2012. Beyond diversity: how nested predator effects control ecosystem functions. *J. Anim. Ecol.* 82: 64–71.

Sih, A., G. Englund, and D. Wooster. 1998. Emergent impacts of multiple predators on prey. *Trends Ecol. Evol.* 13: 350–355.

Smith, S. V. 1981. Marine macrophytes as a global carbon sink. *Science* 211: 838–840.

Solan, M., R. J. Aspden and D. M. Paterson. 2012. *Marine Biodiversity and Ecosystem Functioning: Frameworks, Methodologies, and Integration.* Oxford, UK: Oxford University Press.

Solan, M., B. J. Cardinale, A. L. Downing, et al. 2004. Extinction and ecosystem function in the marine benthos. *Science* 306: 1177–1180.

Srivastava, D. S. and M. Vellend. 2005. Biodiversity-ecosystem function research: Is it relevant to conservation? *Annu. Rev. Ecol. Evol. Syst.* 36: 267–294.

Stachowicz, J. J. and J. E. Byrnes. 2006. Species diversity, invasion success, and ecosystem functioning: Disentangling the influence of resource competition, facilitation, and extrinsic factors. *Mar. Ecol. Prog. Ser.* 311: 251–262.

Stachowicz, J. J. and D. Tilman. 2005. Species invasions and the relationships between species diversity, community saturation, and ecosystem functioning. In, *Species Invasions* (D. F. Sax, J. J. Stachowicz, and S.

D. Gaines, eds.), pp. 41–64. Sunderland, MA: Sinauer Associates, Inc.

Stachowicz, J. J., J. F. Bruno, and J. E. Duffy. 2007. Understanding the effects of marine biodiversity on community and ecosystem processes. *Annu. Rev. Ecol. Evol. Syst.* 38: 739–766.

Stachowicz, J. J., R. B. Whitlatch, and R. W. Osman. 1999. Species diversity and invasion resistance in a marine ecosystem. *Science* 286: 1577–1579.

Stachowicz, J. J., R. J. Best, M. E. S. Bracken, and M. H. Graham. 2008a. Complementarity in marine biodiversity manipulations: Reconciling divergent evidence from field and mesocosm experiments. *Proc. Natl. Acad. Sci. U.S.A.* 105: 18842–18847.

Stachowicz, J. J., H. Fried, R. W. Osman, and R. B. Whitlatch. 2002. Biodiversity, invasion resistance, and marine ecosystem function: Reconciling pattern and process. *Ecology* 83: 2575–2590.

Stachowicz, J. J., M. Graham, M. E. S. Bracken, and A. I. Szoboszlai. 2008b. Diversity enhances cover and stability of seaweed assemblages: the role of heterogeneity and time. *Ecology* 89: 3008–3019.

Steneck, R. S. and M. N. Dethier. 1994. A functional group approach to the structure of algal-dominated communities. *Oikos* 69: 476–498.

Stibor, H., O. Vadstein, S. Diehl, et al. 2004. Copepods act as a switch between alternative trophic cascades in marine pelagic food webs. *Ecol. Lett.* 7: 321–328.

Stocker, R., C. Körner, B. Schmid, et al. 1999. A field study of the effects of elevated CO_2 and plant species diversity on ecosystem-level gas exchange in a planted calcareous grassland. *Glob. Chang. Biol.* 5: 95–105.

Straub, C. S. and W. E. Snyder. 2006. Species identity dominates the relationship between predator biodiversity and herbivore suppression. *Ecology* 87: 277–282.

Striebel, M., S. Behl, S. Diehl, and H. Stibor. 2009. Spectral niche complementarity and carbon dynamics in pelagic ecosystems. *Am. Nat.* 174: 141–147.

Strong, D. R. 1992. Are trophic cascades all wet? Differentiation and donor-control in speciose ecosystems. *Ecology* 73: 747–754.

Terrados, J. and C. M. Duarte. 1999. Experimental evidence of reduced particle resuspension within a seagrass (*Posidonia oceanica* L.) meadow. *J. Exp. Mar. Biol. Ecol.* 243: 45–53.

Thebault, E. and M. Loreau. 2003. Food-web constraints on biodiversity-ecosystem functioning relationships. *Proc. Nat. Acad. Sci. (USA).* 100: 14949–14954.

Tilman, D. 1999. The ecological consequences of changes in biodiversity: A search for general principles. *Ecology* 80: 1455–1474.

Tilman, D. and C. Lehman. 2002. Biodiversity, composition, and ecosystem processes: Theory and concepts. In, *The Functional Consequences of Biodiversity* (A. P. Kinzig, S. W. Pacala, and D. Tilman, eds.), pp. 9–41. Princeton, NJ: Princeton University Press.

Tilman, D., C. L. Lehman, and K. T. Thomson. 1997. Plant diversity and ecosystem productivity: Theoretical considerations. *Proc. Natl. Acad. Sci. U.S.A.* 94: 1857–1861.

Tilman, D., P. B. Reich, J. Knops, et al. 2001. Diversity and productivity in a long-term grassland experiment. *Science* 294: 843–845.

Turnbull, L. A., J. M. Levine, M. Loreau, and A. Hector. 2013. Coexistence, niches and biodiversity effects on ecosystem functioning. *Ecol. Lett.* 16: 116–127.

Walker, M. K. and R. M. Thompson. 2010. Consequences of realistic patterns of biodiversity loss: An experimental test from the intertidal zone. *Mar. Freshw. Res.* 61: 1015.

Weis, J. J., B. J. Cardinale, K. J. Forshay, and A. R. Ives. 2007. Effects of species diversity on community biomass production change over the course of succession. *Ecology* 88: 929–939.

Wolkovich, E. M. and E. E. Cleland. 2011. The phenology of plant invasions. *Front. Ecol. Environ.* 9: 287–294.

Worm, B., E. B. Barbier, N. Beaumont, et al. 2006. Impacts of biodiversity loss on ocean ecosystem services. *Science* 314: 787–780.

Yachi, S. and M. Loreau. 1999. Biodiversity and ecosystem productivity in a fluctuating environment: The insurance hypothesis. *Proc. Natl. Acad. Sci. U.S.A.* 96: 1463–1468.

第 7 章

海洋生物群落的生物地理学

Eric Sanford

海洋生物地理学起源于 19 世纪第一个 10 年中期，是一门尝试绘制物种当前和历史上的地理分布图的描述性科学（Dana，1853）。传统的生物地理学家主要关注生物的种、属和其他分类层次的分布区制图（综述见 Briggs，1974），因此该领域被认为"分类学和历史方法，而不是生态学方法"（Hedgpeth，1957）。直到多年之后，人们才开始考虑生态单元（群落）的生物地理学（Hedgpeth，1957；Thorson，1957），对它的理解也进展缓慢。Robert MacArthur（1972）的开创性著作《地理生态学》（*Geographical Ecology*）是最早将生物地理学和生态学理论相结合的尝试之一。随后，Geerat Vermeij，本科时代就已跟随 MacArthur，通过研究海洋生物类群沿非生物与生物梯度的形态适应，进一步整合了生物地理学和生态学。他的著作《生物地理学与适应》（*Biogeography and Adaptation*）为生物格局、过程和多样性的演化提供了一个全面的视角（Vermeij，1978）。差不多 20 年之后，James Brown（1995）撰写的《宏观生态学》（*Macroecology*）更进一步地推动了跨学科综合的研究，并鼓励生态学家关注传统生物地理学家所研究的、更大时空尺度上所发生的格局与过程。

当《宏观生态学》于 1995 年出版时，海洋群落生态学家也张开了他们的怀抱，因为该领域正处于重新发现海洋生态系统的开放性和大尺度过程（如幼体补充）重要性的中期（Dayton and Tegner，1984；Underwood and Denley，1984；Roughgarden et al.，1988）。自那时起，海洋生态学家就逐渐开始关注与大尺度生态格局和过程相关的问题，其中所取得的重要进展都在《海洋宏观生态学》（*Marine Macroecology*）中有所体现（Witman and Roy，2009）。

本章的重点是理解相互作用的海洋物种组合为什么以及如何在大空间尺度上发生变化。对生物地理格局的准确描述应该是这些研究的必要起点（Underwood et al.，2000）。然而，直到最近，几乎没有高分辨率数据集能够描述海洋生物群落的构成与结构在大空间尺度上的变化。对海洋植物和动物的生物地理实验通常只能说明其物种分布范围的端点，而很少包括种群数量或群落构成的空间变化信息。此外，在过去，大多数海洋生态学家只是在一到几个野外站点开展研究工作，对群落结构在大空间尺度上的变化所知寥寥。

幸运的是，在过去十年中，跨纬度梯度的研究数量有所增加。其中大部分研究关注的是底栖生物群落结构，有些研究甚至包括多个站点，相距上千千米（如 Broitman et al.，2001；Witman et al.，2004；Connolly et al.，2005；Schoch et al.，2006；Connell and Irving，2008；Blanchette et al.，2008，2009；Smale et al.，2010；Schiel，2011；Wieters et al.，2012）。这些研究为描述群落结构如何在大空间尺度上变化提供了前所未有的细节。根据传统的生物地理学思维，许多生物分布格局与非生物要素的梯度相关，如温度、波浪能量和沿岸上升流等（如 Schoch et al.，2006；Blanchette et al.，2008；Schiel，2011）。然而，对这些生物群落格局的描述同样表明了其生态过程，如扩散、补充、种群动态和种间关系，可能会影响群落之间的地理差异。例如，对智利沿海岩岸潮间带生物群落的调查表明，功能组团的丰度存在纬度变化（Broitman et al.，

2001）。值得一提的是，大型海藻的数量在高纬度增加，这与水温较低有关；而与之相反，在低潮区，壳状藻类的覆盖度与大型海藻的丰度呈负相关关系，这与两个物种的竞争关系是一致的。而壳状藻和大型海藻的丰度又与食草动物的丰度负相关，这表明藻类组合的地域差异很可能受食植者变化的影响。最后，沿岸的贻贝丰度存在一个生物地理的突变，这说明补充量影响着群落结构的纬度变化（Broitman et al.，2001）。

海洋生物地理学和群落生态学方法相结合，已开始从机理的视角来认识驱动这些和其他纬度格局的过程。本章主要考虑影响海洋底栖生物群落地理变化格局的生态、生理演化和海洋过程，并重点关注四个问题：首先，什么过程决定和维持着物种地理分布范围的界限？这些过程限定了哪些物种属于一个特定组合，从而为理解海洋生物群落的生物地理学提供重要基础；其次，种群丰度为什么以及如何在物种地理分布范围内发生变化？调查显示，沿着物种分布范围，种群丰度的格局会出现各种形式（如 Sagarin and Gaines，2002a；Schoch et al.，2006）。例如，一些物种的丰度在其分布范围的中心最高，而有些物种的丰度则在其分布范围边缘达到峰值。影响物种分布边界和种群数量的过程，也影响着当地物种组合的构成和结构，并引发了最后两个问题；第一个问题是，物种相互作用纬度变化的原因和结果是什么？越来越多的跨越大空间尺度的比较实验为竞争、促进、捕食和植食等作用的强度的地理变化提供了新的见解；在本章的最后一节提出了最后一个问题，这些种间关系是否足以解释当地的物种丰富度，或者大尺度历史和演化过程是否还扮演着其他的角色？特别是，区域物种库的大小会影响局部生物群落的物种丰富度吗？对这四个问题的最新研究强调了海洋生物地理学和群落生态学的综合，并尝试超越对格局的描述，而转向对驱动海洋生物群落地理分布变化的生态和演化过程的理解。

物种地理分布范围的限制

150 多年来，物种地理分布制图一直是海洋生物地理学的一个焦点（综述见 Hedgpeth，1957；Briggs，1974）。很多物种常常在海岸线的狭长区域共享相同的地理分布范围边界（Dana，1853），这使得具有相似地理分布范围的物种可以组成一个生物地理区（图 7.1；Schenck and Keen，1936；Briggs，1974）。传统海洋生物地理学的另一个主要关注点是物种分布范围边界与环境梯度之间的关系。历史上，生物地理学家依赖于相关性方法，将生物地理区的纬度分布绘制在等温线图上（Dana，1853；Hedgpeth，1957；Briggs，1974）。这些研究大多是描述性的，很少有人研究内在机制，即海水温度如何决定海洋生物的分布范围。

在 Hutchins（1947）发表一篇里程碑式的论文之后，海洋生态学家对机理有了更多的关注。Hutchins 认为，温度主要通过两个普遍机制决定海洋生物的范围边界。首先，当温度超过适应范围，生物可能会因为受到极大的生理胁迫而无法生存。在这种情况下，向赤道方向的范围边界是由对高温的不耐受所决定的，而在向两极的方向上，范围边界由低温所控制。这种机制的证据主要源于杂谈轶事，例如有人观察到，在夏季，一些南方的物种会补充到美国马萨诸塞州的科德角，但在严寒的冬季会被冻死（Allee，1923）；其次，Hutchins 认为，在某些情况下，范围限制反映了成功繁殖所需的临界温度。例如，最低温度可能是成功产生配子、开始孵化和幼体发育的必要条件（Orton，1920）。Hutchins 提出，一个物种向两极和向赤道的分布界限可能是受上述两个机制中任意一个所决定的（例如，温度对生存或繁殖的约束）。这一概念框架很快被一些海洋物种分布的研究采用（Hedgpeth，1957；van den Hoek，1982）。

出于对预测与气候变化相关的物种分布变化的渴望，人们再次对控制物种分布范围界限的因素产生新的兴趣（Helmuth et al.，2006；Sexton et al.，2009）。这些研究很大程度上依赖于对物种过去和现在分布的描述，因而仍然落入生物地理学传统相关性方法的圈套。不过，海洋生态学家已经开始将室内和野外实验调查的物种分布与生理度量、海洋数据、气候记录及建模相结合，以便更好地理解影响分布边界的限制机制。

基于生态位的建模

由于温度和物种分布范围边界具有强烈的相关性，在全球气候变暖的背景下，生物的分布范围会向两极移动（Parmesan and Yohe，2003）。生物气候信封模型（也称为生态位模型）成为预测这种变化的一个有力工具。该方法在陆地生态系统已被广泛采用，但直到最近才被用于海洋生物研究（如 Lima et al.，2007；

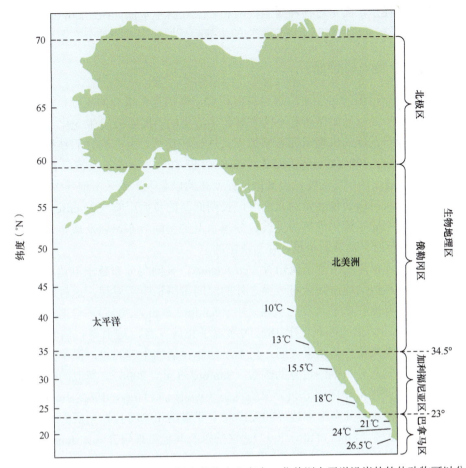

图 7.1　生物地理区分布示意图。在 Dall（1909）提出的这个方案中，北美洲太平洋沿岸的软体动物可以分为 4 个区，美国加利福尼亚州的康赛普申角（34.5°N），是俄勒冈区与加利福尼亚区的过渡区。除此之外，还提出了其他的一些替代方案。等温线的位置由沿海岸标注的年均水温表示（仿自 Schenck and Keen，1936）

Cheung et al.，2009；Martínez et al.，2012）。生物气候信封模型假设物种现有的地理分布反映了该物种所偏好的环境条件（如生态位），因此，将生态位要求和气候模型所模拟的环境条件在空间上的变化相结合。该模型能够模拟物种分布和范围的变化。尽管生物之间的相互作用有助于维持一些海洋生物的范围边界（如 Wethey，2002；deRivera et al.，2005），但大部分海洋生态系统包含一些时间和空间上的避难所，以躲避竞争和捕食。因此，像致死温度等硬障碍，可能是物种在其分布范围界限之外消失的主要原因。在分析海洋生物分布范围变化的研究中，温度是最常考虑的环境驱动力，但是，更精细的模型也将海洋洋流和生境分布的作用纳入考虑范畴（如 Cheung et al.，2009；Martínez et al.，2012）。尽管生物气候信封模型已产生很多有价值的预测，但也有一定的缺陷，对它的批评主要在于其方法依赖于基于生态位模型对相互关系的解释，而这可能会但也可能不会反映出影响生物分布范围界限的真正原因（Helmuth，2009）。

　　另一种更加注重机理的建模方法，使用观察和实验数据来识别究竟是哪些环境要素在生物生活史的哪个阶段决定了其分布范围边界（Bhaud et al.，1995；Helmuth et al.，2006）。例如，野外和室内实验数据显示，灰笛鲷（*Lutjanus griseus*）沿着美国东南海岸向北极分布的边界是由其幼鱼在冬季水温较低情况下的死亡率所决定（Wuenschel et al.，2012）。一旦确认了这种关键的"薄弱环节"，其信息就可以被纳入模型，对其分布范围的未来变化做出基于机理的预测（如 Hare et al.，2012；Jones et al.，2012）。这种建模方法是一种"生态预报"的形式（Helmuth，2009），并可用于检验对过去温度条件的追算（hindcast）是否能够准确预测物种分布边界的历史变化。例如，调查数据显示，自 1872 年以来，法国沿海潮间带的大西洋藤壶（*Semibalanus balanoides*）分布范围的南部边界已向北后退了 300km。Wethey 和 Woodin（2008）使用历史气候记录和基于机理的藤壶体温模拟模型，对接近该物种历史分布极限的环境温度变化进行了追算。他们的追算结果支持这一假设命题，即所观察到的分布边界变化是由阻碍繁殖的暖冬所驱动的。这种机理模型的不确定性因素的最大来源不是气候模型，而是对物种耐温极限和要求理解不全面（Helmuth et al.，2006；Hare et al.，2012）。这说明，迫切需要有更多的实验来研究生物的生理耐受性和影响物种分布范围的要素。

温度对存活和繁殖的影响：机理研究

尽管很明显，物种分布范围的边界通常都与温度相关，但仍存在重要的挑战，如何确定温度的哪些性质限制了物种的分布，这些效应又如何随着不同类群和生活史的不同阶段发生变化（Helmuth et al.，2006；Sexton et al.，2009）？分布范围的机理研究非常适于关注这些挑战，并在海洋系统研究中越来越普遍（如Zacherl et al.，2003；Gilman，2006；Sanford et al.，2006）。例如，尽管成年灰笛鲷在西大西洋的分布边界最北可以到达美国佛罗里达州的中部沿海，但其幼鱼经常在此以北上千千米出现（Wuenschel et al.，2012）。室内实验证明，在冬季，灰笛鲷幼鱼会受到北部河口长期低温的负面影响（Wuenschel et al.，2012）。尽管这一证据是相关性的，但实验室量化的热耐受性、冬季水温的空间分布，以及成鱼分布之间的强烈一致性表明，灰笛鲷的地理分布范围是由其幼鱼越冬存活决定的。

同样生活在美国大西洋沿岸的招潮蟹属物种 *Uca pugnax*，其向北分布范围可达科德角以北。然而，在野外实验中，将雌蟹幼体移植到超出其分布边界之外的潮间带围栏中后发现，这种底栖招潮蟹能够忍受冬季的严寒天气，包括长期暴露在低于–1℃的水温之中（Sanford et al.，2006）。与之相反，在室内进行的实验表明，很少有浮游生物的幼虫能够在低于18℃的水温下完成发育，这也是它们于夏季繁殖期在野外分布范围最北缘所体验的一个阈值。其结果表明，夏季对幼体存活的生理约束，而不是冬季底栖幼体阶段的存活率，才是限制招潮蟹向北分布范围边界的因素（Sanford et al.，2006）。类似的研究探索了决定紫贻贝（*Mytilus edulis*）在美国大西洋沿岸向南分布界限的机制（Wells and Gray，1960；Jones et al.，2009）。在野外，小紫贻贝在被移植到接近其分布南部边界的美国北卡罗来纳州哈特拉斯角后大量死亡，这表明依然是温度耐受性决定了其分布范围（Jones et al.，2009）。这些以及其他机理研究（如 Jones et al.，2012）支持了Hutchins 的假说，即温度是决定物种分布范围边界的关键因素（Hutchins，1947）。

生物地理边界：温度还是传输？

物种分布边界通常在主要的岬角，如美国的哈特拉斯角和康赛普申角（Dana，1853；Gaylord and Gaines，2000），或是一些具有其他类型的海岸地貌的地方，如阿根廷的圣马提亚斯湾（Wieters et al.，2012）。这些生物地理边界通常在主要的北向和南向洋流交汇之处（Gaylord and Gaines，2000）。这些洋流源于不同的纬度和深度，其温度差异往往巨大。因此，这些地方往往具有显著的温度梯度（图7.2）。正如本节开始所讨论的那样，生物共同的分布范围边界在传统上被归结于温度对存活或繁殖的影响（Hutchins，1947）。Gaylord 和 Gaines（2000）的研究支持另一个假设，即物种分布范围边界在这些地点出现可能是强

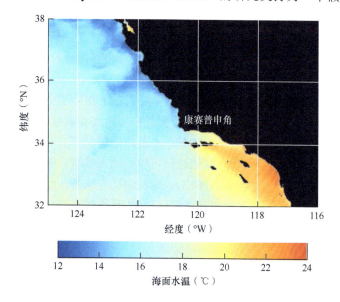

图 7.2　卫星影像显示美国加利福尼亚州康赛普申角的海面水温（℃）。水温较低的加利福尼亚洋流沿海岸向南流动，在康赛普申角处开始发散。在春季和夏季，一个暖水的循环涡流常常位于岬角的南部。因此，该生物地理区边界的特征是强温度梯度和洋流的汇聚（影像来自 2012 年8 月，由美国国家海洋和大气管理局提供）

平流造成的，这些平流对浮游幼体的沿岸扩散形成了一个障碍。模型结果证明，一些流场的结构会在线型海岸的中间产生分布范围的边界，否则，线型海岸本是一个适宜的生境。在一种情况下，涡流环流场会产生一个物种沿海岸扩散的单向屏障，即可以向赤道传输，但不能向两极传输。加利福尼亚州的康赛普申角就被认为可能是这种类型的流场（Gaylord and Gaines，2000）。

Gaines 等（2009）对其中一些预测进行了研究，在收集了北美洲西海岸潮间带无脊椎动物的分布数据之后，他们提出一个假设，如果环流模式是造成动物区系中断的原因，那么生活史不同的物种对水流调节的扩散屏障的响应也应该不同。特别是，幼体扩散能力强的物种的分布边界应该集中于主要的岬角，在那里，沿岸扩散会被流场所阻断。与之相反，幼体扩散能力弱或没有扩散幼体的物种不受这种环流模式的直接影响；此外，如果物种的分布范围主要由温度所决定，其分布边界应该集中于水温发生突变的主要岬角，而与扩散模式无关。研究结果显示，在康赛普申角，扩散的影响要比温度更高，许多扩散能力强的物种在此出现分布边界，而不是那些扩散能力弱的物种（图 7.3；Gaines et al.，2009）。这些数据还支持他们的模型的预测，即岬角可能会成为幼体扩散的单向屏障，阻碍其自南向北移动，而不会对从北向南的扩散产生影响（Gaylord and Gaines，2000）。对那些幼体扩散能力强的物种来说，康赛普申角通常是南方物种的北部边界，而对北方物种来说，康赛普申角很少会是其分布范围的南缘。

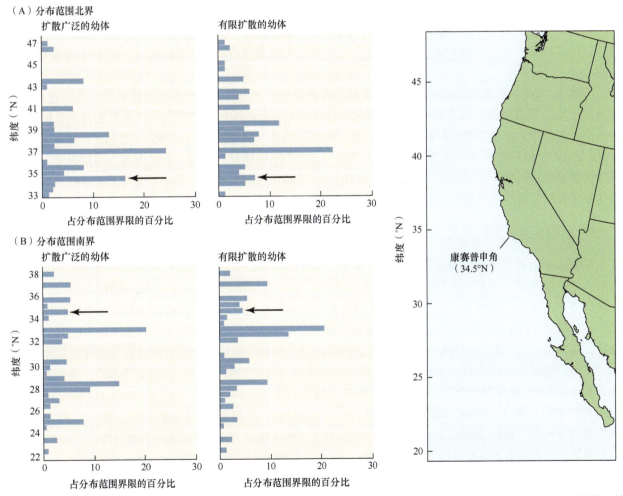

图 7.3　在北美洲太平洋沿岸不同纬度，潮间带无脊椎动物物种分布范围界限的分布图。物种分为两类，广泛扩散的幼体（浮游期长达数天至数月）和有限扩散的幼体（浮游期极短或不存在）。康赛普申角（34.5°N）的数据用箭头突出表示，其位置在地图上标明。这些结果与假说一致，即康赛普申角附近的洋流模式阻碍了幼体自南向北的扩散，从而设定了浮游幼体广泛扩散物种分布范围的北界（仿自 Gaines et al.，2009）

这些模型的分析与结果侧重于环流和其他海洋学过程，它们可能会影响扩散模式和物种分布范围，但却往往被忽视。方法的进步和工具的改进促进了人们对这些过程的调查研究。例如，现在高频率雷达和其他设备所获取的海洋数据可用于绘制表面洋流图，并可用于探索影响幼体扩散的近岸过程（Paduan and Washburn，2013）。分子技术的快速发展提供了更多的基因序列数据，使检验扩散、基因流和种群连接度的假说成为可能。例如，Wares 等（2001）分析了分布在康赛普申角从南至北的四种海洋无脊椎动物种群之间的基因流模式。他们发现，其中三种具有浮游幼体的物种具有不同的基因流，其自北向南的迁徙活动比例高于从南向北的比例。这些格局表明，康赛普申角减少了幼体向北的传输，这也与岬角是浮游扩散的单向屏障的假设一致（Gaylord and Gaines，2000）。相反，没有浮游幼体的犬峨螺就没有出现非对称迁徙的情况（Wares et al.，2001）。

在加利福尼亚州沿海开展的基因流研究中，Dawson（2001）、Kelly 和 Palumbi（2010）检验了物种内的谱系地理差异（限制种群间基因流的区域）是否与康赛普申角有关。然而，谱系地理间断集中在一些特定区域，但并不与康赛普申角一致，这说明高基因流和鱼类及无脊椎动物幼体的双向扩散可以跨越这一生物地理边界（Dawson，2001；Kelly and Palumbi，2010）。加利福尼亚洋流的盛行方向意味着幼体本应主要向南扩散，但是在康赛普申角附近，上升流的张弛和厄尔尼诺事件所改变的洋流模式会使浮游幼体周期性地向北移动（Kelly and Palumbi，2010）。

这些种群的遗传学研究表明，对许多物种来说，在康赛普申角，基因流和扩散是双向的。这并不令人惊讶，因为尽管康赛普申角对某些物种是一个生物地理边界，但还有许多其他物种的分布会超出康赛普申角的范围，到达更远的地方（Dawson，2001）。因此，对康赛普申角最好的理解也许是，它是一个南北类群的过渡区，而不是一个由平流和温度急剧变化形成的不可逾越的障碍（Dawson，2001；Blanchette et al.，2008）。

事实上，Gaylord 和 Gaines（2000）认识到，康赛普申角并不是所有浮游扩散物种的障碍。他们认为，物种对水流诱导的分布范围的响应是可以通过其自身的生活史和生理来调节的。对世界上其他区域沿海生物的谱系间断分析，包括澳大利亚（Ayre et al.，2009）、南非（Teske et al.，2006）、智利（讨论参见 Brante et al.，2012），结果表明，主要的生物地理边界很少会阻碍所有物种的扩散，而扩散潜力通常决定了对这些屏障的敏感度。因此，这项工作（Gaylord and Gaines，2000；Gaines et al.，2009）引发了更多的研究，以理解传输和扩散的限制在何时何地影响生物地理分布的边界。

扩散限制和范围边界

尽管大多数海洋生物分布范围的研究主要关注温度的影响，但证据表明，有很大一部分海洋生物的分布可能受扩散限制。例如，对美国西海岸潮间带帽贝，莲花青螺属物种 *Lottia scabra* 的详细野外研究发现，与接近分布范围中心的帽贝相比，没有证据表明在其分布北缘的成体帽贝的性能（存活、生长和性腺发育等）有所减弱（Gilman，2006）。然而，在跨越同样的空间梯度上，种群的补充量急剧下降，在其分布最北缘降到极低值。虽然造成这种帽贝补充量降低的原因仍不明确，但该物种具有相对较短的浮游幼体期，因此，在该区域频繁出现的超过 50km 长的沙质海岸可能是可观的扩散屏障（Gilman，2006）。事实上，无论是 *Lottia scabra*，还是其同属的 *L. insessa*，都在美国俄勒冈州的阿拉戈角（长达 300km 沙质海岸的南缘）达到其分布的北缘（Gilman，2006；Kuo and Sanford，2013）。在葡萄牙（Lima et al.，2007）、澳大利亚东部的亚热带海岸（Poloczanska et al.，2011）和东南角（Ayre et al.，2009），绵延不绝的沙岸（130～300km 长）和复杂的局部水流显然阻碍了幼体的扩散，并导致了其分布范围的边界。

对英格兰南部沿岸小藤壶属物种 *Chthamalus montagui* 的研究也显示其具有同样的扩散限制（图 7.4；Herbert et al.，2009）。从其分布边缘到种群内部，沿着梯度对其成体适合度进行评价。结果表明，没有证据说明分布的外缘对繁殖、生长或存活产生负面影响。不过，靠近其分布边界的补充量非常低，而海洋形成的扩散障碍和次优生境被认为是造成这种情况的主要原因（Herbert et al.，2009）。

对分布范围扩张的研究有助于解释扩散限制的作用。例如，一种海螺 *Kelletia kelletii* 原本的分布边界位于康赛普申角，在近期向北延伸了 325km。Zacherl 等（2003）对其种群的研究表明，在新扩展的分布范围内存在有限的扩散，而与其历史分布范围相比，螺类个体更大、年龄更大。Zacherl 等（2003）认为，海水变暖和洋流模式的变化可能共同促进了这种海螺分布范围的扩展。特别是厄尔尼诺事件相关的洋流变化使得

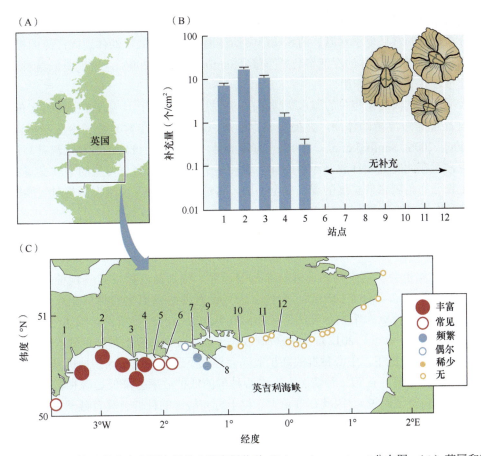

图 7.4 英格兰沿海中南部，接近其分布范围边界的小藤壶属物种 *Chthamalus montagui* 分布图。（A）英国和研究区的地图。（B）1999 年，沿英吉利海峡在 12 个潮间带站点清理样地后小藤壶属（*Chthamalus*）定居的平均补充量（站点编号见图 C）。误差条表示标准误差（SE）。（C）1999～2008 年，在南部沿海 26 个站点所观察到的小藤壶属成体最大丰度。该物种的分布范围边界与其分布范围边缘附近的低补充量有关（仿自 Herbert et al.，2009）

向北扩散的幼体数量增加，而海水变暖则提高了在新扩展范围内的幼体定植率和稚体存活率。事实上，在澳大利亚东南部的一种海胆 *Centrostephanus rodgersii* 也有类似分布范围极向扩展的例子（Ling et al.，2009）。在过去 60 年里，东澳大利亚洋流一直在增强，导致暖水向极地扩散得更远。这种变化对海胆分布范围扩展的影响是双重的：一方面，在新扩展范围内，冬季水温超过了海胆幼体发育的最低阈值；另一方面，极向延伸的（东澳大利亚）洋流能够将海胆幼体传输到其原本无法到达的区域（Ling et al.，2009；Banks et al.，2010；参见第 14 章）。

温度和扩散对分布边界的交互影响

这些对分布范围扩张的研究突出了一个新问题：物种分布范围的边界是受温度控制的，还是受洋流模式控制的，这会不会造成错误的一分为二的假设？正如上述的两个例子中，洋流变化似乎会促进极向传输，而海水变暖使得幼体能够成功地发育。Byers 和 Pringle（2006）通过模型进一步分析了温度和传输之间可能存在的相互作用。该模型证明，一些与幼体释放时间和多窝幼体释放相关的生活史策略可能是一种适应，可以避免幼体被流向赤道的洋流带走。此外，模型突出了低温的作用，靠近分布范围最边缘的水温可能会限制生物的扩散。特别是，对大多数海洋生物来说，低温会减缓发育速度，并使浮游幼体期延长（综述见 O'Connor et al.，2007）。如果浮游幼体期延长，暂时性的回流就不太可能导致极向的幼体净传输。因此，靠近极向分布边缘的低温会阻碍幼体的极向传输，并最终使其在分布边界的补充量为零（Byers and Pringle，2006）。

这些过程可能也影响着科德角北部招潮蟹的极向分布边界。与 Byers 和 Pringle 的模型中的条件相似，该区域的盛行洋流是从缅因湾流向赤道的，在夏季会有暂时性的逆流。培养实验证明，招潮蟹的浮游幼体期随着温度降低呈指数增长，在 20℃时是 24～27 天，而在 16℃是 52～81 天（Sanford et al.，2006）。在 16℃下（接近分布边缘的常见夏季水温）的超长浮游幼体期很可能降低了幼体逆向洋流的极向传输。此外，当温度从 18℃降到 16℃时，幼体的存活率急剧下降（Sanford et al.，2006），这表明低温对幼体生理的直接影响在决定其分布边界中起主要作用。

这些研究表明，与气候变化相关的海水变暖存在一种机制，有助于一些海洋生物的分布范围极向扩展。特别是，水温升高会缩短浮游幼体期，并提高其存活率，从而提高在暂时性逆流时净极向传输的可能性（Byers and Pringle，2006；Sanford et al.，2006）。有趣的是，这些作用可能是春夏水温升高造成的，而鱼类和无脊椎动物也常常在此时开始释放其浮游幼体。这种基于扩散的机制与传统的全球变暖会降低冬季的低温胁迫而促进生物分布范围极向扩展的观点完全不同，将这些机制纳入预测模型将对气候变化对生物分布范围边界的影响产生不同的预测。

演化过程与分布边界

理论上，演化过程也会决定生物的地理分布范围边界。特别是，如果某些物种的分布边界完全或部分受热耐受性所决定，那么在分布的边缘，为什么选择没有使耐受更高的种群在演化中受益呢？至少已提出两种机制来解释，为什么一个物种无法适应超出其分布范围的环境条件（综述见 Sexton et al.，2009；Dawson et al.，2010；Kelly et al.，2012）。这些机制取决于进入分布边缘的种群扩散水平高低与否（Dawson et al.，2010）。在第一种情况下，中心种群的高扩散率会导致不适应等位基因的拮抗基因流，从而淹没分布边缘种群在局部适应的可能；在第二种情况下，中心种群的低扩散率会降低边缘种群的遗传变异水平，限制了其适应能力（遗传贫乏假说）。因此在理论上，位于分布边缘的种群会具有截然不同的特征，而这取决于这两种机制是谁在发挥作用：前者具有高基因流和高遗传多样性，而后者则具有低基因流和低遗传多样性（Dawson et al.，2010）。一项综合研究发现，在 64% 的相关研究里，边缘种群比中心种群的遗传多样性要低，尽管其差异通常较小（Eckert et al.，2008）。然而，绝大多数类似研究是在陆地生态系统开展的，只有极少研究关注了海洋生物在其地理分布范围内遗传变化模式的差异。

有两个例外，研究了与海洋生物分布极向扩展相关的基因流和遗传多样性模式。在美国加利福尼亚州，在其新扩展区域的潮间带笠藤壶属物种 *Tetraclita rubescens* 种群呈现出高基因流和高遗传多样性（Dawson et al.，2010）。类似地，在澳大利亚东南部，没有证据表明在新扩展区域，一种海胆 *Centrostephanus rodgersii* 的种群遗传多样性降低（Banks et al.，2010）。这两个例子中的遗传研究结果都表明，浮游幼体会从原有分布范围内的中心种群高度扩散到新扩展区域的边缘种群。

这些结果与假说一致，即流向边缘种群的高基因流可能会妨碍对更极端环境的局部适应，从而设定生物分布范围的边界（Dawson et al.，2010）。但是，需要注意的几点是：首先，这两个研究的对象都是具有较长浮游幼体期和较高扩散潜力的物种；其次，这两个物种的分布都在近期发生了长距离（>300km）的快速扩张。扩散距离短，或更古老更稳定的海洋生物边缘种群是否也具有类似明显的高遗传多样性仍有待商榷；最后，这两个研究都检验了中性标记的变异，而影响热耐受性的定量性状所发生的变化是否具有相同的模式仍不得而知（Eckert et al.，2008）。

极少研究验证了海洋生物边缘种群的环境耐受性是否与其中心种群的不同（如 Schultz et al.，1998；Sanford et al.，2006；Gaston et al.，2009）。更少有研究验证是否如遗传贫乏假说所预测的那样，生物的适应范围在其地理分布的边缘会缩小（Hoffmann et al.，2003）。Kelly 等（2012）关注了这一问题，他们对沿北美洲西海岸分布范围跨越近 1800km 的潮池桡足类虎斑猛水蚤属物种 *Tigriopus californicus* 的 8 个种群进行了研究。在实验室里，这些种群经历了十个世代的强烈选择，以检验其对热耐受性的演化能力。如遗传贫乏假说所预测的一样，南部边缘种群的热耐受性遗传变化水平较低。但是，与预测的相反，有些种群在整个物种的所有分布范围内遗传变化水平都很低（Kelly et al.，2012）。所以，有必要进行更进一步的研究，通过定量分析一个物种在分布范围内的扩散、基因流和适应能力变化的模式，来研究生物的地理分布范围边界演化假说（Hoffmann et al.，2003；Eckert et al.，2008；Gaston et al.，2009；Sexton et al.，2009；Kelly et al.，2012）。

最后，对宏观演化历史在生物分布范围限制中所起作用的研究也在兴起。特别是，理论表明，分类上接近的类群可能共享相似的分布范围边界，因为它们的基础生态位的各个方面都源自其演化枝（Wiens and Graham，2005）。例如，对太平洋东北部和大西洋西部海洋双壳类的古生物学和生物地理学分析发现，无论是属还是科，其分布范围都保持稳定（Roy et al.，2009）。造成双壳类演化枝具有相似分布范围边界的固定性状目前尚不清楚，但可能包括那些影响扩散成功或热耐受性的生理和形态性状（Roy et al.，2009）。

前景与展望

综合生物地理学、生态学、演化生物学和海洋学等方法，使我们对海洋生物分布范围边界的理解进一步加深。传统的将分布边界与等温线相关联的方法已经被更多机理性研究所取代，这些研究整合了室内和野外实验方法、生理和海洋的数据及建模方法。其中最出乎意料的发现之一是，扩散限制可能会决定海洋生物的分布范围边界。但对造成靠近分布边界的种群低扩散水平和低补充量的根本原因仍不甚清楚，也将是未来研究关注的重点。这些原因可能包括幼体繁殖量的减少、幼体发育的温度阈值、妨碍幼体传输的洋流、适宜生境的匮乏，以及生物表型与环境的不匹配等（Gaylord and Gaines，2000；Gilman，2006；Sanford et al.，2006；Marshall et al.，2010）。一些研究表明，洋流模式的变化以及海水温度升高会协同作用，提高生物在分布范围扩展时的扩散能力（Zacherl et al.，2003；Byers and Pringle，2006；Ling et al.，2009）。通过影响基因流，进入分布边缘种群的扩散规模也很有可能塑造局部的适应能力，以及其他影响分布范围边界的演化过程（Dawson et al.，2010）。种群遗传学和基因组学的新方法，再综合沿海海洋学更详细的研究，进一步加深了我们对洋流、幼体扩散、基因流和分布范围内适应等相互作用的理解。而对这些过程理解的加深，对于预测气候变化将如何改变海洋生物的地理分布及其范围边界至关重要。

数量的分布

在过去，生物地理学家在进行地理分布和范围边界制图时，往往只关注某个物种是否出现，而不是其数量的多少。而生态学家往往关注影响数量的过程，却很少从事大空间尺度上的研究（Brown et al.，1995）。James Brown 指出了这一学科间的差异，并建议用复杂的三维表面来更有效地概念化物种的地理分布范围，其中，二维代表分布范围的空间制图，而第三维代表每个种群的丰度（Brown et al.，1995）。这种观点强调了塑造生物分布边界或地理分布过程（传统的生物地理学领域）与调节种群数量的过程（传统的生态学领域）之间的联系。这一视角激发了人们对海洋生物丰度的地理分布的研究兴趣。

中心丰富假说

在研究生物丰度的地理分布时，Hengeveld 和 Haeck（1982）及 Brown（1984）发现，物种的丰度往往在其地理分布范围中心最高，在向外至分布边缘的过程中逐渐减少。这种模式也称为"中心丰富假说"（abundant-center hypothesis），其理论基础是经典的生态学概念——多维生态位（Hutchinson，1957）。Brown（1984）认为，一个物种的丰度在其分布范围中心最高，因为对个体的适合度来说，无论非生物要素还是生物要素都是最理想的。此外，如果环境变化是空间自相关的，种群丰度就应该近似于一个正态分布，即其丰度自中心向边缘缓慢地降低（Brown，1984）。

起初，大部分用于建立和检验中心丰富假说的数据来自陆地生态系统的植物、鸟类和昆虫等（Hengeveld and Haeck，1982；Brown，1984；Sagarin and Gaines，2002b）。这种偏重于陆地生态系统的现象激发了 Sagarin 和 Gaines（2002a）的兴趣，他们检验了海洋生物的分布是否也具有中心丰富的模式。在 42 个地点对沿北美洲西海岸分布的 12 种岩岸潮间带无脊椎动物的调查显示，其中只有 2 种生物的分布与中心丰富假说吻合，而有 6 种生物在接近其分布边缘处密度最高，还有剩下 4 种生物的丰度没有明显的空间变化模式（图 7.5）。基于实地研究和文献综述，Sagarin 和 Gaines（2002a，b）提出，中心丰富的分布并不常见。

Sagarin 和 Gaines 的工作引发了一系列研究，以调查其他海洋生物和不同地理区域的中心丰富假说。这些研究支持了 Sagarin 和 Gaines 的结论，中心丰富的分布并非普遍规律，在被研究的生物中，只有 1/3 到 1/2 的物种会发生这种情况（表 7.1）。这一结论促使学者们提出疑问，为什么中心分布不是非常普遍的？解决这个问题需要摒弃数量分布的简单描述，进一步检验 Brown 模型的前提假设，并探究影响生物数量空间分布格局的过程与机理（Sagarin et al.，2006）。

图 7.5 北美洲西海岸三种潮间带无脊椎动物丰度的地理分布。每个数据点代表某个采样点的平均密度。垂直虚线代表分布范围界限。结果显示了在 12 种生物中分布具有代表性的有 3 种，包括（A）唯一侧花海葵（*Anthopleura sola*），丰度向南部界限增加，称为"向南倾斜"。（B）凹螺属物种 *Chlorostoma* (*Tegula*) *funebralis*，中心丰富，和（C）黄海葵（*A. xanthogrammica*），向北倾斜。12 个物种中，只有 2 个出现中心丰富的分布（仿自 Sagarin and Gaines，2002a；图片由 Jackie Sones 提供）

表 7.1 检验海洋物种中心丰富假说的研究结果

引用文献	地点	尺度	类群	所有检验的物种数	中心丰富	倾斜
				丰度分布 [a]		
Sagarin and Gaines，2002a	东北太平洋（北美洲）	4500km	潮间带无脊椎动物	12	2	5
Gilman，2005	东北太平洋（北美洲）	700km	潮间带帽贝	1	0	0
Fenberg and Rivadeneira，2011	东北太平洋（北美洲）	1800km	潮间带帽贝	1	1	0
Ebert，2010	东北太平洋（北美洲）	2600km	潮间带海胆	1	1	0
Rivadeneira et al.，2010	东南太平洋（智利）	2600km	潮间带蟹类	5	2	1
Hidas et al.，2010	澳大利亚东南	600km	潮间带无脊椎动物	3	1	0
Tuya et al.，2008	澳大利亚西南	1400km	鱼类	8	3	2
Langlois et al.，2012	澳大利亚西南	1500km	鱼类	20	15	4
Tam and Scrosati，2011	西北大西洋（北美洲）	1800km	潮间带无脊椎动物	3	2	1

来源：仿自 Langlois et al.，2012

a 这些列显示了被检验物种的总数、具有中心丰富分布物种的数目或倾斜分布（在分布范围边缘附近丰度增加）。注：在许多案例中，用于拟合中心丰富和倾斜模型的数据经过统计检验，但并非所有

环境异质性的作用

中心丰富假说假设，驱动个体适合度的环境要素是沿着纬度单调渐变梯度变化的，因而是可预测的（Brown，1984）。一些学者对这一假设提出了质疑，他们认为，海洋生态系统中与理想中心丰富分布不相符的原因在于，许多海岸线都由环境条件异质的嵌合体组成（Sagarin and Gaines，2002a；Gilman，2005；

Sagarin et al.，2006；Tam and Scrosati，2011）。对澳大利亚西南部沿海底栖鱼类的研究为这一观点提供了一些支持（Langlois et al.，2012）。在该研究中，20 种鱼类中有 15 种的丰度呈现单峰分布。Langlois 等认为，在澳大利亚西南沿海出现中心丰富分布更为普遍的原因是，热梯度较为稳定和初级生产力较低。他们指出，相比之下，大部分海洋生物丰度分布格局的研究都是在沿岸上升流区域开展的，而其温度和生产力的复杂空间格局是妨碍物种丰度单峰分布的原因（Langlois et al.，2012）。例如，在北美洲西海岸，由于受沿岸上升流强度和岩石岬角位置的影响，水温和生产力在很小的尺度上（数十到上百千米）就会发生变化（Menge et al.，1997；Caselle et al.，2011）。在北美洲西海岸最炎热的季节里，潮间带生物的体温会因为低潮时间的差异呈现非单峰模式（Helmuth et al.，2002）。这种沿岸温度变化的复杂模式可能会使生理最优生境的分布出现相当多的破碎斑块。

　　事实上，Brown 等意识到，环境空间异质性可能比他们最初的假设更为复杂。因此，他们对原来的假设进行了修改，并提出大部分物种分布的范围会包含许多"冷点"（数量相对稀少），而之间散布着一些"热点"，其适宜的环境条件使得物种丰度更高（Brown et al.，1995）。对海洋生物的调查研究结果与这一观点吻合。例如，Blanchette 等（2008）对从墨西哥的下加利福尼亚州到美国阿拉斯加州的 67 个沿岸潮间带点位中 22 种常见固着无脊椎动物、大型藻类和海草所开展的调查研究发现，对大多数物种来说，在其分布范围内，"冷点"和"热点"点缀其中，有的甚至仅间隔数十千米。几乎所有其他海洋生物调查研究中，都发现类似的空间相距很近，但种群丰度发生变化的现象（如 Sagarin and Gaines，2002a；Gilman，2005；Schoch et al.，2006）。然而，尽管环境异质性可能会阻止物种丰度从中心向边缘缓慢下降，问题在于，丰度的热点是否会如改进后的中心丰富假说所预测的那样（Brown et al.，1995），在其分布中心密度更大？这仍有待进一步研究。

扩散在分离生境有利性和局部丰度中所起的作用

　　许多学者认为，海洋生物局部丰度的峰值不一定集中在其分布范围的中心，因为海洋生物具有较高的扩散率（Sagarin and Gaines，2002a；Gilman，2005；Lester et al.，2007；Ebert，2010；Hidas et al.，2010）。如"中心丰富假说"小节中所述，其假设前提是，有利条件能提高单位繁殖率，进而驱动局部丰度的增长。然而，如果生物浮游扩散将生境有利性、繁殖量和局部丰度相互分离，这一前提就不复存在（Sagarin and Gaines，2002a；Gilman，2005；Lester et al.，2007；Ebert，2010；Hidas et al.，2010）。对这些类型的物种来说，成体生活在最优生境中可能会繁殖更多的后代，但其幼体可能会扩散到次优的生境中去，从而分离了局部丰度和环境条件。一些例子可以支持这一观点：在太平洋东部，对具有较长浮游扩散期的捕食者来说，如海星（图 7.6A；Wieters et al.，2008），捕食者丰度和生境有利性（如猎物的局部丰度）之间没有相关性。与之相反，没有浮游扩散期的捕食性峨螺，其局部丰度和猎物补充量之间就呈现出强烈的相关性关系（图 7.6B；Wieters et al.，2008）。尽管充足的食物能够提高这两种类型生物的繁殖量，但并不一定就转换为局部丰度的增加，就像海星幼体的浮游扩散所造成的结果一样。

　　虽然浮游扩散会将生境有利性与局部丰度分离，但这一结论仍有待商榷。越来越多的证据表明，与传统观点不同，由于幼体行为或海洋环境特征，一些浮游幼体可能经常留在其出生地附近（见第 4 章）。如果情况属实，最优条件（如靠近分布范围中心的条件）会导致更多的繁殖，就仍然能够在幼体扩散的较大尺度上（扩散核）保证较高的种群丰度。对缅因湾海星丰度时间变化的一个研究就证明了这种区域过程：在潮下带的贻贝大量补充之后，海星（*Asterias* spp.）的繁殖在短时间内增强，从而导致整个区域的海星幼体补充量得到提高（Witman et al.，2003）。这一结果也与生境有利性（这里是指猎物的丰度）和捕食者丰度之间存在正相关关系，且会发生在接近捕食者扩散尺度上的观点相吻合（Wieters et al.，2008）。

　　另一个通过生境有利性影响局部丰度的因素是定植后的死亡率，甚至对一些具有浮游扩散期的物种来说也是如此。海洋生物定植后的死亡率通常较高（Marshall et al.，2010），因此，其稚体的早期阶段往往是种群的瓶颈。在有利生境条件（如最优温度和充足食物等）提高新定植者的扩散后存活率的情况下，成体丰度的格局可以反映其所处环境的梯度，甚至具有浮游扩散期的物种也是如此。因此，尽管浮游扩散会在一定程度上减弱局部条件与局部丰度之间的关系，但扩散并不一定就使中心丰富假说的基本假设失效。

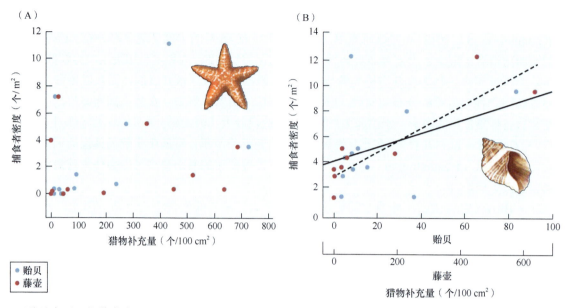

图 7.6 两种具有不同扩散潜力的潮间带捕食者物种的丰度与其猎物补充量（生境有利性的一种度量）之间的关系。（A）猎物补充量与赭色海星（*Pisaster ochraceus*）密度没有显著相关性（$p > 0.05$），海星具有浮游幼体期，会发生扩散。（B）浮游幼体不发生扩散的土笼峨螺（*Nucella emarginata*），其平均密度随藤壶（虚线）和贻贝（实线）的平均补充量的增加而增加。注意藤壶（下 x 轴）和贻贝（上 x 轴）的标度不同。数据是在北美洲西海岸收集的（仿自 Wieters et al.，2008）

个体性能和种群数量的空间变化

这些研究强调了综合性方法的重要性，即研究个体性能和多个种群数量如何在大空间尺度上发生变化，从而影响种群的丰度（Gilman，2006；Sagarin et al.，2006；Lester et al.，2007；Gaston，2009；Rivadeneira et al.，2010）。将生物地理学和生态学相结合，能够为种群数量的分布变化提供机理性的视角。例如，在南美沿海的沙质海岸生物群落，黄蛤有明显的中心丰富分布（Fiori and Defeo，2006）。对整个物种分布范围南半部约 1000km 黄蛤种群的个体性能和数量统计参数进行定量化（图 7.7；Fiori and Defeo，2006），结果显示，蛤的数量从分布范围的中心到边缘平滑地下降。这种数量的分布格局与补充量和生长率变化的格局高度吻合，后二者都随着温度沿中心到边缘产生单调的下降趋势。在分布范围中心全年都有补充发生，但在分布边缘有明显的季节差异（Fiori and Defeo，2006）。这些种群数量格局对于研究生物中心丰富分布提供了机理性的基础。

在北美洲的西海岸，紫色球海胆丰度也大致呈单峰分布，尽管其峰值会略向其分布范围的赤道端偏斜（图 7.8、图 7.9A；Ebert，2010）。然而，其性能的空间变化却没有遵循类似的单峰模式。事实上，估测的生长率和年存活率与纬度变化的格局并不吻合，而且在很小的空间尺度上（≤100km）发生了很大的变化。而在大空间尺度上（超过 2300km），其性腺产量也没有一致的纬度变化模式（Lester et al.，2007；Ebert et al.，2012）。性腺的产量在小尺度上（数十千米）就会发生变化，并在小的海湾更高，而不是海岸的岬角，这可能是因为这些海湾富含漂浮的大型海藻，会刺激海胆的繁殖（Lester et al.，2007）。尽管没有证据表明，物种分布范围边缘的个体性能（生长、繁殖和存活率）出现下降的现象，但这显然与中心丰富假说的假设不吻合。然而，其补充量是单峰的，并与其成体丰度几乎在相同区域达到峰值（图 7.9B；Ebert，2010）。因此，对紫色球海胆来说，其丰度的空间分布格局显然与补充量更相关，而不是生长、性腺产量或成体存活率。

紫色球海胆补充量最高的区域与维持海胆幼体定植后低死亡率的有利环境吻合吗？或者，这之间是否存在一种正反馈——该区域更大的成体种群有助于形成更大的幼体补充库？截至目前，这些问题仍未得到解决。但是，这些研究表明，尽管大部分情况下，种群丰度的空间分布与个体性能无关（如生长和单位繁殖率），但有时可能会与某个种群数量统计参数相关（如补充量）。这些以及其他相关研究（Lewis，1986；Hidas et al.，2010；Lathlean et al.，2010；Wethey et al.，2011）指出了这些问题的重要性和所面临的挑战：识别关键的种群数量瓶颈，查明它们如何被环境要素影响，理解这些过程如何在物种之间变化，以及随空间而变化。

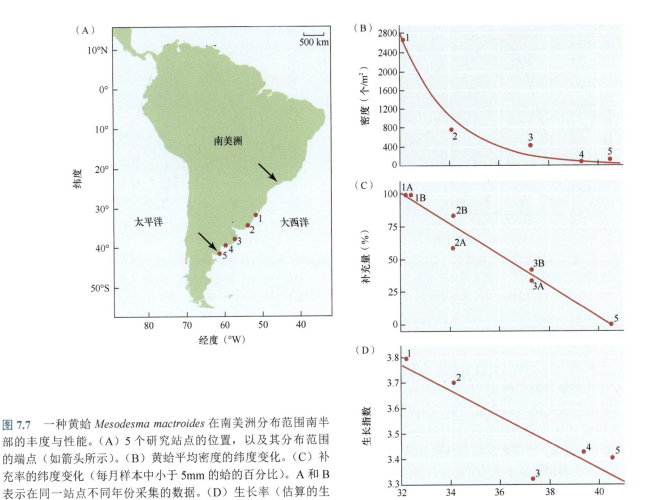

图 7.7　一种黄蛤 *Mesodesma mactroides* 在南美洲分布范围南半部的丰度与性能。（A）5 个研究站点的位置，以及其分布范围的端点（如箭头所示）。（B）黄蛤平均密度的纬度变化。（C）补充率的纬度变化（每月样本中小于 5mm 的蛤的百分比）。A 和 B 表示在同一站点不同年份采集的数据。（D）生长率（估算的生长性能指数，Φ'）（仿自 Fiori and Defeo，2006）

图 7.8　美国加利福尼亚州北部一个潮池中的紫色球海胆（*Strongylocentrotus purpuratus*）。海胆的大小肉眼可见。1 岁或以下的个体比例可以作为估算补充量的指数（1 年生的海胆通常直径为 2cm 或更小）（图片由 Jackie Sones 提供）

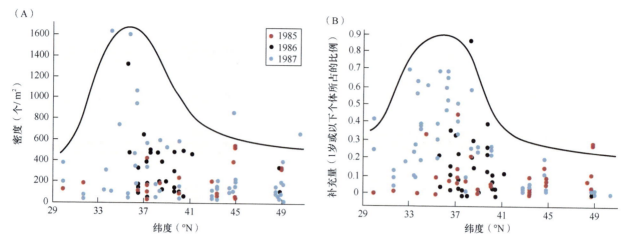

图 7.9 北美洲西海岸紫色球海胆（*Strongylocentrotus purpuratus*）丰度与补充量的纬度变化。（A）海胆的种群密度，根据潮池或缝隙面积计算，并修正为每平方米的海胆个数。（B）海胆的补充量，根据小海胆的比例计算。曲线是由作者人工拟合的，以说明总体趋势。沿海海胆丰度的峰值与补充量的空间变化相吻合（仿自 Ebert，2010）

可塑性在生理和生活史性状中的作用

在将生物分布范围的中心定义为最优环境之后，中心丰富假说又做出一个假设，即物种的所有种群对给定环境条件的反应是一样的。然而，如果地理隔绝种群的个体在其生理性能上具有可塑性，那就可能不会出现理想化的中心丰富分布（Sagarin et al.，2006）。许多海洋生物都具有生理习服能力，这使得其个体能够适应分布中心以外很远，本是次优的环境条件（Dahlhoff and Somero，1993；Stillman and Tagmount，2009）。例如，许多海洋外温动物都具有对温度纬向变化的代谢补偿能力，并反映在，在常温下，位于高纬度地区的种群比位于低纬度地区种群的代谢率要高（Clarke，1993；Whiteley et al.，2011）。

生活史策略的可塑性也会改变环境变化、个体适合度和局部种群丰度之间的相互关系（Fiori and Defeo，2006；Martone and Micheli，2012）。例如，与分布中心的个体相比，尽管靠近物种分布极向边缘的个体生活在更低的水温中，生长更慢、年繁殖率也更低，但这些个体的年均死亡率更低、寿命更长，往往形成更大的个体（Lewis，1986；Fiori and Defeo，2006）。理论表明，生活史性状的这种权衡会使生态位理论所预测的环境梯度与适合度之间的简单对应关系变得更加复杂（Gaston，2009；Martone and Micheli，2012）。因此，用生理性能这一单一指标来研究生物的空间分布变化，很可能会产生误导。因为，对某个性状（如生长率）的投入往往会伴随着对另一性状（如繁殖率）分配的减少（Gaston，2009；Martone and Micheli，2012）。例如，墨西哥下加利福尼亚州两个地区的凹螺生活在不同的水温之中，对生长和繁殖的投入也不同，但两个不同的生活史策略却形成了相似的年龄段生殖力（Martone and Micheli，2012）。如果生活史策略的这种可塑性是普遍存在的，它就会减弱环境梯度对个体适合度的影响，并使得种群丰度在大空间尺度上仍能保持相对稳定，还会在局部密度、生活史性状和种群过程之间产生重要的反馈（Defeo and Cardoso，2004）。例如，一个对美丽突额隆头鱼的研究发现，与低密度的种群相比，高密度的种群往往由体型更小的鱼组成，其单位和总繁殖量更低（Caselle et al.，2011）。

虽然生活史性状的可塑性可能会削弱纬度梯度与种群丰度之间的预期关系，但对某些物种来说，环境对生活史性状的约束也会产生中心丰富分布。例如，Rivadeneira 等（2010）对智利沿海近 2500km 范围的瓷蟹抽样调查后发现，五种潮间带瓷蟹里有两种是中心丰富分布的，其种群的性比也呈单峰模式，雌蟹更靠近分布的中心，而在分布的边缘，雌蟹较少（参见 Defeo and Cardoso，2002）。这种格局也许反映了分布范围内不同性别的个体会付出不同的成本。例如，在分布的边缘，水温远非最优，雌蟹产卵和孵化的成本就会更高（Rivadeneira et al.，2010）。其中一种中心丰富分布的岩瓷蟹属物种 *Allopetrolisthes angulosus*，不仅在分布边缘只有极少的雌蟹，而且雌蟹孵卵的频率也大大低于种群分布中心的雌蟹（图 7.10）。考虑到这将影响到幼体的产量和补充量，环境对生活史性状的约束就有可能是造成该物种中心丰富分布的原因。有

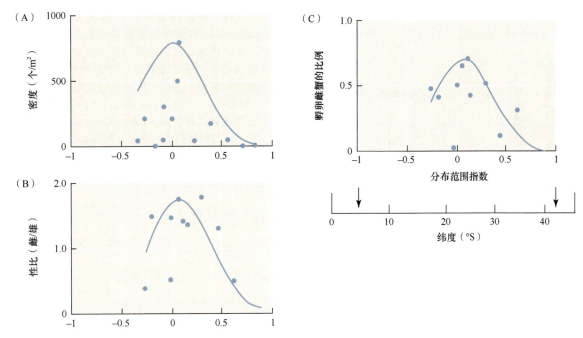

图 7.10　智利不同地理范围内岩瓷蟹属物种 *Allopetrolisthes angulosus* 丰度与生活史的纬度变化。（A）种群密度。（B）性比（雌/雄）。（C）孵化胚胎的雌性比例。曲线代表最佳拟合模型。分布范围指数从–1 到 1；0 表示分布范围的中心。下 *x* 轴表示纬度；箭头表示分布范围的界限。总雌蟹比例和孵卵雌蟹比例都在分布范围边缘附近下降，可能是造成种群密度低于分布范围中心种群密度的原因（仿自 Rivadeneira et al.，2010）

趣的是，这两种中心丰富分布的瓷蟹也恰恰是体型较小和数量较少的物种（Rivadeneira et al.，2010）。尽管这些性状是否与所观察到的五种瓷蟹完全不同的丰度空间格局具有因果关联仍不确定，但是一些比较研究，如 Rivadeneira 等的研究表明，这可能是探索丰度格局机理驱动力的一个有效途径。

演化过程的作用

除了表现出表型可塑性，分布在不同地理区域的种群可能还会对稳定环境条件做出局部适应。鉴于海洋系统的开放性，大部分海洋生物历来都被认为由遗传均质性的种群所组成，几乎不存在适应分化的可能性。然而，有证据表明，海洋生物的局部适应力可能比传统观点所认知的更为普遍（Conover et al.，2006；Sanford and Kelly，2011）。针对温度的纬度梯度变化，很多鱼类和海洋无脊椎动物在生长率上都演化出反梯度变化的模式（综述见 Conover et al.，2006；Sanford and Kelly，2011）。例如，美国东部沿海的大西洋银汉鱼（*Menidia menidia*）表现出明显的反梯度变化格局：在正常条件下，生活在低水温的高纬度种群比低纬度种群生长更快（Conover and Present，1990；Hice et al.，2012）。在这个例子里，局部适应减弱了环境梯度对个体性能的影响，可能导致了偏离中心丰富分布的格局。

类似地，美国西海岸的沟螯岩螺（*Nucella canaliculata*）种群在热耐受性方面表现为复杂的遗传变异的空间嵌合体（Kuo and Sanford，2009）。实验室培养的第二代岩螺的耐热上限与自然种群不同，这表明出现了对耐热的遗传差异。与常识相反，在美国加利福尼亚州中部，新孵化的岩螺的耐热性要比高纬度种群的更差。但是，这种差异的空间模式与自然界中真实存在的热胁迫空间分布格局一致。由于低潮位时间的变化，高纬度地区在正午低潮时，会更长时间地暴露在日照和高温之下（Helmuth et al.，2002）。在该海岸线，潮池桡足类耐热性的纬度变化也呈现同样的非单调模式，即加利福尼亚州北部的种群比更高纬度的耐热性差（图 7.11；Kelly et al.，2012）。虽然还不清楚这些耐热性的遗传差异是否会影响种群数量的过程，但是，如果局部适应能够在物种分布范围内对个体性能适合度做出平衡，生物丰度的空间格局就不太可能是理想的正态分布。

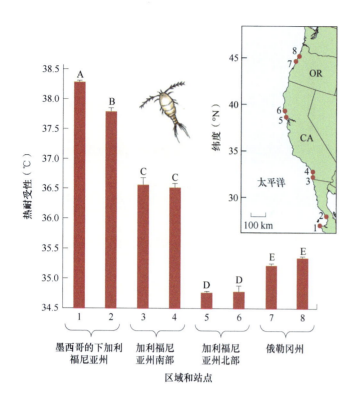

图 7.11 潮池桡足类虎斑猛水蚤属物种 *Tigriopus californicus* 热耐受性的空间变化。插图显示了北美洲 8 个研究站点的位置。条带是实验室培养的第二代桡足类（成年雄性）的平均热耐受性（LT$_{50}$，半数致死温度；+SE）。种群间的热耐受性呈显著差异（ANOVA，$p < 0.001$）。条带上方的字母相同表示种群之间没有显著差异（Tukey-Kramer，$p > 0.05$）。低纬度地区的种群的热耐受性界限最高，但美国加利福尼亚州北部种群的热耐受性低于俄勒冈州的（仿自 Kelly et al.，2012）

前景与展望

尽管很少有证据表明中心丰富分布是海洋生物的普遍法则，但相关研究主要关注影响生物丰度空间分布变化的生态和演化过程。似乎有多种原因可以解释为什么海洋生态系统中的中心丰富分布要比 Brown 等（1995）的一般模型所预测的少得多：强烈的环境异质性，特别是沿岸的上升流系统，可能会造成偏离理想的丰度正态分布；具有浮游扩散期的海洋生物的种群丰度也可能会与局部环境对单位繁殖力的影响无关；最后，表型可塑性和对环境梯度的局部适应，也会减弱纬度变化对生活史性状、个体适合度和局部丰度的影响。然而，仍有一些海洋生物具有明显的中心丰富分布，这对海洋生态学家提出了挑战，如何理解这种模式出现在某些物种和生态系统中，却没有在其他物种和生态系统中出现？考虑个体性能的空间变化和多个种群数量统计过程的综合方法，也许能够为发现其普遍规律提供有力途径。

对驱动种群丰度空间变化的机理研究成为海洋群落生态学和生物保护研究中的一个重要的、有前景的领域（Sagarin et al.，2006）。物种丰度对物种的相互作用和群落动态具有重要影响。此外，理解驱动生物丰度空间变化的过程，对生物保护的实践也具有重要意义，包括渔业管理和海洋自然保护区网络的设计等（Caselle et al.，2011；Hamilton et al.，2010）。

物种相互作用的纬度变化

在本章的前两节中，物种被视为群落中一个基本独立的单元。然而，通过影响本地群落的物种组成和结构，那些影响物种分布范围边界和种群密度的过程，也能决定物种间相互作用和物种多样性的纬度变化。物种间相互作用强度的纬度变化历来被视作一些生态理论的重要组成部分（如 Paine，1966；Pianka，1966），并受到许多新近发展的海洋生态学假说和研究的关注。首先，在中尺度上（数百千米），物种间相互作用的强度应该会沿着环境胁迫、生产力和补充量的沿海梯度而发生变化（Menge et al.，1997，2003；Connolly and Roughgarden，1999；Pennings et al.，2003）。许多这些预测都是基于群落调节模型（Menge and Sutherland，1987；Menge and Olson，1990；Bertness and Callaway，1994）的逻辑延伸，这些模型起初是在小尺度上通过实验（如潮间带胁迫梯度）建立起来的（Menge and Sutherland，1987；Bertness and Leonard，1997）；其次，人们对定义物种间相互作用强度的空间尺度越来越感兴趣（Benedetti-Cecchi et al.，2001）。

传统上，海洋生态学家在一个或几个野外站点进行控制实验，而不去考虑实验结果是否可以外推到更大的空间尺度，这已经成为一个开放式的问题，也是一个富有争议的问题（Foster，1990；Paine，1991；Estes and Duggins，1995；Pennings et al.，2003）。确定在纬度空间尺度上驱动物种间相互作用的环境依赖性要素，正成为提高生态学预测能力的重要挑战；最后，在全球尺度上，一些早已存在的假说认为，热带生物物种间的相互作用要强于温带生物，从而导致热带的物种多样性更高（Dobzhansky，1950；Pianka，1966；Vermeij，1978，2005）。这些假说在最近重新受到了一些海洋生态学家的关注（如 Freestone et al.，2011；Poore et al.，2012）。

研究物种间相互作用为什么以及如何随纬度变化而发生变化的有效工具是对比实验方法，即将完全相同的实验设计在大尺度上重复实验（综述见 Sanford and Bertness，2009）。这种实验设计为研究物种间相互作用如何随难以操控的非生物要素梯度变化而变化提供了新的视角。Dayton（1971）在岩岸潮间带的研究中首次提出了这一方法，并在各种海洋生态系统中得到应用。对比实验方法曾被用于量化两个大空间尺度上的物种间相互作用，但尺度很不相同。有些时候，会在重点物种分布范围的大部分地区（如数百千米），对重点物种和其他一到多个物种的相互作用进行调查研究。而在其他情况下，对特定生态系统（如岩岸潮间带或鳗草床）的物种间相互作用的研究，是在更大空间尺度上（上千千米）开展的。在后者的尺度上，进行对比的群落是独立演化的，通常只有少数几个相同的物种，甚至没有（如 Paine et al.，1985）。本节将从研究生物分布范围内物种间相互作用的强度开始，并从热带与温带生物群落的全球对比中得出结论。

环境胁迫梯度与竞争和促进的强度

从局部空间尺度的实验建立起来的理论认为，竞争和促进作用的相对重要性应该如预测的那样，沿着环境胁迫的纬度梯度发生变化（Menge and Sutherland，1987；Bertness and Callaway，1994）。具体而言，这些理论预测，竞争作用会随着环境胁迫增加的纬度梯度而下降，而促进作用的强度会随之提高。

在美国大西洋沿海横跨科德角潮间带的几个站点开展了一些相关的实验研究。例如，Wethey（1984，2002）对两种潮间带藤壶进行了实验，以检验二者之间的竞争是否如预测的那样，沿海岸的热胁迫和干燥梯度发生变化。实验结果表明，在科德角北部，北部的大西洋藤壶（*Semibalanus balanoides*）在低潮时很少遭受热胁迫，并能竞争驱除南部的小藤壶属物种 *Chthamalus fragilis*。而在科德角南部，热胁迫更加严重，*Semibalanus* 常常被从高潮区淘汰，无法与 *Chthamalus* 产生竞争（Wethey，2002）。

同样，Leonard（2000）对科德角南北部的热胁迫差异改变了潮间带大型藻类泡叶藻（*Ascophyllum nodosum*）和藤壶 *Semibalanus* 之间相互作用的假设进行了检验（图7.12）。在科德角的四个地点（两南两北）设置了相同的高潮区样块，每个站点的半数样块移除了大型藻类冠层。在南部站点，岩石的最大温度通常要比北部站点的高出几个摄氏度，藤壶补充个体的存活很大程度上依赖于藻类冠层的促进作用。而与之相反，北部站点的藤壶存活率在保留藻类和移除藻类冠层的样块中没有区别。这些结果表明，*Ascophyllum* 缓冲热胁迫和干燥的重要性的确如假设的那样沿海岸发生变化（Leonard，2000）。在该区域进行的后续实验表明，藤壶与 *Ascophyllum* 孢子的相互作用，与其和成体藻类冠层的相互作用不同（Kordas and Dudgeon，2011）。在更南一点的区域，水温更高，藤壶生长得更快，而且有时会对藻类孢子产生强烈的竞争作用，特别是在早春季节。与之相反，在北部区域，水温更低，藤壶生长缓慢，对藻类孢子的竞争作用更弱，有时甚至起到促进作用（Kordas and Dudgeon，2011）。

在科德角自北向南盐沼中的进一步实验证明，物种间相互作用可以沿纬度梯度发生从负到正的变化（Bertness and Ewanchuk，2002）。种间竞争在塑造新英格兰地区盐沼中起到重要作用。但是，促进作用也同样重要，因为邻近植物形成的阴影能够降低土壤水分的蒸发，从而降低致命的高盐条件的风险（见第11章）。Bertness 和 Ewanchuk（2002）提出假设，盐沼植物间相互作用的正负性可能会沿着日照的纬度梯度发生变化。特别是，在纬度较低处可能会有促进作用，而更强的日照会增加表面的蒸发和盐度胁迫。与之相反，竞争可能会在水温更低、日照更弱的高纬度地区发生。为了检验这一假设，他们做了一个实验，在科德角南部和北部的站点，将盐沼植物移植到有或无邻近植物的样块中。和预测的一样，在南部的地块，这些植物通常能从邻近植物受益；而在北部，物种间的相互作用是中性的，甚至是竞争关系（Bertness and Ewanchuk，2002）。

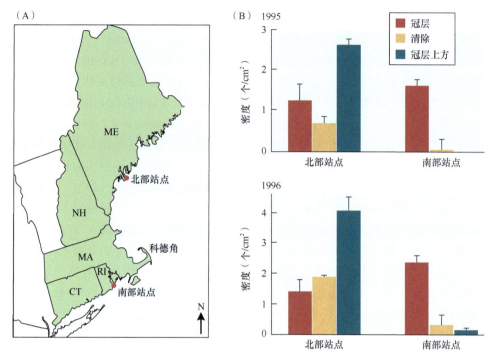

图 7.12　形成冠层的泡叶藻（*Ascophyllum nodosum*）和大西洋藤壶（*Semibalanus balanoides*）之间相互作用的空间差异。（A）美国东北部地区研究站点分布图。（B）样地所观测到的藤壶平均补充密度（+SE）。样地分为有藻类冠层、清除藻类的和直接在冠层上面的。在科德角南部较温暖的站点，如果缺少冠层，很少有藤壶存活；而在北部较为凉爽的站点，藤壶的存活并不依赖于藻类冠层。这项实验在 1995 年和 1996 年重复进行（仿自 Leonard，2000）

温度对单位捕食率和食草作用的影响

许多物种的分布范围都存在纬向渐变的温度变化。尽管这种微弱的温度变化处于生物较适应的耐受范围之内，但仍会对物种的相互作用产生重要的影响。几乎所有的海洋鱼类和无脊椎动物都是外温动物，所以环境温度的变化对它们的新陈代谢、呼吸作用、移动和取食速率都有巨大的影响（Clarke，1993；Hochachka and Somero，2002）。体温升高 5℃，通常会使生物过程的速率提高 40%～75%（假定 Q_{10} 为 2～3）。事实上，这些速率的变化对生理学家来说耳熟能详，但一直被海洋生态学家所忽视，几摄氏度的变化看似对群落过程而言不值一提（综述见 Sanford，2002）。然而，鉴于温度对动物生理的普遍影响，单位消耗量将随着纬度降低而升高。

令人惊讶的是，很少有实地研究量化海洋消费者沿纬度梯度的单位摄食率。对巴拿马、美国佛罗里达州和巴西的植食性月尾刺尾鱼（*Acanthurus bahianus*）个体进行对比研究发现，正如预测的那样，摄食率（每分钟撕咬的次数）随着水温降低而减少（Floeter et al.，2005）。同样，观察显示，水温可能是长棘海星（*Acanthaster planci*）摄食率空间变化的驱动要素之一。*Acanthaster* 的大量暴发可能会对太平洋的珊瑚礁造成灾难性的后果，但是其捕食强度会随着水温发生空间上的变化。在夏威夷，水温通常低于 25℃，*Acanthaster* 的暴发很少扩散，而且对珊瑚礁的影响最小；相反，在关岛，水温通常是在 28℃ 到 29℃ 之间，*Acanthaster* 的暴发导致了近 38km 海岸约 90% 的珊瑚礁在两年之内灭亡（Birkeland and Lucas，1990）。其他的研究显示，在关岛，单个海星取食的珊瑚组织是夏威夷海星的两倍，移动速度在五倍以上（Birkeland and Lucas，1990）。

在美国西海岸 14 个岩岸潮间带的样点，通过将标准大小的贻贝移入低潮位，来量化关键种捕食者赭色海星（*Pisaster ochraceus*）的单位摄食率（Menge et al.，2004）。没有证据显示该海域 *Pisaster* 单位摄食率具有纬度变化模式，而加利福尼亚州南部的海水水温要比北部的水温高出 5～8℃。此前的野外和室内实验证明，在风力驱动的上升流事件中，海星单位摄食率的响应与该区域水温短时间的变化（3～4℃）密切相关（Sanford，1999）。*Pisaster* 的取食没有出现纬度对温度影响说明，这种海星可以习服不同温度环境。针对其分布范围内不同区域间持久的温度差异，外温动物有时会产生生理变化，以使温度对生物过程的影响最小化（Clarke，1993）。这种习服能力可能会降低温度纬度梯度对捕食率和食草作用的影响。温度的空间变化对 *Acanthaster* 的单位摄食率有明显的强烈影响，但对 *Pisaster* 却没有影响。这就产生一个问题，习服能力在类群内和类群间的差异有多大？这种生理过程对物种间相互作用有什么样的影响？

种群密度、群落构成和环境依赖性

除了温度和其他生物要素梯度的直接影响，物种间相互作用强度的纬度变化还受到种群密度的局部差异和周边群落结构的影响。显然，相互作用物种的丰度的空间变化对于相互作用强度的密度调节变化具有重要驱动作用。例如，在上述的 *Pisaster* 研究中，海星密度是给定地点总捕食密度的主要决定因素（Menge et al.，2004）。在北美洲的西海岸，*Pisaster* 的丰度呈斑块分布且高度变化，甚至在相隔数十千米的点位之间也存在差异（Paine，1976；Sagarin and Gaines，2002a；Menge et al.，2004）。这种丰度格局显然在很长一段时间内都是稳定存在的（Paine，1976），这说明维持该物种丰度"热点"的要素是一致的（见"环境异质性的作用"的最后一段）。鉴于该关键种捕食者对群落的重要性，我们迫切需要了解驱动和维持分布范围内点位间丰度变化的机制（Menge and Sanford，2013）。

猎物丰度对驱动相互作用强度的空间变化也起到重要作用。例如，Paine（1966）在美国华盛顿州海岸进行的经典实验证实，作为关键种的 *Pisaster* 可以控制竞争占优的加利福尼亚贻贝（*Mytilus californianus*）。然而，Paine（1980）推测，在距离其经典实验以北约 1100km 的阿拉斯加州的火炬湾，*Pisaster* 只不过是另一个海星。这种海星的作用在其分布范围内的变化，主要是 *M. californianus* 在接近其极向分布边界时数量逐渐变得稀少造成的。由于缺少与大量竞争占优的猎物的强烈营养关系，在阿拉斯加州的火炬湾，*Pisaster* 在群落中的重要性似乎会大大降低（Paine，1980）。

在某些情况下，捕食者或植食强度的纬度变化可能是消费者组合中的物种组成差异造成的。例如，在美国大西洋沿海，互花米草（*Spartina alterniflora*）几乎占据了所有盐沼的低潮区和中潮区。对蝗虫啃食破坏和螺类圈养的野外实验表明，在低纬度盐沼，对互花米草的植食更多（Pennings and Silliman，2005）。这种纬度差异有一部分可能是食草动物组合的构成差异造成的。例如，在互花米草分布的北部，常见的螺类美东尖耳螺（*Melampus bidentatus*）并不取食互花米草。与之相反，在南部大量取食互花米草的玉黍螺属物种 *Littoraria irrorata*，在互花米草分布的最北缘并未出现（Pennings and Silliman，2005）。

最后，对珊瑚礁植食性鱼类的研究说明，焦点物种相互作用的空间变化是如何受周边群落差异影响的（Bennett and Bellwood，2011）。在澳大利亚大堡礁横跨 900km 范围内的三个区域，通过实验量化了植食性鱼类对马尾藻属（*Sargassum*）的摄食率（图 7.13）。植食性鱼类的摄食率从低纬度到高纬度站点急剧下降。这种食草作用的降低与水温梯度无关，因为实验的时间是相互错开的，所以实验区的平均水温都在 26℃ 到 27℃ 之间。在每个区域中常见的四种植食性鱼类也完全相同。食草作用的纬度差异很可能是取食习性的差异造成的：在纬度较高的地方，鱼类接触移植的藻类后，取食次数为低纬度的 1/4～1/3。而取食行为的差异显然又是其周边群落的空间差异造成的，例如是否有其他藻类物种存在，或者局部珊瑚礁所提供的三维结构复杂性和对鱼类的保护等（Bennett and Bellwood，2011）。

补充量变化的作用

如本节的前几个小节所述，越来越多的对比实验研究证明了环境依赖性的来源，它塑造了给定物种相互作用的空间变化。这些研究得出的一致性结论是，消费者影响的空间变化与其说取决于其摄食率，不如说依赖于其猎物补充量或生长率的变化。例如，在北太平洋几乎被猎杀至濒临灭绝之后，海獭在阿留申群岛和阿拉斯加东南重新定居，而这两个地点相距约 2500km。Estes 和 Duggins（1995）发现，回归到阿拉斯加东南的海獭使其猎物海胆的数量大量减少，随之而来的是大型海藻密度的大幅提高。相反，在阿留申群岛，无论该地点是否有海獭重新定居，海胆密度依旧很大，而大型海藻的密度即使在海獭回归之后也仅发生极小变化。海獭与海胆间相互作用结果的空间差异可能是海胆补充量的巨大差异造成的。在整个阿留申

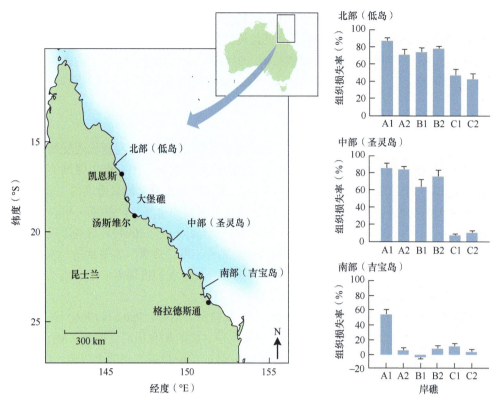

图 7.13 澳大利亚大堡礁鱼类食草作用的空间变化。条带表示在 4.5h 之内野外测定的所消耗的马尾藻属（*Sargassum*）藻类组织的平均百分比（+SE）。实验分别在北、中、南的三个岸礁上进行。在每个岸礁，分别在两处进行重复实验（如 A1 和 A2）。南部区域的食草作用显著较低（仿自 Bennett and Bellwood，2011）

群岛，小海胆数量丰富，即便有海獭的存在，海胆的种群密度依旧能达到较高。与之相反的是，在阿拉斯加东南部，几乎看不到小海胆，说明其补充量零零散散，这可能是未知的海洋过程的差异所造成的（Estes and Duggins，1995）。

在智利沿海，猎物补充量似乎对潮间带捕食者作用的纬度变化具有相似的影响（Navarrete et al.，2005）。为了量化太阳星虫属海星 *Heliaster helianthus* 和骨螺 *Concholepas concholepas* 的捕食水平，标准大小的贻贝群被移植到智利中部沿海横跨 900km 的潮间带上的 7 个站点（图 7.14A）。在所有 7 个站点，对移植贻贝的捕食率是相似的（图 7.14B）。然而，在实验移除捕食者之后，贻贝数量在南部站点快速增加，而在北部站点几乎没有变化（图 7.14C）。这种捕食者效应的差异似乎是由贻贝补充量的纬度梯度造成的（Broitman et al.，2001）。特别是，南部站点的贻贝补充量比北部站点高几个数量级。这种巨大差异与海洋上升流在南纬 32° 的间断有关，因为贻贝的低补充量与北部区域强烈而持久的沿岸上升流有关（Navarrete et al.，2005）。

有关补充量如何调节消费者纬度作用的最后一个例子，来自欧洲一个对帽贝取食的实验研究。为了量化帽贝食草作用的空间变化，在 1800km 范围内的 5 个区域进行了相同的实验（Coleman et al.，2006）。建立潮间带样块，并在其中一些样块中移除帽贝（*Patella* spp.），以量化它们对藻类形成的影响。移除帽贝后，所有站点的藻类丰度都有所增加，但其影响在北部区域最强。在北部地区，移除帽贝后藻类快速增殖；而在南部区域，移除帽贝的影响最弱（Coleman et al.，2006）。和预计的一样，这种作用的空间差异与捕食活动的模式是相反的：捕食活动（齿舌的刮擦）一般随着自北向南水温的升高而更加频繁（Jenkins et al.，2001）。南部区域帽贝的密度也与北部相同或更高（Jenkins et al.，2001；Coleman et al.，2006）。然而，在南部区域，墨角藻数量稀少，据推测可能是因为繁殖体供应受到限制（Jenkins et al.，2005；Coleman et al.，2006）。因此，尽管在南部区域帽贝的数量更多，活动也更积极，但移除帽贝捕食压力并不能触发藻类丰度的快速增长，这可能是该区域藻类自身补充量有限造成的。在地中海西北部潮间带进行的实验研究也表明藻类补充量对植食效应空间变化类似的调节作用（Benedetti-Cecchi et al.，2001）。

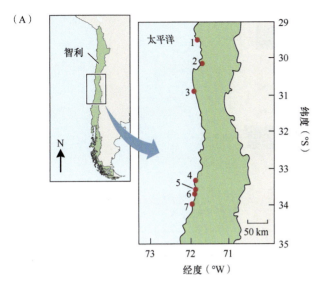

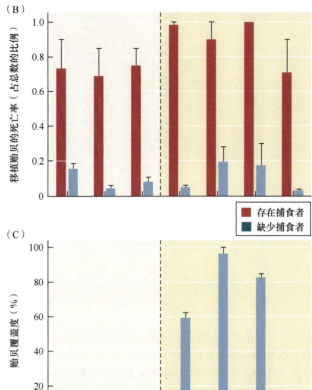

图 7.14　智利中部沿海捕食者影响的空间变化。（A）7 个研究站点的地图，包括在 32°S——贻贝补充量发生生物地理间断处以北和以南的站点。（B）存在和缺失捕食者的情况下，移植到潮间带的贻贝的平均死亡率（+SE）。（C）移除捕食者三个月后对贻贝在清除区定居覆盖度的影响。垂直虚线表示分隔 32°S 以北和以南的站点。 nd 表示无数据。尽管所有站点的捕食率相似，但在北部区域，移除捕食者并未导致贻贝数量的增长，这可能是因为该地区贻贝的补充量较低（仿自 Navarrete et al.，2005）

选择的空间镶嵌

尽管在海洋群落生态学中常常被忽视，但演化过程在塑造给定物种对之间相互作用的纬度变化上扮演着重要角色（Thompson，1999；Sanford et al.，2003）。在海洋系统中，选择驱动的海洋生物种群之间的适应分化尚未得到很好的研究，部分原因是传统观点认为，大多数海洋生物种群之间的连通度和基因流较高。然而，越来越多的证据表明，海洋鱼类和无脊椎动物都发生了局部适应，包括那些具有浮游扩散期的生物（综述见 Conover et al.，2006；Sanford and Kelly，2011）。

在探索自然选择在景观生态上的空间变化如何影响物种相互作用强度的研究中，陆地生态学家走在了前列（Thompson，1999）。陆地生态系统研究的理论和经验结果表明，物理和生物条件的空间差异会形成景观上镶嵌的"热点"和"冷点"，而对给定物种相互作用的自然选择也相应地强或弱（Thompson，1999）。在最极端的冷点，常常出现二者存一的现象。

这种选择的空间镶嵌也会决定海洋生态系统物种相互作用的空间变化（Stachowicz and Hay，2000；Sotka and Hay，2002；Sanford et al.，2003；Freeman and Byers，2006）。例如，Sotka 和 Hay（2002）研究了美国大西洋沿海植食性端足类藻钩虾属物种 *Ampithoe longimana* 的纬度变化模式。在其地理分布范围的南部，*Ampithoe* 取食富含防御性化合物的不适口的网地藻属藻类 *Dictyota menstrualis*，但其能借此避免被杂食性鱼类过多地捕食；然而，在 *Ampithoe* 分布范围的北部，这种不适口藻类并不存在，而鱼类捕食的作用也相对较弱。室内饲养实验证明，与北部种群的同类相比，南部种群的端足类取食 *Dictyota* 更多（图 7.15），对 *Dictyota* 中的防御性化合物的耐受性更高（Sotka and Hay，2002；Sotka et al.，2003）。此外，种群间的这种差异似乎有遗传基础，因为在实验室里经过数代饲养，其差异性仍然存在。这些及其他研究（如 Stachowicz and Hay，2000；Freeman and Byers，2006）的结果表明，相互作用物种空间上的不重叠分布能够产生选择强度的差异，从而进一步促进物种相互作用强度的不同（Thompson，1999）。

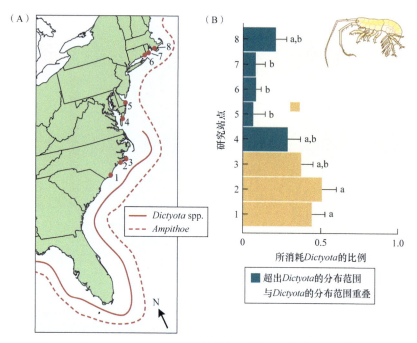

图 7.15　端足类藻钩虾属物种 *Ampithoe longimana* 对藻类偏好的空间变化。地图显示了美国大西洋海岸 8 个研究站点的位置，以及 *Ampithoe* 和化学防御藻类网地藻（*Dictyota* spp.）的地理分布范围。条带表示室内实验中所消耗 *Dictyota* 的平均比例（+SE），在实验中，*Ampithoe* 被给予等量的高适口藻类石莼（*Ulva* sp.）。条带右侧的字母相同，表示种群之间没有显著差异（Tukey-Kramer，$p > 0.05$）。与超出 *Dictyota* 分布范围界限的北部种群相比，南部地区的端足类种群通常取食更多的 *Dictyota*（仿自 Sotka et al.，2003）

　　陆地生态系统的理论和实证研究结果还表明，对给定物种相互作用的选择强度还会受到群落中其他物种相对丰度的影响（Benkman et al.，2001；Thompson and Cunningham，2002）。一项对海洋捕食者与猎物相互作用研究的结果与这一观点吻合（Sanford et al.，2003）。在美国太平洋沿岸，沟螺岩螺（*Nucella canaliculata*）生活在潮间带加利福尼亚贻贝（*Mytilus californianus*）床之中。室内饲养分析和野外调查表明，南部种群的这种岩螺更易取食厚壳的 *M. californianus*；相反，北部种群的岩螺通常难以钻透贻贝的壳，转而取食藤壶和紫贻贝。在实验室饲养经过两个世代之后，钻孔能力的差异依然存在，表明这种能力的差异具有遗传基础（Sanford and Worth，2009）。岩螺种群间钻孔能力的差异可能反映了沿海地区猎物补充量持久空间差异所施加的选择。特别是，岩螺偏好的藤壶和紫贻贝的补充量在南部区域要比北部低几个数量级（Connolly et al.，2001）。因此，在南部区域缺乏偏好猎物的情况下，只能强烈地选择能够钻透大而壳厚的 *M. californianus* 的岩螺。在南北部的圈养站点，将室内饲养与野外实验的岩螺相互移植也支持了这一假设，并表明南部岩螺钻透 *M. californianus* 的能力，使它们在替代猎物补充量一直很低的海域得以成功存活（Sanford and Worth，2010）。更广泛地说，这些以及海洋系统的其他相关研究（如 Fawcett，1984；Trussell，2000；Freeman and Byers，2006）表明，焦点物种和群落中其他物种的不重叠分布及丰度差异，都会造成选择上的空间变化，从而使捕食者与猎物相互作用的强度在空间上做出不同响应。

热带–温带物种相互作用对比

　　在全球尺度上，一些由来已久的假说认为，低纬度地区的捕食作用和食草作用强度比高纬度地区的大，而这种差异导致热带地区的物种多样性更高（综述见 Schemske et al.，2009）。例如，Paine（1966）认为，热带的生产力更稳定，从而促进了大量捕食性物种的演化。而热带捕食性物种的丰富会增加捕食强度，随着演化时间推移，强烈的捕食作用会降低较低营养级的竞争排斥作用，促进物种分化（Paine，1966）。一些替代假说也将更强的生物间相互作用视为热带物种多样性更高的演化驱动力（Vermeij，2005；Schemske et al.，2009）。

　　热带海洋系统的捕食作用是否比温带的更强烈，相应的检验研究相对较少。在巴拿马和新英格兰地区岩岸潮间带群落开展的早期对比实验，基本上支持这一假设。这些实验表明，与新英格兰地区形成鲜明对比的是，巴拿马的猎物依于小的避难生境（如洞或岩缝）以避免遭遇快速移动且全年觅食的捕食者（包括鱼类）的强烈捕食作用（Menge and Lubchenco，1981；参见 Heck and Wilson，1987；Freestone and Osman，2011）。其他实验表明，巴拿马的鱼类对潮间带腹足类的捕食水平要远远高于新英格兰地区（Bertness et al.，1981）。最近，一个研究检验了，在热带地区，固着无脊椎动物污损生物群落中的捕食作用是否比温带更强烈（Freestone et al.，2011）。在大西洋西海岸跨越 32 个纬度的四个区域，进行了相同设计的移除捕食者的实验。在每一个区域，都对有或无捕食者存在情况下定植面板上的群落发育进行了量化。在温带和亚热带，移除捕食者的实验对物种丰富度没有影响；而在热带区域，移除捕食者后，物种丰富度增加了两到十倍以上（Freestone et al.，2011）。

　　其他的一些学者研究了藻类物种丰富度的纬度模式是否与植食强度的空间变化有关。在全球的不同区域，藻类物种丰富度与纬度的关系存在空间变化，有时在大洲的两侧也会出现差异（Gaines and Lubchenco，1982；Santelices et al.，2009）。例如，在北美洲和中美洲东海岸的低纬度地区，藻类物种丰富度增加；与之相反，在北美洲和中美洲的西海岸，物种丰富度的峰值出现在中温带（图 7.16）。Gaines 和 Lubchenco（1982）认为，这种格局部分是植食强度的纬度变化造成的。他们认为，总体而言，热带海洋系统的植食作用要比温带的更强。然而，他们推测，在北美洲和中美洲东海岸的热带地区，存在大量躲避食草动物的避难所，所以藻类的多样性更高；而在西海岸的热带地区，很少有躲避大型鱼类觅食的场所，强烈的植食作用使得藻类多样性较低（Gaines and Lubchenco，1982）。

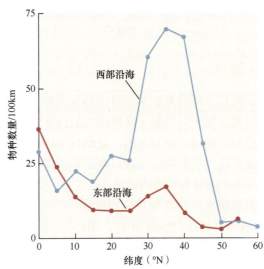

图 7.16　北美洲和中美洲东、西两侧沿海物种丰富度在每 100km 上的纬度变化。在东部沿海，藻类丰富度的峰值出现在热带，而在西海岸，藻类丰富度的峰值出现在中温带（仿自 Gaines and Lubchenco，1982）

　　那么，有实证研究表明热带的植食作用更强吗？Poore 等（2012）对已发表的 613 个野外实验的结果进行了分析，这些实验定量研究了温带和热带海洋生态系统中，移除海洋植食性动物的原位作用。如预计的一样，在全球范围内，食草动物对初级生产者产生强烈的负面作用。然而，从温带到热带，植食作用的强度实际上是略微下降的，尽管这种关系非常微弱（图 7.17）。既然有充分证据表明，热带的食草动物比温带的多样性更高、更活跃（Vermeij，1978；Menge and Lubchenco，1981；Gaines and Lubchenco，1982），为什么这些分析没有得出热带的植食作用更强烈的结论呢？一种可能的解释是，这些研究将有或无食草动物样地中植物丰度的比率作为植食效应的衡量标准，而这一比率既受到植食率的影响，也受植物自身生长率的影响。在温带地区，生产者数量更大且营养更加丰富，因此当食草动物被移除后，生产者的正面反应会更大。此外，有证据表明，在演化时间尺度上，在低纬度地区，强烈的食草作用选择，使藻类和植物增强了化学和形态防御功能（Gaines and Lubchenco，1982；Bolser and Hay，1996；Pennings et al.，2001）。因此，在低纬度地区，具有良好防御的生产者对食草动物缺席的反应就不如预期的强烈（Pennings et al.，2001），这也称为"过去的植食之灵*"（Poore et al.，2012）。这些结果强调，演化历史和物种特征有助于形成物种相互作用在大尺度上的空间变化（Vermeij，1978；Paine et al.，1985；Pennings et al.，2003；Poore et al.，2012）。

---

　　* 原文为"the ghost of herbivory past"，这里借用了"the ghost of Christmas past"（过去之灵）的说法，出自查尔斯·狄更斯的著作《圣诞颂歌》。书中的主人公，吝啬鬼斯克鲁奇幼年贫困，后来变得富有却冷漠无情，没有得到快乐。这里借用这个说法来比喻具有良好防御的生产者在减轻/移除植食压力之后并没有较强的反应——译者

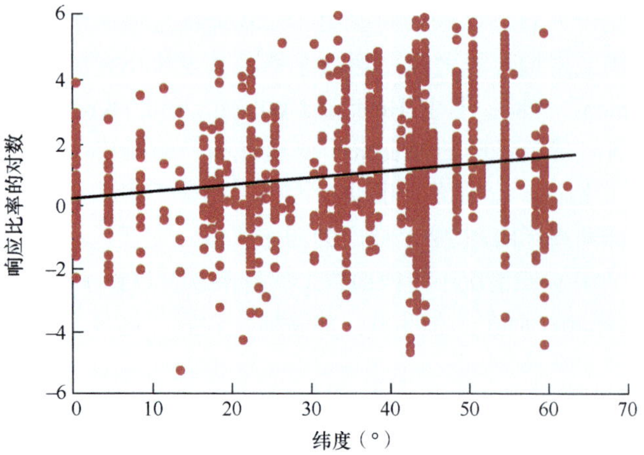

图 7.17 移除食植者效应的纬度变化。结果来自对 613 项实验研究的元分析。响应比率的对数按 ln（X_t/X_c）计算，其中 X_t 是从移除食植者实验组中得到的平均生产者丰度，而 X_c 是（存在食植者的）控制组的平均生产者丰度。响应比率的对数为正值时，表明移除食植者提高了生产者的丰度。随着纬度的增加，食草作用的影响略有增加，尽管这种关系对总体方差的解释非常小。（$P < 0.001$，$R^2 = 0.02$）（仿自 Poore et al.，2012）

前景与展望

越来越多的研究证明，海洋物种间相互作用的强度和正负性可能在其分布范围内存在空间差异。有时候，很大程度上可以基于环境胁迫的纬度梯度对这种强度的变化进行预测；而在另一些时候，物种相互作用的空间变化模式是复杂的，是取决于环境的，这主要受到环境异质性、消费者和猎物及群落中其他物种的密度变化等的影响。生理习服和局部适应同样能够改变物种相互作用的局部强度，尽管其影响过程在海洋系统中尚未得到较好的研究。

对热带系统与温带系统物种相互作用的对比研究，量化了移除消费者之后群落的响应（如 Menge and Lubchenco，1981；Poore et al.，2012），但是，这些响应的机制仍不清楚。例如，移除捕食者之后，热带系统的响应比温带系统的要大，而这究竟是因为更高的单位捕食率（如与更高的温度相关），还是因为捕食者的丰度或多样性更高（Menge and Lubchenco，1981）？或者是因为移除消费者之后裸地上的定居差异，而这与多样性、补充量、生长率及藻类和固着猎物防御水平等的纬度差异都有关系（Edwards et al.，2010；Poore et al.，2012）？虽然在逻辑上具有挑战性，但理清这些机制的额外实验将是有益的。

从保护的角度来看，毫无疑问，消费者自上而下的作用对海洋生物群落具有深远的影响。然而，这些作用的强度在地理隔绝的群落之间存在巨大的差异，这对管理者提出挑战，如何将其他地方得出的科学结论，应用到其所处的局部区域？综上所述，对调节物种相互作用强度的生态和演化过程的进一步研究，将为海洋生态系统更为有效的管理奠定基础（Estes and Duggins，1995；Sanford et al.，2003；Navarrete et al.，2005；Connell and Irving，2008）。

对物种丰富度的局部影响与区域影响

长久以来，海洋群落生态学家一直强调物种间相互作用对群落的局部物种多样性的影响。这并不奇怪，大量的野外操控实验已证明了捕食、植食、竞争和促进等作用都会对群落结构产生显著影响。然而，自 20 世纪 80 年代起，人们开始意识到，海洋生物群落的变化很难仅仅用局部物种相互作用的差异来解释（Dayton and Tegner，1984；Underwood and Denley，1984）。例如，区域尺度上的海洋过程能够驱动幼体补充量和营养输入的变化，对群落结构产生深远影响（Roughgarden et al.，1988；Menge et al.，1997，2003；Navarrete et al.，2005）。此外，生态学家越来越注意到，在大时空尺度上的历史和演化过程同样会塑造群落结构（Harrison and Cornell，2008）。

这些问题的关键是，与局部物种相互作用相关的区域物种库的大小，对局部多样性的影响有多大？局部多样性是由区域过程通过扩散而塑造的，这一概念扎根于 MacArthur 和 Wilson（1967）的岛屿生物地理学经典理论（Cornell and Harrison，2013）。该理论强调，局部群落（这里指的是岛屿）的物种多样性，一定程度上是与区域物种库的物种迁入相关的，而其又与距离大陆的远近相关。最近，通过将群落中的局部物种丰富度和区域物种丰富度的关系制图，可以用来展示研究局部物种相互作用（如竞争）与区域尺度过程（如历史和宏观演化的影响）的相对重要性。根据理论预测，如果物种相互作用对物种多样性具有控制性的影响，那么局部物种丰富度和区域物种库大小之间就应该存在一个渐近关系（综述见 Witman et al.，2004；Russell et al.，2006；Cornell et al.，2008）。这种关系的存在意味着，随着更多的物种加入，群落会因为竞争和生态位的限制而达到饱和；相反，如果局部的物种丰富度随着区域物种库大小的增加而线性增长，那就说明群落并未饱和，而区域物种库将会对物种多样性产生重要影响。

对这种理论方法提出批评出于多种原因，包括方法论和统计方法，以及对局部和区域物种丰富度关系存在的其他替代解释（综述见 Harrison and Cornell，2008）。许多批评都关注如何改进抽样设计和分析（Cornell and Harrison，2013）。总体上，一致的认识是，局部物种丰富度和区域物种丰富度之间的正相关关系表明，局部群落对区域富集是开放的，但并不排除局部的相互作用的重要性（Witman et al.，2004；Cornell et al.，2008；Harrison and Cornell，2008）。对局部和区域物种丰富度间关系的研究，为探索影响局部群落结构的机制奠定了基础（Cornell et al.，2008）。

对海洋系统中群落饱和与区域富集的检验

与陆地生态系统相比，对海洋生态系统中局部与区域物种丰富度间关系的研究相对较少（Hillebrand and Blenckner，2002）。本节将介绍其中两个最为详尽的研究。首先，Witman 等（2004）对全球 12 个区域潮下带岩壁群落的无脊椎动物多样性进行了抽样调查（图 7.18、图 7.19A）。他们的研究避免了一些关于对群落饱和的实验检验的方法论批评。特别是 Witman 等研究的是单一生境内（潮下带岩壁）的物种，并在底栖无脊椎动物相互竞争的较小尺度上进行抽样，再将这些抽样在全球范围内的不同区域进行重复，从而使区域库包含从小到大的各种物种丰富度。如预测的一样，物种丰富度在热带最高，随后沿着纬度升高而下降（图 7.19B）。他们的分析揭示了，区域物种库的大小与局部物种丰富度存在显著的线性相关关系，而没有饱和的迹象（图 7.19C）。这些结果表明，局部群落的物种数量受区域物种库大小的影响，而不仅仅是局部物种相互作用（如竞争）的影响（Witman et al.，2004）。

图 7.18　生活在南非西海岸的一个研究站点——South Lion's Paw 垂直岩壁 15m 深处的多样化无脊椎动物群落。图片中有软珊瑚、海绵、苔藓虫、管状蠕虫、海葵和贻贝等（图片由 Jon D. Witman 提供）

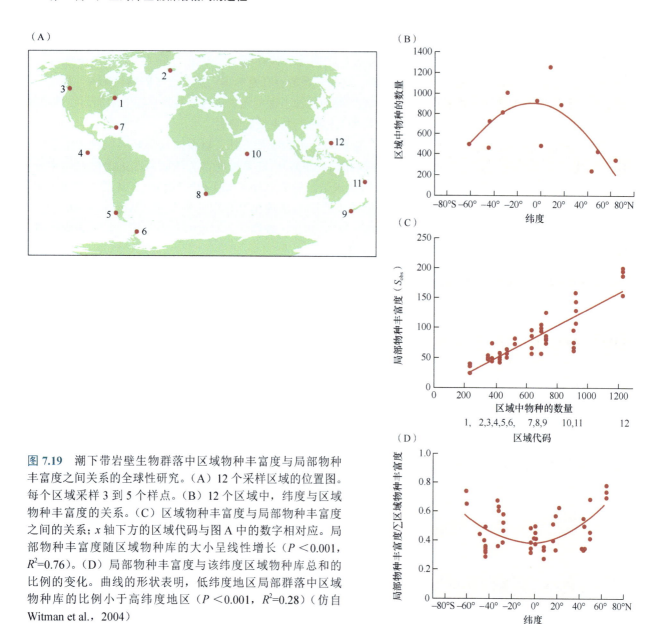

图 7.19 潮下带岩壁生物群落中区域物种丰富度与局部物种丰富度之间关系的全球性研究。（A）12 个采样区域的位置图。每个区域采样 3 到 5 个样点。（B）12 个区域中，纬度与区域物种丰富度的关系。（C）区域物种丰富度与局部物种丰富度之间的关系；x 轴下方的区域代码与图 A 中的数字相对应。局部物种丰富度随区域物种库的大小呈线性增长（$P < 0.001$，$R^2 = 0.76$）。（D）局部物种丰富度与该纬度区域物种库总和的比例的变化。曲线的形状表明，低纬度地区局部群落中区域物种库的比例小于高纬度地区（$P < 0.001$，$R^2 = 0.28$）（仿自 Witman et al.，2004）

关于区域富集的第二个重要研究关注的是中西部太平洋的珊瑚多样性（Cornell et al.，2008）。该研究专门为分析抽样大小对局部和区域物种丰富度关系的影响而设计（Rivadeneira et al.，2002；Russell et al.，2006）。特别是，在物种丰富的区域，如果样块过小，往往会无法捕获稀有物种，从而造成对局部物种丰富度的低估。而区域物种库也可能会被高估，例如，在单一生境内对局部物种丰富度进行抽样，而区域物种丰富度是从包含多个生境物种多样性的分类文献中所求出的，其中会包含一组并未发生任何生态作用的物种（Russell et al.，2006；Harrison and Cornell，2008）。如果局部尺度与区域尺度相比较小，就会出现抽样误差——局部丰富度与区域丰富度之间更容易表现出饱和或曲线关系，这个问题也称为"伪饱和"（Hillebrand and Blenckner，2002；Cornell et al.，2008）。其中一种解决方案是在多个空间尺度上检查局部和区域物种丰富度的关系，从而避免随意定义局部尺度造成的误差（Rivadeneira et al.，2002；Russell et al.，2006；Cornell et al.，2008；Cornell and Harrison，2013）。

Cornell 等（2008）在中西部太平洋珊瑚多样性抽样调查中，就采用了这种精心设计的方法（图 7.20A）。热带太平洋的珊瑚多样性随经度不同而变化很大，这使得五个抽样区域可以包含各种大小范围的区域物种库（Karlson et al.，2004）。实验采用了分层抽样设计，每个区域中有三个岛屿，每个岛屿各含三种生境（礁坪、礁脊和坡面），每种生境都设有四个样点，每个样点中各有十个样带。其结果显示，在礁坪、礁脊和坡面等三种生境之间，局部与区域物种丰富度之间的关系不存在差异，因此这些数据被合并分析。在三个不同尺度上［岛屿、样点和（10m 长的）样带］对局部和区域物种丰富度的关系进行了分析，其结果惊人的一致：在所有尺度上，局部与区域物种丰富度都呈线性关系，没有发现饱和的迹象（图 7.20B～D）。这些结果表明，在物种丰富度最高的热带地区，即使在很小的范围内（如 10 米的样带），区域过程也能够影响局部的丰富度（Cornell et al.，2008）。

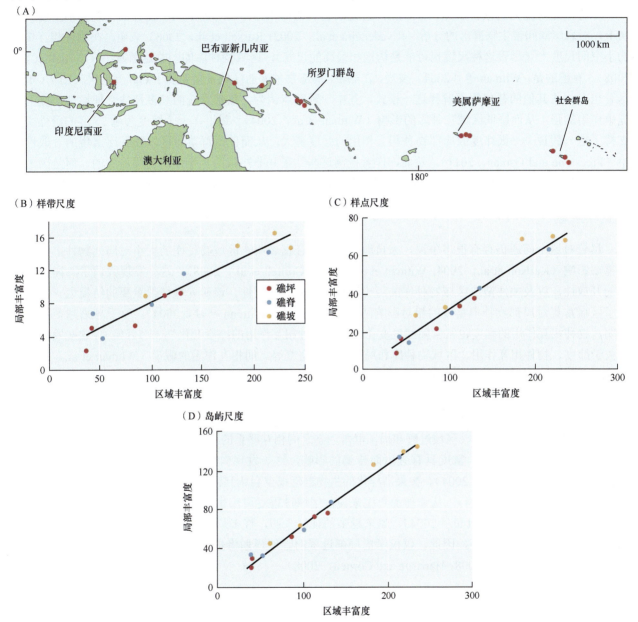

图 7.20　中西部太平洋珊瑚区域物种丰富度与局部物种丰富度之间的关系。（A）五个区域（从左到右）：印度尼西亚、巴布亚新几内亚、所罗门群岛、美属萨摩亚、法属波利尼西亚社会群岛，每个区域选择三个岛屿（红色符号）开展研究。（B～D）在三个不同空间尺度上的珊瑚区域物种库和平均局部丰富度的关系：（B）10m 长的样带，（C）样点，（D）岛屿。数据点按生境类型（礁坪、礁脊或礁坡）编码。所有线性回归均显著（$p < 0.001$），表明在所有空间尺度上，珊瑚的局部多样性呈现区域富集特点（仿自 Karlson et al.，2004；Cornell et al.，2008）

这些发现（Witman et al.，2004；Cornell et al.，2008）说明，我们需要更进一步地整合群落生态学和历史生物地理学（Wiens and Donoghue，2004；Harrison and Cornell，2008）。有证据显示，现代沿海的海洋动物区系存在历史事件和演化过程的印记（如 Rex et al.，2005）。例如，区域物种库的大小是受流域尺度的物种分化、适应辐射和灭绝等速率影响的（Roy and Witman，2009）。人们也越来越注重对演化枝的祖先生态位的识别，以及沿着演化枝起源的地点及其可能扩散到的地点发生的生态位演化（Wiens and Donoghue，2004）。其中许多对区域物种库大小产生影响的过程，可以通过最新的系统发生学和古生物学方法来分析（综述见 Harrison and Cornell，2008；Roy and Witman，2009）。

局部物种相互作用的纬度变化与区域富集

尽管上述研究为区域富集提供了证据，但无法说明物种相互作用对调节局部物种丰富度并不重要。事实上，对岩岸潮间带生物群落的分析（Rivadeneira et al.，2002；Russell et al.，2006）表明，在物种相互作用的小空间尺度上（尽管这种尺度也可能是伪饱和最高的尺度），区域物种库的影响逐渐减小（Cornell et al.，2008）。有趣的是，Witman 等（2004）发现，在热带，局部物种库的区域富集要弱于高纬度地区（图 7.19D）。尽管也有一些其他的替代假说解释这一模式，其中一种观点认为，热带系统的高多样性会使局部尺度上的竞争作用加强，从而降低区域物种库的影响（Witman et al.，2004）。最近，一个纬度跨越 25 度的野外实验支持了这一假说——低纬度的局部物种相互作用的强度更大，从而使得群落对区域物种库富集的开放性更小（Freestone and Osman，2011）。然而，作者推测这些结果并非热带的竞争作用更强造成的，而是因为更高的捕食强度，从而限制了群落的物种多样性，并降低了区域富集的可能（Freestone and Osman，2011）

前景与展望

尽管对这个问题仍存有很多争议，来自海洋系统的证据表明，区域物种库的大小对局部物种丰富度具有重要影响（Karlson et al.，2004；Witman et al.，2004；Cornell et al.，2008）。这一发现强调了海洋生物群落的开放性，以及关注塑造区域物种库的历史和演化过程的必要性。该研究领域最重要的结果之一是，发现了区域富集对局部物种丰富度的相对影响随纬度发生变化（Witman et al.，2004）。鉴于越来越多的证据表明，物种相互作用的强度也常常随纬度变化（见"物种相互作用的纬度变化"一节开始），这些发现引发了关于纬度、物种相互作用、区域物种库和局部物种丰富度等之间相互作用的假说（Witman et al.，2004）。Russell 等（2006）主张进行对比实验，同时量化局部相互作用强度和区域物种库的大小，而这样的实验结果也具有说服力（Freestone and Osman，2011）。高度入侵的海洋生物群落的历史数据也能用于检验区域物种库的增加是否会导致局部物种多样性的相应增长（Sax and Gaines，2008）。对这些问题的进一步研究将有助于提高我们对生物地理学、区域过程和局部群落动态之间相互联系的理解。

区域过程对局部物种丰富度具有强烈而普遍的影响，这一发现对海洋保护也具有重要意义（Witman et al.，2004；Karlson et al.，2004）。如果多样化的生物群落很少会达到饱和，大多数海洋生物群落就很容易被入侵（Witman et al.，2004）。从管理的角度来说，区域过程对局部生物群落的强烈影响意味着国际合作与协调的重要性（Karlson et al.，2004）。越来越多的证据表明，许多局部的海洋生物群落通过扩散和功能相互联系形成一个集合群落，因此，仅仅考虑局部过程的管理规划将是远远不够和无效的（Karlson et al.，2004；Connell and Irving，2008；Harrison and Cornell，2008）。

结语

本章着重介绍了海洋生物地理学和群落生态学综合研究的新进展。对生物地理学、生态学、演化生物学、生理学和海洋学方法的综合已经为我们了解海洋生物群落为什么以及如何随着空间尺度发生变化提供了新的视角。值得一提的是，生物地理学的传统方法强调对空间格局的描述和系统分类学，仍将继续为此提供关键的基础。近十年来，资助机构、科学期刊，甚至包括生态学家自身都开始淡化描述性研究和分类学的价值（对此的评论参见 Underwood et al.，2000；Dayton，2003）。然而，分类学知识和对群落结构如何在大空间尺度上变化的精确描述是研究大部分本章所讨论的生态和演化过程的必要前提。

本章覆盖了四大主题。首先是各个生态组织水平的空间变化，从个体性能到种群，再到群落，常常与环境梯度有关。近期的研究进一步肯定了生物地理学长久以来对温度纬度梯度的关注。然而，虽然温度的影响无可辩驳，但温度显然不是决定海洋生物群落空间差异的唯一要素。机理性的研究证明了扩散、生活史、生理、种群数量动态、物种相互作用、局部适应及演化史等方面的差异的重要性，它们都会导致海洋生物群落在广阔空间尺度上的差异。

这就引发了第二个主题，扩散在形成生物地理格局中扮演的角色被低估。尽管对其的研究面临各种挑战，扩散的影响却是普遍存在和非常重要的。例如，近期的研究表明，许多生物分布的边界可能并非受温度限制，而是幼体扩散、温度、沿岸的洋流、可用生境、生活史和种群数量动态之间的复杂相互作用所造成的（如 Gaylord and Gaines，2000；Zacherl et al.，2003；Gilman，2006；Sanford et al.，2006；Byers and Pringle，2006）。种群间的扩散和基因流同样影响着对物种分布范围内生物与非生物环境变化的局部适应能力（Sanford and Kelly，2011）。在群落水平上，扩散和猎物补充量的空间变化能够决定关键物种相互作用的强度（Estes and Duggins，1995；Connolly and Roughgarden，2001；Navarrete et al.，2005）。有证据表明，扩散能够将一个个局部群落，以及局部群落和区域物种库相互联系起来（Witman et al.，2004；Cornell et al.，2008）。越来越多的人认识到，自身受到扩散过程影响的区域物种库的大小，在演化时间尺度上又影响着演化枝从其起源向外扩散的过程（Wiens and Donoghue，2004）。这些发现表明，更好地理解大时空尺度上海洋中的物种扩散，对理解海洋生物群落的空间变化至关重要。尽管对扩散的研究面临巨大挑战，幼体生物学、近海海洋学、种群遗传学和基因组学的新工具和新方法为这一关键领域的发展提供了希望（见第 4 章）。

第三个主题贯穿本章，将演化纳入我们对群落生物地理变化的理解，其重要性是显而易见的。尽管常常在海洋生物群落学中被忽视，演化过程在各个层次上影响着海洋生物群落的空间变化（Vermeij，1978）。人们对演化过程在维持物种分布范围边界所起的作用重新产生兴趣。对生物与非生物条件空间差异的局部适应能够使地理隔绝种群在生理、生活史、取食能力等方面产生巨大分化，从而在将局部尺度获取的结果外推到更大空间尺度时，使得问题复杂化（Sanford and Bertness，2009）。越来越多的证据表明，在更长的时间尺度上，许多海洋生物群落保留了很强的演化过程和历史事件的印记（Roy and Witman，2009）。例如，演化枝所保留的生态位会影响现代分类群的分布范围边界（Roy et al.，2009），以及它们对消费者的脆弱性（Poore et al.，2012）。同样，物种分化速率对区域物种库具有持久的影响，会对局部生物群落产生级联效应（Vermeij，1978；Witman et al.，2004；Cornell et al.，2008）。

最后一个主题是，海洋生物地理学常常在海洋生物保护中被忽视，但却与许多领域具有重要联系。在海洋保护区网络的设计中越来越多地考虑到不同生物地理区内地点的代表性（Blanchette et al.，2008；Hamilton et al.，2010）。在全球气候变化的背景下，理解控制物种分布范围的过程对于预测这些物种的分布会如何沿着海岸线发生变化至关重要。在某些情况下，对生物地理学的研究揭示了，不同沿海地区的生物群落受到完全不同过程的调节，因此需要不同的管理规划（Estes and Duggins，1995；Navarrete et al.，2005；Connell and Irving，2008）。最后，人们越来越认识到，局部的生物群落是通过扩散相互联系在一起的，并受到区域过程的影响，这就需要在更广阔的空间背景下进行管理规划（Karlson et al.，2004）。结合这些观点，海洋生物地理学和生态学的进一步综合，将有助于我们进一步提高对海洋生物群落的基本认识和海洋生态系统的可持续管理水平。

致谢

在此，我感谢主编们邀请我为这本重要书籍撰稿。多年来，我对生物地理学和群落生态学的认识，从与导师、研究生和同事的互动中受益匪浅。我特别感谢 Bruce Menge、Jane Lubchenco、George Somero、Mark Bertness、Morgan Kelly、Evelyne Kuo、Dan Swezey、Jill Bible、Rick Grosberg、Mike Dawson、Brian Gaylord、Brian Helmuth、Rafe Sagarin 和 Steve Gaines。Mark Bertness、Jay Stachowicz、Caitlin Brisson 和 Jackie Sones 的评语帮助改进了这篇手稿。本章献给 Rosemarie L. Sanford，她鼓舞了我对海洋生物的热爱。我的海洋生物地理学研究得到了美国国家科学基金项目 OCE-0622924 和 OCE-1041089 的资助。

引用文献

Allee, W. C. 1923. Studies in marine ecology: IV. The effect of temperature in limiting the geographical range of invertebrates of the Woods Hole littoral. *Ecology* 4: 341–354.

Ayre, D. J., T. E. Minchinton, and C. Perrin. 2009. Does life history predict past and current connectivity for rocky intertidal invertebrates across a marine biogeographic barrier? *Mol. Ecol.* 18: 1887–1903.

Banks, S. C., S. D. Ling, C. R. Johnson, et al. 2010. Genetic structure of a recent climate change-driven range extension. *Mol. Ecol.* 19: 2011–2024.

Benedetti-Cecchi, L., F. Bulleri, S. Acunto, and F. Cinelli. 2001. Scales of variation in the effects of limpets on rocky shores in the northwest Mediterranean. *Mar. Ecol. Prog. Ser.* 209: 131–141.

Benkman, C. W., W. C. Holimon, and J. W. Smith. 2001. The influence of a competitor on the geographic mosaic of coevolution between crossbills and lodgepole pine. *Evolution* 55: 282–294.

Bennett, S. and D. R. Bellwood. 2011. Latitudinal variation in macroalgal consumption by fishes on the Great Barrier Reef. *Mar. Ecol. Prog. Ser.* 426: 241–252.

Bertness, M. D. and R. Callaway. 1994. Positive interactions in communities. *Trends Ecol. Evol.* 9: 191–193.

Bertness, M. D. and P. J. Ewanchuk. 2002. Latitudinal and climate-driven variation in the strength and nature of biological interactions in New England salt marshes. *Oecologia* 132: 392–401.

Bertness, M. D. and G. H. Leonard. 1997. The role of positive interactions in communities: Lessons from intertidal habitats. *Ecology* 78: 1976–1989.

Bertness, M. D., S. D. Garrity, and S. C. Levings. 1981. Predation pressure and gastropod foraging – a tropical-temperate comparison. *Evolution* 35: 995–1007.

Bhaud, M., J. H. Cha, J. C. Duchene, and C. Nozais. 1995. Influence of temperature on the marine fauna – what can be expected from a climatic-change. *J. Therm. Biol.* 20: 91–104.

Birkeland, C. E. and J. S. Lucas. 1990. *Acanthaster planci: Major Management Problem of Coral Reefs*. Boca Raton, FL: CRC Press.

Blanchette, C. A., C. M. Miner, P. T. Raimondi, et al. 2008. Biogeographical patterns of rocky intertidal communities along the Pacific coast of North America. *J. Biogeogr.* 35: 1593–1607.

Blanchette, C. A., E. A. Wieters, B. R. Broitman, et al. 2009. Trophic structure and diversity in rocky intertidal upwelling ecosystems: A comparison of community patterns across California, Chile, South Africa and New Zealand. *Prog. Oceanogr.* 83: 107–116.

Bolser, R. C. and M. E. Hay. 1996. Are tropical plants better defended? Palatability and defenses of temperate vs. tropical seaweeds. *Ecology* 77: 2269–2286.

Brante, A., M. Fernández, and F. Viard. 2012. Phylogeography and biogeography concordance in the marine gastropod *Crepipatella dilatata* (Calyptraeidae) along the southeastern Pacific Coast. *J. Hered.* 103: 630–637.

Briggs, J. C. 1974. *Marine Zoogeography*. New York, NY: McGraw-Hill Book Company.

Broitman, B. R., S. A. Navarrete, F. Smith, and S. D. Gaines. 2001. Geographic variation of southeastern Pacific intertidal communities. *Mar. Ecol. Prog. Ser.* 224: 21–34.

Brown, J. H. 1984. On the relationship between abundance and distribution of species. *Am. Nat.* 124: 255–279.

Brown, J. H. 1995. *Macroecology*. Chicago, IL: University of Chicago Press.

Brown, J. H., D. W. Mehlman, and G. C. Stevens. 1995. Spatial variation in abundance. *Ecology* 76: 2028–2043.

Byers, J. E. and J. M. Pringle. 2006. Going against the flow: Retention, range limits and invasions in advective environments. *Mar. Ecol. Prog. Ser.* 313: 27–41.

Caselle, J. E., S. L. Hamilton, D. M. Schroeder, et al. 2011. Geographic variation in density, demography, and life history traits of a harvested, sex-changing, temperate reef fish. *Can. J. Fish. Aquat. Sci.* 68: 288–303.

Cheung, W. W. L., V. W. Y. Lam, J. L. Sarmiento, et al. 2009. Projecting global marine biodiversity impacts under climate change scenarios. *Fish Fish* 10: 235–251.

Clarke, A. 1993. Seasonal acclimatization and latitudinal compensation in metabolism—do they exist? *Funct. Ecol.* 7: 139–149.

Coleman, R. A., A. J. Underwood, L. Benedetti-Cecchi, et al. 2006. A continental scale evaluation of the role of limpet grazing on rocky shores. *Oecologia* 147: 556–564.

Connell, S. D. and A. D. Irving. 2008. Integrating ecology with biogeography using landscape characteristics: A case study of subtidal habitat across continental Australia. *J. Biogeogr.* 35: 1608–1621.

Connolly, S. R. and J. Roughgarden. 1999. Theory of marine communities: Competition, predation, and recruitment-dependent interaction strength. *Ecol. Monogr.* 69: 277–296.

Connolly, S. R., B. A. Menge, and J. Roughgarden. 2001. A latitudinal gradient in recruitment of intertidal invertebrates in the northeast Pacific Ocean. *Ecology* 82: 1799–1813.

Connolly, S. R., T. P. Hughes, D. R. Bellwood, and R. H. Karlson. 2005. Community structure of corals and reef fishes at multiple scales. *Science* 309: 1363–1365.

Conover, D. O., L. M. Clarke, S. B. Munch, and G. N. Wagner. 2006. Spatial and temporal scales of adaptive divergence in marine fishes and the implications for conservation. *J. Fish Biol.* 69: 21–47.

Conover, D. O. and T. M. C. Present. 1990. Countergradient variation in growth rate: Compensation for length of the growing season among Atlantic silversides from different latitudes. *Oecologia* 83: 316–324.

Cornell, H. V. and S. P. Harrison. 2013. Regional effects as important determinants of local diversity in both marine and terrestrial systems. *Oikos* 122: 288–297.

Cornell, H. V., R. H. Karlson, and T. P. Hughes. 2008. Local-regional species richness relationships are linear at very small to large scales in west-central Pacific corals. *Coral Reefs* 27: 145–151.

Dahlhoff, E. and G. N. Somero. 1993. Effects of temperature on mitochondria from abalone (genus *Haliotis*): Adaptive plasticity and its limits. *J. Exp. Biol.* 185: 151–168.

Dall, W. H. 1909. Report on a collection of shells from Peru, with a summary of the littoral marine Mollusca of the Peruvian zoological province. *Proceedings of the U. S. National Museum* 37: 147–294.

Dana, J. D. 1853. On an isothermal oceanic chart, illustrating the geographical distribution of marine animals. *Am. J. Sci. Arts.* 16: 153–167, 314–327.

Dawson, M. N. 2001. Phylogeography in coastal marine animals: A solution from California? *J. Biogeogr.* 28: 723–736.

Dawson, M. N., R. K. Grosberg, Y. E. Stuart, and E. Sanford. 2010. Population genetic analysis of a recent range expansion: Mechanisms regulating the poleward range limit in the volcano barnacle *Tetraclita rubescens*. *Mol. Ecol.* 19: 1585–1605.

Dayton, P. K. 1971. Competition, disturbance, and community organization: The provision and subsequent utilization of space in a rocky intertidal community. *Ecol. Monogr.* 41: 351–389.

Dayton, P. K. 2003. The importance of the natural sciences to conservation. *Am. Nat.* 162: 1–13.

Dayton, P. K. and M. J. Tegner. 1984. Catastrophic storms, El Niño, and patch stability in a southern California kelp community. *Science* 224: 283–285.

Defeo, O. and R. S. Cardoso. 2002. Macroecology of population dynamics and life history traits of the mole crab *Emerita brasiliensis* in Atlantic sandy beaches of South America. *Mar. Ecol. Prog. Ser.* 239: 169–179.

Defeo, O. and R. S. Cardoso. 2004. Latitudinal patterns in abundance and life-history traits of the mole crab *Emerita brasiliensis* on South American sandy beaches. *Divers. Distrib.* 10: 89–98.

deRivera, C. E., G. M. Ruiz, A. H. Hines, and P. Jivoff. 2005. Biotic resistance to invasion: Native predator limits abundance and distribution of an introduced crab. *Ecology* 86: 3364–3376.

Dobzhansky, T. 1950. Evolution in the tropics. *Am. Sci.* 38: 209–221.

Ebert, T. A. 2010. Demographic patterns of the purple sea urchin *Strongylocentrotus purpuratus* along a latitudinal gradient, 1985–1987. *Mar. Ecol. Prog. Ser.* 406: 105–120.

Ebert, T. A., J. C. Hernandez, and M. P. Russell. 2012. Ocean conditions and bottom-up modifications of gonad development in the sea urchin *Strongylocentrotus purpuratus* over space and time. *Mar. Ecol. Prog. Ser.* 467: 147–166.

Eckert, C. G., K. E. Samis, and S. C. Lougheed. 2008. Genetic variation across species' geographical ranges: The central-marginal hypothesis and beyond. *Mol. Ecol.* 17: 1170–1188.

Edwards, K. F., K. M. Aquilino, R. J. Best, et al. 2010. Prey diversity is associated with weaker consumer effects in a meta-analysis of benthic marine experiments. *Ecol. Lett.* 13: 194–201.

Estes, J. A. and D. O. Duggins. 1995. Sea otters and kelp forests in Alaska: Generality and variation in a community ecological paradigm. *Ecol. Monogr.* 65: 75–100.

Fawcett, M. H. 1984. Local and latitudinal variation in predation on an herbivorous marine snail. *Ecology* 65: 1214–1230.

Fenberg, P. B. and M. M. Rivadeneira. 2011. Range limits and geographic patterns of abundance of the rocky intertidal owl limpet, *Lottia gigantea*. *J. Biogeogr.* 38: 2286–2298.

Fiori, S. and O. Defeo. 2006. Biogeographic patterns in life-history traits of the yellow clam, *Mesodesma mactroides*, in sandy beaches of South America. *J. Coast. Res.* 22: 872–880.

Floeter, S. R., M. D. Behrens, C. E. L. Ferreira, et al. 2005. Geographical gradients of marine herbivorous fishes: patterns and processes. *Mar. Biol.* 147: 1435–1447.

Foster, M. S. 1990. Organization of macroalgal assemblages in the Northeast Pacific: The assumption of homogeneity and the illusion of generality. *Hydrobiologia* 192: 21–33.

Freeman, A. S. and J. E. Byers. 2006. Divergent induced responses to an invasive predator in marine mussel populations. *Science* 313: 831–833.

Freestone, A. L. and R. W. Osman. 2011. Latitudinal variation in local interactions and regional enrichment shape patterns of marine community diversity. *Ecology* 92: 208–217.

Freestone, A. L., R. W. Osman, G. M. Ruiz, and M. E. Torchin. 2011. Stronger predation in the tropics shapes species richness patterns in marine communities. *Ecology* 92: 983–993.

Gaines, S. D. and J. Lubchenco. 1982. A unified approach to marine plant-herbivore interactions. II. Biogeography. *Annu. Rev. Ecol. Syst.* 13: 111–138.

Gaines, S. D., S. E. Lester, G. Eckert, et al. 2009. Dispersal and geographic ranges in the sea. In, *Marine Macroecology* (J. D. Witman and K. Roy, eds.), pp. 227–249. Chicago, IL: University of Chicago Press.

Gaston, K. J. 2009. Geographic range limits: achieving synthesis. *Proc. Biol. Sci.* 276: 1395–1406.

Gaston, K. J., S. L. Chown, P. Calosi, et al. 2009. Macrophysiology: A conceptual reunification. *Am. Nat.* 174: 595–612.

Gaylord, B. and S. D. Gaines. 2000. Temperature or transport? Range limits in marine species mediated solely by flow. *Am. Nat.* 155: 769–789.

Gilman, S. 2005. A test of Brown's principle in the intertidal limpet *Collisella scabra* (Gould, 1846). *J. Biogeogr.* 32: 1583–1589.

Gilman, S. E. 2006. The northern geographic range limit of the intertidal limpet *Collisella scabra*: A test of performance, recruitment, and temperature hypotheses. *Ecography* 29: 709–720.

Hamilton, S. L., J. E. Caselle, D. P. Malone, and M. H. Carr. 2010. Incorporating biogeography into evaluations of the Channel Islands marine reserve network. *Proc. Natl. Acad. Sci. (USA)* 107: 18272–18277.

Hare, J. A., M. J. Wuenschel, and M. E. Kimball. 2012. Projecting range limits with coupled thermal tolerance—climate change models: An example based on gray snapper (*Lutjanus griseus*) along the U.S. East Coast. *PLoS ONE* 7: e52294. doi: 10.1371/journal.pone.0052294.

Harrison, S. and H. Cornell. 2008. Toward a better understanding of the regional causes of local community richness. *Ecol. Lett.* 11: 969–979.

Heck, K. L. and K. A. Wilson. 1987. Predation rates on decapod crustaceans in latitudinally separated seagrass communities: A study of spatial and temporal variation using tethering techniques. *J. Exp. Mar. Biol. Ecol.* 107: 87–100.

Hedgpeth, J. W. 1957. Marine biogeography. *Geol. Soc. Am. Mem.* 67: 359–382.

Helmuth, B. 2009. From cells to coastlines: How can we use physiology to forecast the impacts of climate change? *J. Exp. Biol.* 212: 753–760.

Helmuth, B., N. Mieszkowska, P. Moore, and S. J. Hawkins. 2006. Living on the edge of two changing worlds: Forecasting the responses of rocky intertidal ecosystems to climate change. *Annu. Rev. Ecol. Evol. Syst.* 37: 373–404.

Helmuth, B., C. D. G. Harley, P. M. Halpin, et al. 2002. Climate change and latitudinal patterns of intertidal thermal stress. *Science* 298: 1015–1017.

Hengeveld, R. and J. Haeck. 1982. The distribution of abundance. I. Measurements. *J. Biogeogr.* 9: 303–316.

Herbert, R. J. H., A. J. Southward, R. T. Clarke, et al. 2009. Persistent border: An analysis of the geographic boundary of an intertidal species. *Mar. Ecol. Prog. Ser.* 379: 135–150.

Hice, L. A., T. A. Duffy, S. B. Munch, and D. O. Conover. 2012. Spatial scale and divergent patterns of variation in adapted traits in the ocean. *Ecol. Lett.* 15: 568–575.

Hidas, E. Z., D. J. Ayre, and T. E. Minchinton. 2010. Patterns of demography for rocky-shore, intertidal invertebrates approaching their geographical range limits: Tests of the abundant-centre hypothesis in south-eastern Australia. *Mar. Freshw. Res.* 61: 1243–1251.

Hillebrand, H. and T. Blenckner. 2002. Regional and local impact on species diversity—from pattern to processes. *Oecologia* 132: 479–491.

Hochachka, P. W. and G. N. Somero. 2002. *Biochemical Adaptation: Mechanism and Process in Physiological Evolution.* New York, NY: Oxford University Press.

Hoffmann, A. A., R. J. Hallas, J. A. Dean, and M. Schiffer. 2003. Low potential for climatic stress adaptation in a rainforest *Drosophila* species. *Science* 301: 100–102.

Hutchins, L. W. 1947. The bases for temperature zonation in geographical distribution. *Ecol. Monogr.* 17: 325–335.

Hutchinson, G. E. 1957. Population studies: Animal ecology and demography. Concluding remarks. *Cold Spring Harb. Symp. Quant. Biol.* 22: 415–427.

Jenkins, S. R., F. Arenas, J. Arrontes, et al. 2001. European-scale analysis of seasonal variability in limpet grazing activity and microalgal abundance. *Mar. Ecol. Prog. Ser.* 211: 193–203.

Jenkins, S. R., R. A. Coleman, P. Della Santina, et al. 2005. Regional scale differences in the determinism of grazing effects in the rocky intertidal. *Mar. Ecol. Prog. Ser.* 287: 77–86.

Jones, S. J., N. Mieszkowska, and D. S. Wethey. 2009. Linking thermal tolerances and biogeography: *Mytilus edulis* (L.) at its southern limit on the East Coast of the United States. *Biol. Bull.* 217: 73–85.

Jones, S. J., A. J. Southward, and D. S. Wethey. 2012. Climate change and historical biogeography of the barnacle *Semibalanus balanoides*. *Global Ecol. Biogeogr.* 21: 716–724.

Karlson, R. H., H. V. Cornell, and T. P. Hughes. 2004. Coral communities are regionally enriched along an oceanic biodiversity gradient. *Nature* 429: 867–870.

Kelly, R. P. and S. R. Palumbi. 2010. Genetic structure among 50 species of the Northeastern Pacific rocky intertidal community. *PLoS ONE* 5(1): e8594. doi:10.1371/journal.pone.0008594

Kelly, M. W., E. Sanford, and R. K. Grosberg. 2012. Limited potential for adaptation to climate change in a broadly distributed marine crustacean. *Proc. Biol. Sci.* 279: 349–356.

Kordas, R. L. and S. Dudgeon. 2011. Dynamics of species interaction strength in space, time and with developmental stage. *Proc. Biol. Sci.* 278: 1804–1813.

Kuo, E. S. L. and E. Sanford. 2009. Geographic variation in the upper thermal limits of an intertidal snail: Implications for climate envelope models. *Mar. Ecol. Prog. Ser.* 388: 137–146.

Kuo, E. S. L. and E. Sanford. 2013. Northern distribution of the seaweed limpet *Lottia insessa* (Mollusca: Gastropoda) along the Pacific coast. *Pac. Sci.* 67: 303–313.

Langlois, T. J., B. T. Radford, K. P. Van Niel, et al. 2012. Consistent abundance distributions of marine fishes in an old, climatically buffered, infertile seascape. *Global Ecol. Biogeogr.* 21: 886–897.

Lathlean, J. A., D. J. Ayre, and T. E. Minchinton. 2010. Supply-side biogeography: Geographic patterns of settlement and early mortality for a barnacle approaching its range limit. *Mar. Ecol. Prog. Ser.* 412: 141–150.

Leonard, G. H. 2000. Latitudinal variation in species interactions: A test in the New England rocky intertidal zone. *Ecology* 81: 1015–1030.

Lester, S. E., S. D. Gaines, and B. P. Kinlan. 2007. Reproduction on the edge: Large-scale patterns of individual performance in a marine invertebrate. *Ecology* 88: 2229–2239.

Lewis, J. R. 1986. Latitudinal trends in reproduction, recruitment and population characteristics of some rocky littoral molluscs and cirripedes. *Hydrobiologia* 142: 1–13.

Lima, F. P., P. A. Ribeiro, N. Queiroz, et al. 2007. Modelling past and present geographical distribution of the marine gastropod *Patella rustica* as a tool for exploring responses to environmental change. *Glob. Chang. Biol.* 13: 2065–2077.

Ling, S. D., C. R. Johnson, K. Ridgway, et al. 2009. Climate-driven range extension of a sea urchin: Inferring future trends by analysis of recent population dynamics. *Glob. Chang. Biol.* 15: 719–731.

MacArthur, R. H. 1972. *Geographical Ecology: Patterns in the Distribution of Species.* Princeton, NJ: Princeton University Press.

MacArthur, R. H. and E. O. Wilson. 1967. *The Theory of Island Biogeography.* Princeton, NJ: Princeton University Press.

Marshall, D. J., K. Monro, M. Bode, et al. 2010. Phenotype-environment mismatches reduce connectivity in the sea. *Ecol. Lett.* 13: 128–140.

Martínez, B., R. M. Viejo, F. Carreño, and S. C. Aranda. 2012. Habitat distribution models for intertidal seaweeds: Responses to climatic and non-climatic drivers. *J. Biogeogr.* 39: 1877–1890.

Martone, R. G. and F. Micheli. 2012. Geographic variation in demography of a temperate reef snail: Importance of multiple life-history traits. *Mar. Ecol. Prog. Ser.* 457: 85–99.

Menge, B. A. and J. Lubchenco. 1981. Community organization in temperate and tropical rocky intertidal habitats: Prey refuges in relation to consumer pressure gradients. *Ecol. Monogr.* 51: 429–450.

Menge, B. A. and A. M. Olson. 1990. Role of scale and environmental factors in regulation of community structure. *Trends Ecol. Evol.* 5: 52–57.

Menge, B. A. and E. Sanford. 2013. Ecological role of sea stars from populations to meta-ecosystems. In, *Starfish: Biology and Ecology of the Asteroidea* (J. M. Lawrence, ed.), pp. 67–80. Baltimore, MD: Johns Hopkins University Press.

Menge, B. A. and J. P. Sutherland. 1987. Community regulation: Variation in disturbance, competition, and predation in relation to environmental stress and recruitment. *Am. Nat.* 130: 730–757.

Menge, B. A., C. Blanchette, P. Raimondi, et al. 2004. Species interaction strength: Testing model predictions along an upwelling gradient. *Ecol. Monogr.* 74: 663–684.

Menge, B. A., B. A. Daley, P. A. Wheeler, et al. 1997. Benthic-pelagic links and rocky intertidal communities: Bottom-up effects on top-down control? *Proc. Natl. Acad. Sci. (USA)* 94: 14530–14535.

Menge, B. A., J. Lubchenco, M. E. S. Bracken, et al. 2003. Coastal oceanography sets the pace of rocky intertidal community dynamics. *Proc. Natl. Acad. Sci. (USA)* 100: 12229–12234.

Navarrete, S. A., E. A. Wieters, B. R. Broitman, and J. C. Castilla. 2005. Scales of benthic-pelagic and the intensity of species interactions: From recruitment limitation to top-down control. *Proc. Natl. Acad. Sci. (USA)* 102: 18046–18051.

O'Connor, M. I., J. F. Bruno, S. D. Gaines, et al. 2007. Temperature control of larval dispersal and the implications for marine ecology, evolution, and conservation. *Proc. Natl. Acad. Sci. (USA)* 104: 1266–1271.

Orton, J. H. 1920. Sea temperature, breeding, and distribution in marine animals. *J. Mar. Biolog. Assoc. U.K.* 12: 339–366.

Paduan, J. D. and L. Washburn. 2013. High-frequency radar observations of ocean surface currents. *Ann. Rev. Mar. Sci.* 5: 115–136.

Paine, R. T. 1966. Food web complexity and species diversity. *Am. Nat.* 100: 65–75.

Paine, R. T. 1976. Size limited predation: an observational and experimental approach with the *Mytilus-Pisaster* interaction. *Ecology* 57: 858–873.

Paine, R. T. 1980. Food webs: Linkage, interaction strength, and community infrastructure: The 3rd Tansley lecture. *J Anim Ecol* 49: 667–685.

Paine, R. T. 1991. Between Scylla and Charybdis: Do some kinds of criticism merit a response? *Oikos* 62: 90–92.

Paine, R. T., J. C. Castillo, and J. Cancino. 1985. Perturbation and recovery patterns of starfish dominated intertidal assemblages in Chile, New Zealand and Washington State. *Am. Nat.* 125: 679–691.

Parmesan, C. and G. Yohe. 2003. A globally coherent fingerprint of climate change impacts across natural systems. *Nature* 421: 37–42.

Pennings, S. C. and B. R. Silliman. 2005. Linking biogeography and community ecology: Latitudinal variation in plant-herbivore interaction strength. *Ecology* 86: 2310–2319.

Pennings, S. C., E. L. Siska, and M. D. Bertness. 2001. Latitudinal differences in plant palatability in Atlantic coast salt marshes. *Ecology* 82: 1344–1359.

Pennings, S. C., E. R. Selig, L. T. Houser, and M. D. Bertness. 2003. Geographic variation in positive and negative interactions among salt marsh plants. *Ecology* 84: 1527–1538.

Pianka, E. R. 1966. Latitudinal gradients in species diversity: A review of concepts. *Am. Nat.* 100: 33–46.

Poloczanska, E. S., S. Smith, L. Fauconnet, et al. 2011. Little change in the distribution of rocky shore faunal communities on the Australian east coast after 50 years of rapid warming. *J. Exp. Mar. Biol. Ecol.* 400: 145–154.

Poore, A. G. B., A. H. Campbell, R. A. Coleman, et al. 2012. Global patterns in the impact of marine herbivores on benthic primary producers. *Ecol. Lett.* 15: 912–922.

Rex, M. A., J. A. Crame, C. T. Stuart, and A. Clarke. 2005. Large-scale biogeographic patterns in marine mollusks: A confluence of history and productivity? *Ecology* 86: 2288–2297.

Rivadeneira, M. M., M. Fernández, and S. A. Navarrete. 2002. Latitudinal trends of species diversity in rocky intertidal herbivore assemblages: Spatial scale and the relationship between local and regional species richness. *Mar. Ecol. Prog. Ser.* 245: 123–131.

Rivadeneira, M. M., P. Hernáez, J. A. Baeza, et al. 2010. Testing the abundant-centre hypothesis using intertidal porcelain crabs along the Chilean coast: Linking abundance and life-history variation. *J. Biogeogr.* 37: 486–498.

Roughgarden, J., S. Gaines, and H. Possingham. 1988. Recruitment dynamics in complex life cycles. *Science* 241: 1460–1466.

Roy, K. and J. D. Witman. 2009. Spatial patterns of species diversity in

the shallow marine invertebrates: Patterns, processes, and prospects. In, *Marine Macroecology* (J. D. Witman and K. Roy, eds.), pp. 101–121. Chicago, IL: University of Chicago Press.

Roy, K., G. Hunt, D. Jablonski, et al. 2009. A macroevolutionary perspective on species range limits. *Proc. Biol. Sci.* 276: 1485–1493.

Russell, R., S. A. Wood, G. Allison, and B. A. Menge. 2006. Scale, environment, and trophic status: The context dependency of community saturation in rocky intertidal communities. *Am. Nat.* 167: E158-E170.

Sagarin, R. D. and S. D. Gaines. 2002a. Geographical abundance distributions of coastal invertebrates: Using one-dimensional ranges to test biogeographic hypotheses. *J. Biogeogr.* 29: 985–997.

Sagarin, R. D. and S. D. Gaines. 2002b. The "abundant centre" distribution: To what extent is it a biogeographical rule? *Ecol. Lett.* 5: 137–147.

Sagarin, R. D., S. D. Gaines, and B. Gaylord. 2006. Moving beyond assumptions to understand abundance distributions across the ranges of species. *Trends Ecol. Evol.* 21: 524–530.

Sanford, E. 1999. Regulation of keystone predation by small changes in ocean temperature. *Science* 283: 2095–2097.

Sanford, E. 2002. Water temperature, predation, and the neglected role of physiological rate effects in rocky intertidal communities. *Integr. Comp. Biol.* 42: 881–891.

Sanford, E. and M. D. Bertness. 2009. Latitudinal gradients in species interactions. In, *Marine Macroecology* (J. D. Witman and K. Roy, eds.), pp. 357–391. Chicago, IL: University of Chicago Press.

Sanford, E. and M. W. Kelly. 2011. Local adaptation in marine invertebrates. *Ann. Rev. Mar. Sci.* 3: 509–535.

Sanford, E. and D. J. Worth. 2009. Genetic differences among populations of a marine snail drive geographic variation in predation. *Ecology* 90: 3108–3118.

Sanford, E. and D. J. Worth. 2010. Local adaptation along a continuous coastline: Prey recruitment drives differentiation in a predatory snail. *Ecology* 91: 891–901.

Sanford, E., S. B. Holzman, R. A. Haney, et al. 2006. Larval tolerance, gene flow, and the northern geographic range limit of fiddler crabs. *Ecology* 87: 2882–2894.

Sanford, E., M. S. Roth, G. C. Johns, et al. 2003. Local selection and latitudinal variation in a marine predator-prey interaction. *Science* 300: 1135–1137.

Santelices B., J. J. Bolton, and I. Meneses. 2009. Marine algal communities. In, *Marine Macroecology* (J. D. Witman and K. Roy, eds.), pp. 153–192. Chicago, IL: University of Chicago Press.

Sax, D. F. and S. D. Gaines. 2008. Species invasions and extinction: The future of native biodiversity on islands. *Proc. Natl. Acad. Sci. (USA)* 105: 11490–11497.

Schemske, D. W., G. G. Mittelbach, H. V. Cornell, et al. 2009. Is there a latitudinal gradient in the importance of biotic interactions? *Annu. Rev. Ecol. Evol. Syst.* 40: 245–269.

Schenck, H. G. and A. M. Keen. 1936. Marine molluscan provinces of western North America. *Proc. Am. Philos. Soc.* 76: 921–938.

Schiel, D. R. 2011. Biogeographic patterns and long-term changes on New Zealand coastal reefs: Non-trophic cascades from diffuse and local impacts. *J. Exp. Mar. Biol. Ecol.* 400: 33–51.

Schoch, G. C., B. A. Menge, G. Allison, et al. 2006. Fifteen degrees of separation: Latitudinal gradients of rocky intertidal biota along the California Current. *Limnol. Oceanogr* 51: 2564–2585.

Schultz, E. T., D. O. Conover, and A. Ehtisham. 1998. The dead of winter: Size dependent variation and genetic differences in seasonal mortality among Atlantic silverside (Atherinidae: *Menidia menidia*) from different latitudes. *Can. J. Fish. Aquat. Sci.* 55: 1149–1157.

Sexton, J. P., P. J. Mcintyre, A. L. Angert, and K. J. Rice. 2009. Evolution and ecology of species range limits. *Annu. Rev. Ecol. Evol. Syst.* 40: 415–436.

Smale, D. A., G. A. Kendrick, K. I. Waddington, et al. 2010. Benthic assemblage composition on subtidal reefs along a latitudinal gradient in Western Australia. *Estuar. Coast. Shelf. Sci.* 86: 83–92.

Sotka, E. E. and M. E. Hay. 2002. Geographic variation among herbivore populations in tolerance for a chemically rich seaweed. *Ecology* 83: 2721–2735.

Sotka, E. E., J. P. Wares, and M. E. Hay. 2003. Geographic and genetic variation in feeding preference for chemically defended seaweeds. *Evolution* 57: 2262–2276.

Stachowicz, J. J. and M. E. Hay. 2000. Geographic variation in camouflage specialization by a decorator crab. *Am. Nat.* 156: 59–71.

Stillman, J. H. and A. Tagmount. 2009. Seasonal and latitudinal acclimatization of cardiac transcriptome responses to thermal stress in porcelain crabs, *Petrolisthes cinctipes*. *Mol. Ecol.* 18: 4206–4226.

Tam, J. C. and R. A. Scrosati. 2011. Mussel and dogwhelk distribution along the north-west Atlantic coast: Testing predictions derived from the abundant-centre model. *J. Biogeogr.* 38: 1536–1545.

Teske, P. R., C. D. Mcquaid, P. W. Froneman, and N. P. Barker. 2006. Impacts of marine biogeographic boundaries on phylogeographic patterns of three South African estuarine crustaceans. *Mar. Ecol. Prog. Ser.* 314: 283–293.

Thompson, J. N. 1999. The evolution of species interactions. *Science* 284: 2116–2118.

Thompson, J. N. and B. M. Cunningham. 2002. Geographic structure and dynamics of coevolutionary selection. *Nature* 417: 735–738.

Thorson, G. 1957. Bottom communities (sublittoral or shallow shelf). *Geol. Soc. Am. Mem.* 67: 461–534.

Trussell, G. C. 2000. Phenotypic clines, plasticity, and morphological trade-offs in an intertidal snail. *Evolution* 54: 151–166.

Tuya, F., T. Wernberg, and M. S. Thomsen. 2008. Testing the "abundant centre" hypothesis on endemic reef fishes in south-western Australia. *Mar. Ecol. Prog. Ser.* 372: 225–230.

Underwood, A. J. and E. J. Denley. 1984. Paradigms, explanations, and generalizations in models for the structure of intertidal communities on rocky shores. In, *Ecological Communities: Conceptual Issues and the Evidence*, (D. R. Strong, D. Simberloff, L. G. Abele, and A. B. Thistle, eds.), pp. 151–180. Princeton, NJ: Princeton University Press.

Underwood, A. J., M. G. Chapman, and S. D. Connell. 2000. Observations in ecology: You can't make progress on processes without understanding the patterns. *J. Exp. Mar. Biol. Ecol.* 250: 97–115.

van den Hoek, C. 1982. The distribution of benthic marine algae in relation to the temperature regulation of their life histories. *Biol. J. Linn. Soc. Lond.* 18: 81–144.

Vermeij, G. J. 1978. *Biogeography and Adaptation: Patterns of Marine Life.* Cambridge, MA: Harvard University Press.

Vermeij, G. J. 2005. From phenomenology to first principles: Toward a theory of diversity. *Proc. Calif. Acad. Sci.* 56: 12–23.

Wares, J. P., S. D. Gaines, and C. W. Cunningham. 2001. A comparative study of asymmetric migration events across a marine biogeographic boundary. *Evolution* 55: 295–306.

Wells, H. W. and I. E. Gray. 1960. The seasonal occurrence of *Mytilus edulis* on the Carolina coast as a result of transport around Cape Hatteras. *Biol. Bull.* 119: 550–559.

Wethey, D. S. 1984. Sun and shade mediate competition in the barnacles *Chthamalus* and *Semibalanus*: A field experiment. *Biol. Bull.* 167: 176–185.

Wethey, D. S. 2002. Biogeography, competition, and microclimate: The barnacle *Chthamalus fragilis* in New England. *Integr. Comp. Biol.* 42: 872–880.

Wethey, D. S. and S. A. Woodin. 2008. Ecological hindcasting of biogeographic responses to climate change in the European intertidal zone. *Hydrobiologia* 606: 139–151.

Wethey, D. S., S. A. Woodin, T. J. Hilbish, et al. 2011. Response of intertidal populations to climate: Effects of extreme events versus long term change. *J. Exp. Mar. Biol. Ecol.* 400: 132–144.

Whiteley, N. M., S. P. S. Rastrick, D. H. Lunt, and J. Rock. 2011. Latitudinal variations in the physiology of marine gammarid amphipods. *J. Exp. Mar. Biol. Ecol.* 400: 70–77.

Wiens, J. J. and M. J. Donoghue. 2004. Historical biogeography, ecology and species richness. *Trends Ecol. Evol.* 19: 639–644.

Wiens, J. J. and C. H. Graham. 2005. Niche conservatism: Integrating evolution, ecology, and conservation biology. *Annu. Rev. Ecol. Evol. Syst.* 36: 519–539.

Wieters, E. A., S. D. Gaines, S. A. Navarrete, et al. 2008. Scales of dispersal and the biogeography of marine predator-prey interactions. *Am. Nat.* 171: 405–417.

Wieters, E. A., C. McQuaid, G. Palomo, et al. 2012. Biogeographical boundaries, functional group structure and diversity of rocky shore communities along the Argentinean coast. *PLoS ONE* 7(11): e49725. doi:10.1371/journal.pone.0049725

Witman, J. D., R. J. Etter, and F. Smith. 2004. The relationship between regional and local species diversity in marine benthic communities: A global perspective. *Proc. Natl. Acad. Sci. (USA)* 101: 15664–15669.

Witman, J. D., S. J. Genovese, J. F. Bruno, et al. 2003. Massive prey recruitment and the control of rocky subtidal communities on large spatial scales. *Ecol. Monogr.* 73: 441–462.

Witman, J. D. and K. Roy. 2009. *Marine Macroecology.* Chicago, IL: University of Chicago Press.

Wuenschel, M. J., J. A. Hare, M. E. Kimball, and K. W. Able. 2012. Evaluating juvenile thermal tolerance as a constraint on adult range of gray snapper (*Lutjanus griseus*): A combined laboratory, field and modeling approach. *J. Exp. Mar. Biol. Ecol.* 436: 19–27.

Zacherl, D., S. D. Gaines, and S. I. Lonhart. 2003. The limits to biogeographical distributions: Insights from the northward range extension of the marine snail, *Kelletia kelletii* (Forbes, 1852). *J. Biogeogr.* 30: 913–924.

第8章

海洋历史生态学

知古鉴今

Heike K. Lotze 和 Loren McClenachan

我们都在学校学过历史。了解过去能够开阔我们的视野，帮助我们了解过去的行为及其后果，从而避免重复过去的错误。正如 George Santayana（1905）所说，"忘记过去的人注定将重蹈覆辙"。一般情况下，我们学习人类的历史：人类是如何演化的，如何散布到世界各地，如何发动战争并相互征服。这些历史通常关注人类的文化和社会的变化，却很少关注人类对环境的影响。而且即使关注人类对环境的影响，也往往是指陆地环境。例如，J. Donald Hughes（2001）的著作《世界环境史》（*An Environmental History of the World*），几乎通篇在讨论人类对陆地的影响，如毁林、土壤盐碱化和大型战争的损失。而人类与海洋的相互作用和人类对海洋的影响是什么样的呢？

如今，人类对海洋生态系统施加了各种压力，这些压力都可以被轻易察觉。在全球海洋的绝大部分，发生着各种不同程度的过度捕捞、污染、营养负荷、生境改变、物种入侵和气候变化（见第19、20章）。然而，海洋和与之相互作用的人类，以及海洋中的生物都经历了漫长的变化，这些变化常常不易察觉。在过去的数百、数千和数百万年里，海洋与其中的生命经历着自然的演化和改变。自人类文明开始，人们就从海洋资源中获取食物、燃料、衣物、药品和装饰物，改变着沿海生境，影响水质，移植海洋生物。随着时间的推移，这些变化改变了许多海洋种群的丰度及海洋生态系统的结构和功能。因此，要充分理解海洋生态系统的现状，就需要了解其长期历史。此外，为了妥善管理和保护现今的海洋，为未来决策提供帮助，我们就需要理解历史变化的因与果。因此，和气候变化研究一样，海洋历史生态学需要知道历史温度或 CO_2 浓度的长期记录，以推断当前的状态及未来的趋势。

我们需要了解海洋的过去，基于以下三个主要原因：

（1）为确定历史基准点和长期变化趋势，我们需要了解海洋生物的历史分布和数量动态，以及海洋生态系统的结构；

（2）为判断海洋生态系统的现状，我们需要了解业已发生的变化的规模和范围；

（3）为了更好地预知未来，我们需要理解历史变化的驱动力和结果。

如果我们不了解人类对海洋影响的历史，就会复蹈前辙，问题在于怎样才能了解海洋的过去呢？幸运的是，许多人类历史活动都在古生物学、考古学和历史记录里留下了痕迹，而其他活动也可以通过现代科学技术，如遗传分析等，进行追算和模拟。本章将介绍海洋历史生态学中新的多学科交叉领域，旨在重建过去的海洋生态系统和海洋的历史变化情况。首先，我们将介绍海洋历史生态学的起源与发展。随后，概述用于历史重建的不同学科、数据记录和分析方法。我们将展示一系列历史重建和综合分析的重要成果和见解。最后，我们会对重建的历史知识在科学、管理和保护，以及教育和宣传上的应用进行讨论。总之，我们希望人们能够从这些重要和精彩的观点中体会到，我们能够从学习海洋的历史中获取知识，了解人类活动导致的海洋生态系统变化的长期历史，并将这些知识用于建立这个蓝色星球更美好的未来。

海洋历史生态学的起源和发展

海洋历史生态学这一新研究领域既源自自然科学也出自人文学科的关怀。生态学、渔业科学、历史学、考古学和古生物学等不同学科的学者的共同努力、相互启发，揭开了海洋历史的面纱。在 20 世纪末期，一些科学家开始思考有关海洋的长期历史（Pauly，1995；Jackson，1997；Carlton，1998；Dayton et al.，1998）。随着人类影响的迹象越来越明显，人们也越来越清楚，我们现在所研究的生态系统不再是"自然的"，而是受到人类活动的严重干扰的。例如，考古学家 Jeremy Jackson（1997）在其论文《后哥伦布时代的珊瑚》（*Reefs since Columbus*）中就指出，早在生态学家开始对其进行研究之前，加勒比海地区的珊瑚礁生态系统从 19 世纪初就已开始严重退化，如海龟、玳瑁、海牛等很多大型脊椎动物都大量减少，以及行将灭绝的加勒比僧海豹等。他强调，现在研究珊瑚礁的植食和捕食作用，就如同试图通过研究白蚁和蝗虫来了解塞伦盖蒂草原的生态而忽略了大象和角马一样因小失大。在 Jeremy Jackson 发表论文的两年前，渔业科学家 Daniel Pauly（1995）在他的论文《渔业轶事和基线变化综合征》（*Anecdotes and the Shifting Baseline Syndrome of Fisheries*）中指出，人类对历史的失忆，导致我们越来越将日益退化的生态系统认作自然系统的趋势。因此，我们所认知的自然，例如鱼类丰度和大小，可能与父母或祖父母辈认识的大不相同（图 8.1）。

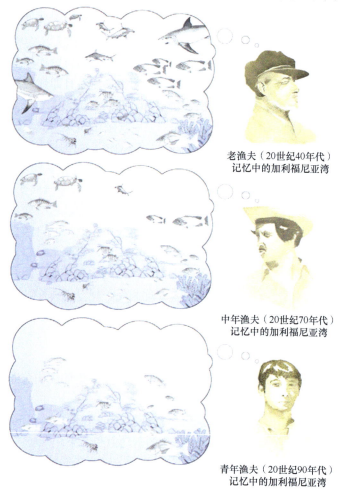

老渔夫（20世纪40年代）
记忆中的加利福尼亚湾

中年渔夫（20世纪70年代）
记忆中的加利福尼亚湾

青年渔夫（20世纪90年代）
记忆中的加利福尼亚湾

图 8.1　基线变化综合征示意图。加利福尼亚湾不同年龄组渔民的记忆变化（基于 Saenz Arroyo et al.，2005；Anne Randall，Pier Thiret and Juan Jesus Lucero，2005；经 Comunidad y Biodiversidad，AC 允许）

1999 年，Jeremy Jackson 联合来自生态学、历史学、考古学和古生物学的专家，在加利福尼亚州的美国国家生态分析和综合中心（National Center for Ecological Analysis and Synthesis，NCEAS）建立了一个名为"海洋环境、种群和群落的长期生态记录"的长期研究团队（Long-Term Ecological Records of Marine Environments，Populations and Communities）。2001 年，他们的第一篇原创性论文《历史上的过度捕捞与最近沿海生态系统的崩溃》（*Historical Overfishing and the Recent Collapse of Coastal Ecosystems*）于《科学》（*Science*）杂志上发表，并引起世界的关注。由于研究价值和可操作性，这个团队分为三组，分别研究珊瑚礁（Pandolfi et al.，2003）、海藻林（Steneck et al.，2002）、河口和近海（Lotze et al.，2006），并都取得了丰硕的成果。

与此同时，历史学家 Poul Holm，与其他的历史学者、生态学家和考古学家一起（Holm et al.，2010），在国际海洋生物普查计划（Census of Marine Life）的架构下建立了海洋生物历史种群研究计划（History of Marine Animal Populations program，HMAP）。自 2000 年以来，HMAP 已经成长为全球百余个科学家参与的网络，对特定区域或分类群开展科学研究，并通过暑期教学，培养研究生，发表科学文章和编写书籍，组织半年一度的海洋历史会议，以及参与拓展等形成了一个新的学科。

目前，随着越来越多的科学家将历史观点纳入他们的研究项目，将当前的研究结果置于更长的时间背景之下，海洋历史生态学领域得以继续发展。更多的历史学家将科学思维引入他们的研究，在对沿海社区的社会变化中考虑海洋的变化，这使得海洋环境历史领域得以平行发展。许多会议都组织历史生态学或环境历史的专题讨论会。一些科学期刊出版了强调历史观点的专刊，越来越多的学术书籍和大众书刊也开始关注历史生态学（如 Roberts，2007；Rick and Erlandson，2008；Starkey et al.，2008；Jackson et al.，2011；Bolster，2012），在学术界和公众圈都拥有越来越多的受众。虽然缓慢，但海洋历史生态学正坚定地走入教科书，正如本书。

我们如何了解过去？

了解海洋的过去有很多不同方法。本节概述了有关研究历史的不同学科，重点介绍可以提取的信息的种类、可用方法，以及如何分析可用的数据。例如，古生物学家可以通过分析化石和泥芯了解环境的变化，考古学家在过去的定居点挖掘动物的残骸和人类文物；历史学家收集早期的有关人类所遇见、捕捉和售卖事物的绘图或叙述性描述。每个学科都能从对应的时间段，对过去进行深入的了解（图 8.2）。例如，历史数据通常跨越数百年，因为它们主要依靠书写的文字资料；而考古学的数据可以追溯到几千年前，取决于史前人类定居的时间长度和强度。每个学科都有自己的优缺点（表 8.1；Lotze et al.，2011c），在数据的可用性、保存、收集和分析上，它们各有自己的偏差。但是，它们都能提供有关过去的宝贵数据，并能互相补充，从而将破碎的历史拼接起来，重建一个长期的生态变化历史。在此，我们重点介绍如何分析和整合不同学科所获取的数据，从而建立对从遥远的过去延伸到现在的一个全面理解（表 8.2）。正如我们将要看到的，不同学科或不同分析方法的结果可以相互验证，从而使结论更加可靠，但也有可能互相矛盾，从而引发更多的研究问题。我们将从研究最遥远的学科开始，然后逐渐接近现代。

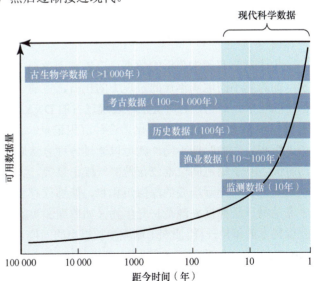

图 8.2　随着时间推移，可用数据（实线）呈指数增长。然而，现代科学数据通常仅涵盖过去 20～50 年的时间（深绿色阴影），但不同学科的数据可用于重建历史，扩展信息的时间线（仿自 Lotze and Worm，2009）

表 8.1　海洋历史生态学不同学科使用数据来源的比较

数据来源	数据类型 [a]	偏差 [b]	时间尺度 [c]	分辨率 [d]	空间尺度 [e]	本章示例
古生物学数据	O、R	B、E、M	短—长	高—低	小	图 8.3
考古数据	O、R	B、E、H、M	短—长	中—高	中	图 8.4
历史数据	O、R、A	H、M	短—长	高	中—大	图 8.5、8.6
渔业和狩猎记录	O、R、A	H、M	短—中等	高	中	图 8.7、8.8
科学调查	O、R、A	H、M	短	高	中	图 8.9
鲜活的记忆	O、R	H、M	短	中—高	中	图 8.10
遗传数据	O、R、A	B、M	长	低	大	图 8.11

引自：Lotze et al.，2011c

a 数据类型：O=出现（存在、缺失）、R=相对丰度、A=绝对丰度；

b 偏差：B=生物的（取决于物种，如选择性保护）、E=环境的（取决于环境，如选择性保护）、H=人为的（取决于活动，如选择性利用/兴趣）、M=方法论的（取决于分析方法）；

c 时间尺度：长（＞1000 年）、中等（100～1000 年）、短（＜100 年）；

d 分辨率：高（每年或更少）、中（十年到百年）、低（千年）；

e 空间尺度：大（＞1000km）、中（1～1000km）、小（＜1km）

表 8.2　整合或对比数据以重建历史的不同方法

方法	描述	示例
时间对比	过去和现在的点估算值，包括物种丰度、分布或大小，可用于"当时"与"现在"的比较。这种比较提供了对过去变化的有力见解，但在缺乏历史背景的情况下，无法解读其时间上的变化，或者说，对过去的估算无法代表一个真实的基线	图 8.5、图 8.6B、图 8.9
时间序列分析	（物种的）相对或绝对丰度、分布或大小等时间序列可以揭示种群随时间变化的趋势和波动。这些趋势和波动可以进行统计分析，特别是结合假定的驱动因素，如渔业或气候等。多个时间序列可以组合成更长或更稳健的序列，或使用元分析方法进行对比，以发现普遍规律。在推断基线的时候，需要考虑时间序列的长度（十年、百年或千年）及其历史背景	图 8.3、图 8.4、图 8.6A、图 8.7、图 8.10、8.13、8.15
追算	如果可以估算现有物种丰度、历史渔获数据及生活史的相关信息，如补充量、生长率或自然死亡率等，我们就可以使用简单的种群模型向后推算，即追算以前的丰度。相关方法包括对原始资源量或环境容纳量的计算。估算历史丰度也可以基于历史生境可用性或生态系统配置进行计算。丰度—体重关系（粒径谱）也已用于估算海洋动物种群在未被开发利用条件下的潜在丰度	图 8.8、图 8.11、图 8.16B
时空对比	假设其他条件相似，未开发利用海域应该能够反映开发利用海域之前的丰度、大小和物种构成。因此，通过沿开发利用梯度的调查，可以深入了解开发利用如何随着时间推移改变种群丰度和生态系统结构	Friedlander and DeMartini，2002；Sandin et al.，2008

引自：Lotze and Worm，2009

古生物学数据

　　古生物学家通常分析的数据可以追溯到数千年前到数百万年前。他们的主要数据来源是沉积物中的记录，如跨越不同地质年代的层理中的化石、鱼鳞、贝壳、植物的种子和花粉等，以及未被石化的生命体中的生物化学示踪物，有时甚至能发现远古的 DNA。此外，矿石、示踪元素和同位素等都可作为替代指标来重建气候和生产力的历史变化。这种沉积记录，可以从海底或者陆地上的海相沉积岩中钻取岩芯而获取。由于沉积发生的时期不同，就可以通过各种方法确定每层的年龄，如放射性测年、化石的首次出现和消失的时间、基于稳定同位素或花粉的气候记录等。大部分沉积物都会和一些穴居生物混合在一起，但是一些缺氧盆地具有年际层叠的深海沉积物，能够保存跨越数千年的双月环境记录（Haug et al.，2003）。古生物学家的另一个数据来源是长寿生物（如珊瑚和贝类）的骨骼生长带。由于这些带每年都在增长，其生长层就像树木的年轮一样。此外，珊瑚生长层中的同位素或微量元素也可用于分析每层形成时的环境条件（Swart and Grottoli，2003）。

　　不同沉积层或珊瑚生长层的同位素与矿物质丰度可以用于重建历史气候和环境变化。例如，氧同位素[18]O，就是一个常用的确定历史温度和重建古气候的指标（图 8.3A；Haug and Tiedemann，1998）。同样，锶和钛也可以作为估算古盐度和几千年来降水与径流的指标（Haug et al.，2003）。在美国阿拉斯加州的科迪亚克岛，湖泊沉积岩芯中 ^{15}N 同位素的浓度，被用于重建过去 2200 多年中的红大麻哈鱼（*Oncorhynchus nerka*，红鲑）丰度（Finney et al.，2002）。红鲑生活在海洋环境中，在洄游到淡水湖泊产卵后死去，所以它们能将海洋中的 ^{15}N 带入淡水，并最终沉积在湖底。该研究的结果显示，红鲑的丰度在公元前 100 年到公元 800 年之间下降，而在公元 1200 年到 1900 年都保持较高的水平。这些数量的变化与太平洋的气候和生产力变化有关，并为自然长期变化提供了一个基线，可与人类干扰造成的变化进行对比。

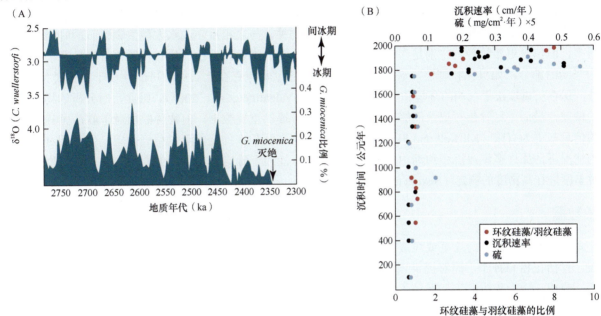

图 8.3 使用古生物学记录中的数据。（A）气候和浮游植物。根据从底栖有孔虫（*Cibicidoides wuellerstorfi*；上方、左轴）中氧同位素（$\delta^{18}O$）推导出的全球气候周期变化情况，重建 41 000 年周期的浮游有孔虫圆辐虫属物种 *Groborotalia miocenica*（下方、右轴）相对丰度的编号。数据来自大洋钻探计划（Ocean Drilling Program），站点位于加勒比海，编号 999。（B）河口污染。重建过去 2000 年来对切萨皮克湾水质的人为影响。来自沉积物岩芯的数据表明，在 17 世纪和 18 世纪欧洲移民定居之后，沉积速率（黑色）、作为富营养化指标的环纹硅藻与羽纹硅藻之比（红色）、代表缺氧指标的硫含量（蓝色）都显著增长（A 仿自 Norris 1999；Haug and Tiedemann，1998；B 数据引自 Cooper and Brush，1993 中的岩芯 R4-50；图仿自 Lotze et al.，2011c）

　　当在沉积记录中发现化石或生物残骸时，这些化石和残骸提供了重要的信息：物种首次出现的时间、物种灭绝的速度，以及该物种和更高分类群生物的相对丰度如何随时间发生变化。因此，沉积记录就像一个丰富的档案，可用于分析过去的生物种群和群落的变化。一些化石记录显示了种群丰度的剧烈波动，如加勒比海的浮游有孔虫圆辐虫属物种 *Globorotalia miocenica* 在距今 280 万年前到 230 万年前的变化（图 8.3A）。在冰期，有孔虫的数量更多；而在间冰期，其种群丰度反复下降到较低水平，并最终在一次间冰期中全球灭绝（Norris，1999）。各种生物化石记录的数据表明，在演化时间尺度上，海洋物种灭绝速率的背景值约为每千年每千个物种有 0.1～1 个物种灭绝，而现在的物种灭绝速率比这一背景值要高出 1000 倍（Millennium Ecosystem Assessment，2005）。历史上的物种大灭绝主要是由于气候或环境的突然变化，而 19 到 20 世纪海洋生物的局部灭绝和彻底灭绝，主要是因为人类的开发利用和生境丧失，以及污染、物种入侵、疾病或气候变化等次一级的影响（Harnik et al.，2012）。因此，化石记录为研究当前变化提供了重要的基准。

　　除了自然变化，沉积记录也可用于分析人类活动引起的海洋环境在过去数百年到几千年来的变化。例如，每个沉积层的陆生植物花粉浓度可用于确定土地清理所引起的沉积负荷变化（Cooper and Brush，1993）。通过分析沉积岩芯中环纹硅藻和羽纹硅藻的比率，可以衡量富营养化的程度。环纹硅藻通常为浮游类型，并在营养元素丰富、富营养化的水中更为普遍，而羽纹硅藻栖息在水底，偏好贫养的条件（Cooper and Brush，1993）。沉积岩芯中的有机碳和营养元素的总量，可为富营养化提供更进一步的指示，硫和硫化铁的含量可以作为有氧和缺氧的指示。利用所有这些指标，Cooper 和 Brush（1993）的研究结果显示，在欧洲移民开始永久定居之后，切萨皮克湾的水质在 17 世纪和 18 世纪快速地恶化（图 8.3B）。同样，将大堡礁内堡礁珊瑚生长层的钡钙比作为淡水径流沉积通量的指标，McCulloch 等（2003）发现，在欧洲移民永久性定居和土地清理之后，沉积量显著增加。

所有这些古生物学数据都能提供很长时间尺度上环境和生态变化的定量化证据，这对于我们将当前的变化置于历史背景之中来说是非常难能可贵的，只有这样，我们才能更好地区分和理解生态系统的自然长期变化和近期人类活动所造成的影响。但其也有一些局限性（表 8.1）。首先，岩芯的空间尺度非常小，而古生物数据的时间分辨率在不同区域和环境下又存在差异。尽管深海的微生物沉积化石能够提供全球尺度上高分辨率的历史环境变化，但它们仅包含一小部分物种。与之相反，浅水大型生物化石的时间分辨率要低得多，但包含更多物种，特别是许多具有重要商业价值的物种。其次，化石和亚化石记录通常都是生物较为坚硬的部分，如贝壳和骨骼，这会造成某些类型的生物保存在化石中的可能性高于其他类型的生物。此外，保存质量取决于沉积的环境和随后转变的程度（Valentine et al.，2006）。因此，对分析的物种具有明显的偏差。最后，尽管化石记录能够为物种的存在与否提供重要数据，但物种的相对丰度，尤其是绝对丰度的信息却更为有限（Kidwell and Flessa，1995）。只有在沉积率的变化可以精确确定，化石相对不发生改变的情况下，如许多深海沉积和湖泊环境，化石才有可能用于确定底部生物的通量，并对微生物的相对和绝对丰度进行高精度的测定（Sexton and Norris，2008）。

考古数据

考古学家挖掘洞穴、坟墓或埋藏在定居遗址沉积物中的动植物和人类遗骸，并对其进行分析。植物的残骸，包括花粉和种子，能够提供该区域野生或驯化植物，以及自然植被的信息。动物的残骸，包括壳、骨头、鳞片、牙齿和头发等，揭示了该物种被利用的方式——食物、药品、装饰物或其他目的。它们还能反映被利用动物的体型大小、年龄、相对丰度及时空分布等信息。文明的产物，如鱼钩、矛等，被用于狩猎和捕鱼。在沿海发现的许多贝冢中，这种残留物已年复一年地堆积了上百或上千年，有的甚至不止一个文化期。因此，考古学家能够在文化遗址中发现不同的地层，然后用各种方法进行测年，例如放射性碳测年法。这种层叠的贝冢是了解人类技术、文化、资源利用和环境条件等历史信息的绝好档案。

其中一项考古研究来自美国加利福尼亚州南部的海峡群岛。在黛西洞（Daisy Cave）里，Erlandson 等（2004）发现了距今 11 000 年前的 150 多种海洋和陆地动物的残骸。其中一些动物曾是史前人类的资源，但现在已经灭绝，而其他一些动物的相对丰度随着时间而发生变化。随着人口数量的增长及技术的进步，捕鱼的重要性在增加。大约在 1500 年前，渔业开始进入深水区，瞄向更大的远海物种（Rick et al.，2008）。考古证据表明，这种海洋渔业规模的增长和空间上向深海的扩展在全球其他地方都有类似的趋势，如中国台湾南部（Kuang-Ti，2001）、英国（Barrett et al.，2004）、瓦登海（Lotze，2007）和北美洲周边（Perdikaris and McGovern，2008）。

在过去的十年里，越来越多的考古研究发现了当地资源衰竭的迹象，而这与人口增长的趋势相吻合（Rick and Erlandson，2008）。例如，在旧金山湾的埃默里维尔（Emeryville）贝冢发现，距今 2600 年前到 700 年前，珍贵的高首鲟（*Acipenser transmontanus*）和其他一些鹅类物种相对丰度下降（图 8.4A），取而代之的是个头较小、价值较低的鱼类（Broughton，1997，2002）。此外，鲟鱼的平均个体大小和年龄，如其牙齿宽度所示，也在随时间推移而降低。同样，在墨西哥的马克斯港（Puerto Marques）贝冢也发现海龟（Chelonidae）在距今 5500 年前至 2300 年前数量下降并最终灭绝（图 8.4B；Kennett et al.，2008）。在新西兰，距今约 800 年前到 200 年前，新澳海狗（*Arctocephalus forsteri*）的骨骼残骸表明，毛利人对其的捕杀是导致其于公元 1500 年在北岛局部灭绝的原因，随后其在南岛的大部分地区也逐渐消失，到了 1790 年，海狗分布的范围缩小到不到原来的 10%（Smith，2005）。欧洲捕获海豹业的发展进一步缩小和降低了海狗的分布范围和数量，直到 1873 年开始对其进行保护。与之相反，在缅因湾，尽管土著人一直将大西洋鳕（*Gadus morhua*）作为资源利用，其平均长度在 4000 多年来始终保持在 1m 左右，直到欧洲人对其进行过度捕捞（图 8.4C；Jackson et al.，2001）。不过，在佩诺布斯科特湾（Penobscot Bay）进行的一项研究显示，顶级捕

（A）

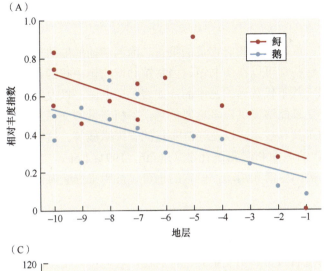

（B）

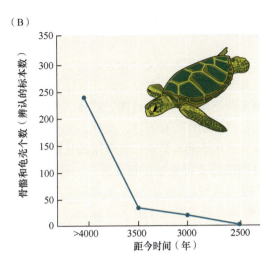

（C）

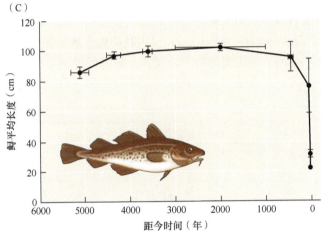

图 8.4　使用考古记录中的数据。（A）美国加利福尼亚州旧金山湾爱莫利维尔贝冢中发现的鲟鱼和鹅相对丰度的变化，从最老的（–10，约 2600BP）地层到最新的（–1，约 700BP）地层。（B）从墨西哥阿卡普尔科湾的海龟残骸中辨认的个体数量，从距今 4000 年前到 2500 年前。（C）基于考古记录（最前面五个点）和近来的渔业数据（最后三个点）估算的缅因湾沿海大西洋鳕的平均体长。垂直条代表标准误差，水平条代表单个观测间隔的时间范围（A 数据引自 Broughton，1997，2002；图仿自 Lotze et al.，2011c；B 仿自 Kennett et al.，2008；C 仿自 Jackson et al.，2001）

食者（主要是鳕和剑鱼）的数量在过去 4350 年前到 400 年前一直在下降，而中型捕食者（比目鱼和杜父鱼）的数量在上升（Bourque et al.，2008）。

　　从这些及其他记录可以清楚地看出，人类现在对沿海环境的开发利用和影响远远超出以前的认知（Rick and Erlandson，2008）。海洋捕鱼、捕捞和狩猎的考古证据可以追溯到 10 万年前，甚至到上一次间冰期。尽管史前的猎人和渔夫只有简单的工具和相对较少的人口，但越来越多的研究表明，早在商业和工业开发利用之前，他们对海洋资源的利用，仍然对当地海洋动物的数量、分布和大小产生重大的影响。另外，不是所有的考古记录都表明有资源枯竭发生，不是所有的数量波动都是人类造成的。例如，在阿留申群岛，海鸟的残骸表明，除了当地人在鸟类繁殖期对易于捕获群体的过度捕杀，长期的气候变化对种群波动的影响超出了人类捕杀的影响（Causey et al.，2005）。类似地，在北海，有几种鱼类在过去 9000 年里显示出与气候相关的数量波动，与现在所观察到的气候变暖导致的波动是一个镜像（Enghoff et al.，2007）。

　　和古生物记录一样，考古数据既有优点也有缺点。这些数据能够提供对人类开发利用沿海生态系统最长持续时间序列的描述，从上百年到数千年，分辨率在十年到百年之间（表 8.1）。现有记录通常能反映中小尺度的局部环境。由于后冰期海平面上升对许多古生物记录的淹没、损害和摧毁，除了活跃的构造隆起地区，贝冢是反映过去 15 000 年以来沿海生态系统的最好数据源之一（Pandolfi，1999）。然而，它们所包含的动物区系记录偏向于对人类有利用价值的物种，以及残骸能够得到良好保存的物种，而这取决于土壤和其他地貌特征。不同挖掘技术和分析方法对数据的质量和数量也有影响。此外，穴居动物、农耕和其他物理扰动都会造成地层的再次混合，从而限制了考古记录的时间分辨率的提高。这些要素都制约了我们精确估算物种历史丰度的能力，然而，挖掘出的动植物残骸仍然能够提供关于它们存在、大小、年龄和相对丰度等极有价值的记录（表 8.1）。

历史数据

历史学家使用各种文字记录，例如早期自然学家、旅行者或政府官员的报告，渔船和捕鲸船的航海日志、贸易或海关账簿，甚至报纸、烹饪书籍和菜单，这些都可以在图书馆、档案馆和博物馆中找到。其他的重要来源是绘图，包括地图、图画、绘画、照片和一些年代久远的艺术品，如岩画、壁画，以及鲸骨和其他动物残骸制作的标石等。此外，更有条理的政府记录能够提供许多重要信息，如捕获量和交易量、缴纳的税费或用于储存捕获的鱼所用的盐量、所使用的工具和技术，以及当时实行的管理措施等。这些记录随着时间推移变得更加详细和复杂，最终形成了现代的渔业和狩猎统计学（Smith，1994；Lotze，2007）。历史学家通常使用这些记录来重建和追溯历史时期人类的生活和活动，但它们也可以被用来推断海洋生物和海洋生态系统的变化（Al-Abdulrazzak et al.，2012）。

历史记录可以反映生物过去的存在、分布和数量，以及人类活动对它的影响，如食物、燃料或其他目的。例如，McClenachan 等（2006）使用水手、海盗和自然学家的叙述和描述，以及考古记录，重建了加勒比海龟主要和次要产卵海滩的历史分布（图 8.5A、B）。将现有数据和历史记录进行对比，我们可以发现，现存的约 30 万只海龟（*Chelonia mydas*）和约 3 万只玳瑁（*Eretmochelys imbricata*）仅占其历史上数量的 0.3%。类似的数据还被用于重建加勒比僧海豹（*Monachus tropicalis*）的历史分布，以及其分布范围的逐渐缩小直至灭绝（图 8.5C；McClenachan and Cooper，2008）。

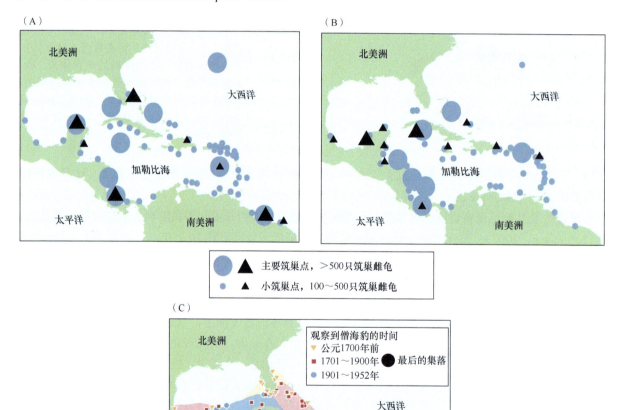

图 8.5　历史记录（蓝色圆圈）与现代记录（黑色圆圈）相比。加勒比海的（A）绿海龟（*Chelonia mydas*）和（B）玳瑁（*Eretmochelys imbricata*）的筑巢点在减少。此外，不同时期的历史记录显示（C）现已灭绝的加勒比僧海豹（*Monachus tropicalis*）分布范围的缩小（A，B 仿自 McClenachan et al.，2006；C 仿自 McClenachan and Cooper，2008）

其他研究使用捕鲸船上的旧航海日志和地图来重现鲸的分布和数量动态。其中一个研究的结果表明，北大西洋的大翅鲸（*Megaptera novaeangliae*）的历史取食范围可能会超出大西洋中脊，与现在的沿海迁徙路线完全不同（Reeves et al.，2004）；北大西洋露脊鲸（*Eubalaena glacialis*）曾经在北大西洋的两侧都有分布，但从公元 1000 年开始到 20 世纪初的过度捕鲸，使得其种群在北大西洋的东侧局部灭绝，目前仅在北大西洋西侧残存 300 到 400 头个体的小种群，约为捕鲸前数量的 3%（Reeves，2001）。类似地，对南露脊鲸（*Eubalaena australis*）和北太平洋露脊鲸（*Eubalaena japonica*）捕获量在 19 世纪快速增加，很快就将其种群数量降到极低的水平（Josephson et al.，2008）。

历史学家 Richard Hoffmann（1996，2001）使用一系列绘图和文字记录显示了欧洲中世纪海洋和淡水渔业的变化。他指出，由于过度捕捞、生境毁灭和水体污染，过去人类喜好的淡水鱼类和洄游鱼类，如三文鱼和鲟鱼等，自中世纪开始减少，并最终变得稀少。因此，人们开始实施渔业管理，还从亚洲引进鲤鱼养殖，并将渔业拓展到海洋鱼类，如鲱鱼、鳕鱼和金枪鱼（Hoffmann，1996，2001）。在英国的考古遗迹中发现相似的证据——自中世纪起从淡水鱼类向海洋渔业转变（Barrett et al.，2004），一些研究也证明，在欧洲和北美洲大西洋沿海的三文鱼、鲟鱼、鲱鱼和其他洄游鱼类都发生过类似的数量减少，并最终局部灭绝的现象（Lotze，2005，2007；Saunders et al.，2006）。最近，Bolster（2012）描述了自大航海时代，海洋渔业如何从欧洲扩张到北大西洋，对北大西洋渔业造成蓄意破坏。

银行家、金融家和税务工作者的记录使 Ravier 和 Fromentin（2004）得以重建地中海金枪鱼（*Thunnus thynnus*）约 300 年的捕捞记录。尽管从 1650 到 1950 年的长期数量波动可能主要与温度变化有关，但其数量近期的强烈下降是人类过度捕捞造成的（MacKenzie et al.，2009）。Holm（2005）使用鱼类监测报告、税务记录和档案信息重建了丹麦瓦登海近岸黑线鳕（*Melanogrammus aeglefinus*）的鱼群历史变化。在 1562 年，渔获量为 1200t，并在一个世纪内保持稳定，直到 18 世纪跌至 500t/年，再到 20 世纪降到零。现在，对黑线鳕的捕捞只能移至外海，因为近海鱼群已不复存在。同样地，在 18 世纪末，北海南部赫尔戈兰岛附近的手钓黑线鳕渔业每年可以捕获上百万条黑线鳕，而到了 19 世纪末跌到了只有上万条，到了 20 世纪初只有上千条，并在 1910 年彻底消失（图 8.6A；Lotze，2005）。在大西洋的另一侧，Hutchings 和 Myers（1995）重建了 1500 到 1991 年纽芬兰的大西洋鳕（*Gadus morhua*）的历史捕获量和收获率。他们发现，过度捕捞的迹象首次出现在 19 世纪中期。使用详尽的捕鱼船航海日志，他们估算出，在 19 世纪 50 年代，在斯科舍陆架，鳕鱼的生物量大约是 120 万 t，比 1992 年崩溃的捕鱼业 30 年前的最大丰度高出 3 到 4 倍（图 8.6B）。这一结果也得到了在加拿大斯科舍陆架对鳕鱼环境承载能力研究的证实（Myers et al.，2001）。最后，McClenachan（2009）使用老照片重建了在佛罗里达角从 1956 到 2007 年大型鱼标本大小的下降。平均质量从 19.9kg 降到了 2.3kg，物种也从大型的石斑鱼、鲨鱼和其他大型捕食性鱼类变成了小型的鲷鱼。

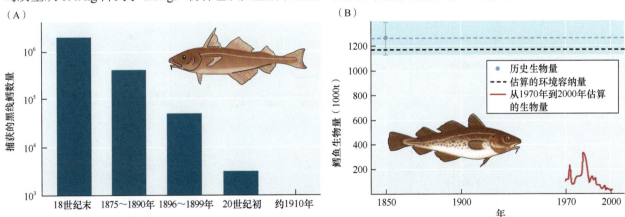

图 8.6 历史记录显示渔获量下降。（A）从 18 世纪末到 20 世纪初，北海南部赫尔戈兰附近的手钓渔业黑线鳕数量下降。（B）根据 1852 年航海日志估算的斯科舍陆架大西洋鳕的历史生物量（包括置信区间）和环境容纳量（基于 Myers et al.，2001），以及根据渔业之外的独立研究调查在 1970～2000 年所获取数据估算的当前生物量（A 仿自 Lotze 2005；B 仿自 Rosenberg et al.，2005）

所有这些例子都表明，历史数据对理解物种的历史分布和数量动态以及渔业的兴起和衰落都是非常宝贵的。在有些情况下，如果记录足够详细和准确，它们可用于估算重要商业物种的相对甚至是绝对丰度。历史数据通常具有较高的时间分辨率，尽管持续记录通常仅涵盖很短的一段时间（见表 8.1）。此外，历史通常是有偏差的，因为人们会选择性地关注那些可利用的物种。取决于记录和所关心的物种，其空间尺度可能会非常小或到全球范围（见表 8.1）。

渔业和狩猎记录

在 19 世纪和 20 世纪，人们开始汇编更加详细和更为系统的渔业和狩猎记录，包括物种和捕获的数量、大小和体重，有时还包括所使用的工具和方法（Goode，1884～1887；Smith，1994）。这些数据通常能够提供有关最近和过去最好、最持久的长期定量数据（见表 8.1），但它们偏向于最具商业价值和娱乐休闲价值的物种，并取决于报告和其他因素的准确性。例如，未标准化的捕获量，可能会受到所使用渔具、捕获方式和兴趣等的影响，以及市场压力和管理限制等。因此，单独使用捕获量数据不能直接揭示物种的丰度，但仍然能够说明渔业的开始、峰值和结束。

随着时间的推移，渔业科学家已经开发了各种分析方法，能够从捕获量数据中更准确地推断出鱼类丰度的历史趋势（Smith，1994）。例如，捕捞努力量的记录可以与捕获量的大小结合使用，以计算单位捕捞努力量渔获量（catch per unit effort，CPUE）的标准化率，作为不同时间相对丰度的度量。对芬迪湾外湾底层鱼和龙虾养殖的历史变化研究就用到了这种方法（Lotze and Milewski，2004）。对这两种类型的渔业，总捕获量在 19 世纪末增加，然后在 20 世纪上半叶开始减少，而底层渔业的钓鱼船和手钓数量，以及龙虾业的虾笼数量一直在不断增加。因此，计算得出的 CPUE 呈现急剧下降的趋势，表明底层鱼和龙虾鱼群资源在 20 世纪初就已严重枯竭（图 8.7）。在 20 世纪下半叶，捕获量的增长仅仅是因为二者的渔业移向外海，并且在底层鱼渔业中更多地使用了效率更高的网板拖网造成的，而对于龙虾来说，底层鱼数量的减少所导致的捕食作用降低也是其捕获量增加的原因之一（Lotze and Milewski，2004）。一项在地中海进行的研究中，Ferretti 等（2008）结合多个商业和游憩捕鱼和观鱼记录，对过去一百年以来大型鲨鱼的 CPUE 变化进行了分析，结果显示鲨鱼数量长期下降率为 96%～99%。使用不同的数据源进行的研究显示，在大西洋西北部（Myers et al.，2007）、墨西哥湾（Baum and Myers，2004）和热带太平洋（Ward and Myers，2005），大型鲨鱼的数量在 20 世纪也发生了类似的大量衰减的情况。

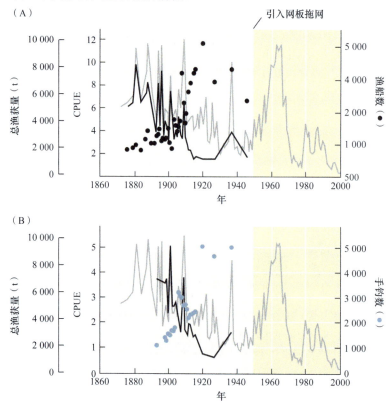

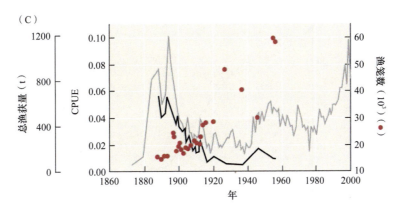

（C）

图 8.7　外芬迪湾的渔业历史记录。以 1870～2000 年的总渔获量（浅灰色线条）和单位捕捞努力量渔获量（CPUE；黑色实线）计，传统手钓底栖鱼（大西洋鳕、黄线狭鳕、黑线鳕）渔业的下降。（A）渔船数量（黑点）。（B）1870～1950 年的手钓渔获量，随后，引入网板拖网，导致渔业向近海扩张。（C）龙虾渔业的总渔获量（浅灰色线条）、渔笼数量（红点）和单位渔笼渔获量（CPUE；黑色实线）（仿自 Lotze and Milewski，2004）

　　就海洋哺乳动物而言，捕鲸业和海豹狩猎业的记录也已被用于重建种群丰度的历史变化趋势。该方法需要将过去捕获的个体数量与现有的估算丰度及种群增长率相结合，从而可以纳入种群增长模型之中。一项对南露脊鲸的研究（图 8.8A）估算其在捕鲸业开始之前的数量约为 8 万头，而在 1830 年到 1850 年间出现最严重的下降，到 20 世纪初，其种群数量已经衰减到鼎盛期的 0.1%。自那以后，其种群开始逐渐恢复，目前约有 7600 头，是其鼎盛期的 9.5%（图 8.8B；Baker and Clapham，2004）。另一个例子来自使用类似方法对斑海豹属的普通海豹（*Phoca vitulina*）的研究（图 8.8C），瓦登海的斑海豹在 20 世纪 60 年代到 70 年代之间曾被捕杀到极低的数量水平，在采取一系列禁止捕杀和生境保护措施之后，种群数量逐渐开始恢复，到 2011 年已有超过 24 000 头（Lotze，2005；Trilateral Seal Expert Group，2011）。最近暴发的两起疾病甚至让人怀疑，斑海豹是否已接近其环境承载能力？但是对其历史丰度重建的研究认为，在 1900 年时，斑海豹的数量可能约为 37 000 头（Reijnders，1992）。

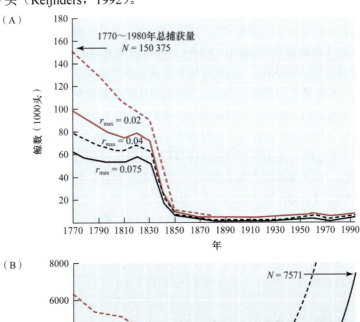

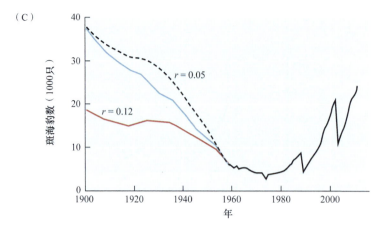

图 8.8　捕鲸和狩猎记录的使用。（A）使用当前丰度和历史捕获记录的估算值，以及一个简单的种群增长模型——具有不同最大净繁殖力（r_{max}），重建了 1770～1997 年南露脊鲸的历史丰度。追算得出的 1790～1980 年总累积捕获量——150 375 头鲸鱼用红色（虚线）表示。（B）1880～1997 年扩大的规模或数量。向下箭头所指的是种群数量最低的年份，虚线表示如果没有苏联的非法捕猎，预计的恢复年份。（C）基于历史捕猎记录和种群模型反演的瓦登海于 1900～1960 年的斑海豹数量。该模型假设不同的指数增长率：$r=0.05$（黑色虚线）、$r=0.12$（红线）、以及从 1900 年的 $r=0.05$ 滑动到 1960 年 $r=0.09$（蓝线；数据引自 Reijnders，1992）。为方便比较，黑色实线代表自 20 世纪 60 年代以来已有的种群监测数据（数据引自 Lotze，2005；Trilateral Seal Expert Group，2011）（A，B 仿自 Baker and Clapham，2004；C 仿自 Reijnders，1992；Lotze，2005）

　　所有这些例子都表明，如果使用和分析得当，渔业和狩猎记录能够为种群丰度和渔业历史变化趋势提供极为有利的帮助。

科学调查

　　从 19 世纪中叶到 20 世纪初，科学家开始更系统地研究海洋动植物。由此产生的生物记录包括物种清单和某些物种的数量、分布及生活史特征等数据，以及一些环境变量数据，如水温等。这种调查通常是零星的、小范围的（表 8.1），但只要所使用的抽样方法相似，或者可以通过调整现代的方法来模拟过去发生的情景，这些数据就可以用于与现在的数据进行比较。例如，历史记录和现有物种清单的对比能够反映物种局部灭绝或出现的数量（Lotze et al.，2005，2006）。对芬迪湾外湾 20 世纪 30 年代和 90 年代的两次浮游植物抽样调查数据的对比显示（图 8.9A），浮游植物丰度从之前的春季暴发转变为更多在秋季暴发，而且物种的构成也发生了转变。之前是无害的硅藻占优，转变为沟鞭藻类和一些有害物种占优，而这是富营养化的常见标志（Lotze and Milewski，2004）。Reise 等（1989）使用了另一种方法，通过重建过去的采样工具来重复过去的牡蛎床调查，从而证明随着以前的牡蛎床的消失，底栖生物群落的复杂性和多样性降低。

　　由于在 20 世纪 60 年代之前，此类科研调查或监测数据很少，通常只能反映出人类开发利用或者其他人类活动开始之后的情况，因而很少能为我们提供一个历史的基线。然而，有些科研调查开展得较早，并能覆盖很长一段时间。例如，Ferretti 等（2013）将 1948～2005 年在亚得里亚海开展的五次科研调查数据整合和标准化之后，用这些数据估算了鲨鱼和鳐鱼丰度在时空上的变化趋势。他们发现，自 1948 年以来，捕获率下降了 94%，11 个物种再未被发现。此外，在亚得里亚海西部意大利部分，捕获率和物种丰富度都更低，表明其渔业开始得更早，强度更大（图 8.9B）。即便调查数据无法追溯到很久远时期，但它们是海洋物种现有数量、分布和体型大小的重要参考基准（参见图 8.6B 和图 8.8B），对于分析当前种群趋势至关重要（Lotze et al.，2011b）。

　　当前的监测数据同样可用于追算以前的情况。例如，Jennings 和 Blanchard（2004）采用最近北海拖网调查获得的生物量和体型大小数据，估算了没有捕鱼业和现有捕鱼压力情形下的鱼类生物量。其结果表明，由于捕鱼的影响，中等大小（4～16kg）鱼类的生物量下降了 97%，而大型鱼类（16～66kg）生物量的下降率超过了 99%。在一项相关研究中，Christensen 等（2003）使用生态系统模型，估算了北大西洋过去和现在高营养级鱼类的生物量，结果显示自 20 世纪初以来下降了 90%。

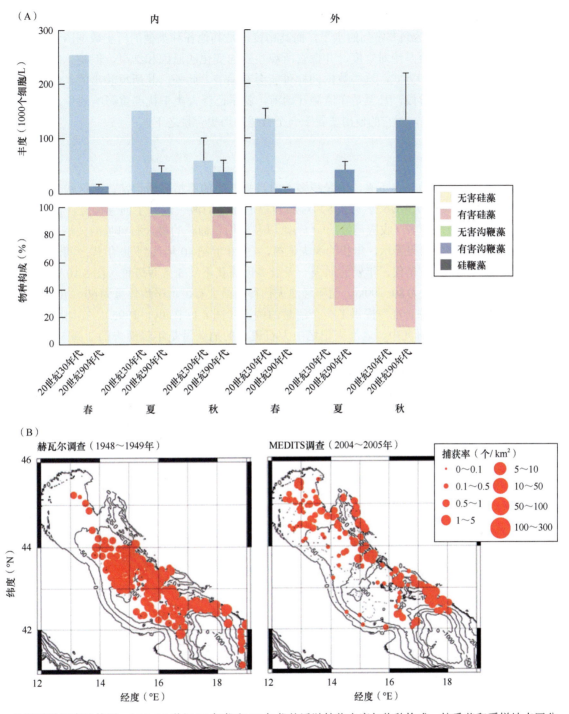

图 8.9　早期科学调查的使用。（A）20 世纪 30 年代和 90 年代的浮游植物丰度与物种构成，按季节和采样地点区分，采样分别在帕萨马科迪湾—芬迪湾外湾的一个入口的内外进行。（B）在亚得里亚海，1948～1949 年的赫瓦尔（Hvar）调查和 2004～2005 年的"地中海国际底拖网调查"（International bottom trawl survey in the Mediterranean，MEDITS）得到的鲨鱼和鳐鱼的标准化捕获率（A 仿自 Lotze and Milewski，2004；B 引自 Ferretti et al.，2013）

　　在缺乏任何历史数据的情况下，一些研究设计了野外调查，以了解跨越大空间梯度上的捕鱼压力，从而评估捕鱼所造成的鱼类生物量变化（表 8.2）。例如，通过潜水，Friedlander 和 DeMartini（2002）分别对夏威夷群岛西北部偏远且人口稀少的地区和人口密集的主岛进行了调查，以对比浅水珊瑚鱼类组合的异同。他们发现，夏威夷主岛的鱼类总生物量要比西北部低 72%，而大型捕食者，如鲨鱼和鲹科鱼类的生物量要比西北部低 94%。在莱恩群岛的潜水调查也得到类似的结果，与人口稀少和保护完好的金曼礁相比，人口密集并允许捕鱼的圣诞岛的大型捕食者生物量下降了 80%（Sandin et al.，2008）。

总体而言，标准化的科研调查和监测项目能够提供过去几十年中，生物和环境变化的详细趋势（表8.1）。其时空分辨率可以达到非常高的水平，而其精度也是其他各种类型的历史数据所无法比拟的，这有助于科研人员估算相对甚至是绝对丰度，并探索所观察到的变化的原因和结果。但是，由于调查的目的和设计以及所使用的方法论和方式，这些数据同样可能会有偏差。此外，其所反映出的"明显"趋势，可能仅仅是较长周期中的某一阶段，甚至是在监测开始前，就早已受人类干扰严重影响的生态系统的随机波动。因此，非常重要的一点是，对它的使用要置于一个合适的历史背景之下。

鲜活的记忆

并非所有过去的信息都被记录下来，但是很多人对过去发生的事情有所记忆，而这些信息可以通过访问、调查获取。例如，Sáenz-Arroyo等（2005）对加利福尼亚湾的渔夫进行了问卷调查，询问他们曾在何时一天内捕获的石斑鱼数量最多（收成最好的一天），以及他们曾捕获的最大石斑鱼的大小，通常他们对这些信息的记忆都非常清楚。结果显示，年长的渔夫记得，在20世纪40年代到50年代之间，一天最多可以捕获25条石斑鱼；而到了90年代，年轻的渔夫一天最多也捕获不到5条石斑鱼（图8.10A）。此外，老渔夫钓到的最大石斑鱼平均体重为80～90kg，而年轻渔夫钓得的最大石斑鱼平均体重为60～70kg（图8.10B）。该研究为前述的"基线变化综合征"提供了一个清楚的例证（图8.1；Pauly，1995）。在印度洋罗德里格斯岛珊瑚礁对传统渔业的类似研究中，老渔夫记忆中大石斑鱼的捕获量是年轻渔夫的3到5倍还多（Bunce et al.，2008）。老渔夫亲身感受到过去25年中石斑鱼数量的减少，这促使他们将渔场挪到潟湖之外离近海更远的地方。他们还提到，鱼类物种也在减少，与年轻渔夫观察到的5年内消失8.5种鱼类相比，在老渔夫的记忆里，15年内有18种鱼类消失。这些研究是很好的例证，通过访问调查有阅历的资源利用者，可以获知渔业变化的宝贵信息，而在没有其他定量数据的情况下，这一方法显得尤其重要，特别是一些手工渔业。

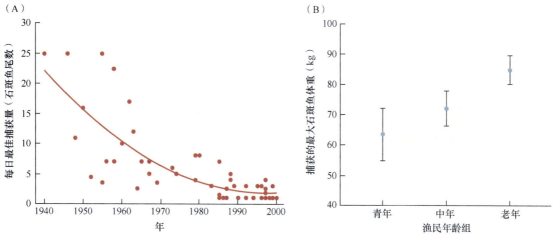

图8.10 基于访谈的加利福尼亚湾不同年龄渔民记忆数据。（A）收获最好的一天的石斑鱼数量与渔民回忆的年份。（B）三代渔民记忆中捕获的最大石斑鱼平均体重（95%置信区间）（仿自Saenz-Arroyo et al.，2005）

分子数据

重建历史变化的另一种方法是使用分子数据。现存生物的基因和灭绝物种的远古DNA都是演化时间上的信息档案。由于中性遗传变异水平随着种群增大而增加，在现今种群中所观察到的遗传多样性就反映了其过去的平均种群大小（Palumbi，2011）。使用这一方法，Roman和Palumbi（2003）估算了北大西洋的座头鲸、长须鲸和小须鲸的长期平均种群大小。结果表明，在大规模捕鲸之前，座头鲸、长须鲸和小须鲸的种群数量可能分别是24万头、36万头和26.5万头。而其现在的种群规模仅是历史规模的4%、15%和56%，远远低于之前基于现有丰度和历史捕鲸记录的估算结果。这种差异可能是由捕获记录的不确定性造成的，例如有相当数量的鲸被撞死和杀死，但并未捕获上岸，以及分子方法的不确定性，比如对突变率的估算（Baker and Clapham，2004；Palumbi，2011）。在估算捕鲸业之前太平洋灰鲸历史丰度的研究中使用了类似的方法（图 8.11）。从 20 世纪 70 年代开始的监测记录显示，灰鲸的种群数量开始恢复，而基于捕鲸记录的历史丰度重建表明，灰鲸的种群已经完全恢复（Rugh et al.，2005）。这个研究结论会导致管理者减少对太平洋灰鲸的关注，而遗传分析研究的结果显示，捕鲸业之前的灰鲸历史丰度比现有种群数量要高出 3 到 5 倍（Alter et al.，2007）。有趣的是，一项基于生境可用性重建的独立研究，旨在估算捕鲸业之前的太平洋灰鲸丰度，得出了和遗传方法相似的结论（图 8.11；Pyenson and Lindberg，2011）。总而言之，分子数据能够为估算种群过去长期丰度提供极有价值的信息。然而，其结果是大时空尺度上的综合信息，而无法用于精细尺度（表 8.1）。

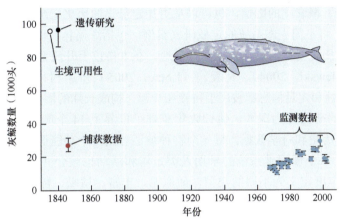

图 8.11　根据监测数据（平均值和标准误差，数据引自 Rugh et al.，2005）得出的太平洋东北部灰鲸数量的增加，与基于捕获数据（数据引自 Rugh et al.，2005）、遗传数据（数据引自 Alter et al.，2007）及生境可用性（数据引自 Pyenson and Lindberg，2011）等估算得出的不同历史时期种群数量估算值的对比。对灰鲸的商业捕鲸于 1936 年被国际联盟（League of Nations）所禁止，1949 年，国际捕鲸委员会（International Whaling Commission）再次全面禁止对灰鲸的商业捕鲸

不同数据源和学科的整合

尽管每个学科和数据源都能各自提供有价值的信息，但本节所提到的许多例子都表明，如果将不同来源的数据相结合或相对比，能够为重建历史变化提供更有力的视角（表 8.2）。例如，McClenachan 等（2006）使用多种历史和考古数据重建了加勒比海海龟的历史分布和数量，并将过去和现在的估算进行对比，以确定变化的规模（图 8.5A、B）。同样，现代监测数据与历史狩猎记录相结合的时间序列分析，可以追算瓦登海斑海豹的历史丰度（图 8.8B；Reijnders，1992；Lotze，2005）。然而，生态系统是动态变化的，对过去一个瞬间的捕捉并不能反映一个绝对的基线（图 8.12A）。基于过去 50 年记录估算的数量、分布，或个体大小可能会小于基于过去 100 年或 500 年记录的估算结果。所以，将历史分析的结果放在其发生（如开发利用开始或环境条件变化之时）前后的更大历史背景之下就很重要。另一个问题是，不同数据源或不同重建方法估算的历史丰度会不同（图 8.12B）。例如，在对太平洋灰鲸历史丰度的研究中，基于遗传分析的方法

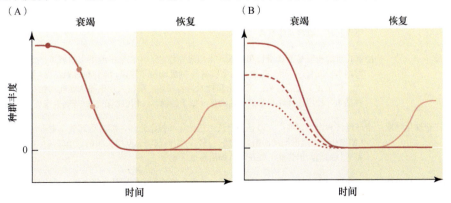

图 8.12　历史衰竭和恢复趋势的概念示意图。估算的历史基线（每个图的左侧）会随着（A）历史估算的时间差异（由不同颜色的点表示），或（B）重建方法的差异（由不同实线、虚线和点线表示）而变化。由于所采用的历史估算方法不同，这些历史估算结果的差异会影响对恢复规模（每个图的右侧）的判断，即完全恢复或部分恢复

与历史生境可用性方法的结果相似，并能相互印证，但二者与基于历史捕获记录分析得出的结果迥然不同（图8.11）。只有通过更进一步地研究数据或方法的不确定性，才能解决这种差异（如Palumbi，2011）。如果存在很多不同的估算结果，那么将所有估算结果进行平均，如算数平均（如Lotze and Worm，2009）或元分析平均（如Myers and Worm，2005），以及求得方差值或置信区间，可以给出一个更合理的结果。

本节提供的很多例子表明，取决于可用的数据，有时候重建单一物种特定时间段的历史丰度或分布是可能的。但是，如何才能将考古记录的时间线推移到现在呢？或者，将20世纪的时间序列推移到更早之前？如何比较不同物种之间的时间序列数据？在这里，不同的数据、方法和学科就像拼图的碎片。每一个碎片和整个拼图可以是定性的、概念化的影像，也可以是更加定量化的历史记录重建。为了将这些碎片拼接在一起，Jackson等（2001）将不同生态系统的定量研究案例，包括海藻林、珊瑚礁、海草床和河口等，拼合成一个对海岸带生态系统历史变化的总体描述。类似地，在本格拉上升流系统（Griffiths et al.，2004）、芬迪湾外湾（Lotze and Milewski，2004）、瓦登海（Lotze，2005）和加利福尼亚湾（Sáenz-Arroyo et al.，2006）等，不同物种的定性和定量信息都被用于拼接在一起，构成长期的历史变化记录。

Pandolfi等（2003）的研究更为深入，他们收集整理了世界上14个珊瑚礁生态系统的一系列重要生态物种的古生物、考古、历史和科学数据。每一个物种被汇总到一个功能群之中，这样可在不同珊瑚礁系统之间进行比较。同样，每个珊瑚礁系统的早期人类定居和活动也被合并到不同的文化时期以方便对比（表8.3）。然后，他们将丰度定义为不同的类型，如原始、丰富、枯竭、稀少和生态灭绝，这样就可以根据定性或定量数据确定每个文化时期的每个物种或功能群的估算值，从而将史前时期到现在的变化趋势拼接在一起。结果显示，在欧洲殖民者到来之后，许多功能群都出现强烈的退化（图8.13A）。使用主成分分析方法对每个生态系统在不同时间不同区域的总体退化情况进行排序，能够发现退化最为严重的生态系统（图8.13B；Pandolfi et al.，2005）。另一个类似的研究旨在重建全球12个河口和近海生态系统的生态变化历史记录（图8.14；Lotze et al.，2006）。该研究采用了更多的定量结果，使用了不同文化时期不同物种的数量和分类估算值（见表8.3），还考虑了水质的变化和物种入侵。通过对上百个研究的整合，这种跨学科的研究综合成一个高度聚合的时间线，并能够对不同区域不同物种组进行广泛的比较。本章将在后面对其研究的主要结果进行讨论。

表8.3 基于人类存在、技术和市场条件对不同文化时期的定义

文化时期	人类的存在、技术和市场条件
P：史前时期	没有人类存在的证据或微不足道的人类存在；只有自然干扰的原始生态系统
H：狩猎采集	没有永久性定居点；人口较少；为个人资源利用而进行的自给自足的开发；没有重大贸易顺差的市场化之前，没有广泛的分配和交换的主要制度
A：农业文明	农业化形成永久定居点；人口较少；为个人或村庄资源利用而进行的自给自足和手工开发利用；没有重大贸易顺差的市场化之前和广泛的分配和交换的主要制度
E：殖民和市场的建立	本地经济和市场的建立；欧洲人开始在新大陆定居并传播西方价值观；人口数量仍然相对较少；殖民地和欧洲帝国之间进行贸易；捕捞量超过自身消费所需；储存和运输技术的发展；与邻近地区（上至国家，下至村庄）以物易物交换
D：殖民和市场的发展	经济、市场和贸易强劲增长和扩张；人口迅速增加；人们集中到更大的城市；资源利用商业化；奢侈品和时尚市场发育，特别对鸟类（羽毛贸易）、哺乳动物（鲸须、海豹和海獭毛皮、海象象牙）和爬行动物（龟壳，鳄鱼皮）造成影响；工业化和技术进步开始；用枪大规模捕杀哺乳动物和鸟类；主要在近海和季节性捕鱼，使用选择性和非破坏性渔具（如手钓渔具，用帆船在软质基底上拖曳的轻型拖网）
G1（1910～1950年）：全球化早期	全球经济和市场发展；人口强劲增长；工业化和技术进步，朝着更高效、更少选择性和更具破坏性的渔具（如摩托艇、蒸汽拖网渔船）发展，开发、副渔获物急剧增长和栖息地破坏；增加捕捞努力；在任何季节都可以捕鱼，但仍然主要在近海和沿海地区捕鱼
G2（1950～2000年）：全球化后期	经济和市场全球化；建立自由贸易区；工业化的捕鱼（特别是在第二次世界大战之后）向近海和深海延伸；多种非选择性和破坏性渔具（网板拖网、围网、延绳钓、底拖网等）；所有生境都被捕捞，能检测到所有鱼类；大规模捕鱼；其他人类影响增加（富营养化、污染、水产养殖）；保护工作增加

引自：Pandolfi et al.，2003；Lotze et al.，2006

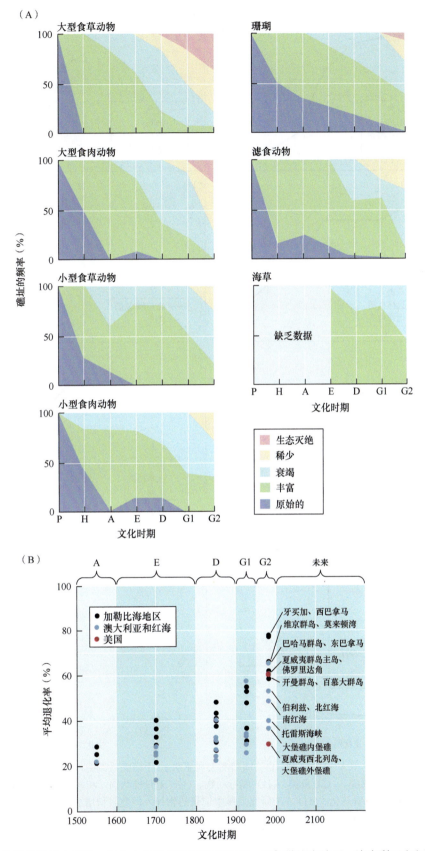

图 8.13　珊瑚礁生态系统的历史变化。（A）7 个功能群的变化轨迹，以加勒比海地区、澳大利亚和红海的 14 个区域中每种生态丰度状态下的礁址百分比表示。（B）上述 14 个礁址及另外 3 个美国的珊瑚礁生态系统在不同时间段的平均退化率。文化时期的缩写和定义见表 8.3（A 仿自 Pandolfi et al.，2003；B 仿自 Pandolfi et al.，2005）

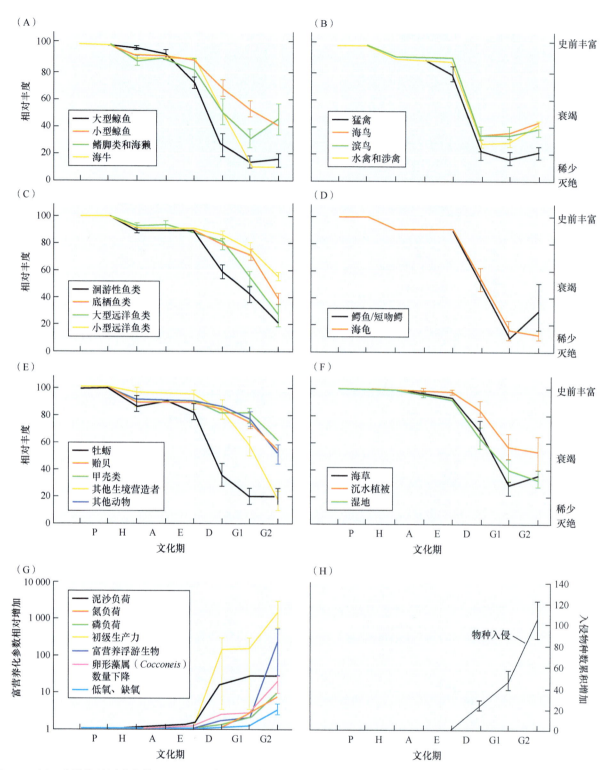

图 8.14　河口和沿海的历史变化。（A～F）欧洲、北美洲和澳大利亚的 12 个研究系统中，22 个物种组平均相对丰度的变化：（A）海洋哺乳动物、（B）沿海鸟类、（C）鱼类、（D）爬行动物、（E）无脊椎动物，和（F）植被。（G）8 个研究系统的富营养化参数的相对增加，表明水质恶化。（H）5 个研究系统中记录的物种入侵数累积增加。数据是平均值和 SE。文化期的缩写与定义见表 8.3（仿自 Lotze et al.，2006）

　　另一种通过拼图重建历史的方法是食物网分析方法。食物网通常是指通过捕食者与猎物的关系而相关联的生物组成的网络。食物网可以是一个概念框架，描述哪些物种在过去出现过，它们如何相互作用，这些相互作用如何随时间发生变化（如 Jackson et al.，2001）。但是，通过简单的物种存在及其食谱，食物网也可以被更加量化，形成一个"谁会吃了谁"的网络。这种网络可以通过食物网特有的特征来进行定量分析，如取食关系的数量或平均食物链长度等。这种方法曾被用于重建的寒武纪食物网与现代食物网的对比（Dunne et al.，2008），以及亚得里亚海不同历史时期食物网的比较（Lotze et al.，2011a），以分析食物网结构和稳定性在不同时期的变化。如果具有足够的单一物种或功能群的丰度信息，或者可以估算得出这些信息，就可以基于生物量和能量流，构建一个完全定量化的食物网，而这在加拿大纽芬兰（Pitcher et al.，2002）和不列颠哥伦比亚省（Ainsworth et al.，2002）都得以实现。

我们能从过去了解到什么？

上一节所介绍的案例研究使我们对不同物种和不同生态系统的历史变化有了深入了解。随着每一项研究的进行，每一个新的科研人员对历史发生兴趣，海洋历史生态学领域在不断发展壮大。尽管我们的知识仍有限，但越来越多的研究结果使得我们能够放眼全局，并扪心自问，我们能从海洋的过去中了解到什么？在本节，从环境和生物的变化到生境的变化、水质等，再到整个生态系统的结构，我们将对生态系统中这些不同组分中得到的主要研究结果和认识进行综述。然后我们将总结变化的规模、方向和速率的总体模式。

环境变化

变化是这个星球上的生命和历史的一个重要组成部分。在地质年代尺度上，环境的剧烈变化导致了物种大灭绝，以及随之而来的新生命形式的物种分化和辐射。即便是不剧烈的变化，如在冰期和间冰期的温度波动，也会导致物种以"本底速率"消失（Harnik et al.，2012）。海洋历史生态学能够帮助我们理解环境变量的自然变化，以及在地质年代和历史时期尺度上，它们会如何影响物种的丰度和灭绝。对这些环境变量作用的理解，对于我们将最近的变化放在一个更大历史背景之中去考虑，以及区分自然和人类活动影响产生的变化，都至关重要。例如，在过去几千年里，气候变化和开发利用强度的变化都对阿留申群岛的海鸟（Causey et al.，2005）和纽芬兰的鳕鱼（Rose，2004）丰度产生了强烈的影响。然而，在阿留申群岛的过度捕捞仅限于很小的尺度，对长期的影响极小；而在纽芬兰，过度捕捞加上气候变化，导致鳕鱼种群在20世纪90年代的崩溃，至今仍未恢复。总体上，全新世（自上次冰期以来的12 000年）是气候相对稳定的时期，也是人类得以增长、扩散和发展，并逐渐影响整个全球的时期。因此，在许多情况下，人类活动的影响远远超出了环境波动的作用。随着温度和二氧化碳浓度的升高，海洋正遭受整个星球对历史变化前所未有的多种驱动因素的影响，将使越来越多的物种面临灭绝的风险（图8.15）。

物种出现和丰度的变化

许多案例研究都表明，一个海洋生物的种群或物种的衰竭历史，包括丰度、分布、个体大小或年龄结构等都在随着时间发生变化。有些时候，种群的衰竭导致了物种在当地或区域的局部灭绝，甚至是全球灭绝，如加勒比僧海豹（图8.5C）。许多生物曾是对人类有利用价值的资源，如食物、燃料、时尚或其他产品等，也曾是易于发现、捕捉和处理的物种，大多数历史变化都被记录在案。有些时候，种群衰竭正好发生在狩猎时代，就如被毛利猎人捕杀，数量严重减少的新西兰海狗（Smith，2005）。总体而言，人类活动产生的压力随着人口以及对商业和工业开发利用需求的增长而增加（表8.3）。其结果是，越来越多的物种受到人类活动的影响，衰竭程度在加剧。为了总结物种出现和丰度的总体历史变化，我们将在本节讨论几个综合性的研究。

对加勒比海、红海和澳大利亚等14个珊瑚礁生态系统的一些功能群趋势的比较，发现其历史变化趋势非常相似（图8.13A；Pandolfi et al.，2003），在狩猎—采集和农业时期，土著居民对有价值资源的影响很小。而在欧洲殖民化之后，大型食肉动物，如鲨鱼和僧海豹，及大型食草动物，如海牛和海龟，都快速衰竭，代之以更小的动物和营造生境物种，如珊瑚和海草等。在过去50至100年之间，有些功能群如此枯竭，以至于被认为已生态灭绝。到20世纪末，牙买加和西巴拿马成为退化最为严重的生态系统，而大堡礁的内礁和外礁则是退化程度最低的生态系统（图8.13B；Pandolfi et al.，2005）。有趣的是，最近一项重建夏威夷珊瑚礁生态系统历史变化趋势的类似研究发现，有些功能群在近几十年里出现一定程度的恢复，特别是在夏

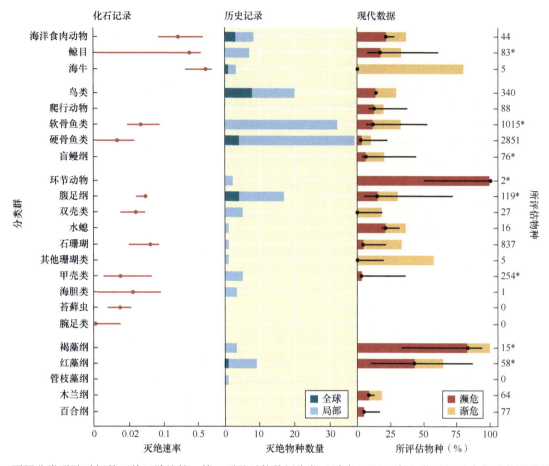

图 8.15 不同分类群随时间的灭绝风险比较。第一列显示的是新生代（过去 6500 万年）化石记录中得出的灭绝速率，以中值（圆圈）和第一、第三四分位数（线条）表示。第二列显示的是历史记录的全球灭绝和局部灭绝的数量。第三列是在世界自然保护联盟（IUCN）红色名录中现代物种被评估为濒危、极度濒危和渐危物种所占的百分比，不包括缺乏数据的物种。右侧的数字表示 IUCN 对每种分类群所评估的现代物种数量。星号（＊）表示该分类群中超过 50% 的物种缺乏数据。如果所有缺乏数据的物种被归类为濒危物种或非濒危物种，线段分别表示濒危物种所占比例的最大和最小估算值（数据引自 Dulvy et al.，2003，2009；Carlton et al.，1999；IUCN 2011。仿自 Harnik et al.，2012）

威夷群岛西北部更加偏远、保护更好的地方（Kittinger et al.，2011）。

同样，对 12 个河口和近岸海生态系统的一些有价值物种的趋势对比发现，在狩猎—采集和农业时期，资源丰度仅有微小的变化（图 8.14）。然而，在市场或殖民发展时期（地中海的罗马帝国时期、北欧的中世纪时期，以及北美洲和澳大利亚的殖民地时期），海洋哺乳动物、鸟类、爬行类、鱼类和无脊椎动物的衰竭水平都有所增加（表 8.3；Lotze et al.，2006）。到 20 世纪末，有记录的物种有 91% 已衰竭、31% 变为稀有、7% 已经局部灭绝或全球灭绝。总体上，大型鲸类最早开始衰竭，而且与小型鲸类和鳍足类相比，衰竭最为严重；鸟类中衰竭最为严重的是猛禽（图 8.14）；在爬行类中，鳄鱼和海龟数量减少最多；而洄游性鱼类，如鲑鱼和鳕鱼，是鱼类中受影响最严重的；无脊椎动物中所受影响最为严重的是牡蛎。这些变化的模式如此惊人的一致，例如为获取油脂和鲸须的捕鲸业、为减少竞争对手和获取其羽毛对猛禽的捕杀，获取鳄鱼皮和海龟的肉、蛋、壳，捕鱼和改变自然河流对洄游性鱼类的影响，对牡蛎作为食物、美味和壮阳等价值的青睐等。令人欣慰的是，海洋哺乳动物、鸟类和爬行类动物的丰度在 20 世纪开始逐渐稳定，甚至略有增长，这有赖于更加严格的保护和管理；不幸的是，鱼类和无脊椎动物的数量仍在持续下降（图 8.14）。对瓦登海（Lotze，2005）、亚得里亚海（Lotze et al.，2011a）和美国的 6 个河口（Lotze，2010）生态系统的研究，对某些物种和地区的历史变化有着详尽的叙述。

为了量化各种大型海洋动物历史衰竭的总体规模，Lotze 和 Worm（2009）汇编了 256 个反映历史和最近种群大小的绝对丰度估算的案例研究。总体上，与其历史基准值相比，种群衰减了 89%，通常在 20 世纪初或中叶达到最低值（图 20.5）。只有 40 个案例报道了一些种群的恢复情况，特别是海洋哺乳动物和鸟类，但这也仅仅是将其衰竭程度降低到 84% 而已。最后，他们的研究表明，自从 16 世纪开始，接近 20 种海洋生物在全球灭绝（图 8.15），包括加勒比僧海豹、斯特拉海牛和大海雀（Dulvy et al.，2009）。Dulvy 等（2003）还指出，在 19～20 世纪，有 139 种海洋生物在当地或区域局部灭绝，或完全灭绝。其中一些存有争议（del Monte-Luna et al.，2007），但许多都得到了证实，而这份名单仍在继续加长（Dulvy et al.，2009；Ferretti et al.，2010）。

这些综合研究显示，早在 20 世纪中叶开始的现代管理、监测和生态研究之前，许多有价值的物种就已严重衰竭、局部灭绝或全球灭绝。对绝大多数有记录的衰竭和灭绝而言，过度开发是最主要的驱动因素，其次是生境丧失，最后是污染（Dulvy et al.，2003；Kappel，2005；Lotze et al.，2006；Harnik et al.，2012）。

生境改变

随着全球范围内人类在沿海地区定居的增多，人类活动开始对沿海和海洋生境产生影响。这些生境包括湿地（如红树林和盐沼）、沉水植被（如海草床和海藻林），以及珊瑚和牡蛎形成的礁石系统。其中一些生境受到利用的直接影响。例如，牡蛎被采集作为食物，但也会为了获取牡蛎壳而将牡蛎礁当作矿物开采，红树林则被用作薪材和建筑材料。其他的生境受到泥沙量不断增加的影响，例如许多珊瑚礁和海草床生态系统都在欧洲移民定居的土地清理过程中受到影响，以及农业、污水和工业等活动造成的营养负荷的影响。有许多生境被直接转换成农田或居住地，如盐沼；或是直接被疏浚和拖网所破坏。与物种丰度的变化一样，许多生境的转换和丧失发生的时间远远早于先前的估计：许多可以追溯到发现新大陆的殖民开始时期，以及欧洲市场经济开始的阶段（图 8.13A 和图 8.14）。

在河口和沿海，亚得里亚海的牡蛎礁早在罗马时代就已受到严重影响，而欧洲、北美洲和澳大利亚的牡蛎礁也在 18 世纪和 19 世纪的商业和工业开发利用中遭受打击（图 8.14；Kirby，2004；Lotze et al.，2006）。例如，在美国切萨皮克湾的马里兰州一侧，曾有 111 600hm^2 的天然牡蛎床生境，但在 1907～1982 年，面积减少了 50% 以上，局部可高达 95% 以上（Rothschild et al.，1994）。海草床和湿地，包括盐沼和红树林，在 20 世纪以前就已严重减少，而在 20 世纪上半叶继续减少，直到 20 世纪 50 年代加大生境保护的力度这些生境才逐渐稳定下来。例如，在欧洲，很多区域丧失了 50% 以上的湿地和海草床，严重的区域可达 80% 以上（Airoldi and Beck，2007）。在美国的 6 个河口地区，湿地平均损失占到其历史面积的 55%，最高的是旧金山湾，达到了 94%（Lotze，2010）。其他沉水植被，如墨角藻和海带，所受影响相对较小，但在某些区域仍然出现严重减少的现象，例如亚得里亚海（Airoldi and Beck，2007；Lotze et al.，2011a）。对于珊瑚礁生态系统，有些造礁珊瑚在欧洲移民之前就已受到影响，但珊瑚、悬浮物取食者和海草最强烈的变化发生在 20 世纪下半叶（图 8.13A；Pandolfi et al.，2003）。

许多近海生境为许多海洋生物提供了重要的育种、繁殖、生活和觅食的场所，以及逃避被捕食的避难所（Beck et al.，2001）。此外，海岸带生境还是陆地和海洋之间重要的天然过滤器和缓冲区，它们能够保留和循环营养元素、沉积物和有机质等（Costanza et al.，1997）。因此，近海生境的丧失也是造成许多海岸带生态系统水质恶化的原因之一。

水质的变化

在全球范围内，农业开发和人类定居导致的大规模毁林和土地清理造成了河流、河口和近海的土壤侵蚀以及泥沙负荷的增加（图 8.14），影响了海岸带的环境，如切萨皮克湾（图 8.3B；Cooper and Brush，1993）和大堡礁内礁（McCulloch et al.，2003）等。由于很多营养元素，包括氮和磷，都与泥沙结合在一起，以往的泥沙径流会增加近海海水中的营养负荷，从而进一步增强其初级生产力（图 8.14；Lotze et al.，2006）。随着时间的推移，其他人类活动进一步加剧了沿海水域的营养盐负荷和化学污染，包括生活污水、市政和工业废水，以及农业和养殖业的排放。营养负荷可能会导致富营养化，并产生一些严重的后果（Cloern，2001），包括浮游植物生产力的提高和物种构成从底栖生物到表层生物的转变（如环纹硅藻替代羽纹硅藻，图 8.3B），以及可能造成有害藻类暴发的快速生长物种（图 8.9A）。水层中生产力的增强还会提高海水的浑浊度和遮阴度，而这通常会造成海草和其他沉水植物的减少。附生硅藻会随着宿主一起减少，如卵形藻属（*Cocconeis*），所以，通过测量岩芯中的附生硅藻，可以量化底栖植被丰度随时间所发生的变化（图 8.14）。底栖物种通常会转变为一些快速生长的短命物种，如石莼或丝状藻类，由于其快速增殖和暴发形成海底藻华，会导致海草和其他一些生长缓慢的多年生植物窒息而死（Cloern，2001）。最后，细菌分解藻类生物消耗了大量氧气，从而导致低氧或缺氧（图 8.3B）。如图 8.14 所示，在 20 世纪，所有河口和近岸海的富营养化程度增加了一到三个数量级，特别是从 20 世纪中叶开始（Lotze et al.，2006，2011a；Lotze，2010）。此外，在全球范围内，有害藻华和氧气耗竭的死亡区在过去几十年中在不断地增加（Gilbert et al.，2005；Diaz and Rosenberg，2008）。

除营养负荷之外，许多有机物和无机物也因人类活动而进入环境，特别是 18 世纪和 19 世纪工业革命时期以来，并在 20 世纪持续增长（Lotze and Milewski，2002；Lotze，2010）。各种有机物，如木材、纸浆和造纸厂产生的木质废料和锯末、鱼类加工厂和罐头厂遗弃的动物内脏、水产养殖过程中未被完全食用的饲料和动物产生的粪便等，都增加了分解和耗氧量。此外，各种工业（如纺织、纸浆和造纸、石油、煤炭和天然气、采矿和造船业等）还排放出各种化学物，包括重金属、多氯联苯（PCBs）、多环芳烃（PAHs）和其他许多难降解的持久污染物，能够在沉积物和动物组织内积累，对海洋生物的健康和生存造成长期影响。此外，农业、林业和水产养殖业都越来越多地使用化学药剂，如杀虫剂（如 DDT）和抗生素等，以增加产量。这些化学物质都被释放到环境之中，对其他生物产生有害影响，从急性中毒到慢性疾病。例如，在 20 世纪 60~70 年代，许多海岸带的海鸟，包括秃鹫和鹗，都受到 DDT 的严重影响（Lotze，2010）。

物种入侵

纵观历史，人类在整个地球上迁徙和定居，常常从其故土携带种子、植物和动物。他们还交易商品，从而交换和有意地引入新的物种。其中大部分引入物种是陆生的动植物，但人类也引入了海洋生物，有些是有意地，如为了食物、水产养殖、水族馆展出或垂钓，有些是无意的，如有些生物能吸附在船体或养殖生物上，或是在压舱水中存活下来。最早发生的海洋生物入侵是在公元 1245 年前，挪威的航海者将砂海螂（*Mya arenaria*）从北美洲带入波罗的海和北海（Petersen et al.，1992）。在随后的几百年中，海洋生物入侵的事件随着大航海、贸易和商业的扩张而逐渐增加（图 8.14；Ruiz et al.，1997；Lotze et al.，2006）。例如，在切萨皮克湾，有历史记录的海洋生物和半咸水生物入侵从 1609 年的 0 次，到 1739 年的 4 次，而到了 1999 年共有 150 次（Fofonoff et al.，2003）；在旧金山湾，第一次海洋物种入侵的记录是 1853 年，到了 1995 年增加到 164 次（Cohen and Carlton，1998）。绝大多数入侵者是无脊椎动物、植物和藻类，此外还有病毒、鱼类或哺乳动物。这些入侵物种会增加物种丰富度，从而直接改变局部和区域的生物多样性，或者通过生物间相互作用间接地影响本地种，从而改变整个生态系统的结构和功能（Steneck and Carlton，2001；Byrnes et al.，2007）。

生态系统结构、功能和服务的变化

综上所述，本节所描述的物种的出现和丰度的变化，以及生境、水质的变化，还有物种入侵等都改变了海洋生态系统的整体结构，以及其功能和服务。总的来说，物种灭绝的速度在下降，而物种入侵增加了当地的物种丰富度和多样性。在许多海岸带生态系统，入侵物种的数量实际上超过了物种灭绝的数量（Lotze et al.，2005，2006；Byrnes et al.，2007）。但是，由于许多本地种已经衰竭了其历史丰度的 90% 以上，它们可以被认为是已经生态灭绝了，也就是说，不再能完全发挥其生态作用，这将大大降低该生态系统的物种功能多样性。此外，衰竭和灭绝主要发生在大型海洋哺乳动物、鸟类、爬行类和鱼类等身上，而绝大多数入侵物种都是更小的无脊椎动物、植物和微型藻类、原生动物、病毒和细菌等（Lotze et al.，2006）。物种丧失和收益之间这种分类上的不匹配，使得物种构成从大型、长寿、生长缓慢和成熟较晚的物种向小型、生长快速、周转率高的物种转变（Byrnes et al.，2007）。

这种物种出现和丰度的变化，不仅改变了食物网和生态系统的物种构成，还影响着功能群的丰度。例如，整个大型和小型食肉动物、食草动物、生境营造者，以及具有过滤和缓冲功能等物种的种团都已衰竭

（图 8.13A；Pandolfi et al.，2003；Lotze et al.，2006）。这种情况表明，海岸带生态系统已经丧失大量的自上而下的控制，而营养负荷的增加则加强了自下而上的影响。这些基本生态驱动力强度的改变影响着物种丰度和相互间的作用，以及生态系统的生产力和功能（Worm et al.，2002；Worm and Duffy，2003）。例如，顶层捕食者的丧失使得一些被捕食者和竞争者得以从捕食压力中解脱出来，有些时候还会导致营养级联；而一些顶层捕食者的恢复又会被其猎物的衰竭所限制（Baum and Worm，2009；Ferretti et al.，2010；Altieri et al.，2012）。此外，重要生境的丧失和水质恶化都有可能改变了许多物种的环境承载力。因此，海岸带生态系统的构成和数量动态都已发生深刻改变，对维持其多样性、生产力和稳定性都有可能造成严重的后果。

物种历史上的衰竭和灭绝会如何影响食物网结构和稳定性的一个例子，来自 Lotze 等（2011a）在亚得里亚海进行的研究。他们发现，随着时间推移，发生了两个重大变化：首先，当高营养级的物种和类群被过度利用之后，食物网开始变得"短"而"肥"；其次，当物种和类群之间联系越来越少、网络复杂化降低时，食物网的结构也简化。此外，大量的物种丧失和生态灭绝使食物网对次生灭绝更加脆弱。这说明，亚得里亚海生态系统的恢复力已经降低。通过网络模型（基于物种的出现/缺失）和质量平衡模型（基于生物量和能量流）比较亚得里亚海和加泰罗尼亚海在 20 世纪 70 年代和 20 世纪 90 年代的情况，发现了类似的对高营养级物种的过度开发利用，从而导致食物网结构随时间推移而简化的现象（Coll et al.，2008）。相比之下，从寒武纪到现在，食物网的基本结构和基本原则并未发生变化（Dunne et al.，2008）。

这些生态系统结构和功能的变化会进一步造成人类从中受益的生态系统服务的变化。在历史长河中，物种的衰竭和丧失影响着海岸带生态系统所能提供的有价值的渔业和海产品，维持海洋资源的产卵和育种场，并保持水质的过滤能力。这些生态系统功能和服务的损失，将给人类社会带来健康风险和代价，例如越来越多的海滩关闭、有害藻华暴发、鱼类的死亡、贝类停产、氧气耗竭、海岸洪水和物种入侵等（Worm et al.，2006；Lotze，2010）。

首要模式

本节所介绍的案例研究和综合性研究说明，在过去 20 多年里海洋历史生态学领域取得了巨大进展。现在，对一些物种和区域来说，海洋生态系统的历史变化可以追溯到几百年至几千年之前。尽管建立历史基线往往非常困难，因为它会随着时间和环境变化而发生变动，但是它对了解近期变化的背景仍然有效。在本节的余下部分，我们将对历史变化的规模、方向和速率及其内在驱动力的首要模式进行总结。

历史变化的规模　在 256 个使用不同方法对不同物种和区域的种群变化定量化研究中，平均历史衰竭率为 89%（±1 个标准误差），单个种群的估计值从 11% 到 100% 不等（Lotze and Worm，2009）。这一结果与最近使用现代鱼群评估方法对 232 个鱼群衰竭率估算的结果相当；与最大繁殖种群相比，在 25 年（10～73 年）内平均下降了 83%（Hutchings and Reynolds，2004）。同样，对海洋哺乳动物的总捕获量、丰度和个体大小数据的分析显示，自从开始开发利用以来，大型鲸鱼平均减少了 81%，而所有物种平均减少了 76%（Christensen，2006）。这些数字表明，对海洋生物的利用会导致一个数量级的衰竭，这可能是一个普遍现象。后来，Ransom Myers 将其称为"十倍假说"（Myers and Worm，2005）。

空间扩张　大多数情况下，人类总是先开发利用当地的、近岸、容易接近的物种。当这些物种发生衰竭现象之后，通常的反应是向更远的方向去寻找同样或类似，但丰度仍然较高的生物。这种从近岸向远海扩张的趋势在美国加利福尼亚州（Rick et al.，2008）、墨西哥（Kennett et al.，2008）、中国台湾南部（Kuang-Ti，2001）、瓦登海（Lotze，2007）和北大西洋（Perdikaris and McGovern，2008）的考古记录中得到验证。类似的空间扩张在捕鲸史（Christensen，2006；Josephson et al.，2008）和北大西洋的底层渔业（Lear，1998；Lotze and Milewski，2004；Rose，2004；Bolster，2012）都发生过。有些时候，空间扩张会沿着海岸线展开，就如同 19 世纪在北美洲和澳大利亚沿海的牡蛎业（Kirby，2004），或近来从亚洲到全球的海胆和海参的空间扩张一样（Berkes et al.，2006；Anderson et al.，2011）。在全球尺度上，海洋资源的开发利用在几千年前就开始于河口和海岸带，直到 19 世纪和 20 世纪扩展到大陆架，并在 20 世纪中叶开始进入远洋，现在已扩展到深海（Myers and Worm，2003；Pauly et al.，2003；Devine et al.，2006；Lotze and Worm，2009）。因此，河口和海岸带曾经发生的历史变化也许有助于深入了解现在和将来在远海发生的情况。

时间加速度　在历史进程中，海洋资源开发利用的一个驱动力来自人类人口的不断增长，及其对食物、燃料、时尚和其他产品的需求。当本地资源枯竭后，另一个普遍的反应是开发新的技术，以捕获更多的资源（Bolster，2012）。这种技术上的进步，不仅体现在渔具（例如从一个钓钩到多个甚至上千个钓钩）和渔船（例如从风帆到蒸汽动力再到柴油发动机，以及越来越大、越来越快的渔船）的转变，而且包括船上储藏和冷冻能力的提高，以及最近的搜寻鱼群设备等。因此，海岸带生态系统的历史变化，从相对较少的人口，使用简单渔具和小型船只，在数百到上千年间都未发生较大的变化（Pandolfi et al.，2003；Lotze et al.，2006），而随着现代技术的使用，在近 100 年到 200 年之间的大陆架上（Christensen et al.，2003；Rosenberg et al.，2005），在近 50 年的远洋中（Myers and Worm，2003），在近 20 年的深海海域（Devine et al.，2006）发生快速的变化。不幸的是，全球渔获量已经开始停滞不前，并在最近开始萎缩，这表明在全球尺度上，海洋资源的开发利用已经接近瓶颈（Pauly et al.，2003）。

连环开发　猎人和渔夫通常会偏爱那些易于发现和捕捉的对象，它们通常体型较大、富含营养、口味上乘或具有其他的较高价值。因此，在捕鲸业的历史中，人类首先猎取那些近海游动缓慢的物种，它们在死去后会漂浮在水面，包括灰鲸、露脊鲸和弓头鲸等。当这些物种开始衰竭而技术发生进步时，捕鲸业开始将目光移向快速移动和离岸更远的物种，而无论其个体大小（Christensen，2006）。对其他物种也存在这种连环的链式开发模式。例如，在佛罗里达角，由于资源的衰竭，对有很高价值的海龟和海绵的开发利用很快就转移到了其他物种之上（McClenachan and Kittinger，2012）。这种开发利用的对象从高营养级物种到低营养级更小物种的连锁反应被称为"沿食物网向下继续捕捞"（Pauly et al.，1998）。尽管从一个物种到另一个物种替代的连锁反应并不一定就意味着平均营养级的下降，也被称为"沿食物网捕捞"（Essington et al.，2006）。这种物种从高经济价值到低经济价值的转变，或是在物种之内从大到小的转变，也是一种趋势（Anderson et al.，2011）。

变化的累积驱动力　尽管种群丰度或生态系统组分的长期波动可能与气候变化有关（Ravier and Fromentin，2004），但历史上种群的快速减少通常是因为受到人类活动的影响（Rose，2004；Causey et al.，2005）。在人类活动造成的压力中，过度开发通常是造成种群衰竭或灭绝的最主要原因，其次是生境丧失和污染（Dulvy et al.，2003；Kappel，2005；Lotze et al.，2006；Harnik et al.，2012）。所有这些驱动要素都在空间扩展并随着时间加速，而且，重要的是，它们并非单独作用。例如，在河口地带和近海，45% 的物种衰竭和 42% 的物种灭绝是人类活动的累积影响造成的，而且大多数情况下是过度开发利用和生境丧失共同导致的（Lotze et al.，2006）。对正在恢复的种群来说，累积效应显得尤为重要，只有 22% 的种群能够在只降低一个人类活动影响因素后就开始恢复，而 78% 的种群需要缓解至少两个影响要素才能开始恢复，主要是生境保护和限制开发利用，有时是减排（Lotze et al.，2006）。

恢复　尽管大部分历史变化研究显示了海洋生态系统的衰竭和退化，但有些研究表明，由于管理和保护努力地提高，在 20 世纪，一些物种和生态系统在恢复（Lotze et al.，2006；Kittinger et al.，2011）。最近的一项研究显示，10%～50% 的衰竭种群和生态系统有一定的恢复迹象，但距离其历史丰度还相差甚远（Lotze et al.，2011b）。例如，在对历史衰竭进行估算的 256 个种群中，只有 40 个种群在 20 世纪有一定的恢复，大多数是海洋哺乳动物和一些鸟类，但仅仅恢复到其历史丰度的 13%～39%（Lotze and Worm，2009）。对哺乳动物和鸟类的保护日益受到公众和社会的巨大支持，但是，对过度利用的鱼类和无脊椎动物的保护才刚刚拉开序幕（Worm et al.，2009）。

如何从历史中预知未来

海洋历史生态学对了解过去的作用毋庸置疑，但我们能从过去中了解未来吗？答案是肯定的。如果我们想预测海洋种群和生态系统的未来趋势，就必须了解其过去的长期发展与现在的变化，以及其内在驱动力。如果我们想建立更好的管理计划和更好地确定保护目标，我们就需要考虑历史基线，并从过去管理的成败得失中汲取经验教训。如果我们想改变人们对待海洋的观点和态度，以及人类社会与海洋相互作用的方式，我们就可以将过去所发生的告知他们——人类活动、选择和文化价值观是曾经如何影响着海洋，而这又应该如何被改变。在本节中，我们将举例说明，我们如何能够从科学和生态学、管理和保护、教育和宣传等角度，从过去预知未来。

科学和生态学

科学家的一个重要工作就是描绘一系列未来可能发生的情景。这项工作不仅对科学自身至关重要，而且对政治、管理和告知公众都不可或缺。对海洋生态学来说，需要预测未来的趋势，包括物种丰度和生态系统结构的趋势、恢复或进一步退化的可能性，以及如何应对不同的环境变化或提供如何解决的管理方案。为此，我们需要了解过去的长期趋势，并理解这些变化的内在驱动力。重要的是，现代的观测数据和最近的生态数据很少能够全面反映海洋生态系统的变化。因此，海洋历史生态学最重要的一个任务是提供一个更准确、更长期的视角来观察海洋生物和生态系统的自然和人为变化。

预测海洋种群和生态系统的未来状态 对历史变化的规模和方向的理解，可以为我们对未来的预测提供一个大致合理的范围。基于过去的预测可以通过概念或定量模型来实现。例如，自从史前时期以来，河口生态系统的大型消费者、生境营造者和滤食性生物等数量都剧烈减少，随之而来的是入侵物种和富营养化程度的增加（图 8.16A）。Lotze 等（2006）利用过去变化趋势的规模和速率，对未来在稳定、改进或恶化等不同条件下可能出现的场景进行了预测。Eddy 等（2010）使用定量建模方法，基于档案资料、渔夫的回忆和水下观察等数据，重建了过去 400 年来智利龙虾（*Jasus frontalis*）丰度的历史变化（图 8.16B）。其结果显示，现代的龙虾生物量比其 1550～1750 年的"原始"丰度低 85%。随后，他们针对各种未来场景进行建模，以探索不同类型和不同强度管理模式的影响，包括海洋保护区、减少捕鱼量，以及管理行动*等。其结果显示，如果加强对捕捞的管理，同时封闭 30% 的区域，能够使龙虾的生物量在 40 年之内恢复到其历史水平的 50%（Eddy et al.，2010）。这种基于历史数据的研究，能够帮助管理者理解不同类型的管理模式会取得什么样的结果，以及如何将对未来的预测与历史基线进行比较。

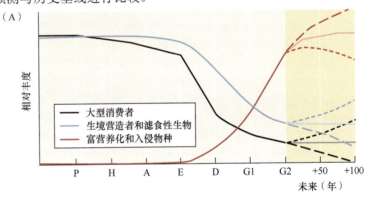

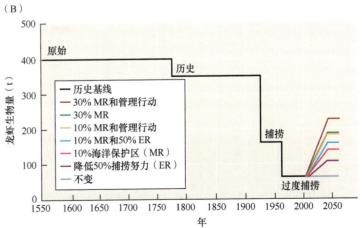

图 8.16 对海洋生物种群和生态系统未来状态的预测。（A）大型消费者、生境营造者和滤食性生物，以及河口和沿海的富营养化和入侵物种等的历史变化轨迹可用于预测这些生态系统的结构与功能组分在未来的变化趋势。未来的场景包括稳定（实线）、改善（短虚线），或恶化（长虚线）。文化期的缩写和定义参见表 8.3。（B）重建智利胡安·费尔南德斯群岛龙虾丰度的历史变化，以及基于不同管理和保护情景对未来龙虾丰度的预测（MR=海洋保护区、ER=降低捕捞努力）（A 仿自 Lotze et al.，2006；B 仿自 Eddy et al.，2010）

---

* 原文为"stewardship"，为具体的管理行动，即在收获减少之后降低捕捞量（Eddy et al.，2010）——译者

区分自然和人为变化 历史研究所描述的一系列过去的种群大小和生态条件，有助于我们区分自然变化和人为变化，解释现在和预计的未来变化是否处于先前经验的范围之中，并预测未来对不同胁迫的响应。例如，Rose（2004）使用剩余产量模型重建了纽芬兰过去 500 年中鳕鱼生物量的变化，并对其内在驱动力进行了分析。结果显示，鳕鱼生物量在小冰期（1800～1880 年）的下降是气候变冷导致生产力下降造成的，而 20 世纪 60 年代的衰竭是减少过度捕捞造成的，到了 20 世纪 80 年代末，气候变化和渔业共同造成了鳕鱼生物量的减少。研究表明，捕鱼压力和气候在未来的变化中会相互作用，共同影响鳕鱼的丰度。在加勒比海，化石记录揭示，在过去 20 万年里，珊瑚礁的优势种主要是鹿角珊瑚（acroporids）中的两个种（Pandolfi and Jackson，2001）。然而，到了 20 世纪初，伴随着开垦农田的土地清理，这些珊瑚的相对丰度开始下降，并在 20 世纪 70 年代急剧下降，主要是由于疾病和珊瑚漂白事件（图 8.17；Greenstein et al.，1998；Cramer et al.，2012）。这些最近发生的珊瑚丰度的降低超出了化石记录里所观察到的自然变化的范围，这表明如果这些（人为）影响不被缓解，鹿角珊瑚将进一步减少。最后，对过去 5 亿年海洋生态系统生物灭绝速率和驱动力的分析揭示，在化石记录中，保存了自然引起的酸化、缺氧、变暖/冷，以及生境丧失驱

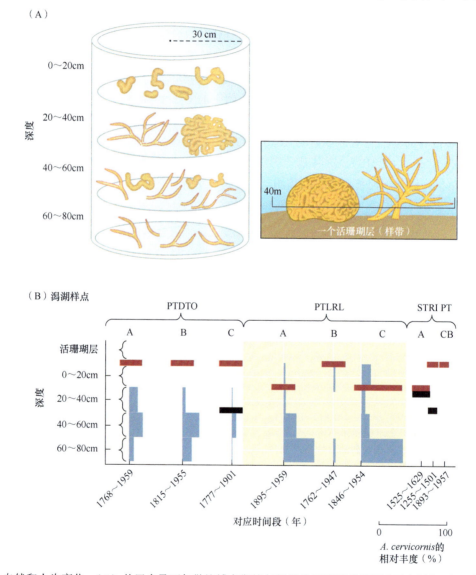

图 8.17 区分自然和人为变化。（A）从巴拿马西加勒比博卡斯德尔托罗地区珊瑚礁碎石"死亡层"（左）获取的长期数据与现代"活珊瑚层"（右）的对比表明，在 20 世纪下半叶之前，摩羯鹿角珊瑚（*Acropora cervicornis*）是常见的造礁珊瑚。（B）*A. cervicornis* 在群落中的平均相对丰度从 1960 年之前的 28% 下降到 6%，再到如今的 0%。A、B 和 C 分别代表每个样点的三次重复采样。黑色水平条带表示 1900 年之前和之后的分界线；红色水平条带表示 1960 年前后的分界线；蓝色条带表示在 *A. cervicornis* 死亡层所占的百分比（样点：PTDTO=Punta Donato；PTLRL=Punta Laurel；STRI PT=史密森尼学会热带研究所（Smithsonian Tropical Research Institute）角；仿自 Cramer et al.，2012）

动的海洋生物灭绝的信息，而人类活动导致的过度利用、生境丧失和污染的影响仅限于过去 1 万年（表 8.4；Harnik et al.，2012）。如今，许多这些驱动力都在同时发挥作用，而随着人类人口的增加和气候变化的影响，这种情况在未来可能会持续加强。这将使越来越多的海洋生物面临灭绝的风险，包括那些自人类文明以来受到各种人类活动强烈影响的分类群（如海洋哺乳动物、鸟类和鱼类等），以及许多无脊椎动物和植物（见图 8.15；Harnik et al.，2012）。该研究提供了一个窗口，让我们了解特定生物如何对预测的未来环境条件做出响应，并帮助我们完善对全球海洋生物灭绝风险的分析。

表 8.4　过去海洋生物灭绝的驱动力与当前的威胁

时段a	驱动力与威胁b						
	酸化c	缺氧d	变暖	变冷	生境丧失e	过度开发利用	污染
奥陶纪—志留纪（约 444Ma）		○	○	●	●		
晚泥盆世*（弗拉斯期—法门期：约 374Ma）		●	○	●	●		
二叠纪末*（约 251Ma）	●	●	●	○	●		
早三叠纪（约 245Ma）	○	●	○	●	○		
三叠纪—侏罗纪*（约 202Ma）	●	●	●				
早侏罗纪*（普林斯巴赫期—图阿尔期；约 183Ma）	●	●	●				
阿普特期—阿尔必期（约 112Ma）	●	●		○	○		
赛诺曼期—土伦期（约 93.5Ma）	●	●	○				
白垩纪—古新世（约 65.5Ma）	●		○	●			
古新世—始新世极热事件*（约 56Ma）	●	○	●				
始新世—渐新世（约 34Ma）				●	○		
中新世中期气候适宜期（约 14.7Ma）			●		○		
历史（约 10Ka）			○		●	●	○
现代	●	●	●		●	●	●

引自：Hallam，2004；Harnik et al.，2012

a 加粗字体的时间段表示发生大灭绝事件；星号（*）表示全球性珊瑚危机；

b 实心圆圈表示主要驱动力，而空心圆圈表示次要驱动力；

c 酸化的原因包括火山作用、火流星影响、过去释放的甲烷气水合物（methane clathrate），以及现代燃烧化石燃料等；

d 缺氧的原因包括变暖、富营养化、过去的海洋层化，以及现代的富营养化等；

e 生境丧失的原因包括过去的海平面下降，以及现代的生境退化和海岸带开发

揭示不同人类影响驱动力的重要性　确定哪些人类活动对海洋生物和生态系统历史变化影响最为严重，对于预测未来对不同扰动的响应变化至关重要。历史研究显示，过度开发利用通常是第一个，也是对海洋种群影响最为严重的人类活动，其次是生境丧失和污染，以及最近的物种入侵和气候变化（Jackson et al.，2001；Lotze et al.，2006；Rick and Erlandson，2008）。随着时间的推移，人类的活动开始相互叠加，不断增加累积效应。例如，在芬迪湾，捕鱼和筑坝共同作用，导致野生鲑鱼的数量在 19 世纪开始下降，而到了 20 世纪，污染与逃逸的养殖鲑鱼的相互作用，使野生鲑鱼的数量进一步减少（Lotze and Milewski，2004）。在现代的珊瑚礁中，气候变化和营养负荷影响往往最为直观，其所导致的珊瑚白化和藻类过度生长会造成活体珊瑚的死亡。然而，历史分析显示，过度捕鱼曾是珊瑚历史变化的一个重要的长期驱动力，由于几个世纪以来大型鱼类和其他食植者的减少，降低了植食压力，从而为大型藻类的存活提供了条件（Pandolfi et al.，2005）。因此，能够存活到未来的珊瑚礁，其种群特点是具有健康有活力的鱼类和其他大型动物，它们可以调节富营养化和气候变化的影响（Newman et al.，2006）。对多种人类活动影响的顺序和效应的重建，有助于我们理解变化发生的时间，以及生态系统在未来会如何对不同的驱动力做出响应。

预测恢复潜力　现如今，海洋保护生物学面临的最重要任务之一，就是理解和预测物种和生态系统从人类或自然干扰中恢复的潜力。海洋历史生态学为评估恢复的成功与否提供了重要信息，特别是恢复的程

度、规模和时间线（Lotze et al.，2011b）。一些历史研究证明，当导致变化的驱动力得以缓解时，物种的恢复是可能的。例如，在夏威夷群岛的主岛，自公元 400 年至公元 1820 年的农业发展，降低了对岛屿周围珊瑚礁的捕鱼压力。考古学的证据表明，鹦嘴鱼（*Scarus* spp.）和潮间带的嫁蝛（*Cellana* spp.）的平均大小在这段时间都有所增加（Kittinger et al.，2011）。最近，许多海洋脊椎动物的种群都出现了一定程度的恢复，这是对近百年来减少或停止开发利用、生境保护和污染控制的响应（图 8.8、图 8.11 和图 8.14）。研究总结表明，10%～50% 曾衰竭的海洋哺乳动物、鸟类、爬行类和鱼类种群都有一定程度的恢复，尽管很少恢复到其历史丰度水平（Lotze et al.，2011b）。在这里，历史基线对于量化恢复的规模和判断恢复的成功与否极其重要（图 8.12 和 8.16）。此外，历史衰竭的趋势对于评估丰度在何时达到低谷，以及恢复过程需要多长时间都是必要的，对于评估和预测生态系统的恢复来说也是如此（Lotze et al.，2011b）。

尽管有这样的恢复实例，历史仍然告诫我们，恢复的障碍总是存在。尽管对提高其丰度的努力在不断加强，许多种群仍然处于萧条状态或数量继续下降（Lotze et al.，2011b）。在出现过衰竭的 256 个种群中，仅有 40 个有一定程度的恢复（Lotze and Worm，2009），而在 232 个衰竭过的鱼类种群里，40% 的鱼群在种群崩溃的 15 年后，仍没有任何恢复的迹象（Hutchings and Reynolds，2004）。没有得到恢复的原因包括：衰竭的规模，其规模越大，恢复的潜力就越小；物种的生活史，生长快速的物种恢复得更快；或是恢复的时间，长寿的物种需要数十年乃至数百年的时间才能得以恢复（Hutchings and Reynolds，2004；Lotze et al.，2011b）。这些历史恢复趋势的信息对于预测不同物种未来的恢复潜力极具价值。有时候，其他物种丰度的突变或者是生态条件的改变，可能会阻止某个物种的恢复。例如，尽管处于《美国海洋哺乳动物保护法》（*U.S. Marine Mammal Protection Act*）和《美国濒危物种保护法》（*U.S. Endangered Species Act*）的保护之下，而且就在帕帕哈瑙莫夸基亚国家海洋保护区（Papah-naumoku-kea National Marine Monument）之内，夏威夷群岛西北部的夏威夷僧海豹（*Monachus schauinslandi*）种群数量仍然持续下降。在这个例子里，捕食性鱼类和鲨鱼丰度的增加可能导致了竞争排斥和海豹幼体的高死亡率，从而抑制了海豹种群的恢复（Gerber et al.，2011）。在斯科舍陆架，大西洋鳕的种群数量在加拿大政府于 1992 年关闭渔场之后也未能得以恢复。Frank 等（2005，2011）的研究发现，对鳕鱼幼体取食的食浮游生物性鱼类的增加，可能是导致禁止捕鱼后鳕鱼种群难以恢复的原因。最近的观察表明，食浮游生物性鱼类的数量已经开始稳定或下降，这说明鳕鱼的恢复前景指日可待（Frank et al.，2011）。这些研究也警示我们，物种的衰竭和恢复趋势也许是大相径庭的。

管理和保护

历史基线和变化的趋势对于评估长寿的海洋生物的灭绝风险，确定濒危物种何时可被认为业已恢复，改进渔业管理和评价，设定生态系统恢复的目标，以及评价过去管理的成败得失都是非常必要的。因此，越来越多的保护组织和管理机构都在利用历史的信息，来制定有意义的管理和保护目标（McClenachan et al.，2012）。

灭绝风险评估　种群的快速减少通常是灭绝风险的警告。世界自然保护联盟（IUCN）红色名录认为，一个物种如果在三代中种群数量下降了 50%，则被认为有灭绝风险。对于长寿的生物来说，三代的时间可能会超过 100 年，因此，使用历史数据是非常重要的，特别是对于那些具有长久开发利用历史的物种。例如，玳瑁（*Eretmochelys imbricata*）的一个世代的时间超过 30 年，而且已被人类高强度地开发利用了几百年。通过对海滩上产卵的雌龟计数，已经获取了过去几十年的种群数据，但是，这点时间的数据远远不够评价其三个世代的发展趋势。为了解决这一问题，2008 年 IUCN 红色名录在评估时，从自 19 世纪中叶开始的贝壳贸易销售数据和过去几百年来的其他历史信息中搜集了相关数据（Mortimer and Donnelly，2008）。将这些信息与最近的观察数据相结合，得以对玳瑁种群的长期变化和灭绝风险进行稳健的估算。其结果显示，玳瑁在三个世代中数量下降超过了 80%，也因而被列入了"极危"物种名单（图 8.18A）。而令人诧异的是，过去 30 年的数据却描述了一个完全不同的趋势。该数据显示玳瑁的种群在增长，而且和海龟的趋势相同（图 8.18B）。这些情况表明，对长期趋势的描述需要较长时间序列的数据。类似的历史数据和现在种群丰度趋势的对比评估，使科研人员可以评价对其他大型海洋生物的保护或管理状态（McClenachan et al.，2012）。例如，对大型鲨鱼的捕猎已有几个世纪，但长期数据的匮乏，限制了对种群的有效评估与管理。在地中海，有 22 个国家共同参与管理渔场，但是统计数据无论在时间上还是在空间上都很有限。在 2007 年，IUCN 的一个区域评估综合了多个信息源，但很少有数据的时间序列能超过 50 年，而且只有少数几个物种有定量的数据（Cavanagh and Gibson，2007）。因此，Ferretti 等（2008）收集整理了鲨鱼丰度的历史数据，从而构建了 180 年的鲨鱼丰度数据，有四种之前被归类为"数据缺乏"的大型鲨鱼有了丰度变化趋势的相关信息（表 8.5）。这些例子表明，历史信息有助于我们对海洋生物的灭绝风险进行更加准确的评估。

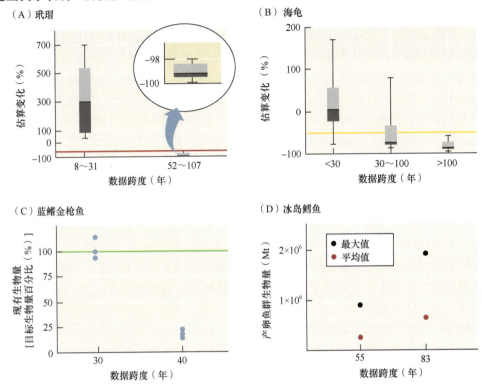

图 8.18　使用的历史数据会影响对灭绝风险的评估和渔业参考基准点。（A）从玳瑁筑巢海滩得出的种群趋势显示，可用数据时间跨度为 8～31 年和 52～107 年的海滩，所得到的种群变化中位数分别为 +308%（64%～705%）和 –96%（–80%～99%）。可用数据跨度为 52～107 年的海滩所提供的数据，会使该海滩的玳瑁被 IUCN 评估为极度濒危（红线），而前者则不会。（B）类似地，可用数据时间跨度少于 30 年、30～100 年和超过 100 年的海滩，所得到的海龟种群变化中位数分别为 +7%（–77%～+170%）、–73%（–88%～+75%）和 –83%（–65%～–93%）。可用数据跨度超过 30 年的海滩所提供的数据，会使该海滩的海龟被 IUCN 评估为濒危（黄线），而少于 30 年的数据则不会。（C）如果使用时间序列较短的 30 年数据，大西洋蓝鳍金枪鱼的现有种群规模就超过了目标生物量（绿线），而使用 40 年的数据则显示，现有种群仅为目标生物量的 15%。（D）过去 55 年的冰岛鳕鱼数据所估算得到的平均和最大产卵鱼群生物量（spawning stock biomass，SSB）要比 83 年的数据所估算的少一半，因为后者包含了 20 世纪 20 年代和 30 年代的峰值。（仿自 McClenachan et al.，2012）

表 8.5　有无历史数据情况下对地中海鲨鱼种群长期变化的估算

物种		无历史数据		有历史数据	
学名	俗名	基线时间	趋势	基线时间	趋势
Prionace glauca	大青鲨	1979	–38.50%	1950	–96.53%
Alopias vulpinus	长尾鲨	缺失	缺失	1898	–99.99%
Lamna nasus	鼠鲨	缺失	缺失	1827	–99.99%
Isurus oxyrinchus	灰鲭鲨	缺失	缺失	1827	–99.99%
Sphyrna zygaena	平双髻鲨	缺失	缺失	1827	–99.99%

引自：Cavanagh and Gibson，2007；Ferretti et al.，2008；McClenachan et al.，2012

濒危物种的恢复　历史数据还有助于我们评估，何时能将曾衰竭物种的丰度增加视为物种已经恢复，以及这种恢复与其历史种群大小的比较结果如何？这种评估是必要的，可用于确定是否需要继续对一个物种进行保护，或是否有可能再次对其进行利用。例如，在捕鲸结束后，一些鲸类的种群开始有恢复的迹象。

南极蓝鲸（*Balaenoptera musculus intermedia*），其种群数量曾跌至 360 头左右，自 1974 年起，以每年 7% 的速度在增长。然而，20 个世纪的各种数据，包括 20 世纪初的航海日志、60 年代末开始的观察调研等都表明，尽管蓝鲸的数量在增长，但其种群仍然不及其历史丰度（超过 20 万头）的 1%。因此，对蓝鲸仍然需要进行进一步的保护（Branch et al.，2004）。类似的历史种群丰度重建方法被用于最近恢复的南露脊鲸（图 8.8A）和太平洋灰鲸（图 8.11）的研究。同样，在一些地方，海龟（*Chelonia mydas*）种群数量对保护工作做出了积极的响应，在过去 30 年里在不断地增长（McClenachan et al.，2006；Chaloupka et al.，2008）。从 1973 年开始，夏威夷群岛西北部的卫舰暗沙（French Frigate Shoals）的一个海龟种群已经增长了 400% 还多。其结果导致夏威夷的亚种群被 IUCN 从名单中移至"无危"，而且正被考虑移出美国濒危物种保护名单。然而，考古数据和历史记录显示，其种群在过去具有更高的空间异质性，筑巢的地点曾遍布夏威夷的主岛和西北群岛（Kittinger et al.，2013）。1250～1950 年曾存在的筑巢点，现在 80% 都已消失或被严重破坏，而卫舰暗沙上的恢复并未导致这些地点的恢复。这个例子表明，生物地理的历史分布格局可以作为另一种评估濒危物种恢复进展的重要变量。

渔业管理　对渔业管理来说，历史基线可用于评估渔业资源的现状，确定允许捕获率，给过度捕捞物种建立重建的目标。不幸的是，在大多数情况下，独立于渔业之外的调查研究和可用于估算鱼群丰度的捕捞数据仅限于过去的这几十年时间，而很多渔业资源已被开发利用数百年之久。因此，历史数据和分析方法可以将现有的种群数量波动置于一个长期的历史背景之下，有助于建立一个对现有种群状态更准确的评估，正如在对过去 5000 年来缅因湾的鳕鱼个体大小（图 8.4C；Jackson et al.，2001），以及自 19 世纪 50 年代以来斯科舍陆架的鳕鱼生物量（图 8.6B；Rosenberg et al.，2005）的研究一样。同样，使用长时间序列数据能够证明种群在过去所发生波动的程度，从而影响对其现状和重建目标的认识，就像对蓝鳍金枪鱼和冰岛鳕鱼（图 8.18C、D；McClenachan et al.，2012）的研究一样。而对开发利用前的种群大小、环境承载力或原始生物量的估算，有助于建立鱼群现状更准确的评估（Myers et al.，2001；Myers and Worm，2005），通常都会发现高度衰竭的鱼群，从而需要重新调整管理的目标。小规模渔业的数据通常很少，管理者只能依赖于一些非传统的数据源，如对资源利用者的走访调查或业余潜水爱好者的记录等。对这些渔业，海洋历史生态学能够提供重要的知识，包括鱼类大小的变化（见图 8.10；Sáenz-Arroyo et al.，2005；McClenachan，2009）、捕获和单位捕获努力量渔获量、种群结构，以及个体发育的变化等（Ames，2004；Lotze and Milewski，2004）。这些知识可进一步用于探索不同管理模式的结果，如之前讨论的智利龙虾（见图 8.16B）。历史数据还能证明一个生态系统对渔业的承载力。在夏威夷群岛，对渔获量的重建表明，在欧洲人到来之前的渔获量高于现在，但高水平的自给渔业维持了近 400 年（McClenachan and Kittinger，2012）。

渔业受到生态系统变化的影响，而历史分析方法提供了影响渔业生产力和多样性的长期生态变化的重要信息。对许多海岸带生物群落来说，历史上对海洋捕食者的过度捕捞导致了对其猎物的捕食压力的下降，从而可能产生对人类有益的新渔业品种。例如，在北美洲的海藻林群落，海獭灭绝导致海胆增长，促进了海胆捕捞业的发展（Palumbi，2010）。同样，在北大西洋，鳕鱼和其他大型捕食性底层鱼类的严重减少导致了虾、龙虾、海胆和其他无脊椎动物数量的增长，而这些支撑了有经济价值的渔业（Worm and Myers，2003；Anderson et al.，2008；Boudreau and Worm，2010）。将渔业现状置于历史背景之中可以使我们认识到，渔业管理的长期目标应该包括具有完整食物网的生态系统的恢复，从而能够为渔业提供更富多样性的选择（Steneck et al.，2011）。

生态系统的恢复　恢复生态学常常依赖于历史基线，因为它寻求"生态系统回到接近其受干扰之前的状态"（National Research Council，1992）。从物种管理到生态系统恢复的尺度上升需要各种不同的历史信息，包括过去的物种多样性、群落结构、水质、生境可用性和生态系统功能等（Lotze et al.，2011b）。例如，自 20 世纪 60 年代以来，对英国泰晤士河的污染控制使得近 110 种鱼类重新回到该栖息地。在美国佛罗里达州的坦帕湾，自 20 世纪 70 年代以来，营养负荷的减少提高了水的清澈度，降低了藻华暴发频率，使海草生态系统得以恢复（Cloern，2001）。对生态系统历史功能的了解，能够为恢复提供定量的和有生态意义的目标。例如，通过对周边沉积物的过滤和反硝化作用，牡蛎礁可以为人类社会提供 99 000 美元/(hm^2·年) 的服务价值（Grabowski et al.，2012）。但在过去的 120 年里，美国河口生态系统的牡蛎礁生物量减少了近 90%

（zu Ermgassen et al.，2012）。旨在将牡蛎礁密度恢复到能够提供之前过滤能力的修复工作，提供了明确的生态和经济价值，从而可用于平衡恢复工作的成本。

从过去管理的得失中汲取经验教训　最后，历史研究能够展示人类社会在过去管理海洋资源的方式，以及这些管理措施成功的程度（Lotze et al.，2014）。纵观历史和全球，人类为有价值的海洋资源衰竭做出过努力，实施了一定的管理措施，包括捕捞努力量和渔具管制、渔获量或大小的配额、时空上的封育，以及私有化或治理。然而，所选择的措施常常被抵制，或是不充分，或没有被完全执行或强制执行，因而也无法阻止海洋资源的进一步衰竭。很多时候，渔业只不过是打一枪换一个地方，转向其他物种或其他捕鱼较少的区域，或是通过技术革新提高其捕鱼效率（Lotze et al.，2014）。当然，过去的渔业管理也有成功之处。例如，在古老的夏威夷，通过多种管理措施，包括时空封育、进入渔场的限制、基于社区的管理、以及对有价值物种（如鲨鱼和海龟）消费的限制等，珊瑚礁鱼类和无脊椎动物的高水平自给渔业得以维持。一项对几百年来可持续性的研究表明，社会因素对渔业历史变化趋势有强烈影响，而如果多项措施并行，可以维持高水平的渔业（McClenachan and Kittinger，2012）。同样，多项措施并用可以成功地重建一些海洋鱼类种群，无论是大尺度还是小规模的渔业（Worm et al.，2009）。因此，过去管理的得失能够为未来的可持续管理和重建提供重要信息。

在整个 20 世纪，许多海洋保护行动都在保护和重建各种海洋动物上取得成功（Lotze et al.，2011b）。例如，1900 年美国的《莱西法案》（*U.S. Lacey Act*）禁止高价值鸟类羽毛的交易，1916 年美国的《候鸟协定法案》（*Migratory Bird Treaty*）保护了一系列鸟类物种，使其免遭捕猎、采卵和毁巢之害。这些法律拯救了一些涉禽和海鸟，使其免受灭绝之灾，并使得许多自 19 世纪以来就被作为捕猎目标的鸟类种群数量得以大范围增长。同样，1911 年的《北冰洋海豹保护公约》（*International Fur Seal Treaty*）自 20 世纪初就已开始保护北美洲西海岸因狩猎而濒临灭绝的海狗和海獭。从 16 世纪开始，露脊鲸、弓头鲸和灰鲸就曾被大量捕杀，以获取肉、油脂和鲸须，在 20 世纪 30 年代得到各签约国的保护，禁止商业捕鲸（Lotze et al.，2011b）。这些保护的成功案例都为未来的保护行动提供了范式。

教育与宣传

本章在开始曾引用这句话："忘记过去的人注定将重蹈覆辙"（Santayana，1905）。当然，这句话不仅仅是对科学和科研工作者说的，而是对我们所有人说的。海洋历史生态学提供了关键信息，这些信息可以在中学和大学里传授，也可以向普通大众宣传，旨在为人类社会和海洋创建一个更美好的未来。如果公众了解，人类在过去的选择、文化价值观和行动等曾如何影响海洋的过去，就有可能改变其未来的行为。此外，公众参与也是将海洋历史生态学应用于实际保护和管理行动的关键一环。

我们对海洋历史的集体性无视，是因为记忆的丧失。事实上，我们现在所感受的自然，与我们的父母、祖父母和曾祖父母所见识过的自然环境大不相同，就像前面所介绍的，年轻的、中年的和年长的渔夫，他们记忆中收成最好的一天的捕获量和最大的鱼的大小是不一样的（图 8.1 和图 8.10）。因此，"基线变化综合征"（Pauly，1995）可以用公众能够理解的方式去描述渔业、物种多样性和其他海洋健康指标（如水质和生态系统服务等）的下降。这一观念已经通过各种类型的媒体以及各种参与程度将海洋环境的变化传递给了大众。例如，在过去 50 年中，在佛罗里达角钓获的"记录"鱼的图片，能够帮助科学受众了解最大珊瑚礁鱼平均大小下降趋势的定量分析结果（图 8.19A）；同样的照片在华盛顿特区美国国家自然历史博物馆的海洋馆以海报的形式展出，向对科学感兴趣的大众展示基线变化的概念，以及珊瑚礁生态系统大型鱼类的消失（图 8.19B）；而类似的信息还被以漫画的形式，描绘了 20 世纪 50 年代和 2009 年的"记录"鱼的大小区别，向可能本不会关注海洋问题的观众展示了基线变化的概念。以 Pauly 的概念命名的在线网站 www.shiftingbaselines.org 以幽默的手法，引起人们对海洋生态系统长期变化的关注。例如，一个公共服务公告以夸张的手法描绘了一个以抓住很小的鱼为荣的滑稽垂钓者的形象，以此来宣传沿食物网向下捕鱼的概念，以及大小选择性渔业对鱼类种群的影响。

历史生态学还能够帮助公众理解保护与管理的具体目标，并鼓励公众参与到这些行动中来。与"改善当前状态"这样让公众十分费解的目标相比，过去的信息能够让公众很清楚地认识到，如果保护与管理行

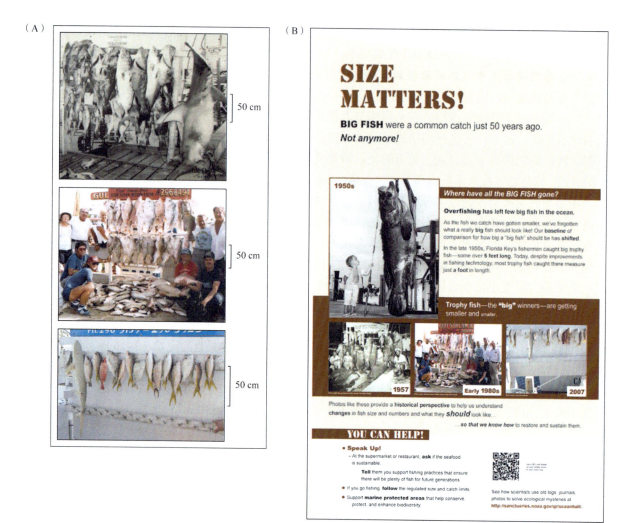

图8.19 向公众宣传过度捕捞对鱼类大小影响的不同方式。（A）通过科研文献（引自 McClenachan，2009）宣传。（B）华盛顿特区美国国家自然历史博物馆海洋馆中的陈列［A 引自 McClenachan，2009；B 海洋馆/史密森学会（Smithsonian Institution）/NOAA］

动获得成功，海洋动物和海洋生态系统可能会达到什么样的状态。例如，20 世纪 50 年代，在佛罗里达角捕获的大型礁鱼的图片（图 8.19A）就能给垂钓者、潜水员，以及其他人提供一个积极的、具体的目标：如果衰竭的鱼类种群得以恢复，未来会是怎样的。同时，历史数据可能会与公众的观点相矛盾，从而向公众展示什么才是真正恢复的生态系统。例如，瓦登海斑海豹的恢复，让很多人认为这是不自然的，数量过多，这是由于几乎没有人在他们的生命之中见过如此之多的海豹。此外，其种群遭受了两次疾病暴发，可能会使人产生错觉，其种群数量已经达到了环境承载力。然而重建的历史数据揭示了，到 20 世纪末，斑海豹的种群数量仍然只是其 100 年前数量的一半（图 8.8B），这说明现在的海豹种群数量是自然的，而且仍在恢复之中。

最后，强调海岸带居民福祉与海洋生态系统健康之间的历史联系，有助于了解人类与其周边环境之间的许多联系。美国的国家海洋保护区计划为这种宣传交流提供了典范，其目标是既要保护生态的完整性，又要维持保护区内的文化历史传统。例如，美国的斯特尔威根海岸国家海洋保护区（Stellwagen Bank National Marine Sanctuary）的公众宣传材料（NOAA，2013）中，描述了该区域的海事历史，以及不同时期海员与保护区内海洋生物的互动方式。这种对历史和生态学的融合，说明了过去、现在和未来人们的选择和文化价值观的影响。总而言之，对下一代孩子和学生的教育，以及让公众了解海洋生物种群、生态系统和沿海居民等长期变化的历史，能够使海洋和蓝色星球的未来更加美好。

致谢

在此我们要感谢海洋历史生态学领域的所有同行，感谢他们的宝贵想法、贡献和许多鼓舞人心的讨论。我们还感谢加利福尼亚州美国国家生态分析与综合中心、海洋生物种群历史普查（HMAP）计划、Lenfest 海洋计划和海洋保护生物学研究所等机构为海洋历史生态学研究提供资助。

引用文献

Ainsworth, C., J. J. S. Heymans, T. J. Pitcher, and M. Vasconcellos. 2002. Ecosystem models of Northern British Columbia for the time periods 2000, 1950, 1900 and 1750. *FCRR* 10: 43.

Airoldi, L. and M. W. Beck. 2007. Loss, status, and trends for coastal marine habitats of Europe. *Oceanogr. Mar. Biol. Annu. Rev.* 45: 345–405.

Al-Abdulrazzak, D., R. Naidoo, M. L. D. Palomares, and D. Pauly. 2012. Gaining perspective on what we've lost: The reliability of encoded anecdotes in historical ecology. *PLoS ONE* 7: e43386.

Alter, S. E., E. Rynes, and S. R. Palumbi. 2007. DNA evidence for historic population size and past ecosystem impacts of gray whales. *Proc. Natl. Acad. Sci. (USA)* 104: 15162–15167.

Altieri, A. H., M. D. Bertness, T. C. Coverdale, et al. 2012. A trophic cascade triggers collapse of a salt-marsh ecosystem with intensive recreational fishing. *Ecology* 93: 1402–1410.

Ames, E. P. 2004. Atlantic cod stock structure in the Gulf of Maine. *Fisheries* 29: 10–28.

Anderson, S. C., J. M. Flemming, R. Watson, and H. K. Lotze. 2011. Serial exploitation of global sea cucumber fisheries. *Fish Fish.* 12: 317–339.

Baker, C. S. and P. J. Clapham. 2004. Modelling the past and future of whales and whaling. *Trends Ecol. Evol.* 19: 365–371.

Barrett, J. H., A. M. Locker, and C. M. Roberts. 2004. The origins of intensive marine fishing in medieval Europe: the English evidence. *Proc. Biol. Sci.* 271: 2417–2421.

Baum, J. K. and B. Worm. 2009. Cascading top-down effects of changing oceanic predator abundances. *J. Anim. Ecol.* 78: 699–714.

Baum, J. K. and R. A. Myers. 2004. Shifting baselines and the decline of pelagic sharks in the Gulf of Mexico. *Ecol. Lett.* 7: 135–145.

Beck, M. W., K. L. Heck, K. W. Able, et al. 2001. The identification, conservation, and management of estuarine and marine nurseries for fish and invertebrates. *BioScience* 51: 633–641.

Berkes, F., T. P. Hughes, R. S. Steneck, et al. 2006. Globalization, roving bandits, and marine resources. *Science* 311: 1557–1558.

Bolster, W. J. 2012. *The Mortal Sea: Fishing the Atlantic in the Age of Sail.* Cambridge, MA: Belknap Press of Harvard University Press.

Boudreau, S. A. and B. Worm. 2010. Top-down control of lobster in the Gulf of Maine: insights from local ecological knowledge and research surveys. *Mar. Ecol. Progr. Ser.* 403: 181–191.

Bourque, B. J., B. J. Johnson, and R. S. Steneck. 2008. Possible prehistoric fishing effects on coastal marine food webs in the Gulf of Maine. In, *Human Impacts on Ancient Marine Ecosystems: A Global Perspective* (T. C. Rick and J. M. Erlandson, eds.), pp. 165–185. Berkeley, CA: University of California Press.

Branch, T. A., K. Matsuoka, and T. Miyashita. 2004. Evidence for increases in Antarctic blue whales based on Bayesian modelling. *Mar. Mamm. Sci.* 20: 726–754.

Broughton, J. M. 1997. Widening diet breadth, declining foraging efficiency, and prehistoric harvest pressure: Ichthyofaunal evidence from the Emeryville Shellmound, California. *Antiquity* 71: 845–862.

Broughton, J. M. 2002. Prey spatial structure and behavior affect archaeological tests of optimal foraging models: Examples from the Emeryville Shellmound vertebrate fauna. *World Archaeol.* 34: 60–83.

Bunce, M., L. D. Rodwell, R. Gibb, and L. Mee. 2008. Shifting baselines in fishers' perceptions of island reef fishery degradation. *Ocean Coast. Manag.* 51: 285–302.

Byrnes, J. E., P. L. Reynolds, and J. J. Stachowicz. 2007. Invasions and extinctions reshape coastal food webs. *PLoS ONE* 2: e295.

Carlton, J. T. 1998. Apostrophe to the ocean. *Conserv. Biol.* 12: 1165–1167.

Carlton, J. T., J. B. Geller, M. L. Reaka-Kudla, and E. A. Norse. 1999. Historical extinctions in the sea. *Annu. Rev. Ecol. Syst.* 30: 515–538.

Causey, D., D. G. Corbett, C. Lefevre, et al. 2005. The palaeoenvironment of humans and marine birds of the Aleutian Islands: Three millennia of change. *Fish. Oceanogr.* 14: 259–276.

Cavanagh, R. and C. Gibson. 2007. *Overview of the Conservation Status of Cartilaginous Fishes (Chondrichthyans) in the Mediterranean Sea.* Gland, Switzerland, and Malaga, Spain: World Conservation Union.

Chaloupka, M., K. A. Bjorndal, G. H. Balazs, et al. 2008. Encouraging outlook for recovery of a once severely exploited marine megaherbivore. *Global Ecol. Biogeogr.* 17: 297–304.

Christensen, L. B. 2006. Marine mammal populations: Reconstructing historical abundances at the global scale. *UBC Fish. Cent. Res. Rep.* 14: 161.

Christensen, V., S. Guenette, J. J. Heymans, et al. 2003. Hundred-year decline of North Atlantic predatory fishes. *Fish Fish.* 4: 1–24.

Cloern, J. E. 2001. Our evolving conceptual model of the coastal eutrophication problem. *Mar. Ecol. Progr. Ser.* 210: 223–253.

Cohen, A. N. and J. T. Carlton. 1998. Accelerating invasion rate in a highly invaded estuary. *Science* 279: 555–558.

Coll, M., H. K. Lotze, and T. N. Romanuk. 2008. Structural degradation in Mediterranean Sea food webs: Testing ecological hypotheses using stochastic and mass-balance modelling. *Ecosystems* 11: 939–960.

Cooper, S. R. and G. S. Brush. 1993. A 2,500-year history of anoxia and eutrophication in Chesapeake Bay. *Estuaries* 16: 617–626.

Costanza, R., R. d'Arge, R. de Groot, et al. 1997. The value of the world's ecosystem services and natural capital. *Nature* 387: 253–260.

Cramer, K. L., J. B. C. Jackson, C. V. Angioletti, et al. 2012. Anthropogenic mortality on coral reefs in Caribbean Panama predates coral disease and bleaching. *Ecol. Lett.* 15: 561–567.

Dayton, P. K., M. J. Tegner, P. B. Edwards, and K. L. Raiser. 1998. Sliding baselines, ghosts and reduced expectations in kelp forest communities. *Ecol. Appl.* 8: 309–322.

del Monte-Luna, P., D. Lluch-Belda, E. Serviere-Zaragoza, et al. 2007. Marine extinctions revisited. *Fish Fish.* 8: 107–122.

Devine, J. A., K. D. Baker, and R. L. Haedrich. 2006. Deep-sea fishes qualify as endangered. *Nature* 439: 29.

Diaz, R. J. and R. Rosenberg. 2008. Spreading dead zones and consequences for marine ecosystems. *Science* 321: 926–929.

Dulvy, N. K., J. K. Pinnegar, and J. D. Reynolds. 2009. Holocene extinctions in the sea. In, *Holocene Extinctions* (S. T. Turvey, ed.), pp. 129–150. Oxford, UK: Oxford University Press.

Dulvy, N. K., Y. Sadovy, and J. D. Reynolds. 2003. Extinction vulnerability in marine populations. *Fish Fish.* 4: 25–64.

Dunne, J. A., R. J. Williams, N. D. Martinez, et al. 2008. Compilation and network analyses of Cambrian food webs. *PLoS Biol.* 6: e102.

Eddy, T. D., J. P. A. Gardner, and A. Perez-Matus. 2010. Applying fishers' ecological knowledge to construct past and future lobster stocks in the Juan Fernandez Archipelago, Chile. *PLoS ONE* 5: e13670.

Enghoff, I. B., B. R. MacKenzie, and E. E. Nielsen. 2007. The Danish fish fauna during the warm Atlantic period (ca. 7000–3900 BC): Forerunner of future changes? *Fish. Res.* 87: 167–180.

Erlandson, J. M., T. C. Rick, and R. Vellanoweth. 2004. Human impacts on ancient environments: A case study from California's Northern Channel Islands. In, *Voyages of Discovery: Examining the Past in Island Environments* (S. Fitzpatrick, ed.), pp. 51–83. New York, NY: Praeger Press.

Essington, T. E., A. H. Beaudreau, and J. Wiedenmann. 2006. Fishing through marine food webs. *Proc. Natl. Acad. Sci. (USA)* 103: 3171–3175.

Ferretti, F., R. A. Myers, F. Serena, and H. K. Lotze. 2008. Loss of large predatory sharks from the Mediterranean Sea. *Conserv. Biol.* 22: 952–964.

Ferretti, F., G. C. Osio, C. J. Jenkins, et al. 2013. Long-term change in a meso-predator community in response to prolonged and heterogeneous human impact. *Sci. Rep.* 3: 1057.

Ferretti, F., B. Worm, G. L. Britten, et al. 2010. Patterns and ecosystem consequences of shark declines in the ocean. *Ecol. Lett.* 13: 1055–1071.

Finney, B. P., I. Gregory-Eaves, M. S. V. Douglas, and J. P. Smol. 2002. Fisheries productivity in the northeastern Pacific Ocean over the past 2,200 years. *Nature* 416: 729–733.

Fofonoff, P. W., G. M. Ruiz, B. Steves, and J. T. Carlton. 2003. National Exotic Marine and Estuarine Species Information System. invasions.si.edu/nemesis

Frank, K. T., B. Petrie, J. S. Choi, and W. C. Leggett. 2005. Trophic cascades in a formerly cod-dominated ecosystem. *Science* 308: 1621–1623.

Frank, K. T., B. Petrie, J. A. D. Fisher, and W. C. Leggett. 2011. Transient dynamics of an altered large marine ecosystem. *Nature* 477: 86–89.

Friedlander, A. M. and E. E. DeMartini. 2002. Contrasts in density, size, and biomass of reef fishes between the northwestern and the main Hawaiian Islands: The effects of fishing down apex predators. *Mar. Ecol. Progr. Ser.* 230: 253–264.

Gerber, L. R., J. Estes, T. Grancos Crawford, et al. 2011. Managing for extinction? Conflicting conservation objectives in a large marine reserve. *Conserv. Lett.* 4: 417–422.

Gilbert, P. M., D. M. Anderson, P. Gentien, et al. 2005. The global, complex phenomena of harmful algal blooms. *Oceanography* 18: 130–141.

Goode, G. B. 1884–1887. *The Fisheries and Fishery Industries of the United States.* Washington, DC: Government Printing Office,

Grabowski, J. H., R. D. Brumbaugh, R. F. Conrad, et al. 2012. Economic valuation of ecosystem services provided by oyster reefs. *BioScience* 62: 900–909.

Greenstein, B. J., H. A. Curran, and J. M. Pandolfi. 1998. Shifting ecological baselines and the demise of *Acropora cervicornis* in the western North Atlantic and Caribbean Province: a Pleistocene perspective. *Coral Reefs* 17: 249–261.

Griffiths, C. L., L. van Sittert, P. B. Best, et al. 2004. Impacts of human activities on marine animal life in the Benguela: A historical overview. *Oceanogr. Mar. Biol., Annu. Rev.* 42: 303–392.

Hallam, A. 2004. *Catastrophes and Lesser Calamities.* Oxford, UK: Oxford University Press.

Harnik, P. G., H. K. Lotze, S. C. Anderson, et al. 2012. Extinctions in ancient and modern seas. *Trends Ecol. Evol.* 27: 608–617.

Haug, G. H. and R. Tiedemann. 1998. Effect of the formation of the Isthmus of Panama on Atlantic Ocean thermohaline circulation. *Nature* 393: 325–341.

Haug, G. H., D. Gunther, L. C. Peterson, et al. 2003. Climate and the collapse of Maya civilization. *Science* 299: 1731–1735.

Hoffmann, R. C. 1996. Economic development and aquatic ecosystems in Medieval Europe. *Am. Hist. Rev.* 101: 631–669.

Hoffmann, R. C. 2001. Frontier foods for late Medieval consumers: Culture, economy, ecology. *Environ. Hist. Camb.* 7: 131–167.

Holm, P. 2005. Human impacts on fisheries resources and abundance in the Danish Wadden Sea, c1520 to the present. *Helgol. Mar. Res.* 59: 39–44.

Holm, P., A. H. Marboe, B. Poulsen, and B. MacKenzie. 2010. Marine animal populations: A new look back in time. In, *Life in the World's Oceans: Diversity, Distribution, and Abundance* (A. D. McIntyre, ed.), pp. 3–23. West Sussex, UK: Wiley-Blackwell,.

Hughes, J. D. 2001. *An Environmental History of the World: Humankind's Changing Role in the Community of Life.* London, UK: Routledge.

Hutchings, J. A. and R. A. Myers. 1995. The biological collapse of Atlantic cod off Newfoundland and Labrador: An exploration of historical changes in exploitation, harvesting, technology and management. In, *The North Atlantic Fisheries: Successes, Failures and Challenges* (R. Arnason and L. Felt, eds.), pp. 38–93. Charlottetown, Canada: The Institute of Island Studies.

Hutchings, J. A. and J. D. Reynolds. 2004. Marine fish population collapses: Consequences for recovery and extinction risk. *BioScience* 54: 297–309.

IUCN (International Union for the Conservation of Nature) 2011. IUCN Red List of Threatened Species (Version 2011.2). IUCN. www.iucn redlist.org

Jackson, J. B. C. 1997. Reefs since Columbus. *Coral Reefs* 16: S23–S32.

Jackson, J. B. C., M. X. Kirby, W. H. Berger, et al. 2001. Historical overfishing and the recent collapse of coastal ecosystems. *Science* 293: 629–638.

Jackson, J. B. C., K. E. Alexander, and E. Sala. 2011. *Shifting Baselines: The Past and the Future of Ocean Fisheries.* Washington, DC: Island Press.

Jennings, S. and J. L. Blanchard. 2004. Fish abundance with no fishing: predictions based on macroecological theory. *J. Anim. Ecol.* 73: 632–642.

Josephson, E., T. D. Smith, and R. R. Reeves. 2008. Depletion within a decade: The American 19th-century North Pacific right whale fishery.

In, *Oceans Past: Management Insights from the History of Marine Animal Populations.* (D. J. Starkey, P. Holm, and M. Barnard, eds.), pp. 133–147. London, UK: Earthscan Research Edition.

Kappel, C. V. 2005. Losing pieces of the puzzle: threats to marine, estuarine, and diadromous species. *Front. Ecol. Environ.* 3: 275–282.

Kennett, D. J., B. Voorhies, T. A. Wake, and N. Martinez. 2008. Long-term effects of human predation on marine ecosystems in Guerrero, Mexico. In, *Human Impacts on Ancient Marine Ecosystems: A Global Perspective* (T. C. Rick and J. M. Erlandson, eds.), pp. 103–124. Berkeley, CA: University of California Press.

Kidwell, S. M. and K. W. Flessa. 1995. The quality of the fossil record: Populations, species and communities. *Annu. Rev. Ecol. Syst.* 26: 269–299.

Kirby, M. X. 2004. Fishing down the coast: Historical expansion and collapse of oyster fisheries along continental margins. *Proc. Natl. Acad. Sci. (USA)* 101: 13096–13099.

Kittinger, J. N., J. M. Pandolfi, J. H. Blodgett, et al. 2011. Historical reconstruction reveals recovery in Hawaiian coral reefs. *PLoS ONE* 6(10): e25460.

Kittinger, J. N., K. Van Houtan, and L. McClenachan. 2013. Using historical data to assess the biogeography of population recovery. *Ecography* doi: 10.1111/j.1600-0587.2013.00245.x

Kuang-Ti, L. 2001. Prehistoric marine fishing adaptation in Southern Taiwan. *J. East Asian Archaeol.* 3: 47–74.

Lear, W. H. 1998. History of fisheries in the Northwest Atlantic: The 500-year perspective. *J. Northwest Atl. Fish. Sci.* 23: 41–73.

Lotze, H. K. 2005. Radical changes in the Wadden Sea fauna and flora over the last 2000 years. *Helgol. Mar. Res.* 59: 71–83.

Lotze, H. K. 2007. Rise and fall of fishing and marine resource use in the Wadden Sea, southern North Sea. *Fish. Res.* 87: 208–218.

Lotze, H. K. 2010. Historical reconstruction of human-induced changes in U.S. estuaries. *Oceanogr. Mar. Biol. Annu. Rev.* 48: 267–338.

Lotze, H. K. and I. Milewski. 2002. *Two Hundred Years of Ecosystem and Food Web Changes in the Quoddy Region, Outer Bay of Fundy.* Fredericton, Canada: Conservation Council of New Brunswick.

Lotze, H. K. and I. Milewski. 2004. Two centuries of multiple human impacts and successive changes in a North Atlantic food web. *Ecol. Appl.* 14: 1428–1447.

Lotze, H. K. and B. Worm. 2009. Historical baselines for large marine animals. *Trends Ecol. Evol.* 24: 254–262.

Lotze, H. K., M. Coll, and J. Dunne. 2011a. Historical changes in marine resources, food-web structure and ecosystem functioning in the Adriatic Sea, Mediterranean. *Ecosystems* 14: 198–222.

Lotze, H. K., R. C. Hoffmann, and J. M. Erlandson. In press. Lessons from historical ecology and management. In, *The Sea Volume 16: Marine Ecosystem-Based Management* (M. J. Fogarty, and J. J. McCarthy, eds.). Cambridge, MA: Harvard University Press.

Lotze, H. K., M. Coll, A. M. Magera, et al. 2011b. Recovery of marine animal populations and ecosystems. *Trends Ecol. Evol.* 26: 595–605.

Lotze, H. K., J. M. Erlandson, M. J. Newman, et al. 2011c. Uncovering the ocean's past. In, *Shifting Baselines: The Past and the Future of Ocean Fisheries* (J. B. C. Jackson, K. E. Alexander, and E. Sala, eds.), pp. 137–161. Washington, DC: Island Press.

Lotze, H. K., H. S. Lenihan, B. J. Bourque, et al. 2006. Depletion, degradation, and recovery potential of estuaries and coastal seas. *Science* 312: 1806–1809.

Lotze, H. K., K. Reise, B. Worm, et al. 2005. Human transformations of the Wadden Sea ecosystem through time: A synthesis. *Helgol. Mar. Res.* 59: 84–95.

MacKenzie, B. R., H. Mosegaard, and A. A. Rosenberg. 2009. Impending collapse of bluefin tuna in the northeast Atlantic and Mediterranean. *Conserv. Lett.* 2: 25–34.

McClenachan, L. 2009. Documenting loss of large trophy fish from the Florida Keys with historical photographs. *Conserv. Biol.* 23: 636–643.

McClenachan, L. and A. B. Cooper. 2008. Extinction rate, historical population structure and ecological role of the Caribbean monk seal. *Proc. Biol Sci.* 275: 1351–1358.

McClenachan, L. and J. N. Kittinger. 2012. Multicentury trends and the sustainability of coral reef fisheries in Hawaii and Florida. *Fish Fish.* doi: 10.1111/j.1467-2979.2012.00465.x

McClenachan, L., F. Ferretti, and J. K. Baum. 2012. From archives to conservation: Why historical data are needed to set baselines for marine animals and ecosystems. *Conserv. Lett.* 5: 349–359.

McClenachan, L., J. B. Jackson, and M. J. Newman. 2006. Conservation implications of historic sea turtle nesting beach loss. *Front. Ecol. Environ.* 4: 290–296.

McCulloch, M., S. Fallon, T. Wyndham, et al. 2003. Coral record of increased sediment flux to the inner Great Barrier Reef since European settlement. *Nature* 421: 727–730.

Millennium Ecosystem Assessment. 2005. *Ecosystems and Human Well-Being: Synthesis*. Washington, DC: Island Press.

Mortimer, J. A. and M. Donnelly. 2008. Hawksbill turtle (*Eretmochelys imbricate*). Marine Turtle Specialist Group 2008 IUCN Red List status assessment.

Myers, R. A. and B. Worm. 2003. Rapid worldwide depletion of predatory fish communities. *Nature* 423: 280–283.

Myers, R. A. and B. Worm. 2005. Extinction, survival or recovery of large predatory fishes. *Phil. Trans. R. Soc. B.* 360: 13–20.

Myers, R. A., B. R. MacKenzie, K. G. Bowen, and N. J. Barrowman. 2001. What is the carrying capacity of fish in the ocean? A meta-analysis of population dynamics of North Atlantic cod. *Can. J. Fish. Aquat. Sci.* 58: 1464–1476.

Myers, R. A., J. K. Baum, T. D. Shepherd, et al. 2007. Cascading effects of the loss of apex predatory sharks from a coastal ocean. *Science* 315: 1846–1850.

National Research Council. 1992. *Restoration of Aquatic Ecosystems: Science, Technology and Public Policy*. Washington, DC: National Academy Press.

Newman, M. J. H., G. A. Paredes, E. Sala, and J. B. C. Jackson. 2006. Structure of Caribbean coral reef communities across a large gradient of fish biomass. *Ecol. Lett.* 9: 1216–1227.

NOAA (National Oceanic and Atmospheric Administration). 2013. Stellwagen Bank National Marine Sanctuary maritime heritage. stellwagen.noaa.gov/maritime/maritimehistory.html

Norris, R. D. 1999. Hydrographic and tectonic control of plankton distribution and evolution. In, *Reconstructing Ocean History: A Window into the Future* (F. Abrantes and A. C. Mix, eds.) pp. 173–194. New York, NY: Kluwer Academic/Plenum Publishers.

Palumbi, S. 2010. *The Death and Life of Monterey Bay: A Story of Revival*. Washington, DC: Island Press.

Palumbi, S. R. 2011. Whales, logbooks, and DNA. In, *Shifting Baselines: The Past and the Future of Ocean Fisheries* (J. B. C. Jackson, K. E. Alexander, and E. Sala, eds.) pp. 163–173 Washington, DC: Island Press.

Pandolfi, J. and J. B. C. Jackson. 2001. Community structure of Pleistocene coral reefs of Curacao, Netherlands Antilles. *Ecol. Monogr.* 71: 49–67.

Pandolfi, J. M. 1999. Response of Pleistocene coral reefs to environmental change over long time scales. *Am. Zool.* 39: 113–130.

Pandolfi, J. M., R. H. Bradbury, E. Sala, et al. 2003. Global trajectories of the long-term decline of coral reef ecosystems. *Science* 301: 955–958.

Pandolfi, J. M., J. B. C. Jackson, N. Baron, et al. 2005. Are U.S. coral reefs on the slippery slope to slime? *Science* 307: 1725–1726.

Pauly, D. 1995. Anecdotes and the shifting baseline syndrome of fisheries. *Trends Ecol. Evol.* 10: 430.

Pauly, D., J. Alder, E. Bennett, et al. 2003. The future for fisheries. *Science* 302: 1359–1361.

Pauly, D., V. Christensen, J. Dalsgaard, et al. 1998. Fishing down marine food webs. *Science* 279: 860–863.

Perdikaris, S. and T. H. McGovern. 2008. Codfish and kings, seals and subsistence: Norse marine resource use in the North Atlantic. In, *Human Impacts on Ancient Marine Ecosystems: A Global Perspective* (T. C. Rick and J. M. Erlandson, eds.), pp. 187–214. Berkeley, CA: University of California Press.

Petersen, K. S., K. L. Rasmussen, J. Heinemeier, and N. Rud. 1992. Clams before Columbus. *Nature* 359: 679.

Pitcher, T. J., J. J. S. Heymans, and M. Vasconcellos. 2002. Ecosystem models of Newfoundland for the time periods 1995, 1985, 1900 and 1450. *UBC Fish. Cent. Res. Rep.* 10(5): 76.

Pyenson, N. D. and D. R. Lindberg. 2011. What happened to gray whales during the Pleistocene? The ecological impact of sea-level change on benthic feeding areas in the North Pacific Ocean. *PLoS ONE* 6: e21295.

Ravier, C. and J.-M. Fromentin. 2004. Are the long-term fluctuations in Atlantic bluefin tuna (*Thunnus thynnus*) population related to environmental changes? *Fish. Oceanogr.* 13: 145–160.

Reeves, R. R. 2001. Overview of catch history, historic abundance and distribution of right whales in the western North Atlantic and in Cintra Bay, West Africa. *J. Cetacean Res. Manag.* 2: 187–192.

Reeves, R. R., T. D. Smith, E. Josephson, et al. 2004. Historical observations of humpback and blue whales in the North Atlantic Ocean: Clues to migratory routes and possibly additional feeding grounds. *Marine Mammal Science* 20: 774–786.

Reijnders, P. J. H. 1992. Retrospective population analysis and related future management perspectives for the harbour seal *Phoca vitulina* in the Wadden Sea. *Neth. Inst. for Sea Res. Pub. Ser.* 20: 193–197.

Reise, K., E. Herre, and M. Sturm. 1989. Historical changes in the benthos of the Wadden Sea around the island of Sylt in the North Sea. *Helgol. Meeresunters.* 43: 417–433.

Rick, T. C. and J. M. Erlandson. 2008. *Human Impacts on Ancient Marine Ecosystems: A Global Perspective*. Berkeley, CA: University of California Press.

Rick, T. C., J. M. Erlandson, T. J. Braje, et al. 2008. Historical ecology and human impacts on coastal ecosystems of the Santa Barbara Channel region, California. In, *Human Impacts on Ancient Marine Ecosystems: A Global Perspective* (T. C. Rick and J. M. Erlandson, eds.), pp. 77–101. Berkeley, CA: University of California Press.

Roman, J. and S. R. Palumbi. 2003. Whales before whaling in the North Atlantic. *Science* 301: 508–510.

Roberts, C. M. 2007. *An Unnatural History of the Sea*. Washington, DC: Island Press.

Rose, G. A. 2004. Reconciling overfishing and climate change with stock dynamics of Atlantic cod (*Gadus morhua*) over 500 years. *Can. J. Fish. Aquat. Sci.* 61: 1553–1557.

Rosenberg, A. A., W. J. Bolster, K. E. Alexander, et al. 2005. The history of ocean resources: Modeling cod biomass using historical records. *Front. Ecol. Environ.* 3: 84–90.

Rothschild, B. J., J. S. Ault, P. Goulletquer, and M. Héral. 1994. Decline of the Chesapeake Bay oyster population: A century of habitat destruction and overfishing. *Mar. Ecol. Progr. Ser.* 111: 29–39.

Rugh, D., R. C. Hobbs, J. A. Lerczak, and J. M. Breiwick. 2005. Estimates of abundance of the eastern North Pacific stock of gray whales (*Eschrichtius robustus*) 1997–2002. *J. Cetacean Res. Manag.* 7: 1–12.

Ruiz, G. M., J. T. Carlton, E. D. Grosholz, and A. H. Hines. 1997. Global invasions of marine and estuarine habitats by non-indigenous species: Mechanisms, extent, and consequences. *Am. Zool.* 37: 621–632.

Sáenz-Arroyo, A., C. M. Roberts, J. Torre, et al. 2005. Rapidly shifting environmental baselines among fishers of the Gulf of California. *Proc. Biol. Sci.* 272: 1957–1962.

Sáenz-Arroyo, A., C. M. Roberts, J. Torre, et al. 2006. The value of evidence about past abundance: Marine fauna of the Gulf of California through the eyes of 16th to 19th century travellers. *Fish Fish.* 7: 128–146.

Sandin, S. A., J. E. Smith, E. E. DeMartini, et al. 2008. Baselines and degradation of coral reefs in the Northern Line Islands. *PLoS ONE* 3: e1548.

Santayana, G. 1905. *Reason in Common Sense, Volume 1, The Life of Reason*. New York, NY: Charles Scribner's Sons.

Saunders, R., M. A. Hachey, and C. W. Fay. 2006. Maine's diadromous fish community: Past, present, and implications for Atlantic salmon recovery. *Fisheries* 31: 537–547.

Sexton, P. and R. D. Norris. 2008. Dispersal and biogeography of marine plankton: Long-distance dispersal of the foraminifer *Truncorotalia truncatulinoides*. *Geology* 36: 899–902.

Smith, I. 2005. Retreat and resilience: Fur seals and human settlement in New Zealand. In, *The Exploitation and Cultural Importance of Sea Mammals* (G. Monks, ed.), pp. 6–18. Oakville, CT: Oxbow Books.

Smith, T. D. 1994. *Scaling Fisheries, the Science of Measuring the Effects of Fishing, 1855–1955*. Cambridge, UK: Cambridge University Press.

Starkey, D. J., P. Holm, and M. Barnard. 2008. *Oceans Past: Management Insights from the History of Marine Animal Populations*. London, UK: Earthscan.

Steneck, R. S. and J. T. Carlton. 2001. Human alterations of marine communities: Students beware! In, *Marine Community Ecology* (M. D. Bertness, S. D. Gaines, and M. E. Hay, eds.), pp. 445–468. Sunderland, MA: Sinauer Associates.

Steneck, R. S., M. H. Graham, B. J. Bourque, et al. 2002. Kelp forest ecosystems: Biodiversity, stability, resilience and future. *Environ. Conserv.* 29: 436–459.

Steneck, R. S., T. P. Hughes, J. E. Cinner, et al. 2011. Creation of a gilded trap by the high economic value of the Maine lobster fishery. *Conserv. Biol.* 25: 904–912.

Swart, P. K. and A. Grottoli. 2003. Proxy indicators of climate in coral skeletons: A perspective. *Coral Reefs* 22: 313–315.

Trilateral Seal Expert Group (TSEG). 2011. *Aerial Surveys of Harbour Seals in the Wadden Sea in 2011*. Wilhelmshaven, Germany: Common Wadden Sea Secretariat. http://www.waddensea-secretariat.org/news/news/Seals/Annual-reports/seals2011.html

Valentine, J. W., D. Jablonski, S. M. Kidwell, and K. Roy. 2006. Assessing the fidelity of the fossil record by using marine bivalves. *Proc. Natl. Acad. Sci. (USA)* 103: 6599–6604.

Ward, P. and R. A. Myers. 2005. Shifts in open-ocean fish communities coinciding with the commencement of commercial fishing. *Ecology* 86: 835–847.

Worm, B. and E. Duffy. 2003. Biodiversity, productivity and stability in real food webs. *Trends Ecol. Evol.* 18: 628–632.

Worm, B., H. K. Lotze, H. Hillebrand, and U. Sommer. 2002. Consumer versus resource control of species diversity and ecosystem functioning. *Nature* 417: 848–851.

Worm, B., E. B. Barbier, N. Beaumont, et al. 2006. Impacts of biodiversity loss on ocean ecosystem services. *Science* 314: 787–790.

Worm, B. and R. A. Myers. 2003. Meta-analysis of cod-shrimp interactions reveals top-down control in oceanic food webs. *Ecology* 84: 162–173.

Worm, B., R. Hilborn, J. K. Baum, et al. 2009. Rebuilding global fisheries. *Science* 325: 578–585.

zu Ermgassen, P. S. E., M. D. Spalding, B. Blake, et al. 2012. Historical ecology with real numbers: Past and present extent and biomass of an imperilled estuarine ecosystem. *Proc. Biol. Soc.* 279: 3393–3400.

第 **II** 篇

群落类型

关于图片：加勒比海的一个海草床。图片由 Abel Valdivia 提供

第 9 章

岩岸潮间带生物群落

Lisandro Benedetti-Cecchi 和 Geoffrey C. Trussell

　　岩岸潮间带生境遍布世界各地，在陆海交汇处，为各种藻类和无脊椎动物的多样组合提供栖息地（图 9.1）。大部分岩岸潮间带物种是小型的固着生物，寿命很短，而且分布在很短距离上物理梯度就发生剧烈变化的环境之中。这种剧烈变化的环境梯度是由于潮汐的作用，使岩岸潮间带生境在低潮位时周期性地暴露于空气之中，而且海岸的地貌特征，例如岬角和海湾，也会产生明显的波浪能量梯度。这种独特的强烈物理和生物梯度的共同组合，使这一生境成为生态学观察和操控实验理想的自然实验室。我们对这种类型生境的生态学理解是随着理论的发展而逐渐进步的，而这也反映在生态学成为一门成熟的学科上（Paine，2002）。Menge 和 Branch（2001）在《海洋群落生态学》（*Marine Community Ecology*）一书中对这些进展进行了综述。我们将简要介绍他们的总结，然后探讨过去十年有关岩岸潮间带研究的一些新进展。

图 9.1　像美国马萨诸塞州纳汉特这样的岩石海岸，在促进我们对自然系统的生态理解中发挥了重要的作用（图片由 C. M. Matassa 提供）

　　岩岸潮间带生物群落空间区划格局早期研究的解释，强调由物理驱动力施加的强烈垂直和水平梯度的重要性（Lewis，1964）。干燥和热胁迫从低潮位到高潮位逐渐递增，而岩岸潮间带物种，大部分具有海洋祖先，已建立起一系列生理、形态和行为适应，以忍受这些恶劣的环境条件。例如，海岸较高处的腹足类动物的壳的形状通常具有一定的表面积体积比，具有这个比值的形状可以最大限度地降低太阳辐射，并提高散热的能力。起初，物种对干燥和热胁迫的耐受差异被认为是物种在潮间带生境分布（区化）的主要驱动力（Lewis，1964；Stephenson and Stephenson，1972）。形态也会影响潮间带生物在高波浪能量海岸生活的能力，但最终的平衡决定了生物所能耐受的最大升力和阻力（Denny and Wethey，2001）。例如，强有力的固着器能够降低大型海藻发生位移的敏感性，但阻力的影响随着固着器增大而增加（见第 2 章中物理驱动力对海洋生物和群落影响的例子）。

在开创性实验将岩岸潮间带生态学从一个以描述现象为主的学科成功转型为以机理为导向的学科之后，生物间相互作用对岩岸区化的重要性变得明朗化（图9.2）。这些早期的实验阐明了消费者压力和对资源竞争的重要性，并检验了生物与非生物控制在不同环境梯度下对物种分布的重要性。例如，Connell（1961a，b）的经典实验研究揭示了，两种藤壶的垂直分布的上下限是分别由物理胁迫和生物间相互作用所决定的。移除捕食者的实验取得了重大的概念进展，其深远的影响远远超出海洋生态学领域的范畴。Robert Paine（1966）关于关键种的研究证明，捕食作用对竞争优势种的控制的重要性在于维持高物种多样性，并为建立强调食物网中物种间接作用重要性的营养级联概念打下基础。Lubchenco（1978）将这些观点应用于植食性消费者，对岩岸潮间带潮池中螺类取食对藻类多样性的影响进行了研究。

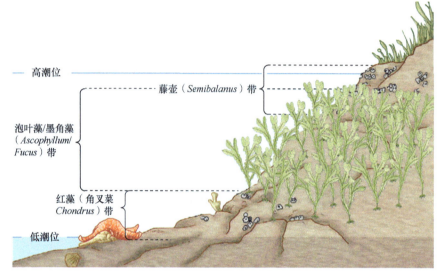

图9.2 岩质海岸通常有明显的区化格局，反映了物种对非生物胁迫耐受性的差异，如干燥，以及与其他物种的相互作用，如竞争作用（仿自 Krebs，2009）

操控实验还表明，物理干扰如何在岩岸潮间带群落中产生空间格局。对强波浪作用或波浪抛射的冲刷作用的评估实验表明，强烈的干扰会增加时空的异质性，在演替的不同阶段形成破碎的嵌合体（Dayton，1971；Sousa，1979a，b）。这些研究也对生态群落处于平衡状态的观点提出了挑战，即适度的干扰能够提高物种多样性（中度干扰假说；Connell，1979）。

补充量的变化也会强烈影响岩岸潮间带生物群落的动态与结构。物种丰度和分布的变化可能是繁殖体供给从水体到岸边时空变化的直接后果。物理因素（如干燥）或生物过程（如种内或种间竞争）会影响附着后的死亡率，并进一步增强群落建立后的变化（Underwood and Denley，1984；Connell，1985；Gaines and Roughgarden，1985）。由于物种间相互作用往往与密度正相关，定居和补充量的变化会决定捕食、植食和竞争作用的相对重要性，而后者又是塑造岩岸潮间带生物群落结构的驱动力（Underwood and Keough，2001）。关注补充量变化对岩岸生物群落动态的重要性（即"供给侧生态学"；Underwood and Denley，1984；Roughgarden et al.，1987），正成为海洋生态学的一个重要热点，并进一步激发人们对物理过程在这些系统中所扮演角色的兴趣，如下一节所述。

群落组织的概念模型强调物理胁迫、干扰和补充等影响生物间相互作用的强度。综合之前的实验结果，Menge 和 Sutherland（1987）提出，物理因素，随后是竞争和捕食，是在不同环境胁迫梯度上（如潮高）对岩岸潮间带生物群落影响越来越重要的过程。虽然这些相互作用的影响预计在高补充量时得以体现，但当补充量较低时，竞争的影响就不太重要。相互作用网络的示意图可以直观地显示，物种间直接和间接作用的规模和方向如何在时间或空间上发生变化（Menge，1995）。通过实验操控消费者和竞争者，可以获得个体平均或种群平均作用强度的经验数据，从而与示意图相结合（Berlow et al.，1999）。

Menge 和 Sutherland 的模型虽然强调了物理要素和补充量如何调节生物间的相互作用，但仍然关注的是消费者自上而下控制群落结构的重要性。与之相反，生态系统生态学家长期以来一直强调，在海洋生态系统中营养和初级生产力自下而上的作用（Ryther，1969）。只是这些重要驱动因素，在之后的岩岸潮间带生物群落研究中才得到认可。例如，Bustamante 等（1995）认为，强烈的上升流给南非西海岸的帽贝提供了大量丰富的食物（如漂浮的藻类），这也许能够解释为什么其群落结构与缺少上升流的东海岸完全不同。自上而下和自下而上的过程的相对重要性随不同补充量和环境背景的变化而变化，对此认识的日益加深，为岩岸潮间带生态学在过去十年设定了新的研究方向和舞台。

本章将首先讨论海岸带海洋学与岩岸潮间带生物群落管理和组织之间的重要联系。然后将关注生态学长久以来的一个问题：在不同尺度上，格局和过程是如何相互关联的？循着这条线索，岩岸潮间带的研究分别在三个领域取得进展：对物种丰度和分布在多尺度上变化的分析，确定性或随机性的群落控制，不同地理梯度下生物间相互作用强度的变化。对这些主题的进一步研究，将是建立跨越多个空间尺度、更为稳健的预测框架的关键。

其次，我们将讨论捕食者所传递的间接作用的普遍影响。但是，与传统的强调"谁吃了谁"的重要性不同，我们强调的是生态恐吓（ecology of fear*）。这个观点关注的是，被捕食的风险改变了猎物的性状（如觅食行为），而这又会如何促进性状调节间接相互作用？对许多岩岸潮间带生物来说，仅仅是被捕食风险的存在，就会导致性状的可塑性。传统研究在种群生物学的理论框架中看待这些响应，他们强调对个体存活的影响。然而，越来越明显的是，这些响应对群落动态和生态系统过程有着重要影响，例如能量如何沿着食物链流动。

再次，我们将介绍岩岸潮间带生态学家的突出贡献，他们的研究帮助我们理解生物多样性和生态系统功能之间的关系。尽管这一问题在生态学的很多领域都受到关注，但近来岩岸潮间带的研究提供了崭新的视角——如何更好地用实验来研究这些关系，强调评估生物多样性随机变化或实际变化后果的必要性，以及在生物多样性实验中对密度依赖性作用的控制。

最后，我们将简要讨论气候变化和人类活动对岩岸潮间带生物群落的影响，特别是大尺度上的观测、实验和建模；还包括其他一些重要主题，如气候变化的环境依赖性效应、气候变化对物种间相互作用的影响，以及环境波动与极端气候事件。讨论所透露的关键信息是，环境随机性或极端气候事件对岩岸潮间带生物群落的影响，与持续稳定的环境变化的影响一样深远。

岩岸潮间带生物群落结构的海洋学驱动力

通过影响繁殖体扩散、补充强度、食物和营养物供给，海岸带海洋学能够调节岩岸潮间带生物群落（Menge et al.，1997，2003；Navarrete et al.，2005；Barth et al.，2007）。个体的扩散决定了生物与其环境相互作用的尺度，以及生物间相互作用的规模和后果。在上升流区域，营养物先是在上升流锋离岸集中，然后在张弛过程中（如 Connolly and Roughgarden，1998）向岸传输，这种补充的突然变化尤为重要。对近海海洋学影响的日益关注，加深了我们对自上而下和自下而上过程对岩岸潮间带系统作用的理解。在 20 世纪80 年代和 90 年代初曾普遍流行这样的观点——这些过程是独立作用的，而且二者中只能有一个是生态群落的主要驱动力。Menge 等（1997）对这一观点提出了挑战，他们提出了有力的证据，在美国俄勒冈州沿海的一段，近海初级生产力和海洋学促进了猎物种群的大量补充和生长，但仍有更强的自上而下的作用。与之相反，就在距离 80km 之外，自下而上的作用几乎可以忽略不计，而消费者的作用却较弱。这些结果表明，自下而上和自上而下的过程是动态联系的，这也激发了更多的海底—水层耦合的研究。

通过使用野外观察和实验手段，海洋生态学家对大尺度（上百到上千千米）的海洋过程如何影响岩岸潮间带生物群落已有研究，对上升流多个地点不同梯度的生态过程进行了比较（对比实验方法；Menge

---

* 生态恐吓（ecology of fear）是指捕食者对猎物种群和群落的总体影响。生态学的传统观点认为，捕食者对猎物的作用体现在直接杀死猎物，从而降低猎物的存活率和数量，而这没有完全体现捕食者对猎物的作用。与之相反，"生态恐吓"观点认为，猎物避免被捕食所付出的行为、生理和心理成本，会额外地降低猎物的存活率和繁殖率。因此，暴露于捕食者之下造成的猎物数量减少可能远远超过捕食者直接杀死猎物的数量（Joel S. Brown et al.，1999. "The Ecology of Fear: Optimal Foraging, Game Theory, and Trophic Interactions". Journal of Mammalogy. 80(2): 385–399）——译者

et al.，2002）。他们关注了主要空间占据者（如藤壶和贻贝）的补充量（到达的繁殖体数量）、定植（繁殖体的定居）和生长，以及物种间的相互作用，如捕食和竞争作用等。使用对比实验方法需要考虑不同特征的物理过程，这样研究点位才能沿着相关的海洋梯度分布。所需数据（如海水表面温度和气温、上升流指数等）一般可从公共数据库中获取（如 Navarrete et al.，2005），通常也会有原位测量数据，包括叶绿素 a 和养分，以及藤壶和贻贝的补充量、生长率和存活率等。通常会通过实验清理，观察随后物种的恢复情况来研究定植和演替。由于这些实验主要关注的是过程的速率，因此测量的时间尺度就很重要。对补充量的观察一般是每月记录一次，而生长率、捕食和定植通常是间隔数月，但很少会超过一年。

对比实验方法检验了大尺度驱动力的假说，例如上升流强度驱动着底栖的生态过程。上升流假说在多个产生强烈海洋梯度变化的上升流区域得到检验，如美国的西北部太平洋（Menge et al.，1997，2004；Blanchette and Gaines，2007；Broitman et al.，2008）、智利（Navarrete et al.，2005）和新西兰（Menge et al.，2003）等。所有这些研究都揭示了海洋和底栖生物群落过程的强烈耦合。例如，Menge 等（2003）发现，一些生态过程，如藤壶的补充量和生长率，在间歇性上升流作用的新西兰西海岸要高于持续下降流的东海岸。Navarrete 等（2005）发现，在智利，藤壶和贻贝补充量突然发生极向增长，而这恰恰发生在北部强烈与持续的上升流减弱而南部间歇性上升流增强的时候。他们还发现，自上而下的控制作用仅仅发生在张弛事件时，这是因为张弛过程能够给被捕食者种群补充大量新的个体，这也表明了自上而下和自下而上过程之间的联系。

这些研究还表明，生态速率和上升流规模之间存在单调正相关关系的假设可能过于简单。由于营养物质是在张弛事件中运送到海岸的，所以对岩岸潮间带生物群落的繁殖体和食物补充来说，强烈持续的上升流可能与持续的下降流一样无效。此外，尽管强烈持续的上升流能够给内湾带来大量的营养物质，但是向海的风和洋流会减少浮游植物和颗粒在近岸环境中的停留时间。因此，在强烈持续上升流时期，初级生产力可能会降低，而不是增加。因此，Menge 和 Menge（2013）提出，生态过程速率和上升流强度之间的函数关系应该是驼峰形的，其峰值处于中等强度，而在持续性上升流和下降流时较低（图 9.3A）。相反，这些速率应该随着上升流的间歇程度（上升流与下降流之间变化的频率）而单调增长（图 9.3B）。他们使用之前在美国俄勒冈州、加利福尼亚州和新西兰的研究数据对"间歇性上升流假说"进行了检验。结果显示，所有他们检验的生态速率和上升流强度之间都呈强烈的驼峰关系。而且令人惊讶的是，在海洋条件满足上升流间歇性指数特征时，这种关系也很普遍，而预计的单调关系则很少存在。这些结果表明，当上升流和下降流的转换过于频繁时，营养物质的输送水平可能会降低，从而降低生态过程的速率。

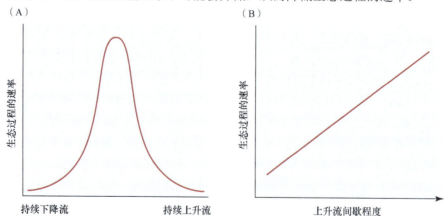

图 9.3　间歇性上升流假说。生态过程的速率是（A）上升流强度的驼峰形函数，或（B）随着上升流间歇程度单调增长（仿自 Menge and Menge，2013）

尽管我们的理解仍有待提高，但显然，海底—水层耦合对于岩岸潮间带生物群落结构和动态在大尺度上的变化具有重要影响。这一研究突出了空间尺度在理解岩岸潮间带生物群落中的重要性。由于多种物理和生物过程的相互作用在时间和空间上的变化，岩岸潮间带生物群落的变化常常是尺度依赖性的。因此，对尺度的关注是更好地理解生态学的一个关键要素，如下节所述。

尺度：连接格局与过程

理解格局和过程在时空尺度上的关系仍然是生态学所面临的最重要挑战之一（Pianka，1966；Holling，1992；Levin，1992；Denny and Benedetti-Cecchi，2012）。在岩质海岸，大部分研究关注的是空间尺度的变化，这是因为跨越较长时间尺度的数据往往难以获取（Benedetti-Cecchi，2001；Fraschetti et al.，2005；Burrows et al.，2009）。少数例外是对潮间带无脊椎动物补充量的研究（Broitman et al.，2008；Navarrete et al.，2008）。在这里，我们主要关注变化的空间尺度，但其基本概念同样适用于时间尺度。确定一个变化的尺度可以反映许多生态过程的尺度依赖性特征（图 9.4）。例如，行为、捕食和其他生物作用在局部空间尺度上（厘米到千米；Underwood and Chapman，1996）非常重要，而在区域尺度（数百到上千千米），海洋和气候条件的大尺度变化变得更为重要。尽管确定一个变化的尺度并不足以证明所发生的特定生态过程，但它能够说明是否值得进一步实验研究这些过程。

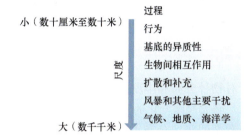

图 9.4　尺度依赖性过程的例子。注意，不同过程在其影响尺度上会有重叠

尽管图 9.4 里对这些过程进行了排序，但事实上其影响尺度是会相互重叠的，而且有些过程会在多个尺度上发生。例如，低潮时生物所经历的热胁迫水平可能会随着纬度增加而降低，但在更小尺度上会发生奇怪的变化。Helmuth 等（2002，2006b）使用高分辨率温度数据研究了美国太平洋沿岸贻贝所遭受的热胁迫，结果显示，温度极值和平均日最高温并非随着纬度升高而单调下降（图 9.5）。相反，区域和局部的调节要素导致了热嵌合体，在美国华盛顿州/俄勒冈州和加利福尼亚州南部等气候截然不同的地区出现了各种"热点"和"冷点"（温度高于或低于基带气温）。这种格局是由不同区域的低潮时间差异造成的。在北半球，纬度更高的地方夏天的低潮发生在正午，使得潮间带生物暴露在高温空气中；与之相反，在纬度更低的地方，夏天的低潮通常发生在夜晚，而生物在白天高温时通常处于水下。

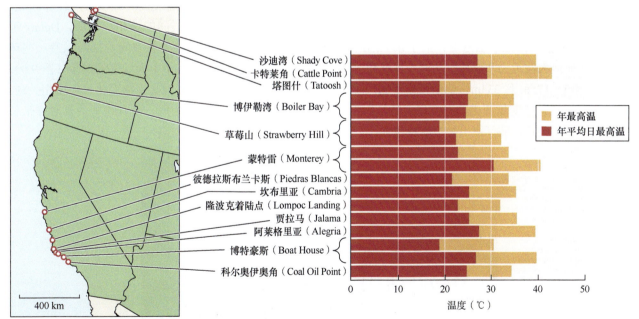

图 9.5　美国西海岸的极端温度（年最高温和年平均日最高温）（数据引自 Helmuth et al.，2006b）

理解格局和过程如何在不同尺度上变化，对于管理和保护也有重要意义。例如，干扰的尺度决定了岩岸潮间带生物群落恢复到受干扰之前状态的能力。在小的空地上，如风暴造成的破坏，恢复通常很快（数月），这是由于风暴也造成了生物的横向入侵和大量繁殖体的定植（Sousa，2001）；而对于大尺度的干

扰，例如灾难性的原油泄漏导致成百上千千米海岸上生物的灭绝，恢复可能需要几十年才能完成（Peterson et al.，2003）。这种情况下，重定居主要依赖于繁殖体的供给，并取决于种群在区域尺度上通过扩散相互联系的程度。这种大尺度的干扰可能还会改变食物网和相互作用关系，以至于整个系统被翻转到另一种状态（见"变化的分辨率：单一站点内的尺度"）。

明确扩散和连通度的尺度对于海洋保护区的空间规划也非常重要。海洋保护区网络反映了重要功能物种连通度的尺度，从而能够尽最大可能地保护物种（参见第 21 章）。海洋保护区的位置和面积也非常依赖于现有物种和群落变化的尺度。岩岸潮间带群落普遍存在的小尺度变化说明，在建立保护区网络时，应该选择一些较小的保护区，并将其相邻放置，可以达到最大限度的保护（Benedetti-Cecchi et al.，2003）。

对多尺度格局的分析

对物种分布和丰度格局在多尺度上变化的研究表明，在小空间尺度上（数米或更小）容易发生更大的变化，而大尺度变化的重要性更具物种特异性（Fraschetti et al.，2005）。在岩岸潮间带生物群落，小尺度变化或者空间斑块分布更为常见。例如，Benedetti-Cecchi（2001）发现，在地中海西北部，当在岩岸相同的空间尺度上（约 1.5m）进行测量时，物种丰度在沿岸和离岸方向上的变化水平相当。而当在较大空间尺度上（5～10m 乃至上百千米）进行测量时，沿岸方向的变化变得更加重要。这就对该区域区划格局的普遍性提出了质疑。当抽样的空间尺度接近物种分布的空间界限，或者当环境的异质性非常大时，最终大尺度变化就变得重要。事实上，生物地理学研究早已强调一些藻类和无脊椎动物丰度重要的大尺度空间趋势，以及关键基础物种（如潮下带的大型海藻）空间背景的变化（Broitman et al.，2001；Blanchette et al.，2008；Connell and Irving，2008）。

区分岩岸潮间带藻类和无脊椎动物在不同空间尺度上的变化，通常采用分层或嵌套的抽样设计，并结合方差估算（Underwood，1997）。嵌套抽样设计的一个主要优点是，可以在一个研究中考虑非常大的尺度（Underwood and Chapman，1996）。如果能沿着连续的样带进行采样，就不需要分层设计，但是抽样努力和生境的不连续性（如两块岩岸之间出现了一片沙滩），会限制对大空间尺度格局的分析。尽管有各种约束，但在研究区内连续采样，能够更准确地把握空间变化格局，并且在选择分析的尺度时减少主观性。因此，每个方法都有优缺点，这取决于应用背景。然而，这两种方法可能会得出不同的结论。例如，Denny 等（2004）在位于美国加利福尼亚州的小镇 Pacific Grove 的霍普金斯海洋站，对主要空间占据者以及一些环境变量（如最大波浪力和温度）的时空变化进行了研究。在潮间带上共设有三个不同长度的样带（图 9.6），分别为 44m、175m 和 334m。他们使用不同尺度来揭示数据变化的特征，并将这些生物变化与环境相关联。尽管能够识别某些变量变化的时空尺度特征，但不同方法得出的尺度很少会相同。而且这些估算对样带长度敏感，样带越长，估算得出的尺度就越大。

图 9.6　Denny 等（2004）在霍普金斯海洋站量化潮间带生物和环境变量空间变化所使用的样带之一的一部分。图中显示的是几个用于测量波浪力的测力计（图片由 Brian Helmuth 提供）

Denny 等（2004）的研究结果与预期相矛盾。按照预计，变化应该集中在小的空间尺度之上，就如嵌套空间设计和岩岸潮间带生物空间变化的尺度特征中所观察到的一样。对于这种复杂的空间格局，也许检查所有尺度上的变化，要比试图确认变化的一个有意义的空间尺度效果提供的信息更有用。Denny 等发现，随着观察尺度递增，一些变量的方差持续加大，这是一系列模型的一个显著特征——$1/f$ 噪声（有关这些模型的更多细节参见 Halley，1996；Denny et al.，2004；Halley and Inchausti，2004；Tamburello et al.，2013）。

操控实验中的尺度效应

与抽样设计一样，尺度也会影响野外实验的结果。首先，我们来考虑分辨率（实验单元大小）的变化，然后讨论多尺度的实验。

变化的分辨率：单一站点内的尺度　野外实验的实验单元通常很小（如从几百平方厘米到几平方米），这使得将实验结果外推到更大的时间和空间尺度非常困难（Lawton，1999）。小的实验单元对某些实验来说是适用的，例如研究一个群落中消费者的作用。但对其他一些问题，例如大的干扰对物种丰度和构成的影响，小的实验单元所获得的信息就不够可靠。

对缅因湾岩岸潮间带的干扰、补充和捕食压力的研究，为实验单元大小如何影响野外实验结果及从中做出的推断提供了一个例子。在美国缅因州的南部和中部沿海，成熟的泡叶藻（*Ascophyllum nodosum*）冠层占据了免受波浪侵袭的海岸，而紫贻贝（*Mytilus edulis*）床和大西洋藤壶（*Semibalanus balanoides*）则统治着受波浪冲刷的海岸。在这个系统的一些地方，特别是北部湾和潮间带河口，冬季冰冲刷的严重干扰会清理出大片空地，然后被各种从属物种暂时性地占据，如墨角藻（*Fucus vesiculosus*）和藤壶等。有人认为，藻类覆盖（图 9.7）和贻贝床代表了两种可替代的稳定状态，而这两种状态之间的转变是由干扰引起的。

图9.7　美国缅因州北部海岸被泡叶藻（*Ascophyllum nodosum*）覆盖（图片由 C. M. Matassa 提供）

在缅因州中部的佩诺布斯科特河区域，Petraitis 和 Dudgeon（1999，2001）设计了一个循环清理实验，在不同海湾的不同站点对 *A. nodosum* 进行清理，样地的直径分别为 1m、2m、4m 和 8m。实验的目的是检验这样一个假设，即大型干扰和尺度依赖性过程会促进群落朝着贻贝和藤壶占优的状态转变。他们预计，大型干扰会增加固着无脊椎动物和从属藻类（如 *F. vesiculosus*）的补充量，并降低狗岩螺（*Nucella lapillus*）的捕食效应。相反，*A. nodosum* 应该在较小的清理样地中得到更好的补充，从而阻碍群落向替代状态的转变。研究结果显示，在较大的清理样地（直径大于 4m），对贻贝的捕食呈阶梯式减少；而藤壶，却不是贻贝，在大的样地里比小的样地得到更好的补充。和预测的一样，*A. nodosum* 的补充量随着清理样地面积的增加而呈指数下降。但是，补充的格局变化很大，而且是站点特异性的。这表明，局部要素（如种群丰度变化）

和物种补充的随机变化，能够调节清理样地大小对演替的影响，从而改变群落向替代状态转变的可能性。

Bertness 等（2002，2004）对此持不同观点，他们认为，由于水动力驱动和捕食者控制作用的差异，暴露于波浪之下和有遮蔽海岸之间的差异决定了 A. nodosum 和贻贝–藤壶组合。在沿着缅因州北部的达马里斯科塔河（潮汐河口）10km 长的一段，Bertness 等（2002）通过实验操控消费者的存在与否，其中 8 个站点是藻类占优，而另 8 个站点是贻贝占优。站点内分别以 1m² 和 9m² 大小的清理样地来检验消费者效应。代表不同群落状态的站点有的仅相距十几米，但是其水流环境却完全不同。结果显示，高流量站点的优势物种是无脊椎动物（藤壶和贻贝），而低流量的站点则是 A. nodosum 占优（Bertness et al.，2002）。随后，在缅因州的南部和中部沿海，在多个风浪侵袭和有遮蔽的站点重复了相同的实验（Bertness et al.，2004）。这两个研究的结论都无法支持前面提到的替代群落状态模型，其结果显示，在没有消费者存在的情况下，群落恢复到干扰前的状态；而消费者的存在会阻碍群落的恢复，无论是藻类还是贻贝占优的斑块。这些结果显示了水流和消费者控制对两个群落优势物种格局的确定性影响力。

Bertness 等（2004）讨论了为什么他们的结果会与 Petraitis 和 Dudgeon 的不同。这些原因包括，研究区域的环境差异（潮汐河口和开放海岸与受庇护的海湾相对），生境之间水流的空间可预测性，以及这些系统中大型自然干扰发生的频率等。另一个可能解释这些研究结果差异的重要因素是清理空地的大小。Petraitis and Dudgeon 使用的是面积从 0.8m² 到 50m² 不等的圆形样地，而随机事件只有在大于 12m² 的样地才能显示其决定性的作用，所以其结论其实与 Bertness 等的确定性观点并不矛盾。而 Bertness 等（2002，2004）所使用的最大样地是 9m²，远远小于 Petraitis 和 Dudgeon 研究中导致各种恢复的样地最低阈值。其中关键的一点是，从给定大小的斑块观察到的过程并不能轻易地套用到其他大小的斑块之上，就如同干扰、消费和恢复等过程不能从有遮蔽的海湾外推到开放的海岸或潮汐河口一样。显然，如何比较不同时空尺度野外实验的结果，仍然是生态学的一个关键问题，这将在下一节详细讨论。

变化的范围：小尺度实验的空间范围 在不同空间梯度的多个地点重复可操控的野外实验，能够使我们深入了解生态过程如何在不同空间尺度上发生变化。这些实验通常信息量很大、很有价值，但也要考虑其逻辑的合理性，正如之前所讨论的"对比实验方法"一样。这些实验的主要目的是寻找普遍规律，例如消费者对其猎物在不同纬度上的影响，因为这能加深我们对岩岸潮间带生物群落功能的理解和提高预测能力（Paine et al.，1985）。然而，大部分过程是环境依赖性的，而且会随着地点的变化产生几个数量级的差异（Wood et al.，2010；Poore et al.，2012）。尽管存在困难，环境依赖性依然照亮了一个重要的研究方向：确定调节生态过程局部变化的影响因素。这里，我们介绍两个相似的、多尺度上的生态学实验研究案例，以了解生态过程的普遍性和或然性。

在美国缅因州和罗得岛州岩岸潮间带开展的藻类覆盖移除实验显示，取决于环境胁迫的程度，泡叶藻（A. nodosum）和藻下物种之间的相互作用可以发生从负到正的转变（Leonard，2000）。在相对更北、更冷的缅因州，与控制组相比，通过降低肉食性峨螺 N. lapillus 的捕食压力，移除藻类，提高了藤壶 S. balanoides 的存活率，这是因为在藻类覆盖条件下有更多的峨螺存在；而在相对温暖的罗得岛州，尽管有捕食者存在，藤壶在控制组存活率更高。这些结果表明，优势种（A. nodosum）能够缓冲恶劣环境下藤壶所受的热胁迫（正相互作用），而在环境更适宜藤壶的缅因州，更容易产生负面（捕食）作用。这种模式发生在 1995 年，是 20 世纪以来最热的一年。而在之后的一年，气温降低，藻类移除的效应尽管在纬度梯度上没有显著变化，但在不同区域的重复站点出现了显著的差异。

在另一项研究中，为了评估植食作用的时空变化，Coleman 等（2006）进行了移除帽贝的实验。在从英国到葡萄牙分布的 5 个地点，每个地点设置了 8 个站点，用 50cm×50cm 的篱笆围出样地。每个地点都有 4 组重复实验，其中两个从夏天开始，另外两个从冬天开始，而每个实验都有两块重复样地。在所有的地点，藻类在移除帽贝之后迅速繁殖，说明了帽贝对欧洲岩岸潮间带生物群落结构影响的重要性（图 9.8A）。但是，几乎在所有地点，植食效应的强度都有小尺度的时空差异。此外，Coleman 等发现了两个重要纬度趋势。首先，与葡萄牙相比，英国和西班牙北部的植食效应更强烈，表明植食效应随极向增长；其次，在北部的地点，帽贝移除的效应更具确定性（图 9.8B）。因此，尽管存在小尺度上的变化，移除关键的食植者，会导致欧洲北部更具确定性的物种响应。

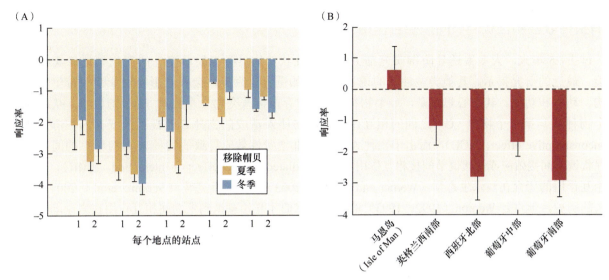

图 **9.8**　在欧洲各地清除帽贝对藻类覆盖率的影响。（A）每个站点的响应率，以该站点的三个控制样地的平均值与三个清除样地的平均值之比计。（B）控制样地的方差与清除样地方差的响应率之比（仿自 Coleman et al.，2006）

这些例子以及在"岩岸潮间带生物群落结构的海洋学驱动力"中所讨论的例子说明，物种间相互作用的强度和结果随着尺度发生变化。海岸带海洋学和气候变化的纬度趋势能够解释物种相互作用在大尺度上发生的变化，但是存在着偶然性（区域中站点间的变化），而这需要我们完全了解岩岸潮间带生物群落的组织和功能。近来在非消费性效应和性状调节间接相互作用方面的研究进展，为生物相互作用的特征如何解释局部的偶然性提供了新的理解。

捕食风险的群落后果

在过去十年里，岩岸潮间带生物诱导防御机制的发现，极大地影响了我们对生物间相互作用会如何塑造这些系统的结构、动态和功能的理解。诱导防御是生物个体表型可塑性的体现，能够改变其性状（如形态、行为和化学成分等），以降低捕食风险。在岩岸潮间带生物中，诱导防御很常见，而且会影响很多性状，如螺壳厚度（Appleton and Palmer，1988；Palmer，1990；Trussell，1996；Trussell and Smith，2000；Bibby et al.，2007；Bourdeau，2010，2011，2012；Edgell and Neufeld，2008）、壳色（Manríquez et al.，2009，2013）、贻贝壳的厚度（Leonard et al.，1999；Caro and Castilla，2004；Freeman and Byers，2006）、闭壳肌的大小（Reimer and Tedengren，1996；Freeman，2007）和足丝分泌量（Côté，1995；Ishida and Iwasaki，2003；Cheung et al.，2004，2006），藤壶壳的形状（Lively，1986）、摄食附肢（Marchinko，2003，2007），以及藻类的化学防御（Van Alstyne，1988；Toth and Pavia，2000，2007；Long and Trussell，2007；Long et al.，2007；Rhode and Wahl，2008）等。

Lively（1986）对藤壶 *Chthamalus anisopoma* 的经典研究提供了一个诱导防御的极佳例子。在没有捕食者的情况下，藤壶会长成火山形状（"锥形"），而当它感受到捕食性螺类安琦儿骨螺（*Acanthina angelica*）的风险时，就会长成"弯曲"的形状（图 9.9）。这是一个诱导性防御的例子，因为它是对捕食风险的反应。Lively 分析，弯曲的形态降低了个体对 *A. angelica* 捕食的脆弱性，因为螺类很难将其长舌深入骨板之中的缝隙，而这正是它能成功捕食锥形藤壶的策略。

图 **9.9**　藤壶 *Chthamalus anisopoma* 有两种形态：（A）弯曲的形态，受捕食性螺类安琦儿骨螺（*Acanthina angelica*）的诱导，及（B）默认的锥形形态（仿自 Lively，1986）

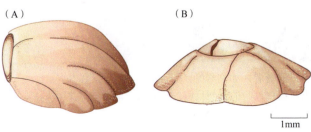

非消费性效应和性状调节间接相互作用

过去 25 年来，大多数诱导防御研究都关注形态性状（如贝类壳的厚度）的变化如何降低被捕食的风险。最近的研究揭示，其他类型性状的诱导变化，如觅食行为等，会强烈影响岩岸潮间带生物群落的结构、动态和功能。其中心思想是，一个物种（A）的存在会改变第二个物种（B）的性状，从而改变第二个物种 B 与第三个物种（C）之间的相互作用。由物种 A 造成的物种 B 的性状改变称为非消费性效应（nonconsumptive effect，NCE），而由于物种 A 对 B 的非消费性效应导致的物种 A 对物种 C 的间接效应称为性状调节间接效应或性状调节间接相互作用（trait-mediated indirect effect or interaction，TMII）。对这种高阶相互作用的研究在淡水生态学（Werner and Peacor，2003）和陆地生态学（Schmitz et al.，2004）中具有悠久的历史，但直到 Wooton（1992，1993）的研究，我们才开始意识到生物间相互作用在岩岸潮间带生物群落中的重要性。

长久以来，对岩岸潮间带的研究主要关注消费者（捕食者和食植者）的密度依赖性后果。例如，消费者对竞争优势种的消耗可以为其他物种创造开放空间，从而提高物种多样性（Paine，1966；Lubchenco，1978）。这种对密度依赖性的关注塑造了我们的理解——物种间相互作用和随之而来的间接作用会如何驱动群落构建，如营养级联（Dayton，1971；Paine，1980；Menge，1995），捕食者通过对食植者的摄食，释放了植食压力，从而对生产者产生正面影响。此外，除了取食猎物，捕食者还会对猎物造成强烈的非消费性效应，而这些效应在岩岸潮间带生物群落中具有等同的效力（Long and Hay，2012）。例如，许多猎物物种，在觅食行为上对捕食风险做出了响应（Vadas et al.，1994；Trussell et al.，2002，2003；Cotton et al.，2004；Mowles et al.，2011；Gosnell and Gaines，2012；Manríquez et al.，2013）。而这种风险效应对中间消费者觅食行为的影响，会引发强烈的非消费性或性状调节的营养级联。在英格兰地区的岩岸潮间带，在没有捕食风险的情况下，植食性的厚壳滨螺（*Littorina littorea*）和肉食性的狗岩螺（*N. lapillus*；图 9.10）常常会给基底生物（如藻类、藤壶和贻贝等）施加强烈的消费控制。然而，当螺类发现水中有岸蟹（*Carcinus maenas*）释放的诱导素时，它们会隐藏起来，减少觅食。这会产生级联反应，从而增加基底生物的丰度。有趣的是，对基底生物的性状调节级联的正面影响，既可以是捕食者诱导的觅食率降低（Trussell et al.，2002），也可以是猎物对捕食风险做出的生境变化选择（图 9.11；Trussell et al.，2004）。现有研究结果表明，性状调节级联与消费性捕食效应同等重要，或是前者比后者更重要。这并不奇怪，因为捕食者的出现会吓到环境中许多的猎物（Matassa and Trussell，2011）。此外，对捕食风险的行为响应可能是即刻发生的，而捕食者的消费性效应常常需要更多的时间来积累。

图 9.10 消费者，如狗岩螺（*Nucella lapillus*），往往表现出对捕食风险的强烈反应，从而对群落结构产生重要影响（图片由 C. M. Matassa 提供）

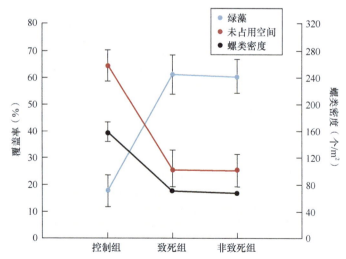

图 9.11 在岩岸潮池中，岸蟹（*Carcinus maenas*）的捕食风险会导致厚壳滨螺（*Littorina littorea*）迁出生境，从而提高藻类的丰度。在这些潮池中，实验分为三组：岸蟹捕食（致死组）、岸蟹风险信号（非致死组）或（无捕食/无风险信号的）控制组（仿自 Trussell et al.，2004）

Raimondi 等（2000）在北美洲太平洋岩岸开展了一个非常精彩的研究，他们发现捕食者非消费性效应对塑造群落结构非常重要。他们拓展了 Lively 早期的工作——锥形和弯曲形状藤壶的丰度如何影响群落的结构。在加利福尼亚湾北部，*C. anisopoma* 是优势种，而其种群大部分是锥形的，只有 20%～40% 可能是弯曲形状的，这是因为要诱导产生弯曲形状，需要不断地与捕食者接触，而藤壶定植的高峰期处于 *A. angelica* 相对并不活跃的时候。最后的结果是，*A. angelica* 或者取食锥形藤壶，并留下它们的空壳，或者持续诱导藤壶产生弯曲形状，因为这样能降低其对捕食的脆弱性。Raimondi 等（2000）通过实验操纵锥形藤壶、藤壶空壳及弯曲状藤壶的相对丰度，他们发现当弯曲状藤壶更多时，褐壳藻属（*Ralfsia*）的数量也更多；然而，半滑贻贝（*Brachidontes semilaevis*）开始减少，因为弯曲状藤壶并不适宜贻贝的附着，而在锥形藤壶被取食殆尽后，*A. angelica* 开始食用贻贝（图 9.12）。相反，在锥形藤壶和其空壳较多时，贻贝的数量增加，因为锥形藤壶的空壳为贻贝定居提供可附着的位置，而 *Ralfsia* 的丰度下降，因为藤壶和贻贝占据了大部分空间。

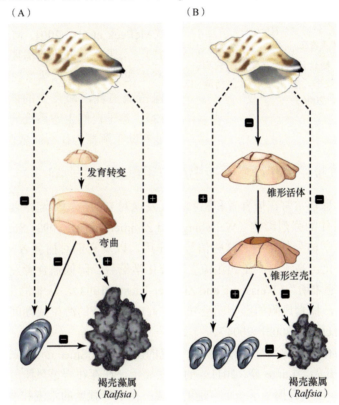

图 9.12　加利福尼亚湾北部岸边的贻贝和藻类丰度受防御（弯曲、A）和非防御（锥形、B）形态藤壶相对丰度的强烈影响（仿自 Raimondi et al.，2000）

非消费性效应、食物链和生态系统功能

在 20 世纪初，Elton（1927）开始思考，为什么许多自然界的食物链如此之短？特别是岩岸潮间带的食物链通常更短（May，1983）？解释这一格局的经典假说是，热力学限制了营养级之间能量传递的效率，从而决定了所能支撑营养级的数量（Hutchinson，1959；Slobodkin，1960）。因此，由于能量在向高营养级传递时衰减，我们可以预测，具有较长食物链的生态系统生产力较高（参见 Jenkins et al.，1992），而食物链较短的生态系统生产力较低。

但在 Elton 之后，很多人提出质疑，能量假说不足以解释食物链长度的变化，并进一步提出其他假说，例如，强调生态系统大小和生产力的综合重要性假说（Pimm and Lawton，1977；Post，2002）。然而，最近一项研究表明，放弃能量假说可能为时尚早。Trussell 等（2006）研究了岩蟹捕食风险对狗岩螺（*N. lapillus*）生长效率（单位食入能量所产生的组织生长量）的非消费性效应，而这种峨螺会取食藤壶 *S. balanoides*。生长效率是一个重要变量，因为它决定了有多少能量传递到下一个营养级，它还定义了生物的

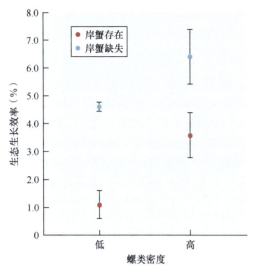

图9.13 无论同种密度如何，捕食风险能够强烈影响狗岩螺（*Nucella lapillus*）的生长效率，并决定岩岸食物链的能量传递（仿自 Trussell et al.，2006）

能量状态，从而决定它们如何应对捕食风险。Trussell 等发现，岩蟹的风险诱导强烈地降低了 *N. lapillus* 的能量获取、生长和生长效率。这表明，通过减少猎物的觅食以及摄入能量的转换，捕食风险能够强烈降低能量在食物链中的流动（图9.13）。这两种机制都能产生向高营养级能量衰减的生物基础，而这可能与施加于猎物的捕食风险的生理胁迫有关。

同时，还有证据表明，捕食风险会增加猎物的呼吸成本（Rovero et al.，1999），以及热休克蛋白（Kagawa and Mugiya，2002；Pauwels et al.，2005）和抗氧化酶（Slos and Stoks，2008）的产量，从而影响其能量预算（McPeek et al.，2001；McPeek，2004；Stoks et al.，2005）。由于上述变化都需要付出代价，捕食风险可能会产生更多的"营养热"，即系统内本可以被其他生物保留或消耗，却丧失的能量（Trussell and Schmitz，2012）。鉴于自然生态系统捕食风险的普遍性，营养热可能有助于解释为什么许多食物链非常短。

物理要素对非消费性效应和性状调节间接相互作用重要性的影响

在水中传播的化学信息素常常在捕食者和猎物相互发现对方的能力中起重要作用。然而，这些诱导的可靠性受到局部水动力条件的强烈影响（Weissburg and Zimmer-Faust，1993；Smee and Weissburg，2006）。因此，由于水流对这些化学信号的影响，这些信号的作用，以及它们对捕食者—猎物间相互作用的影响，会随着空间范围而发生变化。高流速产生的湍流会驱散化学信号，降低捕食者发现猎物的能力，从而形成被捕食者的一个"水动力避难所"（Weissburg and Zimmer-Faust，1993）。从非消费性效应的角度来说，在波浪冲刷、水流湍急的海岸，捕食风险的影响圈会较小；而在有遮蔽的海岸或潮间带潮池，水流较缓，其影响范围就会较大（Trussell et al.，2002，2004）。

尽管在其他生境中已有研究湍流对气味羽流的平流的影响（如 Smee and Weissburg，2006），但在岩岸潮间带，有关研究才刚刚开始。Large 等（2011）的研究显示，在存在岩蟹风险时，不同水流环境会如何影响 *N. lapillus* 的活动水平。该研究揭示了一个有趣的模式：在中等强度的水流和湍流时，暴露于捕食风险之下的螺类活动水平最低；而在低强度和高强度的水流与湍流时，螺类的活动最活跃。这种非线性关系的准确原因尚不清楚，但它反映了在低强度水流下化学信号的传输不足，而在高强度水流下，羽流中的信号被减弱。另一项研究（Robinson et al.，2011）也发现了同样的强流效应——岸蟹在高强度水流下很难发现其猎物（图9.14）。

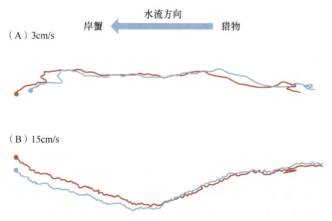

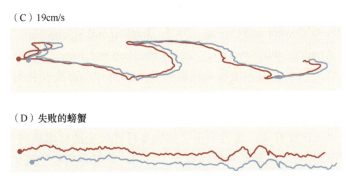

（C）19cm/s

（D）失败的螃蟹

图9.14　在（A）3cm/s、（B）15cm/s 和（C）19cm/s 三种水流速度下成功觅食的岸蟹的路径，以及（D）未成功的岸蟹的路径。在流速较低的情况下，岸蟹采取更直接的路线接近猎物。每个路径的两条线分别代表放置在一个岸蟹上的两个示踪标记（仿自 Robinson et al.，2011）

　　由于处于捕食风险之下的猎物觅食决策和捕食者发现猎物的能力都取决于它们所接收到信号的数量，以及信号中所含信息的质量（Weissburg and Zimmer-Faust，1993；Luttbeg and Trussell，2013），因此需要更多的研究来更好地探究岩岸潮间带水动力条件如何影响二者之间的化学信号传递，以及如何影响风险效应（或捕食者的"球形影响"）的空间范围。岩岸潮间带的水流环境具有高度的时空差异，从而给依赖于化学信号生存的许多生物带来特殊的挑战。

生物多样性与生态系统功能

　　在过去的十余年里，也许除了生物多样性和生态系统功能（biodiversity and ecosystem functioning，BEF）关系，没有其他任何研究领域能如此地拓展生态学的研究范围。这里将提供一些岩岸潮间带的研究案例（详情参见第 6 章）。

　　在过去十年中，海洋生态学家最关注的问题是生物多样性和生态系统功能之间的关系（Stachowicz et al.，2007；Solan et al.，2012）。在岩岸潮间带生态系统操控物种的丰度要比在陆地生态系统的草地或淡水生态系统的小型实验生态系中难得多。尽管如此，岩岸潮间带生态系统的研究对于我们理解多样性和生态系统功能间关系做出了很大贡献。例如，Stachowicz 等（1999）对岩岸潮间带无脊椎动物的物种丰度进行了操控实验，以模拟不同自然多样性水平下的群落组合，然后观察这些组合在定植者入侵后的物种构成变化。他们发现存在生物阻力的证据，因为自然组合的多样性越高，其对物种入侵的抵抗力就越高。驱动这种阻力的机制尚不清楚，但很可能是较高的自然物种丰富度促进了自然组合对空间更有效地利用。

　　Arenas 等（2006）使用类似的方法，在英格兰西南部沿海的潮池中对藻类物种丰富度进行了操控实验。藻类的功能组团是根据藻类的特征和形态事先确定的，而非随机选择。这些功能组团包括结壳藻类、成坪藻类、亚冠层藻类和冠层藻类。通过这种分组来区分实验组的功能多样性，然后对实验组之间的入侵阻力和资源（光照和空间）水平进行比较。结壳藻的存在与定植者的数量呈正相关，而冠层藻类会强烈地抑制定植。相比之下，功能多样性与定植无关，除了齿缘墨角藻（*Fucus serratus*），这种藻类在冠层藻类存在时数量更多。在这个实验里，功能组团要比物种多样性的作用更重要。

　　Diaz 等（2003）也对岩岸潮间带的生物多样性与生态系统功能关系进行了物种移除实验。Allison（2004）研究了岩岸潮间带生物群落对热胁迫的响应，以检验物种多样性高的群落对干扰更具弹性和抵抗力的假说（Yachi and Lareau，1999）。在 $1m^2$ 的样地中，通过选择性地移除一组、两组或三组形态类型的藻类以形成多样性梯度变化，而每种多样性组合都分别考虑三种水平的热胁迫，由丙烷加热器加热实验样地来完成。Allison 的研究结果表明，对胁迫的抵抗力与藻类多样性呈负相关关系。然而，由于多样性最高的实验组包含了数量最多的藻类组（fucoids），所以这时候是初始丰度，而不是功能多样性在调节群落对胁迫的敏感度。相反，在中等强度胁迫的情况下，弹性随着物种数量的增加而上升，这说明多样性高的群落会比多样性低的群落恢复更快。

这些及其他研究说明物种丰富度和特定物种作为岩岸潮间带生物多样性与生态系统功能关系驱动力的重要性（Bruno et al.，2005；O'Connor and Crowe，2005；Bracken and Stachowicz，2006；Altieri et al.，2009，2010；Maggi et al.，2011；Aguilera and Navarrete，2012；Bracken and Low，2012）。这些研究的一个新特点是考虑了非常重要的营养作用因素，因为消费者能够调节藻类物种丰富度变化对生态系统功能的影响。例如，在美国加利福尼亚州保护区内的沿岸潮间带，Bracken 等（2011）发现，硝酸盐的吸收量随着藻类物种丰富度降低而减少，但这是在只考虑食植者和潮高的情况下发现的。这种模式与藻类在低丰富度时互补效应向高丰富度时的竞争效应转变有关，这也突出了生物多样性效应的环境依赖性。在加利福尼亚州北部，Aquilino 和 Stachowicz（2012）对岩岸潮间带群落进行了清理，以观察多年生藻类丰富度和食植者对恢复的单独作用和综合作用。当具有最常见藻类物种的混养样地周围有食植者时，恢复速度要比没有食植者的单养样地要快（图 9.15）。通过增加补充量和降低物理胁迫水平，藻类丰富度能够加快恢复的速度，而食植者通过取食先锋物种能够促进演替。

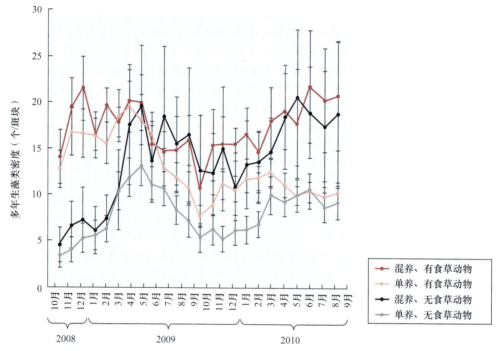

图 9.15　在清除之后，混养或单养完整大型藻类样地中有无食草动物情况下，多年生藻类的恢复速率（仿自 Aquilino and Stachowicz，2012）

岩岸潮间带的研究还强调生物多样性实验中的密度依赖性效应，而这在以往的 BEF 研究中往往被忽视，传统的研究通常使用替代或添加/置换序列的设计（Jolliffe，2000；参见第 6 章）。而析因实验能够同时操控丰度和丰富度，从而控制密度依赖性效应，并评估密度是否会改变 BEF 关系（Benedetti-Cecchi，2004；Maggi et al.，2011）。随后，又有了新的检验方法来估算和比较密度依赖性效应和丰富度效应的强度（Benedetti-Cecchi and Maggi，2012）。例如，在地中海的岩岸潮间带，Maggi 等（2011）研究了演替早期藻类组合的丰富度、构成和丰度等变化，如何影响抑制作用和促进作用对演替后续格局的相对重要性。先锋物种丰富度的增加会抑制演替，但仅仅在初始丰度较高的情况下，这说明藻坪的形成可能妨碍了后期的定植；相反，当丰度较低时，较高的先锋物种丰度会促进演替。由此，先锋物种丰度的变化能够调节丰富度对演替的影响。

在捕食效应研究中，将密度效应从消费者多样性效应中分离出来的添加和替代设计实验，也发现了丰度变化可以调节物种丰富度对生态系统功能影响的证据（图 9.16；Griffin et al.，2008；Byrnes and Stachowicz，2009）。这些结果表明，无论实验设计和分析方法，都显示出密度依赖性效应对生物多样性操控的重要性。因此，在 BEF 研究中考虑密度效应是必需的，而非个例。

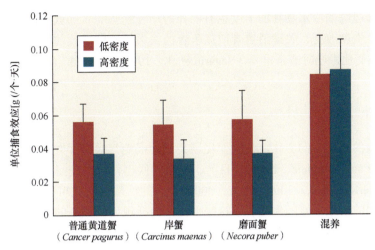

图 9.16　在低密度和高密度下，三种捕食性蟹类分别单养和混养的单位资源捕获率（+1SE）（仿自 Griffin et al.，2008）

气候变化和局部的人为影响

气候变化和局部的人类活动压力会通过改变物种分布范围，调节物种间相互作用，并促进物种入侵等而影响岩岸潮间带生物群落（Harley et al.，2006；Helmuth et al.，2006a；Airoldi and Beck，2007；Wethey et al.，2011）。本节将主要讨论全球变暖和环境波动对岩岸潮间带生物和群落的影响（有关气候变化影响的讨论参见第 19 章）。最后以一些实际案例总结生境丧失和人类开发利用对岩岸潮间带的局部影响。

物种分布范围的变迁

传统上，生物地理学研究温度变化如何影响物种的分布。在此基础上，许多研究检验了全球变暖将导致物种分布范围极向扩张的假说。各种潮间带物种的研究支持这一假设。例如，现有数据和历史数据的对比发现，自 20 世纪 80 年代中期以来，随着表层海水温度的持续上升，原本生长在南部的小脐孔钟螺（*Gibbula umbilicalis*）和线纹钟螺（*Osiolinus lineatus*）的分布范围已向英国的北部和东部沿海扩展（Hawkins et al.，2009）。值得注意的是，根据可追溯到 20 世纪 50 年代的数据，在之前水温较低的时期，它们的分布范围大小是稳定的（Southward，1991；Poloczanska et al.，2008）。其他一些物种，如穿孔藤壶（*Balanus perforatus*），也出现类似的分布范围的变化。自 20 世纪 80 年代以来，这种分布在南部的物种的丰度开始沿英格兰西南海岸增加；而分布在北部的物种［如 *S. balanoides* 和欧洲帽贝（*Patella vulgata*）］的丰度则在减少（Helmuth et al.，2006a；Hawkins et al.，2009）。在美国加利福尼亚州沿海岩岸潮间带的样地上也发现了类似变化，通过对比 20 世纪 30 年代和 90 年代的数据发现（Sagarin et al.，1999），在 11 个南部的物种中，有 10 个物种的丰度增加，而 7 个北部的物种中有 5 个的丰度减少，这种分布范围的变化是对该时间段内海面水温上升 0.79℃的一个响应。全球变暖可能还导致一些外来物种的极向扩张。例如，亚洲的刺松藻（*Codium fragile* ssp. *tomentosoides*）——一个成功的全球入侵者，已扩散到缅因湾（Harris and Jones，2005），并沿着大西洋的西海岸一路向北延伸（Watanabe et al.，2010）。

关于岩岸潮间带生物分布范围出现与气候变化相关的变动的例子还有很多。总体上，其空间分布界线每十年移动 50km，而暖水物种分布范围的扩张比冷水物种更为常见（Helmuth et al.，2006a）。尽管大多数研究的结论都有确凿的证据支撑，但凡事须谨慎，以避免过度地概括。例如，以往的研究可能偏好对全球变暖的积极响应，而很少关注物种分布范围没有发生变化的例子（Herbert et al.，2009）。此外，虽然有一些研究是基于长时间序列的，但其他一些研究仅从现有数据和历史数据的两个时间点的分布变化做出推断，所以这种对比是真正反映了气候变化趋势，还是反映的季节变化或短期的临时波动，这都值得商榷。特别是现有数据和基线数据之间尚存在很大差距。例如，Sagarin 等（1999）就对替代性解释进行了讨论。最后，分布中心区的物种对气候变化的响应很少被与分布交界的对比。例如，在北半球的温带海岸，一些热带和温带物种的分布在过去十年里有所扩张，其分布的北界也在扩展。这种格局通常被解释为气候变化的证据。

但是，如果生活在北部边缘的冷水物种的丰度也有同样的增长趋势呢？那就可能不是气候变化，而是其他的过程（如富营养化、生境改变、关键消费者或竞争者的丧失等）所导致的物种分布变化。虽然这样的对比很少，但在评估气候变化影响时非常重要（Sagarin et al.，1999；Helmuth et al.，2006a；Lima et al.，2007；Hawkins et al.，2009）。

气候驱动的环境波动

除了全球变暖导致的温度定向变化，气候变化还会增加极端气候事件发生的频率，如风暴、高温和干旱，以及洪水等（Diaz and Murnane，2008）。目前，极端气候事件已经变得越来越频繁，而其发生的时间和模式也在变化（Easterling et al.，2000；IPCC，2007）。因此，气候变化可能会对岩岸潮间带生物群落施加新的干扰，产生未知的后果。要细致地了解这些干扰，包括规模和频率的变化，无论是对方法论还是概念框架，都提出了重大的挑战。例如加温实验，这对海洋系统来说要比陆地环境更难实现（Jentsch et al.，2007）。海洋生态学家解决这一难题的方法是借用人工干扰，例如用发电站排放的热水代替气候变化，来研究自然极端事件导致的生态响应。Schiel 等（2004）采用了变化前后/控制与影响（before-after/control-impact，BACI）的实验设计，利用电站排放热水导致的海水升温 3.5℃，来研究美国加利福尼亚州岩岸潮间带和潮下带生物群落在电站开始运营前 8 年到运营后 10 年之内所发生的变化。和预计的不同，没有南部暖水物种取代北部冷水物种的趋势发生。相反，由于直接作用（可利用空间的增加和正面的生理响应）和间接作用（可食藻类可供性的增加）的共同效应，温度的升高直接影响了热敏感性藻类的丰度，并使食植者数量增加。

从强调气候变化的平均影响，再到考虑更加现实的问题——环境波动和随机性的影响，给理论和方法论提出了重大挑战（BenedettiCecchi，2003；Jentsch et al.，2007）。一个进展是，通过析因实验来评估干扰事件的强度和频率的单独影响和组合影响。Bertocci 等（2005）对地中海岩岸潮间带生物群落施加各种机械干扰，以模拟风暴潮的波浪冲击。这些干扰的强度分为三个等级，从轻微到极强。同时，每个干扰强度也可以分为三种不同的频率，从低（在固定时间段间隔发生六次）到高（六次事件连续发生）。在最强干扰的情况下，群落出现了最大的时间波动，而频率的变化导致了相反的结果。由此可以看出，强度和频率的作用是独立的，并且作用相反（图 9.17）。

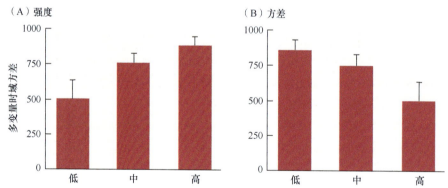

图 9.17 干扰的（A）强度增加和（B）时域方差增加，对地中海西部岩岸生物组合结构时间变化的影响。数据为平均值+标准误差（仿自 Bertocci et al.，2005）

使用类似的实验设计，通过将低潮区的生物等间距或随意间距地移植到高潮区，Benedetti-Cecchi 等（2006）研究了干燥胁迫的强度和时间变化对生物的影响（图 9.18）。他们发现，干燥胁迫的强度和时间变化对多样性和常见物种丰度的影响具有相互作用和拮抗作用。总体上，当低潮区更常见的物种被等间距地移植到高潮区时，数量会出现急剧地下降，而频率的增加减弱了在强胁迫环境下极端干燥对移植生物的影响。

对这些结果的一种解释是，干扰（胁迫）的时间聚集产生较长的过渡期，使生物和群落具有更长的恢复时间。一系列短时间内集中暴发的干扰的累积效应，可能要比同样规模干扰在低频率下的强度还要大。然而，如果一次干扰会杀死大部分的个体，那么一系列集中暴发干扰所导致的总死亡率和低频率等间

图 9.18 用于评估干燥胁迫事件对潮间带生物影响强度和时域方差的实验设计。蓝色和黄色分别代表生物处于高潮位和低潮位的时期。向下的箭头表示暴露在空气之中，向上的箭头表示浸没在水中。时间长短用箭头的粗细表示。底部的箭头表示采样的时间（仿自 Benedetti-Cecchi et al.，2006）

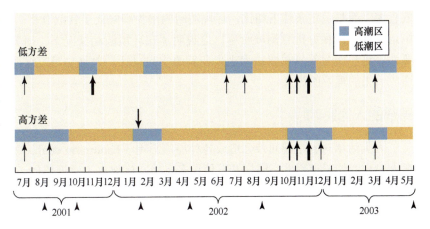

隔的干扰所造成的影响就没有区别，即便在前者的情况下，生物具有更多的时间生长和繁殖。这些结果表明，如果气候变化导致干扰密集发生的程度增加，其对岩岸潮间带生物群落的损害可能会比预料中的小（Easterling et al.，2000；Diaz and Murnane，2008）。

时间波动可能还会改变极端事件的模式。在潮汐周期中，潮间带生物不断交替地暴露在空气之中或被水浸没。因此，极端气温和水温都会影响潮间带生物的表现及种间作用的结果（Sanford，1999；Pincebourde et al.，2008）。我们面临的挑战是，如何更好地理解极端事件中不同影响要素同时变化产生的生态效应（Denny et al.，2009）。为解决这一问题，Pincebourde 等（2012）通过室内实验和野外观测，评估了气温和水温的平均值、变化、时间格局和时间一致性的变化对赭色海星（*Pisaster ochraceus*）进食率的影响（图 9.19）。结果表明，空气与水下热胁迫同时发生的极端（但亚致死）事件增强了 *P. ochraceus* 对贻贝的

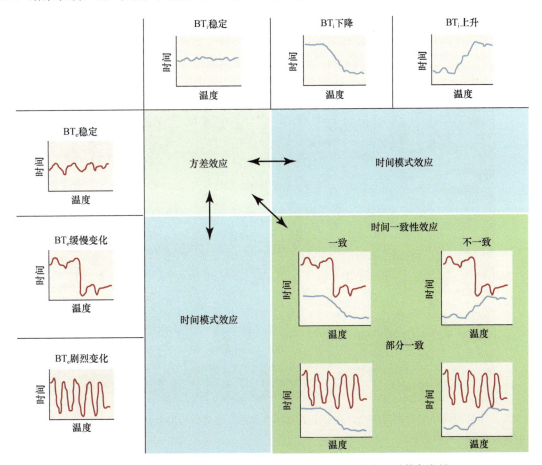

图 9.19 用于评估露出水面的热胁迫（BT_e，红线）和浸入水中的体温（BT_i，蓝线）对赭色海星（*Pisaster ochraceus*）进食率影响的实验示意图。实验组评估了 BT_e 和 BT_i 的方差的影响（双箭头）、时间模式（蓝色方框）和时间一致性水平（深绿色方框）（仿自 Pincebourde et al.，2012）

取食率，而与恒定条件下相比，环境波动的增加则降低了其取食率。一般来说，在实际的环境波动条件下，恒定条件不能很好地预测取食率。这说明了在环境波动情况下，研究不同影响因素发生极端事件效应的必要性。这一研究领域需要技术进步和新的实验设计，以推动对气候驱动的环境波动对岩岸潮间带生物群落造成后果的理解的进展。

局部的人为影响

人类活动对岩岸潮间带会造成各种局部影响（Thompson et al.，2002；Airoldi and Beck，2007），特别是在人口稠密的城市附近。海岸开发使很多自然岩岸被人工建筑替代，如防波堤、突堤码头和海堤等，以维持商业、住宅和旅游等活动（Bulleri and Chapman，2010）。城市的基础设施可以为藻类和无脊椎动物提供生境，使其看起来像一个未被干扰的自然岩岸群落，但是越来越多的证据显示，人工建筑物不能替代自然岩岸的作用。例如，人工建筑物只能提供一个垂直生境，造成干燥胁迫的增加和补充量较低，从而限制了许多岩岸潮间带生物的分布（Benedetti-Cecchi et al.，2000；Knott et al.，2004；Vaselli et al.，2008）；通常，人工建筑物的空间结构复杂性也比自然岩岸的低，从而进一步限制了物种的丰度和空间分布（Williams et al.，2000；Underwood，2004），尽管这些影响大多发生在小尺度上。人工建筑物也有正面的作用，作为一个踏板，可以促进生物越过不适宜生境，向广阔的空间范围扩散（Bulleri and Chapman，2010）。

人类对岩岸潮间带开展了高强度的开发利用，用于娱乐休闲、教育和收获等（图 9.20）。在海滩采集生物用于鱼饵或装饰会产生很多干扰，如踩踏、翻开石头和用手拿捏等。这种踩踏对岩岸潮间带的影响得到了广泛的关注，如在澳大利亚（Keough and Quinn，1998；Goodsell and Underwood，2008；Minchinton and Fels，2013）、美国的西海岸（Smith and Murray，2005；Van De Werfhorst and Pearse，2007）、地中海（Milazzo et al.，2002；Casu et al.，2006）、新西兰（Brown and Taylor，1999；Schiel and Taylor，1999）和葡萄牙（Araujo et al.，2009）等进行的研究。这些研究通过实验控制步数或人数来分析不同程度的人类活动对海岸的影响。其结果表明，踩踏会对动植物造成直接和间接伤害。对基础种（如藻类和贻贝）的直接影响非常普遍。对占据空间的优势种的作用还会产生间接影响。例如，缺少藻类覆盖会使其下的生物暴露在更高的热胁迫之下。优势种的缺失还会增加开放的空间，促进食植者的入侵，从而进一步阻止或延缓藻类的恢复。

图 9.20 地中海一个岩质海岸上的游憩活动。岩石上的方形"水池"是对砂岩商业化挖掘的结果，这在 19 世纪很常见。（图片由 L. Benedetti-Cecchi 提供）

还有许多其他的局部人类活动会影响岩岸潮间带生物群落，包括沉积、富营养化和化学污染等。尽管对影响物种和群落的单一要素已有较好地研究（Thompson et al.，2002），但它们的组合效应还需进一步的研究（Crain et al.，2008；Darling and Côté，2008）。多胁迫要素共同作用，可能会相互叠加或相互影响，对岩岸潮间带生物群落产生协同作用或拮抗作用。例如，踩踏可能会使沉积物发生移动，所以潮间带生物上的沉积物累积可能会加剧人类在岩岸上行走的负面影响（Minchinton and Fels，2013）。在潮池的实验表明，添加营养物质会使藻类覆盖度增加，但仅仅是在没有食植者存在或食植者密度较低的情况下（Nielsen，2003；Atalah and Crowe，2010）。岩岸潮间带生态学未来几年所面临的挑战是，研究多要素相互作用及其对生物相互作用的影响，以及气候变化会如何影响这些效应。

致谢

我们感谢 Mark Bertness、Steve Hawkins、Jay Stachowicz，以及三位匿名评审专家给本章提出的建设性评语。Lisandra BenedettiCecchi 得到欧盟第七框架计划（FP7/2007-2013）对 VECTORS 项目（项目号：266445）和 CoCoNET 项目（项目号：287844）的支持，Geoffrey Trussell 得到美国国家科学基金会（OCE-0727628）的支持。

引用文献

Aguilera, M. A. and S. A. Navarrete. 2012. Functional identity and functional structure change through succession in a rocky intertidal marine herbivore assemblage. *Ecology* 93: 75–89.

Airoldi, L. and M. W. Beck. 2007. Loss, status and trends for coastal marine habitats of Europe. In, *Oceanography and Marine Biology, An Annual Review. Vol. 45* (R. N. Gibson, R. J. A. Atkinson, and J. D. M. Gordon, eds.), pp. 345–405. Boca Raton, FL: CRC.

Allison, G. 2004. The influence of species diversity and stress intensity on community resistance and resilience. *Ecol. Monogr.* 74: 117–134.

Altieri, A. H., G. C. Trussell, P. J., Ewanchuk, et al. 2009. Consumers control diversity and functioning of a natural marine ecosystem. *PLoS ONE* 4: e5291. doi: 10.1371/journal.pone.0005291

Altieri, A. H., B. K. van Wesenbeeck, M. D. Bertness, and B. R. Silliman. 2010. Facilitation cascade drives positive relationship between native biodiversity and invasion success. *Ecology* 91: 1269–1275.

Appleton, R. D. and A. R. Palmer. 1988. Water-borne stimuli released by crabs and damaged prey induce more predator-resistant shells in a marine gastropod. *Proc. Natl. Acad. Sci. (USA)* 85: 4387–4391.

Aquilino, K. M. and J. J. Stachowicz. 2012. Seaweed richness and herbivory increase rate of community recovery from disturbance. *Ecology* 93: 879–890.

Araujo, R., S. Vaselli, M. Almeida, et al. 2009. Effects of disturbance on marginal populations: Human trampling on *Ascophyllum nodosum* assemblages at its southern distribution limit. *Mar. Ecol. Prog. Ser.* 378: 81–92.

Arenas, F., I. Sanchez, S. J. Hawkins, and S. R. Jenkins. 2006. The invasibility of marine algal assemblages: Role of functional diversity and identity. *Ecology* 87: 2851–2861.

Atalah, J. and T. P. Crowe. 2010. Combined effects of nutrient enrichment, sedimentation and grazer loss on rock pool assemblages. *J. Exp. Mar. Biol. Ecol.* 388: 51–57.

Barth, J. A., B. A. Menge, J. Lubchenco, et al. 2007. Delayed upwelling alters nearshore coastal ocean ecosystems in the northern California current. *Proc. Natl. Acad. Sci. (USA)* 104: 3719–3724.

Benedetti-Cecchi, L. 2001. Variability in abundance of algae and invertebrates at different spatial scales on rocky sea shores. *Mar. Ecol. Prog. Ser.* 215: 79–92.

Benedetti-Cecchi, L. 2003. The importance of the variance around the mean effect size of ecological processes. *Ecology* 84: 2335–2346.

Benedetti-Cecchi, L. 2004. Increasing accuracy of causal inference in experimental analyses of biodiversity. *Funct. Ecol.* 18: 761–768.

Benedetti-Cecchi, L. and E. Maggi. 2012. The analysis of biodiversity-ecosystem function experiments: Partitioning richness and density-dependent effects. In, *Marine Biodiversity and Ecosystem Functioning. Frameworks, Methodologies and Integration* (R. Solan, M. Aspden, and D. M. Paterson, eds.), pp. 73–84. Oxford, UK: Oxford University Press.

Benedetti-Cecchi, L., F. Bulleri, and F. Cinelli. 2000. The interplay of physical and biological factors in maintaining mid-shore and low-shore assemblages on rocky coasts in the north-west Mediterranean.

Oecologia 123: 406–417.

Benedetti-Cecchi, L., I. Bertocci, S. Vaselli, and E. Maggi. 2006. Temporal variance reverses the impact of high mean intensity of stress in climate change experiments. *Ecology* 87: 2489–2499.

Benedetti-Cecchi, L., I. Bertocci, F. Micheli et al. 2003. Implications of spatial heterogeneity for management of marine protected areas (MPAs): Examples from assemblages of rocky coasts in the northwest Mediterranean. *Mar. Environ. Res.* 55: 429–458.

Berlow, E. L., S. A. Navarrete, C. J. Briggs, et al. 1999. Quantifying variation in the strengths of species interactions. *Ecology* 80: 2206–2224.

Bertness, M. D., G. C. Trussell, P. J. Ewanchuk, and B. R. Silliman. 2002. Do alternate stable community states exist in the Gulf of Maine rocky intertidal zone? *Ecology* 83: 3434–3448.

Bertness, M. D., G. C. Trussell, P. J. Ewanchuk, et al. 2004. Consumer-controlled community states on Gulf of Maine rocky shores. *Ecology* 85: 1321–1331.

Bertocci, I., E. Maggi, S. Vaselli, and L. Benedetti-Cecchi. 2005. Contrasting effects of mean intensity and temporal variation of disturbance on a rocky seashore. *Ecology* 86: 2061–2067.

Bibby, R., P. Cleall-Harding, S. Rundle, et al. 2007. Ocean acidification disrupts induced defenses in the intertidal gastropod *Littorina littorea*. *Biol. Lett.* 3: 699–701.

Blanchette, C. A. and S. D. Gaines. 2007. Distribution, abundance, size and recruitment of the mussel, *Mytilus californianus*, across a major oceanographic and biogeographic boundary at Point Conception, California, USA. *J. Exp. Mar. Biol. Ecol.* 340: 268–279.

Blanchette, C. A., C. M. Miner, P. T. Raimondi, et al. 2008. Biogeographical patterns of rocky intertidal communities along the Pacific coast of North America. *J. Biogeogr.* 35: 1593–1607.

Bourdeau, P. E. 2010. Cue reliability, risk sensitivity and inducible morphological defense in a marine snail. *Oecologia* 162: 987–994.

Bourdeau, P. E. 2011. Constitutive and inducible defensive traits in co-occurring marine snails distributed across a vertical rocky intertidal gradient. *Funct. Ecol.* 25: 177–185.

Bourdeau, P. E. 2012. Intraspecific trait co-specialization of constitutive and inducible morphological defenses in a marine snail from habitats with different predation risk. *J. Anim. Ecol.* 81: 849–858.

Bracken, M. E. S. and N. H. N. Low. 2012. Realistic losses of rare species disproportionately impact higher trophic levels. *Ecol. Lett.* 15: 461–467.

Bracken, M. E. S. and J. J. Stachowicz. 2006. Seaweed diversity enhances nitrogen uptake via complementary use of nitrate and ammonium. *Ecology* 87: 2397–2403.

Bracken, M. E. S., E. Jones, and S. L. Williams. 2011. Herbivores, tidal elevation, and species richness simultaneously mediate nitrate uptake by seaweed assemblages. *Ecology* 92: 1083–1093.

Broitman, B. R., S. A. Navarrete, F. Smith, and S. D. Gaines. 2001. Geographic variation of southeastern Pacific intertidal communities. *Mar. Ecol. Prog. Ser.* 224: 21–34.

Broitman, B. R., C. A. Blanchette, B. A. Menge, et al. 2008. Spatial and temporal patterns of invertebrate recruitment along the west coast of the United States. *Ecol. Monogr.* 78: 403–421.

Brown, P. J. and R. B. Taylor. 1999. Effects of trampling by humans on animals inhabiting coralline algal turf in the rocky intertidal. *J. Exp. Mar. Biol. Ecol.* 235: 45–53.

Bruno, J. F., K. E. Boyer, J. E. Duffy, et al. 2005. Effects of macroalgal species identity and richness on primary production in benthic marine communities. *Ecol. Lett.* 8: 1165–1174.

Bulleri, F. and M. G. Chapman. 2010. The introduction of coastal infrastructure as a driver of change in marine environments. *J. Appl. Ecol.* 47: 26–35.

Burrows, M. T., R. Harvey, L. Robb, et al. 2009. Spatial scales of variance in abundance of intertidal species: Effects of region, dispersal mode, and trophic level. *Ecology* 90: 1242–1254.

Bustamante, R. H., G. M. Branch, and S. Eekhout. 1995. Maintenance of an exceptional intertidal grazer biomass in South Africa: Subsidy by subtidal kelps. *Ecology* 76: 2314–2329.

Byrnes, J. E. and J. J. Stachowicz. 2009. The consequences of consumer diversity loss: Different answers from different experimental designs. *Ecology* 90: 2879–2888.

Caro, A. and J. C. Castilla. 2004. Predator-inducible defenses and local intra-population variability of the intertidal mussel *Semimytilus algosus* in central Chile. *Mar. Ecol. Prog. Ser.* 276: 115–123.

Casu, D., G. Ceccherelli, M. Curini-Galletti, and A. Castelli. 2006. Human exclusion from rocky shores in a Mediterranean marine protected area (MPA): An opportunity to investigate the effects of trampling. *Mar. Environ. Res.* 62: 15–32.

Cheung, S. G., K. C. Luk, P. K. S. Shin. 2006. Predator-labeling effect on byssus production in marine mussels *Perna viridis* (L.) and *Brachidontes variabilis* (Krauss). *J. Chem. Ecol.* 32: 1501–1512.

Cheung, S. G., P. Y. Tong, K. M. Yip, and P. K. S. Shin. 2004. Chemical cues from predators and damaged conspecifics affect byssus production in the green-lipped mussel *Perna viridis*. *Mar. Freshw. Behav. Physiol.* 37: 127–135.

Coleman, R. A., A. J. Underwood, L. Benedetti-Cecchi, et al. 2006. A continental scale evaluation of the role of limpet grazing on rocky shores. *Oecologia* 147: 556–564.

Connell, J. H. 1961a. The influence of interspecific competition and other factors on the distribution of the barnacle *Chthamalus stellatus*. *Ecology* 42: 710–723.

Connell, J. H. 1961b. Effects of competition, predation by *Thais lapillus*, and other factors on natural populations of the barnacle *Balanus balanoides*. *Ecol. Monogr.* 31: 61–104.

Connell, J. H. 1979. Intermediate-disturbance hypothesis. *Science* 204: 1345–1345.

Connell, J. H. 1985. The consequences of variation in initial settlement vs. post-settlement mortality in rocky intertidal communities. *J. Exp. Mar. Biol. Ecol.* 93: 11–45.

Connell, S. D. and A. D. Irving. 2008. Integrating ecology with biogeography using landscape characteristics: A case study of subtidal habitat across continental Australia. *J. Biogeogr.* 35: 1608–1621.

Connolly, S. R. and J. Roughgarden. 1998. A latitudinal gradient in northeast Pacific intertidal community structure: Evidence for an oceanographically based synthesis of marine community theory. *Am. Nat.* 151: 311–326.

Côté, I. M. 1995. Effects of predatory crab effluents on byssus production in mussels. *J. Exp. Mar. Biol. Ecol.* 188: 233–241.

Cotton, P. A., S. D. Rundle, and K. E. Smith. 2004. Trait compensation in marine gastropods: Shell shape, avoidance behavior, and susceptibility to predation. *Ecology* 85: 1581–1584.

Crain, C. M., K. Kroeker, and B. S. Halpern. 2008. Interactive and cumulative effects of multiple human stressors in marine systems. *Ecol. Lett.* 11: 1304–1315.

Darling, E. S. and I. M. Côté. 2008. Quantifying the evidence for ecological synergies. *Ecol. Lett.* 11: 1278–1286.

Dayton, P. K. 1971. Competition, disturbance, and community organization: The provision and subsequent utilization of space in a rocky intertidal community. *Ecol. Monogr.* 41: 351–389.

Denny, M. and D. Wethey. 2001. Physical processes that generate patterns in marine communities. In, *Marine Community Ecology* (M. D. Bertness, S. D. Gaines, M. E. Hay, eds.), pp. 3–37. Sunderland, MA: Sinauer Associates.

Denny, M. and L. Benedetti-Cecchi. 2012. Scaling up in ecology: Mechanistic approaches. *Annu. Rev. Ecol. Evol. Syst.* 43: 1–22.

Denny, M. W., B. Helmuth, G. H. Leonard, et al. 2004. Quantifying scale in ecology: Lessons from a wave-swept shore. *Ecol. Monogr.* 74: 513–532.

Denny, M. W., L. J. H. Hunt, L. P. Miller, and C. D. G. Harley. 2009. On the prediction of extreme ecological events. *Ecol. Monogr.* 79: 397–421.

Diaz, H. F. and R. J. Murnane. 2008. *Climate Extremes and Society*. Cambridge, UK: Cambridge University Press.

Diaz, S., A. J. Symstad, F. S. Chapin, et al. 2003. Functional diversity revealed by removal experiments. *Trends Ecol. Evol.* 18: 140–146.

Dudgeon, S. and P. S. Petraitis. 2001. Scale-dependent recruitment and divergence of intertidal communities. *Ecology* 82: 991–1006.

Easterling, D. R., G. A. Meehl, C. Parmesan, et al. 2000. Climate extremes: Observations, modeling, and impacts. *Science* 289: 2068–2074.

Edgell, T. C. and C. J. Neufeld. 2008. Experimental evidence for latent developmental plasticity: Intertidal whelks respond to a native but not an introduced predator. *Biol. Lett.* 4: 385–387.

Elton, C. 1927. *Animal Ecology*. London, UK: Sidgwick and Jackson.

Fraschetti, S., A. Terlizzi, and L. Benedetti-Cecchi. 2005. Patterns of distribution of marine assemblages from rocky shores: Evidence of relevant scales of variation. *Mar. Ecol. Prog. Ser.* 296: 13–29.

Freeman, A. S. 2007. Specificity of induced defenses in *Mytilus edulis* and asymmetrical predator deterrence. *Mar. Ecol. Prog. Ser.* 334: 145–153.

Freeman, A. S. and J. E. Byers. 2006. Divergent induced responses to an invasive predator in marine mussel populations. *Science* 313: 831–833.

Gaines, S. and J. Roughgarden. 1985. Larval settlement rate: A leading determinant of structure in an ecological community of the marine intertidal zone. *Proc. Natl. Acad. Sci. (USA)* 82: 3707–3711.

Goodsell, P. J. and A. J. Underwood. 2008. Complexity and idiosyncrasy in the responses of algae to disturbance in mono- and multi-species assemblages. *Oecologia* 157: 509–519.

Gosnell, J. S. and S. D. Gaines. 2012. Keystone intimidators in the intertidal: Non-consumptive effects of a keystone sea star regulate feeding and growth in whelks. *Mar. Ecol. Prog. Ser.* 450: 107–114.

Griffin, J. N., K. L. de la Haye, S. J. Hawkins, et al. 2008. Predator diversity and ecosystem functioning: Density modifies the effect of resource partitioning. *Ecology* 89: 298–305.

Halley, J. M. 1996. Ecology, evolution and 1/f-noise. *Trends Ecol. Evol.* 11: 33–37.

Halley, J. M. and P. Inchausti. 2004. The increasing importance of 1/f-noises as models of ecological variability. *FNL* 4: R1-R26.

Harley, C. D. G., A. R. Hughes, K. M. Hultgren, et al. 2006. The impacts of climate change in coastal marine systems. *Ecol. Lett.* 9: 228–241.

Harris, L. G. and A. C. Jones. 2005. Temperature, herbivory and epibiont acquisition as factors controlling the distribution and ecological role of an invasive seaweed. *Biol. Invasions* 7: 913–924.

Hawkins, S. J., H. E. Sugden, N. Mieszkowska, et al. 2009. Consequences of climate-driven biodiversity changes for ecosystem functioning of North European rocky shores. *Mar. Ecol. Prog. Ser.* 396: 245–259.

Helmuth, B., N. Mieszkowska, P. Moore, and S. J. Hawkins. 2006a. Living on the edge of two changing worlds: Forecasting the responses of rocky intertidal ecosystems to climate change. *Annu. Rev. Ecol. Evol. Syst.* 37: 373–404.

Helmuth, B., B. R. Broitman, C. A. Blanchette, et al. 2006b. Mosaic patterns of thermal stress in the rocky intertidal zone: Implications for climate change. *Ecol. Monogr.* 76: 461–479.

Helmuth, B., C. D. G. Harley, P. M. Halpin, et al. 2002. Climate change and latitudinal patterns of intertidal thermal stress. *Science* 298: 1015–1017.

Herbert, R. J. H., A. J. Southward, R. T. Clarke, et al. 2009. Persistent border: An analysis of the geographic boundary of an intertidal species. *Mar. Ecol. Prog. Ser.* 379: 135–150.

Holling, C. S. 1992. Cross-scale morphology, geometry, and dynamics of ecosystems. *Ecol. Monogr.* 62: 447–502.

Hutchinson, G. E. 1959. Homage to Santa Rosalia or why are there so many kinds of animals. *Am. Nat.* 93: 145–159.

IPCC. 2007. *Climate change 2007: The physical science basis. Contribution of Working Group I to the Fourth Assessment Report of the Intergovernmental Panel on Climate Change*. Cambridge, UK: Cambridge University Press.

Ishida, S. and K. Iwasaki. 2003. Reduced byssal thread production and movement by the intertidal mussel *Hornomya mutabilis* in response to effluent from predators. *J. Ethol.* 21: 117–122.

Jenkins, B., R. L. Kitching, and S. L. Pimm. 1992. Productivity, disturbance, and food web structure at a local spatial scale in experimental container habitats. *Oikos* 65: 249–255.

Jentsch, A., J. Kreyling, and C. Beierkuhnlein. 2007. A new generation of climate-change experiments: Events, not trends. *Front. Ecol. Environ.* 5: 365–374.

Jolliffe, P. A. 2000. The replacement series. *J. Ecol.* 88: 371–385.

Kagawa, N. and Y. Mugiya. 2002. Brain Hsp70 mRNA expression is linked with plasma cortisol levels in goldfish (*Carassius auratus*) exposed to a potential predator. *Zoolog. Sci.* 19: 735–740.

Keough, M. J. and G. P. Quinn. 1998. Effects of periodic disturbances from trampling on rocky intertidal algal beds. *Ecol. Appl.* 8: 141–161.

Knott, N. A., A. J. Underwood, M. G. Chapman, and T. M. Glasby. 2004. Epibiota on vertical and on horizontal surfaces on natural reefs and on artificial structures. *J. Mar. Biolog. Assoc. U.K.* 84: 1117–1130.

Krebs, C. J. 2009. *Ecology: The Experimental Analysis of Distribution and Abundance.* 6th Edition. Menlo Park, CA: Benjamin/Cummings.

Large, S. I., D. L. Smee, and G. C. Trussell. 2011. Environmental conditions influence the frequency of prey response to predation risk. *Mar. Ecol. Prog. Ser.* 422: 41–49.

Lawton, J. H. 1999. Are there general laws in ecology? *Oikos* 84: 177–192.

Leonard, G. H. 2000. Latitudinal variation in species interactions: A test in the New England rocky intertidal zone. *Ecology* 81: 1015–1030.

Leonard, G. H., M. D. Bertness, and P. O. Yund. 1999. Crab predation, waterborne cues and inducible defenses in the blue mussel, *Mytilus edulis. Ecology* 80: 1–14.

Levin, S. A. 1992. The problem of pattern and scale in ecology. *Ecology* 73: 1943–1967.

Lewis, J. R. 1964. *The Ecology of Rocky Shores.* London, UK: English Universities Press.

Lima, F. P., P. A. Ribeiro, N. Queiroz, et al. 2007. Do distributional shifts of northern and southern species of algae match the warming pattern? *Glob. Chang. Biol.* 13: 2592–2604.

Lively, C. M. 1986. Predator-induced shell dimorphism in the acorn barnacle *Chthamalus anisopoma. Evolution* 40: 232–242.

Long, J. D. and M. E. Hay. 2012. The impact of trait-mediated indirect interactions in marine communities. In, *Trait-Mediated Indirect Interactions: Ecological and Evolutionary Perspectives* (T. Ohgushi, O. J. Schmitz, and R. D. Holt., eds.), pp. 47–68. Cambridge, UK: Cambridge University Press.

Long, J. D. and G. C. Trussell. 2007. Geographic variation in seaweed induced responses to herbivory. *Mar. Ecol. Prog. Ser.* 333: 75–80.

Long, J. D., R. S. Hamilton, J. L. Mitchell. 2007. Asymmetric competition via induced resistance: specialist herbivores indirectly suppress generalist preference and populations. *Ecology* 88: 1232–1240.

Lubchenco, J. 1978. Plant species diversity in a marine intertidal community: Importance of herbivore food preference and algal competitive abilities. *Am. Nat.* 112: 23–39.

Luttbeg, B. and G. C. Trussell. 2013. How the informational environment shapes how prey estimate predation risk and resulting indirect effects of predators. *Am. Nat.* 181: 182–194.

Maggi, E., I. Bertocci, S. Vaselli, and L. Benedetti-Cecchi. 2011. Connell and Slatyer's models of succession in the biodiversity era. *Ecology* 92: 1399–1406.

Manríquez, P. H., N. A. Lagos, M. E. Jara, and J. C. Castilla. 2009. Adaptive shell color plasticity during the early ontogeny of an intertidal keystone snail. *Proc. Natl. Acad. Sci.* (USA) 106: 16298–16303.

Manríquez, P. H., M. E. Jara, T. Opitz, et al. 2013. Effects of predation risk on survival, behaviour and morphological traits of small juveniles of *Concholepas concholepas* (loco). *Mar. Ecol. Prog. Ser.* 472: 169-183.

Marchinko, K. B. 2003. Dramatic phenotypic plasticity in barnacle legs (*Balanus glandula* Darwin): Magnitude, age dependence, and speed of response. *Evolution* 57: 1281–1290.

Marchinko, K. B. 2007. Feeding behavior reveals the adaptive nature of plasticity in barnacle feeding limbs. *Biol. Bull.* 213: 12–15.

Matassa, C. M. and G. C. Trussell. 2011. Landscape of fear influences the relative importance of consumptive and nonconsumptive predator effects. *Ecology* 92: 2258–2266.

May, R. M. 1983. The structure of food webs. *Nature* 301: 566–568.

McPeek, M. A. 2004. The growth/predation risk trade-off: So what is the mechanism? *Am. Nat.* 163: E88-E111.

McPeek, M. A., M. Grace, and J. M. L. Richardson. 2001. Physiological and behavioral responses to predators shape the growth predation risk trade-off in damselflies. *Ecology* 82: 1535–1545.

Menge, B. A. 1995. Indirect effects in marine rocky intertidal interaction webs—Patterns and importance. *Ecol. Monogr.* 65: 21–74.

Menge, B. A. and G. M. Branch. 2001. Rocky intertidal communities. In, *Marine Community Ecology* (M. D. Bertness, S. D. Gaines, M. E. Hay, eds.), pp. 221–251. Sunderland, MA: Sinauer Associates.

Menge, B. A. and D. N. L. Menge. 2013. Dynamics of coastal metaecosystems: The intermittent upwelling hypothesis and a test in rocky intertidal regions. *Ecol. Monogr.* doi: 10.1890/12-1706.1

Menge, B. A. and J. P. Sutherland. 1987. Community regulation: Variation in disturbance, competition, and predation in relation to environmental-stress and recruitment. *Am. Nat.* 130: 730–757.

Menge, B. A., C. Blanchette, P. Raimondi, et al. 2004. Species interaction strength: Testing model predictions along an upwelling gradient. *Ecol.*

Monogr. 74: 663–684.

Menge, B. A., B. A. Daley, P. A. Wheeler, et al. 1997. Benthic-pelagic links and rocky intertidal communities: Bottom-up effects on top-down control? *Proc. Natl. Acad. Sci.* (USA) 94: 14530–14535.

Menge, B. A., J. Lubchenco, M. E. S. Bracken, et al. 2003. Coastal oceanography sets the pace of rocky intertidal community dynamics. *Proc. Natl. Acad. Sci.* (USA) 100: 12229–12234.

Menge, B. A., E. Sanford, B. A. Daley, et al. 2002. Inter-hemispheric comparison of bottom-up effects on community structure: Insights revealed using the comparative-experimental approach. *Ecol. Res.* 17: 1–16.

Milazzo, M., R. Chemello, F. Badalamenti, and S. Riggio. 2002. Short-term effect of human trampling on the upper infralittoral macroalgae of Ustica Island MPA (western Mediterranean, Italy). *J. Mar. Biolog. Assoc. U.K.* 82: 745–748.

Minchinton, T. E. and K. J. Fels. 2013. Sediment disturbance associated with trampling by humans alters species assemblages on a rocky intertidal seashore. *Mar. Ecol. Prog. Ser.* 472: 129–140.

Mowles, S. L., S. D. Rundle, and P. A. Cotton. 2011. Susceptibility to predation affects trait-mediated indirect interactions by reversing intraspecific competition. *PLoS ONE* 6: e23068. doi: 10.1371/journal.pone.0023068

Navarrete, S. A., B. R. Broitman, and B. A. Menge. 2008. Interhemispheric comparison of recruitment to intertidal communities: Pattern persistence and scales of variation. *Ecology* 89: 1308–1322.

Navarrete, S. A., E. A. Wieters, B. R. Broitman, and J. C. Castilla. 2005. Scales of benthic-pelagic and the intensity of species interactions: From recruitment limitation to top-down control. *Proc. Natl. Acad. Sci.* (USA) 102: 18046–18051.

Nielsen, K. J. 2003. Nutrient loading and consumers: Agents of change in open-coast macrophyte assemblages. *Proc. Natl. Acad. Sci.* (USA) 100: 7660–7665.

O'Connor, N. E. and T. P. Crowe. 2005. Biodiversity loss and ecosystem functioning: Distinguishing between number and identity of species. *Ecology* 86: 1783–1796.

Paine, R. T. 1966. Food web complexity and species diversity. *Am. Nat.* 100: 65–75.

Paine, R. T. 1980. Food webs: Linkage, interaction strength and community infrastructure. *J. Anim. Ecol.* 49: 667–685.

Paine, R. T. 2002. Advances in ecological understanding: By Kuhnian revolution or conceptual evolution? *Ecology* 83: 1553–1559.

Paine, R. T., J. C. Castillo, and J. Cancino. 1985. Perturbation and recovery patterns of starfish-dominated intertidal assemblages in Chile, New Zealand, and Washington state. *Am. Nat.* 125: 679–691.

Palmer, A. R. 1990. Effect of crab effluent and scent of damaged conspecifics on feeding, growth, and shell morphology of the Atlantic dogwhelk *Nucella lapillus* (L.). *Hydrobiologia* 193: 155–182.

Pauwels, K., R. Stoks, and L. DeMeester. 2005. Coping with predator-induced stress: Interclonal differences in induction of heat-shock proteins in the water flea *Daphnia magna. J. Evol. Biol.* 18: 867–872.

Peterson, C. H., S. D. Rice, J. W. Short, et al. 2003. Long-term ecosystem response to the Exxon Valdez oil spill. *Science* 302: 2082–2086.

Petraitis, P. S. and S. R. Dudgeon. 1999. Experimental evidence for the origin of alternative communities on rocky intertidal shores. *Oikos* 84: 239–245.

Pianka, E. R. 1966. Latitudinal gradients in species diversity: A review of concepts. *Am. Nat.* 100: 33–46.

Pimm, S. L. and J. H. Lawton. 1977. Number of trophic levels in ecological communities. *Nature* 268: 329–331.

Pincebourde, S., E. Sanford, and B. Helmuth. 2008. Body temperature during low tide alters the feeding performance of a top intertidal predator. *Limnol. Oceanogr.* 53: 1562–1573.

Pincebourde, S., E. Sanford, J. Casas, and B. Helmuth. 2012. Temporal coincidence of environmental stress events modulates predation rates. *Ecol. Lett.* 15: 680–688.

Poloczanska, E. S., S. J. Hawkins, A. J. Southward, and M. T. Burrows. 2008. Modeling the response of populations of competing species to climate change. *Ecology* 89: 3138–3149.

Poore, A. G. B., A. H. Campbell, R. A. Coleman, et al. 2012. Global patterns in the impact of marine herbivores on benthic primary producers. *Ecol. Lett.* 15: 912–922.

Post, D. M. 2002. The long and short of food-chain length. *Trends Ecol. Evol.* 17: 269–277.

Raimondi, P. T., S. E. Forde, L. F. Delph, and C. M. Lively. 2000. Processes structuring communities: Evidence for trait-mediated indirect effects through induced polymorphisms. *Oikos* 91: 353–361.

Reimer, O. and M. Tedengren. 1996. Phenotypical improvement of morphological defenses in the mussel *Mytilus edulis* induced by exposure to the predator *Asterias rubens*. *Oikos* 75: 383–390.

Rhode, S. and M. Wahl. 2008. Temporal dynamics of induced resistance in a marine macroalga: Time lag of induction and reduction in *Fucus vesiculosus*. *J. Exp. Mar. Biol. Ecol.* 367: 227–229.

Robinson, E. M., D. L. Smee, and G. C. Trussell. 2011. Green crab (*Carcinus maenas*) foraging efficiency reduced by fast flows. *PLoS ONE* 6: e21025. doi: 10.1371/journal.pone.0021025

Roughgarden, J., S. D. Gaines, and S. W. Pacala. 1987. Supply side ecology: The role of physical transport processes. In, *Organization of Communities: Past and Present, Proceedings of the British Ecological Society Symposium, Aberystyth, Wales (April 1986)*, (P. Giller and J. Gee, eds.), pp. 491–481. London, UK: Blackwell Scientific Publications.

Rovero, F., R. N. Hughes, and G. Chelazzi. 1999. Cardiac and behavioural responses of mussels to risk of predation by dogwhelks. *Anim. Behav.* 58: 707–714.

Ryther, J. H. 1969. Photosynthesis and fish production in the sea. *Science* 166: 72–76.

Sagarin, R. D., J. P. Barry, S. E. Gilman, and C. H. Baxter. 1999. Climate-related change in an intertidal community over short and long time scales. *Ecol. Monogr.* 69: 465–490.

Sanford, E. 1999. Regulation of keystone predation by small changes in ocean temperature. *Science* 283: 2095–2097.

Schiel, D. R. and D. I. Taylor. 1999. Effects of trampling on a rocky intertidal algal assemblage in southern New Zealand. *J. Exp. Mar. Biol. Ecol.* 235: 213–235.

Schiel, D. R., J. R. Steinbeck, and M. S. Foster. 2004. Ten years of induced ocean warming causes comprehensive changes in marine benthic communities. *Ecology* 85: 1833–1839.

Schmitz, O. J., V. Krivan, and O. Ovadia. 2004. Trophic cascades: The primacy of trait-mediated indirect interactions. *Ecol. Lett.* 7: 153–163.

Slobodkin, L. B. 1960. Ecological energy relationships at the population level. *Am. Nat.* 94: 213–236.

Slos, S. and R. Stoks. 2008. Predation risk induces stress proteins and reduces antioxidant defense. *Funct. Ecol.* 22: 637–642.

Smee, D. and M. J. Weissburg. 2006. Clamming up: Environmental forces diminish the perceptive ability of bivalve prey. *Ecology* 87: 1587–1598.

Smith, J. R. and S. N. Murray. 2005. The effects of experimental bait collection and trampling on a *Mytilus californianus* mussel bed in southern California. *Mar. Biol.* 147: 699–706.

Solan, M., R. J. Aspeden, and D. M. Paterson. 2012. *Marine Biodiversity and Ecosystem Functioning: Frameworks, Methodologies and Integration.* Oxford, UK: Oxford University Press.

Sousa, W. P. 1979a. Disturbance in marine inter-tidal boulder fields: The non-equilibrium maintenance of species-diversity. *Ecology* 60: 1225–1239.

Sousa, W. P. 1979b. Experimental investigations of disturbance and ecological succession in a rocky inter-tidal algal community. *Ecol. Monogr.* 49: 227–254.

Sousa, W. P. 2001. Natural disturbance and the dynamics of marine benthic communities. In, *Marine Community Ecology* (M. D. Bertness, S. D. Gaines, and M. E. Hey, eds.), pp. 85–130. Sunderland, MA: Sinauer Associates.

Southward, A. J. 1991. 40 years of changes in species composition and population density of barnacles on a rocky shore near Plymouth. *J. Mar. Biolog. Assoc. U.K.* 71: 495–513.

Stachowicz, J. J., J. F. Bruno, and J. E. Duffy. 2007. Understanding the effects of marine biodiversity on communities and ecosystems. *Annu. Rev. Ecol. Evol. Syst.* 38: 739–766.

Stachowicz, J. J., R. B. Whitlatch, and R. W. Osman. 1999. Species diversity and invasion resistance in a marine ecosystem. *Science* 286: 1577–1579.

Stephenson, T. A. and A. Stephenson. 1972. *Life between Tidemarks on Rocky Shores.* San Francisco, CA: W. H. Freeman.

Stoks, R., M. De Block, and M. A. McPeek. 2005. Alternative growth and energy storage responses to mortality threats in damselflies. *Ecol. Lett.* 8: 307–1316.

Tamburello, L., F. Bulleri, I. Bertocci, et al. 2013. Reddened seascapes: Experimentally induced shifts in 1/f spectra of spatial variability in rocky intertidal assemblages. *Ecology* 94: 1102-1111.

Thompson, R. C., T. P. Crowe, and S. J. Hawkins. 2002. Rocky intertidal communities: Past environmental changes, present status and predictions for the next 25 years. *Environ. Conserv.* 29: 168–191.

Toth, G. B. and H. Pavia. 2000. Water-borne cues induce chemical defense in a marine alga (*Ascophyllum nodosum*). *Proc. Natl. Acad. Sci. (USA)* 97: 14418–14420.

Toth, G. B. and H. Pavia. 2007. Induce herbivore resistance in seaweeds:

A meta-analysis. *J. Ecol.* 95: 425–434.

Trussell, G. C. 1996. Phenotypic plasticity in an intertidal snail: The role of a common crab predator. *Evolution* 50: 448–454.

Trussell, G. C. and O. J. Schmitz. 2012. Species functional traits, trophic control and the ecosystem consequences of adaptive foraging in the middle of food chains. In, *Trait-Mediated Indirect Interactions: Ecological and Evolutionary Perspectives* (T. Ohgushi, O. J. Schmitz, R. D. Holt, eds.) Cambridge, UK: Cambridge University Press.

Trussell, G. C. and L. D. Smith. 2000. Induced defenses in response to an invading crab predator: An explanation of historical and geographic phenotypic change. *Proc. Natl. Acad. Sci.* (USA) 97: 2123–2127.

Trussell, G. C., P. J. Ewanchuk, M. D. Bertness. 2002. Field evidence of trait-mediated indirect interactions in a rocky intertidal food web. *Ecol. Lett.* 5: 241–245.

Trussell, G. C., P. J. Ewanchuk, and M. D. Bertness. 2003. Trait-mediated indirect effects in rocky intertidal food chains: Predator risk cues alter prey feeding rates. *Ecology* 84: 629–640.

Trussell, G. C., P. J. Ewanchuk, and C. M. Matassa. 2006. The fear of being eaten reduces energy transfer in a simple food chain. *Ecology* 87: 2979–2984.

Trussell, G. C., P. J. Ewanchuk, M. D. Bertness, and B. R. Silliman. 2004. Trophic cascades in rocky shore tidepools: Distinguishing lethal and nonlethal effects. *Oecologia* 139: 427–432.

Underwood, A. J. 1997. *Experiments in Ecology: Their Logical Design and Interpretation Using Analysis of Variance.* Cambridge, UK: Cambridge University Press.

Underwood, A. J. 2004. Landing on one's foot: Small-scale topographic features of habitat and the dispersion of juvenile intertidal gastropods. *Mar. Ecol. Prog. Ser.* 268: 173–182.

Underwood, A. J. and M. G. Chapman. 1996. Scales of spatial patterns of distribution of intertidal invertebrates. *Oecologia* 107: 212–224.

Underwood, A. J. and E. J. Denley. 1984. Paradigms, explanations and generalizations in models for the structure of intertidal communities on rocky shores. In, *Ecological Communities: Conceptual Issues and the Evidence* (D. R. Strong, Jr., D. Simberloff, L. G. Abele, and A. B. Thistle, eds.), pp. 151–180. Princeton, NJ: Princeton University Press.

Underwood, A. J. and M. J. Keough. 2001. Supply-side ecology: The nature and consquences of variations in recruitment of intertidal organisms. In, *Marine Community Ecology* (M. D. Bertness, S. D. Gaines, and M. E. Hay, eds.), pp. 183–200. Sunderland, MA: Sinauer Associates.

Vadas, R. L., M. T. Burrows, and R. N. Hughes. 1994. Foraging strategies of dogwhelks, *Nucella lapillus* (L.): Interacting effects of age, diet and chemical cues to the threat of predation. *Oecologia* 100: 439–450.

Van Alstyne, K. L. 1988. Herbivore grazing increases polyphenolic defenses in the intertidal brown alga *Fucus distichus*. *Ecology* 69: 655–663.

Van De Werfhorst, L. C. and J. S. Pearse. 2007. Trampling in the rocky intertidal of central California: A follow-up study. *Bull. Mar. Sci.* 81: 245–254.

Vaselli, S., I. Bertocci, E. Maggi, and L. Benedetti-Cecchi. 2008. Assessing the consequences of sea level rise: Effects of changes in the slope of the substratum on sessile assemblages of rocky seashores. *Mar. Ecol. Prog. Ser.* 368: 9–22.

Watanabe, S., R. E. Scheibling, and A. Metaxas. 2010. Contrasting patterns of spread in interacting invasive species: *Membranipora membranacea* and *Codium fragile* off Nova Scotia. *Biol. Invasions* 12: 2329–2342.

Weissburg, M. J. and R. K. Zimmer-Faust. 1993. Life and death in moving fluids: Hydrodynamic constraints on chemosensory-mediated predation. *Ecology* 74: 1428–1443.

Werner, E. E. and S. D. Peacor. 2003. A review of trait-mediated indirect interactions in ecological communities. *Ecology* 84: 1083–1100.

Wethey, D. S., S. A. Woodin, T. J. Hilbish, et al. 2011. Response of intertidal populations to climate: Effects of extreme events versus long term change. *J. Exp. Mar. Biol. Ecol.* 400: 132–144.

Williams, G. A., M. S. Davies, and S. Nagarkar. 2000. Primary succession on a seasonal tropical rocky shore: The relative roles of spatial heterogeneity and herbivory. *Mar. Ecol. Prog. Ser.* 203: 81–94.

Wood, S. A., S. A. Lilley, D. R. Schiel, and J. B. Shurin. 2010. Organismal traits are more important than environment for species interactions in the intertidal zone. *Ecol. Lett.* 13: 1160–1171.

Wootton, J. T. 1992. Indirect effects, prey susceptibility, and habitat selection: Impacts of birds on limpets and algae. *Ecology* 73: 981–991.

Wootton, J. T. 1993. Indirect effects and habitat use in an intertidal community: Interaction chains and interaction modifications. *Am. Nat.* 141: 71–89.

Yachi, S. and M. Loreau. 1999. Biodiversity and ecosystem productivity in a fluctuating environment: The insurance hypothesis. *Proc. Natl. Acad. Sci.* (USA) 96: 1463–1468.

第 10 章

松软沉积物群落

James E. Byers 和 Jonathan H. Grabowski

海洋沉积是地球上最大的生境类型之一，覆盖了海底约 80% 的面积（Lenihan and Micheli，2001；Nybakken and Bertness，2005）。因此，要真正了解塑造我们这个星球上生物群落的过程，就必须要了解这个生境的基础。事实上，相关研究一直在致力于了解这个生境（特别是近滨），在过去几十年里，也有很好的综述和总结。如果想要了解对这一生境的全面介绍，包括所发生过程的细节，我们推荐 Olafsson 等（1994）、Gray（2002）的文章，特别是 Lenihan 和 Micheli（2001）的著作。为了避免对这些描述的重复，本章简要概括了松软沉积环境中生物分布和丰度的基本格局，并列出了大量文献所关注的主要结构化过程和机制的清单（专题 10.1）。对这些概括和普遍原则的凝练，使本章的重点主要集中于松软沉积生态学进展的四个领域。

基本格局

松软沉积物群落中的大型动物主要有四个分类群：多毛类、甲壳类、棘皮动物和软体动物（Thorson，1955；Nybakken and Bertness，2005）。对这些动物的亚致死捕食很普遍，特别是对蛤类的虹管、多毛类的肢节，以及海星的断臂等而言（Lindsay，2010）。此外，亚致死捕食还会产生一些直接作用——降低取食效率和减少觅食时间，从而增加随后致死性捕食的可能性（Meyer and Byers，2005）。

大部分海洋松软沉积物群落位于透光带以下，因而依赖于其他自养生物群落的营养补充。但在浅水和潮间带，其植物区系以被子植物（如盐沼草甸、红树林和海草等）以及直接固着在基底的大型藻类为主，不过大型藻类所占比例相对较小，因为水质浑浊和流水环境下难以附着，会限制大型藻类。沉积中的化能合成细菌和光合细菌都能提供大量的初级生产力（Valiela，1984）。除了对初级生产力的贡献，这些微型底栖植物（光合藻类和细菌）还能通过调节氧气和营养通量，以及稳固沉积物，塑造物理环境（Yallop et al.，1994；Macintyre et al.，1996）。

松软沉积物生境中的大型动物通常按照其功能划分类型（如穴居食底泥动物、滤食动物、管居动物等），而不是根据其他类群。功能类群被用于解释不同类型的生物如何促进或妨碍环境中的其他生物（Woodin，1976），而这有助于深入了解生态系统和恢复力（Blackford，1997；Bolam et al.，2002），并应用于实际，如研究生物群落对渔业影响的响应（Frid et al.，1999）。

沉积物的成分很大程度上受基底上的水动力控制。在高能环境中以有机质含量低的粗砂为主；而在低能环境中，富含有机物质的粉质淤泥质沉积物不断淤积（Snelgrove and Butman，1994）。这些物理差异对生物群落产生直接影响。在波浪不断冲刷，沉积物颗粒较大的区域，通常以寿命较长的滤食动物为主；而在水流较缓的地方，主要是富含有机质的淤泥质沉积物，因而以食底泥动物为主（图 10.1；Sanders，1958；

专题 10.1　基于机理和过程的海洋松软沉积物群落的组织原则

这些原则的目的是作为有用的经验法则，其中既有经典范例，也有最近出现的一些新法则。当然，这些概括难以兼顾全面，但所引用的文献可供进一步的讨论。

1. 动物—沉积物的相互作用

通过对沉积物特征的影响，食底泥动物和滤食动物会给对方造成负面的影响（Rhoads and Young，1970；Woodin，1976）。通过移动和活动，食底泥动物搅动泥沙使其再次悬浮，堵塞滤食动物的滤食器官，淹没其幼虫。

除非具有虹吸管或洞穴能与表面通风，好氧生物只能生活在底泥中最上部的几厘米处（图 A）。生活在深处的个体需要能够耐受低氧量、高浓度硫化物和其他有毒化学物质（Fenchel and Riedl，1970）。

图 A　大部分松软沉积层内的大型底内生物是好氧生物，因此必须生活在沉积物表面含氧水附近。如果生物体拥有虹吸管或保持通风的洞穴与含氧水保持接触，就可以生活在更深处

2. 补充

通过增加幼体被动沉积和底泥以上的结构，如水生植被，能够增加底栖动物的补充量（图 B；Eckman，1983）。

3. 生物间的相互作用

捕食可能会很强烈，但在时空上是变化的，因此是维持生物分布高度变化的主要过程之一（Peterson，1979；Olafsson et al.，1994；Thrush，1999）。捕食者的影响往往在结构简单的地方更大，因为复杂结构能够为被捕食者提供避难场所，或者会降低捕食者的觅食效率（图 C）。

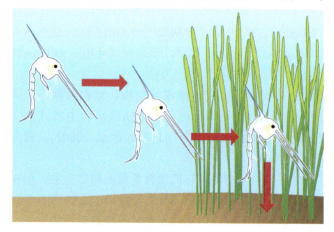

图 B　水生植物可以阻碍水流，并提高底栖生物的补充量

图 C　复杂结构常常保护猎物，因为猎物能够从中受益，既有庇护场所，又能降低捕食者觅食效率

专题 10.1（续）

在捕食者密度高的地方，生活在松软沉积物中的双壳类往往采用从装备"盔甲"到逃避的一系列防御策略。装备"盔甲"的物种使用的是形态避难的策略，如更厚的壳，常常导致的是 Ⅱ 型（Type Ⅱ）捕食者功能反应（图 Diii）。而无盔甲物种通过埋藏在底泥之中来降低捕食者的遭遇率，往往形成的是Ⅲ型（Type Ⅲ）捕食者功能反应。例如，在切萨皮克湾，蓝蟹（*Callinectes sapidus*）主要捕食紫贻贝（*Mytilus edulis*）、美洲巨牡蛎（*Crassostrea virginica*）和蛤类［硬壳蛤（*Mercenaria mercenaria*）、波罗的海蛤（*Macoma balthica*）和砂海螂（*Mya arenaria*）］。为了抵御蓝蟹的捕食，表栖生物贻贝属（*Mytilus*）和巨牡蛎属（*Crassostrea*）都具有厚甲。与之相反，蛤类（特别是生活在更深处的）没有厚甲，但都是可以挖洞躲藏在底泥中逃避捕食者的底内动物（图 D；Seitz et al., 2001）。

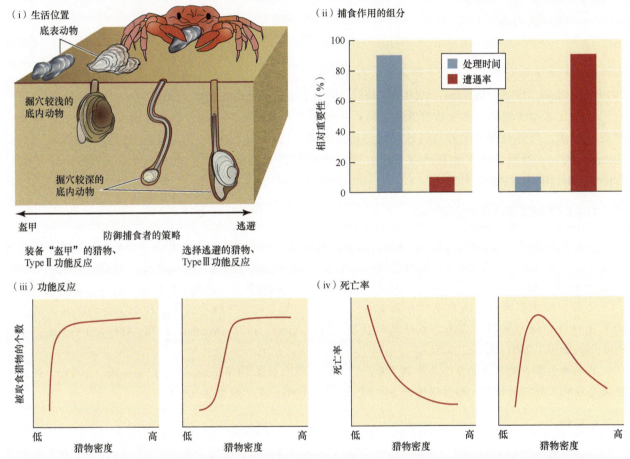

图 D　（i）防御捕食的生活位置，这里显示的是从装备"盔甲"到逃避的一系列模式。（ii）捕食作用的组分（处理时间和遭遇率）以及它们对猎物强调"盔甲"或逃避的相对重要性。处理时间对装备"盔甲"的猎物相对更重要，而对选择逃避的猎物来说，影响遭遇率的因素（如生境结构、低密度等）更为重要。（iii）捕食者的功能反应从猎物装备"盔甲"的逆密度制约（Type Ⅱ）到猎物选择逃避或掘穴的密度制约性（Type Ⅲ）的变化。（iv）猎物的死亡率从逆密度制约到密度制约。捕食组分的分析表明，捕食者对生活在沉积物表面或附近的双壳类动物的捕食会呈现 Type Ⅱ 功能反应，而对掘穴较深的低遭遇率的猎物会表现出 Type Ⅲ 功能反应（仿自 Seitz et al., 2001）

三维生活空间允许生物对垂直空间进行分化，从而缓和底内动物之间对空间的竞争（图 E；Peterson, 1977, 1991）。但底内动物的密度往往并不足以导致空间约束（但不同看法参见 Levin, 1981, Brenchley, 1982）。

与生活着许多固着生物的硬质基底不同，松软沉积物中的生物在定植后再继续扩散很常见。通过迁徙，持续的移动能力可以缓解竞争，并在遭受干扰后迅速地恢复（Whitlatch et al., 1998）。

与硬质基底相比，在松软沉积物中，资源利用性竞争比相互干扰性竞争更为普遍，因为没有物理杠杆

专题 10.1（续）

细泥沙

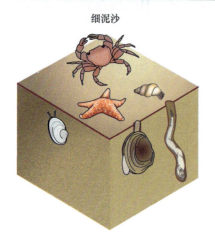

岩岸潮间带

图 E　在像岩岸潮间带这样的二维硬质基底生境中，生物常常与竞争对手产生物理接触，并利用基质的杠杆来撬动、挤压、蔓生和推倒对手。相比之下，生活在松软沉积物中的生物能够划分垂直空间，缓解彼此之间的竞争

来挤压和推倒竞争对手。因此，竞争通常不会导致死亡，而是导致迁徙和降低取食率和生长率（Peterson，1979；Levinton，1985；Olafsson，1989；Barnes，1999；Lenihan and Micheli，2001）。

与食底泥动物相比，滤食动物所遭受的利用性竞争相对较低，因为它们的浮游食物资源可以从水流中得到补偿，局部种群与食物可供性之间的关系不大（Levinton，1972；Peterson，1979；Olafsson，1986；Byers，2005）。然而，在贫养环境条件下，可能会引起滤食动物对食物资源的竞争（Peterson，1982a；Peterson and Black，1987，1993）。

4. 生态系统工程师和生境调节者

生活在基底之上的基础物种（如牡蛎、海草、盐沼植物和珊瑚等）会极大地影响着生境调节，因为除此之外，基底之上几乎再没有其他的地形起伏或非生物结构（Bruno and Bertness，2001；Gutierrez et al.，2003；Hastings et al.，2007；见第 3 章；见"生境复杂度与松软沉积物群落"及"松软沉积物中的入侵物种"）。

生态系统工程师对于底内动物也很重要。掘穴和造管（通常伴随着涌流和冲刷）会给深层的底泥带来氧气和提供避难场所，从而形成好氧的生境（图 F；Gray，1974；Woodin，1978；Aller and Yingst，1985；Rosenberg et al.，2001；Reise，2002）。

底栖微型藻类是重要的生态系统调节者，它们能够稳固基底（Underwood and Paterson，1993），促进其他生态系统工程师的作用，如盐沼植物（Piehler et al.，1998；见"微型底栖植物"）。

5. 干扰

扰动的残留影响与沉积物粒度大小有关。由于泥质沉积物上的离子负荷可以使它们粘在一起，而且流经泥质基底的水流较缓，相比之下，沙质沉积的物理恢复速率要慢得多（Norkko et al.，2002；Dernie et al.，2003）。

生物干扰也很普遍，特别是如鳐、海象、灰鲸和马蹄蟹（见图 10.4）等觅食或筑巢的捕食者所造成的坑。它们的挖掘行为无意中杀死了底内动物，并产生物理影响，如地形变化和浑浊度增加（Oliver et al.，1984；Fukuyama and Oliver，1985；Thrush et al.，1991；Lee，2010）。

通过直接作用（McCall，1977；Hall，1994）和影响粒度大小的间接作用（Oliver et al.，1980；Dyer，1986），波浪会影响浅水区的区化。

在全球大部分地方，大型底栖生物中的机会主义者（如活动的甲壳类和多毛类蠕虫等）总是在化学和物理干扰之后首先重新定植，给基底带来氧气，促进演替（Lenihan and Oliver，1995）。

富营养化增加了需氧量，由此导致的低氧/缺氧会杀死许多固着生物和移动能力较低的生物，造成移动生物的大量迁徙，并改变沉积物的生物地球化学特性（Tenore，1972；Diaz and Rosenberg，1995；Diaz，

专题 10.1（续）

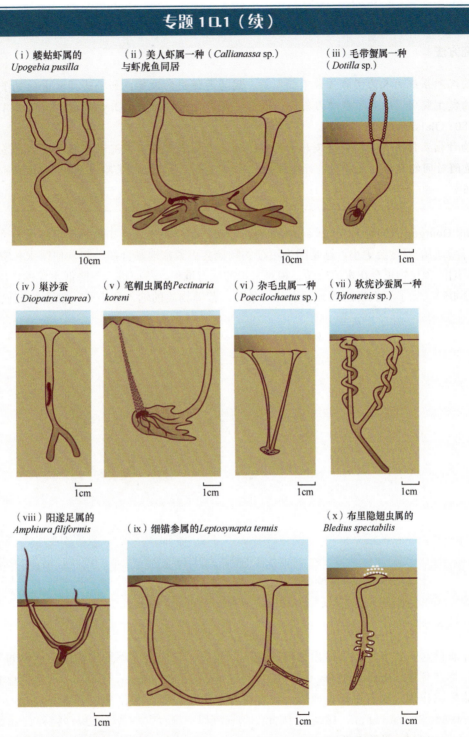

（i）蝼蛄虾属的 *Upogebia pusilla*

（ii）美人虾属一种（*Callianassa* sp.）与虾虎鱼同居

（iii）毛带蟹属一种（*Dotilla* sp.）

（iv）巢沙蚕（*Diopatra cuprea*）

（v）笔帽虫属的 *Pectinaria koreni*

（vi）杂毛虫属一种（*Poecilochaetus* sp.）

（vii）软疣沙蚕属一种（*Tylonereis* sp.）

（viii）阳遂足属的 *Amphiura filiformis*

（ix）细锚参属的 *Leptosynapta tenuis*

（x）布里隐翅虫属的 *Bledius spectabilis*

图 F　穴居生物是松软沉积物生境中重要的生态系统工程师，因为它们有助于水和氧气到达沉积物的更深处。取决于不同物种，传输到表面以下的氧和溶质的量与深度会有很大差异。（i、ii）海蛄虾的洞穴。（i）中较宽的区域是转向室。（iii）沙蟹的洞穴。用砂粒球做成的烟囱，在潮水涌入的时候能够吸收空气。（iv～vii）多毛类动物的洞穴。（vi）一个海稚虫的洞穴，底部有排泄室。（vii）围绕竖井的次级管道。（viii）一个海蛇尾动物的洞穴，它的附肢在上面的水中摆动以滤食浮游植物。（ix）一个无刺海参的洞穴，图中显示了一个之前的取食坑洞和一个填满粪便的旧竖井。（x）隐翅虫的穴，图中显示了侧卵室，并且底部有粪便颗粒（仿自 Reise，2002）

2001；Lenihan et al.，2001；Levin et al.，2009；见"松软沉积物群落的缺氧和富营养化"）。

　　与其他海洋生境相比，松软沉积物中具有更多的非本地种（Ruiz et al.，2000；Wasson et al.，2005；Byers，2009a），入侵者的影响也会比其他生境更高（Byers，2009a；见"松软沉积中的入侵物种"）。

专题 10.1（续）

6. 研究方法

对松软沉积系统的人为实验常常不如人意，因为所使用的设备，如排除捕食者的笼子，会使本无一物的生境结构发生变化，改变了水动力条件、通量，尤其是沉积作用（Dayton and Oliver，1980；Hulberg and Oliver，1980；Olafsson et al.，1994）。

而对物种相互作用的直接观察又非常困难，因为它们通常生活在沉积表层之下。大多数情况下，即便是跟踪数量随时间的变化，也需要进行破坏性的采样，使实验处理结果难以分析（Ambrose，1984；Lindsay et al.，1996）。

Ricciardi and Bourget，1999；Lenihan and Micheli，2001）。一般来说，如果颗粒更细（粉质和淤泥质所占比例增加），含氧层的厚度会更小，这是因为较细的颗粒会更紧密地黏合在一起，使得水和空气可以通过的间隙更少。更细的颗粒物也会在水流较缓、相对平坦的地方堆积，从而进一步降低水流的作用（Nybakken and Bertness，2005）。除了沉积物的成分和水动力条件，营养物质的输入和干扰，都会控制松软沉积物生境的特征。

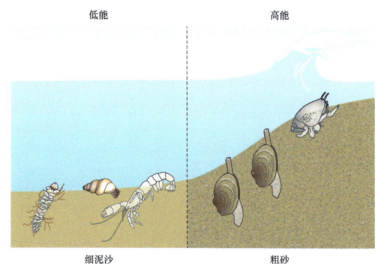

图 10.1　波浪冲刷的区域往往具有粒度较大的沉积物，以寿命较长的滤食生物为主。而在低能的地方，通常是泥质沉积物，富含有机质，以食底泥动物为主

生物并非只对这些沉积特征做出被动的响应，相反，它们会主动地影响所有这些过程，改变沉积物中的化学和物理环境（Barry and Dayton，1991；Snelgrove and Butman，1994）。这些变化包括对水动力和沉积条件的生物作用，如有机质、地形、粒度、含水量、孔隙度和化学成分等（如 Myers，1977；Bender and Davis，1984；Steward et al.，1996）。因此，松软沉积系统对生态系统工程师物种有重要影响（Woodin，1978；Levinton，1994；见第 3 章）。

松软沉积物群落依赖于有机碳输入的性质、数量和可预测性，以及底栖生物对其的利用方式。无论是外来碳还是原位碳，都受到水体的生产力、水深、清澈度和传输机制等的控制（Barry and Dayton，1991；Dauwe et al.，1998）。外来输入碳通常特别重要，尤其是对于深水来说（Levin et al.，2001）。海洋的平均水深大约为 3800m，远远低于透光带，因此大部分松软沉积生境都依赖于外来碳的输入。而河口的底栖生物则生活在地球上最具生产力之一的生境，因为河口的水较浅，并有大量来自陆地的营养通量，驱动着微型底栖植物和盐沼被子植物高水平的原位生产力（Kennedy，1980；见第 11、12 章）。这两点都突出了联系水体过程和底栖生物的海底—水层耦合的重要性（Dayton and Oliver，1977；Graf，1992）。

和生态学的大部分领域一样，早期的海洋松软沉积物群落定量研究关注的是相关性。研究者将群落构成与粒度大小和有机碳含量相关联（Petersen，1918，1924；Ford，1923；Thorson，1957；Sanders，1958）。最早关于松软沉积物生境的综述，关注的是幼虫生物学（Thorson，1950）。随着实验生态学的迅猛发展和技术进步，例如在 20 世纪 60 年代和 70 年代出现的水肺潜水器，松软沉积物生境受到越来越多的关注，特别是塑造群落的过程和机制。随后出现了大量对松软沉积物群落的详尽综述（如 Gray，1974；Rhoads，1974；Rhoads et al.，1978；Nowell and Jumars，1984；Reise，1985；Butman，1989；Kneib，1991；Peterson，1991；Hall，1994）。在过去 50 年中出现大量研究，从而可以从松软沉积物系统面向机制与过程的组织原则中获取普遍原则和主题（见专题 10.1）。尽管其中一些仍存有争议，但所有这些原则都至少可以作为一个切入点，来研究松软沉积物生物群落的结构与动态，包括为什么、何时与何地会出现例外。

其中许多组织原则有助于我们理解人为干扰会如何影响松软沉积物生物群落，以及该系统在何时是最脆弱的。例如，与其他生境相比，近滨松软沉积物生境最易受化学污染影响。这既是由于人类为了方便在近滨倾倒垃圾，也是因为松软沉积物区域通常是流域的出口，大量的人为污染物在此沉积（Fox et al.，1999；Sanger et al.，1999；Holland et al.，2004）。由于泥沙颗粒和有机质的电荷能够绑定化学物，化学污染的影响可持续很久（Bryan and Langston，1992）。同时，人类活动，例如拖网式捕鱼、疏浚和打钻等，都会对水底产生高频率的干扰，影响范围可达 $100 \sim 1000 km^2$（Friedlander et al.，1999；见第 20 章）。富营养化和引进物种也是松软沉积物生境所面临的越来越多的重大问题（见"松软沉积中的入侵物种"和"松软沉积物群落中的缺氧和富营养化"）。

尽管越来越多的生态学家认为自己更关注的是过程，而不是其所研究的生境，但事实上，对一些过程的理解仍然更多地来自一些特定的生境类型。这可能是历史原因，也可能是因为特定生物系统独特的物理和生物特性，使其更适合对某个过程的研究。自从 Lenihan 和 Micheli（2001）在《海洋群落生态学》（*Marine Community Ecology*）中对海洋松软沉积物生态学做出综述以来，我们对四个领域的认识有了很大的提高。尽管这四个领域并不仅限于松软沉积物生境，但其在这一生境的研究更具特色、更深入，甚至是研究最好的。有时候，通过与其他类型生态系统研究结果的对比，可以发现重要生态过程的区别，加深我们对松软沉积物生态系统的理解。这些领域之间也互有重叠，从而能够共同建立对松软沉积物生物群落更综合的理解。这四个主题是研究的基础领域，并将进一步推动我们对专题 10.1 中所列出的基本原则的理解。

（1）与其他海洋生境相比，松软沉积物受到更为严重的入侵。对于这种差异有多种解释，有人认为是由于与其他生境类型相比具有大量的软质基底生境，有人认为是繁殖体输入差异造成的，还有人认为是松软沉积的生态过程特征使该生境对入侵的抵抗力较弱。因此，松软沉积物生境的高入侵成功率可能是这些因素共同作用，或是群落自身特性所决定的。我们对此有所保留，我们认为，这种入侵差异可能与塑造软质基底的过程的特征有关，如降低竞争作用和捕食者对多样性的不同影响。

（2）与其他海洋底栖生境相比，松软沉积物的结构复杂度较低，可作为研究生境复杂度和异质性的重要控制因素。由于松软沉积物是许多其他结构化生境的基线生境，如海草床、红树林和贝礁等都有嵌入的松软沉积物，因此它是许多连续体研究的重要端点。换言之，要剖析一个重要的结构化物种的确切影响，通常是将存在该物种的区域的生物和物理特征与不存在该物种的松软沉积生境的特征进行对比。

（3）松软沉积物中的富营养化及与之相关的缺氧是全球河口和海岸带所面临的日益严重的问题。尽管低氧会影响所有的底层生境，但其对松软沉积物生境的作用是多重的，因为它们不仅仅产生即时的影响，还会有长期的影响，而且改变沉积物生物地球化学特征会产生更加深远的影响。

（4）由于在稳固基底会产生河口生态系统食物网中易获取的底部能量源，以及对营养元素处理等方面的作用，微型底栖植物或微型底栖藻类和蓝细菌，被公认为河口生态系统的关键组成部分。

尽管以上四个主题在过去 20 多年中作为独立的研究主题出现，但通常会发生交叉。例如，入侵物种可以增加生境复杂度，从而放大其对松软沉积物系统的影响；类似地，微型底栖植物能够促进大型植物的生长，从而提高生境复杂度；同样，缺氧事件会导致形成结构的生物的死亡率增加，从而降低生境的复杂度，但其对微型底栖藻类的影响却很小；此外，缺氧事件不仅对本土群落产生直接干扰，还会促进物种的入侵。尽管这四个主题并不能完全包含松软沉积物生态学在过去 20 多年的进展和贡献，但鉴于其重要的相互作用和共同影响有助于我们理解松软沉积物生态系统和更广泛的海洋群落生态学，我们将主要关注这四点。

松软沉积中的入侵物种

松软沉积物河口和草沼是入侵最为严重的海洋生境

有关松软沉积物中入侵物种的范围和影响最好的例子应该是旧金山湾。那里有超过 240 多种非本地种。在湾内很多地方，外来种占总生物量的 90%～95%（Cohen and Carlton，1998；Lee et al.，2003）。与开放海岸相比，在海湾、沼泽和河口发现的外来种数量和比例更高（如 Ruiz et al.，1997，2000；Reise et al.，2002；Nehring，2002）。在美国加利福尼亚州的一个河口——埃尔克霍恩泥沼（Elkhorn Slough），Wasson 等（2005）发现，在 526 种无脊椎动物中，443 个是本地种，58 个是外来种，还有 25 个是隐源种（物种的起源未知）；而在海湾之外开放的岩岸潮间带生境中，588 种无脊椎动物中，只有 8 个是外来种，13 个是隐源种。河口外来生物的数量和比例（11%）远远高于邻近的海岸（1%）。此外，河口的外来种，如滩栖螺属的 *Batillaria attramentaria*、膜海绵属一种（*Hymeniacidon* sp.）、银管虫属的 *Ficopomatus enigmaticus*，不仅多样性高，而且数量很丰富。在旧金山湾发现的 240 个非本地种中，只有不到 10 种在邻近的外海岸出现（Ruiz et al.，1997）。

令人费解的是，原本只生活在开放海岸硬质基底的物种，在被引入后通常会留在海湾和沼泽之中（Griffiths，2000；Robinson et al.，2005；Wasson et al.，2005）。例如，萨克斯玉黍螺（*Littorina saxatilis*），原本几乎只生活在北美洲东北部和欧洲的岩岸潮间带基底之上，但在被引入旧金山湾之后，就再也没有离开（Cohen and Carlton，1998）。

在海湾、沼泽和河口出现更多非本地种的模式，可能是由抽样偏差造成的。这些生境分布在距离人类很近的海岸，所以会比其他海洋生境受到更多的关注（如 Ruiz et al.，1997，2000；Cohen and Carlton，1998；Hewitt et al.，1999）；此外，与开放的海洋系统相比，封闭的海湾和河口具有明显的界线，底栖、易处理的物种比例更高。然而，这两种说法都无法完全解释入侵率的显著差异。我们认为，有三种因素可能导致了松软沉积物生境具有更多外来种。首先，海湾和河口从压舱水中获得大量外来种的繁殖体。仅仅在美国，每年都有上百亿升来自全球各地的压舱水排入港口，而每升压舱水中含有多达 10 种浮游生物（Verling et al.，2005）；其次，海湾还是未被平流带走的幼体的滞留区。Byers 和 Pringle（2006）发现，开放海岸的典型平流限制了滞留，进而限制了种群的建立，这可能是外来种在海岸带生境稀少的主要原因。幼体存留和颗粒细小沉积物之间的对应关系是不言而喻的，因为降低再悬浮和沉积物输出的过程同样适用于幼虫；第三，河口生境与大多数非本地种的输出生境最匹配。海洋非本地种的最主要载体是压舱水和水产养殖，特别是贝类输入，常常来自河口和海湾（Ruiz et al.，2000）。源头和受体生境的相似性，特别是那些有意引入的牡蛎及其相关生物（Ruesink et al.，2005），导致了外来生物建立种群的成功率很高。

综合以上三个因素，松软沉积物与大量物种入侵之间的关系从某种程度上来说可能是无心之柳，即这些地方的物种入侵并非必然，仅仅是因为近滨和内滨的环境与位置使人类活动最强烈，繁殖体最易存留。例如，如果人类将硬质基底（如码头和船只等）置放在松软沉积物的海湾，非本地种的污损生物在这些"硬质基底"上会普遍存在（Stachowicz et al.，2002；Wasson et al.，2005；Tyrell and Byers，2007）。然而，即便松软沉积物和非本地种引入压力之间的关系是偶然的，但由于人类干扰和松软沉积物环境自身的特性，外来种对松软沉积物群落的影响会更强。

外来种对松软沉积物生境的影响可能更大

理论上，随着非本地种的增多，松软沉积物应该经历更高的入侵累积影响。但也许更重要的是，如果非本地种对入侵概率的影响是随机的，那么拥有更多非本地种，将提高非本地种个体平均影响的概率，即更多的非本地种最终会产生抽样效应。在这种效应中，更多非本地种仅仅意味着，种群中出现具有更大影响的非本地种生物的概率更高。然而，即便是在对引入物种标准化之后，松软沉积物仍然可能面临非本地种更大的影响。理由有三：

首先，近滨松软沉积物受人类活动的严重干扰。污染物、富营养化、底层水低氧、破坏性捕鱼、生境填充和疏浚等活动仅仅是人类施加于松软沉积物的非生物变化中的一小部分，但通常都很严重（如Kennish，1992，2001；Diaz，2001；Valiela et al.，2004；Bertness et al.，2009；Crain et al.，2009）。人类影响造成盐沼全球损失的 50% 到 80%（Kennish，2001；Lotze et al.，2006；Airoldi and Beck，2007）。人为干扰所造成的新的和持续的环境变化可能会直接铲除一个本地种；或者这个物种能够继续存在，但其所曾生活和适应的、反映其进化历史的环境已不复存在（Byers，2002）。这种选择机制的改变会使本地种突然发现，其所处环境是完全陌生的新环境（Byers，2002）。因此，选择机制的改变会降低本地种的相对性能，并消除其局部适应后所具备的先天优势（"主场优势"），从而加剧外来种对本地种所产生的竞争影响。所以，干扰增加了入侵者的建立和影响，不仅仅体现在创建新的微生境，引入繁殖体，减少能抵御入侵的本地种的种群数量，还有可能削弱本地种抵抗入侵的个体平均能力。由于近滨松软沉积物通常受人类活动的强烈影响，所以它们是选择机制改变的首选环境，从而通过外来种竞争产生较大的影响（Byers，2000，2002）。需要说明的是，这种影响是人类干扰造成的，而不是松软沉积物自身特性所导致的。

其次，如上一小节所述，滞留环境减少了平流，从而促进非本地种的建立。这种滞留环境通常是有遮蔽的地方，以沉积过程为主。因此，低平流有助于生物幼体和悬浮（细）沉积物的滞留。更多繁殖体在海湾的滞留，包括非本地种，可能会增强入侵物种在种群水平上的竞争影响（Byers and Pringle，2006；Byers，2009b）。乍看起来，这可能是有悖常理的，因为通常在松软沉积物中，一些类型的竞争（如大型底内动物对空间的竞争）在个体水平是较低的（Peterson，1977）。但是，在遮蔽的、半封闭的区域（以松软沉积为主），大尺度过程可能会增强种群水平上的竞争影响。特别是，在海湾内，种群相对封闭，外来种对本地种的影响就会放大。由于封闭种群的成体和后代之间具有紧密的相关性，外来种的局部密度依赖性效应可能导致本地种群的生长率降低。沿着海岸分隔成不同的海湾，可以保证生物间的隔离，从而使衰减的本地种群很难从迁入脉冲中得到挽救。

再次，入侵的生态系统工程师能创造新的结构，会在松软沉积物环境中产生整个系统范围内的影响。生态系统工程师会创造、改变或摧毁系统的结构，往往对其入侵的群落造成不对称的影响（Byers et al.，2006；Hastings et al.，2007）。这些物种改变了整个生态相互作用的游戏规则，它们改变生境结构、可躲藏的场所，甚至改变如水文和沉积等非生物过程（Wright and Jones，2006；Crain and Bertness，2006）。入侵的生态系统工程师通常会在原来的基底之上形成新的基底，提供新的生境，从而增加了生境的异质性和物种多样性，包括其他非本地种（Heiman et al.，2008；Gribben et al.，2009a）。在松软沉积物中，入侵的生态系统工程师产生的物理结构与入侵前相对平缓和均匀的生境特征形成鲜明对比。因此，它们的入侵提供了新的生境，大大增强了生境复杂度的变化，从而提高系统内底表动物和底内动物的丰度和多样性。

影响松软沉积物的非本地种生境工程师有牡蛎、*F. enigmaticus*（Schwindt et al.，2004；Schwindt and Iribarne，2000）、互花米草（*Spartina alterniflora*）、东亚壳菜蛤（*Musculista senhousia*）、团水虱属的*Sphaeroma quoyanum*（图 10.2；Talley et al.，2001）、杉叶蕨藻（*Caulerpa taxifolia*）（图 10.3；Devillele and

图 10.2 澳大利亚穴居等足类动物团水虱属的 *Sphaeroma quoyanum* 已被引入美国加利福尼亚州的圣地亚哥和旧金山湾及俄勒冈州库斯湾的盐沼中。它形成了浓密的分支洞穴网络，切入沼岸的边缘，降低沉积物的稳定性，造

(A)   (B)

成沼泽边缘以大于 1m/年的速率被侵蚀，加速沼泽向泥滩的转化。（A）*S. quoyanum* 在库斯湾垂直沼岸上形成的浓密洞穴。（B）像图中的旧金山湾科尔特马德拉（Corte Madera）沼泽一样，掘穴会使沉积物松软，侵蚀沼岸，减少沼泽生境（图 A 由 Tim Davidson 提供；图 B 由 Theresa Talley 和 Springer 提供）

Verlaque，1995；York et al.，2006；Wright and Gribben，2008；Byers et al.，2010；Gribben et al.，2009b；McKinnon et al.，2009；Wright et al.，2010）等。这些物种在其自然分布范围同样能够塑造生境。然而，在崭新的松软沉积环境，它们对物理结构和生境的影响是全新的，或者没有多少天敌能限制其数量，从而也无法约束其对生境改变的规模和速度，它们会对没有共同进化历史的本地种产生强烈的影响（Crooks，2002；Neira et al.，2005；Gribben et al.，2009b）。

图 10.3 澳大利亚新南威尔士康科拉湖（Lake Conjola）中的亚热带绿藻杉叶蕨藻（*Caulerpa taxifolia*）。该物种在将松软沉积物区域转化为植被生境方面非常有效。在河口发生物种入侵之后，原本习惯松软沉积物环境的生物发现，它们处于一个全新的结构之中，水流减缓，泥沙和边界层缺氧程度增加（图片由 Paul Gribben 提供）

生境复杂度和松软沉积物群落

松软沉积物的非生物结构和生物结构

传统上，海洋松软沉积物群落总是被视作岩岸潮间带生境的反面例子，因为其中的生物可以生活在三维空间里（底泥之中），而且幼体和成体都能移动（见专题 10.1 中的图 E）。而且，岩岸潮间带既有非生物结构（岩壁和砾石），也有生物结构（如藻类、贻贝和苔藓虫等），而松软沉积物系统通常被认为是平坦的、仅有极小表面复杂度的生境。但事实上，松软沉积物生境中具有非生物过程和生物过程所形成的微生境。在以粗质颗粒为主的高能系统中，物理力能够形成沙波纹和波浪（Harris and Stokesbury，2010；Harris et al.，2012）。尽管多毛类和其他生物能够重新改变沉积特征，物理过程能够导致推移质的快速周转和泥沙运输，从而主导微生境的形成（Harris and Stokesbury，2010；Harris et al.，2012）。

然而，高能松软沉积物系统也会形成生物构造，如在新西兰南部高潮汐流和高波能地区的苔藓虫礁（Cranfield et al.，2003）。如果这些物种能够改变地形，并给其他表生动物创造避难所而具有正面影响时，常常被称为基础物种（Dayton，1972；Bruno and Bertness，2001）。例如，锚定在粗砂中的水螅虫伞形螅属的 *Corymorpha pendula* 所形成的覆盖层与虾的密度呈正相关关系（r^2=0.852；Auster et al.，1996）。即便这些生物可能分布稀疏，但其生物结构依然与多个空间尺度上的生物多样性呈正相关关系（Hewitt et al.，2002，2005）。此外，有些生物过程与非生物过程相互促进，形成一个正反馈的重要相互作用网络（Thrush et al.，2008a，2012）。

在细颗粒沉积物为主的低能系统，生境结构的形成主要源自改变沉积动态的生物过程。许多松软沉积物群落中的物种能够改变表面地形，稳定沉积，从而形成生境结构，包括能够产生生物成因微生境（如海鞘类、水螅虫类和双壳类的个体）和大生境斑块（如牡蛎礁、草沼和海草床等）的生态系统工程师。有些物种能够通过营造管道和掘穴来改变结构（如外源性工程师），如多毛类、鱼类和甲壳类等（见专题 10.1 中的图 F）。脊项弱棘鱼（*Lopholatilus chamaeleonticeps*）沿大陆架在黏土沉积物中挖掘形成锥形的洞，以作为庇护场所，而这些洞也可以为蟹类、龙虾、岩鱼和康吉鳗等所利用（Able et al.，1982；Grimes et al.，1986）。一般来说，一些分类群，如底层鱼类、鱿类和甲壳类等，在外源性工程师所创造的临时结构中避难和觅食（Able et al.，1982；Grimes et al.，1986；Shepard et al.，1987；Auster et al.，1991，1994，1995，1996；Lindholm et al.，2004；Hallenbeck et al.，2012）。

有些物种稳定沉积物和创造生境，而有些物种则通过形成洼地和洞穴来改造和转移沉积物。这些动物包括海洋哺乳类、鳐和其他鱼类，以及节肢类，如马蹄蟹（图 10.4）。当这些动物主动觅食时，它们能改变底内生物群落，例如直接取食猎物，或间接使其暴露于其他潜在的捕食者（Nakaoka et al.，2002；Lee，2010，2012）。Nakaoka 等（2002）发现，海草床中的底表动物和底内动物密度比儒艮形成的泥坑和啃食后留下痕迹中的密度高 2～3 倍。在人类活动（如捕鱼）严重干扰的区域，生境复杂度的丧失可能源自对海底干扰的直接作用，也可能是过度捕捞工程师物种间接造成的，这些物种能够稳定沉积物，建造生境结构或形成洼地和洞穴（Auster el al.，1996；Currie and Parry，1996）。

图 10.4　在新罕布什尔州大湾（Great Bay），马蹄蟹觅食形成的坑洼（图片由 Jean Lee 提供）

松软沉积物作为理解结构复杂度效应的模型

对基础种和生态系统工程师的研究有助于我们对松软沉积物群落的结构形成新的认识。总体上，越来越多的研究认识到物种之间存在促进作用和正相关性（见第 3 章；Bruno and Bertness，2001）。但对松软沉积物来说，生态系统工程师和基础种别具重要作用。如"外来种对松软沉积物生境的影响可能更大"中所述，当影响发生在没有什么地形起伏和表层生境的环境之中，影响就会被放大。在其他表层以上已有物理结构的生境，营造生境的物种所起作用并不新奇，对生境异质性所起的作用不可同日而语。例如，在美国东南部的河口，海草床、互花米草和牡蛎礁等都是高生物多样性的关键所在（Wells，1961；Peterson，1979；Bertness and Leonard，1997；Lenihan et al.，2001；Grabowski et al.，2005）。它们能够稳固沉积物，提高生境复杂度，并成为该生态系统的基础物种（图 10.5）。而在热带的松软沉积物地区，珊瑚、红树林和海草同样能够产生表层以上的生境（图 10.6）。这些例子表明，生态系统工程师是松软沉积物的主要结构单元。此外，尽管其他生境，如岩岸潮间带和潮下带的硬质基底，也有重要的生物成因结构，如藻类、海绵和珊瑚等，但这些生境和松软沉积物不同，因为即使没有生物及其添加的结构，其本身就具有物理结构和地形起伏。

图 10.5　美国南卡罗来纳州艾斯流域（Ace Basin）中的互花米草（*Spartina alterniflora*）和美洲巨牡蛎（*Crassostrea virginica*）。在美国东南部的河口，这两种生态系统工程师是沉积物稳定性、生境复杂度和生物多样性的关键推动者（图片由 James Byers 提供）

图 10.6   在热带松软沉积物地区，如图中的波多黎各的蓬塔·波苏埃洛（Punta Pozuelo），红树林的树根提供了一个独特的地上硬质基底，否则会是以松软沉积物为主的地方（图片由 Virginia Schutte 提供）

由于松软沉积物与其他海洋生境相比复杂度很小，所以它们常常被用作研究生境复杂度影响物种丰度、分布和相互作用的参照系统。此外，由于松软沉积物是镶嵌在许多其他结构化生境中的基线生境，它也是许多连续体研究的一个重要端点。河口和浅湾中的结构化生境，如海草床和牡蛎礁的生物密度和多样性通常要高于非结构化的松软沉积物（Wells，1961；O'Gower and Wacasey，1967；Thayer et al.，1975；Orth，1977；Peterson，1982b，Grabowski et al.，2005；Commito et al.，2008）。因此，泥质生境常常被用于量化结构化生境种群数量增加的程度。此外，松软沉积物和结构化生境的对比，可以为自然资源管理部门和机构提供一个参考基线，用于评估结构化生境被损坏的规模，以及是否需要考虑恢复（Peterson and Lipcius，2003；Peterson et al.，2003）。

通过研究松软沉积物和更复杂的生境，可以了解为什么复杂生境内表内动物和表上动物的密度和生物量更高。有一项研究提出的假设认为，高密度和高生物量是这些生境的突出结构造成的，这些结构能够阻挡波能，并能吸引无脊椎动物的幼体（见专题 10.1 中的图 B；Eckman，1983；Summerson and Peterson，1984）；而另一种假设认为，生物提供的物理结构限制了捕食者，从而为被捕食者和中级捕食者提供了庇护，而其在没有植被的基底上很可能会被捕食（见专题 10.1 中图 C；Heck and Wetstone，1977；Orth，1977；Peterson，1979；Summerson and Peterson，1984）。

生境复杂度影响着捕食者—猎物间的相互作用和捕食者行为，近期的研究有助于我们了解海洋生物群落是如何结构化的。例如，在捕食者密度高的地方，生境复杂度能够降低捕食者之间种内和种间的相互妨碍作用，并有可能提高对猎物的捕食率（Finke and Denno，2002；Grabowski and Powers，2004；Siddon and Witman，2004；Griffen and Byers，2006）。Hughes 和 Grabowski（2006）发现，当另一捕食者（岸蟹）出现时，峨螺会降低对非偏好的贻贝的取食，而这一效应在松软沉积物上比牡蛎礁上更加明显。他们认为，缺乏复杂度的松软沉积物提高了峨螺和岩蟹之间的相互妨碍作用，从而促进了它们之间的资源分化。

嵌入松软沉积物区域内的复杂生境形成了生境或景观嵌合体。Orrock 等（2013）对水生生境中庇护场所可用性的影响的研究进行了综述，他们发现，尽管躲藏在庇护场所能够提高猎物的存活率，但增加了其适应成本，如限制其生长。生物在结构化生境寻求庇护的同时，可能放弃了在邻近富有猎物的生境觅食的机会，特别是避难所内的食物资源行将殆尽时。一般来说，这种生境嵌合体的空间组合，再加上斑块的大小和形状，能够调节影响动物行为、连通度和集合种群动态的景观生态过程。蓝蟹（*Callinectes sapidus*）是温带河口地区的一种普食性捕食者，对双壳类和其他底内无脊椎动物产生强烈的自上而下的捕食压力（Micheli，1997）。蓝蟹通常白天躲在海草之中，到夜晚在邻近的松软沉积物中觅食（Summerson and

Peterson，1984）。因此，松软沉积物与海草床和其他结构化生境之间的距离远近，会对需要寻求庇护又要在松软沉积物觅食的蓝蟹和其他动物产生影响。

生境斑块的空间结构及其相关的猎物也会影响捕食者之间的种内关系。当生境斑块距离越近时，蓝蟹之间的相互妨碍作用愈加强烈，对觅食率的负面影响越大（Clark et al.，1999）。当顶级捕食者普遍存在时，猎物的生境连通度同样可以影响中级捕食者进入猎物丰富的生境斑块。例如，Micheli 和 Peterson（1999）发现，中级捕食者蓝蟹会在通过海草廊道与盐沼相连的潮间带牡蛎礁上觅食，而不是那些被松软沉积物包围从而与植被生境隔离的地方。Grabowski 等（2005）发现，该系统中另一重要的中级捕食者幼鱼，则会利用与海草生境分离的泥滩上的牡蛎礁，这说明它们比蓝蟹的活动能力更强，而未在空间上受到限制。他们还发现，泥滩上牡蛎礁的牡蛎和其他无脊椎动物（如非牡蛎的双壳类、多毛类和甲壳类等）的密度要比盐沼边缘的牡蛎礁上的更高。这些研究共同表明，松软沉积物斑块是河口景观的重要组成部分，会直接或间接地影响种群和群落过程，如捕食、扩散和动物行为等。

人类活动导致的生境复杂度丧失

当微生境特征（如松软沉积物中的虫管、洞穴、坑洼和波纹，以及底表动物所创造的结构等）被人类活动所摧毁后，生境复杂度通常会丧失。对生活在松软沉积物中并依赖于这些微生境结构的生物来说，其所面临的最大威胁之一来自渔具对底栖生境的破坏，如拖网、钳子、蛤耙和挖泥船等。这些装备搅动底泥，使沉积物重新悬浮；改变底层水的浑浊度和表层沉积过程，如氧化还原层的深度和沉积物的氧化作用；动摇生态系统工程师所创造的结构特征，如泥底上的洞穴、虫管、泥垫和洼坑等（Auster et al.，1996；Currie and Parry，1996；Watling and Norse，1998），以及物理过程所产生的结构，如粗砂基底上的沙波纹和波浪等（Bridger，1972）；移除或损坏突起的底表植物（Peterson et. al.，1983；Fonseca et al.，1984；Peterson et al.，1987；Guillen et al.，1994）和底表动物，如海鞘类、水螅虫和多毛类等（Van Dolah et al.，1987；Thrush et al.，1995；Auster et al.，1996；Collie et al.，1997，2000，2005；Engel and Kvitek，1998；Freese et al.，1999；Kaiser et al.，1999；Smith et al.，2000；Kenchington et al.，2006）。其他降低松软沉积物生境复杂度的人类影响还包括陆地泥沙径流、疏浚和埋填活动，以及日益增长的近海采矿活动等（Thrush et al.，2004）。

总体来说，这些作用导致了本已处于复杂度谱底端的生境进一步退化和微生境结构的丧失。粗砂生境的微生境特征恢复速度要比细沙生境快很多（但不同看法见 Thrush and Dayton，2010）。在粗砂基底，物理形成的结构，如沙波纹，可以很快重新形成，而其基底通常遭受更频繁的自然扰动，所以其相关物种更适应干扰（Stokesbury and Harris，2006）。但是，即便是这样的生境，对某些分类群来说，依然需要较长的恢复时间，如较大的、生长缓慢的双壳类，而其也为结壳生物提供了重要的次生基底。另一方面，对泥质生境的干扰会长期存在（Lenihan and Oliver，1995；Dernie et al.，2003），特别是当基础种、生态系统工程师及相关的结构被破坏后，它们必须重新定植和重建（Thrush et al.，1996），最终，干扰的空间范围和时间变化影响着海岸带海洋生态系统物种和生境的恢复动态（Thrush et al.，1996，2008b）。具体而言，随着干扰的空间范围和频率的增加，且超出这些生境恢复的能力，其结果是高度破碎的景观，生态系统功能受损，连通度下降，以及生态系统服务的丧失（Micheli and Peterson，1999；Thrush et al.，2008b；Grabowski et al.，2012；Thrush et al.，2013）。

保护生境免受干扰是管理的一项职责，但很少有人会考虑去保护光秃秃的、没有植被或是只有贝礁的松软沉积物。海洋保护区通常都是用来保护硬质基底生境的，不过，有时也会有松软沉积物的生境得到保护。在这种情况下，建立保护区的目的是保护微生境特征和本地种（Auster et al.，1996；Collie et al.，2005）。例如，Auster 等（1996）发现，在禁渔十年之后，缅因湾天鹅岛保护区外的生物源洼地和海参要少于保护区内。

在干扰谱的另一端，人类活动增加了松软沉积物生境的数量。例如，在海岸和河口区域，疏浚和填充，以及一些破坏性的捕鱼方式严重地破坏了高生产力、结构化的生境，如珊瑚礁、海草床、牡蛎礁、盐沼和红树林等。根据估算，这些海岸带生境的损失在 20% 到 85% 之间（Lotze et al.，2006；Airoldi and Beck，2007；Wilkinson，2008；Waycott et al.，2009；Beck et al.，2011；Grabowski et al.，2012；zu Ermgassen et al.，2012）。严重的生境退化经常导致这些高度结构化的生境转变成复杂度极低的松软沉积物生境，在过去一两百年，松软沉积物生境在迅速扩大。生境转化成更加均质、结构更少的景观，会影响物种间相互作用的强度和营养传输速率。例如，结构化生境本可以提供关键的活动廊道，而其丧失会导致猎物丰富的生境高度破碎化，当捕食者普遍存在的情况下，中级捕食者不再能够进入猎物丰富的斑块（Micheli and Peterson，1999）。而且，许多结构化生境能提供重要的生态系统服务，如支撑生物多样性热点、固碳、去氮，为具有重要游憩价值和商业价值的鱼类和无脊椎动物提供育种场和觅食生境。

松软沉积物群落中的缺氧和富营养化

富营养化和底层水缺氧

在沉积性的松软沉积物系统中，生物—物理耦合强烈。例如，当水体分层且生物需氧量超过可用溶解氧水平时，河口和海岸带系统很容易受底层水缺氧事件的影响（Tenore，1972；Officer et al.，1984；Stanley and Nixon，1992；Lenihan and Peterson，1998）。由于陆源施肥、人与动物的废弃物排放、河岸和湿地缓冲区的丧失，以及大气氮沉降水平的增加（Paerl，1985；Cooper and Brush，1991；Nixon，1995），海岸河口的营养负荷非常普遍，从而导致河口富营养化并加剧底层水的缺氧程度（Diaz and Rosenberg，1995；Paerl et al.，1998；Lenihan and Peterson，1998；Diaz and Rosenberg，2008）。此外，城市河口通常面临多重应激源，如径流泥沙量增加、对滤食性双壳类的过度捕捞，以及造成处理营养元素的生物扰动者种群衰减的毒素负荷，加剧了缺氧事件发生的频率和强度。底层水的低溶解氧水平现已成为许多河口和海湾的标志性特征和主要威胁（Diaz and Rosenberg，2008），在全球，有上百个河口经历暂时性或持续性的缺氧事件，导致大量生物死亡（Diaz，2001；Diaz et al.，2010）。随着全球范围内海岸带人口的持续增长，这些生态系统的营养负荷仍将继续增加，加上人为引发气候变化造成的全球变暖，底层水缺氧事件的频率、强度和空间范围仍将继续扩大。

虽然底层水缺氧必然会影响到所有的底层生境，但松软沉积物的特殊性在于，这些事件不仅影响底表生物，还影响着沉积物的生物地球化学特性和底内生物（Levin et al.，2009；Middelburg and Levin，2009）。而对于具有垂直结构的生境，例如牡蛎礁，可以延伸至缺氧区的上方，从而不易产生底层水缺氧的影响（Lenihan and Peterson，1998）。牡蛎礁也会受到一些间接影响，当发生缺氧事件时，原本庇护的鱼类和无脊椎动物会转移到含氧量正常的地方（Lenihan et al.，2001）。含氧量正常的礁通常位于浅水区，仅会受到迁入的捕食者的间接影响，一般不会发生大规模死亡事件，而这在通常较深的底层水缺氧的松软沉积物环境中则很常见。

氮（N）是造成底层水缺氧的最主要营养元素之一。通过生物吸收、脱氮作用，或永久性地埋藏在沉积物中，可以去除河口中的氮（Savage et al.，2004）。在温带河口，长期储藏在生物体内的氮水平相对较低（Boynton et al.，1995；Nixon et al.，1996；Savage and Elmgren，2004），而且只会在次级生物量减少的食物网中降低。在河口流域，脱氮作用是指细菌将硝酸盐（NO_3^-）转化为气态氮（N_2 和 N_2O），从而进入大气。Piehler 和 Smyth（2011）对一系列温带河口的潮间带和浅潮下带生境的脱氮作用进行了研究，他们发现，松软沉积物中的脱氮速率低于盐沼、海草床和牡蛎礁。根据 Seitzinger（1988）的估算，底栖脱氮作用可以移除河口总氮输入量的 20%～50%，脱氮作用的大小取决于水的滞留时间和氮的负荷率（Nixon et al.，1996）。而沉积埋藏氮约占进入河口氮总量的 50%～75%，特别是，低流量、滞留时间更长的水生态系统，更有利于硅藻的沉积（Boynton et al.，1995；Holmes et al.，2000；Savage et al.，2004）。不过，沉积物中过高水平的氮埋藏会导致有机质过量，增加沉积物中的微生物生产力（Diaz and Rosenberg，2008），进而加剧底层水的缺氧水平，即便富营养化的"源头"已被切断（Conley et al.，2007）。此外，随着营养元素在沉积物中累积，缺氧事件的严重程度、空间范围和频率都将持续加剧，直至微生物开始释放有毒的 H_2S（Diaz and Rosenberg，2008）。这些效应还会导致滤食性双壳类的死亡，而后者通常能够改善水质，降低富营养化，从而促进底栖微型藻类生长，并增强周边环境的脱氮作用（Newell et al.，2002；Piehler and Smyth，2011）。因此，双壳类的损失会降低松软沉积物系统抵抗进一步营养负荷的能力。

缺氧对群落结构和生物地球化学特性的即时与长期影响

通过直接作用和间接作用，底层水缺氧会剧烈改变松软沉积物和其他生境中的定栖群落和过渡群落。在发生暂时性到周期性缺氧事件的海湾和海洋，大规模死亡事件在全球范围都很普遍（Tenore，1972；Seliger et al.，1985；Llanso，1993；Diaz，2001；Diaz and Rosenberg，2008）。即便是仅发生周期性缺氧事件的河口，也常常出现大规模的底栖生物死亡（Diaz，2001）。大部分受影响的生态系统似乎被锁定在演替初始阶段，在缺氧发生之后，仅依靠年际补充量来继续重启底栖生物群落。缺氧的后果使能够产生大量配子和幼体，从而从大规模死亡事件中快速恢复的"r选择"生物受益。随着缺氧事件的持久性、频率和规模的进一步加大，一旦源种群不能从事件中恢复过来，许多物种的再定植率就会显著下降。

此外，随着河口或海湾从正常含氧量向周期性低氧，再到持续性低氧/缺氧的转变，来自底栖生物的能量传递也逐渐从支撑移动的捕食者转向支持微生物（图10.7；Diaz and Rosenberg，2008；Middelburg and Levin，2009）。这一过程发生在黑海的部分地区，那里的海底低氧严重而持久（Diaz，2001；Diaz and Rosenberg，2008）。由于生活在松软沉积物中的优势种（如多毛类、甲壳类、棘皮动物和软体动物等），是在河口觅食的捕食者（如鱼类、鸟类和海洋哺乳动物等）的重要猎物，这些无脊椎动物的大量死亡，会间接影响能量向高营养级的传递。因此，低氧事件直接和间接地影响这些系统中常见的具有游憩和商业价值的软体动物、甲壳类和鱼类。

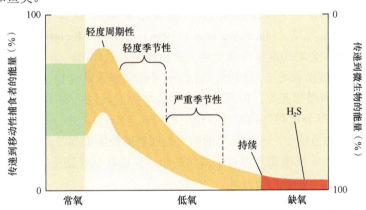

图 10.7　概念化的低氧/缺氧频率与生态系统内能量流之间关系的示意图。在正常含氧量情况下（绿色区），25%～75% 的大型底栖生物碳从底栖生物转移到更高级的捕食者。轻度低氧可以增加转移到捕食者的能量，但这种现象是短暂的。随着低氧程度增加（黄色区），传递到移动性捕食者的能量急剧减少，取而代之的是微生物产量的提高。在持续缺氧的情况下（红色区），没有底栖能量被转移到更高营养级。相反，能量转移只能通过微生物途径进行，并产生硫化氢，这增强和加剧了对这一系统的扰动（仿自 Diaz and Rosenberg，2008）

虽然底栖生物的大规模死亡通常是对底层水低氧的即时反应，但当沉积物的化学特性被改变之后，松软沉积物群落还会受到低氧的长期影响。一般来说，当底层水发生低氧情况，沉积物中的细菌群落就会产生厌氧呼吸，导致硫酸盐还原成硫化氢。硫化氢对大部分底内和底表生物来说都是呼吸毒素，沉积物中硫化物的累积会导致沉积物对定栖生物产生毒性（Wang and Chapman，1999）。在正常含氧量的情况下，硫化物通常在沉积物表面以下几毫米到几厘米处生成；而在低氧情况下，一旦氧气被耗尽，会在沉积物表面生成硫化物，并进入水体（Luther et al.，1991），从而增加沉积物表面的毒性。一些河口双壳类动物在低氧条件下，本可以存活几天到数周，但硫化物的产生会导致它们大量死亡（Theede，1973）。

硫化物在水中有两种存在形式：硫化氢（H_2S）和硫氢根离子（HS^-）（Wang and Chapman，1999）。研究证明，H_2S 比 HS^- 更容易在动物细胞膜间扩散，从而产生对常见河口和海洋生物的毒性，如褐虾（*Crangon crangon*；Visman，1996）和螠虫（*Urechis caupo*；Julian and Arp，1992）。这两种形式的硫化物的平衡，以及硫化物的毒性，是由 pH 决定的。当 pH 为 8.0 时，约 91% 的硫化物以毒性较轻的 HS^- 形式存在；当 pH 为 6.0 时，约 91% 的硫化物以毒性较强的 H_2S 形式存在（Martell，1997）。虽然这两个 pH 代表的是两种较极端的情况，但其结果表明，海洋酸化会增加 H_2S 产生量，从而使低氧事件的毒性增强。通常，生活在沉积物中的生物对硫化物的毒性有一定的耐受性（Wang and Chapman，1999）。成年的双壳类和多毛类被认为生活在河口和海洋沉积物中，对硫化物耐受性最强的无脊椎动物（Theede，1973；Cadlwell，1975）。但是，H_2S 的产生限制了一些底栖生物类群在受影响的松软沉积物中重新建立种群的能力，例如对硫化物耐受性相对较差的甲壳类，这也将间接影响取食这些生物的高营养级生物。

即使低氧事件本身是急性的，其另一潜在后果是大规模死亡事件至少在短期内极大地降低了底栖生物的生物量，并且移除了那些本可以限制入侵物种建立种群的竞争者（见"松软沉积中的入侵物种"）。这种竞争排斥也许能够解释，为什么发生低氧的河口和海岸带生态系统也是最容易受到入侵的。底层水低氧导致的这种沉积物的生物地球化学特性和群落结构的变化会对缺氧事件产生长久的影响。

微型底栖植物

在过去 20 年来取得重大进展的第四个领域是研究微型底栖植物在松软沉积物群落和生态系统功能中的作用。微型底栖植物是指生长在潮间带、浅潮下带和河口基底表面几毫米处的底栖单细胞真核藻类和蓝细菌。这些底栖微型藻类是重要的生态系统改造者、初级生产者和营养元素处理者。例如，Underwood 和Paterson（1993）的研究证明，在英国西南部的塞文河口，微型底栖植物的生物量与沉积物的泥沙抗剪强度和临界抗剪强度呈正相关关系，说明这些藻类对于稳固松软基底起到重要作用。

尽管浮游植物受到了海洋生态学家的更多关注（见第 15 章和第 16 章），但微型底栖植物的生物量要高于上覆水体中浮游植物的生物量（MacIntyre et al.，1996）。此外，MacIntyre 等（1996）得出的结论是，当底栖微型藻类重新悬浮时，会增加水体中微型藻类的生物量。总体上，由于底栖藻类更易被消费者（如片脚类、桡足类、螺类和环节动物等）所接触，它们在河口生态系统食物网中扮演着重要角色。尽管盐沼植物的生产力远远高于底栖微型藻类，但其存活个体很少能被其他生物所消耗（Montague and Wiegert，1990），而且其生产力很大一部分被微生物的呼吸作用所消耗（Kneib，2003）。Currin 等（1995）的研究表明，在美国东海岸的盐沼生态系统中，互花米草的碎屑和底栖微型藻类都是消费者的重要食物来源。因此，基于其高生产力和可接近性，底栖微型藻类对于海岸带和河口松软沉积物生态系统来说是重要的初级生产者，对营养动态具有重要影响（MacIntyre et al.，1996）。

通过促进盐沼的恢复，底栖微型藻类还能推进生境的恢复。特别是，通过固氮和增加无机氮的可供性，底栖微型藻类及细菌会促进盐沼植物（特别是互花米草）的生长，并为沼泽的底内生物提供食物（Piehler et al.，1998）。Piehler 等（1998）还发现，通过提供无机氮，微型底栖植物还能影响盐沼恢复工作的成功。过去 20 多年的研究证明，曾被忽视的微型底栖植物是食物网动态、沉积稳定性和生态系统功能的重要驱动力。此外，尽管其个体较小，但微型底栖植物能够间接促进海岸带河口生态系统更大的生境异质性。

底栖微型藻类（至少作为一个功能群）对不同类型的应激源具有相当的抵抗力。例如，Alsterberg 等（2011）对底栖微型藻类和异养生物（细菌和小型底栖动物）群落进行实验，结果表明，即使群落的呼吸作用和再矿化率因高光合速率而增加，这些群落仍然保持较高的自养能力。底栖微型藻类还对变暖和富营养化的联合作用具有较强抵抗力。Alsterberg 等（2012）证明，即便底栖微型藻类对这两种应激源都有响应，它们吸收氮的速率与其矿化速率大致相当。通过控制具有底栖微型藻类的中型实验生态系中的底层水缺氧条件，Engelsen 等（2010）证明，即使在有大型藻类遮阴和植食压力存在的情况下，缺氧对这些生物量的影响也不大。Piehler 等（2003）研究了柴油对微型底栖植物群落的影响，他们发现只有当浓度达到重大原油泄漏事件的程度，才会对初级生产力有影响，而对底栖微型藻类生物量没有长期影响。总体上，尽管仍不清楚这些应激源会如何影响微型底栖植物群落的物种构成，但这些研究表明，作为一个功能群的底栖微型藻类，对全球河口所面临的一系列应激源都具有较强的抵抗力。

结语

松软沉积物覆盖了 80% 以上的海底，使海洋松软沉积物成为地球上最大的生境之一。专题 10.1 对一些松软沉积物群落结构的主要原则进行了简要总结。随后，本章针对近 20 年来四个最重要研究领域展开讨论，以加深我们对松软沉积物的种群、群落和生态系统动态的理解，以及它们对人类影响的响应。这四个领域是非本地种、生境复杂度（包括生态系统工程师）、缺氧和微型底栖植物，在松软沉积物群落研究中越来越受到重视。正是通过这些研究，才得到专题 10.1 中所总结的基本原则。在所有这些领域，对这些要素的研究加深了对生态过程机制的理解（表 10.1）。

表 10.1　过去十年中我们对松软沉积过程的理解中出现的原则和改进

入侵物种	入侵物种在松软沉积物中很常见，因为它们通常在被引入的近海生境占优。由于松软沉积环境的高扰动和低平流特点，它们的影响很大
生境复杂度	作为生境提供者，基底稳定者或不稳定因素，以及生境多样性的创造者——生态系统工程师在松软沉积过程中具有特别深远的影响
缺氧	松软沉积物特别容易缺氧，因为它们发生在易缺氧的物理环境中，而且由于沉积物化学性质的改变而容易受到缺氧的长期影响
微型底栖植物	底栖微藻是重要的、弹性的生态系统改性剂，并且在河口食网中也很重要，因为消费者非常容易接近它们

　　定量研究松软沉积过程，包括物种入侵率、结构复杂度、缺氧效应，以及底栖微型藻类在促进生态系统过程和调节食物网动态中的角色，都可以将其与其他海洋系统进行对比，从而深入了解这些过程在不同环境下的相对重要性。其中最重要的一个主题是，物理要素如何强烈影响松软沉积物系统中的生物。这一主题并不局限于松软沉积物，也不是一个特别新的话题，尽管（也许正因为）是十分简单的系统，却最突出了物理作用力的强烈影响；第二重要的话题是基础种和生态系统工程师的重要性，它们塑造生境及环境特征，从而影响松软沉积物系统的群落结构和食物网动态；第三重要话题主要关注松软沉积物系统对干扰的相对敏感度和脆弱度。特别是，松软沉积物系统面临多种要素的严重威胁，包括物种入侵、构形物种的丧失、富营养化和缺氧。但是，无论是高能的松软沉积物群落，还是底栖微型藻类，都对一些干扰表现出一定的抵抗力和弹性。此外，由于海岸带松软沉积物群落受到了高强度的干扰，也因为它更易于接近，所以成为研究多要素对群落结构和生态系统功能影响的一个重要系统。尽管自认为是研究松软沉积物生态学的生态学家越来越少，但对这一系统的研究仍在不断涌现出新的成果。

致谢

　　我们感谢 Hunter Lenihan、Jay Stachowicz 和 Simon Thrush 对本章有益的反馈和讨论。Robert Murphy 提供了几张概念图中的草稿。

引用文献

Able, K. W., C. B. Grimes, R. A. Cooper, and J. R. Uzmann. 1982. Burrow construction and behavior of tilefish, *Lopholutilus chumaeleonticeps*, in Hudson Submarine Canyon. *Environ. Biol. Fishes.* 7: 199–205.

Airoldi, L. and M. W. Beck. 2007. Loss, status and trends for coastal marine habitats of Europe. *Oceanogr. Mar. Biol., Annu. Rev.* 45: 345–405.

Aller, R. C. and J. Y. Yingst. 1985. Effects of the marine deposit feeders *Heteromastus filiformis* (Polychaeta), *Macoma balthica* (Bivalvia), and *Tellina texana* (Bivalvia) on averaged sedimentary solute transport, reaction rates, and microbial distributions. *J. Mar. Res.* 43: 615–645.

Alsterberg, C., S. Hulth and K. Sundback. 2011. Response of a shallow-water sediment system to warming. *Limnol. Oceanogr.* 56: 2147–2160.

Alsterberg, C., K. Sundback, and S. Hulth. 2012. Functioning of a shallow-water sediment system during experimental warming and nutrient enrichment. *PLoS ONE* 7. doi: 10.1371/journal.pone.0051503

Ambrose, W. G. 1984. Role of predatory infauna in structuring marine soft-bottom communities. *Mar. Ecol. Prog. Ser.* 17: 109–115.

Auster, P. J., R. J. Malatesta, and C. L. S. Donaldson. 1994. Small-scale habitat variability and the distribution of postlarval hake, *Merluccius bilinearis*. In, *Gulf of Maine Habitat: Workshop Proceedings*. (D. Stevenson and E. Braasch, eds.), pp. 82–86. UME-NH Sea Grant Report UNHMP-T/DR-SG-94–18.

Auster, P. J., R. J. Malatesta, R. W. Langton, et al. 1996. The Impacts of mobile fishing gear on seafloor habitats in the Gulf of Maine (Northwest Atlantic): Implications for conservation of fish populations. *Rev. Fish. Sci.* 4: 185–202.

Auster, P. J., R. J. Malatesta, and S. C. LaRosa. 1995. Patterns of microhabitat utilization by mobile megafauna on the southern New England (USA) continental shelf and slope. *Mar. Ecol. Prog. Ser.* 127: 77–85.

Auster, P. J., R. J. Malatesta, S. C. LaRosa, et al. 1991. Microhabitat utilization by the megafaunal assemblage at a low relief outer continental shelf site—Middle Atlantic Bight, USA. *J. Northwest Atl. Fish. Soc.* 11: 59–69.

Barnes, M. 1999. The mortality of intertidal cirripedes. *Oceanogr. Mar. Biol., Annu. Rev.* 37: 153–244.

Barry, J. P. and P. K. Dayton. 1991. Physical heterogeneity and the organization of marine communities. In, *Ecological Heterogeneity* (J. Kolasa and S. T. A. Pickett, eds.), pp. 270–320. New York, NY: Springer-Verlag.

Beck, M. W., R. D. Brumbaugh, L. Airoldi, et al. 2011. Oyster reefs at risk and recommendations for conservation, restoration and management. *Bioscience* 61: 107–116.

Bender, K. and W. R. Davis. 1984. The effect of feeding by *Yoldia limatula* on bioturbation. *Ophelia* 23: 91–100.

Bertness, M. D. and G. H. Leonard. 1997. The role of positive interactions in communities: Lessons from intertidal habitats. *Ecology* 78: 1976–1989.

Bertness, M. D., B. R. Silliman and C. Holdredge. 2009. Shoreline development and the future of New England salt marsh landscapes. In, *Human Impacts on Salt Marshes: A Global Perspective* (B. R. Silliman, E. D. Grosholz, and M. D. Bertness, eds.), pp. 137–148. Berkeley, CA: University of California Press.

Blackford, J. C. 1997. An analysis of benthic biological dynamics in a North Sea ecosystem model. *J. Sea Res.* 38: 213–230.

Bolam, S. G., T. F. Fernandes, and M. Huxham. 2002. Diversity, biomass, and ecosystem processes in the marine benthos. *Ecol Monogr.* 72: 599–615.

Boynton, W. R., J. H. Garber, R. Summers, and W. M. Kemp. 1995. Inputs, transformations, and transport of nitrogen and phosphorus in Chesapeake Bay and selected tributaries. *Estuaries* 18: 285–314.

Brenchley, G. A. 1982. Mechanisms of spatial competition in marine soft-bottom communities. *J. Exp. Mar. Biol. Ecol.* 60: 17–33.

Bridger, J. P. 1972. Some observation of penetration into the sea bed of tickler chains on a beam trawl. ICES CM 1972/B: 7.

Bruno, J. F. and M. D. Bertness. 2001. Habitat modification and facilitation in benthic marine communities. In, *Marine Community Ecology* (M. D. Bertness, S. D. Gaines, and M. E. Hay, eds.), pp. 201–218. Sunderland, MA: Sinauer Associates.

Bryan, G. W. and W. J. Langston. 1992. Bioavailability, accumulation and effects of heavy metals in sediments with special reference to United Kingdom estuaries—a review. *Environ. Pollut.* 76: 89–131.

Butman, C. A. 1989. Sediment trap experiments on the importance of hydrodynamical processes in distributing settling invertebrate larvae in near-bottom waters. *J. Exp. Mar. Biol. Ecol.* 134: 37–88.

Byers, J. E. 2000. Differential susceptibility to hypoxia aids estuarine invasion. *Mar. Ecol. Prog. Ser.* 203: 123–132.

Byers, J. E. 2002. Impact of non-indigenous species on natives enhanced by anthropogenic alteration of selection regimes. *Oikos* 97: 449–458.

Byers, J. E. 2005. Marine reserves enhance abundance but not competitive impacts of a harvested nonindigenous species. *Ecology* 86: 487–500.

Byers, J. E. 2009a. Competition in Marine Invasions. In, *Biol. Invasions. in Marine Ecosystems: Ecological, Management, and Geographic Perspectives* (G. Rilov and J. A. Crooks, eds.), pp. 245–260. Berlin, Germany: Springer-Verlag.

Byers, J. E. 2009b. Invasive animals in marshes: Biological agents of change. In, *Human Impacts on Salt Marshes* (B. R. Silliman, E. D. Grosholz, and M. D. Bertness, eds.), pp. 41–56. Berkeley, CA: University of California, Berkeley.

Byers, J. E. and J. M. Pringle. 2006. Going against the flow: Retention, range limits and invasions in advective environments. *Mar. Ecol. Prog. Ser.* 313: 27–41.

Byers, J. E., K. Cuddington, C. G. Jones, et al. 2006. Using ecosystem engineers to restore ecological systems. *Trends Ecol. Evol.* 21: 493–500.

Byers, J. E., J. T. Wright, and P. E. Gribben. 2010. Variable direct and indirect effects of a habitat-modifying invasive species on mortality of native fauna. *Ecology* 91: 1787–1798.

Caldwell, R. S. 1975. Hydrogen sulfide effects on selected larval and adult marine invertebrates. Corvallis, OR: Oregon State University, Water Resources Research Institute.

Clark, M. E., T. G. Wolcott, D. L. Wolcott, and A. H. Hines. 1999. Intraspecific interference among foraging blue crabs *Callinectes sapidus*: Interactive effects of predator density and prey patch distribution. *Mar. Ecol. Prog. Ser.* 178: 69–78.

Cohen, A. N. and J. T. Carlton. 1998. Accelerating invasion rate in a highly invaded estuary. *Science* 279: 555–558.

Collie, J. S., G. A. Escanero, and P. C. Valentine. 1997. Effects of bottom fishing on the benthic megafauna of Geroges Bank. *Mar. Ecol. Prog. Ser.* 155: 159–172.

Collie, J. S., G. A. Escanero, and P. C. Valentine. 2000. Photographic evaluation of the impacts of bottom fishing on benthic epifauna. *ICES J. Mar. Sci.* 57: 987–1001.

Collie, J. S., J. M. Hermsen, P. C. Valentine, and F. P. Almeida. 2005. Effects of fishing on gravel habitats: Assesment and recovery of benthic megafauna on Georges Bank. *Am. Fish. S. S.* 41: 325–343.

Commito, J. A., S. Como, B. M. Grupe, and W. E. Dow. 2008. Species diversity in the soft-bottom intertidal zone: Biogenic structure, sediment, and macrofauna across mussel bed spatial scales. *J. Exp. Mar. Biol. Ecol.* 366: 70–81.

Conley, D. J., J. Carstensen, G. Aertebjerg, et al. 2007. Long-term changes and impacts of hypoxia in Danish coastal waters. *Ecol. Appl.* 17: S165-S184.

Cooper, S. R. and G. S. Brush. 1991. A 2500 year history of anoxia and eutrophication in the Chesapeake Bay. *Science* 254: 992–1001.

Crain, C. M. and M. D. Bertness. 2006. Ecosystem engineering across environmental gradients: Implications for conservation and management. *Bioscience* 56: 211–218.

Crain, C. M., K. B. Gedan, and M. Dionne. 2009. Tidal restrictions and mosquito ditching in New England marshes: Case studies of the biotic evidence, physical extent, and potential for restoration of altered tidal hydrology. In, *Human Impacts on Salt Marshes: A Global Perspective* (B. R. Silliman, E. D. Grosholz, and M. D. Bertness, eds.), pp. 149–169. Berkeley, CA: University of California Press.

Cranfield, H. J., B. Manighetti, K. P. Michael, and A. Hill. 2003. Effects of oyster dredging on the distribution of bryozoan biogenic reefs and associated sediments in Foveaux Strait, southern New Zealand. *Cont. Shelf Res.* 23: 1337–1357.

Crooks, J. A. 2002. Characterizing ecosystem-level consequences of biological invations: The role of ecosystem engineers. *Oikos* 97: 153–166.

Curric, D. R. and G. D. Parry. 1996. Effects of scallop dredging on a soft sediment community: A large-scale experimental study. *Mar. Ecol. Prog. Ser.* 134: 131–150.

Currin, C. A., S.Y. Newell, and P. H. W. 1995. The role of standing dead *Spartina alterniflora* and benthic microalgae in salt marsh food webs: Considerations based on multiple stable isotope analysis. *Mar. Ecol. Prog. Ser.* 121: 99–116.

Dauwe, B., P. M. J. Herman, and C. H. R. Heip. 1998. Community structure and bioturbation potential of macrofauna at four North Sea stations with contrasting food supply. *Mar. Ecol. Prog. Ser.* 173: 67–83.

Dayton, P. K. 1972. Toward an understanding of community resilience and the potential effects of enrichment to the benthos at McMurdo Sound, Antarctica. In, *Proceedings of the Colloquium on Conservation Problems in Antarctica* (B. Parker, ed.), pp. 81–95. Lawrence, KS: Allan Press.

Dayton, P. K. and J. S. Oliver. 1977. Antarctic soft-bottom benthos in oligotrophic and eutrophic environments. *Science* 197: 55–58.

Dayton, P. K. and J. S. Oliver. 1980. An evaluation of experimental analyses of population and community patterns in benthic marine environments. In, *Marine Benthic Dynamics* (K. R. Tenore and B. C. Coull, eds.), pp. 93–120. Columbia, SC: University of South Carolina Press.

Dernie, K. M., M. J. Kaiser and R. M. Warwick. 2003. Recovery rates of benthic communities following physical disturbance. *J. Anim. Ecol.* 72: 1043–1056.

Devillele, X. and M. Verlaque. 1995. Changes and degradation in a *Posidonia oceanica* bed invaded by the introduced tropical alga *Caulerpa taxifolia* in the northwestern Mediterranean. *Botanica Marina* 38: 79–87.

Diaz, R., M. Selman, and C. Chique. 2010. Global Eutrophic and Hypoxic Coastal Systems. Eutrophication and Hypoxia: Nutrient Pollution in Coastal Waters. World Resources Institute. www.wri.org/project/eutrophication

Diaz, R. J. 2001. Overview of hypoxia around the world. *J. Environ. Qual.* 30: 275–281.

Diaz, R. J. and R. Rosenberg. 1995. Marine benthic hypoxia: A review of its ecological effects and the behavioural responses of benthic macrofauna. *Oceanogr. Mar. Biol., Annu. Rev.* 33: 245–303.

Diaz, R. J. and R. Rosenberg. 2008. Spreading dead zones and consequences for marine ecosystems. *Science* 321: 926–929. doi: 10.1126/science.1156401

Dyer, K. R. 1986. *Coastal and Estuarine Sediment Dynamics.* Chichester, UK: Wiley.

Eckman, J. E. 1983. Hydrodynamic processes affecting benthic recruitment. *Limnol. Oceanogr.* 28: 241–257.

Engel, J. and R. Kvitek. 1998. Effects of otter trawling on a benthic community in Monterey Bay National Marine Sanctuary. *Conserv. Biol.* 12: 1204–1214.

Engelsen, A., K. Sundback, and S. Hulth. 2010. Links between bottom-water anoxia, the polychaete *Nereis diversicolor*, and the growth of green algal mats. *Estuaries Coast.* 33: 1365–1376.

Fenchel, T. M. and R. J. Riedl. 1970. Sulfide system: A new biotic community underneath oxidized layer of marine sand bottoms. *Mar. Biol.* 7: 255-&.

Finke, D. L. and R. F. Denno. 2002. Intraguild predation diminished in complex-structured vegetation: Implications for prey suppression. *Ecology* 83: 643–652.

Fonseca, M. S., G. W. Thayer, and A. J. Chester. 1984. Impact of scallop harvesting on eelgrass (*Zostera marina*) meadows: Implications for management. *N. Am. J. Fish. Manage.* 4: 286–293.

Ford, E. 1923. Animal communities of the level sea bottom in the waters adjacent to Plymouth. *J. Mar. Biolog. Assoc. U.K.* 13: 164–224.

Fox, W. M., M. S. Johnson, S. R. Jones, et al. 1999. The use of sediment cores from stable and developing salt marshes to reconstruct historical contamination profiles in the Mersey Estuary, UK. *Mar Environ Res.* 47: 311–329.

Freese, L., P. J. Auster, J. Heifetz, and B. L. Wing. 1999. Effects of trawling on seafloor habitat associated invertebrate taxa in the Gulf of Alaska. *Mar. Ecol. Prog. Ser.* 182: 119–126.

Frid, C. L. J., R. A. Clark, and J. A. Hall. 1999. Long-term changes in the benthos on a heavily fished ground off the NE coast of England. *Mar. Ecol. Prog. Ser.* 188: 13–20.

Friedlander, A. M., G. W. Boehlert, M. E. Field, et al. 1999. Sidescan-sonar mapping of benthic trawl marks on the shelf and slope off Eureka, California. *Fish. Bull.* 97: 786–801.

Fukuyama, A. K. and J. S. Oliver. 1985. Sea star and walrus predation on bivalves in Norton Sound, Bering Sea, Alaska. *Ophelia* 24: 17–36.

Grabowski, J. H. and S. P. Powers. 2004. Habitat complexity mitigates trophic transfer on oyster reefs. *Mar. Ecol. Prog. Ser.* 277: 291–295.

Grabowski, J. H., R. D. Brumbaugh, R. Conrad, et al. 2012. Economic valuation of ecosystem services provided by oyster reefs. *Bioscience* 632: 900–909.

Grabowski, J. H., A. R. Hughes, D. L. Kimbro, and M. A. Dolan. 2005. How habitat setting influences restored oyster reef communities. *Ecology* 86: 1926–1935.

Graf, G. 1992. Benthic-pelagic coupling: A benthic view. *Oceanogr. Mar. Biol., Annu. Rev.* 30: 149–190.

Gray, J. S. 1974. Animal-sediment relationships. *Oceanogr. Mar. Biol., Annu. Rev.* 12: 223–261.

Gray, J. S. 2002. Species richness of marine soft sediments. *Mar. Ecol. Prog. Ser.* 244: 285–297.

Gribben, P. E., J. E. Byers, M. Clements, et al. 2009a. Behavioural interactions between ecosystem engineers control community species richness. *Ecol. Lett.* 12: 1127–1136.

Gribben, P. E., J. T. Wright, W. A. O'Connor, et al. 2009b. Reduced performance of native infauna following recruitment to a habitat-forming invasive marine alga. *Oecologia* 158: 733–745.

Griffen, B. D. and J. E. Byers. 2006. Partitioning mechanisms of predator interference in different habitats. *Oecologia* 146: 608–614.

Griffiths, C. L. 2000. Overview on current problems and future risks. In, *Best management practices for preventing and controlling invasive alien species* (G. Preston, G. Brown, and E. van Wyk, eds.), pp. 235–241. Cape Town, South Africa: Working for Water Programme.

Grimes, C. B., K. W. Able, and R. S. Jones. 1986. Tilefish, *Lopholatilus chamaeleonticips*, habitat, behavior and community structure in Mid-Atlantic and southern New England waters. *Environ. Biol. Fishes.* 15: 273–292.

Guillen, J., A. Ramos, L. Martinez, and J. Sanchez Lizaso. 1994. Anti-trawling reefs and the protection of *Posidona oceanica* (L.) delile meadows in the western Mediterranean Sea: Demands and aims. *Bull. Mar. Sci.* 55.

Gutierrez, J. L., C. G. Jones, D. L. Strayer, and O. O. Iribarne. 2003. Mollusks as ecosystem engineers: The role of shell production in aquatic habitats. *Oikos* 101: 79–90.

Hall, S. J. 1994. Physical disturbance and marine benthic communities: Life in unconsolidated sediments. *Oceanogr. Mar. Biol., Annu. Rev.* 32: 179–239.

Hallenback, T. R., R. G. Kvitek, and J. Lindholm. 2012. Rippled scour depressions add ecologically significant heterogeneity to soft-bottom habitats on the continental shelf. *Mar. Ecol. Prog. Ser.* 468: 119–133.

Harris, B. P. and K. D. E. Stokesbury. 2010. The spatial structure of local surficial sediment characteristics on Georges Bank, USA. *Cont. Shelf Res.* 30: 1840–1853. doi: 10.1016/j.csr.2010.08.011

Harris, B. P., G. W. Cowles, and K. D. E. Stokesbury. 2012. Surficial sediment stability on Georges Bank, in the Great South Channel and on eastern Nantucket Shoals. *Cont. Shelf Res.* 49: 65–72. doi: 10.1016/j.csr.2012.09.008

Hastings, A., J. E. Byers, J. A. Crooks, et al. 2007. Ecosystem engineering in space and time. *Ecol. Lett.* 10: 153–164.

Heck, K. L., Jr. and G. S. Wetstone. 1977. Habitat complexity and invertebrate species richness and abundance in tropical seagrass meadows. *J. Biogeogr.* 4: 135–143.

Heiman, K. W., N. Vidargas, and F. Micheli. 2008. Non-native habitat as home for non-native species: Comparison of communities associated with invasive tubeworm and native oyster reefs. *Aquat. Biol.* 2: 47–56.

Hewitt, C. L., M. L. Campbell, R. E. Thresher, and R. B. Martin. 1999.

Marine Biological Invasion of Port Phillip Bay, Victoria. Hobart, Australia: Centre for Research on Introduced Marine Pests.

Hewitt, J. E., S. E. Thrush, J. Halliday, and C. Duffy. 2005. The importance of small-scale habitat structure for maintaining beta diversity. *Ecology* 86: 1619–1626.

Hewitt, J. E., S. F. Thrush, P. Legendre, et al. 2002. Integrating heterogeneity across spatial scales: Interactions between *Atrina zelandica* and benthic macrofauna. *Mar. Ecol. Prog. Ser.* 239: 115–128.

Holland, A. F., D. M. Sanger, C. P. Gawle, et al. 2004. Linkages between tidal creek ecosystems and the landscape and demographic attributes of their watersheds. *J. Exp. Mar. Biol. Ecol.* 298: 151–178.

Holmes, R. M., B. J. Peterson, L. A. Deegan, et al. 2000. Nitrogen biogeochemistry in the oligohaline zone of a New England estuary. *Ecology* 81: 416–432.

Hughes, A. R. and J. H. Grabowski. 2006. Habitat context influences predator interference interactions and the strength of resource partitioning. *Oecologia* 149: 256–264.

Hulberg, L. W. and J. S. Oliver. 1980. Caging manipulations in marine soft-bottom communities: Importance of animal interactions or sedimentary habitat modifications. *Can. J. Fish. Aquat. Sci.* 37: 1130–1139.

Julian, D. and A. J. Arp. 1992. Sulfide permeability in the marine invertebrate *Urechis caupo*. *J. Comp. Physiol. B.* 162: 59–67.

Kaiser, M. J., K. Cheney, F. E. Spence, et al. 1999. Fishing effects in northeast Atlantic shelf seas: Patterns in fishing effort, diversity and community structure VII. The effects of trawling disturbance on the fauna associated with the tubeheads of serpulid worms. *Fish. Res.* 40: 195–205.

Kenchington, E. L. R., K. D. Gilkinson, K. G. MacIsaac, at el. 2006. Effects of experimental otter trawling on benthic assemblages on Western Bank, northwest Atlantic Ocean. *J. Sea Res.* 56: 249–270.

Kennedy, V. S. 1980. *Estuarine Perspectives.* New York, NY: Academic Press.

Kennish, M. J. 1992. Ecology of Estuaries: Anthropogenic Effects. Boca Raton, FL: CRC Press.

Kennish, M. J. 2001. Coastal salt marsh systems in the US: A review of anthropogenic impacts. *J. Coast. Res.* 17: 731–748.

Kneib, R. T. 1991. Indirect effects in experimental studies of marine soft-sediment communities. *Am. Zool.* 31: 874–885.

Kneib, R. T. 2003. Bioenergetic and landscape considerations for scaling expectations of nekton production from intertidal marshes. *Mar. Ecol. Prog. Ser.* 264: 279–296.

Lalli, C. M. and T. R. Parsons. 1993. *Biological Oceanography: An Introduction.* New York, NY: Oxford.

Lee, H., B. Thompson and S. Lowe. 2003. Estuarine and scalar patterns of invasion in the soft-bottom benthic communities of the San Francisco Estuary. *Biol. Invasions.* 5: 85–102.

Lee, W. J. 2010. Intensive use of an intertidal mudflat by foraging adult American horseshoe crabs *Limulus polyphemus* in the Great Bay estuary, New Hampshire. *Curr. Zool.* 56: 611–617.

Lee, W. J. 2012. The ecological role of feeding disturbances of the Atlantic horseshoe crab, *Limulus polyphemus*. University of New Hampshire. Ph.D. dissertation.

Lenihan, H. S. and F. Micheli. 2001. Soft-sediment communities. In, *Marine Community Ecology* (M. D. Bertness, S. D. Gaines, and M. E. Hay, eds.), pp. 253–287. Sunderland, MA: Sinauer Associates.

Lenihan, H. S. and J. S. Oliver. 1995. Anthropogenic and natural disturbances to marine benthic communities in Antarctica. *Ecol. Appl.* 5: 311–326.

Lenihan, H. S. and C. H. Peterson. 1998. How habitat degradation through fishery disturbance enhances impacts of hypoxia on oyster reefs. *Ecol. Appl.* 8: 128–140.

Lenihan, H. S., C. H. Peterson, J. E. Byers, et al. 2001. Cascading of habitat degradation: Oyster reefs invaded by refugee fishes escaping stress. *Ecol. Appl.* 11: 764–782.

Levin, L. A. 1981. Dispersion, feeding behavior and competition in two spionid polychaetes. *J. Mar. Res.* 39: 99–117.

Levin, L. A., W. Ekau, A. J. Gooday, et al. 2009. Effects of natural and human-induced hypoxia on coastal benthos. *Biogeosciences* 6: 2063–2098.

Levin, L. A., R. J. Etter, M. A. Rex, et al. 2001. Environmental influences on regional deep-sea species diversity. *Annu. Rev. Ecol. Syst.* 32: 51–93.

Levinton, J. 1972. Stability and trophic structure in deposit-feeding and suspension-feeding communities. *Am. Nat.* 106: 472–486.

Levinton, J. S. 1985. Complex interactions of a deposit feeder with its resources: Roles of density, a competitor, and detrital addition in the growth and survival of the mudsnail *Hydrobia totteni*. *Mar. Ecol. Prog. Ser.* 22: 31–40.

Levinton, J. S. 1994. Bioturbators as ecosystem engineers: Population dynamics and material fluxes. In, *Linking Species and Ecosystems* (C. G. Jones and J. H. Lawton, eds.), pp. 29–36. New York, NY: Chapman and Hall.

Lindholm, J., P. J. Auster, and P. C. Valentine. 2004. Role of a large marine protected area for conserving landscape attributes of sand habitats on Georges Bank (NW Atlantic). *Mar. Ecol. Prog. Ser.* 269: 61–68.

Lindsay, S. M. 2010. Frequency of injury and the ecology of regeneration in marine benthic invertebrates. *Integr. Comp. Biol.* 50: 479–493.

Lindsay, S. M., D. S. Wethey, and S. A. Woodin. 1996. Modeling interactions of browsing predation, infaunal activity, and recruitment in marine soft-sediment habitats. *Am. Nat.* 148: 684–699.

Llanso, R. J. 1993. Effects of hypoxia on estuarine benthos: The lower Rappahannock River (Chesapeake Bay), a case study. *Estuar. Coast. Shelf Sci.* 35: 491–515.

Lotze, H. K., H. S. Lenihan, B. J. Bourque, et al. 2006. Depletion, degradation and recovery potential of estuaries and coastal seas. *Science* 312: 1806–1809.

Luther G. W., III, T. M. Church, D. Powell. 1991. Sulfur speciation and sulfide oxidation in the water column of the Black Sea. *Deep-Sea Res.* 38: S1121–S1137.

MacIntyre, H. L., R. J. Geider, and D. C. Miller. 1996. Microphytobenthos: The ecological role of the "secret garden" of unvegetated, shallow-water marine habitats. I. Distribution, abundance and primary production. *Estuaries* 19: 186–201.

Martell, Arthur Earl. 1997. *NIST Critically Selected Stability Constants of Metal Complexes.* Gaithersburg, MD: U.S. Dept. of Commerce, National Institute of Standards and Technology, Standard Reference Data Program.

McCall, P. L. 1977. Community patterns and adaptive strategies of infaunal benthos of Long Island Sound. *J. Mar. Res.* 35: 221–266.

McKinnon, J. G., P. E. Gribben, A. R. Davis, et al. 2009. Differences in soft-sediment macrobenthic assemblages invaded by *Caulerpa taxifolia* compared to uninvaded habitats. *Mar. Ecol. Prog. Ser.* 380: 59–71.

Meadows, P. S. and A. Meadows, eds. 1991. *The Environmental Impact of Burrowing Animals and Animal Burrows.* Oxford, UK: Clarendon Press.

Meyer, J. J. and J. E. Byers. 2005. As good as dead? Sublethal predation facilitates lethal predation on an intertidal clam. *Ecol. Lett.* 8: 160–166.

Micheli, F. 1997. Effects of predator foraging behavior on patterns of prey mortality in marine soft bottoms. *Ecol. Monogr.* 67: 203–224.

Micheli, F. and C. H. Peterson. 1999. Estuarine vegetated habitats as corridors for predator movements. *Conserv. Biol.* 13: 869–881.

Middelburg, J. J. and L. A. Levin. 2009. Coastal hypoxia and sediment biogeochemistry. *Biogeosciences* 6: 1273–1293.

Montague, C. L. and R. G. Wiegert. 1990. Salt marshes. In, *Ecosystems of Florida* (R. L. Myers and J. J. Ewel, eds.), pp. 481–516. Orlando, FL: University of Central Florida Press.

Myers, A. C. 1977. Sediment processing in a marine subtidal sandy bottom community. I. Physical aspects. *J. Mar. Res.* 35: 609–632.

Nakaoka, M., H. Mukai and S. Chunhabundit. 2002. Impacts of dugong foraging on benthic animal communities in a Thailand seagrass bed. *Ecol. Res.* 17: 625–638.

Nehring, S. 2002. Biological invasions into German waters: An evaluation of the importance of different human-mediated vectors for nonindigenous macrozoobenthic species. In, *Invasive Aquatic Species of Europe. Distribution, Impacts, and Management.* (E. Leppakoski, S. Gollasch, and S. Olenin, eds.), pp. 373–383. Dordrecht, The Netherlands: Kluwer Academic Publishers.

Neira, C., L. A. Levin, E. D. Grosholz. 2005. Benthic macrofaunal communities of three sites in San Francisco Bay invaded by hybrid *Spartina*, with comparison to uninvaded habitats. *Mar. Ecol. Prog. Ser.* 292: 111–126. doi: 10.3354/meps292111

Newell, R. I. E., J. C. Cornwell, and M. S. Owens. 2002. Influence of simulated bivalve biodeposition and microphyrobenthos on sediment nitrogen dynamics: A laboratory study. *Limnol. Oceanogr.* 47: 1367–1379.

Nixon, S. 1995. Coastal marine eutrophication: A definition, social causes, and future concerns. *Ophelia* 41: 199–219.

Nixon, S. W., J. W. Ammermaln, and T. A. L. Atkinsone. 1996. The fate of nitrogen and phosphorus at the land-sea margin of the North Atlantic Ocean. *Biogeochemistry* 35: 141–180.

Norkko, A., S. F. Thrush, J. E. Hewitt, et al. 2002. Smothering of estuarine sandflats by terrigenous clay: The role of wind-wave disturbance and bioturbation in site-dependent macrofaunal recovery. *Mar. Ecol. Prog. Ser.* 234: 23–41.

Nowell, A. R. M. and P. A. Jumars. 1984. Flow environments of aquatic benthos. *Annu. Rev. Ecol. Syst.* 15: 303–328.

Nybakken, J. W. and M. D. Bertness. 2005. *Marine Biology.* San Francisco, CA: Pearson/Benjamin Cummings.

O'Gower, A. K. and J. W. Wacasey. 1967. Animal communities associated with *Thalasia, Diplanthera,* and sand beds in Biscaye Bay. I. Analysis of communities in relation to water movements. *Bull. Mar. Sci.* 17: 175–210.

Officer, C. B., R. B. Biggs, J. L. Taft, et al. 1984. Chesapeake Bay anoxia: Origin, development, and significance. *Science* 223: 22–25.

Olafsson, E. B. 1986. Density dependence in suspension-feeding and deposit-feeding populations of the bivalve *Macoma balthica*—a field experiment. *J. Anim. Ecol.* 55: 517–526.

Olafsson, E. B. 1989. Contrasting influences of suspension-feeding and deposit-feeding populations of *Macoma balthica* on infaunal recruitment. *Mar. Ecol. Prog. Ser.* 55: 171–179.

Olafsson, E. B., C. H. Peterson, and W. G. Ambrose. 1994. Does recruitment limitation structure populations and communities of macroinvertebrates in marine soft sediments—the relative significance of presettlement and postsettlement processes. *Oceanogr. Mar. Biol., Annu. Rev.* 32: 65–109.

Oliver, J. S., P. N. Slattery, L. W. Hulberg, and J. W. Nybakken. 1980. Relationships between wave disturbance and zonation of benthic invertebrate communities along a subtidal high energy beach in Monterey Bay, California. *Fish. Bull. (Wash. D. C.)* 78: 437–454.

Oliver, J. S., P. N. Slattery, M. A. Silberstein, and E. F. Oconnor. 1984. Gray whale feeding on dense ampeliscid amphipod communities near Bamfield, British Columbia. *Can. J. Zool.* 62: 41–49.

Orrock, J. L., E. L. Preisser, J. H. Grabowski, and G. C. Trussell. 2013. The cost of safety: Refuges increase the impact of predation risk in aquatic systems. *Ecology* 94: 573–579.

Orth, R. J. 1977. The importance of sediment stability in seagrass communities. In, *Ecology of Marine Benthos* (B. C. Coull, ed.), pp. 281–300. Columbia, SC: University of South Carolina Press.

Paerl, H. W. 1985. Enhancement of marine primary production by nitrogen-enriched acid rain. *Nature* 315: 747–749.

Paerl, H. W., J. L. Pinckney, J. M. Fear, and B. L. Peierls. 1998. Ecosystem responses to internal and watershed organic matter loading: Consequences for hypoxia in the eutrophying Neuse river estuary, North Carolina, USA. *Mar. Ecol. Prog. Ser.* 166: 17–25.

Petersen, C. G. J. 1918. The sea bottom and its production of fish food. A survey of the work done in connection with the valuation of the Danish waters from 1883–1917. *Rep. Danish Biol. Stat.* 25: 1–62.

Petersen, C. G. J. 1924. Brief survey of the animal communities in Danish waters. *Am. J. Sci. Series 5* 7: 343–354.

Peterson, C. H. 1977. Competitive organization of the soft-bottom macrobenthic communities of southern California lagoons. *Mar. Biol.* 43: 343–359.

Peterson, C. H. 1979. Predation, competitive exclusion, and diversity in the soft-sediment benthic communities of estuaries and lagoons. In, *Ecological Processes in Coastal and Marine Systems* (R. J. Livingston, ed.), pp. 233–264. New York, NY: Plenum Press.

Peterson, C. H. 1982a. Clam predation by whelks (*Busycon* spp.): Experimental tests of the importance of prey size, prey density, and seagrass cover. *Mar. Biol.* 66: 159–170.

Peterson, C. H. 1982b. The importance of predation and intra- and interspecific competition in the population biology of two infaunal suspension-feeding bivalves, *Protothaca staminea* and *Chione undatella*. *Ecol Monogr.* 52: 437–475.

Peterson, C. H. 1991. Intertidal zonation of marine invertebrates in sand and mud. *Am. Sci.* 79: 236–249.

Peterson, C. H. and R. Black. 1987. Resource depletion by active suspension feeders on tidal flats—influence of local density and tidal elevation. *Limnol. Oceanogr.* 32: 143–166.

Peterson, C. H. and R. Black. 1993. Experimental tests of the advantages and disadvantages of high density for two coexisting cockles in a Southern-ocean lagoon. *J. Anim. Ecol.* 62: 614–633.

Peterson, C. H. and R. N. Lipcius. 2003. Conceptual progress towards predicting quantitative ecosystem benefits of ecological restorations. *Mar. Ecol. Prog. Ser.* 264: 297–307.

Peterson, C. H., J. H. Grabowski, and S. P. Powers. 2003. Estimated enhancement of fish production resulting from restoring oyster reef habitat: Quantitative valuation. *Mar. Ecol. Prog. Ser.* 264: 249–264.

Peterson, C. H., H. C. Summerson, and S. R. Fegley. 1983. Relative efficiency of two clam rakes and their contrasting impacts on seagrass biomass. *Fish. Bull. (Wash. D. C.)* 81: 429–434.

Peterson, C. H., H. C. Summerson, and S. R. Fegley. 1987. Ecological consequences of mechanical harvesting of clams. *Fish. Bull. (Wash. D. C.)* 85: 281–298.

Piehler, M. F. and A. R. Smyth. 2011. Impacts of ecosystem engineers on estuarine nitrogen cycling. *Ecosphere* 2: art12.

Piehler, M. F., C. A. Currin, R. Cassanova, et al. 1998. Development and N₂-fixing activity of the benthic microbial community in transplanted *Spartina alterniflora* marshes in North Carolina. *Restor. Ecol.* 6: 290–296.

Piehler, M. F., V. Winkelmann, L. J. Twomey, et al. 2003. Impacts of diesel fuel exposure on the microphytobenthic community of an intertidal sand flat. *J. Exp. Mar. Biol. Ecol.* 297: 219–237.

Reise, K. 1985. *Tidal Flat Ecology.* Berlin, Germany: Springer-Verlag.

Reise, K. 2002. Sediment mediated species interactions in coastal waters. *J. Sea Res.* 48: 127–141.

Reise, K., S. Gollasch, and W. J. Wolff. 2002. Introduced marine species of the North Sea coasts. In, *Invasive Aquatic Species of Europe. Distribution, Impacts, and Management.* (E. Leppakoski, S. Gollasch, and S. Olenin, eds.), pp. 260–266. Dordrecht, The Netherlands: Kluwer Academic Publishers.

Rhoads, D. C. 1974. Organism-sediment relations on the muddy sea floor. *Oceanogr. Mar. Biol., Annu. Rev.* 12: 263–300.

Rhoads, D. C. and D. K. Young. 1970. Influence of deposit feeding organisms on sediment stability and community trophic structure. *J. Mar. Res.* 28: 150–178.

Rhoads, D. C., P. L. Mccall, and J. Y. Yingst. 1978. Disturbance and production on estuarine seafloor. *Am. Sci.* 66: 577–586.

Ricciardi, A. and E. Bourget. 1999. Global patterns of macroinvertebrate biomass in marine intertidal communities. *Mar. Ecol. Prog. Ser.* 185: 21–35.

Robinson, T. B., C. L. Griffiths, C. McQuaid, and M. Rius. 2005. Marine alien species of South Africa - status and impacts. *Afr. J. Mar. Sci.* 27: 297–306.

Rose, C. S., J. R. Gauvin, and C. F. Hammond. 2010. Effective herding of flatfish by cables with minimal seafloor contact. *Fish. Bull.* 108: 136–144.

Rosenberg, R., H. C. Nilsson and R. J. Diaz. 2001. Response of benthic fauna and changing sediment redox profiles over a hypoxic gradient. *Estuar. Coast. Shelf Sci.* 53: 343–350.

Ruesink, J. L., H. S. Lenihan, A. C. Trimble, et al. 2005. Introduction of non-native oysters: Ecosystem effects and restoration implications. *Annu. Rev. Ecol. Evol. Syst.* 36: 643–689.

Ruiz, G. M., J. T. Carlton, E. D. Grosholz, and A. H. Hines. 1997. Global invasions of marine and estuarine habitats by non- indigenous species: Mechanisms, extent, and consequences. *Am. Zool.* 37: 621–632.

Ruiz, G. M., P. W. Fofonoff, J. T. Carlton, et al. 2000. Invasion of coastal marine communities in North America: Apparent patterns, processes, and biases. *Annu. Rev. Ecol. Syst.* 31: 481–531.

Sanders, H. L. 1958. Benthic studies in Buzzards Bay. I. Animal-sediment relationships. *Limnol. Oceanogr.* 3: 245–258.

Sanger, D. M., A. F. Holland, and G. I. Scott. 1999. Tidal creek and salt marsh sediments in South Carolina coastal estuaries: II. Distribution of organic contaminants. *Arch. Environ. Contam. Toxicol.* 37: 458–471.

Savage, C. and R. Elmgren. 2004. Macroalgal (*Fucus vesiculosus*) δ15N values trace decrease in sewage influence. *Ecol Appl.* 14: 517–526.

Savage, C., P. R. Leavitt, and R. Elmgren. 2004. Distribution and retention of effluent nitrogen in surface sediments of a coastal bay. *Limnol. Oceanogr.* 49: 1503–1511.

Schwindt, E. and O. O. Iribarne. 2000. Settlement sites, survival and effects on benthos of an introduced reef-building polychaete in a SW Atlantic coastal lagoon. *Bull. Mar. Sci.* 67: 73–82.

Schwindt, E., O. O. Iribarne, and F. I. Isla. 2004. Physical effects of an invading reef-building polychaete on an Argentinean estuarine environment. *Estuar. Coast. Shelf Sci.* 59: 109–120.

Seitz, R. D., R. N. Lipcius, A. H. Hines, and D. B. Eggleston. 2001. Density-dependent predation, habitat variation, and the persistence of marine bivalve prey. *Ecology* 82: 2435–2451.

Seitzinger, S. P. 1988. Denitrification in freshwater and coastal marine ecosystems: Ecological and geochemical significance. *Limnol. Oceanogr.* 33: 702–724.

Seliger, H. H., J. A. Boggs, and W. H. Biggley. 1985. Catastrophic anoxia in the Chesapeake Bay in 1984. *Science* 228: 70–73.

Shepard, A. N., R. B. Theroux, R. A. Cooper, and J. R. Uzmann. 1987. Ecology of Ceriantharia (Coelenterata, Anthozoa) of the northwest Atlantic. *Fish. Bull.* (*Wash. D.C.*) 84: 625–646.

Siddon, C. E. and J. D. Witman. 2004. Behavioral indirect interactions: Multiple predator effects and prey switching in the rocky subtidal. *Ecology* 85: 2938–2945.

Smith, C. J., K. N. Papadopoulou, and S. Dilberto. 2000. Impacts of otter trawling on an eastern Mediterranean commercial trawl fishing ground. *ICES J. Mar. Sci.* 57: 1340–1351.

Snelgrove, P. V. R. and C. A. Butman. 1994. Animal sediment relationships revisited—Cause versus effect. *Oceanogr. Mar. Biol., Annu. Rev.* 32: 111–177.

Stachowicz, J. J., H. Fried, R. W. Osman, and R. B. Whitlatch. 2002. Biodiversity, invasion resistance, and marine ecosystem function: Reconciling pattern and process. *Ecology* 83: 2575–2590.

Stanley, D. W. and S. W. Nixon. 1992. Stratification and bottom-water hypoxia in the Pamlico River estuary. *Estuaries* 15: 270–281.

Steward, C. C., S. C. Nold, D. B. Ringelberg, D. C. White, and C. R. Lovell. 1996. Microbial biomass and community structures in the burrows of bromophenol producing and non-producing marine worms and surrounding sediments. *Mar. Ecol. Prog. Ser.* 133: 149–165.

Stokesbury, K. D. E. and B. P. Harris. 2006. Impact of limited short-term sea scallop fishery on epibenthic community of Georges Bank closed areas. *Mar. Ecol. Prog. Ser.* 307: 85–100.

Summerson, H. C. and C. H. Peterson. 1984. Role of predation in organizing benthic communities of a temperate-zone seagrass bed. *Mar. Ecol. Prog. Ser.* 15: 63–77.

Talley, T. S., J. A. Crooks, and L. A. Levin. 2001. Habitat utilization and alteration by the invasive burrowing isopod, *Sphaeroma quoyanum*, in California salt marshes. *Mar. Biol.* 138: 561–573.

Tenore, K. R. 1972. Macrobenthos of the Pamlico River estuary, North Carolina. *Ecol. Monogr.* 42: 51–69.

Thayer, G. W., S. M. Adams, and M. W. LaCroix. 1975. Structural and functional aspects of a recently established *Zostera marina* community. In, *Estuarine Research, Volume 1, Chemistry, Biology, and the Estuarine System* (L. E. Cronin, ed.), pp. 518–540. New York, NY: Academic Press.

Theede, H. 1973. Comparative studies on the influence of oxygen deficiency and hydrogen sulfide on marine bottom invertebrates. *Neth. J. Sea Res.* 7: 244–252.

Thorson, G. 1950. Reproductive and larval ecology of marine bottom invertebrates. *Biol. Rev. Camb. Philos. Soc.* 25: 1–45.

Thorson, G. 1955. Modern aspects of marine level-bottom animal communities. *J. Mar. Res.* 14: 387–397.

Thorson, G. 1957. Bottom communities (sublittoral and shallow shelf). In, *Treatise on Marine Ecology and Paleoecology, Vol. 1.* (J. W. Hedgepeth, ed.), pp. 461–534. New York, NY: The Geological Society of America.

Thrush, S. E. 1999. Complex role of predators in structuring soft-sediment macrobenthic communities: Implications of changes in spatial scale for experimental studies. *Aust. J. Ecol.* 24: 344–354.

Thrush, S. F. and P. K. Dayton. 2010. What can ecology contribute to ecosystem-based management? *Ann. Rev. Mar. Sci.* 2: 419–441.

Thrush, S. F., G. Coco, and J. E. Hewitt. 2008a. Complex positive connections between functional groups are revealed by neural network analysis of ecological time series. *Am. Nat.* 171: 669–677.

Thrush, S. F., J. E. Hewitt, and A. M. Lohrer. 2012. Interaction networks in coastal soft-sediments highlight the potential for change in ecological resilience. *Ecol. Appl.* 22: 1213–1223.

Thrush, S. F., J. Halliday, J. E. Hewitt, and A. M. Lohrer. 2008b. The effects of habitat loss, fragmentation, and community homogenization on resilience in estuaries. *Ecol. Appl.* 18: 12–21.

Thrush, S. F., J. E. Hewitt, V. J. Cummings, and P. K. Dayton. 1995. The impact of habitat disturbance by scallop dredging on marine benthic communities: What can be predicted from the results of experiments? *Mar. Ecol. Prog. Ser.* 129: 141–150.

Thrush, S. F., J. E. Hewitt, A. M. Lohrer, and L. D. Chiaroni. 2013. When small changes matter: The role of cross-scale interactions between habitat and ecological connectivity in recovery. *Ecol. Appl.* 23: 226–238.

Thrush, S. F., R. D. Pridmore, J. E. Hewitt, and V. J. Cummings. 1991. Impact of ray feeding disturbances on sandflat macrobenthos: Do communities dominated by polychaetes or shellfish respond differently? *Mar. Ecol. Prog. Ser.* 69: 245–252.

Thrush, S. F., J. E. Hewitt, V. Cummings, et al. 2004. Muddy waters: Elevating sediment input to coastal and estuarine habitats. *Front. Ecol. Environ.* 2: 299–306.

Thrush, S. F., R. B. Whitlatch, R. D. Pridmore, et al. 1996. Scale-dependent recolonization: The role of sediment stability in a dynamic sandflat habitat. *Ecology* 77: 2472–2487.

Tyrrell, M. C. and J. E. Byers. 2007. Do artificial substrates favor nonindigenous fouling species over native species? *J. Exp. Mar. Biol. Ecol.* 342: 54–60.

Underwood, G. J. C. and D. M. Paterson. 1993. Seasonal changes in diatom biomass, sediment stability and biogenic stabilization in the Severn Estuary. *J. Mar. Biolog. Assoc. U.K.* 73: 871–887.

Valiela, I. 1984. *Marine Ecological Processes.* New York, NY: Springer-Verlag.

Valiela, I., D. Rutecki, and S. Fox. 2004. Salt marshes: Biological controls of food webs in a diminishing environment. *J. Exp. Mar. Biol. Ecol.* 300: 131–159.

Van Dolah, R. F., P. H. Wendt, and N. Nicholson. 1987. Effects of a research trawl on a hard-bottom assemblage of sponges and corals. *Fish. Res.* 5: 39–54.

Verling, E., G. M. Ruiz, L. D. Smith, et al. 2005. Supply-side invasion ecology: Characterizing propagule pressure in coastal ecosystems. *Proc. Biol. Sci.* 272: 1249–1256.

Vismann, B. 1996. Sulfide exposure experiments: The sulfide electrode and a set-up automatically controlling sulfide, oxygen and pH. *J. Exp. Mar. Biol. Ecol.* 204: 131–140.

Wang, F. and P. M. Chapman. 1999. Biological implications of sulfide in sediment—a review focusing on sediment toxicity. *Environ. Toxicol. Chem.* 18: 2526–2532.

Wasson, K., K. Fenn, and J. S. Pearse. 2005. Habitat differences in marine invasions of central California. *Biol. Invasions.* 7: 935–948.

Watling, L. and E. A. Norse. 1998. Disturbance of the seabed by mobile fishing gear: A comparison to forest clearcutting. *Conserv. Biol.* 12: 1180–1197.

Waycott, M., C. M. Duarte, T. J. B. Carruthers, et al. 2009. Accelerating loss of seagrasses across the globe threatens coastal ecosystems. *Proc. Natl. Acad. Sci. (USA)* 106: 12377–12381.

Wells, H. W. 1961. The fauna of oyster beds, with special reference to the salinity factor. *Ecol Monogr.* 31: 239–266.

Whitlatch, R. B., A. M. Lohrer, S. F. Thrush, et al. 1998. Scale-dependent benthic recolonization dynamics: Life stage-based dispersal and demographic consequences. *Hydrobiologia* 375–76: 217–226.

Wilkinson, C. 2008. *Status of Coral Reefs of the World: 2008.* Townsville, Australia: Global Coral Reef Monitoring Network and Reef and Rainforest Research Center.

Woodin, S. A. 1976. Adult-larval interactions in dense infaunal assemblages: Patterns of abundance. *J. Mar. Res.* 34: 25–41.

Woodin, S. A. 1978. Refuges, disturbance, and community structure: Marine soft-bottom example. *Ecology* 59: 274–284.

Wright, J. T. and P. E. Gribben. 2008. Predicting the impact of an invasive seaweed on the fitness of native fauna. *J. Appl. Ecol.* 45: 1540–1549.

Wright, J. P. and C. G. Jones. 2006. The concept of organisms as ecosystem engineers ten years on: Progress, limitations, and challenges. *Bioscience* 56: 203–209.

Wright, J. T., J. E. Byers, L. P. Koukoumaftsis, et al. 2010. Native species behaviour mitigates the impact of habitat-forming invasive seaweed. *Oecologia* 163: 527–534.

Yallop, M. L., B. Dewinder, D. M. Paterson, and L. J. Stal. 1994. Comparative structure, primary production and biogenic stabilization of cohesive and noncohesive marine sediments inhabited by microphytobenthos. *Estuar. Coast. Shelf Sci.* 39: 565–582.

York, P. H., D. J. Booth, T. M. Glasby, and B. C. Pease. 2006. Fish assemblages in habitats dominated by *Caulerpa taxifolia* and native seagrasses in southeastern Australia. *Mar. Ecol. Prog. Ser.* 312: 223–234.

zu Ermgassen, P. S. E., M. D. Spalding, B. Blake, et al. 2012. Historical ecology with real numbers: Past and present extent and biomass of an imperilled estuarine habitat. *Proc. Biol. Sci.* 279: 3393–3400.

第11章

盐沼群落

Mark D. Bertness 和 Brian R. Silliman

历史上，盐沼于免受波浪冲刷的软质基底岸线上形成并自组织，曾被认为是具有高度弹性的系统，可以消化人类活动的影响并快速恢复，甚至能够缓冲人类活动对海岸带生态系统的影响（Davy et al.，2009）。盐沼和河口通常都被视为天然过滤器，能够截留和处理进入近海海岸带系统的陆源径流，包括沉积物、营养物质和污染物等（Teal，1959；Valiela and Teal，1979；Odum，1980）。事实上，人们曾如此迷信盐沼的弹性，以至于人工和自然的盐沼都被用作净化水和污水处理的工具（Reed，1995）。这种把盐沼视作可以承担人类活动负担的系统的观点曾被早期人类社会广泛接受，并将其作为垃圾处理场，时至今日，特别是在一些第三世界国家，沿海的湿地仍被用于垃圾填埋（Tiner et al.，2002；Costa et al.，2009）。

直到最近，人类才认识到盐沼为人类社会所提供的生态系统服务价值（Costanza et al.，1997；Barbier et al.，2011）。现在，很多对生态系统服务的评估都将盐沼列为地球上单位面积最具价值的生态系统之一（UNEP，2006；Barbier et al.，2011）。盐沼的社会服务价值排名之所以如此之高，是因为它们是一些具有商业价值和游憩价值的贝类和鱼类的重要育苗场（如 Rozas and Reed，1993；Minella and Webb，1997；Boesch and Turner，1984；UNEP，2006），能够缓冲风暴损害和波浪侵蚀，从而保护海岸线（King and Lester，1995；Moeller et al.，1996；Gedan et al.，2011；Silliman et al.，2012），固碳和储碳（Chmura et al.，2003；Mcleod et al.，2011），并且处理从陆地径流进入河口的营养物质（Valiela and Teal，1979）。

大多数生态学家和管理者将围垦（填塞盐沼使其不再受潮汐淹没）视为对盐沼及其服务有史以来最大的威胁（Atwater et al.，1979；Gedan et al.，2009）。在美国的加利福尼亚州、俄勒冈州和华盛顿州，超过90%的盐沼因为开发而消失（Bromberg and Silliman，2009），而北美洲东海岸的情况与此类似（Bromberg and Bertness，2005；Gedan and Silliman，2009）。通过对历史航空影像资料的分析表明，在新英格兰地区，盐沼面积只剩殖民开发前的大约一半，而其中90%是因为防蚊及其他原因，已被挖沟和排水（Gedan and Silliman，2009）。由于盐沼一直被认为具有较高弹性，管理者常常认为，只要围垦活动减弱，盐沼就能得到保护。而近十年的研究却揭示了一个完全不同的情况：剩余的盐沼正普遍受到一系列人为添加的威胁，包括入侵物种、营养级联和过度放养、富营养化、毒素污染、气候变化、海平面上升和水动力条件的改变等（参见 Lotze et al.，2006；Silliman et al.，2009；以及 Gedan et al.，2009 的综述）。此外，许多盐沼系统已经超过了其弹性阈值，正经历着累积和持续的退化（Lotze et al.，2006）。人类活动的影响增加了其对物种入侵的脆弱性（Daehler and Strong，1996；Bertness et al.，2002）以及消费者控制的失控（Silliman et al.，2005；Coverdale et al.，2013），这使盐沼的结构和功能进一步退化，速度常常惊人。因此，尽管其提供了宝贵的服务价值，开垦的威胁也在减少，但世界各地的盐沼仍然面临着人类活动的巨大压力。

本章将先对盐沼生态学的历史进行概述，主要关注实验方法如何促进我们对盐沼景观的基本格局和生物多样性产生过程（自变量等）的理解。然后介绍过去十年来对盐沼群落结构控制的研究，揭示那些曾被忽视却具有重要影响的要素，如自上而下的控制，等级组织、生物地理、生物多样性，以及开垦之外的人类活动等。随后，将拓展讨论人类是影响局部盐沼生态的一个关键因素，并简要列出证据——如果不能尽快采取强有力的保护和管理措施，世界很多地区的盐沼及其所提供的生态系统服务将走向不可逆转的崩溃道路。在本章的结尾，将指出一些关键的研究领域，有助于在未来十年推动盐沼生态学的发展。笔者相信，这些研究应该将注意力放在我们上面所提及的新发现的影响要素上，因为它们能为未来保护和恢复这些系统的努力提供重要见解。完成这些目标需要原本分散在盐沼群落生态学和生态系统生态学（如研究盐沼系统的生物多样性和生态系统功能关系）的各个领域的研究人员走到一起，整合不同学科，建立一个研究盐沼动物种群生物学的新领域。综上所述，这些盐沼群落生态学的新研究方向，不仅将改变过去十年中盐沼生态学的研究范式（仅考虑自下而上的影响以及盐沼高弹性理论等），而且能够增加盐沼系统作为研究自上而下控制效应，以及研究人类对群落结构和生态系统功能影响的相应系统的价值。

盐沼生态学的历史

盐沼生态学始于近一个世纪之前（图 11.1）。Frederic Clements（1916）最早对新英格兰地区盐沼的原生演替进行了描述：盐沼的演替首先从潮间带泥滩上互花米草（*Spartina alterniflora*）的定植开始，继之以互花米草植被的生长以及泥炭和沉积物的堆积。而垂直堆积将导致高盐沼草的定植——狐米草（*Spartina patens*）和盐草（*Distichlis spicata*）分布在高位盐沼低处，而在高处则有团花灯芯草（*Juncus gerardii*）。最后，在接近陆地边缘的最高处，木本植物，如一种菊科灌木假豚草（*Iva frutescens*）竞争替代了草本和灌木。Clements 认为，区划的格局代表了演替的顺序，盐沼高处的顶级群落是木本植物。50 年之后，在新英格兰地区，Alfred Redfield（1965）通过沿盐沼边缘不同距离钻取泥芯来研究盐沼的个体发生，其结果验证了 Clements 关于相关性的假说。Clements 和 Redfiled 将盐沼视为生物群落，就像珊瑚礁、牡蛎床和海藻林群落一样，都是由基础种建立和维持的生物群落（*sensu* Dayton，1974）。

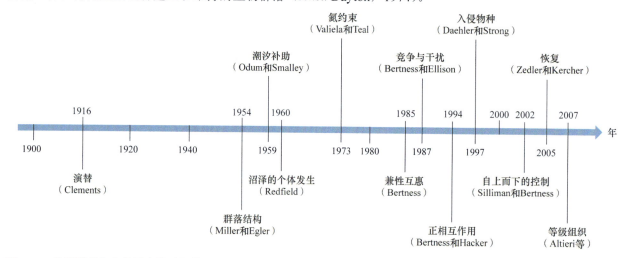

图 11.1 盐沼群落生态学历史的时间线，突出了发现关键驱动要素的时间

现代盐沼生态学始于美国佐治亚州的海岛群岛（Sea Islands）。烟草大亨 R. J. Reynolds 从汽车业巨头 Howard Coffin 手中买下了佐治亚州的萨佩洛岛（Sapelo Island），并将其作为自己渔猎的度假地。随后不久，他就对群岛景观中为数众多的盐沼产生了兴趣。他邀请了美国佐治亚大学的科学家前往萨佩洛岛开展研究。很快，Eugene Odum——生态系统生态学创始人之一和他的研究生 John Teal，以及其他一些学者（如 Larry Pomeroy 和 Richard Wiegert），开始将萨佩洛岛作为一个野外研究站点，并在 Reynolds 和他的基金会的资助下，在岛上建立了佐治亚大学的海洋研究所。

Odum 和他的学生们将盐沼作为一个模型系统，为 20 世纪 50 年代和 60 年代在萨佩洛岛建立生态系统生态学的一个新领域发挥了关键作用。生态系统生态学的起源总会追溯到 Lindeman（1942）在《生态学》

（*Ecology*）上发表的经典文献，即所有营养级的生物量是受营养级之间所能传输能量的多少自下而上控制（如十分之一定律所预测的，在食物网的每个营养级，90% 的能量都因能量需要而损耗）。Lindeman 在耶鲁大学时，是 G. Evelyn Hutchinson 的学生，他的博士论文中关于食物网结构能量流效应的理论，极大地影响了实验室中的同门，例如 Eugene 的弟弟 H. T. Odum。Odum 兄弟俩受到了 Lindeman 新理论的启发，都意识到萨佩洛岛的盐沼作为检验这一生态系统生态学新理论的价值（虽然他们也在珊瑚礁、热带雨林和美国佛罗里达州的银泉进行了类似研究，详见第 1 章）。

随后，Eugene Odum 及其学生开展了大量研究，得到许多重大发现。其中最重要的就是盐沼自下而上的能量流控制着该生态系统的功能和结构，而植物很少在活着的时候被取食（如 Smalley，1959；Odum and Smalley，1959；Smalley，1960）。盐沼生态学和生态系统生态学的主要范式从这些验证 Lindeman 猜想的野外实验中脱颖而出：即生态系统中生物的数量、分布与生产力由食物网内的能量流所调节，而外界因素（如营养物质、物理要素和潮汐等）调节着食物网的初级生产力（自下而上的控制）。此外，在当时的生态系统生态学家看来，生物间的相互作用，如竞争和捕食，相对并不重要（Teal，1959；Teal and Kanwisher，1961；Odum，1971）。从生态学的角度来看，物理驱动力是造成盐沼大量初级生产力及典型垂直植被分带的原因，而食草动物与其捕食者及它们的取食活动所产生的营养反馈（自上而下控制）并不重要。尽管这些观点为盐沼、红树林和海草床等生态学提供了理论基础，但都来自野外观察和对比研究，仍需进一步严谨的野外实验来验证。

盐沼实验群落生态学

从 20 世纪 50 年代开始，生态学家开始使用实验来研究控制生物多样性格局的物理和生物过程的相对重要性（参见第 1 章）。这场革命在盐沼系统起步较晚（1980 年左右）。然而，当它真正到来之后，却对基础理论产生巨大影响。通过移植盐沼植物的实验，可以研究维持植被在沿垂直于潮汐方向上显著分带格局的机制。实验结果表明，盐沼植物并非一定要生活在其生长最佳的地方，这与物理过程或自下而上的过程是唯一控制因素的预测不符（Snow and Vince，1984）；相反，在新英格兰地区，盐沼移植实验表明，种间竞争极大地决定了不同盐沼植物物种的显著分离：优势种取代竞争劣势种并占据高地，而劣势种被迫转入物理条件恶劣的潮间带区域（图 11.2；Bertness and Ellison，1987）。这些研究结果为植被分带提供了一个新的解释：根据竞争能力和对胁迫耐受性的种间差异，强烈的相互竞争作用将植物物种沿环境梯度分层次地组织。后续在美国加利福尼亚州（Pennings and Callaway，1992）和智利（Farina et al.，2009）的盐沼开展的研究得到了基本类似的结果，除了一些微小的差异，而这可能是盐沼的物理胁迫梯度与植物物种的进化差异所造成的。综上所述，这些研究提出了令人信服的观点——生物过程在控制盐沼生物群落结构中起着重要作用。

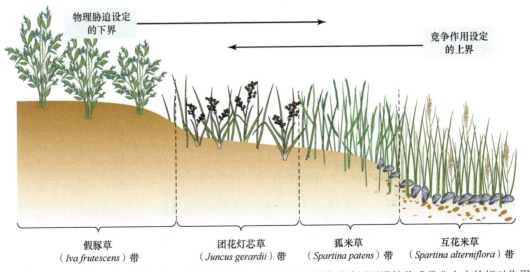

物理胁迫设定的下界

竞争作用设定的上界

假豚草（*Iva frutescens*）带   团花灯芯草（*Juncus gerardii*）带   狐米草（*Spartina patens*）带   互花米草（*Spartina alterniflora*）带

图 11.2 主要植被带的示意图，并强调了竞争作用和物理胁迫在决定新英格兰地区沼泽植物成带分布中的相对作用

　　循着竞争产生植被分带的思路，进一步的移植实验发现，种内和种间关系都存在着正面相互作用，即植物间的相互促进作用也很重要。在盐沼低处，植物能够通过其通气组织给缺氧的沉积物通气，使其相邻植物受益（Howes et al.，1986）。这种群体受益还具有密度依赖性——只有在已有植物密度较高的地方，植物个体或分株才能在氧气耗竭的潮间带定植。在盐沼的高处，植物能够遮蔽基底，阻止地表孔隙水的蒸发，以防止盐分的累积对植物产生压力（Bertness and Shumway，1993）。这种无性系优势植物和木本植物之间的种间促进作用，使许多植物在盐沼高处得以共存，否则这些植物会因土壤高盐分而死亡，从而增强了植物的局部多样性（Bertness and Hacker，1994；Hacker and Bertness，1995）。随后的研究发现，这种促进作用不仅是维持盐沼植物多样性和扩大其分布范围的关键所在，而且在干扰后的次生演替中也起到决定性作用（如植物的沉积碎屑）。具体而言，借助于生长在低盐环境下能平衡渗透压的克隆体的支持，盐草属（Distichlis）能够侵入干扰后高盐度的裸地。盐草在裸地的再次生长可以遮蔽基底，减少蒸发量，有效地降低土壤盐度，并促进耐盐性较差但竞争相对占优势的无性系草本植物的定植（Bertness and Shumway，1993）。

　　在盐沼低处，互惠的、非消耗性的动物与植物的相互作用关系—后来被称为生态系统工程（Lawton and Jones，1993）以及植物与植物之间的相互作用关系（相邻物种相互受益）也很重要。在新英格兰地区盐沼的向海边缘，密集生长的罗纹贻贝（Geukensia demissa）附着在互花米草的根和假根上（Bertness and Grosholz，1985）。肋贻贝通过滤食水中的营养物质，并在沉积物表面沉积粪便和假粪，可以增加互花米草的可用氮。贻贝强有力相互缠绕的丝足还能绑定泥土，从而限制对基底的侵蚀和干扰（Bertness，1984）；而在盐沼的低处，缺氧、基底硬度和沉积物排水会影响互花米草的生长，招潮蟹（Uca spp.）通过取食底泥和穴居活动可以增加沉积物中的含氧量、排水和营养物质，从而促进植物的生长（Bertness，1984）。反过来，植物能够通过根系作用和泥沙堆积来增强沉积物的稳定性，从而支撑和维持招潮蟹的穴居（Bertness and Miller，1984）。这种植物—动物间互利的相互作用可能在其他沼泽系统也很普遍，尽管食底泥的贝类和穴居的蟹类不同（参见 Ellison et al.，1996）。例如，南美洲的穴居蟹通常的生活密度为 20～40 个/m^2，对米草属（Spartina）的生长具有非常积极的影响（Daleo et al.，2007；Alberti et al.，2008）。但是，这种蟹类促进植物的机制与新英格兰地区盐沼系统完全不同。研究人员发现，在南美洲，蟹类对盐沼土壤的通气是通过促进固氮细菌在细根上的定植，间接地提高植物的生长的，否则细菌将因缺氧而死亡（Daleo et al.，2007）。鉴于双壳类动物（如牡蛎、蛤类和贻贝等）和穴居蟹类（如招潮蟹、相手蟹和扇蟹等）在全球沼泽系统几乎无处不在，我们推测，互惠的动物—植物相互作用对于这些珍贵的生态系统的健康和维持至关重要，但尚未得到广泛研究。

　　综上所述，这些研究揭示了盐沼生物群落是由生物间正面和负面相互作用所建立和维持的（图 11.3）。

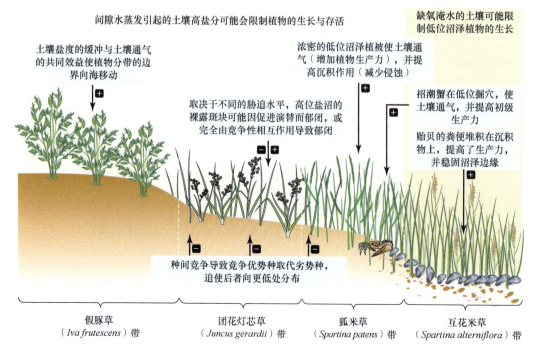

间隙水蒸发引起的土壤高盐分可能会限制植物的生长与存活

缺氧淹水的土壤可能限制低位沼泽植物的生长

土壤盐度的缓冲与土壤通气的共同效益使植物分带的边界向海移动

浓密的低位沼泽植被使土壤通气（增加植物生产力），并提高沉积作用（减少侵蚀）

取决于不同的胁迫水平，高位盐沼的裸露斑块可能因促进演替而郁闭，或完全由竞争性相互作用导致郁闭

招潮蟹在低位掘穴，使土壤通气，并提高初级生产力

贻贝的粪便堆积在沉积物上，提高了生产力，并稳固沼泽边缘

种间竞争导致竞争优势种取代劣势种，迫使后者向更低处分布

假豚草
（Iva frutescens）带

团花灯芯草
（Juncus gerardii）带

狐米草
（Spartina patens）带

互花米草
（Spartina alterniflora）带

图 11.3 新英格兰地区盐沼的横截面，突出显示动物与植物和植物与植物之间的促进和竞争等相互作用发生的位置和潜在机制

盐沼的原生演替受到基底不稳定性、缺氧和物理干扰的影响，而这些要素是这些系统所处的低能量温带海岸带的固有特征（Pennings and Bertness，2001）。在这些强烈的物理应激源背景之下，无论植物与植物之间，还是植物与动物之间的正面作用都促进了盐沼群落的初始建立或演替的发展。通过对低位沉积物含氧量和高位基底盐度的调节，以及从侵蚀和风暴损害中的恢复，兼性互惠作用在物理条件恶劣的沼泽生境起到重要作用。不过，高位盐沼的物理条件相对较好，植物的种间竞争逐渐成为主要的驱动力。这种类型的生物群落结构，先是基础种通过种间的正面相互作用建立了群落的框架，而一旦建立之后，则由负面相互作用（竞争和捕食）主导，称为"等级组织"（hierarchical organization）（Bruno and Bertness，2001），是海洋和陆地生物群落中一种常见的模式（Altieri et al.，2010；Angelini et al.，2011；Angelini and Silliman，2014）。

盐沼群落生态学的进展

尽管盐沼生态学具有悠久的历史，但我们对盐沼群落动态的了解在过去十年发生了巨大的变化。在《海洋群落生态学》（*Marine Community Ecology*，2001）中的"盐沼生态学"一章中，Penning 和 Bertness 对当时的盐沼群落动态研究进行了概述。本章仍会对盐沼生态学进行综述，但不会全面覆盖近十年的所有进展。这些进展包括对驱动盐沼群落格局的生物地理过程的深入理解，营养反馈对盐沼结构与功能的影响，不同盐沼群落中群落组合原则的共性，普遍存在且与日俱增的人类活动对盐沼群落结构与功能的影响。

盐沼生物地理学

在过去十年里，盐沼生态学最重要的进展之一，就是实验性的盐沼群落生态学从其创立之初的新英格兰地区扩展到全球各地——北美洲南部的盐沼、南美洲东西海岸、中国和欧洲等地。在这些区域开展的研究使我们可以了解形成盐沼群落过程和格局的生物地理特征。在新英格兰地区，盐沼植物的种间关系是正面促进作用和负面竞争作用的一种平衡。在康得角（一个重要的生物地理屏障和气候突变区）的北部和南部进行的移植实验显示，在康得角北部，植物的种间关系主要是竞争，而在康得角南部，则主要是促进作用（Bertness and Ewanchuk，2002）。然而，气候的年际变化会影响这些作用。在康得角南部，与炎热的夏季相比，竞争性种间关系在凉爽的夏季更为突出。同样的，在康得角北部，温暖的夏季比清凉的夏季具有更大的促进作用。总体上，当环境条件较为适宜时，竞争作用主导种间关系；而当条件较为恶劣时，促进作用占据主导地位。在智利和阿根廷（Farina et al.，2009；Alberti et al.，2007），跨越很大纬度梯度上的重复实验发现，盐沼植物相互作用的特点不仅随纬度发生变化，而且随着气候的年际变化而发生变化（Bertness and Ewanchuk，2002）。

研究还发现了盐田（高位盐沼中长期缺乏无性系优势植物的斑块）形成和对气候变化响应的纬度变化机制。在低纬度，大面积的盐沼生境可能是表层覆盖着蒸发后留下盐分的泥滩。用淡水浇灌盐田的边缘，或者是遮挡其边缘以减少水分蒸发，互花米草会快速向这些盐田扩张（Pennings and Silliman，未发表数据）。这说明这些盐田至少受到炎热气候的影响，从而导致盐分的积累。在新英格兰北部，有少量植被覆盖的盐田也很普遍，但其形成和维持机制则完全不同。在美国缅因州，盐田的形成和维持由过量的水控制，持续水涝的基底限制了植物的存活。这种机制在缅因州的实验里得到了验证。在4m×4m的重复样地上安装商业排水管（Ewanchuk and Bertness，2004），并在盐田周边安装1.5m高的被动式太阳能温室（Gedan and Bertness，2010），排水和加热这两种实验都导致盐田的快速（1～3季）消失。

植被分带的机制也随纬度发生变化。在新英格兰地区的盐沼，所有优势物种带的下界主要受水涝胁迫和缺氧限制，而在植物带的上界以竞争为主（图11.2；Bertness and Ellison，1987）。然而，在美国东南海岸低纬度温暖的盐沼，物理胁迫是决定植物上下边界的关键驱动力。如新英格兰地区一样，渍涝限制了许多盐沼植物在低位（如靠近溪岸）向下分布的能力，同时在靠近陆地边缘并非每天都遭受潮汐淹没的区域，蒸发导致盐胁迫对一些植物达到致死级别，从而限制植物在高位的分布（Pennings and Callaway，1992；Pennings et al.，2003）。在南美洲的盐沼，盐度同样限制植物在高位的分布，但机制则不同，其土壤暴露于强风之中，而不是强烈的日照之下，表层水的蒸发产生高盐的土壤条件（Alberti et al.，2007）。在阿根廷的这些盐沼，低位的主要影响要素是强烈的蟹类植食作用，而不是渍涝压力，决定了密花米草（*Spartina densiflora*）分布的下限（Alberti et al.，2007）。

生物胁迫的空间变化也会产生盐沼植物群落在所有空间尺度上的格局。在局部尺度，最早是在新英格兰地区开展的实验研究（Crain et al.，2004），随后在美国南部（Guo and Pennings，2012）和北美洲西海岸的西北部（Keammerer and Hacker，2013）都进行了普遍性检验。这些研究的结果表明，驱动潮间带区化的准则能够依尺度上升，同样控制河口沿盐度梯度区化。盐沼和潮汐半咸水沼泽的互换移植实验表明，盐沼植物在淡水或低盐水中生长得更好，但会被淡水植物，如香蒲（*Typha* spp.）、稻草和锯齿草等，通过竞争排除在该生境之外；相反，淡水和半咸水植物在咸水中不受竞争的影响，但会被咸水生境的物理胁迫阻碍，不能进入该生境。人类改变淡水水流和降雨模式会驱动河口沼泽盐度的梯度变化，上述研究结果对于预测这些变化如何影响盐沼的结构与未来具有重要意义。

在更大尺度上，在北美洲大西洋的沿海沼泽同样发现了昆虫植食和植物适口性的纬度梯度变化：随着纬度降低，植食作用增加而适口性下降（Pennings et al.，2001）。这种格局似乎较为普遍，有 6 种植物和 5 种植食性动物具有这种模式。沼泽植物抵御植食的方式有化学性和结构性两种（Siska et al.，2002），而且都可以是天生的（遗传控制）和诱导型的（消费者所引导的）（Long et al.，2011）。植食纬度梯度变化的机制是多样的：可以是南方物种更高的化学和物理防御（Siska et al.，2002）；也可以是植食物种的变化（Pennings and Silliman，2005），在低纬度地区，螺类和蝗虫的植食作用更强。

近来在北美洲和南美洲盐沼开展的研究还揭示了小型哺乳动物在调节群落结构上的重要性，但常常是隐蔽的。在新英格兰地区，田鼠在高位盐沼的狐米草带保持着洞穴状的通道或路径，上面被密密麻麻的活狐米草所覆盖。这种通道非常稠密，可占高位盐沼表面积的 25%（Bromberg et al.，2009）。这些路径是田鼠数十年如一日地努力所维持的——田鼠从底部咬断出现在路径上的无性系分株，并将其整齐地堆积在通道两旁（Gedan 的个人观察）。啮齿动物的维护，再加上高位盐沼生境的持续堆积，使得许多新英格兰地区高位盐沼在大空间尺度上出现丘状的格局（Bertness 的个人观察）。此外，在新英格兰地区人工裸地斑块的恢复实验中排除小型哺乳动物（食草动物），会减缓次生演替过程，甚至通过选择性地取食种子和无性系分株而阻止入侵性芦苇（*Phragmites australis*）的定植（Bromberg et al.，2009）。通过这种自上而下的控制过程，小型哺乳动物能够在恢复中的裸露斑块上建立和维持较高的植物物种多样性。在美国路易斯安那州的盐沼，移除入侵啮齿动物——海狸鼠（*Nutria*）的实验表明，植食和踩踏能够控制现存生物量，并提高植物物种多样性（Gough and Grace，1998）；而在佐治亚州的盐沼中，螺类的植食作用会阻碍互花米草小斑块的恢复，使其在受到大规模干扰之后保持小斑块（Angelini and Silliman，2012）；在阿根廷，植食性本地种豚鼠能够促进盐沼的植物物种多样性（Alberti et al.，2007），并控制植物种间促进和竞争作用的平衡（Alberti et al.，2007）。

长久以来，菌根真菌一直被认为在沼泽系统中并不重要，因为其可用营养在这些系统中非常低。最新的研究发现，菌根真菌能够影响沼泽植物之间的种间竞争。在阿根廷，盐沼中的丛枝菌根真菌和氮供应的增加导致两个优势种互花米草竞争作用的结果反转，从而影响植物的分布格局（Daleo et al.，2007）。但是这种真菌-植物间的相互作用只有在穴居蟹大量存在的情况下才会发生，因为蟹洞能够给土壤通气，所以真菌定植植物根部依赖于蟹洞，否则菌类无法在缺氧的土壤中完成定植。在新英格兰地区的盐沼，本土种——芦苇（*P. australis*）错综复杂的庞大根系为丛枝菌根真菌定植提供了广阔的基底，这种关系反映了这些系统历史上强烈的营养限制。然而，海岸带开发和富营养化显著改变了营养条件，而这有助于外来（入侵基因型和杂交）品系的芦苇属（*Phragmites*）的繁殖（Holdredge et al.，2010）。与有菌类定植的本地种相比，这些外来种在营养分配上对吸收营养的细根投入很少。

生物多样性

在过去的 20 年里，对生物多样性与生态系统功能（biodiversity-ecosystem function，BEF）的研究成为生态学的一个重要研究领域。过去 5～10 年的研究显示，沼泽是实验研究 BEF 相互作用的理想系统，而随着该研究领域理论的进展，出现了越来越多的相关研究。

植物的物种丰富度能够增强生态系统功能，如陆地草原的初级生产力和营养物质循环（如 Tilman et al.，1997；Hector et al.，1999；Isbell et al.，2011），尽管丰富度的影响通常比物种构成或特定物种的影响要小（见第 6 章）。在美国加利福尼亚州，通过实验研究了植物物种丰富度对盐沼恢复的影响。早期的结果显示，丰富度与养分吸收和植物生物量存在正相关关系（Zedler et al.，2001；Callaway et al.，2003），但是经过更长时间（11 年）之后发现，竞争优势种在生态系统功能上的作用最大，从而掩盖了物种多样性的作用（Doherty et al.，2011）。这说明，至少在小的空间尺度上，特定物种，而不是物种多样性，对盐沼群落功能最为重要。优势种对于欧洲沼泽的生态系统功能也许是最重要的，因受干扰或环境变化而丧失的优势种，其作用无法被从属物种丰度增加所代替（Davies et al.，2011，2012）。从更大尺度来看，由于潮汐淹没和其所导致的多种优势种的分带，沼泽景观具有内在的异质性。因此，植物的物种丰富度会对景观尺度的功能产生正面影响。在优势种带内，种内的基因型丰富度也很重要（Richards et al.，2004）。这种多样性形式可能会增加无性系植物的机会——在单一沼泽中对特定胁迫的抵抗力（相关理论参见 Yachi and Lareau，1999），这在海草床抵抗灾难性植食效应上也很重要（Hughes and Stachowicz，2004）。

最近的两项研究发现，食草动物的丰富度也会对沼泽系统的结构和功能产生重要影响。Ewers 等（2012）在野外的中型实验生态系对凋落物类型和消费者（一种杂食性的蟹和螺）的多样性进行了操控，结果显示消费者多样性高的群落的分解作用会根据凋落物类型或增或减。Hensel 和 Silliman（未发表）操控食草动物（蟹、螺和真菌）的多样性后发现，当这三种类型消费者同时存在时，三个关键过程（初级生产力、分解和过滤）的共同功能最大。消费者中的高功能周转是这种正面 BEF 关系的驱动力：每种消费者至少具有一种不同的生态系统功能，但没有一种功能受到两种以上消费者的影响（功能互补性强）。

捕食者功能多样性的种团，而不是单一物种，也会通过营养级联促进盐沼草地和相应的生态系统功能（Silliman and Bertness，2002；Silliman et al.，2005；Griffin and Silliman，2011；Griffin et al.，2011）。大量证据表明，捕食者种团的物种数量会影响猎物数量减少及相关级联反应的强度。Finke 和 Denno（2004）利用中大西洋高位盐沼的中型实验生态系证明，捕食性蜘蛛的丰富度高，会降低吸汁昆虫自上而下控制的强度，从而减弱营养级联。他们将这一发现归因于，多样性高的实验组（三种捕食者混养）包含了一个种团内的捕食者（捕食捕食者的捕食者）。他们在随后进行的另一项研究中发现，捕食者种团的具体物种构成，即该种团是否包含一个种团内部强有力的捕食者，才是真正决定捕食者丰富度的因素（Finke and Denno，2005）。沼泽玉黍螺是美国东南部盐沼的关键种食草动物（Silliman and Zieman，2001），它们对营养调节的作用近来成为研究的热点。在这些盐沼系统中，无论是在高潮时游进盐沼的蓝蟹（Silliman and Bertness，2002），还是多种体型较小、生活在盐沼之中的穴居蟹，都会捕食玉黍螺，使互花米草受益（Silliman et al.，2004；Griffin and Silliman，2011）。与 Finke 和 Denno（2004，2005）的研究中捕食吸汁昆虫的种团不同，这里的蟹—螺—植物研究表明，在该系统中，捕食者的丰富度会通过补偿作用，即捕食者活动高峰期的季节差异（Griffin and Silliman，2011）以及对螺类大小的偏好（Soomdat et al.，2014），增强自上而下的控制。定栖捕食者和体型较大的游泳捕食者之间的相互作用是该系统未来研究的一个关键问题。总体上，在不同海岸带生态系统中，捕食者多样性对盐沼的影响依然是科学研究的前沿（Reynolds and Bruno，2013）。由于捕食者带来的灭绝风险高于低营养级部分的作用，所以这一主题也是非常必要的（Byrnes et al.，2007）。

人为影响

过去十年中，对盐沼生物群落的理解发生的最显著变化，就是意识到和阐明了盐沼在过去如何受到人类活动的影响（Bertness et al.，2004；Silliman et al.，2009；Gedan et al.，2009）。在北美洲，自殖民时代以来，人们在盐沼上修堤建坝，排水和埋填；而在欧洲，通过修筑垂直于岸线的丁坝来拦截泥沙，从而对沼泽进行管理、放牧，并最终转化为可以耕种的高地生境（Silliman et al.，2009）。欧洲这种将泥滩转化为盐沼，再将盐沼转化为农田的利用模式在荷兰和德国的瓦登海海岸带极为流行（见 Davy et al.，2009 的综述）。以阿姆斯特丹为例，这座城市就是完全依照经济发展计划在中世纪的格罗宁根小镇的基础上发展起来的。人类对盐沼的其他类型干扰包括物种入侵（Daehler and Strong，1996；Bertness et al.，2002）、营养物污染（Lotze et al.，2006）、原油泄漏（Silliman et al.，2012）、气候变化、捕食者衰竭导致的营养功能失调和消费者驱动的消亡（Altieri et al.，2012），以及海平面上升和沼泽洪涝等。

物种入侵　由于长期高水平的物理胁迫，盐沼并未像其他海洋生境那样被外来物种入侵。尽管在 18 和 19 世纪大量使用潮间带的岩石和泥炭作为压舱物，可能会造成大量外来物种意外引入的机会（Byers，2009）。目前盐沼所面临的许多植物入侵，主要是有意地人为引种造成的。例如，在 20 世纪 80 年代早期，在中国中部沿海有意地引种了大西洋的互花米草，以抵御人口快速增长、岸线硬化和大量开发利用所造成的土壤侵蚀问题。自引入以来，它的确减少了侵蚀并增加了固碳作用，但是很快就侵入泥滩生境，而泥滩本是候鸟和贝类赖以生存的滩涂环境，互花米草的入侵导致了灾难性的后果（Liu et al.，2007）。

在北美洲的西海岸，互花米草以同样的方式被引入，以抵御土壤侵蚀问题（Strong and Ayers，2009）。它与本地种加州米草（*Spartina foliosa*）杂交，杂交种生命力茂盛，从最初引进的旧金山湾一路向海岸推进（Strong and Ayers，2009）。互花米草具有更多发育的通气组织，这使得它能够比本地种加州米草分布在潮位更低的地方，并且缺少天敌（Strong and Ayers，2009），杂交种具有的这些特性，也是它能够成功扩张到之前未被占领的泥滩的关键；同样的，候鸟栖息地因此而丧失，需要花费大量高昂代价来清除入侵种，维护鸟类栖息的生境。入侵的互花米草还极大地改变了太平洋沿海盐沼的营养结构（Levin et al.，2006），并通过改善生境促进其他物种的入侵（Grosholz，2005）。

在美国华盛顿州的威利帕湾，互花米草随着牡蛎贸易作为副产品引入。虽然入侵的米草属植物尚未杂交，但已使候鸟栖息地快速退化，并给威利帕湾的牡蛎养殖业带来巨大损失。

尽管入侵蟹类，如岸蟹（*Carcinus maenas*）和近方蟹属（*Hemigrapsus*），已经遍布美国东北部的盐沼，而且有信服证据表明，这些入侵蟹类能够控制其猎物的分布、行为和植食效应（Bertness and Coverdale，2013），但其是否显著改变了盐沼群落生态尚不清楚。

人类驱动的富营养化影响　过去十年的另一重要进展是对养分供应与盐沼植物群落的空间结构之间的关系逐步了解。如前所述，新英格兰地区未受干扰盐沼的显著分带，是由植物竞争优势等级和厌氧胁迫耐受性之间的相反关系所驱动的（见图 11.2；Levine et al.，1998）。这种关系导致假豚草（*I. frutescens*）在盐沼靠近陆地的边缘替代了团花灯芯草（*J. gerardii*）；而灯芯草迫使狐米草在高位盐沼向海一侧的边缘，或是沼泽中没有每天都被淹没的部分分布；狐米草又迫使互花米草在淹水的低位盐沼分布，并使盐草（*D. spicata*）在高位盐沼干扰产生的裸地上生长。对产生这种分带格局的养分竞争研究有惊人的发现：在所有分带的边界添施氮肥后，竞争等级关系发生了反转（Levine et al.，1998），在低养分水平时竞争处于劣势的互花米草成为所有盐沼植物中竞争优势最强的；而在低养分水平下竞争占优的灯芯草成为所有植物中竞争最弱的。

是什么原因导致这种竞争优势的逆转呢？ Emery 等（2001）在随后的研究中发现，施肥使得盐沼植物的限制性资源从养分转变为光，从而使较高（低位盐沼）的植物受益，而不是低矮（高位盐沼）的植物。换句话说，在养分受限的盐沼群落，具有广泛地下营养吸收根和假根结构的植物具有竞争优势；但当施肥缓解了养分约束，从而增强了地表以上部分对光的竞争之后，具有最高地上光合生物量的植物成为优势种。

这些研究结果引发了沿开发利用岸线的富营养化会如何影响盐沼植被分带的进一步假设（Bertness et al.，2002）。具体而言，科研人员推测，在陆源径流缓解养分限制的地方，互花米草会替代高位沼泽草。Bertness 等（2002）验证了这一假设，他们对新英格兰地区南部的 14 个盐沼开展调查，估算了当地发达程度、营养污染和盐沼植被分带之间的关系。在自然保护区、公园和岛屿上的低营养盐沼，互花米草分布的边界要低于那些临近高尔夫球场、农场和地产开发区的盐沼（参见 Bertness et al.，2002）。令人惊讶的是，岸线开发或者仅仅是简单地移除沿岸线自然生长的（能够缓冲截留进入盐沼生境的营养径流）树木，会使盐沼生境的养分供应增加 60% 以上，并影响植被的分带。富营养化还会增加入侵互花米草属的生产力，如在美国加利福尼亚州的太平洋沿岸（Tyler et al.，2007）。

在过去 20 多年里，新英格兰地区的高位盐沼已被一种外来基因型芦苇（*P. australis*）所入侵。由于高位盐沼植物群落中的芦苇本地种在千余年来都没有成为竞争优势种，而这种很高的植物具备竞争光照的优势，因此可以假设，岸线开发所导致的氮负荷增加，将有利于芦苇的入侵（Bertness et al.，2002）。通过对纳拉干西特湾的 28 个盐沼进行调查，并研究岸线开发与芦苇在高位盐沼入侵尺度之间的关系，Bertness 等发现，90% 以上的芦苇竞争占优的地方应归咎于岸线开发，例如简单地移除能够缓冲营养径流的自然木本植被。这种人类活动造成的影响的机制是，岸线开发既增加了高位盐沼的氮输入，又降低了土壤的盐度，盐沼之间氮和土壤盐度的差异共同导致了 75% 以上的芦苇占优沼泽的差异（图 11.4；Bertness et al.，2002）。

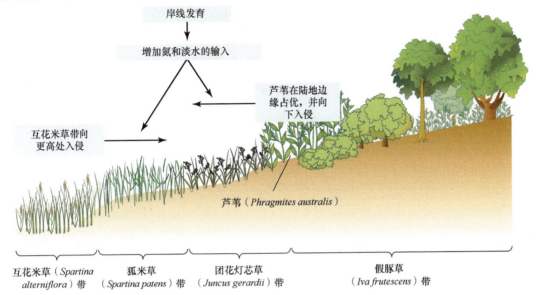

岸线发育

增加氮和淡水的输入

芦苇在陆地边缘占优，并向下入侵

互花米草带向更高处入侵

芦苇（*Phragmites australis*）

互花米草（*Spartina alterniflora*）带　　狐米草（*Spartina patens*）带　　团花灯芯草（*Juncus gerardii*）带　　假豚草（*Iva frutescens*）带

图 11.4　新英格兰地区盐沼的横剖面示意图。图中显示岸线发育导致芦苇（*Phragmites australis*）的入侵和盐沼植物多样性丧失的机制（仿自 Bertness et al.，2002）

　　盐沼的富营养化还会导致动植物多样性的降低，并增加植物的适口性或对食草动物的吸引力。在富营养化的新英格兰地区的盐沼，芦苇的优势，以及米草属和狐米草生物量的增加，导致了高生产力的单养和竞争优势种取代劣势种。芦苇的竞争优势导致原有的高位盐沼植被分带消失和局部本土物种的灭绝，包括假豚草（*I. frutescens*）、团花灯芯草（*Juncus gerardii*）和狐米草（*Spartina patens*），以及杂草类，如紫菀属（*Aster*）、一枝黄花属（*Solidago*）、滨藜属（*Atriplex*）、盐草属（*Distichlis*）和盐角草属（*Salicornia*），和相应的食草类昆虫等（Hacker and Bertness，1995；Silliman and Bertness，2004）。在纳拉干西特湾所有的富营养化盐沼，狐米草生产力的增加是显而易见的，而低生产力的杂草则被竞争所排斥（Rand，2000）。

　　氮负荷的增加或富营养化还会导致食草类消费者对植物生产力自上而下控制的增加。在纳拉甘西特湾，添加氮和杀虫剂的组合实验表明，在作为参照的天然沼泽中，昆虫对初级生产力的影响最小；而在富营养化的盐沼中，昆虫使初级生产力减少了 50%～75%。因此，在新英格兰地区，富营养化正导致初级生产力受消费者控制而下降，并最终会损害这些系统所能提供的生态和社会服务价值（Bertness et al.，2008；Bertness and Silliman，2008）。在北美洲南部、东南部的盐沼和淡水湿地，以及南美洲的阿根廷和智利的盐沼，都发现了类似的富营养化对沼泽植物生产力、适口性和植食控制的效应：这些食草动物包括大雁（Jefferies，1988），以及小型哺乳动物（Gough and Grace，1999）、螺类（Silliman and Zieman，2001）和牛（J. Farina，未发表数据）。因此，盐沼生产力自下而上控制对自上而下控制的正面影响似乎是盐沼系统普遍的经验法则。

　　海平面上升、生境破坏和生态系统服务的丧失　　在全球范围内，盐沼都饱受人类干扰的影响。本章所概述的过去十年的研究揭示了，盐沼的范围及其生态系统结构，都因人类活动产生的变化而持续恶化。这些系统所支撑的关键生态系统服务也同样面临风险。无论从科学、保护，还是社会、政治的角度来说，沼泽都不再是最具抵抗力和弹性的生态群落。它们也不应再作为人类活动的缓冲剂（如吸收废水和陆源径流中的营养物质），而不需要考虑任何后果。这些系统亟须保护，免受各种人类活动的威胁。

　　例如，以开垦为例，在北美洲，200 多年来，在整个太平洋沿海只剩余 8% 的沼泽，而在美国东北沿海（图 11.5）、墨西哥湾、美国东南沿海以及加拿大和哈德逊湾，分别只剩 62%、82%、88% 和 36% 的沼泽（Bromberg and Silliman，2009）。

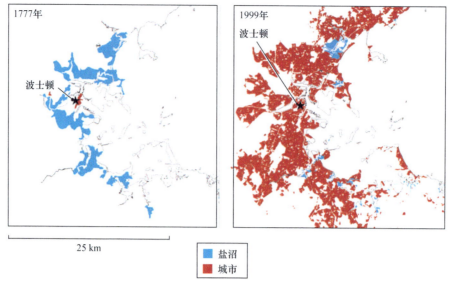

图 11.5 在大约 200 年中，波士顿及其周边地区沼泽覆盖率的下降（仿自 Bromberg and Bertness，2005）

残余的沼泽还受到物种入侵、大规模原油泄漏（Silliman et al.，2012）、消费者失控性效应、富营养化、全球变暖、干旱和海平面上升（参见 Silliman et al.，2009 的综述；Gedan et al.，2009）等严重威胁。特别是海平面上升是一个潜在的难题，因为这些沼泽适应海平面上升的自然机制——向陆扩张，将在很多地方因为人类的开发利用而受阻，以及捕食者衰竭导致的自上而下控制的减弱，失控的消费者会清除构建沼泽群落的那些基础种。

植食控制、营养级联和盐沼消亡

过去十年对盐沼群落研究的最主要发现之一是，食草动物和自上而下的控制在调节盐沼植物生产力，以及生态系统的结构、功能和稳定性等方面具有重要作用。这一发现让很多沼泽生态学家难以接受（Ogburn and Alber，2006；Kiehn and Morris，2009），因为 Odum 学派的观点——盐沼生态系统受营养物质、温度、缺氧和盐度自下而上控制的假说，已深深植入盐沼生态学半个世纪之久（Odum and Smalley，1959；Teal，1959）。事实上，许多盐沼中消费者控制和随之的消亡是人类活动的间接后果，包括捕食者的衰竭造成了营养功能失调和营养级联，富营养化使盐沼植物适口性更好，以及捕食者衰竭和富营养化之间的相互作用。

最早发现盐沼生态系统存在强有力的营养控制是已故的 Bob Jefferies[*] 对加拿大哈德逊湾亚北极盐沼的研究。在 20 世纪 70 年代早期，Jefferies 发现，由于雪雁能够使沉积物松软肥沃，雪雁的植食以及氮循环对盐沼的初级生产力具有正面影响。但从 70 年代开始到 20 世纪末，开发利用导致的生境丧失，在北美洲过冬的雪雁从原本在沿海滩涂和淡水湿地取食植物，转为在大量施用人造氮肥的农田、球场和草坪上觅食。在这一时期，北美洲的人工施肥量和施肥农业面积都增加了近两倍（Henry and Jefferies，2009）。富氮食物供应的增加吸引了雪雁的到来，在加拿大亚北极沼泽夏季繁殖地的雪雁数量也增加了两倍。如此庞大数量的雪雁使得该生态系统不堪重负，导致盐沼草和生境消失。雪雁使原本破碎、稀薄的盐沼植被更加稀疏，导致土壤盐度因蒸发量增加而升高，而缺少了植物通气组织的输氧作用使土壤变得缺氧，从而造成哈德逊湾（全球第四大湿地）超过 20 万 hm² 潮汐泥滩的盐沼植被全部消失，而这主要是北美洲上千千米以外的氮沉降造成的（图 11.6）。直到 20 世纪 90 年代，这才被认为是反常现象，是人类活动导致的消费者控制的孤例。

---

* 即致谢中的 Robert Jefferies——译者

图 11.6 哈德逊湾之前的这片沼泽现已成为巨大的、裸露的盐滩。雪雁的过度植食造成这一生境的崩溃。这在插图中得以体现，通过加固用于排除雪雁的笼子，一小块盐沼得以保存（图片由 Robert Jeffries 提供）

美国南部沼泽中的消费者控制

在 20 世纪末和 21 世纪初，互花米草，北美洲东海岸建立和维持盐沼群落的基础种，开始在美国东南部和墨西哥湾大量消亡。起初，人们认为是干旱导致的极端物理条件造成了互花米草的大量死亡，因为干旱和互花米草死亡之间存在年际相关关系（McKee et al.，2004）。但是，随后在美国南部沼泽开展的一系列实验研究发现了另一个被忽视却可能导致互花米草消亡的机制。Silliman 和 Zieman（2001）发现，在美国弗吉尼亚州沙坝岛的盐沼中，曾被视为沼泽中最重要食碎屑动物的玉黍螺属一种 *Littoraria irrorata*，实际上取食的是活体沼草。这种自上而下的植食影响会大量减少植物的生长（30%～60%），这种影响还因为营养物质输入的增加而被放大，高密度螺类和施加氮肥使得沼泽系统几乎成为光秃秃的裸地。玉黍螺属（*Littoraria*）物种并非直接消耗了大量植物活体的组织，而是通过在绿叶上的伤口"养殖"真菌，还在伤口上留下粪球，其中活跃的菌丝体占粪球干重的 50%（Silliman and Newell，2003）。螺类在活体植物上啃食与随后的菌类感染，造成植物生产力的急剧下降，当螺类密度较高时，盐沼植被遭到破坏（Silliman and Zieman，2001）。

尽管养殖真菌这一发现与过去沼泽研究中螺类偏好菌类和碎屑并不矛盾，即螺类也取食活体植物。但沼泽生态系统生态学家仍然强烈抵制这种看法：食草动物能够控制互花米草的生长，而且这种控制是普遍存在的（Ogburn and Alber，2006；Kiehn and Morris，2009；Kiehn and Morris，2010）。然而，随后在美国佐治亚州的萨佩洛岛（自下而上的沼泽学派的诞生地）所开展的螺类移植实验证明了植食的作用。这些野外操控的实验揭示，高密度螺类的确能够清除整个盐沼植被，而捕食者是抑制螺类数量的关键要素（Silliman and Bertness，2002）。通过圈养操控盐沼中的螺类密度，这项为期两年的实验表明，海洋动物通过捕食控制植食性螺类的密度，能够间接促进沼泽群落的初级生产力的提高。在缺失海洋捕食者的情况下，玉黍螺属螺类数量增加（螺类补充量高达 700 个/(m²·年)），高密度的玉黍螺（1200 个/m²）使沼泽变成了泥滩。这些结果毫无疑问地证明，在美国东南部沼泽存在着简单的营养级联调节生态系统的结构和功能（图 11.7）。

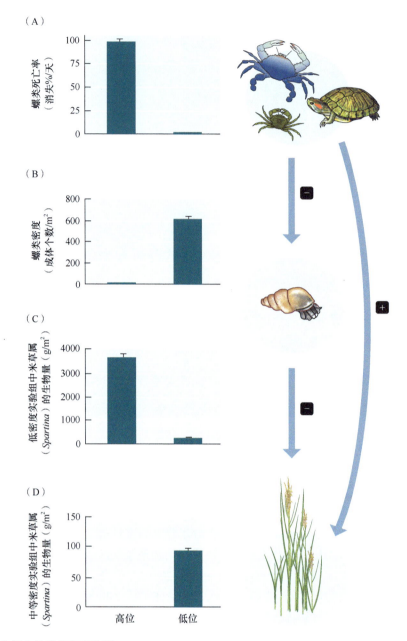

图 11.7　美国东南部盐沼中的营养级联绘图

这些发现对于美国东南部海岸带系统的生态和保护具有重要意义。具体而言，它们表明自上而下的控制力（螺类的植食；对沼泽捕食者的过度捕捞或其数量自然衰减）可能也是促成过去十年路易斯安那、亚拉巴马、佛罗里达和佐治亚等州的盐沼植物大量消亡（>20 万 hm²）的原因（McKee et al.，2004；Silliman et al.，2005；Ogburn and Alber，2006）。根据教条的自下而上理论，物理要素（如干旱导致土壤的高盐度和高酸度）被假设为唯一的因果性机制（McKee et al.，2004；Ogburn and Alber，2006）。然而，2001～2003年的调查发现，在 20 多个梢枯区域（佐治亚州 18 个，路易斯安那州 4 个）都普遍存在玉黍螺属的平均密度超过 400 个/m² 的现象，在 100m 长的螺类锋线上密度更高（2000 个/m²），这些螺类的植食使米草属植物数量下降，并最终将植被覆盖的沼泽转变成泥滩（Silliman et al.，2005）。

2002 年，Silliman 等在移动的螺类锋线上布设了 1m² 大小的笼子来排除植物消亡点上的螺类，以检验对米草属植物生长自上而下的影响。在实验移除螺类的三个月之后，米草属植物的生物量增加了三个数量等级（Silliman et al.，2005）；而无论是在植物消亡的边界，还是残留米草属植物的斑块，保留螺类的控制组样地中的米草属植物遭受了养殖菌类的螺类的重度植食，沼泽植被被破坏，健康的沼泽植被转化成一毛不生的泥滩（图 11.8；Silliman et al.，2005）。

图 11.8　（A）美国佐治亚州萨佩洛岛上的沼泽大量衰减。箭头显示螺类锋线（＞2200 个/m²，约 100m 长）在米草属（*Spartina*）植物的边缘大量取食。（B）螺类锋线的特写。（C）螺类锋线前缘的代表性密度。（D）移除螺类三个月之后对互花米草生物量的影响。没有笼子的控制样地是裸露的，而笼子内的草葱绿茂盛，没有遭到食草动物的破坏（图片由 Brian Silliman 提供）

　　在越过控制组样地之后，螺类锋线的结构保持原状，并在一年多的时间里继续蚕食健康的沼泽植被。当螺类席卷过这些区域时，米草属植物消失而泥滩出现，随之群落崩溃，其原有的消亡面积增加了 15%～215%（Silliman et al.，2005）。将这些实验研究和观察结果放在一起，对早已被广泛接受的观点——自上而下和营养关系的相互作用在盐沼群落大量消亡中无关紧要，提出了挑战（McKee et al.，2004；Ogburn and Alber，2006；Kiehn and Morris，2009）。

　　这个最新研究还发现，螺类植食并非单独导致盐沼植物的消亡。对比野外数据和模型分析表明，随之而来的干旱在干扰边缘形成的螺类锋线，诱发了大面积的植物梢枯，然后传播到整个生境，造成植被的丧失（Silliman et al.，2005；Silliman et al.，2013）。此外，对食草动物密度的操控和模型分析都证明，在强烈物理干扰之后，例如持续干旱，螺类锋线的形成和传播是高度密度依赖性的。因此，随着任一沼泽的螺类密度上升，植食失控事件发生的可能和强度增加，即系统变得更加脆弱，更容易产生食草动物锋线。由于蓝蟹（*Callinectes sapidus*）密度在美国东南部河口的急剧下降（20%～80%）——很可能是由于干旱、疾病、过度捕捞和自然种群波动（Lipcius and Stockhausen，2002），而蓝蟹是玉黍螺属的主要捕食者（West and Williams，1985；Warren，1985；Silliman et al.，2005），在佐治亚州沼泽的实验中，级联反应很可能是清除沼泽植物的原因（Silliman and Bertness，2002；Silliman and Newell，2003），也是导致其他沼泽大面积消亡的主要因素之一。

　　对螺类密度、蟹类丰度以及对拴系螺类捕食的实验与长期观测都表明，捕食者蓝蟹和螺类之间存在强烈相关性（Silliman 等，未发表）。具体来说，野外操控实验发现，在不存在蓝蟹的情况下，自然发生的高密度螺类会消除沼泽植被，并使基底裸露；而超过 20 年的观测数据显示，当蓝蟹种群数量连续两年显著减少时，对螺类的捕食降低了 80%，而螺类数量翻了一倍。重要的是，尽管这些数据表明，在美国南部沼泽确实存在营养级联，而且蓝蟹是一个关键种捕食者，但在大多数情况下，食物网相互作用并不足以单独驱动沼泽植被的消亡，因为蓝蟹数量降低后螺类的数量并未高到足以解释大面积沼泽的消失。相反，严重干旱和空间过程的相互作用才是关键所在：土壤盐度升高不仅增加了植物对螺类植食效应和真菌感染的脆弱性，还使蓝蟹离开盐沼转向淡水，从而降低了盐沼的蓝蟹数量。因此，通过加剧干旱，气候变化能够同时激发这一系统的营养级联，由于对食草动物自上而下控制作用的减弱，对初级生产者的植食作用增强。未来应该进一步研究干旱和空间过程对营养动态的影响，并探索沼泽食物网更高营养级及其引发的自上而下控制潜力。最新的研究表明，曾被认为只生活在淡水生境中的短吻鳄，可能在沼泽食物网中扮演顶级捕食者的角色，会大量捕食蓝蟹，尽管这尚未引起关注（Nifong and Silliman，2012）。

发现对营养动力学在盐沼结构和功能中的作用认识不足之后，科学家开始更深入地理解盐沼群落生态学。例如，Hughes（2012）在佛罗里达州的盐沼发现，当与灯芯草属（*Juncus*）同域分布时，米草属所受玉黍螺属植食的危害较小，这是因为当存在灯芯草的情况下，螺类会选择灯芯草作为躲避蓝蟹捕食的避难所并改变食物资源。同样，Kimbro（2012）在墨西哥湾发现，螺类对米草属植食的区域差异是受潮汐波动调节的，潮汐能够使螺类嗅到捕食者蓝蟹的存在，从而间接地引发螺类的规避反应，限制其消费影响。这些研究仅仅是盐沼群落实验研究的开始，事实上，这是群落生态学中一个富含魅力和活力的领域，尚有很多假设，如消费者在盐沼生态系统无关紧要，未被实验验证（Teal，1959；Smalley，1959；Odum and Smalley，1959；Ogburn and Alber，2006；Kiehn and Morris，2009；Kiehn and Morris，2010）。

尽管这些自下而上和自上而下的驱动力具有强烈的附加和协同作用，美国南部的沼泽仍然能够恢复（Angelini and Silliman，2012）。恢复的关键在于：①空间过程与消费者锋线动态（综述见 Silliman et al.，2013），这是因为螺类的移动是资源依赖性的，从而导致了盐沼中螺类密度的高低变化；②降水的正面影响和种内促进作用。在无性系聚集的促进作用之下，米草属无性系能够在裸露基底的缺氧胁迫之下重定植。当然，这种定植的成功只有在盐沼残存斑块上三种现象同时发生时才会成功：①要有一个丰水年，能够使土壤盐度胁迫降低；②螺类局部密度必须较低；③残存斑块必须足够大，以产生克服裸地重定植困难的生物工程师效应（Angelini and Silliman，2012）。随着气候变化导致的干旱加剧，美国南部的盐沼是否能够从多种应激源下恢复仍是未来研究的一个关键问题。

食草动物驱动的美国北部盐沼消亡

最近，在新英格兰地区，特别是康得角，盐沼大量消亡。最早的报道来自 2004 年，并被归咎于气候变化和海平面上升对盐沼物理条件的影响，正如在美国东南部所发生的一样。然而，对发生在新英格兰地区南部盐沼中泥滩沟岸上植物消亡的实验研究表明，本地种——夜间活动的紫色相手蟹（*Sesarma reticulatum*）的植食失控毫无疑问是造成消亡的原因。相手蟹属（*Sesarma*）生活在很大的共用巢穴，因此必须在潮沟两岸的泥炭基底筑穴。在相手蟹属存在的情况下，移植的米草属在几周内就被其啃食殆尽；而在被笼子保护免受相手蟹属取食的情况下，移植到消亡区域的米草属能够存活（Holdredge et al.，2010）。

在新英格兰地区开展盐沼研究工作的一个优势在于，这里的盐沼与低纬度的佐治亚州和路易斯安那州相比相对较小，易于开展大量的重复实验。而且，历史航空影像也可以追溯到 20 世纪 30 年代，便于历史重建。在 2008 年，对康得角 14 个盐沼的调查显示，50% 的沟岸已严重消亡。对沟岸消亡的历史重建表明，尽管直到 2004 年才有报道，但消亡事件至少在 35 年前就已开始，而且大小和范围在持续不断地增加（Holdredge et al.，2010；Coverdale et al.，2013）。最值得注意的是，无论当代的调查数据还是历史重建都证实，沟岸消亡只发生在岸线开发和游钓压力较大的盐沼（图 11.9；Altieri et al.，2012）。

通过量化所有地点钓鱼和钓蟹的人数、钓鱼的设施装备（船用坡道、系泊用具等）、所有地点捕获鱼蟹（无论是否垂钓目标的物种）的生物量，可以评估游钓压力水平（Altieri et al.，2012）。所有的指标都显示，在游钓活动频繁的地点，顶级捕食者数量的衰减，导致对相手蟹捕食率的降低，从而造成相手蟹密度加大，洞穴面积增加，捕食率上升，相手蟹驱动的消亡面积扩大。而在没有较大捕鱼压力的研究区域或保护区，沼泽可进入性受限，由于受到较高的捕食压力，相手蟹的密度保持较低水平，几乎没有沼泽消亡的情况出现（Altieri et al.，2012）。相手蟹驱动消亡的最明显后果之一是，原本用来排除沼泽表面积水，控制蚊子繁殖的蚊沟，随着沟岸不断地消亡而逐渐变宽。由于相手蟹的洞穴结构，以及缺少植物的根系紧固泥炭，沟岸不断受到侵蚀崩塌，暴露出新鲜的泥炭和植物供相手蟹掘穴和取食（图 11.10）。这些蚊沟始建于大萧条时期，标准宽度是 0.5m。在康得角的某些地点，这种侵蚀崩塌的循环导致蚊沟拓宽到 5～10m，而在捕鱼

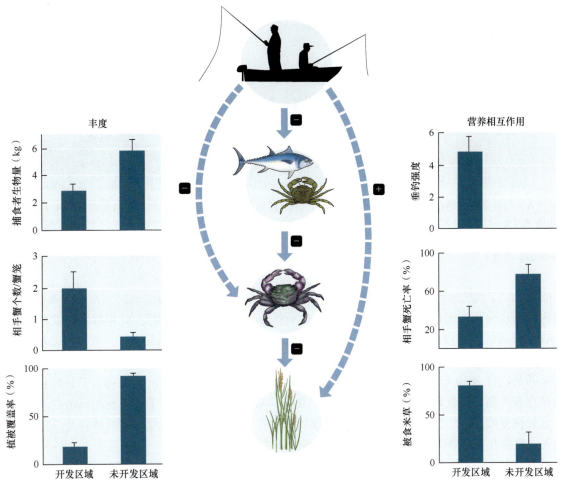

图 11.9 描述新英格兰地区盐沼中由游钓压力导致的营养级联图（仿自 Altieri at al.，2012）

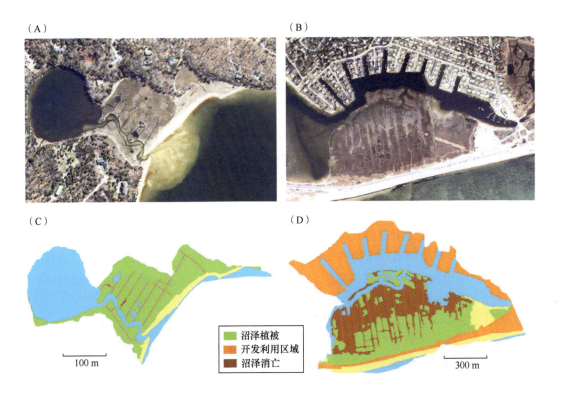

（E）　（F）

图 11.10 （A）在新英格兰地区，周边未被开发的盐沼。（B）新英格兰地区的盐沼被开发利用区围绕。（C）2005 年的 GIS 地图显示图 A 中的盐沼。（D）2005 年的 GIS 地图显示图 B 中的盐沼。（E）未开发区周围大萧条时期开挖的蚊沟（0.5m 宽）。（F）开发利用区大萧条时期开挖的蚊沟经历了数十年的消亡和侵蚀（8m 宽）（仿自 Coverdale et al.，2013；图片 E、F 由 Tyler Coverdale 提供）

压力较低、未受干扰的地区，蚊沟仍然保持着原有的宽度（Coverdale et al.，2013）。在过去两年中，相手蟹驱动的沟岸消亡现象已遍布纳拉甘西特湾（Bertness 个人观察），并从 20 世纪 90 年代中期就在长岛扩张开来（Coverdale et al.，2013）。美国南部相手蟹驱动的消亡似乎也是由游钓所导致，尽管其程度不到康得角的一半，但有恶化的迹象。

幸运的是，自 2010 年以来，有史以来消亡时间最长、程度最强的沼泽——康得角开始恢复。尽管游钓压力依然存在，靠近钓鱼设施的顶级捕食者仍在衰竭，邻近的沟岸仍因相手蟹属驱动而消亡，但在过去三年中，这种恢复或弹性一直在持续，而相手蟹属的密度在下降。对这种恢复机制的解释是：相手蟹掘穴生境的丧失，食物互花米草供应的减少，以及对相手蟹属的补偿性捕食。

除了食物资源衰竭，尽管游钓活动有增无减，相手蟹对被捕食的恐惧仍是沼泽恢复的一个重要因素。在被严重破坏的沼泽中，相手蟹的洞穴因受侵蚀逐渐变大，入侵的岸蟹（C. maenas）利用这些洞穴来躲避低潮时的干燥胁迫以及其他游泳动物和鸟类的捕食。消亡严重的沼泽中滨蟹的数量比那些没有消亡的沼泽多出两个数量级（Bertness and Coverdale，2013）。在室内和野外实验中，滨蟹会轻易地捕食相手蟹，但更重要的是，滨蟹对相手蟹产生的威胁。在野外实验中，当有滨蟹存在时，相手蟹会选择逃离或藏身，而不是取食和暴露在被捕食风险之中（Coverdale et al.，2013）。因此，对入侵者捕食的畏惧，抑制了这种令人头疼的食草动物的密度增大和自上而下的作用，帮助康得角盐沼米草的恢复。

沼泽如何在人类影响冲击下生存？

现在，生态学家和生物保护学家已普遍认识到，人类活动对生态系统结构和功能产生的威胁是相互重叠的。因此，盐沼保护的实践者就必须跳出条条框框，使用措施和模型来面对多种同时发生的、可能具有协同效应的威胁。这种盐沼保护的新方法必须是区域尺度的，传统的局部尺度，或者"只单独考虑单个盐沼"的方法，不适用于保护措施和区域尺度—这也是我们所强调的，人类活动影响着多个沼泽的分布。要拯救剩余的沼泽，就必须摈弃原有的保护框架和过时的盐沼生态学理论（自下而上控制和高恢复力），以体现广泛适用的保护策略的新趋势，以及挑战我们传统思维的新科学（如考虑自上而下控制和食物网的相互作用）。

保护工作者最重要和最有效的行动之一是建立湿地保护区。这些保护区应该：①包括相关的海洋生境，如海草床和牡蛎礁等；②包含较大面积未受干扰的陆地边缘，以缓冲径流造成的富营养化影响，并使湿地在海平面上升时能向陆迁移；③能够包含所有生物相关层次上的正面相互作用，如物种之间（营养级联）和整个生态系统（育苗场效益）（Halpern et al.，2007）；④规模大、数量多，并且间隔适当（见 Halpern et al.，2007 中的讨论）。在全球各地，珊瑚礁和岩岸保护工作者及科学家领导着海洋保护工作领域。盐沼保护者和生态学家远远落后于前者（Zedler and Kercher，2005），但是他们可以参考这些例子，从中获取经验教训，为潮间带以盐沼为主的温带海岸带建立海洋保护区提供指导和帮助。

盐沼群落生态学将何去何从？

在过去 10～15 年中，我们在理解物种间相互作用如何与物理驱动力相结合来塑造沼泽群落结构方面取得了长足的进展。在今后 10～20 年中可能出现的新领域包括：①种群生物学，和控制沼泽动物种群在大时空尺度上变化的因素；②补充对种群空间变化的驱动作用，以及这会如何影响物种相互作用强度与群落结构；③生物多样性与生态系统结构和功能的关系；④海平面上升对调节生态系统结构和功能的关键物种相互作用（如捕食率）的影响；⑤群落相互作用如何影响湿地所提供的关键生态系统服务，包括固碳和岸线保护等，以及⑥群落生态学与生态系统和地质过程之间的联系与反馈。这份清单所提供的关键的综合性教训是，未来的盐沼群落生态学是一个多学科交叉的领域，不仅需要群落生态学家与种群生态学家和生态系统生态学家共同合作，还需要地质学家、经济学家和社会学家一起，共同探索生物间相互作用在驱动生态系统结构和功能的大尺度变化的作用，以及沼泽对人类社会的宝贵价值。

致谢

我们感谢南美洲和荷兰的同行，拓展了我们对盐沼群落的理解。Christine Angelini、Tyler Coverdale、Caitlin Brisson、Sinead Crotty、Matt Bevil 和 Elena Sugalia，以及两位匿名评审对原稿提供了宝贵建议。我们的研究工作得到了美国国家科学基金会的支持。我们在此把本章献给已故的伟大的生态学家 Robert Jefferies。

引用文献

Alberti J., M. Escapa, P. Daleo, et al. 2007. Local and geographic variation in grazing intensity by herbivorous crabs in SW Atlantic salt marshes. *Mar. Ecol. Prog. Ser.* 349: 235–243.

Alberti, J., M. Escapa, P. Daleo, et al. 2008. Crab herbivory regulates plant facilitative and competitive processes in Argentinean marshes. *Ecology* 29: 155–164.

Altieri A. H., B. K. van Wesenbeeck, and M. D. Bertness. 2010. Facilitation cascade drives positive relationship between native biodiversity and invasion success. *Ecology* 91: 1269–1275.

Altieri, A. H., M. D. Bertness, T. C. Coverdale, et al. 2012. Recreational fishing pressure triggers salt marsh die-off. *Ecology* 93: 1402–1410

Angelini, C. and B. R. Silliman. 2012. Scale-dependent recovery after massive disturbance in a coastal marine ecosystem. *Ecology* 93: 101-110.

Angelini, C., and B. R. Silliman. In press. Secondary foundation species as drivers of species abundance and trophic diversity: Evidence from a tree-epiphyte system. *Ecology.*

Angelini, C., A. Alteiri, B. R. Silliman, and M.D. Bertness. 2011. Interactions among foundation species underlie community organization. *BioScience* 61: 782–789.

Atwater, B. F., S. G. Conard, J. N. Dowden, et al. 1979. History, landforms, and vegetation of the estuary's tidal marshes. In, *San Francisco Bay: The Urbanized Estuary; Investigations into the Natural History of San Francisco Bay and Delta with Reference to the Influence of Man* (T. J. Conomos, A. E. Leviton and M. Berson, eds.), pp. 347–385. San Francisco, CA: Pacific Division of the American Association for the Advancement of Science.

Barbier, E. B., S. D. Hacker, C. Kennedy, et al. 2011. The value of estuarine and coastal ecosystem services. *Ecol. Monogr.* 81: 169–193.

Bertness, M. D. 1984. Ribbed mussels and the productivity of *Spartina alterniflora* in a New England salt marsh. *Ecology* 65: 1794–1807.

Bertness, M. D., and T. C. Coverdale. 2013. Fear of invasive species can trigger recovery of degraded ecosystems. *Ecology* doi: 10.1890/12–2150.1

Bertness, M. D. and A. M. Ellison. 1987. Determinants of pattern in a New England salt marsh plant community. *Ecol. Monogr.* 57: 129–147.

Bertness, M. D. and P. Ewanchuk. 2002. Latitudinal and climate-driven variation in the strength and nature of biological interactions. *Oecologia* 132: 392–401.

Bertness, M. D. and T. Grosholz. 1985. Population dynamics of the ribbed mussel, *Geukensia demissa*: The costs and benefits of a clumped distribution. *Oecologia* 67: 192–204.

Bertness, M. D. and S. D. Hacker. 1994. Physical stress and positive associations among plants. *Am. Nat.* 144: 363–372.

Bertness, M. D. and T. Miller. 1984. The distribution and dynamics of *Uca pugnax* burrows in a New England salt marsh. *J. Exp. Mar. Biol. Ecol.* 83: 211–237.

Bertness, M. D. and S. W. Shumway. 1993. Competition and facilitation in marsh plants. *Am. Nat.* 142: 718–724.

Bertness, M. D. and B. R. Silliman. 2008. Consumer Control of Salt Marshes Driven by Human Disturbance. *Conserv. Biol.* 22: 618–623.

Bertness, M. D., P. Ewanchuk, and B. R. Silliman. 2002. Anthropogenic modification of New England salt marsh landscapes. *Proc. Natl. Acad. Sci. (USA).* 99: 1395–1398.

Bertness, M. D., B. R. Silliman and R. Jefferies. 2004. Salt marshes under siege. *Am. Sci.* 92: 54–61.

Bertness, M. D., C. M. Crain, C. Holdredge and N. Sala. 2008. Eutrophication triggers consumer control of New England salt marsh primary production. *Conserv. Biol.* 22: 131–139.

Boesch, D. F. and R. E. Turner. 1984. Dependence of fishery species on salt marshes: The role of food and refuge. *Estuaries* 7: 460–468.

Bromberg, K. D. and M. D. Bertness. 2005. Reconstructing New England salt marsh losses using historical maps. *Estuaries* 28: 823–832.

Bromberg, K., and B. R. Silliman. 2009. Patterns of salt marsh loss within coastal regions of North America: Pre-settlement to present. In, *Human Impacts on Salt Marshes: A Global Perspective* (B. R. Silliman, T. Grosholz, and M. D. Bertness, eds.), pp. 253–266. Berkeley, CA: University of California Press.

Bromberg, K., C. M. Crain and M. D. Bertness. 2009. Small mammal herbivore control of secondary succession in New England tidal marshes. *Ecology* 90: 430–440.

Bruno, J. and M. D. Bertness. 2001. Habitat modification and facilitation in benthic marine communities. In, *Marine Community Ecology* (M. D. Bertness, S. D. Gaines and M. Hay, (eds.), pp. 201–218. Sunderland MA: Sinauer Associates.

Byers, J. E. 2009. Invasive animals in marshes: Biological agents of change. In, *Human Impacts on Salt Marshes: A Global Perspective* (B. R. Silliman, E. Grosholz, and M. D. Bertness, eds.), pp. 41–56. Berkeley, CA: University of California Press.

Byrnes, J. E., Reynolds, P. L., Stachowicz, J. J. 2007. Invasions and extinctions reshape coastal marine food webs. *PLoS ONE*. 2: e295.

Callaway, John C., Gary Sullivan, and Joy B. Zedler. 2003. Species-rich plantings increase biomass and nitrogen accumulation in a wetland restoration experiment. *Ecol. Appl.* 13: 1626–1639.

Chmura G. L., S. C. Anisfeld, D. R. Cahoon, et al. 2003. Global carbon sequestration in tidal, saline wetland soils. *Global Biogeochem. Cycles* 17: 1111.

Clements, F. 1916. *Plant Succession: An Analysis of the Development of Vegetation.* Washington, DC: Carnegie Institution of Washington.

Costa, C. S.B., O. O. Iribarne, and J. M. Farina. 2009. Human impacts and threats to the conservation of South American salt marshes. In, *Human Impacts on Salt Marshes, a Global Perspective* (Silliman, B. R., Grosholz, E. D., and Bertness, M. D., eds), pp. 337–359. Berkeley, CA: University of California Press.

Costanza R, R. d'Arge, S. de Groot, et al. 1997. The value of the world's ecosystem services and natural capital. *Nature* 387: 253–260.

Coverdale, T. C., N. C. Herrmann, A. H. Altieri, and M. D. Bertness. 2013. Synergistic, delayed effects of multiple human impacts on ecosystems. *Front. Ecol. Environ.* 11: 69–74.

Crain, C. M., B. R. Silliman, S. L. Bertness, M. D. Bertness. 2004. Physical and biotic drivers of plant distribution across estuarine salinity gradients. *Ecology* 85: 2539–2549.

Daehler, C. C. and D. R. Strong. 1996. Status, prediction and prevention of introduced cordgrass *Spartina* sp. invasions in Pacific estuaries, USA. *Biol. Conserv.* 78: 51–58.

Daleo, P., J. Alberti, O. Iribarne et al. 2007. Fungal mediated crab facilitation of marsh plant production in Argentinean salt marshes. *Ecol. Lett.* 10: 902–908.

Davy, A. J., J. P. Bakker, and M. E. Figueroa. 2009. Human modification of European salt marshes. In, *Human Impacts on Salt Marshes*, (B. R. Silliman, E. Grosholz, and M. D. Bertness eds.), pp. 311–335. Berkeley, CA: University of California Press.

Davies T. W., S. R. Jenkins, R. Kingham, et al. 2011. Dominance, biomass and extinction resistance determine the consequences of biodiversity loss for multiple coastal ecosystem processes. *PLoS ONE* 6: e28362

Davies, T. W., S. R. Jenkins, R. Kingham, et al. 2012. Extirpation resistant species do not always compensate for declines in ecosystem processes associated with biodiversity loss. *J. Ecol.* 100: 1475–1481.

Dayton, P. K. 1974. Experimental evaluation of ecological dominance in a rocky intertidal algal community. *Ecol. Monogr.* 54: 253–289.

Doherty, K. E., D. E. Naugle, H. E. Copeland, et al. 2011. Energy development and conservation trade-offs: Systematic planning for greater sage-grouse in their eastern range. In, *Greater Sage-grouse: Ecology and Conservation of a Landscape Species and its Habitats* (S. T. Knick and J. W. Connelly eds.), pp. 505–516. Berkeley, CA: University of California Press.

Ellison, A. M., E. Farnsworth, and R. R. Twilley. 1996. Facultative mutualism between red mangroves and root-fouling sponges in Belizean mangel. *Ecology* 77: 2431–2444.

Emery, N. C., P. J. Ewanchuk, and M. D. Bertness. 2001. Competition and salt-marsh plant zonation: Stress tolerators may be dominant competitors. *Ecology* 82: 2471–2485.

Ewanchuk, P. J., and M. D. Bertness. 2004. Maintenance of high diversity pans in Northern New England salt marshes. *Ecology* 85: 1568–1574.

Ewers, C., A. Beiersdorf, K. Wieski, et al. 2012. Predator/prey-interactions promote decomposition of low-quality detritus. *Wetlands* doi 10.1007/s13157-012-0326-4

Farina, J., B. R. Silliman, M. D. Bertness. 2009. Can conservation biologists rely on established community structure rules to manage novel systems? . . . Not in salt marshes. 2009. *Ecol. Appl.* 19: 413–422

Finke, D. L. and R. F. Denno. 2004. Predator diversity dampens trophic cascades. *Nature* 429: 407–410.

Finke, D. L. and R. F. Denno. 2005. Predator diversity and the functioning of ecosystems: The role of intraguild predation in dampening trophic cascades. *Ecol. Lett.* 8: 1299–1306.

Gedan, K. B. and M. D. Bertness. 2010. How will warming affect the salt marsh foundation species *Spartina patens* and its ecological role? *Oecologia* 164: 479–487.

Gedan, K., and B. R. Silliman. 2009. Using Facilitation Theory to Enhance Mangrove Restoration. *Ambio* 38: 109.

Gedan, K. B., B. R. Silliman, and M. D. Bertness. 2009. Centuries of human-driven change in salt marsh ecosystems: Annual Review of Materials. *Science* 1: 117–141. doi:10.1146/ annurev.marine.010908.163930

Gedan, K. B., M. Kirwan, E. Barbier, et al. 2011. The present and future role of coastal wetland vegetation in protecting shorelines: answering recent challenges to the paradigm. *Clim. Change* 106: 7–29.

Gough, L. and J.B. Grace. 1998. Herbivore effects on plant species density at varying productivity levels. *Ecology* 79: 1586–1594.

Gough, L. and J. B. Grace. 1999. Effects of environmental change on plant species density: Comparing predictions with experiments. *Ecology* 80: 882–890.

Griffin, J. and B. R. Silliman. 2011. Predator diversity stabilizes and strengthens trophic control of a keystone grazer. *Biol. Lett.* 7: 79–82.

Griffin, J., K. Brun, N. Soomdat, et al. 2011. Top-predators suppress rather than facilitate plants in a trait-mediated tri-trophic cascade. *Biol. Lett.*. 7: 710–713.

Grosholz, E. D. 2005. Recent biological invasion may hasten invasion meltdown by accelerating historical introductions. *Proc. Natl. Acad. Sci.*(USA) 102: 1088–1091.

Guo, H. and S. C. Pennings. 2012. Mechanisms mediating plant distributions across estuarine landscapes in a low-latitude tidal estuary. *Ecology* 93: 90–100.

Hacker, S. D. and M. D. Bertness. 1995. Morphological and physiological consequences of a positive plant interaction. *Ecology* 76: 2165–2175.

Halpern, B. S., B. R. Silliman, J. Olden, et al. 2007. Incorporating positive interactions in aquatic restoration and conservation. *Front. Ecol. Environ.* 5: 153–160.

Hector, A., B. Schmid, C. Beierkuhnlein, et al. 1999. Plant diversity and productivity experiments in European grasslands. *Science* 286: 1123–1127.

Henry A. and R. Jeffries 2009. Opportunistic herbivores, migratory connectivity, and catastrophic shifts in Arctic coastal systems. In, *Human Impacts on Salt Marshes: A Global Perspective* (B. R. Silliman, T. Grosholtz, and M. D. Bertness, eds.), pp. 85–102 . Berkeley, CA: University of California Press.

Hensel, M. J. S. and B. R Silliman. Unpublished. Cross-kingdom consumer diversity enhances multifunctionality of a coastal ecosystem.

Holdredge, C., M. D. Bertness. E.V. Wettberg, and B. R. Silliman. 2010. Nutrient enrichment enhances hidden differences in phenotype to drive a cryptic plant invasion. *Oikos* 119: 1776–1784.

Howes, B. L., J. W. H. Dacey, and D. D. Goehringer. 1986. Factors controlling the growth form of *Spartina alterniflora*-feedbacks between aboveground production, sediment oxidation, nitrogen and salinity. *J. Ecol.* 74: 881–898.

Hughes, A. R. 2012. Neighboring plant species creates associational refuge for consumer and host. *Ecology* 93: 1411–1420.

Hughes, A. R. and J. J. Stachowicz. 2004. Genetic diversity enhances the resistance of a seagrass ecosystem to disturbance. *Proc. Natl. Acad. Sci. (USA)* 101: 8998–9002.

Isbell, F., V. Calcagno, A. Hector, et al. 2011. High plant diversity is needed to maintain ecosystem services. *Nature* 477: 199–202.

Jefferies, R. L. 1988. Pattern and process in arctic coastal vegetation in response to foraging by lesser snow geese. In, *Plant evolutionary biology* (L. D. Gottlieb and S. K. Jain eds.), pp. 341–369. London: Chapman and Hall.

Keammerer, H. B. and S. D. Hacker. 2013. Negative and neutral marsh plant interactions dominate in early life stages and across physical gradients in an Oregon estuary. *Plant Ecol.* 214.2: 303–315.

Kiehn, W. M. and J. T. Morris. 2009. Relationships between *Spartina alterniflora* and *Littoraria irrorata* in a South Carolina salt marsh. *Wetlands* 29: 818–825.

Kiehn, W. M. and J. T. Morris. 2010. Variability in Dimethylsulfoniopropionate (DMSP) in *Spartina alterniflora* and its effect on *Littoraria irrorata*. *Mar. Ecol. Prog. Ser.* 406: 47–55.

Kimbro, D. L. 2012. Tidal regime dictates the cascading consumptive and nonconsumptive effects of multiple predators on a marsh plant. *Ecology* 93: 334–344.

King, S. E. and J. N. Lester. 1995. The value of salt marshes as a sea defense. *Mar. Pollut. Bull.* 30: 180–189.

Lawton, J. H and C. G. Jones. 1993. Linking species and ecosystem perspectives. *Trends Ecol. Evol.* 8: 311–313.

Levin, L. A., C. Neira, and E. D. Grosholz. 2006. Invasive cordgrass modifies wetland trophic function. *Ecology* 87: 419–432.

Levine, J. M., J. S. Brewer, and M. D. Bertness. 1998. Nutrients, competition and plant zonation in a New England salt marsh. *J. Ecol.* 86: 285–292.

Lindeman, R. L. 1942. The trophic-dynamic aspect of ecology. *Ecology* 23: 399–418.

Lipcius, R. L. and W. T. Stockhausen. 2002. Concurrent decline of the spawning stock, recruitment, larval abundance, and size of the blue crab Callinectes sapidus in Chesapeake Bay. *Mar. Eco. Prog. Ser.* 226: 45.

Liu, L., P. Abbaspour, M. Herzog, et al. 2007. *San Francisco Bay Tidal Marsh Project Annual Repodrt 2006: Distribution, Abundance, and Reproductive Success of Tidal Marsh Birds.* Petaluma, CA: PRBO Conservation Science.

Long, J. D., J. L. Mitchell, and E. E. Sotka. 2011. Local consumers induce resistance differentially between *Spartina* populations in the field. *Ecology* 92: 180–188.

Lotze, H. K., H. S. Lenihan, B. J. Bourque, et al. 2006. Depletion, degradation, and recovery potential of estuaries and coastal seas. *Science* 312: 1806–1809.

McKee K. L., I. A. Mendelssohn, and M. D. Materne. 2004. Acute salt marsh dieback in the Mississippi River deltaic plain: A drought-induced phenomenon? *Global Ecol. Biogeogr.* 13: 65–73

Mcleod, E., G. L. Chmura, M. Björk, et al. 2011. A blueprint for Blue carbon: Towards an improved understanding of the role of vegetated coastal habitats in sequestering CO_2. *Front. Ecol. Environ.* 9: 552–560.

Minello, T. J., and J. W. Webb Jr. 1997. Use of natural and created *Spartina alterniflora* salt marshes by fishery species and other aquatic fauna in Galveston Bay, Texas, USA. *Mar. Ecol. Ser.* 151.1 1997: 165–179.

Moeller, I., T. Spencer, and J. R. French. 1996. Wild wave attenuation over saltmarsh surfaces: Preliminary results from Norfolk, England. *J. Coast. Res.* 12: 1009–1016.

Nifong, J. and B. R. Silliman. 2012. Experimental demonstration of trophic cascade generated by a large-bodied, apex predator. *J. Exp. Mar. Biol. Ecol.* 440: 185–191.

Odum, E. P. 1971. *Fundamentals of Ecology.* 3rd edition. Philadelphia, PA: W. B. Saunders Co.

Odum, E. P. 1980. The status of three ecosystem-level hypotheses regarding salt marsh estuaries: Tidal subsidy, outwelling, and detritus-based food chains. In, *Estuarine Perspectives* (V. Kennedy ed.), pp. 485–495. New York, NY: Academic Press.

Odum, E. P. and A. E. Smalley. 1959. Comparison of population energy flow of a herbivorous and a deposit-feeding invertebrate in a salt marsh ecosystem. *Proc. Natl. Acad. Sci. (USA)* 45: 617–622.

Ogburn, M. B., and M. Alber. 2006. An investigation of salt marsh dieback in Georgia using field transplants. *Estuaries Coast* 29: 54–62.

Pennings, S. C. and M. D. Bertness. 2001. Salt marsh communities. In, *Marine Community Ecology* (M. D. Bertness, S. D. Gaines, and M. Hay eds.), pp. 289–316. Sunderland, MA: Sinauer Associates.

Pennings, S. C. and R. M. Callaway. 1992. Salt marsh plant zonation: The relative importance of competition and physical factors. *Ecology* 73: 681–690.

Pennings, S. and B. R. Silliman. 2005. Linking biogeography and community ecology: Latitudinal variation in plant-herbivore interaction strength. *Ecology* 86: 2310–2319.

Pennings, S. C., E. L. Siska and M. D. Bertness. 2001. Latitudinal differences in plant palatability in Atlantic coast salt marshes. *Ecology* 82: 1344–1359.

Pennings, S. C., E. R. Selig, L. T. Houser, and M. D. Bertness. 2003. Geographic variation in positive and negative interactions among salt marsh plants. *Ecology* 84: 1527–1538.

Rand, T. A. 2000. Seed dispersal, habitat suitability and the distribution of halophytes across a salt marsh tidal gradient. *J. Ecol.* 88: 608–621.

Reed, D. J. 1995. The response of coastal marshes to sea-level rise: Survival or submergence? *Earth Surf. Process. Landf.* 20: 39–48.

Redfield, A. C. 1965. Ontogeny of a salt marsh estuary. *Science* 147: 50–55.

Reynolds, P. L. and J. F. Bruno. 2013. Multiple predator species alter prey behavior, population growth and a trophic cascade in a model estuarine food web. *Ecol. Monogr.* 83: 119–132.

Richards, C.L., J. L. Hamrick, L.A. Donovan, R. Mauricio. 2004. Unexpectedly high clonal diversity of two salt marsh perennials across a severe environmental gradient. *Ecol. Lett.* 7: 1155–1162.

Rozas, L., and D. Reed. 1993. Nekton use of a marsh-surface habitat in Louisiana deltaic salt marshes undergoing submergence. *Mar. Ecol. Prog. Ser.* 96: 147–157.

Silliman, B. R. and M. D. Bertness. 2002. A trophic cascade regulates salt marsh primary production. *Proc. Natl. Acad. Sci. (USA)* 99: 10500–10505.

Silliman, B. R. and M. D. Bertness. 2004. Shoreline development drives invasion of *Phragmites australis* and the loss of New England salt marsh plant diversity. *Conserv. Biol.* 18: 1424–1434.

Silliman, B. R. and S.Y. Newell. 2003. Fungal-farming in a snail. *Proc. Natl. Acad. Sci. (USA)* 100: 15643–15648.

Silliman, B. R. and J. C. Zieman. 2001. Top-down control of *Spartina alterniflora* growth by periwinkle grazing in a Virginia salt marsh. *Ecology* 82: 2830–2845.

Silliman, B. R., T. Grosholtz, and M. D. Bertness (eds.) 2009. *Human Impacts on Salt Marshes: A Global Perspective.* Berkeley, CA: University of California Press.

Silliman, B. R., C. A. Layman, K. Geyer and J. C. Zieman. 2004. Predation by the Black-clawed Mud Crab, *Panopeus herbstii*, in Mid-Atlantic Salt Marshes: Further Evidence for Top-down Control of Marsh Grass Production. *Estuaries* 27: 188–196.

Silliman, B. R., J. Diller, M. McCoy, et al. 2012. Degradation and resilience in Louisiana salt marshes following the BP-DHW oil spill. *Proc. Natl. Acad. Sci. (USA)* doi: 10.1073/pnas. 1204922109

Silliman, B. R., M. McCoy, C. Angelini, et al. In press. Consumer fronts, climate change, and ecosystem structure and stability. *Annu. Rev. Ecol. Evol. Syst.*

Silliman, B. R., J. van de Koppel, M. D. Bertness, et al. 2005 Drought, snails, and large-scale die-off of southern U.S. salt marshes. *Science* 310: 1803–1806.

Silliman, B.R., C. Angelini. M. Hensel, and J. Nifong. Unpublished. Drought triggers both top-down and bottom up control in salt marshes.

Siska, E. L., S. C. Pennings, T. L. Buck and M. D. Hanisak. 2002. Latitudinal variation in palatability of saltmarsh plants: Which traits are responsible? *Ecology* 83: 3369–3381.

Smalley, A. E. 1959. The role of two invertebrate populations *Littorina irrorata* and *Orchelimum fidicinium*, in the energy flow of a salt marsh ecosystem. University Microfilms 59–5687, Ann Arbor, MI.

Smalley, A. E. 1960. Energy flow of a salt marsh grasshopper population. *Ecology* 41: 785–790.

Snow, A. A. and S. W. Vince. 1984. Plant Zonation in an Alaskan Salt Marsh: II. An Experimental Study of the Role of Edaphic Conditions. *J. Ecol.* 72: 669–684.

Soomdat, N. N., J. N. Griffin, M. McCoy, et al. In press. Independent and combine effects of multiple predators across ontogeny of a keystone grazer. *Oikos.*

Strong, D. R. and D. A. Ayers. 2009. *Spartina* introductions and consequences in salt marshes: Arrive, survive, thrive, and sometimes hybridize. In, *Human Impacts on Salt Marshes: A Global Perspective* (B. Silliman, E. Grosholz, and M. D. Bertness eds.), pp. 3–22. Berkeley, CA: University of California Press.

Teal, J. M. 1959. Energy flow in the salt marsh ecosystem in Georgia. *Anat. Rec.* 134: 647–647.

Teal, J. M. and J. Kanwisher. 1961. Gas exchange in a Georgia salt marsh. *Limnol. Oceanogr.* 6: 388–399.

Tilman, D., C. L. Lehman, and K. T. Thomson. 1997. Plant diversity and ecosystem productivity: Theoretical considerations. *Proc. Natl. Acad. Sci. (USA)* 94: 1857–1861.

Tiner R. W., J. Q. Swords, and B. J. McClain. 2002. *Wetland status and trends for the hackensack meadowlands. An assessment report from the U.S. Fish and Wildlife Service's National Wetlands Inventory Program.* Hadley, MA: U.S. Fish and Wildlife Service, Northeast Region.

Tyler, A. C., J. G. Lambrinos and E. D. Grosholz. 2007. Nitrogen inputs promote the spread of an invasive marsh grass. *Ecol. Appl.* 17: 1886–1898.

UNEP-WCMC. 2006. Global distribution of mangroves.

Valiela, I. and J. M. Teal. 1979. Nitrogen budget of a salt-marsh ecosystem. *Nature* 280: 652–656.

Warren, J. H. 1985. Climbing as an avoidance behavior in the salt marsh periwinkle, *Littorina irrorata* (Say). *J. Exp. Marine Biol. Ecol.* 89: 11–28.

West, D. L. and Williams, A. H. 1985. Predation by *Callinectes sapidus* (Rathbum) within *Spartina alterniflora* (Loisel) marshes. *J. Exp. Mar. Biol. Ecol.* 100: 75–95.

Yachi, S. and M. Loreau. 1999. Biodiversity and ecosystem productivity in a fluctuating environment: The insurance hypothesis. *Proc. Natl. Acad. Sci. (USA)* 96: 1463–1468.

Zedler, J. B., and S. Kercher. 2005. Wetland resources: Status, trends, ecosystem services, and restorability. *Annu. Rev. Environ. Resour.* 30: 39–74.

Zedler, J. B., J. C. Callaway, and G. Sullivan. 2001. Declining biodiversity: Why species matter and how their functions might be restored in Californian tidal marshes. *BioScience* 51: 1005–1017.

第 12 章

海草床群落

J. Emmett Duffy、A. Randall Hughes 和 Per-Olav Moksnes

  建立海草床群落基础的那些植物的丰度、多样性和活力构成了该群落的最基本结构。海草是指一组多系群的开花植物，在数百万年前重新进入海洋并逐渐适应，而这个适应区——海底，之前几乎未曾有过初级生产者。自那时起，海草开始分化，逐渐散布到世界各大洲（南极洲除外）的浅层沉积海底生境，主要分布在河口和受到一定庇护的沿海，并成为优势物种（图 12.1）。其中一个属［太平洋东北部的虾形草属[*]（*Phyllospadix*）］甚至占领了岩质海岸（Hemminga and Duarte，2000；Green and Short，2003）。海草的定植极大地改变了沿海海底系统的特征。作为被子植物，海草是有根植物，而且很多海草在沉积物的下面具有

（A）   （B）

（C）   （D）

---

[*] 本书中对海草的中文命名统一采用"黄中平，江志坚，张景平，等. 2018. 全球海草的中文命名. 海洋学报，40(4)：127-133."中的命名方法——译者

（E）

图 12.1 海草床的多样性。（A）分支的澳洲界海草——南极根枝草（*Amphibolis antarctica*）。（B）地中海大洋波喜荡草（*Posidonia oceanica*）草床的边缘，显示了几十至上百年累积生长的几米厚的根茎垫。（C）苏拉威西岛的海菖蒲（*Enhalus* sp.），结带刺果实。（D）P.-O. Moksnes 在瑞典的一次恢复实验中种植鳗草（*Zostera marina*）幼苗。（E）在西班牙的一个网箱实验中，研究人员下潜到一个大洋波喜荡草草床上（图片 A 由 J. Huisman 提供；图片 B 由 Enric Ballesteros 提供；图片 C 由 Susan Williams 提供；图片 D、E 由 Eduardo lnfantes 提供）

浓密的根茎（图 12.1B），从而降低沉积物的流动性，并改变了其生物地球化学特性。而其地表以上部分具有茂密的植被，能够强烈降低波浪和洋流的物理能量。此外，它还为食草动物提供食物，并提供物理结构，从而比裸露沉积基底庇护更多数量和种类的动物（图 12.2；Williams and Heck，2001）。

图 12.2　海草床群落中的消费者。（A）鳕鱼幼鱼，在瑞典西海岸，该物种既受到过度捕捞作用，还受到海草床育苗场减少的威胁。（B）在苏拉威西岛，海胆（diademid）取食海菖蒲（*Enhalus* sp.）。（C）帽贝（*Tectura depicta*），在美国加利福尼亚州南部是对鳗草（*Zostera marina*）破坏性的食草动物。（D）端足类的藻钩虾科（Ampithoidae），是主要的中间食草动物类群，对海草的影响可以从互惠到极为有害。（E）在美国加利福尼亚州南部，端足类物种巴西埃螯（*Ericthonius brasiliensis*）形成的管垫对鳗草造成危害。（F）在美国的旧金山湾，入侵的端足类——强壮藻钩虾（*Ampithoe valida*）的植食作用对鳗草造成的损害（图片提供者：A 由 P.-O. Moksnes 提供；B 由 Susan Williams 提供；C、E. 由 L. Lewis 提供；D 由 J. E. Duffy 提供；F 由 K. Boyer 提供）

　　自然地，研究海草床生态系统的生态学发源于传统的植物生态学，而过去的海草床研究主要集中在控制植物生长和分布的资源与条件上。因此，我们对海草的个体生态学非常了解，包括它们对光和养分的需求、生长和繁殖模式，以及扩散生物学（Hemminga and Duarte，2000；Larkum et al.，2006）。也就是说，海草生态学具有强烈的自下而上的理论传统。

　　30 年前的两篇综述（Orth and van Montfrans，1984；van Montfrans et al.，1984），激发了许多温带河口的研究，给海草床生态学带来了新的变化。Orth 等认为，海草相对于快速生长藻类的竞争优势受到食草作用的严重影响，特别是那些在很多海草床大量分布的小甲壳类和腹足类动物（图 12.2C 和 D）。他们指出，这些动物能有效地取食藻类。而且他们认为，如果没有这些植食压力，通常具有高生长率的藻类会过度生长，并超过海草。自那以后，大量的观察和实验证据证实了，中间植食性无脊椎动物能够降低附生藻类对海草的过度生长（Jernakoff et al.，1996；Hughes et al.，2004；Valentine and Duffy，2006），即被广泛接受的、被称为是海草床食物网中的"互惠型中间食草动物模型"（图 12.3）。

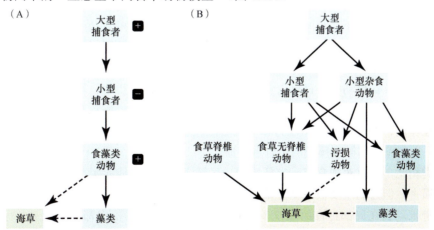

图 12.3　自上而下过程可能影响海草床途径的概念示意图。（A）早期认识中对海草床食物网自上而下控制的简单线性营养级联模型。正、负号分别代表各营养级对海草生物量的正面和负面间接作用。（B）从各种不同海草床系统研究中得出的更为复杂的营养影响复合模型。右下角的阴影部分包含了中间食草动物——海草互惠共生的组成部分。实线和虚线箭头分别表示影响的营养路径和非营养路径。一些特殊相互作用的途径如图 12.6 所示

与此同时，生态学家普遍开始认识到，在各种生态系统中，捕食者通过营养级联能够产生自上而下控制的普遍影响（Carpenter et al.，1985；Shurin et al.，2002）。Estes 等（2011）最近的综述性文章，描述了捕食者在各种生态系统中的深远影响。尽管通常它们的数量不多，但顶级捕食者不仅深刻地改变了植被的生物量、生产力和物种构成，还缓解景观尺度上的疾病传播、火灾发生频率、物种入侵，甚至通过对生物地球化学循环的影响改变大气成分。随着营养级联（主要来自湖泊和岩岸生物群落）的证据不断增加，生态学家的注意力开始转向这样一个问题：它们的影响范围有多大？是什么因素在调节自上而下控制在群落中的"穿透能力"？这些问题极为重要，不仅在于其对生态学的基本理解，也是保护和管理的基础，因为商业渔业和游钓深刻地改变了捕食者的丰度，以及许多水生态系统的整体食物网结构。

最早发现的海草床群落存在营养级联的例子来自加勒比海的一项研究，Ogden 等（1973）发现环绕珊瑚礁的裸露沙地上出现了"光晕"。他们认为这种现象是海胆植食造成的，而其分布范围受到限制，因为海胆不愿冒着风险远离珊瑚礁而被捕食。随后，Ken Heck 等（Heck et al.，2000；Williams and Heck，2001；Heck and Valentine，2007）提出，这种捕食者的级联效应是控制海草床群落的重要因素，使群落更容易受如渔业等食物网扰动的影响。其基本假设是，选择性地捕猎较大的鱼类会降低捕食压力，从而级联影响到海草和藻类的相对丰度（图 12.3）。

直到最近，仍然缺乏海草床具有这种自上而下控制作用的确凿野外证据。但这种情况在快速改变，我们对海草床生态基本控制的理解也在迅速变化，在过去十年里，大量观察和实验证据都支持存在显著的自上而下的驱动机制。这些证据来自不同的地理区域，但主要还是在温带河口。尽管自上而下的驱动力对海草床群落的重要性现在已经非常明显，但证据也表明，海草床食物网的相互作用非常复杂。尽管有些系统会如 Orth 等发现的互惠型中间食草动物模型那样，中间食草动物通过取食藻类而促进海草生长，但在另一些系统中，中间食草动物会直接取食海草，甚至会在一些系统中营造管状结构来闷死海草。同样，在一些系统中，小型鱼类取食无脊椎食草动物，导致藻类过度生长；而在另一些系统中，鱼类直接取食藻类，从而促进海草的生长。这种复杂的营养网络和竞争作用，使得难以对海草床群落的形成做出简单解释，并和过去十年中海草床群落生态学中第二个全新的主题相关——生物多样性与生态系统过程之间的联系。

本章将概述自 Williams 和 Heck（2001）的综述之后，我们对海草床群落与生态系统的理解有哪些变化？主要关注三个问题：食物网相互作用如何影响海草床生态系统的结构与功能？我们是否能够发现动植物多样性（丰富度和构成）影响海草床生态系统过程的基本模式？这些问题的解答会如何促进我们对人类影响海草床的理解，以及如何为管理和保护工作提供帮助？

海草床群落的相互作用网络：一个概念框架

全球范围内的海草床群落不尽相同，这取决于其非生物条件（温度、盐度、受庇护尺度），以及基础种的性状和生活在其中的动物类型（图 12.1 和图 12.2），还取决于调节群落结构的相互作用类型。理解海草床群落相互作用的一个基本框架（图 12.3）包括一系列主要的参与者：海草、附生微型藻类和大型藻类、主要取食藻类的中间无脊椎食草动物、直接取食海草的食草动物、污损生物、取食无脊椎动物的小型捕食者、食鱼类动物，以及人类，在今天（可能过去也是）的很多地方，还包括海龟和海牛类（海牛和儒艮）。这个网络中的成员相互作用，并与非生物驱动力和可供资源相互作用，从而决定着海草床生物群落的结构与功能，特别是海草、大型藻类和微型藻类的相对重要性。

与大多数藻类相比，海草对植食有一定抵抗力，尽管海胆和少数腹足类与甲壳类也能取食海草的组织，并偶尔造成严重损害，但它们主要被大型脊椎动物所取食，如海龟、海牛类、鹦嘴鱼科（Scaridae）和大雁等。大型食草类脊椎动物在局部也许数量较多，但在现代的海草床群落中却相对少见。因此，大部分现代的海草床生态系统基本上是一个基于食碎屑生物的生态系统（Valentine and Duffy，2006），很少有海草被直接植食。在这种生态系统中，海草主要的任务是担当生物型生境，而食物网的生产力主要（尽管不全是）来自附生微型藻类，由于高强度的食草作用，微型藻类通常处于高生产力和低生物量的状态。

了解海草床生态系统运转的机理，预测其对人类活动胁迫的响应，需要了解海草及调节食物网过程的动物的生物特征。随着近几十年来海草床及其所提供的生态系统服务在全球范围内急剧下降（Orth et al.，2006b；Waycott et al.，2009），对海草床的研究也越来越迫切。本章将从其基础种——海草本身开始。

基础种——海草

基础种（*sensu* Dayton and Hessler，1972）为其他生物提供了生境，或是躲避非生物或生物胁迫的避难所，因而具有更高的生物多样性。基础种的这种促进作用能从根本上塑造群落和生态系统动态（Bruno and Bertness，2001；Stachowicz，2001；Ellison et al.，2005）。海草是典型的基础种，在空无一物的沉积环境中创造了一个崭新的基底。通过添加地表以上和地下的结构，海草在其生活史中某个或多个阶段，为一系列生物提供支撑，如无脊椎动物、鱼类、鸟类和哺乳动物等。与其他海洋软质基底群落相比，海草床的动物密度更高（McRoy and Helfferich，1977；Hemminga and Duarte，2000），包括许多仅在生活史早期生活在海草床的生物，因而海草床也被誉为"育苗场"（Thayer et al.，1984；Zieman and Zieman，1989；Williams and Heck，2001）。尽管其他的结构化生境，如盐沼和牡蛎礁，也能提供育苗功能，但与非结构化的生境相比，海草床群落中许多动物的丰度、生长率和存活率都相对较高（Heck et al.，2003）。此外，海草床提供的育苗功能因地而异，迄今为止的研究发现，北半球的海草床提供的育苗支持作用要高于南半球的（Heck et al.，2003）。

海草对环境与生物相互作用的影响

由于海草床受少数几种基础种控制，这些物种的生物特性对于其所支撑的群落在各种空间尺度上具有广泛的影响，包括对物理环境的改造和为其他动物提供生境（参见 Williams and Heck，2001 中的表 12.1）。许多生活在海草床中的物种反过来会促进其他物种，形成促进级联（见第 3 章）。例如，大江珧（*Pinna nobilis*）依赖于大洋波喜荡草（*Posidonia oceanica*）提供的生境，反过来它又为其他动物提供栖息地（Richardson et al.，1997；Hughes et al.，2009b）。相互促进——一种互惠互利的形式——在海草和相关物种之间很常见，海草既给双壳类提供支持（Peterson and Heck，2001），又从其排泄的营养物质中受益（Reusch and Williams，1998；Peterson and Heck，2001）。

更复杂的互惠共生涉及第三方，包括微生物。例如，海草能够在高硫化物水平的沉积物中存活，可能取决于海草、穴居双壳类和生活在双壳类鳃中共生硫化细菌之间的复杂关系（van der Heide et al.，2012）。具有共生细菌的满月蛤科（Lucinid）双壳类动物与几个属的海草就有这种关系。事实上，只有生活在裸露岩石上的虾形草属（*Phyllospadix*）海草与这些双壳类无关。操控实验的结果表明，当与双壳类共同存在时，即使添加了更多的硫化物，海草依然产生更高的茎和根的生物量（van der Heide et al.，2012）。这种海草与关联生物之间非营养的促进关系，以及本章所概述的互惠性中间食草动物的证据，强调了在确定海草保护和恢复的优先次序时，应该考虑其相关群落、植物自身，以及非生物环境的重要性。本节主要关注海草如何改变其物理环境，从而影响相关生物。

单株性状　海草的根、根茎、叶能够改变水流和波浪，捕获和储藏沉积物和营养物质（Orth et al.，2006a），并强烈地改变相关动物之间的营养相互作用。这些效应取决于植物的性状，而不同海草物种之间的性状又截然不同。叶子的形态从扁平叶片［鳗草属（*Zostera*）、泰来草属（*Thalassia*）和波喜荡草属（*Posidonia*）］，到圆柱形嫩芽［针叶草属（*Syringodium*）］和卵形叶［毛叶喜盐草（*Halophila decipiens*）］，再到聚生的分叉枝条［根枝草属（*Amphibolis*）］（图 12.1A；Williams and Heck，2001）。这种结构差异通过影响生境选择和捕食，共同影响相关物种的丰度和构成。例如，实验表明，在生物个体尺度上，底上无脊椎动物基于叶片面积来选择生境（Stoner，1980a，b）。而在更大尺度上，底栖大型无脊椎动物的密度与海草生物量密切相关（Stoner，1980a）。同样，最近在美国北卡罗来纳州的研究表明，与鳗草（*Zostera marina*）相比，莱氏二药草（*Halodule wrightii*）的密度和大小相对较小，这部分解释了为什么在二药草属（*Halodule*）占优的区域，无脊椎动物和鱼类的密度较低（Micheli et al.，2008）。地下部分根茎结构的密度和牢固性也因物种而异：生长快速的海草——川蔓草属（*Ruppia*）和喜盐草属（*Halophila*）的根茎稀疏、脆弱，而生长缓慢的大洋波喜荡草（*Posidonia oceanica*）根茎如此稠密，以至于其根茎网络形成"礁石"，能够抵御侵蚀，并沿着海草床边缘形成一个陡坎（图 12.1B）。

　　海草性状在物种内部也会存在差异（Williams and Heck，2001；Hughes and Stachowicz，2009；Tomas et al.，2011）。例如，即使生活在同一环境之中，龟裂泰来草（*Thalassia testudinum*）斑块的附生生物量和对植食的反应也会不同（Hays，2005）。许多海草物种的繁殖器官与植物形态形成鲜明的对照（Williams and Heck，2001），而这些组织对食草动物的适口性（Verges et al.，2007）和所提供的生境价值都会呈现明显差异。同质园实验（Common garden experiment）的结果表明，一些地上和地下性状的变化（Hughes et al.，2009a），以及对食草动物适口性的差异（Tomas et al.，2011），都具有遗传基础，在不同基因型（即无性系）之间都会有差别。由于这些性状能够影响生境斑块的复杂度、捕食率和食物供应，因此海草物种内部的形态差异会对动物的多样性和丰度有重要影响，正如"海草遗传结构的后果"所述的一样。

　　即使在单一植物个体之内，海草性状的差异也会对群落水平产生影响（Verges et al.，2011）。例如，与老叶相比，嫩叶通常含氮量更高（Alcoverro et al.，2000），次生化合物浓度也更高（Agostini et al.，1998），但附生生物较少（Orth and van Montfrans，1984；Alcoverro et al.，2004），从而影响消费者的偏好。

　　海草床斑块边缘的过程　海草床的物种构成、密度和斑块结构会影响水流及捕食者—猎物间相互作用，并产生一系列生态后果（图 12.4）。海草对动物的水流调节作用包括降低海草冠层中水流的直接作用（Fonseca et al.，1982；Gambi et al.，1990；Koch，1996；Peterson et al.，2004），以及一系列间接作用。这些间接作用包括：在冠层边缘，食物和细泥沙颗粒沉降得更多（Scoffin，1970；Irlandi and Peterson，1991；Koch，1994；Bologna and Heck，2000；Hendriks et al.，2008）；在斑块边缘，幼体定植率更高，形成一个"定植阴影"（Eckman，1983；Orth，1992）；增加斑块边缘的养分吸收（Morris et al.，2008）；以及降低冠层内部的物理扰动（Schutten and Davy，2000）。在群落水平上，海草冠层内物理条件的变化会改变捕食者—猎物间相互作用（Bell et al.，1994；Murphy and Fonseca，1995），以及诱捕漂浮的大型藻类（Bell et al.，1995）。

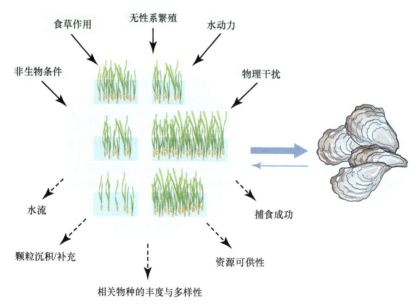

图 12.4　影响海草床景观结构（如斑块大小、形状和格局）的主要生物与非生物要素（实心箭头），以及这些结构所影响的群落和生态系统变量（虚线箭头）。海草床景观还受到邻近生境（如牡蛎礁）补贴的影响（粗灰色箭头），反之，海草床也为其他系统提供补贴（细灰色箭头）（仿自 Bell et al.，2006）

　　海草生长与分布的格局对调节与其相关动物中的捕食者—猎物间相互作用至关重要。斑块边缘的补充量和食物可供性更高，海草床群落的中间消费者可从中受益，但捕食者往往也在斑块边缘密集分布，使猎物更易被捕猎（Valentine et al.，1994；Gorman et al.，2009；Smith et al.，2011）。例如，捕食性的海龙鱼在斑块边缘更为丰富，对其猎物的操控实验表明，海龙的聚集是对猎物可供性增加的响应（Macreadie et al.，

2010b)。捕食者在斑块边缘的聚集还有可能是因为沿着斑块边缘觅食更为有效。例如，移动能力强的底内动物捕食者，如魟鱼，总是在生境边缘出现，因为那里的根茎灌丛更容易穿过（如 Valentine et al.，1994）。但是，捕食者丰度并不一定从斑块边缘向内发生变化（如 Carroll et al.，2012）。有的捕食者，特别是体型较小的类型，它们会聚集在斑块之中，以躲避它自己的捕食者，与移动快速的捕食者相比，它们对斑块特征的响应会完全不同。

海草床对相关生物的影响，包括边缘效应，在双壳类上得到最好的研究。这些研究重点关注的是海草斑块特征对双壳类补充、存活和生长的影响（Boström et al.，2006）。海草床的周长与面积比影响定植贻贝的构成和丰度（Bologna and Heck，2000），沿着海草床边缘的定植率要高于其内部。总体上，海草床中的双壳类存活率要高于没有植被覆盖的生境，因为海草床地上和地下部分的结构增加了避难场所（Irlandi and Peterson，1991；Peterson and Heck，2001）。海草床对双壳类生长率的影响则差异较大（Irlandi and Peterson，1991；Ruckelshaus et al.，1993），这可能是由于海草床会通过多种渠道，对双壳类取食成功产生影响，包括减少水流，改变食物供应，降低亚致死捕食率，以及稳固基底（Irlandi and Peterson，1991；Brun et al.，2009）。例如，滤食悬浮物的双壳类的食物可供性受海草床大小的影响，因为与边缘相比，海草床内部的水流通常会减弱，食物会减少（Allen and Williams，2003；但不同看法见 Irlandi and Peterson，1991）。

由于很多过程在海草床内部和边缘会同时出现差异，而这些影响在物种之间也存在差别，因此对斑块边缘在群落水平上影响的预测仍较困难（Ries et al.，2004）。事实上，与海草床相关的大型动物的边缘效应的正负性和规模都是高度变化的（Boström et al.，2006）。这些过程相互抵消的强度，如捕食和补充量，或捕食和食物可供性，决定了物种是否在边缘更为丰富（定植率＞捕食所导致的死亡率），在边缘较少（定植率＜捕食所导致的死亡率），还是没有差别（定植率＝捕食所导致的死亡率）。然而，即便物种丰度从斑块边缘到内部没有发生变化，也并不意味着边缘就没有对物种间相互作用产生影响。例如，扇贝定植率沿着海草床边缘得到增强，但其存活率却在斑块内部更高，这在定植和存活之间形成一种平衡，导致海草床边缘的扇贝补充量没有净增长（Carroll et al.，2012）。大部分对边缘效应的研究关注的是特定物种的丰度，而我们对整个海草床景观的物种多样性格局仍所知甚少（Boström et al.，2006）。此外，尽管研究证据表明，水动力和植物形态与结构之间存在相互作用（Peralta et al.，2006），但为了提高保护和恢复工作的成功率，仍需加强基于机理框架的研究，了解水动力、海草形态和斑块结构等与海草床群落效应之间的关系。

斑块破碎和空间布局 由于无性系生长和有性繁殖的差异，例如植食和生物扰动等生物驱动力的不同，以及如水动力等物理驱动力的变化，海草斑块天然存在各种大小和形状的差异（图 12.4；Bell et al.，2006）。在海草床生境破碎化和生境丧失日益加剧的背景下，对这种斑块影响的理解也愈加迫切（Orth et al.，2006；Waycott et al.，2009）。不同斑块特征和植物性状之间的关系非常复杂，但通过使用人造海草床斑块（artificial seagrass patch，ASU），对其人为操控来分离不同影响要素有助于解决这一问题。ASU 对于检验生境破碎度效应别具价值，因为这样可以避免对本已脆弱的海草床造成破坏。其价值还体现在，与直接移除当前的海草来模拟破碎化过程相比，对现存（假设其已破碎化）海草床斑块的研究能够得到不同的结果（Boström et al.，2006；Reed and Hovel，2006；Warry et al.，2009；Macreadie et al.，2010a；Carroll et al.，2012）。由于边缘生境数量的增加能够补偿生境面积大小的损失，对斑块边缘做出正面响应的物种对破碎化也会做出正面响应。然而，除了显而易见的结论——海草的完全消失将导致整个群落的消失，我们尚缺乏对生境破碎和斑块结构对海草床及其相关生物总体丰度和多样性影响的基本了解（Boström et al.，2006）。这样的一个理论框架对于海草床恢复极具价值。

海草床种群数量动态过程：群落水平上的后果

繁殖和扩散 海草床生境的结构及其对群落过程的调节取决于基础种的种群数量动态和遗传结构，反之亦然。尽管海草既能够无性繁殖，也能够有性繁殖，海草生态学传统上主要关注的是无性繁殖过程。因此，我们对海草有性繁殖（Les et al.，1997）在生态过程中的作用并不了解，这些作用包括斑块形成和传播，定植或斑块间的连通度。不过这种情况正在转变，特别是在一些方面（Orth et al.，2006；Kendrick et al.，2012）：首先，海草物种在各种空间尺度上的高遗传多样性表明（Reusch et al.，1998；Williams and Orth，

1998；Olsen et al.，2004；Hughes and Stachowicz，2009；Kamel et al.，2012；Reynolds et al.，2012b），有性繁殖和扩散要比之前所认知的更为广泛；此外，一些受干扰海草床的快速恢复也表明种子的作用，而不仅仅是无性繁殖的作用（Orth et al.，2006）；最后，种子通过繁殖体漂浮（如 Källström et al.，2008）和生物扩散（如 Sumoski and Orth，2012）的长距离移动的证据也突出了之前未被认可的扩散的潜在作用。结合多种线索的推断（如直接观察、遗传技术等）研究有助于阐明有性繁殖在斑块种群动态的作用以及长距离扩散的频率与范围。

海草的繁殖与扩散受非生物要素的强烈影响，如光、营养物质、温度和水流等。但现有证据表明，生物间相互作用，特别是食草作用，对海草的开花、授粉、种子和发芽，以及扩散等起重要影响。食草动物身上会沾上龟裂泰来草（*T. testudinum*）的花粉，并在雄花和雌花之间传递花粉（van Tussenbroek et al.，2012）。其他一些生物对海草的繁殖器官有强烈取食偏好（Verges et al.，2007；Reynolds et al.，2012a）。尽管一些以种子为食的生物可以作为传播者（Sumoski and Orth，2012），但对某些海草物种种子的消耗率也会非常高（如 Orth et al.，2002，2006）。深入了解海草的有性繁殖、扩散、结子和发芽等不仅有助于增强对海草床系统生态学的基本理解，而且对海草床恢复工作不可或缺（Orth et al.，2000，2012）。

海草遗传结构的后果 海草床为任何系统中遗传多样性或基因型多样性的广泛生态重要性提供了最具说服力的例子。早期研究发现，较高的等位基因多样性会提高移植海草营养枝的产生和有性繁殖（Williams，2001），而移植成功与源种群的遗传多样性呈正相关关系（Procaccini and Piazzi，2001）。最有力的证据来自对海草基因型多样性（以 DNA 微卫星衡量）的操控实验，其结果证明，一个斑块内的遗传多样性能够影响初级生产力和次级生产力，尤其是在面临干扰或胁迫之下。鳗草（*Z. marina*）斑块的遗传多样性越高，对大雁迁徙的季节性食草作用的抵抗力就更强。在多样性高的地方，被植食后的海草嫩枝密度会增加（Hughes and Stachowicz，2004）。而在多样性低的地方，恢复的速度更慢，恢复到植食前的密度常常需要几个月的时间。在欧洲对鳗草的单独实验发现，基因型多样性还能提高其在极高水温变化后的恢复速率（Reusch et al.，2005），表明这种效应是对移除地表生物量之后的普遍反应。随后的控制干扰操控实验证实，无论物理干扰存在与否，基因多样性都具有正面影响（Ehlers et al.，2008；Hughes and Stachowicz，2011）。因此，越来越多的证据表明（尽管都来自对鳗草的研究），海草物种的遗传多样性对于缓解一些类型的干扰起到重要作用。

基因型多样性对群落水平也会产生正面影响，正如在陆地生态系统中一样（Hughes et al.，2008）。在两个单独的实验里，在受到干扰之后，与海草相关的无脊椎动物的丰度在遗传多样性高的鳗草样地更高（Hughes and Stachowicz，2004；Reusch et al.，2005）。后续的实验发现，取决于食草动物的特定物种，海草基因型多样性对海草和食草动物生物量都有正面作用（Hughes et al.，2010）。由于中间食草动物对附生藻类和海草的生物量都有强烈影响（Valentine and Duffy，2006），而且海草适口性的基因型也有很大差异（Tomas et al.，2011），所以要理解海草床生态系统多样性变化的意义，需要更深入地研究不同营养级的遗传多样性和物种多样性的作用。不过，无论是控制实验，还是海草床恢复项目，其结果都出奇的一致——海草的遗传多样性是影响海草生产力和群落过程的关键要素。

海草床群落过程的控制

海草床群落结构最根本的决定因素是基础种的丰度、密度和生长率，而群落的其他生物都依赖于基础种提供的食物或生境。因此，理解控制海草丰度的要素是关键所在。这些控制可以大致分为两类：自下而上的驱动力（营养物质、光和其他非生物要素）和自上而下的驱动力（生物相互作用，包括对海草的直接消费和对海草的竞争等）。虽然这两种类型的驱动力通常被视为可相互替代，都具有重要的作用，但事实上，它们总会相互作用。

海草床群落中自下而上的控制

资源：光和养分 历史上，海草生物学家主要关注自下而上控制海草分布和丰度的机制，研究光、养分、温度和水流等非生物要素的影响。早期的操控实验创造性地在水下使用遮光罩和反射镜，以确认降低光照对海草密度降低的影响（Backman and Barilotti，1976），光照参数的变化在深处有更大影响（Dennison and Alberte，1982），以及光质和光量（如总辐照度、光周期等）都对海草的光合作用有重要影响（Dennison and Alberte，1985）。从那时起，相关研究就致力于理解光衰减和海草分布深度限制之间的关系，并以此来预测海草的分布（Dennison，1987；Duarte，1991；Duarte et al.，2007）。模型预测和实测数据都表明，光衰减系数和海草定植深度之间存在显著的负相关关系，尽管预测结果往往会高估定植深度，尤其是在深度更大和浑浊的水域（Duarte et al.，2007）。

许多因素都会影响海草的需光量，包括波浪作用、沉积物类型、温度、光场、养分可供性，以及地表与地下生物量之比（Duarte et al.，2007；Lee et al.，2007；Ralph et al.，2007）。而植物个体会通过各种方式对光约束做出反应，如改变叶子的形态、嫩枝密度、每个枝条上叶子的数量、总茎质量或地表与地下生物量的分配等（Ralph et al.，2007）。然而，海草通常具有很高的需光量（Orth et al.，2006），取决于不同物种，最低的需要11%的表面入射辐照度（Duarte，1991）；而对于单一物种，所需辐照度为2%～37%（Dennison et al.，1993；Lee et al.，2007）。与大型藻类和浮游植物最低所需的1%～3%表面入射辐照度相比（Lee et al.，2007；Ralph et al.，2007），海草的需光量是惊人的。这种显著差异有助于解释为什么降低可用光的因素（如增加悬浮物）会打破竞争平衡，从而使底栖藻类和浮游植物受益。

养分可供性对海草丰度的影响历来也是海草床生态学研究的重点。早期研究试图解释海草床高生产力与养分供应之间的关系，主要关注养分吸收动力学，以及对比叶子和根对养分吸收的相对作用——与大部分维管植物不同，海草的根和枝叶能吸收养分（Iizumi and Hattori，1982；Thursby and Harlin，1984；Short and McRoy，1984）。原位施肥研究可以直接检验对海草的营养限制，但常常得到相反的结果（如Orth，1977；Dennison et al.，1987）。然而，确实存在一些普遍规律：铵态氮是海草对氮的首选模式（Iizumi and Hattori，1982）；尽管随不同物种会存在差异，但是根—根茎和叶的养分吸收量大致相当（Lee et al.，2007）；氮和磷是最常见的限制性营养元素，而它们的相对重要性随纬度发生变化，从温带的氮约束到热带的磷约束（Romero et al.，2006；Lee et al.，2007）；多营养元素的限制会强于单一营养元素的限制（Hughes et al.，2004）。此外，营养物质添加的位置——水体或沉积物，都会对海草响应具有重要影响（Hughes et al.，2004）：沉积物中的营养富集对地表和地下生物量都有正面的总体影响，而水体中的营养富集会产生负面作用。这些差异可能是附生藻类对水体中养分的快速吸收所造成的（Hughes et al.，2004；Lee et al.，2007）。尽管在某些情况下，添加养分会产生强烈作用，但与其他生态系统相比，海草和其他大型海洋植物对营养水平提高的反应较弱（Elser et al.，2007）。

海草起源于陆地的一个遗留问题是，它们的根和根茎都处于饱含有毒代谢物的缺氧沉积物之中，特别是硫化氢。因此，海草需要不断地向其地下组织输送充足的氧气，在其根部周围形成一个"微型氧气罩"，来抵御硫化物的入侵（Borum et al.，2012）。这种氧气或是叶子在白天通过光合作用产生的，或是夜晚通过被动氧扩散从水体中获取的（Pedersen et al.，1998），但会耗费大量能量，这或许能够解释为什么海草的最低需光量远远高于其他的微型藻类和大型藻类（Borum et al.，2012）。这种对氧和光照的高需求，使海草对如营养富集导致的水质变化极为敏感。因此，富营养化被认为是海草床生态系统最主要的威胁之一，并导致近来全球范围内海草床的减少（Short and Wyllie-Echeverria，1996；Hauxwell et al.，2001；Orth et al.，2006）。海草对低营养、清澈水体的适应，导致了能够快速生长、需光量较低的微型藻类和大型藻类在富营养化环境中会替代海草。

温度 由于对酶活性和新陈代谢速率的影响，温度是影响所有生命体的一个基本因素。对海草来说，温度能够影响光照约束：温度升高会提高呼吸作用速率，所以在温度较高的情况下，植物生长需要更多的光照（Lee et al.，2007；Ralph et al.，2007）。温度还会影响养分的吸收速率。由于营养吸收的最优温度并不一定与光合作用或生长所需的最适温度相吻合，所以温度变化对海草影响的预测就别具挑战（Lee et al.，2007）。不过，大部分海草物种都具有明显的与温度相关的季节性生长趋势（Lee et al.，2007）。这些作用对群落也会产生影响。温度升高会提高呼吸作用速率，使其高于光合作用的速率（López-Urrutia et al.，2006）。因此，温度升高通常会导致植食与生产力之间的平衡向对藻类更强的自上而下控制倾斜，这在中型实验生态系中也得到了验证（O'Connor，2009；O'Connor et al.，2009）。但是，这种关系会因不同海草物种之间的功能性差异而复杂化，包括对捕食的脆弱性影响和如何随温度变化（Eklöf et al.，2012），这也反映了多样化食物网的系统反应的复杂程度（图 12.6）。

海草床群落中自上而下的控制

互惠型中间食草动物模型 近 30 年的实验研究主要是在室内和中型实验生态系中完成的（综述见 Jernakoff et al.，1996；Hughes et al.，2004；Valentine and Duffy，2006），这些研究对 Orth 等提出的互惠型中间食草动物模型提供许多支持。该模型认为，海草在温带海洋生态系统的优势性是受小型食草类无脊椎动物的促进作用，特别是端足类、甲壳类和腹足类软体动物，都是中间食草动物（图 12.3B）。该模型包括三个部分：首先，大部分与海草相关的小型食草类无脊椎动物都偏好微型藻类、短生藻类和丝状微型藻类，以及碎屑物（综述见 Orth and van Montfrans，1984；van Montfrans et al.，1984；Brawley，1992；Jernakoff et al.，1996；Valentine and Duffy，2006）；其次，由于大多数藻类的生长快于海草，而且能够生长在海草之上，所以藻类一般都对海草具有竞争优势，并且在营养充足可以快速增长之时，藻类在光线充足的地方能够竞争排斥海草（Valiela et al.，1997）；第三，即使是在富营养化增加营养负荷的情况下，中间食草动物可以通过对藻类的取食间接促进海草的优势的形成（Hughes et al.，2004；Valentine and Duffy，2006）。中间食草动物对海草的这种间接正面作用相当于生态工程师，因为它们能够帮助维持浓密、富饶和结构复杂的生境，而不至于成为荒芜的裸露基底。由于许多中间食草动物类群需要这种生境，植食藻类的无脊椎动物和海草形成了互惠共生的伙伴关系。

互惠型中间食草动物模型认为，一些海草床生态系统的生产力，甚至生存，依赖于中间食草动物对海草的促进作用。然而，直到现在，几乎没有自然条件下的野外实验来检验这一假设。主要的挑战来自缺乏在自然环境中对这种微小的动物进行操控的技术手段（Young et al.，1976；Virnstein，1978；Heck et al.，2000；Douglass et al.，2007）。最近终于出现了一种新的方法来克服这一难题，使用缓慢释放、快速降解的杀虫剂西维因（carbaryl）排除端足类，以取代网箱和其他类型的人造物（Poore et al.，2009）。这种不需要网箱就能排除甲壳类中间食草动物的实验，在澳大利亚西部（Cook et al.，2011）和美国的切萨皮克湾（Whalen et al.，2013；Reynolds et al.，未发表数据）的海草床都已实现。这些野外实验第一次量化了海草床群落中甲壳类中间食草动物自上而下的影响。例如，在切萨皮克湾，实验操控降低甲壳类中间食草动物的数量，刺激了附生藻类在夏季的大量增殖——比控制组多出了 400%，造成鳗草嫩枝密度下降，加剧其季节性衰退；还是在切萨皮克湾，另一个食草动物排除实验不仅导致藻类生物量的急剧上升，还使鳗草的生物量大幅减少（图 12.5）。这些实验的结果是最早的野外数据，与室内实验和中型生态系实验一起，证明了植食藻类的小型无脊椎动物不仅对海草的生长，还对其存活具有影响。

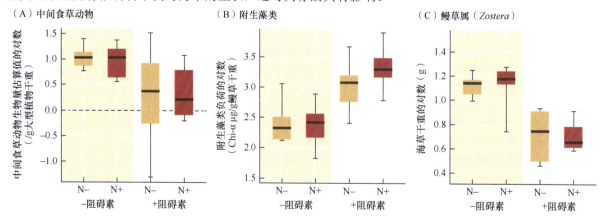

图 12.5 切萨皮克湾的一个野外实验，用于证明中间食草动物与海草之间的重要互惠关系。通过化学阻碍素来降低中间食草动物的数量（A）造成附生藻类的大量暴发，以及（B）海草生物量的急剧下降，而（C）添加氮（N）没有任何影响。盒须图显示了平均值（横粗线）、四分位数（箱顶和箱底）、95% 置信区间（须），以及单独标注的超出盒须范围的异常值（仿自 Reynolds et al.，未发表数据）

海草上的中间食草动物：从伙伴到害虫 和许多亲密关系一样（如 Bronstein 1994；Stachowicz，2001），中间食草动物和海草之间的互惠共生是环境依赖性的：其结果对环境条件及物种构成和食物网结构等非常敏感，这种关系甚至会转变成对抗性的。某些中间食草动物类群，特别是端足类的藻钩虾科（Ampithoidae）、等足类的盖鳃水虱科（Idoteidae）和帽贝等，能够直接取食海草，甚至在存在其他食物的情况下依然取食海草（Zimmerman et al.，2012）。在中型实验生态系中，端足类经常过度取食养殖的海草（Short et al.，1995），而且实验证明，在控制排除捕食者的情况下，某些等足类和端足类在藻类食物耗尽后，会大量取食海草（Duffy et al.，2001，2003）。同样，野外实验也发现对海草严重的过度植食，如在白令海发现的等足类盖鳃水虱属一种 *Idotea baltica*（C. Boström，个人交流）和旧金山湾发现的端足类强壮藻钩虾（*A. valida*）（图 12.2F；Reynolds et al.，2012a）。在太平洋东北部的蒙特利湾，帽贝（*T. depicta*；图 12.2C）的种群暴发与鳗草大量消亡有关（Zimmerman et al.，2001），而在圣地亚哥湾的野外实验中，帽贝的植食，以及管状端足类动物对叶面的污损（图 12.2E），造成鳗草生长速率的显著下降（图 12.6D）。因此，物种和系统的特异性因素，如植食偏好和替代食物的可供性，都会影响中间食草动物对海草作用的强度和正负性，所以不能简单地将其作为普遍规律而应用于不同区域。不过总体上，绝大多数评估中间食草动物、藻类和海草相互作用的研究都发现，中间食草动物对藻类生物量存在负面作用，而对海草生长存在正面影响（Jernakoff

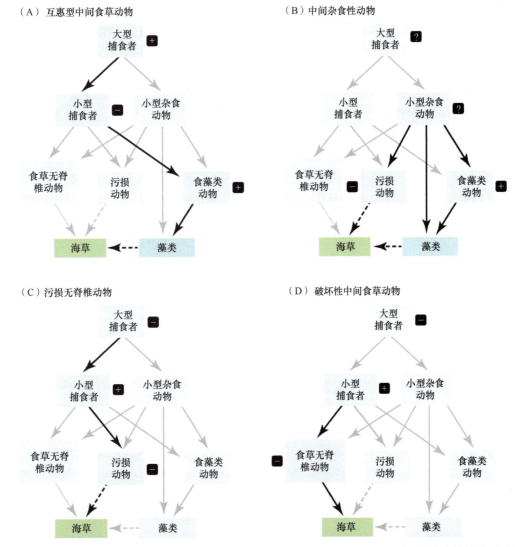

图 12.6 不同野外研究中发现的海草床中的相互作用途径。正负号分别表示每个功能组团对海草生物量的正面和负面影响。问号（？）表示功能组团对海草的净影响尚不确定。实线和虚线箭头分别代表影响的营养和非营养途径。（A）在瑞典西海岸，互惠型中间食草动物的影响。（B）在墨西哥湾，中间杂食性捕食者的影响。（C）在圣地亚哥湾，污损生物的影响。（D）在圣地亚哥湾，食草无脊椎动物的影响（A 仿自 Moksnes et al.，2008；Baden et al.，2010，2012；B 仿自 Heck et al.，2000；C，D 仿自 Lewis and Anderson，2012）

et al.，1996；Hughes et al.，2004；Valentine and Duffy，2006；Moksnes et al.，2008；Baden et al.，2010），其结果支持互惠型中间食草动物模型的预测。

捕食的间接影响：海草床生态系统中的营养级联

中间食草动物对海草普遍存在的强烈正、负影响，显示了控制其丰度的因素的重要性，即食物网中捕食者的作用（图 12.3）。在许多群落，捕食者能强烈影响其生境、生物量和结构（Estes et al.，2011）。在主要初级生产者和食草动物都容易受捕食影响的系统中，捕食者能够通过对食草动物的取食，使植物得以从植食压力下解脱，从而促进植物生长。当一个营养级或群落的总生物量对捕食的变化做出反应时，捕食的这种间接作用被称为营养级联（Paine，1980；Carpenter et al.，1985）。在很多生态系统中都有营养级联的身影，如湖泊、溪流、森林和草地，特别是在海洋底栖生态系统中十分常见（Estes et al.，2011；见第 14 章）。

Heck 等（2000）首次将通用营养级联模型应用于海草床生态系统研究（图 12.3A）。从理论上讲，他们将互惠型中间食草动物模型与更高营养级联系起来，从而提出假设：在很多海草床系统中，缺乏食草动物对藻类生物量的控制是对沿海大型鱼类过度捕捞的营养级联所导致的（Jackson et al.，2001；Myers and Worm，2003；见第 20 章）。根据这一假设，对顶级捕食者的过度捕捞导致营养级联作用，使中间捕食者（如小型鱼类和十足目动物等）的数量上升，从而使取食藻类的中间食草动物（如小型的甲壳类和腹足类）数量下降，最终使附生藻类摆脱食草动物的控制（Heck et al.，2000；Williams and Heck，2001）。

此后，越来越多的实验开始在各种海草床系统中检验这一营养级联的假设。结果显示，捕食者丧失的级联作用会对海草产生一系列后果，而这些作用对海草床群落影响的强度和正负性都强烈依赖于物种和系统的特异性因素。特异性因素包括初级生产者的适口性、中间食草动物食物偏好的脆弱性（Best and Stachowicz，2012）、中间捕食者的杂食性（Heck and Valentine，2006），以及各营养级补充动态的差异（图 12.6；Svensson et al.，2012）。在实践中，一个简单的模型难以通用于所有区域，下面举例说明。

最早通过野外实验评估在海草床系统移除顶级捕食者效应的研究，是在墨西哥湾的龟裂泰来草草甸上模拟去除顶级捕食者的研究。Heck 等（2000）设计了一个实验，在大型网箱中放养菱体兔牙鲷（*Lagodon rhomboides*）的幼鱼，并检验添加养分的作用。与当时海草生态学盛行的自下而上控制的预测相反，添加养分对任何变量都没有影响。相反，Heck 等发现了强烈的自上而下的作用，但大部分与预测的不同。按照预测，鲷鱼密度增加会降低中间食草动物的数量。然而，与预期相反，杂食性的菱体兔牙鲷也会减少附生生物的生物量，从而对海草生长产生正面影响。因此，自上而下作用的确控制着海草床群落，但与起初预测的方式相反，这是中间捕食者的杂食性造成的（图 12.6B；Heck et al.，2000）。随后对莱氏二药草（*H. wrightii*）的研究发现，添加养分会增加叶子的含氮量，刺激菱体兔牙鲷对海草的取食，从而减少海草的生物量（Heck et al.，2006）。

与起初预测的营养级联较为一致的证据来自一系列对瑞典鳗草群落的综合研究。在那里，鳗草急剧减少与大型海藻垫的增加，以及过度捕捞导致的鳕鱼种群崩溃相吻合（Svedäng and Bardon，2003）。无论是幼鱼还是成鱼，鳕鱼主要在鳗草草床中取食（见图 12.2A）。在瑞典西海岸，小型捕食性鱼类和十足目动物的数量与鳕鱼捕获量呈负相关关系（Eriksson et al.，2011）。在同一时期，随着鳕鱼数量下降，这些动物的数量增加了一个数量级，而功能占优的中间食草动物最终消失（Baden et al.，2012），这与鳕鱼被过度捕捞的四级营养级联相吻合（图 12.7；图 12.6A）。一系列野外实验证实了营养级联在这种模式中的作用：在小型捕食者缺失的情况下，占优势的中间食草动物端足类钩虾属一种 *ammarus locusta* 控制着藻类，但当小型捕食者数量增加时（模拟其捕食者鳕鱼数量的下降），*G. locusta* 数量急剧下降，造成短生藻类暴发（Moksnes et al.，2008），而鳗草生长速度下降（Baden et al.，2010）。如互惠型中间食草动物模型所描述，在白令海，在中间捕食者影响较小的情况下，食草类动物控制着海草床的藻类生长（Baden et al.，2010）。此外，瑞典西海岸和白令海鳗草群落的大尺度对比显示，中间食草动物和短生藻类的区域生物量呈负相关关系（Jephson et al.，2008），表明自上而下的过程是斯堪的纳维亚海草床中控制藻类的主要因素。瑞典西海岸海草床系统中捕食强烈的间接作用可能主要是因为，群落中相互作用的强度强烈地偏向两个功能占优类群——藻类和食草动物［分别是石莼（*Ulva* spp.）和 *G. locusta*］，二者在缺少消费者的情况下都是竞争优势种，但都极易被取食（Moksnes et al.，2008）。因此，尽管食物网表面看起来多样化和复杂，但特定的杂食性和种团内部的捕食作用，降低了强烈的相互作用，这就使营养级联得以建立（图 12.8；Moksnes et al.，2008），正如先前的假设（Duffy，2002）。

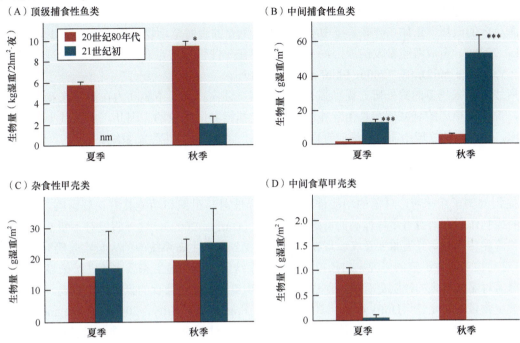

图 12.7　瑞典西海岸的一个营养级联，从商业化捕捞的鳕鱼到中间食草动物。自 20 世纪 80 年代起，随着捕食性鱼类生物量下降，中间捕食性鱼类的生物量增加，而其所取食的中间食草甲壳类种群崩溃。* 表示 $P < 0.05$，*** 表示 $P < 0.001$，nm 表示"无数据"（数据引自 Baden et al.，2012）

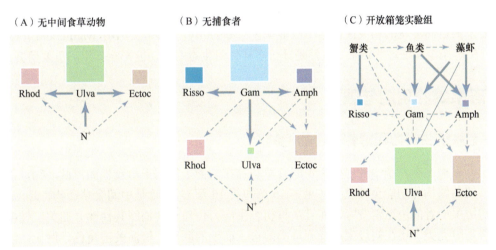

图 12.8　不同实验处理下，瑞典西海岸鳗草群落食物网相互作用强度及自下而上和自上而下的相互作用示意图。（A）在中间食草动物群落建立之前移除捕食者的实验组。添加养分（N⁺）显著增加了竞争优势种绿藻石莼（*Ulva* sp.）的数量。（B）六周之后，在中间食草动物群落建立后移除捕食者的实验组。优势种——中间食草动物钩虾属一种 *Gammarus locusta* 显著降低大型藻类的数量。（C）六周之后，打开箱笼的实验组。尽管种团内捕食和杂食很普遍，但捕食作用强烈影响中间食草动物和藻类，无论直接影响或是间接影响。实线箭头代表对生物量的显著营养影响，粗箭头代表影响强烈及功能占优的相互作用，虚线箭头代表影响较弱（功能不显著）。每个方框的大小与该组生物量成正比。Garn=*Gammarus locusta*；Risso=腹足类的麂眼螺科（rissoid）；Amph=小型管状端足类；Rhod=丝状的红藻门（Rhodophyta）；Ulva=丝状的石莼（*Ulva* spp.）；Ectoc=丝状褐藻水云目（Ectocarpales）；N⁺=水体养分富集（仿自 Moksnes et al.，2008）

　　最后，营养级联相互作用的净效应还取决于中间食草动物的取食特征——是海草的伙伴还是害虫。在圣地亚哥湾，如预测的一样，移除小型捕食性鱼类使无脊椎动物数量急剧上升，但中间食草动物的优势种变成严重污损鳗草叶片的管状端足类和直接取食鳗草的帽贝（*T. depicta*）。这两种类型食草动物数量的增加导致鳗草生长速率降低了50%（Lewis and Anderson，2012）。因此，在美国加利福尼亚州南部的鳗草群落中，小型肉食性鱼类能够控制污损生物和植食海草的无脊椎动物，从而促进海草生长（图12.6C、D）。同样，在其他系统—主要食草动物是直接食用海草（"害虫"）而不是食用藻类（"朋友"），移除捕食者会造成食草动物对海草床的破坏，正如在一些系统中发现海胆是重要的食海草动物那样（Heck and Valentine，2006；Eklöf et al.，2008）。造成海胆暴发的原因尚不清楚，但在一些例子中，对海胆捕食者的过度捕捞被认为是主要原因（Valentine and Duffy，2006；Eklöf et al.，2008）。

综上所述，越来越多的野外研究提供强有力的证据，证实自上而下驱动力在海草床及其他海岸带系统的重要性，说明海草床的衰减通常是由营养污染和过度捕捞共同导致的。因此，单纯减少营养污染并不能恢复海草床，对水质的管理还需要与渔业管理相结合，才能恢复海岸带生态系统。

海草床中的食草动物多样性和营养过程

上面提到的例子意味着，群落的功能性构成和多样性对其组织和功能具有重要影响。按照理论预测，自上而下的控制作用在消费者多样性高的群落中更强烈（Duffy，2002），这一假设对不断变化的海洋中的消费者控制和营养传递效率具有重要意义。现在，该假设受到各种生态系统中的大量实验研究的支持（见第6章）。最早对动物多样性影响的研究来自模拟鳗草生态系统的中型实验生态系实验，结果显示，食草动物多样性高的群落对藻类聚集的控制更有效，食草动物的生物量更高，对捕食的抵抗力也更高，有些情况下甚至增强了藻类生物量的稳定性（Duffy et al.，2003，2005；France and Duffy，2006b；Blake and Duffy，2010）。这种效应具有重要的实践价值，食草动物多样性高的群落对新引入的入侵物种抵抗性更强（France and Duffy，2006a），在实验诱导的升温、营养负荷增加和淡水径流变化等条件下，能够更好地保持藻类生物量的低水平和稳定性（Blake and Duffy，2010，2012）。有些时候，多样性效应确实会受到抽样效应的影响（例如，多样性实验组选择的是强烈相互作用的物种）；但是，在其他例子中，多样性高的群落的确要比单一物种的系统具有更高的生产力与资源利用水平，或者是对入侵物种的抵抗力更高。然而，对这种中型实验生态系的实验与复杂的自然环境的相关性仍存在很多争议（如 Duffy，2009，2010；Wardle and Jonsson，2010），因此，在野外生态系统验证这些结果，依然是评价多样性对生态系统功能影响作用的重要研究前沿。

海草床生态系统的功能与服务

对海草床生态系统生产力和营养传递的控制

关键在于，底栖生态系统中的甲壳类中间食草动物在功能上等同于植食性的浮游动物，而后者对于远洋水层生态系统的结构与功能至关重要（见第15章和第16章）。不管是中间食草动物，还是浮游桡足类，不仅是控制初级生产者的快速消费者，而且是将初级生产力传递到食物网其他部分的关键转换器。中间食草动物，特别是甲壳类，还在初级生产者到鱼类的自下而上的联系中扮演关键角色。例如，澳大利亚南部海草床的综合研究（Edgar and Shaw，1995）显示，大部分小型鱼类主要取食甲壳类，而大部分甲壳类的生产力也被鱼类所消耗，所以鱼类的生产力与甲壳类及海草的生产力高度相关。

这种模式引出的问题是，控制甲壳类生产力的驱动因素是什么？答案来自一些对富营养化的研究。无论是中型实验生态系（Spivak et al.，2009），还是野外实验（Moksnes et al.，2008；Baden et al.，2010），都发现一个共同模式：当存在食草动物的情况下，实验添加肥料对藻类生物量没有什么影响，但食草动物的生物量会增加，而模型模拟（Svensson et al.，2012）也支持这一结论。这些研究的结果具有两个重要含义。第一，它们表明，当强烈作用的食草动物集群存在时，富营养化导致的藻类过度生长可被缓解，从而维持海草的优势（参见 Blake and Duffy，2010，2012）；第二，在一定范围内，群落中过量的营养负荷可以通过食物链的传递，增加动物的生产力。一些研究显示，小型甲壳类是近海生态系统鱼类生产力的关键促进因素（Edgar and Shaw，1995；Taylor，1998）。因此，在受到轻微影响的海草床生态系统，食物网相互作用对干扰（如营养负荷）具有一定的缓冲承载力，但这种能力在食物网发生变化后会退化，正如我们所看到的，对海草产生负面影响。

海草床与其他生境在景观水平上的相互作用

如个体水平上海草和共生基础种之间的相互作用一样，在景观水平上，海草也能够强烈影响周边的海洋和陆地生境（图 12.4），并受其影响。由于海洋系统更为开放，生境中的这种关系也较陆地更为普遍（Duffy，2006），特别是生产力高的生境，如海草床，会与生产力低的生境相互作用，如荒岛（Polis and Hurd，1996）。Heck 等（2008）对从海草床到其他生态系统的营养传递的研究进行了综述，我们对此进行简要概括和更新。海草床和其他生境在景观水平上的关系对于营养动态（Polis et al.，1997）、泥沙沉积和缓冲风暴与侵蚀等也很重要。

海草床对其他生境的补贴 海草床的生产力主要通过两种途径传递到其他生态系统：第一，海草碎屑和溶解有机质的被动输出；第二，海草衍生的生物量以移动生物的形式主动输出（Heck et al.，2008）。碎屑输出受水动力、地形和其他物理要素的强烈作用而发生变化，净初级生产力的平均输出量约为 15%（Mateo et al.，2006）。事实上，即使在同一系统中，碎屑输出也会因海草物种不同而发生很大变化。例如，在加勒比海的海草床，龟裂泰来草（*T. testudinum*）仅有一小部分生物量输出，而在同一地点，丝状针叶草（*Syringodium filiforme*）的很大一部分生物量会输出（Zieman et al.，1979）。已知输出量最大的是在海草床与邻近的沙质海滩之间（Heck et al.，2008）。然而，生境之间的重要关系并不局限于相邻生境，海草碎屑对近海（Heck et al.，2008；Nelson et al.，2012）及深海（Vetter，1994，1998）的食物网都有显著贡献。水禽从海草床向深远内陆的移动也会传输大量的海草生产力（Heck et al.，2008）。

越来越多的研究关注海草床与其他生境的关系，主要是珊瑚礁和红树林（Heck et al.，2008；Nagelkerken et al.，2002；Nagelkerken and van der Velde，2004）。最近在澳大利亚的一个分析发现，尽管与红树林的距离远近是一个很好的预测鱼类群落结构的因子，25% 的珊瑚礁鱼类集群却受到邻近的海草床影响（Olds et al.，2012）。在加勒比海的大开曼岛（Grand Cayman Island），对珊瑚礁鱼的普查显示，从生物量来看，对小鱼（<25cm）的保护（禁捕）远不如靠近红树林和海草床育苗生境更重要；对大鱼来说，与这些生境相近同样重要，尽管禁捕保护更起作用（Nagelkerken et al.，2012）。海草床对珊瑚礁鱼的重要性最具代表性的例子来自 IUCN 红色名录中的波纹唇鱼（*Cheilinus undulatus*）——印度洋—太平洋海域珊瑚礁鱼类的标志性物种。波纹唇鱼的幼鱼几乎完全生活在海草床中（Dorenbosch et al.，2006）。这些结果证实了早期的研究：靠近海草床的珊瑚礁鱼类丰度和丰富度更高（Nagelkerken et al.，2001，2002）。甚至珊瑚自身也能从海草床的补贴中受益，在加勒比海的一些珊瑚礁上，在邻近珊瑚礁的海草床斑块觅食的鱼类所排泄的营养物质能够促进珊瑚的生长（Meyer and Schultz，1985a，b；Heck et al.，2008）。

靠近海草床的盐沼的鱼类丰度会增加（Irlandi and Crawford，1997），同样，海草床附近的牡蛎礁的食鱼鱼类丰度也更高（Grabowski et al.，2005）。海草床与其他生境的关系还存在非营养机制，如通过提供安全廊道，使生物能够在生境之间移动（Micheli and Peterson，1999）。最后，取食海草的脊椎动物可以在不同生境中迁徙，对海草的扩散也有重要作用（Sumoski and Orth，2012）。

其他生境对海草床的补贴 尽管海草的原位生产力很高，但它们也会接受来自其他生境的补贴（Heck et al.，2008）。例如，靠近珊瑚礁的海草上，附生藻类（很多消费者的食物资源）的多样性和生物量比远离珊瑚礁的海草上更高（Van Elven et al.，2004）。漂浮到海草床系统的藻类数量也很大（Wernberg et al.，2006）。最近的研究显示，尽管有其他的营养来源，海草和附生藻类及海草床群落中的消费者都能吸收来自漂浮的大型海藻中的养分（Hyndes et al.，2012）。因此，海草床的高生产力并不排斥其他生态系统添加的资源。

其他生境对海草床的补贴还延长了其食物链。与红树林距离越近的海草床，虾（Skilleter et al.，2005）和幼鱼（Jelbart et al.，2007）的数量越大。取决于其所在营养级，这些补贴能够通过自上而下的控制，强烈影响海草床的群落结构，详见"海草床群落中自上而下的控制"。使用景观生态学实验方法的研究（如 Grabowski et al.，2005）有助于理解邻近生境的资源与生物移动会如何影响海草床的群落结构和功能变化（图 12.4）。

海草床对人类社会的重要性

海草床为人类社会提供关键的生态系统服务，包括提高水的清澈度，固碳和吸收养分，稳固基底，以及为许多有重要商业价值的海洋动物提供生境和能量来源（如 Short et al., 2000；Orth et al., 2006；Barbier et al., 2011）。通过减弱波浪能量和稳定沉积物，它们使水质更加清澈，降低侵蚀作用（如 Orth et al., 2006）。在世界很多地区，海草为具有重要经济价值的鱼类和贝类提供关键的育苗场和取食生境（Beck et al., 2001；Heck et al., 2003）。例如，在挪威沿海，80 年来，鳕鱼幼鱼的丰度与鳗草的覆盖度呈正相关关系（Frometin et al., 1998）。在加拿大的纽芬兰，也有长达十年的类似模式（Warren et al., 2010）。迄今为止，大部分对海草经济价值的估算侧重于商业鱼类的生产价值（Thorhaug，1990）、营养吸收（Costanza et al., 1997）和固碳等方面。例如，在南澳大利亚，海草生境给商业鱼类和贝类的次级生产力提供的经济价值约为 1.14 亿澳元/年，而在一个很小的区域，16% 的海草床生境丧失造成的经济损失约为 23.5 万澳元/年（McArthur and Boland，2006）。这种估算可能较为粗略，如何定义生态系统服务价值（见第 18 章），以及这会如何影响生境利用的政策，都存在着一定争议。然而，毋庸置疑的是，海草床生境是最具价值的海洋生境之一（Costanza et al., 1997；Orth et al., 2006；Barbier et al., 2011）。

尽管早期研究证明海洋系统在碳汇上的作用（Walsh et al., 1981），但直到最近才有研究真正关注海洋在固碳［“蓝碳”（blue carbon）］上的重要性（Nelleman，2009），特别是海草床和其他海岸带植被（盐沼和红树林）在碳固存和封存上的作用（Duarte et al., 2005；Nelleman et al., 2009；Duarte et al., 2010，2011；Kennedy et al., 2010；Irving et al., 2011；Fourqurean et al., 2012；Macreadie et al., 2012）。海草能将碳储存在地表的活体生物量、地下的活体生物量（根和根茎）及沉积物之中。许多海草系统的植食水平较低，其结果是大量碳被封存在地下部分，而被植食和呼吸作用带回水体和空气中的碳较少。海草床固碳效率的特征包括：高初级生产力、沉积物的稳定性和堆积及较低的沉积降解速率。尽管一些海草生物量被输出到其他生态系统，但大部分埋藏到原位沉积物中。海草床的长期碳埋藏率大约是 100gC/(m²·年)，远远超过盐沼、红树林及陆地森林系统的水平（McLeod et al., 2011）。由于海草床系统卓越的碳封存能力，对其保护和恢复的呼声越来越高。

我们对海草床生态系统在碳捕获与碳存储所起作用的理解仍存在几个关键的缺陷。首先，缺乏不同海草物种固碳能力时空变化的综合数据（Duarte et al., 2011；McLeod et al., 2011；Fourqurean et al., 2012）。尽管近三分之二的海草床被认为是碳汇（Duarte et al., 2010），但在不同海草床之间，沉积物中有机碳含量的差异可达四个数量级（Fourqurean et al., 2012）。大部分差异与海草物种有关，因为物种特性是海草腐解的决定因素（Moore and Fairweather，2006）。造成这种差异的因素还有：海草床群落（如相关物种的丰度、特性和多样性等）通过强烈的自上而下控制对固碳的影响；海草生长和生产力的变化；以及食碎屑或食草动物的食物网相对重要性的影响等。此外，现有数据具有明显的区域偏差，大部分信息来自北美洲、澳大利亚和西欧（Fourqurean et al., 2012）。其次，我们需要了解，当海草消亡之后，海草床沉积物中碳的去向（Duarte et al., 2010；Fourqurean et al., 2012）。Macreadie 等（2012）认为，在澳大利亚的博特尼湾，当海草生态系统丧失之后，碳捕获与存储的能力仅为之前的百分之一。但海草消亡后沉积物释放碳的速率，以及影响释放的因素，都不甚清楚；最后，预测海草床对碳减排的作用还受到不确定性的影响，这些不确定性来自海草生境的不断丧失，海草自然恢复与人为修复努力增加新的生境（Irving et al., 2011），以及海草对气候变化的响应（McLeod et al., 2011）。

人类对海草床生态系统的影响

海草床生态系统的变化

全球沿海地区的人口在快速增长，导致对空间和自然资源的开发日益加剧。由于海草生境通常位于有遮蔽的、软质基底和水深较浅的地方，而这恰恰是人类所喜好居住的地方，因此，海草受到各种人类活动的强烈影响。世界各地的海草床都在发生生境丧失和退化现象，据估计，自 19 世纪末以来，全球近 30% 的海草床已经消失，而且消失速率正在加快（Duarte，2002；Green and Short，2003；Waycott et al.，2009）。养分添加与食物网变化的重要性在本章已进行详细讨论。海草床生态学，甚至已扩展到管理层面，所关注的一个变化是，从几乎完全注重作为海岸带植被变化驱动力的营养富集与自下而上过程，转向认可自上而下过程的重要性。正如本章所述，中间食草动物通常能够控制藻类的生长，甚至其作用有时会强于营养富集的影响（Hughes et al.，2004；Burkepile and Hay，2006；Valentine and Duffy，2006；Heck and Valentine，2007）。而更具普遍意义的是，越来越多的证据表明，近海食物网的变化能够对海草床生态系统产生深远影响，而富营养化系统中海草床生境的退化，往往受营养污染和对大型捕食者过度捕捞的共同影响。

本节将介绍一些其他影响海草床生态系统的因素，特别是气候变化。根据预测，海水升温和海平面上升，以及降水与风暴频率和强度的增加所导致的盐度降低、泥沙淤积和富营养化，会对很多地区的海草床产生负面影响（Short and Neckles，1999；Najjar et al.，2010）。

入侵物种　和其他海洋生态系统一样，过去十年中海草床物种入侵的事件大幅增加：截至 2006 年，在全球海草床生态系统中共发现 56 种非本地种（图 12.9；Williams，2007）。其中近一半是船运（32%）或水产养殖（19%）引入的（Williams，2007）。尽管入侵物种的数量在增加，但在海草床群落发现的入侵物种数量要低于其他海岸带生态系统（Cohen and Carlton，1995；Williams，2007）。目前尚不清楚，这是否表明海草床群落对物种入侵具有内在的抵抗力，还是相对引入得较少，或是仅仅缺乏数据。总体而言，文献中的证据表明，引入物种会造成海草数量衰减，尽管其影响取决于海草物种、被量化的应变量，以及时空尺度（Williams，2007；Drouin et al.，2012）。例如，入侵的大型藻类，如刺松藻（*Codium fragile*）和杉叶蕨藻（*Caulerpa taxifolia*）主要通过竞争，对海草产生负面影响（Garbary et al.，2004；Williams，2007；Drouin et al.，2012），但对无脊椎动物的作用似乎很小（York et al.，2006；Williams，2007；Drouin et al.，2011）。需要对更多发生在海草床群落的物种入侵进行研究，以证实或拒绝这一结论。此外，还需要研究其他海草应激源（如富营养化、温度变化和物理干扰等），以确定物种入侵对海草床系统退化的影响，以及应激源之间潜在的协同作用（Williams，2007；参见 Hoffle et al.，2011）。最后，海草床系统的外来物种之间存在相互促进作用（如 Wonham et al.，2005；White and Orr，2011），这意味着要特别注意有多个引入物种的海草床生态系统。

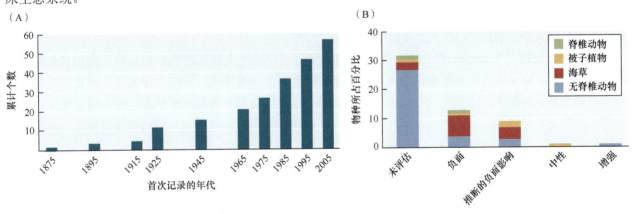

图 12.9　海草床群落引进的物种。（A）随时间推移，引入海草床群落的物种累计数量。每个物种只计一次。（B）引入海草床群落物种的影响。"推断的负面影响"是指观察到的负面影响，而不是实验研究得到的结果（A，B 仿自 Williams 2007）

和其他沿海生态系统一样（Byrnes et al.，2007），海草床系统中的入侵物种往往处于低营养级（Williams，2007）。外来物种中消费者较少，可能是因为海草床系统中本土消费者的丰度和多样性较高，多样化的定栖消费者群落能够抵御外来新消费者物种的入侵（France and Duffy，2006a）。尽管外来消费者会通过非消费性的机制对海草产生负面影响，例如岸蟹（*Carcinus maenas*）的物理触碰和干扰会降低海草移植的成功率（Davis et al.，1998），但越来越多的证据显示，在海草床群落中自上而下的控制导致了强烈的消费驱动效应。例如，外来食草物种疣鼻天鹅（*Cygnus olor*）在其侵入范围内降低海草生物量（Allin and

Husband，2003；Williams，2007）。最新研究发现，旧金山湾大量引入的一种端足类对海草的叶和花的消费量很大，在实验室环境中消费率可达 60%（Reynolds et al.，2012a）。尽管海草床生态系统中的入侵捕食者与食草动物相比更为罕见，但贪婪的入侵捕食者斑鳍蓑鲉（*Pterois volitans*，见图 13.9）在其入侵海草床范围内达到中等数量水平（Claydon et al.，2012）。目前为止，对蓑鲉入侵的研究仅限于珊瑚礁，还需要对其在海草床群落入侵的效应进行量化研究。

稳态转变与反馈机制 新的证据表明，许多生态系统抗干扰的能力有一个阈值或临界点，超过这个点之后系统会快速转变到一个新的状态，其对胁迫的功能与响应也会不同。这些稳态转变（regime shift）是反馈机制的突然变化，以使生态系统处于一个新的稳定状态，从而使其难以恢复（Scheffer and Carpenter，2003；参见第 14 章的专题 14.1）。一个典型例子涉及海岸带生态系统对富营养化的响应：许多系统在营养负荷降低之后并未如预料的那样恢复，由于其他环境条件广泛地偏离基线，反馈机制往往将系统维持在所不希望看到的状态（Munkes，2005；Duarte et al.，2009；Carstensen et al.，2011；Krause-Jensen et al.，2008）。

第一个例子有关海草调节海岸带沉积动态。如"海草对环境与生物相互作用的影响"中所述，海草床能够减弱水流并稳定基底，从而降低泥沙再悬浮和浑浊度，提高光线的透射程度，改善海草的生长条件。相反，海草难以重返已丧失条件的生境（Nyström et al.，2012）。在荷兰的瓦登海，许多鳗草在 20 世纪 30 年代初因"消瘦病"（一种原生生物感染）和筑坝而消亡，而这些海草床再也未能恢复，尽管进行了各种修复尝试。模型模拟（van der Heide et al.，2007）和大尺度的相关研究（van der Heide et al.，2011）表明，泥沙的再悬浮是一种正反馈机制，可维持无植被状态并阻止鳗草的回归，而这一假设得到了大规模海草恢复后浑浊度急剧改善现象的支持（Orth et al.，2012）。

第二个例子中，许多沿海的海草床已经变成以短生的微型藻类和大型藻类为主，或被其所替代（Duarte，1995；Valiela et al.，1997）。这种转变通常是由富营养化和对藻类植食压力降低共同驱动的。一旦藻类开始占据优势，正反馈机制将打破海草床系统的平衡，并加强向藻类占优态势的变化。短生藻类的呼吸作用会减少含氧量，增强硫化物的入侵和提高海草的死亡率（Borum et al.，2012），减少中间食草动物的数量（Duarte，1995），并会降低大型捕食者的觅食效率（Pihl et al.，1995）。当海草床生境消失，大型捕食者的育苗场减少，从而进一步促进营养级联降低中间食草动物的数量和植食压力，使得藻垫积累（Williams and Heck，2001）。碎屑释放的营养物质会在沉积物中积累，刺激短生藻类的暴发，即便在环境改善之后（Sundback et al.，2003）。这种营养物质的循环形成了一个强烈的反馈机制，加剧了藻类占优的态势，如在白令海的格赖夫斯瓦尔德河口所见的一样（Munkes，2005）。

这些研究支持了 Valentine 和 Duffy（2006）提出的假设，浅水沉积基底会存在两种不同的替代稳定状态（图 12.10）。海草床的特征是海草的生物量，不仅能够提供避难场所，还能支撑大量中间食草动物，从而对藻类形成较高植食压力，维持较低的藻类生物量。这种状态对干扰具有抵抗力，因为海草能够绑定沉积物，保持水的清澈度和它们所需的光照水平，支撑食草动物的种群以阻止底栖藻类的暴发，甚至是在

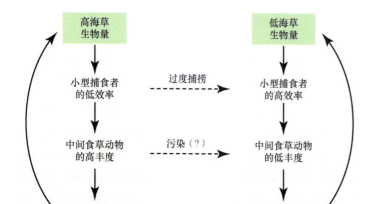

（A）海草占优　　　　　　　（B）藻类占优

图 12.10 沿海浅层沉积物基底替代生态系统状态的概念示意图，以及人类干扰在调节这些状态转变中的假设效应（仿自 Valentine and Duffy，2006）

高营养负荷或取食无脊椎动物鱼类数量较多的情况之下（Heck et al.，2000）。而替代的群落状态是底栖微型藻类或大型藻类占优，能够抵制海草定植。在高营养负荷情况下，竞争占优的藻类阻止了海草侵入（Valiela et al.，1997）。因此，一旦站稳脚跟，藻类会抵制密集海草种群的建立。每一种主要的人为胁迫都会将系统朝着藻类占优的状态推动，尽管机制不尽相同（图 12.10）。

这种反馈机制会增强海草床系统的退化，阻碍理想态势的回归，给海岸带管理者提出严峻挑战。关键的研究需求包括理解阻止或延缓退化生态系统恢复的阈值和反馈机制，寻找打破机制的办法。随后制定的管理措施必须在足够大的空间尺度上将多个反馈联系起来，以返回理想的生态系统（Nyström et al.，2012）。

海水升温　温度是控制所有代谢过程的基本因素，因而也是生态过程的基本控制要素。气候变化对生态系统影响的一个关键问题是温度升高如何影响关键群落过程和生态系统过程的速率（参见第 19 章）。一些研究显示，重要的温带海草物种生活在其耐受温度上界边缘下，因而对气候变化非常敏感。在地中海，生长缓慢的大洋波喜荡草（*P. oceanica*）的衰减有多种原因，但在过去十年中死亡率与极端高温事件相关（Marbà and Duarte，2010）。类似地，在欧洲（Reusch et al.，2005）和北美洲东部（Moore and Jarvis，2008），在近几年的热浪侵袭之下，鳗草都在大量消亡。这种温度相关的趋势可能归咎于温度诱导的呼吸作用速率上升，而光合作用无法补偿。这种变化也可能改变海草床系统的物种构成和群落结构，并对食物网产生影响。在美国加利福尼亚州南部，厄尔尼诺现象导致的温度变化造成川蔓草（*Ruppia maritima*）侵入原本更苗壮和多年生的鳗草系统；在北卡罗来纳州也有类似的例子，在温度较高的年份，莱氏二药草（*H. wrightii*）逐渐占据优势（Micheli et al.，2008），而在莱氏二药草系统中，底内无脊椎动物的数量和多样性较低。

但食物网的相互作用也非常重要，因为温度影响海草生产力、藻类生产力与植食速率之间的平衡。这种联系对于理解变暖背景下的海洋生态过程具有重要意义。代谢理论（Brown et al.，2004）和有限的室内实验与中型实验生态系实验的结果（O'Connor，2009；O'Connor et al.，2009）认为，温度升高会增强消费者对资源的控制。由于海洋植物—食草动物间相互作用的温度依赖性很少有野外实验验证，只能将观察数据与中型实验生态系相结合。一方面，在温带鳗草系统中开展的中型实验生态系实验发现，温度诱导的附生微型藻类暴发受到食草动物的抑制，而且食草动物多样性越高，其维持藻类低生物量的效率就越高，这在面对全球变暖、营养负荷与淡水径流波动等问题时具有重要意义（Blake and Duffy，2010，2012）；然而，另一个鳗草中型实验生态系的实验则显示，短生大型藻类对实验升温的反应超出了中间食草动物的消费作用，导致中间食草动物控制力在变暖条件下的损失（Eklöf et al.，2012）。后者的实验结果令人担忧，因为人们早已了解，鳗草的适应度在温度较高时较弱，因此变暖可能会使海草失去对藻类竞争的优势。这两个实验的结果都表明，中间食草动物集群的变化——例如，食物网扰动的结果——会加剧其他胁迫的影响，如富营养化与变暖。

海水酸化　与其他许多海洋生物不同，海草有望从水体中 CO_2 浓度上升中受益，因为碳可能是其限制因素（Durako，1993；Zimmerman et al.，1997）。正如预期的那样，龟裂泰来草（*T. testudinum*）（Durako，1993）、鳗草（*Z. marina*）（Zimmerman et al.，1997）和泰来草（*T. hemprichii*）（Jiang et al.，2010）的光合作用速率随着海水酸化和溶解 CO_2 浓度的增加而上升。但是，一项整合分析研究发现，迄今为止，在所有研究中（平均而言）酸化对海草光合作用的影响是中性的（Kroeker et al.，2010）。在更大时空尺度上，光合作用速率也许并非最好的反应指标：在长期提升 CO_2 浓度之后，鳗草的地下生物量与嫩枝产量增加，但仅仅在光照充足的情况下（Palacios and Zimmerman，2007）。在 pH 较低情况下，海草密度也会沿着自然梯度而增加（Hall-Spencer et al.，2008；Fabricius et al.，2011）。

海水酸化不仅影响植物自身，还会影响整个海草群落。海草本被寄予厚望，希望它能缓解酸化对相关生物或邻近钙化生物的胁迫。当海草光合作用旺盛时，其所利用的溶解 CO_2 能够超过呼吸作用所排放的，使海水的 pH 升高。这种海水 pH 的变化是否能够体现在较大空间尺度和海草床邻近的生境上取决于许多因素，但确实会发生（Beer et al.，2006；Unsworth et al.，2012）。最近的模型研究结果表明，自养的海草床群落能够促进邻近的珊瑚群落，提高其钙化率（Unsworth et al.，2012）。然而，热液口周围海水 pH 自然梯度的研究显示，酸化与钙质附生植物减少有关，尽管这些植物与海草叶密切相关（Hall-Spencer et al.，2008；Martin et al.，2008）。中型实验生态系的互补操控实验证实了酸化对钙质附生植物的负面影响（Martin et al.，

2008)。要更好地理解海水酸化对海草群落的影响，需要对海草对海水化学特征的响应与作用进行野外观测，研究这些效应如何随着关键环境胁迫要素（如温度、光照、营养富集和盐度等）的空间变化而被改变。

海草床的管理与恢复

由于沿海地区人类活动增加导致的全球海草生境加速丧失（Waycott et al.，2009）已经引起对海草床保护和管理的重视。最近 IUCN 主持的一项综合分析显示，有 10 种海草物种面临更高的灭绝风险，其中包括 3 种濒危物种，而这占到了全球海草物种的 14%（Short et al.，2011）。在过去十年里，包括海草床在内的海洋保护区数量以及遍布世界各地的海草床恢复监测项目的数量都有大量增长（Orth et al.，2006）。在欧洲，许多海草床正按照《欧盟栖息地指令》（European Habitat Directive）被列入海洋保护区，而保护东北大西洋海洋环境委员会（Protection of the Marine Environment of the North-East Atlantic，OSPAR）将鳗草属（Zostera）列入东北大西洋的受威胁种和衰退物种名单，建议各成员国对其进行制图、监测和设定管理计划（OSPAR，2012）。许多旨在改善海洋生态系统状况的国家或国际政策，如美国的《清洁水法》（U. S. Clean Water Act）和《国家河口计划》（National Estuary Program）、欧盟的《水框架指令》（Water Framework Directive）和《海洋战略框架指令》（Marine Strategy Framework Directive），都将海草作为评价生态系统质量或状态的指标（Borja et al.，2008，2012）。在澳大利亚的西澳洲，海草密度被用于确定是否依照法律强制执行补救措施，以减少扩散的污染源（Walker et al.，2006）。然而，我们对人类活动如何影响各种海草床指标所知甚少，并且大部分基于海草与应激源的相关关系（如 Krause-Jensen et al.，2008），而这与我们所需要的因果关系会有区别（Marbà et al.，2012）。此外，如"稳态转变与反馈机制"中所述，由于替代稳定状态、迟滞效应或基线的变化，对某种压力（如富营养化）增减的反应会不同，从而使得压力—响应关系十分复杂（Scheffer and Carpenter，2003；Duarte et al.，2009；Carstensen et al.，2011）。目前使用的指标过多也限制了在大尺度上评估的能力，特别是在欧洲，需要建立一个标准化的监测指标体系（Marbà et al.，2012））。

全球日益普遍采用的阻止海草床生境丧失的策略是开展海草恢复工作，通过种植海草（移植或播种）来恢复退化的生境。在美国，海草恢复工作已经开展了 60 多年（Addy，1947），自 20 世纪 80 年代起，世界各地开始了一些海草物种恢复工作，这既是恢复退化或已丧失生境的措施，也是对人类开发利用所影响的海草生境进行补偿的缓解项目（Fonseca et al.，1998；Orth et al.，2006；van Katwijk et al.，2009；Paling et al.，2009）。使用各种种植技术，包括植物成体和种子，并使用经过测试的标准方法进行选址、栽培和监测，一些物种的恢复已取得成功（Fonseca et al.，1998；Short et al.，2002；van Katwijk et al.，2009；参见第 22 章）。

然而，海草床恢复的成本高昂，而其成功与否存在很大变数。尽管已有一些海草床恢复成功的案例，但总体上，海草恢复项目的成功率低于 50%（Fonseca et al.，1998，Fonseca，2011；van Katwijk et al.，2009）。导致低成功率的一个常见原因是选址不当：有些恢复地点光照不足，基底不稳定，存在生物扰动，或者对海草过度植食（Fonseca et al.，1998，2011；Short et al.，2002；van Katwijk et al.，2009）。而且大部分恢复项目的规模相对较小（<1hm²；Orth et al.，2006），从而难以克服尺度依赖性的生物—非生物反馈机制，例如泥沙再悬浮会阻止向植被状态转变（van der Heide et al.，2007；Nyström et al.，2012）。在过去 10 年里，由于资源管理者愈发重视海草床所提供的生态系统服务，大尺度的移植计划也越来越多（Orth et al.，2006）。最近在美国东海岸的一个成功的大型鳗草生境恢复项目（125hm²，近 4000 万颗种子）证明了尺度依赖性反馈机制的重要性（见"稳态转变与反馈机制"）。

结论与展望

自 Williams 和 Heck（2001）的综述之后，我们对海草床群落的认知又取得了根本性的进步。现有证据非常清楚地表明，植物性能的非生物驱动力，如光照和养分，对植物至关重要，但并非控制海草生物量与分布的唯一要素，在有些情况下，甚至不是作用力最强的因素。在各种系统，越来越多精心设计的野外实验和仔细观察证实，生活在海草床中的动物常常会深刻影响这些生态系统的结构、生产力，甚至存在与否。在一些区域，包括瑞典和切萨皮克湾，证据清晰地显示，中间食草动物取食藻类，并维持海草优势的互惠型伙伴关系。但中间食草动物也会产生负面作用，海草食物网复杂的自然特征使预测食物网变化的影响较为困难。

全球景观尺度上的海草床群落

我们越来越清楚，地球的生态系统以及依赖于它们的人类，在各种尺度上相互关联。其中至少存在两点连通性，值得进一步研究。首先是地理空间。尽管我们对海草群落生态学的理解大部分来自欧洲和北美洲的温带河口。即便在如此有限的样本中，仍然出现如此之多控制海草床群落的过程与相互作用（图 12.6）。而欧洲、北美洲和澳大利亚之外的热带海草床群落仍需得到进一步研究，以评估本章所讨论的那些模式的普遍性。例如，澳大利亚沙克湾（Shark Bay）相对原始的海草床孕育着大量的中型食草脊椎动物（海龟、儒艮），以及它们的捕食者（虎鲨）。有迹象表明，在该系统中存在着强烈的植食活动自上而下的控制，进而级联影响到植物（Heithaus et al.，2012）。有针对性的地理比较，有助于确定海草床群落生态变化的大尺度驱动因素。鳗草实验网络（*Zostera* Experimental Network，www.zenscience.org）的对比实验研究就是这一研究方向的开始，该研究旨在整合海草床群落局部相互作用的实验研究和大尺度对比研究，从而检验这些研究结果如何随温度、养分供应和其他重要环境变量的全球梯度而发生变化。

第二点是景观尺度上的连通性。我们已总结了，无论是陆地还是海洋，海草床和其他生态系统之间的物质通量与生物移动，能够影响种群过程和生态系统过程。但这种连通性在群落、集合群落，以及景观水平上的影响尚未得以研究，有待将来的研究进一步完善。检验海草床生境在景观尺度上与其他生境相互作用，有助于了解景观生态学的基本问题，对保护与管理原本相互连接却面临多种胁迫、日益破碎的海洋生境具有重要实践价值。这种景观尺度的问题对于海洋保护区的设计与成功也至关重要。

海草床生态系统的生物多样性与功能

海草床系统为结构（物种、遗传结构、物种丰富度等）与功能（生产力、养分循环和营养传递等）关系的基础研究提供了有价值的模型。但这一工作引出了许多问题。微生物在塑造海草床群落结构的作用仍然是一个"黑箱子"，尽管有极少数研究表明，致病微生物（如消瘦病毒导致萎缩病的微生物）和有益细菌（如双壳类中的硫化物氧化细菌；van der Heide et al.，2012）对海草及其群落的地表和地下部分都有重要影响。分子技术可用性、可负担性和精细化都为深入理解海草—微生物相互作用中的宏观生态学和微生物生态学之间的关系提供了更多令人兴奋的机会。

第二个研究前沿是确定联系生物多样性与生态过程的机制。先前的研究支持海草的生态性能取决于基础种遗传多样性的理论：食草动物集群多样性越高，食草作用的生产力和效率就更高。但是，为什么呢？大部分海草遗传多样性的操控实验侧重于基因型的数量，然而，遗传多样性的不同测量方法可能会产生不同的结果（Arnaud-Haond et al.，2007；Hughes et al.，2008）。在一项自然种群的调查中，鳗草密度与基因型丰富度和基因型多样性呈正相关关系，但与杂合度无关（Hughes and Stachowicz，2009）。相比单纯的基因型的个数，遗传亲缘系数（Genetic relatedness）可能是更好的性能预测指标（Stachowicz et al.，2013）。此外，大部分对海草遗传多样性的生态影响的研究都是在单一物种鳗草上开展的。对鳗草多样性操控的实验显示，多样性对植物自身与其所支撑的无脊椎动物都有一致性的正面影响（Hughes and Stachowicz，2004；Reusch et al.，2005；Reynolds et al.，2012b）。但这种效应是 Z. marina 独有的吗？除 Arnaud-Haond 等（2010）对大洋波喜荡草（P. oceanica）的研究之外，很少有关注多样性和其他海草物种的性能关系的研究。

变化世界中的海草床

我们对海草床群落如何组织和运作的理解快速发展，这着实令人兴奋。但塑造这些群落的相互作用的复杂性和特征也令人警醒。海草床生态系统受到了威胁，并在全球范围内迅速变化。这些重要生境中相互作用的复杂性对预测与管理这些变化提出了严峻挑战。这一挑战是快速变化的全球生态圈的一个缩影：我们已经了解了很多，比如温度上升、酸化、营养负荷以及强烈偏斜的食物网会如何在生理和种群水平上影响物种，但我们对复杂的、相互作用的群落会对这些应激源做出何种响应的预测缺少一些普遍规律，而这些应激源自身也是相互作用的。随着人类世（Anthropocene）时代的到来，确定这些规律也许是群落生态学中最核心的挑战。

致谢

本章由美国国家科学基金会授予 J. Emmett Duffy 的项目（OCE-1031061）和授予 A. Randall Hughes 的项目（DEB-0928279）资助。感谢 Pamela Reynolds、Jay Stachowicz、J. J. Orth 和鳗草实验网络（*Zostera* Experimental Network，ZEN）成员的评论和讨论。

引用文献

Addy, C. E. 1947. Eelgrass planting guide. *Maryland Conserv.* 24: 16–17.

Agostini, S., J. M. Desjobert, and G. Pergent. 1998. Distribution of phenolic compounds in the seagrass *Posidonia oceanica*. *Phytochemistry* 48: 611–617.

Alcoverro, T., M. Manzanera, and J. Romero. 2000. Nutrient mass balance of the seagrass *Posidonia oceanica*: The importance of nutrient retranslocation. *Mar. Ecol. Prog. Ser.* 194: 13–21.

Alcoverro, T., M. Perez, and J. Romero. 2004. Importance of within-shoot epiphyte distribution for the carbon budget of seagrasses: The example of *Posidonia oceanica*. *Botanica Marina* 47: 307–312.

Allen, B. and S. Williams. 2003. Native eelgrass *Zostera marina* controls growth and reproduction of an invasive mussel through food limitation. *Mar. Ecol. Prog. Ser.* 254: 57–67.

Allin, C. C. and T. P. Husband. 2003. Mute swan (*Cygnus olor*) impact on submerged aquatic vegetation and macroinvertebrates in a Rhode Island coastal pond. *Northeast. Nat.* 10: 305–318.

Arnaud-Haond, S., C. M. Duarte, F. Alberto, and E. A. Serrao. 2007. Standardizing methods to address clonality in population studies. *Mol. Ecol.* 16: 5115–5139.

Arnaud-Haond, S., N. Marbà, E. Diaz Almela, et al. 2010. Comparative analysis of stability-genetic diversity in seagrass (*Posidonia oceanica*) meadows yields unexpected results. *Estuaries Coast* 33: 878–889.

Backman, T. W. H. and D. C. Barilotri. 1976. Irradiance reduction: Effects on standing crops of eelgrass in a coastal lagoon. *Mar. Biol.* 34: 33-40.

Baden, S., C. Boström, S. Tobiasson, et al. 2010. Relative importance of trophic interactions and nutrient enrichment in seagrass ecosystems: A broad-scale field experiment in the Baltic-Skagerrak area. *Limnol. Oceanogr.* 55: 1435–1448.

Baden, S., A. Emanuelsson, L. Pihl, et al. 2012. Shift in seagrass food web structure over decades is linked to overfishing. *Mar. Ecol. Prog. Ser.* 451: 61–73.

Baden, S., M. Gullström, B. Lundén, et al. 2003. Vanishing seagrass (*Zostera marina*, L.) in Swedish coastal waters. *Ambio* 32: 374–377.

Barbier, E. B., S. D. Hacker, C. Kennedy, et al. 2011. The value of estuarine and coastal ecosystem services. *Ecol. Monogr.* 81: 169–193.

Beck, M. W., K. L. Heck Jr, K. W. Able, et al. 2001. The identification, conservation, and management of estuarine and marine nurseries for fish and invertebrates. *BioScience* 51: 633–641.

Beer, S., M. Mtolera, T. Lyimo, et al. 2006. The photosynthetic performance of the tropical seagrass *Halophila ovalis* in the upper intertidal. *Aquat. Bot.* 84: 367–371.

Bell, S. S., M. S. Fonseca, and N. B. Stafford. 2006. Seagrass ecology: New contributions from a landscape perspective. In, *Seagrasses: Biology, Ecology, and Conservation* (A. W. D. Larkum, R. J. Orth, and C. M. Duarte, eds.), pp. 625–645. New York, NY: Springer.

Bell, S. S., M. O. Hall, and M. S. Fonseca. 1994. Evaluation of faunal and floral attributes of seagrass beds in high and low energy regimes: A geographic comparison. In, *Changes in Fluxes in Estuaries: Implications from Science to Management* (K. R. Dyer and R. J. Orth, eds.), pp. 267–272. Fredensborg, Denmark: Olsen and Olsen.

Bell, S. S., M. O. Hall, and B. D. Robbins. 1995. Toward a landscape approach in seagrass beds: Using macroalgal accumulation to address questions of scale. *Oecologia* 104: 163–168.

Best, R. and J. Stachowicz. 2012. Trophic cascades in seagrass meadows depend on mesograzer variation in feeding rates, predation susceptibility, and abundance. *Mar. Ecol. Prog. Ser.* 456: 29–42.

Blake, R. E. and J. E. Duffy. 2010. Grazer diversity affects resistance to multiple stressors in an experimental seagrass ecosystem. *Oikos* 119: 1625–1635.

Blake, R. E. and J. E. Duffy. 2012. Changes in biodiversity and environmental stressors influence community structure of an experimental eelgrass *Zostera marina* system. *Mar. Ecol. Prog. Ser.* 470: 41–54.

Bologna, P. A. X. and K. L. Heck. 2000. Impacts of seagrass habitat architecture on bivalve settlement. *Estuaries* 23: 449–457.

Borja, A., A. Basset, S. Bricker, et al. 2012. Classifying ecological quality and integrity of estuaries. In, *Treatise on Estuarine and Coastal Science, Vol 1*. (D. McLusky and E. Wolanski, eds.), pp. 125–162. Waltham, MA: Elsevier.

Borja, A., S. B. Bricker, D. M. Dauer, et al. 2008. Overview of integrative tools and methods in assessing ecological integrity in estuarine and coastal systems worldwide. *Mar. Pollut. Bull.* 56: 1519–1537.

Borum, J., R. K. Gruber, and W. M. Kemp. 2012. Seagrass and related submersed vascular plants. In, *Estuarine Ecology*, 2nd edition. (J. W. Day, B. C. Crump, M. W. Kemo, and A. Yanez-Aaracibia, eds.). Hoboken, NJ: Wiley-Blackwell.

Boström, C., E. L. Jackson, and C. A. Simenstad. 2006. Seagrass landscapes and their effects on associated fauna: A review. *Estuar. Coast. Shelf Sci.* 68: 383–403.

Brawley, S. H. 1992. Mesoherbivores. In, *Plant-Animal Interactions in the Marine Benthos* (D. John, S. Hawkins, and J. Price, eds.), pp. 235–263. Oxford, UK: Oxford University Press.

Bronstein, J. L. 1994. Our current understanding of mutualism. *Q. Rev. Biol.* 69: 31–51.

Brown, J., J. Gillooly, A. Allen, et al. 2004. Toward a metabolic theory of ecology. *Ecology* 85: 1771–1789.

Brun, F. G., E. van Zetten, E. Cacabelos, and T. J. Bouma. 2009. Role of two contrasting ecosystem engineers (*Zostera noltii* and *Cymodocea nodosa*) on the food intake rate of *Cerastoderma edule*. *Helgol. Mar. Res.* 63: 19–25.

Bruno, J. F. and M. D. Bertness. 2001. Habitat modification and facilitation in benthic marine communities. In, *Marine Community Ecology* (M. D. Bertness, S. D. Gaines, and M. E. Hay, eds.), pp. 201–218. Sunderland, MA: Sinauer Associates.

Burkepile, D. E. and M. E. Hay. 2006. Herbivore vs. nutrient control of marine primary producers: Context-dependent effects. *Ecology* 87: 3128–3139.

Byrnes, J. E., P. L. Reynolds, J. J. Stachowicz, and D. Lusseau. 2007. Invasions and extinctions reshape coastal marine food webs. *PLoS ONE* 2: e295. doi: 10.1371/journal.pone.0000295

Carpenter, S. R., J. Kitchell, and J. Hodgson. 1985. Cascading trophic interactions and lake productivity. *BioScience* 35: 634–639.

Carstensen, J., M. Sánchez-Camacho, C. M. Duarte, et al. 2011. Connecting the dots: Responses of coastal ecosystems to changing nutrient concentrations. *Environ. Sci. Technol.* 45: 9122–9132.

Carroll, J. M., B. T. Furman, S. T. Tettelbach, and B. J. Peterson. 2012. Balancing the edge effects budget: Bay scallop settlement and loss along a seagrass edge. *Ecology* 93: 1637–1647.

Claydon, J., M. C. Calosso, and S. B. Traiger. 2012. Progression of invasive lionfish in seagrass, mangrove and reef habitats. *Mar. Ecol. Prog. Ser.* 448: 119–129.

Cohen, A. N. and J. T. Carlton. 1995. *Nonindigenous Aquatic Species in a United States Estuary: A Case Study of the Biological Invasions of the*

San Francisco Bay and Delta. Washington, DC: U.S. Fish and Wildlife Service.

Cook, K., M. Vanderklift, and A. Poore. 2011. Strong effects of herbivorous amphipods on epiphyte biomass in a temperate seagrass meadow. *Mar. Ecol. Prog. Ser.* 442: 263–269.

Costanza, R., R. d'Arge, R. de Groot, et al. 1997. The value of the world's ecosystem services and natural capital. *Nature* 387: 253–260.

Davis, R. C., F. T. Short, and D. M. Burdick. 1998. Quantifying the effects of green crab damage to eelgrass transplants. *Restor. Ecol.* 6: 297–302

Dayton, P. and R. Hessler. 1972. Role of biological disturbance in maintaining diversity in the deep sea. *Deep-Sea Res.* 19: 199–204.

Dennison, W. C. 1987. Effects of light on seagrass photosynthesis, growth, and depth distribution. *Aquat. Bot.* 27: 15–26.

Dennison, W. C. and R. S. Alberte. 1982. Photosynthetic responses of *Zostera marina* to in situ manipulations of light intensity. *Oecologia* 55: 137–144.

Dennison, W. C. and R. S. Alberte. 1985. Role of daily light period in the depth distribution of *Zostera marina* (eelgrass). *Mar. Ecol. Prog. Ser.* 25: 51–61.

Dennison, W. C., R. C. Aller, and R. S. Alberte. 1987. Sediment ammonium availability and eelgrass (*Zostera marina*) growth. *Mar. Biol.* 94: 469–477.

Dennison, W., R. Orth, K. Moore, et al. 1993. Assessing water quality with submersed aquatic vegetation. *BioScience* 43: 86–94.

Dorenbosch, M., M. G. G. Grol, I. Nagelkerken, and G. van der Velde. 2006. Seagrass beds and mangroves as potential nurseries for the threatened Indo-Pacific humphead wrasse, *Cheilinus undulatus* and Caribbean rainbow parrotfish, *Scarus guacamaia*. *Biol. Conserv.* 129: 277–282.

Douglass, J., J. Duffy, A. Spivak, and J. Richardson. 2007. Nutrient versus consumer control of community structure in a Chesapeake Bay eelgrass habitat. *Mar. Ecol. Prog. Ser.* 348: 71–83.

Drouin, A., C. W. McKindsey, and L. E. Johnson. 2011. Higher abundance and diversity in faunal assemblages with the invasion of *Codium fragile* ssp. *fragile* in eelgrass meadows. *Mar. Ecol. Prog. Ser.* 424: 105–117.

Drouin, A., C. W. McKindsey, and L. E. Johnson. 2012. Detecting the impacts of notorious invaders: Experiments versus observations in the invasion of eelgrass meadows by the green seaweed *Codium fragile*. *Oecologia* 168: 491–502.

Duarte, C. 1991. Seagrass depth limits. *Aquat. Bot.* 40: 363–377.

Duarte, C. M. 1995. Submerged aquatic vegetation in relation to different nutrient regimes. *Ophelia* 41: 87–112.

Duarte, C. M. 2002. The future of seagrass meadows. *Environ. Conserv.* 29: 192–206.

Duarte, C. M., J. J. Middelburg, and N. Caraco. 2005. Major role of marine vegetation on the oceanic carbon cycle. *Biogeosciences* 2: 1–8.

Duarte C. M., D. J. Conley, J. Carstensen, and M. Sánchez-Camacho. 2009. Return to Neverland: Shifting baselines affect eutrophication restoration targets. *Estuaries Coast* 32: 29–36.

Duarte, C. M., H. Kennedy, N. Marbà, and I. Hendriks. 2011. Assessing the capacity of seagrass meadows for carbon burial: Current limitations and future strategies. *Ocean Coast. Manag.* doi: 10.1016/j.ocecoaman.2011.09.001

Duarte, C. M., N. Marbà, D. Krause-Jensen, and M. Sanchez-Camacho. 2007. Testing the predictive power of seagrass depth limit models. *Estuaries Coasts* 30: 652–656.

Duarte, C. M., N. Marbà, E. Gacia, J. W. Fourqurean, et al. 2010. Seagrass community metabolism: Assessing the carbon sink capacity of seagrass meadows. *Global Biogeochem. Cycles* 24: GB4032.

Duffy, J. E. 2002. Biodiversity and ecosystem function: The consumer connection. *Oikos* 99: 201–219.

Duffy, J. 2006. Biodiversity and the functioning of seagrass ecosystems. *Mar. Ecol. Prog. Ser.* 311.

Duffy, J. E. 2009. Why biodiversity is important to the functioning of real-world ecosystems. *Front. Ecol. Environ.* 7: 437–444.

Duffy, J. E. 2010. Biodiversity effects: Trends and exceptions—a reply to Wardle and Jonsson. *Front. Ecol. Environ.* 8: 11–12.

Duffy, J. E., J. P. Richardson, and E. A. Canuel. 2003. Grazer diversity effects on ecosystem functioning in seagrass beds. *Ecol. Lett.* 6: 637–645.

Duffy, J. E., J. P. Richardson, and K. France. 2005. Ecosystem consequences of diversity depend on food chain length in estuarine vegetation. *Ecol. Lett.* 8: 301–309.

Duffy, J. E., K. S. Macdonald, J. M. Rhode, and J. D. Parker. 2001. Grazer diversity, functional redundancy, and productivity in seagrass beds: An experimental test. *Ecology* 82: 2417–2434.

Durako, M. J. 1993. Photosynthetic utilization of CO_2(aq) and HCO_3 in

Thalassia testudinum (Hydrocharitaceae). *Mar. Biol.* 115: 373–380.

Eckman, J. E. 1983. Hydrodynamic processes affecting benthic recruitment. *Limnol. Oceanogr.* 28: 241–257.

Edgar, G. and C. Shaw. 1995. The production and trophic ecology of shallow-water fish assemblages in southern Australia III. General relationships between sediments, seagrasses, invertebrates and fishes. *J. Exp. Mar. Biol. Ecol.* 194: 107–131.

Ehlers, A., B. Worm, and T. Reusch. 2008. Importance of genetic diversity in eelgrass *Zostera marina* for its resilience to global warming. *Mar. Ecol. Prog. Ser.* 355: 1–7.

Eklöf, J. S., C. Alsterberg, J. N. Havenhand, et al. 2012. Experimental climate change weakens the insurance effect of biodiversity. *Ecol. Lett.* 15: 864–872.

Eklöf, J. S., M. de la Torre-Castro, M. Gullström, et al. 2008. Sea urchin overgrazing of seagrasses: A review of current knowledge on causes, consequences, and management. *Estuar. Coast. Shelf Sci.* 79: 569–580.

Ellison, A., M. Bank, B. Clinton, and E. Colburn. 2005. Loss of foundation species: consequences for the structure and dynamics of forested ecosystems. *Front. Ecol. Environ.* 3: 479–486.

Elser, J., M. Bracken, E. Cleland, et al. 2007. Global analysis of nitrogen and phosphorus limitation of primary producers in freshwater, marine and terrestrial ecosystems. *Ecol. Lett.* 10: 1135–1142.

Eriksson, B. K., K. Sieben, J. Eklöf, L. Ljunggren, et al. 2011. Effects of altered offshore food webs on coastal ecosystems emphasize the need for cross-ecosystem management. *Ambio* 40: 786–797.

Estes, J. A., J. Terborgh, J. S. Brashares, et al. 2011. Trophic downgrading of planet Earth. *Science* 333: 301–306.

Fabricius, K. E., C. Langdon, and S. Uthicke. 2011. Losers and winners in coral reefs acclimatized to elevated carbon dioxide concentrations. *Nat. Clim. Change* 1: 165–169.

Fonseca, M. S. 2011. Addy Revisited: What Has Changed with Seagrass Restoration in 64 Years? *Ecol. Restor.* 29: 73–81.

Fonseca, M. S., J. S. Fisher, J. C. Zieman, and G. W. Thayer. 1982. Influence of the seagrass, *Zostera-marina* L. on current flow. *Estuar. Coast. Shelf Sci.* 15: 351–358.

Fonseca, M. S., W. J. Kenworthy, and G. W. Thayer. 1998. Guidelines for conservation and restoration of seagrass in the United States and adjacent waters. *NOAA/NMFS Coastal Ocean Program Decision Analysis Series 12.* Silver Spring, MD: NOAA Coastal Ocean Office.

Fourqurean, J. W., C. M. Duarte, H. Kennedy, et al. 2012. Seagrass ecosystems as a globally significant carbon stock. *Nat. Geosci.* 5: 1–5.

France, K. E. and J. E. Duffy. 2006a. Consumer diversity mediates invasion dynamics at multiple trophic levels. *Oikos* 113: 515–529.

France, K. E. and J. E. Duffy. 2006b. Diversity and dispersal interactively affect predictability of ecosystem function. *Nature* 441: 1139–1143.

Frometin J.-M., N. C. Stenseth, J. Gsosaeter, et al. 1998. Long-term fluctuations in cod and pollack along the Norwegian Skagerrak coast. *Mar. Ecol. Ser.* 162: 265–278.

Gambi, M. C., A. R. M. Nowell, and P. A. Jumars. 1990. Flume observations on flow dynamics in *Zostera marina* (Eelgrass) beds. *Mar. Ecol. Prog. Ser.* 61: 159–169.

Garbary, D. J., S. J. Fraser, C. Hubbard, and K. Y. Kim. 2004. *Codium fragile*: Rhizomatous growth in the *Zostera* thief of eastern Canada. *Helgol. Mar. Res.* 58: 141–146.

Gorman, A. M., R. S. Gregory, and D. C. Schneider. 2009. Eelgrass patch size and proximity to the patch edge affect predation risk of recently settled age 0 cod (*Gadus*). *J. Exp. Mar. Biol. Ecol.* 371: 1–9.

Grabowski, J. H., A. R. Hughes, D. L. Kimbro, and M. A. Dolan. 2005. How habitat setting influences restored oyster reef communities. *Ecology* 86: 1926–1935.

Green, E. P. and F. T. Short. 2003. *World Atlas of Seagrasses.* Berkeley, CA: University of California Press.

Hall-Spencer, J. M., R. Rodolfo-Metalpa, S. Martin, et al. 2008. Volcanic carbon dioxide vents show ecosystem effects of ocean acidification. *Nature* 454: 96–99.

Hays, C. G. 2005. Effect of nutrient availability, grazer assemblage and seagrass source population on the interaction between *Thalassia testudinum* (turtle grass) and its algal epiphytes. *J. Exp. Mar. Biol. Ecol.* 314: 53–68.

Hauxwell, J., J. Cebrián, C. Furlong, and I. Valiela. 2001. Macroalgal canopies contribute to eelgrass (*Zostera marina*) decline in temperate estuarine ecosystems. *Ecology* 82: 1007–1022.

Hector, A. and R. Bagchi. 2007. Biodiversity and ecosystem multifunctionality. *Nature* 448: 188–190.

Heck, K. L. and J. Valentine. 2006. Plant–herbivore interactions in seagrass meadows. *J. Exp. Mar. Biol. Ecol.* 330: 420–436.

Heck, K. and J. Valentine. 2007. The primacy of top-down effects in shallow benthic ecosystems. *Estuaries Coast* 30: 371–381.

Heck, K. L., G. Hays, and R. J. Orth. 2003. Critical evaluation of the nursery role hypothesis for seagrass meadows. *Mar. Ecol. Prog. Ser.* 253: 123–136.

Heck, K. L., Jr., T. J. B. Carruthers, C. M. Duarte, et al. 2008. Trophic transfers from seagrass meadows subsidize diverse marine and terrestrial consumers. *Ecosystems* 11: 1198–1210.

Heck, K., Jr, J. Pennock, J. Valentine, et al. 2000. Effects of nutrient enrichment and small predator density on seagrass ecosystems: An experimental assessment. *Limnol. Oceanogr.* 45: 1041–1057.

Heck, K., J. Valentine, J. Pennock, et al. 2006. Effects of nutrient enrichment and grazing on shoalgrass *Halodule wrightii* and its epiphytes: Rsults of a field experiment. *Mar. Ecol. Prog. Ser.* 326: 145–156.

Heithaus, M. R., A. J. Wirsing, and L. M. Dill. 2012. The ecological importance of intact top-predator populations: A synthesis of 15 years of research in a seagrass ecosystem. *Mar. Freshw. Res.* 63: 1039.

Hemminga, M. A. and C. M. Duarte. 2000. *Seagrass Ecology.* Cambridge, UK: Cambridge University Press.

Hendriks, I. E., T. Sintes, T. J. Bouma, and C. M. Duarte. 2008. Experimental assessment and modeling evaluation of the effects of the seagrass *Posidonia oceanica* on flow and particle trapping. *Mar. Ecol. Prog. Ser.* 356: 163–173.

Hoffle, H., M. S. Thomsen, and M. Holmer. 2011. High mortality of *Zostera marina* under high temperature regimes but minor effects of the invasive macroalgae *Gracilaria vermiculophylla. Estuar. Coast. Shelf Sci.* 92: 35–46.

Hughes, A. R. and J. J. Stachowicz. 2004. Genetic diversity enhances the resistance of a seagrass ecosystem to disturbance. *Proc. Natl. Acad. Sci. (USA)* 101: 8998–9002.

Hughes, A. R. and J. J. Stachowicz. 2009. Ecological impacts of genotypic diversity in the clonal seagrass *Zostera marina. Ecology* 90: 1412–1419.

Hughes, A. R. and J. J. Stachowicz. 2011. Seagrass genotypic diversity increases disturbance response via complementarity and dominance. *J. Ecol.* 99: 445–453.

Hughes, A. R., R. J. Best, and J. Stachowicz. 2010. Genotypic diversity and grazer identity interactively influence seagrass and grazer biomass. *Mar. Ecol. Prog. Ser.* 403: 43–51.

Hughes, A. R., J. J. Stachowicz, and S. L. Williams. 2009a. Morphological and physiological variation among seagrass (*Zostera marina*) genotypes. *Oecologia* 159: 725–733.

Hughes, A. R., K. J. Bando, L. F. Rodriguez, and S. L. Williams. 2004. Relative effects of grazers and nutrients on seagrasses: A meta-analysis approach. *Mar. Ecol. Prog. Ser.* 282: 87–99.

Hughes, A. R., B. D. Inouye, M. T. J. Johnson, et al. 2008. Ecological consequences of genetic diversity. *Ecol. Lett.* 11: 609–623.

Hughes, A. R., S. L. Williams, C. M. Duarte, et al. 2009b. Associations of concern: Declining seagrasses and threatened dependent species. *Front. Ecol. Environ.* 7: 242–246.

Hyndes, G. A., P. S. Lavery, and C. Doropoulos. 2012. Dual processes for cross-boundary subsidies: Incorporation of nutrients from reef-derived kelp into a seagrass ecosystem. *Mar. Ecol. Prog. Ser.* 445: 97–107.

Iizumi, H. and A. Hattori. 1982. Growth and organic production of eelgrass (*Zostera marina* L.) in temperate waters of the Pacific coast of Japan. III. The kinetics of nitrogen uptake. *Aquat. Bot.* 12: 245–256.

Irlandi, E. A. and M. K. Crawford. 1997. Habitat linkages: The effect of intertidal saltmarshes and adjacent subtidal habitats on abundance, movement, and growth of an estuarine fish. *Oecologia* 110: 222–230.

Irlandi, E. A. and C. H. Peterson. 1991. Modification of animal habitat by large plants: Mechanisms by which seagrasses influence clam growth. *Oecologia* 87: 307–318.

Irving, A. D., S. D. Connell, and B. D. Russell. 2011. Restoring coastal plants to improve global carbon storage: Reaping what we sow. *PLoS ONE* 6: e18311.

Jackson, J. B., M. X. Kirby, W. H. Berger, et al. 2001. Historical overfishing and the recent collapse of coastal ecosystems. *Science* 293: 629–637.

Jelbart, J. E., P. M. Ross, and R. M. Connolly. 2007. Fish assemblages in seagrass beds are influenced by the proximity of mangrove forests. *Mar. Biol.* 150: 993–1002.

Jernakoff, P., A. Brearley, and J. Nielsen. 1996. Factors affecting grazer-epiphyte interactions in temperate seagrass meadows. *Oceangr. Mar. Biol. Annu. Rev.* 34: 109–162.

Jephsson, T., P. Nyström, P.-O. Moksnes, and S. Baden. 2008. Trophic interactions within *Zostera marina* beds along the Swedish coast. *Mar. Ecol. Prog. Ser.* 369: 63–76.

Jiang, Z. J., X.-P. Huang, and J.-P. Zhang. 2010. Effects of CO_2 enrichment on photosynthesis, growth, and biochemical composition of seagrass *Thalassia hemprichii* (Ehrenb.) aschers. *J. Integr. Plant Biol.* 52: 904–913.

Källström, B., A. Nyqvist, P. Aberg, P., et al. 2008. Seed rafting as a dispersal strategy for eelgrass (*Zostera marina*). *Aquat. Bot.* 88: 148–153.

Kamel, S. J., A. R. Hughes, R. K. Grosberg, and J. J. Stachowicz. 2012. Fine-scale genetic structure and relatedness in the eelgrass *Zostera marina. Mar. Ecol. Prog. Ser.* 447: 127–137.

Kendrick, G. A., M. Waycott, T. J. B. Carruthers, et al. 2012. The central role of dispersal in the maintenance and persistence of seagrass populations. *BioScience* 62: 56–65.

Kennedy, H., J. Beggins, C. M. Duarte, et al. 2010. Seagrass sediments as a global carbon sink: Isotopic constraints. *Global Biogeochem. Cycles* 24: GB4026.

Koch, E. W. 1994. Hydrodynamics, diffusion-boundary layers and photosynthesis of the seagrasses *Thalassia testudinum* and *Cymodocea nodosa. Mar. Biol.* 118: 767–776.

Koch, E. W. 1996. Hydrodynamics of a shallow *Thalassia testudinum* bed in Florida, USA. In, *Seagrass Biology. Proceedings of an International Workshop, Rottnest Island, Jan 25–29, 1996* (J. Kuo, R. C. Phillips, D. I. Walker, and H. Kirkman, eds.), pp. 105–110. Perth, Australia: University of Western Australia.

Krause-Jensen, D., S. Sagert, H. Schubert, and C. Boström. 2008. Empirical relationships linking distribution and abundance of marine vegetation to eutrophication. *Ecol. Indic.* 8: 515–529.

Kroeker, K. J., R. L. Kordas, R. N. Crim, and G. G. Singh. 2010. Metaanalysis reveals negative yet variable effects of ocean acidification on marine organisms. *Ecol. Lett.* 13: 1419–1434.

Larkum, A. W. D., R. J. Orth, and C. Duarte. 2006. *Seagrasses: Biology, Ecology and Conservation.* Dordrecht, The Netherlands: Springer.

Lee, K., S. Park, and Y. Kim. 2007. Effects of irradiance, temperature, and nutrients on growth dynamics of seagrasses: A review. *J. Exp. Mar. Biol. Ecol.* 350: 144–175.

Les, D. H., M. A. Cleland, and M. Waycott. 1997. Phylogenetic studies in Alismatidae, II: Evolution of marine angiosperms (seagrasses) and hydrophily. *Syst. Bot.* 22: 443–463.

Lewis, L. S. and T. W. Anderson. 2012. Top-down control of epifauna by fishes enhances seagrass production. *Ecology* 93: 2746–2757.

López-Urrutia, Á., E. San Martin, R. P. Harris, and X. Irigoien. 2006. Scaling the metabolic balance of the oceans. *Proc. Natl. Acad. Sci.(USA)* 103: 8739–8744.

Macreadie, P. I., K. Allen, B. P. Kelaher, et al. 2012. Paleoreconstruction of estuarine sediments reveal human-induced weakening of coastal carbon sinks. *Glob. Chang. Biol.* 18: 891–901.

Macreadie, P. I., J. Hindell, G. P. Jenkins, R. M. Connolly, and M. J. Keough. 2010a. Fish responses to experimental fragmentation of seagrass habitat. *Conserv. Biol.* 23: 644–652.

Macreadie, P. I., J. S. Hindell, M. J. Keough, G. P. Jenkins, and R. Connolly. 2010b. Resource distribution influences positive edge effects in a seagrass fish. *Ecology* 91: 2013–2021.

Marbà, N. and C. Duarte. 2010. Mediterranean warming triggers seagrass (*Posidonia oceanica*) shoot mortality. *Glob. Chang. Biol.* 16: 2366–2375.

Marbà, N., D. Krause-Jensen, T. Alcoverro, et al. 2012. Diversity of European seagrass indicators: Patterns within and across regions. *Hydrobiologia* 704: 265–278.

Martin, S., R. Rodolfo-Metalpa, E. Ransome, S. Rowley, M.-C. Buia, J.-P. Gattuso, and J. Hall-Spencer. 2008. Effects of naturally acidified seawater on seagrass calcareous epibionts. *Biol. Lett.* 4: 689–692.

Mateo, M. A., J. Cebrian, K. Dunton, and T. Mutchler. 2006. Carbon flux in seagrass ecosystems. In, *Seagrasses: Biology, Ecology, and Conservation* (A. W. D. Larkum, R. J. Orth, and C. M. Duarte, eds.), pp. 159–192. Dordrecht, The Netherlands: Springer.

McArthur, L. and J. Boland. 2006. The economic contribution of seagrass to secondary production in South Australia. *Ecol. Model.* 196: 163–172.

Mcleod, E., G. L. Chmura, S. Bouillon, et al. 2011. A blueprint for blue carbon: Toward an improved understanding of the role of vegetated coastal habitats in sequestering CO_2. *Front. Ecol. Environ.* 9: 552–560.

McRoy, C. P. and C. Helfferich. 1977. *Seagrass Ecosystems: A Scientific Perspective.* New York, NY: Dekker.

Meyer, J. L. and E. T. Schultz. 1985a. Migrating haemulid fishes as a source of nutrients and organic matter on coral reefs. *Limnol. Oceanogr.* 30: 146–156.

Meyer, J. L. and E. T. Schultz. 1985b. Tissue condition and growth rate of corals associated with schooling fish. *Limnol. Oceanogr.* 30: 157–166.

Micheli, F., M. Bishop, C. Peterson, and J. Rivera. 2008. Alteration of seagrass species composition and function over two decades. *Ecol. Monogr.* 78: 225–244.

Micheli, F. and C. Peterson. 1999. Estuarine vegetated habitats as corridors for predator movements. *Conserv. Biol.* 13: 869–881.

Moksnes, P.-O., M. Gullström, K. Tryman, and S. Baden. 2008. Trophic cascades in a temperate seagrass community. *Oikos* 117: 763–777.

Moore, K. A. and J. C. Jarvis. 2008. Environmental factors affecting recent summertime eelgrass diebacks in the lower Chesapeake Bay: Implications for long-term persistence. *J. Coast. Res.* 55: 135–147.

Moore, T. and P. Fairweather. 2006. Decay of multiple species of seagrass detritus is dominated by species identity, with an important influence of mixing litters. *Oikos* 114: 329–337.

Morris, E. P., G. Peralta, F. G. Brun, et al. 2008. Interaction between hydrodynamics and seagrass canopy structure: Spatially explicit effects on ammonium uptake rates. *Limnol. Oceanogr.* 53: 1531–1539.

Munkes, B. 2005. Eutrophication, phase shift, the delay and the potential return in the Greifswalder Bodden, Baltic Sea. *Aquat. Sci.* 67: 372–381.

Murphy, P. L. and M. S. Fonseca. 1995. Role of high and low energy seagrass beds as nursery areas for *Penaeus duorarum* in North Carolina. *Mar. Ecol. Prog. Ser.* 121: 91–98.

Myers, R. A. and B. Worm. 2003. Rapid worldwide depletion of predatory fish communities. *Nature* 423: 280–283.

Nagelkerken, I. and G. van der Velde. 2004. Relative importance of interlinked mangroves and seagrass beds as feeding habitats for juvenile reef fish on a Caribbean island. *Mar. Ecol. Prog. Ser.* 274: 153–159.

Nagelkerken, I., M. G. G. Grol, and P. J. Mumby. 2012. Effects of marine reserves versus nursery habitat availability on structure of reef fish communities. *PLoS ONE* 7: e36906. doi: 10.1371/journal.pone.0036906

Nagelkerken, I., S. Kleijnen, T. Klop, et al. 2001. Dependence of Caribbean reef fishes on mangroves and seagrass beds as nursery habitats: A comparison of fish faunas between bays with and without mangroves/seagrass beds. *Mar. Ecol. Prog. Ser.* 214: 225–235.

Nagelkerken, I., C. M. Roberts, G. van der Velde, et al. 2002. How important are mangroves and seagrass beds for coral reef fish? The nursery hypothesis tested on an island scale. *Mar. Ecol. Prog. Ser.* 244: 299–305.

Najjar, R. G., C. R. Pyke, M. B. Adams, et al. 2010. Potential climate-change impacts on the Chesapeake Bay. *Estuar. Coast. Shelf Sci.* 86: 1–20.

Nelleman, C. 2009. Blue carbon. The role of healthy oceans in binding carbon. United Nations Environment Programme: 1–80.

Nellemann, C., E. Corcoran, C. M. Duarte, et al. 2009. *Blue Carbon: The Role of Healthy Oceans in Binding Carbon. A Rapid Response Assessment.* Arendal, Norway: GRID-Arendal.

Nelson, J., R. Wilson, F. Coleman, et al. 2012. Flux by fin: Fish-mediated carbon and nutrient flux in the northeastern Gulf of Mexico. *Mar. Biol.* 159: 365–372.

Nyström M, A. V. Norström, T. Blenckner, et al. 2012. Confronting feedbacks of degraded marine ecosystems. *Ecosystems* 15: 695–710.

O'Connor, M. I. 2009. Warming strengthens an herbivore-plant interaction. *Ecology* 90: 388–398.

O'Connor, M. I., M. F. Piehler, D. M. Leech, et al. 2009. Warming and resource availability shift food web structure and metabolism. *PLoS Biol.* 7: e1000178. doi: 10.1371/journal.pbio.1000178

Ogden, J. C., R. A. Brown, and N. Salesky. 1973. Grazing by the echinoid *Diadema antillarum philippi*: Formation of halos around West Indian patch reefs. *Science* 182: 715–717.

Olds, A. D., R. M. Connolly, K. A. Pitt, and P. S. Maxwell. 2012. Primacy of seascape connectivity effects in structuring coral reef fish assemblages. *Mar. Ecol. Prog. Ser.* 462: 191–203.

Olsen, J. L., W. T. Stam, J. A. Coyer, et al. 2004. North Atlantic phylogeography and large-scale population differentiation of the seagrass *Zostera marina* L. *Mol. Ecol.* 13: 1923–1941.

Orth, R. J. 1977. Effect of nutrient environment on growth of the eelgrass *Zostera marina* in the Chesapeake Bay, Virginia, USA. *Mar. Biol.* 44: 187–194.

Orth, R. J. 1992. A perspective on plant-animal interactions in seagrasses: Physical and biological determinants influencing plant and animal abundance. In, *Plant-Animal Interactions in the Marine Benthos* (D. M. John, S. J. Hawkins, and J. H. Price, eds.), pp. 147–164. Oxford, UK: Clarendon Press.

Orth, R. and J. van Montfrans. 1984. Epiphyte-seagrass relationships with an emphasis on the role of micrograzing: A review. *Aquat. Bot.* 18: 43–69.

Orth, R. J., T. J. B. Carruthers, W. C. Dennison, et al. 2006. A global crisis for seagrass ecosystems. *BioScience* 56: 987–996.

Orth, R. J., K. L. Heck Jr., and D. J. Tunbridge. 2002. Predation on seeds of the seagrass *Posidonia australis* in Western Australia. *Mar. Ecol. Prog. Ser.* 244: 81–88.

Orth, R. J., K. A. Moore, S. R. Marion, and D. J. Wilcox. 2012. Seed addition facilitates eelgrass recovery in a coastal bay system. *Mar. Ecol. Prog. Ser.* 448: 177–195.

Orth, R. J., M. C. Harwell, E. M. Bailey, et al. 2000. A review of issues in seagrass seed dormancy and germination: implications for conservation and restoration. *Mar. Ecol. Prog. Ser.* 200: 277–288.

OSPAR. 2012. OSPAR Recommendation 2012/4 on furthering the protection and conservation of *Zostera* beds. www.ospar.org/documents/dbase/decrecs/recommendations/12-04e_Zostera%20recommendation.doc

Paine, R. 1980. Food webs: Linkage, interaction strength and community infrastructure. *J. Anim. Ecol.* 49: 667–685.

Palacios, S. L. and R. C. Zimmerman. 2007. Response of eelgrass *Zostera marina* to CO_2 enrichment: Possible impacts of climate change and potential for remediation of coastal habitats. *Mar. Ecol. Prog. Ser.* 344: 1–13.

Paling, E. I., M. Fonseca, M. van Katwijk, and M. van Keulen. 2009. Seagrass restoration. In, *Coastal Wetlands: An Ecosystem Integrated Approach* (G. M. E. Perillo, E. Wolanski, D. Cahoon, and M. M. Brinson, eds.), pp. 687–713. Amsterdam, The Netherlands: Elsevier.

Pedersen, O., J. Borum, C. M. Duarte, and M. D. Fortes. 1998. Oxygen dynamics in the rhizosphere of *Cymodocea rotunda*. *Mar. Ecol. Prog. Ser.* 169: 283–288.

Peralta, G., F. G. Brun, J. L. Perez-Llorens, and T. J. Bouma. 2006. Direct effects of current velocity on the growth, morphometry and architecture of seagrasses: a case study on *Zostera noltii*. *Mar. Ecol. Prog. Ser.* 327: 135–142.

Peterson, B. J. and K. L. Heck. 2001. Positive interactions between suspension-feeding bivalves and seagrass—a facultative mutualism. *Mar. Ecol. Prog. Ser.* 213: 143–155.

Peterson, C. H., R. A. J. Luettich, F. Micheli, and G. A. Skilleter. 2004. Attenuation of water flow inside seagrass canopies of differing structure. *Mar. Ecol. Prog. Ser.* 268: 81–92.

Pihl, L., I. Isaksson, H. Wennhage, and P.-O. Moksnes. 1995. Recent increase of filamentous algae in shallow Swedish bays: Effects on the community structure of epibenthic fauna and fish. *Neth. J. Aquat. Ecol.* 29: 349–358.

Polis, G. A. and S. D. Hurd. 1996. Linking marine and terrestrial food webs: Allochthonous input from the ocean supports high secondary productivity on small islands and coastal land communities. *Am. Nat.* 147: 396–423.

Polis, G., W. Anderson, and R. Holt. 1997. Toward an integration of landscape and food web ecology: The dynamics of spatially subsidized food webs. *Ann. Rev. Ecol. Syst.* 28: 289–316.

Poore, A. G. B., A. H. Campbell, and P. D. Steinberg. 2009. Natural densities of mesograzers fail to limit growth of macroalgae or their epiphytes in a temperate algal bed. *J. Ecol.* 97: 164–175.

Procaccini, G. and L. Piazzi. 2001. Genetic polymorphism and transplantation success in the Mediterranean seagrass *Posidonia oceanica*. *Restor. Ecol.* 9: 332–338.

Ralph, P. J., M. J. Durako, S. Enríquez, et al. 2007. Impact of light attenuation on seagrasses. *J. Exp. Mar. Biol. Ecol.* 350: 176–193.

Reed, B. J. and K. A. Hovel. 2006. Seagrass habitat disturbance: How loss and fragmentation of eelgrass *Zostera marina* influences epifaunal abundance and diversity. *Mar. Ecol. Prog. Ser.* 326: 133–143.

Reusch, T. B. H. and S. L. Williams. 1998. Variable responses of native eelgrass *Zostera marina* to a non-indigenous bivalve *Musculista senhousia*. *Oecologia* 113: 428–441.

Reusch, T. B. H., A. Ehlers, A. Haemmerli, and B. Worm. 2005. Ecosystem recovery after climatic extremes enhanced by genotypic diversity. *Proc. Natl. Acad. Sci. (USA)* 102: 2826–2831.

Reynolds, L., L. Carr, and K. Boyer. 2012a. A non-native amphipod consumes eelgrass inflorescences in San Francisco Bay. *Mar. Ecol. Prog. Ser.* 451: 107–118.

Reynolds, L. K., K. J. McGlathery, and M. Waycott. 2012b. Genetic diversity enhances restoration success by augmenting ecosystem services. *PLoS ONE* 7: e38397. doi: 10.1371/journal.pone.0038397

Reynolds, P. L., J. P. Richardson, J. E. Duffy, et al. Unpublished data. Field experimental evidence that grazers mediate transition between microalgal and seagrass dominance.

Richardson, C. A., H. Kennedy, C. M. Duarte, and S. V. Proud. 1997. The occurrence of *Pontonia pinnophylax* (Decapoda: Natanti: Pontoniinae) in the Fan mussel *Pinna nobilis* (Mollusca: Bivalvia: Pinnidae) from the Mediteranean. *J. Mar. Biolog. Assoc. U.K.* 77: 1227–1230.

Ries, L., R. Fletcher, J. Battin, and T. Sisk. 2004. Ecological responses to habitat edges: Mechanisms, models, and variability explained. *Annu. Rev. Ecol. Evol. Syst.* 35: 491–522.

Romero, J., K. S. Lee, M. Perez, et al. 2006. Nutrient dynamics in seagrass systems. In, *Seagrasses: Biology, Ecology, and Conservation* (A. W. D. Larkum, R. J. Orth, and C. M. Duarte, eds.), pp. 227–234. Dordrecht,

The Netherlands: Springer.

Ruckelshaus, M. H., R. C. Wissmar, and C. A. Simenstad. 1993. The importance of autotroph distribution to mussel growth in a well-mixed temperate estuary. *Estuaries* 16: 898–912.

Scheffer, M. and S. R. Carpenter. 2003. Catastrophic regime shifts in ecosystems: Linking theory to observation. *Trends Ecol. Evol.* 18: 648–656.

Schutten, J. and A. J. Davy. 2000. Predicting the hydraulic forces on submerged macrophytes from current velocity, biomass, and morphology. *Oecologia* 123: 445–452.

Scoffin, T. P. 1970. The trapping and binding of subtidal carbonate sediments by marine vegetation in Bimini Lagoon, Bahamas. *J. Sediment. Res.* 40: 249–273.

Short, F. T. and C. P. McRoy. 1984. Nitrogen uptake by leaves and roots of the seagrass *Zostera marina* L. *Botanica Marina* 27: 547–555.

Short, F. and H. Neckles. 1999. The effects of global climate change on seagrasses. *Aquat. Bot.* 63: 169–196.

Short, F. T. and S. Wyllie-Echeverria. 1996. Natural and human-induced disturbances of seagrasses. *Environ. Conserv.* 23: 17–27.

Short, F., D. Burdick, and J. Kaldy, III. 1995. Mesocosm experiments quantify the effects of eutrophication on eelgrass, *Zostera marina*. *Limnol. Oceanogr.* 40: 740–749.

Short, F., D. Burdick, C. Short, et al. 2000. Developing success criteria for restored eelgrass, salt marsh and mud flat habitats. *Ecol. Eng.* 15: 239–252.

Short, F. T., R. C. Davis, B. S. Kopp, et al. 2002. Site-selection model for optimal transplantation of eelgrass *Zostera marina* in the northeastern US. *Mar. Ecol. Prog. Ser.* 227: 253–267.

Short, F. T., E. W. Koch, J. C. Creed et al. 2006. SeagrassNet monitoring across the Americas: Case studies of seagrass decline. *Mar. Ecol.* 27: 277–289.

Short, F. T., B. Polidoro, S. R. Livingstone, et al. 2011. Extinction risk assessment of the world's seagrass species. *Biol. Conserv.* 144: 1961–1971.

Shurin, J., E. Borer, E. Seabloom, et al. 2002. A cross-ecosystem comparison of the strength of trophic cascades. *Ecol. Lett.* 5: 785–791.

Skilleter, G. A., A. D. Olds, N. R. Loneragan, and Y. Zharikov. 2005. The value of patches of intertidal seagrass to prawns depends on their proximity to mangroves. *Mar. Biol.* 147: 353–365.

Smith, T., J. Hindell, G. Jenkins, et al. 2011. Edge effects in patchy seagrass landscapes: The role of predation in determining fish distribution. *J. Exp. Mar. Biol. Ecol.* 399: 8–16.

Spivak, A. C., E. A. Canuel, J. E. Duffy, and J. P. Richardson. 2009. Nutrient enrichment and food web composition affect ecosystem metabolism in an experimental seagrass habitat. *PLoS ONE* 4: e7473. doi: 10.1371/journal.pone.0007473

Stachowicz, J. 2001. Mutualism, facilitation, and the structure of ecological communities. *BioScience* 51: 235–246.

Stachowicz, J. J., S. J. Kamel, A. R. Hughes, and R. K. Grosberg. 2013. Genetic relatedness influences plant biomass accumulation in Eelgrass (*Zostera marina*). *Am. Nat.* 181: 715–724.

Stoner, A. 1980a. The role of seagrass biomass in the organization of benthic macrofaunal assemblages. *Bull. Mar. Sci.* 30: 537–551.

Stoner, A. 1980b. Perception and choice of substratum by epifaunal amphipods associated with seagrasses. *Mar. Ecol. Prog. Ser.* 3: 105–111.

Sumoski, S. E. and R. J. Orth. 2012. Biotic dispersal in eelgrass *Zostera marina*. *Mar. Ecol. Prog. Ser.* 471: 1–10.

Sundbäck, K., A. Miles, S. Hulth, et al. 2003. Importance of benthic nutrient regeneration during initiation of macroalgal blooms in shallow bays. *Mar. Ecol. Prog. Ser.* 246: 115–126.

Svedäng, H. and G. Bardon. 2003. Spatial and temporal aspects of the decline in cod (*Gadus morhua*) abundance in the Kattegatt and eastern Skagerrak. *J. Mar. Sci.* 60: 32–37.

Svensson, C. J., S. Baden, P.-O. Moksnes, and P. Åberg. 2012. Temporal mismatches in predator–herbivore abundance control algal blooms in nutrient-enriched seagrass ecosystems. *Mar. Ecol. Prog. Ser.* 471: 61–71.

Taylor, R. 1998. Density, biomass and productivity of animals in four subtidal rocky reef habitats: The importance of small mobile invertebrates. *Mar. Ecol. Prog. Ser.* 172: 37–51.

Thayer, G. W., M. S. Fonseca, and D. Pendleton. 1984. *The Ecology of Eelgrass Meadows of The Atlantic Coast: A Community Profile. FWS/OBS-84/02.* Washington, DC: U.S. Department of the Interior.

Thorhaug, A., 1990. Restoration of mangroves and seagrasses—economic benefits for fisheries and mariculture. In, *Environmental Restoration: Science and Strategies for Restoring the Earth* (J. J. Berger, ed.), pp. 265–281. Washington, DC: Island Press.

Thursby, G. B. and M. M. Harlin. 1984. Interaction of leaves and roots of *Ruppia maritima* in the uptake of phosphate, ammonia and nitrate. *Mar. Biol.* 83: 61–67.

Tomas, F., J. M. Abbott, M. Balk, et al. 2011. Plant genotype and nitrogen loading influence seagrass productivity, biochemistry, and plant-herbivore interactions. *Ecology* 92: 1807–1817.

Unsworth, R. K. F., C. J. Collier, G. M. Henderson, and L. J. McKenzie. 2012. Tropical seagrass meadows modify seawater carbon chemistry: Implications for coral reefs impacted by ocean acidification. *Environ. Res. Lett.* 7: 024026.

Valentine, J. and J. Duffy. 2006. The central role of grazing in seagrass ecology. In, *Seagrasses: Biology, Ecology, and Conservation* (A. W. D. Larkum, R. J. Orth, and C. M. Duarte, eds.). Dordrecht, The Netherlands: Springer: pp. 463–501.

Valentine, J. F., K. L. J. Heck, P. Harper, and M. W. Beck. 1994. Effects of bioturbation in controlling turtlegrass (*Thalassia testudinum* Banks *ex* König) abundance: Evidence from field enclosures and observations in the northern Gulf of Mexico. *J. Exp. Mar. Biol. Ecol.* 178: 181–192.

Valiela, I. J., J. McClelland, J. Hauxwell, et al. 1997. Macroalgal blooms in shallow estuaries: controls and ecophysiological and ecosystem consequences. *Limnol. Oceanogr.* 42: 1105–1118.

van der Heide, T., E. H. van Nes, G. W. Geerling, et al. 2007. Positive feedbacks in seagrass ecosystems: Implications for success in conservation and restoration. *Ecosystems* 10: 1311–1322.

van der Heide, T., E. H. van Nes, M. M. van Katwijk, et al. 2011. Positive feedbacks in seagrass ecosystems—evidence from large-scale empirical data. *PLoS ONE* 6: e16504. doi: 10.1371/journal.pone.0016504

van der Heide, T., L. L. Govers, J. de Fouw, et al. 2012. A three-stage symbiosis forms the foundation of seagrass ecosystems. *Science* 336: 1432–1434.

Van Elven, B. R., P. S. Lavery, and G. A. Kendrick. 2004. Reefs as contributors to diversity of epiphytic macroalgae assemblages in seagrass meadows. *Mar. Ecol. Prog. Ser.* 276: 71–83.

van Katwijk, M. M., A. R. Bos, V. N. de Jonge, et al. 2009. Guidelines for seagrass restoration: Importance of habitat selection and donor population, spreading of risks, and ecosystem engineering effects. *Mar. Pollut. Bull.* 58: 179–188.

van Montfrans, J., R. L. Wetzel, and R. J. Orth. 1984. Epiphyte-grazer relationships in seagrass meadows: Consequences for seagrass growth and production. *Estuaries Coasts* 7: 289–309.

van Tussenbroek, B. I., L. V. Monroy-Velazquez, and V. Solis-Weiss. 2012. Meso-fauna foraging on seagrass pollen may serve in marine zoophilous pollination. *Mar. Ecol. Prog. Ser.* 469: 1–6.

Verges, A., T. Alcoverro, and J. Romero. 2011. Plant defences and the role of epibiosis in mediating within-plant feeding choices of seagrass consumers. *Oecologia* 166: 381–390.

Verges, A., M. A. Becerro, T. Alcoverro, and J. Romer. 2007. Experimental evidence of chemical deterrence against multiple herbivores in the seagrass *Posidonia oceanica*. *Mar. Ecol. Prog. Ser.* 343: 107–114.

Vetter, E. W. 1994. Hotspots of benthic production. *Nature* 372: 47.

Vetter, E. W. 1998. Population dynamics of a dense assemblage of marine detritivores. *J. Exp. Mar. Biol. Ecol.* 226: 131–161.

Virnstein, R. W. 1978. Predator caging experiments in soft sediments: Caution advised. In, *Estuarine Interactions* (M. L. Wiley, ed.), pp. 261–273. New York, NY: Academic Press.

Walker, D. I., G. A. Kendrick, and A. J. McComb. 2006. Decline and recovery of seagrass ecosystems—the dynamics of change. In, *Seagrasses: Biology, Ecology and Conservation* (A. W. D. Larkum, R. J. Orth, and C. M. Duarte, eds.), pp. 551–565. Dordrecht, The Netherlands: Springer.

Walsh, J. J., G. T. Rowe, R. L. Iverson, and C. P. McRoy. 1981. Biological export of shelf carbon is a sink of the global CO_2 cycle. *Nature* 291: 196–201.

Wardle, D. A. and M. Jonsson. 2010. Biodiversity effects in real ecosystems—a response to Duffy. *Front. Ecol. Environ.* 8: 10–11.

Warren, M. A., R. S. Gregory, B. J. Laurel, and P. V. R. Snelgrove. 2010. Increasing density of juvenile Atlantic (*Gadus morhua*) and Greenland cod (*G. ogac*) in association with spatial expansion and recovery of eelgrass (*Zostera marina*) in a coastal nursery habitat. *J. Exp. Mar. Biol. Ecol.* 394: 154–160.

Warry, F. Y., J. S. Hindell, P. I. Macreadie, et al. 2009. Integrating edge effects into studies of habitat fragmentation: A test using meiofauna in seagrass. *Oecologia* 159: 883–892.

Waycott, M., C. M. Duarte, T. J. B. Carruthers, R. J. Orth, et al. 2009. Accelerating loss of seagrasses across the globe threatens coastal ecosystems. *Proc. Natl. Acad. Sci.* (USA) 106: 12377–12381.

Wernberg, T., M. A. Vanderklift, J. How, and P. S. Lavery. 2006. Export of detached macroalgae from reefs to adjacent seagrass beds. *Oecologia* 147: 692–701.

Whalen, M. A., J. E. Duffy, and J. B. Grace. 2013. Temporal shifts in top-down versus bottom-up control of epiphytic algae in a seagrass ecosystem. *Ecology* 94: 510–520.

White, L. F. and L. C. Orr. 2011. Native clams facilitate invasive species in an eelgrass bed. *Mar. Ecol. Prog. Ser.* 424: 87–95.

Williams, S. 2001. Reduced genetic diversity in eelgrass transplantations affects both population growth and individual fitness. *Ecol. Appl.* 11: 1472–1488.

Williams, S. L. 2007. Introduced species in seagrass ecosystems: Status and concerns. *J. Exp. Mar. Biol. Ecol.* 350: 89–110.

Williams, S. L. and K. L. Heck, Jr. 2001. Seagrass community ecology. In, *Marine Community Ecology* (M. D. Bertness, S. G. Gaines, and M. Hay, eds.), pp.317–337, Sunderland, MA: Sinauer Associates.

Williams, S. and R. Orth. 1998. Genetic diversity and structure of natural and transplanted eelgrass populations in the Chesapeake and Chincoteague Bays. *Estuaries Coasts* 21: 118–128.

Wonham, M. J., M. O'Connor, and C. D. G. Harley. 2005. Positive effects of a dominant invader on introduced and native mudflat species. *Mar. Ecol. Prog. Ser.* 289: 109–116.

York, P. H., D. J. Booth, T. M. Glasby, and B. C. Pease. 2006. Fish assemblages in habitats dominated by *Caulerpa taxifolia* and native seagrasses in south-eastern Australia. *Mar. Ecol. Prog. Ser.* 312: 223–234.

Young, D. K., M. A. Buzas, and M. W. Young. 1976. Species densities of macrobenthos associated with seagrass: A field experimental study of predation. *J. Mar. Res.* 34: 576–592.

Zieman, J. C., G. W. Thayer, M. Robblee, and R. T. Zieman. 1979. Production and export of seagrasses from a tropical bay. In, *Ecological Processes in Coastal and Marine Systems* (R. J. Livingston, ed.), pp.21–34. New York: Plenum Press.

Zieman, J. C. and R. T. Zieman. 1989. *The Ecology of the Seagrass Meadows of the West Coast of Florida: A Community Profile. Biological Report 85.* Washington, DC: U.S. Fish and Wildlife Service.

Zimmerman, R., D. Kohrs, D. Steller, and R. Alberte. 1997. Impacts of CO_2 enrichment on productivity and light requirements of eelgrass. *Plant Physiol.* 115: 599.

Zimmerman, R. C., D. L. Steller, D. G. Kohrs, and R. S. Alberte. 2001. Top-down impact through a bottom-up mechanism. In situ effects of limpet grazing on growth, light requirements and survival of the eelgrass *Zostera marina*. *Mar. Ecol. Prog. Ser.* 218: 127–140.

第13章

珊瑚礁生态系统十年来的进展

Isabelle M. Côté 和 Nancy Knowlton

　　珊瑚礁是所有海洋生态系统中最具多样性的，至少从单位面积上来说是如此，也是最受威胁的生态系统。全球珊瑚礁都面临日益明显的威胁。越来越多的新技术驱动着珊瑚礁科学研究在过去十年中的暴发式增长，自 2000 年以来，有关珊瑚礁的论文超过了之前 30 年的总和（根据 Web of Science 数据库，2000～2013 年共有 9353 篇，而 1970～1999 年一共只有 3074 篇）。本章将回顾并综述这些研究结果，主要关注四个领域：珊瑚礁的生物多样性、珊瑚礁物种间相互作用的复杂性、当前珊瑚礁的退化状态及导致退化的原因和遏制珊瑚礁退化的策略。

　　珊瑚礁所庇护的多细胞生物的物种多样性以小的、隐蔽的物种为主，大部分不为人所知。近来，应用分子技术对珊瑚礁微生物的研究，揭示了令人震惊的高类群多样性。我们对珊瑚礁居民之间生态相互作用的冰山一角已略有所知，但这些研究结果体现出的复杂性表明，我们对其的了解还远远不够。

　　自 2000 年以来，人们对全球珊瑚礁岌岌可危状态的认识不断提高。珊瑚礁正受到各种局部应激源的破坏，包括捕鱼和污染，也受到温室气体效应造成的两个孪生全球胁迫影响——海水变暖和酸化。深入了解这些应激源如何相互作用，以及珊瑚礁退化成完全不同的功能组合之前究竟能够承受多少这样的胁迫，有助于设计更有效的本地管理方案。然而，归根结底，珊瑚礁的存在与状态取决于能否成功缓解全球变化对海洋温度和化学特征的影响。

生物多样性

珊瑚礁中有多少物种？

　　由于其无比的多样性，一直以来，珊瑚礁被誉为海洋中的热带雨林（图 13.1）。然而，正如对海洋的多样性一样，我们对珊瑚礁多样性的了解极为有限，甚至连最基本的物种数量也不是很清楚。由于对珊瑚礁中的所有海洋物种进行全面统计在实际操作中是不可行的，一些方法已被用于估算珊瑚礁的生物多样性，例如从已知区域或类群组进行推算，由生物分类专家进行估计，以及基于发现物种速率和多样性分类结构进行估算等（见 Mora et al.，2011 的综述）。在许多情况下，先将海洋作为一个整体进行估算，再基于生活在珊瑚礁中或之上的海洋物种比例估算珊瑚礁的多样性。这种比例本身就受到相当大的不确定性影响。根据 Reaka-Kudla（1997）的粗略估算，现有海洋物种中约有三分之一与珊瑚礁有关，其中珊瑚礁鱼类——珊瑚礁中最为人所知的物种，约占已知鱼类物种数量的 31%（Lieske and Myers，2001；Eschmeyer，2012）。

（A） （B）

图 13.1 海洋的热带雨林。（A）珊瑚礁仅占据海洋表面面积的 0.1%，但却拥有不成比例的海洋生物多样性。（B）珊瑚礁的多样性主要体现在隐蔽在礁缝中的小型生物，如图中在印度尼西亚亚齐的死珊瑚瓦砾中发现的这些甲壳类动物（图片 A 由 Isabelle M. Côté 提供；图片 B 由 Matthieu Leray 提供）

早期关注珊瑚礁多样性的研究（见 Knowlton et al.，2010 的综述）估算的珊瑚礁多样性值一般较高（如基于 5m² 的小样本外推出的 170 万～320 万种，或从热带雨林密度基于面积外推出的 60 万～950 万种）。而近来的研究，将海洋多样性作为一个整体来估算的方法，得到的估算值相对较小。例如，Mora 等（2011）基于已知分类多样性随时间的累积，以及更高分类单元（属、科等）数量之间的关系，估算得出海洋中有 220 万种原核生物。相比之下，Appeltans 等（2012）主要基于专家意见进行的估算显示共有 70 万～100 万种真核海洋生物。这两项研究表明，如果 1/3 的海洋物种与珊瑚礁有关，那么珊瑚礁物种（不包括微生物）的数量可能会低于 25 万。Mora 等（2011）和 Appeltans 等（2012）对珊瑚礁物种与海洋总物种数比例的估算也得出不同的结果，分别是 91% 和 66%～33%，这也使珊瑚礁的物种数量仍存在疑问。

大多数对珊瑚礁多样性的估算都依赖于传统的分类学鉴定方法。然而，分子技术有望大大加快分类学鉴定的速度，并有可能揭示曾被忽视的多样性水平，即便是已"深入了解"的类群（如 Meyer et al.，2005）。单一样本的特征条码［标准化的基因区域特征，通常是指线粒体中的细胞色素氧化酶亚基基因（cytochrome oxidase Ⅰ gene，COX Ⅰ）］以及基于遗传显著性最小阈值的分析，能够相对快速地提供粗略的分类和物种数量信息。这种方法非常必要，因为即使很少数量的样本也会包含大量的物种。例如，Plaisance 等（2011）仅在 6.3m² 的珊瑚礁上就发现了 168 种短尾下目蟹类，接近整个欧洲海域短尾下目物种的 80%。

分子方法是评估珊瑚礁上微生物多样性的唯一可行方法，但取样仍相对困难，正如 Mora 等（2011）所指出的。正因如此，对原核生物的统计分析方法很难奏效。例如，Barott 等（2011）所使用统计分析方法给出的全球细菌物种数量下限是 1320 种，但他们在一个珊瑚礁藻类样本中就发现了 1000 种细菌，而且他们认为，在加勒比海，仅在 25m² 的珊瑚礁上就可能存在 178 200 种细菌！至于病毒，我们的了解就更少——仅在加勒比海珊瑚健康集落的碎片上就曾发现超过 1500 种病毒序列（Marhaver et al.，2008）。

物种多样性的格局

石珊瑚是珊瑚礁三维复杂结构的主要组成部分，但它们对珊瑚礁多样性贡献相对较少。在全球范围内，珊瑚礁伴生物种中最丰富的一般是软体动物，其次是鱼类和节肢动物（如 Paulay，2003）。这些生物大多是个体较小且隐蔽的物种（图 13.1B）。例如，Boucher 等（2002）在新喀里多尼亚 295km² 范围内发现了 2738 种软体动物，其中 39% 的软体动物小于 4.2mm。此外，大部分物种的丰度也不高，接近 20% 的物种只有一个标本。在 Plaisance 等（2011）的研究中，稀有种数量较多也是甲壳类群落的一个特征。在他们发现的 525 个物种中，接近 40% 的物种都只有一个个体。由小型、隐蔽、稀有种主导的多样性，对了解珊瑚礁群落最基本的生物组成提出了挑战。

因此，许多对珊瑚礁物种多样性格局的研究侧重于数量有限的、分类清楚的类群。例如，Roberts 等（2002）基于珊瑚、鱼类、螺类和龙虾识别了多样性高的珊瑚礁。与其他分类群一样，多样性最高的地点是热带的西太平洋，一个被称为"珊瑚礁三角区"（Coral Triangle）的地方，在这里上述四种生物的多样性是西加勒比海的三倍。这种生物多样性如此集中的原因引起广泛的争论，提出了许多并不互相排斥的解释。总体而言，特定地点多样性的最好预测指标是该地点所在区域的多样性，而不是局部的生态过程（Karlson et al.，2004）。不管是陆地还是海洋，热带的多样性高于高纬度地区，珊瑚礁也遵从这种模式。然而，应该有其他因素造成西太平洋多样性比其他热带海域更高。Bellwood 和 Hughes（2001）的研究分析认为，造成"珊瑚礁三角区"多样性如此之高的最重要原因是大量的浅水生境。这一解释也得到了其他对过去 4200 万年中多样性格局研究的支持，在过去，最具多样性的区域位于更西部，而地质构造运动造成了该处复杂的浅水生境（Renema et al.，2008）。

生态相互作用

捕食与疾病

珊瑚的捕食者有可能会毁灭珊瑚种群，给珊瑚礁生态系统带来严重后果（Rotjan and Lewis，2008）。食珊瑚的长棘海星（*Acanthaster planci*）就是珊瑚捕食者中最臭名昭著的一种（图 13.2）。由于与其他食珊瑚螺类都具有种群暴发的潜质，在太平洋海域珊瑚礁不断减少的过程中，长棘海星继续扮演着重要角色。造成这种海星数量暴发的原因（以及人类所扮演的角色）一直是个有争议的话题，但自下而上（营养物质）与自上而下（食珊瑚的捕食者的消失）的过程在不同地点会造成不同程度的影响。对大堡礁（研究最好的地方）的长棘海星属（*Acanthaster*）来说，（主要是农业造成的）养分提高了海星幼体的食物来源，造成其开始（初级）暴发。初级暴发与洪水事件相关的事实也支持这一结论（Fabricius et al.，2010）。但是，在海洋保护区，长棘海星属暴发的减弱说明，次级暴发的持续性和扩散程度是由过度捕捞导致海星捕食者缺失造成的（Sweatman，2008）。

（A）　　　　　　　　　　　　　　　　　　（B）

图 13.2　在珊瑚礁上发生的捕食的威力。（A）长棘海星（*Acanthaster planci*）是活珊瑚的主要捕食者。（B）在法属波利尼西亚的这个珊瑚礁上，长棘海星属（*Acanthaster*）种群暴发大量杀死珊瑚事件的 5 年之后，珊瑚覆盖度依然极低（图片 A 由 John F. Bruno 提供；图片 B 由 Isabelle M. Côté 提供）

虽然在全球范围内都有珊瑚疾病的记录，但在太平洋海域，捕食作用对珊瑚的影响最为显著，而在加勒比海，疾病起着更为重要的作用（Bourne et al.，2009）。例如，由于白带病（见第 5 章）的盛行，曾经占优的摩羯鹿角珊瑚（*Acropora cervicornis*）和掌叶鹿角珊瑚（*A. palmata*）现在只剩下之前的极小一部分，并已被列入《美国濒危物种法》的名单。病原体远比捕食者更加难以研究，而疾病综合征的多样性，以及与珊瑚共生的大量微生物（Barott et al.，2011），使得科学研究进展缓慢，大部分疾病的致病原因仍然未知

（Bourne et al.，2009）。养分（Bruno et al.，2003a；Kaczmarsky and Richardson，2011）、海藻释放的多糖（Smith et al.，2006）、温度较高（Miller et al.，2009）都被认为是疾病流行的罪魁祸首。

竞争作用

底栖生物的生存空间在珊瑚礁弥足珍贵，因此种内竞争和种间竞争在珊瑚礁群落的盛行也就不足为奇。珊瑚和其他底栖生物，特别是藻类，是研究最为广泛的物种。最近的研究揭示了一系列这种激烈的竞争机制及其对弱者的影响。

与藻类的接触会对珊瑚造成伤害。藻类会对珊瑚产生物理影响，通过遮光和摩擦，造成被接触的珊瑚虫的组织损伤，甚至死亡（Box and Mumby，2007）。藻类还会对其所接触的珊瑚产生化学和生物影响。各种大型藻类会释放他感化学物质（allelochemical），如萜烯（terpene），这些物质会对珊瑚共生藻类的光合作用（见"正相互作用"）造成伤害，导致珊瑚虫的死亡（Rasher et al.，2011），从而使珊瑚白化。海藻坪和大型藻类还会使一系列微生物（包括病原体）直接转移到珊瑚上（Barott et al.，2012；Thurber et al.，2012），或者通过水溶性化合物促进微生物的生长（Smith et al.，2006）。在加勒比海，病原体的传播被认为是造成珊瑚大量死亡的原因（Nugues et al.，2004b）。

不过，当面对其他生物类群的竞争时，珊瑚也会做出反击。在脑珊瑚群体外围的珊瑚虫的取食触手会变大，形成长达 6.5cm 的扫荡触手，能够发现和驱除竞争珊瑚（Lapid et al.，2004）。扫荡触手会给对手造成广泛的伤害，常见的结果是软组织的损失和珊瑚虫的死亡（Lapid and Chadwick，2006）。但是，这种反应的速度较慢，在实验室的观察发现，从接触到竞争珊瑚群体触发取食触手转变为扫荡触手，过程耗时超过一个月（Lapid et al.，2004）。

而在对抗藻类时，珊瑚依靠的是隔膜丝（mesenterial filament）。这些富含刺丝囊（nematocyst）的丝状物通常位于消化腔内，用于消化猎物，但也可以从珊瑚虫的口中吐出来。被隔膜丝攻击后，大型藻类会持续掉色（Nugues et al.，2004a），有时还会抑制藻类的生长（如 Jompa and McCook，2002）。隔膜丝还会在珊瑚之间的相互竞争中发挥作用，当其他珊瑚物种靠得太近时，珊瑚虫就会吐出像肠子一样的隔膜丝来进行"防御"。

食草作用

食草作用是影响珊瑚礁底栖群落构成的关键。现今珊瑚礁上初级生产力的主要消费者包括鱼类（特别是鹦嘴鱼、刺尾鱼和雀鲷）和无脊椎动物（特别是海胆）。这些生物类群的相对重要性，特别是对人类活动（如捕鱼）和传染疾病的响应，随时空分布而不尽相同（Roff and Mumby，2012）。

强烈的食草作用可以控制珊瑚的竞争对手——大型藻类，这在移除食植者的实验中得到了验证。例如，在大堡礁，通过巨大的网箱来排除所有大型和中型植食性鱼类之后，大型藻类密集丛生（图 13.3；Hughes et al.，2007）；与之相比，允许所有食草动物进入的开放式笼子中，大型藻类的覆盖度低于 5%。隔离食草动物的笼子还造成珊瑚补充量下降，以及原本生活在笼子里的珊瑚群体的存活率降低。两年半后，将移除食草动物的笼子拆掉，大型藻类的覆盖度在短短 30 天之内就几乎降为零（Hughes et al.，2007）。有趣的是，常见的食草鱼类，如鹦嘴鱼和刺尾鱼，并非导致实验样地回归低藻类状态的主要原因，而是单一物种——弯鳍燕鱼（Platax pinnatus），移除了大部分藻类（Bellwood et al.，2006）。因此，阻止大型藻类占据珊瑚礁优势的食草动物与逆转这种转变的食草动物可能并非同一物种。

人们越来越认识到，取决于其取食模式，不同的食草动物对珊瑚礁产生不同的作用。有的是食植者，能够取食海藻坪和大型藻类，减弱快速生长海藻对珊瑚的优势；有的是刮食者，可以清除生长在岩石上的藻类和沉积物，促进珊瑚藻和珊瑚的定植与生长；还有少数是生物磨蚀器，能够深深地咬入基底，移除死亡的珊瑚，有时甚至是活的珊瑚，对珊瑚礁的碳酸钙收支起到重要作用（Bellwood et al.，2004）。即使在这些功能群之中，不同物种对特定食物和觅食地点的偏好也会存在很大差异（如 Fox et al.，2009）。食草动物群落的多样性，以及觅食模式的互补性，对于维持珊瑚礁生态系统功能具有重要意义（Burkepile and Hay，2008）。

图 13.3　食草作用对珊瑚礁的影响。（A）在大堡礁的一个实验中，竖立起巨大的网箱以排除所有食草动物，最小的食草鱼类除外，而部分网箱允许所有食草动物进入。（B）在为期 2.5 年的实验接近尾声时，排除食草动物网箱中生长的大型藻类。（C）网箱中大型藻类的覆盖度急剧上升（蓝线），而没有排除食草动物的部分网箱（红线）和开放样地（黑线）中，大型藻类的覆盖度几乎没有变化（图片 A、B 由 T. P. Hughes 提供；C 仿自 Hughes et al.，2007）

正相互作用

　　尽管种间的拮抗相互作用，如竞争和捕食，在塑造珊瑚礁群落的结构上具有明显影响，但正相互作用可能具有同等作用，只是很少被认知（Stachowicz，2001；Bruno et al.，2003b）。正相互作用不仅包含那些从相互作用中受益的参与者（互惠共生），还包括一系列仅有一方受益而另一方无害的相互作用（如偏利共生和促进关系等）。

　　互惠共生是珊瑚礁群落的心脏，它是驱动珊瑚自身生长的发动机。在所有造礁珊瑚的组织内部都有可以进行光合作用的单细胞藻类——共生藻属（*Symbiodinium*）。这些甲藻能够为宿主提供食物，进行养分的交换。共生藻曾被认为是单一物种，但事实上具有极高的多样性，针对不同宿主物种及微观环境条件（如光照和温度等）有各种不同的专性类型（Baker，2003）。共生藻也存在于其他的一些珊瑚礁生物中，包括海绵、海葵和巨蚌等。

　　珊瑚还与各种大型生物存在互惠互利关系。在太平洋，一些虾蟹生活在珊瑚的枝丫之中，并驱赶贪婪捕食珊瑚的长棘海星，保护自己的家园（Pratchett，2001）。生活在枝丫中的鱼类通过排泄物给珊瑚提供养分，使其生长得更快（Holbrook et al.，2008）。珊瑚与其共生生物之间沟通渠道的复杂程度令人咋舌。当一种极具毒性的海藻碰触庇护共生虾虎鱼的某种类型珊瑚之后，珊瑚会释放出一个化学信号，虾虎鱼在 15 分钟之后就做出响应，开始食用藻类（Dixson and Hay，2012）。

　　与其他生态系统相比，体现珊瑚礁中更为普遍的互惠互利关系是"清洁工"。这种清洁工通常是很小的鱼或虾，能够从较大的生物身上，通常是鱼类，去除体外寄生物。然而，这种表面看起来双赢的关系其实存在潜在的冲突。如果任由其选择，清洁工鱼类会更喜欢取食"客户"身上的黏液，而不是体外寄生物，因此鱼类必然会有一定的策略以保证清洁工的"诚意"，例如鱼会主动追逐或者拒绝来客（Bshary and Côté，2008）。尽管如此，清洁工每天能够从成千上万的鱼类身上清除大量体外寄生物，从某种程度上来说，在一些地方，它们甚至是有效的关键种。在红海和大堡礁，从珊瑚礁移除裂唇鱼（*Labroides dimidiatus*）造成鱼类丰度和多样性分别下降了 25% 和 18%～50%（图 13.4；Bshary，2003；Grutter et al.，2003）。

图 13.4　清洁鱼可能是一个关键种。（A）一个裂唇鱼（*Labroides dimidiatus*）的幼鱼正在照料它的"客户"。（B）与两个控制组相比，在两个珊瑚礁实验样点上移除裂唇鱼，使礁鱼多样性和丰度显著下降（图片 A 由 Karen L. Cheney 提供；B 仿自 Grutter et al.，2003）

珊瑚礁群落还具有丰富的促进作用。例如，雀鲷的领域防御，保护了藻类资源和筑巢地，显然也使领域的所有者受益。不管怎样，当取食同种生物卵的捕食者被击退（McCormick and Meekan，2007），或者食用珊瑚的鱼类被驱离时（Gochfeld，2010），它们所保护的空间成为同种幼体和补充的珊瑚虫的天堂。在另一个例子里，壳状珊瑚藻为许多珊瑚虫幼体提供了附着基底，而壳状珊瑚藻物种的分布与幼小珊瑚最高存活率的吻合说明，壳状珊瑚藻是预测生境中珊瑚补充率的一个良好指标（Price，2010）。目前为止最令人惊奇的促进作用的案例来自波利尼西亚，片脚类和多毛类会诱导蔷薇珊瑚属（*Montipora*）扁平结壳的珊瑚长出像枝丫一样的"手指"。这些手指为礁鱼提供生境，从而提高了无枝丫珊瑚礁上鱼类的丰度与多样性（Bergsma，2012）。促进作用的一些形式可能是珊瑚礁群落组织模式的基础。

食物网与营养级联

营养关系将珊瑚礁中的居民相互联系在一起，形成一个复杂的食物网。如果这种联系很强烈，那么改变食物网顶部或底部生物的丰度就会诱发食物网多米诺骨牌式的变化。这种被称为营养级联的现象在珊瑚礁中并未被充分了解，直到最近的十年里，才开始有大量的研究试图检验它的存在与否，并了解其所发生的条件。

珊瑚礁捕鱼强度的变化，有时沿着岛链体现出人口密度梯度，即捕鱼压力，有时是因为建立的海洋保护区，提供了一个自然实验，以检验移除顶级捕食者的级联效应。结果喜忧参半，在斐济，随着捕鱼压力的增加，捕食性鱼类的数量下降了 61%，而食珊瑚的长棘海星数量增加了 300%，珊瑚以及为珊瑚补充提供定植基底的壳状珊瑚藻覆盖度下降了 35%（图 13.5；Dulvy et al.，2004）。在巴哈马群岛（Mumby et al.，2007）、伯利兹（Mumby et al.，2012）和肯尼亚（O'Leary et al.，2012）等地，保护区与非保护区的对比也发现类似的情况。然而，事物并非总是非黑即白。在其他一些地方，当高营养级的鱼类数量发生很大变化时，低营养级的物种仅有些许变化或不一致的响应，例如在肯尼亚（McClanahan et al.，2011）、北莱恩群岛（Sandin et al.，2008；Ruttenberg et al.，2011）、美国佛罗里达州（Valentine et al.，2008）等。此外，营养级联的细节也会相当复杂，如营养级内部的大小依赖性（Mumby et al.，2006），甚至微生物群落（和疾病流行）也会受到影响等（Dinsdale et al.，2008）。

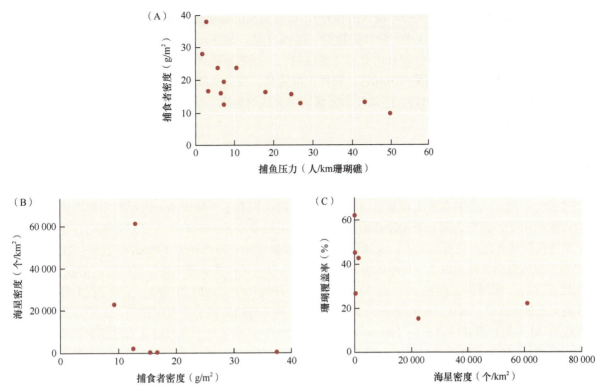

图 13.5 斐济珊瑚礁上的一个营养级联。捕鱼降低了捕食长棘海星的鱼类的丰度（A），从而增加了海星的丰度（B），并给活珊瑚覆盖度（C）造成影响（仿自 Dulvy et al.，2004）

营养级联有时很难被发现，因为它们不仅仅体现在丰度上的变化，有时影响非常微妙，例如群落构成或分布的变化。这是因为营养级联是受行为变化控制的，而非消费性效应。除了直接降低其猎物的密度和生物量，捕食者可以通过捕食风险间接地影响猎物。这种"恐惧效应"（fear effect）（*sensu* Dill et al.，2003）会导致猎物行为的显著变化，如选择风险较低的生境（Heithaus et al.，2009），花费更多时间躲藏（Stallings，2008），或减小冒着风险离开庇护所的距离（Madin et al.，2010）。特别是食草动物对空间利用的行为变化，会造成其种群结构的变化，例如在没有捕食者存在的情况下，会加速生长和延长寿命等（Stallings，2008；Ruttenberg et al.，2011），还会因此导致初级生产者分布与构成的显著变化。

珊瑚礁是否出现营养级联可能最终是环境依赖性的。在消费者作用（自上而下的控制）强烈的地点，应该会有极强的向下级联，但在生产者作用（自下而上的控制）占优的地点可能并非如此，无论是自然的还是人为的（如营养盐污染）。

群落的组合/分解规则

群落生态学的"圣杯"是理解物种是如何组合形成一个群落的。物种的相对丰度是随机过程导致的（Volkov et al.，2007），还是反映了种间相互作用、补充、迁入和干扰等过程的种群数量动态的结果？最近，一些研究珊瑚礁的生态学家把注意力从测量珊瑚的总覆盖度转向了测量单一珊瑚物种的覆盖度，这在很大程度上揭示了珊瑚群落组成的规律。越来越多的证据表明，无论是现在还是过去，珊瑚礁上的物种组合不是随机过程的结果。基于特定物种随时间变化的生长率（Bode et al.，2012），可以推测巴巴多斯珊瑚礁在更新世（22 万～10 万年前）的群落构成。在现今的大堡礁，单一珊瑚物种的生理耐受性，以及其死亡、生长和幼体补充的模式等，显然都由珊瑚组合的空间变化所驱动（Hughes et al.，2012）。同样，全球范围内珊瑚礁中的礁鱼组合也不是对物种随机选择的结果，而是那些适应于湍急环境的物种，其形态使其能够基于升力而快速移动（Bellwood et al.，2002）。

鉴于珊瑚礁群落的组成并非出于随机过程，其因环境变化而导致的非随机性分解也就不足为奇。急性应激源导致的珊瑚死亡率，如大规模珊瑚白化事件，是典型的非随机现象。从白化事件中存活下来的珊瑚物种都有更厚组织的特征（如巨大的穹顶状的物种），以及更高的物质传输速率，也就是具有更好地从身体移除有害代谢副产物的能力，如扁平无分叉的物种（Loya et al.，2001）。具有同样生长特征的物种在海水酸化情况下或许也能生存。在巴布亚新几内亚像"香槟瓶"一样的珊瑚礁上，在火山口渗漏出的 CO_2 形成的天然酸化水域中，大量的滨珊瑚属（*Porites*）物种占据优势，而分叉珊瑚的数量远远少于附近不受酸化影响的珊瑚礁（Fabricius et al.，2011）。因此，未来珊瑚礁群落的构成，基本上可以根据其生长形式和生活史预测到（Darling et al.，2012）。

珊瑚礁的状态

　　在过去十年里，人们对世界上珊瑚礁岌岌可危状态的认识有了不断提高。人类利用珊瑚礁相关的物种已有数百年的历史，但直到现在才刚刚开始充分认识人类对珊瑚礁的影响。历史记录表明，现今大多数的珊瑚礁系统仅仅是其之前自身的缩影，大部分肉食动物和食草动物都已丧失（Pandolfi et al.，2003）。

　　珊瑚礁退化最明显的表现之一是珊瑚覆盖度的下降。很难说有多少珊瑚礁是原始的，但我们确实知道，在加勒比海区域，珊瑚覆盖度从 20 世纪 70 年代第一次开始科学考察时的 50%，下降到 21 世纪初的 10%（图 13.6；Gardner et al.，2003；Schutte et al.，2010）。这种下降趋势似乎是全球性的，太平洋和印度洋的珊瑚礁在过去 40 年里也遭受巨大损失（Bruno and Selig，2007）。甚至对于那些被认为是保护管理最好的珊瑚礁（如大堡礁），珊瑚的覆盖度在接近人类的地方也显著下降（De'ath et al.，2012）。我们对人类活动之前珊瑚礁状态最好的认知来自远离人类活动的珊瑚礁研究，虽然也算不上真正的原始状态，早已受到全球变化、海水酸化和极为有限的海岸开发影响，但它们还是受到了保护，不受当地的捕鱼和污染影响。从这些珊瑚礁的研究结果表明，珊瑚生长的最优状态应该是覆盖度超过 60%（Knowlton and Jackson，2008）。

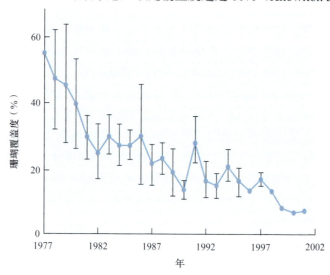

图 13.6　自 1977 年以来，加勒比海地区珊瑚礁上的珊瑚覆盖度呈总体下降趋势（仿自 Gardner et al.，2003）

　　很多生物都与珊瑚有联系，无论是通过食物还是珊瑚所提供的结构化生境。有证据表明，现在这些生物也发生了变化。在印度洋和加勒比海，小型礁鱼的密度开始下降（图 13.7；Graham et al.，2007；Pratchett et al.，2008；Paddack et al.，2009），有的大约是在珊瑚覆盖度下降 10 年之后开始的。这种时滞可能是因为，珊瑚在死亡之后仍能保持其结构很多年，为小型鱼类提供庇护场所，直到其碳酸钙骨架被生物侵蚀者削弱，最终被风暴摧毁。这种三维结构的重要性也得到 Idjadi 和 Edmunds（2006）的研究支持。珊瑚的结构，而非覆盖度，是加勒比海珊瑚礁上无脊椎动物多样性的最好预测指标。事实上，在加勒比海，珊瑚礁的粗糙度（或小尺度的凸凹不平）正在随时间缓慢下降，同时活体珊瑚的数量也在减少（图 13.8；Alvarez-Filip et al.，2009，2011）。而且这种趋势似乎在加速，因为一些加勒比海珊瑚礁因侵蚀而丧失其物理结构的速度已经超过了活体珊瑚建立新结构的速度（Perry et al.，2013）。

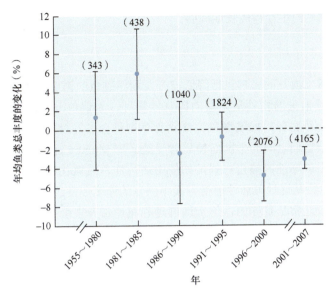

图 13.7 珊瑚礁相关物种最终对珊瑚礁的退化做出响应。在相对稳定的几十年之后，加勒比海地区珊瑚礁鱼类的总体丰度在 20 世纪 90 年代中期开始下降，而这很可能是生境质量和可供性下降导致的。括号内的数字代表样本量（仿自 Paddack et al.，2009）

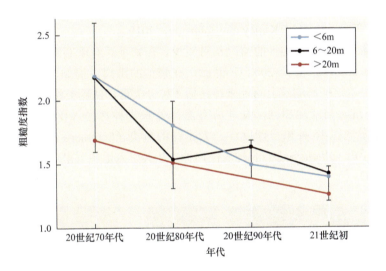

图 13.8 结构复杂度的下降可能是珊瑚礁崩溃的一个前兆。随着活珊瑚的消失，由于侵蚀生物和风暴的作用，珊瑚礁开始逐渐失去其三维结构。在加勒比海地区，自 20 世纪 70 年代以来，珊瑚礁的粗糙度（复杂度的衡量指标）开始在所有深度下降，部分归咎于结构复杂的珊瑚物种的消失，如鹿角珊瑚属（Acropora）。插图中给出了不同粗糙度指数的珊瑚礁实例（仿自 Alvarez-Filip et al.，2009；图片由 L. Alvarez-Filip 和 M. C. Uyarra 提供）

造成珊瑚礁健康变化的原因有很多，而其相对重要性因地点而异。长期以来，局部的应激源，特别是过度捕捞和糟糕的水质，被认为是珊瑚礁衰减的主要原因。然而，全球性的孪生应激源——海水变暖与海水酸化正日益对珊瑚与珊瑚礁的生存构成长期威胁。

珊瑚礁衰减的局部原因

过度捕捞和破坏性捕捞　渔业的影响包括降低被开发利用礁鱼的密度、生物量，有时甚至包括多样性。通常情况下，首先从珊瑚礁消失的物种是大型的捕食性物种，如鲨鱼、石斑鱼和鲷鱼。当捕食者衰竭后，渔民们开始转向捕捞大型食草物种，如鹦嘴鱼。移除食草物种会引发对珊瑚礁宿主的间接影响，如改变珊瑚与藻类的竞争强度，打破它们之间的平衡而使后者受益（如 Mumby et al.，2012）。随着捕鱼强度加大而大鱼数量减少，渔民会采用破坏性的捕捞方式，如使用炸药炸鱼或氰化物，以获取躲避在珊瑚礁里的小型鱼类。珊瑚和其他珊瑚礁生物从这种破坏性捕捞方式中恢复的速度非常缓慢（Fox and Caldwell，2006）。

糟糕的水质　热带海域通常是贫养的，但土地清理和海岸带开发会给全球许多沿海地区增加大量的泥沙、营养盐和污染物。尽管泥沙通过使动物窒息和光衰减对珊瑚产生有害影响得到广泛的认可（Fabricius，2005），但营养盐对珊瑚礁退化的作用却有很大争议。许多添加营养盐的实验得到了相互矛盾的结果，有的显示大型藻类生长旺盛，有的则无任何响应（Szmant，2002）。目前的共识是，人为造成的营养富集不太会是珊瑚礁状态从珊瑚占优到藻类占优转变的主要原因，除非在营养负荷极高或者食草动物数量极少的情况下（McCook，1999；Szmant，2002；McManus and Polsenberg，2004）。然而，营养盐与珊瑚病的流行和严重程度的增加有关（见第 5 章；Bruno et al.，2003a；Kaczmarsky and Richardson，2011），以及与食珊瑚的长棘海星暴发有关（Fabricius et al.，2010）。水质的变化还会影响到鱼类群落，受到污染的珊瑚礁上，鱼类丰度要比清洁水域珊瑚礁上的低 60%（McKinley and Johnston，2010）。

物种入侵　在珊瑚礁上发现非本地种的情况相对较少。在太平洋对珊瑚礁的多样性调查中，通常外来物种不会超过 2%（Coles and Eldredge，2002）。然而，在繁忙的港口，例如（夏威夷瓦胡岛的）珍珠港，接近 25% 的物种是外来种。这些珊瑚礁上的外来种包括多种分类群，从藻类到无脊椎动物再到鱼类（Coles and Eldredge，2002）。不过，与陆地相同，并非所有海洋外来物种都是入侵物种。例如，在美国佛罗里达州东南部的珊瑚礁上发现了 16 种来自印度洋—太平洋的鱼类（Semmens et al.，2004），其中仅有蓑鲉 [图 13.9；翱翔蓑鲉（*Pterois volitans/miles*）] 是入侵物种，从其引入地佛罗里达州快速扩散到加勒比海和墨西哥湾（Schofield，2010）。

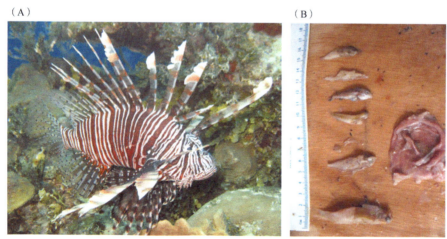

（A）　　　　　　　　　　　　　（B）

图 13.9　珊瑚礁的一个入侵物种。（A）翱翔蓑鲉（*Pterois volitans*）来自印度洋—太平洋海域，作为观赏鱼不慎被引入西大西洋地区。现已快速侵入整个加勒比海地区和墨西哥湾。（B）一条蓑鲉胃部的食物。这种广食性的杂食性鱼类取食各种本地种的礁鱼和无脊椎动物，造成加勒比海小型礁鱼丰度的急剧减少（图片由 Isabelle M. Côté 提供）

我们对大部分珊瑚礁入侵物种的生态影响所知甚少，但已发现的那些物种对当地的影响是严重的。例如夏威夷的入侵藻类形成一层阻挡光线的厚垫，并促进了其下方本地群落的泥沙沉积（Martinez et al.，2012）。蓑鲉造成加勒比海本地鱼类补充量和生物量在实验珊瑚礁和自然礁石中分别下降近 80%（Albins and Hixon，2008）和 65%（Green et al.，2012）。

珊瑚礁衰减的全球性原因

海水变暖　在 20 世纪，大气中 CO_2 浓度上升已导致平均海面水温上升了 0.74℃（IPCC，2007）。尽管这看起来是非常微弱的增长，但水温略微升高——比平均季节最高温高出 1～2℃，就会导致许多珊瑚白化（图 13.10A）。珊瑚白化是因为升温对共生藻属光合作用机制造成损害，从而导致珊瑚与其共生藻的共生关系破裂，珊瑚进而死亡的现象。如果水温升高的情况持续数周，就如创纪录温暖年份的 1998 年和 2005 年那样，许多白化的珊瑚就会因此而饿死。幸存者付出的生理代价巨大，从降低生长率与繁殖率，到补充量的受损，以及对疾病易感性增加（Pandolfi et al.，2011）。

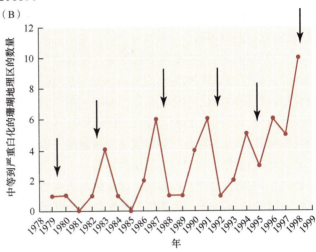

（A）　（B）

图 **13.10**　珊瑚白化（A）当水温持续变暖时，许多珊瑚失去其共生体［共生藻属（*Symbiodinium*）］而变白（白化）。有些珊瑚在水温正常后能够恢复，但有些则直接死亡。（B）自 20 世纪 70 年代以来，全球大规模珊瑚白化事件的发生频率和规模都在增加。箭头表示强厄尔尼诺年（图片 A 由 Isabelle M. Côté 提供；图 B 仿自 Hoegh Guldberg，1999）

导致珊瑚大规模白化事件的极端海面水温异常的频率正在增加（图 13.10B），而世界上大部分珊瑚礁都面临诱发白化的水温条件，到 2030 年其频率可达每 5 年一次（Donner，2009）。有些珊瑚可能会通过接纳热耐受性较高的共生藻，或是通过自然选择，以及改变其分布范围到适宜环境而实现气候驯化。然而，并非所有珊瑚都能从海水变暖的长期胁迫中幸存下来。即便是幸存者，也要付出很大代价，因为耐热性好的共生藻往往并不像那些对热敏感的共生藻那样对宿主有益（Cantin et al.，2009；Jones and Berkelmans，2010）。珊瑚白化还会对其他物种产生影响，例如各种依赖于珊瑚礁生境的鱼类和无脊椎动物等（Munday et al.，2008；Przeslawski et al.，2008）。

海水酸化　海水酸化是大气 CO_2 浓度升高的另一后果，但其威胁却比海水变暖更加隐蔽，因为其对珊瑚及其共生群落的作用在起初并不明显。其直接影响是降低了生物骨骼和壳生长所需碳酸盐的可供性（对海水酸化的深入讨论见第 19 章）。在如今的海洋中，pH 和碳酸盐离子的浓度都比过去 42 万年以来的任何时候要低，而变化的速率更高（HoeghGuldberg et al.，2007）。

在实验室里得到的海水酸化影响的结果是比较严重的，尽管在室内，无论是成体（Fine and Tchernov，2007）还是新定植的补充幼体（Cohen et al.，2009），都难以维持其骨骼。而在野外，尽管有证据表明，在过去 20 年里，珊瑚生长率与骨骼密度都有下降（De'ath et al.，2009），但由于缺乏像室内那样的控制条件，很难将海水酸化的作用与其他应激源区分开来，如海水变暖。只有暴露于天然二氧化碳渗泉的珊瑚礁是个例外，许多钙化生物（包括许多珊瑚幼体喜欢定居的珊瑚藻）的丰度急剧下降（Fabricius et al.，2011）。然而，酸化的负面影响并不局限于骨骼的形成，酸化（可能包括变暖）似乎对珊瑚礁生物的行为具有广泛的影响，包括改变珊瑚幼虫定植偏好（如 Doropoulos et al.，2012），以及对许多鱼类行为的损害，如归巢、觅食、听力、学习能力和躲避捕食者等（Munday et al.，2012）。最后，随着实验和观察证据的积累，可以清楚地看出，生物对酸化（Fabricius et al.，2011；Comeau et al.，2013）以及酸化和变暖相结合（Pandolfi et al.，

2011）的响应存在很大差异。面对又热又"酸"的未来，未来珊瑚礁群落的多样性和物理复杂度都会低于现今，但具体如何很难预测。

多个应激源之间的相互作用

如今，本节中上述的多种应激源都在许多珊瑚礁上起作用。一个关键问题是，当这些应激源同时作用时，它们之间会如何相互作用？对珊瑚礁命运悲观的预测，主要出自应激源会协同作用的假设前提，特别是面对气候变化时：即一个应激源的作用会因另一个应激源的作用而放大，因此，共同发生的应激源的累积效应要远远大于其单一效应之和。然而，多种应激源的相互作用并非只有协同作用这一种。单一应激源可能会有简单的加性效应，但反过来也会出现一个应激源的效应被其他应激源的作用所抵消，产生拮抗作用或反协同的相互作用。

在实验室内，有时会发现协同作用，如温度与低 pH（Anthony et al.，2008），而这种协同作用在三个以上应激源共同作用时更为常见（Crain et al.，2008；Darling and Côté，2008）。但是，要在野外研究确定多种应激源相互作用的特征就困难得多。Darling 等（2010）使用肯尼亚捕鱼区与禁捕区珊瑚覆盖度长达 20 年的时间序列数据（其间在 1998 年被大规模珊瑚白化事件打断过一次）对此进行了分析。在用禁捕区进行热胁迫的前后对比时，热胁迫自身导致珊瑚覆盖度下降了 74%；而在捕鱼区和禁捕区之间进行对比，捕鱼自身造成珊瑚礁覆盖度下降 51%。既受捕鱼影响，又发生珊瑚白化的珊瑚礁，珊瑚覆盖度下降了 72%，这一结果与协同作用并不吻合。看起来，这是因为捕鱼的长期胁迫淘汰了敏感的珊瑚类群，而保留了对捕鱼和变暖抵抗力强的珊瑚类群。但我们不清楚像这样相互作用的应激源的普遍性。

相移、临界点、替代状态与灭绝

珊瑚礁对日益增长的局部与全球性应激源的响应最显著的一方面是，全球范围内的珊瑚礁上，造礁珊瑚被其他固着生物所替代，这一现象也被称为"相移"（phase shift）（Hughes et al.，2010）。大部分情况下，石珊瑚转变成海藻（包括海藻坪与大型海藻），但有时也会被其他类型的生物所替代，如软珊瑚、类珊瑚（corallimorpharians）、海葵、海鞘类和海绵等（Norström et al.，2009）。

特别需要关注的是，这些转变的速度，以及这种快速转变可能反映了临界点和替代状态的存在。这种替代状态会使重新回到珊瑚占优的状态更加困难，因为反馈回路会维持新状态的稳定（Mumby et al.，2013）。这种复杂的非线性动态给珊瑚礁的管理提出重要挑战，珊瑚礁的危机可能在毫无征兆的情况下到来，而这一旦开始，就很难阻止或逆转危机。

另一种不可逆的形式是物种灭绝。尽管本地或区域性的海洋生物局部灭绝时有发生，但海洋生物整体灭绝的例子却不多（Dulvy et al.，2003）。尚未有珊瑚礁物种被发现全球性灭绝，除了毛里求斯的绿阿南鱼（*Anampses viridis*），人类最后一次见到它是在 1839 年（Dulvy et al.，2003）。然而，灭绝的风险显然存在，最近对石珊瑚的评估发现，由于全球变化和局部应激源的综合影响，近三分之一的石珊瑚可能面临着灭绝风险（Carpenter et al.，2008）。

保护与管理的前景

正如在本章开始所指出的，珊瑚礁是多样性极高的海洋生境，大约三分之一的海洋物种生活在珊瑚礁中。单凭这一点，珊瑚礁已有的损失和正面临的威胁，就令人极为不安。而珊瑚礁对人类还有更多实际价值。珊瑚礁能够保护岸线免受风浪侵袭（Sheppard et al.，2005），吸引观光游客和工作机会，提供食物，乃至是一些药用生物的家园（Chivian et al.，2003）。全球珊瑚礁每年的价值约为 300 亿美元（Conservation International，2008）。许多拥有珊瑚礁的国家经济都相当脆弱（Donner and Potère，2007），这意味着珊瑚礁对当地经济尤为重要。珊瑚礁与其他海洋环境所提供的生态系统服务将在第 18 章和第 21 章予以详细讨论。

如上节所述，珊瑚礁受到各种人为应激源压力的影响，无论是局部还是全球性的。然而，它们也受到诸如风暴等自然事件的破坏。无论其原因是自然的、人为的、还是二者兼有，健康的珊瑚礁必须能够从造成大规模死亡的事件中恢复过来。珊瑚礁群落要在未来维持下去，新珊瑚的生长与补充量就必须超过死亡的珊瑚数量。

因此，提高珊瑚礁的弹性是珊瑚保护工作的一个主要目标（Hughes et al.，2010），该方法将在第 21 章综述。对局部应激源的管理，主要指管理过度捕捞和恶劣水质，是增强恢复力的主要途径。大小各异的海洋保护区能够有效降低捕鱼对珊瑚礁的影响，但这些保护区数量太少，得到很好管理的就更少（Mora et al.，2006）。对海洋的保护还必须辅以对相邻陆地的管理（如 Klein et al.，2012），这两点也将在第 21 章进行讨论。目前，对局部应激源的管理尤为重要，因为在没有全球性的统一行动下，海水变暖与海水酸化很难被遏制。当然，从长远来看，珊瑚礁的健康将取决于能否成功应对大气 CO_2 浓度上升所带来的挑战（Hoegh-Guldberg et al.，2007；见第 19 章）。

人类总是痴迷于解决重大问题的具体方案，对珊瑚礁也不例外。其中最突出的是珊瑚修复，原理是培育新补充的珊瑚幼体或是从成体珊瑚上取下碎片，该方法在近年来取得很大进展（Precht，2006；Edwards，2010）。还有一些针对珊瑚病的治疗手段（Efrony et al.，2007），并辅以迁徙，即将珊瑚从变得更加温暖的热带区域人为地迁移到更为适宜的地点（Riegl et al.，2011）。确认适宜珊瑚和珊瑚基因型的区域，以及在未来条件下共生藻更适应的地方（Barshis et al.，2013），都是当前研究活跃的领域。甚至连冷冻珊瑚配子作为预防最差情况到来的手段，也被认真思考过（Hagedorn et al.，2012）。尽管所有这些方法各有优点，但珊瑚的价值远非局部的利益所在，而在全球尺度上的实际操作又代价不菲。归根结底，珊瑚礁的繁衍生存取决于人类。

致谢

我们感谢 Nick Dulvy 和 Lexa Grutter 提供数据用以修改他们发表的图表，感谢 Karen Cheney 和 Matthieu Leray 提供照片。同时感谢 John Bruno、Peter Edmunds 和 Peter Mumby 对手稿的建设性建议。Isabelle M. Côté 得到了加拿大自然科学和工程研究委员会的支持，Nancy Knowlton 得到了美国国立自然历史博物馆海洋科学部主席的支持。

引用文献

Albins, M. A. and M. A. Hixon. 2008. Invasive Indo-Pacific lionfish *Pterois volitans* reduce recruitment of Atlantic coral reef fishes. *Mar. Ecol. Prog. Ser.* 367: 233–238.

Alvarez-Filip, L., I. M. Côté, J. A. Gill, et al. 2011. Region-wide temporal and spatial variation in Caribbean reef architecture: Is coral cover the whole story? *Glob. Chang. Biol.* 17: 2470–2477.

Alvarez-Filip, L., N. K. Dulvy, J. A. Gill, et al. 2009. Flattening of Caribbean coral reefs: Region-wide declines in architectural complexity. *Proc. Roy. Soc. Lond. B* 276: 3019–3025.

Anthony, K. R. N., D. I. Kline, G. Diaz-Pulido, et al. 2008. Ocean acidification causes bleaching and productivity loss in coral reef builders. *Proc. Natl. Acad. Sci. (USA)* 105: 17442–17446.

Appeltans, W., S. T. Ahyong, G. Anderson, et al. 2012. The magnitude of global marine species diversity. *Curr. Biol.* 22: 1–14.

Baker, A. C. 2003. Flexibility and specificity in coral-algal symbiosis: Diversity, ecology and biogeography of *Symbiodinium*. *Annu. Rev. Ecol. Evol. Syst.* 34: 661–689.

Barott, K. L., B. Rodriguez-Brito, J. Janouškovec, et al. 2011. Microbial diversity associated with four functional groups of benthic reef algae and the reef-building coral *Montastraea annularis*. *Environ. Microbiol.* 13: 1192–1204.

Barott, K. L., B. Rodriguez-Mueller, M. Youle, et al. 2012. Microbial to reef scale interactions between the reef-building coral *Montastraea annularis* and benthic algae. *Proc. Roy. Soc. Lond. B* 279: 1655–1664.

Barshis, D. J., J. T. Ladner, T. A. Oliver, et al. 2013. Genomic basis for coral resilience to climate change. *Proc. Natl. Acad. Sci. (USA)* 110: 1387–1392.

Bellwood, D. R. and T. P. Hughes. 2001. Regional-scale assembly rules and biodiversity of coral reefs. *Science* 292: 1532–1534.

Bellwood, D. R., T. P. Hughes, and A. S. Hoey. 2006. Sleeping functional group drives coral-reef recovery. *Curr. Biol.* 16: 2434–2439.

Bellwood, D. R., T. P. Hughes, C. Folke, and M. Nyström. 2004. Confronting the coral reef crisis. *Nature* 429: 827–833.

Bellwood, D. R., P. C. Wainwright, C. J. Fulton, and A. Hoey. 2002. Assembly rules and functional groups at global biogeographical scales. *Funct. Ecol.* 16: 557–562.

Bergsma, G. S. 2012. Coral mutualists enhance fish abundance and diversity through a morphology-mediated facilitation cascade. *Mar. Ecol. Prog. Ser.* 451: 151–161.

Bode, M., S. R. Connolly, and J. M. Pandolfi. 2012. Species differences drive nonneutral structure in Pleistocene coral communities. *Am. Nat.* 180: 577–588.

Bouchet, P., P. Lozouet, P. Maestrati, and V. Heros. 2002. Assessing the magnitude of species richness in tropical marine environments: Exceptionally high numbers of molluscs at a New Caledonia site. *Biol. J. Linn. Soc. Lond.* 75: 421–436.

Bourne, D. G., M. Garren, T. M. Work, et al. 2009. Microbial disease and the coral holobiont. *Trends Microbiol.* 17: 554–562.

Box, S. J. and P. J. Mumby. 2007. Effect of macroalgal competition on growth and survival of juvenile Caribbean corals. *Mar. Ecol. Prog. Ser.* 342: 139–149.

Bruno, J. F. and E. R. Selig. 2007. Regional decline of coral cover in the Indo-Pacific: Timing, extent, and subregional comparisons. *PLoS ONE* 2: e711.

Bruno, J. F., L. E. Petes, C. D. Harvell, and A. Hettinger. 2003a. Nutrient enrichment can increase the severity of coral diseases. *Ecol. Lett.* 6: 1056–1061.

Bruno, J. F., J. J. Stachowicz, and M. D. Bertness. 2003b. Inclusion of facilitation in ecological theory. *Trends Ecol. Evol.* 18: 119–125.

Bshary, R. 2003. The cleaner wrasse, *Labroides dimidiatus*, is a key organism for reef fish diversity at Ras Mohammed National Park, Egypt. *J. Anim. Ecol.* 72: 169–176.

Bshary, R. and I. M. Côté. 2008. New perspectives on marine cleaning mutualism. In, *Fish Behaviour* (C. Magnhagen, V. A. Braithwaite, E. Forsgren, and B. G. Kapoor, eds.), pp. 563–592. Enfield, NH: Science Publishers.

Burkepile, D. E. and M. E. Hay. 2008. Herbivore species richness and feeding complementarity affect community structure and function on a coral reef. *Proc. Natl. Acad. Sci. (USA)* 105: 16201–16206.

Cantin, N. E., M. J. H. van Oppen, B. L. Willis, et al. 2009. Juvenile corals can acquire more carbon from high-performance algal symbionts. *Coral Reefs* 28: 405–414.

Carpenter, K., M. Abrar, G. Aeby, et al. 2008. One-third of reef-building corals face elevated extinction risk from climate change and local impacts. *Science* 321: 560–563.

Chivian, E., C. M. Roberts, and A. S. Bernstein. 2003. The threat to cone snails. *Science* 302: 391–391.

Cohen, A. L., D. C. McCorkle, S. de Putron, et al. 2009. Morphological and compositional changes in the skeletons of new coral recruits reared in acidified seawater: Insights into the biomineralization response to ocean acidification. *Geochem. Geophys. Geosyst.* 10: Q07005.

Coles, S. L. and L. G. Eldredge. 2002. Nonindigenous species introductions on coral reefs: A need for information. *Pac. Sci.* 56: 191–209.

Comeau, S., P. J. Edmunds, N. B. Spindel, and R. C. Carpenter. 2013. The responses of eight coral reef calcifiers to increasing partial pressure of CO_2 do not exhibit a tipping point. *Limnol. Oceanogr.* 58: 388–398.

Conservation International. 2008. *Economic Values of Coral Reefs, Mangroves, and Seagrasses: A Global Compilation.* Arlington, VA: Center for Applied Biodiversity Science, Conservation International.

Crain, C. M., K. Kroeker, and B. S. Halpern. 2008. Interactive and cumulative effects of multiple human stressors in marine systems. *Ecol. Lett.* 11: 1304–1315.

Darling, E. S., L. Alvarez-Filip, T. A. Oliver, et al. 2012. Evaluating life-history strategies of reef corals from species traits. *Ecol. Lett.* 15: 1378–1386.

Darling, E. S. and I. M. Côté. 2008. Quantifying the evidence for ecological synergies. *Ecol. Lett.* 11: 1278–1286.

Darling, E. S., T. R. McClanahan, and I. M. Côté. 2010. Combined effects of two stressors on Kenyan coral reefs are additive or antagonistic, not synergistic. *Conserv. Lett.* 3: 122–130.

De'ath, G., J. M. Lough, and K. E. Fabricius. 2009. Declining coral calcification on the Great Barrier Reef. *Science* 323: 116–119.

De'ath, G., K. E. Fabricius, H. Sweatman, and M. Puotinen. 2012. The 27-year decline of coral cover on the Great Barrier Reef and its causes. *Proc. Natl. Acad. Sci. (USA)* 109: 17995–17999.

Dill, L. M., M. R. Heithaus, and C. J. Walters. 2003. Behaviorally mediated indirect interactions in marine communities and their conservation implications. *Ecology* 84: 1151–1157.

Dinsdale, E. A., O. Pantos, S. Smriga, et al. 2008. Microbial ecology of four coral atolls in the Northern Line Islands. *PLoS ONE* 3: e1584.

Dixson, D. L. and M. E. Hay. 2012. Corals chemically cue mutualistic fishes to remove competing seaweeds. *Science* 338: 804–807.

Donner, S.D. 2009. Coping with commitment: Projected thermal stress on coral reefs under different future scenarios. *PLoS ONE* 4: e5712.

Donner, S. D. and D. Potère. 2007. The inequity of the global threat to coral reefs. *Bioscience* 57: 214–215.

Doropoulos, C., S. Ward, G. Diaz-Pulido, et al. 2012. Ocean acidification reduces coral recruitment by disrupting intimate larval-algal settlement interactions. *Ecol. Lett.* 15: 338–346.

Dulvy, N. K., R. P. Freckleton, and N.V. C. Polunin. 2004. Coral reef cascades and the indirect effects of predator removal by exploitation. *Ecol. Lett.* 7: 410–416.

Dulvy, N. K., Y. Sadovy, and J. D. Reynolds. 2003. Extinction vulnerability in marine populations. *Fish Fish.* 4: 25–64.

Edwards, A.J. (ed.). 2010. *Reef Rehabilitation Manual.* St. Lucia, Australia: Coral Reef Targeted Research and Capacity Building for Management Program.

Efrony, R., Y. Loya, E. Bacharach, and E. Rosenberg. 2007. Phage therapy of coral disease. *Coral Reefs* 26: 7–13.

Eschmeyer, W. N. (ed.). 2012. *Catalog of Fishes.* California Academy of Sciences. research.calacademy.org/research/ichthyology/catalog/fishcatmain.asp

Fabricius, K. E. 2005. Effects of terrestrial runoff on the ecology of corals and coral reefs: Review and synthesis. *Mar. Pollut. Bull.* 50: 125–146.

Fabricius, K. E., C. Langdon, S. Uthicke, et al. 2011. Losers and winners in coral reefs acclimatized to elevated carbon dioxide concentrations. *Nat. Clim. Chang.* 1: 165–169.

Fabricius, K. E., K. Okaji, and G. De'ath. 2010. Three lines of evidence to link outbreaks of the crown-of-thorns seastar *Acanthaster planci* to the release of larval food limitation. *Coral Reefs* 29: 593–605.

Fine, M. and D. Tchernov. 2007. Scleractinian coral species survive and recover from decalcification. *Science* 315: 1811–1811.

Fox, H. E. and R. L. Caldwell. 2006. Recovery from blast fishing on coral reefs: A tale of two scales. *Ecol. Appl.* 16: 1631–1635.

Fox, R. J., T. L. Sunderland, A. S. Hoey, and D. R. Bellwood. 2009. Estimating ecosystem function: Contrasting roles of closely related herbivorous rabbitfishes (Siganidae) on coral reefs. *Mar. Ecol. Prog. Ser.* 385: 261–269.

Gardner, T. A., I. M. Côté, J. A. Gill, et al. 2003. Long-term region-wide declines in Caribbean corals. *Science* 301: 958–960.

Gochfeld, D. J. 2010. Territorial damselfishes facilitate survival of corals by providing an associational defense against predators. *Mar. Ecol. Prog. Ser.* 398: 137–148.

Graham, N. A. J., S. K. Wilson, S. Jennings, et al. 2007. Lag effects in the impacts of mass coral bleaching on coral reef fish, fisheries, and ecosystems. *Conserv. Biol.* 21: 1291–1300.

Green, S. J., J. L. Akins, A. Maljkovi, and I. M. Côté. 2012. Invasive lionfish drive Atlantic coral reef fish declines. *PLoS ONE* 7: e32596.

Grutter, A. S., J. M. Murphy, and J. H. Choat. 2003. Cleaner fish drives local fish diversity on coral reefs. *Curr. Biol.* 13: 64–67.

Hagedorn, M., M. J. H. van Oppen, V. Carter, et al. 2012. First frozen repository for the Great Barrier Reef coral created. *Cryobiology* 65: 157–158.

Heithaus, M. R., A. J. Wirsing, D. Burkholder, et al. 2009. Towards a predictive framework for predator risk effects: The interaction of landscape features and prey escape tactics. *J. Anim. Ecol.* 78: 556–562.

Hoegh-Guldberg, O. 1999. Climate change, coral bleaching and the future of the world's coral reefs. *Mar. Freshw. Res.* 50: 839–866.

Hoegh-Guldberg, O., P. J. Mumby, A. J. Hooten, et al. 2007. Coral reefs under rapid climate change and ocean acidification. *Science* 318: 1737–1742.

Holbrook, S. J., A. J. Brooks, R. J. Schmitt, and H. L. Stewart. 2008. Effects of sheltering fish on growth of their coral hosts. *Mar. Biol.* 155: 521–530.

Hughes, T. P., A. H. Baird, E. A. Dinsdale, et al. 2012. Assembly rules of reef corals are flexible along a steep climatic gradient. *Curr. Biol.* 22: 736–741.

Hughes, T. P., N. A. J. Graham, J. B. C. Jackson, et al. 2010. Rising to the challenge of sustaining coral reef resilience. *Trends Ecol. Evol.* 25: 633–642.

Hughes, T. P., M. J. Rodrigues, D. R. Bellwood, et al. 2007. Phase shifts, herbivory, and the resilience of coral reefs to climate change. *Curr. Biol.* 17: 360–365.

Idjadi, J. A. and P. J. Edmunds. 2006. Scleractinian corals as facilitators for other invertebrates on a Caribbean reef. *Mar. Ecol. Prog. Ser.* 319: 117–127.

IPCC. 2007. *Climate Change 2007: The Physical Science Basis.* Cambridge, UK: Cambridge University Press.

Jompa, J. and L. J. McCook. 2002. Effects of competition and herbivory on interactions between a hard coral and a brown alga. *J. Exp. Mar. Biol. Ecol.* 271: 25–39.

Jones, A. and R. Berkelmans. 2010. Potential costs of acclimatization to a warmer climate: Growth of a reef coral with heat tolerant vs. sensitive symbiont types. *PLoS ONE* 5: e10437.

Kaczmarsky, L. and L. L. Richardson. 2011. Do elevated nutrients and organic carbon on Philippine reefs increase the prevalence of coral disease? *Coral Reefs* 30: 253–257.

Karlson, R. H., H. V. Cornell, and T. P. Hughes. 2004. Coral communities are regionally enriched along an oceanic biodiversity gradient. *Nature* 429: 867–870.

Klein, C. J., S. D. Jupiter, E. R. Selig, et al. 2012. Forest conservation delivers highly variable coral reef conservation outcomes. *Ecol. Appl.* 22: 1246–1256.

Knowlton, N., R. E. Brainard, R. Fisher, et al. 2010. Coral reef biodiversity. In, *Marine Life: Diversity, Abundance and Distribution* (A. Macintyre, ed.), pp. 65–77. Oxford, UK: Wiley-Blackwell.

Knowlton, N. and J. B. C. Jackson. 2008. Shifting baselines, local impacts, and global change on coral reefs. *PLoS Biol.* 6: 215–220.

Lapid, E. D. and N. E. Chadwick. 2006. Long-term effects of competition on coral growth and sweeper tentacle development. *Mar. Ecol. Prog. Ser.* 313: 115–123.

Lapid, E. D., J. Wielgus, and N. E. Chadwick-Furman. 2004. Sweeper tentacles of the brain coral *Platygyra daedalea*: Induced development and effects on competitors. *Mar. Ecol. Prog. Ser.* 282: 161–171.

Lieske, E. and R. Myers. 2001. *Coral Reef Fishes: Indo-Pacific and Caribbean*. Princeton, NJ: Princeton University Press.

Loya, Y., K. Sakai, K. Yamazato, et al. 2001. Coral bleaching: The winners and the losers. *Ecol. Lett.* 4: 122–131.

Madin, E. M. P., S. D. Gaines, and R. R. Warner. 2010. Field evidence for pervasive indirect effects of fishing on prey foraging behavior. *Ecology* 91: 3563–3571.

Marhaver, K. L., R. A. Edwards, and F. Rohwer. 2008. Viral communities associated with healthy and bleaching corals. *Environ. Microbiol.* 10: 2277–2286.

Martinez, J. A., C. M. Smith, and R. H. Richmond. 2012. Invasive algal mats degrade coral reef physical habitat quality. *Estuar. Coast. Shelf Sci.* 99: 42–49.

McClanahan, T. R., N. A. Muthiga, and R. A. Coleman. 2011. Testing for top-down control: Can post-disturbance fisheries closures reverse algal dominance? *Aquat. Conserv.* 21: 658–675.

McCook, L. J. 1999. Macroalgae, nutrients and phase shifts on coral reefs: Scientific issues and management consequences for the Great Barrier Reef. *Coral Reefs* 18: 357–367.

McCormick, M. I. and M. G. Meekan. 2007. Social facilitation of selective mortality. *Ecology* 88: 1562–1570.

McKinley, A. I. and E. L. Johnston. 2010. Impacts of contaminant sources on marine fish abundance and species richness: A review and meta-analysis of evidence from the field. *Mar. Ecol. Prog. Ser.* 420: 175–191.

McManus, J. W. and J. F. Polsenberg. 2004. Coral-algal phase shifts on coral reefs: Ecological and environmental aspects. *Prog. Oceanogr.* 60: 263–279.

Meyer, C. P., J. B. Geller, and G. Paulay. 2005. Fine-scale endemism on coral reefs: Archipelagic differentiation in turbinid gastropods. *Evolution* 59: 113–125.

Miller, J., E. Muler, C. Rogers, et al. 2009. Coral disease following massive bleaching in 2005 causes 60% decline in coral cover on reefs in the U. S. Virgin Islands. *Coral Reefs* 28: 925–937.

Mora, C., S. Andréfouët, M. J. Costello, et al. 2006. Coral reefs and the global network of marine protected areas. *Science* 312: 1750–1751.

Mora, C., D. P. Tittensor, S. Adl, et al. 2011. How many species are there on earth and in the ocean? *PLoS Biol.* 9: e1001127.

Mumby, P. J., R. S. Steneck, and A. Hastings. 2013. Evidence for and against the existence of alternate attractors on coral reefs. *Oikos* 122: 481–491.

Mumby, P. J., C. P. Dahlgren, A. R. Harborne, et al. 2006. Fishing, trophic cascades, and the process of grazing on coral reefs. *Science* 311: 98–101.

Mumby, P. J., A. R. Harborne, J. Williams, et al. 2007. Trophic cascade facilitates coral recruitment in a marine reserve. *Proc. Natl. Acad. Sci.* (*USA*) 104: 8362–8367.

Mumby, P. J., R. S. Steneck, A. J. Edwards, et al. 2012. Fishing down a Caribbean food web relaxes trophic cascades. *Mar. Ecol. Prog. Ser.* 445: 13–24.

Munday, P. L., M. I. McCormick, and G. E. Nilsson. 2012. Impact of global warming and rising CO_2 levels on coral reef fishes: what hope for the future? *J. Exp. Biol.* 215: 3865–3873.

Munday, P. L., G. P. Jones, M. S. Pratchett, and A. J. Williams. 2008. Climate change and the future of coral reef fishes. *Fish Fish.* 9: 261–285.

Norström, A. V., M. Nyström, J. Lokrantz, and C. Folke. 2009. Alternative states on coral reefs: Beyond coral-macroalgal phase shifts. *Mar. Ecol. Prog. Ser.* 376: 295–306.

Nugues, M. M., L. Delvoye, and R. P. M. Bak. 2004a. Coral defence against macroalgae: Differential effects of mesenterial filaments on the green alga *Halimeda opuntia*. *Mar. Ecol. Prog. Ser.* 278: 103–114.

Nugues, M. M., G. W. Smith, R. J. Hooidonk, et al. 2004b. Algal contact as a trigger for coral disease. *Ecol. Lett.* 7: 919–923.

O'Leary, J. K., D. C. Potts, J. C. Braga, and T. R. McClanahan. 2012. Indirect consequences of fishing: Reduction of coralline algae suppresses juvenile coral abundance. *Coral Reefs* 31: 547–559.

Paddack, M. J., J. D. Reynolds, C. Aguilar, et al. 2009. Recent region-wide declines in Caribbean reef fish abundance. *Curr. Biol.* 19: 590–595.

Pandolfi, J. M., R. H. Bradbury, E. Sala, et al. 2003. Global trajectories of the long-term decline of coral reef ecosystems. *Science* 301: 955–958.

Pandolfi, J. M., S. R. Connolly, D. J. Marshall, and A. L. Cohen. 2011. Projecting coral reef futures under global warming and ocean acidification. *Science* 333: 418–422.

Paulay, G. 2003. The marine biodiversity of Guam and the Marianas: Overview. *Micronesica* 35–36: 3–25.

Perry, C. T., G. N. Murphy, P. S. Kench, et al. 2013. Caribbean-wide decline in carbonate production threatens coral reef growth. *Nat. Commun.* 4: 1402–1408.

Plaisance, L., M. J. Caley, R. E. Brainard, and N. Knowlton. 2011. The diversity of coral reefs: What are we missing? *PLoS ONE* 6: e25026.

Pratchett, M. S. 2001. Influence of coral symbionts on feeding preferences of crown-of-thorns starfish *Acanthaster planci* in the western Pacific. *Mar. Ecol. Prog. Ser.* 214: 111–119.

Pratchett, M. S., P. L. Munday, S. K. Wilson, et al. 2008. Effects of climate-induced coral bleaching on coral-reef fishes: Ecological and economic consequences. In, *Oceanography and Marine Biology: An Annual Review, Vol 46* (R. N. Gibson, R. J. A. Atkinson, and J. D. M. Gordon, eds.), pp. 251–296. Boca Raton, FL: CRC Press.

Precht, W. F. (ed.). 2006. *Coral Reef Restoration Handbook*. Boca Raton, FL: CRC Press.

Price, N. 2010. Habitat selection, facilitation, and biotic settlement cues affect distribution and performance of coral recruits in French Polynesia. *Oecologia* 163: 747–758.

Przeslawski, R., S. Ahyong, M. Byrne, et al. 2008. Beyond corals and fish: The effects of climate change on noncoral benthic invertebrates of tropical reefs. *Glob. Chang. Biol.* 14: 2773–2795.

Rasher, D. B., E. P. Stout, S. Engel, et al. 2011. Macroalgal terpenes function as allelopathic agents against reef corals. *Proc. Natl. Acad. Sci.* (*USA*) 108: 17726–17731.

Reaka-Kudla, M. L. 1997. The global biodiversity of coral reefs: A comparison with rainforests. In, *Biodiversity II. Understanding and Protecting our Biological Resources* (M. Reaka-Kudla, D. Wilson, and E. Wilson, eds.), pp. 83–108. Washington, DC: Joseph Henry Press.

Renema, W., D. R. Bellwood, J. C. Braga, et al. 2008. Hopping hotspots: Global shifts in marine biodiversity. *Science* 321: 654–657.

Riegl, B. M., S. J. Purkis, A. S. Al-Cibahy, et al. 2011. Present limits to heat-adaptability in corals and population-level responses to climate extremes. *PLoS ONE* 6: e24802.

Roberts, C. M., C. J. McClean, J. E. N. Veron, et al. 2002. Marine biodiversity hotspots and conservation priorities for tropical reefs. *Science* 295: 1280–1284.

Roff, G. and P. J. Mumby. 2012. Global disparity in the resilience of coral reefs. *Trends Ecol. Evol.* 27: 404–413.

Rotjan, R. D. and S. M. Lewis. 2008. Impact of coral predators on tropical reefs. *Mar. Ecol. Prog. Ser.* 367: 73–91.

Ruttenberg, B. I., S. L. Hamilton, S. M. Walsh, et al. 2011. Predator-induced demographic shifts in coral reef fish assemblages. *PLoS ONE* 6: e21062.

Sandin, S. A., J. E. Smith, E. E. DeMartini, et al. 2008. Baselines and degradation of coral reefs in the Northern Line Islands. *PLoS ONE* 3: e1548.

Schofield, P. J. 2010. Update on geographic spread of invasive lionfishes (*Pterois volitans* [Linnaeus, 1758] and *P. miles* [Nennett, 1828]) in the western North Atlantic Ocean, Caribbean Sea and Gulf of Mexico. *Aquat. Invasions* 5: S117-S122.

Schutte, V. G. W., E. R. Selig, and J. F. Bruno. 2010. Regional spatio-temporal trends in Caribbean coral reef benthic communities. *Mar. Ecol. Prog. Ser.* 420: 115–122.

Semmens, B. X., E. R. Buhle, A. K. Salomon, and C. V. Pattengill-Semmens. 2004. A hotspot of non-native marine fishes: Evidence for the aquarium trade as an invasion pathway. *Mar. Ecol. Prog. Ser.* 266: 239–244.

Sheppard, C., D. J. Dixon, M. Gourlay, et al. 2005. Coral mortality increases wave energy reaching shores protected by reef flats: Examples from the Seychelles. *Estuar. Coast. Shelf Sci.* 64: 223–234.

Smith, J. E., M. Shaw, R. A. Edwards, et al. 2006. Indirect effects of algae on coral: Algae-mediated, microbe-induced coral mortality. *Ecol. Lett.* 9: 835–845.

Stachowicz, J. J. 2001. Mutualism, facilitation and the structure of ecological communities. *Bioscience* 51: 235–246.

Stallings, C. D. 2008. Indirect effects of an exploited predator on recruitment of coral-reef fishes. *Ecology* 89: 2090–2095.

Sweatman, H. 2008. No-take reserves protect coral reefs from predatory starfish. *Curr. Biol.* 18: 598–599.

Szmant, A. M. 2002. Nutrient enrichment on coral reefs: Is it a major cause of coral reef decline? *Estuaries* 25: 743–766.

Thurber, R. V., D. E. Burkepile, A. M. S. Correa, et al. 2012. Macroalgae decrease growth and alter microbial community structure of the reef-building coral, *Porites astreoides*. *PLoS ONE* 7: e44246.

Valentine, J. F., K. L. Heck, D. Blackmon, et al. 2008. Exploited species impacts on trophic linkages along reef-seagrass interfaces in the Florida keys. *Ecol. Appl.* 18: 1501–1515.

Volkov, I., J. R. Banavar, S. P. Hubbell, and A. Maritan. 2007. Patterns of relative species abundance in rainforests and coral reefs. *Nature* 450: 45–49.

第14章

海藻林群落

动态格局、过程与反馈

Robert S. Steneck 和 Craig R. Johnson

在全球大多数冷水海洋环境中，海藻林在浅水岩岸占据优势。基础种（*sensu* Dayton，1972）主要由那些高大的或中等大小的褐藻组成，形成了海藻林的冠层，并在底栖海洋生态系统中建立了最大的三维生物生境。利用海藻林生境的其他生物包括海洋哺乳动物、鱼类、无脊椎动物（如蟹类、海胆、龙虾和软体动物），以及其他藻类，使得海藻林成为世界上最具多样性和生产力的生态系统（Mann，1973，2000；Dayton，1985a，b）。海藻林的高生产力和生物量集中了食物资源，减弱海浪的冲刷，调节其他沿海生物的补充。早在一万年前，海藻林还为第一批通过"海藻公路"（来自亚洲的海洋通道）迁徙到美洲的人提供了生态系统服务（Erlandson et al.，2007）。

本章回顾了海藻林生态学与生态系统结构和功能相关的主要方面。海藻林具有独特的群落动态特征，吸引了大量对替代稳定状态感兴趣的理论生态学家（如 Scheffer，2010）。海胆的过度植食能够在短短几年之中，就将成熟的海藻林毁灭殆尽，使其转变为替代的群落状态，也被称为"荒原"（barrens）（Steneck et al.，2013）。然而，每种群落状态的持续时间取决于生物地理特征、群落功能性构成和生态反馈等。替代的荒芜状态可能会持续数百年之久，也可能在不到十年之中就迅速恢复到海藻林状态（Steneck et al.，2002，2008）。全球范围内，海藻林是唯一在群落状态间发生如此快速转变的生态系统，这种系统为研究生物生境大规模变化的生态效应，以及驱动与维持每种状态的反馈机制，提供了优越的理想系统。具有不同反馈机制的其他"毁林"模式，取而代之的是小型藻类，会促进泥沙沉积，抑制大型海藻的补充（Connell et al.，2008；Moy and Christie，2012）。

大型海藻与其下层生物之间的动态在时空和群落构成上有很大差异（Dayton et al.，1984；Blamey et al.，2010；Blamey and Branch，2012；Strain and Johnson，2012，2013）。本章将主要讨论生物地理格局、可能驱动海藻林消失的过程，以及海藻林消失对依赖于海藻床生存的生物的生态影响。除了海藻林，本章所涵盖的概念，如自然群落或与人类活动和管理相关的稳定性、弹性、替代稳定状态等，都将在本书的最后一节中进行更深入的讨论。在本章中，我们将通过描述海藻林在种系和功能上的进化根源，来说明海藻林结构和功能的主要趋同性（convergence）和趋异性（divergence）。

一个重要海洋生物群系的演化和全球分布

海藻林构成了一个由茂密高冠层褐藻为代表的生物群系。它们通常生长在温带冷水水域水深 30～40m 处的浅水岩岸礁石上。海藻林的生态与经济重要性可以与热带海域的珊瑚礁相媲美。这些群落由密集的富含生产力的海洋大型藻类（海藻）组成，其特征是具有由大型褐藻［淡色藻门（Ochrophyta）褐藻纲（Phaeophyceae）］形成的封闭或半封闭的冠层、亚冠层和下层海藻，以及相关的动物。而真正的海带（kelp）

是来自海带目（Laminariales）中的褐藻，所以这里我们所使用的这一术语——"海藻林"（kelp forest）是用来描述任何能够在温带或冷水水域形成封闭或半封闭冠层的巨型褐藻所构成的海藻群落（及相关动物），而不是指"海带"林。我们所指的海藻还包括墨角藻类（fucoid）的一些属［墨角藻目（Fucales）］，如德威藻属（*Durvillaea*）和育叶藻属（*Phyllospora*），以及酸藻属（*Desmarestia*）［酸藻目（Desmarestiales）］，它们在南半球浅潮下带形成了与海带相似的具有浓密冠层的生境结构（图14.1）。几乎所有能形成冠层的藻类都是褐藻，这可能与它们来自褐藻门——唯一演化成具有被称为"喇叭丝体"（trumpet hyphae）的特殊细胞以转移光合产物能力的门。总之，这些大型褐藻构成了一组基础种或"生态系统工程师"（Jones et al.，1994；Steneck et al.，2002），能够改变环境（如Velmirov and Griffith，1979；Dayton et al.，1984；Dayton，1985a；Johnson and Mann，1988；Kennelly，1989；Melville and Connell，2001；Wernberg et al.，2005），并为其他生物创造生境（Christie et al.，2009）。由于其巨大的体型，大型褐藻还能有效地传输大型藻类的碎屑物质，促进与异地营养的连通性（Branch and Griffith，1988；Harrold et al.，1998；Krumhansl and Scheibling，2012）。

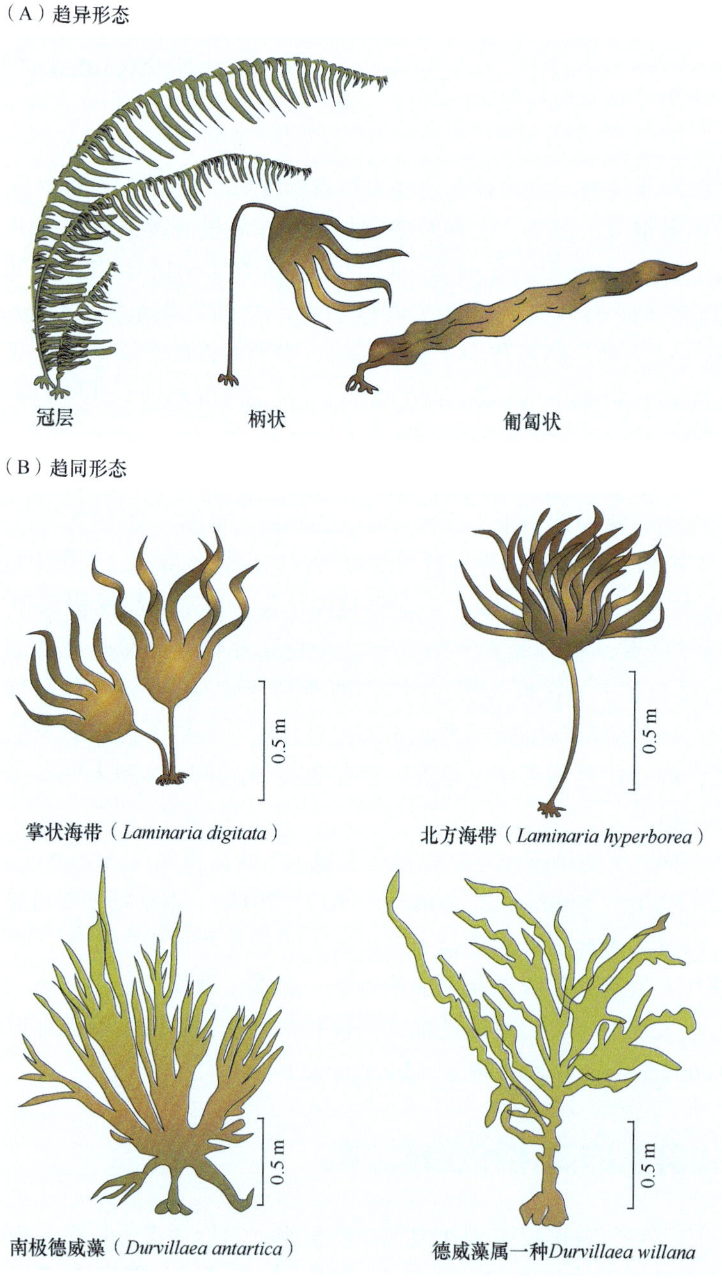

（A）趋异形态

冠层　　　　　柄状　　　　　匍匐状

（B）趋同形态

掌状海带（*Laminaria digitata*）　　　　北方海带（*Laminaria hyperborea*）

0.5 m　　　　0.5 m

南极德威藻（*Durvillaea antartica*）　　　德威藻属一种*Durvillaea willana*

0.5 m　　　　0.5 m

图14.1　大型海藻趋同和趋异演化的生长形式与证据。（A）海带类海藻的形态各异。冠层状海藻可以生长到距基底5～45m高处，柄状海藻通常不高于2m，而匍匐状海藻通常铺在基底之上。（B）分类学上不相关的海带类和墨角藻类的冠层高度和叶状体的形态会高度相似（比例尺适用于图中所有四种示例海藻）

多样性、生物地理与演化

　　海藻林组合的分类组成与演化根源有很大差异。北半球海带目的物种多样性远高于南半球的（表 14.1；Estes and Steinberg，1988），表明真海带是在距今 15～35Ma 之前（Saunders and Druehl，1992），当始新世末全球海洋变冷之后（Pearson and Palmer，2000），在北半球发生演化的（Estes and Steinberg，1988）；相反，南半球的海藻林通常只有一个，或最多有 2～4 种海带属物种，组成其冠层和亚冠层的物种主要是墨角藻（图 14.2；表 14.1）。在北半球，墨角藻通常只在潮间带形成浓密的冠层，如墨角藻属（*Fucus*）、鹿角菜

表 14.1　海藻林优势类群的多样性

	海带目（Laminariales）		酸藻目（Desmarestiales）		墨角藻目（Fucales）	
	属	种	属	种	属	种
北半球						
北极	4	13	1	2	2	4
西北太平洋	16	50	1	6	7	163
东北太平洋	20	44	1	11	6	17
大西洋西北部	5	13	2	3	3	10
大西洋东北部	6	24	2	7	9	30
南半球						
南非	3	4	1	1	11	17
澳大利亚南部	4	5	2	3	17	63
新西兰	4	7	1	2	9	29

引自：Guiry 和 Guiry（2012），得到了 John Bolton 和 Jennifer Dalen 的协助

注：海带目在北半球多样性更高，而墨角藻在南半球多样性更高。酸藻目仅有少数几个属具有中等高度的冠层（约 1m）

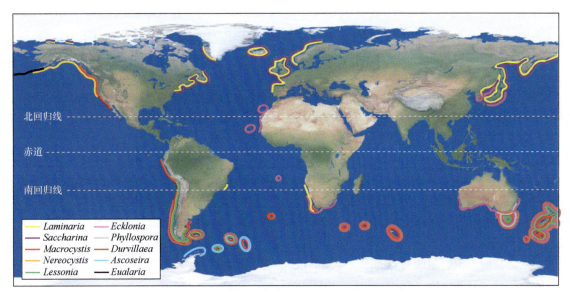

图 14.2　全球海藻林及其优势属。南、北半球的中纬度带都是常见的海胆破坏海藻林的地方。重要的"真海带"［即海带目（Laminariales）］包括海带属（*Laminaria*）、*Saccharina*、巨藻属（*Macrocystis*）、翅藻属（*Eualaria*）、腔囊藻属（*Nereocystis*）、*Lessonia* 和昆布属（*Ecklonia*）。德威藻属（*Durvillaea*）和育叶藻属（*Phyllospora*）［墨角藻目（Fucales）］，以及囊翼藻属（*Ascoseira*）［囊翼藻目（Ascoseirales）］是演化上不同但趋同形成冠层的大型海藻。物种的分布范围往往超出了丰度足以被称为"海藻林"的区域。专家来自：Neville Barrett、Russ Babcock 和 Thomas Wernberg（澳大利亚），John Bolton（南非），Jennifer Dalen（新西兰），Hartvig Christie（挪威），Ken Dunton（美国阿拉斯加州北极地区），Jim Estes（美国阿留申群岛和阿拉斯加），Maria Ramirez 和 Alejandro Buschmann（南美洲）和 Margaret Clayton（南极洲、亚南极群岛）。引自：Steneck et. al.，2002（全球）；Graham et. al.，2007（*Macrocystis*—全球）；Fraser et. al.，2010（*Durvillaea*—全球）；Fujita，2011（日本）；Martin and Zuccarello，2012（*Lessonia*—全球）；Ramirez and Santelices，1991（南美洲太平洋地区）；新西兰蒂帕帕国家博物馆，网址（collections.tepapa.govt.nz）；Guiry and Guiry，2012（全球）

属（*Pelvetia*）和泡叶藻属（*Ascophyllum*）等。海带属（*Laminaria*）是海带目中物种最丰富的一个属，现已发现 26 个物种（Guiry and Guiry，2012）。海带属的物种在北半球所有温带岩质海岸上都很重要，而在南半球仅有两个物种：来自非洲南部沿海的 *L. pallida*，在印度洋少量岛屿上也有分布，以及来自巴西热带海域深水中的 *L. abyssalis*。一些重要的海带物种是最近才在南半球定居的。例如，遗传数据表明，巨藻属（*Macrocystis*）在北半球进化形成，在距今约 1 万年前才在南半球定植（Coyer et al.，2001）。

现代海藻林的生物地理特征反映了海藻林两个主要类群——墨角藻目和海带目的起源中心、优先效应和演化时间。墨角藻目和海带目可能在早古新世，距今约 65Ma 年前开始分化（Fraser et al.，2010）。在相对温暖的中新世（距今 23Ma），这些物种可能保留在极地地区极小的范围之内，并相互分离。然而，自那以后，墨角藻和海带都发生了辐射演化（Fraser et al.，2010；Canovas et al.，2011；Martin and Zuccarello，2012；Estes et al.，2013），从而导致南北半球截然不同的系统发育情况和多样性（表 14.1）。南澳大利亚大陆板块的漂移历史使得其沿海在整个新生代（约 65Ma 年前）海水水温较低，促进了世界上最大的藻类多样性的演化（Womersley，1981；Bolton，1994，1996），形成了由德威藻属、育叶藻属、*Hormosira*、泡沫复珊瑚属（*Cystophora*）、*Seiococcus*、*Carpoglossum* 和 *Xiphophora* 所组成的墨角藻占优的海藻林。差不多与此同时（12～27Ma），北半球的海带属开始分化成孔叶藻属（*Agarum*）、海带属、*Alaria*、裙带菜属（*Undaria*）、*Saccharina*、腔囊藻属（*Nereocystis*）和 *Pelagophycus*（Estes et al.，2013）。澳大利亚藻类高多样性与特有性（endemism）的地质背景几乎影响了所有主要的藻类门，如红藻、绿藻和褐藻等（Norton et al.，1996）。因此，海藻林之间与海藻林内部的物种多样性很可能反映了其进化史，而不是特定生态历史。一些海藻林的消费者，如食肉类哺乳动物和鱼类，是最近才演化出来的，所以可能没有遵循这一规律。

海藻林的全球分布：准备阶段

在全球范围内，海藻林（而不是海带）的分布大部分局限于中纬度地带，位于冰约束和光约束的两极（Dunton and Dayton，1995）与温暖贫养的热带水域（图 14.2；Bolton and Anderson，1987；Gerard，1997）之间。这种条带也与全球藻类生物量的峰值出现在北纬 45°～60° 相一致（Konar et al.，2010）。除了有大范围上升流的区域（如南北美洲的西海岸）或深水局部上升流区域（Graham et al.，2007），在低纬度（低于 40°）地区，大型海藻通常很小，具有较高的表面积与体积比，群落基本以墨角藻为主，如马尾藻属（*Sargassum*）和其他大型褐藻，并在热带区域多样性和数量逐渐增高（Hatcher et al.，1987；Wernberg et al.，2011）。温度、营养盐和光照的季节性决定了海藻林分布地点及其物种构成。这一现象也与符合藻类生物地理的温度地理学或随时间变化的温度地理格局相一致（Adey and Steneck，2001；Adey and Hayek，2011）。正因如此，高生物量的海藻林在硬质基底的浅水形成了中纬度带（Adey and Hayek，2011；Krause-Jensen et al.，2012）。

这种格局的例外情况与大陆西海岸的寒水洋流有关（图 14.2）。例如，在北半球分布最南端的海藻林在北美洲西海岸延伸至墨西哥的加利福尼亚湾处，因为那里有向南流的加利福尼亚寒流。在非洲和南美洲的西海岸，形成冠层的海带类物种比大陆另一侧向北延伸得更远（Graham et al.，2007），主要是因为向北流动的寒流和富含营养盐的上升流（图 14.2）。与之相反，向北流动的印度洋环流东侧，在澳大利亚西海岸成为离岸流，从而使向南流、温暖贫养的露纹洋流（Leeuwin Current）控制了海岸。其结果是温度上升，对该海岸海藻的分布产生显著影响（Smale et al.，2011；Wernberg et al.，2011）。

北极圈以上的海藻林分布极为稀少或有限。它们的缺失可能是因为低温、光和营养盐或冰的约束（Dunton，1985；KrauseJensen et al.，2012）。然而，海带最高可在北纬 75°～80° 出现（特别是海带属物种 *Laminaria solidungula*，但 *Saccharina latissima* 也有分布；Wiencke et al.，2006）。它们分布的北界恰巧是密集的浮冰和八月的 1℃ 等温线（Müller et al.，2009；Chapman and Linley，1980）。北极强烈的季节性要求生物有极强的适应性。成功适应北极的海带类需要有很高的碳或氮的储存能力，因为只有在夏季才有光照，而营养盐只有冬季才有供应。在阿拉斯加的北坡，*L. solidungula* 在夏季储存碳，而在冬天生长（Dunton，1985）；与之相反，*S. latissima* 在冬季储存氮，但在春季和早春生长（Dunton，1985）。

南极圈没有真正的海带，尽管南极圈在很长的地质历史时期有冷水（Wiencke et al.，2006）和大量的季节性无冰基底。不过，真海带相距并不远，巨藻属在合恩角（约南纬 56°）和南乔治亚岛（约南纬 55°）都很丰富，但在南极半岛（从南纬 63° 开始）和南奥克尼群岛（南纬 60°；图 14.2）开始缺失。尽管南极洲没有真海带（Moe and Silva，1977；Wiencke and Clayton，2002），但却有其他目大型褐藻形成的"海带林"，如酸藻目和本地的囊翼藻目（Ascoseirales）（Wiencke and Clayton，2002）。这些目的物种看起来就像真海带，已经趋同进化到具有海带的形状，而且能够形成封闭冠层（Wiencke and Clayton，2002；Wiencke et al.，2006）。如果海面水温再升高几度，真海带就能在南极半岛上立足，但海带的功能在那里已有体现。

南半球墨角藻的德威藻属与其北半球对应的海带属在形态和生物化学上都极其相似，例如都可以长到15m 长（图 14.1；Harder et al.，2006）。南极半岛的本地种囊翼藻目（Ascoseirales）的大型海藻 *Ascoseira mirabilis*（Gomez et al.，1995）与北极的一种阔叶巨藻 *S. latissima*（Dunton，1985）趋同进化出相同的养分生理特性，它们都能演化出在长期黑暗条件下进行光合作用的能力。大型海藻在不同目之间的形态、分布、丰度和生理的趋同演化说明，对于特定的海洋环境条件，解决的办法有限。而海带类、墨角藻类和囊翼藻类大型海藻之间的南北半球差异，为研究塑造海藻林趋同演化的生态模式与过程提供了极好的机会。

海藻林的组合与分解：全球与局部的生态系统驱动力

海藻林坚持在驱动演替变化与维持其稳定性的生态过程中寻求平衡（Dayton et al.，1984）。补充与净生产力导致其繁荣，而物理和生物扰动造成的生物量损失使其衰减。生态相互作用控制着海藻林的发育与消亡。所涉及的演替过程包括孢子的扩散、萌发、配子发生、生长，以及种内和种间的竞争作用。造成海藻林消亡的干扰包括极端海洋事件、水质变化（营养盐与沉积物水平），以及自然与人类活动所导致的捕食者丰度与群落构成的变化。本节将讨论这些过程如何相互作用，从而影响海藻生活的环境、海藻林的发育，以及海藻林的消亡。

大型海藻的生长与成林

控制海藻林发育的三个相互作用过程是：补充、生长与竞争（North，1994）。在局部，海藻林的建立与维持依赖于繁殖体的补充和定植。补充通常都是季节性的，但繁殖量输出的高峰期因物种而异。产出的繁殖体因种内和种间的竞争作用而被稀释（Dayton et al.，1984；Reed and Foster，1984；Chapman，1986）。定植率和定居后的存活率也受局部条件所影响，如光、营养盐和沉积物水平，以及水的运动。在具有多个层次的复杂海藻林中［图 14.1 中三种形式：冠层、柄状（stipitate）和匍匐状（prostrate）］，如美国加利福尼亚州的海藻林，大型海藻的补充与生长受光照（Dayton et al.，1984；Reed and Foster，1984；Graham et al.，1997）和营养盐的可供性（Dayton et al.，1999）调节。冠层类型的海藻会影响生境中的光和水的运动（图 14.3），而且在风暴使海藻冠层变稀疏或消亡后，补充量通常会增加。但是，究竟哪种藻类占据优势，

（A）　　　　　　　　　　　　　　　　（B）

图 14.3　大型海藻冠层（A）2010 年摄于塔斯马尼亚东部一个研究站点的巨藻（*Macrocystis pyrifera*）（B）2008 年摄于阿留申的厚翅藻［*Eualaria fistulosa*（译者注：之前的学名为 *Alaria fistulosa*）］（图片 A 由 Craig Sanderson 提供；图片 B 由 Robert Steneck 提供）

取决于营养条件和繁殖时间（Dayton et al.，1984；North，1994；Tegner et al.，1997）。

大型海藻的生长受养分可供性、温度和光的影响。高温会对大型海藻造成生理胁迫，特别是当养分可供性较低时（Tegner et al.，1996；Gerard，1997）。在一些没有上升流的海域，当低营养盐浓度与夏季高温撞期，而水体又分层时，低养分和高温的综合作用会使海藻受到的侵蚀多于生长（Gagne et al.，1982）。对于受富含氮的上升流驱动的海藻林，如南加利福尼亚州的海藻林，当厄尔尼诺事件破坏了上升流时，大型海藻，如巨藻属（Gerard，1982）会变得营养缺乏，甚至死亡（Tegner and Dayton，1991；Tegner et al.，1996）。因此，当海表水温上升，大型海藻的分布、丰度、物种构成和大小都随之下降（Dayton et al.，1999）。在极端的情况下，这种自下而上的限制会造成海藻林的消亡。

海藻林的消亡：非生物与生物驱动力

造成海藻林消亡的原因包括疾病、食草活动或生理胁迫等。在低纬度，海藻林周期性的消亡通常是由海洋条件的异常造成的，如温度、盐度或营养盐。这些异常或是直接杀死海藻，或是引发疾病，从而对生理紧张的植物产生致命性影响。在南、北半球的中纬度，海胆的植食活动是造成海藻林消亡的最主要原因（Steneck et al.，2002）。消费者的多样性与塑造海藻林过程的纬度差异造成了同一类型的海藻林系统在不同地点的动态变化差异。例如，海獭是阿留申群岛的关键种，因为它们能够控制海胆种群的数量（Estes and Palmisano，1974；Estes and Duggins，1995），但是这种能力在美国加利福尼亚州的一些海藻林中的作用却相对较小（Foster，1990）。因此，造成海藻林消亡过程的地理位置很重要。

除了气候变化所导致的无大型海藻的斑块，物理因素导致的海藻林消亡通常只形成相对较小且短命的斑块。最早用来描述海藻林消亡的术语来自日语"isoyake"，表示"燃石"（海洋沙漠化）的意思（Fujita，2002，个人交流）。这个词最早由 Yendo（1902，1903）提出，用于描述在日本中部海藻林消亡的情况。Yendo 认为，海藻林的消亡是盐度异常所造成的（Yendo，1903，1914），而不是食草活动（Yendo，1902）。这种 isoyake 杀死了所有的叶状藻和结壳珊瑚藻，直到几年之后才得以恢复（Yendo，1914）。在本州岛，靠近日本海带林南界的地方，温暖的对马海流（黑潮的一个分支）的异常入侵，会造成周期性的"燃石"现象。这种海洋条件诱发的海藻林消亡曾被认为是短暂且可逆的（Yendo，1914）。

气候变化导致了海洋变暖，预计海水升温事件将造成能够形成冠层的大型褐藻的局部消亡（Valentine and Johnson，2004；Wernberg et al.，2012）。作为海洋变暖的直接后果，大规模海藻林的消亡在葡萄牙（Isabel Pinto，个人交流）、挪威南部（Moy and Christie，2012）及塔斯马尼亚东部（Johnson et al.，2011）的沿海已经成为现实。在葡萄牙和挪威，大型海藻已经被造坪的非大型海藻所替代。在塔斯马尼亚，曾经表面覆盖着巨藻（*Macrocystis pyrifera*）冠层的区域完全或者几乎消失殆尽。在澳大利亚，小型的边花昆布（*Ecklonia radiata*）占据优势并取代了巨藻。

海藻林的消亡也可能是厄尔尼诺事件造成的。强烈的厄尔尼诺事件会阻止沿海的上升流，并造成海表水温升高（Dayton et al.，1992）。在加利福尼亚州南部，这些事件造成海藻林斑块的消亡，但其很快就得以恢复（Tegner and Dayton，1987；Dayton et al.，1992）。这种生理胁迫对于分布在低纬度的大型海藻可能更为常见。在 1982～1983 年的厄尔尼诺事件之后，智利北部三种褐藻的北界转而向南，移向更高纬度（Peters and Breeman，1993）。这些生理胁迫还可能使大型海藻更容易染病。新西兰低纬度的大型海藻很可能就是因为生理胁迫诱发的疾病而大量死亡（Cole and Babcock，1996；Cole and Syms，1999）。

海胆退林与"荒原"的形成　在中纬度海域，海藻林的发育很少受到物理过程的约束，其消亡通常是海胆的植食活动所造成的（Leighton et al.，1966；Lawrence，1975；Himmelman，1980；Dayton，1985a，b；Duggins，1980；Estes and Duggins，1995；Mann，2000；Steneck et al.，2002，2013；Steneck，2013）。通过移除大型海藻所建立的生境和所提供的食物，海胆的植食活动会对海藻林造成影响。尽管海藻林的物种多样性很高，但最具破坏海藻林能力的食草类动物的种类却不多。

海胆植食驱动的海藻林消亡通常会导致群落特征变成以钙化、抗干扰的壳状珊瑚藻占优。壳状珊瑚藻是一种红色的结壳藻类，通常在强烈的植食压力下占据优势（图 14.4；Steneck，1986）。这种替代的群落状态也被称为"荒原"（barren）、"珊瑚藻荒原"（coralline barren）或"海胆荒原"（sea urchin barren）

（Chapman，1981）。对全球海藻林生态系统的综述表明，从美国阿拉斯加州到阿根廷，全球 19 个海藻林区域中的 18 个已有因海胆植食而向珊瑚藻群落转变的迹象（Steneck et al.，2002）。

图 14.4 美国缅因州佩马奎德角海胆–结壳藻荒原群落（左）与海藻林（右）之间的相移。上面的照片显示景观的整个场景；下面的照片显示具体差异。（A）一个海胆和结壳藻占优的岩架，摄于 1985 年。该岩架的这种状态一直维持到 1995 年。（B）正在取食的石鳖的近景（约 2cm 长），摄于 1975 年。白色圆圈环绕的是一个新定植的海胆，它生活在珊瑚藻分叉中的避难所里。（C）同一位置在经历相移之后的 *Saccharina* sp. 藻类，摄于 1995 年。（D）生活在右上角皱波角叉菜（*Chondrus crispus*）冠层下的丝状和有皮层的大型藻类，摄于 2011 年（图片由 Robert Steneck 提供）

海藻林–荒原动态：模式与过程 海胆–海藻林的相互作用通常导致群落结构强烈的梯度变化。海胆的植食活动会形成缺少大型藻类的珊瑚藻群落斑块，而在邻近区域却以耸立的藻类占优，并且通常没有海胆出没（Dayton et al.，1984；Harrold and Reed，1985；Johnson and Mann，1988；Konar and Estes，2003；Johnson et al.，2005，2011）。

海藻林和珊瑚藻群落之间存在两种类型的边界。当海藻林浅端位于湍流基部时，存在一个相对稳定的边界；而在水深 20～40m 处（取决于水的清澈度）接近海藻林消失的地方，这里的边界更富有变化（Mann，1977；Chapman，1981；Vadas and Steneck，1988；Witman and Dayton，2001；Konar and Estes，2003；Adey and Hayek，2011）。

全球范围内都存在着没有海胆的浅水湍流带。在美国缅因州，1975～1994 年，在水深小于 3m 的湍流处几乎没有任何海胆，尽管在更深处海胆的种群密度非常高（Steneck and Carlton，2001）。在新西兰和澳大利亚的塔斯马尼亚也都有类似的带状分布，在深水大量海胆荒原的上界，海藻林密集分布在水深 5～10m处受到波浪作用的海岸（Choat and Schiel，1982；Johnson et al.，2005，2011）。

海胆密度的峰值通常出现在水深 5～15m 处，尽管它们在更深处依然能够以大型海藻碎屑为食，从而达到更高的密度（Britton-Simmons et al.，2012）。在海胆荒原相对稳定的边界处，海胆常常受食物限制。由于摇摆的藻类叶片的磨蚀作用，海胆难以进入食物丰富的海藻林（Konar and Estes，2003）。

大型海藻通过磨蚀，或"鞭笞"（whiplash）（*sensu* Dayton，1975），能够驱除大部分底层的无脊椎动物（Connell，2003）。水流的作用能够提高大型海藻的生产力，例如通过混合扩散边界层，促进气体交换和养分吸收（如 Wheeler，1988），以及带动海藻鞭笞而降低海胆的植食率（Ebert，1967；Konar and Estes，2003）。由于鞭笞是水流运动的结果，在有波浪冲刷的海岸，大型海藻的边缘常常比在免受波浪冲刷的海岸延伸到更深水域（Himmelman，1985；Adey and Hayak，2011）。尽管海胆在风平浪静的时候可以取食大型海藻，但风险是会被波浪带到不适宜的生境。因此，它们通常被限制在湍流基部以下的区域（Witman，1987；Siddon and Witman，2003；Lauzon-Guay and Scheibling，2007），在那里，它们可以取食漂浮的藻类，从而达到较高密度（Steneck and Carlton，2001）。海藻林边界的存在说明，海胆会避开这些区域，以免被鞭笞或驱除，这可能造成海胆棘刺的断裂，而修复的代谢成本很高（Ebert，1967）。

在湍流环境中，海胆管足附着和抓住硬质基底的能力至关重要。Siddon 和 Witman（2003）对驱除海胆和限制其移动的作用力进行了测量，这些作用力限制了海胆在浅水的分布。海胆的植食作用使底栖群落结构转变成以抗植食的珊瑚藻为主（综述见 Lawrence，1975；Dayton et al.，1984；Steneck and Dethier，1994），从而改善基底的附着特征。水流运动、基底特征和海胆的管足之间的反馈对于维持离散的无海藻斑块是关键所在。

与相对稳定的浅水海藻林带相比，波浪带以下的海藻林动态更富有变化，在海藻林和珊瑚藻群落之间不断地发生相移（图 14.4；Steneck et al.，2002）。在过去几十年里，一些研究显示，海藻林转变成珊瑚藻群落（Estes et al.，1998；Hagen，1983）。在缅因州，捕食性鱼类的消失使得可移动的底栖无脊椎动物（如蟹类和海胆）数量增加（Steneck et al.，2013）。然而，最近的海胆渔业的影响就像是一个大规模移除食草类动物的实验（图 14.5A 和 B；Steneck et al.，2013），使植食率下降，而大型海藻和其他藻类的数量增加（图 14.5C 和 D）。在几年之中，在缅因州长达 500km 的沿海都发生了这种变化（Steneck et al.，2013）。挪威北部和中部沿海也有这种海胆数量下降后，群落重新恢复为海藻林的例子（Christie et al.，1995）。这些系统在移除食草类动物之后，快速地从珊瑚藻群落转变为海藻林，并能在几十年中维持这种替代状态。

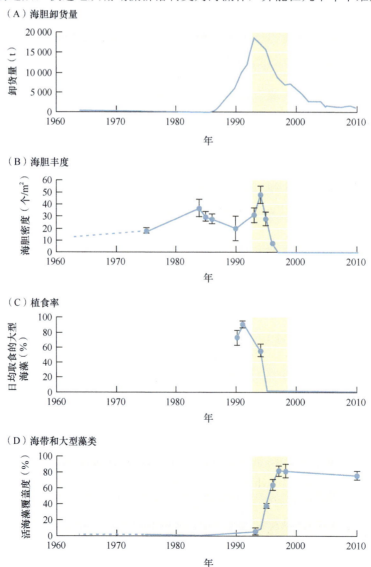

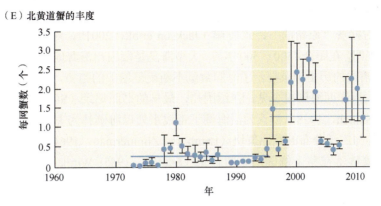

（E）北黄道蟹的丰度

图 14.5　美国缅因州中部沿海 50 年的海胆卸货量、丰度、植食率、活海藻覆盖度和蟹类丰度的变化趋势。深色竖条代表向海藻林转变的相移，与最大海胆渔获量（±SE）一致。图 B 和 D 中的虚线引自 20 世纪 60 年代同一区域的文献（Adey，1964，1965）。图 E 中的水平线表示 1995 年发生藻类相移前后的平均值（±SE）（仿自 Steneck et al.，2013）

　　食物可供性既能触发，也能阻止海藻林的消亡。在美国加利福尼亚州一些生产力较高的海藻床，藻类碎屑的稳定输入使高密度的海胆能够与大型海藻共存（Harrold and Reed，1985；Ebeling et al.，1985）。在阿拉斯加，不寻常的樽海鞘输入给杂食性的海胆提供了充足的食物，从而减少了对大型海藻的植食（Duggins，1981）。然而，当海胆受到食物限制时，它们会大量聚集，或形成"锋线"（Dean et al.，1984；Lauzon-Guay and Scheibling，2007），从而过度取食海藻，形成荒原（Lawrence，1975）。这些锋线能够将其行进路径上所有直立的叶状藻类扫荡一空。

　　在加拿大新斯科舍省东部沿海，海藻林与荒原之间状态的反复替换，是近海捕食者（如大西洋鳕）消失之后群落快速动态变化最好的一个例证（图 14.6）。高密度的海胆种群周期性地受到感染，一种温度依赖性的病原体能够杀死水深小于 30m 处的大部分海胆（Scheibling and Hennigar，1997）。每一次海胆感染暴发，大型海藻就会增长，但海胆很快就卷土重来（Scheibling，1986），因为病原体不能过冬，而残存在深水处的海胆能够快速地回迁至浅水处，恢复荒原的状态。自 1965 年以来，这种循环发生了三次（见 Steneck et al.，2002 的综述）。在加利福尼亚州，也有类似的海藻林发生病原体诱导的海胆大规模死亡例子（Lafferty，2004）。

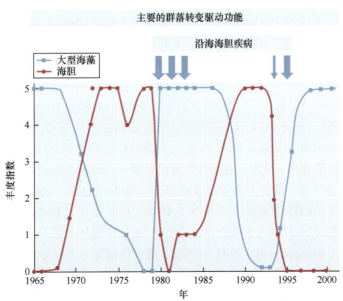

图 14.6　加拿大新斯科舍省海藻林和海胆荒原的时间变化趋势。箭头表示主要的群落转变驱动功能发生的时间和规模。箭头粗细代表功能影响的规模。新斯科舍省海胆种群因为周期性疾病导致的大规模死亡事件而剧烈波动，从而使大型海藻的丰度与之呈反向波动（仿自 Steneck et al.，2002；Scheibling et al.，1999）

对海胆捕食者的全球性捕捞与不断扩张的海胆荒原　人类活动影响之前海藻林的稳定性不得而知，但有人认为海藻林曾经占据着"原始的"冷水岩岸（Jackson et al.，2001）。对印第安人贝冢中的鱼骨进行碳和氮的同位素研究也表明，在距今 4500～500 年前，大型海藻是缅因州沿海地区的主要初级生产者（Bourque et al.，2008）。海藻林消亡的历史记录揭示了海胆数量不断反复增加的趋势，尽管二者并不同步。

历史上，海胆在大西洋西海岸很少见。在缅因州，最早的书面记录（Steneck et al.，2002）和最早的科学研究（Johnson and Skutch，1928）都认为沿海潮下带浅水处以海藻林为主。然而，到了 20 世纪 60 年代，海岸变成了零星海藻林与广泛分布的荒原斑块（Lamb and Zimmerman，1964；Adey，1965），之后的二十年中，海胆数量和珊瑚藻群落在整个缅因湾不断扩张（Sebens，1985；Witman，1985；Steneck et al.，2013）。在 20 世纪 50 年代，新斯科舍省仍然以海藻林为主（MacFarlane，1952）。十年之后，发生了第一次相移，海藻林转变为珊瑚藻荒原斑块。这些斑块很快扩张成为荒原（Breen and Mann，1976），这种状态保持稳定（Mann，1977），直到高密度的海胆种群导致了疾病的暴发（图 14.6；Miller and Colodey，1983）。到 20 世纪 80 年代，从美国的马萨诸塞州到加拿大的纽芬兰与拉布拉多省，遍布着海胆荒原（Pringle et al.，1980；Steneck et al.，2002，2013），而在此之前，从未发生此种情景。

这些模式同样适用于北大西洋的东部海域。20 世纪 70 年代，在挪威沿海，从有遮蔽到中等波浪冲刷的区域，海胆的密度增加，而海藻林维系在外围暴露于波浪之下的海域（Sivertsen，1997）。到了 80 年代，挪威沿海开始发现大量的珊瑚藻群落（Hagen，1983；Sivertsen，1997，2006）。尽管在挪威南部海域，海胆的密度已开始下降（Christie et al.，1995），但在北部海域，海胆种群密度依然很高（Christie，个人交流）。与此同时，在南太平洋，新西兰（Choat and Schiel，1982；Andrew，1993）和澳大利亚东部的新南威尔士（Andrew，1993）都出现高密度的海胆，形成了珊瑚藻群落斑块。到 20 世纪末，新南威尔士州 50% 以上的岩质海岸都由海胆荒原所组成（Andrew and O'Neil，2000）。

在全球范围内，这种时间上的趋势是一种相移，从稳定、海胆极少的海藻林向高密度海胆的斑块转变，而且随着时间推移，通常伴随着大量珊瑚藻群落的扩张。为什么如此多不同种类的海藻林都向海胆占优的珊瑚藻群落转变？许多系统发生的这种重大变化，都被归咎于渔业引发的海胆捕食者数量下降。因此，捕食者限制了海藻林中的海胆数量，这一假设值得进一步研究。

捕食作用：对海藻林的间接影响

在海藻林生态系统中，捕食作用对大量海胆物种施加自上而下的控制（Jackson et al.，2001）。这一结论也得到了好几个史前文化遗址考古研究的支持。在贝冢层中发现的海胆数量极少，直到人类的捕鱼压力降低了海胆捕食者数量之后，海胆的数量才开始增加（Simenstad et al.，1978；Erlandson et al.，1996，2009；Bourque et al.，2008）。例如，尽管日本有很长的渔业史，考古文物上描绘的当地捕获的鱼类，其时间可以追溯到公元 5 世纪（Sansom，1952），但直到 20 世纪初，海胆的数量一直不多（Yendo，1902）。在农耕文化时期，捕鱼一直较为适度。直到 1914 年，造船业加速了沿海捕鱼的压力（Allen，2003）。尽管最早在公元 9 世纪就有了将海胆作为食物的记录，并在 19 世纪开始捕捞，但直到 20 世纪 30 年代，人类才开始大规模地捕捞海胆。起初对海胆的捕捞，是为了限制其对利尻海带（*Laminaria ochotensis*）这种珍贵食物的植食，然而很快，为了取食海胆黄（卵）的定向渔业就发展起来（Andrew et al.，2002）。

对海胆生活史所有阶段的捕食都能限制其分布与数量。尽管捕食者数量下降出现的时间因地而异，但都呈现出捕食者多样性、数量或大小的下降趋势。对全球 18 个海藻林生态系统的研究综述发现，其中有 14 个出现捕食者下降的情况（Steneck et al.，2002）。然而，捕食作用是一个复杂的生态过程，捕食者的栖息地、物种构成、体型大小和取食能力都随着时空变化而存在很大差异。许多研究都力图探究海胆和它的捕食者之间的关系。在这里，我们回顾其中几个例子，并探讨其理论和生态意义。

捕食通常是大小依赖性的，即猎物越小越易被捕食。巨紫球海胆（*Strongylocentrotus franciscanus*）是生活在海藻林中最大的海胆之一。在美国加利福尼亚州南部海域，巨紫球海胆常常被发现与紫色球海胆（*Strongylocentrotus purpuratus*）生活在一起。水箱养殖研究发现，断沟龙虾（*Panulirus interruptus*）是这两种海胆中个头较小的重要捕食者（Tegner and Levin，1983）。个体较大的巨紫球海胆布满棘刺的表层，可以作为新定植的小海胆的育苗生境（Tegner and Levin，1983）。这种关系也导致了海胆个体大小的双峰分布，即个体较大、对捕食者免疫的巨紫球海胆与新定植的小海胆的丰度最高。

在北大西洋西部，两个相互关联的模式与捕食者限制海胆种群的假说相一致。第一，捕食性鱼类与海胆数量之间的时间逆相关性。在 20 世纪 20 年代，海藻林（Johnson and Skutch，1928）和大型捕食者，如大西洋鳕，在美国缅因州沿海潮下带都有大量分布（Rich，1929）。然而，到了 30 年代，快速增加的捕鱼压力使沿海的底栖鱼类局部灭绝，其数量至今也未完全恢复（Steneck and Carlton，2001；Steneck et al.，2013）。整个北大西洋西部都发生了这种现象，包括加拿大新斯科舍省东部；第二，捕食者导致的个体大小双峰分布，在北大西洋西部的北方球海胆（*Strongylocentrotus droebachiensis*）中也存在这种情况（Himmelman et al.，1983；Keats et al.，1986；Himmelman，1986；Scheibling，1986；Scheibling and Hamm，1991；Ojeda and Dearborn，1991）。和加利福尼亚州南部的巨紫球海胆和紫色球海胆一样，很小的空间就可为新定植的小海胆提供保护（例如图 14.4B 中的白色圆圈）。一旦它们离开这种庇护场所，就很容易受到捕食者的攻击。只有当长到一定大小时，它们才会对当地一些相对较小的捕食者免疫。这种双峰模式对小型捕食者为主的生态系统较为适用，但在具有挤压破壳能力的捕食性鱼类出没的地方，这些鱼类甚至能够取食个体最大的海胆（Keats et al.，1986；Witman and Sebens，1992；Vadas and Steneck，1995）。然而，捕食模式是因地而异的。例如，在海胆荒原，中等大小的北方球海胆（*S. droebachiensis*）比在贻贝床上更容易被无脊椎动物捕食，因为在贻贝床上，蟹类更偏好取食贻贝（Siddon and Witman，2004）。

在新西兰，常见的本地种海胆 *Evechinus chloroticus* 能够抑制大型褐藻的生长（Andrew，1988），除非在捕食性的多刺岩龙虾（*Jasus edwardsii*）存在的情况下。当这种俗称"红龙"的龙虾出现时，它能通过捕食海胆和降低其植食范围来减少对藻类的食草量（Barker，2007）。

如果发生海胆及其捕食者数量都较低的情况，说明有其他机制在限制海胆的数量（Connell and Irving，2008）。在某些情况下，由于海胆取食行为对漂浮藻类可供性的响应，海胆的植食压力会发生变化。当漂浮藻类充足时，一些海胆会选择留在微生境（Harrold and Reed，1985）；但当漂浮藻类稀少时，海胆会密集地聚集，或形成"锋线"，取食大型海藻。因此，即便海胆的密度没有发生任何变化，海藻林自身的生产力下降，将造成藻类数量下降，从而导致海胆的聚集和对大型海藻的过度植食（Ebeling et al.，1985）。不过，对于某些海胆物种，尚未有证据表明会发生这种行为变化。对于这些物种来说，海藻林的消亡只与海胆密度相关（Flukes et al.，2012）。

然而，在很多情况下，捕食者显然能够通过对海胆植食的级联控制，对海藻林的结构产生连锁反应。这对营养级联这一生态学基础理论具有重要意义。

营养级联：以海藻林群落动态为例的生态学基础理论

在营养级联最简单的形式中，消费在三个或以上营养级上显示出间接作用，所以食肉动物通过限制海胆的数量或其植食活动，会间接地提高植物的生物量（Estes et al.，2010）。这种模式最早是在岩岸潮间带生境发现的（Paine，1980），但最经典的例子可能是美国阿拉斯加州阿留申群岛的海藻林（图 14.7）。在那里，海獭（*Enhydra lutris*）的捕食活动功能性地消灭了球海胆属物种 *S. polyacanthus*，使大型海藻从海胆的植食中解脱出来（Estes and Palmisano，1974；Estes and Duggins，1995；Estes et al.，1989，2010）。

在阿留申群岛的海藻林，海胆是大型海藻唯一的重要生态消费者，而海獭是其最重要的捕食者。由于消费者多样性如此之低，这些生态系统的食物网相对较为简单，而相互作用极为强烈。因此，我们能够利用这一特点来研究，海藻林与海胆荒原之间的转变是如何受食肉动物对海胆植食活动的调节所驱动的。

海獭的皮毛制品异常保暖舒适，在欧洲人于 1741 年发现这一价值之后，海獭被快速地捕杀（Estes et al.，1989）。到了 19 世纪，毛皮商人将海獭推向了灭绝的边缘，这使得海胆脱离了捕食者的控制，导致其种群大量暴发，从而造成海藻林的消亡（见 Steneck et al.，2002 的综述）。从 20 世纪初到 70 年代，海胆荒原遍布四处，而在人类的干预下，海獭种群的丰度恢复到具备其生态功能的状态。从 20 世纪 70 年代开始，到 20 世纪 90 年代，海獭的数量不断增加，而海胆开始变得稀少，海藻林得以恢复生机（Estes et al.，1998）。然而，在 90 年代，海獭种群突然崩溃，可能是受其捕食者虎鲸的控制（Estes et al.，1998）。在北大

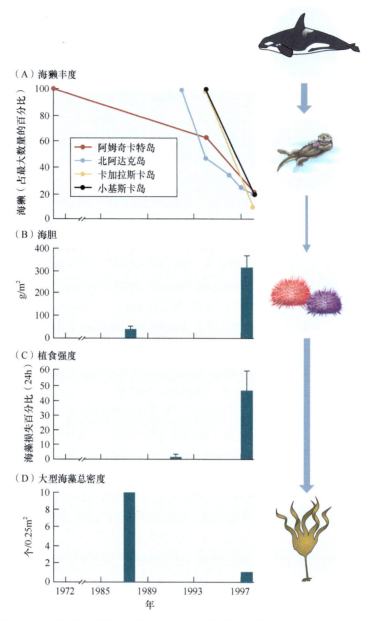

（A）海獭丰度

海獭（占最大数量的百分比）

100
80
60
40
20
0

- 阿姆奇卡特岛
- 北阿达克岛
- 卡加拉斯卡岛
- 小基斯卡岛

（B）海胆

g/m²

400
300
200
100

（C）植食强度

海藻损失百分比（24h）

60
50
40
30
20
10

（D）大型海藻总密度

个/0.25m²

10
8
6
4
2

1972   1985   1989   1993   1997
年

图 14.7   阿留申群岛的捕食者——海獭与猎物——海胆的年表。海獭控制海胆丰度，反过来又控制该区域大型海藻的丰度（营养控制的相对影响用垂直箭头的长短粗细表示）。近来海獭数量的下降被认为是虎鲸捕食作用增加所致（仿自 Estes et al.，1998）

西洋，捕食性鱼类扮演着类似于海獭在北太平洋的生态功能角色（Estes et al.，2013；Steneck et al.，2013）。

在北美洲西海岸的更南端，海藻林具有更高的物种多样性，而且很少会转变为荒原状态（图 14.8）。在美国加利福尼亚州南部，大型海藻的多样性最高，与阿留申群岛只有一个属相比，该区域共有七个主要的属。加利福尼亚州南部还有三个重要的海胆物种 [漫游虫属的 *Litonotus pictus*、紫色球海胆（*S. purpuratus*）和巨紫球海胆（*S. franciscanus*）]、三种鲍鱼 [鲍属（*Haliotis*）]、三种食草性腹足类 [瓦螺属（*Tegula*）]，以及一些食草性鱼类。所有这些食草动物都受到各种捕食者的控制，包括海獭、鱼类，如美丽突额隆头鱼（*Semicossyphus pulcher*）（Cowen，1983）、岩龙虾和章鱼等。尽管在加利福尼亚州沿海也发生了海獭局部灭绝的事件，较高的消费者功能多样性稀释了物种相互作用的强度，使得营养级联的作用不是非常明显。后续的实验证明，较高的捕食者多样性能够降低各种食草动物的丰度和功能，并通过级联反应促进大型海藻生物量的增长（Byrnes et al.，2006）。

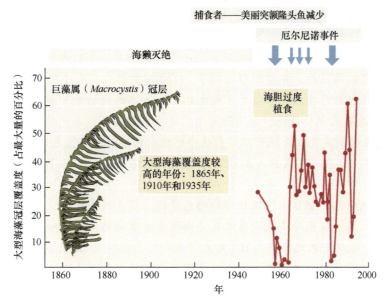

图 14.8 美国加利福尼亚州洛马角，海藻林的时间变化趋势。箭头粗细代表厄尔尼诺事件导致的群落变化的强制函数的大小。厄尔尼诺事件导致海藻林减少和海胆的短暂暴发（仿自 Steneck et al.，2002）

替代的稳定状态：生态系统的翻转、锁定与反馈

海藻林是高度动态变化的，能够快速地发生振荡，从具有多种相关生物的冠层结构迅速转变为荒芜的无结构状态（图 14.5 和图 14.6）。加拿大新斯科舍省的海藻林在不同状态间波动主要取决于海胆疾病的暴发（Scheibling and Lauzon-Guay，2010），然而，与新斯科舍省的海藻林不同，许多海藻林能够在其中一种状态维持数十年，甚至数百年之久。在一个状态中长久的维持，是由于海藻林生态系统具有生态"滞后性"（hysteresis）（sensu Scheffer et al.，2001）的稳定替代状态。滞后性反映的是，一旦一个系统从一个状态"翻转"进入另一个状态，该系统就很难再返回其原始状态（专题 14.1）。对于海藻林来说，一旦海胆荒原形成，如果再想恢复成海藻林，海胆的生物量就必须下降到远低于其当初造成海藻林消亡的水平。例如，在新斯科舍省，使海藻林转变为海胆荒原的"临界点"（tipping point），所需的海胆生物量必须达到 2kg/m²，而要想使海藻林重新生长得以恢复，海胆的生物量必须下降到 0.2kg/m²（恢复点）以下（Breen and Mann，1976；Scheibling et al.，1999；LauzonGuay and Scheibling，2007）。在塔斯马尼亚，临界点和恢复点之间海胆数量的比例与此惊人的相似。当海胆 Centrostephanus rodgersii 密度达到 2 个/m²，就足以形成荒原，而在荒原内，海胆密度要少于 0.2 个/m² 才能保证海藻林得以恢复（Johnson et al.，2011；Marzloff et al.，2013）。这意味着维持荒原所需的海胆要远远少于创造一个荒原的海胆数量。

如何定义替代稳定状态，以及用什么证据证明它的存在，仍存在一些争议（Petraitis and Latham，1999；Petraitis and Dudgeon，2004）。要确定替代稳定状态，需要考虑以下三个主要原则：首先，在同样的物理生境之中，生态系统状态之间的相互转变时间要小于每种状态的维持时间；其次，这种转变是由于突然（短暂）的干扰，而非持续（长期）的压力，当环境恢复到其初始状态的条件，该系统仍无法回到其原始状态；最后，研究时间必须足够长，以使替代状态在其主要成分发生转变之后能够自我维持（Petraitis and Latham，1999；Petraitis and Dudgeon，2004）。尽管这些原则有助于发现替代稳定状态，它们却无法解释为什么生态系统会在这些状态之间发生转变。该领域的科学家围绕着这种替代稳定状态是随机的（不可预测），还是确定性的，展开了争论（Bertness et al.，2002）。我们认为，要理解一个生态系统为什么会被锁定在一个替代状态，需要理解阻止或延缓其返回原始状态的反馈机制（Petraitis and Latham，1999；Marzloff et al.，2011）。

在美国缅因州，海藻林–珊瑚藻群落组成的生态系统是替代稳定状态的一个例子（图 14.4 和图 14.5）。在这个例子中，海胆渔业是广泛分布的脉冲式干扰，造成食草类动物在短时间内大量减少（图 14.5A）。在受到干扰之后，生态系统功能发生根本性的变化，并持续很长时间，足以达到严格定义的持续稳定（Connell

专题14.1 相移、替代稳定状态和滞后性

相移（phase shift）是指群落结构在生态时间内从一个状态到另一个状态的巨大变化。从海藻林转变为海胆荒原或藻坪，再转变回海藻林，就是相移的例子。①相移的轨迹。一个群落的状态可能以大型海藻生物量为主，而其环境条件包括非生物（如温度）或生物（如海胆的生物量）条件。假设这个海藻林群落的状态 A 为海藻林，而状态 B 为退化状态，如海胆荒原。发生的相移可能是线性的或非线性的连续变化，在这种情况下，随着环境条件的变化，系统可以沿着这个轨迹来回地移动（蓝色虚线）；或者，相移可能是非连续性的变化（红色虚线），系统从状态 A 到状态 B 的变化轨迹与其从状态 B 变回到状态 A 的轨迹不同。在连续性变化时，在给定环境条件下，系统维持在其中一个状态；而在非连续性变化时，系统在给定环境条件下，会进入一个替代状态。②非连续性相移的动态变化。蓝色线条表示系统的平衡态，实线部分是稳定态而虚线部分是不稳定态。灰色箭头表示系统从平衡状态发生偏离是如何移动的。如果一个系统从状态 A 被推动到临界点，它会翻转进入退化状态 B（红色箭头和红色虚线）。如果驱动力随之减小，系统就会留在退化状态，此时的环境条件位于恢复点的右侧，尽管这个环境条件原本是可以支持海藻林状态的。这种翻转点和恢复点的分离被称为"滞后性"（hysteresis），其大小是退化轨迹和恢复轨迹之间的距离（垂直的点线）。在这些轨迹之间，系统能够在相同环境条件下以任一状态（蓝色实线）存在。

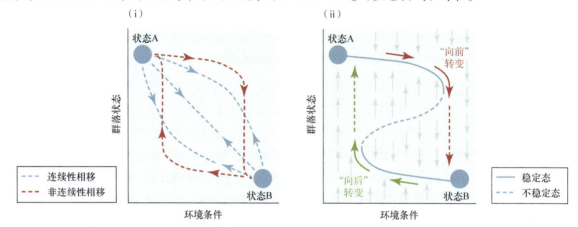

and Sousa，1983；图 14.5B 和 D）。证据显示，这种渔业诱导的食草动物生态过程的变化，对该生态系统产生直接或间接的作用，使其翻转并锁定在替代状态（图 14.9、见图 14.5；Steneck et al.，2013）。在 1996～2002 年，尽管新定植的海胆数量很高，但基本上没有海胆能够存活到成体阶段。这是因为，大型海藻已经演替到具有浓密枝杈形态的阶段，为蟹类提供了良好的育苗生境，而这些蟹类会对新定植的小海胆进行捕食。在模拟实验中，为了使食草活动恢复到捕捞海胆之前的水平，两年内在多个地点人为投放了超过 5 万个成年海胆，但这些投放的海胆几乎每年都被大型的北黄道蟹（*Cancer borealis*）捕食殆尽。在发生相移之后不久，北黄道蟹的密度在整个沿海增加了五倍之多（图 14.5E）。渔业导致海胆在缅因州的局部灭绝，使得大型海藻群落得以恢复，并增加了海胆捕食者的补充量。即便是在没有捕捞海胆的区域，或是没有人为补充成年海胆的区域，一旦这些捕食者得以定植，海胆数量就无法恢复（Steneck et al.，2013）。营养级联的一系列过程：食草活动、补充和捕食，建立了不断增强的反馈机制，将该生态系统锁定在海藻林状态（图 14.9；Steneck et al.，2013）。只有移除蟹类并保证海胆的补充量，才能满足该系统转变回珊瑚藻群落状态的条件。

缅因州稳定的珊瑚藻荒原快速转变为替代稳定的海藻林状态存在一个明显的模式（图 14.5）。生境结构的变化（图 14.4D 和图 14.5D）提高了蟹类的补充量（图 14.5E；Steneck et al.，2013），从而改变了生态过程，形成一个对定植的海胆幼仔和成年海胆不利的环境。这种变化有效地"锁定"了该生态系统，使其无法转变为替代状态。尽管新斯科舍省和缅因州在替代状态中的物种构成相同，但其生态过程却不尽相同（图 14.6）。二者的区别在于，在新斯科舍省，该生态系统总是存在着海胆免受疾病传染的深水区，这使得

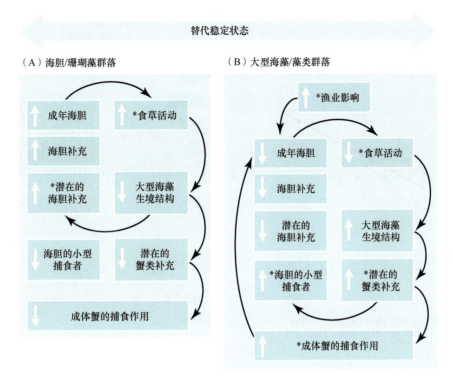

图 14.9 美国缅因州沿海海藻林翻转、锁定和增强替代稳定状态反馈过程的概念模型图。星号代表文中讨论的关键驱动过程。注意这里的蟹类丰度是蟹类捕食作用的指标。(A)海胆丰度增加促进了食草活动,从而使海藻林消亡,并降低了大型海藻的生境结构复杂度。(B)对海胆的捕捞压力减少了其食草活动,增加了大型海藻数量,从而增加了定居蟹类和其他小型捕食者的育苗生境。成体蟹类捕食作用的增强进一步降低了成年海胆的数量(仿自 Steneck et al.,2013)

一些海胆得以存活,进而促进了向珊瑚藻状态的快速恢复。由于没有足够的时间供大型海藻演替到蟹类喜欢的生境,该生态系统就不会形成对海胆不利的栖息地。因此,尽管存在可能,但尚无证据表明,在新斯科舍省海藻林与珊瑚藻群落之间的相互转变代表的是一种稳定替代状态。

气候变化与渔业的倍增效应

最近在塔斯马尼亚的实验揭示,在其他海藻床群落也存在替代稳定状态。塔斯马尼亚东部海域被认为是"全球热点",在 1940~2010 年,其平均海水温度上升了 2℃(Hill et al.,2011;Johnson et al.,2011),而这是全球平均水平的四倍(图 14.10A)。因此,在预计的全球海洋变暖情况下,塔斯马尼亚东部的海洋生物群落很可能代表了其他温带海域的未来状态。在澳大利亚东南部,海水变暖是海洋变化的结果,这种变化增加了东澳大利亚暖流(East Australian Current,EAC)的流量及向南的渗透(Ridgway,2007a;Johnson et al.,2011)。东澳大利亚暖流是南太平洋环流的西部边界洋流,它的增强是南大洋风应力增加导致的环流"自旋上升"所造成的。这种现象可能是在气候变化导致风应力增强之前,南极地区臭氧层的耗竭所引起的(Cai et al.,2005;Cai,2006;Hill et al.,2008;Johnson et al.,2011)。无论其原因是什么,气候变暖的趋势仍将持续(Ridgway and Hill,2009)。

东澳大利亚暖流还运输很多物种的幼体和成体,其中许多是新近才在塔斯马尼亚定植的,因此,洋流的变化导致了底栖生物和水层生物的生物地理的显著变化(Johnson et al.,2011),其中最为显著的是海胆 *C. rodgersii* 的引入。*C. rodgersii* 是一种大型、贪婪的食草动物,之前只在离塔斯马尼亚以北很远的新南威尔士分布。巴斯海峡将塔斯马尼亚与澳大利亚大陆分离。在塔斯马尼亚,沿海没有遮蔽的海藻林曾被认为是稳定的,直到 *C. rodgersii* 通过巴斯海峡的岛屿向南侵入。这种海胆最早出现在塔斯马尼亚的东北部是在 20 世纪 60 年代末(Johnson et al.,2005,2011),而在塔斯马尼亚沿海发现第一个 *C. rodgersii* 的记录是在 1978 年(Edgar,1997)。到了 2000 年,塔斯马尼亚东北部已有大量海胆荒原,而海胆种群扩散到整个东部沿海(图 14.11;Johnson et al.,2005,2011;Ling,2008;Ling et al.,2009b)。

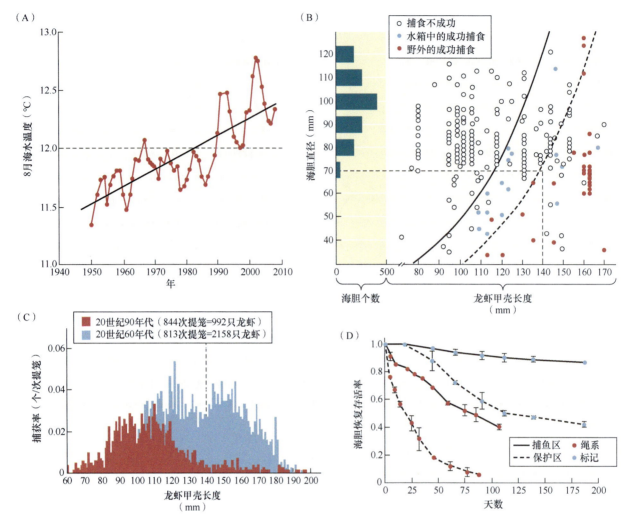

图 14.10 塔斯马尼亚东部的海胆 *Centrostephanus rodgersii* 荒原的形成是气候变化与对龙虾的生态过度捕捞相互作用的结果。（A）四年冬季水温滑动平均值表明，变暖使冬季水温超过 *C. rodgersii* 幼体发育阈值——12℃（水平虚线）的年份的频率增加。（B）对海胆的捕食是大小特异性的，只有大的龙虾（头胸甲长度＞140mm）才能成功捕食海胆。每个点代表龙虾与海胆的一次遭遇。空圈=捕食不成功；实心灰圈=在海胆上打一个洞以诱导攻击，在水箱中捕食成功；实心红圈=通过遥控录像发现的野外成功捕食。实曲线=第一对步足缠绕在海胆上试图将其从基底上移除的最小龙虾的大小；虚曲线=表示在野外与虚线相同的关系，偏右是为了与实心红圈保持一致。（C）捕捞导致大（＞140mm）龙虾衰竭的程度。虚线代表能够捕猎海胆的龙虾的最小尺寸。从 20 世纪 60 年代到 90 年代，这个点右侧（≥140mm）的尺寸分布的变化是非常明显的。到 20 世纪 90 年代，大龙虾在近海礁石中功能性地灭绝。（D）标记和绳系海胆的死亡率曲线表明，在禁渔的保护区，潜在捕食率（绳系海胆）和实际捕食率（标记海胆）都更高，那里的大龙虾比捕鱼区的数量更多，而捕鱼区大龙虾数量稀少（仿自 Ling et al.，2009a；Johnson et al.，2011；Ling and Johnson，2012）

　　C. rodgersii 的幼虫期约为 3 个月或更长（Huggett et al.，2005；Swanson et al.，2012），这给将其幼体传输到塔斯马尼亚海域提供了充足的时间。遗传数据证明，*C. rodgersii* 进入塔斯马尼亚并非偶然事件，而主要通过长距离的传输（Banks et al.，2010；Johnson et al.，2011）。然而，*C. rodgersii* 是一种冬季产卵的物种，其幼体的自然发育需要水温高于 12℃（图 14.10A；Ling et al.，2008）。因此，塔斯马尼亚海水温度的上升，使得其能够在新的范围完成性腺的自然发育和季节性产卵（Ling et al.，2008，2009b），足以保证充足的幼体进入塔斯马尼亚的珊瑚礁，而不再依赖于东澳大利亚暖流。

　　气候驱动的 *C. rodgersii* 入侵给塔斯马尼亚带来很大的麻烦，因为它不像小型的本地海胆 *Heliocidaris erythrogramma* 只能在浅水处形成小块、局部的荒原，*C. rodgersii* 能够在开放海域形成大片的荒原（Johnson et al.，2005，2011；Ling et al.，2009b）。在塔斯马尼亚广泛分布的荒原上，至少消失了近 150 种大型海藻和底栖无脊椎动物（Ling，2008），而荒原的形成还会导致黑鲍（*Haliotis rubra*）和多刺岩龙虾（*J. edwardsii*）

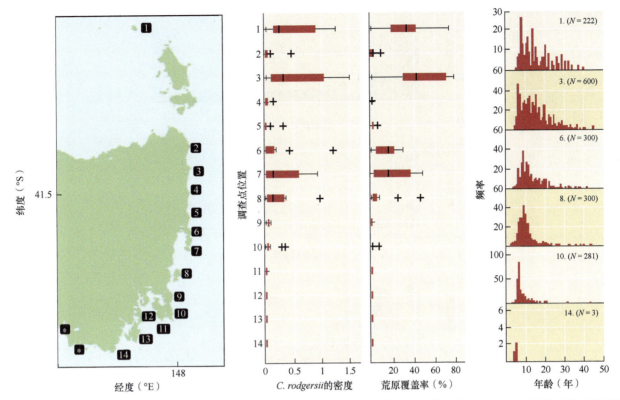

图 14.11　塔斯马尼亚东部海胆 *Centrostephanus rodgersii* 种群的建立和荒原的形成，并在将近 20 年里，随着东澳大利亚暖流影响的增强不断向南扩散。数据来自 2000～2002 年。星号表示在 2005 年发现的地点，以及它沿着海岸线扩散的距离（仿自 Johnson et al.，2011）

渔业的局部奔溃（Johnson et al.，2005，2011）。即使是在完整的海藻床上，*C. rodgersii* 也会对鲍鱼渔业产生负面影响。这种海胆会诱导鲍鱼躲藏的行为，使其难以被发现（Strain et al.，2013），此外还会降低鲍鱼的生长率和存活率（Strain and Johnson，2009，2013）。

　　C. rodgersii 对海藻床的破坏性过度植食并形成海胆荒原是塔斯马尼亚东部沿海珊瑚礁最大的威胁。气候变化是造成 *C. rodgersii* 南侵的原因之一，但不是唯一驱动力。多刺岩龙虾是大型海胆的关键捕食者，对其过度捕捞（Ling et al.，2009a；Ling and Johnson，2012），使大型海胆种群的生长得以造成广泛的破坏性植食（图 14.10B-D）。龙虾对 *H. erythrogramma*（Pederson and Johnson，2006）和 *C. rodgersii* 的捕食相互作用都是大小特异性的。由于 *C. rodgersii* 的成体个体较大（珊瑚礁上测量得到的海胆身体直径约为 70mm，加上棘刺的直径为 225mm；Ling and Johnson，2009；Ling et al.，2009a），只有比最小合法捕捞尺寸（头胸甲长度为 105mm）大得多的龙虾（头胸甲长度超过 140mm），才能取食这种海胆（图 14.10B）。这个例子说明，渔业导致的捕食者个体大小变化，会改变食物网的功能特征。此外，过度捕捞，加上区域海洋特征导致的快速气候变化，对海岸带生物群落具有深远影响，特别是对大量海胆荒原的形成具有重要影响（Johnson et al.，2005，2011；Ling et al.，2009a）。

　　在塔斯马尼亚，从海藻床到 *C. rodgersii* 荒原的转变代表的是一种非连续性的相移（见专题 14.1），因而对管理提出了不同寻常的挑战。海藻床和海胆荒原分别代表了不同的替代稳定状态，因为在同样的中等海胆密度条件下，该生态系统能够在任一状态下存在（Andrew and Underwood，1993；Johnson et al.，2005；Marzloff et al.，2011，2013），而且一旦某种状态形成，不断增强的反馈机制将维持这一状态（Marzloff et al.，2011）。滞后性的强度对于管理也是一种挑战。基于经验数据的模型结果显示，如果在塔斯马尼亚东部沿海降低龙虾的捕获量，将极大地降低现有海藻床在 20 年之内相移至海胆荒原的可能性，不过这对海胆荒原相移至海藻床没有任何作用（图 14.12）。这一研究结果表明"防患于未然"的重要性，并适用于海藻床中其他类型的不连续相移。

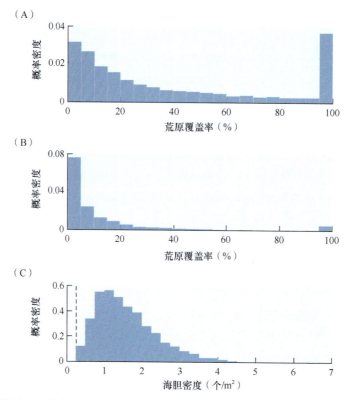

图 14.12　模型显示的塔斯马尼亚海藻床—海胆荒原动态的滞后性。（A）在塔斯马尼亚东部，如果龙虾渔业的管理限制保持在 2012 年的水平，如今支撑着海藻林的地点到 2032 年时荒原覆盖率的概率。（B）基于降低龙虾许可捕获量的预测表明，如果保持较高的龙虾密度，转变为荒原的地点会相对较少。（C）基于同样降低龙虾许可捕获量水平对到 2032 年海胆密度影响的预测。垂直虚线表示海胆密度阈值，低于该阈值，海藻林才能恢复。可以清楚地看到滞后性，在这同一个管理方案中（降低龙虾捕获量 *），能够极大地降低荒原形成的风险，但现有荒原恢复成海藻林的可能性几乎不存在（C. Johnson，未发表数据）

其他类型的海藻林相移：局部应激源与气候变化的相互作用

海藻林和海胆荒原之间的转换，仅仅是发生在海藻林系统中相移的一种。由于气候变化的作用，或气候变化与局部应激源（如水质下降）之间的倍增效应，越来越多的相移例子被发现，如大型海藻物种的变化（Tegner et al.，1996；Steneck et al.，2002；Johnson et al.，2011），或是从海藻林转变为小型藻坪物种组成的群落（Valentine and Johnson，2005a，b；Connell and Russell，2010；Moy and Christie，2012）。这些相移既有连续性的，也有非连续性的（见专题 14.1）。

在塔斯马尼亚东部沿海，另一个与变暖导致变化的例子是巨藻（*M. pyrifera*）林的衰减（Johnson et al.，2011）。在塔斯马尼亚东部的 7 个站点中，从 1946 到 2008 年，*M. pyrifera* 的冠层覆盖度下降了 91%，有些甚至减少了 95%～98%（图 14.13）。目前尚不清楚这种下降是否仅仅是由变暖单独造成的，因为东澳大利亚暖流的硝酸盐含量很低，而 *M. pyrifera* 的氮储存能力非常弱（Gerard，1982）。大部分 *M. pyrifera* 曾占优的区域，现在都被更小的亚表层海藻边花昆布（*E. radiata*）所覆盖。尽管 *M. pyrifera* 是一种迅速暴发转瞬消亡的短命物种（Dayton et al.，1984；Graham et al.，2007），并在受富含营养盐的亚南极冷水影响的南部站点有所恢复（Ridgway，2007b），但总体上，在塔斯马尼亚，海藻林的衰减是显而易见的。从 20 世纪 50 年代末到 70 年代初，*M. pyrifera* 曾支撑着巨藻收获业（Sanderson，1987）。到了 80 年代，巨藻冠层开始急剧减少，在 2012 年，澳大利亚联邦政府将澳大利亚东南部的巨藻林列入濒危生态群落的名单。这也是首次由气候变化直接导致海藻林群落变为濒危的官方记录。*M. pyrifera* 的衰减，可能是一种连续性相移，如果能够回到水温较低、养分较为丰富的环境，也许能促进这些海藻林的恢复。

---

　　* 原文实为 "reduced lobster density"，疑似笔误，结合上下文和图，应为 "reduced lobster catch" 或 "reduced sea urchin density" ——译者

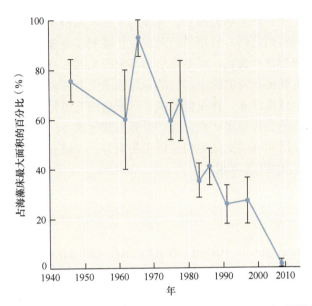

图 14.13　1946～2007 年，塔斯马尼亚东部 7 个地点的巨藻（*Macrocystis pyrifera*）冠层覆盖度的平均值（±SE；根据航片估算），以占每个地点海藻床最大面积百分比计

　　相移转变成藻坪和泥沙嵌合体涉及一个不同的机制。在澳大利亚南部，大型海藻和藻坪争夺空间：厚密的藻坪及其累积的沉积物抑制了大型海藻的补充（Connell and Russell，2010），而郁闭的大型海藻冠层也抑制藻坪的发育（Falkenberg et al.，2012）。尽管藻坪（Gorgula and Connell，2004；Falkenberg et al.，2013）和大型海藻（Falkenberg et al.，2013）都会对养分的增加做出正面响应，但富营养化会打破竞争的平衡——水质恶化更有利于藻坪的定植（Melville and Connell，2001）。在富营养化的城市水域，藻坪占优，而在邻近未受富营养化影响的水域，大型藻类占优（Connell et al.，2008）。在气候变化的背景下，酸化自身对藻坪的丰度并无影响，然而，当酸化与水温升高（3℃）同时发生，藻坪生物量和覆盖度就会不成比例地大幅增加（Connell and Russell，2010）。同样，增加养分和酸化同时发生，藻坪会产生协同响应（Falkenberg et al.，2012，2013）。这些研究表明，海藻林的消亡和藻坪群落替代海藻林与富营养化和沉积作用有关（Connell et al.，2008；Eriksson et al.，2002；Moy and Christie，2012），而这将因气候变化而加剧。

　　藻坪吸附沉积物会形成缺氧层，并阻止小型岩栖生物的附着，从而产生致死环境（对珊瑚礁的综述见 Birrell et al.，2005）。在挪威南部（Moy and Christie，2012）和葡萄牙（Isabel Pinto，个人交流），大型海藻大量消失，而替代它的藻坪捕获沉积物并抑制大型海藻的补充，都与人为造成的海水变暖和水质恶化有关。好消息是，气候变化对海藻林的这种影响可以通过管理减少应激源得以缓解，例如减少高水平的营养物质或泥沙输入量。

　　海藻林的消亡和转变为藻坪群落也可能是一种非连续性的相移，但尚未进行关键的研究——恢复到大型海藻占优时所需的基线养分水平和温度。尽管如此，仍有证据表明这种相移是非连续性的，而非消费性反馈维持着这种替代稳定状态，因为一旦藻坪和沉积物环境形成，它就能持续存在，并抑制大型海藻的补充（Connell and Russell，2010；Valentine and Johnson，2005a，b）。在过去曾支撑原生大型海藻的礁石上进行为期两年半的实验中，即便加强了孢子的接种，Valentine 和 Johnson（2005a）仍然没有发现在丝状藻坪—沉积物环境表面有明显的大型海藻补充。同样，在澳大利亚南部，在移除大型海藻的实验中，在清除空地上发育起来的藻坪—沉积物组合维持了 7～8 年，即便该海域并未受到人为养分输入的影响（Sean Connell，个人交流）。

结语

　　海藻林创造了海洋中最大的生物结构。这种多元动态变化、以高冠层藻类占优的生态系统遍布在全球凉爽的温带海域的浅硬基底之上。从全球范围看，海藻林受到向两极的冰和光的约束，而在赤道受到温暖贫养海水的约束。在这些物理约束之间，食草类的海胆往往限制了海藻林的分布与丰度，使海藻林被对食草活动具有抗力的钙质结壳藻群落所替代，或是像塔斯马尼亚东部那样，偶尔会转变为裸露的岩石。海胆自身也会或曾经在全球范围内受捕食者的约束，但渔业导致的大型捕食者数量的全球性衰减，导致了海胆种群的暴发，引发了另一种全球性渔业，并在世界很多海域造成海胆种群的衰竭。有些情况下，渔业导致的海胆数量下降，造成无海胆的替代稳定状态。而在世界的其他地方，消失的海藻林则被藻坪所取代；这一过程受到富营养化、沉积作用和气候变化等相互作用的调节。气候变化、捕食作用和食草活动的影响有助于海藻林成为世界上最具活力的生态系统之一。

致谢

作者在此感谢 Russ Babcock、Neville Barrett、John Bolton、Alejandro Buschmann、Margaret Clayton、Sean Connell、Hartvig Christie、Jennifer Dalen、Paul Dayton、Ken Dunton、Jim Estes、Daisuke Fujita、Mike Graham、Catriona Hurd、Alan Jordan、María Ramírez、Peter Steinberg、Wendy Taylor 和 Thomas Wernberg 提供的宝贵信息。两位匿名审稿人和主题编辑 Jay Stachowitz 也提供了有益评论。感谢 Mark Bertness、Caitin Brisson 和 Suellen Cook 对稿件的进一步完善和最后编辑的帮助。我们感谢所有的人。

引用文献

Adey, W. H. 1964. The genus *Phymatolithon* in the Gulf of Maine. *Hydrobiologia* 24: 377–420.

Adey, W. H. 1965. The genus Clathromorphum (*Corallinaceae*) in the Gulf of Maine. *Hydrobiologia* 26: 539–573.

Adey, W. H. and L. C. Hayek. 2011. Elucidating marine biogeography with macrophytes: Quantitative analysis of the North Atlantic supports the thermogeographic model and demonstrates a distinct subarctic region in the Northwestern Atlantic. *Northeast. Nat.* 18: 1–128.

Adey, W. H. and R. S. Steneck. 2001. Thermogeography over time creates biogeographic regions: A temperature/space/time—integrated model and an abundance-weighted test for benthic marine algae. *J. Phycol.* 37: 677–698.

Allen, George Cyril. 2003. *Short Economic History of Modern Japan 1867–1937.* Vol. 8. Philadelphia, PA: Routledge.

Andrew, N. L. 1988. Ecological aspects of the common sea urchin, *Evechinus chloroticus*, in northern New Zealand: A review. *N. Z. J. Mar. Freshwater Res.* 22: 415–426.

Andrew, N. L. 1993. Spatial heterogeneity, sea urchin grazing, and habitat structure on reefs in temperate Australia. *Ecology* 74: 292–302.

Andrew, N. L. and A. L. O'Neill. 2000. Large-scale patterns in habitat structure on subtidal rocky reefs in New South Wales. *Mar. Freshw. Res.* 51: 255–263.

Andrew, N. L. and A. J. Underwood. 1993. Density-dependent foraging in the sea urchin *Centrostephanus rodgersii* on shallow subtidal reefs in New South Wales, Australia. *Mar. Ecol. Prog. Ser.* 99: 89–98.

Andrew, N. L., Y. Agatsuma, E. Ballesteros, et al. 2002. Status and management of world sea urchin fisheries. In, *Oceanography and Mar. Biol.* (R. N. Gibson, M. Barnes, and R. J. A. Atkinson, eds.), pp. 343–425. New York, NY: Taylor and Francis Inc.

Banks, S. C., S. D. Ling, C. R. Johnson, et al. 2010. Genetic structure of a recent climate change-driven range extension. *Mol. Ecol.* 19: 2011–2024.

Barker, M. F. 2007. Ecology of *Evechinus chloroticus*. In, *Edible Sea Urchins: Biology and Ecology*, 2nd Edition (J. M. Lawrence, ed.), pp. 319–338. Amsterdam, The Netherlands: Elsevier.

Bertness, M. D., G. C. Trussell, P. J., Ewanchuk, and B. R. Silliman. 2002. Do alternate stable community states exist in the Gulf of Maine rocky intertidal zone? *Ecology* 83: 3434–3448.

Birrell, C. L., L. J. McCook, and B. L. Willis. 2005. Effects of algal turfs and sediment on coral settlement. *Mar. Poll. Bull.* 51: 408–414.

Blamey, L. K. and G. M. Branch. 2012. Regime shift of a kelp-forest benthic community induced by an "invasion" of the rock lobster *Jasus lalandii*. *J. Exp. Mar. Biol. Ecol.* 420–421: 33–47.

Blamey, L. K., G. M. Branch, and K. E. Reaugh-Flower. 2010. Temporal changes in kelp forest benthic communities following an invasion by

the rock lobster *Jasus lalandii*. *Afr. J. Mar. Sci.* 32: 481–490.

Bolton, J. J. 1994. Global seaweed diversity: Patterns and anomalies. *Botanica. Marina.* 37: 241–245.

Bolton, J. J. 1996. Patterns of species diversity and endemism in comparable temperate brown algal floras. *Hydrobiologia* 326: 173–178.

Bolton, J. J. and R. J. Anderson. 1987. Temperature tolerances of two southern African Ecklonia species (*Alariaceae: Laminariales*) and of hybrids between them. *Mar. Biol.* 96: 293–297.

Bourque, B. J., B. J. Johnson, and R. S. Steneck. 2008. Possible prehistoric fishing effects on coastal marine food webs in the Gulf of Maine. In, *Human Impacts on Ancient Marine Ecosystems: A Global Perspective.* (T. C. Rick and J. M. Erlandson. eds.), pp. 165–185. Berkeley, CA: University of California Press.

Branch, G. M. and C. L. Griffiths. 1988. The Benguela ecosystem, Part V. The coastal zone. *Oceanogr. Mar. Biol., Annu. Rev.* 26: 395–486.

Breen, P. A. and K. H. Mann. 1976. Changing lobster abundance and the destruction of kelp beds by sea urchins. *Mar. Biol.* 34: 137–142.

Britton-Simmons, K. H., A. L. Rhoades, R. E. Pacunski, et al. 2012. Habitat and bathymetry influence the landscape-scale distribution and abundance of drift macrophytes and associated invertebrates. *Limnol. Oceanogr.* 57: 176–184.

Byrnes, J. E., J. J. Stachowicz, K. Hultgren, et al. 2006. Predator diversity enhances kelp forest trophic cascades by modifying herbivore behavior. *Ecol. Lett.* 9: 61–71.

Cai, W. 2006. Antarctic ozone depletion causes an intensification of the Southern Ocean super-gyre circulation. *Geophys. Res. Lett.* 33: L03712.

Cai, W., G. Shi, T. Cowan, et al. 2005. The response of the Southern Annular Mode, the East Australian Current, and the southern mid-latitude ocean circulation to global warming. *Geophys. Res. Lett.* 32, L23706.

Canovas, F. G., C. F. Mota, E. A. Serrao, and G. A. Pearson. 2011. Driving south: A multi-gene phylogeny of the brown algal family *Fucaceae* reveals relationships and recent drivers of a marine radiation. *BMC Evol. Biol.* 11: 371.

Chapman, A. R. O. 1981. Stability of sea urchin dominated barren grounds following destructive grazing of kelp in St. Margaret's Bay, eastern Canada. *Mar. Biol.* 62: 307–311.

Chapman, A. R. O. 1986. Age versus stage: An analysis of age- and size-specific mortality and reproduction in a population of *Laminaria longicruris* Pyl. *J. Exp. Mar. Biol. Ecol.* 97: 113–122.

Chapman A. R. O. and J. E. Lindley. 1980. Seasonal growth of *Laminaria solidungula* in the Canadian High Arctic in relation to irradiance and dissolved nutrient concentrations. *Mar. Biol.* 57: 1–5.

Choat, J. H. and D. R. Schiel. 1982. Patterns of distribution and abundance of large brown algae and invertebrate herbivores in subtidal regions of northern New Zealand. *J. Exp. Mar. Biol. Ecol.* 60: 129 –162.

Christie, H., H. P. Leinaas, and A. Skadsheim. 1995. Local patterns in mortality of the green sea urchin, *Strongylocentrotus droebachiensis*, at the Norwegian coast. In, *Ecology of Fjords and Coastal Waters* (H. R. Skjolldah, C. Hopkins, K. E. Erikstad, and H. P. Leinaas, eds.), pp. 573–584. Amsterdam, The Netherlands: Elsevier Science.

Christie, H., K. M. Norderhaug, and S. Fredriksen. 2009. Macrophytes as habitat for fauna. *Mar. Ecol. Prog. Ser.* 306, 221–233.

Cole, R. G. and R. C. Babcock. 1996. Mass mortality of a dominant kelp (*Laminariales*) at Goat Island, North-eastern New Zealand. *Mar. Freshw. Res.* 47: 907–911.

Cole, R. G. and C. Syms. 1999. Using spatial pattern analysis to distinguish causes of mortality: An example from kelp in north-eastern New Zealand. *J. Ecol.* 87: 963–972.

Connell, J. H. 1997. Disturbance and recovery of coral assemblages. *Coral Reefs* 16, 101–113.

Connell, S. D. 2003. Negative effects overpower the positive of kelp to exclude invertebrates from the understorey community. *Oecologia* 137: 97–103.

Connell, J. H. and W. P. Sousa. 1983. On the evidence needed to judge ecological stability or persistence. *Am. Nat.* 121, 789–824.

Connell, S. D. and A. D. Irving. 2008. Integrating ecology with biogeography using landscape characteristics: A case study of subtidal habitat across continental Australia. *J. Biogeogr.* 35: 1608–1621.

Connell, S. D. and B. D. Russell. 2010. The direct effects of increasing CO_2 and temperature on non-calcifying organisms: Increasing the potential for phase shifts in kelp forests. *Proc. Biol. Sci.* 277: 1409–1415.

Connell, S. D., B. D. Russell, D. J. Turner, et al. 2008. Recovering a lost baseline: Missing kelp forests from a metropolitan coast. *Mar. Ecol. Prog. Ser.* 360: 63–72.

Cowen, R. K. 1983. The effect of sheephead (*Semicossyphus pulcher*) predation on red sea urchin populations: An experimental analysis. *Oecologia* 58: 249–255.

Coyer, J. A., G. J. Smith, and R. A. Andersen. 2001. Evolution of *Macrocystis* spp. (Phaeophyceae) as determined by ITS1 and ITS2 sequences. *J. Phycol.* 37, 574–585.

Dayton, P. K. 1972. Toward an understanding of community resilience and the potential effects of enrichments to the benthos at McMurdo Sound, Antarctica. In, *Proceedings of the Colloquium on Conservation Problems in Antarctica* (B. C. Parker, ed.), pp. 81–95. Lawrence, KS: Allen Press.

Dayton, P. K. 1975. Experimental studies of algal-canopy interactions in a sea otter dominated kelp community at Amchitka Island, Alaska. *Fish. Bull. (Wash. D. C.)* 73: 230–237.

Dayton, P. K. 1985a. Ecology of kelp communities. *Annu. Rev. Ecol. Syst.* 16: 215–245.

Dayton, P. K. 1985b. The structure and regulation of some South American kelp communities. *Ecol. Monogr.* 55: 447–468.

Dayton, P. K., V. Currie, T. Gerrodete, et al. 1984. Patch dynamics and stability of some California kelp communities. *Ecol. Monogr.* 54: 253–289.

Dayton, P. K., M. J. Tegner, P. B. Edwards, and K. L. Riser. 1999. Temporal and spatial scales of kelp demography: The role of oceanography climate. *Ecol. Monogr.* 69: 219–250.

Dayton, P. K., M. J. Tegner, P. E. Parnell, and P. B. Edwards. 1992. Temporal and spatial patterns of disturbance and recovery in a kelp forest community. *Ecol. Monogr.* 63: 421–445.

Dean, T. A., S. C. Schroeter, and J. D. Dixon. 1984. Effects of grazing by two species of sea urchins (*Strongylocentrotus franciscanus* and *Lytechinus anamesus*) on recruitment and survival of two species of kelp (*Mactocystis pyrifera* and *Pterygophora californica*). *Mar. Biol.* 78: 301–313.

Duggins, D. O. 1980. Kelp beds and sea otters: An experimental approach. *Ecology* 61: 447–453.

Duggins, D. O. 1981. Sea urchins and kelp [Laminariales]: The effects of short term changes in urchin diet. *Limnol. Oceanogr.* 26: 391–343.

Dunton, K. H. 1985. Growth of dark-exposed *Laminaria saccharina* (L.) Lamour. and *Laminaria solidungula* J. Ag. (Laminariales: Phaeophyta) in the Alaskan Beaufort Sea. *J. Exp. Mar. Biol. Ecol.* 94: 181–189.

Dunton, K. H. and P. K. Dayton. 1995. The biology of high latitude kelp. In, *Ecology of Fjords and Coastal Waters* (H. R. Skjoldal, C. Hopkins, K. E. Eriks tad and H. P. Leinass, eds.), pp. 499–507. Amsterdam, The Netherlands: Elsevier Science.

Ebeling, A. W., D. R. Laur, and R. J. Rowley. 1985. Severe storm disturbances and reversal of community structure in a southern California kelp forest. *Mar. Biol.* 84: 287–294.

Ebert, T. A. 1967. Growth and repair of spines in the sea urchin *Strongy-locentrotus purpuratus* (Stimpson). *Biol. Bull.* 133: 141–149.

Edgar, G. J. 1997. *Australian Marine Life*. Victoria, Australia: Reed Books.

Eriksson, B. K., G. Johansson, and P. Snoeijs. 2002. Long-term changes in the macroalgal vegetation of the inner Gullmar Fjord, Swedish Skagerrak coast. *J. Phycol.* 38: 284–96.

Erlandson, J. M., M. H. Graham, and B. J. Bourque. 2007. The kelp highway hypothesis: Marine ecology, the coastal migration theory, and the peopling of the Americas. *J. Isl. Coastal Arch.* 2: 161–74.

Erlandson, J. M., D. J. Kennett, B. L. Ingram, et al. 1996. An archaeological and paleontological chronology for Daisy Cave (CA-SMI-261), San Miguel Island, California. *Radiocarbon* 38: 355–373.

Erlandson, J. M., T. C. Rick, and T. J. Braje. 2009. Fishing up the food web: 12,000 years of maritime subsistence and adaptive adjustments on California's Channel Islands. *Pac. Sci.* 63: 711–724.

Estes, J. A. and D. O. Duggins. 1995. Sea otters and kelp forests in Alaska: Generality and variation in a community ecological paradigm. *Ecol. Monogr.* 65: 75–100.

Estes, J. and J. F. Palmisano. 1974. Sea otters: Their role in structuring nearshore communities. *Science* 185: 1058–1060.

Estes, J. A. and P. D. Steinberg. 1988. Predation, herbivory, and kelp evolution. *Paleobiology* 14: 19–36.

Estes, J. A., D. O. Duggins, and G. B. Rathbun. 1989. The ecology of extinctions in kelp forest communities. *Conserv. Biol.* 3: 252–264.

Estes, J. A., C. H. Peterson, and R. S. Steneck. 2010. Some effects of apex predators in higher-latitude coastal oceans. In, *Trophic Cascades: Predators, Prey, and the Changing Dynamics of Nature* (J. Terborgh and J. S. Estes, eds.), pp. 37–53. Washington, DC: Island Press.

Estes, J. A., R. S. Steneck, and D. R. Lindberg. 2013. Exploring the consequences of species interactions through the assembly and disassembly of food webs: A Pacific/Atlantic comparison. *Bull. Mar. Sci.* 89: 11–29.

Estes, J. A., M. T. Tinker, T. M. Williams, and D. F. Doak. 1998. Killer whale predation on sea otters linking oceanic and nearshore ecosystems. *Science* 282: 473–476.

Falkenberg, L. J., B. D. Russell, and S. D. Connell. 2012. Stability of strong species interactions resist the synergistic effects of local and global pollution in kelp forests. *PLoS ONE.* 7: e33841. doi: 10.1371/journal.pone.0033841

Falkenberg, L. J., B. D. Russell, and S. D. Connell. 2013. Contrasting resource limitations of marine primary producers: Implications for competitive interactions under enriched CO_2 and nutrient regimes. *Oecologia* 172: 575–583.

Flukes, E. B., C. R. Johnson, and S. D. Ling. 2012. Forming sea urchin barrens from the inside-out: An alternative pattern of overgrazing. *Mar. Ecol. Prog. Ser.* 464: 179–194.

Foster, M. S. 1990. Organization of macroalgal assemblages in the Northeast Pacific: The assumption of homogeneity and the illusion of generality. *Hydrobiologia* 192: 21–33.

Fraser, C. I., D. J. Winter, H. G. Spencer, and J. M. Waters. 2010. Multi-gene phylogeny of the southern bull-kelp genus *Durvillaea* (Phaeophyceae: Fucales.) *Mol. Phylogenet. Evol.* 57: 1301–1311.

Fretwell, S. D. 1977. The regulation of plant communities by food chains exploiting them. *Perspect. Biol. Med.* 20: 169–185.

Fujita, D. 2011. Management of kelp ecosystem in Japan. *Cah. Biol. Mar.* 52: 499–505.

Gagne, J. A., K. H. Mann, and A. R. O. Chapman. 1982. Seasonal patterns of growth and storage in *Laminaria longicruris* in relation to differing patterns of availability of nitrogen in the water. *Mar. Biol.* 69: 91–101.

Gerard, V. A. 1982. Growth and utilization of internal nitrogen reserves by the giant kelp *Macrocystis pyrifera* in a low nitrogen environment. *Mar. Biol.* 66: 27–35.

Gerard, V. A. 1997. The role of nitrogen nutrition in high-temperature tolerance of kelp, *Laminaria saccharina*. *J. Phycol.* 33: 800–810.

Gomez, I., C. Wiencke, and G. Weykam. 1995. Seasonal photosynthetic characteristics of *Ascoseira mirabilis* (Ascoseirales, Phaeophyceae) from King George Island, Antarctica. *Mar. Biol.* 123: 167–172.

Gorgula, S. K. and S. D. Connell. 2004. Expansive covers of turf-forming algae on human-dominated coast: The relative effects of increasing nutrient and sediment loads. *Mar. Biol.* 145: 613–619.

Graham, M. H., C. Harrold, S. Lisin, et al. 1997. Population dynamics of giant kelp *Macrocystis pyrifera* along a wave exposure gradient. *Mar. Ecol. Prog. Ser.* 148: 269–279.

Graham, M. H., J. A. Vásquez, and A. H. Buschmann. 2007. Global ecology of the giant kelp *Macrocystis*: From ecotypes to ecosystems. *Oceanogr. Mar. Biol., Annu. Rev.* 45: 39–88.

Guiry, M. D. and G. M. Guiry. 2012. AlgaeBase. Galway, Ireland: National

University of Ireland. www.algaebase.org

Hagen, N. T. 1983. Destructive grazing of kelp beds by sea urchins in Vestfjorden, northern Norway. *Sarsia* 68: 177–190.

Harder, D. L., C. L. Hurd, and T. Speck. 2006. Comparison of mechanical properties of four large, wave-exposed seaweeds. *Am. J. Bot.* 93: 1426–1322.

Harrold, C. and D. C. Reed. 1985. Food availability, sea urchin grazing, and kelp forest community structure. *Ecology* 66: 1160–1169.

Harrold, C., K. Light, and S. Lisin. 1998. Organic enrichment of submarine-canyon and continental-shelf benthic communities by macroalgal drift imported from nearshore kelp forests. *Limnol. Oceanogr.* 43: 669–678.

Hatcher, B. G., H. Kirkman, and W. F. Wood. 1987. Growth of the kelp *Ecklonia radiata* near the northern limit of its range in Western Australia. *Mar. Biol.* 95: 63–73.

Hill, K. L., S. R. Rintoul, R. Coleman, and K. R. Ridgway. 2008. Wind forced low frequency variability of the East Australia Current. *Geophys Res Lett.* 35: L08602.

Hill, K. L., S. R. Rintoul, K. R. Ridgway, and P. R. Oke. 2011. Decadal changes in the South Pacific western boundary current system revealed in observations and ocean state estimates. *J. Geophys. Res.* 116: C01009. doi: 10.1029/2009JC005926

Himmelman, J. 1985. Urchin feeding and macroalgal distribution in Newfoundland, eastern Canada. *Can. J. Zool.* 56: 1828–1836.

Himmelman, J. 1986. Population biology of green sea urchins on rocky barrens. *Mar. Ecol. Prog. Ser.* 33: 295–306.

Himmelman, J., A. Cardinal, and E. Bourget. 1983. Community development following removal of urchins, *Strongylocentrotus droebachiensis*, from the rocky subtidal zone of the St. Lawrence Estuary, eastern Canada. *Oecologia* 59: 27–39.

Himmelman, J. H. 1980. The role of the green sea urchin *Strongylocentrotus droebachiensis* in the rocky subtidal region of Newfoundland. In, *Proceedings of the Workshop on the Relationship Between Sea Urchin Grazing and Commercial Plant/Animal Harvesting*, (J. D. Pringle, G. J. Sharp and J. F. Caddy, eds.), pp. 92–119. Halifax, Canada: Dept. of Fisheries and Oceans Canada, Resource Branch, Invertebrates and Marine Plants Division.

Huggett, M. J., C. K. King, J. E. Williamson, and P. D. Steinberg. 2005. Larval development and metamorphosis of the Australian diadematid sea urchin *Centrostephanus rodgersii*. *Invertebr. Reprod. Dev.* 47: 197–204.

Jackson, J. B., M. X. Kirby, W. H. Berger, et al. 2001. Historical overfishing and the recent collapse of coastal ecosystems. *Science* 293: 629–638.

Johnson, C., S. Ling, J. Ross, et al. 2005. Establishment of the long-spined sea urchin (*Centrostephanus rodgersii*) in Tasmania: First assessment of potential threats to fisheries. *FRDC Final Report* 2001/044.

Johnson, C. R. and K. H. Mann. 1988. Diversity, patterns of adaptation, and stability of Nova Scotian kelp beds. *Ecol. Monogr.* 58: 129–154.

Johnson, C. R., S. C. Banks, N. S. Barrett, et al. 2011. Climate change cascades: Shifts in oceanography, species' ranges and marine community dynamics in eastern Tasmania. *J. Exp. Mar. Biol. Ecol.* 400: 17–32.

Johnson, D. S. and A. F. Skutch. 1928. Littoral vegetation on a headland of Mt. Desert Island, Maine. I. submersible or strictly littoral vegetation. *Ecology* 9: 188–215.

Jones, C. G., J. H. Lawton, and M. Shachak. 1994. Organisms as ecosystem engineers. *Oikos* 373–386.

Keats, D. W., D. H. Steele, and G. R. South. 1986. Atlantic wolfish (*Anarhichas lupus* L.; Pisces: Anarhichidae) predation on green sea urchins (*Strongylocentrotus droebachiensis* (O. F. Mull.); Echinodermata: Echinoidea) in eastern Newfoundland. *Can. J. Zool.* 64: 1920–1925.

Kennelly, S. J. 1989. Effects of kelp canopies on understory species due to shade and scour. *Mar. Ecol. Prog. Ser.* 50: 215–224.

Konar, B. and J. A. Estes. 2003. The stability of boundary regions between kelp beds and deforested areas. *Ecology* 84: 174–185.

Konar, B., K. Iken, J. J. Cruz-Motta, et al. 2010. Current patterns of macroalgal diversity and biomass in Northern Hemisphere rocky shores. *PLoS ONE* 5: e13195. doi: 10.1371/journal.pone.0013195

Krause-Jensen, D., N. Marbà, B. Olesen, et al. 2012. Seasonal sea ice cover as principal driver of spatial and temporal variation in depth extension and annual production of kelp in Greenland. *Glob. Chang. Biol.* 18: 2981–2994.

Krumhansl, K. A. and R. E. Scheibling. 2012. Production and fate of kelp detritus. *Mar. Ecol. Prog. Ser.* 467: 281–302.

Lafferty, K. D. 2004. Fishing for lobsters indirectly increases epidemics in sea urchins. *Ecol. Appl.* 14: 1566–1573.

Lamb, M. and M. H. Zimmerman. 1964. Marine vegetation of Cape Ann, Essex County, Massachusetts. *Rhodora* 66: 217–254.

Lauzon-Guay, J-S. and R. T. Scheibling. 2007. Behaviour of sea urchin *Strongylocentrotus droebachiensis* grazing fronts: food-mediated aggregation and density-dependent facilitation. *Mar. Ecol. Prog. Ser.* 329: 191–204.

Lawrence, J. M. 1975. On the relationships between marine plants and sea urchins. *Oceanogr. Mar. Biol. Annu. Rev.* 13: 213–286.

Leighton, D. L., L. G. Jones, and W. North. 1966. Ecological relationships between giant kelp and sea urchins in southern California. In, *Proceedings 5th International Seaweed Symposium* (E. G. Young and J. L. McLachlan, eds.), pp. 141–153. Oxford, UK: Pergamon.

Ling, S. D. 2008. Range expansion of a habitat-modifying species leads to loss of taxonomic diversity: A new and impoverished reef state. *Oecologia* 156: 883–894.

Ling, S. D. and C. R. Johnson. 2009. Population dynamics of an ecologically important range-extender: Kelp beds versus sea urchin barrens. *Mar. Ecol. Prog. Ser.* 374: 113–125.

Ling, S. D. and C. R. Johnson. 2012. Marine reserves reduce risk of climate-driven phase shift by reinstating size and habitat specific trophic interactions. *Ecol. Appl.* 22: 1232–1245.

Ling S. D., C. R. Johnson, S. Frusher, and C. K. King. 2008. Reproductive potential of a marine ecosystem engineer at the edge of a newly expanded range. *Glob. Chang. Biol.* 14: 1–9.

Ling, S. D., C. R. Johnson, S. Frusher, and K. Ridgway. 2009a. Overfishing reduces resilience of kelp beds to climate-driven catastrophic phase shift. *Proc. Natl. Acad. Sci. (USA)*. 106: 22341–22345.

Ling, S. D., C. R. Johnson, K. Ridgway, et al. 2009b. Climate driven range extension of a sea urchin: Inferring future trends by analysis of recent population dynamics. *Global Change Biol.* 15: 719–731.

MacFarlane, C. 1952. A survey of certain seaweeds of commercial importance in southwest Nova Scotia. *Can. J. Bot.* 30: 78–97.

Mann, K. H. 1973. Seaweeds: Their productivity and strategy for growth. *Science* 182: 975–981.

Mann, K. H. 1977. Destruction of kelp beds by sea urchins: A cyclical phenomenon or irreversible degradation? *Helgol. Mar. Res.* 30: 455–467.

Mann, K. H. 2000. *Ecology of Coastal Waters, with Implications for Management, Volume 2*. Oxford, UK: Blackwell Science, Inc.

Martin, P. and G. C. Zuccarello. 2012. Molecular phylogeny and timing of radiation in *Lessonia* (Phaeophyceae, Laminariales). *Phycol. Res.* 60: 276–287.

Marzloff, M., J. Dambacher, C. R. Johnson, et al. 2011. Exploring alternative states in ecological systems with a qualitative analysis of community feedback *Ecol. Modell.* 222: 2651–2662.

Marzloff, M. P., C. R. Johnson, L. R. Little, et al. 2013. Sensitivity analysis and pattern-oriented validation of a model with alternative community states: TRITON, a simulation model of ecological dynamics of temperate rocky reefs in Tasmania. *Ecol. Modell.* 258: 16–32.

Melville A. J. and S. D. Connell. 2001. Experimental effects of kelp canopies on subtidal coralline algae. *Austral. Ecol.* 26: 102–108.

Miller, R. J. and A. G. Colodey. 1983. Widespread mass mortalities of the green sea urchin in Nova Scotia, Canada. *Mar. Biol.* 73: 263–267.

Moe, R. L. and P. C. Silva. 1977. Antarctic marine flora: Uniquely devoid of kelps. *Science* 196: 1206–1208.

Moy, F. E. and H. Christie. 2012. Large-scale shift from sugar kelp (*Saccharina latissima*) to ephemeral algae along the south and west coast of Norway. Mar. Biol. Res. 8: 309–321.

Müller, R., T. Laepple, I. Bartsch, and C. Wiencke. 2009. Impact of oceanic warming on the distribution of seaweeds in polar and cold-temperate waters. *Botanica Marina* 52: 617–638.

North, W. J. 1994. Review of *Macrocystis* biology. In, *Biology of Economic Algae* (I. Akatsuka, ed.), pp. 447–527. The Hague, The Netherlands: SBP Academic Publishing.

Norton, T. A., M. Melkonian, and R. A. Andersen. 1996. Algal biodiversity. *Phycologia*, 35: 308–326.

Ojeda, F. P. and J. H. Dearborn. 1991. Feeding ecology of benthic mobile predators: Experimental analyses of their influence in rocky subtidal communities of the Gulf of Maine. *J. Exp. Mar. Biol. Ecol.* 149: 13–44.

Paine, R. T. 1980. Food webs: Linkages, interaction strength and community infrastructure. *J. Anim. Ecol.* 49: 667–685.

Pearson, P. N. and M. R. Palmer. 2000. Atmospheric carbon dioxide concentrations over the past 69 million years. *Nature* 406: 695–699.

Pederson, H. G. and C. R. Johnson. 2006. Predation of the sea urchin *Heliocidaris erythrogramma* by rock lobsters (*Jasus edwardsii*) in no-take marine reserves. *J. Exp. Mar. Biol. Ecol.* 336: 120–134.

Peters, A. F. and A. M. Breeman. 1993. Temperature tolerances and latitudinal range of brown algae from temperate Pacific South America. *Mar. Biol.* 115: 143–150.

Petraitis, P. S. and S. R. Dudgeon. 2004. Detection of alternative stable states in marine communities. *J. Exp. Mar. Biol. Ecol.* 300: 343–371.

Petraitis, P. S. and R. E. Latham. 1999. The importance of scale in testing the origins of alternative community states. *Ecology* 80: 429–442.

Pringle, J. D., G. J. Sharp, and J. F. Caddy. 1980. Proceedings of the workshop on the relationship between sea urchin grazing and commercial plant/animal harvesting. *Can. Tech. Rep. Fish. Aquat. Sci.* 954.

Ramírez, M. E. and B. Santelices. 1991. Catálogo de las algas marinas bentónicas de la costa temperada del Pacífico de Sudamérica. *Monografías Biológicas* 5: 1–437.

Reed, D. C. and M. S. Foster. 1984. The effects of canopy shading on algal recruitment and growth in a giant kelp forest. *Ecology* 65: 937–948.

Rich, W. H. 1929. *Fishing grounds of the Gulf of Maine.* United States Bureau of Fisheries Document No. 1959: 51–117.

Ridgway, K. R. 2007a. Long-term trend and decadal variability of the southward penetration of the East Australian Current. *Geophys. Res. Lett.* 34: L13613, doi: 10.1029/2007GL030393

Ridgway, K. R. 2007b. Seasonal circulation around Tasmania: An interface between eastern and western boundary dynamics. *J. Geophys. Res.* 112, C10016.

Ridgway, K. and K. Hill. 2009. The East Australian Current. In, *A Marine Climate Change Impacts and Adaptation Report Card for Australia* (E. S. Poloczanska, A. J. Hobday and A. J. Richardson, eds.). Cleveland, Australia: NCCARF.

Sanderson, J. C. 1987. A survey of the *Macrocystis pyrifera* (L.) C. Agardh stocks on the east coast of Tasmania. Tech. Rep. 21. Hobart, Tasmania: Tasmanian Department of Sea Fisheries.

Sansom, G. B. 1952. *Japan: A Short Culture History.* Stanford, CA: Stanford University Press.

Saunders, G. W. and L. D. Druehl. 1992. Nucleotide sequences of the small-subunit ribosomal RNA genes from selected Laminariales (Phaeophyta): Implications for kelp evolution. *J. Phycol.* 28: 544–549.

Scheffer, M. 2010. Alternative states in ecosystems. In, *Trophic Cascades: Predators, prey, and the changing dynamics of nature.* (J. Terborgh and J. S. Estes, eds.), pp. 287–298. Washington, DC: Island Press.

Scheffer, M., S. Carpenter, J. A. Foley, C. Folke, and B. Walter. 2001. Catastrophic shifts in ecosystems. *Nature* 413: 591–596.

Scheibling, R. E. 1986. Increased macroalgal abundance following mass mortalities of sea urchins (*Strongylocentrotus droebachiensis*) along the Atlantic coast of Nova Scotia. *Oecologia* 68: 186–198.

Scheibling, R. E. and J. Hamm. 1991. Interactions between sea urchins (*Strongylocentrotus droebachiensis*) and their predators in field and laboratory experiments. *Mar. Biol.* 110: 105–116.

Scheibling, R. E. and A. W. Hennigar. 1997. Recurrent outbreaks of disease in sea urchins *Strongylocentrotus droebachiensis* in Nova Scotia: Evidence for a link with large-scale meteorologic and oceanographic events. *Mar. Ecol. Prog. Ser.* 152: 155–165.

Scheibling, R. E. and J-S. Lauzon-Guay. 2010. Killer storms: North Atlantic hurricanes and disease outbreaks in sea urchins. *Limnol. Oceanogr.* 55: 2331–2338.

Scheibling, R. E., A. W. Hennigar, and T. Balch. 1999. Destructive grazing, epiphytism, and disease: The dynamics of sea urchin-kelp interactions in Nova Scotia. *Can. J. Fish. Aquat. Sci.* 56: 2300–2314.

Sebens, K. P. 1985. Community ecology of vertical rock walls in the Gulf of Maine, U.S.A.: Small-scale processes and alternative community states. In, *The Ecology of Rocky Coasts* (P. G. Moore and R. Seed, eds.), pp. 346–371. London, UK: Hodder and Stoughton.

Siddon, C. E. and J. D. Witman. 2003. Influence of chronic, low-level hydrodynamic forces on subtidal community structure. *Mar. Ecol. Prog. Ser.* 261: 99–110.

Siddon, C. E., and J. D. Witman. 2004. Behavioral indirect interactions: Multiple predator effects and prey switching in the rocky subtidal. *Ecology* 85: 2938–2945.

Simenstad, C. A., J. A. Estes, and K. W. Kenyon. 1978. Aleuts, sea otters, and alternate stable-state communities. *Science* 200: 403–411.

Sivertsen, K. 1997. Geographic and environmental factors affecting the distribution of kelp beds and barren grounds and changes in biota associated with kelp reduction at sites along the Norwegian coast. *Can. J. Fish. Aquat. Sci.* 54: 2872–2887.

Sivertsen, K. 2006. Overgrazing of kelp beds along the coast of Norway. *J. Appl. Phycol.* 18: 599–610.

Smale, D. A., G. A. Kendrick, and T. Wernberg. 2011. Subtidal macroalgal richness, diversity and turnover, at multiple spatial scales, along the southwestern Australian coastline. *Estuar. Coast. Shelf Sci.* 91: 224–231.

Steneck, R. S. 1986. The ecology of coralline algal crusts: Convergent patterns and adaptive strategies. *Annu. Rev. Ecol. Syst.* 17: 273–303.

Steneck, R. S. 2013. Sea urchins as drivers of shallow benthic marine community structure. In, *Sea Urchins: Biology and Ecology, Third Edition* (J. M. Lawrence, ed.), San Diego, CA: Academic Press.

Steneck, R. S. and J. T. Carlton. 2001. Human alterations of marine communities: Students beware! In, *Marine Community Ecology* (M. Bertness, S. Gaines and M. Hay, eds.), pp. 445–468. Sunderland, MA: Sinauer Associates.

Steneck, R. S. and M. N. Dethier 1994. A functional group approach to the structure of algal-dominated communities. *Oikos* 69: 476–498.

Steneck, R. S., A. Leland, D. McNaught, and J. Vavrinec. 2013. Ecosystem flips, locks and feedbacks: The lasting effects of fisheries on Maine's kelp forest ecosystem. *Bull. Mar. Sci.* 89: 31–55.

Steneck, R. S., M. H. Graham, B. J. Bourque, et al. 2002. Kelp forest ecosystem: Biodiversity, stability, resilience and their future. *Environ Conserv.* 29: 436–459.

Steneck, R. S., R. H. Bustamante, P. K. Dayton, et al. 2008. Kelp forest ecosystems: Current status and future trends. In, *Aquatic Ecosystems: Trends and Global Prospects* (N. V. C. Polunin, ed.), pp. 226–241. Cambridge, UK: Cambridge University Press.

Strain, E. M. A. and C. R. Johnson. 2009. Competition between an invasive urchin and commercially fished abalone: Effect on body condition, reproduction and survivorship. *Mar. Ecol. Prog. Ser.* 377: 169–182.

Strain, M. A. and C. R. Johnson. 2012. Intensive fishing of marine consumers causes a dramatic shift in the benthic habitat on temperate rocky reefs. *Mar. Biol.* 159: 533–547.

Strain, E. M. A. and C. R. Johnson. 2013. The effects of an invasive habitat modifier on the biotic interactions between two native herbivorous species and benthic habitat in a subtidal rocky reef ecosystem. Biol. Invasions. 15: 1391–1405.

Strain, E. M. A., C. R. Johnson, and R. J. Thompson. In press. Effects of a range-expanding sea urchin on behaviour of commercially fished abalone. *PloS ONE.*

Swanson, R. L., M. Byrne, T. A. A. Prowse, et al. 2012. Dissolved histamine: A potential habitat marker promoting settlement and metamorphosis in sea urchin larvae. *Mar. Biol.* 159: 915–925.

Tegner, M. J. and P. K. Dayton. 1987. El Niño effects on southern California kelp forest communities. *Adv. Ecol. Res.* 17: 243–279.

Tegner, M. J. and P. K. Dayton. 1991. Sea urchins, El Niños, and the long-term stability of Southern California kelp forest communities. *Mar. Ecol. Prog. Ser.* 77: 49–63.

Tegner, M. J. and L. A. Levin. 1983. Spiny lobsters and sea urchins: Analysis of a predator-prey interaction. *J. Exp. Mar. Biol. Ecol.* 73: 125–150.

Tegner, M. J., P. K. Dayton, P. B. Edwards, and K. L. Riser. 1996. Is there evidence for long-term climatic change in southern California kelp forests? *Cal. Coop. Ocean Fish.* 37: 111–126.

Tegner, M. J., P. K. Dayton, P. B. Edwards, and K. L. Riser. 1997. Large-scale, low-frequency oceanographic effects on kelp forest succession: A tale of two cohorts. *Mar. Ecol. Prog. Ser.* 146: 117–134.

Vadas, R. L. and R. S. Steneck. 1995. Overfishing and inferences in kelp-sea urchin interactions. In, *Ecology of Fjords and Coastal Waters* (H. R. Skjoldal, H. R. Hopkins, K. E. Erikstad, H. P. Leinaas, eds.), pp. 509–524. Amsterdam, The Netherlands: Elsevier Science.

Vadas, R. L. and R. S. Steneck. 1988. Zonation of deep water benthic algae in the Gulf of Maine. *J. Phycol.* 24: 338–346.

Valentine, J. P. and C. R. Johnson. 2004. Establishment of the introduced kelp *Undaria pinnatifida* following dieback of the native macroalga *Phyllospora comosa* in Tasmania, Australia. *Mar. Freshw. Res.* 55: 223–230.

Valentine, J. P. and C. R. Johnson. 2005a. Persistence of the exotic kelp *Undaria pinnatifida* does not depend on sea urchin grazing. *Mar. Ecol. Prog. Ser.* 285: 43–55.

Valentine, J. P. and C. R. Johnson. 2005b. Persistence of sea urchin (*Heliocidaris erythrogramma*) barrens on the east coast of Tasmania: Inhibition of macroalgal recovery in the absence of high densities of sea urchins. *Bot. Mar.* 48:106–115.

Velimirov B. and C. L. Griffith. 1979. Wave-induced kelp movement and its importance for community structure. *Bot. Mar.* 22: 169–172.

Wernberg, T., G. A. Kendrick, and B. D. Toohey. 2005. Modification of the physical environment by an *Ecklonia radiata* (Laminariales) canopy and implications for associated foliose algae. *Aquatic Ecol.* 39: 419–430.

Wernberg, T., B. D. Russell, M. S. Thomsen, et al. 2011. Seaweed communities in retreat from ocean warming. *Curr. Biol.* 21: 1828–1832.

Wernberg, T., D. A. Smale, F. Tuya, et al. 2012. An extreme climatic event alters marine ecosystem structure in a global biodiversity hotspot. *Nat. Clim. Chang.* doi: 10.1038/NCLIMATE1627

Wernberg, T., M. S. Thomsen, F. Tuya, and G. A. Kendrick. 2011. Biogenic habitat structure of seaweeds change along a latitudinal gradient in ocean temperature. *J. Exp. Mar. Biol. Ecol.* 400: 264–271.

Wheeler, W. N. 1988. Algal productivity and hydrodynamics–a synthesis. *Prog. Phycol. Res.* 6: 23–58.

Wiencke, C. and M. N. Clayton. 2002. Antarctic seaweeds. In, *Synopses of the Antarctic Benthos* (J. W. Wägele and J. Sieg, eds.). p. 239. Ruggell, Liechtenstein: A. R. G. Gantner Verlag KG.

Wiencke, C., M. N. Clayton, I. Gómez, et al. 2006. Life strategy, eco-physiology and ecology of seaweeds in polar waters. *Rev. Environ. Sci. Biotechnol.* doi: 10.1007/s11157–006–9106–z

Witman, J. D. 1985. Refuges, biological disturbance, and rocky subtidal community structure in New England. *Ecol. Monogr.* 55: 421–445.

Witman, J. D. 1987. Subtidal coexistence: storms, grazing, mutualism and zonation of kelps and mussels. *Ecol. Monogr.* 57: 167–187.

Witman, J. D. and P. K. Dayton. 2001. Rocky subtidal communities. In, *Marine Community Ecology* (M. D. Bertness, S. D. Gaines, and M. Hay, eds.), pp. 339–366. Sunderland, MA: Sinauer Associates.

Witman, J. D. and K. P. Sebens. 1992. Regional variation in fish predation intensity: A historical perspective in the Gulf of Maine. *Oecologia* 90: 305–315.

Womersley, H. B. S. 1981. Biogeography of Australasian marine mac-roalgae. In, *Marine Botany: An Australasian Perspective* (M. N. Clayton and R. J. King, eds.), pp. 293–307. Melbourne, Australia: Longman Cheshire.

Yendo, K. 1902. Kaiso Isoyake Chosa Hokoku. *Suisan Chosa Hokoku* 12: 1–33.

Yendo, K. 1903. Investigations on "Isoyake" (decrease of seaweed). *J. Imp. Fish. Bureau* 12: 1–33.

Yendo, K. 1914. On the cultivation of seaweeds, with special accounts of their ecology. *The Economic Proceedings of the Royal Dublin Society* 2: 105–122.

Zobell, C. E. 1971. Drift seaweeds on San Diego county beaches. *Nova Hedwigia* 32: 269–314.

第 15 章

远洋生物群落

Jonathan A. D. Fisher 和 Kenneth T. Frank

　　海洋的远洋带是地球上最大的生境，其覆盖面积和所含体积都极为惊人，分别达到 3.61 亿 km² 和 14 亿 km³。对非专业人士来说，远洋环境（海底上方开阔的海洋水体）看起来毫无生机且没有任何特征，但事实上，海洋环境具有高度的物理化学异质性，并因此对物种的多样性与构成、生活史的适应、群落相互作用强度等产生影响，特别是在全球大洋的海水表层。本章将主要对远洋异养生物群落的结构与多样性及其功能举例概述，从浮游动物的物种和生活史阶段到最大的脊椎动物，浮游植物群落则将在第 16 章予以详细阐述。我们主要关注以下几点：远洋生境之间边界的生物物理特征、塑造远洋群落的持久模式、构成营养相互作用的主要驱动力，以及在区域和全球尺度上远洋群落所面临的主要扰动等。上层带（0～200m）是最为广泛采样的区域，一半以上的远洋生物记录来自浅海，而非深层带（1000～4000m）及以下（图 15.1）。而这些更深的海洋带生境，无论是面积还是体积（Robison，2009）都远远大于浅海。位于大气—海洋界面的上层带提供了近一半的全球初级生产力，从而支撑着更高营养级多样化的生产力（图 15.2）。它还是全球"生物泵"的唯一入口，即通过食物网内部的相互作用将大气中的碳传输到深海，其中一部分被固定在沉积物之中（Falkowski，2012）。高生产力的上层带还是受到人类活动影响最为严重的区域，包括渔业和气候变化等（Game et al.，2009）。

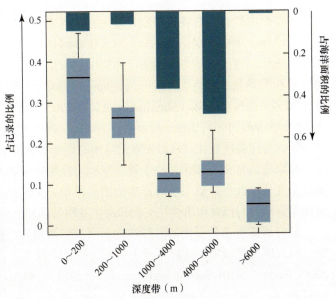

图 15.1　根据海洋生物地理信息系统（Ocean Biogeographic Information System，OBIS）记录的对不同深度带进行的远洋采样分布，浅水区（0～200m）的采样最为密集。在每个深度带，浅蓝色盒须图显示了观察比例的中位数、四分位间距和总范围。水深超过 1000m 的远洋区，尽管占据海洋总面积的大部分（约 85%；深蓝色条带），但采样相对较少（仿自 Webb et al.，2010）

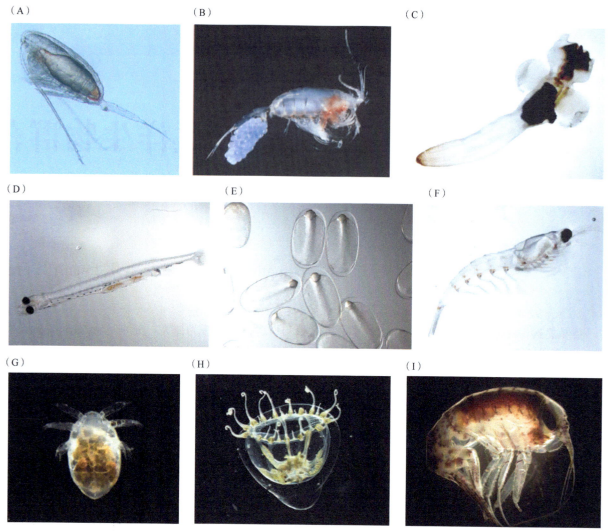

图15.2　占据大洋上层生境的一些异养生物的例子。(A)植食性桡足类;(B)杂食性桡足类;(C)翼足类软体动物;(D)鳀的幼虫;(E)鳀卵;(F)磷虾;(G)桡足类的无节幼体;(H)水螅水母;(I)片脚类(图片A～F由D. Robert提供;图片G和I由G. Darnis提供;图片H由C. Johnson提供)

　　在整个远洋带,在各种时空尺度上都存在着结构,这是由于受大气效应和洋流作用的驱动,它们通过加热、冷却、季节性变化、传输、海水化学特性和营养物质等作用,使海洋从表层到深海,从热带到两极都产生变化。这些驱动力使高生产力的中上水层形成镶嵌性的生境,正如我们所知,在不同海域,浮游动物群落和生物量存在巨大差异(Longhurst,1985)。部分源于这些差异,全球80%～90%的渔业上岸量仅来自17%～23%的海域(Sherman et al.,2009b)。上升流和光线能够穿透的浅海大陆架是生产力最高的区域(Longhurst,1998;Jennings et al.,2008)。该区域通常被称为浅海带,是大洋上层带(水深<200m)的一部分。与深海区相比,浅海带靠近陆地的边缘有大量的泥沙和营养物质输入。

　　与底栖海洋生境相比,由于物理驱动力能够改变该系统垂直和水平方向上的特征,远洋生境具有更大的时空变化。此外,该系统海洋生物的多样性,无论是全年的,还是季节性的,及其体型大小各异,都说明物理驱动力与捕食作用往往支配和决定着物种间相互作用及相应的群落结构。

　　研究远洋群落所采用的方法往往不同于潮间带和底栖生物群落的研究。这种差异在一定程度上是抽样的空间尺度所造成的,这对进一步了解这些异质性生境,既提供了机遇,也带来了挑战(Witman and Roy,2009;Paine,2010;Sagarin and Pauchard,2012)。例如,在远洋生物群落动态的研究中很少使用(Bourget and Fortin,1995;但不同看法参见Navarrete et al.,2005)近岸生境中所常用的局部操控实验方法(见第9、10、12章)。相反,大多数远洋研究使用对比或相关性方法来检验生物丰度的共变异,这些共变异在不同生态系统之间与不同时间随着强烈的环境与人类活动差异而发生（Megrey et al., 2009; Petrie et al., 2009; Fisher et al., 2010a; Murawski et al., 2010）。这种比较方法在远洋生态学中具有悠久的历史，正如 Hjort（1919）在 100 年前对其作用所做出的评价：

　　我在研究北欧的海洋时，经常会遇到一些渔业和海洋调查长久以来面临的问题。我认为，比较具有相同动物生命形式的两个不同区域，可能是解决这些问题的最好方法，即通过与从拉布拉多省乃至加拿大的海岸到美国缅因州的海域相对比，可以研究北欧的海洋。

　　比较分析方法能够发现存在的模式，但对揭示其机理的过程却无能为力，而从全球尺度到区域尺度和局部尺度的降尺度方法也许有助于解决这一问题（Wiens, 1989; Sagarin and Pauchard, 2012）。元分析方法是一种统计方法，能够对研究相似现象或过程的若干独立研究的结果予以定量评估，因此元分析方法有助于解决这一问题（如 Micheli, 1999; Shurin et al., 2002; Worm and Myers, 2003; 但不同看法参见 Stibor et al., 2004）。此外，还有一些研究尝试从实验结果进行外推，以研究更大空间尺度上所发生的过程，这些实验大多是模拟远洋食物链的中型实验生态系（Sanford, 1997; Keller and Klein-MacPhee, 2000; Jiang and Morin, 2005; Martinez-Martinez et al., 2006）。

　　在整个远洋区，食物网和生物群落的结构都是与生物个体大小有关的，个体较小（或生活史较短）的生物往往是更大一级的捕食者的猎物（Hildrew et al., 2007）。大洋上层生境巨大的尺度与开放的边界，以及丰富的可用数据意味着，与研究其他海洋生境的方法相比，研究远洋生物群落环境驱动力和营养相互作用的方法，必须是综合的（将食物链中各营养级的动态联系起来）和长期的。这种方法既包含了变异中的密度依赖部分（竞争作用与捕食作用），也包含了其中的非密度依赖性部分（环境变量）。值得一提的是，与其他地球观测计划相比，许多旨在评估远洋生物群落状态的大规模海洋监测计划都具有较长时间序列和更广阔视角的特点（Witze, 2007; Edwards et al., 2010）。现在，这种长时间序列数据的价值对于理解海洋系统动态的价值是毋庸置疑的（Edwards et al., 2010），但其维持却很困难（Duarte et al., 1992），而这种监测计划也被视为"灰姑娘科学"（Cinderella science）——不为人爱，报酬微薄（Nisbet, 2007）。

　　研究大洋表层生物群落和食物网的结构如何形成具有悠久历史。追溯这些科学思想的发展，并将现有研究置于历史背景之下，是很有启发性的（Graham and Dayton, 2002）。例如，Dana（1853）曾经发现表层海水温度对限制物种分布的重要性。他描述并绘制了限制物种分布的全球最低平均表层海水温度线（"等水温线"）。Dana 的发现极具价值和洞察力：① Dana（1853）所发现的热边界（锋和主要洋流）反映出的主要特征，仍然是划分远洋生境的关键所在（Spalding et al., 2012）；②近来有关气候变化与物种分布关系的研究发现，一些热带海洋生物在更高纬度的冬季存活率有所增加（Figueira and Booth, 2010）。

　　除了物理因素对地理分布的限制，早期有关限制远洋生产力的要素的概念仍然继续影响着该主题的现有研究。例如，Victor Hensen 将其在 19 世纪 80 年代所调查的北海浮游生物群落视为海洋牧场，就像陆地农业系统的生产过程一样，支撑着海洋渔业的产量（见 Verity, 1998）。这种观点促进了远洋食物网"自下而上"调节思想的发展（Verity and Smetacek, 1996）。目前研究海洋生物多样性的大尺度格局与其对不同海域生产力差异影响之间的关系，也可以追溯到过去对海洋研究状态的回顾。Johnstone 在 1908 年就指出，海洋生态系统的物种丰富度与生产力存在巨大反差：

　　通常我们从热带海域的航海记录中所得到的印象是其生命形式的丰富多彩，自然地，我们会异常惊讶，这实际是一种假象——热带海域植物和动物的数量并不比温带和两极更高，甚至事实与此恰恰相反。

　　这种多样性与生产力巨大差异的格局，对于理解和管理海洋资源仍然是个谜题（Longhurst and Pauly, 1987）。目前的研究主要关注决定大尺度多样性格局与相关的生产力和物种性状（包括个体大小和耐受性）之间的联系。在 20 世纪初，Bigelow（1930）认识到并提倡综合各种远洋生物群落信息的必要性，以理解潜在的驱动力和响应。这种早期的思想在今日依然得到共鸣——为了更好地理解、利用和保护远洋生物群落及其所提供的生态系统服务，生态系统或综合的方法不可或缺（如 Mangel and Levin, 2005; Ballantyne et al., 2011）。

无边无际的海洋的边界

物理环境

正如第 2 章所述，物理驱动力与化学条件一起，决定和限制着海洋生物群落的生产力和相互作用，这在大洋的三维空间得到最完美体现。如陆地系统一样，人们预计海洋的边界在物理环境出现强烈间断的地方最为明显，而在远洋生境中，这种间断常常出现在水平面和垂直面上（Longhurst，1998）。最早确认的一些生境特征是在水平维度上，因为其在海洋表面显而易见（如 Dana，1853）。随后对大洋边界的研究开始分析影响海水水平和垂直结构的因素，这些因素会差异性地增强或限制不同远洋生物区域的生产力。上升流区、涡旋和锋都是远洋环境中显著的大尺度特征。这些特征的时空范围大小不等，涡旋可以是十到数百千米，数天到数月；而上升流和锋面季节性或永久存在。环流或洋流更为持久，范围更为广阔（上百到数千千米）。北大西洋的墨西哥湾流是最早被发现的洋流之一（Franklin，1786），至少从哥伦布开始，就已为航海者所熟知。潮汐是海洋的另一永久性特征，它们对浅海和近海的作用会导致全年的混合与较高的生产力，而深海则保持季节性或永久性的水体垂直分层。

温度

温度也许是海洋中最广为测量的物理变量。自 19 世纪 50 年代就已开始监测表层海水的温度，而其结果明确地显示了上层带中生境的热变化。水温的变化源于最大尺度的驱动力——太阳能输入的全球分布。水温对许多生物过程的速率具有深远影响。由于大部分海洋生物是变温动物，使用代谢热源进行体温调节的能力有限，所以其个体和种群的生长与发育就取决于环境温度。这些生物的新陈代谢速率严重依赖于环境温度，这使得温度成为控制物种分布、消耗率和各种生活史性状的决定性因素。例如，大西洋鳕（*Gadus morhua*）通常生活在水温 10℃ 以下（Brander，1995），而在此条件下，区域性的底层水温变化决定了其生长率的大部分变化（Brander，1995；Shackell et al.，1997）。

在远洋生态系统，从冰封的北极洋（–1.6℃）到温暖的苏鲁–西里伯斯海（29.6℃），平均表层海水温度的变化不会超过 31℃（Wilson et al.，2009）。在极端温度生境中，所有生物都必须维持适当的代谢率。这就需要一定的生理和行为适应来克服这一挑战，例如合成抗冻蛋白质（Fletcher et al.，2001），在温暖区域保持较小的体型以保证充足的氧气摄取量（Pauly，2010；Forster et al.，2012），以及在不同深度和温度下进食和消化猎物以使能量转换率最大化的昼夜垂直移动（Wurtsbaugh and Neverman，1988；Sims et al.，2004），这种移动还有助于在被捕食风险较低时，寻找猎物较为密集的斑块（图 15.3）。

图 15.3 远洋浮游动物昼夜（日循环）垂直迁移的示意图，显示了一个典型模式——白天随着光线增强向下移动，而在夜晚到表层觅食。这样的昼夜迁移反映了浮游动物选择在富含浮游植物的表层觅食，同时尽可能地降低其暴露于捕食者视野之中的可能（仿自 Marta-Almeida et al.，2006 中 H. Queiroga 的插图）

温度还会影响大多数鱼类和无脊椎动物的早期发育，决定其潜育期（开始孵化的时间）、幼虫期持续的时间。大部分海洋鱼类在早期发育形成的椎骨数量也取决于环境温度，在冷水中生活的鱼类的种群（或地方种）会比温暖水域的同类具有更多的椎骨。这种差异可以作为自然标记来区分繁殖隔离种群的数量和位置（Swain et al.，2001）。在其他坚硬部分以同位素组成形式存在的自然标记，例如一些海洋鱼类的耳石，也可以用于重建生物个体生活环境的热量条件（Rooker et al.，2008；Jones and Campana，2009）。数据存储标签微型化和容量的不断增长，使得收集和传输海洋生物所经历的温度与其他物理环境数据产生彻底变革。这些技术既能用于局部尺度的生境利用，也可用于各种生物在盆地尺度的迁徙，时间尺度可以从日到年（Block，2005；Block et al.，2011）。

层化

水体的垂直结构，通常被称为层化（stratification），是大部分温带海域的暂时性（季节性）特征，能够形成对比鲜明的深度依赖性生境（图 15.4A 和 B）。海水表层生境具有光照充足、氧气含量较高、水温相对较暖、盐度较低等特征，但通常营养物质匮乏。在表层水之下，光照、含氧量和温度都逐渐成为限制性因素，可能会阻碍生物的生长与生产力。在温带海域，层化通常发生在晚春至初夏，此时表层水温快速上升而风速逐渐减弱，从而形成一个较为稳定的表层水层。当均质、单一层面的水体（图 15.4A）转变成为分层结构时，浮游植物进入生产力最为旺盛的时期，营养物质也随着藻类的暴发而迅速下降（图 15.4B）。在其他区域（如热带海域）和其他季节（夏末），水体的混合受到限制，只有很少的营养物质被传输到透光带。这种海水混合的区域与时间差异，既说明了不同海域之间（如 Longhurst，1998）初级生产力的差异，也解释了进而对更高营养级的种群和群落动态的影响，包括渔业产量（如 Chassot et al.，2010）。

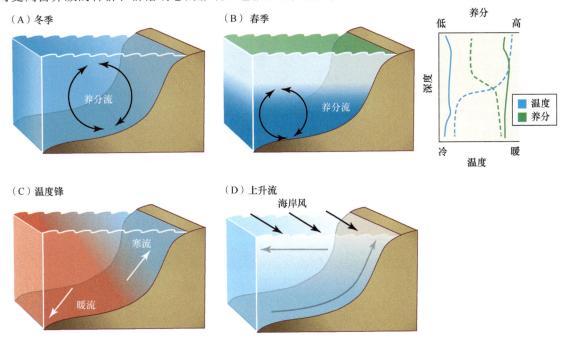

图 15.4　改变远洋生产力和群落结构的三个主要物理驱动力的示意图。由于强烈温度梯度（"温跃层"）导致水体层化随深度发生季节性和不同地点间的变化。（A）典型的冬季无层化条件——水温低、可用光少，养分循环到表层。（B）典型的春季层化条件——表层水温高，可用光多，由于浮游植物大量繁殖吸收养分，表层营养物质库衰减。春季藻华后（以及在热带环境中）层化的一个后果是，在温跃层以下富含养分的水域和浅水透光带之间维持着一个半渗透的屏障，从而限制了生产力。在描绘养分和温度随深度变化的图中，实线代表冬季水温（蓝色）和养分（绿色）的剖面，虚线则表示春季的剖面。（C）在由平行的寒（盐度低）流和暖（盐度高）流接近产生的温度锋，表现出有限的混合。沿着锋面，由于锋前浮游植物死亡后再生的养分，以及随后生长导致的高生产力，两个水团内不同群落的生物活动水平极高。锋前的高生产力和高密度生物量吸引着捕食者。（D）海岸风与地球自转（在图中是自左至右）相互作用驱动的沿海上升流。这种相互作用，将浅海低养分的海水带离海岸，从而将深处、富含养分的海水带到透光带，这也说明了为什么大部分上升流区域都位于海盆的东部沿海边界

锋面

具有不同物理特征的水体之间的水平边界形成了锋面（图 15.4C 和图 15.5）。锋面是一条狭窄的带，在这里，温度、盐度、营养盐或初级生产力具有强烈水平梯度，从而将不同水体或垂直结构的海域分隔开来（Belkin et al.，2009）。几乎所有的锋面都是生产力较高的区域，因为这里具有更高的垂直水流运动，改变了浮游植物的光场，使浮游植物和营养物质得以混合；在锋面的某一侧，浮游植物死亡和再矿化所产生的营养物质，可以被锋面另一侧的浮游植物所吸收；以及浮游植物种群沿着锋面的平流等（Olson et al.，1994）。因为这些机制的存在，一些鱼类选择在这些区域附近产卵，这是其后代快速发育的理想地点（Mackas et al.，1985）。而其他的鱼类、海鸟和海洋哺乳动物则沿着锋面聚集、觅食或迁徙（Olson et al.，1994）。大西洋西北部的鲱鱼常常在强烈潮汐混合的区域产卵，而其幼体在孵化之后会在该区域停留数月之久。这种现象也引发了"成员–迷离假说"（member-vagrant hypothesis），其中，"成员"（member）是指幼体因环境物理要素适宜而选择存留的部分，而"迷离者"（vagrant）因为环境缺少这种强烈的存留特征而从该区域消亡。但 Iles 和 Sinclair（1982）则认为，幼体与锋面的关系主要与限制幼体扩散和维持种群的凝聚力有关，而食物条件是次要因素。然而，看起来这是由于增加食物和提高存留率的共同作用，而非二者择一。

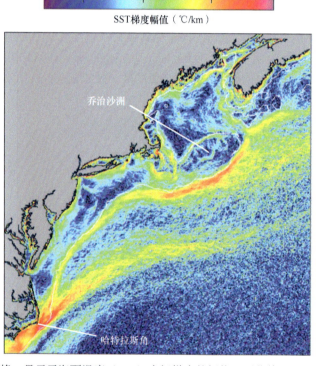

图 15.5 大西洋西北部的温度锋，显示了海面温度（SST）空间梯度的幅值，而非绝对 SST 值自身。SST 的强烈变化（红色和黄色）代表强烈的锋面，在乔治沙洲（Georges Bank）近海一侧的陆架边缘和墨西哥暖流转向近海的美国北卡罗来纳州哈特拉斯角（Cape Hatteras）附近都很明显。SST 的微弱变化（蓝色）表示缺乏锋面，在大部分海域都很明显（影像引自 NOAA，2013）

上升流

上升流区通常位于主要洋盆边缘的东部边界流。在那里，风力驱动的沿大陆架洋流，以及地球自转的共同作用，导致表层海水离岸运动，并将深水处富含营养物质的海水带入表层带（图 15.4D）。这些区域，如沿着加利福尼亚寒流、秘鲁寒流、本格拉寒流等区域，是海洋中最富生产力的区域，约占全球渔业上岸量的 30%（JarreTeichmann，1998）。

在这些上升流区，十年尺度的气候变化会使食物链结构发生重大变化。例如，Chavez 等（1999）发现，在东太平洋，在厄尔尼诺事件期间生产力下降，在食物网底部形成一个更为复杂，但细胞个体较小的以甲藻为主的群落结构；而在拉尼娜事件中，典型的生物群落结构是以生产力高、个体较大、较为简单的硅藻占优。在第 16 章中，将对主导生产力、养分水平和浮游植物优势种个体大小之间关系的机制进行详细讨论。由于捕食通常是大小依赖性的，因此，食物链底端浮游植物的个体越大，对于给定大小的消费者而言，所需食物链的节点（或能量传递步骤）就越少，可收获鱼类的总产量就越高（Ryther，1969）。强烈的沿海上升流通常与个体较大的硅藻占优的食物链相关，而基于个体较小的浮游植物的食物链通常发育在上升流较弱或是离岸更远的地方（Rykaczewski and Checkley，2008）。区域内上升流强度的空间变化，还会造成食浮游生物动物优势种的转变，正如在加利福尼亚寒流区域所见，在强上升流期，凤尾鱼如过江之鲫；而在较弱的离岸上升流期，沙丁鱼占据主导地位。

大多数上升流食物链支撑着数量巨大的中间营养级生物——食浮游生物鱼类，如沙丁鱼、凤尾鱼、欧洲沙丁鱼，而鲭鱼和鳕鱼在这些群落中也数量众多。自然地，一些上层营养级的物种，如海鸟，也依赖于这些生物量来维持主要的繁殖群体（Cury et al.，2000，2011；Chavez et al.，2003）。Cury 和 Roy（1989）对上升流系统中小型浮游生物数量的自然变化进行了调查研究，他们认为，育苗场凤尾鱼和沙丁鱼的补充量应该在中等强度上升流期最大，二者之间存在着钟形的关系。他们推断，当风诱导的上升流较弱时，食物生产力较低；而上升流很强时，过度的湍流会抑制幼体觅食的成功。而强风导致的湍流也会造成幼体被漂移出育苗场（Bakun and Parish，1982）。经验数据也支持 Cury 和 Roy（1989）的"最优环境窗口"（optimum environmental window）假说（图 15.6）。最近，在岩岸生物群落中也发现了极为相似的上升流作用（见第 9 章）。

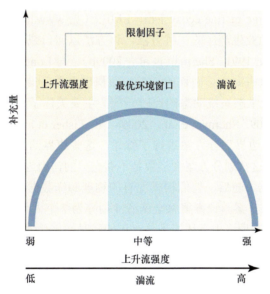

图 15.6　Cury 和 Roy（1989）提出的"最优环境窗口"假说。该假说认为，在上升流的育苗场，补充量和环境因子的关系是钟形的。这是因为，只有上升流强度足够高，才能形成幼体开口的良好取食条件，而其强度也必须足够低，以避免高湍流以及被传输到育苗场以外区域的可能

涡旋

涡旋是另一种中等尺度的海洋特征，它既影响远洋食物网的基础，也会影响更高营养级之间的相互作用。水平尺度为数十千米、深度达上百米的涡旋，能够产生增加浮游生物密度的热点。涡旋还能为鱼类幼体阶段提供更好的食物条件，并作为物理驱动力，形成吸引各种消费者物种的离岸斑块（Godø et al.，2012）。在大西洋西北部，涡旋通常是由不稳定或蜿蜒的墨西哥湾流造成的。这些由墨西哥湾流形成的涡旋向北蜿蜒并向西流动，也被称为暖核环（Smith，1978）。由于其显著的热不连续性，这些特征通常在海面水温的卫星影像上可以肉眼识别，从而对其发生频率和持久性进行评估。Wroblewski 和 Cheney（1984）提出一个假说，暖核环能够从邻近的大陆架带走大量的海水，并将沿大陆架产卵的海洋生物带离到大陆架之外的区域，从而对其补充产生负面影响。Myers 和 Drinkwater（1989）评价并验证了这一假说，从中大西洋

湾到大浅滩南部，18 种生活在大西洋的底栖鱼类中（许多具有早期浮游幼体阶段），有 17 种鱼类的补充量较低，与暖核环活动增加相关，这些活动会将大陆架海水带离，并将依赖大陆架生存的生物向离岸方向传输。墨西哥湾流的涡旋活动也有助于水体分层的开始，并促发北大西洋春季藻类的暴发（Mahadevan et al.，2012）。

远洋生境与生产力单元的划分

鉴于物理环境在塑造海洋生物的生产力与生活史特征方面的重要性，人们已做出许多努力，根据物理化学和生物信息来划分远洋生境的边界和生产力单元。自 Dana（1853）首次根据海面水温将全球海洋从"超级炎热"到"极冷"依次划分为九个温度生境区域以来，越来越多的工作将看似无边无际的海洋划分为更为细致的不同远洋生境。

边界划分的方案

Longhurst（1998）使用物理环境和初级生产力的数据，建立了全球海洋分类系统，共划分了 51 个海洋生物地球化学省。这些生物地球化学省面积巨大，平均面积约为 750 万 km^2，跨越多个经纬度。有趣的是，大西洋桡足类（Woodd-Walker et al.，2002）以及金枪鱼和旗鱼（Reygondeau et al.，2012）群落结构的大尺度格局与 Longhurst 划分的生物地球化学省高度吻合。同样，Sherman（1991）划分了全球沿海的边界，并将其称为大海洋生态系统（large marine ecosystem，LME）（见 www.lme.noaa.gov）。Sherman 将他的分类体系视为描述沿海远洋生境与渔业生产区的一种方法，该方法以河口或海岸为界划分沿海地区，以大陆架边缘或洋流划分近海（Sherman，1991；Sherman et al.，2009b）。与 Longhurst 划分的生物地球化学省相比，大海洋生态系统数量更多，但只占海洋总面积的 23%，面积也更小，64 个大海洋系统的平均面积约为 130 万 km^2。大海洋系统带动了大量生态系统动态的比较研究，主要关注了国家和国际尺度的资源管理与保护（Belkin，2009；Belkin et al.，2009；Sherman et al.，2009a，b；Fisher et al.，2010b）。Spalding 等（2012）对 1953～1997 年建立的 12 种不同边界划分方案进行了综述，这些边界的划分主要基于分类学或海洋生物地球化学数据。Spalding 等认为，这些划分方案大多数是不够充分的，因为其中没有一个划分方案能够充分整合分类学和非分类学特征的数据。随后，他们根据现有的物理海洋数据及大洋上层生物的分类学数据，建立了一个新的生物地球化学分类方案。该方案将全球海洋划分为 7 个大尺度的生态群区，共有 37 个生物地球化学省。Spalding 等（2012）强调，由于环境条件有可能随时间推移而发生变化，这些生物省的边界是流动性的。

一些用于资源管理的其他远洋边界划分方案并未使用现有环境数据。例如，联合国粮农组织根据全球渔业捕获量数据将全球海洋划分为 19 个"主要渔业区"（Caddy and Garibaldi，2000）。在国家海洋专属经济区之内，有更精细的划分。特别是在北大西洋，西北大西洋渔业组织（Northwest Atlantic Fisheries Organization，NAFO）和国际海洋考察理事会（International Council for Exploration of the Seas，ICES）已建立专门的管理区，以反映繁殖隔离鱼群和物种的区分。这些管理区的空间尺度通常在 1 万～59 万 km^2。在这些规模更小的区域之内，通过基于统计的多尺度空间抽样设计，对上层和底栖生物群落频繁地进行科学考察（图 15.7）。获取的数据可为渔业管理者提供独立于渔业的建议，而高分辨率的时空数据可供科研工作者研究这些区域生物种群和群落动态（Chadwick et al.，2007）。

无界的物种

有些生物很难将其归为任何一种生境划分方案，如鲑、鳗、金枪鱼、大型鲨鱼、海洋哺乳动物和鸟类等。这些动物具有极强的移动能力，而且其中一些物种具有内部体温调节能力，因而不会受到地理分布的限制。这些生物也被冠以"移动的纽带"的称号，因为它们能够通过自身的取食和繁殖将相互分离的生境联系起来（Lundberg and Moberg，2003）。它们还经常体现出对大陆架和远洋生境的强烈依赖（图 15.8）。随着对历史数据和当代的物种分布与环境数据的整合与综合（Schick et al.，2011），以及新兴的

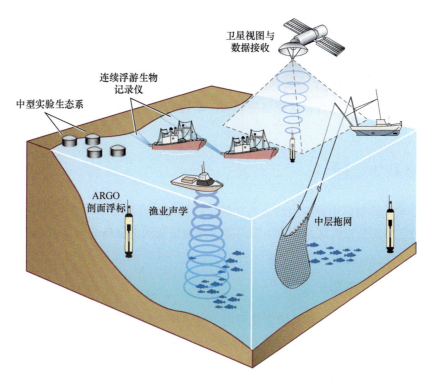

图 15.7　在典型的渔业管理单元的尺度上，如北海或斯科舍陆架，一些广泛应用于研究和监测远洋生境和生物群落的采样方法的例子。在小的空间尺度上，中型实验生态系能够提供可重复和可操控的实验。在更大的空间尺度上，声学方法可用于量化各种大小的生物，以及穿过水体的洋流。中层拖网也可用于远洋生物群落的采样，以及运输船舶随机拖曳的连续浮游生物记录仪。在最大的空间尺度上，几千个 ARGO 剖面浮标能够记录数据，并通过卫星传输数据。卫星还能够提供海面水温、海洋颜色和其他远洋生境特征的数据

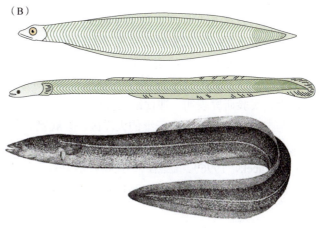

图 15.8　（A）美洲鳗鲡（*Anguilla rostrata*）的生命周期，说明该物种对大面积远洋生境及淡水生境的依赖性。这种鳗鲡只在藻海产卵。（B）这种幼鳗被称为柳叶鳗（leptochephalus；上图，不按比例），随后它会漂向近海，一旦到达那里，它就被称为玻璃鳗（中图），因为它有透明的外观。之后，它将继续向大陆漂移。它在大陆架和近海水域广泛活动，然后在一个早期被称为线鳗，之后被称为黄鳗的生命阶段进入淡水。在淡水中度过 8～25 年后，鳗鲡生长并逐渐成熟，黄鳗返回北大西洋水域，其中一些系统中的黄鳗会在淡水和河口迁移。最后，成体银鳗（底图）的大部分生活史仍不得而知，包括其确切的洄游路线、所经历的环境条件及导航的线索，但最终鳗鱼回到藻海温度锋以南的产卵场，并在途中垂直迁移

化学示踪和档案标记技术的出现（Rooker et al.，2008；Block et al.，2011），这种格局也日益清晰。噬人鲨（*Carcharodon carcharias*）和金枪鱼（*Thunnus thynnus*）每年都会进行上千千米的跨洋洄游（Boustany et al.，2002；Block et al.，2011），它们的分布格局对其管理提出了独特的挑战（Bradshaw et al.，2008；Game et al.，2009）。但是，Reygondeau 等（2002）证明，即便是看似"无界"的金枪鱼和旗鱼群落，也会与基于初级生产力划分的生物地球化学省高度吻合。这种格局表明，即便是移动力最强的物种，其远洋生境也会更多受到低营养级生物格局的限制。

远洋生境中的格局与过程

本节主要关注影响远洋群落中异养生物分布和数量的格局与过程。下一节将讨论塑造远洋异养生物群落结构的主导驱动力，特别是较低营养级的生物，而对浮游植物的主要格局与过程的影响将在第 16 章中详细讨论。

物理和生物变量的斑块分布和尺度

如前一节所述，大尺度的物理化学环境变化可用于描述全球海洋或多或少的同质区域或地理区。然而，在所有这些区域内的更小空间尺度上，仍然存在重要的变化，对所有营养级的生物产生影响。生境、资源和消费者的斑块分布，通常都与这些变化有关，而这些变化的水平尺度在 10～100km，垂直尺度在 0.1～50m（Mackas et al.，1985）。海洋生物分布的斑块分布可能是纯物理过程造成的，也可能是物理结构和行为响应相互作用的结果。造成海洋生物种群与群落斑块分布的物理过程有很多，例如，Godø 等（2012）就曾发现 80～100km 宽、1200m 深的中尺度涡旋。这些物理过程不仅使浮游植物密度增加，还会造成消费者密度沿着涡旋边缘增加，这一区域也被称为海洋"绿洲"，高营养级的捕食者被高密度猎物所吸引。物理驱动力，包括温度和含氧量，还会限制浮游鱼卵和幼体的深度分布、发育和存活。这种物理特征以及由此产生的早期浮游生活阶段的斑块分布在波罗的海得到最好的研究。年"繁殖量"指数——最佳盐度、含氧量和温度的水体得到量化，并作为鳕鱼早期存活和补充的必要生境特征（MacKenzie et al.，2000）。

生物对物理特征梯度的行为响应同样强烈地影响斑块分布形成。大多数鱼类和许多底栖无脊椎动物的生活史都有浮游幼体阶段，最终其体重才会增长到五个数量级以上。许多物种的幼体阶段在水体深度分布中具有昼夜垂直移动或个体发育变化的特点（图 15.3），这种小尺度的垂直位置变化会影响浮游生物的水平位置，特别是在洋流强度和方向存在深度梯度的地方。反过来，垂直移动也能通过减少离开产卵和育苗场的平流，对种群结构产生重要影响。在加拿大纽芬兰省之外的大浅滩南部，有一个繁殖隔离的毛鳞鱼种群残存，新孵化的毛鳞鱼幼体高度聚集在已知的产卵场。随着幼体的发育，在垂直移动行为开始之前，由于平流和扩散的作用，斑块迅速减少。当垂直移动随时间推移更为显著时，斑块分布稳定增长，并与可食用浮游动物的发育强烈相关（Frank et al.，1993）。在个体发育期间，随着个体大小增长而增加的斑块分布主要是鱼类集群行为的发展造成的（Hewitt，1981；McGurk，1987）。

尽管少有研究关注，但生物间相互作用直接造成斑块分布的可能性依然存在，例如在大洋区捕食者与猎物之间的直接相互作用。由于浮游生物通常只有有限的移动能力，许多浮游动物在白天通常处于更深、光照更弱的水层，以避免被依靠视觉的捕食者发现，而在夜晚会垂直移动数十至数百米进入食物丰富的表层海水取食。这也是性状调节间接影响远洋生物丰度与分布一个长久以来的例证（图 15.3）。此外，Verity 和 Smetacek（1996）还曾提出，一系列浮游植物与浮游动物细微的结构特征，反映了其抵御捕食作用的演化过程。实验研究表明，即便缺乏可视的刺激，生物也会对捕食者的"气味"做出防御性的反应。

与二维生境相比，在三维的大洋区，如底栖表层，消费速率随着消费者体型大小的增长而加快（Pawar et al.，2012）。然而，从被捕食者的角度来看，这种效率的增长意味着抵御捕食者成为最为重要的策略（Verity and Smetacek，1996）。显然，一些物种能有效地避开捕食，正如鱼类的进食能力是其平均进食量的两到三倍（Armstrong and Schindler，2011），这也表明，在三维生境中可以实现盛宴与饥饿交替的高消费率模式。

海底–水层耦合

底栖与远洋食物链存在强烈的耦合，而这种耦合促进了单一物种生命周期的完成。众所周知，很大一部分未被食用的浮游植物从上层带沉降到海洋底部并降解，特别是在春季的藻类暴发时期（Falkowski，2012）。这种有机物"雨"，包括浮游动物的排泄物，在从水体上层到下层并最终到达底层时，给各种生物提供了重要的能量来源。其通量的速率依赖于密度分层，以及上层水体的循环和生物个体的大小，因为个体大的生物沉降更快（Legendre and Michaud，1998；Finkel et al.，2010）。一些最具生产力的底栖食物网与分层较弱或受限相关。例如，位于大西洋西北部的乔治沙洲有高生产力的底栖生物群落，全年良好混合的海水支撑着年产量超过 3 万 t 的双壳类动物，特别是扇贝和牡蛎。浮游动物、鱼类及其他生物的垂直移动也能连接这两个水层系统，从而使营养物质得到快速交换。南大洋是全球海洋中几个另类区域之一，营养盐含量高，但叶绿素浓度低，这是因为受到了必要微量营养元素——可用铁离子的限制。在南大洋，磷虾种群所含铁约占海水表层铁的 24%，因此，大量取食磷虾的鲸排出的粪便富含铁元素，比环境海水中的浓度高出 10^7 倍，从而提供了一个必要的传输渠道，给贫铁的表层海水施肥（Nicol et al.，2010）。

许多海洋动物具有复杂的生活史，它们在卵或幼虫阶段生活在海水上层生境，而在成年后营底栖生活；或者相反，幼体生活在底部，而成体在上层带。这些生物的运动不仅能够耦合底栖和上层生境，而且对扩散具有重要影响。例如，许多小型的上层鱼类，如鲱鱼、毛鳞鱼和玉筋鱼，产出的黏性卵具有负浮力，能够粘在大面积海底的砾石沉积物上。因此，它们的卵几乎没有扩散，而孵出的幼体要比其他鱼类的个体更大、发育更成熟。所以，这些鱼类在其分布范围内具有高度遗传离散的种群（Sinclair and Iles，1988）。这些物种的卵床也为各种底栖鱼类提供了丰富的食物补给（Frank and Leggett，1984；Richardson et al.，2011）。与之相反，大多数大型温带底栖鱼类，如鳕鱼、黑线鳕、青鳕和许多生活在海底或附近的鲽鱼，产出的鱼卵都会从底部沿着水体上升到表层，从而成为海水上层食物网不可分割的一部分。这些物种的鱼卵和幼体的死亡率极高，通常大于 99%，但偶尔这种情况得以轻微地改善，就会产生大量存活到成体的后代，即在某一年龄组形成一个巨大的群体。死亡率的变化通常与环境因素相关，如平流的增加常常会造成高死亡率（Bolle et al.，2009）。与底部产卵的鱼类相比，那些鱼卵和幼体都具有潜在扩散性且具有较长时间脆弱性的鱼类，其种群结构相对单一（Bradbury et al.，2008）。

基于体型大小的食物网结构

在远洋生物群落中，一些地球上最小的自养生物们支撑着具有最大异养生物的食物网。生物量谱通常根据远洋生物的个体大小及运动能力进行分类，而这也体现了从被动移动的浮游生物到具有高度运动能力和体型更大的游泳生物之间的相互营养关系（图 15.9A；Sheldon et al.，1977）。生物量谱能够将生态系统中每一个体按照一系列大小等级排列，从而将所有的生物置于一个单一关系之中。这种高度聚合的简化，不需要考虑物种的任何特征，从而降低了系统的复杂度。这种模型带动了很多应用，包括估算鱼类产量，确定死亡率，以及分析生态系统结构（如 Hall et al.，2006；Pope et al.，2006）。生物个体的大小决定了其对捕食的敏感性，而且由于大部分食物都是整体摄入的，所以嘴或者嘴裂的大小是决定吃什么的关键因素。因此，远洋食物网也被认为是个体大小决定了其结构，较小的生物依次成为个体较大的捕食者的猎物（Hildrew et al.，2007）。这种个体大小与营养级之间密切对应关系的明显例外是现代食浮游生物的鲸和鲨鱼，这些物种消费大量相对较小的生物。早在 1.6 亿年之前，这一生态位就被各种已知最大的动物所占据（Friedman et al.，2010）。

近来，有很多研究试图量化全球不同海域生物量或丰度与个体大小之间的关系。正如所料，这些关系的斜率通常是负的，这也支持 Elton 早期的猜想，即由于能量的限制，体型较大个体的数量如金字塔一样递减。然而，由于物理驱动力和人为因素的影响，远洋生物量谱的斜率存在时间变化。无论是受浮游植物大小（Rodrígues et al.，2001），还是浮游动物大小（Rykaczewski and Checkley，2008）限制的生物量谱，都受到垂直洋流强度的影响——更强的上升流能够使更大的颗粒物悬浮在上层水体（图 15.9B）。数十年来，对一些群落的商业开发利用在不断增强，对其中鱼类物种大小、结构数据的分析表明，随着大型鱼类物种和个体数量的衰竭，生物量谱的斜率在逐渐加大（Bianchi et al.，2000；Duplisea and Castonguay，2006）。

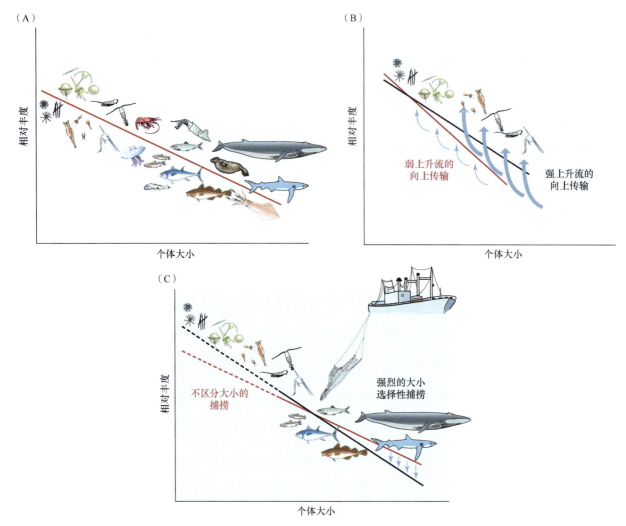

图 15.9 在受到自然和人为扰动的系统中，生物量谱及其斜率的变化。（A）相对丰度随个体增大而下降的一般规律。这种关系通常用双对数图的线性关系描述，如图所示。注：生物个体大小不按比例。（B）上升流强度对海洋浮游生物大小结构的影响。较强的上升流（粗蓝色箭头）对较大的细胞和个体的生产力有利，而弱上升流则导致较小的浮游生物占优。（C）箭头体现了渔业对群落大小、结构的影响，捕捞造成大型动物的衰竭，使生物量谱的斜率上翘（译者注：注意斜率是负数），导致食物链中小型生物的丰度更高

Jennings 和 Blanchard（2004）发现，由于大型鱼类数量急剧下降，模拟得到的原始北海生物量谱的斜率远远小于使用当代经验数据估算出的结果（图 15.9C）。大小结构的多物种模型在评估群落动态上有很重要的应用（如 Hall et al.，2006；Pope et al.，2006），但这些模型却无法解释单一物种的种群动态变化，以及这种变化与商业开发利用的大型生物之间的关系，因此，模型的应用受到一定限制，只适用于当前以单一物种为主的评估过程。

物种多样性与个体大小的梯度

在远洋群落中，最广为人知的一般格局是物种多样性的梯度：简单来说，即热带的物种比两极的多。根据对 198 项海洋研究的元分析（Hillebrand，2004），远洋系统的这种梯度与底栖和陆地生态系统一样强烈。在许多分类群中都存在这种梯度，包括浮游细菌（Fuhrman et al.，2008）、浮游植物和桡足类（Woodd-Walker et al.，2002；Rombouts et al.，2009；Beaugrand et al.，2010）、沿海头足类（Macpherson，2002；Rosa et al.，2008a；但不同看法参见 Rosa et al.，2008b）、鱼类（Macpherson，2002；Fisher et al.，2008）、海洋哺乳动物（Schipper et al.，2008；Pompa et al.，2011），以及一些无脊椎动物（Fischer，1960；Macpherson，2002）。然而，也有一些远洋生物分类群是个例外，例如有孔虫类、大型远洋鱼类、水螅水母类和远洋头足类等，一般在

中纬度多样性最高（Rutherford et al.，1999；Worm et al.，2003，2005；Rosa et al.，2008b）。

　　远洋生物群落的多样性梯度通常并非由纬度或经度自身产生的。相反，这种梯度大部分与营养元素（Macpherson，2002）、生产力（Woodd-Walker et al.，2002；Rosa et al.，2008b）或进化史（Jablonski et al.，2006）的变化强烈相关，而水温是当代最为广泛记录的相关因素（如 Rutherford et al.，1999；Fuhrman et al.，2008；Rombouts et al.，2009；Tittensor et al.，2010）。这些明显的多样性驱动力背后存在多种潜在机制，突出了在物理驱动力、低营养级动态，以及多样化速率之间的复杂联系。例如温度对多样性的影响，可能是通过温跃层深度的差异梯度（Rutherford et al.，1999），或是通过其对代谢率的作用（Fuhrman et al.，2008），或是几个因素的综合作用来实现的（Tittensor et al.，2010）。在某些情况下，沿海的多样性梯度要高于近海或深海（Macpherson，2002；Rosa et al.，2008b）。近海大洋的物种多样性在低纬度广泛分布，而在北纬 50°和南纬 40°急剧下降，有人提出，这种现象反映了海洋生物群系的过渡区域，正如 Longhurst 所划分生物地球化学省一样（Macpherson，2002）。随着具有地理空间参考价值的远洋数据进一步融合，物种多样性的经度变化也日益受到关注，并有助于理解潜在替代机制的影响。

　　与远洋群落的其他格局一样，很难确定所观察到的物种多样性格局的原因，因为它们主要基于相关性研究。这对远洋群落生态学家提出一个重要挑战，但还是有一些精妙的方法可以采纳。例如，在当代研究中出现的温度与多样性之间持久的强烈相关性（Tittensor et al.，2010），以及在地质年代尺度上所观察到的远洋多样性的环境驱动变化，都表明在某些群落组合中，物种多样性的温度调节是主要原因（Stehli，1965；Yasuhara et al.，2012），这可能是通过对物种形成和物种存活速率的动态作用所造成的（Jablonski et al.，2006）。物种多样性随纬度变化的时间尺度则相对较短，这种时间尺度的下降也说明，温度是一种驱动机制。Fisher 等（2008）证明，在大西洋西北部，底层水温的纬度梯度如果对大气驱动的北大西洋涛动（North Atlantic Oscillation，NAO）做出增强或减弱的响应，鱼类物种丰富度也会做出同样的反应。而底部的生产力变化与北大西洋涛动无关，表明温度自身才是这些观察到的格局的首要驱动力，而不是温度诱导的资源可供性变化。从理解群落弹性和维持食物网结构的角度来看，物种丰富度的格局通常被认为可以揭示群落的补偿潜力，即如果某个物种衰退，则具有相同功能的物种能够补偿其衰减或缺失。因此，在大空间尺度上对纬度梯度的研究，可以探索影响海洋生物群落与食物网对外界扰动的弹性差异的因素（Frank et al.，2007）。

　　与物种丰富度随纬度升高而下降的明显格局不同，许多物种和群落有个体和平均大小极向增长的模式。这种生物地理格局，被称为"伯格曼法则"（Bergmann's rule），最早用于描述恒温动物，并假设是热调节的结果，但在很多种不同分类群，从浮游动物到鱼类（图 15.10），也存在类似的模式。对此模式的解释主要有两种假说。第一个假说是温度大小法则，基于对变温动物的观察发现，在温暖环境下它们成熟

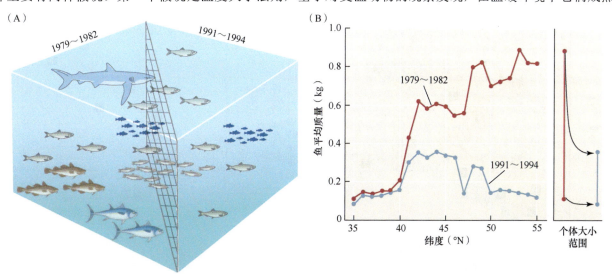

图 15.10　从美国北卡罗来纳州的大陆架到加拿大纽芬兰与拉布拉多省的个体大小纬度梯度变化。（A）通过未被过度捕捞时期（1979～1982 年）与鱼群大范围崩溃时期（1991～1994 年）的对比，可以看出大小选择性捕捞（以渔网表示）对鱼类群落大小结构和构成的影响。（B）这些时期的个体大小—纬度关系说明了这种纬度梯度的消失。体型大小的数据以 1°纬度栅格内鱼的几何平均值表示（数据引自 Fisher et al.，2010a）

的个体较小，而在寒冷环境下，成熟后的个体较大，这可能是受含氧量的限制，因为水温较高情况下，含氧量较低（Pauly，2010；Forster et al.，2012）；第二个假说则认为，食物量供应的梯度变异驱动了体型大小的变化。近来一项大尺度的对比研究发现，在远洋区，初级生产力越高的群落，平均个体更大（Huston and Wolverton，2011）。对远洋群落生态学来说，了解全球海洋生物个体大小分布机制的本质，仍然是一个长期的目标，而这些模式对于营养元素通过食物网的循环以及能量传递都具有重要意义（Beaugrand et al.，2010）。同样值得注意的是，这些生物地理格局对于高纬度地区渔业的差异性发展也具有影响，正如在一百年前，Johnstone（1908）就指出：

北极和南极地区的寒冷海域是地球上现存最大生物出没的地方。从最早有记录的时代开始，人类就开始在这些恶劣气候区寻找鲸和海豹。许多生活在冷水中的鱼类，如鲨鱼和大比目鱼，是软骨鱼目和真骨鱼目中最大的动物。

远洋生物群落自上而下与自下而上的驱动力

如开篇所述，远洋群落的巨大尺度，以及难以在这些群落中开展野外实验，意味着我们对影响种群调节和群落动态过程的了解，往往通过时空格局的相关性推断得出，而不是基于机理的研究。与其他许多生境一样，远洋生态系统研究中一个普遍存在的主题是，捕食者（自上而下）与资源（自下而上）对控制种群大小、群落结构和生态系统过程的相对重要性。

自下驱动——自下而上的控制

分析远洋生态系统及其组成种群的结构与功能的传统方法，侧重于食物链底端生产力变化的根源，及其对更高营养级的影响，因此也被称为自下而上或资源控制模型（Verity，1998）。支持这种营养递进关系的主要证据有两个来源：①长期平均浮游植物生产力数据或指数，以及不同地理区域的商业渔获量数据（如Nixon，1988；Ware and Thompson，2005；Chassot et al.，2007，2010）；②给定区域内，相邻营养级的年度时间序列数据（Richardson and Schoeman，2004）。对上述任一数据源的分析都发现，初级生产力最高的区域或时间段，游泳生物的生物量最高（图15.11）。一般的假设认为，食物链任意两级之间的正共变异，代

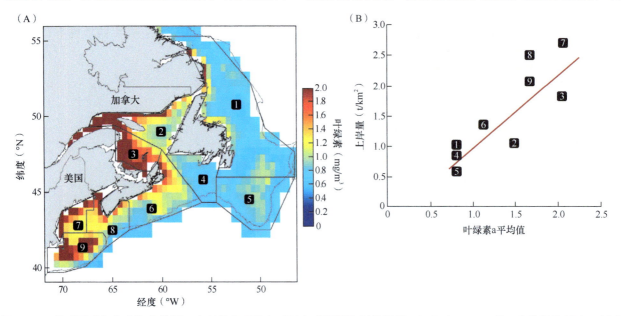

图 15.11 基于遥感和商业渔业数据，在西北大西洋自下而上或资源控制的例子。（A）在 NAFO 的 9 个统计海域内，以叶绿素浓度为指数的初级生产力空间变化，说明了向岸—离岸梯度以及更大尺度的北—南梯度。（B）基于 9 个海区的长期平均值，初级生产力与渔业总上岸量之间的正相关关系，其中的残差变化与不同海区间食物网差异有关（仿自 Frank et al.，2006）

表了所有营养级的动态。该关系中的残差变化通常会相当大，但一般都被忽略。此外，在自下而上模型中有一个前提假设，即对更高营养级的扰动不会改变低营养级生物的密度或物种构成。低营养级对群落结构（物种构成）的驱动力，及其向食物链中更高营养级的传播很少受到关注，除了两个例外。首先，在上升流系统，上升流变化导致的资源变化，对物种构成和更高营养级生物量的影响（见"上升流"）；其次，在数据积累较多的北海，浮游动物的群落结构变化，如大小、物种构成、时间和丰度等，对鳕鱼成功补充的影响（Beaugrand et al.，2003）。

在种群水平上，可用食物资源的时间变化通常用于解释，为什么大多数鱼类的补充量在不同年份之间的差异可达几个数量级（Murphy，1967；Longhurst，2002）。众所周知的匹配与不匹配假说（Cushing，1990）认为，春季藻华暴发与鱼类幼体取食活跃阶段重叠的程度，决定了给定种群的数量多少，即最匹配时最大，或者相反，这对存活率来说也一样；而这还决定了对更高营养级进一步影响的强度（图 15.12）。有大量研究对这一假设进行了验证，从面向过程的野外实验（Johnson，2000），到基于遥感影像中叶绿素数据的大尺度研究，以及从科学考察中得出的种群丰度的年度时间序列数据（Platt et al.，2003；Koeller et al.，2009；Kristiansen et al.，2011）。尽管对匹配与不匹配假说的支持往往被视为是模棱两可的，但这一假说确实关注了幼体营养与饥饿在决定海洋鱼类补充量变化上的重要作用（Houde，2008）。这一假说基于补充量的营养调节机理，这一点与"最优环境窗口假说"（图 15.6）以及"成员迷离假说"不同，后二者都试图将补充量的变化归因于不同地点或不同时间段的物理驱动力的差异（见"锋面"和"上升流"）。

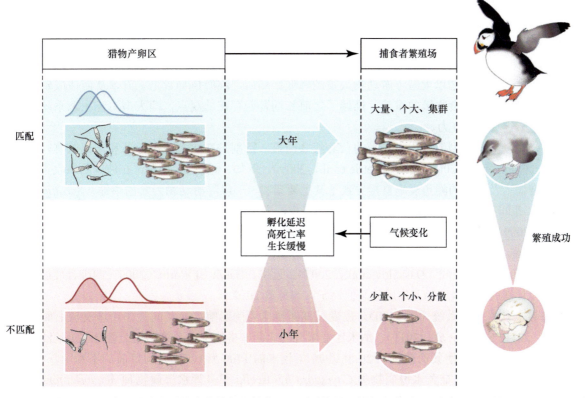

图 15.12　挪威以北的一个远洋生态系统中营养依赖性物种（浮游植物、鲱鱼和海鹦）之间匹配（顶部）和不匹配（底部）的后果。匹配发生在浮游植物生产力与鲱鱼幼体开口峰值的时间强烈吻合期，从而形成一个数量庞大的年龄组以及高营养级捕食者的丰富食物资源。而不匹配造成相反后果，导致海鹦繁殖成功率较低（仿自 Durant et al.，2007）

自上驱动——捕食作用

与捕食作用作为营造海洋底栖生物群落的驱动力得到广泛研究相比，研究其在远洋生态系统的重要作用进展缓慢（Verity and Smetacek，1996）。在简单的水生态系统，如湖泊，能够对系统有无捕食者进行对比分析，还能对整个湖泊进行操控实验，这都为捕食作用在塑造水生态群落中的重要作用提供了强有力的证据。例如，以食浮游生物的鱼类为主的湖泊浮游动物群落的大小结构和物种构成严重偏向较小型的个体和物种（Brooks and Dodson，1965；Carpenter et al.，1985）。类似的食浮游生物鱼类的植食效应在远洋生态系统中也有发现。例如，在南加利福尼亚湾 Koslow（1981）研究了凤尾鱼集群取食对象大小的选择性对浮游动物生物量和大小结构的影响。他发现，浮游动物的构成与凤尾鱼集群一样，更多的是体型较小的物种，而且超过 90% 的生物量被取食。此后，在多个远洋系统中都发现食浮游生物鱼类对浮游动物生物量有控制能力，特别是在上升流生态系统（Cury et al.，2000）。越来越多的文献表明，浮游动物群落的结构对于决定初级生产力的命运、沉降颗粒的构成与沉积速率，以及流向底层水体的有机质通量起着至关重要的作用（Olli et al.，2007；Hernández-León，2009；Beaugrand et al.，2010；Hereu et al.，2010）。

由顶级捕食者生物量变化产生的间接食物链效应也被称为营养级联（Carpenter et al.，1985）。一些学者认为，物种多样性高、生产力斑块分布，以及运动能力强的机会主义捕食者的存在会共同作用，降低复杂远洋生态系统中营养级联的可能性（Shurin et al.，2002；McCann et al.，2005）。早期的海洋系统实验和野外数据评估支持这一观点，并得出结论——捕食者生物量的变化仅仅影响其次一级营养级，而很少影响与其不相邻的更低营养级（Micheli，1999）。然而，对水母、哲水蚤和藻类等生物的海洋中型实验生态系实验表明，捕食者对初级生产者的作用可能是正面的、负面的，或是中性的，这主要取决于生产者群落的大小结构。特别是，与那些大型硅藻为主的群落相比，小型浮游植物为主的低养分群落在生产者与顶级捕食者之间存在更多的营养级（Stibor et al.，2004）。因此，移除捕食者会对具有三个与四个营养级的食物网造成对比鲜明的结果，而在元分析中，将这些实验结果放在一起平均之后，就不会体现净效应（Stibor et al.，2004）。

在一些大型海洋生态系统中，由于持久的过度捕捞压力，之前以大型捕食者为主的群落随之崩溃之后，营养级联变得日益明显。例如，在大西洋西北部斯科舍陆架东部，鳕鱼与其他一些大型食鱼动物在 20 世纪 90 年代初的崩溃，造成四个营养级和营养物质交互替代的模式（Frank et al.，2005）。在鳕鱼崩溃之后，饵料鱼类物种随之占优，继之以大型浮游动物数量的降低。然后，浮游植物数量上升，从而造成硝酸盐浓度的降低。斯科舍陆架东部食物链的重建，推翻了之前长期普遍存在的观点，即大型海洋生态系统对这种自上而下的广泛影响具有免疫力。

过度捕捞也使其他大型海洋生态系统的营养级联凸显，特别是在北大西洋西部和东部以前以鳕鱼为主的冷水系统（Frank et al.，2006，2007；Petrie et al.，2009）。例如，过去 33 年里，在波罗的海收集的野外数据表明，过度捕捞及随之的鳕鱼衰竭直接导致了其主要猎物——以浮游动物为食的黍鲱（*Sprattus sprattus*）暴发性增长，并间接造成夏季浮游动物生物量的减少，随后又使浮游植物增加（Österblom et al.，2007；Casini et al.，2009）。类似的系列事件在黑海也发生过两次：第一次是在 20 世纪 70 年代，由于过度捕捞，顶级捕食者衰竭，如鲣、金枪鱼、旗鱼和扁鲹等；第二次是在 20 世纪 90 年代，由外来物种淡海栉水母（*Mnemiopsis leidyi*）入侵造成（Daskalov et al.，2007）。近来，Baum 和 Worm（2009）的综合性综述提供了过去十年海洋食物链营养级联相互作用的其他例子（参见第 20 章）。

东部边界上升流生态系统（图 15.4D）也受过度捕捞压力的影响，而其间接作用涉及自上而下的过程（Cury et al.，2011；Smith et al.，2011）。纳米比亚附近的北部本格拉生态系统历史上曾有大量的沙丁鱼和凤尾鱼群，但极度捕捞压力使其渔获量从 20 世纪 70 年代末的 1700 万 t，减少到目前的不到 1t。自从 20 世纪 90 年代起，大型水母（金黄水母属物种 *Chyrsaora hysoscella* 和多管水母属物种 *Aequorea forskalea*）的丰度达到极高水平，这是之前被鱼类所消费的次级生产力的可供性增加所造成的。生态系统状态从鱼类为主向以水母占优的转变与过度捕捞有关，这种现象在白令海、黑海和里海、日本海和墨西哥湾都曾被发现（Richardson et al.，2009）。这种转变意味着，由于水母很少被广泛食用，循环到高营养级的营养物质，可能会转而支撑微生物食物网（Condon et al.，2011）。这些新发现的水母暴发增长在多大程度上代表着异常的群落状态是目前的一个研究热点（Condon et al.，2012）。

一些研究还表明，捕食作用是海洋鱼类补充量变化的一个重要决定因素。这些例子通常来自受过干扰的系统，过度捕捞或是气候作用，导致优势物种发生巨大变化（Bailey，2000）。Walters 和 Kitchell（2011）认为，在大型鱼类占优的系统中，它们之所以能保持优势地位，部分是由于取食小型饵料鱼类的"耕作效应"。而这些饵料鱼类，一旦摆脱捕食作用，将达到极高的丰度，并与其捕食者的后代相互竞争，甚至取食后者，这种现象也被称为"捕食者—猎物的逆转"（图 20.9），并会对捕食者的补充产生负面影响（Swain and Sinclair，2000；Huse et al.，2008；Petrie et al.，2009）。

对大型捕食者的过度开发利用，为捕食者在远洋生态系统中广泛存在的控制作用提供了有力证据。在加拿大东部大陆架的一些区域，捕食者功能组团丰度与其猎物丰度之间的正负关系随时间推移已发生变化，从过去的正相关关系到最近的负相关关系（Frank et al.，2006）。在巴伦支海（Johannesen et al.，2012）和北海一些分散的亚区域（Llope et al.，2012），也发生了类似的时间转变。这种群落结构的转变（或不稳定性）不会持续太久，一些地方，在利用率充分减少，或适宜环境条件持续存在的情况下，相邻营养级时间序列中的负相关关系已经开始减弱，甚至转变回正相关。当捕食性鱼类生活史早期阶段的捕食减缓（Frank et al.，2011）和海洋条件发生变化（Johannesen et al.，2012）时，这些因素的相互作用，使捕食者及猎物丰度回到之前的状态。

食物链稳定性的环境依赖性

并非所有远洋生态系统都如上一小节所述的那样，对过度捕捞捕食者做出同样反应。事实上，即便受到与更高纬度相同甚至更高的捕获压力，一些顶级捕食者种群也并未崩溃，特别是乔治沙洲和北海的一些底栖鱼类，这些系统的一些显著特征包括水温较暖和相对较高的物种多样性。Myers 等（1997）证明，在温暖海域，种群增长率更高，而成熟年龄更早。温暖水域通常还具有更高的物种多样性，通过其他功能相似物种的增加，优势种的衰减可以很快从物种丰富区域得到补偿（图 15.13）。例如，在加拿大大西洋沿岸被高度开发利用的斯科舍陆架西部，尽管单一物种数量下降，顶级捕食者的总生物量在过去 38 年中仅有微弱变化（变异系数为 8%；Shackell and Frank，2007）。在其他开发利用的生态系统中也能找到物种补偿的例子，如乔治沙洲（Fogarty and Murawski，1998；Collie and DeLong，1999）和北海（Reid and Edwards，2001）。捕食者功能组团的内部补偿能够促进食物网的结构稳定性（详见第 6 章）。这些过程的普遍性，在一项对比分析 26 个被开发利用的北大西洋亚北极和温带海洋生态系统的研究中（Frank et al.，2007）得到评估和证实，其中捕食者与猎物丰度时间序列关系的正负性，即营养稳定性，与温度和物种丰富度直接相关。在广袤的北大西洋，暖水系统所能承受的捕捞压力是冷水区域的 2～4 倍（图 15.14；Petrie et al.，2009）。

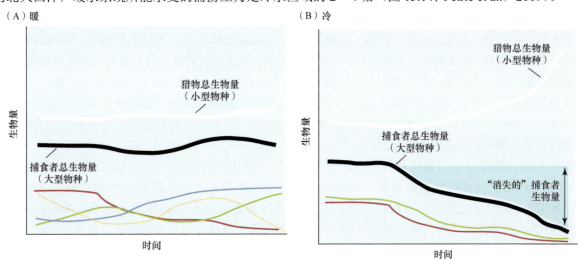

图 15.13　移除物种对远洋生物群落的影响取决于替代物种的可供性，以补偿失去的物种。彩色线条表示物种多样性和不同物种的数量动态。在两个假设区域的对比中，（A）海水较暖、捕食者物种丰富度较高的海域，和（B）海水较冷、捕食者物种丰富度较低的海域，捕食者物种在每个海域受到的扰动水平相同。在（A）中，食物链保持平衡（猎物生物量没有暴发式增长），这是因为其他功能相似的捕食者足以补偿捕食者物种生物量的下降，从而控制了猎物的生物量；而在（B）中，捕食者总生物量下降，这是由于缺少可以补偿的物种。这种下降反过来会导致猎物生物量的暴发式增长，造成食物网结构的失衡

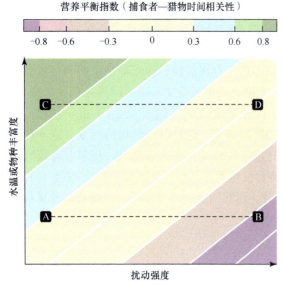

营养平衡指数（捕食者—猎物时间相关性）

图15.14 一个经验模型的可视化展示，说明扰动强度（如捕鱼压力）与生态系统的环境属性（物种丰富度和水温）之间的关系，以及高营养级捕食者与其猎物的相对丰度之间的平衡。在两个假设的生态系统的对比中，二者都受到扰动强度的增长，冷水食物链（A）发生改变，并变得不平衡，如捕食者—猎物时间序列的负相关所示（向状态B转变）。在暖水食物链（C）中，在相似的开发利用强度增加的情况下，逐渐增加的扰动水平只会产生较小的改变（从状态C转变到状态D）（仿自 Petrie et al., 2009）

影响远洋生态系统结构与功能的主要干扰

气候变化

取决于所处大气—海洋界面的位置，气候变化的作用很可能直接影响远洋物种、群落与生境边界的动态（如 Beaugrand et al., 2002；Chavez et al., 2003；Yasuhara et al., 2012）。在过去的一个世纪里，在海洋系统中，气候变暖的加速（Burrows et al., 2011）以及物种分布的响应（Beaugrand et al., 2002；Cheung et al., 2009；Sunday et al., 2012）都超过了陆地系统。这些现象都促进更多研究来了解气候变化单独或共同影响海洋生物系统的直接作用和间接作用（Drinkwater et al., 2010）。

气候变化的生物物理模型预测，在下半个世纪，由于生长季节的延长，温带的浮游植物生产力将增加，而热带的浮游植物生产力会因水体层化的增加而降低（Sherman et al., 2011）。在北部区域，高营养级的生物量会因这些变化而增加（Cheung et al., 2009, 2010；Blanchard et al., 2012）。然而，气候变暖预计会有利于更小的浮游植物（Finkel et al., 2010）和浮游动物（Beaugrand et al., 2010）的繁殖，最终降低高营养级生物可获得的能量，造成其生产力的下降。随着海洋变暖，预计含氧量也会因上层海水层化的增加而下降，导致远洋生境生长率的改变，并干扰食物网的相互作用（Keeling et al., 2010；Forster et al., 2012）。生长率与群落层次的相互作用被认为是"放大器"和"生物放大器"，能够将联系气候变化与种群和生态系统动态的过程放大（Drinkwater et al., 2010；Zarnestke et al., 2012），这种特征也暗示着，对未来生态系统状态的预测存在复杂的响应和高度的不确定性。

物种和群落地理分布的变化是最为广泛研究的对气候变化的响应之一。在流域尺度上，浮游动物物种构成与物种间生物量再分配的逆转，被认为是对气候变暖和亚北极系统的十年尺度响应（Beaugrand et al., 2002）。这种变化可能对深海的能量向高营养级传递和碳固存具有深远的影响（Beaugrand et al., 2010）。在北大西洋，出于对气候变暖的响应，海洋鱼类和无脊椎动物的分布已向更高纬度或更深水域转移（Drinkwater, 2006；Lucey and Nye, 2010；ter Hofstede et al., 2010）。由于小型南方物种的出现，自20世纪80年代中期开始，北海鱼类群落的多样性就随气候不断变暖而增长（Perry et al., 2005）。值得注意的是，按照匹配—不匹配假说（图15.12），如果表层海水比底层海水变暖更快，低营养级与高营养级对海洋条件变化（变暖）响应的错时将更加严重（Edwards and Richardson, 2004；Thackeray et al., 2010）。如果生物表型或行为适应难以跟上海洋条件快速变化的节奏，那么在局部水温下，生物繁殖和幼体发育时间表的强烈耦合也会受到影响，如冷水虾（Koeller et al., 2009）。

稳态转变（Regime shift）是指在区域水平上，多个营养级的典型丰度水平或生产力的持续变化，被认为是气候变化对远洋群落最重要的影响之一，而确定其发展的位置和时间尺度是许多研究计划的首要目标（de Young et al.，2008）。在一些系统中，营养控制模式可能在消费者与资源调节之间摆动，取决于群落水平上对温度变化的响应（Litzow and Ciannelli，2007）。尽管稳态转变通常能反映优势种的温度偏好，但替代机制，包括猎物种群的生化组成（必需脂肪酸）变化，也会限制高营养级的生产力（Litzow et al.，2006）。

富营养化

人为富营养化是人类活动向河口和沿海投放营养物质，主要是通过密集型农业所施肥料和动物养殖造成的，而这往往导致初级生产力的提升。按照资源控制学说，富营养化应造成鱼类产量的增长，而这一理论有时被用于不降低营养负荷的理由（Grimes，2001）。然而，基于对发表文献的综合分析，包括在中型实验生态系中进行的实验，以及自然海洋系统的时间序列数据，Micheli（1999）得出结论，氮负荷和浮游植物生产力与更高营养级仅有微弱的联系。在沿海开展的研究结果表明，人为增加营养负荷不太会造成鱼类生物量的提高。然而，这些结论可能仅适用于小尺度的实验系统和短期的田野观察。例如，在瑞典和丹麦之间的卡特加特海峡，自 20 世纪 50 年代至 80 年代，初级生产力的增长与人为氮负荷及鱼类收获量的增加相一致（Nielsen and Richardson，1996）。但是，进一步增加营养负荷，出现了严重的季节性缺氧事件，对底栖渔业和挪威海螯虾（*Nephrops norvegicus*）业都带来负面影响（Baden et al.，1990）。在一个相关的例子中，联合国粮农组织为欧洲半封闭海域编制的长期渔获量趋势揭示了物种构成的系统性转变，与底栖鱼类相比，远洋（食浮游动物）鱼类物种逐渐占据优势地位。对此模式的一种解释是，富营养化及其导致的缺氧，降低了底栖生境的数量和质量，而底栖生物的生长与存活都有赖于有氧呼吸（de Leiva Moreno et al.，2000）。另一种解释是，对大型物种的过度捕捞，导致优势向其猎物（食浮游生物鱼类）转变，这与"沿食物链向下捕捞"的理论相一致（Pauly et al.，1998），从而使渔业目标向低营养级扩展（Essington et al.，2006）。在这些系统中，过度捕捞导致营养级联作用，使食浮游生物鱼类占优，富营养化效应的增强，很可能是植食类浮游动物数量减少造成的，并与对浮游植物植食作用降低有关。过度捕捞大型捕食者与富营养化之间存在着强烈的相互作用效应，会使自上而下的控制丧失（Duarte，2009；Eriksson et al.，2011）。Cloern（2001）也提出了类似的观点，移除底栖滤食动物，如牡蛎、蛤蜊和贻贝等，河口和沿海生态系统的过滤颗粒物能力将受损。

在过去 50 年里，沿海地区的缺氧情况在不断加剧，而这与人类活动密切相关（Rabalais et al.，2010）。沿海生态系统的缺氧受物理过程的强烈调节，如层化和混合。如果这些过程缺失，缺氧就不会发生。人为富营养化最严重的后果，就是缺氧区的发育和扩散，而这在最富生产力的上升流区和沿海上层带越来越多地出现。切萨皮克湾和波罗的海的缺氧区分别造成次级生产力降低 5% 和 30%（Diaz and Rosenberg，2008）。这些缺氧区具有明显的负面作用，无论是从海底—水层耦合的角度，还是对整个生态系统的功能而言。

对生态系统的开发利用接近或超过极限

远洋食物网是渔业的最主要目标之一，这意味着很难找到可供研究"原始的"远洋群落的地方（Steneck and Carlton，2001；Jennings and Blanchard，2004）。有关北大西洋和北太平洋的模型研究表明，与开始渔业捕捞前相比，顶级捕食者的生物量下降近 80%（Tremblay-Boyer et al.，2011）。与自然捕食者不同，渔业不能将能量传递回生态系统，而我们对将巨大生物量移出全球海洋生态系统的长期效应所知甚少（Mangel and Levin，2005）。Choi 等（2004）提出，20 世纪 90 年代初，斯科舍陆架东部底栖鱼类的生理状况长期欠佳，部分应归因于对底栖鱼类生物量的累积移除（自 20 世纪 60 年代起共超过 900 万 t 有机质），导致了该生态系统总能量预算的降低。最令人不安的是，这种情况很难通过简单地降低捕捞量来逆转。这就好像陆地上发生的沙漠化一样，由于毁林和不恰当的农业，肥沃的土地最终将变为沙漠。

除了从高营养级移除大量生物量，渔业还将目光投向了物种内与物种间更大、更老的个体。个体大小在构建营养相互作用方面起着重要作用，而在全球尺度上，海洋渔业是极具大小选择性的，有意或无意中移除了最大的个体和物种。这导致顶级捕食者的个体大小随时间推移而快速降低（图 15.10），据估算，商业捕捞造成的个体大小与相关性状的表型变化速率，比自然速率高出 300%（Darimont et al.，2009）。近期的研究已开始探索失去具有特定性状的个体对食物网造成的后果。Shackell 等（2010）证明，仅仅是大小选择性捕捞所造成的顶级捕食者个体大小降低，就足以降低其捕食效率，营养结构也随之发生变化。而Nissling 等（1994）指出，由于体型较大的鳕鱼的卵比体型较小雌鱼的卵浮力更强，在波罗的海选择性地捕捞大型鳕鱼，将使鳕鱼卵更多地处于缺氧的底层水之中。这种种群和群落大小结构的变化是否代表进化响应，还是非进化的表型变化，仍然是一个研究热点（Jørgensen et al.，2007；Fenberg and Roy，2008；Darimont et al.，2009）。

海洋生境正面临过度捕捞对整个系统的影响，这亟须资源管理者和科学家的关注。在极端情况下，即营养级联，系统会陷入我们不愿见到或不良的状态，造成生态和经济资源的巨大损失。传统的管理方法通常对这类系统不起作用，如降低或禁止捕捞（Leggett and Frank，2008），还会引发争论：要使状态恢复，究竟应该采用间苗、再补充，还是其他干预方法。缓解过度捕捞对生态系统造成影响的方法包括，对顶级捕食者选择性地淘汰、捕捞小型远洋生物，以及其他一些方法。但是，这些方法也带来了一些复杂的问题，并在科学界引发激烈的争论（Yodzis，2001）。有意地、过度地捕捞小型远洋生物会造成水母和其他胶质捕食者的暴发。与此同时，一些其他方法包括，使用混合各种传统管理措施（主要是降低捕捞量）的"静观其变"方法，建立禁渔区网络（Balmford et al.，2004；Game et al.，2009），以及降低对自然生态系统产量的依赖性，如利用人工水产养殖代替捕捞渔业（Duarte et al.，2007）。收获策略必须考虑营养效应，当捕获目标逐渐衰竭而出现替代捕食者时，就应该放弃捕捞目标物种。这也呼应了 Hughes 等（2005）提出的，功能群——而不是目标物种，才是生态系统管理应关注的重点。人类活动对海洋生态系统的影响，以及有关管理工作的讨论，可参阅第 20、21 和 23 章。

结论与展望

乍看起来，远洋群落的空间范围、时间变异性和大小结构等特点，可能很难使我们对其有像对底栖群落那样的全面理解。然而，正如我们长期努力理解远洋生境边界的物理决定因素一样，远洋生境存在充足的、尽管变化的空间结构，从而使研究群落格局、相互作用和动态的内外驱动力能够从区域分化到局部，而这主要通过观察研究来补充、扩展或替代实验研究（参见 Sagarin and Pauchaud，2012）。在这些尺度和产生更小斑块分布的时空尺度上，研究正在逐步加深我们对一些最多样化和最重要海洋生境的全面理解。然而，除了这些水平上的划分，海洋生境深度的空间特征也值得注意。例如，我们强调了强烈海底—水层耦合的多重角色，以及有必要研究跨越已知边界的相互作用和生命周期。这些跨越生境边界的研究拓展并带来许多有趣的视角，如深海底栖生物多样性的格局是由表层生产力决定的假说（如 Rex et al.，2000）。

在本章提到的许多例子都体现了确定自下而上与自上而下驱动力的相对重要性，很明显，虽然静态方法，如长期物种列表、分布范围、跨系统比较等，有助于揭示大尺度的格局，却无法阐明其内在机制。相反，时间序列方法已成为有力的工具，揭示和检验与环境变化和人为影响相关的潜在机制（Frank et al.，2006）。因此，如果有足够的数据，未来的研究就应该侧重于识别和细化群落变化的指标，以区分环境和开发利用的影响，理解环境依赖性的捕食者—猎物动态，并最终预测远洋群落广袤异质生境的未来状态。鉴于现有远洋群落数据采集的空间尺度，降低空间尺度可能是研究营造远洋食物网结构驱动力的关键所在。在更小的空间尺度上，使用比较信息可以识别潜在机制，以确定机制的普遍性（*sensu* Dunham and Beaupre，1998；Weins，1989）。由于我们对营养相互作用的环境依赖性的认知日益加深，气候变化仍然是未来划定远洋生境，管理和利用远洋物种与群落衍生资源的一个未确定因素（Brander，2007）。因此，远洋生态系统的未来状态，以及在新状态下是否具有稳定性，或是否能够恢复到原有状态，这些问题都存在很大不确定性。不过，如果种群或群落对气候变化有相对可预测的响应，那么该信息可用于预测远洋种群对开发利用的可持续性和脆弱性（如 Beaugrand et al.，2010；Cheung et al.，2010；Hare et al.，2010；Blanchard et al.，2012；Zwolinski and Demer，2012）。

如图 15.1 所示，虽然对表层海域的采样较为详尽，但表层以下和远洋区域之下的深海底栖生境抽样调查却很少（Robison，2009；Webb et al.，2010）。在未来，这种差异可以通过增加采样方法的多样性来解决，包括声学方法（如 Godø et al.，2012）和环境数据存储标签方法（Block et al.，2011）。此外，增加采样以扩大知识面，而不仅仅是关注脊椎动物和某些无脊椎动物群体，这也是本篇综述以及对全球远洋生境总体状态认识的一个特点（Costello et al.，2010）。

致谢

本研究的资金来自加拿大自然科学和工程研究理事会（Natural Sciences and Engineering Research Council of Canada，NSERC）对 Jonathan A. D. Fisher 和 Kenneth T. Frank 的创新资助。我们在此感谢 Charles Hannah、William Leggett、Brian Petrie、Dominique Robert 和 Boris Worm 等人对本章初稿的评论。

引用文献

Armstrong, J. B. and D. E. Schindler. 2011. Excessive digestive capacity in predators reflects a life of feast and famine. *Nature* 476: 84–87.

Baden, S. P., L.-O. Loo, L. Pihl, and R. Rosenberg. 1990. Effects of eutrophication on benthic communities including fish: Swedish west coast. *Ambio* 19: 113–122.

Bailey, K. M. 2000. Shifting control of recruitment of walleye pollock *Theragra chalcogramma* after a major climatic and ecosystem change. *Mar. Ecol. Prog. Ser.* 198: 215–224.

Bakun, A. and R. H. Parrish. 1982. Turbulence, transport, and pelagic fish in the California and Peru Current systems. *Cal Coop Ocean Fish.* 23: 99–112.

Ballantyne, F., O. M. E. Schofield, and S. A. Levin. 2011. The emergence of regularity and variability in marine ecosystems: The combined role of physics, chemistry and biology. *Sci. Mar.* 75: 719–731.

Balmford, A., P. Gravestock, N. Hockley, et al. 2004. The worldwide costs of marine protected areas. *Proc. Natl. Acad. Sci. (USA)* 101: 9694–9697.

Baum, J. K. and B. Worm. 2009. Cascading top-down effects of changing oceanic predator abundances. *J. Anim. Ecol.* 78: 699–714.

Beaugrand, G., K. M. Brander, J. A. Lindley, et al. 2003. Plankton effect on cod recruitment in the North Sea. *Nature* 426: 661–664.

Beaugrand, G., P. C. Reid, F. Ibañez, et al. 2002. Reorganization of North Atlantic marine copepod biodiversity and climate. *Science* 296: 1692–1694.

Beaugrand, G., G. M. Edwards, and L. Legendre. 2010. Marine biodiversity, ecosystem functioning, and carbon cycles. *Proc. Natl. Acad. Sci. (USA)* 107: 10120–10124.

Belkin, I. M. 2009. Rapid warming of large marine ecosystems. *Prog. Oceanogr.* 81: 207–213.

Belkin, I. M., P. C. Cornillon, and K. Sherman. 2009. Fronts in large marine ecosystems. *Prog. Oceanogr.* 81: 223–236.

Bianchi, G., H. Gislason, K. Graham, et al. 2000. Impact of fishing on size composition and diversity of demersal fish communities. *ICES J. Mar. Sci.* 57: 558–571.

Bigelow, H. B. 1930. A developing view-point in oceanography. *Science* 71: 84–89.

Bigelow, H. B. and W. W. Welsh. 1925. Fishes of the Gulf of Maine. *Bull. U.S. Bureau Fish.* XL: 1–567.

Blanchard, J. L., S. Jennings, R. Holmes, et al. 2012. Potential consequences of climate change for primary production and fish production in large marine ecosystems. *Phil. Trans. R. Soc. B.* 367: 2979–2989.

Block, B. A. 2005. Physiological ecology in the 21st century: Advances in biologging science. *Integr. Comp. Biol.* 45: 305–320.

Block, B. A., I. D. Jonsen, S. J. Jorgensen, et al. 2011. Tracking apex marine predator movements in a dynamic ocean. *Nature* 475: 86–90.

Bolle, L. J., M. Dickey-Collas, J. K. L. van Beek, et al. 2009. Variability in transport of fish eggs and larvae. III. Effects of hydrodynamics and larval behaviour on recruitment in plaice. *Mar. Ecol. Prog. Ser.* 390: 195–211.

Bourget, E. and M.-J. Fortin. 1995. A commentary on current approaches in the aquatic sciences. *Hydrobiologia* 300/301: 1–16.

Boustany, A. M., S. F. Davis, P. Pyle, et al. 2002. Expanded niche for white sharks. *Nature* 415: 35–36.

Bradbury, I. R., B. Laurel, P. V. R. Snelgrove, et al. 2008. Global patterns in marine dispersal estimates: The influence of geography, taxonomic category and life history. *Phil. Trans. R. Soc. B.* 275: 1803–1809.

Bradshaw, C. J. A., B. M. Fitzpatrick, C. C. Steinberg, et al. 2008. Decline in whale shark size and abundance in Ningaloo Reef over the past decade: The world's largest fish is getting smaller. *Biol. Conserv.* 141: 1894–1905.

Brander, K. M. 1995. The effect of temperature on growth of Atlantic cod (*Gadus morhua* L.). *ICES J. Mar. Sci.* 52: 1–10.

Brander, K. M. 2007. Global fish production and climate change. *Proc. Natl. Acad. Sci. (USA)* 104: 19709–19714.

Brooks, J. L. and S. I. Dodson. 1965. Predation, body size, and composition of plankton. *Science* 150: 28–35.

Burrows, M. T., D. S. Schoeman, L. B. Buckley, et al. 2011. The pace of shifting climate in marine and terrestrial ecosystems. *Science* 334: 652–655.

Caddy, J. F. and L. Garibaldi. 2000. Apparent changes in the trophic composition of world marine harvests: The perspective from the FAO capture database. *Ocean Coast Manag.* 43: 615–655.

Carpenter, S. R., J. F. Kitchell, and J. R. Hodgson. 1985. Cascading trophic interactions and lake productivity. *BioScience* 35: 634–639.

Casini, M., J. Hjelm, J.-C. Molinero, et al. 2009. Trophic cascades promote threshold-like shifts in pelagic marine ecosystems. *Proc. Natl. Acad. Sci. (USA)* 106: 197–202.

Chadwick, E. M. P., W. Brodie, E. Colbourne, et al. 2007. History of annual multi-species trawl surveys on the Atlantic coast of Canada. *AZMP Bull.* 6: 25–42.

Chassot, E., F. Melin, O. Le Pape, and D. Gascuel. 2007. Bottom-up control regulates fisheries production at the scale of eco-regions in European seas. *Mar. Ecol. Prog. Ser.* 343: 45–55.

Chassot, E., S. Bonhommeau, N. K. Dulvy, et al. 2010. Global marine primary production constrains fisheries catches. *Ecol. Lett.* 13: 495–505.

Chavez, F. P., J. Ryan, S. E. Lluch-Cota, and M. Niquen. 2003. From anchovies to sardines and back: Multidecadal change in the Pacific Ocean. *Science* 209: 217–221.

Chavez, F. P., P. G. Strutton, G. E. Friederich, et al. 1999. Biological and chemical response of the equatorial Pacific Ocean to the 1997–98 El Niño. *Science* 286: 2126–2131.

Cheung, W. W. L., V. W. Y. Lam, J. L. Sarmiento, et al. 2009. Projecting global marine biodiversity impacts under climate change scenarios. *Fish Fish.* 10: 235–251.

Cheung, W. W. L., V. W. Y. Lam, J. L. Sarmiento, et al. 2010. Large-scale redistribution of maximum fisheries catch potential in the global ocean under climate change. *Glob. Chang. Biol.* 16: 24–35.

Choi, J. S., K. T. Frank, W. C. Leggett, and K. Drinkwater. 2004. Transition to an alternate state in a continental shelf ecosystem. *Can. J. Fish. Aquat. Sci.* 61: 505–510.

Cloern, J. E. 2001. Our evolving conceptual model of the coastal eutrophication problem. *Mar. Ecol. Prog. Ser.* 210: 223–253.

Collie, J. S. and A. K. DeLong. 1999. Multispecies interactions in the Georges Bank fish community. In, *Ecosystem Approaches for Fisheries Management*, pp. 187–210. Fairbanks, AK: University of Alaska Sea Grant College Program.

Condon, R. H., W. M. Graham, C. M. Duarate, et al. 2012. Questioning the rise of gelatinous zooplankton in the world's oceans. *Bioscience* 62: 160–169.

Condon, R. H., D. K. Steinberg, P. A. del Giorgio, et al. 2011. Jellyfish blooms result in a major microbial respiratory sink of carbon in marine systems. *Proc. Natl. Acad. Sci. (USA)* 108: 10225–10230.

Costello, M. J., M. Coll, R. Danovaqro, et al. 2010. A census of marine biodiversity knowledge, resources, and future challenges. *PLoS ONE* 5: e12110.

Cury, P. and C. Roy. 1989. Optimal environmental window and pelagic fish recruitment success in upwelling areas. *Can. J. Fish. Aquat. Sci.* 46: 670–680.

Cury, P., A. Bakun, R. J. M. Crawford, et al. 2000. Small pelagics in upwelling systems: Patterns of interaction and structural changes in "wasp-waist" ecosystems. *ICES J. Mar. Sci.* 57: 603–618.

Cury, P. M., I. L. Boyd, S. Bonhommeau, et al. 2011. Global seabird response to forage fish depletion—one-third for the birds. *Science* 334: 1703–1706.

Cushing, D. H. 1990. Plankton production and year class strength in fish populations: An update of the match/mismatch hypothesis. *Adv. Mar. Biol.* 26: 250–293.

Dana, J. D. 1853. On an isothermal oceanic chart, illustrating the geographical distribution of marine animals. *Am. J. Sci. Arts, Ser. 2* 26: 153–167, 314–327.

Darimont, C. T., S. M. Carlson, M. T. Kinnison, et al. 2009. Human predators outpace other agents of trait change in the wild. *Proc. Natl. Acad. Sci. (USA)* 106: 952–954.

Daskalov, G. M., A. N. Grishin, S. Rodionov, and V. Mihneva. 2007. Trophic cascades triggered by overfishing reveal possible mechanisms of ecosystem regime shifts. *Proc. Natl. Acad. Sci. (USA)* 104: 10518–10523.

de Leiva Moreno, J. I., V. N. Agostini, J. F. Caddy, and F. Carocci. 2000. Is the pelagic-demersal ratio from fishery landings a useful proxy for nutrient availability? A preliminary data exploration for the semienclosed seas around Europe. *ICES J. Mar. Sci.* 57: 1091–1102.

de Young, B., M. Barange, G. Beaugrand, et al. 2008. Regime shifts in marine ecosystems: Detection, prediction and management. *Trends Ecol. Evol.* 23: 402–409.

Diaz, R. J. and R. Rosenberg. 2008. Spreading dead zones and consequences for marine ecosytems. *Science* 321: 926–929.

Drinkwater, K. F. 2006. The regime shift of the 1920 and 1930s in the North Atlantic. *Prog. Oceanogr.* 68: 134–151.

Drinkwater, K. F., G. Beaugrand, M. Kaeriyama, et al. 2010. On the processes linking climate to ecosystem changes. *J. Mar. Syst.* 79: 374–388.

Duarte, C. M. 2009. Coastal eutrophication research: A new awareness. *Hydrobiologia* 629: 263–269.

Duarte, C. M., J. Cebrian, and N. Marba. 1992. Uncertainty of detecting sea change. *Nature* 356: 190.

Duarte, C. M., N. Marbá, and M. Holmer. 2007. Rapid domestication of marine species. *Science* 316: 382–383.

Dunham, A. E. and S. J. Beaupre. 1998. Ecological experiments: Scale, phenomenology, mechanism, and the illusion of generality. In, *Experimental Ecology: Issues and perspectives.* (W. J. Resetarits, Jr. and J. Bernardo, eds.), pp. 27–49. New York, NY: Oxford University Press.

Duplisea, D. E. and M. Castonguay. 2006. Comparison and utility of different size-based metrics of fish communities for detecting fishery impacts. *Can. J. Fish. Aquat. Sci.* 63: 810–820.

Durant, J. M., D. Ø. Hjermann, G. Ottersen, and N. C. Stenseth. 2007. Climate and the match or mismatch between predator requirements and resource availability. *Clim. Res.* 33: 271–283.

Edwards, M. and A. J. Richardson. 2004. Impact of climate change on marine pelagic phenology and trophic mismatch. *Nature* 430: 881–884.

Edwards, M., G. Beaugrand, G. C. Hays, et al. 2010. Multi-decade oceanic ecological datasets and their application in marine policy and management. *Trends Ecol. Evol.* 25: 602–610.

Eriksson, B. K., K. Sieben, J. Eklöf, et al. 2011. Effects of altered offshore food webs on coastal ecosystems emphasize the need for cross-ecosystem management. *Ambio* 40: 786–797.

Essington, T. E., A. H. Boudreau, and J. Wiedenmann. 2006. Fishing through marine food webs. *Proc. Natl. Acad. Sci. (USA)* 103: 3171–3175.

Falkowski, P. 2012. The power of plankton. *Nature* 483: S17–S20.

Fenberg, P. B. and K. Roy. 2008. Ecological and evolutionary consequences of size-selective harvesting: How much do we know? *Mol. Ecol.* 17: 209–220.

Figueira, W. F. and D. J. Booth. 2010. Increasing ocean temperatures allow tropical fishes to survive over winter in temperate waters. *Glob. Chang. Biol.* 16: 506–516.

Finkel, Z. V., J. Beardall, K. J. Flynn, et al. 2010. Phytoplankton in a changing world: Cell size and elemental stoichiometry. *J. Plankton Res.* 32: 119–137.

Fischer, A. G. 1960. Latitudinal variations in organic diversity. *Evolution* 14: 64–81.

Fisher, J. A. D., K. T. Frank, B. Petrie, et al. 2008. Temporal dynamics within a contemporary latitudinal diversity gradient. *Ecol. Lett.* 11: 883–897.

Fisher, J. A. D., K. T. Frank, and W. C. Leggett. 2010a. Breaking Bergmann's rule: Truncation of Northwest Atlantic marine fish body sizes. *Ecology* 91: 2499–2505.

Fisher, J. A. D., K. T. Frank, and W. C. Leggett. 2010b. Global variation in marine fish body size and its role in biodiversity-ecosystem functioning. *Mar. Ecol. Prog. Ser.* 405: 1–13.

Fletcher, G. L., C. L. Hew, and P. L. Davies. 2001. Antifreeze proteins of teleost fishes. *Annu. Rev. Physiol.* 63: 359–390.

Fogarty, M. J. and S. A. Murawski. 1998. Large-scale disturbance and the structure of marine systems: Fishery impacts on Georges Bank. *Ecol. Appl.* 8: S6–S22.

Forster, J., A. G. Hirst and D. Atkinson. 2012. Warming-induced reductions in body size are greater in aquatic than terrestrial species. *Proc. Natl. Acad. Sci. (USA)* 109: 19310–19314.

Frank, K. T. and W. C. Leggett. 1984. Selective exploitation of capelin (*Mallotus villosus*) eggs by winter flounder (*Pseudopleuronectes americanus*): Capelin egg mortality rates, and contribution of egg energy to the annual growth of flounder. *Can. J. Fish. Aquat. Sci.,* 41: 1294–1302.

Frank, K. T., J. E. Carscadden, and W. C. Leggett. 1993. Causes of spatiotemporal variation in the patchiness of larval fish distributions: Differential mortality or behaviour? *Fish. Oceanogr.* 2: 3/4: 114–123.

Frank, K. T., B. Petrie, and N. L. Shackell. 2007. The ups and downs of trophic control in continental shelf ecosystems. *Trends Ecol. Evol.* 22: 236–242.

Frank, K. T., B. Petrie, J. S. Choi, and W. C. Leggett. 2005. Trophic cascades in a formerly cod-dominated ecosystem. *Science* 308: 1621–1623.

Frank, K. T., B. Petrie, J. A. D. Fisher, and W. C. Leggett. 2011. Transient dynamics of an altered large marine ecosystem. *Nature* 477: 86–89.

Frank, K. T., B. Petrie, N. L. Shackell, and J. S. Choi. 2006. Reconciling differences in trophic control in mid-latitude ecosystems. *Ecol. Lett.* 9: 1096–1105.

Franklin, B. 1786. A letter from Dr. Benjamin Franklin, to Mr. Alphonsus le Roy, member of several Academies, at Paris. Containing sundry maritime observations. *T. Am. Philos. Soc.* 2: 294–329.

Friedman, M., K. Shimada, L. D. Martin, et al. 2010. 100-million-year dynasty of giant plantivorous bony fishes in the Mesozoic seas. *Science* 327: 990–993.

Fuhrman, J. A., J. A. Steele, I. Hewson, et al. 2008. A latitudinal diversity gradient in planktonic marine bacteria. *Proc. Natl. Acad. Sci. (USA)* 105: 7774–7778.

Game, E. T., H. S. Grantham, A. J. Hobday, et al. 2009. Pelagic protected areas: The missing dimension in ocean conservation. *Trends Ecol. Evol.* 24: 360–369.

Godø, O. R., A. Samuelsen, G. J. Macaulay. 2012. Mesoscale eddies are oases for higher trophic marine life. *PLoS ONE* 7: e30161.

Graham, M. A. and P. K. Dayton. 2002. On the evolution of ecological ideas: Paradigms and scientific progress. *Ecology* 83: 1481–1489.

Grimes, C. B. 2001. Fishery production and the Mississippi River discharge. *Fisheries* 26: 17–26.

Hall, S. J., J. S. Collie, D. E. Duplisea, et al. 2006. A length-based multispecies model for evaluating community responses to fishing. *Can. J. Fish. Aquat. Sci.* 63: 1344–1359.

Hare, J. A., M. A. Alexander, M. J. Fogarty, et al. 2010. Forecasting the dynamics of a coastal fishery species using a coupled climate-population model. *Ecol Appl.* 20: 452–464.

Hereu, C. M., B. E. Lavaniegos, and R. Goericke. 2010. Grazing impact of salp (Tunicata, Thaliacea) assemblages in the eastern tropical North Pacific. *J. Plankton Res.* 32: 785–804.

Hernández-León, S. 2009. Top-down effects and carbon flux in the ocean: A hypothesis. *J. Mar. Syst.* 78: 576–581.

Hewitt, R. 1981. The value of pattern in the distribution of young fish. *Rapp. P. -v. Réun. Cons. int. Explor. Mer* 178: 229–236.

Hildrew, A. G., D. G. Raffaelli, and R. Edmonds-Brown (eds.) 2007. *Body Size: The Structure and Function of Aquatic Ecosystems.* Cambridge, UK: Cambridge University Press.

Hillebrand, H. 2004. Strength, slope and variability of marine latitudinal gradients. *Mar. Ecol. Prog. Ser.* 273: 251–267.

Hjort, J. 1919. Introduction to the Canadian Fisheries Expedition, 1914-1915. In, *Canadian Fisheries Expedition, 1914-1915: Investigations in the Gulf of St. Lawrence and Atlantic waters of Canada* (J. Hjort, ed.), pp. i–xv. Ottawa, Canada: Department of the Naval Service.

Houde, E. D. 2008. Emerging from Hjort's Shadow. *J. Northwest Atl. Fish.* 41: 53–70.

Hughes, T. P., D. R. Bellwood, C. Folke, et al. 2005. New paradigms for supporting the resilience of marine ecosystems. *Trends Ecol. Evol.* 20: 380–386.

Huse, G., A. Salthaug, and M. D. Skogen. 2008. Indications of a negative impact of herring on recruitment of Norway pout. *ICES J. Mar. Sci.* 65: 906–911.

Huston, M. A. and S. Wolverton. 2011. Regulation of animal size by eNPP, Bergmann's rule, and related phenomena. *Ecol. Monogr.* 81: 349–405.

Iles, T. D. and M. Sinclair. 1982. Atlantic herring: Stock discreteness and abundance. *Science* 215: 627–633.

Jablonski, D., K. Roy and J. W. Valentine. 2006. Out of the tropics: Evolutionary dynamics of the latitudinal diversity gradient. *Science* 314: 102–106.

Jarre-Teichmann, A. 1998. The potential role of mass balance models for the management of upwelling ecosystems. *Ecol. Appl.* 8: S93–S103.

Jennings, S. and J. L. Blanchard. 2004. Fish abundance with no fishing: Predictions based on macroecological theory. *J. Anim. Ecol.* 73: 632–642.

Jennings, S., F. Melin, J. L. Blanchard, et al. 2008. Global-scale predictions of community and ecosystem properties from simple ecological theory. *Proc. Biol. Sci.* 275: 1375–1383.

Jiang, L. and P. J. Morin. 2005. Predator diet breadth influences the relative importance of bottom-up and top-down control prey biomass and diversity. *Am. Nat.* 165: 350–363.

Johannesen, E., R.B. Ingvaldsen, B. Bogstad, et al. 2012. Changes in Barents Sea ecosystem state, 1970–2009: Climate fluctuations, human impact, and trophic interactions. *ICES J. Mar. Sci.* 69: 880–889.

Johnson, D. 2000. Preliminary examination of the match-mismatch hypothesis and recruitment variability of yellowtail flounder, *Limanda ferruginea*. *Fish. Bull. (Wash. D. C.)* 98: 854–863.

Johnstone, J. 1908. *Conditions of Life in the Sea: A Short Account of Quantitative Marine Biological Research.* Cambridge, U.K.: Cambridge University Press.

Jones, J. B. and S. E. Campana. 2009. Stable oxygen isotope reconstruction of ambient temperature during the collapse of cod (*Gadus morhua*) fishery. *Ecol Appl.* 19: 1500–1514.

Jørgensen, C., K. Enberg, E. S. Dunlop, et al. 2007. Managing evolving fish stocks. *Science* 318: 1247–1248.

Keeling, R. F., A. Körtzinger, and N. Gruber. 2010. Ocean deoxygenation in a warming world. *Ann Rev Mar Sci.* 2: 199–229.

Keller, A. A. and G. Klein-MacPhee. 2000. Impact of elevated temperature on the growth, survival, and trophic dynamics of winter flounder larvae: A mesocosm study. *Can. J. Fish. Aquat. Sci.* 57: 2382–2392.

Koeller, P., C. Fuentes-Yaco, T. Platt, et al. 2009. Basin-scale coherence in phenology of shrimps and phytoplankton in the North Atlantic Ocean. *Science* 324: 791–793.

Koslow, J. A. 1981. Field study of the feeding selectivity of schools of the northern anchovy (*Engraulis mordax*) in the Southern California Bight. *Fish. Bull. (Wash. D. C.)* 79: 131–142.

Kristiansen, T., K. F. Drinkwater, R. G. Lough, and S. Sundby. 2011. Recruitment variability in North Atlantic cod and match-mismatch dynamics. *PLoS ONE* 6: e17456.

Legendre, L. and J. Michaud. 1998. Flux of biogenic carbon in oceans: Size-dependent regulation by pelagic food webs. *Mar. Ecol. Prog. Ser.* 164: 1–11.

Leggett, W. C. and K. T. Frank. 2008. Paradigms in fisheries oceanography. *Oceanogr. Mar. Biol., Annu. Rev.* 46: 331–363.

Litzow, M. A. and L. Ciannelli. 2007. Oscillating trophic control induces community reorganization in a marine ecosystem. *Ecol. Lett.* 10: 1124–1134.

Litzow, M. A., K. M. Bailey, F. G. Prahl, and R. Heintz. 2006. Climate regime shifts and reorganization of fish communities: The essential fatty acid limitation hypothesis. *Mar. Ecol. Prog. Ser.* 315:1–11.

Llope, M., P. Licandro, K.-S. Chan, and N. C. Stenseth. 2012. Spatial variability of the plankton trophic interaction in the North Sea: A new feature after the early 1970s. *Glob. Chang. Biol.* 18: 106–117.

Longhurst, A. R. 1985. The structure and evolution of plankton communities. *Prog. Oceanogr.* 15: 1–35.

Longhurst, A. R. 1998. *Ecological Geography of the Sea.* San Diego, CA: Academic Press.

Longhurst, A. R. 2002. Murphy's law revisited: Longevity as a factor in recruitment to fish populations. *Fish Fish.* 56: 125–131.

Longhurst, A. R. and D. Pauly. 1987. *Ecology of Tropical Oceans.* Orlando, FL: Academic Press.

Lucey, S. M. and J. A. Nye. 2010. Shifting species assemblages in the Northeast US continental shelf large marine ecosystem. *Mar. Ecol. Prog. Ser.* 415: 23–33.

Lundberg, J. and F. Moberg. 2003. Mobile link organisms and ecosystem functioning: Implications for ecosystem resilience and management. *Ecosystems* 6: 87–98.

Mackas, D. L., K. L. Denman, and M. R. Abbott. 1985. Plankton patchiness: Biology in the physical vernacular. *Bull. Mar. Sci.* 37: 652–674.

MacKenzie, B. R., H.-H. Hinrichsen, M. Plikshs, et al. 2000. Quantifying environmental heterogeneity: Habitat size necessary for successful development of cod *Gadus morhua* eggs in the Baltic Sea. *Mar. Ecol. Prog. Ser.* 193: 143–156.

Macpherson, E. 2002. Large-scale species-richness gradients in the Atlantic Ocean. *Proc. Biol. Sci.* 269: 1715–1720.

Mahadevan, A., E. D'Asaro, C. Lee, and M. J. Perry. 2012. Eddy-driven stratification initiates North Atlantic spring phytoplankton blooms. *Science* 337: 54–58.

Mangel, M. and P. S. Levin. 2005. Regime, phase and paradigm shifts: Making community ecology the basic science for fisheries. *Philos. Trans. R. Soc. Lond. B Biol. Sci.* 360: 95–105.

Marta-Almeida, M., J. Dubert, A. Peliz, and H. Queiroga. 2006. Influence of vertical migration pattern on retention of crab larvae in a seasonal upwelling system. *Mar. Ecol. Prog. Ser.* 307: 1–19.

Martínez-Martínez, J., S. Norland, T. F. Thingstad, et al. 2006. Variability in microbial population dynamics between similarly perturbed mesocosms. *J. Plankton Res.* 28: 783–791.

McCann, K. S., J. R. Rasmussen, and J. Umbanhowar. 2005. The dynamics of spatially coupled food webs. *Ecol. Lett.* 8: 513–523.

McGurk, M. D. 1987. The spatial patchiness of Pacific herring larvae. *Environ. Biol. Fishes.* 20: 81–89.

Megrey, B. A., J. S. Link, G. L. Hunt Jr., and E. Moksness. 2009. Comparative marine ecosystem analysis: Applications, opportunities, and lessons learned. *Prog. Oceanogr.* 81: 2–9.

Micheli, F. 1999. Eutrophication, fisheries, and consumer-resource dynamics in marine pelagic ecosystems. *Science* 285: 1396–1398.

Murawski, S. A., J. H. Steele, P. Taylor, et al. 2010. Why compare marine ecosystems? *ICES J. Mar. Sci.* 67: 1–9.

Murphy, G. 1967. Vital statistics of the California sardine and the population consequences. *Ecology* 48: 731–735.

Myers, R. A. and K. Drinkwater. 1989. The influence of Gulf Stream warm core rings on recruitment of fish in the Northwest Atlantic. *J. Mar. Res.* 47: 635–656.

Myers, R. A., G. Mertz, and P. S. Fowlow. 1997. Maximum population growth rates and recovery times for Atlantic cod, *Gadus morhua*. *Fish. Bull. (Wash. D. C.)* 95: 762–772.

Navarrete, S. A., E. A. Wieters, B. R. Broitman, and J. C. Castilla. 2005. Scales of benthic-pelagic coupling and the intensity of species interactions: from recruitment limitation to top-down control. *Proc. Natl. Acad. Sci. (USA)* 102: 18046–18051.

Nicol, S., A. Bowie, S. Jarman, et al. 2010. Southern Ocean iron fertilization by baleen whales and Antarctic krill. *Fish Fish.* 11: 203–209.

Nielsen, E. and K. Richardson. 1996. Can changes in the fisheries yield in the Kattegat (1950–1992) be linked to changes in primary production? *ICES J. Mar. Sci.* 53: 988–994.

Nisbet, E. 2007. Cinderella science. *Nature* 450: 789–790.

Nissling, A., H. Kryvi, and L. Vallin. 1994. Variation in egg buoyancy of Baltic cod *Gadus morhua* and its implications for egg survival in prevaling conditions in the the Baltic Sea. *Mar. Ecol. Prog. Ser.* 110: 67–74.

Nixon, S.W. 1988. Physical energy inputs and the comparative ecology of lake and marine ecosystems. *Limnol. Oceanogr.* 33: 1005–1025.

NOAA (National Oceanographic and Atmospheric Administration). 2013. Ecology of the northeast U.S. continental shelf. www.nefsc. noaa.gov/ecosys/ecology/Oceanography

Olli, K., P. Wassmann, M. Reigstad et al. 2007. The fate of production in the central Arctic Ocean—top-down regulation by zooplankton expatriates? *Prog. Oceanogr.* 72: 84–113.

Olson, D. B., G. L. Hitchcock, A. J. Mariano, et al. 1994. Life on the edge: Marine life and fronts. *Oceanography* 7: 52–60.

Österblom, H., S. Hansson, U. Larsson, et al. 2007. Human-induced trophic cascades and ecological regime shifts in the Baltic Sea. *Ecosystems* 10: 877–889.

Paine, R. T. 2010. Macroecology: Does it ignore or can it encourage further ecological syntheses based on spatially local experimental manipulations? *Am. Nat.* 176: 385–393.

Pauly, D. 2010. *Gasping Fish and Panting Squids: Oxygen, Temperature and the Growth of Water Breathing Animals.* Oldendorf/Luhe, Germany: International Ecology Institute.

Pauly, D., V. Christensen, J. Dalsgaard, et al. 1998. Fishing down marine food webs. *Science* 279: 860–863.

Pawar, S., A. I. Dell, and V. M. Savage. 2012. Dimensionality of consumer search drives trophic interaction strengths. *Nature*, doi:10.1038/nature11131

Perry, A. L., P. J. Low, J. R. Ellis, and J. D. Reynolds. 2005. Climate change and distribution shifts in marine fishes. *Science* 308: 1912–1915.

Petrie, B., K. T. Frank, N. L. Shackell, and W. C. Leggett. 2009. Structure and stability in exploited marine fish communities: Quantifying critical thresholds. *Fish. Oceanogr.* 18: 83–101.

Platt, T., C. Fuentes-Yaco, and K. T. Frank. 2003. Spring algal bloom and larval fish survival. *Nature* 423: 398–399.

Pompa, S., P. R. Ehrlich, and G. Ceballos. 2011. Global distribution and conservation of marine mammals. *Proc. Natl. Acad. Sci. (USA)* 108: 13600–13605.

Pope, J. G., J. C. Rice, N. Daan, et al. 2006. Modelling an exploited marine fish community with 15 parameters—results from a simple size-based model. *ICES J. Mar. Sci.* 63: 1029–1044.

Rabalais, N. N., R. J. Diaz, L. A. Levin, et al. 2010. Dynamics and distribution of natural and human-caused hypoxia. *Biogeosciences* 7: 585–619.

Reid, P. C. and M. Edwards. 2001. Long-term changes in the pelagos, benthos and fisheries of the North Sea. *Senckenbergiana Maritima* 32: 107–115.

Reygondeau, G., O. Maury, G. Beaugrand, et al. 2012. Biogeography of tuna and billfish communities. *J. Biogeogr.* 39: 114–129.

Rex, M. A., C. T. Stuart, and G. Coyne. 2000. Latitudinal gradients of species richness in the deep-sea benthos of the North Atlantic. *Proc. Natl. Acad. Sci. (USA)* 97: 4082–4085.

Richardson, A. J. and D. S. Schoeman. 2004. Climate impact on plankton ecosystems in the Northeast Atlantic. *Science* 305: 1609–1612.

Richardson, A. J., A. Bakun, G. C. Hays, and M. J. Gibbons. 2009. The jellyfish joyride: Causes, consequences and management responses to a more gelatinous future. *Trends Ecol. Evol.* 24: 312–322.

Richardson, D. E., J. A. Hare, M. J. Fogarty, and J. S. Link. 2011. Role of egg predation by haddock in the decline of an Atlantic herring population. *Proc. Natl. Acad. Sci. (USA)* 108: 13606–13611.

Robison, B. H. 2009. Conservation of deep pelagic biodiversity. *Conserv Biol.* 23: 847–858.

Rodríguez, J. J. Tintoré, J. T. Allen, et al. 2001. Mesoscale vertical motion and the size structure of phytoplankton in the ocean. *Nature* 410: 360–363.

Rombouts, I., G. Beaugrand, F. Ibañez, et al. 2009. Global latitudinal variations in marine copepod diversity and environmental factors. *Proc. Biol. Sci.* 276: 3053–3062.

Rooker, J. R., D. H. Secor, G. De Metrio, et al. 2008. Natal homing and connectivity in Atlantic bluefin tuna populations. *Science* 322: 742–744.

Rosa, R., H. M. Dierssen, L. Gonzalez, and B. A. Seibel. 2008a. Ecological biogeography of cephalopod mollusks in the Atlantic Ocean: Historical and contemporary causes of coastal diversity patterns. *Global Ecol. Biogeogr.* 17: 600–610.

Rosa, R., H. M. Dierssen, L. Gonzalez, and B. A. Sibel. 2008b. Large-scale diversity patterns of cephalopods in the Atlantic open ocean and deep sea. *Ecology* 89: 3449–3461.

Rutherford, S., D. Hondt, S., and W. Prell. 1999. Environmental controls on the geographic distribution of zooplankton diversity. *Nature* 400: 749–753.

Rykaczewski, R. R. and D. M. Checkley, Jr. 2008. Influence of ocean winds on the pelagic ecosystem in upwelling regions. *Proc. Natl. Acad. Sci. (USA)* 105: 1965–1970.

Ryther, J. H. 1969. Photosynthesis and fish production in the sea. *Science* 166: 72–76.

Sagarin, R. and A. Pauchard. 2012. *Observation and Ecology: Broadening the Scope of Science to Understand a Complex World*. Washington, DC: Island Press.

Sanford, L. P. 1997. Turbulent mixing in experimental ecosystem studies. *Mar. Ecol. Prog. Ser.* 161: 265–293.

Schick, R. S., P. N. Halpin, A. J. Read, et al. 2011. Community structure in pelagic marine mammals at large spatial scales. *Mar. Ecol. Prog. Ser.* 434: 165–181.

Schipper, J. et al. 2008. The status of the world's land and marine mammals: Diversity, threat, and knowledge. *Science* 322: 225–230.

Shackell, N. L. and K. T. Frank. 2007. Compensation in exploited marine fish communities on the Scotian Shelf, Canada. *Mar. Ecol. Prog. Ser.* 336: 235–247.

Shackell, N. L., W. T. Stobo, K. T. Frank, and D. Brickman. 1997. Growth of cod (*Gadus morhua*) estimated from mark-recapture programs on the Scotian Shelf and adjacent areas. *ICES J. Mar. Sci.* 54: 383–398.

Shackell, N. L., K. T. Frank, J. A. D. Fisher, et al. 2010. Decline in top predator body size and changing climate alter trophic structure in an oceanic ecosystem. *Proc. Biol. Sci.* 277: 1353–1360.

Sheldon, R. W., W. H. Sutcliffe Jr., and M. A. Paranjape. 1977. Structure of pelagic food chain and relationship between plankton and fish production. *Can. J. Fish. Aquat. Sci.* 34: 2344–2353.

Sherman, K. 1991. The large marine ecosystem concept: A research and management strategy for living marine resources. *Ecol. Appl.* 1: 349–360.

Sherman, K., M. C. Aquarone, and S. Adams (eds.). 2009a. *Sustaining the World's Large Marine Ecosystems*. Gland, Switzerland: IUCN, the World Conservation Union.

Sherman, K., I. M. Belkin, K. D. Friedland, et al. 2009b. Accelerated warming and emerging trends in fisheries biomass yields of the world's large marine ecosystems. *Ambio* 38: 215–224.

Sherman, K., J. O'Reilly, I. M. Belkin, et al. 2011. The application of satellite remote sensing for assessing productivity in relation to fisheries yields of the world's large marine ecosystems. *ICES J. Mar. Sci.* 68: 667–676.

Shurin, J. B., E. T. Borer, E. W. Seabloom, et al. 2002. A cross-ecosystem comparison of the strength of trophic cascades. *Ecol. Lett.* 5: 785–791.

Sims, D. W., V. J. Wearmouth, E. J. Southall, et al. 2004. Hunt warm, rest cool: Bioenergetics strategy underlying diel vertical migration of a benthic shark. *J. Anim. Ecol.* 75: 176–190.

Sinclair, M. and T. D. Iles. 1988. Population richness of marine fish species. *Aquat. Living Resour.* 1: 71–83.

Smith, P. C. 1978. Low-frequency fluxes of momentum, heat, salt, and nutrients at the edge of the Scotian Shelf. *J. Geophys. Res.* 83: 4079–4096.

Smith, D. M., C. J. Brown, C. M. Bulman, et al. 2011. Impacts of fishing low-trophic level species on marine ecosystems. *Science* 333: 1147–1150.

Spalding, M. D., V. N. Agostini, J. Rice, and S. M. Grant. 2012. Pelagic provinces of the world: A biogeographic classification of the world's surface pelagic waters. *Ocean Coast Manag.* 60: 19–30.

Stehli, F. G. 1965. Paleontologic technique for defining ancient ocean currents. *Science* 148: 943–946.

Steneck, R. S. and J. T. Carlton. 2001. Human alterations of marine communities: Students beware!, In, *Marine community ecology* (Bertness, M. D., S. D. Gaines and M. E. Hay, eds.), pp. 445–468. Sunderland, MA: Sinauer Associates.

Stibor, H., O. Vadstein, S. Diehl, et al. 2004. Copepods act as a switch between alternative trophic cascades in marine pelagic food webs. *Ecol. Lett.* 7: 321–328.

Sumalia, U. R., W. W. L. Cheung, V. W. Y. Lam, et al. 2011. Climate change impacts on the biophysics and economies of world fisheries. *Nat. Clim. Chang.* doi: 10.1038/NCLIMATE1301

Sunday, J. M., A. E. Bates, and N. K. Dulvy. 2012. Thermal tolerance and the global redistribution of animals. *Nat. Clim. Chang.* doi: 10.1038/NCLIMATE1539

Swain, D. P. and A. F. Sinclair. 2000. Pelagic fishes and the cod recruitment dilemma in the Northwest Atlantic. *Can. J. Fish. Aquat. Sci.* 57: 1321–1325.

Swain, D. P., K. T. Frank, and G. Maillet. 2001. Delineating stocks of Atlantic cod (*Gadus morhua*) in the Gulf of St Lawrence and Cabot Strait areas using vertebral number. *ICES J. Mar. Sci.* 58: 253–269.

ter Hofstede, R., J. G. Hiddink ,and A. D. Rijnsdorp. 2010. Regional warming changes fish species richness in the eastern North Atlantic Ocean. *Mar. Ecol. Prog. Ser.* 414: 1–9.

Thackeray, S. J., T. H. Sparks, M. Frederiksen, et al. 2010. Trophic level asynchrony in rates of phenological change for marine, freshwater and terrestrial environments. *Glob. Chang. Biol.* 16: 3304–3313.

Tittensor, D. P., C. Mora, W. Jetz, et al. 2010. Global patterns and predictors of marine biodiversity across taxa. *Nature* 466: 1098–1101.

Tremblay-Boyer, L., D. Gascuel, R. Watson, et al. 2011. Modelling the effects of fishing on the biomass of the world's oceans from 1950 to 2006. *Mar. Ecol. Prog. Ser.* 442: 169–185.

Verity, P. G. 1998. Why is relating plankton community structure to pelagic production so problematic? *Afr. J. Mar. Sci.* 19: 333–338.

Verity, P. G. and V. Smetacek. 1996. Organisms life cycles, predation, and the structure of marine pelagic ecosystems. *Mar. Ecol. Prog. Ser.* 130: 277–293.

Walters, C. and J. F. Kitchell. 2001. Cultivation/depensation effects on juvenile survival and recruitment: Implications for the theory of fishing. *Can. J. Fish. Aquat. Sci.* 58: 39–50.

Ware, D. M. and R. E. Thompson. 2005. Bottom-up ecosystem trophic dynamics determine fish production in the Northeast Pacific. *Science* 308: 1280–1284.

Webb, T. J., E. Vanden Berghe, and R. O'Dor. 2010. Biodiversity's big wet secret: The global distribution of biological records reveals chronic under-exploration of the deep pelagic ocean. *PLoS ONE* 5: e10223.

Wiens, J. A. 1989. Spatial scaling in ecology. *Funct. Ecol.* 3: 385–397.

Wilson, R. W., F. J. Millero, J. R. Taylor, et al. 2009. Contribution of fish to the marine inorganic carbon cycle. *Science* 323: 359–362.

Witman, J. D. and K. Roy (eds.) 2009. *Marine Macroecology*. Chicago, IL: University of Chicago Press.

Witze, A. 2007. A timeline of Earth observation. *Nature*. doi: 10.1038/news.2007.320

Woodd-Walker, R. S., P. Ward, and A. Clarke. 2002. Large-scale patterns in diversity and community structure of surface water copepods from the Atlantic Ocean. *Mar. Ecol. Prog. Ser.* 236: 189–203.

Worm, B. and R. A. Myers. 2003. Meta-analysis of cod-shrimp interactions reveals top-down control in oceanic food webs. *Ecology* 84: 162–173.

Worm, B., H. K. Lotze, and R. A. Myers. 2003. Predator diversity hotspots in the blue ocean. *Proc. Natl. Acad. Sci. (USA)* 100: 9984–9988.

Worm, B., M. Sandow, A. Oschlies, et al. 2005. Global patterns of predator diversity in the open oceans. *Science* 309: 1365–1369.

Wroblewski, J. S. and J. Cheney. 1984. Ichthyoplankton associated with a warm core ring off the Scotian Shelf. *Can. J. Fish. Aquat. Sci.* 41: 294–303.

Wurtsbaugh, W. A. and D. Neverman. 1988. Post-feeding thermotaxis and daily vertical migration in a larval fish. *Nature* 333: 846–848.

Yasuhara, M., G. Hunt, H. D. Dowsett, et al. 2012. Latitudinal species diversity gradient of marine zooplankton for the last three million years. *Ecol. Lett.* 15: 1174–1179.

Yodzis, P. 2001. Must top predators be culled for the sake of fisheries? *Trends Ecol. Evol.* 16: 78–84.

Zarnetske, P. L., D. K. Skelly, and M. C. Urban. 2012. Biotic multipliers of climate change. *Science* 336: 1516–1518.

Zwolinski, J. P. and D. A. Demer. 2012. A cold oceanographic regime with high exploitation rates in the Northeast Pacific forecasts a collapse of the sardine stock. *Proc. Natl. Acad. Sci. (USA)* 109: 4175–4180.

第 16 章

浮游植物群落

Kyle F. Edwards 和 Elena Litchman

浮游植物是指高度多样化、多系群、能够进行光合作用的微型原生生物和蓝细菌。总体上，它们是海洋主要的初级生产者，约占全球光合作用固碳量的一半（Field et al.，1998）。它们也是氮、磷、硅等生物地球化学循环的主要参与者。浮游植物对气候的影响有很多种方式：例如，通过吸收 CO_2 来降低大气中主要温室气体的浓度；通过生成二甲基巯基丙酸（dimethylsulfoniopropionate，DMSP）——二甲基硫（dimethylsulfide，DMS）的前体，一种激发成云的气体，从而影响到达地球的太阳辐射量（Yoch，2002）。浮游植物是浮游动物和许多鱼类幼体的主要食物来源，也是大多数远洋食物网的基础，并最终促进渔业生产力的提高。

所有这些重要的生态系统功能不仅都受到浮游植物总生产力的影响，还受到浮游植物群落构成的影响。前者已有大量综述（Longhurst，1995；Cullen et al.，2002），本章将侧重于本书的主题——群落的构成与动态。浮游植物的群落构成对生态系统过程具有重要影响，这是因为基因型、物种和分类群之间的关键功能性状各自不同，从而导致鲜明的生物地球化学特征和食物网效应。例如，由于具有厚重的硅藻壳，很大一部分硅藻暴发都沉降在真光带以外，因而被认为是将大气中的 CO_2 转移到深海的重要生物"碳泵"（Smetacek，1999；Boyd et al.，2010）。在浮游植物中，只有少数蓝细菌能够从大气中固氮，这也是海洋新氮的重要来源（Zehr and Kudela，2011）。几乎只有硅藻才利用硅，而甲藻和颗石藻则是 DMSP 最主要的生产者（Yoch，2002）。所有的浮游植物都吸收磷，并控制海洋中的氮磷比例（Redfield，1958），但不同物种对氮与磷需求的影响可能不同（Klausmeier et al.，2004；Arrigo，2005）。不同浮游植物分类群、大小等级，甚至同一物种的不同品系，对于浮游动物的适口性都有差异（Turner and Tester，1997；Apple et al.，2011）。如果浮游植物优势种几乎不可食，无论由于其大小还是具有毒性，就会大大降低能量通过浮游动物向更高营养级的传递（Turner and Tester，1997）。在微微型浮游生物（picoplankton）占优的系统中，营养物质和能量的循环要比以更大的浮游植物为主的系统更快（Fogg，1995）。

这些例子说明，理解在时空上控制浮游植物群落构成的要素，对于定量预测生物地球化学过程和生态系统功能至关重要，包括对全球环境变化的响应。现在，海洋生态系统的生物地球化学模型明确包括了根据浮游植物特征性状划分的各种功能群和分类群（Hood et al.，2006；Litchman et al.，2006）。近来发展的基于性状的模型很有前景，因为它们没有事先设定浮游植物类群，而是根据环境条件选择不同性状组合的类群（Bruggeman and Kooijman，2007；Follows et al.，2007）。对这些模型的改进需要更多的性状信息，包括浮游植物的生长、竞争，和对捕食者的响应，以及这些性状之间的权衡等（Litchman et al.，2010）。本章概述了对海洋浮游植物群落的现有认识，首先归纳了主要分类群及其生态作用；然后详细讨论了浮游植物群落结构与多样性的基本原理。

海洋浮游植物的主要分类群

海洋浮游植物是一个极其多样化的群体。它们既包括原核生物（蓝细菌），也包括真核生物，而后者又分为四个超分类群：有孔虫界（Rhizaria）、原始色素体生物（Archaeplastida）、囊泡藻界（Chromalveolata）和古虫界（Excavata）（Adl et al.，2005；Simon et al.，2009）。真核浮游植物的产生是一种体内共生的结果。在这种共生现象中，一个能进行光合作用的生物被一个异养的原生生物所吞噬。初级共生最早可能是在距今约 18 亿年前蓝细菌被异养生物所吞噬后形成的，随后产生了灰藻，并逐渐发展出红藻、绿藻，并最终形成陆地植物（参见 Tirichine and Bowler，2011 及其所引用文献）。而在次级和三级内共生中，真核生物，而不是原核生物，被异养生物所吞噬，在发生多次之后，逐渐发展形成了其他的所有主要浮游植物类群，如硅藻、颗石藻、甲藻、隐藻和其他藻类（Falkowski et al.，2004）。

海洋浮游蓝藻中最常见的是微微型浮游植物中的原绿球藻属（*Prochlorococcus*）和聚球藻属（*Synechococcus*），占海洋初级生产力的 80% 以上，特别是在贫养区（Partensky et al.，1999）。原绿球藻和聚球藻都在海洋广泛分布，但似乎聚球藻是更广适种，所以可能比原绿球藻分布更为广泛（Palenik et al.，2003）。然而，近来的微微型浮游植物数据库表明，原绿球藻分布可能也极为广泛（Buitenhuis et al.，2012），而且原绿球藻具有不同的生态型，能够适应不同的营养、光照和深度条件（Johnson et al.，2006）。

除了贫养海域常见的单细胞原核生物，微小的微微型真核生物也是重要的微微型浮游植物（Worden et al.，2004）。其中有地球上已知最小的真核生物，海洋真核微藻的模式种 *Ostreococcus tauri*，是一种具有高度流线型基因组的葱绿藻（Derelle et al.，2006）。其他的微微型真核生物包括葱绿藻分支（prasinophyte）中的微胞藻属（*Micromonas*）、*Mantoniella* 及其他葱绿藻。尽管一些微微型定鞭金藻（pico-prymnesiophyte）尚无法培养，但估计总体上能占到微微型浮游植物生物量的 25%（Cuvelier et al.，2010）。由于难以通过传统的显微镜方法（培养隔离）来鉴定物种，分子遗传方法在确定微微型浮游植物多样性方面最为有效（Massana，2011）。

由于体型极小，原核与真核微微型浮游植物具有较高的表面积与体积比，因而是对营养物质与光照的良好竞争者（Raven，1998）。据预测，气候变暖将导致海洋许多地方的垂直分层加剧，从而减少对海水上层的营养物质输入（Doney，2006），因而会使微微型浮游植物从中受益（详见"资源和捕食者对细胞大小和群落的共同约束"）。微微型浮游植物还会因为其沉降速率低而从层化加强中受益（Smayda，1970）。近来的研究显示，在一些海域，微微型浮游植物的丰度正随着温度升高和层化加强而增加（Li，2002；Li et al.，2009）。尽管个体小有优势，但也存在明显的劣势——更易被微型浮游动物取食，如微型异养鞭毛虫、甲藻和纤毛虫等（Massana，2011）。

海洋浮游植物中其他重要的原核生物是固氮蓝细菌，包括束毛藻属（*Trichodesmium*）——一种主要分布在热带和亚热带区域的丝状蓝藻，以及在温带或更广泛分布的单细胞固氮蓝细菌（Zehr，2011），主要是鳄球藻属（*Crocosphaera*），直径为 3～5μm，以及亚微米大小的"A 组"蓝细菌，这种蓝细菌只有极小的基因组，缺少其他蓝细菌和其他光能营养中常见的关键代谢途径，如三羧酸循环（Zehr and Kudela，2011）。由于这种基因组极为精简，科学家推测，A 组蓝细菌不是自生生物，而是共生的，其潜在宿主可能是单细胞的定鞭金藻（Zehr and Kudela，2011；Thompson et al.，2012）。

海洋蓝细菌对氮循环的贡献仍然是个未知数，因为人类对它们的分布与丰度所知甚少，还有很多的固氮生物在不断被发现。尽管如此，蓝细菌的固氮能力可达 2800 万 t/年（Gruber and Sarmiento，1997）。这种能力足以支撑贫养海域其他浮游植物的生长，并能通过洋流传输到很远的地方。

硅藻是真核浮游植物中的一个重要分类群，约占海洋和全球初级生产力的 40% 和 25%（图 16.1A；Nelson et al.，1995）。从丰度与分布的角度来说，这个相对年轻的进化枝极其成功，无论是在海洋还是在淡水环境（Smetacek，1999）。由于具有厚重的硅藻壳和高沉降速率，硅藻在固碳方面极具效率：很大一部分硅藻固碳被封存在海底（Smetacek，1999）。

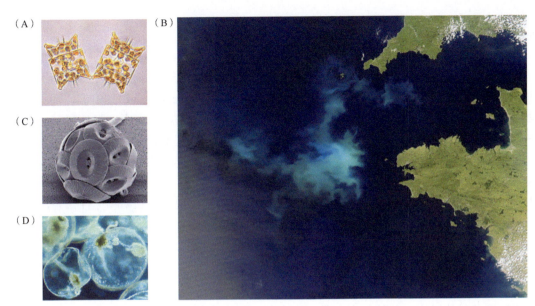

图 16.1　选定浮游植物的图像。（A）硅藻金色奥杜藻（*Odontella aurita*）。（B）颗石藻在法国布列塔尼沿海暴发。（C）深海颗石藻（*Coccolithus pelagicus*）。（D）甲藻夜光藻（*Noctiluca scintillans*）（图片 A 由 Richard A lngebrigsten 提供；图片 B 由 Jacques Descloitres 提供；图片 C 由 Richard Lampitt 和 Jeremy Young 提供；图片 D 由 Maria António Sampaya 提供）

　　哪些性状使硅藻如此成功？与其他主要海洋浮游植物相比，硅藻的生长速率较高，这使它们能够对养分波动做出快速响应，在营养物质丰富时迅速暴发（Litchman et al.，2007；Edwards et al.，2012）。与其他类型生物（如甲藻）相比，硅藻对无机营养物的竞争能力也更强（Litchman et al.，2007）。两种海洋硅藻的已测序基因组表明，这两种硅藻通过基因转移，从细菌身上得到了许多基因（Tirichine and Bowler，2011），甚至还通过次级内共生事件，从古绿藻和红藻中获得过基因（Tirichine and Bowler，2011）。其基因来源的多样性使其能够适应不同的环境条件，从而更加成功。

　　颗石藻在大多数海域也有广泛分布，一些物种，特别是赫氏艾密里藻（*Emiliania huxleyi*），能够暴发规模巨大的藻华，以至于在太空中也能看到（图 16.1B）。颗石藻的一个显著特征是其具有碳酸钙鳞片，即颗石（图 16.1C）。这些鳞片使其极易受海洋酸化的影响——鳞片会发生溶解，或者由于碳酸盐浓度的变化，需要更多的能量用于产生颗石（Beaufort et al.，2012）。从侏罗纪保存下来的大量颗石藻鳞片，在全球形成了很多白垩沉积，例如英格兰著名的多佛白崖。

　　由于大部分对颗石藻的生理研究采用的是赫氏艾密里藻，所以很难概括出颗石藻的普遍生态生理特征。基于对赫氏艾密里藻的实验和分布数据，颗石藻能够适应层化造成的低养分、高光照条件（Litchman et al.，2007；Vargas et al.，2007）。颗石藻，可能所有其他浮游植物，都有病毒寄生（见"食物网的复杂性：食植者与病原体"）。与其他大部分浮游植物类群相比，颗石藻被感染的周期和病毒特征都得到较好的研究。据推测，病毒对于颗石藻的种群动态，以及维持其单倍二倍性生命周期起着重要作用（Frada et al.，2008）。

　　在海洋浮游植物类群中，甲藻（图 16.1D）的一些物种以具有在沿海产生有害藻华（harmful algal bloom，HAB）的能力而广为人知。甲藻产生的强效神经毒素和肝毒素在高营养级生物中累积，对贝类产业和沿海生态系统产生负面影响（Hallegraeff，2010）。许多甲藻是混合营养生物，既能通过光合作用实现自养，也能摄食猎物异养，如细菌、其他浮游植物，甚至其他甲藻（Stoecker，1999）。通过旋转挥舞它的鞭毛，甲藻可以四处游动，并显著地垂直迁移。这种能够在富含养分的深水和具有充足光照的表层往返迁移的能力，使甲藻能够获得更多的必要资源。混合营养与垂直移动有助于甲藻抵消其对无机营养物和光照的竞争弱势（Smayda，1997；Litchman et al.，2007）。养分输入的增加会刺激甲藻毒素分泌，因此，人为造成的海洋生态系统富营养化会提高有害藻华的发生频率与严重程度（Anderson et al.，2008）。

浮游植物群落结构与维持多样性的基本原理

漫无边际的海洋与浮游植物短暂的生命，导致对浮游植物群落结构的时空采样非常稀疏（Paul et al.，2007）。此外，初级生产力的主要贡献者仍在不断被发现和描述（Cuvelier et al.，2010），而这些生物过程的物理驱动力也尚未被完全理解（Boyd et al.，2010）。但是，从群落结构的调查、野外和室内实验，以及相关理论中，仍然发现一些基本原理。我们将这些基本原理作为一个理论框架，将浮游植物群落的一些特征联系在一起：群落结构的环境驱动力以及由此产生的时空格局、多样性的维持、导致物种或生态型差异的功能性状，以及浮游植物群落的数学建模等。与大型底栖生物相比，浮游植物较小的体型以及较快的周转率，使在自然条件下观察物种间相互作用十分困难；此外，浮游植物的快速生长率和无性繁殖，能够使我们在系统封闭的实验室和中型实验生态系中，研究其生态生理和物种间相互作用的长期结果，而这对于在底栖生境中一项研究仅能观察一个或几个世代来说是个反例。

资源与捕食者对细胞大小和群落的共同约束

浮游植物群落结构最突出的特征之一是生产力与细胞大小的分布之间的关系。随着系统生产力（通常以总叶绿素 a 衡量）的提高，细胞大的浮游植物物种丰度相对较大，而细胞小的物种丰度相对减少（图 16.2；Agawin et al.，2000；Li，2002；Marañón et al.，2012）。大体上，在绝大部分贫养条件下，优势种是较小的微微型浮游植物，而叶绿素 a 的增加与大小分布的扩大有关；随着生产力的增加，较小个体类型的增长趋平或下降（Chisholm，1992；Li，2002；Goericke，2011；Marañón et al.，2012）。与温带或沿海的高生产力区域相比，这种格局在如副热带环流的贫养区域最为常见（Chisholm，1992；Kiørboe，1993），但其发生的时空尺度差异很大。例如，随着时间推移，能够从近海（Goericke，2011）逐渐跨越整个南亚热带区域（Bouman et al.，2010）及大西洋西北部（Li，2002）。

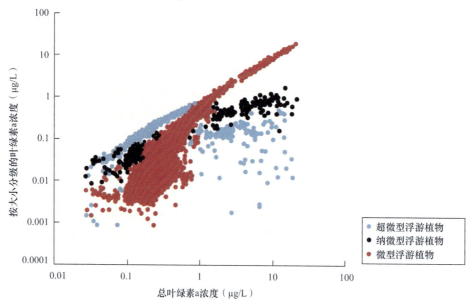

图 16.2 全球汇总的按大小分级的叶绿素 a 测量值与总叶绿素 a 值。超微型浮游植物大小为 0.2～2μm（如原绿球藻）、纳微型浮游植物为 2～20μm（如颗石藻），以及大于 20μm 的微型浮游植物（如较大的硅藻）（仿自 Maranon et al.，2012）

影响个体大小与生产力之间关系的机制是什么呢？养分限制看起来是首要驱动力，并得到了最广泛的关注。由于强烈的全年层化作用，副热带环流的优势种以微微型浮游植物为主，并且长期受养分约束，而养分补给充足的地方，如在上升流和温带以及两极地区季节性藻华发生时，大型细胞的物种占优。有人提出，大部分海洋生物学的差异是受湍流驱动的，如图 16.3 所示（Margalef，1978；Cullen et al.，2002）。生物将营养物质转化为生物量，并逐渐沉降，离开透光带。因此，浮游植物所受养分限制的强度，很大程度上取决于湍流或上升流将富含养分的深层海水带上透光带的能力。湍流和养分补给两个因素就这样驱动着浮游植物群落的总生产力及大小结构（Cullen et al.，2002）。

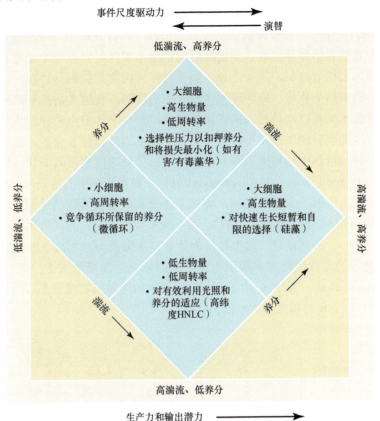

图 16.3 湍流、养分与生态系统结构之间的关系。总体上，高湍流与高养分供给有关，这种相关性在横轴上表示。低湍流、低养分时，如典型的贫养区，细胞小的浮游植物占据生产力的主导地位，对养分的竞争激烈，由于微型浮游动物的取食和细菌的再矿化，养分在系统快速地循环；高湍流、高养分时，如典型的沿海和混合良好的开放大洋区，以细胞大的浮游植物为主，生长可以是快速并短暂的，但循环较少，更多的生产力沉降到底层。图中的纵轴描述的是湍流与养分供给无关的条件。高湍流低养分发生在混合良好但铁为限制因子的水域，如南大洋，在这种条件下，生产力同时受到低养分和低光照的抑制［HNLC（high nutrient low chlorophyll）是指高养分、低叶绿素受铁元素约束的海域］。低湍流、高养分发生在层化期间富营养化的沿海，常常会促进甲藻的"赤潮"暴发。这些藻华通常具有毒性，可能是因为高养分和高光照的结合，有利于分泌抑制竞争者和阻吓植食者的他感物质的物种（仿自 Cullen et al.，2002）

为什么增加养分补给使大细胞浮游植物受益？理论上，大细胞更应受营养约束，因为营养物质的分子扩散到细胞表面的速率与生长所需的营养量不匹配（Munk and Riley，1952；Pasciak and Gavis，1974）。这一观点也得到室内实验的支持，无论是对附近的氮或磷的吸收，都随着细胞增大而减弱（Iambi et al.，2009；Edwards et al.，2012）。因此，营养约束会使小细胞受益。有人认为，占优势的微微型浮游生物——原绿球藻的细胞大小已经达到作为光合自养生物的下限（Raven，1998）。然而，即便增加营养供给能够缓解大细胞在摄取养分上的劣势，但仍无法解释为什么大细胞在任何条件下都能占据优势。除了在营养竞争中处于劣势，在资源饱和状态下，大细胞的光利用效率较低（Finkel，2001），沉降速率更快（Kiørboe，1993），生长也更为缓慢（Edwards et al.，2012）。

最具说服力的假说认为，大型浮游植物在高生产力下的持久性，是资源和食植者对群落共同约束造成的。小型浮游植物主要被较小的鞭毛虫和纤毛虫所取食，而后者的繁殖速率至少与其猎物一样快，使生产量与消费量之间产生强烈耦合；平均而言，在贫养的热带和亚热带系统，75% 的初级生产力被微型浮游动物所取食（Calbet and Landry，2004）。而大型浮游植物主要被后生动物中的中型浮游动物所取食，如桡足类，其一个世代以数周计（Riegman et al.，1993）。因此，个体大小影响的植食活动对不同大小的浮游植物之间的相互作用具有两个重要影响：大小不同的浮游植物被不同大小的食植者所取食，而不同大小的浮游植物被具有不同种群动态时间尺度的食植者所进食。尽管这两个作用是相关联的，但在概念上是有区别的，我们将分别予以讨论。

不同大小浮游植物的不同捕食者的重要性，可以通过大小级别对资源竞争的简化模型进行观察，如图 16.4（Armstrong，1994）所示。在资源供给率极低的情况下，只有最小的浮游植物可以维持，但其生产力太低，难以支撑一个食植者的种群。进一步增加资源供给水平，可以使一个食植者保持存在，而浮游植物生物量从资源控制转为食植者控制。除此之外，如果对浮游植物的控制保持在一个恒定的水平上，增加资源供给水平会增加食植者的生物量。随着资源供给水平的增加，食植者的控制能够提高周边环境的资源水平，并最终使得该资源水平足以维持更大的浮游植物，尽管与个体最小的浮游生物相比，它是一个资源竞争劣势者。再进一步地提高资源供应水平，会使更大浮游植物的食植者介入，进而提高浮游植物的大小级别及其捕食者，从而导致群落中物种大小分布的多样性。尽管该模型极其简化，但更为复杂的模型依然显示了类似的模式（Fuchs and Franks，2010；Banas，2011），而且其产生的格局与一些普遍的经验、观察相吻合。特别是，大小决定了资源—食植者机制，解决了这个看似自相矛盾的难题——在大多数情况下，群落总生产力是受资源限制的（Cullen et al.，2002），而在大多数系统中，食植者消费了大部分或接近全部的初级生产力（Calbet，2008）。换句话说，这解释了为什么自下而上与自上而下的控制都很强烈。此外，随着生产力的提高，有更多的浮游植物大小级别出现，从而拓展浮游植物大小分布，也与这一机制相一致（Chisholm，1992；Marañón et al.，2012）。由于不同大小级别的浮游植物受到不同因素的约束，如食植者的大小区别，按照大小分别取食就可以维持大小的多样性。

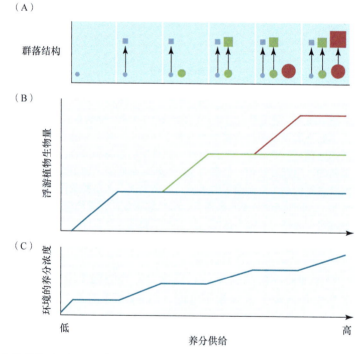

图 16.4 一个由食植者和养分供给水平共限制的大小结构的浮游植物群落模型。（A）群落结构随养分供给水平增加而发生变化。圆圈代表浮游植物大小的等级，方块表示食植者的大小等级。（B）（如相互叠加的线条所示）浮游植物生物量随大小等级加大而增加，最上面是环境养分浓度。开始，养分供给水平过低，不足以支撑浮游植物的生长。随着（养分）供给水平的增加，最小级别的浮游植物可以维持。随着这一级别浮游植物丰度的增加，最终使该浮游植物的种群足以支撑一个食植者，此时，浮游植物开始受食植者约束。（C）进一步增加养分供给水平导致更高的环境养分浓度，最终允许更大的浮游植物等级维持，循环得以继续（仿自 Armstrong，1994）

上述模型假设群落是处于平衡状态的，但是，海洋初级生产力往往会在瞬间暴发，产生大量生物量，而且以大型的浮游植物物种为主（Cullen et al.，2002）。而这些大型浮游植物往往被生长缓慢的后生动物所取食，因此下列顺序对于藻华暴发很重要：

1）资源开始变得丰富：从上升流开始，冬季深层混合后开始层化，夏季时分层被打破，中尺度涡旋上升流激发的营养跃层等；

2）浮游植物所有大小级别的生产力都增加，但小型浮游植物被其食植者紧密控制，而较大的浮游植物的大小级别继续增加，这是由于繁殖相对缓慢的食植者控制的暂时滞后造成的（见第 15 章的图 15.4A 和 B）；

3）由于养分耗竭，藻华暴发停止，大量大型藻华物种从透光带下沉（Irigoien et al.，2005）。

因此，暂时的高生产力条件给大型浮游植物带来双重受益，资源丰富足以维持它们的生存，而其捕食者暂时很少。

关于浮游植物大小结构与生产力的讨论常常侧重于湍流对养分限制和养分供给的影响。然而，需要记住的是，高生产力需要养分和光照（Sverdrup，1953）。在温带和两极的生态系统中，冬季光照的约束使得小型浮游植物占优（Riegman et al.，1993；Clarke and Leakey，1996；Fiala et al.，1998；Widdicombe et al.，2010），而一旦日照时间变长，富营养水体开始层化，缓解光照约束，大型浮游植物开始逐渐占优，这说明了光照约束的重要性。

光照与养分可供性梯度

浮游植物群落普遍存在垂直结构，这是因为光合作用所需的光线自上而下进入水体，而光照驱动的生产力会消耗海水表层的养分，而且，太阳辐射输入的热能与风驱动的混合导致了湍流与水体层化。这些过程都产生了光与养分可供性的垂直梯度，从而影响所有浮游植物生态系统（Klausmeier and Litchman，2001）。除了这种垂直梯度，光与养分可供性的变化也随时间推移而发生规律性的变化。在有季节性分层变化的区域，光照在冬天表层水混合更深时对生产力的约束更大，而在夏天，由于水体层化，养分对生产力的约束更高（Longhurst，1995）。这种时间格局在空间上也可以找到对应的例子，例如物理驱动力的纬度变化使得低纬度地带的系统受营养约束更持久（Cullen et al.，2002）。

光照与养分的相对可供性如何影响浮游植物群落？尽管直接证据不多，但有理由相信，对光照与养分的竞争能力存在功能性的权衡（但不同看法见 Sunda and Huntsman，1997）。如果存在这样的权衡，竞争物种之间就有可能产生垂直生态位的分化，但这种可能性主要取决于湍流和层化的规模。在混合良好的层，湍流能够消除物种分布的垂直差异，这种差异是物种的运动能力或在不同水深的生长差异造成的。理论表明，在缺乏资源供给异质性的情况下，如果光照和某个单一营养元素是限制因子，而每个物种都是光照或该营养元素的良好竞争者，最多只有两个物种能够共存（Huisman and Weissing，1995）。在层化的情况下，通常表层的湍流较高，而深水混合较差（Wunsch and Ferrari，2004）。这些条件为物种分布的垂直分异提供了机会。分层水体的竞争模型显示，这些条件可能产生的结果非常复杂，包括替代稳定状态（见第 14 章），取决于光照、养分输入，以及混合层的深度（Yoshiyama et al.，2009）。在贫养和中营养条件下，由深度调节的物种能够适应低光照，可以在温跃层下方的深水生活，与在上方混合层适应于低营养浓度的物种共存，如图 16.5A 所示（Yoshiyama et al.，2009）。这些预测与对分层深水浮游植物群落的观察所一致，在温跃层附近叶绿素浓度达到最大值，与表层广泛分布混合层的生物组合形成显著差别（Furuya and Marumo，1983；Venrick，1999；Landry et al.，2008）。广泛分布的原绿球藻的生态型之间也有类似的垂直差异，具有在不同深度的"高光"和"低光"的进化枝，在实验室内也呈现不同的光利用生理策略（Moore and Chisholm，1999；Bouman et al.，2006；Zwirglmaier et al.，2008）。

这些格局表明，生态位沿环境垂直梯度分化对维持浮游植物群落的多样性具有重要意义，特别是在湍流降低的情况下，尽管其分化程度还有待深入了解。Venrick（1999）发现，在北太平洋中部，群落可以分为浅、中、深三组，其中浅层组分布范围较广，而中层组与深层组较窄，且其丰度的峰值都在 100 米以下（图 16.5B）。有趣的是，这些组与特定分类单元并无强烈关系，这表明通常被视为不同功能类群的分类单元之间的功能存在重叠。群落的垂直结构有可能完全由不同深度、不同物种的生长与死亡率差异造成，但在分层时运动生物优势的增加表明，通过游泳或浮力主动地调节深度可以使这些"成层者"选择它们最适应的深度（Cullen and MacIntyre，1998）。此外，尽管一些物种会维持相对稳定的垂直位置，但其他一些物种会在光照充足和养分丰富的条件之间来回迁移，无论是昼夜移动或是更长时间尺度，从而使养分吸收和光合作用不产生冲突（Cullen and MacIntyre，1998）。因此，要掌握垂直环境梯度在塑造群落和维持多样性方

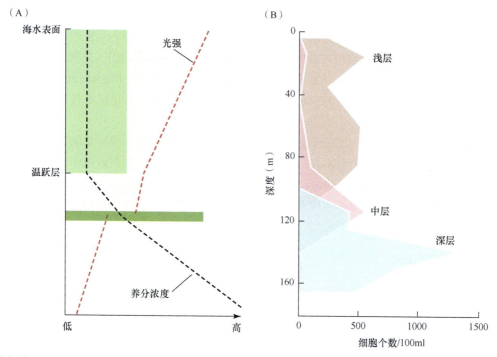

图16.5　光照与养分可供性梯度导致的垂直群落结构。（A）在混合良好的表层的营养受限物种（浅绿）与混合较差深水中受光约束能够成层的物种（深绿）可以共存的例子。（B）北太平洋中部的浅层、中层和深层等功能群的丰度（B 仿自 Venrick，1999）

面的作用，就需要同时权衡多个要素：对光照与养分有效利用的投入，允许不同物种在不同深度具有相对优势；不同的运动成本（Striebel et al.，2009）；以及移动与成层的适应和成本。

可用光垂直梯度的普遍存在，及其对养分可供性的影响，在一定程度上体现了光在季节性系统中的时间变化。在高纬度系统，冬季湍流的增加和隔离的减少会导致生长的光约束（Sverdrup，1953），而在夏季，层化缓解了光约束，浮游植物群落摄取养分使其降低到限制水平，也会产生上述的垂直结构。与在层化过程中坚持在深层的策略相比，在湍流混合时的坚守，既要忍受低平均光照水平，还要忍受瞬时强光照导致的光约束而降低光合作用（Cullen and MacIntyre，1998；Key et al.，2010）。通常，冬季和夏季的群落结构不同（Fiala et al.，1998；Widdicombe et al.，2010），这说明光照与养分的季节变化是群落结构变化和维持功能多样性的原因之一。英吉利海峡西部的一个功能性状变化研究，为资源限制季节性变化的重要性提供了一个机理性的证据。该研究发现，对低光照耐受性高的物种，在冬季的光约束中更易生存，而适应高硝酸盐浓度的物种在夏季层化时相对丰度增加（Edwards et al.，2013）。

养分比与固氮

养分限制和共限制　从广义上说，海洋初级生产力或是在低纬度长期受养分限制，或是在高纬度受季节性养分限制。历史上，氮一直被视为最重要的限制性营养元素（Howarth，1988）。然而，近几十年来，人们逐渐意识到营养元素的限制作用非常复杂，氮、铁和磷等限制随时空发生变化，而多营养元素与光照的共同限制普遍存在（Arrigo，2005；Saito et al.，2008；Deutsch and Weber，2012）。在南大洋、北太平洋、赤道东太平洋的大面积海域，硝酸盐浓度高而叶绿素浓度低，在这些海域的中等尺度添加铁实验发现，生产力受铁元素的限制（Boyd et al.，2007）。对磷限制的强度有争议，但在地中海东部，大量证据表明存在磷限制（Krom et al.，2010），而大西洋大部分地区的高氮磷比表明广泛存在的磷限制，可能受固氮的驱动（Deutsch and Weber，2012）。多营养元素或营养元素—光共同限制的证据，使确定单一营养元素限制生产力的问题更加复杂化。

值得一提的是，"共限制"（co-limiation）这一术语被用于描述多种现象，因此需要予以区别（Arrigo，2005；Saito et al.，2008）。如果对种群增长作用的两个营养元素遵从利比希最小因子定律（Von Liebig，

1840)，那么种群的增长仅受限制性更强的营养元素的约束，只有在养分供给比例达到两个元素恰好都起限制作用的时候，才会发生共限制。这时，仅在两个营养元素都增加的时候，生长才会增加（Arrigo，2005）。一些证据表明，氮和磷，以及铁和磷之间的相互作用符合这一规律（Rhee，1978；Mills et al.，2004）。养分供给似乎很难达到共限制的确切平衡点，但是，如果细胞能够调节其获取这两种资源的相对投入，那么理论显示，细胞调整到受共限制时，是最优投入（Klausmeier et al.，2007）。此外，正如下面所讨论的，竞争会驱动群落结构向单一物种受共限制发展。

共限制的第二个含义是指，在两个资源相互作用时，增加其中一种资源的供给水平会降低对另一个资源的需求，或者降低一个资源的供给水平，会提高另一个资源限制的程度。而就资源对生长的影响而言，是部分或可以完全替代的（Tilman，1980）。这对铁和光照，以及铁和氮的关系来说是适用的（Saito et al.，2008）。在第一个例子中，铁是参与光合作用的蛋白质所必需的（Sunda and Huntsman，1997）；而在后者的例子中，铁是合成硝酸盐的酶所必需的（Maldonado and Price，1996）。

要理解影响群落结构的原因，以及群落如何决定整个生态系统过程，就必须在考虑物种间相互作用的基础上，综合考虑营养元素限制的复杂性。对浮游植物竞争的传统理论分析的前提假设是简单的利比希定律类型的营养限制（Tilman，1982）。在这些条件下，营养供给处于稳定状态，如果每一个物种都对其中一个资源的需求低于另一个物种，而对其相对需求较高的资源消费较多，两个物种有可能共存（Tilman，1982）。对多种资源的竞争是重要的，因为，除了其自身维持功能多样性的能力，竞争还是造成整个群落生产力受到共限制的普遍机制，即便某些单一物种不受共限制（Danger et al.，2008）。例如，如图16.6A所示，在起初，共有5个物种的组合，对氮与磷的需求表现出一种平衡。如果氮：磷供应率较高，两个对磷需求较低的物种共存，但其中一个受氮限制，而另一个受磷限制（图16.6B）。该群落的营养实验发现，无论添加氮或磷都会造成生产力的短暂提高，而同时添加氮和磷会使两个物种数量都增加，从而使生产力得到更大提高。相似的现象在低氮：磷比下也会发生（图16.6C），只不过这时，群落中剩下的是两个对氮竞争优势相对较强的物种。因此，受功能权衡限制的物种之间对资源的竞争会选择接近共限制点的物种，从而导致整个群落的生产力受到共限制。这种预测与群落中添加氮或磷的观察一致，都会使生物量提高，而同时添加二者，会使生物量增加更多（Elser et al.，2007）。对南极硅藻竞争氮和硅的野外和室内实验也支持对营养物质利用权衡的预测（Sommer，1986，1988）。

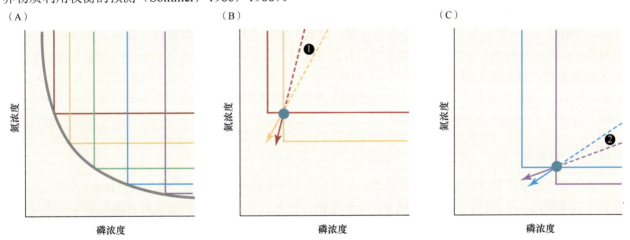

图 16.6 多营养元素约束下竞争驱动的物种配置与群落共限制。（A）五条彩色线条分别表示5种生物的零净增长等值线（zero net growth isocline，ZNGI），显示了氮（N）和磷（P）需求量的权衡。零净增长等值线表示的是一个物种的生长率与损失率达到平衡时每种营养元素的浓度。灰色曲线表示的是假设的权衡关系。（B）当N和P的供给比率如点1所示，红色和黄色物种共存。箭头表达每个物种对这两个营养元素消耗率的矢量，虚线所夹锥形是可以使这两个物种共存的养分供给点的集合，而资源浓度的平衡点是ZNGI相交的地方（Tilman，1980）。由于每个物种受到不同营养元素的约束，聚合群落是受共限制的。（C）当N和P的供给比率如点2所示，蓝色和紫色物种共存

固氮 浮游植物固定大气中的氮是一个全球性的重要过程，它影响着多个生物地球化学循环，以及群落的相互作用（Zehr，2011）。海洋中的氮固定（生物固氮）大部分发生在温暖的贫养水域（Luo et al.，

2012），研究较充分的主要是丝状蓝细菌中的束毛藻，以及其他一些新发现的蓝细菌，其中一些可能是大型浮游植物的共生体，如硅藻（Zehr，2011）。固氮规模的调节主要取决于固氮生物与非固氮生物之间的相互作用。有人认为，固氮的代价是低生长率（Tyrrell，1999），以及对铁和磷的更高需求（Mills et al.，2004），从而使固氮生物在非氮约束时处于竞争劣势。因此，在极度氮约束条件下，固氮生物会大量繁衍。

模型显示，固氮生物与非固氮生物之间的相互作用会使海洋的氮、磷比例达到自稳调节（Tyrell，1999；Lenton and Klausmeier，2007）。如果氮：磷供应率低，固氮生物的丰度会增加，从而通过氮的流出和固氮生物生物量的循环提高氮：磷比例，并间接地破坏原本对自己有利的条件（图16.7）。通过这种负反馈，群落能够进入一个平衡态，当氮成为非固氮生物的限制因子，而磷限制着固氮生物时，通过控制固氮生物与非固氮生物之间达到平衡所需的固氮量，从而实现总生产力的平衡（Tyrell，1999）。

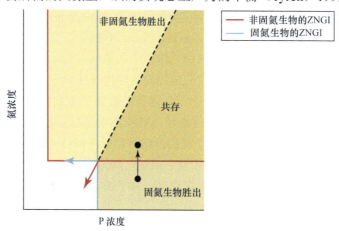

图 16.7 固氮生物与非固氮生物之间的竞争和促进作用导致了共存和 N：P 的稳态调节。红线表示非固氮生物的零净增长等值线（ZNGI），蓝线表示固氮生物的 ZNGI，表明其不需要 N，但比非固氮生物对 P 的需求量更高。箭头表示每个物种对这两种营养元素消耗率的矢量。黑点表示固氮作用对 N 供给与竞争的影响：如果 N 供给的起始点较低，不足以支撑非固氮生物，固氮生物就会占优，导致系统内的 N 累积，从而改变该区域的养分供给比例，使非固氮生物与其共存。环境资源水平的平衡则将由这种相互作用来调节，在 ZNGI 交叉处达到平衡

这种机制是竞争优势种（这里是指氮约束条件下的固氮生物）促进弱者共存的一个重要例证（图 16.7；Gross，2008）。这一机制在室内实验中得到证明，固氮生物和非固氮生物存在相互竞争，而氮和光照都是限制因子。在高光照条件下，由于固氮生物具有竞争优势，浮游植物生长受氮约束，但固氮生物并不能排除非固氮生物，这是因为固定氮的流出；而在低光照条件下，固氮生物会被非固氮生物所排斥（Agawin et al.，2007）。在自然群落中，固氮生物主要受固氮所需的铁和其他资源供给以及间隔遥远的海域间水体传输能力的调节（Deutsch and Weber，2012）。

非平衡动态变化

由于非生物条件昼夜和年际的周期性变化，以及诸如中等尺度的涡旋和罗斯贝波（Rossby wave）所导致的不规则变化，浮游植物生活的环境处在不断变化的状态之中。这种外源变化对群落与生态系统过程的影响尚未得到完全了解。从生态系统尺度来看，群落的变异性可能会被减弱，这是因为总有群落的不同组分会在不同的环境条件下生长茂盛（Norberg，2004）。另外，非生物条件的变化，与复杂的生物间相互作用相结合，会导致混乱的种群动态变化（Huisman et al.，2006）。本小节将首先关注允许生态位暂时性分化的环境变化，然后讨论浮游植物生态系统的无序动态变化。

资源供给变化下的群落动态 当限制性资源的供给水平发生波动时，消费者可能会选择不同的策略予以维持。Sommer（1984）通过室内实验研究了淡水浮游植物如何应对磷供应的变化而相互竞争，他提出，浮游植物在营养元素供给水平波动时有三个策略可供选择：营养丰富时快速增长的"速度"策略；养分缺乏时有效利用资源的"亲和"策略；以及体内养分快速累积，随后在环境供给水平衰减时依靠存储的营养物质维持生长的"储存"策略。Sommer 发现，如果磷供给水平处于波动而非恒定速率时，更多物种可以共

存（图 16.8；Sommer，1984）。这一结果表明，在波动环境中存在多种资源利用策略，有助于维持浮游植物的多样性。室内实验也得到了类似的结果，在养分供给发生变化的条件下，竞争排斥的速率降低（Turpin and Harrison，1979；Cermeño et al.，2011）。

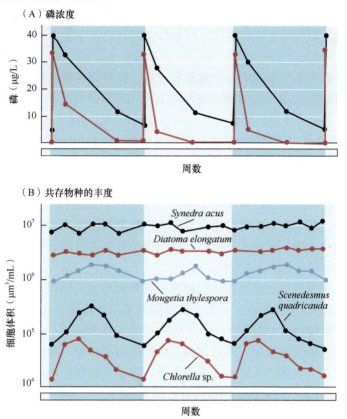

图 16.8 通过磷供给水平脉冲式波动达到共存的实验演示。从康斯坦兹湖接种的浮游植物群落在恒化器中培养，用不含磷的流质以每天 0.3 的速率稀释，然后每周仅添加一次磷。（A）总磷浓度（黑色）和可溶性活性磷浓度（红色）。（B）五种共存物种的细胞体积：振荡变化的物种有 *Mougetia thylespora*、四尾栅藻（*Scenedesmus quadricauda*）和小球藻（*Chlorella* sp.），稳定的物种是尖针杆藻（*Synedra acus*）和延长等片藻（*Diatoma elongatum*）（仿自 Sommer，1984）

　　海洋环境变化的共同来源可能会导致群落的生态位分化，即速度/亲和/储存等不同策略。在季节性强的系统，春季藻华是浮游植物在高养分供给下暴发式增长的时期，随后是维持养分限制的分层时段。在较小的时间尺度上，上升流，继之以张弛、中尺度涡旋和罗斯贝波等，都会导致断断续续的营养波动（Litchman，2007）。这些基于不同机制的营养物质波动对群落结构的影响可能取决于养分输入的规模、持续时间和频率（Sommer，1984；Grover，1991；Litchman et al.，2009；Edwards et al.，2013）。对于以中等频率（一到数周）出现的相对较大的养分脉冲，储存策略较为适宜，因为在这种条件下，养分输入的时间与所储存养分被使用和耗竭的时间尺度相似（Grover，1991；Litchman et al.，2009；Edwards et al.，2013）。在这些条件下，储存策略可以与营养限制最大时效果最佳的亲和策略共存（Edwards et al. in review）。而在大量不寻常的养分输入下，如造成每年一度的藻华，速度与亲和策略可能导致共存，因为在一段时间内有多个世代快速生长，继之以长期的营养约束（Edwards et al.，2013a）。这个预测在英吉利海峡西部的功能性状变化得到证实，最高生长率的物种在氮约束时相对占优，而具有较高硝酸盐亲和力的物种在氮约束时更具优势（Edwards et al.，2013b）。营养供给波动还有助于解释大细胞物种的生存，因为它们有较高的硝酸盐储藏能力（Stolte et al.，1994；Litchman et al.，2009）。光照强弱的波动还会促进多种浮游植物物种的共存（Litchman and Klausmeier，2001），因为在光照处于平衡态时，最佳竞争者可以与竞争劣势但生长更快的物种共存（Litchman and Klausmeier，2001；Litchman，2003）。

　　相对竞争能力的时间波动 上述部分考虑的是单一限制资源供给变化的重要性，其中一些适应，如速度或储存策略，可以使一个物种，即便是竞争劣势者，在处于资源受限的条件下得以维持。暂时性生态位分化的另一种补偿机制是竞争优势的时间变化（Chesson，2000）。这可能是由多种机制造成的。多限制资源的相对供给可能随时间发生变化，前面所讨论的光照与养分可供性的季节性变化，就是这样一个例子；也有可能是对单一资源的竞争力，如在淡水硅藻中发现的，对硅的竞争能力取决于温度（Tilman et al.，1981）。这会导致优势种受到温度的调节而产生时间变化。对这些驱动群落结构和维持多样性的机制进行更加严格的检验，需要定量分析共同生活物种在不同条件下的相对竞争能力，并结合模型研究现实环境波动下的竞争动态。

种群周期与混沌 理论生态学早期的一个重要观点是，物种间的相互作用，特别是捕食者—猎物间相互作用，会导致种群的持续波动，即便是在外部环境没有发生变化的情况下（Lotka，1925）。在一定条件下，这些波动会产生"混沌"的动态变化，即种群发生不规律的波动，并对初始条件极其敏感（Hastings et al.，1993）。区分浮游植物生态系统中的食物网动态与混沌概率是一项艰巨但极其重要的任务。但是，种群波动的性质具有许多含义。如果物种间相互作用导致的丰度变化无法用环境条件给予很好的解释，就会影响我们最终生态建模的能力。特别是浮游植物常常出现暴发—萧条的动态变化，造成生态系统过程的脉冲，例如从透光带的碳输出（Karl et al.，2012）。由于在高时间分辨率上采样的困难，以及浮游植物食物网的巨大多样性和复杂性，海洋浮游植物生态系统的捕食者—猎物周期和混沌尚未得到很好的研究。此外，海洋生态系统强烈的物理驱动力也表明，捕食者—猎物间相互作用导致的种群波动也必然与外部环境驱动的波动相结合，共同导致了我们所观察到的动态变化。

近来的理论研究和实验室研究已经开始关注浮游植物食物网的周期和混沌。对从波罗的海分离出的浮游植物微型生态系统，Beninca等（2008）分析了其为期八年的食物网变化，从中发现了混沌波动的证据。尽管环境是相对稳定的，但食物网大部分组分都会发生15～30天的振荡；而且这些振荡并非随时间推移规律性地变化，从而导致混沌的动态变化，难以预测其数周之后的结果。浮游植物资源竞争模型也显示，对多种资源的竞争，以及在混合较弱的水体中发生的竞争，也会导致种群混沌的动态变化，从而增强多样性的维持（Huisman and Weissing，1999；Huisman et al.，2006）。

食物网的复杂性

由于物理驱动力在决定生产力和群落结构上的强烈影响，生物海洋学历来强调资源限制对浮游生物群落的作用（Cullen et al.，2002）。然而，人们已经开始认识到，在大多数情况下，绝大多数初级生产力被食植者所消耗（Calbet and Landry，2004）。因此，对浮游植物群落结构随时空发生变化的理解，需要了解营养的相互作用（Verity and Smetacek，1996）。本小节将主要讨论浮游植物与食植者相互作用的关键方面，以及混合营养（既能光合作用也能利用能量的有机来源或养分）、异养细菌与病原体的相互作用，这些因素共同作用产生了一个复杂的浮游生物食物网。

食植者与病原体 研究大型海洋、淡水和陆地生物的生态学家已能绘制出一个描述性的食物网关系，有的甚至能够达到属或物种的级别（Dunne et al.，2002）。由于鉴定微生物，确定不同物种和观察原位消耗的困难挑战，尚未有这样的一个海洋浮游生物食物网。尽管如此，越来越多的证据表明，浮游生物食物网的结构与动态存在很多基本原理。其中一个很好理解的原理就是，大型生物倾向于取食更小的生物，捕食者与猎物的大小比率在10∶1到100∶1之间（Kiørboe，1993；Fuchs and Franks，2010；Banas，2011）。尽管大小决定的捕食是一个有用的基本原理，但营养关系中仍存在大量变化，不能被异速生长尺度原理（allometric scaling rule）所解释。例如，一些甲藻能够取食比它们自身还大的硅藻（Calbet，2008），而一些浮游被囊动物却取食仅为它们千分之一大小的微生物（Fuchs and Franks，2010）。此外，同等大小的浮游植物也并非同样容易被捕食。食植者利用化学诱导素判别养分质量或毒性，从而选择猎物（Tillmann，2004）。除了化学防御，浮游植物还具有形态防御功能，包括较大的体型、聚落、突触和黏液等；运动也能降低植食率（Tillmann，2004）。

对食植者易感性的变化使食植者能够控制群落结构，从而达到食植者调节下的共存，这在许多海洋底栖生态系统中都很常见，参见第9、13和14章中的例子。简单模型表明，在两个物种对同一资源竞争时，如果优势种更易被捕食，则二者可以共存（图16.9A；Leibold，1996）。捕食压力随生产力提高而加大，因为更多的资源输入能够支撑更大的捕食者种群。因此，该机制还表明，随着生产力的提高，抗捕食物种的相对丰度也会增加（Leibold，1996）。这种机制也被认为是一种"基石（物种）"捕食作用的模型（Leibold，1996）；在微生物系统中，该机制常常被称为"杀死赢家"（kill the winner），异养细菌实验也支持这一理论（Winter et al.，2010）。然而，值得注意的是，"杀死赢家"的动态变化还会产生一种涉及专性捕食者的独特机制。如果多个相互竞争的猎物分别被不同的专性捕食者所取食，那么，其中某个猎物物种丰度的突然增加，会使其专性捕食者也增加，从而使其自身数量下降。因此，专性捕食者的存在能够极大地维持多样性，因为每个猎物物种都受其专性捕食者的控制，从而使大量物种共存，否则相似物种会相互竞争（图 16.9B；Winter et al.，2010）。在浮游植物和原生生物食植者之间存在着一些这种专性取食关系的例子（Tillmann，2004），但这种机制可能在浮游植物与病原体的相互作用中显得更为重要。海洋浮游植物的病毒往往具有宿主特异性，通常只感染单一的浮游植物品系（Brussard，2004），并且有证据表明，能够感染其他甲藻的拟寄生物，也能进行相似的专性控制（Chambouvet et al.，2008）。

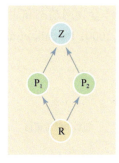
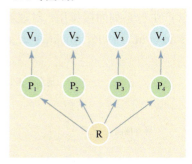

（A）关键捕食者　　　（B）专性天敌

图 16.9　自上而下控制群落结构和多样性的两种机制。（A）关键种捕食作用，其中顶级捕食者 Z（如一个广食性浮游动物）取食竞争同一资源 R 的两个浮游植物物种 P。如果其中一个浮游植物物种具有较强竞争能力，而另一个物种对捕食的抵抗力更强，二者就能共存。（B）专性天敌的调节。每个浮游植物都有一个各自不同的天敌 V（如一个宿主特异性的病毒），导致竞争同一资源的物种可以共存，理论上物种数量不受限制

需要注意的是，尽管捕食者与其他天敌能够降低其猎物之间资源竞争的程度，这种效应自身并不一定会促进被捕食者的多样性（Chase et al.，2002）。例如，如果在图 16.9B 中的群落中添加一个普食性食植者，而普食性捕食者会比专性捕食者提供更强的自上而下的控制，这就会通过竞争而降低浮游植物的多样性（Holt and Lawton，1993），在极端的情况下，甚至造成仅有一个抗植食的浮游植物物种幸存。总体来说，不同抗植食适应的效率，这些性状在资源竞争方面的成本，以及普食性和专性捕食者对种群控制的强度都基本是未知的，但对理解浮游植物群落功能变化的原因和结果至关重要。

混合营养及其与异养细菌的相互作用　从最广泛的意义上来说，混合营养生物与自养生物有显著的区别，它们能够通过光合作用之外的来源获取额外的还原碳，或者从无机物之外的来源获取营养物质（Glibert and Legrand，2006）。混合营养包括渗透性营养（osmotrophy），即直接从环境中摄取有机物分子，以及吞噬营养（phagotrophy）——从猎物或其他食物颗粒吸收营养。甲藻一般是吞噬性的，而这也加强了其在分层条件下的优势（Smayda，1997）。浮游植物物种间混合营养的总体情况尚不清楚，但近期研究发现，在北大西洋，大部分吞噬细菌是质体原生生物造成的（Zubkov and Tarran，2008），而大部分原绿球藻和聚球藻属都吸收有机物养分（Zubkov et al.，2003）。尽管人们对渗透性营养对自然界浮游植物养分的重要性所知甚少，但在贫养环境中，渗透性营养很可能满足了大部分营养需求，或是低光条件下能力的需求（Granéli et al.，1999；Zubkov et al.，2003）。渗透性营养还可能是群落结构的一个重要决定因素，因为物种和生态型利用特定级别有机化合物的能力各不相同（Moore et al.，2005；Dyhrman et al.，2006；Bronk et al.，2007）。

与纯自养生物或纯异养生物相比，混合营养生物是广适者。在对单一资源竞争时，这种普适性可能会造成竞争能力较低（Rothhaupt，1996；Raven，1997；Burkholder et al.，2008；Zubkov and Tarran，2008）。在贫养环境中，很大一部分总养分量存在于溶解有机质或异养细菌中，因此，既能够利用无机质，也能够利用有机养分的混合营养策略也许是成功的（Nygaard and Tobiesen，1993；Rothhaupt，1996；Zubkov et al.，

2003；Ward et al.，2011）。然而，混合营养在浮游生物食物网中的作用，以及混合营养生物与资源特化种共存的条件，要对这些问题做完整的解释是非常复杂的。混合营养是浮游植物和"微生物循环"耦合的一个来源，而微生物循环是溶解有机质通过异养细菌及其捕食者和病原体进入食物网的一个方式（Azam et al.，1983）。传统的看法认为，异养细菌和自养浮游植物之间的关系是互惠的，因为细菌能够从有机物中重新矿化营养物质，而浮游植物通过渗出和其他过程提供溶解有机质（Caron，1994）。然而，越来越多的证据表明，在贫养环境中，异养细菌可能受无机物营养物质的限制（Caron，1994；Elser et al.，1995；Mills et al.，2008）。在这种条件下，小型异养生物会成为养分的有效竞争者，并能从自养生物的固碳中获得补充，导致异养生产力的增加，而消耗自养生物（图 16.10；Bratbak and Thingstad，1985）。取食细菌的吞噬营养性浮游植物通过"吃掉竞争者"来改变其自身动态变化，并通过直接捕食和间接降低竞争者数量而促进自身的生长（Thingstad et al.，1996）。混合营养生物和纯自养生物之间的相互作用会导致相似的种团内捕食动态，因为混合营养生物能够在取食自养生物的同时，消耗无机营养物质（Ptacnik et al.，2004）。另外，混合营养可以在异养猎物补充量高时，成为再矿化无机营养物质的净来源。模型和实验都显示，这种精妙的食物网的竞争、捕食和促进关系能够产生一系列间接作用，对理解海洋食物网动态和生物地理学非常重要（Bratbak and Thingstad，1985；Thingstad et al.，1996；Stickney et al.，2000；Ptacnik et al.，2004；Crane and Grover，2010）。

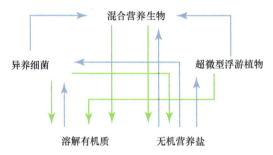

图 16.10　图示说明纯自养超微型浮游植物、混合营养生物和异养细菌之间相互作用的复杂性。蓝色箭头表示消耗，绿色箭头表示再矿化、渗出、死亡等产生的物质

全球变化

　　由于其在全球生物地球化学、气候及渔业生产力中的重要作用，浮游植物和其他海洋微生物对人类社会具有重要影响。浮游生物生态系统对环境变化的响应迅速（Hays et al.，2005；Chavez et al.，2011），但人类对浮游生物群落将如何应对持续人为影响的全球变化的理解和预测却相对滞后。二氧化碳排放量的增加可能对海洋生态系统造成多种直接和间接效应（见第 19 章；Ito et al.，2010；Passow and Carlson，2012；Gao et al.，2012；Raven and Crawford，2012），其对浮游生物生产力、群落构成与结构的净影响，我们却所知甚少。CO_2 浓度的增加会直接促进光合作用，还会通过温室效应导致温度升高。变暖会促进水体层化，从而减少营养物质的输入，并提高上层混合层的光照强度（光合有效辐射和紫外线）。CO_2 浓度的增加还会导致海水酸化，从而抑制一些分类单元的钙化过程，如颗石藻，而且 pH 的其他作用还会影响很多分类单元的生长。这些都是发生在全球尺度上的趋势，但区域变化也很重要，因为关键环境驱动力在区域尺度上发生变化，而且全球变暖将改变海洋和大气循环。最后，人为影响将会与其他环境变化相结合，包括年际和年代际变化的模式，如 ENSO、北大西洋涛动和太平洋十年际振荡等，以及更长时间尺度上的自然波动。

　　显然，许多关键的非生物要素是同时发生变化的，群落相互作用对这些多维变化的响应将会极大影响生态系统水平上的过程。而生态系统过程的变化将会反作用于物理和化学过程，减弱或加大人为驱动力。例如，预计全球变暖将增加水体层化，减少对透光带的养分输入，造成更多的贫养区，从而降低全球生产力（Polovina et al.，2008）。这一预测得到了全球生态系统模型在气候变化场景下的支持（Ito et al.，2010；Chavez et al.，2011），尽管近来的海洋时间序列显示，生产力的增长可能与十年尺度的环境波动相关，而非长期的定向变化（Ito et al.，2010；Chavez et al.，2011）。生产力的降低会减少对深海的碳输出，形成一个正反馈，即人为碳排放会降低海洋的碳沉降。从浮游植物功能多样性和物种相互作用的角度来说，这种效应会因浮游植物群落的大小和分类结构的变化而加剧。水体层化的增加会使超微型浮游植物比较大的硅藻更具优势，而硅藻则被认为是碳输出的主要来源，这是因为硅藻会暴发式增长，具有厚重的硅藻壳、颗粒聚集后更会加速下沉（Passow and Carlson，2012）。

颗石藻的特征使海洋碳通量对人为碳排放的响应进一步复杂化。颗石藻利用碳酸氢盐（HCO_3^-）形成其碳酸钙鳞片，沉降到透光带以下产生碳输出，并促进颗粒物的聚集和压载（Raven and Crawfurd，2012；Passow and Carlson，2012）。同时，钙化过程会改变总碱度，从而降低海水从大气吸收 CO_2 的能力。因为颗石藻对全球变化的响应的不确定性，对颗石藻碳输出的净影响仍未知。海洋酸化很可能总体上降低钙化速率，但会同时增强光合作用，而全球变暖会通过提高水体层化而使颗石藻的分布范围扩大（Raven and Crawford，2012；Passow and Carlson，2012）。

如果我们要建立一个对气候变化更好的预测体系，以预测海洋碳输出会对二氧化碳排放量增加做出如何响应，就需要更好地理解浮游植物群落结构的控制。关注其他一些问题，如有害藻华暴发频率的增加（Hallegraeff，2010），以及渔业产量的生产者群落的级联效应（Hays et al.，2005），需要对群落过程的机制有更多的了解。我们相信，要回答以上这些问题，以及决定浮游植物群落结构和维持这些群落物种多样性等基本问题，就必须进一步加强对功能性状关系的研究，并将性状信息与分布数据和时间序列数据整合并进行分析。研究食植者和病原体组合的多样性，并将其与自下而上影响相结合的新方法也非常重要。

致谢

本研究得到了美国国家科学基金会对 Elena Litchman[*]（DEB-0845932）、Christopher A. Klausmeier（DEB-0845825）和对二人共同（OCE-0928819）的资助。我们感谢 Jay Stachowicz 和一位匿名审稿人对本章初稿的建设性评论。

引用文献

Adl, S. M., A. G. B. Simpson, M. A. Farmer, et al. 2005. The new higher level classification of eukaryotes with emphasis on the taxonomy of protists. *J. Eukaryot. Microbiol.* 52: 399–451.

Agawin, N. S. R., C. M. Duarte, and S. Agusti. 2000. Nutrient and temperature control of the contribution of picoplankton to phytoplankton biomass and production. *Limnol. Oceanogr.* 45: 591–600.

Agawin, N. S. R., S. Rabouille, M. J. W. Veldhuis, et al. 2007. Competition and facilitation between unicellular nitrogen-fixing cyanobacteria and non-nitrogen-fixing phytoplankton species. *Limnol. Oceanogr.* 52: 2233–2248.

Anderson, D. M., J. M. Burkholder, W. P. Cochlan, et al. 2008. Harmful algal blooms and eutrophication: Examining linkages from selected coastal regions of the United States. *Harmful Algae* 8: 39–53.

Apple, J. K., S. L. Strom, B. Palenik, and B. Brahamsha. 2011. Variability in protist grazing and growth on different marine *Synechococcus* isolates. *Appl. Environ. Microbiol.* 77: 3074–3084.

Armstrong, R. A. 1994. Grazing limitation and nutrient limitation in marine ecosystems: steady-state solutions of an ecosystem model with multiple food chains. *Limnol. Oceanogr.* 39: 597–608.

Arrigo, K. R. 2005. Marine microorganisms and global nutrient cycles. *Nature* 437: 349–355.

Azam, F., T. Fenchel, J. G. Field, et al. 1983. The ecological role of water column microbes in the sea. *Mar. Ecol. Prog. Ser.* 10: 257–263.

Banas, N. S. 2011. Adding complex trophic interactions to a size-spectral plankton model: Emergent diversity patterns and limits on predictability. *Ecol. Model.* 222: 2663–2675.

Beaufort, L., I. Probert, T. de Garidel-Thoron, et al. 2012. Sensitivity of coccolithophores to carbonate chemistry and ocean acidification. *Nature* 476: 80–83.

Benincá, E., J. Huisman, R. Heerkloss, et al. 2008. Chaos in a long-term experiment with a plankton community. *Nature* 451: 822–827.

Bouman, H. A., O. Ulloa, R. Barlow, et al. 2010. Water-column stratification governs the community structure of subtropical marine picophytoplankton. *Environ. Microbiol. Rep.* 3: 473–482.

Bouman, H. A., O. Ulloa, D. J. Scanlan, et al. 2006. Oceanographic basis of the global surface distribution of *Prochlorococcus* ecotypes. *Science* 312: 918–921.

Boyd, P. W., T. Jickells, C. S. Law, et al. 2007. Mesoscale iron enrichment experiments 1993–2005: Synthesis and future directions. *Science* 315: 612–617.

Boyd, P. W., R. Strzepek, F. Fu, and D. A. Hutchins. 2010. Environmental control of open-ocean phytoplankton groups: Now and in the future. *Limnol. Oceanogr.* 55: 1353–1376.

Bratbak, G., and T. F. Thingstad. 1985. Phytoplankton-bacteria interactions: An apparent paradox. Analysis of a model system with both competition and commensalism. *Mar. Ecol. Progr. Ser.* 25: 23–30.

Bronk, D. A., J. H. See, P. Bradley, and L. Killberg. 2007. DON as a source of bioavailable nitrogen for phytoplankton. *Biogeosciences* 4: 283–296.

Bruggeman, J., and S. Kooijman. 2007. A biodiversity-inspired approach to aquatic ecosystem modeling. *Limnol. Oceanogr.* 52: 1533–1544.

Brussard, C. P. D. 2004. Viral control of phytoplankton populations—a review. *J. Eukaryot. Microbiol.* 51: 125–138.

Buitenhuis, E. T., W. K. W. Li, D. Vaulot, et al. 2012. Picophytoplankton biomass distribution in the global ocean. *Earth Syst. Sci. Data* 4: 37–46.

Burkholder, J. M., P. M. Glibert, and H. M. Skelton. 2008. Mixotrophy, a major mode of nutrition for harmful algal species in eutrophic waters. *Harmful Algae* 8: 77–93.

Calbet, A. 2008. The trophic roles of microzooplankton in marine systems. *ICES J. Mar. Sci.* 65: 325–331.

Calbet, A., and M. R. Landry. 2004. Phytoplankton growth, microzooplankton grazing, and carbon cycling in marine systems. *Limnol. Oceanogr.* 49: 51–57.

---

* 原文为"Lichtman"，应为笔误——译者

Caron, D. A. 1994. Inorganic nutrients, bacteria, and the microbial loop. Microb. Ecol. 28: 295–298.

Cermeño, P., J. B. Lee, K. Wyman, et al. 2011. Competitive dynamics in two species of marine phytoplankton under non-equilibrium conditions. Mar. Ecol. Progr. Ser. 429: 19–28.

Chambouvet, A., P. Morin, D. Marie, and L. Guillou. 2008. Control of toxic marine dinoflagellate blooms by serial parasitic killers. Science 322: 1254–1257.

Chase, J. M., P. A. Abrams, J. P. Grover, et al. 2002. The interaction between predation and competition: a review and synthesis. Ecol. Lett. 5: 302–315.

Chavez, F. P., M. Messié, and J. T. Pennington. 2011. Marine primary production in relation to climate variability and change. Ann. Rev. Mar. Sci. 3: 227–260.

Chesson, P. 2000. Mechanisms of maintenance of species diversity. Ann. Rev. Ecol. Syst. 31: 343–366.

Chisholm, S. W. 1992. Phytoplanton size. In, Primary Productivity and Biogeochemical Cycles in the Sea (P. G. Falkowski and A. D. Woodhead eds.), pp. 213–237. New York, NY: Plenum Press.

Clarke, A., and R. J. G. Leakey. 1996. The seasonal cycle of phytoplankton, macronutrients, and the microbial community in a nearshore Antarctic marine ecosystem. Limnol. Oceanogr. 41: 1281–1294.

Crane, K. W., and J. P. Grover. 2010. Coexistence of mixotrophs, autotrophs, and heterotrophs in planktonic microbial communities. J. Theor. Biol. 262: 517–527.

Cullen, J. J., P. J. S. Franks, D. M. Karl, and A. Longhurst. 2002. Physical influences on marine ecosystem dynamics. In, The Sea (A. R. Robinson, J. J. McCarthy, and B. J. Rothschild, eds.), pp. 297–336. New York, NY: John Wiley & Sons, Inc.

Cullen, J. J., and J. G. MacIntyre. 1998. Behavior, physiology, and the niche of depth-regulating phytoplankton. In, Physiological Ecology of Harmful Algal Blooms (D. M. Anderson, A. D. Cembella, and G. M. Hallegraeff, eds.), pp. 559–580. Berlin, Germany: Springer-Verlag.

Cuvelier, M. L., A. E. Allen, A. Monier, et al. 2010. Targeted metagenomics and ecology of globally important uncultured eukaryotic phytoplankton. Proc. Natl. Acad. Sci. (USA) 107: 14679–14684.

Danger, M., T. Daufresne, F. Lucas, et al. 2008. Does Liebig's law of the minimum scale up from species to communities? Oikos 117: 1741–1751.

de Vargas, C., M.-P. Aubry, I. Probert, and J. Young. 2007. Origin and evolution of coccolithophores: From coastal hunters to oceanic farmers. In, Evolution of Primary Producers in the Sea (P. G. Falkowski and A. H. Knoll, eds.), pp. 251–285. New York, NY: Elsevier.

Derelle, E., C. Ferraz, S. Rombauts, et al. 2006. Genome analysis of the smallest free-living eukaryote Ostreococcus tauri unveils many unique features. Proc. Natl. Acad. Sci. (USA) 103: 11647–11652.

Deutsch, C., and T. Weber. 2012. Nutrient ratios as a tracer and driver of ocean biogeochemistry. In, Annual Review of Marine Science, Vol. 4. (C. A. Carlson and S. J. Giovannoni, eds.), pp.113–141

Doney, S. C. 2006. Oceanography—Plankton in a warmer world. Nature 444: 695–696.

Dunne, J. A., R. J. Williams, and N. D. Martinez. 2002. Food-web structure and network theory: The role of connectance and size. Proc. Natl. Acad. Sci. (USA) 99: 12917–12922.

Dyhrman, S. T., P. D. Chappell, S. T. Haley, et al. 2006. Phosphonate utilization by the globally important marine diazotroph Trichodesmium. Nature 439: 68–71.

Edwards, K. F., E. Litchman, and C. A. Klausmeier. 2013. Functional traits explain phytoplankton community structure and seasonal dynamics in a marine ecosystem. Ecol. Lett. 16: 56–63.

Edwards, K. F., E. Litchman, and C. A. Klausmeier. In press. A three-way tradeoff maintains functional diversity under variable resource supply. Am. Nat.

Edwards, K. F., M. K. Thomas, C. A. Klausmeier, and E. Litchman. 2012. Allometric scaling and taxonomic variation in nutrient utilization traits and maximum growth rate of phytoplankton. Limnol. Oceanogr. 57: 554–566.

Elser, J. J., M. E. S. Bracken, E. E. Cleland, et al. 2007. Global analysis of nitrogen and phosphorus limitation of primary producers in freshwater, marine and terrestrial ecosystems. Ecol. Lett. 10: 1135–1142.

Elser, J. J., L. B. Stabler, and R. P. Hassett. 1995. Nutrient limitation of bacterial growth and rates of bacterivory in lakes and oceans: A comparative study. Aquat. Microb. Ecol. 9: 105–110.

Falkowski, P. G., M. E. Katz, A. H. Knoll, et al. 2004. The evolution of modern eukaryotic phytoplankton. Science 305: 354–360.

Fiala, M., E. E. Kopczynska, C. Jeandel, et al. 1998. Seasonal and interannual variability of size-fractionated phytoplankton biomass and community structure at station Kerfix, off the Kerguelen Islands, Ant-

arctica. J. Plankton Res. 20: 1341–1356.

Field, C. B., M. J. Behrenfeld, J. T. Randerson, and P. G. Falkowski. 1998. Primary production of the biosphere: integrating terrestrial and oceanic components. Science 281: 237–240.

Finkel, Z. V. 2001. Light absorption and size scaling of light-limited metabolism in marine diatoms. Limnol. Oceanogr. 46: 86–94.

Fogg, G. E. 1995. Some comments on picoplankton and its importance in the pelagic ecosystem. Aquat. Microb. Ecol. 9: 33–39.

Follows, M. J., S. Dutkiewicz, S. Grant, and S. W. Chisholm. 2007. Emergent biogeography of microbial communities in a model ocean. Science 315: 1843–1846.

Frada, M., I. Probert, M. J. Allen, et al. 2008. The "Cheshire Cat" escape strategy of the coccolithophore Emiliania huxleyi in response to viral infection. Proc. Natl. Acad. Sci. (USA) 105: 15944–15949.

Fuchs, H. L., and P. J. S. Franks. 2010. Plankton community properties determined by nutrients and size-selective feeding. Mar. Ecol. Progr. Ser. 413: 1–15.

Fuhrman, J. A., and M. Schwalbach. 2003. Viral influence on aquatic bacterial communities. Biol. Bull. 204: 192–195.

Furuya, K., and R. Marumo. 1983. The strucure of the phytoplankton community in the subsurface chlorophyll maxima in the western north Pacific ocean. J. Plankton Res. 5: 393–406.

Gao, K., E. W. Helbling, D. P. Häder, and D. A. Hutchins. 2012. Responses of marine primary producers to interactions between ocean acidification, solar radiation, and warming. Mar. Ecol. Progr. Ser. 470: 167–189.

Glibert, P. M., and C. Legrand. 2006. The diverse nutrient strategies of harmful algae: Focus on osmotrophy. In, Ecology of Harmful Algae (E. Granéli and J. T. Turner, eds.), pp. 163–175. Berlin; Germany: Springer-Verlag.

Goericke, R. 2011. The structure of marine phytoplankton communities: Patterns, rules, and mechanisms. Cal. Coop. Ocean. Fish. 52: 182–197.

Granéli, E., P. Carlsson, and C. Legrand. 1999. The role of C, N, and P in dissolved and particular organic matter as a nutrient source for phytoplanton growth, including toxic species. Aquatic Ecol. 33: 17–27.

Gross, K. 2008. Positive interactions among competitors can produce species-rich communities. Ecol. Lett. 11: 929–936.

Grover, J. P. 1991. Resource competition in a variable environment: Phytoplankton growing according to the variable-internal-stores model. Am. Nat. 138: 811–835.

Gruber, N., and J. L. Sarmiento. 1997. Global patterns of marine nitrogen fixation and denitrification. Global Biogeochem. Cycles 11: 235–266.

Hallegraeff, G. M. 2010. Ocean climate change, phytoplankton community responses, and harmful algal blooms: A formidable predictive challenge. J. Phycol. 46: 220–235.

Hastings, A., C. L. Hom, S. Ellner, et al. 1993. Chaos in ecology: Is mother nature a strange attractor? Annu. Rev. Ecol. Syst. 24: 1–33.

Hays, G. C., A. J. Richardson, and C. Robinson. 2005. Climate change and marine plankton. Trends Ecol. Evol. 20: 337–344.

Holt, R. D., and J. H. Lawton. 1993. Apparent competition and enemy-free space in insect host-parasitoid communities. Am. Nat. 142: 623–645.

Hood, R. R., E. A. Laws, R. A. Armstrong, et al. 2006. Pelagic functional group modeling: Progress, challenges and prospects. Deep-Sea Res. Pt. II 53: 459–512.

Howarth, R. W. 1988. Nutrient limitation of net primary production in marine ecosystems. Annu. Rev. Ecol. Syst. 19: 89–110.

Huisman, J., and F. J. Weissing. 1995. Competition for nutrients and light in a mixed water column: A theoretical analysis. Am. Nat. 146: 536–564.

Huisman, J., and F. J. Weissing. 1999. Biodiversity of plankton by species oscillations and chaos. Nature 402: 407–410.

Huisman, J., N. N. P. Thi, D. M. Karl, and B. Sommeijer. 2006. Reduced mixing generates oscillations and chaos in the oceanic deep chlorophyll maximum. Nature 439: 322–325.

Irigoien, X., K. J. Flynn, and R. P. Harris. 2005. Phytoplankton blooms: A "loophole" in microzooplankton grazing impact? J. Plankton Res. 27: 313–321.

Ito, S., K. A. Rose, A. J. Miller, et al. 2010. Ocean ecosystem responses to future global change scenarios: A way forward. In, Marine Ecosystems and Global Change (M. Barange, J. G. Field, R. P. Harris, E. E. Hofmann, R. I. Perry, and F. Werner, eds.) pp. 287–322. New York, NY: Oxford University Press.

Johnson, Z. I., E. R. Zinser, A. Coe, et al. 2006. Niche partitioning among Prochlorococcus ecotypes along ocean-scale environmental gradients. Science 311: 1737–1740.

Karl, D. M., M. J. Church, J. E. Dore, et al. 2012. Predictable and efficient carbon sequestration in the North Pacific Ocean supported by symbiotic nitrogen fixation. *Proc. Natl. Acad. Sci. (USA)* 109: 1842–1849.

Key, T., A. McCarthy, D. A. Campbell, et al. 2010. Cell size trade-offs govern light exploitation strategies in marine phytoplankton. *Environ. Microbiol.* 12: 95–104.

Kiørboe, T. 1993. Turbulence, phytoplankton cell size, and the structure of pelagic food webs. *Adv. Mar. Biol.* 29: 1–72.

Klausmeier, C. A., and E. Litchman. 2001. Algal games: The vertical distribution of phytoplankton in poorly mixed water columns. *Limnol. Oceanogr.* 46: 1998–2007.

Klausmeier, C. A., E. Litchman, T. Daufresne, and S. A. Levin. 2004. Optimal nitrogen-to-phosphorus stoichiometry of phytoplankton. *Nature* 429: 171–174.

Klausmeier, C. A., E. Litchman, and S. A. Levin. 2007. A model of flexible uptake of two essential resources. *J. Theor. Biol.* 246: 278–289.

Krom, M. D., K. C. Emeis, and P. Van Cappellen. 2010. Why is the Eastern Mediterranean phosphorus limited? *Progr. Oceanogr.* 85: 236–244.

Landry, M. R., S. L. Brown, Y. M. Rii, et al. Depth-stratified phytoplankton dynamics in Cyclone Opal, a subtropical mesoscale eddy. *Deep-Sea Res. Pt. II* 55: 1348–1359.

Leibold, M. A. 1996. A graphical model of keystone predators in food webs: Trophic regulation of abundance, incidence, and diversity patterns in communities. *Am. Nat.* 147: 784–812.

Lenton, T. M., and C. A. Klausmeier. 2007. Biotic stoichiometric controls on the deep ocean N:P ratio. *Biogeosciences* 4: 353–367.

Li, W. K. W. 2002. Macroecological patterns of phytoplankton in the northwestern North Atlantic Ocean. *Nature* 419: 154–157.

Li, W. K. W., F. A. McLaughlin, C. Lovejoy, and E. C. Carmack. 2009. Smallest algae thrive as the Arctic Ocean freshens. *Science* 326: 539.

Litchman, E. 2003. Competition and coexistence of phytoplankton under fluctuating light: experiments with two cyanobacteria. *Aquat. Microb. Ecol.* 31: 241–248.

Litchman, E. 2007. Resource competition and the ecological success of phytoplankton. In, *Evolution of Primary Producers in the Sea* (P. G. Falkowski and A. H. Knoll, eds.), pp. 351–375. Boston, MA: Elsevier.

Litchman, E., and C. A. Klausmeier. 2001. Competition of phytoplankton under fluctuating ilght. *Am. Nat.* 157: 170–187.

Litchman, E., P. DeTezanos Pinto, C. A. Klausmeier, et al. 2010. Linking traits to species diversity and community structure in phytoplankton. *Hydrobiologia* 653: 15–38.

Litchman, E., C. A. Klausmeier, J. R. Miller, et al. 2006. Multi-nutrient, multi-group model of present and future oceanic phytoplankton communities. *Biogeosciences* 3: 585–606.

Litchman, E., C. A. Klausmeier, O. M. Schofield, and P. G. Falkowski. 2007. The role of functional traits and trade-offs in structuring phytoplankton communities: Scaling from cellular to ecosystem level. *Ecol. Lett.* 10: 1170–1181.

Litchman, E., C. A. Klausmeier, and K. Yoshiyama. 2009. Contrasting size evolution in marine and freshwater diatoms. *Proc. Natl. Acad. Sci. (USA)* 106: 2665–2670.

Longhurst, A. 1995. Seasonal cycles of pelagic production and consumption. *Progr. Oceanogr.* 36: 77–167.

Lotka, A. J. 1925. *Elements of Physical Biology.* Baltimore, MD: Williams and Wilkins Company.

Luo, Y. W., S. C. Doney, L. A. Anderson, et al. 2012. Database of diazotrophs in global ocean: Abundances, biomass and nitrogen fixation rates. *ESSDD* 5: 47–106.

Maldonado, M. T. and N. M. Price. 1996. Influence of N substrate on Fe requirements of marine centric diatoms. *Mar. Ecol. Prog. Ser.* 141: 161–172.

Marañón, E., P. Cermeno, M. Latasa, and R. D. Tadonleke. 2012. Temperature, resources, and phytoplankton size structure in the ocean. *Limnol. Oceanogr.* 57: 1266–1278.

Margalef, R. 1978. Life-forms of phytoplankton as survival alternatives in an unstable environment. *Oceanologica Acta* 1: 493–509.

Massana, R. 2011. Eukaryotic picoplankton in surface oceans. In, *Annual Review of Microbiology, Vol. 65* (S. Gottesman and C. S. Harwood, eds.), pp. 91–110. Palo Alto, CA: Annual Reviews.

Mills, M. M., C. M. Moore, R. Langlois, et al. 2008. Nitrogen and phosphorus co-limitation of bacterial productivity and growth in the oligotrophic subtropical North Atlantic. *Limnol. Oceangr.* 53: 824–834.

Mills, M. M., C. Ridame, M. Davey, et al. 2004. Iron and phosphorus co-limit nitrogen fixation in the eastern tropical North Atlantic. *Nature* 429: 292–294.

Moore, L. R., and S. W. Chisholm. 1999. Photophysiology of the marine cyanobacterium *Prochlorococcus*: Ecotypic differences among cultures isolates. *Limnol. Oceanogr.* 44: 628–638.

Moore, L. R., M. Ostrowski, D. J. Scanlan, et al. 2005. Ecotypic variation in phosphorus acquisition mechanisms within marine picocyanobacteria. *Aquat. Microb. Ecol.* 39: 257–269.

Munk, W. H., and G. A. Riley. 1952. Absorption of nutrients by aquatic plants. *J. Mar. Res.* 11: 215–240.

Nelson, D. M., P. Treguer, M. A. Brzezinski, et al. 1995. Production and dissolution of biogenic silica in the ocean—revised global estimates, comparison with regional data and relationship to biogenic sedimentation. *Global Biogeochem. Cycles* 9: 359–372.

Norberg, J. 2004. Biodiversity and ecosystem functioning: A complex adaptive systems approach. *Limnol. Oceanogr.* 49: 1269–1277.

Nygaard, K. and A. Tobiesen. 1993. Bacterivory in algae: A survival strategy during nutrient limitation. *Limnol. Oceanogr.* 38: 273–279.

Palenik, B., B. Brahamsha, F. W. Larimer, et al. 2003. The genome of a motile marine *Synechococcus. Nature* 424: 1037–1042.

Partensky, F., W. R. Hess, and D. Vaulot. 1999. *Prochlorococcus*, a marine photosynthetic prokaryote of global significance. *Microbiol. Mol. Biol. Rev.* 63: 106–127.

Pasciak, W. J., and J. Gavis. 1974. Transport limitation of nutrient uptake in phytoplankton. *Limnol. Oceanogr.* 19: 881–898.

Passow, U., and C. A. Carlson. 2012. The biological pump in a high CO_2 world. *Mar. Ecol. Progr. Ser.* 470: 249–271.

Paul, J., C. Scholin, G. Van Den Engh, and M. J. Perry. 2007. In situ instrumentation. *Oceanography* 20: 70–78.

Polovina, J. J., E. A. Howell, and M. Abecassis. 2008. Ocean's least productive waters are expanding. *Geophys. Res. Lett.* 35: L03618.

Ptacnik, R., U. Sommer, T. Hansen, and V. Martens. 2004. Effects of microzooplankton and mixotrophy in an experimental planktonic food web. *Limnol. Oceanogr.* 49: 1435–1445.

Raven, J. A. 1997. Phagotrophy in phototrophs. *Limnol. Oceanogr.* 42: 198–205.

Raven, J. A. 1998. The twelfth Tansley Lecture. Small is beautiful: The picophytoplankton. *Funct. Ecol.* 12: 503–513.

Raven, J. A., and K. Crawfurd. 2012. Environmental controls on coccolithophore calcification. *Mar. Ecol. Progr. Ser.* 470: 137–166.

Redfield, A. C. 1958. The biological control of chemical factors in the environment. *Am. Sci.* 46: 205–221.

Rhee, G. Y. 1978. Effects of N:P atomic ratios and nitrate limitation on algal growth, cell composition, and nitrate uptake. *Limnol. Oceanogr.* 23: 10–25.

Riegman, R., B. R. Kuipers, A. A. M. Noordeloos, and H. J. Witte. 1993. Size-differential control of phytoplankton and the structure of plankton communities. *Neth. J. Sea Research* 31: 255–265.

Rothhaupt, K. O. 1996. Laboratory experiments with a mixotrophic chrysophyte and obligately phagotrophic and phototrophic competitors. *Ecology* 77: 716–724.

Saito, M. A., T. J. Goepfert, and J. T. Ritt. 2008. Some thoughts on the concept of colimitation: Three definitions and the importance of bioavailability. *Limnol. Oceanogr.* 53: 276–290.

Simon, N., A.-L. Cras, E. Foulon, and R. Lemee. 2009. Diversity and evolution of marine phytoplankton. *C. R. Biologies* 332: 159–170.

Smayda, T. J. 1970. The suspension and sinking of phytoplankton in the sea. *Oceanogr. Mar Biol., Ann. Rev.* 8: 353–414.

Smayda, T. J. 1997. Harmful algal blooms: Their ecophysiology and general relevance to phytoplankton blooms in the sea. *Limnol. Oceanogr.* 42: 1137–1153.

Smetacek, V. 1999. Diatoms and the ocean carbon cycle. *Protist* 150: 25–32.

Sommer, U. 1984. The paradox of the plankton: Fluctuations of phosphorus availability maintain diversity of phytoplankton in flow-through cultures. *Limnol. Oceanogr.* 29: 633–636.

Sommer, U. 1986. Nitrate competition and silicate competition among Antarctic phytoplankton. *Mar. Biol.* 91: 345–351.

Sommer, U. 1988. The species composition of Antarctic phytoplankton interpreted in terms of Tilman competition theory. *Oecologia* 77: 464–467.

Stickney, H. L., R. R. Hood, and D. K. Stoecker. 2000. The impact of mixotrophy on planktonic marine ecosystems. *Ecol. Model.* 125: 203–230.

Stoecker, D. K. 1999. Mixotrophy among dinoflagellates. *J. Eukaryot. Microbiol.* 46: 397–401.

Stolte, W., T. McCollin, A. A. M. Noordeloos, and R. Riegman. 1994. Effects of nitrogen source on the size distribution within marine phytoplankton communities. *J. Exp. Mar. Biol. Ecol.* 184: 83–97.

Striebel, M., S. Bartholme, R. Zernecke, et al. 2009. Carbon sequestration and stoichiometry of motile and nonmotile green algae. *Limnol. Oceanogr.* 54: 1746–1752.

Sunda, W. G., and S. A. Huntsman. 1997. Interrelated influence of iron, light and cell size on marine phytoplankton growth. *Nature* 390: 389–392.

Sverdrup, H. U. 1953. On conditions for the vernal blooming of phytoplankton. *J. Cons. int. Explor. Mer.* 18: 287–295.

Tambi, H., G. A. F. Flaten, J. K. Egge, et al. 2009. Relationship between phosphate affinities and cell size and shape in various bacteria and phytoplankton. *Aquat. Microb. Ecol.* 57: 311–320.

Thingstad, T. F., H. Havskum, K. Garde, and B. Riemann. 1996. On the strategy of "eating your competitor"": A mathematical analysis of algal mixotrophy. *Ecology* 77: 2108–2118.

Thompson, A. W., R. A. Foster, A. Krupke, et al. 2012. Unicellular cyanobacterium symbiotic with a single-celled eukaryotic alga. *Science* 337: 1546–1550.

Tilman, D. 1980. Resources: A graphical-mechanistic approach to competition and predation. *Am. Nat.* 116: 362–393.

Tilman, D. 1982. *Resource Competition and Community Structure*. Princeton, NJ: Princeton University Press.

Tilman, D., M. Mattson, and S. Langer. 1981. Competition and nutrient kinetics along a temperature gradient: An experimental test of a mechanistic approach to niche theory. *Limnol. Oceanogr.* 26: 1020–1033.

Tillmann, U. 2004. Interactions between planktonic microalgae and protozoan grazers. *J. Eukaryot. Microbiol.* 51: 156–168.

Tirichine, L., and C. Bowler. 2011. Decoding algal genomes: Tracing back the history of photosynthetic life on Earth. *Plant J.* 66: 45–57.

Turner, J. T., and P. A. Tester. 1997. Toxic marine phytoplankton, zooplankton grazers, and pelagic food webs. *Limnol. Oceanogr.* 42: 1203–1214.

Turpin, D. H., and P. J. Harrison. 1979. Limiting nutrient patchiness and its role in phytoplankton ecology. *J. Exp. Mar. Biol. Ecol.* 39: 151–166.

Tyrrell, T. 1999. The relative influences of nitrogen and phosphorus on oceanic primary production. *Nature* 400: 525–531.

Venrick, E. L. 1999. Phytoplankton species structure in the central North Pacific, 1973–1996: Variability and persistence. *J. Plankton Res.* 21: 1029–1042.

Verity, P. G., and V. Smetacek. 1996. Organism life cycles, predation, and the structure of marine pelagic ecosystems. *Mar. Ecol. Progr. Ser.* 130: 277–293.

Von Liebig, J. 1840. *Die Organische Chemie in Ihrer Anwendung auf Agrikultur und Physiologie*. Braunschweig, Germany: Friedrich Vieweg.

Ward, B., S. Dutkiewicz, A. D. Barton, and M. J. Follows. 2011. Biophysical aspects of resource acquisition and competition in algal mixotrophs. *Am. Nat.* 178: 98–112.

Widdicombe, C. E., D. Eloire, D. Harbour, et al. 2010. Long-term phytoplankton community dynamics in the Western English Channel. *J. Plankton Res.* 32: 643–655.

Winter, C., T. Bouvier, M. G. Weinbauer, and T. F. Thingstad. 2010. Trade-offs between competition and defense specialists among unicellular planktonic organisms: The "killing the winner" hypothesis revisited. *Microbiol. Mol. Biol. Rev.* 74: 42–57.

Worden, A. Z., J. K. Nolan, and B. Palenik. 2004. Assessing the dynamics and ecology of marine picophytoplankton: The importance of the eukaryotic component. *Limnol. Oceanogr.* 49: 168–179.

Wunsch, C. and R. Ferrari. 2004. Vertical mixing, energy and thegeneral circulation of the oceans. *Annu. Rev. Fluid. Mech.* 36: 281–314.

Yoch, D. C. 2002. Dimethylsulfoniopropionate: Its sources, role in the marine food web, and biological degradation to dimethylsulfide. *Appl. Environ. Microbiol.* 68: 5804–5815.

Yoshiyama, K., J. P. Mellard, E. Litchman, and C. A. Klausmeier. 2009. Phytoplankton competition for nutrients and light in a stratified water column. *Am. Nat.* 174: 190–203.

Zehr, J. P. 2011. Nitrogen fixation by marine cyanobacteria. *Trends Microbiol.* 19: 162–173.

Zehr, J. P., and R. M. Kudela. 2011. Nitrogen cycle of the open ocean: From genes to ecosystems. *Ann. Rev. Mar. Sci.* 3: 197–225.

Zubkov, M. V., and G. A. Tarran. 2008. High bacterivory by the smallest phytoplankton in the North Atlantic Ocean. *Nature* 455: 224–248.

Zubkov, M. V., B. M. Fuchs, G. A. Tarran, et al. 2003. High rate of uptake of organic nitrogen compounds by *Prochlorococcus* cyanobacteria as a key to their dominance in oligotrophic oceanic waters. *Appl. Environ. Microbiol.* 69: 1299–1304.

Zwirglmaier, K., L. Jardillier, M. Ostrowski, et al. 2008. Global phylogeography of marine *Synechococcus* and *Prochlorococcus* reveals a distinct partitioning of lineages among oceanic biomes. *Environ. Microbiol.* 10: 147–161.

第 17 章

深海热液生物群落

Lauren S. Mullineaux

深海热液生物群落犹如沙漠中的绿洲。它们以独特的方式拓展我们对生命多样性的理解，并对生态范式提出挑战。深海热液喷口最早在 1977 年被发现于东太平洋。早期的生物研究主要关注，证明化能自养微生物支撑着整个食物网，以及研究物种对极端环境的惊人适应力。热液生物群落的物种分布与丰度受到物理和化学环境的严格限制。在这些限制条件下，无脊椎动物的相互作用决定了群落的构成，而这些过程与沿海生境所观察到的相似，但在某些方面对现有生态理论提出挑战。热液口的火山爆发和构造活动频发，改变或破坏生境，并消灭整个群落。这种干扰使得幼体交换对维持区域集合群落的种群和多样性至关重要。物种分布受到幼体（和遗传）交换障碍的影响，但干扰产生的随机性使得在不了解其历史的情况下，难以对任一热液口的物种构成做出预测。对偏远的大洋中脊和弧/弧后系统的探索，将进一步发现新的物种、迥异的生理和生物化学适应和新奇的群落。我们对这些系统所知甚少，但随着金属矿藏的衰竭和价格的升高，在热液口进行海底采矿已经成为可能。预测人类活动对热液生物群落干扰的影响极具挑战性，需要应用我们目前对其集合群落动态基于实地和理论的理解。

深海动物区系与沿海生境中的动物区系在很多方面都有不同，而其中最具特色、最令人惊奇的当属基于化能合成作用的深海热液生物群落。热液生物群落最早于 1979 年，在东太平洋靠近加拉帕戈斯群岛的深海被发现，科学家发现了没有内脏，没有嘴，可达 3m 长的管状蠕虫以及其他各种生物，生活在富含化学物质的海底热泉（Corliss et al., 1979）。这些生物在食物最为匮乏的深海形成了生物生产力的绿洲（图 17.1）。最初的谜团是，这个系统的生产力是如何维持的？之前对深海的认知认为，其食物供给完全依赖于表层水体浮游植物残骸的沉降。对管状蠕虫的研究（Cavanaugh et al.，1981），以及随后对热液生物中的蛤、贻贝

图 17.1 在东太平洋深海热液口，西伯加虫科巨型管状蠕虫（*Riftia pachyptila*）为许多其他物种提供生境。图中显示的是贻贝 [嗜热深海偏顶蛤（*Bathymodiolus thermophilus*）]、帽贝（管上的隆起），以及喷口流体中成群的浮游片脚类（图片由伍兹霍尔海洋学院阿尔文小组提供）

和多毛类的研究（见 Van Dover，2000 的综述）揭示了，共生细菌通过还原化学物质生产有机碳。这些细菌和其他自生微生物通过化能合成作用支撑着整个生态系统，而不是像其他海洋群落和陆地生物群落那样依靠光合作用过程提供基础。

随后的探索研究，从东太平洋开始，逐渐散布到全球各地，为热液生物群落中这些独特的物种、惊人的适应性和各种功能提供了更多的细节描述。在所有的海盆都存在热液生物群落，现已发现 200 多个深海热液口，沿着大洋中脊的扩散中心和俯冲带分布（图 17.2），每个月都有新的热液口被发现。许多热液生物对喷口流体的高温和腐蚀性化学物质具有特殊的适应能力（Childress and Fisher，1992）。阿文虫多毛类（Alvinellid polychaete）能够在 60℃ 以上的水温存活（见 Fisher et al.，2007 的综述）。其他生物，如巨型管状蠕虫（*Riftia pachyptila*），具有极高的生长速率（Lutz et al.，1994）。微生物使用各种不同的生物化学途径来固碳和呼吸（Sievert and Vetriani，2012），并可作为地球早期生命起源的代表进行研究（Schulte，2007）。有关热液生物的生理能力已有充分的综述（Childress and Fisher，1992；Fisher et al.，1994），最早 20 年对热液口生态研究的详细信息可以参考 Van Dover（2000）的教科书和 Desbruyères 等（2006）的手册。本章未涉及的一些类群的信息可以参考最近的一些文献，如微生物（Sievert and Vetriani，2012）、微型无脊椎动物（如小型底栖生物；Gollner et al.，2010）和真核原生生物（Edgcomb et al.，2002）等。

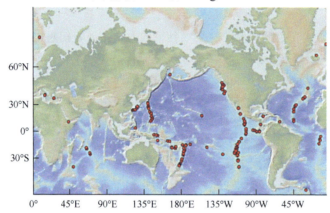

图 17.2 分布在洋中脊、俯冲带和海底其他火山活动区的已知深海（>200m）热液口地图（图片由 Stace Beaulieu 提供）

深海热液口是海底火山喷发和构造活动形成的，这使得其生境不可避免地发生动态变化。在快速扩张的洋脊，热液口从产生到消亡通常只有数十年时间。生活在一个热液口的种群必须具备扩散的能力，以维持在区域内的长期存在。热液生物通常都具有浮游幼体形式的扩散能力，尽管一些运动能力高的甲壳类物种，如蟹、虾等，能够以成体形式在邻近的喷口之间迁徙（图 17.3）。扩散的障碍，如大陆、海底地形或洋流等，都会阻止生物在不同生物地理省之间的交换，并限制区域的基因流（Vrijenhoek，2010）。当第一次发现热液口时，生态学家惊讶于这些幼体如何能扩散如此之远，足以维持其种群（Lutz et al.，1984）。热液生物种群如何能在瞬息变化的斑块化环境得以维持，至今仍是研究的一个热点。

在过去十年里，科学家对热液生物群落的了解更为细致，不仅阐明了这些系统的独特性，还说明了热液口如何拓展了我们对基础生态概念的理解。在简要介绍热液生物群落及其栖息者之后，本章主要关注热液口生态学中的三个新兴主题：第一个主题是经典问题—物种沿环境梯度的相互作用，但在本章中将表明，热液生物群落并不一定遵循在沿海生态系统建立起来的那些理论；第二个主题是干扰的影响，以及幼体扩散在物种分布、区域上的多样性和群落恢复力中的关键作用。主要关注幼体扩散是否足以抵达邻近喷口，热液生物种群是否开放的问题。一个开放的种群是指幼体能够与区域内其他地理隔绝种群相互交换的种群，而封闭的种群是指那些完全依靠自我繁殖的种群（Cowen and Sponaugle，2009）；第三个主题是集合群落动态。本章采用集合群落方法，对热液生物群落进行综合研究，包括演替、多样性、遗传交换和生物地理学，并将它们应用于人类对热液生物群落干扰的研究。需要注意的是，岩质基底上的热液喷口并非深海化能合成生物群落的唯一生境，冷渗泉、沉积物覆盖热液口，以及大块有机质，如鲸尸，都能支持令人惊叹的斑块化生境，但不在本章的讨论范围内。

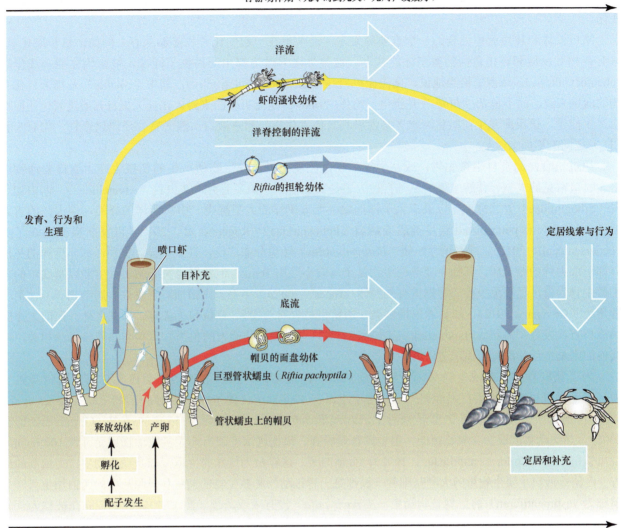

图 17.3　热液口幼体连通度的理想化示意图，显示了影响幼体产量、扩散、定植与补充的过程。具有不同生活史的热液生物物种的预计扩散路径用不同颜色的箭头表示。如图所示，不同热液生物省的代表性物种具有不同的生活史。当幼体在洋流中被传输扩散时，以及在对诱导做出响应定植时，幼体行为非常重要（仿自 Adams et al.，2012）

热液口生境和栖息者

　　生活在热液口的物种受到物理和化学环境的强烈影响，这两种环境都既极端又高度变化。热泉温度可以超过 400℃（由于高压而没有沸腾），甚至可达 485℃（Connelly et al.，2012）。它们富含高浓度的还原化学物质，当流体向上穿过海底的热岩石或岩浆时，这些化学物质会被滤出。（未被海水稀释的）源流体通常是缺氧、酸性（pH 为 2～4）的，而且富含硫化氢（H_2S）和甲烷（CH_4），能够为微生物生产力提供能量。源流体还富含铁、锌、铜，和许多其他对生命体有毒的过渡金属（von Damm，1995）。这些条件对于生命来说极为严苛。然而，当流体升至海底之上，它们与海水混合，形成生命体可以繁衍的温度和化学梯度。

　　浓缩的喷口溶液通常以黑色、富含颗粒物的形式喷发入底栖生境，因此也被称为黑烟囱。当它们接触到冷的含氧海水后，溶解化合物沉淀形成富含矿物质的烟囱。大部分溶液在接触热液动物之前，已经和海水充分混合，或是在烟囱次表层流经多孔的表面岩石时，或者是在流经矿物质烟囱的网格时。这些扩散流是大多数动物生活的地方。湍流混合产生了各种环境梯度，温度从 40℃ 到低于 2℃，氧含量从检测不到环境浓度，硫浓度可达数百微摩尔，pH 为 4～8（Johnson et al.，1988；Le Bris et al.，2006）。这些梯度可以延伸数十米以上，但在混合层，剧烈的梯度变化可能发生在毫米至厘米之间。在这种高度动态混合的环境中，当湍流涡旋流过，或是潮流改变，一个生活在固定地点上的生物会在短短几秒之中体验整个范围的梯度变化。

喷口流体和环境流体混合的一个重要结果是，通常不在一起的化合物能够共存。例如，氧和硫化氢，只有在相互反应和转化之前的暂态才能共存。这种失衡为微生物生产提供了能量，被称为化能合成作用（chemosynthesis），或者更恰当地说，化能无机自养（chemolithoautotrophy），其中"chemo-"是指来自化合物的能量来源，而不是光；"litho-"是指电子给体；"auto-"是无机碳的来源。化能无机自养通过氧化还原反应产生能量，该反应发生在氧化海水（富含氧和其他氧化物）和热液口溶液（富含还原化合物，如 H_2S 和 CH_4）之间的界面上。

通过植食，滤食自生微生物，或共生等活动，化能无机自养生物所产生的初级生产力支撑着动物群落。喷口常见的大型、营造生境的基础物种大多是共生宿主：如多毛类阿文虫科（Alvinellidae）、西伯加虫科（Siboglinidae）管状蠕虫，以及东太平洋的蛤、西太平洋的大型螺类、中大西洋的虾类，南大洋的雪人蟹（yeti crab）和 peltospiroid 腹足类盾旋螺科（Peltospiridae）（Rogers et al.，2012）以及北极洋的端足类（Pedersen et al.，2010）。深海偏顶蛤属（*Bathymodiolus*）贻贝分布广泛，在太平洋、大西洋和印度洋的热液口都形成大片的贻贝床。其他主要热液生物是个体较小（约 1cm），但数量庞大的帽贝，主要以基底中的自生微生物为食，尽管至少有一种帽贝有共生体（Bates，2007）。多毛类则扮演着普食性食腐动物和专性消费者角色（Govenar，2012）。捕食者包括蟹类（通常也是食腐动物）、章鱼和鱼类等。除此之外，在南大洋的热液口首次发现了海星（Marsh et al.，2012）。一些具有高度运动能力的鱼类和章鱼与热液口息息相关，而其他的则是生活在深海的偶尔造访者。

为了获取食物，热液生物必须能够忍受热液口的流体。一些热液生物的个体具有惊人的耐高温能力。多毛类可以直接生活在黑烟囱之上，常年水温在 40℃ 以上，偶尔能够达到 80℃ 或更高（Fisher et al.，2007）。例如，多毛类拟阿文虫属物种 *Paralvinella sulfincola*，能够耐受 55℃ 的高温（Girguis and Lee，2006）。热液动物能够在含氧量极低、重金属含量极高、硫化氢浓度超出绝大多数动物耐受毒性 100 倍的生境里繁衍生息（Childress and Fisher，1992），有趣的是，这样极为特殊的生境，却是微生物生产力最高的地方。占据热液口主要生物量的大型基础种一般都是无脊椎动物和微生物的共生体。照片中的西伯加虫科（之前称为 vestimentiferan）的巨型管状蠕虫（*R. pachyptila*）没有嘴或肠道（图 17.1），而是依靠在被称为营养体（trophosome）这一特殊器官内的内共生细菌获取能量。其他的大型物种，如蛤、贻贝和螺类，一般在鳃内有共生体。与热液动物相比，这些微生物能够耐受更为苛刻的环境条件。培养分离的热液微生物生长所能耐受的最高温度记录是 121℃（Kashefi and Lovely，2003），甚至能在高达 250℃ 的超热流体中存活（Takai et al.，2004）。

由于喷口流体的通量具有强烈的梯度，以及与之相关的温度、有毒化学物质和食物的梯度，热液物种分布与环境梯度相对应就不足为奇。在东太平洋海隆，群落沿喷口流体通量梯度呈现显著的区化（图 17.4；Hessler et al.，1985；Luther et al.，2001；Micheli et al.，2002）。多毛类的阿文虫及相应物种生活在高温通量中（高于 27℃），西伯加虫科管状蠕虫在高通量环境（温度高达 32℃）出现，贻贝和蛤则栖息在较为缓和的通量（不高于 12℃）中，而各种滤食者，包括藤壶和多毛类龙介虫科（Serpulidae）生活在较弱水流（低于 4℃）中。胡安·德富卡洋中脊也有类似的模式，其中，一种阿文虫占据高通量生境，而管状蠕虫 *Ridgeia piscesae*、另一种阿文虫和腹足类的组合栖息在低通量环境（Sarrazin et al.，1999）。在西太平洋的劳海盆，优势共生物种沿喷口通量梯度分布，有时形成一个靶心的模式，其中球刺螺（*Alviniconcha* spp.）生活在最高温度通量，纳氏热液螺（*Ifremeria nautilei*）生活在中等温度，而贻贝生活在较低水温（Podowski et al.，2010）。在西太平洋有一些不同寻常的热液口，其烟囱是红褐色的，这里没有常见的优势种软体动物，取而代之的是低密度非共生的虾类、蟹、多鳞虫科多毛类和帽贝等，这可能是对高金属浓度的反应（Mottl et al.，2011）。在大西洋中脊，高温区域的生物以臂虾科（Bresiliidae）为主，继之以沿通量梯度分布的贻贝，然后是非共生的食植者和滤食者（Cuvelier et al.，2009）。南大洋的东斯科舍洋脊上，靠近喷口最近的群落以雪人蟹为主，然后是腹足类盾旋螺科、鹅颈藤壶等，以及生活在更远距离的肉食性海葵（Marsh et al.，2012）。外围的动物包括食肉动物和食腐动物类群，如海星、海蜘蛛和章鱼等。

| 阿文虫 | 管状蠕虫 | 双壳类 | 滤食动物 | 边缘 |

图 17.4 在东太平洋海隆，动物区系沿喷口流体通量梯度的带状分布。每个带以看得到的优势动物区系命名：在超热的烟囱环境中的阿文虫科（Alvinellidae）物种、流体可达 32℃ 中的管状蠕虫、流体温度低于 12℃ 中的双壳类、流体温度低于 4℃ 中的滤食动物。在边缘，温度与深海环境水温几乎相同，这些区域以与喷口相关的移动食腐动物和有孔虫为主（仿自 Mullineaux et al.，2003；Desbruyeres et al.，2006）

物种间相互作用研究的新进展

喷口环境条件与物种分布的密切联系使得早期热液口研究者得出结论，物理与化学条件控制着物种沿喷口流体梯度的分布，但最近的研究显示，生物间相互作用在其中扮演着重要角色。喷口流体中的温度、硫化氢、pH 和含氧量往往是共变的（pH 和含氧量与其他变量成反比），使得难以区分单一要素各自的影响。通过精确放置化学探针的研究（Sarrazin et al.，1999；Luther et al.，2001；Matabos et al.，2008；Nees et al.，2009；Podowski et al.，2010；Mullineaux et al.，2012）证明，动物的分布与各种环境条件之间存在紧密的对应关系，包括温度、pH、含氧量、硫化氢和其他毒性化合物。无疑，这些极端环境条件对物种分布产生各种限制，决定了物种能够在强力、高温喷口流体附近生活的距离。从梯度的另一方面来说，缺乏足够的硫化氢或其他还原化合物来支撑化能合成作用，同样限制着物种的能力，特别是那些通过内共生体获取食物的生物（Fisher et al.，1994）。然而，在其分布的范围之内，物种的丰度与分布是由其生物间相互作用决定的，正如动物间相食，为空间和食物残酷竞争，以及相互提供生境或其他收益。

过去十年里，热液口研究者发现，捕食、竞争和促进作用对热液生物沿环境梯度分布具有重要影响。这种观念上的转变，大部分来自可操控的实地试验研究。这种转变与岩岸潮间带群落学一样，后者在 20 世纪 60 年代和 70 年代的野外实验（Connell，1961；Dayton，1971；Paine，1977）揭示生物间相互作用的影响之前，同样认为群落受物理过程的控制，如波浪侵袭和干燥等。

物种间相互作用在极端物理生境中的作用是什么？

从实验观察生物间相互作用的一种方法是，对比暴露间隔相互重叠的实验区表面的定植情况。通过对一个连续区间与其顺序区间进行对比，其中的差异可以反映竞争（连续区间的丰度或多样性低于顺序区间）、促进（与之相反）或耐受性（连续和顺序区间没有差别）。在东太平洋海隆 9°50′N 附近进行的这种实验表明，在喷口水流末端群落生物密度更高的地方，竞争起主导作用；在水温较低、密度较低的群落中，则表现出促进作用（Mullineaux et al.，2003）。在扩散流的高温范围（被称为"高温区"），食植物种以鳞笠贝属 *Lepetodrilus elevatus* 帽贝为主，而后续的定植者，既有食植者也有固着管状生物，通过掘土破坏帽贝的定植，与之发生竞争。在 13°N 附近的喷口，甚至是在富含硫化物的火山机体上，也发现了帽贝占优的群落，显然它们通过竞争排斥了更适应于"阿文虫"栖息地的其他腹足类物种（Matabos et al.，2008）；在较低温度区，管状多毛类和其他滤食动物可能会通过聚集定植的诱导或培育微生物而相互促进。排除食植者的实验表明，捕食作用会降低高温区数量最多的帽贝 *L. elevatus* 种群，从而阻止其竞争排斥同属种和其他腹足类食植者（Micheli et al.，2002）。在捕食性鱼类的肠胃里（Sancho et al.，2005）发现，热液鱼类墨西哥暖绵鳚（*Thermarces cerberus*）的食性是专性的，专门取食优势种帽贝 *L. elevatus*。相互移植实验表明，一些热液物种能够在高流体通量区域，而非其通常生活的低通量区域存活，并影响后续生物的定植（Mullineaux et al.，2009）。这种不对称与通常观察到的所一致，即生物间相互作用与生理耐受性或养分需求是相对应的，决定了一个物种能够在距离超热流体多近的地方生活。

尽管很多热液生物，如管状多毛类、藤壶等，在成年后都永久性地附着在基底之上，但其他一些生物，如腹足类、双壳类、蟹类和虾类，都是移动的。实地试验证明，如果三种具有不同生境分布的腹足类生物处于温度梯度时，它们中的每个物种都会向其自然分布的温度范围的最高端移动（Bates et al.，2005）。这三个物种占据生境和温度偏好的差异表明，无论种内还是种间，都存在对空间的竞争，从而导致个体向喷口外缘的低质量（食物受限）生境迁移。

在胡安·德富卡洋脊进行的拓殖实验（Kelly et al.，2007）也发现了生物间相互作用的证据，但在腹足类动物的行为中有明显差异。两种腹足类物种存在明显的正相互作用，包括全球都有分布的鳞笠贝科（Lepetodrilidae）鳞笠贝属的 *Lepetodrilus fucensis*，这可能是集群定植造成的。而两种多毛类动物则表现出负相互作用，可能是为了空间或食物产生竞争。

从具有强烈波浪能量与干燥垂直梯度的岩岸潮间带系统所建立起来的普通生态学理论认为，物理要素会设定物种分布的上限（极端），而生物间相互作用决定其下限（非极端）。而这一理论并不适用于热液口，在热液口，生物间相互作用在极端边界附近最为显著，在高温和富含毒性化合物处，会排斥大部分非热液物种（尽管，显然是超热喷口流体的温度在梯度极端处设定了生命的极限）；而在非极端处，食物可供性是最大的限制因素。热液口与其他大多数海洋生境最显著的差异是，食物可供性与物理化学胁迫具有共变性，而不是成反比。这种差异导致了从潮间带系统提取的经典范式在此并不适用。

受干扰斑块化生境中的幼体扩散与交换

自从热液口被首次发现以来，喷口场之间的幼体交换或生态连通度，就一直是热液口研究的重点。幼体交换是生态和演化时间尺度上的一个重要过程。在不同世代之间，幼体交换能够使一个喷口的种群动态对整个区域内其他喷口的种群产生影响。从更长时间尺度来说，幼体扩散是遗传交换的传播介体，是地形与海洋屏障限制物种分布范围的机制。

喷口的地质条件为幼体交换提供了结构和动态的框架。喷口通常都分布在海底扩张形成的大洋中脊，以及俯冲带所产生的火山弧与弧后（图17.2），尽管它们也会出现在洋脊侧翼和热点火山。在洋脊上，喷口常常会形成场，有多个分散的喷口通过海底的液体相连。这些场沿洋脊分段分布，通常被转换断层相互错开。洋脊和洋脊分段大致呈线性结构，相距几千米到1000km，这使得邻近喷口场之间的扩散是一个一维的过程。一般来说，热液口在快速扩张的洋脊分布较为集中，如东太平洋洋脊，这主要是因为岩浆更靠近海底，而在扩张缓慢的地方，如大西洋中脊，则较为稀疏（Baker and German，2004）。熔岩的距离和补给也会影响洋脊地形。快速扩张的洋脊一般会有狭窄较浅的轴向裂谷，而扩展较慢洋脊的轴向裂谷一般宽广深邃，宽度和深度可分别达到10km 和1km（Fornari and Embley，1995）。接近海底的平均洋流通常沿海底地形流动（Thomson et al.，2009；Lavelle，2012），因此，幼体沿洋脊传输的概率要远远大于跨越巨大海盆交换的概率。

尽管热液口生态学的研究主要集中在大洋中脊的喷口，但世界上一半已知的活动喷口场都位于弧和弧后。由于喷口往往处于不同的火山之上，分布范围很广，所以火山弧上喷口之间的扩散是一个复杂的问题。如果喷口之间相距仅几十千米，从火山弧到弧后之间的扩散就有可能。

深海喷口是海底火山和构造活动的表现形式，所以，它们的动态变化是与生俱来的。正因如此，幼体交换不仅仅是一个传输功能，也是喷口消亡和再生的功能，有时会在新的地点重生。对于扩张相对较快的洋脊，如东太平洋隆起和胡安·德富卡洋中脊，以及活跃的俯冲带（西太平洋），干扰非常普遍，可以直接研究其对热液生物群落的影响。尽管尚未观察到直接喷发，对快速扩张的东太平洋隆起南部喷口的数次重访表明，这些喷口的寿命短暂，有的甚至只有数年（Vrijenhoek，2010）。与之相反，在缓慢扩张的洋中脊，如大西洋中脊，喷口可以保持活跃长达数百年（Fornari and Embley，1995），并在同一位置累积硫化物长达上千年之久（Petersen et al.，2000）。

　　在每个喷口生活的种群必须能够扩散到其他喷口，以维持其在区域内的长期存在。问题是，它们如何能够达成这一任务？这仍是研究的一个热点。

幼体移动足以完成在喷口间的扩散吗？

　　热液生物幼体在喷口间相互扩散的能力很大程度上取决于其幼体寿命，或浮游幼体期。幼体的进食期和寿命可从其形态推断。一些热液生物的幼体与成体相似（图 17.5），而其他生物的幼体与其成体看起来则完全不同。一些软体动物，例如古腹足类帽贝，只有一个幼体壳，而且完全依赖于储存在卵中的脂肪度过其幼体期，即卵黄营养幼体。而其他生物，如捕食性峨螺，随着幼体发育，其幼体的壳会增长，这是因为它们以浮游生物为食（Tyler and Young，1999）。尽管取食浮游生物（浮游营养）看起来对热液物种有利，但大部分热液物种的发育模式是受到祖先性状限制的系统发育，而不是促进长距离扩散的演化（Bouchet and Warén，1994）或其他喷口特异性的特征。蟹类和虾类的发育有多个取食阶段，并具有复杂的幼体生命周期。Bythograeid 蟹类会离开喷口去产卵，而其幼体在大眼幼体的最后阶段返回喷口（Epifanio et al.，1999）。一些真虾下目的虾类会升到透光带取食浮游植物（Dixon et al.，1998；Herring and Dixon，1998）。幼体阶段进食的物种的浮游期也比那些依靠储存脂肪维持的幼体的浮游期更长，但是，由于代谢率的降低，不进食的幼体在深海冷水中的浮游期要比一般的情况更长（Marsh et al.，2001）。

图 17.5　喷口物种的幼体，自右上角顺时针方向依次为：扇贝 *Bathypecten vulcani*、拟峨螺（*Phymorhynchus* sp.）、蟹类 *Bythograea thermydron*、多毛类吻沙蚕（*Glycera* sp.）、帽贝 *Ctenopelta porifera* 和 *Gorgoleptis emarginatus*（仿自 Mills et al.，2009；图片由 Susan Mills 和 Stace Beauleiu 提供）

　　近来在培养深海生物能力上的突破，使我们可以对浮游幼体期进行定量分析，并对一些热液物种的行为有新的了解。在实验室高压系统中，可以饲养巨型管状蠕虫（*R. pachyptila*）的早期发育阶段幼体（Marsh et al.，2001）；根据对其储存脂肪和代谢率的计算，它们可在不进食的情况下生存 38 天以上。在模拟深海压力下培养的庞贝蠕虫（*Alvinella pompejana*）幼体的热耐受性表明，它们必须离开成体所生活的高温生境，才能完成发育（Pradillon et al.，2001）。同样，巨型管状蠕虫的幼体也无法正常发育，除非它们离开成体所生活的温度较高的喷流，只有在温度低于 7℃以下，才能正常发育（Brooke and Young，2009）。

深海生物（生活在 1500m 水深以下）的幼体无法在表层压力下存活（如 Marsh et al.，2001；Pradillon et al.，2001），除了一个例外，深洋蟹科的 *Bythograea thermydron*，一种热液蟹，它在发育最后阶段的大眼幼体，能够被带上船并存活，在实验室的表层压力下，能够维持数月，并可对其游泳行为进行评估（Epifanio et al.，1999）。大眼幼体的游速可达每秒 10cm，当然只有在高温（25℃）情况下，且其游泳速度与温度成反比。由于在深海环境温度下游速较低，因此，该物种的游泳行为可以定位喷口场的适宜生境，而不是往返不同喷口。目前尚不能培养任何深海热液物种整个发育过程的幼体。但是，一些生活在水深不到 1000m 的喷口上的物种，能够在实验室的表层环境压力下成功培养。为了饲养化能合成生物群落中的生物，专门建立了一个水族馆系统，用于各种生物的产卵，包括蟹类、虾类、铠甲虾和蛤（Miyake et al.，2010）。在该系统中，一些物种的幼体，如藤壶（Watanabe et al.，2004），已经可以饲养数月，完成多个发育阶段，但至今尚未有完成变态发育的。

无脊椎动物的幼体游得很慢，大部分速度为几个毫米每秒（Mileikovsky，1973；Chia et al.，1984），因此，其水平扩散能力主要受洋流的控制。在大洋中脊，洋脊自身的地形影响着深海的水流。在靠近洋脊的地方，洋流速度会加快（Thomson et al.，1990；Cannon and Pashinski，1997；Thurnherr et al.，2011），高出一般深海渊流速度一个数量级。洋流流速加快主要受地形与局部和区域水文的相互作用，可见 Lavelle（2012）、Thurnherr 等（2011）和 Lavelle 等（2012）的综述。平均水流会顺着洋脊轴部的方向流动，虽然在潮汐期间会出现强烈的跨脊流。按照巨型管状蠕虫（*R. pachyptila*）幼体寿命期为 38 天计算，其幼体能够在无进食阶段扩散 100km 以上（Marsh et al.，2001）。这一扩散距离足以使其幼体在洋脊分段的喷口场之间迁移，甚至有可能到达邻近的分段，但必须在洋流跨越转换断层时仍能保持沿脊轴方向的流动。但是，如下一节所述，这种长距离的扩散很少发生。

低代谢率导致浮游期会更长，即便是不进食的幼体，这能够解释为什么大部分热液生物幼体并不取食浮游生物。一些物种能够沿洋脊分段在喷口场之间扩散，但尚不清楚它们是否能够跨越洋脊分段或者洋盆。有人认为，生活在鲸落上的化能合成生物群落提供了一种可能性，热液口生物可以将鲸落作为扩散过程中的跳板（Smith et al.，1989）。然而，大部分定植在鲸落上的物种，不是深海硬质基底的热液动物。最新的分类统计表明，在约 500 种热液生物中，在鲸落上只发现了 11 个（Smith and Baco，2003）。还有人提出，冷渗泉可能起到连接热液生物群落的作用（Vrijenhoek，2010），但是，同样只有极少数物种是重叠的。对鲸落和冷渗泉上集合群落的研究极具吸引力，但对热液生物幼体连通度并无重要影响。

热液种群是开放式的还是封闭式的？

热液口寿命短暂的特点意味着单一喷口的种群必须是开放式的，至少是偶尔开放的，否则该物种无法在区域内维持。然而，一些证据显示，一个给定喷口场的大部分幼体补给来自附近的产卵。幼体丰度在靠近喷口的地方更高（Mullineaux et al.，2005），尽管并不是在较小（几百米）的空间尺度上（Metaxas，2004；Mullineaux et al.，2013）。附近源种群的位置，以及洋流的方向，影响着一个喷口的幼体供给（Adams and Mullineaux，2008），因此，源种群在洋流上游几十千米处，幼体的供给量就会更大。

在大洋中脊，大部分喷口位于脊顶，通常处于轴向谷地中，谷地的崖壁会引导底部水流，并阻碍幼体离开洋脊传输（Mullineaux et al.，2005）。如果崖壁足够高（如胡安·德富卡洋脊可达 100m），而喷口足够活跃，崖壁会使上浮的喷口羽流产生沿洋脊轴部的环流（Thomson et al.，2003），进而增强幼体沿脊轴的交换。在大西洋中脊，也存在明显的轴向谷地崖壁的地形影响。那里的谷地深 1～1.5km，而谷地的水流受从少数海槛流体出口的液压控制（Thurnherr et al.，2008）。模型显示，在浅谷，底流而非浮升羽流，驱动水平传输（Kim et al.，1994；Bailly-Bechet et al.，2008）。然而，即便是在这样的浅谷，横轴速率也会比谷壁上方几米处的流速相对较低（Thurnherr et al.，2011）。因此，在谷地中被动漂浮的幼体不太可能像在轴部上的幼体那样被离轴传输，而是沿着轴向传输，从而能够与邻近的喷口接触。

在大洋中脊，与其他海洋生境一样，由于流速随距离海底的高度变化而变动，幼体在水体中的垂直位置对其扩散具有重要影响。幼体可以通过负浮力或正浮力，以及主动游泳来上下移动，或是通过垂直流垂直移动，如热液形成的浮升羽流。羽流传输大量水体以及其中所包含的热液生物幼体（Jackson et al.，2010），尽管在底流强烈时，羽流所含幼体较少（Kim and Mullineaux，1998）。通常，幼体在底部数量最多，随着距离底部越远，丰度越低（Kim et al.，1994；Mullineaux et al.，2005）。那些待在离轴向谷地底部非常近，或者被地形阻挡水流中的幼体，仅能被缓慢的水流传输很短距离，而且不会离开脊轴。但是，在胡安·德富卡洋脊脊顶上方几百米处的中性浮升羽流中，发现了大量幼体（Mullineaux and France，1995）。在胡安·德富卡洋脊，靠近海底的水流通常较缓，而且与其上方的水流相比，会流向不同方向（Cannon and Pashinski，1997）。流水缓慢应该是受到底部地形的影响，而快速水流则成为喷口之间的"幼体高速公路"（Mullineaux et al.，1991）。

近来在东太平洋海隆进行的幼体生态学和物理海洋学的联合研究，使人们对幼体和水流在扩散时的相互作用有了更为细致的了解。那里的水流有一个显著的特征，即沿洋脊侧翼有一对方向相反的喷流，流速可达 10cm/s（图 17.6）。根据模型预测（Lavelle et al.，2010；Lavelle，2012）有这样一对喷流，并在自然界实际观察到（Thurnherr et al.，2011）。在其他地方也发现了具有类似特征的水流（Cannon and Pashinski，1997），这种与洋脊相关的喷流，在快速扩张的大洋中脊，对于幼体传输有重要影响。

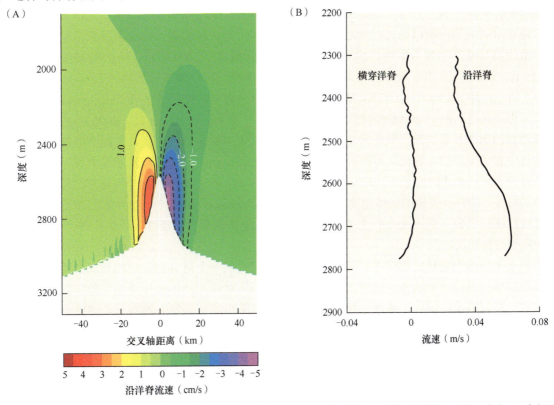

图 17.6　（A）沿脊轴的洋流（洋脊喷流），显示了经向（北–南）的年平均流速，在洋脊西侧为正值（向北）。在短时间内，喷流可以更宽，流速大于平均值。数值根据 Lavelle 模型计算东太平洋海隆 10°N 附近流速得出。（B）观察到的横穿和沿着洋脊的洋流，距洋脊西侧翼离轴约 10km 的一个月平均值（仿自 Lavelle et al.，2012）

一个生物物理模型显示，这些喷流对扩散具有强烈却不"直观"的影响（McGillicuddy et al.，2010）。在 30 天的浮游幼体期之后，那些通过中性浮升羽流（距离底部 200m）上升的幼体重返脊顶的募集可能性大约是没有垂直位移而被迅速带离喷流的幼体的三倍。随着距离底部高度增加而扩散距离减小，说明高处的水流并不活跃。因此，与预期相反，如果幼体上升到距离底部上百米位置，其回迁到出生地的可能性要大于那些待在海底附近的幼体。即便这一高度上的幼体并不多，但一些物种能够利用这种垂直传输作为重定居出生地或邻近喷口的有效机制。

这些模型提供了很多信息，但实地观察的结果更令人惊讶。一项示踪实验表明，在 9°30′N 沿轴向海槽施放 1200m 长的六氟化硫（一种稳定的示踪剂，在极低浓度下也能检测到），大约 40 天后，一小部分示踪剂到达了 9°50′N，说明这两个地点之间一定有一个通道，使得幼体在其寿命期内可以通达（Jackson et al.，2010）。后来，在 9°50′N 点的西面和一组横向海岭的南面发现了大量示踪剂（约占 60%）。多次重复实验（Lavelle et al.，2010）表明，最初释放的示踪剂向西移动，随后进入向北流动的侧翼喷流，在一周后到达海岭。随后，反向的区域水流使其沿着海岭的北侧向东流动，重新回到洋脊。该研究最令人惊讶的一方面是，这些示踪剂在横向移动较远距离（约 50km）之后，又重返洋脊。这说明，幼体的横向传输并不就意味着从区域喷口场消失，在沿洋脊分段分布的喷口之间，存在着多个扩散通道。

实地观察表明，热液生物幼体的垂直游动行为也会影响其扩散。许多物种，特别是腹足类，能够主动向下游动或下沉，使其靠近海底。在东太平洋海隆，一些常见腹足类物种幼体的垂直分布，与生物物理模型中被动幼体的预期分布相比（Mullineaux et al.，2013），明显偏向海底。要实地观察深海海底热液生物幼体的游泳行为非常困难，但在没有加压的水箱中发现，热液蟹和多毛类物种的早期幼体都会向上运动（Miyake et al.，2010）。然而，在不加压的培养箱中，新孵化的热液腹足类幼体会向下游动（Metaxas，2011），虽然其中有一种腹足类 Shinkailepas 先向上游动再向下游动。如果腹足类的幼体在深海压力条件下有同样的向下游动行为，它们就会留在靠近海底的地方，避免被地形产生的水流带离其出生地。与此相反，向上游动物种的幼体会从海底向上升，从而暴露在洋脊的汹涌水流之中。因此，幼体行为会导致物种生态与遗传连通度的差异。

尽管地理限制对邻近喷口场之内及之间幼体交换的约束是一种常态，但也会发生罕见的长距离扩散事件，对热液生物群落产生显著影响。2006 年，在东太平洋海隆 9°50′N 附近，一次喷发覆盖了原有的喷口（Tolstoy et al.，2006）。占据新喷口的是两个腹足类先锋物种，其中鳞笠贝属物种 Lepetodrilus tevnianus 在此之前并不常见，而 Ctenopelta porifera 更是从未在该洋脊分段上被发现过（Mullineaux et al.，2010）。已知距离最近（也是仅有）的 C. porifera 种群分布在 13°N 附近（Desbruyères et al.，2006），相距约 300km。干扰后先锋物种的出现并非偶然，但通常是一个在受干扰生境中的常见物种。目前尚不清楚这些幼体是如何在长途旅行中存活下来的，这比大多数深海水流中估算的都要长。一种解释是通过中等尺度涡旋进行的传输可能是脊段之间联系的快速通道（Adams and Flierl，2010）。在中美洲的太平洋海岸之外，风驱动的涡旋一直延伸到海底，将热液生物的幼体带离东太平洋海隆（Adams et al.，2011）。大部分情况下，这种涡旋的传输会导致幼体的损失，使其流向不适宜的生境，但有时幼体也会长途迁移，到达几百千米之外的喷口场，甚至能够跨越转换断层。

一个悬而未决的问题是：幼体在长途奔波之后是如何找到一个适宜热液口的？这个问题非常困难，因为它需要在自然界追踪单个幼体，或是在加压的实验环境下对晚期幼体进行诱导实验。许多沿海物种的幼体具有精妙的感觉系统，因此，热液生物幼体应该也会对喷口定居信号有所知觉，并做出反应。这些信号可能是化学的（H_2S）、物理的（温度）、水动力的（湍流）、听觉的（黑烟囱发生的噪声），或生物的（生物薄膜或悬浮微生物），而且，如果这些信号是喷口所特有的，并能在喷口场之外就能感测到，则最为有效。尽管目前尚不知道热液物种的这些信号，但培养方法在进步，发现这种信号可能只是早晚的问题。

定植和演替

深海热液口会经历严重的喷发干扰，干扰会抹除定居的动物群落，并改变其物理和化学环境。在快速扩张的洋脊，这种喷发频繁，相隔数年或数十年。在东太平洋海隆（Shank et al.，1998）和胡安·德富卡洋脊（Tunnicliffe et al.，1997；Marcus et al.，2009），这种喷发干扰后动物区系的演替变化以及相应的流体环境条件都得到较好的研究。一次喷发之后的动物区系变化通常与喷口流体通量和构成相关。一般来说，喷发后的数月至数年内，喷口流体的硫化物浓度会随着喷口流体通量降低而减少，导致微生物生产力与毒性水平降低。由于生境发生了变化，一些物种会消失，例如 H_2S 浓度过低而无法维持其共生体，而其他一些物种会侵入，如硫化物耐受性较低的物种。但是，生物间相互作用在这些变化中起着重要作用。

随着基础种如蠕虫、贻贝等的定居，它们为大量小型植食性和食腐性物种提供必要的栖息地（Govenar et al.，2005）。最早的定居者通过改变基底特征，促进后续物种的定植，正如在定植实验中，蠕虫 *Tevnia jerichonana* 在巨型管状蠕虫（*R. pachyptila*）之后开始定植，即便定植表面已经有大量巨型管状蠕虫定居（Mullineaux et al.，2000）。这种促进作用可能是通过表面形成的化学定居诱导素的直接作用，或是重要的微生物薄膜的间接作用（Sievert and Vetriani，2012）。生物间的相互作用可能是物种特异性和密度依赖性的。胡安·德富卡洋脊喷口的先锋物种腹足类会促进后续物种的定居（Kelly et al.，2007），而在东太平洋海隆，一旦先锋物种达到一定高的密度，则会排斥其他物种（Mullineaux et al.，2003）。

如果喷口的演替遵循物种对温度和硫化物浓度降低的响应所设定的确定性轨迹，那么群落对未来干扰的响应可以通过环境条件来预测。然而，如果演替受到干扰发生时特定先锋物种定植数量的影响，则需要考虑其起始条件。在陆地生态系统，以及最近在沿海海洋生态系统，都发现了替代演替轨迹的情况（McCook，1994；Sousa，2001）。在这些系统内，起始条件，如繁殖体的数量，以及干扰发生时捕食者和竞争者是否存在，都非常重要。这些条件可能会"引导"演替的方向，导致不同的结果（Berlow，1997）。确定这一过程是否在深海喷口发生，对于预测热液生物群落对未来的自然和人为干扰做出如何响应至关重要。在东太平洋海隆上，1991 年喷发后的监测显示，西伯加虫科蠕虫 *Tevnia jerichonana* 是先锋物种，继之以生长快速的巨型管状蠕虫（*R. pachyptila*），然后是嗜热深海偏顶蛤（*Bathymodiolus thermophilus*）（Shank et al.，1998）。

2006 年，在东太平洋海隆 9°50′N 附近发生了灾难性的海底喷发，给检验演替是确定性的，还是取决于初始定植条件而出现替代稳定状态，提供了一个宝贵的机会。如同之前发生的喷发之后一样，最早的定植者包括先锋物种蠕虫 *Tevnia jerichonana*，但其中也有不同，特别是腹足类 *Lepetodrilus tevnianus* 和 *Ctenopelta porifera*（Mullineaux et al.，2010），在 1991 年的喷发中数量都不多。在 2006 年喷发的两年后，*C. porifera* 的相对丰度下降，可能是对浓度降低的响应，而 *L. tevnianus* 继续占优（Mullineaux et al.，2012）。而在喷发的四年后，目视观察显示，巨型管状蠕虫（*R. pachyptila*）的种群开始建立，而贻贝的幼体也开始出现。与 1991 年喷发后的情况相比，即便生境的化学特征恢复到喷发前状态更为迅速，基础种（巨型管状蠕虫和贻贝）的演替显然被延迟了。*L. tevnianus* 能否长期存在，排斥喷发前占优的帽贝，并导致群落进入替代状态，这是未来需要探索的一个问题。

胡安·德富卡洋脊喷发后热液生物群落的恢复非常迅速，在两到三年之内，物种构成就与喷发前的状态基本相似。对两个独立的喷发都有相应研究，一个是于 1993 年在共轴段（CoAxial Segment）的喷发（Tunnicliffe et al.，1997），另一个是 1998 年在轴向海岭（Axial Seamount）发生的喷发（Marcus et al.，2009）。在共轴段喷发之后，首先定植的是熟知的具有共生体的西伯加虫科管状蠕虫 *Ridgeia piscesae* 和阿文虫科的多毛类物种。在两年内，几乎三分之一的区域物种库已经建立，尽管某些喷口的生物已经灭绝。1998 年轴向海岭喷发后的群落发育在性质上是相似的，尽管经过了三年，巨型管状蠕虫（*R. piscesae*）才逐渐聚集建立起种群，而在此之前，群落的优势种是植食性的多毛类。在三年内，大部分喷发前就已有的物种种群得以重建。这种演替轨迹，与生物事件（蠕虫聚集）和非生物要素（H_2S 和温度随喷口流体通量而变化）相一致，产生了两个完全不同的成熟群落，一个在低通量下以帽贝为主，另一个则在高通量下以阿文虫科占优。与在东太平洋海隆上发生的一样，胡安·德富卡洋脊的生物在干扰后的快速重定植，发生在距活跃的、未受干扰的热液生物群落的几十千米范围之内。

人类对高温烟囱上的物种演替所知甚少，因为接近 300℃ 的流体温度使得科学家难以在该生境开展工作。尽管尚未开展过喷发后的研究，但操控实验已经观测到庞贝蠕虫（*Alvinella* 属）和相应物种的再定植，以及干扰之后喷管和矿化生境的发育。如果附近有成熟的群落，即在同一个硫化物烟囱上，先锋物种一般会是幼体或无繁殖力的阿文虫（Pradillon et al.，2005）。群落恢复很快，约在 5 个月之内，大部分是本地迁入，而不是通过幼体拓殖（Pradillon et al.，2009）。硫化物烟囱上的阿文虫生境变化很快，其时间尺度甚至低于周边的扩散流生境，因为在数周到数月中，多毛类沿喷管和矿化物的聚集改变了局部的流体环境条件，使得基础种庞贝蠕虫和相关动物必须沿着烟囱移动。

集合群落的动态

许多有关热液生物群落的分布、丰度和动态变化等问题，需要从更大尺度去考虑，而不是仅仅局限于某个单一喷口或种群。喷口的短暂性，以及通过幼体扩散相互连接的斑块化群落，使得复合种群方法非常适合研究热液生物群落。复合种群是指一组地理上相互隔离的种群，斑块中的每个种群会逐个灭绝，但局部小种群通过其他斑块的个体迁入（对热液口来说是指幼体扩散）而维系生存，因此，一个小种群的动态变化会影响其他小种群的动态变化（Hanski，1999）。集合群落是复合种群概念的扩展，它包含多个物种及其之间的相互作用（Leibold et al.，2004）。复合种群理论在生态时间尺度上用于关注种群动态和持续性问题，在演化时间尺度上则用于探索遗传交换和演化的问题。这类问题包括幼体存留和扩散之间的平衡如何塑造物种多样性与分布的格局（Holyoak et al.，2005），以及交换的障碍如何影响遗传分化和物种分布范围（Vrijenhoek，2010）。

为了在复合种群的概念下理解热液生物的物种多样性与分布，需要一个全球的视角，即从全球的物种分布及对扩散的障碍来看待这一问题。热液动物形成了相互隔离的生物地理省（图17.7），每个省都有独特的动物区系（Van Dover et al.，2002；Bachraty et al.，2009；Moalic et al.，2012；Rogers et al.，2012）。主要的生物地理省具有一个大型的"吉祥物"物种，或者一组能够目视区分的代表性物种。东太平洋海隆的代表性物种是巨型管状蠕虫（*R. pachyptila*）和两个相关的蠕虫物种。再往北，在胡安·德富卡洋脊，代表物种是稍小的管状蠕虫 *Ridgeia piscesae*。而在西太平洋的热液口，代表物种是大型的、具有共生体的螺类（Desbruyères et al.，2006）。有趣的是，许多西太平洋的热液口具有密集的比目鱼种群，而在其他地方的喷口从未发现（Tunnicliffe et al.，2010）。大西洋中脊北部的喷口烟囱大部分长满了臂虾科物种，只有少数几个喷口的优势种是贻贝（Desbruyères et al.，2000）。印度洋热液口的代表物种则是虾和螺类（Hashimoto et al.，2001；Van Dover et al.，2001；Nakamura et al.，2012），这与太平洋西南部热液口的情况类似。

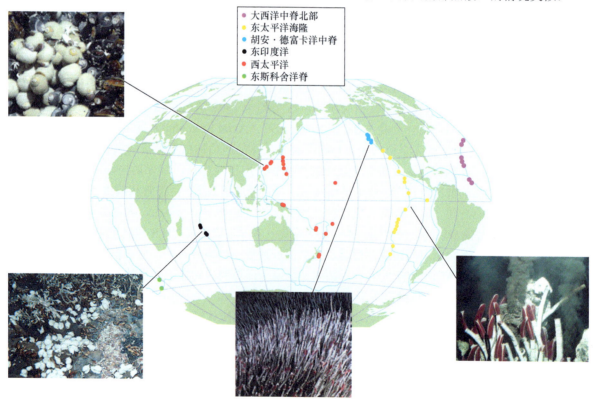

图 17.7　热液动物区系的生物地理省，显示了不同区域及目视鉴定物种（自右下角顺时针方向依次为）：东太平洋海隆的巨型管状蠕虫（*Riftia pachyptila*）、太平洋东北部胡安·德富卡洋中脊中丛生的管状蠕虫（*Ridgeia piscesae*）、东印度洋的腹足类、有柄藤壶和虾类、西太平洋的巨型螺类球刺螺（*Alviniconcha* spp.）和纳氏热液螺（*Ifremeria nautilei*）。在东斯科舍洋脊新发现的群落（图17.8）可能代表一个新的不同的生物地理省（东太平洋海隆的图片由伍兹霍尔海洋学院提供；胡安·德富卡洋中脊的图片由 Neptune Canada 提供；印度洋的图片由 K. Nakamura 提供；西太平洋的图片由 Chuck Fisher 提供）

　　随着新的热液口不断被发现，生物地理分析也不断揭示更多的结构，例如将东太平洋海隆北部与南部区分开来（Bachraty et al.，2009），并在之前未能探索的区域添加新的生物地理省。最近在南大洋东斯科舍洋脊新发现的热液生物群落就与之前所有其他热液口不同，代表了一个新的生物地理省（Rogers et al.，2012）。这里的群落以一种新发现的蟹类——雪人蟹、鹅颈藤壶和海葵为主（图 17.8），但缺少很多常见的热液生物，如西伯加虫科管状蠕虫、深海偏顶蛤属及阿尔文虾（Alvinocarid）。在大西洋中脊南部发现了一些喷口（German et al.，2008），尽管其动物区系的鉴别尚未发表，但目视评估认为其与北大西洋的热液生物群落相似（Perez et al.，2012）。新发现的北冰洋活跃热液生物群落（Pedersen et al.，2010）的优势种为西伯加虫科管状蠕虫，这些喷口可能代表一个新的生物地理省。

10cm

图 17.8　南大洋的热液动物区系，在东斯科舍洋脊水深 2400m 处密集聚集的异尾下目雪人蟹（一种新发现的 Kiwa 属的物种）和有柄藤壶（cf. *Vulcanolepas*）（图片由 Alex Rogers 提供）

　　复合种群的理论首次应用于热液口是为了解决一个看似矛盾的问题：东太平洋海隆北部庞贝蠕虫（*A. pompejana*）的种群缺少遗传分化，而这被认为是扩散潜力有限造成的（Jollivet et al.，1999）。在该模型中，喷口在不同的位置消亡和重生，导致单一种群灭绝，而种群的遗传结构变得均质化，即使拥有有限的扩散。众所周知，局部灭绝和重定植会影响种群间的遗传趋异，并对喷口产生重要影响（Shea et al.，2008）。包含灭绝与重定植的一般复合种群模型（Slatkin，1977；Whitlock and McCauley，1990）显示，扩散的特征及其与生境动态的相互作用，决定了种群间遗传趋异的程度。如果重定植在新开放喷口的个体来自复合种群中的多个不同地点，而不是单一喷口，那么遗传趋异水平就会被降低。这种过程也许能够解释，为什么在广阔的地理区域范围之内，许多热液类群中都具有较低种群趋异水平（Vrijenhoek，2010）。有趣的是，对沿洋脊复合种群的遗传相似性估算往往与从浮游幼体期中推断出的结果不一致。这种差异可能是对幼体扩散的估算过于简单造成的，因为其通常不包括温度依赖性的代谢速率或垂直游动行为。在非热液口和浅海生境也发现了类似的浮游幼体期与实际连通度之间存在差异的现象（如 Weersing and Toonen，2009）。看来，浮游生物的进食能力并不一定就会加大其扩散距离。

　　用复合种群概念解释遗传模式，可以发现存在着扩散的明显障碍，这种障碍适用于大多数物种，同时存在一些只对特定物种产生阻止的障碍。这些研究为导致大范围交换的生活史特征，以及产生生物地理边界的过程提供了有力见解。东太平洋海隆就是一个很好的例子，因为这里有大量的热液物种被广泛采样。在这个区域，加拉帕戈斯裂谷被加拉帕戈斯三联点与东太平洋海隆的其余部分所分隔开来（图 17.7）。除了嗜热深海偏顶蛤（*B. thermophilus*）（Craddock et al.，1995），研究中关注最多的物种，包括巨型管状蠕虫（*R. pachyptila*），都与加拉帕戈斯群岛和东太平洋海隆种群之间存在明显的遗传分化（France et al.，

1992；Hurtado et al.，2004）。加拉帕戈斯三联点还将东太平洋海隆的北部与南部分隔开，形成了一个可能的扩散障碍。庞贝蠕虫（*A. pompejana*）、蠕虫 *Tevnia jerichonana* 和鳞笠贝属物种 *Lepetodrilus ovalis* 及帽贝 *Eulepetopsis vitrea* 在这个障碍两侧都出现了遗传分化（Won et al.，2003；Hurtado et al.，2004；Plouviez et al.，2009），而巨型管状蠕虫和嗜热深海偏顶蛤则没有出现遗传分化。复活节岛微板块在东太平洋海隆的南部形成一个明显的中断，将深海偏顶蛤属贻贝分隔成遗传差异很大的种群，甚至有可能是不同物种（Won et al.，2003），或是 bythograeid 蟹（Guinot et al.，2002；Guinot and Hurtado，2003）以及巨型管状蠕虫和 *T. jerichonana* 的姐妹种。多毛类庞贝蠕虫和鳃鳞虫属物种 *Branchipolynoe symmytilida* 则在这个边界两侧没有遗传分化。有趣的是，贻贝和蟹类都在这个边界的两侧具有相互隔离的、以浮游生物为食的幼体，而以卵黄为营养的多毛类幼体则不以浮游生物为食。这些结果表明，潜在障碍两侧的幼体连通度是物种特异的，因此，无法从幼体扩散潜力中推断物种的连通度。

集合群落的研究有助于解释不同生物地理省热液生物群落间的多样性差异。在同一个生物地理省内，热液生物群落的物种出现会有差异，但一般都是该生物地理省物种库的一个子集，不存在地理梯度变异（Juniper et al.，1990；Van Dover and Hessler，1990）。因此，可以在生物地理省水平上对生物多样性进行对比。东太平洋海隆的多样性最高，太平洋东北部次之，而大西洋最低（Bachraty et al.，2009）。Juniper 和 Tunnicliffe（1997）提出，这种多样性格局是区域年龄、干扰率、生境异质性和生境大小等因素共同导致的。与太平洋相比，大西洋海盆相对年轻，其喷口更加稳定，相距更远。这些特征都会使其多样性低于太平洋，而太平洋的区域物种库存在的时间更久，喷口受到干扰的情况更为频繁（能够缓解竞争排斥），而喷口生境更大（有更多的喷口）。其他的科研工作者发现了更多类似的无脊椎动物多样性格局，例如贻贝床（Turnipseed et al.，2003）、丛生的蠕虫（Tsurumi and Tunnicliffe，2003）等，但他们给出的解释不尽相同。Turnipseed 等（2003）认为，大西洋中脊喷口间较大的间距限制了物种的扩散，并导致单一喷口场的种群灭绝，从而使多样性较低。而 Tsurumi（2003）则认为，太平洋东北部的多样性受到频繁干扰和生境短暂性的限制，所以多样性略低。

Neubert 等（2006）通过操控复合种群模型中的干扰率、生境大小和定植率，对这些替代假说进行了检验。正如预期，模型结果显示，如果适宜的喷口生境丰富，则多样性上升。值得注意的是，结果表明，多样性依赖于定植和干扰的相对速率，或是喷口恢复和干扰的速率，而不是喷口间距或定植率等因素单独造成的。因此，如果研究热液口的生态学家将多样性的降低视为干扰频繁或喷口间距过大的结果，那么，这一机理也会激发同样的过程，即干扰导致定植率的下降。值得注意的是，当生境过于稀疏，定植率较低时，物种间的促进作用在模型中变得重要，这说明多样性格局无法仅仅依靠喷口动态或物种定植能力来进行预测。

作为真正的集合群落，热液口系统适用于任何主要的理论框架，以理解所观察到的物种分布与多样性格局的基本过程，如斑块动态、物种配置、源库动力学和中性模型等（Leibold et al.，2004）。经验数据可用于研究定植与竞争能力的平衡，包括演替模式（斑块动态），物种对环境异质性的响应（物种配置），以及扩散和生境质量之间的相互作用（源库动力学）等。物种出现和喷口环境条件之间的强烈关系对中性模型提出质疑，尽管该方法能够为对比提供有价值的零假设模型，但其赋予物种相同的竞争和扩散能力仍然存疑。但这些方法对于预测热液生物群落对自然或人为扰动的响应仍然颇有价值。

热液生物群落的保护

热液生物群落易受自然喷发和构造活动的干扰。这种干扰发生的时间尺度与生活在构造和火山活动频发地区的物种的世代时间相当。自人类发现热液口以来，这些喷口就受到人类的干扰，包括研究人员采集和操控，甚至还有旅游者的造访。从一开始，科学家就认识到需要进行保护，特别是在国际海域，以避免生物多样性的损失，以及对其他项目的干扰。因此，国际社会制定了行为守则（Mullineaux et al.，1998），并通过建立保护区来规范各种活动（Devey et al.，2007）。近来，在深海喷口采矿的经济价值，使得热液生物群落多样性和持续性受到挑战。热液生物非常适应干扰，被用来作为反对科研人员和保护生态学家的借口，但却缺乏证据。

为了获取高科技制造业所需要的贵重金属（铜、锌、银和金）及稀土元素，工业界对开采热液口产生了新的兴趣（Hoagland et al.，2010）。1997 年，巴布亚新几内亚成为第一个允许开采热液口的国家，他们纷纷颁发了许可证，允许在马努斯海盆 1000m 水深以下的喷口进行开采，其他国家也效仿。国际海底管理局（International Seabed Authority，ISA）保存和更新着所有开采合同和许可的清单。科学家对这种开发活动做出了反应，他们呼吁各种国际组织对此进行客观评估，如国际海底管理局（www.isa.org.jm）、联合国生物多样性公约（U.N. Convention on Biological Diversity）及其下属分支全球海洋生物多样性倡议（Global Ocean Biodiversity Initiative，www. gobi.org），以及国际深海生态系统科学调查网络（International Network for Scientific Investigation of Deep-Sea Ecosystems，INDEEP，www. indeep-project.org），其前身是国际海洋生物普查计划（Census of Marine Life program）。他们指出，开采活动会对生境造成不可逆的破坏，降低底栖生物的初级生产力，减少区域的生物多样性（Van Dover，2011），并导致一些物种的灭绝，使其生态作用、生物化学能力及生态系统服务无法恢复。一些非政府组织和个人机构也对在深海喷口采矿的影响进行了评估，并制定了建立海洋保护区的准则。在所有这些应对措施之中，科学家特别强调了在开采之前，应先对热液生物群落进行调查研究，并必须了解处于危险之中的群落的两个主要方面：①它们对干扰的弹性，②它们与其他地方的连通度。这两个特征是相互关联的，并能为设计管理策略，特别是海洋保护区的位置和大小提供依据。通过这些努力所获取的这种数据正是在本章中所展示的：物种的环境耐受性、幼体扩散能力、遗传连通度、源库动力学，以及复合种群的弹性与多样性等。

尽管太平洋东部喷口喷发后所观察到的快速定植时间意味着这些特殊的热液生物群落是有弹性的，但这种结果未必具有普遍性，不能代表其他地方的热液口复合种群。这种快速恢复发生在快速扩张的洋脊，喷口相距较近（约为 50km 或更近），而定植者的源种群就在附近。这种类型的先锋物种在这个区域能够快速地在本地扩散，但在其他地方，喷口间距较大，扩散并不一定奏效。目前主要的开采目标都集中在扩散速率中等、缓慢或者极慢的洋脊，那里的喷口相距较远，而且寿命很长。在这些区域的生物勘探数量有限，对物种的分布所知甚少，对幼体的连通度或群落的弹性更是一无所知。此外，开采活动还会产生重要的、与火山喷发不同的干扰后果。开采和火山喷发都会改变喷口的基底和地形，但采矿会留下沉积物和碎石（Steiner，2009），而自然喷发则会形成枕状熔岩丘和层流（Chadwick et al.，2001）。这种基底的变化可能会改变被开采喷口上热液生物（如果能）重定植的速率，并最终决定开采活动是否导致区域热液生物群落的维持和多样性的变化。

与自然喷发的扰动不同，开采活动是可控的，而且可以在全面了解可能造成的干扰程度的情况下，对监测进行设计。在具有已知源种群和幼体连通度的复合种群，对开采位置进行选择，能够将负面影响最小化。在沿海环境建立可持续利用海洋资源的策略，包括创建海洋保护区（Sanchirico and Wilen，2001；Treml et al.，2008），都值得深海热液口借鉴。在一些国家经济区或大陆架外延，已经建立了一些针对热液喷口的海洋保护区，如胡安·德富卡洋脊的 Endeavour 热液区、大西洋中脊的 Lucky Strike、Menez Gwen 和 Rainbow 热液场、马里亚纳海沟国家海洋保护区的马里亚纳弧（西太平洋）的热液区，以及东太平洋瓜伊马斯海盆的热液口区。大部分热液口区都位于公海，在那里建立保护区是个复杂的过程，因为这需要国际合作。但 2010 年，在北大西洋的国际海域上建立的查尔利-吉布斯海洋保护区表明这是可行的。

致谢

这篇手稿得益于 Chuck Fisher、Stace Beaulieu、Susan Mills，两位匿名审稿人，以及 Julie Kellner 和 Mike Neubert 的评论。作者感谢 Stace Beaulieu 提供图片，并感谢伍兹霍尔海洋研究所海洋生命奖学金的支持。

引用文献

Adams, D. K. and G. R. Flierl, 2010. Modeled interactions of mesoscale eddies with the East Pacific Rise: Implications for larval dispersal. *Deep-Sea Res. Pt. I* 57: 1163–1176.

Adams, D. K. and L. S. Mullineaux. 2008. Supply of gastropod larvae to hydrothermal vents reflects transport from local larval sources. *Limnol. Oceanogr.* 53: 1945–1955.

Adams, D. K., S. M. Arellano, and B. Govenar. 2012. Larval dispersal: Vent life in the water column. *Oceanography* 25: 256–268.

Adams, D. K., D. J. McGillicuddy, L. Zamudio, et al. 2011. Surface-generated mesoscale eddies transport deep-sea products from hydrothermal vents. *Science* 332: 580–583.

Bachraty C., P. Legendre and D. Desbruyères. 2009. Biogeographic relationships among deep-sea hydrothermal vent faunas at global scale. *Deep-Sea Res. Pt. I* 56: 1371–1378.

Bailly-Bechet, M., M. Kerszberg, F. Gaill, and F. Pradillon. 2008. A modeling approach of the influence of local hydrodynamic conditions on larval dispersal at hydrothermal vents. *J. Theor. Biol.* 255: 320–331.

Baker, E. T. and C. R. German 2004. On the global distribution of hydrothermal vent fields. In, *Mid-Ocean Ridges: Hydrothermal Interactions Between the Lithosphere and Oceans* (C. R. German, J. Lin, and L. M. Parson, eds.), pp. 245–266. *Geoph. Monog. Series* 148. Washington, DC: A.G.U.

Bates, A. E. 2007. Feeding strategy, morphological specialisation and presence of bacterial episymbionts in lepetodrilid gastropods from hydrothermal vents. *Mar. Ecol. Prog. Ser.* 347: 87–99.

Bates, A. E., V. Tunnicliffe, and R. W. Lee. 2005. Role of thermal conditions in habitat selection by hydrothermal vent gastropods. *Mar. Ecol. Prog. Ser.* 305: 1–15.

Berlow, E. 1997. From canalization to contingency: Historical effects in a successional rocky intertidal community. *Ecol. Monogr.* 67: 435–460.

Bouchet, P. and A. Warén. 1994. Ontogenetic migration and dispersal of deep-sea gastropod larvae. In, *Reproduction, larval biology, and recruitment of the deep-sea benthos.* (C. M. Young and K. J. Eckelbarger, eds.), pp. 98–119. New York, NY: Columbia University Press.

Brooke, S. D. and C. M. Young. 2009. Where do the embryos of *Riftia pachyptila* develop? Pressure tolerances, temperature tolerances, and buoyancy during prolonged embryonic dispersal. *Deep-Sea Res Pt. I* 56: 1599–1606.

Cannon, G. A. and D. J. Pashinski. 1997. Variations in mean currents affecting hydrothermal plumes on the Juan de Fuca Ridge. *J. Geophys. Res.* 102: 24965–24976.

Cavanaugh, C. M., S. L. Gardiner, M. L. Jones, et al. 1981. Prokaryotic cells in the hydrothermal vent tube worm *Riftia pachyptila* Jones: Possible chemoautotrophic symbionts. *Science* 213: 340–342.

Chadwick, W. W., D. S. Scheirer, R. W. Embley, and H. P. Johnson. 2001. High-resolution bathymetric surveys using scanning sonars: Lava flow morphology, hydrothermal vents, and geologic structure at recent eruption sites on the Juan de Fuca Ridge. *J. Geophys. Res.* 106: 16075–16099.

Chia, F. S., J. Buckland-Nicks, and C. M. Young. 1984. Locomotion of marine invertebrate larvae: A review. *Can. J. Zool.* 62: 1205–1222.

Childress, J. J. and C. R. Fisher. 1992. The biology of hydrothermal vent animals: Physiology, biochemistry, and autotrophic symbioses. *Oceanogr. Mar. Biol., Annu. Rev.* 30: 61–104.

Connell, J. H. 1961. Effects of competition, predation by *Thais lapillus*, and other factors on natural populations of the barnacle *Balanus balanoides*. *Ecol. Monogr.* 31: 61–104.

Connelly, D. P., J. T Copley, B. J. Murton, et al. 2012. Hydrothermal vent fields and chemosynthetic biota on the world's deepest seafloor spreading centre. *Nat. Commun.* 3: 620. doi: 10.1038/ncomms1636

Corliss, J. B., J. Dymond, L. I. Gordon, et al. 1979. Submarine thermal springs on the Galápagos Rift. *Science* 203: 1073–1083.

Cowen, R. K. and S. Sponaugle. 2009. Larval dispersal and marine population connectivity. *Ann. Rev. Mar. Sci.* 1: 443–466.

Craddock, C., W. R. Hoeh, R. A. Lutz, and R. C. Vrijenhoek. 1995. Extensive gene flow in the deep-sea hydrothermal vent mytilid *Bathymodiolus thermophilus*. *Mar. Biol.* 124: 137–146.

Cuvelier, D., J. Sarrazin, A. Colaco, et al. 2009. Distribution and spatial variation of hydrothermal faunal assemblages at Lucky Strike (Mid-Atlantic Ridge) revealed by high-resolution video image analysis. *Deep-Sea Res Pt. I* 56: 2026–2040.

Dayton, P. K. 1971. Competition, disturbance, and community organi-
zation: The provision and subsequent utilization of space in a rocky inter-tidal community. *Ecol. Monogr.* 41: 351–389.

Desbruyères, D., M. Segonzac, and M. Bright 2006. Handbook of deep-sea hydrothermal vent fauna. *Denisia* 18: 513–517.

Desbruyères, D., A. Almeida, M. Biscoito, et al. 2000. A review of the distribution of hydrothermal vent communities along the northern Mid-Atlantic Ridge: Dispersal vs. environmental controls. *Hydrobiologia* 440: 201–216.

Devey, C. W., C. R. Fisher, and S. Scott. 2007. Responsible *Science* at hydorthermal vents. *Oceanography* 20: 162–171.

Dixon D. R., L. R. J. Dixon, and D. W. Pond. 1998. Recent advances in our understanding of the life history of bresiliid vent shrimps on the MAR. *Cah. Biol. Mar.* 39: 383–386.

Edgcomb, V. P., D. T. Kysela, A. Teske, et al. 2002. Benthic eukaryotic diversity in the Guaymas Basin hydrothermal vent environment. *Proc. Natl. Acad. Sci. (USA)* 99: 7658–7662.

Epifanio, C. E., G. Perovich, A. L. Dittel, and Cary S. C. 1999. Development and behavior of megalopa larvae and juveniles of the hydrothermal vent crab *Bythograea thermydron*. *Mar. Ecol. Prog. Ser.* 185: 147–154.

Fisher, C. R., J. J. Childress, J. M. Brooks, and S. A. Macko. 1994. Nutritional interactions in Galapagos Rift hydrothermal vent communities: Inferences from stable carbon and nitrogen isotope analyses. *Mar. Ecol. Prog Ser.* 103: 45–55.

Fisher, C. R., K. Takai, and N. Le Bris 2007. Hydrothermal vent ecosystems. *Oceanography* 20: 14–23.

Fornari, D. J. and R. W. Embley 1995. Tectonic and volcanic controls on hydrothermal processes at the mid-ocean ridge: An overview based on near-bottom and submersible studies. In, *Seafloor hydrothermal systems: Physical, chemical, biological, and geological interactions, Book Geophysical Monograph 91* (S. E. Humphris, R. A. Zierenberg, L. S. Mullineaux, and R. E. Thomson, eds.), pp. 1–46. Washington, DC: American Geophysical Union.

France, S. C., R. R. Hessler, and R. C. Vrijenhoek. 1992. Genetic differentiation between spatially-disjunct populations of the deep-sea, hydrothermal vent-endemic amphipod *Ventiella sulfuris*. *Mar. Biol.* 114: 551–559.

German, C. R., S. A. Bennett, D. P. Connelly, et al. 2008. Hydrothermal activity on the southern Mid-Atlantic Ridge: Tectonically and volcanically controlled venting at 4°51' S. *Earth Planet. Sci. Lett.* 273: 332–344.

Girguis, P. R. and R. W. Lee. 2006. Thermal preference and tolerance of alvinellids. *Science* 312: 231.

Gollner, S., B. Riemer, P. M. Arbizu, et al. 2010. Diversity of meiofauna from the 9°50' N East Pacific Rise across a gradient of hydrothermal fluid emissions. *PLoS ONE* 5: e12321. doi: 10.1371/journal.pone.0012321

Govenar, B. 2012. Energy transfer through food webs at hydrothermal vents: Linking the lithosphere to the biosphere. *Oceanography* 25: 246–255.

Govenar, B., N. Le Bris, S. Gollner, et al. 2005. Epifaunal community structure associated with *Riftia pachyptila* aggregations in chemically different hydrothermal vent habitats. *Mar. Ecol. Prog. Ser.* 305: 67–77.

Guinot, D. D. and L. A. Hurtado. 2003. Two new species of hydrothermal vent crabs of the genus *Bythograea* from the southern East Pacific Rise and from the Galapagos Rift (Crustacea Decapoda Brachyura Bythograeidae) *C. R. Biol.* 326: 423–439.

Guinot, D. D., L. A. Hurtado, and R. R. Vrijenhoek. 2002. New genus and species of brachyuran crab from the southern East Pacific Rise (Crustacea Decapoda Brachyura Bythograeidae). *C. R. Biol.* 325: 1143–1152.

Hanski, I. 1999. *Metapopulation Ecology*. Oxford, UK: Oxford University Press.

Hashimoto, J., S. Ohta, T. Gamo, et al. 2001. First hydrothermal vent communities from the Indian Ocean discovered. *Zool. Sci.* 18: 717–721.

Herring, P. J. and D. R. Dixon. 1998. Extensive deep-sea dispersal of postlarval shrimp from a hydrothermal vent. *Deep-Sea Res. Pt. I* 45: 2105–2118.

Hessler, R. R., W. M. Smithey, and C. H. Keller. 1985. Spatial and temporal variation of giant clams, tubeworms and mussels at deep-sea hydrothermal vents. *Bull. Biol. Soc. Wash.* 6: 411–428.

Hoagland, P., S. Beaulieu, M. A. Tivey, et al. 2010. Deep-sea mining of seafloor massive sulfides. *Mar. Policy* 34: 728–732.

Holyoak, M., M. A. Leibold, and R. D. Holt. 2005. *Metacommunities: Spatial Dynamics and Ecological Communities*. Chicago, IL: University of Chicago Press.

Hurtado, L. A., R. A. Lutz, and R. C. Vrijenhoek. 2004. Distinct patterns of genetic differentiation among annelids of eastern Pacific hydrothermal vents. *Mol. Ecol.* 13: 2603–2615.

Jackson, P. R., J. R. Ledwell, and A. M. Thurnherr. 2010. Dispersion of a tracer on the East Pacific Rise (9° N to 10° N), including the Influence of hydrothermal plumes. *Deep-Sea Res. Pt. I* 57: 37–52.

Johnson, K. S., J. J. Childress, R. R. Hessler, et al. 1988. Chemical and biological interactions in the Rose Garden hydrothermal vent field, Galapagos spreading center. *Deep-Sea Res. Pt. I* 35: 1723–1744.

Jollivet, D., P. Chevaldonné, and B. Planque. 1999. Hydrothermal-vent alvinellid polychaete dispersal in the eastern Pacific. 2. A metapopulation model based on habitat shifts. *Evolution* 53: 1128–1142.

Juniper, S. K. and V. Tunnicliffe. 1997. Crustal accretion and the hot vent ecosystem. *Phil. Trans. R. Soc. A.* 355: 459–474.

Juniper, S. K., V. Tunnicliffe, and D. Desbruyères. 1990. Regional-Scale Features of Northeast Pacific, East Pacific Rise, and Gulf of Aden Vent Communities. In, *Gorda Ridge* (G. McMurray, ed.), pp. 265–278. New York, NY: Springer.

Kashefi, K. and D. R. Lovely. 2003. Extending the upper temperature limit for life. *Science* 301: 934.

Kelly, N., A. Metaxas, and D. Butterfield. 2007. Spatial and temporal patterns of colonization by deep-sea hydrothermal vent invertebrates on the Juan de Fuca Ridge, N. E. Pacific. *Aquat. Biol.* 1: 1–16.

Kim, S. L. and L. S. Mullineaux. 1998. Distribution and near-bottom transport of larvae and other plankton at hydrothermal vents. *Deep-Sea Res. Pt. II-Top. St. Oce.* 45: 423–440.

Kim, S. L., L. S. Mullineaux, and K. R. Helfrich. 1994. Larval dispersal via entrainment into hydrothermal vent plumes. *J. Geophys. Res.* 99: 12,655–12,665.

Lavelle, J. W. 2012. On the dynamics of current jets trapped to the flanks of mid-ocean ridges. *J. Geophys. Res.* 117: C07002.

Lavelle, J. W., A. M. Thurnherr., J. R. Ledwell, et al. 2010. Deep ocean circulation and transport where the East Pacific Rise at 9–10° N meets the Lamont seamount chain. *J. Geophys. Res.-Oceans* 115: C12073.

Lavelle, J. W., A. M. Thurnherr, and L. S. Mullineaux, et al. 2012. The prediction, verification, and significance of flank jets at mid-ocean ridges. *Oceanography* 25: 277–283.

Le Bris, N., B. Govenar, C. Le Gall, and C. Fisher. 2006. Variability of physico-chemical conditions in 9°50′ N, EPR diffuse flow vent habitats. *Mar. Chem.* 98: 167–182.

Leibold, M. A., M. Holyoak, N. Mouquet, et al. 2004. The metacommunity concept: A framework for multi-scale community ecology. *Ecol. Lett.* 7: 601–613.

Luther, G. W., T. F. Rozan, M. Taillefert, et al. 2001. Chemical speciation drives hydrothermal vent ecology. *Nature* 410: 813–816.

Lutz, R. A., D. Jablonski, and R. D. Turner. 1984. Larval development and dispersal at deep-sea hydrothermal vents. *Science* 226: 1451–1454.

Lutz, R. A., T. M. Shank, D. J. Fornari, et al. 1994. Rapid growth at deep-sea vents. *Nature* 371: 663–664.

Marcus, J., V. Tunnicliffe, and D. A. Butterfield. 2009. Post-eruption succession of macrofaunal communities at diffuse flow hydrothermal vents on Axial Volcano, Juan de Fuca Ridge, Northeast Pacific. *Deep-Sea Res. Pt. II* 56: 1586–1598.

Marsh, A. G., L. S. Mullineaux, C. M. Young, and D. T. Manahan. 2001. Larval dispersal potential of the tubeworm *Riftia pachyptila* at deep-sea hydrothermal vents. *Nature* 411: 77–80.

Marsh, L., J. T. Copley, V. Huvenne, et al. 2012. Microdistribution of faunal assemblages at deep-sea hydrothermal vents in the southern ocean. *PLoS ONE* 7. doi: 10.1371/journal.pone.0048348

Matabos, M., N. Le Bris, S. Pendlebury, and E. Thiébaut. 2008. Role of physico-chemical environment on gastropod assemblages at hydrothermal vents on the East Pacific Rise (13° N/EPR). *J. Mar. Biolog. Assoc. U. K.* 88: 995–1008.

McCook, L. J. 1994. Understanding ecological community succession: causal models and theories, a review. *Vegetatio* 110: 115–147.

McGillicuddy, D. J., W. Lavelle, A. M. Thurnherr, et al. 2010. Larval dispersion along an axially symmetric mid-ocean ridge. *Deep-Sea Res. Pt. I* 57: 880–892.

Metaxas, A. 2004. Spatial and temporal patterns in larval supply at hydrothermal vents in the northeast Pacific Ocean. *Limnol. Oceanogr.* 49: 1949–1956.

Metaxas, A. 2011. Spatial patterns of larval abundance at hydrothermal vents on seamounts: Evidence for recruitment limitation. *Mar. Ecol. Prog Ser.* 437: 103–117.

Micheli, F., C. H. Peterson, L. S. Mullineaux, et al. 2002. Predation structures communities at deep-sea hydrothermal vents. *Ecol. Monogr.* 72: 365–338.

Mileikovsky, S. A. 1973. Speed of active movement of pelagic larvae of marine bottom invertebrates and their ability to regulate their vertical position. *Mar. Biol.* 23: 11–17.

Mills, S. W., S. E. Beaulieu, and L. S. Mullineaux. 2009. Photographic identification guide to larvae at hydrothermal vents. *Woods Hole Oceangr. Inst. Tech. Report* WHOI-2009-05.

Miyake H., M. Kitada, T. Itoh, et al. 2010. Larvae of deep-sea chemosynthetic ecosystem animals in captivity. *Cah. Biol. Mar.* 51: 441–450.

Moalic, Y., D. Desbruyeres, C. M. Duarte, et al. 2012. Biogeography revisited with network theory: Retracing the history of hydrothermal vent communities. *Syst. Biol.* 61: 127–137.

Mottl, M. J., J. S. Seewald, C. G. Wheat, et al. 2011. Chemistry of hot springs along the Eastern Lau Spreading Center. *Geochim. Cosmochim. Acta* 75: 1013–1038.

Mullineaux, L. S. and S. C. France, (eds.). 1995. *Dispersal of Deep-Sea Hydrothermal Vent Fauna*. Washington, DC: American Geophysical Union.

Mullineaux, L. S., P. H. Wiebe, and E. T. Baker. 1991. Hydrothermal vent plumes: Larval highways in the deep sea? *Oceanus* 34: 64–68.

Mullineaux, L. S., D. K. Adams, S. W. Mills, and S. E. Beaulieu. 2010. Larvae from afar colonize deep-sea hydrothermal vents after a catastrophic eruption. *Proc. Natl. Acad. Sci. (USA)* 107: 7829–7834.

Mullineaux, L. S., C. R. Fisher, C. H. Peterson, and S. W. Schaeffer. 2000. Vestimentiferan tubeworm succession at hydrothermal vents: Use of biogenic cues to reduce habitat selection error? *Oecologia* 123: 275–284.

Mullineaux, L. S., S. K. Juniper, D. Desbruyères, and M. Cannat. 1998. Deep-sea reserves at hydrothermal vents. *EOS Trans. Am. Geophys. Union* 79: 533–538.

Mullineaux, L. S., C. H. Peterson, F. Micheli, and S. W. Mills. 2003. Successional mechanism varies along a gradient in hydrothermal fluid flux at deep-sea vents. *Ecol. Monogr.* 73: 523–542.

Mullineaux, L. S., N. Le Bris, S. W. Mills, et al. 2012. Detecting the influence of initial pioneers on succession at deep-sea vents. *PLoS ONE* 7: e50015.

Mullineaux, L. S., D. J. McGillicuddy, S. W. Mills, et al. 2013. Active positioning of vent larvae at a mid-ocean ridge. *Deep-Sea Res. Pt. II* 92: 46–57.

Mullineaux, L. S., F. Micheli, C. H. Peterson, et al. 2009. Imprint of past environmental regimes on structure and succession of a deep-sea hydrothermal vent community. *Oecologia* 161: 387–400.

Mullineaux, L. S., S. W. Mills, A. K. Sweetman, et al. 2005. Spatial structure and temporal variation in larval abundance at hydrothermal vents on the East Pacific Rise. *Mar. Ecol. Prog. Ser.* 293: 1–16.

Nakamura, K., H. Watanabe, J. Miyazaki, et al. 2012. Discovery of new hydrothermal activity and chemosynthetic fauna on the Central Indian Ridge at 18°–20° S. *PLoS ONE* 7. doi: 10.1371/journal. pone.0032965

Nees, H. A., R. A. Lutz, T. M. Shank, and G. W Luther. 2009. Pre- and post-eruption diffuse flow variability among tubeworm habitats at 9°50′ north on the East Pacific Rise. *Deep-Sea Res. Pt. I* 56: 1607–1615.

Neubert, M. G., L. S. Mullineaux, and M. F. Hill. 2006. A metapopulation approach to interpreting diversity at deep-sea hydrothermal vents. In, *Marine Metapopulations* (J. P. Kritzer and P. F. Sale, eds.), pp. 321–350. London, UK: Elsevier.

Paine, R. T. 1977. Controlled manipulations in the marine intertidal zone, and their contributions to ecological theory. *The Changing Scenes in Natural Sciences, 1776–1976, Book Special Publication 12*. Philadelphia, PA: Academy of Natural Sciences.

Pedersen, R. B., H. T. Rapp, I. H. Thorseth, et al. 2010. Discovery of a black smoker vent field and vent fauna at the Arctic Mid-Ocean Ridge. *Nat. Commun.* 1: 126.

Perez, J. A. A., E. dos Santos Alves, M. R. Clark, et al. 2012. Patterns of life on the southern Mid-Atlantic Ridge: Compiling what is known and addressing future research. *Oceanography* 25: 16–31.

Petersen, S., P. M. Herzig, and M. D. Hannington. 2000. Third dimension of a presently forming V.M.S deposit: TAG hydrothermal mound, Mid-Atlantic Ridge, 26°N. *Mineral Deposita* 35: 233–259.

Plouviez, S., T. M. Shank, B. Faure, et al. 2009. Comparative phylogeography among hydrothermal vent species along the East Pacific Rise reveals vicariant processes and population expansion in the South. *Mol. Ecol.* 18: 3903–3917.

Podowski, E. L., M. Shufen, G. W. Luther III, et al. 2010. Biotic and abiotic factors affecting distributions of megafauna in diffuse flow on andesite and basalt along the Eastern Lau Spreading Center, Tonga. *Mar. Ecol. Prog. Ser.* 418: 25–45.

Pradillon, F., M. Zbinden, N. Le Bris, et al. 2009. Development of assemblages associated with alvinellid colonies on the walls of high-temperature vents at the East Pacific Rise. *Deep-Sea Res. Pt. II* 56: 1622–1631.

Pradillon, F., B. Shillito, C. M. Young, and F. Gaill. 2001. Developmental arrest in vent worm embryos. *Nature* 413: 698–699.

Pradillon, F., M. Zbinden, L. S. Mullineaux, and F. Gaill. 2005. Colonisation of newly-opened habitat by a pioneer species, *Alvinella pompejana* (Polychaeta: Alvinellidae), at East Pacific Rise vent sites. *Mar. Ecol. Prog. Ser.* 302: 147–157.

Rogers, A. D., P. A. Tyler, D. P. Connelly, et al. 2012. The discovery of new deep-sea hydrothermal vent communities in the Southern Ocean and implications for biogeography. *PLoS Biol.* 10: e1001234.

Sanchirico, J. N. and J. E. Wilen. 2001. A bioeconomic model of marine reserve creation. *J. Environ. Econ. Manage.* 42: 257–276.

Sancho, G., C. R. Fisher, S. Mills, et al. 2005. Selective predation by the zoarcid fish *Thermarces cerberus* at hydrothermal vents. *Deep-Sea Res. Pt. I* 52: 837–844.

Sarrazin, J., S. K. Juniper, G. Massoth, and P. Legendre. 1999. Physical and chemical factors influencing species distributions on hydrothermal sulfide edifices of the Juan de Fuca Ridge, northeast Pacific. *Mar. Ecol. Prog. Ser.* 190: 89–112.

Schulte, M. 2007. The emergence of life on earth. *Oceanography* 20: 42–49.

Shank, T. M. 2004. The evolutionary puzzle of seafloor life. *Oceanus* 42: 1–8.

Shank, T. M., D. J. Fornari, K. L. von Damm, et al. 1998. Temporal and spatial patterns of biological community development at nascent deep-sea hydrothermal vents (9° 50′N), East Pacific Rise. *Deep-Sea Res Pt II.* 45: 465–515.

Shea, K., A. Metaxas, C. R. Young, and C. R. Fisher. 2008. Processes and interactions in macrofaunal assemblages at hydrothermal vents: A modeling perspective. In, *Magma to Microbe: Modeling Hydrothermal Processes at Ocean Spreading Centers* (R. P. Lowell, J. S. Seewald, A. Metaxas, and M. R. Perfit, eds.), pp. 259–274. Washington, DC: American Geophysical Union.

Sievert, S. M. and C. Vetriani. 2012. Chemoautotrophy at deep-sea vents past, present, and future. *Oceanography* 25: 218–233.

Slatkin, M. 1977. Gene flow and genetic drift in a species subject to frequent local extinctions. *Theor. Popul. Biol.* 12: 253–262.

Smith C. R. and A. R. Baco. 2003. Ecology of whale falls at the deep-sea floor. *Oceanogr. Mar. Biol., Annu. Rev.* 41: 311–354.

Smith, C. R., H. Kukert, R. A. Wheatcroft, et al. 1989. Vent fauna on whale remains. *Nature* 341: 27-28.

Sousa, W. P. 2001. Natural disturbance and the dynamics of marine benthic communities. In, *Marine Community Ecology* (M. D. Bertness, S. D. Gaines, and M. E. Hay, eds.), pp. 85–130. Sunderland, MA: Sinauer Associates.

Steiner, R. 2009. *Independent Review of the Environmental Impact Statement for the Proposed Nautilus Minerals Solwara 1 Seabed Mining Project, Papua New Guinea.* Madang, Papua New Guinea: Bismarck-Solomon Seas Indigenous Peoples Council.

Takai, K., T. Gamo, U. Tsunogai, et al. 2004. Geochemical and microbiological evidence for a hydrogen-based, hyperthermophilic subsurface lithoautotrophic microbial ecosystem (HyperSLiME). beneath an active deep-sea hydrothermal field. *Extremophiles* 8: 269–282.

Thomson, R. E., S. E. Roth, and J. Dymond. 1990. Near-inertial motions over a mid-ocean ridge: Effects of topography and hydrothermal plumes. *J. Geophys. Res.* 95: 12961–12966.

Thomson, R. E., M. M. Subbotina, and M. V. Anisimov. 2009. Numerical simulation of mean currents and water property anomalies at Endeavour Ridge: Hydrothermal versus topographic forcing. *J. Geophys. Res.* 114: C09020.

Thomson, R., S. Mihaly, A. Rabinovich, et al. 2003. Constrained circulation at Endeavour ridge facilitates colonization by vent larvae. *Nature* 424: 545–549.

Thurnherr, A. M., J. R. Ledwell, J. W. Lavelle, and L. S. Mullineaux. 2011. Hydrography and circulation near the crest of the East Pacific Rise between 9° and 10° N. *Deep-Sea Res. Pt. I* 58: 365–376.

Thurnherr, A. M., G. Reverdin, P. Bouruet-Aubertot, et al. 2008. Hydrography and flow in the Lucky Strike segment of the Mid-Atlantic Ridge. *J. Mar. Res.* 66: 347–372.

Tolstoy, M., J. P. Cowen, E. T. Baker, et al. 2006. A sea-floor spreading event captured by seismometers. *Science* 314: 1920–1922.

Treml, E. A., P. N. Halpin, D. L. Urban, and L. F. Pratson. 2008. Modeling population connectivity by ocean currents, a graph-theoretic approach for marine conservation. *Landsc. Ecol.* 23: 19–36.

Tsurumi, M. 2003. Diversity at hydrothermal vents. *Global Ecol. Biogeogr.* 12: 181–190.

Tsurumi, M. and V. Tunnicliffe. 2003. Tubeworm-associated communities at hydrothermal vents on the Juan de Fuca Ridge, northeast Pacific. *Deep-Sea Res. Pt. I* 50: 611–629.

Tunnicliffe, V., A. G. McArthur, and D. McHugh. 1998. A biogeographical perspective of the deep-sea hydrothermal vent fauna. *Adv. Mar. Biol.* 34: 355–442.

Tunnicliffe, V., B. F. Koop, J. Tyler, and S. So. 2010. Flatfish at seamount hydrothermal vents show strong genetic divergence between volcanic arcs. *Marine Ecology* 31: 158–167.

Tunnicliffe, V., R. W. Embley, J. F. Holden, et al. 1997. Biological colonization of new hydrothermal vents following an eruption on Juan de Fuca Ridge. *Deep-Sea Res. Pt. I* 44: 1627–1644.

Turnipseed, M., K. Knick, R. Lipcius, et al. 2003. Diversity in mussel beds at deep-sea hydrothermal vents and cold seeps. *Ecol. Lett.* 6: 518–523.

Tyler, P. A. and C. M. Young. 1999. Reproduction and dispersal at vents and cold seeps. *J. Mar. Biolog. Assoc. U.K.* 79: 193–208.

Van Dover, C. L. 2000. *The Ecology of Deep-Sea Hydrothermal Vents.* Princeton, NJ: Princeton University Press.

Van Dover, C. L. 2011. Mining seafloor massive sulphides and biodiversity: What is at risk? *ICES J. Mar. Sci.* 68: 341–348.

Van Dover, C. L. and R. R. Hessler. 1990. Spatial variation in faunal composition of hydrothermal vent communities on the East Pacific Rise and Galàpagos spreading center. In, *Gorda Ridge* (G. R. McMurray, ed.). pp. 253–264. New York, NY: Springer-Verlag.

Van Dover, C. L., C. R. German, K. G. Speer, et al. 2002. Evolution and biogeography of deep-sea vent and seep invertebrates. *Science* 295: 1253–1257.

Van Dover, C. H., S. E. Humphris, D. Fornari, et al. 2001. Biogeography and ecological setting of Indian Ocean hydrothermal vents. *Science* 294: 818–823.

von Damm, K. L. 1995. Controls on the chemistry and temporal variability of seafloor hydrothermal fluids. In, *Seafloor hydrothermal systems: Physical, chemical, biological, and geological interactions* (S. Humpris, R. A. Zierenberg, L. S. Mullineaux, and R. E. Thomson, eds.), pp. 222–247. Washington, DC: American Geophysical Union.

Vrijenhoek, R. C. 2010. Genetic diversity and connectivity of deep-sea hydrothermal vent metapopulations. *Mol. Ecol.* 19: 4391–4411.

Watanabe, H. K., R. Kado, S. Tsuchida, et al. 2004. Larval development and intermoult period of the hydrothermal vent barnacle *Neoverruca* sp. *J. Mar. Biolog. Assoc. U.K.* 84: 743–745.

Weersing, K. and R. J. Toonen. 2009. Population genetics, larval dispersal, and connectivity in marine systems. *Mar. Ecol. Prog. Ser.* 393: 1–12.

Whitlock, M. C. and D. E. McCauley. 1990. Some population genetic consequences of colony formation and extinction: Genetic correlations within founding groups. *Evolution* 44: 1717–1724.

Won, Y., C. R. Young, R. A. Lutz, and R. C. Vrijenhoek. 2003. Dispersal barriers and isolation among deep-sea mussel populations (Mytilidae: *Bathymodiolus*) from eastern Pacific hydrothermal vents. *Mol. Ecol.* 12: 169–184.

保　护

图片简介：美国夏威夷檀香山中国城市场里出售的鹦嘴鱼。图片由 Stephanie Wear 提供

第 18 章

海洋生态系统的服务

从定量的角度

Edward B. Barbier、Heather M. Leslie 和 Fiorenza Micheli

本章主要介绍生态系统服务的概念，及其在海洋生态系统管理中的应用。根据"千禧年生态系统评估"（Millennium Ecosystem Assessment，MEA），生态系统服务的定义是指人类从生态系统所获得的所有惠益（MEA，2005）。由于这一定义被广泛接受，即生态系统所能提供的各种"产品与服务"，我们将其作为研究海洋生态系统服务的起点。生态学家和经济学家已开始建立一个框架，用以描绘生态系统结构和海洋系统特定收益的功能。这种过程其实就是对海洋生态系统服务进行定量评估，这也是本章的重点。

对生态系统服务进行量化有助于更有效地从多方位对海洋进行保护和管理，而且可以为对改善、保护和保证海洋环境可持续利用的政策和管理选择提供重要指导。为了说明为什么生态系统服务定量化对海洋保护与管理变得越来越重要，我们提供了生态系统服务定量化研究的四个案例，其中有些包含了对海洋管理决策起到重要影响关键服务的经济评价。这些研究案例既有热带的，也有温带的，代表了多种海洋生态系统。除此之外，我们还列举了一些海洋生态系统服务定量化工作在未来所面临的挑战。

本章的第一节对海洋生态系统所提供的各种产品与服务（或简称"海洋生态系统服务"）进行综述，以及它们与这些系统的生态结构和功能之间的关系。理解这些关系的第一步是对海洋生态系统服务进行定量评估。第二节是"为什么要定量化生态系统服务？"，更为详细地解释了为什么这些定量化工作对于改善海洋系统的管理如此重要。特别是，我们研究了它会如何有助于阐明不同参与者之间的共同兴趣及利益的平衡，对累积效应进行评价，并评估管理效率。随后一节枚举了四个具体的研究案例，来说明量化与评价海洋生态系统服务如何能够，或是已被用于，影响基于海洋生态系统的管理和相关活动。在这一节之后，概述了海洋生态系统服务定量化研究所面临的关键挑战，包括支撑这些服务的生物多样性作用的定量化，海洋生态系统弹性的评估，发展人类—自然耦合系统方法等。最后我们总结了海洋生态系统服务定量化研究的一些主要发现、未来的研究方向，以及对决策者的一些建议。

海洋生态系统服务

在确认自然环境所提供的生态系统服务时，常见的做法是采纳"千禧年生态系统评估"中的广义定义（MEA，2005），即"生态系统服务是指人类从生态系统获得的惠益"。尽管对这一定义有多种解释，但人们的共识是，什么是"生态系统服务"，以及它们如何从生态过程与功能中产生。美国环保署的报告中对这种共识进行了最好的总结，可见专题 18.1。该报告确定了生态系统服务能够作为"人类从生态系统所获得的惠益"的两个重要特征：

1. 通过一个生态系统的结构与功能，以多种形式出现的对人类有价值的产品和服务。例如，一个生态系统中活的生物可以作为食物、原材料，或者仅仅是因为美观。一些生态系统功能，例如营养物质和水的

专题 18.1　生态系统功能与服务

"生态系统"这一术语描述的是由植物、动物和微生物群落等组成的一个动态复杂的组合与其非生物环境相互作用的系统。生态系统包含给定区域内的所有生物，包括人类。生态系统功能或过程是指影响生态系统内部和外部物质与能量的流动、储存和转换的特定物理、化学和生物活动。这些活动既包括将生物与其物理环境联系起来的过程，如初级生产力以及营养物质与水的循环，又包括将生物与生物相互联系，间接影响能量、水和营养物质流动的过程，如授粉、捕食和寄生等。所有这些过程描述的就是生态系统的功能。

生态系统服务是指生态系统对人类福祉的直接或间接贡献。生态系统过程和功能有助于提供生态系统服务，但它们不等同于生态系统服务。生态系统过程与功能描述的是无论人类是否从中受益而客观存在的生物物理关系。这些关系产生生态系统服务仅仅是因为它们产生了人类福祉，从广义上既包含物理的福祉，也包括心理上的愉悦。因此，生态系统服务的定义不能脱离对人类的价值。

引自美国环境保护署，2009。《重视生态系统及其服务的保护——美国环保署科学顾问委员会的报告》，华盛顿特区，环保署，P12。

循环，能够帮助人类净化水源，防洪，补充含水层，降低污染，或者仅仅是因为提供了可供游憩的愉悦环境。这种通过生态系统的结构和功能所提供的各种惠益就是生态系统服务的含义。

2. 尽管生态系统的结构与功能是生态系统服务的源泉，但它们并不等同于这些生态系统服务。生态系统结构与功能是一个生态系统及其生物物理关系的组成部分，无论人类是否从中受益。与之相反，如专题18.1中所述，生态系统服务是"生态系统直接或间接提供给人类的福祉"。对这些人类的福祉，或"惠益"的量化，通常被称为生态系统服务评价。

图18.1中总结了生态系统服务的定量化与评价对于政策和管理至关重要的原因。生态系统变化的人为驱动力，如污染、资源开发与利用、土地转换、物种引入和生境破碎化等，都会影响生态系统的结构与功能。由于它们改变了能够造福于人类的生态系统产品和服务的生态生产力，因此对这些影响进行评估和定量化非常重要。经济评价的作用是清晰地衡量这些惠益变化导致的人类福祉的得与失。这些价值可用于指导政策和环境管理的变化，对于控制生态系统变化的人为驱动力十分必要。

图 18.1　量化和评价生态系统服务的关键步骤（仿自 NRC，2005）

表18.1中提供了一些海洋生态系统服务与评价的研究案例。生态系统服务定量化和评价的最大挑战是，对生态系统结构和功能的变化与有价值的产品和服务产量之间的关系缺乏足够的认识（NRC，2005；Polasky and Segerson，2009；Barbier，2011a；Barbier et al.，2011）。许多海洋系统都是如此，如大洋、近岸、河口和沿海等。对这些系统来说，我们如何量化和评价生态系统的产品与服务，会很大程度地影响我们的海洋政策和管理方式（Tallis et al.，2012）。然而，我们对带来生态系统产品或服务变化的生态系统结构、功能和过程往往所知甚少。例如，在滨海湿地（如红树林、盐沼或沼泽林等），可能会是空间面积的变化或特定类型湿地的质量变化。对海洋系统来说，生态系统结构的重大变化可能是某个关键种群的增长或衰竭所引发的，如鱼类优势种或主要捕食者。但是，除此之外，重要生境的丧失，如珊瑚礁，会影响到各种宝贵的产品和服务，如渔业、游憩和旅游收益等，以及岸线的保护。此外，海洋系统的变化可能是系统中水、能量和营养物质等交换的变化造成的，如沿海风暴导致的潮汐变化，或是滨岸污染导致的有机废物流入，或是原油泄漏和其他人为危害的影响。

表 18.1　海洋生态系统服务与评价的研究案例

生态系统结构与功能	生态系统服务	评价案例
减弱或消散波浪，缓冲风	海岸保护	Badola and Hussein，2005；Barbier，2007，2012；Barbier et al.，2008；Costanza et al.，2008；Das and Vincent，2009；King and Lester，1995；Laso Bayas et al.，2011；Wilkinson et al.，1999
稳定沉积物和土壤保持	侵蚀控制	Huang et al.，2007；Landry et al.，2003；Sathirathai and Barbier，2001
水流调节与控制	防洪	Morgan and Hamilton，2000；Turner et al.，2004
提供养分和污染物的吸收，以及保留、颗粒物沉积及净水	净水与供水	Breaux et al.，1995；Turner et al.，2004；Smith，2007；Smith and Crowder，2011；van der Meulen et al.，2004
产生生物地球化学活动、沉积作用与生物生产力	碳固存	Barbier et al.，2011；Siikamäki et al.，2012
气候调节与稳定	保持温度和降水	无研究
产生生物生产力与多样性	原材料和食物	Janssen and Padilla，1999；King and Lester，1995；Naylor and Drew，1998；Nfotabong Atheull et al.，2009；Ruitenbeek，1994；Sathirathai and Barbier，2001
提供适宜的繁殖生境和育苗场、庇护的生活空间	维持渔猎和觅食活动	Aburto-Oropeza et al.，2008；Barbier，2003，2007，2012；Barbier and Strand，1998；Bell，1997；Boncoeur et al.，2002；Cesar and van Beukering，2004；Finnoff and Tschirhart，2003a，b；Freeman，1991；Grafton et al.，2009；Greenville and MacAulay，2007；Janssen and Padilla，1999；Johnston et al.，2002；Lange and Jiddawi，2009；McArthur and Boland，2006；Milon and Scrogin，2006；O'Higgins et al.，2010；Plummer et al.，2012；Rodwell et al.，2003；Samonte-Tan et al.，2007；Sanchirico and Mumby，2009；Sanchirico et al.，2008；Stål et al.，2008；Swallow，1994；White et al.，2000；Zeller et al.，2007
提供独特和美丽景观、多样化的动物和植物区系的适宜生境	旅游业、游憩、教育和科研	Bateman and Langford，1997；Birol and Cox，2007；Boncoeur et al.，2002；Brander et al.，2007；Brouwer and Bateman，2005；Coombes et al.，2010；Hall et al.，2002；Johnston et al.，2002；King and Lester，1995；Landry and Liu，2009；Lange and Jiddawi，2009；Mathieu et al.，2003；Milon and Scrogin，2006；Othman et al.，2004；Tapsuwan and Asafu-Adjaye，2006；Turner et al.，2004；Whitehead et al.，2008
提供文化、历史或精神意义的独特美学景观	文化、精神和信仰的利益、存在和遗产价值	Bateman and Langford，1997；Milon and Scrogin，2006；Naylor and Drew，1998；Walmo and Edwards，2008

注：基于 Sathirathai 和 Barbier（2001）中的五年年均净经济收益 322 美元/hm²，调整到以 1996 年美元计

　　量化和评价生态系统服务所面临的另一问题是，很多服务是非市场化的。一些海洋生态系统提供的产品，例如海鲜和建筑材料，可以在市场上销售和买卖。根据其市场价格和销售数量可以很容易地得到其经济价值，有很多种方法可用于估算环境投入对这类产品的贡献（Freeman，2003；McConnell and Bockstael，2005；Barbier，2007）。然而，海洋系统的许多其他重要服务并不产生可察觉的市场输出。这些服务包括生态系统过程与功能产生的许多服务，这些服务能够造福人类，而不需要额外的投入，如海岸保护、营养物质循环、控制侵蚀、净化水和碳固存等。近年来，经济学家与生态学家和其他自然科学工作者一起，使用环境评估方法，对这些有助于人类福祉的服务进行评估，取得了长足的进展（例如，参见 Freeman，2003；NRC，2005；EPA，2009；Barbier，2011a）。

　　表 18.1 提供了一些具体例子，说明了特定的海洋生态系统产品与服务是如何与其所依据的生态系统结构和功能相关联的。同时，在可能的情况下，表中引用了估算每个产品或服务的经济学研究。表中所列出的案例清单并不包含全部，关于海洋生态系统服务的经济评价更为全面的总结，可以参考 Barbier（2011c）和 Barbier 等（2011）的著作。但是，表中所包含的评价研究是具有代表性的文献，并具有指导意义。

　　如表 18.1 所示，评价研究仅侧重于少数几种生态系统服务，如游憩、沿海生境—渔业的联系、原材料和食品、净水等。近年来，还涌现出很多沿海湿地对风暴保护服务更可靠的估算。但是对许多重要的生态系统服务，仅有极少数或者没有评价研究。

　　随着海洋生态系统服务定量化和评价研究的进展，我们正在增进对提供这些惠益的海洋生态系统的结构与功能的理解。河口和沿海湿地的生态功能的空间变化，以及珊瑚礁效益的评价，证明了我们在这一重要领域的进展。

海岸景观生态生产力功能的空间变化

由于许多生态过程内在的功能联系并未得到充分研究，而且一些重要的服务价值很少有其对应的经济信息，所以对生态系统产业或服务的价值如何在生态景观中发生变化的估算极为少见。然而，海岸带系统的研究表明，追踪一些生态系统收益背后生态系统功能的空间变化是有可能的（Peterson and Turner，1994；Petersen et al.，2003；Rountree and Able，2007；Aburto-Oropeza et al.，2008；Aguilar-Perera and Appeldoorn，2008；Barbier et al.，2008；Meynecke et al.，2008；Koch et al.，2009；Gedan et al.，2011）。尤其是，红树林和盐沼等沿海湿地生境对海洋渔业所提供的风暴保护和支持，往往从海边随着距离增加而减弱。如图 18.2 所示，波浪衰减和鱼类密度在红树林景观中发生变化，为这种生态功能的空间变化提供了例证。

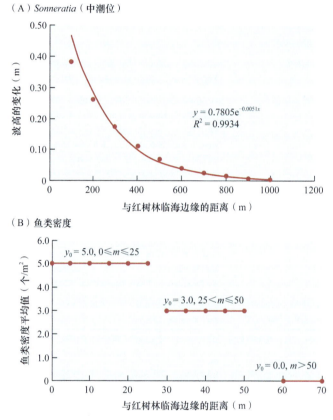

（A）*Sonneratia*（中潮位）

$$y = 0.7805e^{-0.0051x}$$
$$R^2 = 0.9934$$

（B）鱼类密度

$y_0 = 5.0, 0 \leqslant m \leqslant 25$

$y_0 = 3.0, 25 < m \leqslant 50$

$y_0 = 0.0, m > 50$

图 18.2   海岸带生态系统提供的一些收益因空间而异。（A）越南红河三角洲红树林减缓波浪作用与距离的非线性关系。（B）栖息在波多黎各西南部蒙塔尔瓦湾红树林中 10 个科鱼类密度的空间变化（A 仿自 Koch et al.，2009；Mazda et al.，1997；B 仿自 Aguilar-Perera and Appeldoorn，2008）

红树林所提供的抵御风暴保护功能取决于其关键的生态功能，"减弱"或降低风浪的高度（Barbier et al.，2008；Koch et al.，2009；Gedan et al.，2011）。生态学和水文学的野外研究表明，如果风浪高于 6m，红树林也将束手无策（Wolanski，2007；Alongi，2008；Cochard et al.，2008）。但是，如果风浪低于 6m，红树林能够有效降低风浪强度，研究还表明，从红树林每向海延伸 20～100m，风浪高度的减弱是非线性的（Mazda et al.，1997；Barbier et al.，2008；Bao，2011）。换句话说，在距红树林最近的 100m 内，风浪强度的减弱是最显著的，但随着向海距离的增加，风浪强度的减弱尺度急剧减小（图 18.2A）。

对于盐沼来说，波浪强度的减弱同样是随着离岸线的距离增加而减小的（Barbier et al.，2008；Koch et al.，2009；Bouma et al.，2010；Gedan et al.，2011；Ysebaert et al.，2011；Shephard et al.，2012）。这种对波浪减弱的功能来自能够阻碍水体的动植物数量，以及该区域的测深或水深（Koch et al.，2009）。即由于盐沼是造成流水摩擦的重要来源，盐沼自身的存在及其生长植被的数量，都会影响到湿地减缓水流的程度，从而减小波浪接触岸线的范围。例如，在 5 个红树林和 10 个盐沼的样地中，临海边缘对波浪减弱的程度要大于同等距离的近陆方向，而且盐沼和红树林景观都有相似的非线性衰减的模式（Gedan et al.，2011）。在中国的长江河口有两种不同的盐沼植物，都能在距内陆 50m 的范围之内，降低 80% 的浪高（Ysebaert et al.，2011）。在美国的路易斯安那州，英国石油公司的"深海地平线"平台原油泄漏造成盐沼植被沿岸线死亡，使得本已较高的岸线侵蚀率翻了一番，从而降低了岸线保护和对海岸侵蚀的控制作用（Silliman et al.，2012）。

　　一些具有重要商业价值的物种在其生活史中，至少会有一定阶段在近海和河口环境中度过。通过为其提供育苗场、繁殖场和其他生境功能，红树林和盐沼还会对邻近的海洋鱼类和无脊椎动物种群的丰度、生长和结构产生重要影响。沿海生境与渔业之间联系的证据表明，这种服务的价值在有植被覆盖的海岸带生境的临海一侧或"边缘"要比内陆的更高（Peterson and Turner，1994；Manson et al.，2005；Rountree and Able，2007；Aburto-Oropeza et al.，2008；Aguilar-Perera and Appeldoorn，2008）。例如，Perterson 和 Turner（1994）发现，在路易斯安那州的盐沼中，与沼泽的内陆部分相比，大部分鱼类和甲壳类动物的密度在水边 3m 之内最高。如图 18.2 所示，在波多黎各西南部蒙塔尔瓦湾的红树林中，鱼类密度就存在这种空间关系（Aguilar-Perera and Appeldoorn，2008），在红树林向海一侧 30m 到 50m 的距离，鱼类密度明显低于红树林临海的边缘，在 50m 以外的距离，没有发现鱼。

　　如表 18.1 所列出的一些海岸带生态系统服务的评价研究，越来越多地将海岸景观的生态生产力功能的空间变化纳入考虑范畴。在墨西哥的加利福尼亚湾，红树林边缘 5～10m 之内，是对近海渔业生产力影响最大的地方，生态系统服务价值为 37 500 美元/hm²。在给定地点，捕捞量与红树林边缘的长度也呈正相关关系（Aburto-Oropeza et al.，2008）。Barbier 等（2008）的研究结果显示，红树林岸线能够被转换成养虾场的数量主要取决于红树林景观对岸线抵御风暴保护的空间变化。Barbier（2012）也将对近海渔业支撑的空间变化应用于将红树林景观转换成养虾场的决策之中，其分析结果如图 18.3 所示。

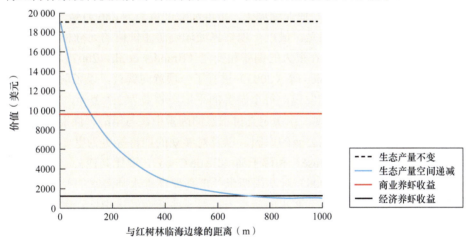

图 18.3　支撑近海渔业的空间变化可能是将红树林转变为养虾场的一个决策要素（仿自 Barbier，2012）

　　Barbier（2012）发现，在风暴保护和生境相关联收益的生产力没有任何空间下降趋势的情况下，红树林生态系统服务的总价值约为 18 978 美元/hm²，远远超出养虾的商业纯收益（9632 美元/hm²）或经济纯收益（120 美元/hm²），即根据养虾补贴调整后的商业收益。如果红树林生态系统服务的收益在景观中保持不变，那么整个生态系统就应该得到保护。然而，如图 18.3 所示，风暴保护与生境—渔业之间联系的空间变化，会显著改变土地利用的结果。如图 18.3 所示，如果红树林的这两个生态系统服务在景观中存在空间下降趋势，将会导致整个生态系统服务的总净收益从临海向近海边界急剧衰减。如果要将保护红树林的价值与养虾场的商业纯收益进行对比，那么最好的方式是保护临海边缘 118m 范围内的红树林，而将其余的转化为水产养殖基地。如果对比的是保护价值与养虾的经济纯收益，则 746m 范围内的红树林都应该得到保护。因此，对整个海岸景观中生态系统服务空间生产力和分布的估算，不仅影响景观转换的最优数量，还会影响转换活动的发生地点。

珊瑚礁收益的评价

随着对特定海洋生态系统了解的深入，我们也越来越了解这些系统所产生的广泛收益，以及从其生态结构与功能所产生的产品与服务的价值所在。同理，理解海洋生态系统产品与服务的范围和价值，对于设计适当的管理方案和策略又很重要（Tallis et al.，2012）。珊瑚礁收益评价的进展与收获就是一个很好的例证。

珊瑚礁全球性的广泛消失，促使人类对此产生兴趣，去量化这些重要海洋系统所提供的众多经济收益。随着对珊瑚礁系统结构与功能的更多认识，我们开始了解和重视其所提供的各种生态系统服务的价值。例如，珊瑚礁支撑着近海渔业和全球观赏鱼类贸易，并提供宝贵的岸线保护功能（Wilkinson et al.，1999；Rodwell et al.，2003；Cesar and van Beukering，2004；Zeller et al.，2007）。珊瑚礁还能提供游憩服务，包括生态旅游、潜水和浮潜及游钓等（Mathieu et al.，2003；Cesar and van Beukering，2004；Brander et al.，2007；Tapsuwan and Asafu-Adjaye，2006）。然而，除非对它们精心管理，以实现多重收益，否则珊瑚礁很容易被过度开发利用和破坏。

在美国的夏威夷，与珊瑚礁有关的渔业收益约为 130 万美元/年（Cesar and van Beukering，2004）。1982～2002 年，以珊瑚礁为主的小规模渔业共为美属萨摩亚和北马里亚纳群岛联邦的经济贡献了 5470 万美元（Zeller et al.，2007）。从珊瑚礁采集的小型鱼类、无脊椎动物和珊瑚还被用于全球化的观赏鱼类贸易。近几十年来，全球观赏鱼贸易快速增长，从 1985 年的 2000 万～4000 万美元/年（Wood，1985）到 2002 年的 9000 万～3 亿美元/年（Sadovy et al.，2002）。但是，珊瑚礁可持续生产力对当地消费和观赏鱼类贸易价值的可靠估算却很少。根据 White 等（2000）的估算，菲律宾健康珊瑚礁的可持续鱼类生产力，对于当地消费和活鱼输出的年收入分别是 1.5 万～4.5 万美元/km² 和 0.5 万～1 万美元/km²。Zhang 和 Smith（2011）对墨西哥湾礁石渔业的最大可持续产量进行了估算（主要是石斑鱼和鲷鱼，以及琥珀鱼和方头鱼），尽管墨西哥湾通常都是裸露的石灰岩或砂岩礁，而非珊瑚礁，但其渔业产量约为 286 万磅[*]/月。

与珊瑚礁有关的旅游活动很多，但是，最近一项估算珊瑚礁游憩价值的元分析研究发现，如果不考虑一些关键社会经济指标和选址，则会存在很大的偏差和变差（Brander et al.，2007）。如果对偏差进行控制，就能得到更可靠的估算值。例如，Mathieu 等（2003）进行了一项意向调查，以了解游客对游览塞舌尔群岛国家海洋公园珊瑚礁的支付意愿。他们发现，每个游客的平均净收益为 2.2 美元，因此，1997 年 4 万名游客的总净收益为 8.8 万美元。他们还发现，在决定支付意愿的因素中，与年龄、性别、受教育程度和收入等社会人口要素相比，游客的国籍、游览公园的原因，以及对参观的期待等更为重要。此外，受访者对一些公园的支付意愿，如屈里厄斯岛（Curieuse）和椰子岛（Ile de Coco），要比其他公园（如 Baie Terney）的高出很多。Tapsuwan 和 Asafu-Adjaye（2006）对泰国斯米兰群岛珊瑚礁水肺潜水的经济价值进行了估算，控制因素包括潜水者对潜水点质量的态度、潜水的频率，以及一些社会经济指标，例如潜水者是泰国人还是外国人，得到的平均净收益是 3233 美元/人次潜水。

珊瑚礁提供的另一重要生态系统服务是对恶劣天气的缓冲，使岸线受到保护，从而保护沿海居民、财产和经济活动。一些孤立的事件表明，风暴保护服务的价值可观。例如，1998 年印度洋发生了珊瑚白化事件，因珊瑚礁保护作用降低而造成的财产损失估计为 174 美元/(hm²·年)（Wilkinson et al.，1999）。

然而，人们越来越意识到，珊瑚礁所提供的生态系统服务并非孤立的，而是反映了珊瑚礁与其他海洋生境的高度连通性。例如，许多鱼类和贝类生物利用红树林和海草床作为育苗场，但最终会在成年后回到珊瑚礁生活，只有在产卵时才返回红树林和海草床（Moberg and Rönnbäck，2003；Mumby et al.，2004；Mumby，2006）。Sanchirico 和 Mumby（2009）建立了一个综合海洋景观模型，以说明红树林和海草床的存在极大地增加了珊瑚礁鱼类群落的生物量。该模型的一个重要发现是，当在珊瑚礁进行过度捕鱼时，红树林作为育苗场的作用更为重要，因为红树林能够直接抵消捕鱼的负面影响。该研究的结果支持发展"基于生态系统"的渔业管理和综合沿海–海洋保护区的设计，既强调单个珊瑚礁鱼红树林育苗场的连通度，也要重视育苗场生境的大小，这对特定珊瑚礁具有不寻常的重要意义。

---

* 1 磅=453.59g，全书同

为什么要定量化生态系统服务？

量化生态系统服务能够为环境决策提供多方位的有用信息。我们主要关注其中三个方面：剖析不同参与者共同利益的权衡、评价累积影响、评估管理效率。

评估权衡

首先，我们可以从生态系统服务的角度来评估不同管理目标或人类活动之间的平衡。并非所有的目标都能在同一时间同一地点实现，有些目标会相互冲突，而有些则是相互兼容的。传统上，这些权衡都是通过点对点的方式进行的。基于生态系统的海洋管理的一项革新是，认可这些更加系统和明细权衡的价值，从而使从沿海和海洋系统中所进行的各种活动的受益方都充分参与进来，并提高同时满足社会和生态目标的可能性（McLeod and Leslie，2009）。例如，White 等（2012）说明了如何将经济学的权衡方法用于评估美国马萨诸塞州近海风能、渔业和观鲸业之间的潜在冲突。他们使用这种方法确定和量化了在不同地点设置风力发电场的价值。这种主动的、多部门参与海洋利用规划的方法被称为海洋空间规划（marine spatial planning，MSP；见第 21 章）。根据 White 等的估算，海洋空间规划能够防止渔业和观鲸业遭受上百万美元的损失，并为风能业带来上百亿美元的额外价值。参与的部门越多，管理的面积越大，主动式海洋空间规划的价值也就越大。重要的是，即便一些部门的活动不是以金钱来衡量的，这种决策框架也可以适用（White et al.，2012）。

分析生态系统服务如何受不同社会选择影响，并不一定要使用单一货币，特别是美元。White 等提出了"效率边界"方法，该方法基于每个部门价值的变化来检验权衡，可以对比差异很大的不同生态系统服务，包括那些依赖于非市场价值，如保护或美学价值的服务。即使是对这些权衡进行定性评价也很有意义。例如，在马萨诸塞州海洋规划的例子里，决策者、管理人员、资源利用者、自然资源保护者和其他公民共同努力，在为期一年的规划过程中，建立了该州历史上第一个海洋规划，而生态系统服务理念在其中发挥重要作用（Commonwealth of Massachusetts，2009）。利益相关者认识到人类对马萨诸塞州海域的不同目标，其中许多目标都有对应的关键生态系统服务，包括清洁的水域、生物多样性保护、食品、防御风暴和游憩与更新的机会。

评价累积影响

对生态系统服务进行量化还有助于管理者评估各种人类活动对生态系统健康的累积影响。在马萨诸塞州的海洋规划过程之中，决策者建立了一个规划区内不同利用方式和资源的矩阵（UMass Boston Planning Frameworks Team & Massachusetts Ocean Partnership，2009）。其中包含的利用方式有可再生能源、采沙和采石、航运、渔业和游钓、电信基础设施和水产养殖等；而涵盖的资源类型有受关注的物种和生境，特别是独一无二的，或是对人类影响敏感的资源。该矩阵使规划者能够系统地检查利用方式和资源类型是否兼容、有条件兼容或互不兼容。这一分析能够为规划者在 2009 年划定不同海区提供参考，正如 Kappel 等（2012）所绘制的累积影响和脆弱性图一样（图 18.4）。

Altman 等（2011）建立一个类似的框架，明确考虑了人类活动对各种海洋生态系统服务的累积影响，并将其应用于缅因湾，即嵌套在马萨诸塞州海洋规划之中的区域。他们的方法不仅识别了不同人类活动以及其他人为和自然驱动力对一系列生态系统服务的累积影响，还发现了这些服务之间的相互作用。这些分析所提供的信息，有助于在一个特定区域，将基于生态系统的管理策略作为重点。以缅因湾为例，生物多样性、捕获的海洋物种、美学价值、生境和游憩价值等是受人类长期影响最为严重的五大服务，而海岸带与流域开发、捕鱼、基于范围的管理措施（包括海洋保护区）、气候变化和有毒物质污染被认为是造成海洋生态系统变化的最强人为驱动力。这两个框架都能提供定性或定量信息，因此在一系列决策中都有用武之地。

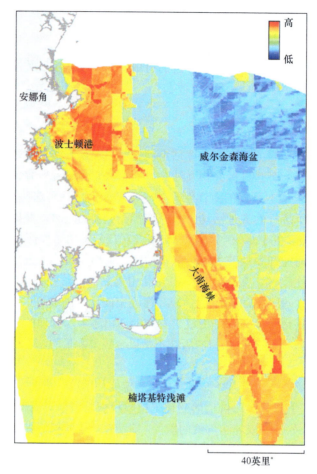

图 18.4　为美国马萨诸塞州海洋规划过程绘制的累积影响图（引自 Kappel et al.，2012）

评估管理效率

决策者通常都苦于同时满足多个绩效目标，生态系统服务定量化还能为评估管理效率提供有价值的信息，特别是在多目标管理中，包括基于生态系统的管理。生态系统服务为特定管理目标、过程跟踪和评估成败提供了一个共同的框架。

最近发布的海洋健康指数（Ocean Health Index，OHI）框架说明了综合考虑生态系统服务如何有助于评估管理效率。海洋健康指数旨在评估健康的海洋的惠益，明确强调人类是海岸带和海洋生态系统的一分子（Halpern et al.，2012）。它基于 10 个公共目标的定量信息，其中大部分都有对应的生态系统服务（图 18.5）。根据这 10 个目标的公开信息，Halpern 等（2012）计算了世界上每个沿海国家的 OHI 指数。虽然全球海洋的平均得分是 60 分（满分为 100），但每个国家的分值相差较大。得分最高的国家既有人口稠密的高度发达国家，如德国，也有人迹罕至的岛屿，如太平洋的贾维斯岛。这些结果说明，至少按照该指数的标准，健康的人类—海洋耦合系统是可以通过多种途径实现的。

OHI 指数既可以作为一个回顾性的工具用于评估过去管理活动的效率，也可以作为一个前瞻性的工具来研究未来的政策会如何影响海洋健康的多个方面。现在，每种生态系统服务都已有许多相关数据可供使用。OHI 的创新之处在于，它能够以科学、可靠和透明的方式，从多个空间尺度上整合这些信息，并将其置于人们所真正关心的背景之下（十大公共目标）。

美国政府正在实施的 2010 年国家海洋政策（National Ocean Policy，NOP）提供了一个例子，说明如何能够前瞻性地应用 OHI 来帮助评估不同区域策略在海洋生态系统服务中的成效。许多不同的管理、恢复和适应策略都在考虑之中，以满足 NOP 提出的任务（图 18.6；CEQ，2010）。我们如何才能知道这些不同的措

---

*1 英里=1609.34m，全书同

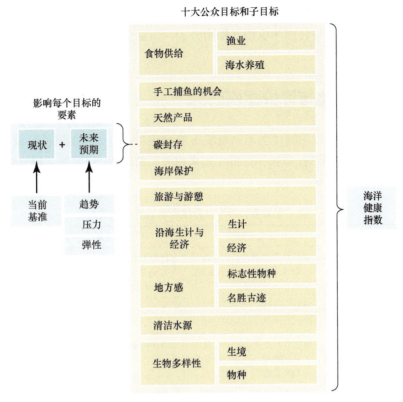

图 18.5　计算海洋健康指数的概念框架（仿自 Halpern et al.，2012）

图 18.6　根据 2010 年美国国家海洋政策划定的区域，必须召集区域规划机构以实施该政策的宗旨（仿自 CEQ，2010）

施——有些用于区域尺度，有些则更多是局部尺度——比"一成不变"的方法更能改善海洋健康呢？我们如何才能领会不同利益相关者群体——从渔民到自然资源保护者，到地产开发商和近海能源开发者，他们对于沿海和海洋生态系统所提供的各种生态系统服务的不同评价方式？在区域尺度应用 OHI 框架也许有助于回答这些问题。

无论目标是评估权衡，评价累积影响，还是监测实现多个目标的进展，生态系统服务的视角都有助于参与环境决策的人员更准确地表达他们的价值观和目标。在局部或区域尺度，在具体政策或管理干预可以改变特定地点生态系统服务和人与自然环境相互作用方面，定量化也许是最有效或最合适的方法。我们将在下面的案例中讨论这个尺度问题。

海洋生态系统服务定量化与评价案例研究

本节将介绍一些具体案例来说明海洋生态系统服务的量化与评价如何能够或已被用于影响海洋生态系统管理。根据所分析的生态系统类型、量化和评价（如果相关）的服务，以及每项研究对海岸带管理的影响，表 18.2 对四个案例研究进行了总结。

表 18.2　定量化分析生态系统服务研究案例的总结

研究案例	生态系统类型	量化的服务	评价的服务	对管理/政策的影响
泰国，红树林转变为养虾场	红树林	木材和非木质产品、支撑外海渔业的育种场和生境、风暴与波浪保护	木材和非木质产品、支撑外海渔业的育种场和生境、风暴与波浪保护	证明红树林向养虾场转变导致了宝贵的生态系统服务的大量损失
美国路易斯安那州，海岸带保护与恢复	盐沼、沙坝岛、牡蛎礁	见表 18.3		2012 年海岸总体规划推进的湿地恢复计划的一大特点
加拿大，温哥华岛西海岸	多种沿海和近海生态系统，包括鳗草床和近海礁	野生收获和养殖渔业、旅游业和游憩、净水、野生动物栖息地	贝类养殖业	分析有助于利益相关者不断地主导海洋空间规划的过程
墨西哥纳蒂维达岛，海洋保护区的效率	海藻林	种群的弹性和渔业的持续性	渔获量	分析所提供的信息使社区决定维持和扩大海洋保护区，并使其他社区也决定建立新的保护区

泰国的红树林保护与养虾业开发利用

在泰国，水产养殖的扩张与红树林生态系统的破坏密切相关。自 1961 年以来，泰国沿海红树林面积减少了 $1500\sim2000km^2$，换句话说，是其原有面积的 50%～60%（FAO，2007）。在 1975～1996 年，50%～65% 的红树林减少是因为被转变为养虾场（Aksornkoae and Tokrisna，2004）。如此巨大的损失引发了对红树林生态系统所能提供的两个重要服务的重视：近海渔业的育苗场和产卵地，以及对周期性的沿海风暴和波浪事件的自然屏障，如风暴、海啸、风暴潮和台风等。除此之外，红树林还为许多沿海居民提供第三种服务：他们可以直接利用的各种产品，包括薪材、木材、原材料、蜂蜜和树脂，以及螃蟹和贝类等。很多研究表明，在泰国，红树林所提供的这三种生态系统服务的价值（收益）是很高的（Sathirathai and Barbier，2001；Barbier，2003，2007）。

因此，对泰国的红树林所提供的生态系统服务的变化进行评价非常重要，原因有二：首先，尽管近年来趋势有所减缓，但将红树林转化为养虾场和其他沿海商业开发的活动仍然是泰国红树林区域的一个主要威胁；其次，自从 2004 年 12 月的海啸灾难事件以来，人们对恢复和修复红树林生态系统产生了极大兴趣，将其作为未来沿海风暴事件的"自然屏障"。因此，对红树林生态系统的产品与服务的评价，有助于解决两个重要的决策问题：养虾场的经济净收益是否表明有理由进一步将红树林转换为养虾场？是否有必要（值得）在废弃的养虾场投资，重植红树林和恢复红树林生态系统？

为了说明生态系统服务的精确评价如何有助于为这两个决策提供信息，表 18.3 对比了养虾场的每公顷净收益、红树林恢复的成本，以及红树林生态系统服务的价值。所有的土地利用都假设发生在 1996 至 2004 年之间，按每公顷 1996 年美元价值计算。

一些研究表明，泰国养虾业总体的商业盈利极大地激发了私人土地所有者投资养虾的兴趣（Tokrisna，1998；Sathirathai and Barbier，2001；Barbier，2003）。然而，养虾池的许多常规投入都得到了补贴，使其低于世界市场价格，人为地增加了私营业主的收益。如表 18.3 所示，养虾场的经济净收益是在去除补贴之后，根据五年投资期内产量不变的条件计算的（Sathirathai and Barbier，2001）。而事实上，在 5 年之后，产量会急剧下降，并有很多疾病问题，养虾场主会放弃虾池，换一个新的地方。表 18.3 中估算的养虾业年均经济净收益为 322 美元/hm²，如果在 5 年期内以 10%～15% 的折扣率计算，其净现值为 1078～1220 美元/hm²。

表 18.3　1996～2004 年泰国每公顷红树林与养虾场的价值（单位：美元）

土地利用	净现值/公顷，10%～15% 贴现率
养虾场	
经济净收益 [a]	1 078～1 220
红树林生态系统修复	
总成本 [b]	8 812～9 318
生态系统产品与服务	
采集林产品的净收入 [c]	484～584
生境—渔业联系 [d]	708～987
风暴保护服务 [e]	8 966～10 821
总价值	10 158～12 392

a 基于五年内年均净经济收益 322 美元/hm²。数据引自 Sathirathai 和 Barbier（2001），调整到以 1996 年美元计；

b 基于修复废弃养虾场、种植红树林，以及维持和保护红树幼苗的成本。数据引自 Sathirathai 和 Barbier（2001），调整到以 1996 年美元计；

c 基于 1996～2004 年，年均价值 101 美元/hm² 计算。数据引自 Sathirathai 和 Barbier（2001），调整到以 1996 年美元计；

d 基于 1996～2004 年，红树林与渔业联系的动态分析，并假设估算的泰国毁林率为 3.44km²/年（见 Barbier，2007）；

e 基于 Barbier（2007）的预期破坏函数方法的每公顷边际价值

5 年后，废弃的养虾池会出现高度退化的问题。在泰国，由于土壤变得过于酸性、紧密，其质量难以用于其他生产用途，如农业，废弃的养虾池迅速转化为荒地。修复一个废弃的养虾场需要对土壤进行处理和去毒，重新种植红树林，在数年内维护和保护红树林幼苗。如表 18.3 所示，这些恢复成本相当可观，按净现值计算，为 8812～9318 美元/hm²。这个评价反映了将红树林转化为养虾场事实上几乎是一个"不可逆"的土地利用方式的变化，如果没有大量的额外投资进行恢复，这些地方不会再生为红树林。

泰国的这个研究案例说明了在海岸带土地利用决策中对生态系统服务评价的重要性。将红树林转化为养殖场的不可逆过程会导致生态系统服务的丧失，而其本应产生巨大的经济收益。在土地利用决策时，应该考虑这种收益的丧失，但却往往被忽视。最容易被忽略的生态系统服务是那些来自调节和生境功能的服务，如海岸保护、生境与渔业联系等，这本是泰国能够从红树林中获取的最大经济收益。

美国路易斯安那州海岸恢复与保护总体规划

近几十年来，美国沿海湿地大量流失，其中减少最为显著的是墨西哥湾（Dahl and Johnson，1991；Dahl，2000；Stedmand and Dahl，2008）。墨西哥湾湿地的这些历史变化的原因在于，湾区内风暴引起的洪水肆虐、海平面上升、江河洪水泛滥、自然的土地沉降，以及人为活动，如排水、填土、河道疏浚、堤防和其他防洪建筑，以及海岸带开发等（Day et al.，2007；Barbier，2011b）。

其中，路易斯安那州的沿海湿地变化最为显著。虽然目前为止，该州的湿地数量仍占美国本土 48 州的 40% 左右，但其丧失的湿地数量却约占全美的 80%（Dahl and Johnson，1991；Dahl，2000；Stedmand and Dahl，2008）。在 1932～2000 年，路易斯安那州共损失了 1900 平方英里的沿海土地，主要是沼泽。2005 年，卡特里娜飓风和丽塔飓风又导致了 200 平方英里土地的丧失。预计路易斯安那州仍将以每年 16 000 英亩[*]的速度丧失湿地，约占美国本土 48 州每年沿海沼泽丧失总量的 90%（Corn and Copeland，2010）。

自 2005 年的卡特里娜飓风和丽塔飓风之后，人们开始提出雄心勃勃的计划来恢复美国墨西哥湾的湿地，以作为抵御未来飓风破坏的天然屏障（Day et al.，2007；Twilley，2007；Barbier，2011b；Gulf Coast Ecosystem Recovery Task Force，2011；CPRA，2012）。例如，鉴于"墨西哥湾的湿地提供了天然的减洪功能，

---

*1 英亩=0.405hm²，全书同

能够降低风暴导致的洪水的影响"（2011，P.6），美国总统墨西哥湾生态系统恢复特别工作小组建议广泛地恢复湿地。路易斯安那州 2012 年沿海恢复与保护总体规划旨在新建 545~859 平方英里的土地，大部分用于恢复沼泽，在未来 50 年内，提供风暴保护和其他生态系统收益（CPRA，2012）。在路易斯安那州巴拉塔利亚流域陆桥的疏浚工程已经新增了 1211 英亩的潮间带沼泽，并在 2010 年又新增 1578 英亩沼泽，总成本为 3630 万美元（CPRA，2012）。

对海岸生态系统服务进行评估是路易斯安那州 2012 年海岸总体规划所提出的湿地恢复规划中的一个重要亮点。没有湿地恢复，路易斯安那州将在未来 50 年内再失去 4548km² 的沼泽和其他利用类型的沿海土地（CPRA，2012）。但是，阻止湿地流失和投资湿地恢复的代价昂贵，而且即便如此，也很难阻止路易斯安那州湿地的净流失。最新的估算表明，即使在 50 年内投入 250 亿美元，仍将损失 585km² 湿地（CPRA，2012）。尽管 2012 年沿海总体规划不能准确估算路易斯安那州从这 50 年的投入中所获收益的价值，但对沿海湿地服务的量化，在形成规划和选择其建议的 109 个保护和恢复项目中发挥了重要作用。

对于总共 248 个恢复项目，总体规划分别评估了其对 14 种生态系统服务在 50 年内的影响。分析并未依赖于直接量化这 14 种生态系统服务，而是侧重于海岸的指标特征，如所提供的生境（生境可持续性指数），以及其他能够支持这些服务的要素。表 18.4 中列出了总体规划中分析的沿海生态系统"服务"，并总结了在分析中是如何量化每种服务的指标。这些指标不仅用于评价单个项目对生态系统服务的影响，还可用于研究项目组对这些服务在沿海的总体影响。

如表 18.4 所示，在量化生态系统服务时，使用生境可持续性指数和其他支持每个服务的生态要素可能会造成困扰。例如，对于商业或游憩目的而捕获的物种来说，如短吻鳄、小龙虾、牡蛎和虾等，生境可持续性指数能够很好地估算这些珍贵物种的种群变化。然而，将生境可持续性指数作为其他物种的量化指标时，如水禽和其他沿海野生生物，会遇到麻烦，因为我们尚不清楚这些物种的丰度高低如何影响人类的最终收益。同样的，对营养物质吸收、碳固存、可用淡水和风暴潮和波浪的减弱进行量化，也不能很好地说明这些生态功能会如何转化为沿海居民的宝贵收益。

尽管表 18.4 中列出的生态系统服务量化方法存在一定的局限性，但纳入 2012 年总体规划的生态系统服务分析，的确为了解规划项目会如何影响各种服务提供了新的见解。尽管随着规划的实施，这些服务的位置会沿着路易斯安那州沿海发生变化，但随着短吻鳄、淡水渔业和水禽栖息地的增加，所选项目会提供更

表 18.4　美国路易斯安那州 2012 年海岸总体规划中沿海生态系统服务的量化

生态系统服务	定量化方法
短吻鳄	根据水、植被和土地特征的不同组合如何支持短吻鳄生境而建立的估算生境适宜性指数模型
野生克氏原螯虾	根据水、植被和土地特征的不同组合如何支持克氏原螯虾生境而建立的估算生境适宜性指数模型
牡蛎	通过一个生境适宜性模型预测牡蛎生境的变化，该模型考虑土地、水和底部特征的变化
白虾和褐虾	根据水和植被特征建立褐虾和白虾幼虾的生境适宜性模型，以预测其生境的变化
咸水渔业	基于水和植被特征，斑点海鳟幼鱼的生境适宜性模型被用于预测咸水渔业的变化
淡水渔业	建立了大口黑鲈的生境适宜性模型，该模型考虑了水和水下植被特征的变化
水禽	综合使用北美斑鸭、赤膀鸭和绿翅鸭等的生境适宜性模型，基于水、植被和土地特征，估算水禽生境的变化
其他沿海野生生物	基于水、植被和土地特征建立了麝鼠、北美水獭、玫瑰红琵鹭的生境适宜性模型
自然景观旅游业	开发了一个模型，用于估算自然景观旅游业的潜力。该模型衡量了人类进入游客中心附近高质量野生生物生境的可能，如沙坝岛和野生生物管理区。用于描述这种服务的物种包括短吻鳄、玫瑰红琵鹭、北美水獭、麝鼠、新热带界候鸟和水禽
对农业和水产养殖的支持	建立了一个用于评估盐度特征和高地区域洪水频率的模型。其中的指数包括用于生产大米、甘蔗，养殖牛和克氏原螯虾，以及其他各种农业和水产养殖的土地面积
养分吸收	建立用于预测在开放水域、沉积物和湿地中脱氮效应的模型
碳固存	湿地形态模型被用于估算碳封存潜力的影响，该模型考虑了不同湿地类型、面积，以及土壤年垂直累积量等碳封存的差异
淡水供应量	开发适宜性模型以估算靠近重要资产或人口密集区的盐度
减缓风暴潮和波浪	基于靠近人口中心的位置和数量、植被类型和高程估算风暴潮和波浪对沿海社区的影响

引自：CPRA，2012

多的收益，而沿海的野生生物、虾和咸水渔业生境可能保持在现有水平上（CPRA，2012）。牡蛎的适宜生境可能会减少 10%～20%，但许多沿海地区的盐度会上升，从而促进牡蛎养殖。可供淡水会增加 40%，碳固存和营养物质吸收也将显著增加。生态旅游和适宜耕作的土地面积也将略有增加。最后，总体规划分析了在不同气候变化和海平面上升场景下，各种项目对生态系统服务的影响在 50 年内会如何变化。

加拿大不列颠哥伦比亚省基于生态系统的多种海洋生态系统服务规划

在加拿大不列颠哥伦比亚省温哥华岛的西海岸（west coast of Vancouver Island，WCVI），众多利益相关者正与当地、省和联邦政府，以及原住民的代表一起，建立该区域的海洋空间规划（详见第 21 章的"海洋空间规划"）。西海岸水产资源管理委员会（又称 West Coast Aquatic，或简称 WCA），是根据《加拿大海域法》（*Canada's Ocean Act*）于 2001 年建立的一个政府与社会资本合作组织，WCA 领导了这一规划的制定（WCA，2011）。在指导最初的规划以及参与其他活动中，WCA 的愿景是"水产资源应由人类共同管理，以造福于当代和将来受益于水产资源的人民和社区"（WCA，2011）。

为建立海洋空间规划过程中需要考虑的场景，WCA 首先使用多种方法，包括访谈和调查，收集了整个区域各种利益相关者的兴趣、活动和价值观等信息（Guerry et al.，2012）。例如，在莱蒙斯入海口（Lemmens Inlet）——大 WCVI 区域中具有较高旅游业和文化价值的一个区域，WCA 发现，社区成员主要关注三个关键目标：维护生境和水质，以确保获取当地的海产品，并确保游憩活动的机会（Guerry et al.，2012）。在与社区成员进行广泛的访谈之后，为了能够反映不同社区利益，建立了三个不同的场景：类似于莱蒙斯入海口现有开发利用水平的"基线"场景、在现有管制机制上提高海岸和近海生境保护水平的"保护"场景，以及强调提高水产养殖和沿海旅游业基础设施建设的"产业扩张"场景。

与来自斯坦福大学、大自然保护协会、世界野生生物基金会和明尼苏达大学共同合作的自然资本项目的科学家一道，WCA 使用一个生态系统服务框架来研究上述三种场景将会如何影响渔业、游憩、水质和沿海海洋生境（Guerry et al.，2012）。他们使用了决策支持工具 InVEST 来估算三种不同场景下这些及其他关键生态系统服务的空间变化。InVEST 工具箱包括了一系列陆地、淡水和海洋服务的生态系统服务模型（Kareiva et al.，2011），而 WCA 首次将 InVEST 应用于海洋的案例研究（Guerry et al.，2012）。

科学家与 WCA 的工作人员一起，先划出了野生捕捞的海产品和水产养殖、皮划艇和其他游憩活动以及水上房屋（几乎没有任何污水处理装置的船屋）等重要区域，然后计算这些区域在三种场景下关键生态系统服务的相对影响。该案例中使用的一些 InVEST 模型，例如游钓和游憩，基本上可以在地理信息系统中空间叠加；而支持服务的模型，确切地说是水质和生境，包含更多生态系统过程的信息，以及人类活动与整个生态系统服务之间的联系（Guerry et al.，2012）。不同场景的结果可以通过"蜘蛛图"可视化（图 18.7）。

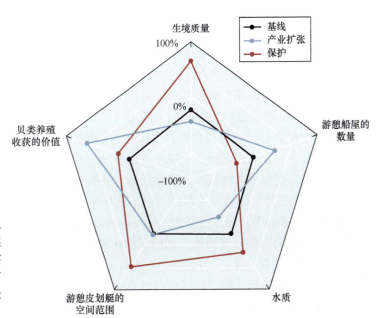

图 18.7　加拿大不列颠哥伦比亚省的莱蒙斯入海口（Lemmens Inlet），在三种替代管理方案下，其生态系统服务产品与现状（基线，黑实线五角形）相对应的总体变化。图形向外扩张表示相对于基线的收益，而收缩则代表损失（仿自 Guerry et al.，2012）

在图中，超出代表基线的图形边缘的突出部分代表增益，而缩进部分代表损失。只有增益（且没有平衡）的场景则由完全包括或超出基线图形的形状来表示。这个分析的目的在于可以形象化地表达，易于 WCA 和广大的利益相关者群体理解不同活动和开放利用方式之间的权衡，并通过积极主动的海洋空间规划，来避免一些特定利用之间的冲突。

虽然莱蒙斯入海口的案例研究仅代表温哥华岛西海岸的一小部分区域，而且仍在进行之中，但 Guerry 等（2012）的分析证明了生态系统服务科学成功应用于环境决策的几个关键要素：首先，所要考虑的场景来自利益相关者，而非科学家；其次，评估不同保护与开发利用选择下的服务变化是一个反复的过程。随着利益相关者从科学家的分析中了解更多不同生态系统服务之间联系的信息，可能会产生新的场景，而这反过来，又会促进对生态系统服务变化的进一步分析（Guerry et al.，2012）；最后，如前述美国马萨诸塞州的案例一样，评价并非所有生态系统服务分析的必需步骤。Guerry 等指出，与他们共事的利益相关者对比较不同类型服务的价值（如水质、沿海生境价值和渔业等）并无不适。在这个案例中，唯一用货币衡量的服务是养殖贝类，在莱蒙斯入海口的渔业产量中占相当大比例。

建设弹性沿海社区的本地投资

正如贯穿本章所述，渔业是海洋生态系统中最重要的收益之一。然而，过度捕捞已导致海洋生物多样性的降低，以及重要商业鱼群的损失，并损害了许多海洋系统的弹性（Worm et al.，2006）。依赖于渔业的本地社区越来越意识到，为了长期可持续性地捕捞，需要采用新的方法来管理海洋生态系统及其所提供的各种服务。

为应对主要是鲍鱼（*Haliotis* spp.）在内的重要目标物种数量的持续减少，墨西哥下加利福尼亚州太平洋沿岸纳蒂维达岛（Isla Natividad）的渔业合作社在 2006 年建立了两个海洋保护区，从而使占该岛周边 8% 的渔场禁止捕鱼（Micheli et al.，2012）。自 20 世纪 40 年代以来，墨西哥政府授予渔业合作社专属特权，允许捕捞包括眼斑龙虾和鲍鱼在内的珍贵海洋无脊椎动物。渔民自愿建立这些保护区，并主动执行禁渔规定。这些保护区是该区域最早建立的海洋保护区。它们的目标是通过从保护区到渔场的幼体溢出来恢复衰竭的鲍鱼种群和渔业资源，并通过非掠夺式的活动，如水肺潜水旅游业，为收获近海生态系统的收益提供机会。因此，这也是第一次，纳蒂维达岛的社区投资生态系统及其多种生态系统服务的长期保护。

纳蒂维达岛位于强烈上升流区域，在 2009 年春和 2010 年夏，遭受了低氧水体变浅的事件，这种事件与加利福尼亚洋流其他地方气候驱动的低氧和缺氧事件类似（Grantham et al.，2004；Chan et al.，2008；Nam et al.，2011；Micheli et al.，2012）。这些事件造成鲍鱼和其他底栖无脊椎动物的大量死亡，在 2009 年尤为严重，导致纳蒂维达岛和该区域其他地方渔场的暂时关闭。

尽管在保护区内外都有鲍鱼死亡事件发生，但纳蒂维达岛社区对保护的投入，使业已衰竭的鲍鱼种群在面对这一突发海洋干扰事件时更具弹性。对保护区内个体较大、繁殖力旺盛个体的保护，使得从保护区有更多繁殖输出和幼体补充。在大规模死亡事件之后，尽管有大量成体死亡，但保护区的繁殖输出是渔业区的 2.6 倍，并且比保护区建立之初增长了 40%。死亡事件之后，保护区内的高产卵量使其幼体补充远远超出渔业区。在大规模死亡事件之后，保护区内的补充率基本保持稳定，但仅为事件发生前的 1/3.8；而在渔业区，平均补充率是保护区的 1/9.1（图 18.8）。因此，通过增强抗干扰的能力以及受保护种群更快的恢复能力，当地的保护行动能够提供弹性（Holling，1973；Gunderson，2000；Folke et al.，2004）。这种当地弹性的增强有助于与重大的区域或全球干扰的影响相抗衡。此外，通过幼体溢出保护区的边缘，这种收益还能延伸到临近未受保护的区域。采用纳蒂维达岛数据调参建立的种群数量统计和生物经济学模型显示，在缺乏保护区的前提下，渔业将会崩溃；但与没有保护区的场景相比，在现有保护区或扩大保护区的场景中，未来的渔业会有所恢复并带来经济收益（Rossetto，2012）。

纳蒂维达岛的案例研究说明，证明和量化被开发利用的海洋生物种群和渔业对气候事件弹性的增强，能够影响当地的管理决策。2012 年，在展示这些成果之后，纳蒂维达岛的社区修改了他们的承诺，将对当地资源的保护再延长 6 年，尽管存在机会成本——在合作社特许权内的部分区域禁渔，意味着巨大的投资。纳蒂维达岛之外北边和南边的社区也建立了海洋保护区，并承诺使用更为综合的方法来进行海洋资源

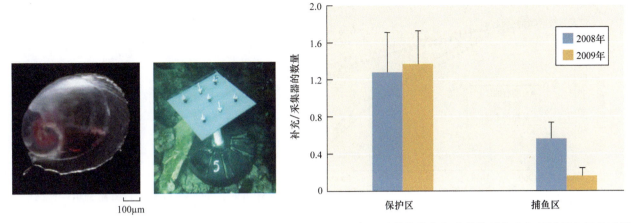

图 18.8　在 2009 年春大规模死亡事件之前和之后的 2008 年和 2009 年，纳蒂维达岛海洋保护区之内与邻近捕鱼区的后期幼体采集器（右侧照片）上的鲍鱼后期幼体（左侧照片）补充丰度（整个补充季节的平均）（图片由 Ashley Greenley 提供；仿自 Micheli et al.，2012）

管理，而不是传统的针对某项物种的捕捞控制方式。多个社区都与非政府组织"群落多样性保护委员会"（Comunidad y Biodiversidad，COBI）一起，将特有捕捞权从选择性物种扩展到整个生态系统，并在美国寻找替代海鲜市场，以及建立替代生计，如旅游业和珍珠养殖等，为进一步建立生态系统弹性而共同努力。

未来的挑战

尽管在生态系统服务的量化与评价上取得了很大进展，但依然存在一些挑战。如本章所述，尚有许多方面值得研究，例如，海洋生态系统的结构与功能如何产生有益的产品和服务，以及如何对这些收益进行评价。本节，我们将侧重三个挑战：量化生物多样性在支撑这些服务中所起到的作用，评估海洋生态系统的弹性，建立人类—自然耦合系统的方法。

量化生物多样性在支撑海洋生态系统服务中的作用

人类活动对海洋生态系统的影响无处不在（Halpern et al.，2008），造成生物多样性以及生态系统功能与服务的下降和丧失（MEA，2005）。然而对多样性、功能与服务之间的普遍关系仍然存在争论（Hooper et al.，2005；Stachowicz et al.，2007；Reich et al.，2012）。特别是对大多数海洋生态系统而言，在功能和服务丧失之前，多样性损失的程度仍是未知的（如 Micheli and Halpern，2005；Danovaro et al.，2008）。生物学家和生态系统学家使用术语"生物的多样性"（biological diversity），或简称生物多样性（biodiversity），来指代生命体及其环境的变化范围。因此，"生物多样性"常常被用于描述一个或多个生物组织，如基因、物种、种群、群落和生态系统等层次的多样性的程度。

为了研究生物多样性在支撑海洋生态系统服务中的作用，Worm 等（2006）对当地实验、长期时间序列数据，以及全球渔业数据进行了分析，以检验生物多样性在不同时空尺度上如何影响海洋生态系统服务。这些不同的数据集和分析共同支持一个结论，即重要的服务，包括渔业的生产力和稳定性及水质的保持，都随多样性下降而降低。尤其是，更具多样性的大海洋生态系统（large marine ecosystem，LME）所含崩溃商业性渔业的比例更少，与多样性较低的大海洋生态系统相比，其崩溃渔业的恢复速率更高（图 18.9）。支持这一结论的证据进一步表明，海洋保护区内的生物多样性恢复与沿海种群和生态系统的生产力提高和变化减少相一致（Worm et al.，2006）。

Worm 等的研究结果表明，从小尺度操控实验到大海洋生态系统，不同尺度中的生物多样性和服务之间都存在正相关关系。然而，根据他们所使用的生态系统和服务的数据子集所得出的结论，是否普遍适用于已有数据，仍有待检验。关键的开放性问题包括，联系生物多样性和服务的过程是什么？这种关系是否由随生物多样性下降而丧失关键物种的活动所引起？还是由于互补效应从整个生物多样性之中产生的（如

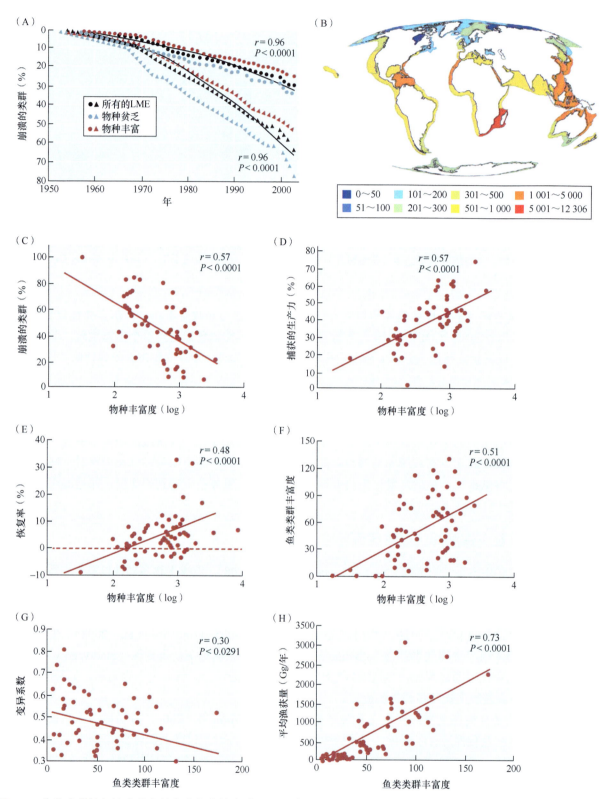

图 18.9 生物多样性与渔业稳定性和生产力的关系。（A）过去 50 年中，鱼类和无脊椎动物类群崩溃的轨迹（圆圈表示逐年、三角表示累积）。数据显示了所有的、物种贫乏的（＜500 物种）和物种丰富的（＞500 物种）大海洋生态系统（LME）。回归线代表的是修正时间自相关之后的最佳拟合幂模型。（B）64 个大海洋生态系统的地图，图例显示了其鱼类物种的总丰富度。（C）崩溃鱼类和无脊椎动物类群的比例。（D）未崩溃类群的平均生产力（占最大渔获量的百分比）。（E）崩溃 15 年后渔获量的平均恢复率（即占最大渔获量的百分比）与 LME 鱼类物种总丰富度的关系。（F）鱼类类群数量与鱼类物种总丰富度的关系。（G）总渔获量的变异系数。（H）每年总渔获量与每个 LME 中鱼类类群数量的关系（仿自 Worm et al., 2006）

Tilman et al., 1997)？

此外，多样性丧失对服务的影响可能取决于多样性–功能和多样性–服务之间关系的形态，以及多样性造成物种新增或丧失的范围（Micheli and Halpern，2005）。然而，由于条件的约束，严格检验多样性对生态系统功能影响的操控实验（如 Stachowicz et al.，2007），仅限于极少数物种和生境。因此，在多样性高的集合中，多样性丧失的后果通常是未知的（如 Micheli and Halpern，2005）。陆地和海洋生态系统的相关分析都发现，物种多样性和生态系统功能之间存在明显的线性、渐近或指数关系（Loreau et al.，2001；Hooper et al.，2005；Micheli and Halpern，2005；Danovaro et al.，2008）。尽管关注海洋生态系统中生物多样性与功能之间关系的研究仍然很少，但趋势显示，生物多样性与生态系统功能之间存在正相关关系（Worm et al.，2006）。例如，在泥滩（Emmerson et al.，2001）、海草床（Duffy et al.，2003）、盐沼（Griffin and Silliman，2011）、海藻林（Byrnes et al.，2006）和岩质海岸（O'Connor and Crowe，2005）等各种生态系统研究中出现的模式表明，更高的生物多样性通常会提高生态系统过程的速率。而关注多样性和服务之间关系的研究则更少（Raffaelli，2007）。在未来，进一步加强直接量化生态系统功能和服务的研究，将对理解生物多样性对海洋生态系统所提供的各种功能和服务的作用至关重要（如 Moberg and Folke，1999；Harborne et al.，2006，2008；McClanahan，2007；McClanahan et al.，2008）。

基于生态系统的海洋环境管理正日益以提供海洋生态系统产品和服务为中心（Granek et al.，2010；Aswani et al.，2012；Tallis et al.，2012）。然而，这种对海洋生态系统服务的强调，并非对传统的侧重于生物多样性的管理和政策的贬低。相反，量化和评价生物多样性变化对海洋生态系统服务的影响，对于理解如何最好地将生物多样性保护融入基于生态系统的海洋管理非常重要。

评估海洋生态系统的弹性

由于人为因素对海洋生态系统所造成的胁迫正达到前所未有的规模和程度（MEA，2005），生态系统的弹性——生态系统吸收干扰并保持功能的能力，对于确保人们所重视的各种生态系统服务的长期留存具有重要意义。许多因素都会影响生态系统的弹性，包括生物多样性、生态系统内和之间的物种相互作用与空间连通的完整性及适应量，但这些要素在特定生态系统（和相关人类系统）中的相对重要性却不清楚（最新的综述参见 Bernhardt and Leslie，2013）。特别需要注意的是，生态系统状态的突变和未预期的转变，如"稳态转变"（regime shift），已造成各种类型生态系统的水质、海洋生境和渔获量的重大变化（表 18.5；Scheffer et al.，2001；Folke et al.，2004；Levin and Lubchenco，2008；Leslie and Kinzig，2009）。

表 18.5　主要海洋生态系统的状态转变及原因

生态系统类型	状态 I	状态 II	触发事件	影响弹性的要素
珊瑚礁	硬珊瑚占优	大型藻类为主	飓风、病原体、海胆过度植食	气候变化、过度捕捞、养分积累
海藻林	大型海藻占优	海胆占优	海胆过度植食	移除海洋食植者（海獭、蟹类）
浅潟湖	海草床	浮游植物暴发	飓风、淡水减少、污染	气候变化、移除海洋植食者（海龟、海牛）、养分积累、海平面上升、海岸带开发
沿海	水下植被	丝状藻类	沉积作用增加、污染	养分输入、移除海洋植食者（腹足类）
底栖食物网	龙虾捕食	峨螺捕食	气候事件、大小结构的捕食作用	气候变化、过度捕捞、污染
海洋食物网	渔业资源丰富	渔业资源衰竭	气候事件、大小结构的捕食作用	气候变化、过度捕捞、污染

数据引自：Scheffer et al.，2001；Falke et al.，2004

鉴于弹性对生态系统服务持续供给的重要性，有很多机会和必要将其纳入未来量化和评价生态系统服务的研究之中（Wainger and Boyd，2009；Barbier，2011a；Halpern et al.，2012）。否则，我们极有可能高估生态系统未来在自然和人为干扰时提供有价值服务的能力。

然而，事实已经证明，对增强海洋生态系统弹性的额外收益进行经验评估是困难的。土耳其在黑海有开放式的凤尾鱼渔业，通过估算避免其发生生态稳态转变的收益，Knowler 等（2002）尝试了间接地评估弹性。造成稳态转变的主要原因是在 20 世纪 80 年代意外引入了栉水母（*Mnemiopsis leidyi*），这种水母捕食凤尾鱼的幼鱼。然而，由于磷酸盐污染，黑海营养物质的富集促进了这种生物入侵，因为高营养浓度有利于这种水母在黑海建立种群和繁衍。Knowler 等设计了一个营养浓度降低 50% 的方案，并研究如果在 *Mnemiopsis* 入侵和暴发之前就开始实施这一方案，是否能够阻止其发生生态稳态转变。他们发现，如果阻止稳态转变，将使凤尾鱼的捕获量增加 33 万 t/年，如果每吨的价值以 120 美元计（以 1989～1990 年的价格计算），将带来 4 千万美元的渔业收益。渔业就业也会增加，可以提供 2320～3480 个新增工作岗位。尽管从长远来说，黑海凤尾鱼渔业的最大威胁仍然是开放式捕捞，但该研究表明，实施污染减排政策能够阻止 *Mnemiopsis* 种群的建立以及随之产生的生态稳态转变，从而带来巨大的经济回报。

科学联系实践

对人类与海岸带和海洋生态系统的关系和联系的不同视角，以及对科学知识能够或应该为决策做出贡献的不同理解，都对将生态系统服务科学与实践联系起来提出了挑战。第一，无论科学界内外，都对基于模型的结果存在质疑。发布和验证生态系统服务模型以形成共识，往往能够缓解这一问题，正如透明的、可访问的成果展示一样；第二，制定经验法则，在不同类型的海岸带景观和海洋景观选择下，如城市化、盐沼恢复、密集型水产养殖等，生态系统服务的供给会如何发生转变，对这些的描述对于指导社会决策极为重要，决定了如何以及在何处管理不同的海洋生态系统服务组合。基于利用方式的研究项目，如本章所举案例，为如何建立这些经验法则（以及相关决策工具）提供了良证。这也是活跃的、快速发展的研究与实践领域；第三，以生态系统服务的视角进行管理（无论量化与否）是否改善了结果，有必要对比进行评估（Ferraro，2009）。尽管人们认识到研究需要建立深思熟虑的、基于用途的模型已有一段时间，但这种类型的模型才刚刚出现不久（Tribbia and Moser，2008；Brunner and Lynch，2010；Matson，2012）。

最后，哲学上的分歧可能会超出我们在本章中所侧重的一些科学挑战。某些人，在某些地方，就是看不到将自然收益作为"服务"量化的价值。从他们的世界观来看，生态系统产生了人类福祉这一概念非常刺耳，甚至是对他们的一种冒犯。在美国加利福尼亚州的埃尔克霍恩泥沼（Elkhorn Slough）开展基于生态系统的管理工作，Sievanen 等（2012）发现，在该区域参与生境恢复的管理者、科学家和其他决策者中，几乎无人认同这一理念。他们的项目主要侧重于生物多样性保护，一些参与者也不认为考虑多种生态系统服务与他们试图实现的目标有任何关联。在前述的 WCVI 案例中，支持利益相关者领导规划过程的科学家发现，在传统的海洋空间规划框架，即在不同生态系统服务或不同管理目标之中做出一系列平衡，与将生态系统视为亲人的原住民成员之间，存在紧张的气氛（J. Bernhardt，个人交流）。认识到人们对其与生态系统如何联系具有不同观点，并据此安排研究活动和决策者的相关参与至关重要，也是可以实现的（例如，见 Guerry et al.，2012；Raymond et al.，2013）。如果我们想将生态系统服务的理念有效地纳入决策过程，并确保持续提供目前和将来社会所重视的许多海洋生态系统服务，关注这些科学和实践的挑战就极为重要。

结语

由于经济学家、生态学家和其他社会和自然科学家之间日益加强的合作，近年来，我们已极大地提高了对海洋生态系统的结构与功能如何产生重要人类福祉的理解。这种海洋生态系统服务的定量评估，对于管理这些重要的全球性生境十分重要。具体而言，这种量化能够确定不同参与者之间利益的权衡，以及他们的共同利益；评价累积效应，包括各种海洋管理选项的成本和收益；并有助于评估管理效率。如泰国的案例研究所示，对红树林收益的量化和评价，如木材和其他产品、支撑近海渔业的育苗场和产卵场、抵御风暴等，证明了红树林转化为养虾业后，对当地沿海社会造成可观的经济损失。

然而，对海洋生态系统服务的定量化评估并非总要评价对海洋管理有用的收益。如本章所述，海洋生态系统服务的量化有助于可视化各利益相关者不同活动和开放途径之间的权衡，并避免特定用途之间的冲突，如加拿大不列颠哥伦比亚省基于生态系统的规划案例研究所示。在墨西哥下加利福尼亚州，量化已开发利用海洋生物种群和渔业对气候变化事件的弹性，已影响了当地管理的决策，包括建立海洋保护区。对一整套生态系统服务的量化工作，促使海洋健康指数的建立，在美国路易斯安那州的案例中，帮助管理者决定投资海岸保护和恢复投资的必要性。

随着我们对海洋生态系统服务理解的增加，之前的分歧也日益明显。量化和评价生态系统服务所面临的最大挑战是，将生态系统结构与功能的变化与宝贵产品和服务产量的变化联系起来。如本章所述，我们已开始建立一系列海洋生态系统服务之间的关系，如游憩、海岸生境—渔业联系、原材料和食品，以及净水等。我们还在对沿海湿地风暴保护服务进行更可靠的评估。但我们在量化和评价其他一些海洋生态系统服务方面的能力仍然有限，未来的研究需要进一步做出改善。此外，研究所面临的挑战还包括：量化生物多样性在支持生态系统服务上的作用，评估海洋生态系统的弹性，以及生态系统服务相关的科学能够与特定地区的科学界和各利益相关者产生共鸣。

总而言之，本章传递的主要信息是，定量化评估海洋生态系统服务正日益成为海洋环境可持续管理的重要工具。如果使用得当，定量化（如果有时可以评价）这些服务有助于决策者和当地社区在利用和保护各种海洋系统方面做出决策。然而，我们才刚刚开始理解海洋生态系统的结构与功能如何产生使人类受益的福祉，还有更多的研究工作需要进一步了解这些收益是如何产生的，以及我们该如何更有效地在海洋保护和管理中进行定量评估。

致谢

作者在此感谢许多合作和交流的同行帮助形成本章。我们特别感谢 J. Bernhardt、A. Guerry 和 S. Wood 分享他们对 WVI 研究案例的见解。我们也感谢两位审稿人和编辑对本章早期版本的建设性意见。

引用文献

Aburto-Oropeza, O., E. Ezcurra, G. Danemann, et al. 2008. Mangroves in the Gulf of California increase fishery yields. *Proc. Natl. Acad. Sci. (USA)* 105: 10456–10459.

Aguilar-Perera, A. and R. S Appeldoorn, 2008. Spatial distribution of marine fishes along a cross-shelf gradient containing a continuum of mangrove-seagrass-coral reefs off southwestern Puerto Rico. *Estuar. Coast. Shelf Sci.* 76: 378–394

Aksornkoae, S. and R. Tokrisna. 2004. Overview of shrimp farming and mangrove loss in Thailand. In, *Shrimp Farming and Mangrove Loss in Thailand* (E. B. Barbier and S. Sathirathai, eds.), pp. 37-51. London, UK: Edward Elgar.

Alongi, D. M. 2008. Mangrove forests: Resilience, protection from tsunamis, and responses to global climate change. *Estuar. Coast Shelf Sci.* 76: 1–13.

Altman, I., A. M. H. Blakeslee, G. C. Osio, et al. 2010. A practical approach to implementation of ecosystem-based management: A case study using the Gulf of Maine marine ecosystem. *Front. Ecol. Environ.* 9: 183–189.

Aswani, S., P. Christie, N. Muthiga, et al. 2012. The Way Forward with Ecosystem-Based Management in Tropical Contexts: Reconciling with Existing Management Systems. *Mar. Policy* 36: 1–10.

Atheull, A. N., N. Din, S. N. Longonje, et al. 2009. Commercial activities and subsistence utilization of mangrove forests around the Wouri estuary and the Douala-Edea reserve (Cameroon). *J. Ethnobiol. Ethnomed.* 5: 35–49.

Badola, R. and S. A. Hussain. 2005. Valuing ecosystems functions: An empirical study on the storm protection function of Bhitarkanika mangrove ecosystem, India. *Environ. Conserv.* 32: 85–92.

Bao, T. Q. 2011. Effect of mangrove forest structures on wave attenuation in coastal Vietnam. *Oceanologia* 53: 807–818.

Balvanera, P., A. B. Pfistere, N. Buchmann, et al. 2006. Quantifying the evidence for biodiversity effects on ecosystem functioning and services. *Ecol. Lett.* 9: 1146–1156.

Barbier, E. B. 2003. Habitat-fishery linkages and mangrove loss in Thailand. *Contemp. Econ. Policy* 21: 59–77.

Barbier, E. B. 2007. Valuing ecosystems as productive inputs. *Econ. Policy* 22: 177–229.

Barbier, E. B. 2011a. *Capitalizing on Nature: Ecosystems as Natural Assets.* Cambridge, UK and New York, NY: Cambridge University Press.

Barbier, E. B. 2011b. Coastal Wetland Restoration and the Deepwater Horizon oil spill. *Vanderbilt Law Rev.* 64: 1821–1849.

Barbier, E. B. 2011c. Progress and Challenges in Valuing Coastal and Marine Ecosystem Services. *REEP* 6: 1–19.

Barbier, E. B. 2012. A Spatial Model of Coastal Ecosystem Services. *Ecol. Econ.* 78: 70–79.

Barbier, E. B. and I. Strand. 1998. Valuing mangrove-fishery linkages: A case study of Campeche, Mexico. *ERE* 12: 151–166.

Barbier, E. B., E. W. Koch, B. R. Silliman, et al. 2008. Coastal ecosystem-based management with nonlinear ecological functions and values. *Science* 319: 321–323.

Barbier, E. B., S. D. Hacker, C. Kennedy, et al. 2011. The value of estuarine and coastal ecosystem services. *Ecol. Monogr.* 81: 169–183.

Bateman, I. and I. H. Langford. 1997. Non-users willingness to pay for a national park: An application of the contingent valuation method. *Reg. Stud.* 31: 571–582.

Bell, F. W. 1997. The economic valuation of saltwater marsh supporting marine recreational fishing in the southeastern United States. *Ecol. Econ.* 21: 243–254.

Bernhardt, J. R. and H. M. Leslie. 2013. Resilience to climate change in coastal marine ecosystems. *Ann Rev Mar Sci.* 5: 371–392.

Birol, E. and V. Cox. 2007. Using choice experiments to design wetland management programmes: The case of the Severn Estuary Wetland, UK. *J. Environ. Plann. Man.* 50: 363–380.

Boncoeur, J., F. Alban, O. G. Ifremer, and O. T. Ifremer. 2002. Fish, fishers, seals and tourists: Economic consequences of creating a marine reserve in a multi-species, multi-activity context. *Nat. Resour. Model.* 15: 387–411.

Bouma, T. J., M. B. De Vries, and P. M. J. Herman. 2010. Comparing ecosystem engineering efficiency of two plant species with contrasting growth strategies. *Ecology* 91: 2696–2704.

Brander, L. M., P. J. H. Van Beukering, and H. S. J. Cesar. 2007. The recreational value of coral reefs: A meta-analysis. *Ecol. Econ.* 63: 209–218.

Breaux, A., S. Farber, and J. Day. 1995. Using natural coastal wetlands systems for wastewater treatment: An economic benefit analysis. *J. Environ. Manage.* 44: 285–291.

Brouwer, R. and I. J. Bateman. 2005. Temporal stability and transferability of models of willingness to pay for flood control and wetland conservation. *Water Resour. Res.* 41: 1–6.

Brunner, R. D. and A. H. Lynch. 2010. *Adaptive Governance and Climate Change.* Boston, MA: American Meterological Society.

Byrnes, J., J. J. Stachowicz, K. M. Hultgren, et al. 2006. Predator diversity strengthens trophic cascades in kelp forests by modifying herbivore behaviour. *Ecol. Lett.* 9: 61–71.

CEQ (Council on Environmental Quality). 2010. *Final Recommendations of the Interagency Ocean Policy Task Force, July 19, 2010.* Washington, DC: The White House CEQ.

Cesar, H. S. J. and P. J. H. van Beukering. 2004. Economic valuation of the coral reefs of Hawai'i. *Pac. Sci.* 58: 231–242.

Chan, F., J. A. Barth, J. Lubchenco, et al. 2008. Emergence of anoxia in the California Current large marine ecosystem. *Science* 319: 920.

CPRA (Coastal Protection and Restoration Authority of Louisiana). 2012. *Louisiana's Comprehensive Master Plan for a Sustainable Coast.* Baton Rouge, LA: Office of Coastal Protection and Restoration.

Cochard, R., S. L. Ranamukhaarachchi, G. P. Shivakotib, et al. 2008. The 2004 tsunami in Aceh and Southern Thailand: A review on coastal ecosystems, wave hazards and vulnerability. *Perspect. Plant Ecol. Evol. Syst.* 10: 3–40.

Commonwealth of Massachusetts. 2009. *Massachusetts Ocean Management Plan, Volume 1: Management and Administration.* Boston, MA: Massachusetts Executive Office of Energy and Environmental Affairs.

Coombes, E. G., A. P. Jones, I. J. Bateman, et al. 2010. Spatial and temporal modeling of beach use: A case study of East Anglia, UK. *Coast Manage.* 37: 94–115.

Corn, M. L. and C. Copeland. 2010. *The Deepwater Horizon Oil Spill: Coastal Wetland and Wildlife Impacts and Response.* Washington, DC: Congressional Research Service, CRS Report 7–5700.

Costanza, R., O. Pérez-Maqueo, M. L. Martinez, et al. 2008. The value of coastal wetlands for hurricane protection. *Ambio* 37: 241–248.

Dahl, T. E. 2000. *Status and Trends of Wetlands in the Conterminous United States, 1986 to 1997.* Washington, DC: Department of the Interior, Fish and Wildlife Service.

Dahl, T. E. and C. E. Johnson. 1991. *Status and Trends of Wetlands in the Conterminous United States, Mid-1970's to Mid-1980s.* Washington, DC: U.S. Department of the Interior, Fish and Wildlife Service.

Danovaro, R., C. Gambi, A. dell'Anno, et al. 2008. Exponential decline of deep-sea ecosystem functioning linked to benthic biodiversity loss. *Curr. Biol.* 18: 1–8.

Das, S. and J. R. Vincent. 2009. Mangroves protected villages and reduced death toll during Indian super cyclone. *Proc. Natl. Acad. Sci. (USA)* 106: 7357–7360.

Day, J. W., Jr., D. F. Boesch, E. J. Clairain, et al. 2007. Restoration of the Mississippi Delta: Lessons from hurricanes Katrina and Rita. *Science* 315: 1679–1684.

de Bello, F., S. Lavorel, S. Díaz, et al. 2010. Towards an assessment of multiple ecosystem processes and services via functional traits. *Biodivers. Conserv.* 19: 2873–2893.

Duffy, J. E., J. P. Richardson, and E. A. Canuel. 2003. Grazer diversity effects on ecosystem functioning in seagrass beds. *Ecol. Lett.* 6: 637–645.

Emmerson, M. C., M. Solan, C. Emes, et al. 2001. Consistent patterns and the idiosyncratic effects of biodiversity in marine ecosystems. *Nature* 411: 73–77.

EPA (Environmental Protection Agency). 2009. Valuing the Protection of Ecological Systems and Services. A Report of the EPA Science Advisory Board. Washington, DC: EPA.

FAO (Food and Agricultural Organization) of the United Nations. 2007. The world's mangroves 1980–2005. FAO Forestry Paper 153. Rome, Italy: FAO.

Ferraro, P. J. 2009. Counterfactual thinking and impact evaluation in environmental policy. *New Dir. Eval.* 122: 75–84.

Finnoff, D. and J. T. Tschirhart. 2003a. Protecting an endangered species while harvesting its prey in a general equilibrium ecosystem model. *Land Econ.* 70: 160–180.

Finnoff, D. and J. T. Tschirhart. 2003b. Harvesting in an eight-species ecosystem. *J. Environ. Econ. Manage.* 45: 589–611.

Folke, C., S. Carpenter, B. Walker, et al. 2004. Regime shifts, resilience, and biodiversity in ecosystem management. *Annu. Rev. Ecol. Evol. Syst.* 35: 557–581.

Freeman, A. M. III. 1991. Valuing environmental resources under alternative management regimes. *Ecol Econ.* 3: 247–256.

Freeman, A. M. III. 2003. *The measurement of environmental and resource values: Theory and methods,* 2nd edition. Washington, DC: Resources for the Future

Gedan, K. B., M. L Kirwan, E. Wolanski, et al. 2011. The present and future role of coastal wetland vegetation in protecting shorelines: Answering recent challenges to the paradigm. *Clim. Change* 106: 7–29.

Grafton, R. Q., T. Kompas, and P. V. Ha. 2009. Cod today and none tomorrow: The economic value of a marine reserve. *Land Econ.* 85: 454–469.

Granek, E. F., S. Polasky, C. V. Kappel, et al. *Conserv. Biol.* 24: 207–216.

Grantham B. A., F. Chan, K. J. Nielsen, et al. 2004. Upwelling-driven nearshore hypoxia signals ecosystem and oceanographic changes in the northeast Pacific. *Nature* 429: 749–754.

Greenville, J. and T. G. MacAulay. 2007. Untangling the Benefits of Protected Areas in Fisheries. *Mar. Resour. Econ.* 22: 267–285.

Griffin, J. N. and B. R. Silliman. 2011. Predator diversity stabilizes and strengthens trophic control of a keystone grazer. *Biol. Lett.* 7: 79–82.

Guerry, A. D., M. H. Ruckelshaus, K. K. Arkema, et al. 2012. Modeling benefits from nature: Using ecosystem services to inform coastal and marine spatial planning. *Int. J. Biodiv. Sci. Ecosys. Serv. Manage.* 8: 107–121.

Gulf Coast Ecosystem Recovery Task Force. 2011. *Gulf of Mexico Regional Ecosystem Restoration Strategy.* Washington, DC: Gulf Coast Ecosystem Recovery Task Force.

Gunderson, L. H. 2000. Ecological resilience–In theory and application. *Annu. Rev. Ecol. Syst.* 31: 425–439.

Hall, D. C., J. V. Hall, and S. N. Murray. 2002. Contingent valuation of marine protected areas: Southern California rocky intertidal ecosystems. *Nat. Resour. Model.* 15: 335–368.

Halpern, B. S., C. Longo, D. Hardy, et al. 2012. An index to assess the health and benefits of the global ocean. *Nature* 488: 615–620.

Halpern, B. S., S. Waldbridge, K. A. Selkoe, et al., 2008. A global map of human impact on marine ecosystems. *Science* 319: 948–952.

Harborne, A. R., P. J. Mumby, F. Micheli, et al., 2006. The functional value of Caribbean reef habitats to ecosystem processes. *Adv. Mar. Biol.* 50: 57–189.

Harborne, A. R., P. J. Mumby, C. V. Kappel, et al. 2008. Tropical coastal habitats as surrogates of fish community structure, grazing, and fisheries value. *Ecol Appl.* 18: 1689–1701.

Holling, C. S. 1973. Resilience and stability of ecological systems. *Annu. Rev. Ecol. Syst.* 4: 1–23.

Hooper, D. U., F. S., Chapin, J. J. Ewel, et al. 2005. Effects of biodiversity on ecosystem functioning: A consensus of current knowledge. *Ecol. Monogr.* 75, 3–35.

Huang, J-C., P. J. Poor, M. Q. Zhao. 2007. Economic valuation of beach erosion control. *Mar. Resour. Econ.* 32: 221–238.

Janssen, R. and J. E. Padilla. 1999. Preservation or conservation? Valuation and evaluation of a mangrove forest in the Philippines. *ERE* 14: 297–331.

Johnston, R. J., T. A. Grigalunas, J. J. Opaluch, et al. 2002. Valuing estuarine resource services using economic and ecological models: The Peconic Estuary system. *Coast. Manage.* 30: 47–65.

Kappel, C. V., B. S. Halpern, and N. Napoli. 2012. *Mapping Cumulative Impacts of Human Activities on Marine Ecosystems.* 03.NCEAS12, Boston, MA: SeaPlan.

Kareiva, P., H. Tallis, T. H. Ricketts, G. C. Daily, and S. Polasky (eds.). 2011. *Natural Capital: Theory and Practice of Mapping Ecosystem Services.* New York, NY: Oxford University Press.

King, S. E. and J. N. Lester. 1995. The value of salt marsh as a sea defence. *Mar. Pollut. Bull.* 30: 180–189.

Knowler, D. J., E. B. Barbier, and I. Strand. 2002. An Open-Access Model of Fisheries and Nutrient Enrichment in the Black Sea. *Mar. Resour. Econ.* 16: 195–217.

Koch, E. W., E. B. Barbier, B. R. Silliman, et al. 2009. Non–linearity in ecosystem services: Temporal and spatial variability in coastal protection. *Front. Ecol. Environ.* 7: 29–37.

Landry, C. E. and H. Liu. 2009. A semi-parametric estimator for revealed and stated preference application to recreational beach visitation. *J. Environ. Econ. Manage.* 57: 205–218.

Landry, C. E., A. G. Keeler, and W. Kriesel. 2003. An economic evaluation of beach erosion management alternatives. *Mar. Resour. Econ.* 18: 105–127.

Lange, G.-M. and N. Jiddawi. 2009. Economic value of marine ecosystem services in Zanzibar: Implications for marine conservation and sustainable development. *Ocean Coast. Manage.* 52: 521–532.

Laso Bayas, J. C., C. Marohn, G. Dercon, et al. 2011. Influence of coastal vegetation on the 2004 tsunami wave impact Aceh. *Proc. Natl. Acad. Sci. (USA)* 108: 18612–18617.

Leslie, H. M. and A. P. Kinzig. 2009. Resilience Science. In, *Ecosystem-Based Management for the Oceans.* (K. L. McLeod and H. M. Leslie, eds.), pp. 55–73. Washington, DC: Island Press.

Levin, S. A. and J. Lubchenco. 2008. Resilience, Robustness, and Marine Ecosystem-based Management. *BioScience* 58: 27–32.

Loreau, M., S. Naeem, P. Inchausti, et al. 2001. Biodiversity and Ecosystem Functioning: Current Knowledge and Future Challenges. *Science* 294: 804–808.

Manson, F. J., N. R. Loneragan, G. A. Skilleter, and S. R. Phinn. 2005.

An evaluation of the evidence for linkages between mangroves and fisheries: A synthesis of the literature and identification of research directions, *Oceanogr. Mar. Biol., Annu. Rev.* 43: 483–513.

Mathieu, L. F., I. H. Langford, and W. Kenyon. 2003. Valuing marine parks in a developing country: a case study of the Seychelles. *Environ. Dev. Econ.* 8: 373–390.

Matson, P. (ed.). 2012. *Seeds of Sustainability: Lessons from the Birthplace of the Green Revolution in Agriculture*. Washington, DC: Island Press

Mazda, Y., M. Magi, M. Kogo, and P. N. Hong. 1997. Mangroves as a coastal protection from waves in the Tong King Delta, Vietnam. *Mangroves Salt Marshes*, 1:127–135.

McArthur, L. C. and J. W. Boland. 2006. The economic contribution of seagrass to secondary production in South Australia. *Ecol. Model.* 196: 163–172.

McClanahan, T. R., 2007. Achieving sustainability in East African coral reefs. *J. Mar. Sci. Environ.* C5: 1–4.

McClanahan, T. R., C. C. Hicks, and E. S. Darling. 2008. Malthusian overfishing and efforts to overcome it on Kenyan coral reefs. *Ecol Appl*.18: 1516–1529.

McLeod, K. L. and H. M. Leslie. 2009. Why Ecosystem-Based Management? In, *Ecosystem-Based Management for the Oceans* (K. L. McLeod and H. M. Leslie, eds.), pp. 3–12. Washington, DC: Island Press.

McConnell, K. E. and N. E. Bockstael. 2005. Valuing the Environment as a Factor of Production. In *Handbook of Environmental Economics Vol. 2*. (K.-G. Mäler and J. R. Vincent, eds.), pp. 621–669. Amsterdam, The Netherlands: Elsevier.

Meynecke, J.-O., S. Y. Lee, and N. C. Duke. 2008. Linking spatial metrics and fish catch reveals the importance of coastal wetland connectivity to inshore fisheries in Queensland, Australia. *Biological Conservation* 141: 981–996.

Micheli, F., Halpern, B. S., 2005. Low functional redundancy in coastal marine assemblages. *Ecol. Lett.* 8: 391–400.

Micheli, F., A. Saenz, A. Greenley, et al. 2012. Evidence that marine reserves enhance resilience to climatic impacts. *PLoS ONE* 7: e40832. doi:10.1371/journal.pone.0040832

MEA (Millennium Ecosystem Assessment). 2005. *Ecosystems and human well-being: Current state and trends*. Washington, DC: Island Press.

Milon, J. W. and D. Scrogin. 2006. Latent preferences and valuation of wetland ecosystem restoration. *Ecol. Econ.* 56: 152–175.

Moberg, F. and C. Folke. 1999. Ecological goods and services of coral reef ecosystems. *Ecol. Econ.* 29: 215–233.

Moberg, F. and P. Rönnbäck. 2003. Ecosystem services of the tropical seascape: interactions, substitutions and restoration. *Ocean Coast. Manag.* 46: 27–46

Molnar, J. 2012. *Science in the TNC-Dow collaboration: The business case for conservation*. The Nature Conservancy Science Chronicles. www.conservationgateway.org/News/Pages/science-tnc-dow-collabora.aspx

Morgan, O. A. and S. E. Hamilton. 2010. Estimating a payment vehicle for financing nourishment of residential beaches using a spatial-lag hedonic property price model. *Coast. Manage.* 38: 65–75.

Mumby, P. J. 2006. Connectivity of reef fish between mangroves and coral reefs: Algorithms for the design of marine reserves at seascape scales. *Biol. Conserv.* 128: 215–222.

Mumby, P. J., A. J. Edwards, J. E. Arias-Gonzalez, et al. 2004. Mangroves enhance the biomass of reef fisheries in the Caribbean. *Nature* 427: 533–536.

Nam, S., H.- J. Kim, and U. Send. 2011. Amplification of hypoxic and acidic events by La Niña conditions on the continental shelf off California. *Geophys. Res. Lett.* 38: L22602. doi: 10.1029/2011GL049549

Naylor, R. and M. Drew. 1998. Valuing mangrove resources in Kosrae, Micronesia. *Environ. Dev. Econ.* 3: 471–490.

NRC (National Research Council). 2005. *Valuing Ecosystem Services: Toward Better Environmental Decision Making*. Washington, DC: The National Academies Press.

O'Connor, N. E. and T. P. Crowe. 2005. Biodiversity loss and ecosystem functioning: Distinguishing between number and identity of species. *Ecology* 86: 1783–1796.

O'Higgins, T. G., S. P. Ferraro, D. D. Dantin, et al. 2010. Habitat scale mapping of fisheries ecosystem service values in estuaries. *Ecol. Soc.* 15: 7. www.ecologyandsociety.org/vol15/iss4/art7/

Othman, J., J. Bennett, and R. Blamey. 2004. Environmental management and resource management options: A choice modelling experience in Malaysia. *Environ. Dev. Econ.* 9: 803–824.

Palumbi, S. R., K. L. McLeod, and D. Grünbaum. 2008. Ecosystems in action: Lessons from marine ecology about recovery, resistance, and reversibility. *BioScience* 58: 33–42.

Petersen, J. E., Kemp, W. M., Bartleson, R., et al. 2003. "Multiscale experiments in coastal ecology: Improving realism and advancing theory." *BioScience* 53: 1181–1197.

Peterson, G. W. and R. E. Turner. 1994. The value of salt marsh edge versus interior as habitat for fish and decapods crustaceans in a Louisiana tidal marsh. *Estuaries* 17: 235–262.

Plummer, M. L., C. J. Harvery, L. E. Anderson, et al. 2012. The role of eelgrass in marine community interactions and ecosystem services: Results from an ecosystem-scale food web model. *Ecosystems*. doi: 10.1007/s10021–012–9609–0

Polasky, S. and K. Segerson. 2009. Integrating ecology and economics in the study of ecosystem services: Some lessons learned. *Annu. Rev. Resour. Econ.* 1: 409–434.

Pratt, J. n.d. *Containing the Flooding for a Cleaner Narragansett Bay*. Boston, MA: Boston Society of Civil Engineers Section. www.bsces.org/index.cfm/page/Containing-the-Flooding-for-a-Cleaner-Narragansett-Bay/cdid/11355/pid/10371.

Raffaelli, D., 2007. Food webs, body size and the curse of the latin binomial. In, *From Energetics to Ecosystems: The Dynamics and Structure of Ecological Systems* (N. Rooney, K. S. McCann, and D. L. G. Noakes, eds.), pp 53–64. Dordrecht, The Netherlands: Springer.

Raymond, C., K. Benessaiah, J. Bernhardt, et al. 2013. Ecosystem services and beyond: Using multiple metaphors to understand human-environment relationships. *BioScience* 63: 536–546.

Reich, P. B., D. Tilman, F. Isbell, et al. 2012. Impacts of biodiversity loss escalate through time as redundancy fades. *Science* 336: 589–592.

Rodwell, L. D., E. B. Barbier, C. M. Roberts, and T. R. McClanahan. 2002. A model of tropical marine reserve-fishery linkages. *Nat. Resour. Model.* 15: 453–486.

Rodwell, L. D., E. B. Barbier, C. M. Roberts, and T. R. McClanahan. 2003. The importance of habitat quality for marine reserve-fishery linkages. *Can. J. Fish. Aquat. Sci.* 60: 171–181.

Rossetto, M. 2012. Population Dynamics and Resilience of Green Abalone *Haliotis fulgens* in Isla Natividad. Ph.D. Dissertation, University of Parma, Italy.

Rountree, R. A. and K. W. Able. 2007. Spatial and temporal habitat use patterns for salt marsh nekton: Implications for ecological functions. *Aquatic Ecol.* 41: 25–45.

Ruitenbeek, H. J. 1994. Modeling economy-ecology linkages in mangroves: Economic evidence for promoting conservation in Bintuni Bay, Indonesia. *Ecol. Econ.* 10: 233–247.

Sadovy, Y. J. and A. C. J. Vincent. 2002. Ecological issues and the trades in live reef fishes. *Coral Reef Fishes: Dynamics and Diversity in a Complex Ecosystem* (P. F. Sale, ed.), pp. 391–420. San Diego, CA: Academic Press.

Samonte-Tan, G. P. B., A. T. White, M. T. J. Diviva, et al. 2007. Economic valuation of coastal and marine resources: Bohol Marine Triangle, Philippines. *Coast. Manage.* 35: 319–338.

Sanchirico, J. N. and P. Mumby. 2009. Mapping ecosystem functions to the valuation of ecosystem services: Implications of species-habitat associations for coastal land-use decisions. *Theor. Ecol.* 2: 67–77.

Sanchirico, J. N., M. D. Smith, and D. W. Lipton. 2008. An empirical approach to ecosystem-based fishery management. *Ecol. Econ.* 64: 586–596.

Sathirathai, S. and E. B. Barbier. 2001. Valuing mangrove conservation, Southern Thailand. *Contemp. Econ. Policy* 19: 109–122.

Scheffer, M., S. Carpenter, J. A. Foley, et al. 2001. Catastrophic shifts in ecosystems. *Nature* 413: 591–596.

Schläpfer, F. 1999. Expert estimates about effects of biodiversity on ecosystem processes and services. *Oikos* 84: 346–352.

Shephard, C. C., C. M. Crain, and M. W. Beck. 2012. The protective role of coastal marshes: A systematic review and meta-analysis. *PLoS ONE* 6: e27374. doi:10.1371/journal.pone.0027374

Sievanen, L., L. M. Campbell, and H. M. Leslie. 2012. Challenges to interdisciplinary research in ecosystem-based management. *Conserv Biol.* 26: 315–323.

Silliman, B. R., J. van de Koppel, M. W. McCoy, et al. 2012. Degradation and resilience in Louisiana salt marshes following the BP-DHW oil spill. *Proc. Natl. Acad. Sci. (USA)*. doi: 10.1073/pnas. 1204922109

Siikamäki, J., J. N. Sanchirico, and S. L. Jardine. 2012. Global economic potential for reducing carbon dioxide emissions from mangrove loss. *Proc. Natl. Acad. Sci. (USA)*. 109: 14369–14374.

Smith, M. D. 2007. Generating value in habitat-dependent fisheries: The importance of fishery management institutions. *Land Economics* 83: 59–73.

Smith, M. D. 2011. Valuing ecosystem services with fishery rents: A lumped-parameter approach to hypoxia in the Neuse Estuary. *Sustainability* 3: 2229–2267

Smith, M. D. and L. B. Crowder. 2011. Valuing ecosystem services with fishery rents: A lumped-parameter approach to hypoxia in the Neuse Estuary. *Sustainability* 3: 2229–2267.

Stachowicz, J. J., J. F. Bruno, and J. E. Duffy. 2007. Understanding the effects of marine biodiversity on communities and ecosystems. *Annu. Rev. Ecol. Evol. Syst.* 38: 739–766.

Stål, J., S. Paulsen, L. Pihl, et al. 2008. Coastal habitat support to fish and fisheries in Sweden: Integrating ecosystem functions into fisheries management. *Ocean Coast Manage.* 51: 594–600.

Stedmand, S.- M. and T. E. Dahl. 2008. *Status and Trends of Wetlands in the Coastal Watersheds of the Eastern United States, 1998 to 2004.* Washington, DC: National Oceanic and Atmospheric Administration, National Marine Fisheries Service and U.S. Department of the Interior, Fish and Wildlife Service.

Swallow, S. K. 1994. Renewable and nonrenewable resource theory applied to coastal agriculture, forest, wetland and fishery linkages. *Mar. Resour. Econ.* 9: 291–310.

Tallis, H., S. E. Lester, M. Ruckelshaus, et al. 2012. New metrics for managing and sustaining the ocean's bounty. *Mar Policy.* 36: 303–306.

Tapsuwan, S. and J. Asafu-Adjaye. 2006. Estimating the economic benefit of SCUBA diving in the Similan Islands, Thailand. *Coast Manage.* 36: 431–442.

Tilman, D., C. L., Lehman, and K. T. Thompson. 1997. Plant diversity and ecosystem productivity: Theoretical considerations. *Proc. Natl. Acad. Sci. (USA)* 94: 1857–1861.

Tokrisna, R. 1998. The use of economic analysis in support of development and investment decision in Thai aquaculture: With particular reference to marine shrimp culture. A paper submitted to the Food and Agriculture Organization of the United Nations.

Tribbia, J. and S. C. Moser. 2008. More than information: What coastal managers need to plan for climate change. *Environ. Sci. Policy* 11: 315–328.

Turner, R. K., I. J. Bateman, S. Georgiou, et al. 2004. An ecological economics approach to the management of a multi-purpose coastal wetland. *Reg. Environ. Change* 4: 86–99.

Twilley, R. R. 2007. *Coastal Wetlands & Global Climate Change: Gulf Coast Wetland Sustainability in a Changing Climate.* Arlington, VA: Pew Center on Global Climate.

UMass Boston Planning Frameworks Team and Massachusetts Ocean Partnership. 2009. *Compatibility Determination: Considerations for Siting Coastal and Ocean Use.* Boston, MA. www.seaplan.org/ocean-planning/tools-to-inform-decision-making/useresource-compatibility-analysis/

resultslessons/, Accessed 11.16.12.

van der Meulen, F., T. W. M. Bakker, and J. A. Houston. 2004. The costs of our coasts: examples of dynamic dune management from Western Europe. In, *Coastal Dunes: Ecology and Conservation.* (M. L. Martinez and N. P. Psuty, eds.), pp. 259–277. Heidelberg, Germany: Springer–Verlag.

Wainger, L. and J. Boyd. 2009. Valuing ecosystem services. In, *Ecosystem-Based Management for the Oceans* (K. L. McLeod and H. M. Leslie, eds.), pp. 92–111. Washington, DC: Island Press.

Walmo, K. and S. Edwards. 2008. Estimating non-market values of marine protected areas: A latent class modeling approach. *Mar. Resour. Econ.* 23: 301–323.

WCA (West Coast Aquatic Management Board). 2011. WCVI Social Ecological Assessment. Port Alberni, Canada. westcoastaquatic.ca/social-ecological-assessment/.

White, A. T., H. P. Vogt, and T. Arin. 2000. Philippine coral reefs under threat: The economic losses caused by reef destruction. *Mar. Pollut. Bull.* 40: 598–605.

White, C., B. S. Halpern, and C. V. Kappel. 2012. Ecosystem service tradeoff analysis reveals the value of marine spatial planning for multiple ocean uses. *Proc. Natl. Acad. Sci. (USA)* doi: 10.1073/pnas.1114215109

Whitehead, J. C., C. F. Dumas, J. Herstine, et al. 2008. Valuing beach access and width with revealed and stated preference data. *Mar. Resour. Econ.* 23: 119–135.

Wilkinson, C., O. Linden, H. Cesar, et al. 1999. Ecological and socioeconomic impacts of 1998 coral mortality in the Indian Ocean: An ENSO impact and a warning of future change? *Ambio* 28: 188–196.

Wolanski, E. 2007. *Estuarine Ecohydrology.* Amsterdam, The Netherlands: Elsevier.

Wood, E. M. 1985. *Exploitation of coral reef fishes for the aquarium fish trade.* Rosson-Wye, UK: Marine Conservation Society.

Worm, B., E. B. Barbier, N. Beaumont, et al. 2006. Impacts of Biodiversity Loss on Ocean Ecosystem Services. *Science* 314: 787–790.

Ysebaert, T., S-L. Yang, L. Zhang, et al. 2011. Wave attenuation by two contrasting ecosystem engineering salt marsh macrophytes in the intertidal pioneer zone. *Wetlands* 31: 1043–1054.

Zeller, D., S. Booth, and D. Pauly. 2007. Fisheries contributions to the Gross Domestic Product: Underestimating small-scale fisheries in the Pacific. *Mar. Resour. Econ.* 21: 355–374.

Zhang, J. and M. D. Smith. 2011. Estimation of a generalized fishery model: A two-stage approach. *Review of Economics and Statistics* 93: 690–699.

第 19 章

气候变化与海洋生物群落

John F. Bruno、Christopher D. G. Harley 和 Michael T. Burrows

自《海洋群落生态学》（Marine Community Ecology）（Bertness et al.，2001）出版发行以来，海洋生态学领域最大的变化之一是对温室气体排放和人为气候变化将会影响海洋生态系统程度的日益重视。在该书中，少有章节提及海水变暖或海洋酸化，更没有提及气候变化。回顾过去，这的确是个巨大的疏忽，但也实属正常。在 15～20 年前，极少有人研究，甚至思考过全球变暖和气候变化（但不同看法参见 Glynn，1993；Bertness et al.，1999；Hoegh-Guldberg，1999），所以没有多少文献涉及这一话题。

现在已发生了根本性的变化。大量快速增加的文献研究了海洋在如何发生变化，以及这些变化（或预计将发生的变化）对海洋生物群落的影响。本章是对这些文献及其基础理论的一个综述。首先从描述什么是气候变化开始，以及温室气体排放造成海洋的物理和化学变化。然后回顾这些变化对生物个体、种群和群落的影响，讨论种群和物种对环境条件变化的响应，包括分布范围向高纬度转变、气候驯化、适应和灭绝等。最后，我们讨论了基于海洋的气候变化解决方案、气候变化对海洋生态系统服务的影响，并指出了一些未来的研究方向。

什么是气候变化？

大多数人一想到气候变化，就会想到温室效应和全球变暖。温室效应是一些气体引起的，这些气体"捕获"本应逃离到太空的红外辐射，从而加热大气圈。太阳辐射在抵达大气圈后约有一半会被反射回太空，或被云、气体和颗粒物（如烟尘污染）所吸收，剩下的一半则到达地球表面，被光合作用所利用，或融化冰雪和蒸发水汽，使陆地和大气底部受热。这种热量散发红外辐射，其中一部分被温室气体分子吸收，再辐射回地球表面，从而使陆地和大气进一步变暖。

尽管温室效应对地球上的生命来说不可或缺，如果没有温室效应，地球表面的温度将降至-18℃，但人类活动强化了这一自然过程，大气中的温室气体浓度增高使温室效应增加。造成人为气候变化的温室气体主要有两种：二氧化碳（CO_2）和甲烷（CH_4）。其他自然和人为温室气体包括水蒸气、一氧化二氮、臭氧和氯氟碳化物（chlorofluorocarbon，CFC）。

与甲烷相比，CO_2 是较弱的温室气体（以每分子计算），但其在大气中的浓度却是甲烷的 200 倍以上（截至 2013 年 6 月，大气中的 CO_2 浓度为 400ppm[*]，而甲烷是 1.8ppm）。由于 CO_2 浓度增加导致了近三分之二的人为变暖，从减排和避免灾难来说，它被视为最重要的温室气体。

在 2003～2008 年，大气中 CO_2 浓度以每年 1.9ppm 的速度递增（Le Quéré et al.，2012）。在过去 40 年里，

---

[*] 1ppm=$1×10^{-6}$，全书同

每十年的增长速度都在增加，例如，在 20 世纪 90 年代是 1.5ppm。最近的增长主要是中国和其他发展中国家的经济增长造成的，以及全球转向以煤炭作为能量的主要来源。预计到 21 世纪的后半叶，CO_2 浓度将达到工业革命前 278ppm 的两倍（IPCC，2007）。其所导致的全球平均地表变暖，也称为"平衡气候敏感度"（equilibrium climate sensitivity，ECS），"将会在 2～4.5℃，最佳估算值为 3℃"（IPCC，2007；参见 Knutti and Hegerl，2008）。平衡气候敏感度的不确定性主要是由于对地球气候系统的一些响应尚未有很好地理解（图 19.1）。

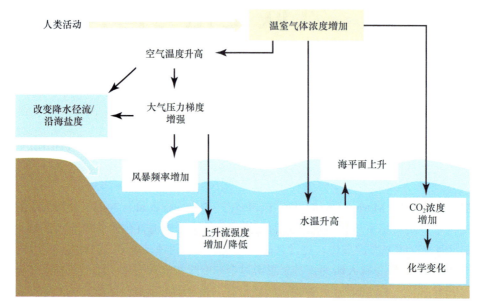

图 19.1　温室气体排放对海洋造成的一些重要的非生物变化（仿自 Harley et al.，2006）

气候变化对海洋物理和化学的影响

人为排放的温室气体正引起海洋的各种物理变化（图 19.1）。本节我们将主要讨论海水变暖和酸化，其他一系列变化的描述见专题 19.1。

专题 19.1　人为温室气体排放对海洋造成的其他化学和物理变化

紫外线辐射增强：历史上排放的氯氟碳化物（CFCs）使大气圈的臭氧层衰竭，造成海洋表面紫外线辐射（UVB）增强，特别是在南半球。紫外线辐射小幅度的增强就会极大地降低幼体及其他对此敏感的海洋生物的存活率（Llabrés et al., 2013）。

海平面上升：温室气体排放正通过热膨胀（当水温高于 4℃，受热使其体积增大）和冰川融化造成海平面的上升（图 A）。在人类活动增加大气层中温室气体浓度之前，全球海平面在几千年来都保持基本稳定（Gehrels et al., 2006）。现在，海平面正在不断上升，而且其速度正在不断加快（Church et al., 2008）。由于地质动力学和海洋表面风的模式，海平面上升在时空上都是高度变化的（Nicholls and Cazenave, 2010）。海平面上升会威胁沿海生态系统，如珊瑚礁、盐沼和红树林等，它们在受到其他威胁的同时，还需要加速向陆地迁移。

盐度：甚至海水表面盐度也因大气变暖导致的全球水循环增强而发生变化（Durack et al., 2012）。在开阔的大洋，预计受降水控制而盐度较低的海水其盐度会更低，反过来，以蒸发为主的海域，其盐度将更高。在河口，由于降水和流域冰雪融化时间和规模的改变，盐度的分布可能会发生剧烈的变化。盐度梯度的变化还有可能改变大尺度的大洋环流。

风、浪和风暴：气候变化以复杂的方式影响着风，以及与其相伴的破坏性波浪。由于地球不同部分受热的速率不同，产生风的大气压梯度也在不断变化。在温带，浮标数据显示，波高在有些地方增加，而在有些地方降低（Gemmrich et al., 2011）；而气候模型则显示，波高未来的变化在空间和季节上也有所不

图 A　23 个地质稳定、具有长期记录的验潮站的海平面变化。粗黑线是仪器记录的三年移动平均值（数据来自英国利物浦的平均海平面永久性服务中心）。与之对比的是红线，代表近来由 TOPEX/Poseidon 卫星获取的年平均卫星测高数据（数据引自 Nerem et al.，2010）

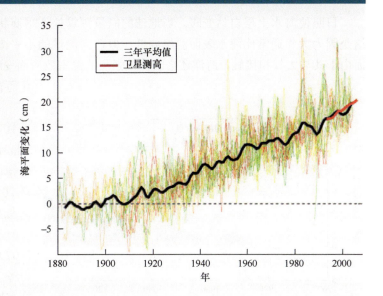

同（Zacharioudaki et al.，2011）。这些研究的发现还得到卫星高度计测量结果（Young et al.，2011）和当地验潮仪数据（Bromirski et al.，2003）的支持。尽管发生气旋的总频率将下降，但预计热带气旋的平均强度和极强气旋的频率将增加（Emanuel，2005）。风的模式改变也意味着表面洋流、上升流、温度和营养物质层化的改变等。

　　沿海上升流的变化：一系列气候变化的结果还会影响沿海上升流的强度和时间，如海岸带风模式的变化（Bakun，1990；Bakun et al.，2010）。例如，自 2005 年以来，美国俄勒冈州沿海经历了显著增强的上升流（Chan et al.，2008）。这导致了沿大陆架的缺氧，造成沿海大量鱼蟹的死亡。相比之下，秘鲁沿海的上升流将减弱（Bakun et al.，2010），从而降低沿海的生产力，给秘鲁重要的凤尾鱼产业带来负面效应。

　　氧浓度降低：由于溶解度随温度变化，海水温度越高，含氧量越低。海水中溶解氧浓度的降低对许多动物都会造成明显的负面后果。近来的研究证明，许多地方的氧浓度都有所下降（Stramma et al.，2010）。上升流加强也会形成低氧条件。

　　海冰融化：北极是海洋发生变化最剧烈的区域之一。北极地区的快速变暖（全球平均的 3 倍），正导致海冰快速融化，包括季节范围、年龄和深度的降低（图 B），使北极生态系统发生了巨大变化（Duarte et al.，2012）。

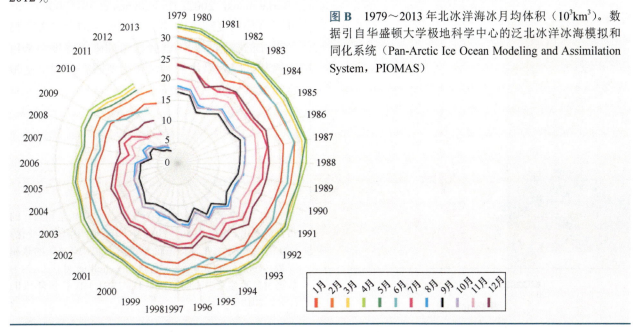

图 B　1979～2013 年北冰洋海冰月均体积（$10^3 km^3$）。数据引自华盛顿大学极地科学中心的泛北冰洋冰海模拟和同化系统（Pan-Arctic Ice Ocean Modeling and Assimilation System，PIOMAS）

海水变暖

日照使海水上层自然变暖。当地球的能量预算处于平衡状态，这些热量最终将通过热对流返回大气，这是因为大气通常比海水表面温度要低。但任何能量的不平衡会导致海洋或者获得热量，或者散失热量。而由于其与大气相接触，海洋还会因异常强烈的温室效应而变暖。事实上，约 84% 的多余热量通过气候变化而存留在海洋中（Levitus，2005）。

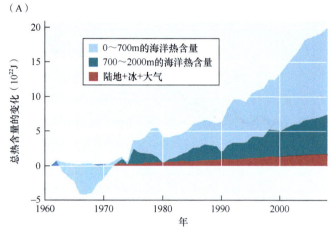

（A）

海水变暖至少从 20 世纪 80 年代就已开始，而且在所有深度都有发生（图 19.2A；Purkey and Johnson，2010；Levitus et al.，2012）。表层海水获得的热量通过垂直环流传递到深海。据估算，自 20 世纪 60 年代以来，海洋表层 700m 以上水深处的平均升温速率为 0.1℃/10 年（Casey and Cornillon，2001；Burrows et al.，2011；IPCC，2007），而深海（700～2000m）的升温速率则低得多（Purkey and Johnson，2010）。但是，全球平均数据掩盖了区域和年份之间的巨大差异。例如，北极地区的变暖幅度更大，而一些北美洲西海岸的上升流区，温度甚至有所降低（图 19.2B）。在深海也发现了相同的斑块分布的温度变化。例如，南大洋深海升温相对较快，大约是 0.03℃/10 年（Purkey and Johnson，2010）。

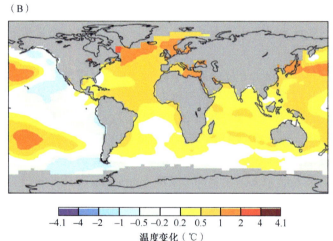

（B）

长期趋势的变异性是温室气体排放改变海洋物理和化学特性方式的一个最基本特征。即使在一个相对很小的空间尺度上（以海洋学为标准），斑块分布也是再显然不过的（图 19.2C）。例如，造成珊瑚白化的异常高温的平均范围仅有 50km^2（Selig et al.，2010）。这会导致邻近的珊瑚礁之间在历史温度格局、异常事件的频率和严重程度，以及生物对其响应等方面存在惊人的差异（Berkelmans，2002；Berkelmans et al.，2004）。此外，这种粒度细小的热点并非稳定的，如果它们与以往的猜测不同，就会给珊瑚礁的管理带来巨大挑战，因为以往的看法认为变暖在空间上是恒定和可预测的。

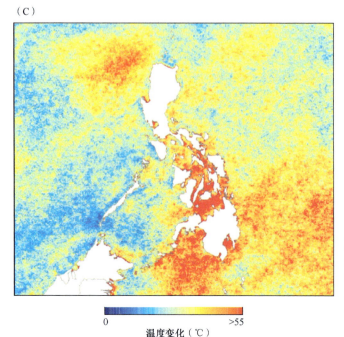

（C）

图 19.2   温度气体排放引起的变化。（A）陆地和海洋的热含量变化。（B）1980～2011 年，年均海表温度的变化。（C）印度—西太平洋区海面温度异常值大于 1℃ 的累积周数（1985～2005 年）（A 仿自 Nuccitelli et al.，2012；B 数据引自哈德莱中心的数据集 Had1SST 1.1；C 仿自 Selig et al.，2010）

海洋酸化

自从工业革命以来，约有 25% 排放的 CO_2 溶解在海水之中。当 CO_2 被海洋吸收后，它与水结合，形成碳酸（H_2CO_3），然后分解成碳酸氢根（HCO_3^-）和氢离子（H^+）。一些释放出来的氢离子与碳酸根（CO_3^{2-}）进一步相互作用，产生更多的碳酸氢根。剩余的氢离子留在溶液中，造成海水的 pH 降低（Orr et al., 2005）。这一过程被称为"海洋酸化"（ocean acidification, OA），尽管从理论上来说，海水并非真的成为酸性（pH 小于 7）。表层海水的 pH 平均值从 1750 年的 8.2，到 2000 年已下降到 8.1（Doney et al., 2009b），酸度增加了 30%。如海水变暖一样，碳酸根离子浓度和 pH 因酸化而降低的程度在空间上也存在很大差异（图 19.3）。

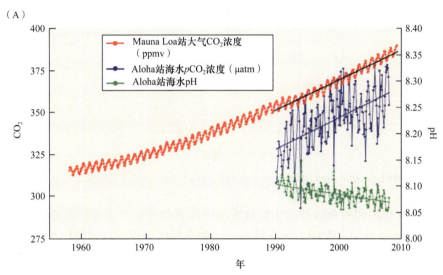

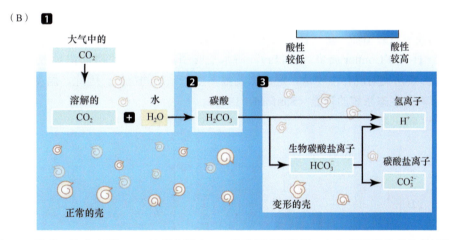

图 19.3 （A）大气 CO_2 浓度、海水表面 $p$$CO_2$ 浓度和海水 pH 的时间序列数据。（B）海洋酸化的化学过程（A 仿自 Doney et al., 2009a）

气候变化的生态影响

海水变暖对生物个体的影响：生态生理学

通过对生物化学反应速率的控制，温度能够直接影响生物的生理和性能。温度能够决定扩散速率和酶运动性，进而控制酶驱动的生物活动的反应速率。一般来说，温度升高会增加酶和底物分子接触和结合的速率，从而提高酶催化反应的速率。然而，当温度过高时，酶自身受损，反应速率下降。因此，酶活性的

---

* 1atm=1.013 25×10⁵Pa，全书同

热响应曲线是一个单峰函数，从较低温度开始，反应速率加快，直至一个最优温度，然后开始加速下跌。由于受到这些基本的生物化学约束，代谢率与温度之间存在着相似的关系（图19.4）。对海洋外温动物来说，如无脊椎动物和大多数鱼类，水温上升，在到达最优温度之前，意味着更高的代谢速率、更高的能量需求，以及各种其他生活史的变化（Kordas et al.，2011）。

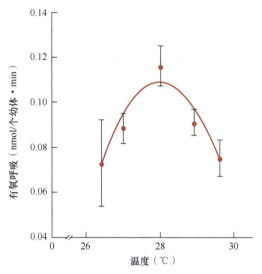

图19.4 温度对鹿角杯形珊瑚（*Pocillopora damicornis*）幼体代谢的影响，以幼体的呼吸衡量（仿自 Edmunds et al.，2011）

如新陈代谢、光合作用和寿命等基础生物过程的温度依赖性在"生态学代谢理论"（metabolic theory of ecology，MTE）（Brown et al.，2004）下正式统一。生态学代谢理论以生物物理原理为基础，可用于预测生物活动如何随体重和温度而发生变化。生态学代谢理论还可用于预测和理解自然的温度时空变化以及人为全球变暖的主要和次要影响（O'Connor et al.，2011b）。例如，在加拉帕戈斯群岛潮下带浅礁生活着一种常见的食草类动物——绿海胆（*Lytechinus semituberculatus*），如果水温从14℃上升到28℃，*Lytechinus semituberculatus* 的需氧量会增加一倍（图19.5A），而那里的水温在季节和年份之间确会发生如此大的波动。正如理论预测的一样（O'Connor et al.，2011a），海水变暖引起的新陈代谢加快导致海胆植食率增加四倍（图19.5B），从而影响藻类的现存生物量，进而影响很多生态系统的特征。因此，温度不仅影响生物个体的新陈代谢，也会影响其生态系统的功能（Sanford，1999）。

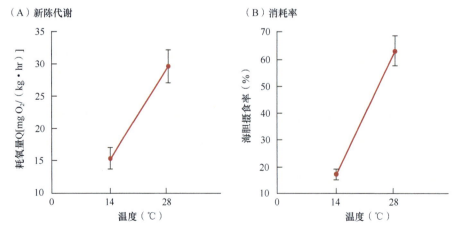

图19.5 温度对（A）以海胆耗氧量衡量的绿海胆（*Lytechinus semituberculatus*）代谢，和（B）海胆对绿藻（*Ulva* sp.）消耗率（湿生物量减少的百分比）的影响。在实验室的中型实验生态系进行，数值为平均值±SE（仿自 Carr and Bruno，2013）

海水变暖对种群的影响

温度还对一些种群水平上的过程有一些不是特别直观，但仍可预测的作用（Kordas et al.，2011）。例如，种群增长率对温度的响应，正如酶活性和个体生长对温度的响应一样，呈单峰趋势（图 19.4）。通过改变个体的适合度、生殖量和世代时间，温度在种群从干扰中快速恢复以及种群适应环境变化的速率方面发挥重要作用。

温度在扩散动力学中也起重要作用。与生活史其他阶段的过程一样，酶活性的温度依赖性严重影响海洋无脊椎动物幼体的发育速率（O'Connor et al.，2007）。这反过来又会极大地决定浮游幼体期（pelagic larval duration，简称"PLD"；见第 4 章），而这会影响幼体的扩散距离（其他条件都保持不变）、存活率，甚至是种群的连通度（Shanks，2009）。因此，与较低水温的同属生物相比，在温暖的水域，海洋生物的幼体发育更快，浮游幼体期会缩短，扩散距离变小（O'Connor et al.，2007）。这些差异会对分布范围限制施加重要的控制作用（见第 7 章）。

衡量或估算温度对种群层次过程的影响有三种基本方法：①实验，也是目前为止最简单、最常用的方法；②使用实验结果、实地数据调参得到的模型，或是基于机理的方法，如 MTE；③将种群波动（如下降）与温度的时空变化相关联的实地数据。其中第三种方法利用实地的温度变化来进行野外实验，尽管这种方法受到混杂因素的影响而不够完美，但仍然非常实用，因为在海洋如此之大的空间尺度上对温度要素进行操控，几乎是不可能的。实验当然会有更加清晰的结果，但对许多物种来说，无法直接测量其种群的响应。要检验人为海水变暖对种群的影响，则更具难度，一般需要时间序列数据——通常是几十年的种群（如大小结构或密度等）和水温数据。

Peter J. Edmunds 对珊瑚幼体做了大量研究工作，从细胞的代谢到个体的性能，再到种群和群落动态，这是温度多尺度效应的一个很好的例子，也是为数不多的将实地数据、实验和模型相结合以研究温度对种群影响的研究计划之一。Edmunds 等的研究结果显示，在室内实验中，温度会影响珊瑚幼虫的呼吸（Edmunds et al.，2011）、生长（Edmunds，2005）和存活（Cumbo et al.，2013），其响应关系一般呈抛物线，并在 28℃ 达到峰值（图 19.4）。长期野外研究（Edmunds，2004，2007）发现，海水变暖的程度已超过 28℃ 这一阈值，并与珊瑚幼虫的生长和存活率下降有关（图 19.6）。

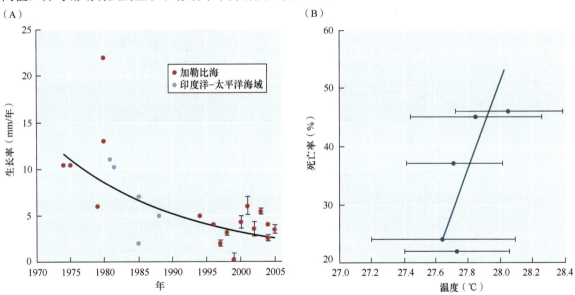

图 19.6　温度对珊瑚幼体的影响。（A）两个地区珊瑚幼体生长速率随时间的变化。（B）珊瑚幼体死亡率与温度的关系（仿自 Edmunds，2004，2007）

海洋酸化对个体和种群的影响

过去十年是人类对海洋酸化对海洋生物群落产生威胁日益了解和重视的十年。目前，关于海洋酸化的研究文献包含数百个通过实验检验海洋酸化对一系列海洋生物和变量影响的研究。对这些研究的元分析得出了结论，海洋酸化"对存活、钙化、生长发育和丰度具有重要的负面作用（图 19.7）。总的来说，存活和钙化是受酸化后最为严重的响应，在模拟的大约代表 2100 年的场景下，二者都降低了 27%；而生长和发育则分别下降了约 11% 和 19%"（Kroeker et al.，2013）。此外，尽管海洋酸化对很多生物造成负面影响，但有些物种却能从中受益，如某种海星（Gooding et al.，2009）和一些颗石藻（Iglesias Rodriguez et al.，2008）。这些研究结果表明，海洋酸化对生物个体、种群和群落可能具有重大影响，尽管并非如之前假设的那样均质性和灾难性。

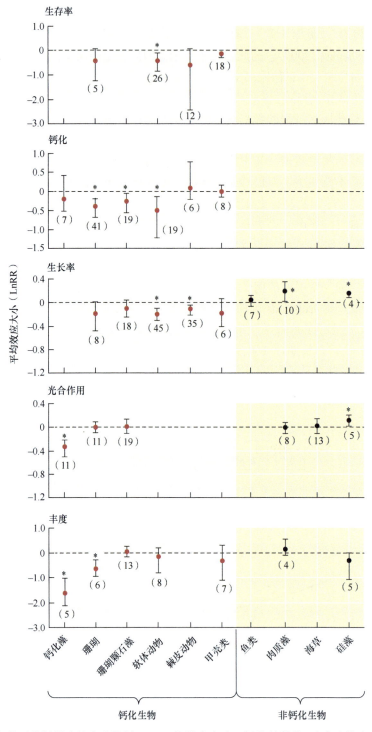

图 19.7　不同类群和反应的元分析得出的实验降低 pH 0.5 的效应大小。标绘的数值–响应率的自然对数（natural logarithm of response ratio，LnRR）是加权随机效应模型得出的平均值及 95% 自举偏差校正置信区间。括号内的数字表示用于计算平均值的实验数量。星号（*）表示与 0 显著不同（仿自 Kroeker et al.，2013）

在海洋酸化可能影响的许多生态过程中，对机理研究较为透彻的是海洋酸化会如何影响钙化以及失去如牡蛎和珊瑚等钙化基础种的生态影响，对这一机理的研究主要侧重于钙化过程。海洋酸化造成可用碳酸盐减少，会直接影响使用碳酸钙来生成其外壳和骨骼的生物。事实上，许多室内实验都证明，碳酸根离子的浓度会影响一些类群的钙化速率或骨骼生长，包括单细胞藻类、壳状珊瑚藻类、甲壳类、珊瑚、软体动物和棘皮动物等（Kroeker et al.，2013）。该研究最令人惊讶的一个发现是对 pH 降低响应的高度差异性——无论是物种之间，还是更高层次的类群、生活史，甚至同一种群的个体之间也会存在显著差异。Ries 等（2009）基于假定的不同生物在钙化表面保护其外壳和调节局部 pH 的能力，量化了对实验酸化的不同功能响应，如正面的、负面的、线性的和单峰的。例如，造礁珊瑚对 pH 具有很强的缓冲能力，在外部（环境海水中）碳酸根离子浓度降低的情况下，仍能维持钙化（McCulloch et al.，2012）。在钙化点上，能够将 pH 提高 0.6，但这种能力因物种而异，而且并非所有分类群中都具有这种能力（McCulloch et al.，2012）。

还有研究表明，当碳酸根离子浓度降低时，珊瑚能够利用碳酸氢根离子（其浓度随海洋酸化而提高）进行钙化（Comeau et al.，2012）。采用这种和其他适应机制应对 pH 变化的能力差异解释了海洋酸化对珊瑚钙化的影响为什么会小于预测，以及一些珊瑚物种对海洋酸化实验响应存在差异（Edmunds et al.，2012）。事实上，海洋酸化实验对一些珊瑚，如大量太平洋滨珊瑚属（*Porites*）物种，并没有可测量的影响（Edmunds et al.，2012），但却会极大降低其他一些物种的钙化水平，例如火焰滨珊瑚（*Porites rus*）（Edmunds et al.，2012）。对海洋酸化、温度及其他应激源的响应，甚至在同一个属内的珊瑚也存在差异，突出了这样一个事实——气候变化的影响远远不止是谁胜出谁负出的问题（Loya et al.，2001），而是会改变物种构成和群落功能，尽管群落并未完全消失（见"气候变化在群落水平上的影响"小节）。值得一提的是，尽管这种差异惊人，但它可能不是唯一的：生物个体和种群对许多其他气候变化相关要素的响应都是有差异的，一点不比对海洋酸化的响应差异更小。

一个造礁珊瑚对酸化实验响应的元分析认为（Chan and Connelly，2013），"如果一切照旧，到 21 世纪末，珊瑚钙化将减少约 22%"。这一结论与 Kroeker 等（2013）的研究结果相类似，但与 Edmunds 等（2012）的相反，后者没有发现海水 pH 与珊瑚钙化之间普遍关系的证据。不幸的是，这种结果和解释的差异代表了海洋酸化实验综合研究的特征（见 Hendriks et al.，2010 与 Kroeker，2010），这使决策者和非专业人士手足无措，无法准确获得简单而重要的信息。

海洋酸化实验在另一方面也模棱两可——海洋酸化是否与其他应激源产生相加作用还是会产生协同作用，特别是海水变暖？Kroeker 等（2013）发现，对一些类群来说，这两个应激源会产生相互作用，但没有普遍的协同作用。不同生活史阶段的相对敏感性也有很大不确定性：对某些类群来说，在幼体早期阶段，钙化和存活率对海洋酸化更为敏感，如珊瑚和软体动物（Doropoulos et al.，2012；Talmage，2012），但对其他类群来说，如棘皮动物和甲壳类，并不普遍（Kroeker et al.，2013）。有趣的是，海洋酸化通过多种相互独立的生态机制影响着幼体定植和补充。例如 Doropoulos 等（2012）发现，海洋酸化会影响珊瑚的定植，通过减少壳状珊瑚藻物种的覆盖度，以及通过改变定植行为和珊瑚幼体对定植基底的选择，能够促进珊瑚的定植。近来还有研究关注海洋酸化对幼体的"存留"效应。例如，海洋酸化对太平洋地区奥林匹亚牡蛎（*Ostrea lurida*）幼体的负面影响就具有存留效应，在 pH 恢复到正常水平后很久依然会影响定植的幼体（Hettinger et al.，2012）。这一研究突出了，即便幼体早期仅在短期内暴露于低 pH 下，依然会有持久的影响。

对该领域总体情况来说，非常重要的一点是，极少有酸化实验测量对繁殖、总体适合度的影响，或对其他应激源的敏感性（多因素析因分析），或者尝试将结果置于生态意义的背景之中。因此，我们很有可能会高估或低估海洋酸化的潜在影响。事实上，我们对酸化的影响是否会尺度上升到种群动态一无所知。换句话说，目前为止，我们尚不清楚钙化降低 25% 对种群水平的影响是什么（Hendriks and Duarte，2010）。

我们对钙化机制在低 pH 环境中的能量成本也不了解，尽管理论研究认为，这种成本极小（McCulloch et al.，2012）。值得注意的是，即便一个物种的某个应变量对海洋酸化没有响应，其他应变量仍可能会出现很大的响应。例如，尽管海洋酸化对大多数滨珊瑚属物种的钙化没有影响，但会降低其呼吸和光化学效率（Edmunds，2012）。最后，无论是海水 pH 自然变化的模式，还是碳排放所导致的变化，都几乎没有任何实地数据，这极大地阻碍了海洋酸化研究领域的进展。近来出现的新仪器（Hofmann et al.，2011），使得在精细尺度上进行长期野外观测成为可能，揭示了 pH 令人惊讶的巨大变化范围（图 19.8）。这种 pH 跨越时空的变化可用于室内实验的调参，以及自然野外的实验处理，以更好地了解生物对其的响应，包括对海洋酸化的气候驯化。这一快速发展领域尚有许多空白亟待填补，对海水酸化机制的理解无疑是其中之一。

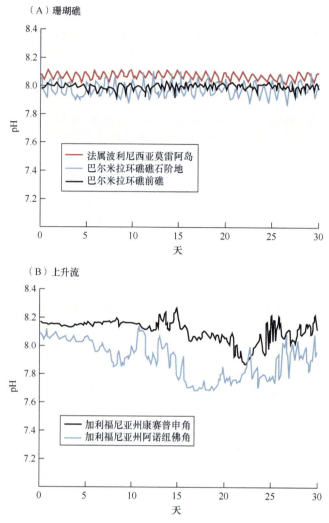

图 19.8 两个海洋生境中 30 天内 pH 的自然变化（仿自 Hofmann et al.，2011）

地理分布范围及物候的变化

种群和物种对海水变暖的一个共同反应是其地理分布范围的变化，以保持其最优温度环境不变。尽管温度对生物个体的影响非常复杂，但通常来说，物种无法在其生理耐受性所决定的温度范围之外生存。在很多时候，气候变化使某个物种的全球种群的一部分处于其耐受区间之外，并给另一部分提供新的能够生活的场所，最终导致了该物种基础生态位所对应的地理位置的变化。

除了少数深海生物，能够在全球分布的海洋生物很少。在热带生活的物种通常很少会在两极出现，反之亦然。只有那些能够控制其体内温度的动物除外，如海洋哺乳动物和鸟类等。其中一些生物能够在非常长的季节性迁徙中展现出极强的热耐受性。北极燕鸥（*Sterna paradisaea*）每年都在北极和南极之间往返，在 40 天内行程约达 24 000km（Egevang et al.，2010）。而北露脊鲸（*Eubalaena glacialis*）和南露脊鲸（*Eubalaena australis*）则于夏天在极地觅食，冬季迁徙到热带附近区域。

对分布范围与物候的预测变化　使用"气候包络模型"（climate envelope model，CEM）对物种分布变化进行预测已有十余年，从物种丰度和气候变化变量之间能够得到统计关系，通常是年均温度。这种模型对驱动二者之间关系的过程没有提出前提假设（Hijmans and Graham，2006）。因此，限制气候包络模型精度和应用的一个缺陷（Davis et al.，1998）在于，模型中没有考虑能够强烈影响物种分布的生态过程，如物种间相互作用和扩散限制等。

气候包络模型主要用于预测过去和将来的变化，即过去的分布变化是否与气候变化或短期波动相一致，以及未来会发生什么变化。这些模型还可以用于检验现在或过去的分布是否与气候相匹配，如果预测不一致，说明可能存在着限制传播的生物地理屏障，或是潜在的物种间相互作用。气候包络模型还可以作为零模型来对比观察到的突变，甚至可以识别出"比气候变化还快"的突变，虽然这明显违背预期，但说明可能存在其他原因，如罕见的长距离扩散事件，例如在斯瓦尔巴特群岛，贻贝在消失 500 年之后突然再次出现（Berge et al.，2005）。

　　通过在区域尺度或全球尺度下结合多个气候包络模型，能够推断在未来气候场景下生物多样性的变化格局。Pereira 等（2010）使用这种方法估算了在 IPCC 的 A1B 场景下，即到 2100 年 CO_2 浓度达到 650ppm，大部分大洋鱼类分布向两极移动的速度可超过 60km/10 年，而底栖鱼类的速度约为 40km/10 年。

　　如果考虑以扩散和定植为主的生态过程，以及丰度与气候之间的基本联系，就可以对物种分布未来的突变做更好预测。随着全球生物多样性信息目录的建立，如海洋生物多样性信息系统（Ocean Biodiversity Information System，简称 "OBIS"），以及物种生态信息的收集，如世界鱼库（FishBase, www.fishbase.org），可以为数百种生物开发更为真实的模型。例如，Cheung 等（2009）使用该方法预测了商业开发利用鱼类的分布范围变化。他们的方法中包括了控制扩散和种群生长率的过程假设。该模型将全球海洋划分为0.5 度大小的栅格，共计约 175 000 个栅格。每个栅格中的种群动态由栅格内种群内禀生长率以及从周边区域迁入的鱼类（无论幼体或成体）控制，而栅格的负载力则由生境的可持续性决定，可由丰度和气候变量的统计关系求出。

　　其他模型，有的对生理学有更详细的考虑（Hijmans and Graham，2006），有的则模拟了整个生命体的内部能量学。如果和生态系统模型相结合，它们能够有效地预测从 20 世纪 80 年代到 21 世纪初，北海南部鲽鱼幼体向海变化和向更深处分布（Teal et al.，2012）。这些方法有助于应对气候变化的管理决策，但通常不具备普遍适用性。

　　由于所有分布变化的预测都基于所观测到的或预测的气候变化，因此只要简单地以与生物相关的方式去研究气候突变的变化，就能从中了解很多。其中一个指标就是气候变化速率（velocity of climate change）（Loarie et al.，2009）。在地球的任何地点，它是指气候变量长期趋势与局部空间梯度的比例，而其方向就是局部梯度的方向（图 19.9A 和 19.9B）。以温度为例，气候变化速率代表了等温线移动的速度和方向。气候

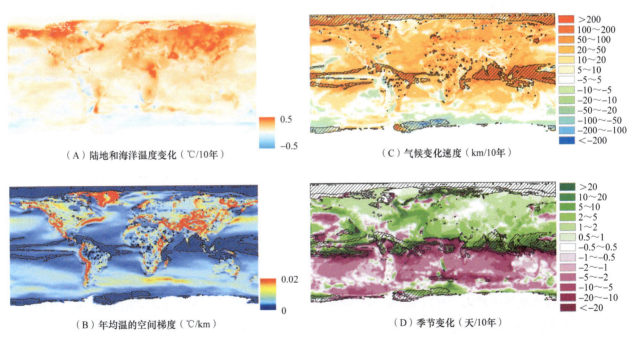

（A）陆地和海洋温度变化（℃/10年）　（B）年均温的空间梯度（℃/km）　（C）气候变化速度（km/10年）　（D）季节变化（天/10年）

图 19.9　气候变化速率。（A）1960～2009 年陆地和海洋温度的趋势（℃/10 年）。（B）年均温的空间梯度（℃/km），阴影部分是空间梯度较缓的区域（＜0.1℃/100km）。（C）气候变化速率（km/10 年）是指等温线移动的速度，正值表示变暖的区域，负值表示变冷的区域，通常在空间梯度较缓的区域变化更快。（D）季节性变化（天数/10 年）是指月温度时间的变化，图中显示的是 4 月份，代表北半球的春季和南半球的秋季。其值为正表示时间提前，为负则表示时间推迟，阴影部分显示了较小的季节温度变化（＜0.2℃/月），而季节性变化可能很大（仿自 Burrows et al.，2011）

变化速率在海洋中变化差异很大（图 19.9C），在温度快速变化或温度空间梯度较缓的区域，或是二者兼有的地区，会发生快速突变（如在北海大于 100km/10 年）（Burrows et al.，2011）；而在变暖较慢，或空间梯度非常陡的地区，转变较为缓慢，如同主要洋流之间的界线，例如在温暖的墨西哥洋流和寒冷的拉布拉多洋流之间。在温度梯度较陡的地方，种群不需要移动很远才能继续保持在相同的温度环境之中。当温度的长期趋势是变冷的时候，会发生负向的转变（向温暖区域迁徙）。如在南大洋，从 1960～2009 年，可能是风驱动表层水混合的增强导致。据估计，海洋表层气候变化速率的中位数在此期间为 21.7km/10 年（Burrows et al.，2011），但这一数值不代表全球范围的气候变化值。在赤道，气候变化速率远远高于此数值，在北纬 5° 到南纬 5° 之间，大于 100km/10 年，但在南纬 30° 以南，变化速率较低。

温度季节模式的变化会影响季节性事件发生的时间，即物候。由于气候变暖，春天会来得更早，而秋天到得更晚。类似于量化气候变化速率的方法可用于计算季节性温度变化的预期速率，也称"季节性气候变动"，即指定月份或季节的温度长期变化趋势与季节变化速率的比例（图 19.9D）。

观测到的地理分布范围与物候变化　自 20 世纪 90 年代以来，已有大量研究表明，海洋生物地理分布范围的变化通常归咎于气候变化。Sorte 等（2010）的研究综述中得到的分布范围平均变化速率为 190km/10 年，远远高于气候变化速率的中位数——21.7km/10 年。造成这种差异的原因之一是，平均值受到少数几个极高值的强烈影响，例如金海龙（*Entelurus aequoreus*）在北海北部和挪威海向极地快速扩张（Harris et al.，2007），速率相当于 1650km/10 年，而美洲大赤鱿（*Dosidicus gigas*）曾只分布在中美洲，到 2004 年却出现在美国加利福尼亚州沿海，速率接近 2000km/10 年。还有一个造成高于预期分布平均变化率的原因是，研究文献中只报道了那些阳性或显著的突变，即发表偏倚（publication bias）。对科研界来说，物种分布没有发生突变算不上新闻，因此也不会被报道。

尽管如此，这种变化主要与物种自身的生态特征有关。通过对已发表的分布突变进行元分析，Poloczanska 等（2013）发现，不同类群之间的分布变化速率存在显著差异（图 19.10）。浮游植物和浮游动物的变化最快，分别为 400km/10 年和 100km/10 年。浮游植物通常广泛分布在洋流中，且生命周期很短，因此，它们的分布对气候变化的响应尤为迅速。

北大西洋东北部的哲水蚤桡足类是浮游动物分布急剧快速变化的最佳例子之一（Beaugrand et al.，2009）。在 1960～2000 年，这些物种整体向北极移动了 1100km，平均速率约为 280km/10 年。对浮游植物来说，更为惊人的变化是，由于北冰洋冰盖的迅速消退，自 2000 年以来，原本分布在北太平洋的塞米新细齿藻（*Neodenticula seminae*）出现在北大西洋（Reid et al.，2007）。这可能是第一个被发现的跨越北极的迁徙，尽管与其他的极向转变不同，它代表了自 250 万年前最后一系列冰期以来，北半球温带海域就再未曾出现过的某种联系（Vermeij，1991；Vermeij and Roopnarine，2008）。

与气候相关的海洋物候变化鲜有报道，主要是因为要确定事件时间所需的采样努力强度，更不用说要维持足够长时间的持续采样，以检测气候相关的效应。不过，还是有一些关注浮游植物的研究，例如全球浮游生物连续记录调查计划（Continuous Plankton Recorder survey）。自 20 世纪 30 年代以来，这种定期、自动的采样系统就在大西洋东北部航行的"发现者号"上得到使用。从 1960～2000 年，许多浮游物种的丰度峰值都开始提前（Edwards and Richardson，2004）。例如，阶段浮游生物（底栖生物的暂时性浮游生活阶段）转变到早春，将 1958 年和 2002 年的记录对比，棘皮动物的幼虫峰值提前了 47 天，平均每十年提前约 10 天。与此同时，沟鞭藻类在夏季也出现相似的变化，角藻类的丰度峰值提前了 27 天。其他类型的浮游生物则没有明显的变化。海鸟是被广泛研究的生物，其繁殖和迁徙时间也受到了特别的关注。对海鸟来说，变化的方向并不总与预期相一致，在显著变暖的区域，繁殖提前与推后得一样多（见图 19.10）。

预测与经验观察的对比　在陆地上，虽然随海拔升高温度降低的幅度小于预期，但物种分布的纬度变化与同时期平均温度的纬度变化很好地对应（Chen et al.，2011）；而在海洋中，尽管气候变化速率较大的地方发生了更多的分布范围快速变化，这种物种分布变化速率与气候条件变化之间的一致性则较弱（Poloczanska et al.，2013）。浮游植物和浮游动物的地理范围变化速率要比预期的更快，这说明其中存在其他的原因，例如长距离扩散事件或对种群大小的外部控制作用的减弱。大部分（68%）变化都低于根据气候变化估算出的速率。造成这种对应关系不一致的原因有很多，如扩散有限、未能在新的适宜环境成功定

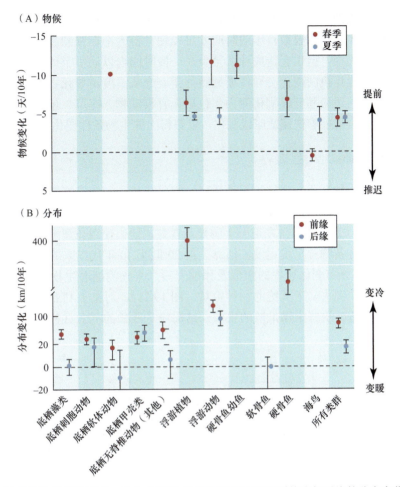

图 19.10　（A）春季和夏季的物候变化速率。（B）海洋生物类群在其分布范围前缘与后缘的分布变化速率（km/10 年）。物候的负变化与变暖一致（通常更早），分布的正变化也与变暖一致（通常极向移动进入之前较冷的水域）。图中所示数值为平均值±SE（仿自 Poloczanska et al.，2013）

植、生物地理边界对移动的屏障、在新的气候空间缺少适宜生境，以及观测者未能观察到相互匹配的变化等。最后，物种可能在其现有分布范围内适应了新的温度环境。如果一个物种没有发生预期的分布变化，可以用"气候债务"来表示，即预期变化与实际变化之间的距离，例如在欧洲的蝴蝶和鸟类上发现的证据（Devictor et al.，2012），而这种物种响应的累积延迟，一定会在未来得到补偿。

种群和物种水平上的影响：适应与气候驯化

在过去十年里，研究自然选择所导致的生理上的气候驯化和适应，已成为海洋气候变化生态学的一个重要主题。我们知道，物种对非生物变化的耐受性不尽相同。尽管变化的环境条件通过生物的生理可塑性或遗传变异使自然选择成为可能，但这一现象通常被视为种群持续存在的遗传潜力（Sunday et al.，2011）。

为数不多的适应全球变化的实例来自颗石藻中的赫氏艾密里藻（*Emiliania huxleyi*；Lohbeck et al.，2012）。在为期一年的实验中，CO_2 浓度高的实验组种群生长和钙化都快于控制组的种群，尽管二者都处于酸化条件下。对这个物种来说，12 个月代表了 500 个世代，因此它没有发生适应反而令人奇怪。对寿命较长的生物来说，500 个世代相当于几百年到几千年，因此快速适应是不太可能的，但只要有足够的先存遗传变异，自然选择就依然会发生（Sunday et al.，2011）。

存在种群之内的热耐受性差异表明，自然选择驱动着热适应，尽管热耐受性的演化不足以快到将隔离种群从快速变化中拯救出来（Kelly et al.，2011）。例如，珊瑚在无性系之间和种群之间都表现出明显的热敏感度差异（Berkelmans and Willis，1999；Berkelmans，2002），并且都能对自然和实验变暖做出生理适应（Maynard et al.，2008；Oliver and Palumbi，2011）。这些研究表明，生物对海水变暖具有一定的抗性。然而，这一响应有限，远远低于预期的变暖水平。此外，许多珊瑚物种的世代时间约为数十年，这意味着即便出现足够的高温耐受性的个体，也需要数百年的时间才足以使种群大小在强烈选择之后得以恢复。即便这种适应演化足以阻止种群的灭绝，但也会造成种群至少在一段时间内以幼小个体为主，使珊瑚的生态功能受损。温度持续升高造成的选择机制变化会导致珊瑚礁处于一个从温度诱导死亡中恢复的常态。尽管大量证据表明许多物种具有潜在的适应和气候驯化能力，包括无脊椎动物、海草、鱼类和浮游植物等，关键问题在于：（如果有的话）哪些类群能够快速适应或驯化，以跟得上非生物条件变化的脚步？

种群和物种水平上的影响：灭绝

面对气候变化，无数的种群和一些物种无法适应、驯化或移动，最终将灭绝，其数量主要取决于海水变暖和海洋酸化的速度和程度。令人惊讶的是，很少有研究尝试模拟哪些海洋种群和物种，在何时、何地会发生灭绝？ Wernberg 等（2011）的研究是一个例外，首先，他们使用在澳大利亚西海岸和东海岸广泛收集的大型藻类标本中的 2 万条物种出现记录，估算了自 20 世纪 40 年代以来的分布变化速率（基本都是向南）；然后使用地理分布、分布变化速率的中值及预期变暖，来预测随着生物适应的热包络南移并远离适宜的沿海生境，可能在大洋洲大陆上灭绝的物种数量（图 19.11）。对澳大利亚来说，这是令人困扰的一个问题，因为再向南就没有适合这些生物扩散的生境。结局将是残酷的：上百种生物将在未来几十年中灭绝（Wernberg et al.，2011）。

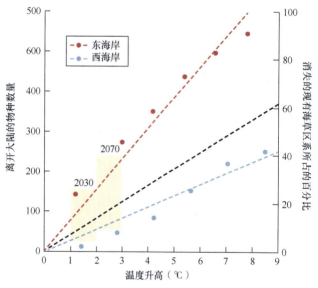

图 19.11　由于不同程度地变暖，预测将迁移到大洋洲大陆之外的海草物种数量。黑色虚线表示预测消失物种所占的百分比。阴影框表示预测的 2030 年和 2070 年的温度（仿自 Wernberg et al.，2011）

古生物学记录能够提供另一种信息来源：在地质历史时期，区域和全球气候突变如何影响物种灭绝速率？哪些类群是最脆弱的（Vermeij，2001）？例如，近来对海洋生物灭绝的研究综述发现（Harnik et al.，2012），造礁珊瑚五次大灭绝中，四次与自然（而不是人为）的海洋变暖和酸化相吻合。化石记录还可用于估算基础物种乃至整个群落对不同规模气候突变的敏感度。例如，根据对东太平洋珊瑚礁的岩芯研究，Toth 等（2012）提出，在接近 4000 年前，一场相对温和的自然气候突变使得东太平洋的珊瑚礁生长停滞了约 2500 多年。

更为详细的古生物学分析正被用于估算珊瑚物种对海水变暖的敏感度。Van Woesik 等（2012）发现，现有的易灭绝珊瑚与地质历史年代中易受影响的物种有关。这一研究结果表明，生活史性状，如群体形态、钙化速率和繁殖模式等，可用于预测灭绝敏感度（Darling et al.，2012；Harnik et al.，2012；van Woesik et al.，2012）。这种基于性状对灭绝脆弱度的评估方法很常用，但很少通过化石记录得到验证。Van Woesik 等（2012）分析发现，太平洋珊瑚类群中的杯形珊瑚属（*Pocillopora*）和柱状珊瑚属（*Stylophora*），以及牡丹珊瑚属（*Pavona*，曾在加勒比海很常见，但业已灭绝），虽然分布广泛，但极易灭绝。换言之，现有丰度和分布并非预测生物对气候突变脆弱性的良好因子，这是生态学家在评估物种和群落敏感度时必须吸取的教训。

气候变化在群落水平上的影响

通过几种相互关联的机制，如物种的增加与减少、相互作用物种的相对丰度变化，以及单一个体的相互作用强度，影响基础种的干扰机制变化等，气候变化对生物个体和种群的影响可以从尺度上推导对群落的丰富度、构成和功能等变化。

物种和功能群的丰富度与群落构成的变化是气候变化影响海洋生态系统的典型方式。尽管难以预测精确变化，但仍能基于生态学理论进行一些一般性预测。本节已讨论了生物个体和种群过去的变化，以及所观测到的响应。尽管最终由于竞争或捕食而灭绝，会抵消物种丰富度的增加，在很多情况下，至少在新迁入者加入现有组合之初，生物多样性会在高纬度增加（Vermeij，1991）。分布范围的变化也会造成生境中物种的减少，因为环境对它们来说或者过暖或者过酸。这种物种的丧失会对其他本可耐受非生物变化的物种产生级联影响，例如，重要的宿主、猎物，或促进作用者在局部发生灭绝（Kiers et al.，2010）。

物种对气候变化响应导致其单独的分布范围变化，会在下个世纪及以后形成一个新的物种组合，即"无相似群落"（no-analog community）（Williams and Jackson，2007）。尽管相似的变化在地质历史时期曾发生过，但我们当前对海洋生态系统运行模式的理解主要建立在对现有群落功能的认识之上。例如，被捕食者不久就会面临其从未演化出防御功能的新捕食者，如入侵南极洲周边底栖生物群落的帝王蟹（Aronson et al.，2007；Smith et al.，2012）。气候变化辅助的捕食者引入，将会产生类似于将猫、老鼠、蛇和鱼类引入孤岛和湖泊群落一样的影响，通常这些影响都会很严重（Simberloff，1981；Bruno et al.，2005；Sax et al.，2007）。

海水变暖不仅带来新的消费者，而且是更为"饥饿"的消费者。通过提高新陈代谢速率，海水变暖会提高捕食者的活动和新陈代谢需求，从而加强了许多捕食者与猎物间相互作用（Sanford，1999；Kordas et al.，2011）。有时，这会导致更多的猎物消耗，降低猎物的数量（图 19.5）。此外，动物随气候变暖而提高的新陈代谢速率（消费率）要高于光合作用速率及初级生产力增加的速率（O'Connor and Bruno，2012）。因此，假如变暖并非极为剧烈，单位植食率的增加要高于初级生产力增长的速度，造成植物生物量现存量的降低（O'Connor et al.，2009）。尚不清楚这些变化会如何影响更高营养级的生产力和现存生物量，尤其是考虑到变暖同时还会对食物网产生其他影响，如在大洋系统中对更小浮游植物的选择（Morán et al.，2010）。但结果将改变食物网的结构、生态系统功能的动态与变化，以及构成的变化。

海洋酸化也会影响捕食者与猎物间关系。钙化结构通常被用于抵御捕食，而该结构的弱化会增强其对捕食者的脆弱性。例如，贻贝具有厚重的钙化壳，在酸化环境中生长异常缓慢。在太平洋东北部，贻贝被海星（*Pisaster ochraceus*）取食，而海星与酸化正相关（Gooding et al.，2009）。因此，贻贝所受到的酸化负面影响，又因海星捕食作用加强所造成的间接影响而加剧。与之相反，海藻林中栖息着钙化的消费者，如海胆和腹足类，而其无钙化的猎物：大型海藻和其他海草，对实验酸化条件有混合或甚至正面响应（Harley et al.，2012）。因此，预计海藻林会在酸化的海洋中扩张，尽管近期的研究表明，风暴增强和海水变暖的影响（Byrnes et al.，2011）可能会抵消降低捕食压力所带来的一切好处。

如同捕食者的影响一样，许多病原体的致病力是温度依赖性的。越来越多的证据表明，水温与疾病的严重程度呈正相关关系。因此，海水变暖将增强疾病的影响（Harvell et al.，2002）。在高于平均水温的时期，曾发生过重大的传染疾病，如加利福尼亚湾的海星枯梢病（Eckert et al.，2000）和珊瑚传染病的大暴发（Bruno et al.，2007；Harvell et al.，2009；Rogers and Muller，2012）。即便没有超出宿主的生理耐受性，这种疾病的大暴发也会极大降低宿主物种的丰度（综述见第 5 章）。

通过产生新的输赢家，气候变化会改变竞争格局。例如，竞争占优但对热敏感的物种会越来越少，使得竞争弱势但对变暖耐受的物种得以生存。在珊瑚礁中，竞争占优的片状鹿角珊瑚（Acroporid），对变暖、风暴、捕食者和病原体极其敏感，在太平洋西部，它正被生长缓慢但厚大的滨珊瑚 *Porites* 所替代（Adjeroud et al.，2009；Darling et al.，2012）。同样，上升流加强导致的 pH 降低，也会造成钙化物种被竞争弱势的无钙化物种所代替，例如美国华盛顿州塔图什岛（Tatoosh Island）岩岸潮间带上的贻贝和珊瑚藻被海草所替代（Wootton et al.，2008）。

　　一个经典的海洋例子来自潮间带暖水藤壶（*Chthamalus montagui*）和冷水藤壶（*Semibalanus balan-oides*）的竞争。在苏格兰，中潮区幼体高度定植的地方，*Semibalanus* 会竞争排斥 *Chthamalus*（Connell，1961），使得竞争劣势者在潮间带顶部狭窄地带上分布，忍受竞争优势种难以承受的干燥和高温。但在岸边低处温暖的岩石堆上，由于缺少了对热不耐受的 *Semibalanus* 的竞争，*Chthamalus* 能够生存（Wethey，1984）。在纬度较低、温暖的海岸，如英格兰的西南部，缺少了冷水藤壶竞争者，*Chthamalus* 能够延伸到整个潮间带。在 20 世纪 60 年代到 70 年代，一场较冷的气候事件反转了这一影响，导致 *Semibalanus* 增长，但在过去十年的温暖气候中，*Chthamalus* 占优。因此，这两个物种之间的平衡顺应着英格兰西南部从 20 世纪 30 年代（Southward et al.，1995）到如今（Mieszkowska et al.，2012）的温度变化。

　　最后，气候变化将改变互利共生和其他促进形式的作用（Kiers et al.，2010），尤其是通过对基础种的影响。对一些群落来说，如果其基础种难以适应或改变其分布范围，整个群落将不复存在，而由于气候变化导致基础种开始变少，其他的群落将会（事实上已经开始）退化。如果气候变化造成风暴的强度与频率增加，其对基础种的影响会通过级联反应传递到整个海洋群落（Byrnes et al.，2011），因为海洋生物群落大部分是围绕基础种分级组织的（Bruno and Bertness，2001），这些基础种包括大型海藻、贻贝、海草和红树林等。例如，冬季风暴的轻微增加会极大地改变美国加利福尼亚州沿海的海藻林群落（Byrnes et al.，2011；Reed et al.，2011），间接地改变其食物网，仅仅是因为大型海藻种群所受干扰大于其恢复速率，恢复一般需要 2 年，而当前大型冬季风暴约为 3.5 年一次。同样地，大堡礁在过去 30 年中损失了大量珊瑚，最近的风暴频率增加，很可能与气候变化有关，是珊瑚大量消亡的一个主要原因（Bruno and Selig，2007；Hughes et al.，2011；De'ath et al.，2012）。

　　基础种改善环境，缓解环境胁迫，促进其他物种等的程度都强烈依赖于生物个体和种群的特征，如大小和密度（Bruno and Bertness，2001）。例如，活硬珊瑚的覆盖度与在此栖息的鱼类和无脊椎动物的丰富度呈正相关（Pratchett et al.，2008）。活珊瑚越少，意味着环境的异质性越低，能够隐匿逃避天敌的场所就越少。因此，海水变暖和海洋酸化减少了珊瑚种群数量（图 19.12A），主要是片状和枝权状的物种（Darling et al.，2012），会对群落中的生物产生直接影响。例如，在巴布亚新几内亚，大范围的海水变暖造成了珊瑚覆盖度

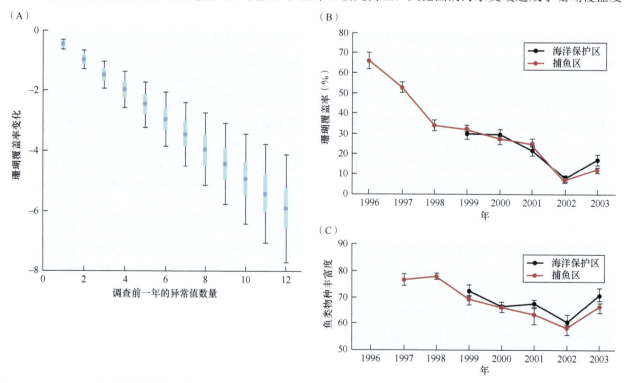

图 19.12　海水变暖造成珊瑚覆盖度的降低，从而对珊瑚礁鱼类群落产生间接影响。（A）当珊瑚初始覆盖率为 50% 时，高海水温度异常值（1℃）的频率与珊瑚覆盖年损失率之间的关系。图中显示了 95% 可信区间（细黑线）、50% 可信区间（蓝框），以及后验分布的点估计（中位数）。（B）巴布亚新几内亚造礁珊瑚的损失。（C）随后鱼类物种丰富度的损失（A 仿自 Selig et al.，2012；B、C 仿自 Jones et al.，2004）

下降（图 19.12B），从而导致鱼类种群丰度和总体丰富度急剧减少（图 19.12C），甚至有一些珊瑚专性鱼类局部灭绝（Jones et al.，2004）。在全球各地，异常水温变暖导致的大量珊瑚白化事件之后，都出现了类似的珊瑚礁鱼类群落的变化（Graham et al.，2006；Pratchett et al.，2008）。

海洋应对气候变化的对策

为避免长期的生态退化，我们必须立即大量减少温室气体的排放，并制定政策和开发技术来消除已排放的温室气体。一个固定大气中 CO_2 的新方法是保护和恢复红树林、盐沼和海草床。这种被誉为"蓝碳"（也称"近海碳"）的沿海植被，虽然仅覆盖了地球的一小部分，却对全球碳循环产生巨大影响（Duarte et al.，2005），这是因为其固碳速率惊人，比陆地上森林的速率高 50～100 倍，而且更为持久（表 19.1；Laffoley and Grimsditch，2009）。

表 19.1　沿海植被与陆地森林固碳的比较

特征	沿海植被	陆地森林
固存率[a][gC/(m²·年)]	高[b,c]：盐沼（210）[d]、红树林（139），海草床（83）[e]	低[b,c]：热带（2）、温带（1～12）、北方带（1～2）
固存耐久性	高[b~e]	低[b,c]
火灾风险	无[c]	高[c]
碳饱和潜力	低[b~e]	高[b,c]
面积	低[b,c]	高[f]
近期损失率和趋势	1%～5%/年，增长[b,c,g~j]	约 0.8%/年，稳定或降低[i]
自扩张潜力	高/快[k,l]	低

a 括号中的数字为平均值。固存是指土壤和沉积物中埋藏和储存的碳；

b Laffoley and Grimsditch，2009；

c Nellemann et al.，2007 及其所引文献；

d Chmura et al.，2003；

e Duarte et al.，2005，但最新研究表明平均速率为 160～186gC/(m²·年)（Duarte et al.，2016）；

f IPCC，2007；

g Waycott et al.，2009；

h Polidoro et al.，2010；

i FAO Global Forest Resources Assessment，2005；

j 例如，通过自主无性扩张；

k Liu et al.，2007；

l Duarte，2016

有机碳在沿海植被下的泥炭中垂直累积并固存。由于植被下的沉积物通常是缺氧的，与陆地森林相比，只有极小部分有机碳被微生物分解和释放。沿海植被可以持续固碳数千年，而在陆地森林的土壤中，CO_2 很快就达到饱和。此外，与淡水湿地和沼泽不同，海洋湿地只释放很少的甲烷。沿海植被还能通过无性繁殖快速蔓延，这极大地放大了蓝碳保护投入的价值。例如，中国的江苏省在 1982 年引入了一小块的互花米草（*Spartina alterniflora*），到 2004 年其面积增加了 1875 倍，固碳成效约为 8300 万公斤有机碳（Liu et al.，2007）。

所有三种主要蓝碳植被的损失率都是惊人的。几个世纪以来，盐沼一直被填埋以用于开发（Bromberg and Bertness，2005；Gedan et al.，2009），而就在过去几十年，全球至少三分之一的红树林被砍伐，用于生产木炭，虾类养殖和其他农业用途（Polidoro et al.，2010）。海草床的年损失率约为 1.5%（Orth et al.，2006；Waycott et al.，2009）。当蓝碳生境被摧毁时，我们就失去了其固碳功能；反之，如果我们恢复这些生境，就恢复了其固碳功能。

然而，更令人担心的是，由于蓝碳生境转换成其他形式后，如从自然状态转换成养虾场或停车场，会释放出来的大量碳。当从红树林或盐沼表面移除植被以用于开发时，富含碳的土壤可能会通气，从而导致被封存数百年乃至上千年的碳被释放。据 Pendleton 等（2012）估算，通气导致每年释放的碳可高达 10 亿 t，换言之，毁林约占碳排放的 20%。海平面上升造成的土壤侵蚀加剧也会产生同样的作用。据 Fourqurean 等（2012）估算，由于海草床退化造成储存在土壤中的有机碳被氧化，每年释放 $63 \times 10^9 \sim 297 \times 10^9 kg$ 碳。

解决温室气体问题一个不太实用的办法是人为增加“生物泵”。只要大气中 CO_2 浓度高于海水中的浓度，海洋就能自然地通过扩散移除大气中的 CO_2，还可以通过浮游植物光合作用吸收 CO_2。浮游植物和其他生物死亡之后，它们会沉入海底，从而有效地将 CO_2 从大气转移到深海。这些过程加在一起，大约能移除四分之一人为排放到大气中的碳（另外四分之一被森林和其他陆地碳汇所吸收，剩余一半留在大气之中）。

一种选择是通过在海洋表面施放铁屑来刺激浮游植物生长以增强生物泵。浮游植物的生产力一般受铁的限制。实验研究表明，添加铁能够使浮游植物大量繁殖（Landry et al.，1997）。然而，这种固碳方法存在一系列问题（Strong et al.，2009）。首先，仅有一小部分浮游植物沉入海底，而且并未被异养生物所消耗。因此，这种方法效率很低。根据 Aumont 和 Bopp（2006）的估算，在海洋表面连续撒播铁 100 年，大气中 CO_2 浓度也只能降低 30ppm 左右；其次，撒播铁会产生各种不利后果，包括有毒藻华，大洋食物网的负面影响，对深海底栖生物群落的破坏，以及开采、运输和撒播铁的成本等。

其他一些针对气候变化的提议能够通过降低太阳辐射强度来限制气候变暖，但对缓解海洋酸化毫无作用。这些策略通过向对流层添加硫气溶胶、盐雾或其他化合物，能够偏转一小部分入射的短波辐射。

这些未经检验的“地球工程”方法非常危险，其中有很多原因，但最重要的是，它们只关注变暖，而忽视了无论对海洋还是人类来说同等危险的海洋酸化问题，因此对碳排放不起任何作用。事实上，由于它们消减了降低大气 CO_2 浓度的紧迫性，有可能加速海洋的酸化。

气候变化与海洋生态系统服务

行将发生的物种与整个生态系统的消失，足以说明减少全球温室气体排放的紧迫性。然而，对于人类至关重要的生态系统服务的丧失，还会造成大量金融和社会成本。一个显而易见的成本是旅游收入的减少，物种灭绝或是珊瑚白化和酸化，游客就会驻足不前（Brander et al.，2007）。珊瑚礁的消失还会减少对波浪的缓冲，增强岸线侵蚀（Pryzant and Bruno，2012）。海平面加速上升和沿海植被的破坏会加剧这一问题。

气候变化还会直接和间接影响渔业产量，从而影响工作岗位、食品安全和渔业收入。气候变化导致生境丧失将继续对渔业造成间接损害。具有重要商业价值物种的分布范围变化会直接影响生产力的区域和全球格局，有的地方渔获量会增加，而有的则会减少。生物气候包络模型的结果显示，高纬度地区的渔获量可能增加 30%～70%，而在热带会降低 40% 左右（Cheung et al.，2009）。然而，这只是粗略的估算。实际上，渔业生产力的变化与许多生物和非生物趋势有关，如表面洋流、初级生产力、含氧量等的变化，甚至包括新的、不可预测的物种间相互作用。当然，气候变化对鱼类资源和渔业的影响将远远超出其他许多压力，如过度捕捞和污染等（Brander，2010）。

结语

温室效应导致地球额外吸收的大部分热量最终都转化为海水变暖。此外，大气 CO_2 浓度的快速增加正改变着海水的化学性质。气候变化导致的海洋其他变化还包括风浪增大，含氧量降低，沿岸上升流的增强和减弱，海冰融化和海平面上升。海洋变暖和酸化是温室气体排放最为深刻改变海洋生态系统的两个主要影响。二者都会影响很多过程，从酶动力学到细胞信号传送，再到个体适合度和种群增长率，并一直上升到食物网动态和生态系统过程。面对变暖，物种会在时空上变化，以减少热环境的变化，从而导致了物候提前和向高纬地区分布移动。为了生存，没有改变分布范围的物种不得不产生适应或气候驯化。通过改变物种和功能群的构成，改变物种间相互作用和减少基础种数量。气候变化正在影响着生物群落，并最终改变生态系统功能。气候变化将使海洋所提供的生态系统服务消失速率加快，给沿海社会造成社会经济压力。在许多生态系统，过度捕捞、污染和生境丧失可能是驱动种群下降和生态系统转化的重要原因，但气候变化可能是更为长期的影响。

　　尽管列出一长串气候变化对海洋影响的清单，但我们仅仅触及了过去十年中研究发现的一些表皮。20年前，几乎还没有人从事相关研究，但现在，几乎没有哪个海洋生态实验室不考虑海水变暖和海洋酸化对其所研究生态系统或海洋生物的影响。无处不在的气候变化是使许多海洋生态系统学家的工作从基础科学转向更为应用领域的一个主要因素。在我们还是学生时，很少有主流生态实验室去关心保护工作，而现在则根本无法回避这一问题。因为海洋中的一切都在发生变化，而不仅仅是气候在发生变化。

　　掌叶鹿角珊瑚（*Acropora palmata*）和摩羯鹿角珊瑚（*A. cervicornis*），曾在加勒比海统治了数千年，直到20世纪80年代早期开始从大部分礁石上消失（Aronson and Precht，2001）。大型捕食者和食植者，如鲨鱼、海牛和儒艮、海龟和海豹等，现在已局部灭绝或枯竭，难觅踪迹（Jackson，1997）。与此同时，数以千计的入侵物种开始统治温带河口（Byrnes et al.，2007）。最后，*Semibalanus balanoides*——因 Alan Southward 和 Joe Connell 的开创性研究而在海洋生态学中闻名的一种藤壶，由于海水变暖而在英格兰西南部变得罕见（Poloczanska et al.，2008）。这些以及其他变化将为下一代海洋生态学家提供巨大的机遇与挑战（专题19.2）。再过一二十年，海洋生态学又将重写，以描述所有这些变化，包括在本书中未能预见到的变化。

专题 19.2　接下来我们将迎来什么？

　　尽管处于萌芽状态的海洋气候变化生态学已取得很大进展，但对下一代海洋科学家来说，仍存在很大机遇和挑战。我们确实有一些确凿的例子来表明，海水变暖和海洋酸化对海洋生物的明显作用。然而，我们对其普遍性和背景却所知甚少。该领域仍有很多工作要做，需要通过很多年的工作，研究不同环境、不同物种来理清问题。对物种的适应能力，特别是寿命较长的生物，仍然是一个关键和未能解决的挑战。我们对其他应激源的协同作用和拮抗作用一无所知。我们需要更好更精细的、与生态相关的预测模型。我们还需要确定对不同海洋特征和过程安全的 CO_2 浓度。最后，即便是为了监测气候变化对种群、群落和生态系统过程的影响，我们也需要稳定的资金以支撑长期的观测研究。我们还需要更好地收集和共享这些数据。

致谢

　　我们感谢审阅和帮助优化本章的编辑、朋友和同行（有人甚至不止一次），包括 John Bane、Karl Castillo、Brian Helmuth、Kristy Kroeker 和 Justin Ries。我们还感谢许多学生、导师和合作者，他们帮助并启发了我们对温室气体排放造成海洋物理和生物变化范围的理解。

引用文献

Adjeroud, M., F. Michonneau, P. J. Edmunds, et al. 2009. Recurrent disturbances, recovery trajectories, and resilience of coral assemblages on a South Central Pacific reef. *Coral Reefs* 28: 775–780.

Aronson, R. B. and W. F. Precht. 2001. White-band disease and the changing face of Caribbean coral reefs. *Hydrobiologia* 460: 25–38.

Aronson, R. B., S. Thatje, A. Clarke, et al. 2007. Climate change and invasibility of the antarctic benthos. *Annu. Rev. Ecol. Evol. Syst.* 38: 129–154.

Aumont, O., and L. Bopp. 2006. Globalizing results from ocean in situ iron fertilization studies, Global *Biogeochem. Cycles* 20: GB2017. doi:10.1029/2005GB002591

Bakun, A. 1990. Global climate change and intensification of coastal ocean upwelling. *Science* 247: 198–201.

Bakun, A., D. B. Field, A. Redondo-Rodriguez, and S. J. Weeks. 2010. Greenhouse gas, upwelling-favorable winds, and the future of coastal upwelling ecosystems. *Glob. Chang. Biol.* 16: 1213–1228.

Beaugrand, G., C. Luczak, and M. Edwards. 2009. Rapid biogeographical plankton shifts in the North Atlantic Ocean. *Glob. Chang. Biol.* 15: 1790–1803.

Berge, J., G. Johnsen, F. Nilsen, et al. 2005. Ocean temperature oscilla-

tions enable reappearance of blue mussels *Mytilus edulis* in Svalbard after a 1000 year absence. *Mar. Ecol. Prog. Ser.* 303: 167–175.

Berkelmans, R. 2002. Time-integrated thermal bleaching thresholds of reefs and their variation on the Great Barrier Reef. *Mar. Ecol. Prog. Ser.* 229: 73–82.

Berkelmans, R., G. De'ath, S. Kininmonth, and W. J. Skirving. 2004. A comparison of the 1998 and 2002 coral bleaching events on the Great Barrier Reef: Spatial correlation, patterns, and predictions. *Coral Reefs* 23: 74–83.

Berkelmans, R. and B. L. Willis. 1999. Seasonal and local spatial patterns in the upper thermal limits of corals on the inshore Central Great Barrier Reef. *Coral Reefs* 18: 219–228.

Bertness, M. D., S. D. Gaines, and M. E. Hay (eds.). 2001. *Marine Community Ecology*. Sunderland, MA: Sinauer Associates.

Bertness, M. D., G. H. Leonard, J. M. Levine, and J. F. Bruno. 1999. Climate-driven interactions among rocky intertidal organisms caught between a rock and a hot place. *Oecologia* 120: 446–450.

Brander, K. 2010. Impacts of climate change on fisheries. *J. Mar. Syst.* 79: 389–402.

Brander, L. M., P. van Beukering, and H. S. J. Cesar. 2007. The recreational value of coral reefs: A meta-analysis. *Ecol. Econ.* 63: 209–218.

Bromberg, K. and M. D. Bertness. 2005. Reconstructing New England salt marsh losses using historical maps. *Estuaries* 28: 823–832.

Bromirski, P. D., R. E. Flick, and D. R. Cayan. 2003. Storminess variability along the California coast: 1858-2000. *J Clim* 16: 982–993.

Brown, J. H., J. F. Gillooly, A. P. Allen, et al. 2004. Toward a metabolic theory of ecology. *Ecology* 85: 1771–1789.

Bruno, J. F. and M. D. Bertness. 2001. Habitat modification and facilitation in benthic marine communities. In, *Marine Community Ecology.* (M. D. Bertness, S. D. Gaines, and M. E. Hay, eds.), pp. 201–218. Sunderland, MA: Sinauer Associates.

Bruno, J. F. and E. R. Selig. 2007. Regional decline of coral cover in the Indo-Pacific: Timing, extent, and subregional comparisons. *PLoS ONE* e711.

Bruno, J. F., J. D. Fridley, K. Bromberg, and M. D. Bertness. 2005. Insights into biotic interactions from studies of species invasions. *Species Invasions: Insights into Ecology, Evolution and Biogeography,* (D. F. Sax, J. J. Stachowicz, and S. D. Gaines, eds.), pp. 13–40. Sunderland, MA: Sinauer Associates.

Bruno, J. F., E. R. Selig, K. S. Casey, et al. 2007. Thermal stress and coral cover as drivers of coral disease outbreaks. *PLoS Biol.* 5: e124.

Burrows, M. T., D. S. Schoeman, L. B. Buckley, et al. 2011. The pace of shifting climate in marine and terrestrial ecosystems. *Science* 334: 652–655.

Byrnes, J. E., P. L. Reynolds, and J. J. Stachowicz. 2007. Invasions and extinctions reshape coastal marine food webs. *PLoS ONE* 2: e295.

Byrnes, J. E., D. C. Reed, B. J. Cardinle, et al. 2011. Climate-driven increases in storm frequency simplify kelp forest food webs. *Glob. Chang. Biol.* 17: 2513–2524.

Carr, L. A. and J. F. Bruno. 2013. Warming increases the top-down effects and metabolism of a subtidal herbivore. *PeerJ.* 1: e109.

Casey, K. S. and P. Cornillon. 2001. Global and regional sea surface temperature trends. *J. Clim.* 14: 3801–3818.

Chan, F., J. A. Barth, J. Lubchenco, et al. 2008. Emergence of anoxia in the California current large marine ecosystem. *Science* 319: 920–920.

Chan, N. C. S. and S. R. Connolly. 2013. Sensitivity of coral calcification to ocean acidification: a meta-analysis. *Glob. Chang. Biol.* 19: 282–290.

Chen, I.-C., J. K. Hill, R. Ohlemüller, et al. 2011. Rapid range shifts of species associated with high levels of climate warming. *Science* 333: 1024 –1026.

Cheung, W. W. L., V. W.Y. Lam, J. L. Sarmiento, et al. 2009. Large-scale redistribution of maximum fisheries catch potential in the global ocean under climate change. *Glob. Chang. Biol.* 16: 24–35.

Chmura, G. L., S. C. Anisfeld, D. R. Cahoon, and J. C. Lynch. 2003. Global carbon sequestration in tidal, saline wetland soils. *Global Biogeochem Cycles* 17: doi: 10.1029/2002GB001917

Church, J. A., N. J. White, T. Aarup, et al. 2008. Understanding global sea levels: Past, present and future. *Sust. Sci.* 3: 9–22.

Comeau, S., R. C. Carpenter, and P. J. Edmunds. 2012. Coral reef calcifiers buffer their response to ocean acidification using both bicarbonate and carbonate. *Proc. Biol. Sci.* 280: doi: 10.1098/rspb.2012.2374

Connell, J. H. 1961. The influence of interspecific competition and other factors on the distribution of the barnacle *Chthamalus stellatus. Ecology* 42: 710–723.

Cumbo, V. R., T.Y. Fan, and P. J. Edmunds. 2013. Effects of exposure duration on the response of *Pocillopora damicornis* larvae to elevated temperature and high pCO₂. *J. Exp. Mar. Biol. Ecol.* 439: 100–107.

Darling, E. S., L. Alvarez-Filip, T. A. Oliver, et al. 2012. Evaluating life-history strategies of reef corals from species traits. *Ecol. Lett.* 15: 1378–1386.

Davis, A. J., L. S. Jenkinson, J. H. Lawton, et al. 1998. Making mistakes when predicting shifts in species range in response to global warming. *Nature* 391: 783–786.

De'ath, G., K. E. Fabricius, H. Sweatman, and M. Puotinen. 2012. From the Cover: The 27-year decline of coral cover on the Great Barrier Reef and its causes. *Proc. Natl. Acad. Sci. (USA)* 109: 17995–17999.

Devictor, V., C. van Swaay, T. Brereton, et al. 2012. Differences in the climatic debts of birds and butterflies at a continental scale. *Nat. Clim. Chang.* 2: 121–124.

Doney, S. C., W. M. Balch, V. J. Fabry, and R. A. Feely. 2009a. Ocean acidification: A critical emerging problem for the ocean sciences. *Oceanography* 22: 16–25.

Doney, S. C., V. J. Fabry, R. A. Feely, and J. A. Kleypas. 2009b. Ocean acidification: The other CO₂ problem. *Ann. Rev. Mar. Sci.* 1: 169–192.

Doropoulos, C., S. Ward, G. Diaz-Pulido, et al. 2012. Ocean acidification reduces coral recruitment by disrupting intimate larval-algal settlement interactions. *Ecol. Lett.*

Duarte, C. M., J. J. Middelburg, and N. Caraco. 2005. Major role of marine vegetation on the oceanic carbon cycle. *Biogeosciences* 2: 1–8.

Duarte, C. M., T. M. Lenton, P. Wadhams, and P. Wassmann. 2012. Abrupt climate change in the Arctic. *Nat. Clim. Chang.* 2: 60–62.

Duarte C. M., I. J. Losada, I. E. Hendriks, et al. In press. The role of coastal plant communities for climate change mitigation and adaptation. *Nat. Clim. Chang.*

Durack, P. J., S. E. Wijffels, and R. J. Matear. 2012. Ocean salinities reveal strong global water cycle intensification during 1950 to 2000. *Science* 336: 455–458.

Eckert, G. L., J. M. Engle, and D. J. Kushner. 2000. Sea star disease and population declines at the Channel Islands. *Proceedings of the Fifth California Islands Symposium,* pp. 390–393. Camarillo, CA: U.S. Dept. of the Interior, Minerals Management Service.

Edmunds, P. J. 2004. Juvenile coral population dynamics track rising seawater temperature on a Caribbean reef. *Mar. Ecol. Prog. Ser.* 269: 111–119.

Edmunds, P. J. 2005. The effect of sub-lethal increases in temperature on the growth and population trajectories of three scleractinian corals on the southern Great Barrier Reef. *Oecologia* 146: 350–364.

Edmunds, P. J. 2007. Evidence for a decadal-scale decline in the growth rates of juvenile scleractinian corals. *Mar. Ecol. Prog. Ser.* 341: 1–13.

Edmunds, P. J. 2012. Effect of pCO₂ on the growth, respiration, and photophysiology of massive *Porites* spp. in Moorea, French Polynesia. *Mar. Biol.* 159: 2149–2160.

Edmunds, P. J., D. Brown, and V. Moriarty. 2012. Interactive effects of ocean acidification and temperature on two scleractinian corals from Moorea, French Polynesia. *Glob. Chang. Biol.* 18: 2173–2183.

Edmunds, P. J., V. Cumbo, and T.-Y. Fan. 2011. Effects of temperature on the respiration of brooded larvae from tropical reef corals. *J. Exp. Biol.* 214: 2783–2790.

Edwards, M. and A. J. Richardson. 2004. Impact of climate change on marine pelagic phenology and trophic mismatch. *Nature* 430: 881–884.

Egevang, C., I. J. Stenhouse, R. A. Phillips, et al. 2010. Tracking of Arctic terns *Sterna paradisaea* reveals longest animal migration. *Proc. Natl. Acad. Sci. (USA)* 107: 2078–2081.

Emanuel, K. 2005. Increasing destructiveness of tropical cyclones over the past 30 years. *Nature* 436: 686–688.

Fourqurean, J. W., C. M. Duarte, H. Kennedy, et al. 2012. Seagrass ecosystems as a globally significant carbon stock. *Nat. Geosci.* 5: 505–509.

Gedan, K. B., B. R. Silliman, and M. D. Bertness. 2009. Centuries of Human-Driven Change in Salt Marsh Ecosystems. *Ann. Rev. Mar. Sci.* 1: 117–141.

Gehrels, W. R., W. A. Marshall, M. J. Gehrels, et al. 2006. Rapid sea-level rise in the North Atlantic Ocean since the first half of the nineteenth century. *The Holocene* 16: 949–965.

Gemmrich, J., B. Thomas, and R. Bouchard. 2011. Observational changes and trends in northeast Pacific wave records. *Geophys. Res. Lett.* 38: L22601.

Glynn, P. W. 1993. Coral reef bleaching: Ecological perspectives. *Coral Reefs* 12: 1–17.

Gooding, R. A., C. D. G. Harley, and E. Tang. 2009. Elevated water temperature and carbon dioxide concentration increase the growth of a keystone echinoderm. *PNAS* 106: 9316–9321.

Graham, N. A. J., S. K. Wilson, S. Jennings, et al. 2006. Dynamic fragility of oceanic coral reef ecosystems. *Proc. Natl. Acad. Sci. (USA)* 103: 8425–8429.

Harley, C. D. G., A. Randall Hughes, K. M. Hultgren, et al. 2006. The impacts of climate change in coastal marine systems. *Ecol. Lett.* 9: 228–241.

Harley, C. D. G., K. M. Anderson, K. W. Demes, et al. 2012. Effects of climate change on global seaweed communities. *J. Phycol.* 48: 1064–1078.

Harnik, P. G., H. K. Lotze, S. C. Anderson, et al. 2012. Extinctions in ancient and modern seas. *Trends Ecol. Evol.* 27: 608–617.

Harris, M., D. Beare, R. Toresen, et al. 2007. A major increase in snake pipefish (*Entelurus aequoreus*) in northern European seas since 2003: Potential implications for seabird breeding success. *Mar. Biol.* 151: 973–983.

Harvell, C. D., S. Altizer, I. M. Cattadori, et al. 2009. Climate change and wildlife diseases: When does the host matter the most? *Ecology* 90: 912–920.

Harvell, C. D., C. E. Mitchell, J. R. Ward, et al. 2002. Climate warming and disease risks for terrestrial and marine biota. *Science* 296: 2158–2162.

Hendriks, I. E. and C. M. Duarte. 2010. Ocean acidification: Separating evidence from judgment—A reply to Dupont et al. *Estuar. Coast. Shelf.*

Sci. 89: 186–190.

Hettinger, A., E. Sanford, T. M. Hill, et al. 2012. Persistent carry-over effects of planktonic exposure to ocean acidification in the Olympia oyster. *Ecology* 93: 2758–2768.

Hijmans, R. J. and C. H. Graham. 2006. The ability of climate envelope models to predict the effect of climate change on species distributions. *Glob. Chang. Biol.* 12: 2272–2281.

Hoegh-Guldberg, O. 1999. Climate change, coral bleaching and the future of the world's coral reefs. *Mar. Freshw. Res.* 50: 839–866.

Hoegh-Guldberg, O. 2009. Climate change and coral reefs: Trojan horse or false prophecy? *Coral Reefs* 28: 569–575.

Hoegh-Guldberg, O. and J. F. Bruno. 2010. The impact of climate change on the world's marine ecosystems. *Science* 328: 1523–1528.

Hofmann, G. E., J. E. Smith, K. S. Johnson, et al. 2011. High-frequency dynamics of ocean pH: A multi-ecosystem comparison. *PLoS ONE* 6: e28983.

Hughes, T. P., D. R. Bellwood, A. H. Baird, et al. 2011. Shifting base-lines, declining coral cover, and the erosion of reef resilience: Comment on Sweatman et al. (2011). *Coral Reefs* 30: 653–660.

Iglesias-Rodriguez, M. D., P. R. Halloran, R. E. Rickaby, et al. 2008. Phytoplankton calcification in a high-CO_2 world. *Science* 320: 336–340.

IPCC. 2007. *Contribution of Working Groups I, II and III to the Fourth Assessment Report of the Intergovernmental Panel on Climate Change* (R. K. Pachauri and A. Reisinger, eds.). Geneva, Switzerland: IPCC.

Jackson, J. B. C. 1997. Reefs since Columbus. *Coral Reefs* 16: S23–S32.

Jones, G. P., M. I. McCormick, M. Srinivasan, and J. V. Eagle. 2004. Coral decline threatens fish biodiversity in marine reserves. *Proc. Natl. Acad. Sci. (USA)* 101: 8251–8253.

Kelly, M. W., E. Sanford, and R. K. Grosberg. 2011. Limited potential for adaptation to climate change in a broadly distributed marine crustacean. *Proc. Biol. Sci.* 279: 349–356.

Kiers, E. T., T. M. Palmer, A. R. Ives, et al. 2010. Mutualisms in a changing world: An evolutionary perspective. *Ecol. Lett.* 13: 1459–1474.

Knutti, R. and G. C. Hegerl. 2008. The equilibrium sensitivity of the Earth's temperature to radiation changes. *Nat. Geosci.* 1: 735–743.

Kordas, R. L., C. D. G. Harley, and M. I. O'Connor. 2011. Community ecology in a warming world: The influence of temperature on interspecific interactions in marine systems. *J. Exp. Mar. Biol. Ecol.* 400: 218–226.

Kroeker, K. J., R. L. Kordas, R. N. Crim, and G. G. Singh. 2010. Meta-analysis reveals negative yet variable effects of ocean acidification on marine organisms. *Ecol. Lett.* 13: 1419–1434.

Kroeker, K., R. L. Kordas, R. N. Crim, et al. In press. Impacts of ocean acidification on marine organisms: quantifying sensitivities and interaction with warming. *Glob. Chang. Biol.*

Laffoley, D. and G. E. Grimsditch. 2009. Management of natural coastal carbon sinks. Gland, Switzerland: IUCN.

Landry, M. R., R. T. Barber, R. R. Bidigare, et al. 1997. Iron and grazing constraints on primary production in the central equatorial Pacific: An EqPac synthesis. *Limnol. Oceanogr.* 42: 405–418.

Le Quéré, C., R. J. Andres, T. Boden, et al. 2012. The global carbon budget 1959–2011. *ESSDD* 5: 1107–1157.

Levitus, S. 2005. Warming of the world ocean, 1955–2003. *Geophys. Res. Lett.* 32: doi: doi:10.1029/2004GL021592

Levitus, S., J. I. Antonov, T. P. Boyer, et al. 2012. World ocean heat content and thermosteric sea level change (0–2000 m), 1955–2010. *Geophys. Res. Lett.* 39: doi: 10.1029/2012GL051106

Liu, J., H. Zhou, P. Qin, and J. Zhou. 2007. Effects of *Spartina alterniflora* salt marshes on organic carbon acquisition in intertidal zones of Jiangsu Province, China. *Ecol. Eng.* 30: 240–249.

Llabrés, M., S. Agustí, M. Fernández, et al. 2013. Impact of elevated UVB radiation on marine biota: A meta-analysis. *Global Ecol. Biogeogr.* 22: 131–144.

Loarie, S. R., P. B. Duffy, H. Hamilton, et al. 2009. The velocity of climate change. *Nature* 462: 1052–1055.

Lohbeck, K. T., U. Riebesell, and T. B. H. Reusch. 2012. Adaptive evolution of a key phytoplankton species to ocean acidification. *Nat. Geosci.* 5: 346–351.

Loya, Y., K. Sakai, K. Yamazato, et al. 2001. Coral bleaching: The winners and the losers. *Ecol. Lett.* 4: 122–131.

Maynard, J. A., K. R. N. Anthony, P. A. Marshall, and I. Masiri. 2008. Major bleaching events can lead to increased thermal tolerance in corals. *Mar. Biol.* 155: 173–182.

McCulloch, M., J. Falter, J. Trotter, and P. Montagna. 2012. Coral resilience to ocean acidification and global warming through pH up-regulation. *Nat. Clim. Chang.* 2: 623–627.

Mieszkowska, N., M. T. Burrows, F. G. Pannacciulli, and S. J. Hawkins. In press. Multidecadal signals within co-occurring intertidal barnacles *Semibalanus balanoides* and *Chthamalus* spp. linked to the Atlantic Multidecadal Oscillation. *J. Mar. Syst.*

Morán, X. A. G., Á. López-Urrutia, A. Calvo-Díaz, and W. K. W. Li. 2010. Increasing importance of small phytoplankton in a warmer ocean. *Glob. Chang. Biol.* 16: 1137–1144. doi: 10.1111/j.1365-2486.2009.01960.x

Nellemann, C., E. Corcoran, C. M. Duarte, et al. (eds.). 2009. Blue Carbon. *A Rapid Response Assessment.* Arendal, Norway: GRID-Arendal.

Nerem, R. S., D. P. Chambers, C. Choe, and G. T. Mitchum. 2010. Estimating mean sea level change from the TOPEX and Jason altimeter missions. *Marine Geodesy.* 33: 435–446.

Nicholls, R. J. and A. Cazenave. 2010. Sea-level rise and its impact on coastal zones. *Science* 328: 1517–1520.

Nuccitelli, D., R. Way, R. Painting, et al. 2012. Comment on "Ocean heat content and Earth's radiation imbalance. II. Relation to climate shifts." *Phys. Lett. A* 376: 3466–3468.

O'Connor, M. I. and J. F. Bruno. 2012. Marine invertebrates. In, *Metabolic Ecology: A Scaling Approach* (Brown J. H., R. Sibley and A. Kodric-Brown, eds.), pp. 188–197. London, UK: Wiley and Sons.

O'Connor, M. I., B. Gilbert, and C. J. Brown. 2011a. Theoretical predictions for how temperature affects the dynamics of interacting herbivores and plants. *Am. Nat.* 178: 626–638.

O'Connor, M. I., E. R. Selig, M. L. Pinsky, and F. Altermatt. 2011b. Toward a conceptual synthesis for climate change responses. *Global Ecol. Biogeogr.* 21: 693–703.

O'Connor, M. I., J. F. Bruno, S. D. Gaines, et al. 2007. Temperature control of larval dispersal and its implications for marine ecology, evolution, and conservation. *Proc. Natl. Acad. Sci. (USA)* 104: 1266–1271.

O'Connor, M. I., M. F. Piehler, D. M. Leech, et al. 2009. Warming and resource availability shift food web structure and metabolism. *PLoS Biol.* 7: e1000178.

Oliver, T. A. and S. R. Palumbi. 2011. Do fluctuating temperature environments elevate coral thermal tolerance? *Coral Reefs* 30: 429–440.

Orr, J. C., V. J. Fabry, O. Aumont, et al. 2005. Anthropogenic ocean acidification over the twenty-first century and its impact on calcifying organisms. *Nature* 437: 681–686.

Orth, R. J., T. J. B. Carruthers, W. C. Dennison, et al. 2006. A global crisis for seagrass ecosystems. *Bioscience* 56: 987–996.

Pendleton, L., D. C. Donato, B. C. Murray, et al. 2012. Estimating global "blue carbon" emissions from conversion and degradation of vegetated coastal ecosystems. *PLoS ONE* 7: e43542.

Pereira, H. M., P. W. Leadley, V. Proença, et al. 2010. Scenarios for global biodiversity in the 21st century. *Science* 330: 1496–1501.

Polidoro, B. A., K. E. Carpenter, L. Collins, et al. 2010. The loss of species: Mangrove extinction risk and geographic areas of global concern. *PLoS ONE* 5: e10095.

Poloczanska, E. S., S. J. Hawkins, A. J. Southward, and M. T. Burrows. 2008. Modeling the response of populations of competing species to climate change. *Ecology* 89: 3138–3149.

Poloczanska, E.S., Brown, C.J., Sydeman, et al. 2013. Global imprint of climate change on marine life. *Nat. Clim. Chang.* doi: 10.1038/nclimate1958

Pratchett, M. S., P. L. Munday, S. K. Wilson, et al. 2008. Effects of climate-induced coral bleaching on coral-reef fishes—ecological and economic consequences. In, *Oceanography And Marine Biology: An Annual Review* (R. N. Gibson, R. J. A. Atkinson, and J. D. M. Gordon, eds.), pp. 251–296. Boca Raton, FL: CRC Press.

Pryzant, L. K. and J. F. Bruno. 2012. What to Do When the Oceans Rise. *PLoS Biol.* 10: e1001387.

Purkey, S. G. and G. C. Johnson. 2010. Warming of global abyssal and deep southern ocean waters between the 1990s and 2000s: Contributions to global heat and sea level rise budgets. *J. Clim.* 23: 6336–6351.

Reed, D. C., A. Rassweiler, M. H. Carr, et al. 2011. Wave disturbance overwhelms top-down and bottom-up control of primary production in California kelp forests. *Ecology* 92: 2108–2116.

Reid, P. C., D. G. Johns, M. Edwards, et al. 2007. A biological consequence of reducing Arctic ice cover: Arrival of the Pacific diatom *Neodenticula seminae* in the North Atlantic for the first time in 800,000 years. *Glob. Chang. Biol.* 13: 1910–1921.

Ries, J. B., A. L. Cohen, and D. C. McCorkle. 2009. Marine calcifiers exhibit mixed responses to CO_2-induced ocean acidification. *Geology* 37: 1131–1134.

Rogers, C. S. and E. M. Muller. 2012. Bleaching, disease and recovery in the threatened scleractinian coral *Acropora palmata* in St. John, US Virgin Islands: 2003–2010. *Coral Reefs* 31: 807–819.

Sanford, E. 1999. Regulation of keystone predation by small changes in ocean temperature. *Science* 283: 2095–2097.

Sax, D. F., J. J. Stachowicz, J. H. Brown, et al. 2007. Ecological and evolutionary insights from species invasions. *Trends Ecol. Evol.* 22: 465–471.

Selig, E. R., K. S. Casey, and J. F. Bruno. 2010. New insights into global patterns of ocean temperature anomalies: Implications for coral reef health and management. *Global. Ecol. Biogeogr.* 19: 397–411.

Shanks, A. L. 2009. Pelagic larval duration and dispersal distance revisited. *Biol. Bull.* 216: 373–385.

Simberloff, D. 1981. Community effects of introduced species. In, *Biotic Crises in Ecological and Evolutionary Time* (M. H. Nitecki, ed.), pp. 53-81. San Francisco, CA: Academic Press.

Smith, C. R., L. J. Grange, D. L. Honig, et al. 2012. A large population of king crabs in Palmer Deep on the west Antarctic Peninsula shelf and potential invasive impacts. *Proc. Biol. Sci.* 279: 1017–1026.

Sorte, C. J. B., S. L. Williams, and J. T. Carlton. 2010. Marine range shifts and species introductions: Comparative spread rates and community impacts. *Global. Ecol. Biogeogr.* 19: 303–316.

Southward, A. J., S. J. Hawkins, and M. T. Burrows. 1995. 70 years observations of changes in distribution and abundance of zooplankton and intertidal organisms in the western English Channel in relation to rising sea temperature. *J. Therm. Biol.* 20: 127–155.

Stramma, L., S. Schmidtko, L. A. Levin, and G. C. Johnson. 2010. Ocean oxygen minima expansions and their biological impacts. *Deep-Sea Res. Pt. I* 57: 587–595.

Strong, A. L., J. J. Cullen, and S. W. Chisholm. 2009. Ocean fertilization: Science, policy, and commerce. *Oceanography* 22: 236–261.

Sunday, J. M., R. N. Crim, C. D. G. Harley, and M. W. Hart. 2011. Quantifying rates of evolutionary adaptation in response to ocean acidification. *PLoS ONE* 6: e22881.

Talmage, S. C. 2012. The effects of elevated carbon dioxide concentrations on the early life history of bivalve shellfish. Stony Brook University. Ph.D. dissertation.

Teal, L. R., R. Hal, T. Kooten, et al. 2012. Bio-energetics underpins the spatial response of North Sea plaice (*Pleuronectes platessa* L.) and sole (*Solea solea* L.) to climate change. *Glob. Chang. Biol.* 18: 3291–3305. doi: 10.1111/j.1365-2486.2012.02795.x

Toth, L. T., R. B. Aronson, S. V. Vollmer, et al. 2012. ENSO drove 2500-year collapse of eastern Pacific coral reefs. *Science* 337: 81–84.

Vermeij, G. J. 1991. When biotas meet: Understanding biotic interchange. *Science* 253: 1099–1104.

Vermeij, G. J. 2001. Community assembly in the sea: Geologic history of the living shore biota. In, *Marine Community Ecology* (M. D. Bertness, S. D. Gaines, and M. E. Hay, eds.), pp. 39–60. Sunderland, MA: Sinauer Associates.

Vermeij, G. J. and P. D. Roopnarine. 2008. The coming Arctic invasion. *Science* 321: 780–781.

Waycott, M., C. M. Duarte, T. J. B. Carruthers, et al. 2009. Accelerating loss of seagrasses across the globe threatens coastal ecosystems. *Proc. Natl. Acad. Sci. (USA)* 106: 12377–12381.

Wernberg, T., B. D. Russell, M. S. Thomsen, et al. 2011. Seaweed communities in retreat from ocean warming. *Curr. Biol.* 21: 1828–1832.

Wethey, D. S. 1984. Sun and shade mediate competition in the barnacles *Chthamalus* and *Semibalanus*: A field experiment. *Biol. Bull.* 167: 176–185.

Williams, J. W. and S. T. Jackson. 2007. Novel climates, no-analog communities, and ecological surprises. *Front. Ecol. Environ.* 5: 475–482.

Wootton, J. T., C. A. Pfister, and J. D. Forester. 2008. Dynamic patterns and ecological impacts of declining ocean pH in a high-resolution multi-year dataset. *Proc. Natl. Acad. Sci. (USA)* 105: 18848–18853.

van Woesik, R., E. C. Franklin, J. O'Leary, et al. 2012. Hosts of the Plio-Pleistocene past reflect modern-day coral vulnerability. *Proc. Biol. Sci.* 279: 2448–2456.

Young, I. R., S. Zieger, and A. V. Babanin. 2011. Global trends in wind speed and wave height. *Science* 332: 451–455.

Zacharioudaki, A., S. Pan, D. Simmonds, et al. 2011. Future wave climate over the west-European shelf seas. *Ocean Dynam.* 61: 807–827.

第 20 章

对海洋生态系统的威胁

过度捕捞与生境退化

Boris Worm 和 Hunter S. Lenihan

纵观历史，人类喜欢在沿海定居，时至今日，依然如此。沿海居民约占人类总人口的一半以上，而沿海的定居点正在快速改变着海洋生境。沿海居民还长期从事海洋资源的开采利用工作，包括大部分动物，如海洋哺乳动物、鱼类和无脊椎动物等，以及一些藻类和植物（Lotze et al.，2006）。渔猎对海洋生物的影响已从沿海向大陆架和开放大洋蔓延（Watson et al.，2012），并在改变着地球上最大的生态系统——深海（Roberts，2002）。由于第 8 章已对这些历史变化有了详尽描述，本章将侧重于当前捕捞和生境改变对海洋生物群落的影响。在此过程中，我们将讨论人类作为顶级捕食者（Estes et al.，2011）及海洋生物群落中生态系统工程师（Smith，2007）的作用。

本章将捕鱼和生境退化放在一起讨论，是因为它们代表了迄今为止人类对海洋生态系统最主要的影响。毫无疑问，捕鱼，在这里我们的定义包括对所有海洋动植物开采利用的活动，是自历史以来，对海洋生物群落最具变革性影响的人类活动（Dayton et al.，1995，1998；Jackson et al.，2001；Lotze et al.，2006；Halpern et al.，2008；Lotze and Worm，2009）。但是，捕鱼的作用，常常与生境干扰同时发生，无论是渔具本身，或是其他不相关的影响（Dayton et al.，1995；Watling and Norse，1998）。根据对历史证据的综合分析，约有 96% 发生在沿海的局部灭绝与渔猎有关，而 39% 与生境退化有关（Lotze et al.，2006）。在综述的案例中，有 42% 与多种人类活动相关。另一项针对现今驱动灭绝风险要素的研究发现，开发利用是造成海洋物种丧失的主要原因，约占 55%；其次是生境丧失，约占 37%，剩余的物种灭绝则与入侵物种、气候变化、污染和疾病等有关（Dulvy et al.，2003）。

然而，直至最近，生态学家才开始详细地研究捕鱼和生境退化对整个群落的影响。在陆地、淡水和沿海生态系统建立起来的生态理论和概念正在应用于大陆架和深海生境。例如，众所周知的渔业导致的营养级联发生在湖泊（Carpenter et al.，1985）、河流（Power，1990）和沿海区域（Estes and Palmisano，1974），但直到最近，才有大型外海生态系统的研究（综述见 Baum and Worm，2009）。因此，过去侧重于单一物种的渔业管理需要考虑更广泛的群落和生态系统背景，从而更好地理解和管理其影响。渔业生态系统方法（ecosystem approach to fisheries，EAF）是一个全新的管理框架，它综合海洋生物与渔业之间的多种相互作用，以及第 19 章中所述的其他海洋用途和应激源的累积效应。在本章，我们重点介绍一些人为应激源之间最重要的相互作用，以及它们对海洋环境的影响。我们认为，要想成功缓解人类对海洋环境的影响，需要对捕鱼和生境改变的尺度与规模有彻底的了解。我们将首先讨论捕鱼对群落结构的直接和间接影响，然后是生境变化，最后以渔业生态系统方法的综述结尾。

渔业的类型

迄今为止，捕鱼仍是人类对海洋生物群落最重要的影响，这与捕鱼作业规模极大有关。捕鱼作业遍布全球，没有一个主要海域未受其影响，只有不到 2% 的海域受到一定的永久性保护（Toropova et al.，2010）。海洋生物的总捕获量可能接近 1 亿 t/年（图 20.1）。其中包括 FAO 在 2009 年报告的 7860 万 t 捕获量（FAO，2010），以及估算的 110 万～260 万 t 非法捕捞和未报告的捕获量（Agnew et al.，2009）。这些数字意味着，运输这些海产品，需要 200 万个 20 英尺[*]长的标准集装箱。如果将这些集装箱堆放起来，高度将达 5300km，几乎接近地球的半径。这与淡水渔业 1003 万 t 的收获量形成鲜明对比。从 1950～1998 年，统计报告的海洋和淡水渔业总捕获量增加了五倍之多，超过了人口增长的速度。在此之后，海洋渔获量从峰值开始下降，而淡水渔业持续增长。除了统计报告和非法捕捞，还有大量的海洋生物作为副渔获物被意外打捞，其中大部分被扔回海里而未上岸，因此很少被记录。根据近来的一项研究估算，这种被丢弃的副渔获物约为 700 万 t，比之前估计的 2000 万～2700 万 t 要少很多，尽管由于方法差异，使这些估算不具备严格的可比性，但这说明丢弃率可能也在随时间推移而减少（Kelleher，2005）。因此，考虑到估算非法捕捞和丢弃量的不确定性，1 亿 t（9000 万～13 000 万 t）的海洋生物总捕获量似乎是所有捕鱼方式的最佳保守估计。

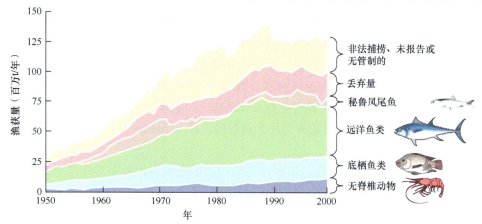

图 20.1 1950～2000 年主要物种组的全球渔获量趋势（仿自 Pauly et al.，2002）

渔民使用各种各样的方式（"渔具"）来捕获他们想要得到的猎物（图 20.2）。沿海渔业通常使用渔笼、渔网或手钓渔具等。其他常用的方式还有用于温带与热带的龙虾和珊瑚礁渔业的铁丝网渔笼、用于捕获沿

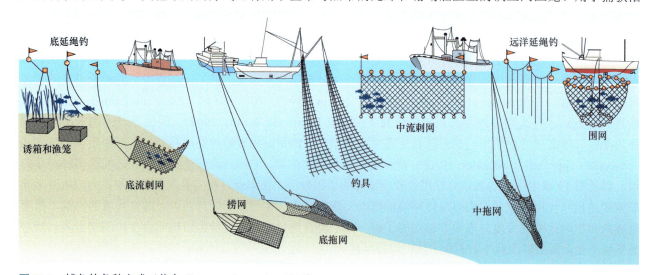

图 20.2 捕鱼的各种方式（仿自 Chuenpagdee et al.，2003）

---

[*] 1 英尺=0.3048m，全书同

海底栖鱼类的底延绳钓和广泛用于各种渔业的刺网等。所有这些方式被统称为"固定渔具"，因为在捕获时原地不动。与之相应的是"移动渔具"，例如拖网和底拖网，在海底或是水体中拖拽来捕获海洋生物。拖网和底拖网捕鱼效率极高，但会不加选择地捕获，造成大量不必要的副渔获物，而且通常都被丢弃后死在海中。除了这种捕鱼方式对海洋动物的影响，由于渔具的物理接触，还使底部生境受到干扰和变化。固定渔具也会产生大量的副渔获物，例如，刺网之所以备受争议，就是因为它们会捕获各种动物，包括海洋哺乳动物、海鸟和海龟等。然而，固定渔具通常不会对海底生境造成严重破坏。但是，丢失的固定渔具会"禁闭鱼类"，直到其自身解体，因而会杀死那些从未被捕获的动物。最后，大洋渔具，如流网、围网和底延绳钓等，其目标或是成群结队的饵料鱼和鱿鱼，或是孤独的顶级捕食者，如金枪鱼、马林鱼、剑鱼或鲨鱼等。不同的渔具对不同种组和生境的影响差异很大（表 20.1）。

表 20.1　在加拿大不同捕捞方式对海洋生态系统的影响 [a]

渔具类型	生境		副渔获物						平均得分
	珊瑚和海绵	海床	无脊椎动物	底栖鱼	饵料鱼	鲨鱼和大型远洋生物	海洋哺乳动物	海鸟	
底拖网	5	5	5	5	4	2	2	2	3.8
底流刺网	4	2	3	5	1	3	3	4	3.1
捞网	5	5	5	4	1	2	1	1	2.9
底延绳钓	4	2	2	5	1	3	3	2	2.8
中拖网	1	1	1	4	5	2	2	2	2.4
远洋延绳钓	1	1	1	2	2	5	4	3	2.4
诱箱和渔笼	3	2	3	3	1	2	1	3	2.3
围网	1	1	1	2	4	3	2	2	2.0
钓具	2	1	1	4	2	2	2	1	1.9
鱼叉	1	1	1	1	1	2	1	1	1.1

引自：Fuller et al.，2008

a 数字从低（1）到高（5）表示影响大小，根据渔业专家、加拿大渔业和海洋部现有文件，以及科研文献综述等评价打分

纵观人类历史，海洋捕捞日益加强，已从过去五千年的沿海和河口扩张到过去 500 年的大陆架，再到过去 50 年的大洋和深海（Watson et al.，2012）。图 20.3 显示了这种捕鱼活动在空间上的扩张和强度增大，其中绘制了 20 世纪 50 年代以来每十年单位面积和单位时间的捕鱼能耗图。尽管全球捕获量在缓慢下降，但捕鱼活动一直在加剧，直到现在仍是（Worm and Branch，2012）。这种单位捕捞努力量渔获量（catch per unit effort，CPUE）的下降趋势值得警惕，因为它是鱼类丰度下降的一个指标。

渔业活动扩张的另一个表现是捕鱼作业平均深度的增加，因为较深水域仍残存一些未开发的资源。然而，深水生物群落远离阳光照射，生产力远远低于支撑传统渔业的表层生物群落。这种低生产力意味着低生长率、长生命周期，以及对渔业更低的适应力（Roberts，2002）。渔业扩张的最后一个体现是转向开发利用新物种，如长尾鳕（Macrouridae）、海参（Holothuroidea）和磷虾（Euphausiacea）等，使人类利用的海洋生物多样性进一步增加。最近的一份报告估计，有四分之一的海洋鱼类物种被人类直接利用（FishBase，2013）。

渔业对海洋生物群落的影响是本章的一个关键主题，分为四个部分：首先，对目标鱼类种群的直接影响。直接影响包括鱼类丰度和生物量的下降，以及大小和年龄结构的变化；其次，对"非目标"物种（副渔获物）的"附带伤害"，通常都被丢入海中；再次，底拖网等移动渔具对海底生境造成不同程度的破坏和改造（图 20.4A；参见表 20.1）；最后，移除海洋生物会造成大量间接影响，通常是物种间相互作用造成的。间接影响包括移除捕食者压力后猎物种群的大量出现（图 20.4B）、营养级联、饵料鱼种群衰竭的自下而上效应，以及生境结构变化对依赖它的物种的影响等。在后续几节中，我们将讨论这些直接和间接影响，并举例说明。

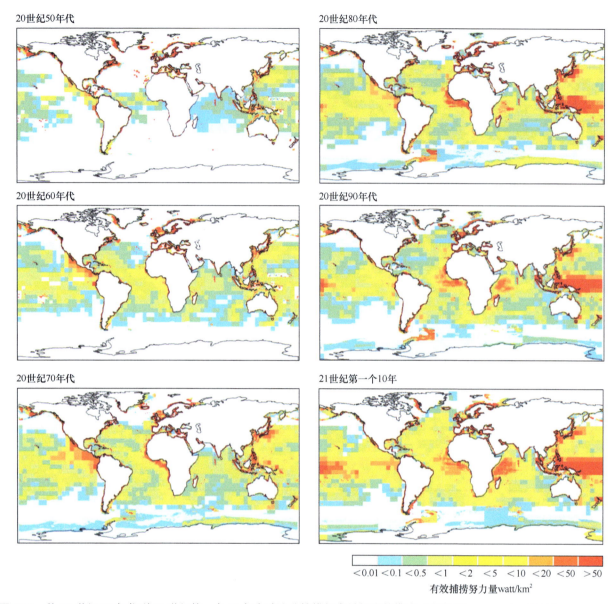

20世纪50年代　　20世纪80年代

20世纪60年代　　20世纪90年代

20世纪70年代　　21世纪第一个10年

<0.01　<0.1　<0.5　<1　<2　<5　<10　<20　<50　>50
有效捕捞努力量watt/km²

图 20.3　从 20 世纪 50 年代到 21 世纪第一个 10 年全球渔业捕捞努力量扩张的模式（仿自 Watson et al.，2012）

（A）　　　　（B）

图 20.4　渔业对海洋生态系统的影响。（A）被底拖网干扰的生境。（B）大量牛鼻鲼（*Rhinoptera bonasus*）的集群，该物种受益于其主要捕食者——大型鲨鱼的衰竭（参见图 20.8）（图片 A 由 Brian Skerry 提供；图片 B 由 Sandra Critelli 提供）

捕鱼对群落结构的直接影响

通过选择性地移除大量生物个体，渔业改变了海洋生物群落的丰度、生物量，以及年龄和大小结构。物种构成和多样性同样会受到影响，一些物种已经衰竭，甚至局部灭绝，或是全球性的灭绝。这些变化很大程度上是对特定物种和大小等级选择性移除造成的，即直接影响，但也会通过物种间相互作用进一步放大，间接地影响其他生物。

丰度和生物量的变化

从一个生物群落中移除个体的最直接效应是目标物种丰度的降低，以及不幸被捕捞的副渔获物的数量减少。这种"捕捞降低"累积生物量是对海洋生态系统的重大操控，但也是一个有意为之的策略，避免种群达到其环境容纳量。这是明智的策略，因为在低到中等丰度时，种群增长率要高于高丰度时的增长率，而在丰度较高时，对有限资源的竞争强度会增加。在理论上，这种被称为过剩产能的生产力可以通过降低生物量的渔业活动消耗，而不会进一步降低其物种丰度。这一原理被称为"持续渔获量"。渔业理论的一个中心理论是，在种群生物量较低或中等时，能够获得"最大持续渔获量"（maximum sustainable yield，MSY），此时的生物量也被称为最大持续渔获量的生物量（B_{MSY}），通常为捕鱼前种群生物量的30%~50%。但在渔业科学领域之外，人们通常不接受生物量如此剧烈地减少是渔业管理为达到最大产量而有意为之的结果（Ludwig et al.，1993）。不过，生物量的实际减少程度因群落而异。除了其他因素，种群中未被捕捞生物量的衰竭程度，还取决于对其开发利用的历史和强度、管理效率及物种的恢复力。对具有较长开发利用历史的物种来说，与捕捞前的基线相比，平均生物量下降了80%~90%（Lotze and Worm，2009）。衰竭的物种包括许多海洋哺乳动物、海龟、海鸟和大型捕食性鱼类（图20.5）。

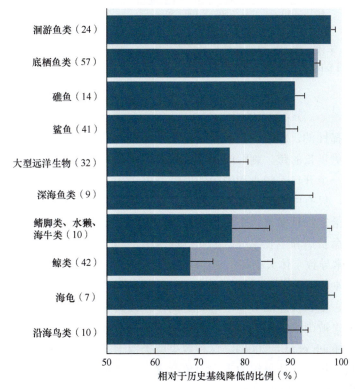

图20.5 主要被开发利用物种组相对于历史基线的生物量衰竭程度。灰色条带表示一些物种组最近恢复的尺度，误差条指的是1个标准误差（仿自 Lotze and Worm，2009）

即便是那些被认为管理良好的当代渔业，也会对生物量产生巨大影响，因为管理最大持续渔获量的一个主要目标就是从生态上移除种群生物量中的很大一部分，即50%~70%。例如，在20世纪50年代到60

年代，首次在公海大规模捕鱼的大洋延绳钓渔业就是这样做的。这些渔业的记录使我们能够估算早期渔业调查时的基线丰度。例如，Ward 和 Myers（2005）分析了中太平洋早期延绳钓调查的数据，该调查的目的是对该区域大规模商业渔业开发前做理论上的"测试"。他们将调查数据与近期同区域的延绳钓渔业数据做了对比，结果如图 20.6 中所示。根据每 1000 钓标准化后的数据，鱼类丰度下降了 90%（Ward and Myers，2005），这也验证了之前全球大洋和海底渔业的研究结果（Myers and Worm，2003）。他们还发现，鱼类平均大小大幅降低，大型鲨鱼和金枪鱼，如镰形真鲨和大眼金枪鱼转变为个体较小、生长快速的物种，如鲣鱼和鲳鱼等，换言之，后者的丰度在增加（Myers and Worm，2005）。这种大小结构的转变较为常见，将在下一节中讨论。

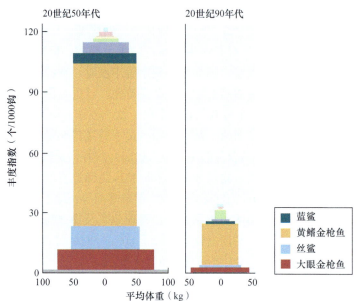

图 20.6　20 世纪 50 年代到 90 年代，中太平洋捕食性鱼类群落的丰度、平均体重和物种构成的变化。注：每个条带代表一个物种，但只有 50 年代丰度最高的 4 个物种以图例表示（仿自 Ward and Myers，2005）

大小与年龄结构的变化

　　大部分渔业是大小选择性的，即它们只捕捞一定大小范围内的个体。例如，大鱼钩上使用大鱼饵，钓的是大嘴鱼，也就是更大更年长的鱼。刺网或拖网的网眼大小是为了选择一定大小的鱼，而让更小的鱼能够逃脱。捕龙虾的渔笼有一个开口，较小和中等的龙虾能够进入，而较大的龙虾得以幸免，而且，小的龙虾还能从开口处再次逃脱，只有中等个头的龙虾留在虾笼中。因此，捕捞压力对群落中不同大小等级的个体并非均匀分布。对一个给定物种而言，个体大小与年龄有关，而对于不同物种来说，个体大小还与其他的生活史特征有关，如寿命长短和生长率等。因此，群落中不同年龄组和生活史特征的个体所面对的捕鱼压力也不同。这种压力常常导致个体大小和年龄结构的剧烈变化，更大更老的鱼变得越来越少，而寿命长、生长缓慢的物种比其他物种衰竭得更快。同样，从最大持续渔获量的理论来看，这种沿大小结构"向下捕捞"是可取的，因为个体较小、生长快速的鱼类生产力更高，在比其更大的捕食者衰竭时，存活更好。但与此同时，有证据表明，这种"被削去顶端的群落"的稳定性和弹性都有所下降，因为其年龄组和大小级别及生活史的多样性都更低（Hsieh et al.，2006）。这种效果就类似于在林业中将成熟的多层树林转变为树种单一、生长快速、树龄较低的树木。从单纯的生产力角度来说，这也许是称心如意的，但这样的森林群落更容易受到环境变化的影响，稳定性也较差。

物种构成和多样性的变化

　　对特定个体选择性地移除，必然改变群落中的物种构成，而且大多时候，会改变物种多样性。捕鱼压力越是偏向特定物种，或是特定物种组，物种构成变化就越大。通常，随着时间的推移，在被捕捞的群落中，那些对捕捞方式特别脆弱（具有高"可捕性"）的物种，或是对额外死亡恢复力较低的物种，总是会先消失。这样的物种包括鲨鱼、鳐鱼、海龟和哺乳动物，它们大部分都易于捕捉，很快被消灭，恢复又慢。在极度开发利用的生态系统中，从生长缓慢的物种向生长快速的物种转变十分常见（Jennings and Kaiser，1998），这其中有选择性渔业的原因，也有的是脆弱性差异造成的，还有"灭绝风险"一节中所讨论的物种间相互作用放大的结果。

在很多情况下，物种构成的转变会使营养结构偏斜，这种现象也被称为"沿食物网向下捕捞"（Pauly et al.，1998）。渔业会首先捕捞高价值的物种，这些物种很多都是大型的、处于食物链上层的动物。然后，渔业才会转向体型较小的物种，这些物种通常处于食物链的下层。在这里，"向下捕捞"是指沿营养级递减地衰竭，正如在大西洋西北部区域所观测到的（Pauly et al.，2001）。而"一网打尽"是指不需要先耗尽顶级捕食者资源，在整个食物网内持续地扩大捕捞强度的模式（Essington et al.，2006）。在全球尺度上，"一网打尽"比"向下捕捞"更为普遍，但这两种模式都会在大尺度上重塑海洋食物网（Essington et al.，2006；Branch et al.，2010）。

物种多样性的变化也是捕鱼的一个重要后果，但对其定义却有不同的方式。其最基本的形式是某个物种局部灭绝造成当地物种丰富度的下降。如果无法对群落完全调查，而局部灭绝无法证实，就需要观察随机抽样时物种数量增加的速率。通过"物种累计曲线"能够显示群落的结构和多样性。例如，对于大洋群落来说，我们可以计算大洋延绳钓获取的群落随机子样本的物种数量。由于这种捕鱼方式遍布大洋，并且有很好的时间序列记录，我们就能从中推算出全球多样性格局的时间变化（图 20.7）。这种方法揭示了大洋生物群落物种丰富度在随时间下降（以每 50 个随机抽取个体标准化），而脆弱性物种变得稀少（Worm et al.，2005）。这种局部的稀少，至少在一定程度上，归咎于物种分布范围的缩小，以及脆弱物种的局部灭绝，如大西洋蓝鳍金枪鱼在其部分分布范围内的灭绝（Worm and Tittensor，2011）。

另一种观察多样性变化的方法是通过物种—面积曲线，即物种累计数量随抽样面积不断增大发生的变化。物种—面积关系可以用幂函数 $S=cA^z$ 来表示。其中，S 是物种的数量，A 是面积，c 是拟合常数，而 z 代表对数—对数空间中的斜率，即多样性随面积累计增加的速率。尽管其他一些函数形式也可用于拟合物种—面积数据，但幂函数是最常用的，而斜率参数 z 已被用于陆地生态保护研究，以估算因生境丧失（Pimm

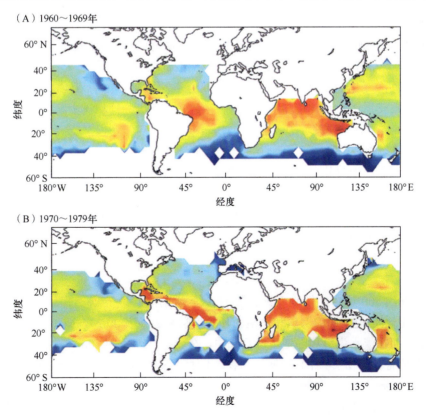

（A）1960～1969年

（B）1970～1979年

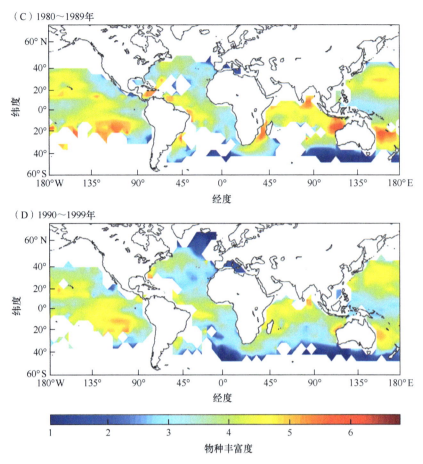

图 20.7　1960～1999 年金枪鱼和旗鱼物种丰富度的全球变化（每 50 尾鱼中的物种数量）（仿自 Worm et al.，2010）

and Raven，2000）或气候变化（Thomas et al.，2004）所导致的灭绝率。对四个洋盆中捕鱼和不捕鱼地点的分析显示，随着捕鱼压力增大，这个斜率的值下降，这意味着生物多样性的空间格局受到捕鱼的影响（Tittensor et al.，2007）。物种丰富度、相对丰度和斑块占有率等的变化都是造成这种格局的原因。因此，物种—面积曲线是生物多样性在群落上发生变化的一个敏感指标。

最后，生物多样性的变化通常都可用一系列多样性指数来衡量，如香农-维纳多样性指数、马加利夫（Margalef）丰富度指数或 PieLou 均匀度指数等。这些指数都有随机抽样和样本间抽样努力均等的前提假设，因此只适用于有良好抽样设计的研究。通过这种设计，De Boer 等（2001）发现，与捕鱼压力较低的地方相比，大量捕鱼的热带河口物种丰富度和多样性更低，几乎没有食鱼性的捕食者存在，而更多的是小型鱼类，从而出现物种均匀度较低，少数几个物种占优的情况（de Boer et al.，2001）。其他一些大多在热带地区开展的准实验性研究反映了相似的结果，说明捕鱼对鱼类多样性具有重要影响（Jennings et al.，1995；Micheli and Halpern，2005；Tittensor et al.，2007）。与这些结果相一致，在受保护的区域内，特别是禁渔的保护区，物种多样性会普遍增加（Worm et al.，2006）。

灭绝风险

在现代，即最近约 500 年中，很少有海洋物种在全球灭绝。世界自然保护联盟濒危物种红色名录（IUCN Red List）被认为是最全面的濒危和灭绝物种的信息来源（表 20.2）。截止 2013 年初，共有 18 种海洋生物被宣布灭绝，而在淡水生境和陆地生态系统中，分别是 226 种和 506 种。已灭绝的海洋生物主要是鸟类（8 种），其次是哺乳动物（4 种）和软体动物（4 种）。斯特拉海牛（*Hydrodamalis gigas*）、拉布拉多鸭（*Camptorhynchus labradorius*）和鳗草帽贝（*Lottia alveus*）都是著名的例子。然而，这些动物属于科学家广泛关注的物种组，如海洋哺乳动物、鸟类和软体动物。可以想象，大量海洋无脊椎动物在无人关注的情况下就已灭绝。但鱼类不存在这种情况，因为鱼类得到了广泛的研究。很多淡水鱼类已经灭绝，但真正的海洋鱼类还没有，有一种灭绝的鱼——新西兰的尖吻南茴鱼（*Prototroctes oxyrhynchus*），曾生活在这两种环境之中。但很多海洋物种，包括鱼类，由于数量和分布范围的减少，已经局部灭绝和全球濒危。根据 IUCN 红色目录已评估及缺乏数据的统计，濒危物种所占比例由低到高分别是真骨鱼的 9% 和海洋哺乳动物的 38%（表 20.2）。这种濒危比例与陆地和淡水生境中的相类似，也意味着对海洋不同物种组来说，都面临严重的灭绝风险（Dulvy et al.，2003），包括大部分鱼类（Reynolds et al.，2005）。一方面，生长缓慢的鲨鱼和鳐鱼早已被认为是濒危物种（Manire and Gruber，1990）；另一方面，甚至一些数量很丰富、分布很广泛的物种，如金枪鱼和旗鱼，鱼群生物量（Juan-Jordá et al.，2011）和物种分布范围（Worm and Tittensor，2011）都出现了严重下降，从而被认为受到灭绝威胁（Collette et al.，2011）。

表 20.2　海洋动物的濒危等级

IUCN 分级	哺乳动物	海鸟	爬行动物	硬骨鱼	软骨鱼	软体动物
灭绝（Extinct，EX）	4	8	0	1	0	4
极危（Critically endangered，CR）	3	25	5	35	25	6
濒危（Endangered，EN）	12	54	3	35	37	14
易危（Vulnerable，VU）	17	86	5	158	115	17
近危（Near threatened，NT）	9	72	4	74	132	12
无危（Least concern，LC）	44	590	47	2225	272	185
数据缺乏（Data deficient，DD）	46	4	25	662	487	249
总计	135	839	89	3190	1068	487
受威胁的物种（不包括 DD 物种）	37.6	20.0	20.3	9.0	30.5	15.8

引自：IUCN，2013

对于体型硕大、生长缓慢的动物来说，如海洋哺乳动物、海龟和软骨鱼类（如鲨鱼、魟鱼、鳐鱼和银鲛等），灭绝风险尤其高。如前一节所述，由于其巨大的体型，这些物种对大部分渔具更加脆弱，而且总体来说，其种群丰度较低，由于"缓慢"的生活史，对捕鱼的弹性较弱。如今，要降低软骨鱼类的捕鱼死亡率，不仅要减少副渔获物的误捕，更要减少高回报的鲨鱼的直接捕捞，这对渔业管理是一个重大挑战（Worm et al.，2013）。

直接影响的总结

总之，捕鱼的直接影响导致群落生物量的大量减少，特别是更大、生长更为缓慢的物种。一些物种甚至会完全消失，导致局部灭绝和物种丰富度的降低。而且，通常我们都能发现群落的大小和年龄结构向着更小、生长更快速的大小级别和年龄组转变。这些变化能够增加群落的生产力，却导致更大的变动和稳定性的丧失。捕鱼的直接影响同时伴随着间接影响和相互作用连锁反应，将在下一节中讨论。

对生态系统的间接影响

本节我们将重点介绍捕鱼的直接影响如何通过食物网传播，如何从根本上改变了物种构成、生境结构和生态系统功能，超出了从直接影响所能预测的范围。

自上而下的作用和营养级联

对高营养级物种的开发利用，如海洋哺乳动物、鲨鱼和其他大型鱼类，会产生自上而下的影响。如果这种影响能够沿着两个以上的营养级传播，我们就将这种连锁的相互作用称为营养级联。一个经典的例子是为了获取其珍贵的皮毛，对美国阿拉斯加州阿留申群岛上海獭（*Enhydra lutris*）的开发利用（Estes and

Palmisano，1974）。海獭的死亡导致其喜欢的食物——海胆的数量大量增长，这种现象也被称为猎物释放。随着海胆数量的增加，曾经苍翠繁茂的大型海藻林由于受到强烈植食压力而开始消失。而当海獭受到保护不被捕杀与数量增长之后，这种营养级联现象反转了。但在虎鲸（*Orcinus orca*）学会捕食海獭的地方，这种营养级联再次反转，当然只是在局部一些地方，海獭的数量再次减少，造成海胆数量增长，从而移除了海藻林（Estes et al.，1998）。据猜测，虎鲸的这种捕食行为转变是该海域的北海狮（*Eumetopias jubatus*）数量急剧减少造成的。有人认为，海狮数量的下降是对其猎物过度捕捞造成的（Atkinson et al.，2008）。但也有人认为，这是因为商业捕鲸的活动，迫使虎鲸将其食物从鲸类转向鳍脚类（Springer et al.，2003）。尽管其确切机制仍存有争议，但这个例子说明，对食物链中高营养级特定目标物种的过度利用，能够以复杂的方式影响到低营养级的生物，造成整个生态系统的改变。

　　现在有强有力的证据表明，在沿海和陆架海域，捕鱼造成了营养级联反应（Baum and Worm，2009）。大型顶级捕食者对中级捕食者会产生强有力的影响。这些较小的食肉动物往往受到更大的捕食者的约束，如鲨鱼。一项在美国东海岸的渔业调查显示，自20世纪70年代以来，大型鲨鱼数量有下降趋势，如黑梢真鲨（*Carcharhinus limbatus*）、双髻鲨（*Sphyrna* spp.）和灰真鲨（*C. obscurus*），而其猎物与此同时有增长的趋势（图20.8）。这些猎物包括小型的鲨鱼，如大西洋尖吻鲨（*Rhizoprionodon terraenovae*）及蝠鲼，最明显的是大西洋牛鼻鲼（*Rhinoptera bonasus*；见图20.4B），在30年时间里几乎增长了十倍，估计约有

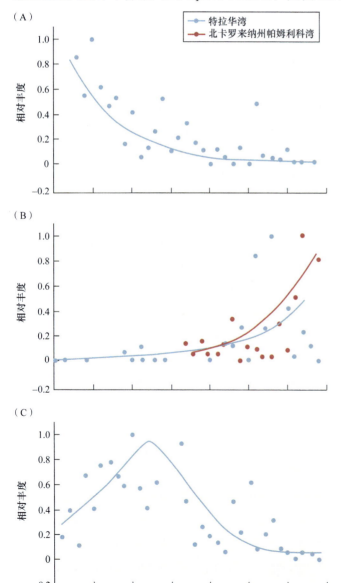

图20.8 一个营养级联的例子。（A）美国东海岸北卡罗来纳州大型鲨鱼数量的减少。（B）两个美国东海岸河口的牛鼻鲼（*Rhinoptera bonasus*）数量的增加。（C）北卡罗来纳州海湾扇贝种群的崩溃。数据被缩放到时间序列的最大值，因此在这里表示的是相对丰度（仿自 Myers et al.，2007；Heithaus et al.，2008）

4000 万尾。这一增长又与一些沿海贝类种群的崩溃相吻合。实验证明，很多贝类的死亡都是因为牛鼻鲼的过度捕食。这种连锁反应说明存在从鲨鱼到鲼再到贝类的营养级联作用，而这是大量捕杀后，区域性大型鲨鱼衰竭的意外后果（Myers et al., 2007）。

对牛鼻鲼和其他软骨鱼类种群快速增长的合理性存有争议。有人认为，部分数量增长是从外部迁入调查区域的鲼造成的。这种解释意味着存在"风险效应"，即被大型鲨鱼捕食的风险足以恐吓其猎物远离鲨鱼存在的生境（Heithaus et al., 2012）。如果鲨鱼被捕杀，这种风险效应消失，猎物种群的行为就会发生改变。观测和实验研究表明，这种对生态系统的风险效应可能至少与捕食者造成的死亡一样重要（Heithaus et al., 2008）。

另一种自上而下的相互作用被称为"营养三角"，会使捕食者和猎物的角色发生逆转（Walters and Kitchell, 2001；Minto and Worm, 2012）。一个著名的例子（图 20.9）是大西洋鳕（*Gadus morhua*）——一种大型捕食性鱼类，其主要猎物是底栖无脊椎动物，如虾、蟹和幼小的美洲螯龙虾（*Homarus americanus*），以及一些小型大洋鱼类，如大西洋鲱（*Clupea harengus*）、多春鱼（*Mallotus villosus*）和玉筋鱼（*Ammodytes*

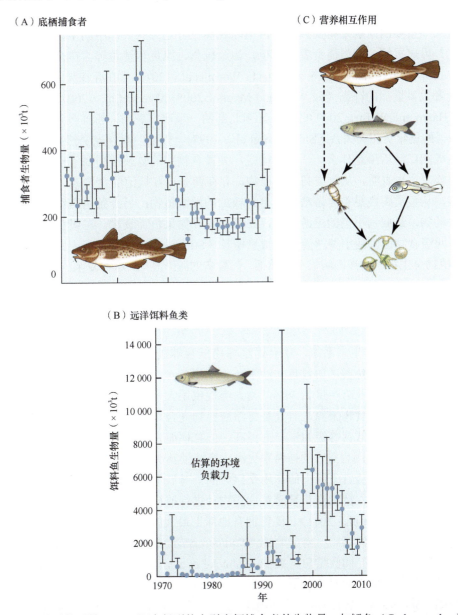

图 20.9　捕食者—猎物关系的反转。（A）调查得到的大型底栖捕食者的生物量，如鳕鱼（*Gadus morhua*）。（B）调查得到的远洋饵料鱼类的生物量，如鲱鱼（*Clupea harengus*）。误差条代表 1 个标准误差。（C）成体鳕鱼、鲱鱼、鳕鱼幼体、浮游动物和浮游植物之间的营养关系。由于鲱鱼取食鳕鱼幼体，当鲱鱼丰度较高时，它们能够延缓衰竭鳕鱼种群的恢复。实线表示直接（营养）相互作用，虚线表示间接影响（仿自 Frank et al., 2011） *americanus*）等。由于鳕鱼种群因工业化捕鱼而衰竭，其大部分猎物的数量开始增长（Frank et al.，2007）。在大西洋西北部大部分鳕鱼种群崩溃之后，虾和龙虾的数量猛增，支持了利润丰厚的渔业（Worm and Myers，2003；Boudreau and Worm，2010）。一些大洋物种的数量也猛增，例如，估计加拿大东部斯科舍陆架的大洋生物就从 200 万 t 增加到 1200 万 t（Frank et al.，2011）。有些大洋生物，如鲱鱼，因以鳕鱼的卵和幼鱼为食而闻名（Köster and Möllmann，2000）。因此，在鲱鱼和存活的鳕鱼之间存在微妙的关系，而这取决于二者的年龄——谁先出生（Minto and Worm，2012）。如果鳕鱼的丰度高，它就会"栽培"这个生态系统，使其更有利于自己的后代；但当鳕鱼数量较低时，其猎物扮演着同样的角色，通过降低鳕鱼幼体的存活率来维持生态系统。这种现象也许能够用来解释为什么在 20 世纪 90 年代以来禁捕鳕鱼之后，却没有观察到鳕鱼种群的恢复（图 20.9）。只有在鲱鱼数量超过了其自身食物供应量并崩溃之后，鳕鱼和其他大型底栖鱼类才开始恢复（Frank et al.，2011）。鲱鱼的影响还会延伸到它们的主要猎物——桡足类浮游动物，并进而影响到浮游植物，从而形成一个经典的四级营养级联（Frank et al.，2005）。在波罗的海（Casini et al.，2009）和黑海（Daskalov，2002）也发现类似的营养级联的例子，这也许是被过度开发利用的陆架海域生态系统的一个主要特征（（Frank et al.，2007；Baum and Worm，2009）。

然而，还有一个重要的问题未得到解答，占地球表面三分之二的大洋中的生物群落是否也因受到捕鱼而发生类似变化？毋庸置疑，大型捕食者的数量，如金枪鱼、旗鱼和鲨鱼等，在全球大部分海域都急剧下降（Myers and Worm，2003；JuanJordá et al.，2011；Worm et al.，2013）。在存在详细调查数据的地方可以发现一些中级捕食者数量增加的证据（如 Ward and Myers，2005；Myers et al.，2007），但几乎没有证据支持产生营养级联（Baum and Worm，2009）。太平洋东北部的一项研究表明，粉鲑数量、浮游动物和浮游植物密度之间存在显著的逐年负相关关系（Shiomoto et al.，1997）。然而，科学家仍然不清楚大洋中大型移动捕食者的衰竭会造成的广泛后果是什么。一种可能是，大洋食物网的复杂性削弱了捕捞顶级捕食者所传播的确定性影响。实验研究也表明，从鱼类到浮游植物，存在两条相互抵消的食物链（Stibor et al.，2004）：一条是三级食物链，从鱼类到桡足类浮游动物，再到较大的浮游植物；另一条是四级食物链，从鱼类到浮游动物，再到原生动物，最后到小型的浮游植物，二者兼有。如果鱼类衰竭，三级食物链会造成大型浮游植物数量降低，而四级食物链则使小型浮游植物数量增长（Stibor et al.，2004）。因此，即便鱼类丰度发生很大变化，对浮游植物总生物量的净影响很小。然而，在真实的海洋之中，这种复杂的相互作用是如何运作的，仍然没有答案。

自下而上的影响

渔业不仅从顶端改变海洋生态系统，还会通过捕捞低营养级的"饵料"物种对其产生自下而上的影响。这些物种包括小型的大洋鱼类，如鲱鱼、沙丁鱼和凤尾鱼，以及一些无脊椎动物，如鱿鱼、虾和磷虾等。这些饵料物种共占全球渔业总产量的 30%，为人类提供了大量食物来源。这些饵料物种也是海洋哺乳动物、海鸟和大型鱼类的重要食物来源，而且是将浮游植物光合作用产生的能量向更高营养级传递的重要渠道。近期的研究表明，尽管低营养级的生产力更高，但总体而言，其衰竭的严重程度与高营养级没有分别（Pinsky et al.，2011）。这是因为对它的捕捞率更高，抵消了其快速生长率。

衰竭的饵料物种对高营养级自下而上的作用是巨大的。对五个具有大规模饵料渔业的生态系统的一项综合建模研究发现，为获取最大持续渔获量而对这些物种进行捕捞，会对其他物种产生严重影响，特别是海洋哺乳动物和海鸟（Smith et al.，2011）。秘鲁拥有地球上最大的单一物种渔业，在对秘鲁鳀（*Engraulis ringens*）大量捕捞之后，造成海鸟——南美鸬鹚（*Phalacrocorax bougainvillii*）、秘鲁鲣鸟（*Sula variegate*）和秘鲁鹈鹕（*Pelecanus thagus*）的数量急剧减少（Jahncke et al.，2004）。通过对凤尾鱼、海鸟和渔民的生态作用建模，可以清楚地看出渔业对海鸟影响的程度（图 20.10）。同样地，南部非洲本格拉上升流生态系统中的斑嘴环企鹅（*Spheniscus demersus*）的环境承载力也因渔业对其食物的竞争而降低（Crawford et al.，2007）。总的来说，当渔业目标是食物网中高度关联的物种时，如凤尾鱼、磷虾和一些小型大洋鱼类，对高营养级的影响尤为严重。因此，对饵料物种的适量捕捞是生态系统管理中的一个重要问题（见"管理的参考基准点"小节）。

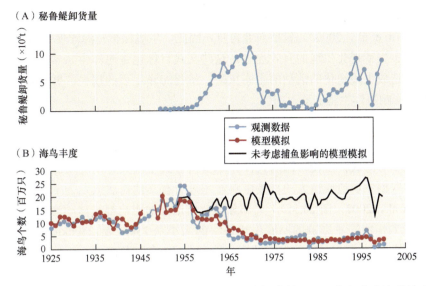

图 20.10　捕鱼自下而上的影响。（A）秘鲁鳀（*Engraulis ringens*）的卸货量。（B）秘鲁上升流系统中的海鸟丰度（仿自 Jahncke et al.，2004）

对生态系统功能的影响

　　生物量与物种构成的变化，以及多样性的丧失等对生态系统功能的影响是巨大的。如"大小与年龄结构的变化"小节中所述，所发生的向更小物种和个体的转变，需要更高的生长率和生物量的周转率。有时，这种变化是渔业管理者为了增加持续渔获率而有意为之。然而，这些变化也会使生态系统面对环境波动时更为脆弱，并降低其时间稳定性（Hsieh et al.，2006）。多样性的降低，无论是在某个物种内部还是整个群落，都有相似的影响，这主要是由于响应多样性的丧失，而物种性状的总和有助于群落应对变化的环境条件（Elmqvist et al.，2003；Schindler et al.，2010）。生物量和多样性的丧失通常还会造成长期生产力的损失（Tilman et al.，2012）。这种损失导致生态系统产品和服务的流动减少，如渔获量。而取决于衰竭或消失的特定物种，其他生态系统服务，如水质和营养物质循环也常常受到损害（Worm et al.，2006）。幸运的是，这些变化似乎是可逆的。如果对海洋生态系统进行有效的保护，群落的生物量、多样性、生产力和稳定性都能增长（Worm et al.，2006），通常在 10 年或更短的时间之内增加（Halpern and Warner，2002）。

间接影响的总结

　　总之，捕鱼对生态系统有着一系列间接的影响，而物种间相互作用的变化会导致这些影响。顶级捕食者的衰竭会产生自上而下的级联作用，在很多沿海和陆架海域生态系统都有体现。有时，这种自上而下控制的变化会使捕食者与其猎物之间的关系逆转，从而形成新的食物网结构和优势种模式。对小型饵料鱼类、磷虾或鱿鱼等低营养级物种的捕捞也会自下而上地改变食物网。主要以饵料物种为食存活的海鸟和海洋哺乳动物所受影响最为严重。捕鱼的直接作用和间接作用都对海洋生态系统的功能产生影响，过度开发利用造成了生产力和稳定性的下降。现有证据表明，在恰当的管理之下，许多这些变化是可逆的。我们将在下一节中讨论捕鱼或其他活动的另一种可能改变或破坏海洋生境的影响。

生境丧失和转变

　　某些捕鱼活动，以及其他一些人类活动，会造成海洋生境的退化或破坏。由于大部分海洋生物在其生活史的一定阶段都依赖于特定的生境，对生境的这些影响就会造成多种生态效应。幼虫定植的适宜基底、幼鱼育苗场，以及成体觅食和产卵地都是生物生存的必需生境。这些生境包括占全世界海底 80% 的软质基底、岩石露头或生物生境，如盐沼、海草床、海藻林、珊瑚礁、贝床及红树林等。生境丧失、改变和破碎化都是海洋生物多样性的主要威胁（Sih et al.，2000；Dulvy et al.，2003；Lotze et al.，2006），并损害生态系统服务的供给（Worm et al.，2006），包括渔业自身。因此，生境保护是海洋保护与管理的一个主要目标，而恢复正在成为替换丧失或退化生境的有效途径。这些实践目标也是海洋生态学家的契机，借以检验和应用生态学理论，估算造成生境退化的活动的生态风险，量化海洋生境的损失，并显示这种损失会如何通过直接作用和间接作用影响海洋生物群落。

渔业造成的生境干扰

渔业主要影响底栖（海底）生境，因为大洋和冰雪覆盖的生境具有高度动态性，通常能够从干扰中快速恢复。捕鱼对海洋底栖生境造成巨大的直接影响，超过所有其他自然或人为干扰，除了飓风和缺氧造成的"死海"（Kaiser et al.，2002；图20.11）。大部分渔业所造成的影响都与移动渔具有关，主要是拖曳海底的底拖网和捞网。受到拖网严重影响的海底生境斑块的大小从 $25km^2$ 到 $2400km^2$ 不等（NRC，2002），据估计，总计有75%，或2000万 km^2 的陆架海域至少被拖曳过一次（Halpern et al.，2008）。美国东北部的很大一部分海域平均每年被拖 3～7 次（Auster and Langton，1999），波罗的海和丹麦北海地区分别有35%和71%的海底每年至少拖网一次（Thrush and Dayton，2002）。因此，海底任何靠近渔港的地方几乎都被拖网捕鱼过。这是因为人类已经使用拖网捕鱼超过两千年，从小型独木舟到帆船，再到现在 10～100m 长的柴油动力渔船。

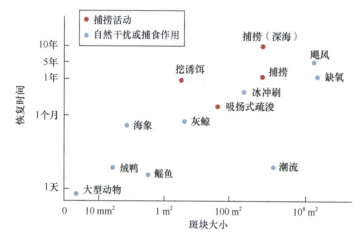

图 20.11 捕捞规模及对海洋生境的其他影响。图中显示了受不同类型干扰的斑块大小和恢复率。图中包括了各种形式的捕捞活动，以及自然干扰，如捕食效应和其他物理干扰源（仿自 Hall，1994；Kaiser et al.，2002）

现代的拖网宽 10～25m，主要用于捕捞比目鱼（如太平洋大比目鱼和鳎鱼），以及其他底栖鱼类，如岩鱼、蛇鳕、无须鳕或鳕鱼，还有虾，有时是螃蟹。桁拖网的网挂在一个刚性的桁架上，可以被牵引着拖过海底。桁架上还挂有被称为"痒痒挠"的铁链，在海底不断地碰撞，以惊吓底栖动物使其离开海底进入网内。网板拖网使用两个翼状的钢制或木制网板（或门板）作为支撑，使网口张开形成漏斗形，但也会在沉积物划出沟槽或使其重新悬浮（见图20.4A）。最大的网板拖网的底下部分——网板、绳索和网等可达 200m 长，当拖曳通过海底时，对底部生物群落造成持久的破坏。

捞网造成的破坏更大，因为它能挖入基底以清除其中的动物——大部分是双壳类动物，也包括蟹、鱼和棘皮动物等。和拖网一样，捞网通常捕获大量副渔获物。吸扬式捞网将水注入沉积物以清除埋藏较深的贝类，这会完全破坏砂质基底，移除水下植被，使大面积的周边群落被再悬浮的沉积物所覆盖（NRC，2002）。一系列其他捕捞方式，包括诱笼和底延绳钓，也会对海底生境造成干扰，无论是线和绳缆在常规捕捞活动中拖曳或是渔具落在海底或丢失（Donaldson et al.，2010）。特别是使用炸药或毒药从复杂的珊瑚礁生境捕获鱼类的毁灭性方式，给造礁珊瑚的三维结构造成持久的破坏。

其他形式的生境干扰

海洋生境受到多种其他人类活动影响。主要威胁是土地复垦、海岸带开发、污染和富营养化等造成的沿海湿地丧失。来自陆地径流的沉积、海滩开发和疏浚都对附近的岩岸生境和珊瑚礁造成威胁。物种入侵、船运和旅游业会产生进一步干扰。水产养殖是世界上增长最快的粮食生产产业，也会使沿海生境退化或造成破坏，例如将红树林改造成养虾场（Naylor et al.，2000）。珊瑚和其他生物礁还受到海洋酸化的影响，因为其大部分生物结构都由对酸碱度敏感的霰石和碳酸钙组成。一些潮间带和近海生境受到全球气候变化的威胁，特别是海平面上升。在大陆架、大陆坡和深海，生境及其生物群落受到石油勘探和开采、采矿、倾倒废弃物、铺设通信电缆等的干扰。最近，甚至有人提出，将深海底栖环境作为人为排放二氧化碳的填埋场。所有这些人类活动，使得海洋环境的异质性日益减少，结构复杂的物理生境和生物生境也越来越少。

许多生境既受到自然干扰也受到人类影响，而有些时候非常难以区分二者的作用。生态学家通常使用抽样调查、实验或二者结合的方式。对现有数据的元分析被用于研究人类活动在大时空尺度上的影响，这些数据包括历史记录，以及从其他学科获取的数据，例如人类学（Lotze et al.，2006）和古生物学（Pandolfi et al.，2003）等。研究一个单一的、无法复制的干扰的生态影响，例如在珊瑚礁上建设机场，或在热液口采矿，这对传统方法来说是个难题。这种情况下，可以使用 BACI（Before-After-Control-Impact）评估设计方法（Schmitt and Osenberg，1996）。这种实验设计包括一系列样本，在计划的干扰之前和之后，实验组和控制组相互成对（BACIPS）。最完整的生态影响评估设计包括生态风险建模。其中，对潜在风险的计算机模拟实验与 BACIPS 抽样设计以及后续实验相结合，以检验有关群落影响的特定假设（Peterson and Bishop，2005）。这种研究方法已被用于揭示对生境干扰的直接和间接影响。

渔业对底栖生境的直接影响

渔具造成的生境变化也许是对海洋生境最大的威胁，但却少有人知，因为大部分都未曾被观察过。在收集足够的基线数据之前，大部分海域就已经被拖网或其他方式捕捞过（Jackson，2001；Jackson et al.，2001）。此外，捕鱼的大空间尺度（图 20.11）也超出了我们观测的能力。例如，在 1990～1994 年，缅因湾的大部分海域都曾因捕捞扇贝而被拖网或捞网捕捞过（Auster and Langton，1999）。如此大的捕鱼规模使得难以选择受捕鱼影响较弱的区域，只能寻找生态上相似的未捕海域作为研究捕鱼影响的对照组。最后，如果生境受到自然扰动，就难以检验捕鱼的生态影响，特别是风暴或大的风浪事件，能够极大地影响底栖生物群落，甚至在 1000m 水深处（NRC，2002）。不过，过去四十年的研究已经揭示了许多渔业活动干扰生境造成的生态影响。

尽管在评估渔业影响上存在一些实际困难，而且不同地点之间存在很大差异，但显然，一些渔业活动会对底栖生物群落产生重大的直接影响。这些影响包括：①消除了生物和物理生境的结构，降低底栖生物群落的物理复杂度；②生物直接死亡，造成物种的丰度、生物量和多样性下降；③渔具打伤或杀死的生物吸引了以之为食的移动捕食者和食腐动物，使其数量增加；④底栖生物的平均大小和预期寿命减少；⑤小型无脊椎动物的数量增加；⑥受影响区底栖无脊椎动物和鱼类的次级生产力下降（有时会增长）。一系列综述文章都汇集了这些影响的证据（Watling and Norse，1998；Collie et al.，2000；Kaiser et al.，2002，2006；Crowder et al.，2008），这些综述综合了数百篇同行评审的科研成果，但主要侧重于较浅的软质基底生境，对珊瑚和其他营造生境物种的生态影响仍需进一步研究。

大型穴居底内动物和底栖鱼类，如鳐，能够在软质基底上造成微小的地形变化和异质性，而捕捞活动会改变软质基底生境的这些物理特征，降低这种微弱的异质性。拖网捕捞研究的结果与一般的生态理论对物理干扰对底栖群落结构影响的预测相一致（Peterson and Estes，2001）。生态学理论认为，在受到低级别干扰的群落，干扰强度或频率的影响最大。这种群落以较大和较老的生物为主，世代时间更长，因此从干扰中恢复的能力相对较弱。相对未受干扰的群落通常也被称为演替后期群落，因为它们在先期干扰之后经历了一系列自然物种更替的变化或演替。这种演替过程通常会因优势种竞争空间或其他资源而淘汰弱势种，并由于正相互作用而建立新的物种，如互惠共生和促进作用，特别是可以营造生境的基础种（Bruno and

Bertness，2001）。

　　如果底栖生物群落受干扰频繁或强烈，演替后期物种通常会被具备较强移动能力的底栖鱼类和无脊椎动物所代替（Lenihan and Micheli，2001）。这些动物包括食腐动物，例如蟹、虾、片脚类和腹足类等，它们会攻击被过往渔具移动或伤害的生物。中等干扰区域，或是正从干扰中恢复的区域，有时会吸引大量的捕食性或食腐性底栖鱼类——这种模式会使受渔业干扰的海底的渔获量高于未受干扰区域（Kaiser et al.，2002）。受高度干扰的群落通常由较小的、穴居较浅的底内动物所组成，这些物种能够快速定植，因为它们或是具有大量漂浮幼体，或是世代时间较短的孵化物种。早期的定植者，或"机会种"，主要是各种蠕虫类无脊椎动物，特别是线虫、寡毛类，以及一些多毛类蠕虫（Lenihan and Oliver，1995）。许多机会种身体较小且柔软。它们在竞争空间上处于劣势，且易被捕食者取食，包括比目鱼和较大的端足目动物。然而，这些机会种往往对低氧状态有较高的耐受性，在物理干扰造成的海底坑洼、沟槽会堆积一些细小的沉积物和腐殖质，容易造成低氧状态。在海底，这种缺氧的斑块通常是拖网的网板和捞网干扰造成的，或是自然的沉积物滑塌和冰山刮擦造成（Lenihan and Micheli，2001）。在被污染的区域也发现类似的机会种，特别是原油泄漏和污水流出口，因为这些化学干扰引入的有机物富集导致了沉积物缺氧（Lenihan et al.，2003）。

　　移动的、在海底拖曳的渔具对底栖生物群落改造的程度通常与捕鱼干扰强度（如拖网的次数和范围）、自然背景干扰的水平，以及基底类型有关。例如，图 20.12 显示了一个群落构成相对变化的概念模型，大型底上动物或大型藻类的相对损失就与这三个因素有关。在高频率自然扰动下，松散沉积物构成的生境要比砾石生境对拖网捕捞的反应更为微弱（Kenchington et al.，2001）。这是因为，生活在如波浪冲刷的沙滩等频繁波动、未固结沉积物中的动物，更适应周期性的沉积物再悬浮以及移动拖曳渔具造成的缺氧。这样的群落通常以机会种为主，捕鱼对其造成的影响不大；相反，有助于稳固基底的底上动物群落、造礁基础种群落，以及生境中其他经受低频率自然干扰的群落，如深海泥质基底群落，对捕鱼活动干扰特别脆弱。最后，通过改变生物个体的种群数量比例，即增加个体平均死亡率或迁出率，或降低繁殖率和迁入率，捕鱼干扰还会影响群落的构成和结构。

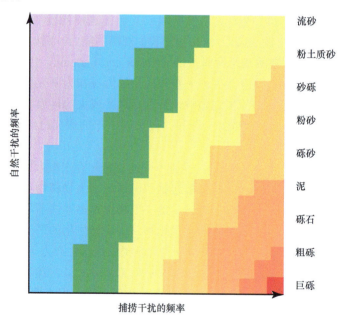

图 20.12　捕捞和自然干扰对底栖生物群落影响的概念模型。应变量是在底部捕捞导致底上生物和底内动物物种的丰度减少的百分比。应变量的等级从最低（紫色、左上）到最高（红色、右下）。自然干扰的频率与沉积物类型大致对应，但并非与粒径大小直接相关（仿自 NRC，2002）

　　一些捕鱼活动的最强烈直接影响是移除、杀死或干扰基础种（*sensu* Dayton，1972），例如珊瑚、大型海藻、海草或牡蛎等。这些物种创造了复杂的三维结构，给其他许多物种提供了生境。一些捕食者，如海獭，通过自上而下的营养级联影响底栖群落构成，间接地维持基础种（见"自上而下的作用和营养级联"小节）。

基础种有时也被称为生态工程师（Jones et al.，1994），因为它们能够营造生态系统结构。保护和恢复基础种是保护海洋生物群落结构与功能的有效途径（Coleman and Williams，2002；Byers et al.，2006）。

一种特别野蛮，直接干扰高度脆弱的基础种的方式是在珊瑚礁炸鱼和毒鱼。这种毁灭形式的捕鱼主要发生在非洲东部、印度尼西亚、菲律宾、泰国和其他东南亚国家（Fox et al.，2005）。据估计，世界上约有36%的珊瑚礁因过度捕鱼而被过度开发利用。破坏性捕鱼活动的额外胁迫使东南亚近56%的珊瑚礁处于崩溃边缘（Burke et al.，2002）。使用炸药或自制化肥炸弹炸鱼，可以非常廉价地杀死大量鱼类，然后从水面上捞取或潜入水底收集鱼。爆炸还会摧毁硬珊瑚创造的物理结构，而这种结构对维持鱼类多样性以及珊瑚种群应对白化（Lenihan et al.，2011）和长棘海星（*Acanthaster planci*）暴发（Kayal et al.，2011）的弹性至关重要。大致上，1kg 啤酒瓶炸弹会留下直径 1～2m 的碎石坑，杀死其中50%～80%的珊瑚。珊瑚礁的物理结构需要数十年才能恢复，这不仅仅是因为珊瑚生长缓慢，而且是因为爆炸形成的砾石堆和碎屑抑制珊瑚的定植和生长，从而阻碍珊瑚的恢复（Fox and Caldwell，2006）。毒鱼主要用于抓取活鱼，以供给观赏鱼和食品贸易。大部分这种活鱼在亚洲的餐馆里出售，以品尝其鲜美。渔夫潜入珊瑚礁喷射毒雾，通常是氰化钠或漂白剂，以毒晕礁缝里的鱼类，使其易于捕捉。这些毒药会使珊瑚白化或杀死珊瑚，从而对珊瑚礁生境造成永久性破坏（Sadovy et al.，2003）。

对基础种造成伤害的另一种方式是使用捞网收获牡蛎，就如在美国的大西洋沿海和墨西哥湾河口进行的那样。这种捕捞方式将原本高耸的、栖息着 300 多种鱼类和无脊椎动物的生物牡蛎礁夷为平地（Lenihan and Peterson，2004）。据估计，全球90%的牡蛎礁生境已被摧毁（Beck et al.，2011），主要由几百年来破坏性的捕捞造成（Lotze et al.，2006）。同样，在美国北卡罗来纳州的海草床捕捞蛤蜊也会对营造生境物种——鳗草（*Zostera marina*）造成负面影响（Peterson et al.，1987）。通过对比捕鱼和未捕鱼的海草床斑块，Peterson 等证明，捕捞蛤蜊造成大量海草死亡，无论是直接伤害和移位，还是通过沉积物再悬浮间接地影响。海草的损失导致大型无脊椎动物丰度长期下降，包括扇贝、虾、峨螺和蓝蟹等。捞网还会造成软质基底动物的物种丰富度下降，以及海草床本地鱼类种群数量的下降，如石首鱼和石鲈等。许多这种鱼类在渔业具有较高经济价值，并且是河口食物网中功能重要的消费者（Beck et al.，2001）。对捕捞蛤蜊的生态实验评估最终促使美国绝大多数州制定政策，禁止在海草床捕捞。

现在，捕鱼造成的生境退化和相关生态影响已达到非常深的海域。大约在 1950 年前，海底捕捞受限于 200m 水深，但随着大型工业化拖网的发明，已延伸至大陆坡和深海，可以达到 3000m 水深。捕捞大洋底栖鱼类，如大西洋胸棘鲷（*Hoplostethus atlanticus*）、大洋拟五棘鲷（*Pseudopentaceros wheeleri*）、鲉鲉属（*Sebastolobus* spp.）、红金眼鲷（*Beryx splendens*）、海鲂（*Pseudocyttus maculatus* 和 *Allocyttus niger*）和突吻鳕（*Coryphaenoides* spp.）等，这样的渔业是不可持续的（Ramirez-Llodra et al.，2011），少量已开展的深水底栖生境研究也发现捕鱼的影响巨大（如 Althaus et al.，2009）。深水拖网会影响底栖生物群落，如扰动沉积物，移除底内动物，破坏基础种。在大陆坡上拖网捕捞是深水群落沉积物埋藏的主要来源（Puig et al.，2012）。在地中海西北部一个海底峡谷出口附近，对拖网捕捞深海虾类（*Aristeus antennatus*）过程中产生的沉积物再悬浮和传输速率进行采样调查，并与没有拖网捕捞时的数据进行比较。结果表明，拖网捕捞造成下斜坡浑浊水流的急剧增加，并在深谷底部形成大量的沉积物。根据对在大陆坡上进行海底捕捞的全球格局的综合分析，Puig 等（2012）估计，拖网造成的沉积物扰动或"深海翻耕"，已成为大陆坡及其底部附近生境破坏的主要原因。

在全球范围内，大部分深海底部拖网是在软质沉积基底的大陆坡上，但一些海岭和冷渗泉上较小的、高度脆弱的生境和群落也被拖网捕捞过，对其生物群落造成巨大影响。这种影响对深海底栖生物群落尤为严重，因为其生产力一般都很低，而且很多生物都是寿命较长、种群生长率缓慢的物种。这些因素，再加上许多海岭之间相互隔断，极大地降低了深海群落对捕鱼干扰的弹性。深海捕捞最严重的影响是清除了基础种，例如深海珊瑚（图 20.13）和海绵，而它们都为其他物种提供了生境和庇护场所（Morato et al.，2006；Althaus et al.，2009）。

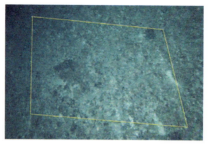

从未被拖网捕捞过，52%　　　　　　已停止拖网捕捞，3%　　　　　　仍在使用拖网捕捞，0.12%

图 20.13　在塔斯马尼亚南部不同海岭上重复实验拖网捕捞大西洋胸棘鲷（*Hoplostethus atlanticus*）对营造生境的石珊瑚（*Solenosmilia variabilis*）造成的影响。珊瑚床样本的照片是通过水下机器人在从未被拖网捕捞过、研究前 1 5～2 0 年就已停止捕捞，以及仍在持续捕捞的海岭上拍得。拖网捕捞区在海岭顶部相对较小的范围内维持上千个拖网渔具（仿自 Althaus et al.，2009；图片由 CSIRO 海洋与大气研究中心的 Alan Williams 提供）

其他生境退化活动的影响

除了捕鱼，还有许多人类活动对海洋生物群落造成直接影响，使海洋生境遭受破坏、退化和斑块化。大部分这些作用来自人类在陆地上的活动。一个显著的例子就是毁林、土地开发、湿地开垦，以及工业和城市的污水排放等。尽管一些活动，特别是修筑水坝，能够降低来自河流的泥沙输入，有效缓解从湿地和海滩获取建筑材料的活动，但许多海洋生境都受到过多沉积物的威胁。径流、侵蚀，以及海洋沉积物的再悬浮和传输等自然过程，将沉积物搬运到沿海地区，使河口、海滩和大陆边缘的软质基底大量扩张。大约 10% 的深海被自然陆地沉积物所覆盖，这些沉积物能越过大陆架，进入深海的下斜坡（Kennett，1982）。其他的深海沉积物主要来自生物物质的沉积，特别是浮游植物和浮游动物的残骸、海雪和透光带所产生的其他颗粒物。然而，在过去几十年中，人类造成的沉积物在沿海水体中大量增加，并导致浑浊度升高（Airoldi，2003）。当森林被砍伐用于薪材或农业和城市开发，沉积速率达到前所未有的地步。其他的沉积物直接输入来自工业和城市的污水排放，修建道路桥梁和隧道，为通航而进行的疏浚，海滩修复，以及将湿地和红树林转变为水产养殖场。人类活动还会间接影响对沿海沉积物的输入，例如由于移除了盐沼草、海草和牡蛎等重要基础种而加速了自然土壤侵蚀，而这些生物本可控制沉积物的分布；或者是因为改造岸线和汇水区，从而改变了水动力和基底的特征（Airoldi，2003）。例如，欧洲约 70% 的湿地都已被清除，许多岸线都为抵御海平面上升而增加了护坡（Airoldi and Beck，2007）。这些变化导致沉积物向岸线传输的速率大大增强。

在很多海洋生境都发现了沉积物增加造成的显著负面生态效应，如河口（Cooper and Brush，1991）、红树林（Ellison，1998）、海草床（Vermaat et al.，1997）、海滩（Bishop et al.，2006）、珊瑚礁（Rogers，1990）及岩岸（Airoldi，2003）等。例如，沉积作用通过掩埋、冲刷或其他方式改变基底表面的特征，并通过物理过程（如水动力）和生物过程（生物扰动）等，影响了岩岸生物群落的构成、结构和动态变化（Airoldi，2003）。泥沙或其他松软物质在岩岸基底上沉积的增加会阻止需要硬质基底生物的定植，例如大型藻类或固着无脊椎动物，因为它们通常不会选择在软质基底上定居。幼体如果在硬质基底上定植后又经受泥沙沉积则会因窒息而死亡，从而增加死亡率和降低补充率。沉积负荷还会造成成体死亡率的增加。例如，使珊瑚虫（Fabricius and Wolanski，2000）、巨藻（*Macrocystis pyrifera*；Reed et al.，1988）、牡蛎（Lenihan and Peterson，1998）或其他基础种窒息死亡，从而影响与其相关的生物。沉积作用增强还会造成固着滤食者和滤食动物的生长率降低，如贻贝和牡蛎，并降低大型藻类（Konar and Roberts，1996）及珊瑚共生藻的可用光。

某些情况下，群落可以控制沉积作用。例如，巨藻林、红树林和海草床能够截留沉积物，降低下游沉积物的沉积速率，而一些可以移动的无脊椎动物，如盐沼中的螺类，能够清除沉积物，从而开辟出硬质基底的斑块，使其他物种受益（Bertness，1984）。但在绝大多数情况下，沉积作用控制着群落的构成和结构。事实上，埋藏和冲刷，以及可用光和氧浓度的降低（包括有毒硫化氢的增加），往往会改变岩岸群落，使本可为共栖者提供复杂结构生境的演替后期的大型、更长寿命的物种，甚至是基础种消失。而这些物种被机会主义植物和动物所代表的群落代替，在岩岸，这些物种通常包括石莼属（*Ulva*）和其他草皮状大型藻类、虾形草属（*Phyllospadix*）海草、侧花海葵属（*Anthopluera* spp）和其他海葵、笠藤壶属（*Tetraclita*）藤壶，以及沙堡蠕虫（*Phragmatopoma*）。这些物种替代了耐受性较差的动物，如贻贝（*Mytilus*）和藤壶（*Semibalanus*），以及一些植物，包括泡叶藻（*Ascophyllum*）、紫菜（*porphyra*）、石花菜（*Gelidium*）、中叶藻（*Mesophyllum*）和掌形藻（*Palmaria*）等（Airoldi，2003）。因此，沉积对群落产生可观的影响。

远离沿海和陆架海域，深海生物群落受到许多除捕鱼、生境退化和沉积作用等之外的人类活动影响，而这些人类活动可能会相互作用，从而在大尺度上重塑这些脆弱的群落结构（图 20.14）。150 多年来，蒸汽轮船在海上穿梭航行，将燃尽的煤炭，称为炉渣，倒入海中，许多炉渣进入深海。现在，炉渣已占腕足类和海葵（如 *Phelliactis robusta*）所附着硬质基底的 50%，在深海平原广泛分布（Ramirez-Llodra et al.，2011）。和冰川沉积的石头一起，炉渣成为大陆坡和深海峡谷中丰富的硬质基底生境。与其他人类倾倒入深海的未爆炸武器、低放射性材料、药品和化学废物等一样，炉渣对一些物种来说是有毒的。尽管 1972 年制定了《防止倾倒废物及其他物质污染海洋的公约》，但仍有人继续违法倾倒，每年约有 640 万 t 的垃圾从船上倒入海中，包括木头、家具、水果蔬菜、碎肉、牛奶纸盒、舰船的废弃物、塑料袋、塑料瓶和废品等，这些垃圾大部分可以慢慢地降解成更小的碎片，但有时候也会降解成有害的碎片。在 1979～1992 年，约有 3600 万 t 生活废物通过驳船倒入美国东海岸的海水中，这些废物大部分含有毒性（Van Dover et al.，1992）。

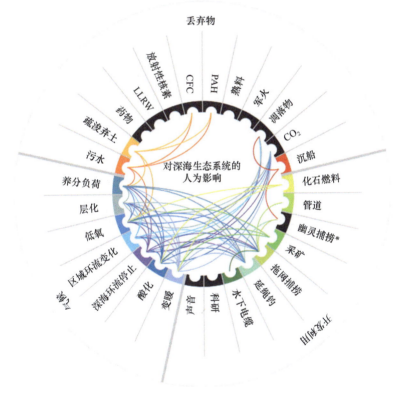

图 20.14　人为影响对深海生物群落的累积效应。连接不同影响的线表示当这些影响同时发生，会对生境或动物群落产生协同作用。LLRW（low-level radioactive waste）=低放射性废物、CFC（chlorofluorocarbon）=氯氟烃、PAH（polycyclic aromatic hydrocarbon）=多环芳烃（引自 Ramirez-Llodra et al.，2011）

在不久的将来，其他可能增长的深海干扰包括在海岭上开采富含金属的锰结核、富钴结壳，以及热液口的多金属硫化物矿床（RamirezLlodra et al.，2011）。这些硬质基底是管状蠕虫、贻贝、鳗、蟹和帽贝等热液口物种组成的群落的关键生境（Micheli et al.，2002）。例如，锰结核为中低生产力海域之下生活的底上动物补充提供了重要的硬质基底生境。这些深海生物群落通常与其他群落相隔甚远，从而降低其在干扰之后

---

* Ghost fishing 的原意为"遗弃、丢失或废弃在海洋中的渔具，因为困住猎物而不断地捕杀海洋生物，并且对生境和航行造成负面影响。"（参见 https://oceanservice.noaa.gov/facts/ghostfishing.html）。参考"Ghost ship"译为幽灵船，这里将其译为"幽灵捕捞"——译者

的再定植能力。最近，深海沉积物已被用作储存二氧化碳和甲烷的场所，在巴伦支海和北海，碳捕集与封存（carbon capture and storage，CCS）植物已经开始在海底 320～1000m 深处每年封存了 70 万 t 的 CO_2。碳捕集与封存是因为 CO_2 和甲烷在高压和低温条件下形成稳定的固态晶体结构。CO_2 还能以液态的形式直接流到海床表面。评估深海碳捕集与封存生态效应的实验已经发现，沉积物表面和接近海底水体的含氧量和 pH 较低。这种极为恶劣的化学条件会杀死大型底内无脊椎动物和小型底栖动物，从而导致食腐性的片脚类和鱼类物种离开这些区域（Barry et al.，2005；Thistle et al.，2005）。

2010 年，墨西哥湾的"深水地平线"深海钻井平台发生井喷并爆炸，导致人类历史上最大的意外泄漏事故，共造成 500 万桶（780 000m³）原油泄漏，此后，深海石油勘探、开采和泄漏已经成为人们关注的重要问题。石油不仅仅覆盖或以其他方式杀死大量底栖生物和海底动物以及墨西哥湾沿岸的许多动植物，还使含氧量下降到对很多深海生物有害的程度，这是因为细菌代谢大量石油需要消耗氧。大量海洋生物死亡也与使用的大量石油分散剂有关（Peterson et al.，2012）。和大部分环境一样，人类对深海的影响日益加剧，有些时候会造成协同效应（图 20.14），例如墨西哥湾的深海缺氧就是石油泄漏和密西西比河富含营养物质的径流和沉积物共同造成的。

生境退化的间接影响

生境退化和破坏会对生物群落产生各种方式的间接影响，其中许多我们才刚刚发现和认识到。这里我们用一系列例子来说明，沉积作用对岩岸、捕食者暴发对珊瑚礁，以及捕鱼对盐沼的影响。这些例子显示了一些海洋群落在受到灾难性的自然和人为生境干扰之后，所展现出的惊人的恢复力。

如前所述，沉积作用对岩质岸线的直接作用伴随着许多间接影响。这些影响包括促进对沉积物耐受的草皮海藻，而这些海藻又为许多底内无脊椎动物提供生境，包括海参（*Pachythyone*）的定植空间，这些贪吃的滤食性动物会在沉积物停止沉积很久之后滤食干净藻类孢子，从而阻止直立生长的大型藻类的重定居（Rassweiler et al.，2010）。成群栖息在草皮海藻上的棘皮动物的定居，导致直立生长的大型藻类永久性消失，特别是石花菜属（*Gelidium*）。这些大型藻类为底栖片脚类提供生境，而后者是礁鱼的主要食物来源，如海鲫（Okamoto et al.，2012）。沉积作用的其他间接作用还包括周期性地增强沉积物冲刷作用，从而移除草皮海藻，并进而为大型藻类提供定植基底（Airoldi，2003）。在这个例子中，群落弹性是因为在食物网中存在正反馈，而这种正反馈是由原本不存在的物理干扰造成的。

其他群落弹性和滞后性（在相似环境参数下存在不同稳定态）的例子来自对珊瑚礁和盐沼的研究。珊瑚礁周期性地受到自然干扰的破坏，特别是白化事件、风暴和以珊瑚为食的动物的局部暴发。由于全球气候变化的影响，预计强风暴的频率会增加（Tudhope et al.，2001；但不同看法参见 Cobb et al.，2013），而取食珊瑚的长棘海星的暴发频率也在逐渐增加，这可能是捕鱼减少了海星的捕食者，以及营养输入增加有利于海星幼体生长共同导致的（De'ath et al.，2012）。在很多情况下，当珊瑚因白化事件、风暴或是被海星捕食而死亡后，大型藻类开始定居，并阻止或极大地减缓珊瑚的恢复，特别是人类对植食性鱼类捕捞加强的珊瑚礁（Hughes，1994）。当珊瑚种群在干扰之后未能恢复，而珊瑚礁群落开始被大型藻类占优的群落所替代时，就会产生滞后性。然而，Adam 等（2011）在法属波利尼西亚莫雷阿岛的研究发现，食植者特别是鹦嘴鱼的数量，能够控制大型藻类，从而加速珊瑚的恢复。植食活动能够清除珊瑚幼体定植所需的基底，阻止快速生长的藻类对珊瑚幼体生长的抑制作用。食植者种群的这些正反馈（在这个例子中是附近健康的潟湖生境扮演了鹦嘴鱼育苗场所致）通过阻止滞后性而增强了珊瑚礁的恢复力。有趣的是，塔希提人有在长棘海星暴发期间保护鹦嘴鱼的传统，因为他们发现，鹦嘴鱼对珊瑚恢复起到重要作用（Kirch and Dye，1979）。

游钓对生境的间接影响在新英格兰地区的盐沼得到了证实（见第 11 章）。在那里，对捕食性鱼类和蟹类的密集游钓造成了其猎物种群的增长，包括 *Sesarma reticulum*，这是一种植食性土著蟹种，以盐沼中的基础种——互花米草为食。渔业导致 *Sesarma* 的数量增长，反过来其植食率的增大造成了互花米草的大量消亡（图 20.15）。在新英格兰地区的盐沼中，接近 40% 的这种基础种消失了，在极端情况下，甚至高达 90%（Coverdale et al.，2013）。互花米草的消亡会带来更多的间接影响，因为它的消失，富含泥炭的堤岸将暴露在热胁迫和干燥之下，从而阻止互花米草的补充与恢复（Altieri et al.，2013）。盐沼这种荒漠化的循环是可以部分逆转的，当泥炭堤岸最终崩塌，部分是由于生物扰动动物的影响，从而形成一小块互花米草可以定植的泥地。一旦互花米草重新定植，正反馈能够使小的互花米草斑块逐渐连片，通过遮阴和保湿，降低物理胁迫，从而导致互花米草种群随后的扩张。互花米草的进一步恢复还得益于引入一种捕食性蟹类——普通滨蟹（*Carcinus maenas*）的促进作用，这种滨蟹能够通过风险诱发的逃离行为而降低 *Sesarma* 的局部数量（Bertness and Coverdale，2013）。这些例子说明了促进作用和消费者相互作用是如何以正面的方式影响群落弹性以及从生境干扰中恢复。

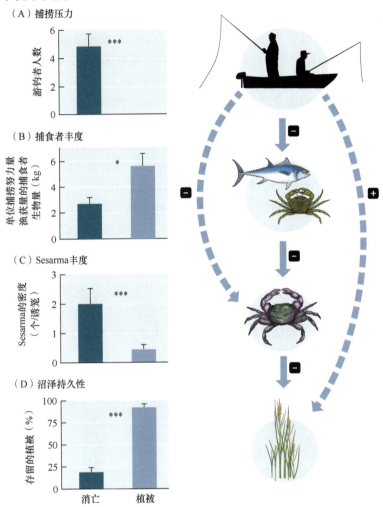

图 20.15　捕捞对生境结构的间接影响。实验和调查将游钓与盐沼植被的消亡联系起来，通过营养级联作用，从（A）游钓者，到（B）捕食性鱼类，再到（C）食草类蟹（*Sesarma reticulum*），再到（D）沼泽植被。这种营养级之间丰度和相互作用强度的转变模式是营养级联的一个标志。数据指平均值±1SE。实线箭头表示直接影响，虚线箭头表示间接影响、星号（*）表示实验组之间存在显著统计差异，其中 *** 表示 $P < 0.001$、* 表示 $P < 0.05$（仿自 Altieri et al.，2012）

生境退化影响的总结

　　概括起来，生境退化的直接影响包括降低生境复杂度、生物量、物种丰富度、生物多样性和生产力。生境退化还是局部灭绝的一个重要原因。一些生境类型对人类干扰具有一定的弹性，而另一些则更为脆弱，需要更长时间才得以恢复。脆弱性往往与自然干扰模式和基础种的寿命长短有关。捕鱼对大部分海底，包括部分深海，都造成了大规模、强烈的生境干扰。影响最大的来自移动渔具，如底拖网和捞网。破坏珊瑚礁和牡蛎礁的捕鱼活动也会降低物种丰度和多样性。对海洋生境最大的威胁来自深海，因为其固有的脆弱性，其次是污染、沉积、土地开垦和城市发展造成额外的生境退化的近海。

　　生境丧失、退化和破碎导致一系列间接的生态影响。生境退化会增加物理胁迫，从而排斥某些物种而吸引其他物种，包括非本地种的捕食者、食植者或寄生生物。生境退化还会使生物暴露于多种环境应激源之下，产生负面的协同效应，从而在海洋生物群落中引起连锁反应。生境破碎会降低局部的资源可供性，提高捕食者与其猎物的遭遇率，并降低种群的连通度。负反馈会增强级联反应，导致群落的滞后性。然而，正反馈能够提高群落的恢复力，从而提高其弹性。理解和认识正反馈的作用可以更好地进行环境管理，也许能在海洋保护和恢复方面取得更大的成功。如下一节所述，生境退化的影响有时可以通过生境恢复得到缓解或逆转。

生境恢复

生境恢复用于补充生境退化或丧失的损失，恢复海洋资源，并保护依赖于生境的种群和群落（Thayer，1992）。逆转生境退化和丧失的良好范例包括，重新播种恢复海草床（Bell et al.，2008），通过水利工程恢复盐沼和红树林（Lewis，2005），移植幼枝恢复海草（Bull et al.，2004）。事实证明，通过提供珊瑚定植所需的岩质基底来恢复炸鱼摧毁的珊瑚礁是可行的（Fox et al.，2005）。然而，这种方法，包括"种植"珊瑚——将野生种群中收集的珊瑚碎片和集落进行移植，代价高昂，而且不能有效地从一开始就避免珊瑚遭到破坏性捕捞的伤害（Haisfield et al.，2010）。事实上，珊瑚种群有时具有很高的从灾难性干扰中恢复的能力，特别是植食性鱼类能够抑制大型藻类对珊瑚补充的过度生长（Adam et al.，2011）。这些普遍的例子表明，基础种的成功恢复和修复，能够反过来促进群落的恢复（Thayer，1992）。下面我们将讨论两个特别的案例，以突出正生态反馈如何增强海洋生物群落的成功恢复并增加收益。

在许多地方，牡蛎礁的恢复是维持牡蛎渔业和其他生态系统服务的必要条件，例如保持水质，提供生境等。捞网捕获牡蛎导致牡蛎种群锐减，同时由于降低其垂直结构而使牡蛎礁生境退化（Beck et al.，2011）。这种"平坦的"牡蛎礁更易于发生沉积作用，造成底部海水缺氧（Lenihan and Peterson，1998）。通常增强牡蛎礁的恢复是通过添加牡蛎壳以重建其礁石结构，从而提高牡蛎的补充量和提高礁石质量。此外，在海洋保护区对牡蛎礁的恢复还会提高捕鱼区牡蛎幼体的供给和补充率（Powers et al.，2009）。牡蛎礁的恢复还吸引了大量河口鱼类，它们主要以片脚类、泥蟹和虾为食（图20.16）。根据一项经济分析，恢复后的牡蛎礁所提供的商业鱼类产量比其自身的经济价值更高（Grabowski et al.，2012）。

（A）

（B）

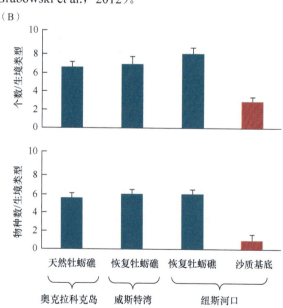

图 20.16　在过度捕捞之后，牡蛎礁可以成功恢复。（A）退潮时的天然牡蛎礁。（B）在美国北卡罗来纳州帕姆利科湾不同地点的天然牡蛎礁、恢复的牡蛎礁和沙质基底生境上采样得到的河口鱼类的个数（上）和物种数（下）。使用渔笼和刺网采集样本。不同颜色条带表示统计上的显著差异（图片 A 由 Jonathan Grabowski 提供；B 仿自 Lenihan et al.，2001）

随着牡蛎的定植和生长，礁石越来越大，物理结构越来越复杂，从而吸引更多的底栖捕食动物，包括蓝蟹（*Callenectis sapidus*）、毒棘豹蟾鱼（*Opsanus tau*）（Lenihan et al.，2001）。这些捕食者数量的增长反过来会降低泥蟹（*Panopeus herbstii*）对牡蛎的捕食率，无论是对泥蟹的直接捕食或是间接的风险效应（Grabowski，2004）。因此，牡蛎礁结构的改善提高了牡蛎的补充和生长率，为捕食者提供有利生境，从而间接地保护牡蛎种群。这种正反馈为大规模牡蛎礁恢复提供了生态支撑（Schulte et al.，2009）。

巨藻（*Macrocystis pyrifera*）林也被成功恢复，给大型海藻和许多依赖于这一高生产力基础种的物种产生正面影响。有史以来最大的海洋恢复项目之一正在美国加利福尼亚州南部的圣克莱门特市附近展开。自圣奥诺弗雷核电站于 1983 年开始运营以来，电站附近的海藻林逐渐消失。为了冷却核反应堆，电站要抽取大量海水，并排放冷却水，每分钟达 630 万 L，造成近 74hm^2 巨藻林消失（Reed et al.，2006）。浑浊的冷却水严重降低岩质礁岸的水质，造成大型海藻急剧减少。

海藻林的修复需要建造多个人工礁块，使用废弃的水泥块和采石场获取的石块，覆盖面积约为 60hm^2，刚好超过水质降低区的面积。人工礁可以为巨藻提供补充和生长的基底，从而补充受影响的自然礁石上的藻类损失。在两年内，绝大部分人工礁为大量巨藻以及无脊椎动物和鱼类提供了支撑。随着巨藻不断长高，减少了穿透到海底的光照，从而抑制与巨藻补充竞争空间的底层大型藻类的生长（Reed et al.，2004）。然而，在一些人工礁上，海扇（*Muricea californica*）的大量补充，滤食巨藻孢子，抑制了巨藻的补充。通过捕获沉积物，海扇和邻近的底层藻类还降低了本已少得可怜的巨藻补充孢子的存活率。海扇在一些斑块上占据优势多年，直到一场强风暴造成强烈的泥沙冲刷，杀死了海扇。曾经以海扇占优的礁石很快就被巨藻定植。这个例子说明，生境恢复的成功往往不仅仅取决于良好的工程（在这个例子中是指精心设计的人造礁），还取决于一点点生态运气。偶然事件，如海扇的补充和物理干扰，会暂时性地改变生境恢复的势头。正反馈，如巨藻自身的竞争抑制作用，能够保证被恢复生境的维持。这些例子说明，生境恢复所面临的一些机遇与挑战，正成为基于生态系统的海洋管理的一个重要工具。

综合：用生态系统方法进行渔业管理

在本章所讨论的所有证据中，涌现出一个紧迫的问题，如何在捕鱼及其他海洋利用和海洋资源保护及其所支撑生态系统之间进行权衡？长期以来，人们一直在为实现保护单个物种的目标而努力（Garstang，1900；Beverton and Holt，1957；Ludwig et al.，1993），但最近以来，人们的关注点开始转向渔业生态系统方法（ecosystem approach to fisheries，EAF）（Garcia et al.，2003；Pikitch et al.，2004；Crowder et al.，2008）。在本节，我们首先更详细地讨论过度捕捞的概念，它的传统定义，以及如何对其进行量化？如果从生态系统视角，将如何重新审视这一概念？然后，我们将考虑权衡、累积效应，以及最终的社会选择，这将有助于指导我们在不确定的未来进行海洋生态系统的可持续管理。

什么是过度捕捞？

如果一个种群或一个生态系统受到捕鱼的严重影响，我们将其称为过度捕捞。过度捕捞是因追求开发利用率 U 所造成的，U 是指每年渔获量 C 与可捕获生物量 B 之间的比例，即 $U=C/B$。从单一物种的管理角度来看，一个种群的开发利用率 U 超过了其长期可持续率 U_{MSY}，则可被视为过度捕捞。因为如果继续这样下去，其种群生物量将会跌至最大可持续渔获量 B_{MSY} 之下，这样的种群从生物学的角度来说是被过度捕捞的。目前，根据这一定义，约有三分之二被科学评估过的鱼类种群处于过度捕捞状态，而其中接近一半的种群因为过度捕捞而数量减少（Worm et al.，2009）。原则上，这些科学评估应该作为管理者的第一手参考资料以避免过度捕捞，然而，在许多情况下却难以做到这一点。MSY 方法的一个关键问题在于，在一个变化的环境中，对鱼类生物量、种群结构和生活史特征的估算都存在不确定性，难以精确地确定最大可持续渔获量。站在管理者的角度，不确定性可以被特殊利益集团利用，从而获取更大的渔获量，造成生物量被进一步耗竭。此外，还存在未报告的非法捕捞和无管制的捕捞行为，使鱼类生物量进一步低于管理目标。这种模式的结果是，许多种群和整个鱼类群落被耗竭，其生物量远远低于预期的最大可持续渔获量（Worm et al.，2009；Hutchings et al.，2010），而未经科学评估的鱼群尤其处于风险中（Costello et al.，2012）。通过对渔获量水平和生活史特征的分析表明，总体而言，未经评估的鱼群比经过科学评估的鱼群的被捕获率更高，更易衰竭。这对较小的近海鱼群来说尤为如此，而这些小鱼群对沿海居民和个体渔业非常重要。尽管近年来一些经评估的鱼群数量保持稳定，甚至已开始增长，但未经评估鱼群的数量在继续下降（Costello et al.，2012）。由于对鱼类资源的评估主要在富裕的发达国家进行，而近来的趋势表明，世界上的贫富差距在渔业资源的可持续性上的差距也在不断拉大，由此也可以推断出它们的海洋生态系统的差别（Worm and Branch，2012）。

生态系统过度捕捞

虽然人们现在对什么是过度捕捞种群几乎不存在争议，但对什么是生态系统过度捕捞则态度暧昧。显然，我们需要一个新的框架来考虑捕鱼对非目标物种、生境和食物网结构的影响。在一篇关于生态系统过度捕捞的综合性研究综述中，收集了已发表文献中给出的各种定义（Murawski，2000）。尽管这些定义侧重于过度捕捞的不同方面，但其中不乏共同之处，当渔获量和丢弃量的影响，以及对生境的影响满足下列任一或多个条件时，可被视为生态系统被过度捕捞（Murawski，2000）：

- 一个或多个系统组分的生物量低于最小生物可接受值，补充量和恢复前景受到严重影响。
- 对猎物物种的捕捞程度损害了如海洋哺乳动物、海龟或海鸟等非资源物种的长期生存力。
- 随着鱼类资源的连续枯竭，群落或种群的生物多样性显著降低。
- 由于选择性捕捞以及捕捞率的提高，变异性随时间推移而增大。
- 捕鱼导致物种构成、大小结构和年龄结构的变化，造成生态系统弹性下降。
- 过度捕捞导致社会经济收益减少。

当在管理中采用这些准则，就会比对每一个物种进行单独管理审慎得多。不仅要考虑物种间相互作用，而且非目标基础种的可持续性也应处于安全范围之内，需要强制执行以保证这些物种极低的死亡率。

管理的参考基准点

要将过度捕捞理论应用于决策实际，管理者需要明确决策规则，以指明捕捞策略在何时是安全的，在何时又是不安全的。问题是，从管理者的角度来说，他们很少会问"是否可以捕捞？"，而更常问到"捕捞多少才是可持续的呢？"理想情况下，应该存在一个基准点，超过这个基准点，就必须停止捕捞以重建种群或生态系统，使其达到更理想的状态。同样，从单一物种管理的角度来说，这个基准点是容易实现的。如果目标是从海洋中获取最多的食物供应，就应该对每一个目标物种进行科学评估，并按照最大可持续渔获量进行捕捞。实践中的基准点就应该是 B_{MSY} 和 U_{MSY}，如果能够严格执行，就能在确保最大渔获量的同时保证长期可持续性。问题在于，这种策略仍然会导致生态系统上的过度捕捞，因为饵料鱼和捕食者之间的物种间相互作用并未被纳入考虑范畴。

为解决这一问题，我们需要考虑多物种的最大可持续渔获量（multispecies maximum sustainable yield），即 MMSY（图 20.17）。这个参数基于被捕捞群落的多物种模型（包括捕获的目标物种以及兼捕渔获物在内的所有物种）。如同对单一物种一样，长期可持续渔获量可以表达为群落开发利用率的函数关系，所有物种捕获量最大的点就是 MMSY。尽管这一策略使我们向真正的生态系统方法又靠近了一步，但总生物量仍在大幅下降，鱼类的平均大小也在减小，而最重要的是，即便采用最优的基于 MMSY 的捕捞策略，崩溃物种的数量仍急剧增加。这种策略从总渔获量的角度来看也许是有道理的，但从保护的角度来说，这是一种灾难。因此，在生态系统退化和人类消耗捕捞的生物量之间需要一种平衡。

然而，图 20.17 中也显示了，大幅降低捕捞率（例如，降低到 U_{MMSY} 的 50%），只会减少总渔获量的 15%～20%，但崩溃物种所占比例仅为未降低捕捞率的 1/10。在这种情况下，预计生物量会翻倍，大小结构也能恢复到更接近自然的状态。有趣的是，这种看似保守的捕捞策略从经济角度来说也是有道理的。将捕捞率降低一半也会节省 50% 的成本，从而提高了渔民的收益。事实上，最大经济渔获量（maximum economic yield，MEY）往往要比最大可持续渔获量显著降低捕捞率（Grafton et al.，2007）。因此，基于生态系统方法的渔业管理能够同时兼顾生态和经济收益。

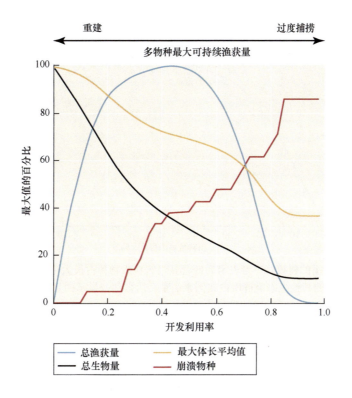

维持生物多样性

维持高渔获量

维持高就业率

图 20.17 提高资源开发利用率对大西洋西北乔治沙洲一个模拟鱼类群落的影响。开发利用率是每年渔获量占可利用鱼类生物量的比例、L_{max} 平均值是指群落中可捕获物种的最大体长的平均值。崩溃物种是指鱼群生物量低于未捕之前生物量 10% 的物种。在最大渔获量的左侧可能实现重建，而在其右侧会发生过度捕捞。对当前管理提出的三个关键目标：在低开发利用率下维持生物多样性、在中等强度下维持最大渔获量，以及由于高捕捞努力量需求，在中到高开发利用率下维持高就业率（仿自 Worm et al.，2009；左图由 Amir Gur 提供、中图由美国国家科研教育网络提供、右图由 Joel Gay 提供，来自 Accent Alaska 图片库）

　　这一概念在捕捞饵料鱼的问题中得到了进一步的说明。饵料鱼主要被其他目标物种，以及非目标的哺乳动物和海鸟所取食。Pikitch 等（2012）估算的全球饵料鱼渔获量价值约为 56 亿美元，而饵料鱼所支撑的渔业的价值是其两倍还多，约为 113 亿美元。因此，从经济角度来看，过度捕捞饵料鱼，无论对目标物种还是其所支撑的物种都造成了双重伤害。同样的，安全渔获量水平应该接近最大可持续渔获量的 50%（Pikitch et al.，2012）。对五个充分研究的生态系统的综合建模研究（Smith et al.，2011）发现，在这种谨慎策略之下，捕捞饵料物种对高营养级的影响极大降低，而总渔获量仅下降了 10%～20%（图 20.18）。正如上一个例子中，存在着一种最优捕捞策略，能够在保持接近最大渔获量和经济收益的同时，对生态系统的伤害最小。

　　值得注意的是，要找到这样的管理"最佳点"，往往需要在一段时间内，将捕捞率设置得极低，以使衰竭生物量的重建达到最优水平。这个重建期可能持续数年之久，其间会造成经济困难。从全球范围来看（Worm et al.，2009），十个研究区中，只有一个区域，即加利福尼亚洋流，捕捞率的降低水平足以保证群落中少于 10% 的物种面临崩溃。而在其他所有海域，捕获率接近传统管理的最大渔获量目标，甚至远远超出，

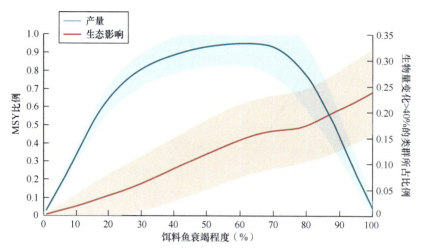

图 20.18　对饵料鱼管理中权衡的建模。产量表示为低营养级饵料鱼物种占最大可持续渔获量（MSY）的比例。其生态影响是用生物量变化超过 40% 的其他生态类群所占比例来衡量。阴影部分显示的是从不同生态系统模型中得出的 95% 置信区间（仿自 Smith et al.，2011）

特别是在欧洲。不过，令人鼓舞的是，在大部分这些海域，捕捞率在下降，说明对过度捕捞的控制正在逐步改善。

应该指出的是，这一策略仍然未能将捕鱼对生境的影响纳入考虑范畴，而对一些最脆弱的兼捕渔获物物种，例如鲨鱼和海龟等，仍需采取额外的保护措施。从生态系统管理的层面上来说，对渔具的管制和改造，以及空间管理措施，都是必需的。例如，通过改造渔具可以很大程度上解决海龟被虾拖网困住的问题。在拖网的前端加装海龟逃生装置，包括一个分选栅栏和逃生出口，使进入拖网的海龟得以逃生。其他降低兼捕渔获物的渔具改造还有将远洋延绳钓"射"入水中，使诱饵不会暴露给在水面觅食的海鸟，如信天翁。还有一种"排除性拖网"，能够悬浮在海底上方，从而降低底栖鱼类拖网中的鳕鱼兼捕量，既能捕获更多的黑线鳕，又能同时减少对海底的影响。取代破坏性的捕鱼活动，例如使用潜水装置人工摘取牡蛎而不是使用捞网捕获，也有助于保护生境和提高捕捞效率（Lenihan and Peterson，2004）。实际上，这些生态系统管理措施都是为了保护脆弱的兼捕渔获物物种或生境。

空间管理是生态系统管理的另一关键要素。它包括时空上的封闭和建立海洋保护区，以保护特定物种或生境。空间管理考虑不同的海洋利用方式，并保护特定生境免受捕鱼或其他影响。保护区内也许会禁止特定形式的捕鱼活动，或其他利用方式，如油气开采，以避免对脆弱生境造成伤害，如珊瑚礁、海绵床或其他生物结构等；或者，在保护区内会禁止一切活动，使其范围内的物种得以充分恢复，并将其作为最脆弱物种的一个参考区和庇护所。海洋空间规划和海洋保护区的综述详见第 21 章。

对基于生态系统的渔业管理方法的总结

总之，渔业管理的生态系统方法既考虑对捕捞目标物种的直接影响，也考虑对其的间接影响，以及对整个生态系统的影响。因此，它并非是对传统单一物种管理模式的完全取代，而是通过承认不同物种间、渔业间，以及各种海洋利用方式之间，存在着复杂的相互作用关系，从而拓宽其管理范围。从生态系统的角度来看，有很多方法可以避免过度捕捞，且都会比单一物种管理方法采取更保守的捕捞策略。稳健的基于生态系统的捕捞策略比以往的目标更侧重于较低的捕捞率，大约是 MSY 或 MMSY 的一半。这种策略能够重建整个群落的生物量，恢复大小结构，降低崩溃或严重衰竭种群的数量。它还能带来巨大的经济效益，因为捕捞成本的降低而获得更多的收益。渔具改造和空间管理方法，包括建立海洋保护区，能够增强这一捕捞策略，解决保护生境和脆弱兼捕渔获物物种的问题。

结论与展望

在本章中，我们总结了捕鱼和生境退化对海洋生物群落从盐沼到大洋的已知影响。毋庸置疑的是，捕鱼和其他形式的开发利用活动，往往伴随着生境退化，是海洋生物种群和生态系统的主要威胁。纵贯人类历史，过度捕捞一直广泛存在，并剧烈地改变了海洋生态系统。即便是轻度的捕捞活动，对群落结构也会产生巨大影响，包括降低目标物种及兼捕物种的生物量和丰度，改变群落的大小结构与年龄结构，使其转变为以更小、更年轻和生长更快速的物种为主。对海洋捕食者的捕猎往往通过中级捕食者和食植者的捕食压力释放产生深远的自上而下的效应，并通过营养级联贯穿整个食物网。这些间接效应在沿海和底栖生态系统中得到较好研究，但我们对其在大洋食物网中的作用仍了解不够。贯穿食物网的自上而下作用的传播，既可以通过直接消费，也可以通过风险效应，导致"恐惧被消除"[*]的系统。这些机制及其长期效应的相对重要性仍需进一步研究。面向低营养级物种的渔业，正在全球许多地方不断发展，将会对捕食者种群，如海洋哺乳动物和海鸟，产生严重的间接影响。虽然有如此多变化，但在海洋环境中，已发现的全球性灭绝的记录却并不多，种群和生态系统的恢复通常发生在捕鱼影响被有效控制的情况之下。

一些捕鱼活动，例如拖网、捞网、毒鱼和炸鱼，破坏或摧毁了生物礁、底内动物群落和软质基底群落形成的生境。在空间尺度上，底拖网造成的底栖干扰仅限于大量缺氧的死亡区，但拖网造成的痕迹则需要很长时间才得以恢复。降低生境的物理复杂度或移除生态系统工程师，会对群落构成和结构产生影响，降低栖息动物的丰度、生物量和物种多样性，改变群落的斑块分布，使群落从高营养复杂度向低营养复杂度转变。干扰会改变生境的水动力、地球化学，即沉积条件，并降低群落的生产力和减少所提供的生态系统服务。生境能够从捕鱼活动干扰中恢复，但其间接影响会导致恢复缓慢，有时会产生滞后性，从而形成替代稳定态。

渔业生态系统方法（EAF）旨在避免这些捕鱼和生境退化对海洋生物群落和食物网的有害影响。这种方法现在已得到广泛的执行。尽管对渔业生态系统方法尚无统一定义，甚至还没有一个一致的系统来评估EAF方法的成功与否，但其提供了一些明确的过度捕捞的指标，可用于指导更为持久的管理实践活动。这些实践包括显著降低捕获率，并结合特殊措施，降低兼捕渔获量和保护生境。随着向生态系统方法的转变，我们可以实际观察到在大部分发达国家捕获率的下降，以及生态恢复的光明前景。然而，对其他地区和其他鱼群来说，由于非持续活动的继续，情况仍在进一步恶化。海洋群落生态学家正在将他们的注意力从记录影响转向理解重建衰竭种群和恢复受损生态系统的先决条件。将传统的聚焦于北半球扩展到受到严重影响的发展中国家，这可能是 21 世纪的应用生态学研究的一个重要前沿。

致谢

作者得到了加拿大自然科学与工程委员会以及加拿大国家科学基金会的支持。我们感谢 Emma Freeman 和 Brendal Davis 的技术支持。我们将本章献给已故的 Beth Irlandi-Hyatt 博士。

引用文献

Adam, T. C., R. J. Schmitt, S. J. Holbrook, et al. 2011. Herbivory, connectivity, and ecosystem resilience: Response of a coral reef to a large-scale perturbation. *PLoS ONE* 6: e23717.

Agnew, D. J., J. Pearce, G. Pramod, et al. 2009. Estimating the worldwide extent of illegal fishing. *PLoS ONE* 4: e4570.

Airoldi, L. 2003. The effects of sedimentation on rocky coast assemblages. *Oceanogr. Mar. Biol., Annu. Rev.* 41: 161–236.

Airoldi, L. and M. W. Beck. 2007. Loss, status and trends for coastal marine habitats of Europe. *Oceanogr. Mar. Biol., Annu. Rev.* 45: 345–405.

Althaus, F., A. Williams, T. Schlacher, et al. 2009. Impacts of bottom trawling on deep-coral ecosystems of seamounts are long-lasting. *Mar. Ecol. Prog. Ser.* 397: 40.

Altieri, A. H., M. D. Bertness, T. C. Coverdale, et al. 2013. Feedbacks underlie the resilience of salt marshes and rapid reversal of consumer driven die-off. *Ecology* doi: 10.1890/12–1781.1

Altieri, A. H., M. D. Bertness, T. C. Coverdale, et al. 2012. A trophic cascade triggers collapse of a salt-marsh ecosystem with intensive recreational fishing. *Ecology* 93: 1402–1410.

---

[*] 是指上面所提的营养级联的间接作用。捕捞顶级捕食者造成其数量减少，从而使中级捕食者的被捕食风险降低——译者

Atkinson, S., D. P. Demaster, and D. G. Calkins. 2008. Anthropogenic causes of the western Steller sea lion *Eumetopias jubatus* population decline and their threat to recovery. *Mamm. Rev.* 38: 1–18.

Auster, P. J. and R. W. Langton. 1999. The effects of fishing on fish habitat. *Am. Fish. Soc. App.* M: M1–46.

Barry, J. P., K. R. Buck, C. Lovera, et al. 2005. Utility of deep sea CO_2 release experiments in understanding the biology of a high-CO_2 ocean: Effects of hypercapnia on deep sea meiofauna. *J. Geophys. Res.* 110: C09S12.

Baum, J. K. and B. Worm. 2009. Cascading top-down effects of changing oceanic predator abundance. *J. Anim. Ecol.* 78: 699–714.

Beck, M. W., R. D. Brumbaugh, L. Airoldi, et al. 2011. Oyster reefs at risk and recommendations for conservation, restoration, and management. *BioScience* 61: 107–116.

Beck, M. W., K. L. Heck Jr., K. W. Able, et al. 2001. The identification, conservation, and management of estuarine and marine nurseries for fish and invertebrates. *BioScience* 51: 633–641.

Bell, S. S., A. Tewfik, M. O. Hall, and M. S. Fonseca. 2008. Evaluation of seagrass planting and monitoring techniques: Implications for assessing restoration success and habitat equivalency. *Restor. Ecol.* 16: 407–416.

Bertness, M. D. 1984. Habitat and community modification by an introduced herbivorous snail. *Ecology* 65: 370–381.

Bertness, M. D. and T. C. Coverdale. 2013. An invasive species facilitates the recovery of salt marsh ecosystems on Cape Cod. *Ecology* doi: 10.1890/12-2150.1

Beverton, R. J. H. and S. J. Holt. 1957. On the dynamics of exploited fish populations. *Fish. Invest., II* 19: 1–533.

Bishop, M. J., C. H. Peterson, H. C. Summerson, et al. 2006. Deposition and long-shore transport of dredge spoils to nourish beaches: Impacts on benthic infauna of an ebb-tidal delta. *J. Coast. Res.* 22: 530–546.

Boudreau, S. A. and B. Worm. 2010. Top-down control of lobster in the Gulf of Maine: Insights from local ecological knowledge and research surveys. *Mar. Ecol. Prog. Ser.* 403: 181–191.

Branch, T. A., R. Watson, E. A. Fulton, et al. 2010. The trophic fingerprint of marine fisheries. *Nature* 468: 431–435.

Bruno, J. F. and M. D. Bertness. 2001. Habitat modification and facilitation in benthic marine communities. In, *Marine Community Ecology* (M. D. Bertness, S. D. Gaines, and M. E. Hay, eds.), pp. 201–218. Sunderland, MA: Sinauer Associates.

Bull, J. S., D. C. Reed, and S. J. Holbrook. 2004. An experimental evaluation of different methods of restoring *Phyllospadix torreyi* (Surfgrass). *Restor. Ecol.* 12: 70–79.

Burke, L. M., E. Selig, and M. Spalding. 2002. *Reefs at Risk in Southeast Asia*. Washington, DC: World Resource Institute.

Byers, J. E., K. Cuddington, C. G. Jones, et al. 2006. Using ecosystem engineers to restore ecological systems. *Trends Ecol. Evol.* 21: 493–500.

Carpenter, S. R., J. F. Kitchell, and J. R. Hodgson. 1985. Cascading trophic interactions and lake productivity. *BioScience* 35: 634–639.

Casini, M., J. Hjelm, J.-C. Molinero, et al. 2009. Trophic cascades promote threshold-like shifts in pelagic marine ecosystems. *Proc. Natl. Acad. Sci. (USA)* 106: 197–202.

Chuenpagdee, R., L. E. Morgan, S. M. Maxwell, et al. 2003. Shifting gears: Assessing collateral impacts of fishing methods in US waters. *Front. Ecol. Environ.* 1: 517–524.

Cobb K. M., N. Westphal, H. R. Sayani, et al. 2013. Highly variable El Niño–Southern oscillation throughout the Holocene. *Science* 339: 67–70.

Coleman, F. C. and S. L. Williams. 2002. Overexploiting marine ecosystem engineers: Potential consequences for biodiversity. *Trends Ecol. Evol.* 17: 40–44.

Collette, B. B., K. E. Carpenter, B. A. Polidoro, et al. 2011. High value and long life—double jeopardy for tunas and billfishes. *Science* 333: 291–292.

Collie, J. S., G. A. Escanero, and P. C. Valentine. 2000. Photographic evaluation of the impacts of bottom fishing on benthic epifauna. *ICES J. Mar. Sci.* 57: 987–1001.

Cooper, S. R. and G. S. Brush. 1991. Long-term history of Chesapeake Bay anoxia. *Science* 254: 992–996.

Costello, C., D. Ovando, R. Hilborn, et al. 2012. Status and solutions for the world's unassessed fisheries. *Science* 338: 517–20.

Coverdale, T. C., N. C. Herrmann, A. H. Altieri, and M. D. Bertness. 2013. Latent impacts: The role of historical human impacts in costal habitat loss. *Front. Ecol. Environ.* 11: 69–74.

Crawford, R. J. M., L. G. Underhill, L. Upfold, and B. M. Dyer. 2007. An altered carrying capacity of the Benguela upwelling ecosystem for African penguins (*Spheniscus demersus*). *ICES J. Mar. Sci.* 64: 570–576.

Crowder, L. B., E. L. Hazen, N. Avissar, et al. 2008. The impacts of fish-eries on marine ecosystems and the transition to ecosystem-based management. *Annu. Rev. Ecol. Evol. Syst.* 39: 259–278.

Daskalov, G. M. 2002. Overfishing drives a trophic cascade in the Black Sea. *Mar. Ecol. Prog. Ser.* 225: 53–63.

Dayton, P. K. 1972. Toward an understanding of community resilience and the potential effects of enrichments to the benthos at McMurdo Sound, Antarctica. *Proceedings of the Colloquium on Conservation Problems in Antarctica* Lawrence, KS: Allen Press.

Dayton, P. K., S. F. Thrush, M. T. Agardy, and R. J. Hofman. 1995. Environmental effects of marine fishing. *Aquat. Conserv.* 5: 205–232.

Dayton, P. K., M. J. Tegner, P. B. Edwards, and K. L. Riser. 1998. Sliding baselines, ghosts, and reduced expectations in kelp forest communities. *Ecol. Appl.* 8: 309–322.

De'ath, G., K. E. Fabricius, H. Sweatman, and M. L. Puotinen. 2012. The 27-year decline of coral cover on the Great Barrier Reef and its causes. *Proc. Natl. Acad. Sci. (USA)* 109: 17995–17999.

de Boer, W. F., A. M. P. van Schie, D. F. Jocene, et al. 2001. The impact of artisanal fishery on a tropical intertidal benthic fish community. *Environ. Biol. Fishes* 61: 213–229.

Donaldson, A., C. Gabriel, B. J. Harvey, and J. Carolsfeld. 2010. *Impacts of Fishing Gears other than Bottom Trawls, Dredges, Gillnets and Longlines on Aquatic Biodiversity and Vulnerable Marine Ecosystems. Canadian Science Advisory Secretariat Research Document 2010/011.* Ottawa, Canada: Department of Fisheries and Oceans. www.dfo-mpo.gc.ca/csas/

Dulvy, N. K., Y. Sadovy, and J. D. Reynolds. 2003. Extinction vulnerability in marine populations. *Fish Fish.* 4: 25–64.

Ellison, J. C. 1998. Impacts of sediment burial on mangroves. *Mar. Pollut. Bull.* 37: 420–426.

Elmqvist, T., C. Folke, M. Nyström, et al. 2003. Response diversity, ecosystem change, and resilience. *Front. Ecol. Environ.* 1: 488–494.

Essington, T. E., A. H. Beaudreau, and J. Wiedenmann. 2006. Fishing through marine food webs. *Proc. Natl. Acad. Sci. (USA)* 103: 3171–3175.

Estes, J. A. and J. F. Palmisano. 1974. Sea otters: Their role in structuring nearshore communities. *Science* 185: 1058–1060.

Estes, J. A., M. T. Tinker, T. M. Williams, and D. F. Doak. 1998. Killer whale predation on sea otters linking oceanic and nearshore ecosystems. *Science* 282: 473–476.

Estes, J. A., J. Terborgh, J. S. Brashares, et al. 2011. Trophic downgrading of planet Earth. *Science* 333: 301–306.

Fabricius, K. E. and E. Wolanski. 2000. Rapid smothering of coral reef organisms by muddy marine snow. *Estuar. Coast. Shelf Sci.* 50: 115–120.

FAO. 2010. *The State of World Fisheries and Aquaculture 2010.* Rome, Italy: The United Nations Food and Agriculture Organization. www.fao.org

FishBase. 2013. Fishes used by humans (based on FishBase 04/2013). www.fishbase.org/Report/FishesUsedByHumans.php.

Fox, H. E. and R. L. Caldwell. 2006. Recovery from blast fishing on coral reefs: A tale of two scales. *Ecol. Appl.* 16: 1631–1635.

Fox, H. E., P. J. Mous, J. S. Pet, et al. 2005. Experimental assessment of coral reef rehabilitation following blast fishing. *Conserv. Biol.* 19: 98–107.

Frank, K. T., B. Petrie, J. S. Choi, and W. C. Leggett. 2005. Trophic cascades in a formerly cod-dominated ecosystem. *Science* 308: 1621–1623.

Frank, K. T., B. Petrie, J. A. D. Fisher, and W. C. Leggett. 2011. Transient dynamics of an altered large marine ecosystem. *Nature* 477: 86–89.

Frank, K. T., B. Petrie, and N. L. Shackell. 2007. The ups and downs of trophic control in continental shelf ecosystems. *Trends Ecol. Evol.* 22: 236–242.

Fuller, S., C. Picco, J. Ford, et al. 2008. *How We Fish Matters: Addressing the Ecological Impacts of Canadian Fishing Gear.* Delta, Canada: Ecology Action Centre, Living Oceans Society and Marine Conservation Biology Institute.

Garcia S. M., A. Zerbi, C. Aliaume, et al. 2003. *The Ecosystem Approach to Fisheries. Issues, Terminology, Principles, Institutional Foundations, Implementation and Outlook. FAO Fisheries Technical Paper. No. 443.* Rome, Italy: The United Nations Food and Agriculture Organization.

Garstang, W. 1900. The impoverishment of the sea. *J. Mar. Biolog. Assoc. UK* 6: 1–69.

Grabowski, J. H. 2004. Habitat complexity disrupts predator-prey interactions but not the trophic cascade on oyster reefs. *Ecology* 85: 995–1004.

Grabowski, J. H., R. D. Brumbaugh, R. F. Conrad, et al. 2012. Economic valuation of ecosystem services provided by oyster reefs. *BioScience* 62: 900–909.

Grafton, R. Q., T. Kompas, and R. Hilborn. 2007. Economics of overexploitation revisited. *Science* 318: 1601.

Haisfield, K. M., H. E. Fox, S. Yen, et al. 2010. An ounce of prevention: Cost-effectiveness of coral reef rehabilitation relative to enforcement.

Conserv. Lett. 3: 243–250.

Hall, S. J. 1994. Physical disturbance and marine benthic communities: Life in unconsolidated sediments. *Oceanogr. Mar. Biol., Annu. Rev.* 32: 179–239.

Halpern, B. S. and R. R. Warner. (2002. Marine reserves have rapid and lasting effects. *Ecol. Lett.* 5: 361–366.

Halpern, B. S., S. Walbridge, K. A. Selko, et al. 2008. A global map of human impact on marine ecosystems. *Science* 319: 948–952.

Heithaus, M. R., A. Frid, A. J. Wirsing, and B. Worm. 2008. Predicting ecological consequences of marine top predators declines. *Trends Ecol. Evol.* 23: 202–210.

Heithaus, M. R., A. J. Wirsing, and L. M. Dill. 2012. The ecological importance of intact top predator populations: A synthesis of fifteen years of research in a seagrass ecosystem. *Mar. Freshw. Res.* 63: 1039–1050.

Hsieh, C.-H., C. S. Reiss, J. R. Hunter, et al. 2006. Fishing elevates variability in the abundance of exploited species. *Nature* 443: 859–862.

Hughes, T. P. 1994. Catastrophes, phase shifts, and large-scale degradation of a Caribbean coral reef. *Science* 265: 1547–1551.

Hutchings, J. A., C. Minto, D. Ricard, et al. 2010. Trends in the abundance of marine fishes. *Can. J. Fish. Aquat. Sci.* 67: 1205–1210.

IUCN (International Union for the Conservation of Nature). 2013. *The IUCN Red List of Threatened Species. Version 2013.1.* www.iucnredlist.org

Jackson, J. B.C. 2001. What was natural in the coastal oceans? *Proc. Natl. Acad. Sci. (USA)* 98: 5411–5418.

Jackson, J. B.C, M. X. Kirby, W. H. Berger, et al. 2001. Historical overfishing and the recent collapse of coastal ecosystems. *Science* 293: 629–638.

Jahncke, J., D. M. Checkle, and G. L. Hunt.2004. Trends in carbon flux to seabirds in the Peruvian upwelling system: Effects of wind and fisheries on population regulation. 13: 208–223.

Jennings, S. and M. J. Kaiser. 1998. The effects of fishing on marine ecosystems. *Adv. Mar. Biol.* 34: 201–352.

Jennings S., E. M. Grandcourt, and N. Polunin. 1995. The effects of fishing on the diversity, biomass and trophic structure of Seychelles' reef fish communities. *Coral Reefs* 14: 225–235.

Jones C. G., J. H. Lawton, and M. Shachak. 1994. Organisms as ecosystem engineers. *Oikos* 69: 373–386.

Juan-Jordá, M. J., I. Mosqueira , A. B. Cooper, et al. 2011. Global population trajectories of tunas and their relatives. *Proc. Natl. Acad. Sci. (USA)* 108: 20650–20655.

Kaiser, M. J., K. R. Clarke, H. Hinz, et al. 2006. Global analysis of response and recovery of benthic biota to fishing. *Mar. Ecol. Prog. Ser.* 311: 1–14.

Kaiser, M. J., J. S. Collie, S. J. Hall, et al. 2002. Modification of marine habitats by trawling activities: Prognosis and solutions. *Fish Fish.* 3: 114–136.

Kayal, M., H. S. Lenihan, C. Pau, et al. 2011. Associational refuges among corals mediate impacts of a crown-of-thorns starfish *Acanthaster planci* outbreak. *Coral Reefs* 30: 827–837.

Kelleher, K. 2005. *Discards in the world's marine fisheries: An update. FAO Fisheries Technical Papers No. 470.* Rome, Italy: The United Nations Food and Agriculture Organization.

Kenchington, E. L.R, J. Prena, K. Gilkinson, et al. 2001. Effects of experimental otter trawling on the macrofauna of a sandy bottom ecosystem on the Grand Banks of Newfoundland. *Can. J. Fish. Aquat. Sci.* 58: 1043–1057.

Kennett, J. 1982. *Marine Geology.* Englewood Cliffs, NJ: Prentice-Hall.

Kirch, P.V. and T. Dye. 1979. Ethno-archaeology and the development of Polynesian fishing strategies. *J. Polyn. Soc.* 88: 53–76.

Konar, B. and C. Roberts. 1996. Large scale landslide effects on two exposed rocky subtidal areas in California. *Bot. Mar.* 39: 517–524.

Köster, F. W. and C. Möllmann. 2000. Trophodynamic control by clupeid predators on recruitment success in Baltic cod? *ICES J. Mar. Sci.* 57: 310–323.

Lenihan, H. S. and F. Micheli. 2001. Soft-sediment communities. In, *Marine Community Ecology* (M. D. Bertness, S. D. Gaines, and M. E. Hay, eds.), pp. 253–287. Sunderland, MA: Sinauer Associates.

Lenihan, H. S. and C. H. Peterson. 1998. How habitat degradation through fishery disturbance enhances impacts of hypoxia on oyster stress. *Ecol. Appl.* 8: 128–140.

Lenihan, H. S. and C. H. Peterson. 2004. Conserving oyster reef habitat by switching from dredging and tonging to diver-harvesting. *Fish. Bull.* 102: 298–305.

Lenihan, H. S. and J. S. Oliver. 1995. Natural and anthropogenic disturbances to marine benthic communities in Antarctica. *Ecol. Appl.* 5: 311-326.

Lenihan, H. S., S. J. Holbrook, R. J. Schmitt, and A. J. Brooks. 2011. Influence of corallivory, competition, and habitat structure on coral community shifts. *Ecology* 92: 1959–1971.

Lenihan, H. S., C. H. Peterson, J. E. Byers, et al. 2001. Cascading of habitat degradation: Oyster reefs invaded by refugee fishes escaping stress. *Ecol. Appl.* 11: 764–782.

Lenihan, H. S., C. H. Peterson, S. L. Kim, et al. 2003. How variation in marine benthic community composition allows discrimination of multiple stressors. *Mar. Ecol. Prog. Ser.* 206: 43–60.

Lewis, R. R. 2005. Ecological engineering for successful management and restoration of mangrove forests. *Ecol. Eng.* 24: 403–418.

Lotze, H. K. and B. Worm. 2009. Historical baselines for large marine animals. *Trends Ecol. Evol.* 24: 254–262.

Lotze, H. K., H. S. Lenihan, B. J. Bourque, et al. 2006. Depletion, degradation, and recovery potential of estuaries and coastal seas. *Science* 312: 1806–1809.

Ludwig, D. R., R. Hilborn, and C. Walters. 1993. Uncertainty, resource exploitation, and conservation: Lessons from history. *Science* 260: 36–38.

Manire, C. A. and S. H. Gruber. 1990. Many sharks may be headed toward extinction. *Conserv. Biol.* 4: 10–11.

Micheli, F. and B. S. Halpern. 2005. Low functional redundancy in coastal marine assemblages. *Ecol. Lett.* 8: 391–400.

Micheli, F., C. H. Peterson, G. A. Johnson, et al. 2002. Predation structures communities at deep-sea hydrothermal vents. *Ecol. Monogr.* 72: 365–382.

Minto, C. and B. Worm. 2012. Interactions between small pelagic fish and young cod across the North Atlantic. *Ecology* 93: 2139–2154.

Morato, T., R. Watson, T. J. Pitcher, and D. Pauly. 2006. Fishing down the deep. *Fish Fish.* 7: 24–34.

Murawski, S. A. 2000. Definitions of overfishing from an ecosystem perspective. *ICES J. Mar. Sci.* 57: 649–658.

Myers, R. A., J. K. Baum, T. D. Shepherd, et al. 2007. Cascading effects of the loss of apex predatory sharks from a coastal ocean. *Science* 315: 1846–1850.

Myers, R. A. and B. Worm. 2003. Rapid worldwide depletion of predatory fish communities. *Nature* 423: 280–283.

Naylor R. L., R. J. Goldburg, J. H. Primavera, et al. 2000. Effect of aquaculture on world fish supplies. *Nature* 405: 1017–1024.

NRC (National Research Council). 2002. Effects of trawling and dredging on seafloor habitat. Washington, DC: NRC.

Okamoto, D. K., R. J. Schmitt, S. J. Holbrook, and D. C. Reed. 2012. Fluctuations in food supply drive recruitment variation in a marine fish. *Proc. Biol. Sci.* 279: 4542–4550.

Pandolfi, J. M., R. H. Bradbury, E. Sala, T. P. Hughes, et al. 2003. Global trajectories of the long-term decline of coral reef ecosystems. *Science* 301: 955–958.

Pauly, D., V. Christensen, J. Dalsgaard, et al. 1998. Fishing down marine food webs. *Science* 279: 860–863.

Pauly, D., V. Christensen, S. Guenette, et al. 2002. Towards sustainability in world fisheries. *Nature* 418: 689 - 695.

Pauly, D., M. L. Palomares, R. Froese, et al. 2001. Fishing down Canadian food webs. *Can. J. Fish. Aquat. Sci.* 58: 51–62.

Peterson, C. H., S. S. Anderson, G. N. Cherr, et al. 2012. A tale of two spills: Novel science and policy implications of an emerging new oil spill model. *BioScience* 62: 461–469.

Peterson, C. H. and M. J. Bishop. 2005. Assessing the environmental impacts of beach nourishment. *Bioscience* 55: 887–896.

Peterson, C. H. and J. A. Estes. 2001. Conservation and management of marine communities. In, *Marine Community Ecology* (M. D. Bertness, S. D. Gaines, and M. E. Hay, eds.), pp. 469–507. Sunderland, MA: Sinauer Associates.

Peterson, C. H., H. C. Summerson, and S. R. Fegley. 1987. Ecological consequences of mechanical harvesting of clams. *Fish. Bull.* 85: 281–298.

Pikitch, E., C. Santora, E. Babcock, et al. 2004. Ecosystem-based fishery management. *Science* 305: 346–347.

Pikitch, E. K., K. J. Rountos, T. E. Essington, et al. 2012. The global contribution of forage fish to marine fisheries and ecosystems. *Fish Fish.* doi: 10.1111/faf.12004

Pimm, S. L. and P. Raven. 2000 Biodiversity: Extinction by numbers. *Nature* 403: 843–845.

Pinsky, M. L., O. P. Jensen, D. Ricard, and S. R. Palumbi S. 2011. Unexpected patterns of fisheries collapse in the world's oceans. *Proc. Natl. Acad. Sci. (USA)* 108: 8317–8322.

Power, M. E. 1990. Effects of fish in river food webs. *Science* 250: 811–814.

Powers, S. P., C. H. Peterson, J. H. Grabowski, and H. S. Lenihan. 2009. Success of constructed oyster reefs in no-harvest sanctuaries: Implications for restoration. *Mar. Ecol. Prog. Ser.* 389: 159–170.

Puig, P., M. Canals, J. Martín, et al. 2012. Ploughing the deep sea floor. *Nature* 489: 286–289.

Ramirez-Llodra, E., P. A. Tyler, M. C. Baker, et al. 2011. Man and the last great wilderness: Human impact on the deep sea. *PLoS ONE* 6: e22588.

Rassweiler, A., R. J. Schmitt, and S. J. Holbrook. 2010. Triggers and maintenance of multiple shifts in the state of a natural community. *Oecologia* 164: 489–498.

Reed, D. C., D. R. Lauer, and A. W. Ebeling. 1988. Variation in algal dispersal and recruitment: The importance of episodic events. *Ecol. Mongr.* 58: 321–335.

Reed, D. C., S. C. Schroeter, and P. T. Raimondi. 2004. Spore supply and habitat availability as sources of recruitment limitation in giant kelp. *J. Phycol.* 40: 275–284.

Reed, D. C., S. C. Schroeter, D. Huang, et al. 2006. Quantitative assessment of different artificial reef designs in mitigating losses to kelp forest fishes. *Bull. Mar. Sci.* 78: 133–150.

Reynolds, J. D., N. K. Dulvy, N. B. Goodwin, and J. A. Hutchings. 2005. Biology of extinction risk in marine fishes. *Proc. Biol. Sci.* 272: 2337–2344

Roberts, C. M. 2002. Deep impact: The rising toll of fishing in the deep sea. *Trends Ecol. Evol.* 242: 242–245.

Rogers, C. S. 1990. Responses of coral reefs and reef organisms to sedimentation. *Mar. Ecol. Prog. Ser.* 62: 185–202.

Sadovy, Y., T. Donaldson, T. Graham, et al. 2003. *The Live Reef Food Fish Trade: While Stocks Last. Report 147.* Manila, Philippines: Asian Development Bank.

Schindler, D. E., R. Hilborn, B. Chasco, et al. 2010. Population diversity and the portfolio effect in an exploited species. *Nature* 465: 609–613.

Schmitt, R. J. and C. W. Osenberg (eds). 1996. *Detecting Ecological Impacts: Concepts and Applications in Coastal Habitats.* San Diego, CA: Academic Press.

Schulte, D. M., Burke R. P., and R. N. Lipcius. 2009. Unprecedented restoration of a native oyster metapopulation. *Science* 325: 1124–1128.

Shiomoto, A., J, Tadokoro, K. Nagasawa, and Y. Ishida. 1997. Trophic relations in the subarctic North Pacific ecosystem: Possible feeding links from pink salmon. *Mar. Ecol. Prog. Ser.* 150: 75–85.

Sih, A., B. G. Jonsson, and G. Luikart. 2000. Habitat loss: Ecological, evolutionary and genetic consequences. *Trends Ecol. Evol.* 15: 132–134.

Smith, A. D. M., C. J. Brown, C. M. Bulman, et al. 2011. Impacts of fishing low-trophic level species on marine ecosystems. *Science* 333: 1147–1150.

Smith, B. D. 2007. The ultimate ecosystem engineers. *Science* 315: 1797–1798.

Springer, A. M., J. A. Estes, G. B. van Vliet, et al. 2003. Sequential megafaunal collapse in the North Pacific Ocean: An ongoing legacy of industrial whaling? *Proc. Natl. Acad. Sci. (USA)* 100: 12223–12228.

Stibor, H., O. Vadstein, S. Diehl, et al. 2004. Copepods act as a switch between alternative trophic cascades in marine pelagic food webs. *Ecol. Lett.* 7: 321–328.

Thayer, G. W. 1992. Restoring the nation's marine environment. In, *Proceedings of the NOAA Symposium on Habitat Restoration,* Washington, DC: Maryland Sea Grant College.

Thistle, D., K. Carman, L. Sedlacek, et al. 2005. Deep-ocean, sediment-dwelling animals are sensitive to sequestered carbon dioxide. *Mar. Ecol. Prog. Ser.* 289: 1–4.

Thomas, C. D., A. Cameron, R. E. Green, et al. 2004. Extinction risk from climate change. *Nature* 427: 145–148.

Thrush, S. F. and P. K. Dayton. 2002. Disturbance to marine benthic habitats by trawling and dredging: Implications for marine biodiversity. *Annu. Rev. Ecol. Syst.* 33: 449–473.

Tilman D., P. B. Reich, and F. Isbell. 2012. Biodiversity impacts ecosystem productivity as much as resources, disturbance, or herbivory. *Proc. Natl. Acad. Sci. (USA)* 109: 10394–10397.

Tittensor, D., F. Micheli, M. Nyström, and B. Worm. 2007. Human impacts on the species-area relationship in reef fish assemblages. *Ecol. Lett.* 10: 760–772.

Toropova, C., I. Meliane, D. Laffoley, et al. 2010. *Global Ocean Protection Present Status and Future Possibilities.* Gland, Switzerland: IUCN, International Union for the Conservation of Nature.

Tudhope, A. W., C. P. Chilcott, M. T. McCulloch, et al. 2001. Variability in the El Niño—Southern oscillation through a glacial-interglacial cycle. *Science* 291: 1511–1517.

Van Dover, C. L., J. Grassle, B. Fry, et al. 1992. Stable isotope evidence for entry of sewage-derived organic material into a deep-sea food web. *Nature* 360: 153–156.

Vermaat, J. E., N. S. R. Agawin, M. D. Fortes, et al. 1997. The capacity of seagrasses to survive increased turbidity and siltation: The significance of growth form and light use. *Ambio* 26: 499–504.

Walters, C. and J. F. Kitchell. 2001. Cultivation/depensation effects on juvenile survival and recruitment: Implications for the theory of fishing. *Can. J. Fish. Aquat. Sci.* 58: 39–50.

Ward, P. and R. A. Myers. 2005. Shifts in open-ocean fish communities coinciding with the commencement of commercial fishing. *Ecology* 86: 835–847.

Watling, L. and E. A. Norse. 1998. Disturbance of the seabed by mobile fishing gear: A comparison to forest clearcutting. *Conserv. Biol.* 12: 1180–1197.

Watson, R. A., W. W. L. Cheung, J. A. Anticamara, et al. 2012. Global marine yield halved as fishing intensity redoubles. *Fish Fish.* doi: 10.1111/j.1467–2979.2012.00483.x

Worm, B. and T. A. Branch. 2012. The future of fish. *Trends Ecol. Evol.* 27: 594–599.

Worm, B. and R. A. Myers. 2003. Meta-analysis of cod-shrimp interactions reveals top-down control in oceanic food webs. *Ecology* 84: 162–173.

Worm, B. and D. P. Tittensor. 2011. Range contraction in large pelagic predators. *Proc. Natl. Acad. Sci. (USA)* 108: 11942–11947.

Worm, B., H. K. Lotze, I. Jonsen, and C. Muir. 2010. The future of marine animal populations. In, *Life in the World's Oceans: Diversity, Distribution and Abundance* (A. McIntyre, ed.), pp. 315–330. Oxford, UK: Blackwell Publishing.

Worm, B., E. B. Barbier, N. Beaumont, et al. 2006. Impacts of biodiversity loss on ocean ecosystem services. *Science* 314: 787–790.

Worm, B., B. Davis, L. Kettemer, et al. 2013. Global catches, exploitation rates, and rebuilding options for sharks. *Mar. Policy* 40: 194–204.

Worm, B., R. Hilborn, J. K. Baum, et al. 2009. Rebuilding global fisheries. *Science* 325: 578–585.

Worm, B., M. Sandow, A. Oschlies, et al. 2005. Global patterns of predator diversity in the open oceans. *Science* 309: 1365–1369.

第 21 章

基于生态系统的海洋保护和管理方法

Benjamin S. Halpern 和 Tundi Agardy

在许多方面，过去十年都可以称为"海洋的十年"，或者至少可以说是"海洋意识觉醒的十年"。公众与政策对海洋资源可持续管理的意识和兴趣已大大提高，特别是，一定程度上是由于许多已发表的高影响力学术研究向大众展示了海洋资源的下降和对这些资源持续增长的全球性压力（如 Jackson et al.，2001；Myers and Worm，2003；Halpern et al.，2008b）；一系列对海洋资源新利用方式的涌现，如近海养殖和能源开发，已散布在沿海水域（如 Kim et al.，2012；White et al.，2012）；以及各国及国际社会对旨在更好地保护海洋资源的承诺（如 DFO，2002；Juda，2007；Executive Order 13547，2010）。对海洋资源的管理和保护可以追溯到几十年前——一些最早的保护区成立于 20 世纪 60 年代（IUCN，2010），而渔业科学和管理至少在 20 世纪 50 年代就已开始积极关注（如 Beverton and Holt，1957）——但在过去的 10 年里，我们对海洋管理的理解及付出的努力有了显著提高。

受到威胁的海洋物种和生态系统的清单很长，在各处都有很好的记录（Halpern et al.，2007；Teck et al.，2010），以及缓解各种应激源的策略文献（如见第 19 章和 20 章）。世界自然保护联盟濒危物种红色目录（IUCN，2001）和国家法令，如《美国濒危物种保护法》，都详细地列出了有关物种的现状、所受威胁及缓解策略的最佳可用信息。大量生态学文献记录了全球各种关键栖息地的类似信息，如珊瑚礁、红树林、盐沼和海草床等（如见第 11、12 和 13 章）。在海洋保护的广泛领域内，本章侧重于两个关键的保护和规划工具——海洋保护区（marine protected area，MPA）和海洋空间规划（marine spatial planning，MSP），二者在过去十年里都受到管理者的重视，并成为研究的核心领域。海洋学正日益成为多学科交叉的科学，并从社会科学、非生命科学和生命科学的坚实基础上获益，这些科学基础支撑着我们回答日益复杂、与政策相关且无法回避问题的能力。这种跨学科的研究极大地扩展了管理、研究和应用中所关注问题的范围。

尽管许多关于如何更好地知悉和开展海洋资源管理的主题都被研究、讨论和争论关注过，本章将强调其中两点，海洋保护区和海洋空间规划，这两点也在过去十年中变得格外重要。其中任何一条都足以成为一整本专著的核心内容（事实也如此，如 Salm and Clark，2000；Ehler and Douvere，2009）。本章的目的在于突出每一个主题在近期的关键进展。正如将在本章中明确指出的，二者是相互关联的，而且在保护和管理中协同使用是最有效的。事实上，它们总是在基于生态系统管理（ecosystem-based management，EBM）的框架下被讨论，因此，我们将首先概述 EBM 对海洋保护区和海洋空间规划进展所起的作用。然而，由于海洋保护区和海洋空间规划研究分别哺育了不同的研究和应用方向，所以有必要对其分别进行综述。此外，累积效应评估和制图与海洋保护区和海洋空间规划高度相关，所以我们将简要回顾其与海洋保护区和海洋空间规划相关的主题。最后，我们将在本章结尾讨论海洋保护的最新主题，如人类影响、弹性及其他，以及这些主题将如何融入实施基于生态系统管理的海洋保护区和海洋空间规划活动。

基于生态系统的管理

基于生态系统的管理是近十年来兴起的一种海洋资源管理的基本理念和重要方法，它建立在海洋保护区和海洋空间规划的应用基础之上，并与之相互联系。这种转变反映了一种深刻而广泛的认识，即所有自然都是相互联系的，而将活生生的生态系统进行分割、孤立管理的部门大都失败了，面对海洋资源管理，它们无法有效地处理这些复杂问题。EBM 建立于整合其他方法的基础之上，其中一些先例来自陆地生态系统，如 20 世纪 60 年代在林业中使用的生态系统管理（Szaro et al.，1998），也有来自沿海系统的例子，如 20 世纪 70 年代兴起的综合海岸带管理（尽管范围有限）。以 EBM 方法为代表的、更为全面的观点随着时间推移而不断发展，其中部分源于对过去失败的管理经验的反思，但在过去 10～15 年中，基于 EBM 理念的应用迅速扩展，而海洋空间规划是为应用 EBM 而开发的一个工具。

已出版了好几本卷帙浩繁的讨论基于生态系统的海洋管理专著，其中最著名的要属 McLeod 和 Leslie（2009）的《基于生态系统的海洋管理》（*Ecosystem-Based Management for the Oeans*）、Belgrano 和 Fowler（2011）的《基于生态系统的海洋渔业管理：不断发展的视角》（*Ecosystem-Based Management for Marine Fisheries: An Evolving Perspective*），以及联合国环境规划署（UNEP）的 EBM 手册《迈向基于生态系统的海洋和沿海管理：入门指南》（*Steps Towards Marine and Coastal Ecosystem-Based Management: An Introductory Guide*）（Agardy et al.，2011a）。这些工作共同阐明了基于生态系统的管理方法的五个最基本原则：

（1）认识到不同生态系统组分之间，以及人类和自然系统之间存在的联系；

（2）采用生态系统服务的视角；

（3）关注累积效应；

（4）多目标管理（整合部门管理）；

（5）接受变革，从管理中学习，随着时间推移的适应性管理。

自然科学和社会科学都支撑着这些原则的应用，以创造更有效管理的进展。UNEP 的手册更直接地面向 EBM 的实践性，概括描述了 EBM 的三个阶段：愿景、规划和实施/适应性管理。最后一个阶段尤为重要，因为它需要管理者观察变化，获取新的信息，从而利用这些信息调整指导方针的条例，以应对新的挑战，并改进方法，以更好地实现管理目标。通过介绍 EBM 的核心原则，并描述能够成功实施有效管理的一般流程，该手册促进了国际、国家和地方各级的管理。

实践中的 EBM 证明，实现有效、综合的海洋管理有多种途径，而成功迈向 EBM 并不意味着一次管理所有方面（Tallis et al.，2010）。EBM 能够也应该利用现有规章和管理架构来实现多目标成果，包括但不限于，综合沿海管理、渔业管理、海洋保护区管理、流域管理和海洋空间规划等（Agardy et al.，2011a）。

海洋保护区

海洋保护区（MPA）已被用于实现各种尺度的保护目标，并且经常被作为实施 EBM 方法的许多管理工具之一。海洋保护区，以及较小程度上的海洋保护区网络，是为保护海洋和沿海生境斑块而建立的，个别情况是为了保护特殊的海洋物种，其目标繁多，从增强保护到旅游业，再到提高渔业产量。海洋保护区虽然由来已久，但直到最近，数量仍然极少，而且常常以较为随意的方式建立，既没有很好的科学研究，也极少执行法规。在过去 15 年里，有关海洋保护区选址、设计和有效性评估的科学研究呈指数级增长，逐渐聚合成了一个规划者可以接触到的领域，并帮助消除有效规划和实施中科学不足的障碍。再加上更多的建立海洋保护区的政治意愿，这一新兴的科学领域已使海洋保护区建立更为有效和更具效率，甚至在简单意义上，创建了更多的海洋保护区（图 21.1；Roberts，et al.，2003；Wood et al.，2008）。尽管近来取得了这些进展，到 2010 年为止，少于 1.2% 的海域处于海洋保护区范围之内，而其中仅有极小一部分是真正全面保护、禁渔的海洋自然保护区（Toropova et al.，2010）。在过去的两年中，随着一些超大型海洋保护区的建立，保护区数量急剧增加，例如印度洋的查戈斯海洋保护区（640 000km²）、基里巴斯的菲尼克斯群岛保护区（408 250km²），以及夏威夷的帕帕哈瑙莫夸基亚国家海洋保护区（362 600km²），但海洋保护区的总面积仍然不到海洋总面积的 2%。由于人类活动的直接和间接作用，以及对海洋新的利用方式，如可再生能源和水产养殖等，大洋和沿海环境不断退化。这些海洋保护区就是在这样的背景之下应运而生的。

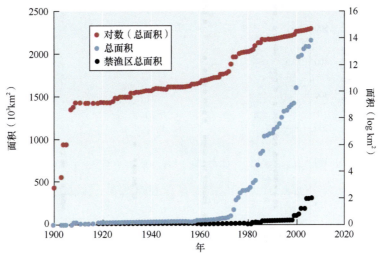

图 21.1　全球海洋保护区和禁渔区的总面积，右纵轴以对数表示（仿自 Wood et al.，2008）

如何定义海洋保护区的问题尚未完全得到解决，其复杂的定义给倡导建立更多保护区的团体和承诺建立海洋保护区的国家造成了困扰。因此，最近的《IUCN 自然保护地管理分类应用指南》（*Guidelines for Applying the IUCN Protected Area Management Categories to Marine Protected Areas*）（IUCN，2012）设定了一个有用的标准。不管采用什么样的定义，最常见的问题仍是随机地建立海洋保护区，而不是有策略地将其置于最需要的地方，以维持生态系统和支撑人类福祉。一些进展，例如累积效应分析（Halpern et al.，2008b；参见"海洋空间规划"一节）可以将管理需求量化，并被用于具有战略重要性的海洋保护区选址，以应对生境破坏、濒危物种、过度捕捞和其他对海洋生态系统的威胁。过去十年见证了自然科学和社会科学在支持管理方面取得的巨大进展，我们将在下面对其简要综述。

科学发展使得海洋保护区规划从随意设计转向更具策略的过程。其中，三个团体为这种从随机到系统规划的转变做出了贡献：

（1）学术界，他们共同建立模型以指导规划，提供经验数据以支撑模型，并通过观测项目评估进展，以实施真正有效的海洋保护区。

（2）环境团体，包括政府间组织、非政府组织和社区团体，在区域级别领导多利益相关者参与规划过程并促进行动。

（3）政府机构，在其管辖范围之内开展海洋保护区和海洋保护区网络的设计工作，与上述两类团体开展密切合作。

本节的第二小节（"海洋保护区的实际应用"）将对这三个团体在实施海洋保护区工作中汲取的经验教训予以简要概述。

海洋保护区科学

过去的一篇综述表明，海洋保护区对其范围内物种的影响是一致的，物种丰富度、丰度、生物量和个体大小都有显著提高（Halpern，2003）。最近的综述显示，包括近年来呈指数级增长的海洋保护区研究，在所有指标上都有相同或更显著的增长（Lester et al.，2009）。这些结果无论是在不同类群、地理范围，还是不同大小的海洋保护区，都极为一致。因此，海洋保护区确实满足了其界线范围内当地的保护目标要求（图 21.2）。

通常，海洋保护区被寄予厚望，为区域（保护区界线之外）保护目标和渔业目标服务，二者都需要保护区能够通过幼体扩散和鱼类游动而相互连通，并与周围的捕鱼区域相通。对这两种情况，来自海洋保护

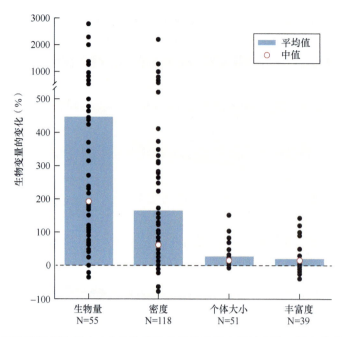

图 21.2 全球一些海洋保护区的禁渔区边界内 4 个生物变量的平均值和中值的变化。黑点代表每个保护区的相应值（仿自 Lester et al., 2009）

区的幼体扩散对于成体固着的物种来说至关重要。从渔业目标的角度来说，成体跨越保护区边界的溢出效应也非常重要，并可通过海洋保护区网络的协同效应得到增强（Gaines et al., 2010）。由于追踪幼体繁殖体颇具难度，幼体扩散出海洋保护区的证据有限，但具有启发性（Pelc et al., 2010）；而成体溢出效应的证据则更为清晰，在靠近海洋保护区边界具有显著的溢出效应（Gell and Roberts, 2003；Halpern et al., 2010a；DiFranco et al., 2012）。这种溢出能否补偿捕鱼导致的渔场损失，仍然是一个颇具争议的话题：在一些情况下，例如被严重过度开发利用的小规模渔业，答案几乎是肯定的（Halpern et al., 2010a）；而在其他情况，如得到较好管理的大规模渔业，则几乎完全不是（Hart, 2006）。

专题 21.1　在美国加利福尼亚州沿海设立海洋保护区网络

　　1999 年，美国加利福尼亚州立法机关通过了《海洋生物保护法》（*Marine Life Protection Act*, MLPA），要求对该州海域内现有的一系列海洋保护区进行重新设计，从而将这些大部分较小、被认为是无效的保护区，建立成一个海洋保护区网络。加利福尼亚州在实施过程中失败了两次，在吸取经验教训和再次调整之后，最终成功地完成了设计，构建了全州范围内的海洋保护区网络（Weible, 2008；Gleason et al., 2010；Gleason, 2013）。规划并非是整个州一次性完成，而是先将外部沿海（旧金山湾除外）分为四个区域，然后按顺序逐个地设计与实施，最后一个区域在 2012 年才完成规划并得到批准，在 2012 年 12 月得以实施。现在，加利福尼亚州的海洋保护区网络共有 124 个海洋保护区，面积占该州海域的 16%，该州 9.4% 的海域是禁渔的自然保护区（图 21.3）。

　　该法案第一次实施失败主要是由于州政府没有提供足够的资金来支持，而各机构和科学家提供的"科学"规划，没有充分地与利益相关者协商，利益相关者又两极分化，争议很大，而且利益相关者中普遍认为这一进程过于仓促（Weible, 2008）。在第一次实施失败之后不久，就开始了第二次尝试，但遭遇了相同的命运，甚至在 2002 年，由于缺乏足够的资金和能力支撑公众规划过程而正式结束（Gleason et al., 2010）。

　　这两次失败给如何实施区域尺度、多部门规划的过程提供大量宝贵的经验教训。最重要的是，它们说明了，政治意愿、财政支持和实施能力与法律自身同等重要，甚至更重要（Weible, 2008；Gleason et al., 2013）。2004 年，该州参与了政府与社会资本合作（海洋保护法倡议），以在特定任务的时间框架背景下提供必要的资金和能力，帮助加利福尼亚州渔猎局达到其法定要求。将海洋保护法倡议按照四个沿海区域划分，顺序工作，使规划能够在更恰当的尺度内进行，从而弥补在之前工作中的不足，并克服了加利福尼亚州沿海的规模与复杂性带来的一些挑战，尽管这样会使规划总体完成所需的时间延长。选择的第一个区域是争议最少的，因此也最有可能成功，每一个区域的规划过程都根据教训进行了调整（Gleason et al.，2012）。此外，按顺序分区域地建立海洋保护区网络有助于认识到不同区域利益相关者的需求、生物物理条件和海洋资源现状之间的差异。但最重要的是，区域内利益相关者群体和公众自始至终参与了完全公开透明的过程。利益相关者根据科学和经济顾问委员会给出的指导方针提出海洋保护区网络的建议。

尽管取得了上述成功，海洋保护法倡议仍时而存有争议，遭受各种政治和立法的挑战。一些渔业利益集团，包括游钓组织，强烈反对海洋保护法的实施，他们认为渔业已经受到其他相关法律的约束，因而海洋保护区是毫无必要的，或不应受它约束。其他利益相关者则认为海洋保护区不足以实现生态系统保护的目标。一些决策者在其中进行了平衡，并基于利益相关者的建议，向加利福尼亚州渔猎委员会（海洋保护区的指定管理部门）提供了最终建议（Gleason et al.，2013）。

最后，为了使海洋保护区全面发挥效用，在设计和实施过程中关注自然要素的同时，还必须考虑社会经济要素。过去十年的进展也体现了这种意识，越来越多地关注建立海洋保护区的经济作用，特别是对当地渔民（如 Smith and Wilen，2003；White et al.，2008）和对海洋保护区和海洋管理区的社会学研究（Mascia，2003；Mascia and Claus，2009；Cinner et al.，2012a；Fox et al.，2012a；Fox et al.，2012b）。例如，Cinner 等（2012）研究了不同社会要素在决定共同管理能否成功实现当地海洋资源社会和生态目标方面的重要性。

海洋保护区的实际应用

一些机构已建立了关于海洋保护区设计与实施的指南或工具包，包括 IUCN 的早期出版物（最著名的是 Kelleher and Kenchington，1996；IUCN，1999），如 Gubbay（1995）和 Agardy（1997）等学术专著，美国国家委员会（NRC，2000）、Palumbi（2002），以及 Upton 和 Buck（2010）随后的实践等。过去十年所提供的技术建议主要涉及海洋保护区科学的三个主要方面：①在哪里建立海洋保护区？②如何设计最优的海洋保护区及海洋保护区网络？③如何管理海洋保护区，包括如何监测以确保它们达到建立时提出的目标？随着公平和权利问题的出现，海洋保护区的治理正变得日益重要。在涉及综合沿海管理、海洋利用管理和海洋保护区等多个方面时，治理显得尤为重要。海洋保护区不是包治百病的灵丹妙药（如 Halpern et al.，2013），即使是大型的海洋保护区也无法完全关注影响海洋健康和生产力的所有压力。为避免造成"退化海洋中的保护岛"这种无效拼凑，最好在生态系统管理框架之下设计保护区（Agardy et al.，2011b；Guidetti et al.，2012）。

如何选址　在为海洋保护区选址时，规划者通常侧重于生物属性和价值，或对生物区系的威胁，或是二者的组合。通常所考虑的生物属性包括物种丰富度、总（或营养级）丰度或总（或营养级）生物量、平均个体大小和初级生产力等（Agardy，1997）。对海洋保护区网络的选址来说，典型性也很重要，以确保充分包含区域的生物多样性（参见 Kelleher et al.，1995）。这些工作的背后需要群落生态学的知识，包括跨越地理尺度的分析，Roff 和 Zacharias（2011）对此进行了很好的综述。

非政府组织在海洋保护区选址中扮演了重要的角色。例如，世界自然基金会（WWF）和大自然保护协会（TNC）多年来一直在推动海洋保护区规划，他们都有确定海洋保护区选址的成熟方法。世界自然基金会于 1998 年公布的全球 200 个优先生态区名单，指出了大规模海洋保护的焦点，自那以后，在优先区建立保护区的工作有所增加。根据加拿大、美国和墨西哥签署的北美洲自由贸易协议建立起来的环境合作委员会最近发布了一份名为"弹性海洋保护区网络设计科学指南"的报告（Brock et al.，2012），进一步详细说明了科学在选址上所起的作用。它提出了四个主要原则或指导方针：①保护具有关键生态系统作用的物种和生境；②保护潜在的碳汇；③保护一系列物种的生态联系和连通度；④保护目标区域内所有的生物多样性。

越来越多的海洋保护区选址过程都有较为全面的利益相关者参与，侧重于平衡人们的各种需求，例如渔场的可进入性，以及保护的需要。在发达国家，最好的例子来自加利福尼亚州的海洋生物保护法，最近才通过将近 10 年的历程，完成了整个加利福尼亚州沿海的海洋保护区网络的建立工作（图 21.3）。这个过程要求在最小生态准则和渔民与其他资源利用者成本最小化之间做出精确的平衡（Gleason et al.，2010）。

图 21.3　作为 MLPA 过程的一部分，在美国加利福尼亚州海域建立的海洋保护区网络图（参见专题 21.1）。尽管已建立的限制性捕捞的州立海洋公园（黄色）或州立海洋游憩管理区（绿色）相对较少，但本图显示了现已使用和可供未来分配的指定保护范围

如何设计有效的海洋保护区　近来设计有效的海洋保护区及其网络的指南侧重于如何将社会要素纳入设计准则（Agardy et al.，2003），如何使生态系统（Roberts et al.，2003；Agardy et al.，2011b）或渔业（Halpern and Warner，2003；Rassweiler et al.，2012）的收益最优化，以及如何使海洋保护区适用于更大的海洋区化体系（Halpern et al.，2010b）。

不足为奇，采用分区模式的大型海洋保护区能够提供效果更好和效率更高的保护，同时能够兼顾适当的利用方式和关注尖锐的问题，如取代效应（Agardy，2010）。加利福尼亚州海洋生物保护法的实施为全球奠定了一个基准，无论是不要试图设计一个大型海洋保护区（前两次的尝试都失败了），还是如何取得成功（在第三次尝试中终获成功；Gleason et al.，2010；专题 21.1）。澳大利亚的大堡礁海洋公园仍然被视为是使用科学区化而达到特定管理目标的全球领先者（Agardy，2010）。最初建立大堡礁海洋公园的空间规划，以及随后在获得世界遗产称号之后的重新区化和影响扩展，都是在单一规划和管理部门——大堡礁海洋公园管理局指导下完成的。该区化中有两个要素尤为将生态学用于支持管理值得借鉴：①建立基于科学的支持区化的操作原则（并指导决策支持软件的使用——这对大堡礁这样庞大和复杂的区域来说十分必要）；②建立展望报告中的场景，使管理局能够跟踪结果，并预测管理干预的结果（GBRMPA，2009）。

如何管理海洋保护区　有效管理海洋保护区的案例在 50 年前就已出现（Agardy，1997），但不是正式的"保护区"，其中的禁忌区和海洋保有权制度出现得更早，已经有效管理了几个世纪（Cinner et al.，2012b）。但在过去十年，海洋保护区管理出现了值得注意的转变，即海洋保护区的实施与管理，是在对一个区域的整体利用和保护这样一个更大的背景下进行的。散布在许多不同的沿海和海洋生境（有时也包括国家法律管辖范畴之外的外海和大洋）中的大型、多用途海洋保护区表明，即使是更复杂的管理挑战，也可以通过深思熟虑，综合的适应性管理来予以应对。当然，有无数的例子表明，规模较小、重点更突出的海洋保护区得到了有效管理。所有尺度有效管理的一个共性是，要具有清晰明确、可量化的管理目标，而硬科学（自然科学和社会学）是支撑管理活动向这些既定目标前进的必要条件。

规划和实施大型、多用途海洋保护区所面临的挑战之一是设定适当和有意义的目标。面对复杂管理挑战，制定目标和管理到位的层次化方法，有助于使这一过程结构化。加拿大渔业及海洋部为此提供了一个例子，他们制定了总体目标，以及与之相关的战略目标，还有可以实现这些战略目标的业务目标，以及每个指定业务目标的性能和成果指标（DFO，2002；专题 21.2）。

专题 21.2　加拿大渔业及海洋部的目标导向管理与目标层次

总体目标是我们所期望实现结果的高级别陈述。总体目标为建立所有其他次一级目标提供了框架，并概述次级目标所依据的原则。

要素是为完成总体目标而建立次一级目标所认可的组分或属性。

战略目标是指根据广泛的合作治理、综合管理、可持续人类利用和健康的生态系统等总体目标下的每个要素制定的目标。这些目标体现的是我们希望每个要素所应达到的结果，以及为达到这些结果所必需的总体管理方向。

业务目标是指支持实现战略目标的更具体目标。这些目标可以通过部门管理过程制定，并用于指导确定管理战略和行动，以实现更高层次的战略目标和总体目标。

来源：加拿大渔业及海洋部（DFO），2011。

应对多用途、多目标海洋保护区挑战的另一方式是根据不同利用类型建立单独的规划。如果部门需要针对其目标的建议和指导，这种方法是有意义的，但仅仅是在部门管理相互合作并在 EBM 框架之中的前提下。例如，美国佛罗里达州群岛国家海洋保护区（NOAA，2007）就有各种单独的行动计划，分别面向科学管理和行政管理、研究和监测、教育和外展服务、志愿者、监察、执法、损害评估和恢复、海事遗产资源、海洋区化、系泊浮筒、海道管理、水质、业务，及评价等。这些计划的推出和实施是由海洋保护区精心策划的，以配合这一面积近 10 000km² 的大型海洋保护区多样性生态系统的总体目标。

与制定明确和可量化目标对海洋保护区成功与否一样，资源监测对于执法和评估海洋保护区效果也很重要。有太多的"纸上谈园"——空间上已被划为保护区域，但缺乏足够的资源去执行法规和监测保护区内的活动（Rife et al.，2012）。在这些情况下，利益相关者的期望值往往过高，当海洋保护区无法兑现承诺时，会令他们感到沮丧（Agardy et al.，2003）。评估物种对海洋保护区的保护如何响应，这既是挑战，也是需求。挑战来自如何确定效应归因于海洋保护区，而这往往需要在保护区建立之前就进行充足的监测（Carr，2000），而需求则是要有能力向利益相关者和管理者汇报保护行动达到了目标和预期。在 EBM 案例研究的综述里也吸取了类似的经验教训（Ecosystem Management Initiative，2012；参见 McLeod and Leslie，2009）。

海洋空间规划

人们对海洋空间利用的需求日益增加，伴随着人类日益认识到需要更小心、更定量化地管理累积效应，这些都促使海洋空间规划作为一种前瞻性的手段来管理人类对海洋的利用方式。但海洋保护区主要被设计为和用于将一些海域设置成限制性捕鱼或完全禁渔的区域。海洋空间规划拓展了管理所关注问题的范围和规划的尺度。事实上，海洋空间规划往往将海洋保护区纳入规划，使其成为规划的一个组成部分。海洋空间规划从更大的视角来考虑什么地方发生了什么（人类利用方式和相关影响），并为选址活动提供指导，以使对自然的影响和使用者之间的矛盾最小化（Douvere，2008）。尽管还有一些其他的方法来实施海洋空间规划，但通常都是对海洋进行区化完成的。海洋空间规划建立在人类对海洋的任何活动都应是经济、社会和环境可持续的认识之上，特别是目标存在相互冲突的情况下（Young et al.，2007；Douvere，2008）。空间规划和区化并非新鲜事物，它们早已被广泛用于陆地上的生物多样性保护和管理（如 Margules and Pressey，2000），但在海洋环境中的应用却最近才崭露头角（Leslie et al.，2003）。

海洋空间规划的前提是全面了解不同人类利用方式的空间格局，人类评估这些用途的不同方式，以及这些利用方式之间潜在的相互作用和权衡的可能性，有助于各机构和利益相关者之间的协调，从而比部门管理更有效率，产生更多附加值。由于海洋空间规划要求规划者和管理者评估生态系统的相关信息和知识，所有人类活动将如何影响生态系统，以及它们如何与其他生态系统相联系，或如何被其他利用方式所影响，因此，协调和广泛综合的必要性是显而易见的。

然而，协调数据收集和整合以及各机构的人员可能会产生额外的成本，超出了其他的收益。近年来，附加值的前提假设尚未得到检验，而要求海洋空间规划提供"商业案例"的呼声则越来越高，即有真实的附加值证明（Halpern et al.，2012a）。White 等（2012）利用美国马萨诸塞州波士顿沿海的一个研究案例，以定量化的方式直接研究了附加值的问题。联邦政府于 2008 年通过了一项法令，要求为该州海域建立海洋空间规划。在波士顿以北建立海上风电场的提议成为实施海洋空间规划的一个试验案例。White 等（2012）对比了四种服务：龙虾捕捞、底栖鱼捕捞、观鲸与保护、风电能源，考虑到单一部门管理策略下每个服务之间的内在权衡，分别使用单一部门方式或海洋空间规划模式进行了最优规划策略建模。他们发现，在实施海洋空间规划的模式下，具有显著的货币和保护附加值，为海洋空间规划提供了第一个"商业案例"。

然而，White 等（2012）仅研究了某些附加值。在海洋空间规划内的协同和综合评估为许多其他附加值提供了可能。最重要的是，它为在大区域内确定合作、多边和多机构等优先事项提供了框架，例如在《保护东北大西洋海洋环境公约》（OSPAR）下进行的海洋空间规划（OSPAR，2009），明确评估了不同使用者和使用水平之间的权衡，以及对生态系统及生态系统服务的影响（Lester et al.，2013；Kim et al.，2012；White et al.，2012）。

要理解这些附加值由何而生，就有必要先描述海洋空间规划中的规划、管理实施、评估管理等基本步骤（改自 Ehler and Douvere，2009）：

（1）利益相关者的参与；

（2）召开机构间的委员会以监督过程；

（3）确定生态关键区及不同区域的相对价值；

（4）评估和绘制压力和威胁曲线图；

（5）确定累积效应会如何相互复合；

（6）了解哪些威胁源自区域之外；

（7）建立海洋空间规划方案以展示和评价权衡；

（8）进行治理评估以确定哪些是可行的；

（9）实施管理规划；

（10）监测结果，利用该信息适应性地管理系统。

大部分有关海洋管理和政策的文献都充斥着利益相关者参与的价值，特别是在小尺度上，例如将当地社区或使用者团体（如渔业合作社）引入规划过程。这种价值虽然是海洋空间规划的一部分，但不是唯一的价值。机构之间的合作能够产生很多潜在的价值，如上面的步骤 2 和步骤 8（例如，加强监测和数据处理，执法共享等），而这种合作对海洋空间规划来说格外突出（Halpern et al.，2012a）。当海洋空间规划被嵌入一个更大的海洋空间规划体系之中，这些步骤就会变得同等重要。

有趣的是，可用于在治理方面指导规划者和管理机构的信息却很少（步骤 2 和步骤 8），尽管环境法律研究所（ELI，2009）最近的一份报告就如何将海洋空间规划与美国现有法律和法规联系起来提供了一些指导。规划与法规之间的隔阂令人惊讶，因为基于科学指导的海洋空间规划早已是一门成熟的学科，有一系列可供使用的工具（参见"海洋保护区的实际应用"小节）。此外，尽管已有很多非常著名以及广泛应用的海洋空间规划出版物督促规划者建立规划方案，例如联合国教科文组织（UNESCO）所支持的规划（Ehler and Douvere，2007，2009），但对如何建立方案却极少有技术指导，尽管有大量的科学指导和许多例子。例如，千年生态系统评估（MEA，2005）和自然资本项目（如 Kim et al.，2012）的一部分，都共同表明当地利益相关者和决策者参与拟定可行方案的必要性与价值。

根据《生物多样性公约》的要求，全球环境基金科学技术咨询小组委托编写了一份报告（Agardy et al.，2012），总结了所有尺度上海洋空间规划的经验教训。其结果表明，海洋空间规划的理论基础虽已建立，但实践仍有欠缺。该报告回顾了传统的规划过程，介绍了新的创新性工具，并讨论了尚未被充分体现的海洋空间规划的潜力——在协调保护和发展的同时，保护重要的生态系统及其所提供服务和所支撑的生物多样性。对所有尺度上的海洋空间规划的综述表明，其成功的关键之一在于，使用与特定环境相适应的规划方法（包括使用科学信息及传统的生态系统知识来支持管理规划和条例）。另一个重要的元素是有法律框架支撑，有确定优先权的方法（基于现有最好的科学方法），以及一个层次系统来为海洋空间规划建立清晰的总体目标、具体目标和策略。海洋空间规划后的管理与有效的规划同等重要，因此当前的重规划、轻实施的局面需要得到转变（Agardy et al.，2012）。

　　尽管取得了这些进展，并产生大量的文献和网站（专题 21.3），如何更好地实施海洋空间规划的操作指南仍然有点晦涩难懂。这主要是因为很多可用信息都是理论上的，而不是实践性的，而且大部分信息要么是普遍性的，无法在任一地点提供规划的具体方向，要么就是针对某个具体环境，其经验教训无法适用于其他地方。这种缺乏实际指导的海洋空间规划遭到了很大政治阻力，甚至有人认为海洋空间规划是多余的管制，对民众没有实际的好处。

专题 21.3　其他的海洋空间规划资源

　　各种机构和研究项目的网站上都能找到大量有关海洋空间规划的资源信息。除了本章中提到的网站，下列网址包含了海洋空间规划的工具、案例、经验教训和其他指南的额外信息。

MPA News 和 MEAM Newsletters

www.mpanews.org 和 depts.washington.edu/meam

　　这个总部设在西雅图的组织名为 MARE，即"海洋事务研究与教育"（Marine Affairs Research and Education），每月分别出版双月刊 MPA News 或 MEAM Newsletters，提供与海洋空间规划相关的信息，二者都报道海洋空间规划进展、出版物和涌现问题的最新新闻。MARE 还维护一个开放频道的交互式网站，提供关于基于生态系统的管理、海洋空间规划、海洋保护区和其他有关海洋管理话题的信息。

基于生态系统管理（EBM）工具网络

www.ebmtools.org/about_ebm_tools.html

　　EBM 工具网络提供一个美国和国际沿海与海洋规划和管理工具的综合分类目录。这些工具旨在帮助工作人员将科学与社会经济信息纳入决策过程之中。该网络的宗旨是通过使用这些工具，帮助从业人员将生态系统纳入管理的范畴，从而促进建立健康的沿海和海洋生态系统及社区。截至目前，网站上共有 173 个工具、176 本书籍和指导文件，以及 29 个项目的有关信息，大部分是免费的。

MESMA

publicwiki.deltares.nl/display/MESMA/TOOLS

　　MESMA 由欧盟第七框架计划资助，重点是监测和评估空间化管理的海域。截至目前，共有 72 种工具，其中很多包含简要说明。此外，该网站还提供很多网址的链接，可以找到更多的有关空间规划和决策的信息。

美国国家海洋和大气管理局（NOAA）海岸服务中心

www.csc.noaa.gov/tools/

　　截至目前，该网站重点介绍了 18 个工具，这些工具提供分析、数据处理、数据可视化或模拟，从而将数据转化为决策所需的信息。通过该网站还可以链接到美国国家海洋和大气管理局数字海岸线的网站（csc.noaa.gov/digitalcoast/tools/list/），其中又包含了另外 26 个工具。这些工具包括生境优先规划师、重要鱼类生境制图和累积效应建模。其中一些工具是基于 Web 的，可以提供在线分析和浏览功能，而其他的则是可下载的扩展，可以为桌面地理信息系统提供新的功能。

关键相关工具：累积效应制图

多种应激源对一个物种或一个生态系统影响的总和，也被称为累积效应，几十年来，它已成为保护资源管理的核心概念。例如，早在 20 世纪 70 年代初，美国就颁布了《国家环境政策法》（NEPA）、《濒危物种法》、《清洁空气法案》和《清洁水法案》，所有这些法规都明确规定了必须评估每个法案目标所涉及的累积效应。世界上许多其他国家颁布了类似的法规，以及新的基于生态系统的管理方法，如目前正在实施的《欧盟海洋战略框架指令》（European Commission，2012a），为研究累积效应提供了框架。

尽管法律中有累积效应的规定，但大部分司法机构在实施中十分困难。即使到目前，评估累积效应的科学基本上是定性的。例如，NEPA 所要求的环境影响报告通常包括对特定管理目标的一系列威胁的清单，然后由专家对这些威胁的组合是否"显著"给予定性评价。这些评估对应激源如何相互结合很少有定量和严谨的分析。

海洋空间规划的出现，将累计效应评估和方法改进的需求置于海洋保护和管理日程的前沿（McLeod and Leslie，2009；Halpern et al.，2012a）。这两种方法都承认和强调更仔细和更准确地评估多种人为应激源对生态系统影响的重要性，这样才能使战略性行动能够集中在最重要的问题上，例如主要应激源或高度协同作用的应激源（Halpern et al.，2008a），或是将注意力放在总体累积效应有可能推动系统越过临界点上。在实施空间上明确的管理决策时，如海洋保护区或海洋空间规划，对累积效应的管理就成为最重要的问题，正在被明确地纳入决策过程。

在累积效应评估能够变得更加定量化，更易于管理者使用之前，还有许多问题需要解决。首先，也是最重要的，需要一种方法将如此庞杂的应激源转换成一个对生态系统影响的"通用货币"。也就是说，如何能将这些与气候变化、过度捕捞、陆源污染、物种入侵等相关的所有应激源统一在某个单一累积效应上，例如珊瑚礁。或者，换句话说，如果我们在检测珊瑚礁总体健康的变化时，如何才能量化每个应激源对总体变化的相对贡献？一种看似简单的方法是根据预测的每个应激源对生态系统的影响，给每个应激源的强度赋予权重，通常也被称为"脆弱性权重"，因为它表示的是一个生态系统对任一给定应激源的脆弱性（Halpern et al.，2007）。有了这些权重，工作人员就可以将生境地点、应激源强度和脆弱性权重等叠加，从而制作高分辨率、定量化的累积效应预测图（如 Halpern et al.，2008b，2009；Selkoe et al.，2009；图 21.4）。

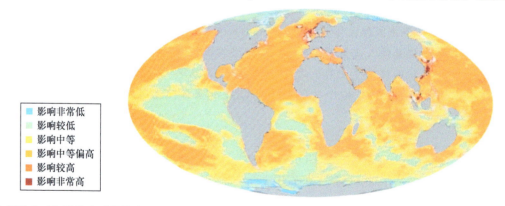

图例：
- 影响非常低
- 影响较低
- 影响中等
- 影响中等偏高
- 影响较高
- 影响非常高

图 21.4　人类活动对海洋生态系统的全球累积效应。人类活动几乎触及海洋的每一个角落，超过 40% 的海域受到严重影响（仿自 Halpern et al.，2008b）

然而，这个方法只是看似简单，有下列几个原因。首先，它需要每个生境和每个应激源组合的脆弱性权重，而在通常的管理情况下，这种组合很容易超过数百种（例如 15 个生境类型和 30 个应激源）。而绝大多数组合都没有经验信息，需要某种形式的专家判断法来确定。已有许多方法可以使这种专家判断法结构化、透明化和定量化（Himes，2007；Halpern et al.，2007；Pascoe et al.，2009；Teck et al.，2010），但仍然成为累积效应评估的一个关键挑战；其次，我们必须决定如何将这些权重化的强度值组合形成类型效应分值。理论上我们应该知道每个生境类型中每个应激源组合的相互作用关系，然而，由于存在着数量几乎相等的拮抗作用、相加作用和协同作用，实际上我们现在几乎没有这个预测能力（Crain et al.，2008；Darling et al.，2008）。相加模型通常被作为默认选项，但在有缓解作用的时候会高估，而在协同作用下会低估。

累积效应评估的第二个关键挑战是对许多应激源，甚至对许多生境类型来说，时常提起但又是根本性的问题——主要数据缺口。如果没有明确的空间信息说明这些应激源发生在何处，强度是多少，我们对这些应激源累积效应的预测就更多的是推测。而没有准确的生境位置和环境条件的空间信息，我们预测海洋中某片海域对一系列应激源脆弱性的能力就会大打折扣。

不过，累积效应制图方法仍然是具有变革性的，因为它能解决许多管理上的挑战。因此，在过去 5 年中，它在全球得到广泛应用，为保护和管理工作提供有力帮助，如澳大利亚的大堡礁（GBRMPA，2013）、非洲南部沿海（DEAT，2004）、《欧盟海洋战略框架指令》中的一部分欧洲海域（European Commission，2012b），包括北海（OSPAR）和波罗的海（HELCOM；例如，参见 HELCOM，2010）的一些亚区，以及美国的一些区域（图 21.5；Selkoe et al.，2009；Kappel et al.，2012）。该方法还被用于全球的河流（Vorosmarty et al.，2010），以及美国的五大湖地区（Allan et al.，2012）。然而，制作这种地图仍然需要耗费大量时间，并需要很多数据，所以并非在各地都适用。而且它们在综合规划中更为有用，而不是对单一部门做出指导，如设定渔业资源的限定捕捞量，或与人类健康标准相关的水污染限值（TMDLs）。

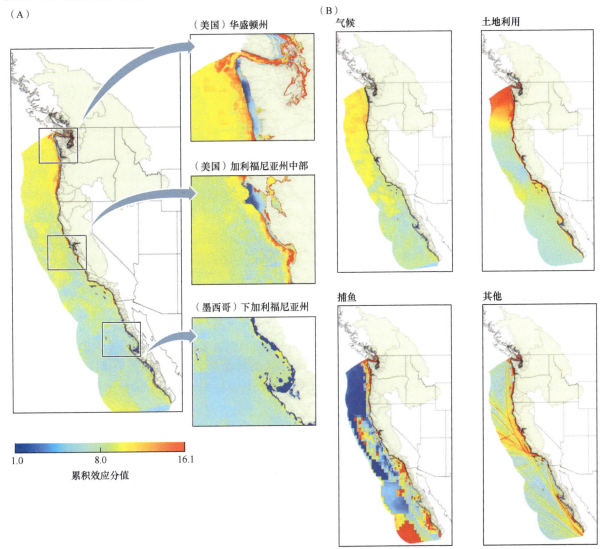

图 21.5 （A）加利福尼亚洋流范围内 17 个海洋生态系统受到的 25 种人为应激源的累积影响，其中三个区域显示了更详细的信息。（B）应激源子集的累积效应（仿自 Halpern et al.，2009）

过去十年海洋保护和管理的主题

海洋保护区和海洋空间规划的研究和应用在过去十年取得新的进展，并依然存在一些挑战，对主要概念性问题的评估将有助于我们加深对这些进展与挑战的理解。这些概念性问题贯穿各种主题，并形成许多研究议程的基础，以推动海洋保护区和海洋空间规划的实施。这里，我们简要概述过去十年中的五个主要主题*。

人类作为该系统的一部分（社会生态系统）

作为土地利用管理的延伸（土地利用管理本身又起源于农业和林业，后来又包含了保护用途），沿海管理和海洋管理起初将人类和自然割裂开来（Kenchington and Agardy，1990）。这种二元对立的情况在海洋中更加严重，因为人类并不生活在海洋之中，甚至很少有人冒险进入海洋之中或之上。即便很多人喜欢吃海鲜或是欣赏海滩风光，但很少有人认识到海洋在他们日常生活中所扮演的各种不同角色，从管理层似乎就印证了这种观点。

过去十年，科学研究议程、非政府组织保护优先事项以及政府机构活动重点的变化表明，保护和资源管理的范式发生了重大变化，即将人类视为生态系统的一部分，而不是将其分裂开来（如 Pikitch et al.，2004；Slocombe，1993；Rosenberg and McLeod，2005）。这种转变产生于两个实践层面：首先，缺失人类，对自然影响的管理则不复存在，也不再可行；其次，自然和人类系统的健康是密切相关、不可区分的。也就是说，人类福祉依赖于自然系统及其所提供的自然资本，只有在人类的需求得到满足时（例如贫困和战争对自然也不利），自然福祉才能得以实现。

如何强调这种转变的重要性都不为过。在过去十年，全球最大的三大非政府保护组织——大自然保护协会、世界自然基金会和保护国际都改变了其核心任务，将重点放在健康的自然系统所提供的人类福祉上，而不是为了保护自然而保护自然。这种核心变化影响了管理什么，在哪里，以及如何管理。在学术研究领域，美国国家科学基金会启动了新的资助项目，重点关注社会和生态的耦合动态。在这些资助下，整个新的倡议旨在帮助更好地理解耦合系统，为保护管理决策提供信息支持。

这个范式的中心是生态系统服务的理念（见第 18 章）。因此，范式的转变必然是由基于生态系统的管理推动的，也反映在这种管理的转变之中（McLeod and Leslie，2009）。事实上，管理是管理人，而不是管理自然。这种现实意味着，人是被管理的系统的一部分。

生态系统功能和动态

对海洋系统的描述可以是存在什么，如有哪些物种，它们的相对丰度是多少；以及它们的功能是什么，如谁吃谁，哪里比其他地方生产力更高，以及为什么？但这两种描述，特别是功能的描述，需要理解地点和物种是如何通过幼体扩散、成体运动以及物种的生理特征和物种间相互作用等相互联系的。海洋生态学，包括群落生态学、系统科学和自然历史，都教会我们很多关于海洋生态系统的知识——它们的组成成分，以及它们是如何构成的，但我们对它们的功能所知甚少。这里可以用医学作为一门学科的发展过程做一个形象的比喻：虽然对人体结构的了解进展相当快速，但解剖学的进展速度却无法与生理学的快速发展相媲美；在海洋生态学中，我们在不断发现崭新的海洋生态系统和群落，并阐明其结构——实际上，仍然是在对海洋生物圈的大部分地区进行海洋系统的"解剖"。尽管我们在研究海洋生态系统功能方面取得了一定进展，但海洋生态学对物种间相互作用、功能与生产力变化背后的驱动力，以及关键阈值等的了解还远远落后于陆地生态学。

然而，有一些海洋生境已得到充分研究，其各组分之间以及不同生态群落之间的联系也得到相当透彻的了解（图 21.6）。对珊瑚礁、红树林和海草床来说，人类如何影响这些生境的生态系统功能都已有了很好

---

　*原文如此，但本节只有四个小节——译者

的描述，无论是直接或间接影响。例如，Mumby 和 Hasting（2008）的研究就很好地分析了珊瑚礁和红树林育苗场之间的联系（以及与如海草床等次级育苗场的联系）。尽管 McMahon 等（2012）指出，对这些联系的复杂性研究才刚刚开始。有关大型海藻林和上升流区域的结构与功能的研究也取得一定进展，同样地，资源开发利用（渔业）和气候变化对其生态影响的程度也取得一定进展。

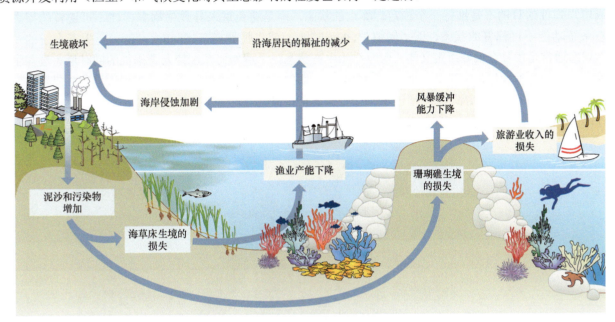

图 21.6　一个热带沿海系统中，位置、生态系统过程和人类利用之间联系和相互作用的示意图

　　对系统之间联系更多关注的结果之一，是更加注重所有尺度上的保护与管理，因为这些联系往往将从全球到局部的地点和过程连接在一起。海洋保护区和基于生态系统的规划都特别重视关注一个尺度上的行动会如何影响，以及如何被另一尺度上的自然和人为过程所影响。气候变化是局部活动（如驾驶一辆汽车、发电厂的排放）如何影响全球过程，进而又反过来影响当地保护规划的经典例子。国家和区域对资源利用的法规设定了人类活动的背景，在此之中，发生着局部尺度的物种间相互作用和区域尺度的扩散。忽视这些多尺度的过程会导致对系统如何运转以及改变的关键驱动力的误解。McLeod 和 Leslie（2009）对多尺度问题在基于生态系统的管理的科学和实践中所起作用进行了全面的评估。

支持多目标管理的交叉学科

　　现在应该已经清楚的是，海洋保护已经远远超出仅仅对人类活动影响和不同类型管理活动潜在收益的生态评估。现在，海洋保护的研究和实践通常涉及多个学科，例如社会学、经济学、决策科学、地理学、海洋学、保护规划、人类学和许多其他领域。生态系统服务科学是一个完美的例子，需要自然学科和社会学科来描述一个系统所能提供的潜在服务、实际提供给人类的数量，以及这些服务对不同利益相关者的价值（Tallis et al.，2012）。

　　与海洋保护和资源管理日益跨学科的特点有关的是向多目标规划的转变。例如，随着海洋空间规划，按照区化原则实施，海洋空间被分成许多不同用途的区，每一个区都有其自己的目标，但是任何决策的总价值是由所有目标的多标准结果来衡量的，而不是单一部门的价值（如 White et al.，2012）。诸如 Marxan 软件等实用规划工具近来已被调整适应这些不断变化的优先事项，产生了针对海洋区化的决策支持工具，例如 Marxan 就自带了区化（Zone）模块（如 Klein et al.，2009）。

弹性

　　对于弹性有很多定义，但一般都认为是自然系统抵抗干扰的能力（抗力），或是在受干扰之后返回正常状态的能力，即恢复时间（Falke et al.，2002；Chapin et al.，2005）。干扰可以是极端或灾难性的随机事件，如海啸和大规模石油泄漏，或是低强度而缓慢的环境变化，从而对生物个体产生胁迫，并进而给生态群落造成压力。虽然公众和媒体更关心极端事件及自然生态系统缓冲其影响的能力，但长期影响可能会造成许多沿海生态系统的稳态转变（Hughes et al.，2012）。

确定能够促进弹性的生态系统特征是建立有意义的管理和支撑有效保护行动的关键所在（图 21.7）。维持或增强弹性的目的不是维持一个稳定、静止的状态，而是避免进入导致生物多样性不可逆转的损失或生态系统功能不可修复的状态，即"阈值"（thresholds）或"临界点"（tipping points）。生态系统的"理想"状态通常是由社会偏好所定义的，而非原始生态状态。了解如何在维持人类福祉的同时避免进入生态临界点，对于管理和保护来说是一个巨大的挑战。近期的科研进展有助于发现是否接近这些临界点，但我们在应对临界点的管理，或是一旦超过临界点后的恢复管理能力方面，仍然存在显著差距（Scheffer et al.，2012；Boettiger and Hastings，2013）。

图 21.7　人类需要自然，自然的健康依靠人类。这些图片说明了这种相互依存的关系，并强调了保护的必要性，要想取得成功，就必须考虑人类的需求和价值观（上图和右下由 Tundi Agardi 提供；左下由 Jason Dewey 提供）

对阈值管理的一个关键挑战是我们缺乏对它的了解：我们往往在超出阈值之后才知道它的存在，而且我们仍旧不清楚其是可逆转的还是不可逆的（如 Mumby et al.，2012）。我们对阈值最好的了解来自珊瑚礁和大型海藻林系统，在世界各地，对这两个系统的临界点都有较充分的研究。即便如此，仍然很难预测这个系统在何时何地会发生反转（Estes et al.，2011；McClanahan et al.，2011；Bellwood et al.，2012）。另一个关键挑战是与生态系统状态相关联的社会临界点，但我们对这种同等重要的人类行为也所知甚少（Levin and Lubchenco，2008）。例如，如果渔业资源下降到一定水平，一个小渔村就无法维持生计，尽管这个水平在生态上是可持续的。也就是说，生态状态一个微小的线性变化也可能导致以渔业为生的整个社区的崩溃。第三个挑战是，事实上，存在着两种类型的临界点，一种是我们试图避免的（如上一段所述），另一种是我们想要达到的，即从不理想状态返回理想状态。滞后性就是研究这些不同类型临界点的领域（Beisner et al.，2003）。

尽管仍具局限性，从理论应用到实际规划的经验教训已开始影响管理的实施。例如，珊瑚礁管理往往注重限制主要应激源，如富营养化或对食植者的过度捕捞，以确保藻类生长得到控制（Sale，2008），而现在的渔业管理通常包括预防性缓冲措施，对总渔获量进行控制以防止过度捕捞（Hilborn et al.，2011）。此外，正是由于这些局限性，一系列正在开展的研究计划，旨在综合我们对阈值行为的现有理解，从中得出更科学的预测结果，如"恢复力联盟"（Resilience Alliance）。显然，人类活动的累积影响在推动生态系统走向临界点方面起到重要作用，因此综合的空间规划工具，例如海洋保护区和海洋空间规划，是管理弹性的关键组成部分。

结论与展望

海洋保护区和海洋空间规划，以及支撑它们的海洋保护研究和实践的主题，都是与实施基于生态系统管理有密切联系和相关的工具。在实践中，二者不再是鱼和熊掌的关系，这既不现实，也不可行，不可取。两种方法都严重依赖于累积效应制图和基于生态系统管理的理论和工具，这意味着需要一整套理论来实现有效和高效的海洋保护。海洋保护科学与应用领域在 21 世纪前十年发生了显著的变化，并取得辉煌的进展。随着科学家和从业人员能够越来越灵活地从海洋保护区和海洋空间规划的科学与实践的不同学科中学习，能够跨越不同尺度开展工作，我们期待未来十年会有更令人鼓舞的进展，对海洋会有更加有效和持续的管理。

我们对未来的展望包括以下几点，希望能够为可持续海洋管理提供信息和方向。我们认为下列问题是资源保护和管理最需要解决的问题（不分先后）：

- 应该如何设计海洋保护区？以及如何实施管理以补偿渔业造成的渔场丧失？
- 气候变化预测如何影响海洋保护区的规划？
- 物种和生态系统对应激源的非线性（阈值）响应是什么？特别是多应激源的累积效应是什么？以及海洋保护区和海洋空间规划的设计如何能更好地考虑这些非线性？
- 能够有效和高效地进行海洋空间规划的最小数据需求是什么？
- 海洋空间规划如何能更好地考虑和解释数据缺口造成的不确定性？
- 海洋空间规划的社会维度会如何，以及在多大程度上影响或改变依据生物物理特征制定的规划？
- 如何有效和高效地使用监测数据，为适应性管理提供实时信息？

许多这些问题都来自本书其他章节中所展现的主题和专业知识。因此，未来的海洋保护和资源管理必然是多学科交叉的结果，有着跨尺度和跨系统的联系，侧重于可持续地满足人类的需求和价值。海洋保护区和海洋空间规划必然是这项工作的关键组成部分，也是这些行动中涌现出来的解决方法的必要组分。

致谢

感谢 Mary Gleason 提供 MLPA 案例研究专题，并感谢审稿人对本章的建议。

引用文献

Aburto-Oropeza, O., E. Ezcurra, G. Danemann, et al. 2008. Mangroves in the Gulf of California increase fishery yields. *Proc. Natl. Acad. Sci. (USA)* 105: 10456–10459.

Agardy, T. S. 1997. *Marine protected Areas and Ocean Conservation.* Austin, TX: Academic Press and R. E. Landes.

Agardy, T. 2010. *Ocean Zoning: Making Marine Management More Effective.* London, UK: Earthscan Publishers, London.

Agardy, T., P. Christie, and E. Nixon. 2012. Marine Spatial Planning in the Context of CBD and International Waters: A study carried out in line with CBD COP 10 Decision X/29 by the GEF STAP. *CBD Tech. Ser.* 68

Agardy, T. J. Davis, and K. Sherwood. 2011a. *Taking Steps towards Marine and Coastal Ecosystem-Based Management: An Introductory Guide.* Nairobi, Kenya: UNEP.

Agardy, T. G. Notarbartolo di Sciara, and P. Christie. 2011b. Mind the gap: Addressing the shortcomings of marine protected areas through large scale marine spatial planning. *Mar. Policy.* 35: 226–232.

Agardy, T., P. Bridgewater, M. P. Crosby, et al. 2003. Dangerous targets: Differing perspectives, unresolved issues, and ideological clashes regarding marine protected areas. *Aquat. Conserv.* 13:1–15

Allan, J. D., P. B. McIntyre, S. D. P. Smith, et al. 2012. Joint analysis of stressors and ecosystem services to enhance restoration effectiveness. *Proc. Nat. Acad. Sci. (USA)* doi: 10.1073/pnas.1213841110

Beisner, B. E., D. T. Haydon, and K. Cuddington. 2003. Alternative stable states in ecology. *Front. Ecol. Environ.* 1: 376–382.

Belgrano, A. and C. W. Fowler. 2011. *Ecosystem-Based Management for Marine Fisheries: An Evolving Perspective.* Cambridge, UK: Cambridge University Press.

Bellwood, D. R., A. S. Hoey, and T. P. Hughes. 2012. Human activity selectively impacts the ecosystem roles of parrotfishes on coral reefs. *Proc. Biol. Sci.* doi: 10.1098/rspb.2011.1906

Beverton, R. J. H. and S. J. Holt. 1957. *On the Dynamics of Exploited Fish Populations.* London, UK: Chapman and Hall.

Boettiger, C. and A. Hastings. 2013. From patterns to predictions. *Nature* 493: 157–158.

Brock, R. J., E. Kenchington, and A. Martinez-Arroyo. 2012. *Scientific Guidelines for Designing Resilient Marine Protected Area Networks in a Changing Climate.* Montreal, Canada: Center for Environmental Cooperation.

Carpenter, S. R., K. J. Arrow, S. Barrett, et al. 2012. General resilience to cope with extreme events. *Sustainability* 4: 3248–3259.

Carr, M. 2000. Marine protected areas: Challenges and opportunities for understanding and conserving coastal marine ecosystems. *Environ. Conserv.* 27: 106–109

Chapin, F. S., S. R. Carpenter, G. P. Kofinas, et al. 2005. Ecosystem stewardship: Sustainability strategies for a rapidly changing planet. *Trends. Ecol. Evol.* 25: 241–250.

Cinner, J. E. et al. 2012a. Comanagement of coral reef social-ecological systems. *Proc. Natl. Acad. Sci. (USA)* 109: 5219–5222.

Cinner, J. E. et al. 2012b. Institutional designs of customary fisheries management arrangements in Indonesia, Papua New Guinea, and Mexico. *Mar. Policy* 36: 278–285.

Crain, C. M., K. Kroeker, and B. S. Halpern. 2008. Interactive and cumulative effects of multiple human stressors in marine systems. *Ecol. Lett.* 11: 1304–1315.

Darling, E. S. and I. M. Côté. 2008. Quantifying the evidence for ecological synergies. *Ecol. Lett.* 11: 1278–1286.

DEAT (Department of Environmental Affairs and Tourism, South Africa). 2004. *Cumulative Effects Assessment, Integrated Environmental Management.* Information Series 7. Pretoria, South Africa: DEAT.

DeGroot, R., L. Brander, S. van der Ploeg, et al. 2012. Global estimates of the value of ecosystems and their services in monetary units. *Ecosys. Serv.* 1: 50–61.

DFO (Department of Fisheries and Oceans, Canada). 2002. *Canada's Oceans Strategy: Our Oceans, Our Future. Policy and Operational Framework for Integrated Management of Estuarine, Coastal and Marine Environments in Canada.* Ottawa, Canada: DFO.

DiFranco, A. D., G. Coppini, J. M. Pujolar, et al. 2012. Assessing dispersal patterns of fish propagules from an effective Mediterranean marine protected area. *PLoS ONE* 12: E52108.

Douvere, F. 2008. The importance of marine spatial planning in advancing ecosystem-based sea use management. *Mar. Policy* 32: 762–771.

Ecosystem Management Initiative, University of Michigan. 2012. An in-depth look at Marine Ecosystem-Based Management around the world. webservices.itcs.umich.edu/drupal/mebm/

Ehler, C., and Douvere, F. 2007. *Visions for a Sea Change. Report of the First International Workshop on Marine Spatial Planning.* Paris, France: UNESCO Intergovernmental Oceanographic Commission.

Ehler, C. and Douvere, F. 2009. *Marine Spatial Planning: A Step-by-Step Approach toward Ecosystem-Based Management.* Paris, France: UNESCO Intergovernmental Oceanographic Commission.

ELI (Environmental Law Institute). 2009. *Marine Spatial Planning in U. S. Waters: An Assessment and Analysis of Existing Legal Mechanisms, Anticipated Barriers, and Future Opportunities.* Washington, DC: Environmental Law Institute.

Estes, J. A., J. Terborgh, J. S. Brashares, et al. 2011. Trophic downgrading of planet earth. *Science* 333: 301–306.

European Commission. 2012a. A Marine Strategy Directive to save Europe's seas and Oceans. ec.europa.eu/environment/water/marine/directive_en.htm

European Commission. 2012b. Legislation: The Marine Directive. ec.europa.eu/environment/marine/eu-coast-and-marine-policy/marine-strategy-framework-directive/index_en.htm

Executive Order 13547: Stewardship of the ocean, our coasts, and the Great Lakes. 2010. Washington DC.

Fisheries and Oceans Canada. 2011. The Strategic Plan. www.mar.dfo-mpo.gc.ca/e0010321

Folke, C., S. Carpenter, T. Elmqvist, et al. 2002. Resilience and sustainable development: building adaptive capacity in a world of transformations. *Ambio* 31: 437–441.

Fox H. E., M. B. Mascia, X. Basurto, et al. 2012a. Reexamining the science of marine protected areas: Linking knowledge to action. *Conserv. Lett.* 5: 1–10.

Fox H. E., C. S. Soltanoff, M. B. Mascia, et al. 2012b. Explaining global patterns and trends in marine protected area (MPA) development. *Mar. Policy* 36: 1131–1138.

Gaines, S. D., C. White, M. H. Carr, and S. R. Palumbi. 2010. Designing marine reserve networks for both conservation and fisheries management. *Proc. Nat. Acad. Sci. (USA)* 107: 18286–18293.

GBRMPA (Great Barrier Reef Marine Park Authority). 2009. *Great Barrier Reef Outlook Report.* Townsville, Australia: GBRMPA.

GBRMPA. 2012. Strategic Assessment—Great Barrier Reef. www.environment.gov.au/epbc/notices/assessments/great-barrier-reef.html

Gell, F. R. and C. M. Roberts. 2003. Benefits beyond boundaries: The fishery effects of marine reserves. *Trends Ecol. Evol.* 18: 448–455.

Gleason, M., S. McCreary, M. Miller-Henson, et al. 2010. Science-based and stakeholder driven marine protected area network planning: A successful case study from north central California. *Ocean Coast Manag.* 53: 52–68.

Gleason, M. E. Fox, S. Ashcraft, et al. 2013. Designing a network of marine protected areas in California: Achievements, costs, lessons learned, and challenges ahead. *Ocean Coast Manag.* doi: 10.1016/j.oceoaman.2012.08.013

Gubbay, S. (ed.). 1995. *Marine Protected Areas: Principles and Techniques for Management.* London, UK: Chapman and Hall.

Guidetti, P., G. Notarbartolo di Sciara, and T. Agardy. 2013. Integrating pelagic and coastal MPAs into large-scale ecosystem-wide management. *Aquatic Conserv: Mar. Freshw. Ecosyst.* 23: 179–182.

Halpern, B. S. 2003. The impact of marine reserves: Do reserves work and does reserve size matter? *Ecol. Appl.* 13: S117–S137.

Halpern, B. S. and R. R. Warner. 2002. Marine reserves have rapid and lasting effects. *Ecol. Lett.* 5: 361–366.

Halpern, B. S. and R. R. Warner. 2003. Matching marine reserve design to reserve objectives. *Proc. Biol. Sci.* 270: 1871–1878.

Halpern, B. S., S. E. Lester, and J. Kellner. 2010a. Spillover from marine reserves and the replenishment of fished stocks. *Environ. Conserv.* 36: 268–276.

Halpern, B. S., S. E. Lester, and K. L. McLeod. 2010b. Placing marine protected areas onto the ecosystem-based management seascape. *Proc. Nat. Acad. Sci. (USA)* 107: 18312–18317.

Halpern, B. S., K. L. McLeod, A. A. Rosenberg, and L. B. Crowder. 2008a. Managing for cumulative impacts in ecosystem-based management through ocean zoning. *Ocean Coast. Manage.* 51: 203–211.

Halpern, B. S., K. A. Selkoe, F. Micheli, and C. V. Kappel. 2007. Evaluating and ranking global and regional threats to marine ecosystems. *Conserv. Biol.* 12: 1301–1315.

Halpern, B. S., J. Diamond, S. Gaines, et al. 2012a. Near-term priorities for the science, policy and practice of Coastal and Marine Spatial Planning (CMSP). *Mar. Policy* 36: 198–205.

Halpern, B. S., C. V. Kappel, K. A. Selkoe, et al. 2009. Mapping cumulative human impacts to California Current marine ecosystems. *Conserv. Lett.* 2: 138–148.

Halpern, B. S. C. Longo, D. Hardy, et al. 2012b. An index to assess the health and benefits of the global ocean. *Nature* 488, 615–620

Halpern, B. S., K. A. Selkoe, C. White, et al. 2013. Marine protected areas and resilience to sedimentation in the Solomon Islands. *Coral Reefs* doi: 10.1007/s00338–012–0981–1

Halpern, B. S., S. Walbridge, K. A. Selkoe, et al. 2008b. A global map of human impact on marine ecosystems. *Science* 319: 948–952.

Hart, D. R. 2006. When do marine reserves increase fishery yield? *Can. J. Fish. Aq. Sci.* 63: 1445–1449.

HELCOM. 2010. Ecosystem health of the Baltic Sea 2003–2007: HELCOM initial holistic assessment. *Balt. Sea Environ. Proc.* No. 12.

Hilborn, R., J. Maguire, A. Parma, A. A. Rosenberg. 2011. The precautionary approach and risk management: Can they increase the probability of successes in fishery management? *Can. J. Fish. Aquat. Sci.* 58: 99–107.

Himes, A. H. 2007. Performance indicator importance in MPA management using a multi-criteria approach. *Coast. Manage.* 35: 601–618.

Hughes, T. P., C. Linares, V. Dakos, et al. 2012. Living dangerously on borrowed time during unrecognized regime shifts. *Trends Ecol. Evol.* doi: /10.1016/j. tree.2012.08.022

IUCN (International Union for Conservation of Nature). 2001. *IUCN Red List Categories and Criteria. Version 3–1.* Gland, Switzerland: IUCN.

IUCN. 2010. World Database on Protected Areas (WDPA). www.wdpa.org/

IUCN. 2012. *Guidelines for Applying the IUCN Protected Area Management Categories to Marine Protected Areas. Best Practice Protected Area Guidelines Series #19.* Gland, Switzerland: IUCN.

Jackson, J. B. C., M. X. Kirby, W. H. Berger, et al. 2001. Historical overfishing and the recent collapse of coastal ecosystems. *Science* 293: 629–638.

Juda, L. 2007. The European Union and ocean use management: The marine strategy and the maritime policy. *Ocean Develop. Internat. Law* 38: 259–282.

Kappel, C. V., B. S. Halpern and N. Napoli. 2012. *Mapping Cumulative Impacts of Human Activities on Marine Ecosystems.* 03.NCEAS12, Boston, MA: SeaPlan.

Kelleher, G. 1999. *Guidelines for Marine Protected Areas.* Gland, Switzerland: IUCN, the World Conservation Union.

Kelleher, G. and R. Kenchington. 1992. *Guidelines for Establishing Marine Protected Areas.* Gland, Switzerland: IUCN, the World Conservation Union.

Kelleher, G., C. Bleakley, and S. Wells. 1995. *A Global Representative System of Marine Protected Areas.* 4 volumes. Gland, Switzerland: IUCN, the World Conservation Union; Washington, DC: World Bank.

Kenchington, R. and T. Agardy. 1990. Achieving marine conservation through biosphere reserve planning and management., *Environ. Conserv.* 17: 39–44

Kim, C. K., J. E. Toft, M. Papenfus, et al. 2012. Catching the right wave: Evaluating wave energy resources and potential compatibility with existing marine and coastal uses. *PLoS ONE* 7: e47598.

Klein, C. J. C. Steinback, M. Watts, et al. 2009. Spatial marine zoning for fisheries and conservation. *Front. Ecol. Environ.* 8: 349–353.

Leslie, H., M. Ruckelshaus, I. R. Ball, et al. 2003. Using siting algorithms in the design of marine reserve networks. *Ecol. Appl.* S185-S198.

Lester, S. E., C. Costello, B. S. Halpern, et al. 2013. Evaluating tradeoffs among ecosystem services to inform marine spatial planning. *Mar. Policy* 38: 80-89.

Lester, S. E., B. S. Halpern, K. Grorud-Colvert, et al. 2009. Biological effects within no-take marine reserves: A global synthesis. *Mar. Ecol. Prog. Ser.* 384: 33–46.

Levin, S. A. and J. Lubchenco. 2008. Resilience, robustness and marine ecosystem-based management. *BioScience* 58: 27–32.

Margules, C. R. and R. L. Pressey. 2000. Systematic conservation planning. *Nature* 405: 243–253.

Mascia M. B. 2003. The human dimension of coral reef marine protected areas: Recent social science research and its policy implications. *Conserv. Biol.* 17, 630–632.

Mascia M. B. and C. A. Claus. 2009. A property rights approach to understanding human displacement from protected areas: The case of marine protected areas. *Conserv. Biol.* 23, 16–23.

McClanahan, T. R. et al. 2011. Critical thresholds and tangible targets for ecosystem-based management of coral reef fisheries. *Proc. Natl. Acad. Sci. (USA)* 108: 17230–17233.

McLeod, K. and H. Leslie. 2009. *Ecosystem-Based Management for the Oceans.* Washington, DC: Island Press.

McMahon, K. W., M. L. Berumen, and S. R. Thorrold. 2012. Linking habitat mosaics and connectivity in a coral reef seascape. *Proc. Natl. Acad. Sci. (USA)* doi: 10.1073/pnas.1206378109

MEA (Millennium Ecosystem Assessment). 2005. *Ecosystems and Human Well-Being: Volume 1: Current State and Trends.* Washington, DC: Island Press.

Mumby, P. J. and A. Hastings. 2008. The impact of ecosystem connectivity on coral reef resilience. *J. Appl. Ecol.* 2008, 45: 854–862.

Mumby, P. J., R. S. Steneck and A. Hastings. 2012. Evidence for and against the existence of alternate attractors on coral reefs. *Oikos* doi 10.1111/j.1600–0706.2012.00262.x

Myers, R. A. and B. Worm. 2003. Rapid worldwide depletion of predatory fish communities. *Nature* 423: 280–283.

NOAA (National Oceanic and Atmospheric Administration). 2007. Florida Keys National Marine Sanctuary Revised Management Plan. floridakeys.noaa.gov/mgmtplans/3_action.pdf

NRC (National Research Council). 2000. *Marine Protected Areas: Tools for Sustaining Ocean Ecosystems.* Washington, DC: National Academy Press.

Odum, E. 1953. *Fundamentals of Ecology.* Philadelphia, PA: W. B. Saunders.

OSPAR. 2009. *Overview of national spatial planning and control systems relevant to the OSPAR Maritime Area.* OSPAR Commission.

Palumbi, S. 2003. *Marine Reserves: A Tool for Ecosystem Management and Conservation.* Arlington, VA: Pew Oceans Commission.

Pascoe, S., R. Bustamante, C. Wilcox, and M. Gibbs. 2009. Spatial fisheries management: A framework for multi-objective qualitative assessment. *Ocean Coast Manag.* 52: 130–138.

Pelc R. A., R. R. Warner, S. Gaines, and C. B. Paris. 2010. Detecting larval export from marine reserves. *Proc. Natl. Acad. Sci. (USA)* 107: 18266–18271.

Pikitch, E. K., C. Santora, E. A. Babcock, et al. 2004. Ecosystem-based fishery management. *Science* 305: 346–347.

Rassweiler, A., C. Costello, D. A. Siegel. 2012. Marine protected areas and the value of spatially optimized fisheries management. *Proc. Natl. Acad. Sci. (USA)* 109: 11884–11889.

Resilience Alliance. 2013. Resilience and Development: Mobilizing for Transformation. www.resalliance.org/

Rife, A. N., B. Erisman, A. Sanchez, O. Aburto-Oropeza. 2012. When good intentions are not enough: Insights on networks of paper park marine protected areas. *Conserv. Lett.* doi: 10.1111/j.1755–263X.2012.00303.x

Roberts, C. M., S. Andelman, G. Branch, et al. 2003. Ecological criteria for evaluating candidate sites for marine reserves. *Ecol. Appl.* 13: S199-S214.

Roff, J. and M. A. Zacharias. 2011. *Marine Conservation Ecology.* London, UK: Earthscan.

Rosenberg, A. A. and K. L. McLeod. 2005. Implementing ecosystem-based approaches to management for the conservation of ecosystem services. *Mar. Ecol. Prog. Ser.* 300: 270–274.

Sale, P. F., 2008. Management of coral reefs: Where we have gone wrong and what we can do about it. *Mar. Pollut. Bull.* 56: 805–809.

Sale P. F., R. K. Cowen, B. S. Danilowicz, et al. 2005. Critical science gaps impede use of no-take fishery reserves. *Trends Ecol. Evol.* 20: 74–80.

Sale, P. F., D. A. Feary, J. A. Burt, et al. 2011. The growing need for sustainable ecological management of marine communities of the Persian Gulf. *Ambio* 40: 4–17.

Salm, R. V. and J. R. Clark. 2000. *Marine and Coastal Protected Areas: A Guide forPlanners and Managers.* Washington, DC: IUCN, the World Conservation Union.

Scheffer, M., S. R. Carpenter, T. M. Lenton, et al. 2012. Anticipating critical transitions. *Science* 338: 344–348.

Selkoe, K. A., B. S. Halpern, C. M. Ebert, et al. 2009. A map of human impacts to a "pristine" coral reef ecosystem, the Papah–naumoku–kea Marine National Monument. *Coral Reefs* 28: 635–650.

Slocombe, D. S. 1993. Implementing ecosystem-based management. *BioScience* 43: 612–622.

Smith, M. D. and J. E. Wilen. 2003. Economic impacts of marine reserves: The importance of spatial behavior. *J. Environ. Econ. Manag.* 46: 183–206.

Szaro, R. C., W. T. Sexton and C. R. Malone. 1998. The emergence of ecosystem management as a tool for meeting people's needs and sustaining ecosystems. *Landsc. Urban Plan.* 40: 1–7.

Tallis H., S. E. Lester, M. Ruckelshaus, et al. 2012. New metrics for managing and sustaining the ocean's bounty. *Mar. Policy* 36: 303–306.

Tallis, H., P. S. Levin, M. Ruckelshaus, et al. 2010. The many faces of ecosystem-based management: making the process work today in real places. *Mar. Policy* 34: 340–348.

Teck, S. J., B. S. Halpern, C. V. Kappel, et al. 2010. Using expert judgment to estimate marine ecosystem vulnerability in the California Current. *Ecol. Appl.* 20: 1402–1416.

Toropova, C., I. Meliane, D. Laffoley, et al. (eds.). 2010. *Global Ocean Protection: Present Status and Future Possibilities.* Gland, Switzerland: International Union for Conservation of Nature and Natural Resources.

UNEP (United Nations Environment Programme). Green Economy. www.unep.org/greeneconomy

UNEP. Regional Seas Programme. http://www.unep.org/regionalseas

UNEP, FAO, IMO, UNDP, IUCN, WorldFish Center, GRID-Arendal. 2012. Green Economy in a Blue World. www.unep.org/pdf/Green_Economy_Blue_Full.pdf

Upton, H. F. and E. H. Buck. 2010. *Marine Protected Areas: An Overview.* Washington, DC: Congressional Research Service.

Vörösmarty, C. J., P. B. McIntyre, M. O. Gessner, et al. 2010. Global threats to human water security and river biodiversity. *Nature* 467: 555–561.

Weible, C. M. 2008. Caught in a maelstrom: Implementing California marine protected areas. *Coast. Manage.* 36: 350–373.

White, C., B. S. Halpern, and C. V. Kappel. 2012. Ecosystem service tradeoff analysis reveals the value of marine spatial planning for multiple ocean uses. *Proc. Nat. Acad. Sci. (USA)* 109: 4696–4701.

White, C., B. E. Kendall, S. D. Gaines, et al. 2008. Marine reserve effects on fishery profit. *Ecol. Lett.* 11: 370–379.

Wood, L. J., L. Fish, J. Laughren, and D. Paul. 2008. Assessing progress towards global marine protection targets: Shortfalls in information and action. *Oryx* 42: 340–351.

Young, O. R., G. Osherenko, J. Ogden, et al. 2007. Solving the crisis in ocean governance: Place-based management of marine ecosystems. *Environment* 49: 20–32.

第 22 章

海洋恢复生态学

Sean P. Powers 和 Katharyn E. Boyer

许多新的学科作为新的理论或技术突破，产生了重大进展和新的需求，而有些则是出于人类的迫切需求才出现的。这种变革的二分法常常反映了对基础科学和应用科学的随意划分。很少会有人反对将生态学视为基础学科而将工程学视为一个应用领域。现代海洋恢复学从生态学中借鉴了理论基础，但与工程学一样用于解决紧迫需求（Young et al.，2005）。像恢复生态学这样在过去二十年快速发展的领域不多。在 20世纪 80 年代末和 90 年代初，这一领域曾被形容为"有点像是在破碎的大自然中培育野生生物"（Allen and Hoekstra，1992）和"奢侈的自恋"（Kirby，1994），这些都反映了恢复生态学早期发展的历程，以及该领域对概念和理论框架的迫切需要。在 Hobbs 和 Norton（1996）提出这一信念的二十年之后，恢复生态学已经从保护生物学和生态学借鉴了许多理论，并早已超越了为特定地点特定需求而服务这一范畴（Hobbs and Norton，1996），成为一门在更广泛的生态系统（Bullock et al.，2011；Trabucchi et al.，2012）和社会经济背景（Aronson et al.，2010）之下的学科。海洋生态系统的恢复生态学在过去几十年中也遵循着同样的发展道路，从针对特定物种、特定地点的努力，直到近来才逐渐走向成熟，发展成为更加关注景观生态和生态系统问题的学科（Peterson and Lipcius，2003）。

尽管在过去 20 年里，海洋恢复生态学家已经学会了很多，但他们仍然面对许多环境退化遗留下来问题的迫切挑战（Jackson et al.，2001；Myers and Worm，2003），还要在未来几十年内应对前所未有的变化，如海平面上升、风暴频率增加和海洋酸化等问题。我们将在本章概述和综合在海洋环境恢复方面过去的努力，并为应对未来挑战指引方向。为反映海洋恢复科学的进展，本章将从恢复单一种群开始，到基于生境的恢复措施，再到基于景观生态和生态系统层面的恢复努力。在本章中，我们强调了生态过程与知识之间的必要联系、实验的重要性，以及如何建立健全的恢复策略。

什么是恢复？

文献中经常使用的术语"恢复"（restoration）是指各种旨在产生正面生物响应的人类干预措施。这种基于意图的表述包含了许多活动，但如果将任何历史参照点作为定义的一部分，其中许多活动算不上是恢复。美国国家研究委员会所领导的大部分基金机构（明确地或不明确地）所推崇的定义是，"使一个系统重新回到接近其受干扰之前的状态，以使该系统的结构与功能都得以重建"（NRC，1992）。这一定义侧重于修复一些损害，因此要比 Hobbs 和 Norton（1996）所提出的理念更为狭窄，即恢复代表了保护一个生物学连续体的一端。在后一种情况下，恢复生态学可以被视为保护生物多样性（Jordan et al.，1988）和生态系统完整性（Cairns and Heckman，1996）的一种策略。如果干预是有必要的，为了达到保护目标，就需要从生态学角度建立干预策略，这种干预的过程、演变和命运可以被视为恢复生态学。这种干预措施包括在海洋生态系统进行的一系列活动，需要大量财力和物资成本，包括停止破坏性活动（如对活的或残存的珊瑚礁生境进行底拖网捕捞；Watling and Norse，1998），采取缓解策略（如在珊瑚礁附近安装永久性的系泊系统用于船只停泊；Harriott et al.，1997），重建生境（如牡蛎礁；Lenihan，1999），以及恢复整个流域的水文状况（如佛罗里达大沼泽地；Sklar et al.，2005）。

　　恢复所需的干预范围会因现有限制种群或生境的瓶颈、最终目标，以及待恢复资源社会价值而不同。而在许多情况下，瓶颈不明、目标不清（见 Choi，2004），而社会价值取决于公共教育。通过研究现有瓶颈（图 22.1），识别促进物种重定植的正面影响（图 22.2），以及在更为公开的环境下向公众宣传恢复生态系统的收益，海洋生态学家能够，并已在海洋恢复行动中发挥关键作用。日益增长的海洋保护研究文献和数据（如 Jackson et al.，2001；Myers and Worm，2003；Pandolffi et al.，2003；Halpern et al.，2007）可被用于设定总体目标和战略目标。这些目标通常都是在一定历史背景下制定的（占 20、30、100 或 200 年前记录的种群或生境水平的 X%）。一些学者对使用历史基准建立恢复目标的效力提出了质疑，从实践角度出发，这种静态的目标无法兼顾历史重建的不确定性、生态系统内在的动态变化、关键种的丧失、外来物种的入侵、气候变化的附加效应，以及许多目标高成本和物资供应的困难（Davis，2000；Choi，2004，2007）。此外，顽固地忠于历史为恢复成功设置了一个无法实现的基准（Higgs，2003；Halvorson，2004；Choi，2007）。

　　尽管严格使用历史基准作为恢复目标是很不可取的，但定量估算生态系统过去的范围和质量（如 zu Ermgassen et al.，2012）对制定恢复规划极有帮助。不幸的是，除了少数几个得到良好研究的系统或全球性评估（Orth et al.，2006；Beck et al.，2011），完全重建历史环境所需的数据极为有限。然而，在全球范围内生态系统的明显衰退已被确认，又有各种传闻轶事的历史证据提供了对过去的了解，特定地点历史数据的缺失就不应该成为恢复行动的阻碍。这些知识可以通过研究目前受到极少干扰的基准点得以补充（如 Morgan and Short，2002；Steyer et al.，2003；Wigand et al.，2010）。提供特定的生态系统收益正日益成为恢

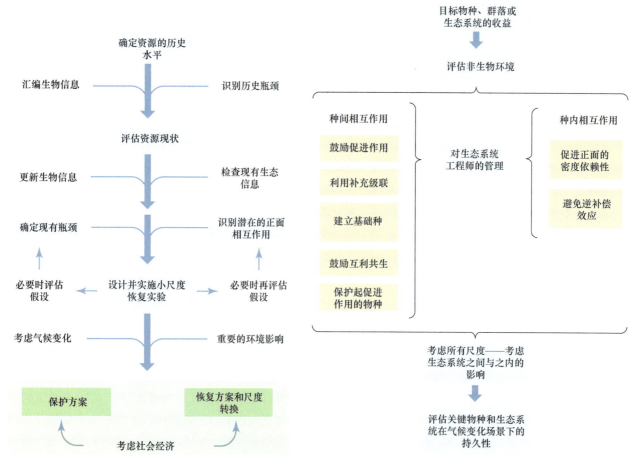

图 22.1　海洋种群水平或生境水平恢复计划开发和测试阶段的概念示意图

图 22.2　说明在恢复和保护策略中纳入正面影响的概念图（仿自 Halpern et al.，2007）

复规划中明确的目标。在对过程是否实现目标的评估中，恢复项目有助于阐明生境从脱氮作用到渔业产量的"生产功能"（Grabowski and Peterson，2007）。

忽视历史或现有参考基准点的危险在于，许多自称为恢复的行动可能与保护框架毫无关联。海洋资源部门以恢复为幌子而增强资源利用活动的黑历史由来已久。以增加人类的开发利用为首要目的的种群或生境操控不能称为恢复，尽管这种行为也许是可持续的，或者得到很多利益相关者的赞同。例如，尽管增加牡蛎收获是一个合理的渔业管理目标，但其与牡蛎礁恢复的其他目标相悖，如岸线保护和提供鱼类生境等。将恢复的定义局限于一个物种或生境的重建以取代丧失的生态系统功能，这一定义会使对许多增强渔业捕捞行为的争议不复存在。规模更大的、基于景观生态的方法，能够包含一整套更为复杂的管理目标，同时兼顾恢复和加强渔业捕捞活动（如保护区内的生境恢复可以提供一个产卵庇护所，从而增加允许捕捞的牡蛎礁的鱼类补充量），但这需要一个比目前的恢复倡议更广阔的视角。

一旦确定历史和现在的基准点，并建立了一个保护框架，下一个优先事项就是确定在当前和未来环境条件下，恢复是否是可持续的。海洋生态系统的环境条件是不断变化的，在过去二十年中，预测这种变化的能力有了极大提高。在评估物种或生境恢复的可行性时，将现有条件和过去及未来几十年的条件进行对比已经可行，并应该进行。现已发现一些物种分布范围的变化是气候变暖的结果（Perry et al.，2005；Fodrie et al.，2010）。这种变化主要是极向的移动，并且在短时间内会增加局部的生物多样性，但这种极向的后退最终会导致本地物种的消失（Hickling et al.，2006）。即便物种没有灭亡，当地的捕食作用和竞争作用也会因新加入的物种而发生显著变化，类似于物种入侵的影响。未来的一个世纪，海平面预计仍将上升，约比1990年高出 0.5～1.4m（Rahmstorf，2007），这将降低恢复项目的可持续性。例如，对沙滩的"填沙护滩"是美国大西洋沿海和墨西哥湾的常规操作，被许多海洋资源管理部门认为是一种恢复行动。然而，海平面的上升，以及热带气旋的加剧（Webster et al.，2005），将使这些行动的长期效力大打折扣，并变得不可持续。在河口地带，海平面上升将使咸水进入目前还是半咸水的区域，导致物种分布范围的变化。因此，恢复和保护的区域规划需要考虑这些盐度分布的变化会如何影响土地以及不同生境类型的比例。为了应对气候变化，生态系统已经发生了变化，而且会发生变化（McCarty，2001），因此，恢复必须保持对过去的认知，但也要对现在和未来的条件做出响应（Choi，2007）。

种群层面的方法

海洋科学家和资源管理部门对已开发利用的海洋生物和溯河洄游物种开展了种群水平上的"恢复"行动，结果喜忧参半。其中许多行动是为了短期内（2～3 年）提高开发利用水平的明确目的而进行的，而其他的则在长期总体目标之下进行。即便提高渔获量是其预期收益之一，这些长期努力可以依据其采用的恢复方法被视为一种恢复行为。

可用于种群水平恢复的方法有很多种（表 22.1）。降低捕捞死亡率是重建渔业资源最为普遍接受的保护措施。如果渔业资源没有降低到将会发生逆补偿作用的水平（例如，密度过低不利于维持固着无脊椎动物的高受精率，以及移动能力更强的鱼类难以找到交配对象），那么捕鱼死亡率的下降将使被开发利用种

表 22.1　种群水平恢复/增强活动的常见恢复方案和基本原理

恢复方法	潜在干预	假设的瓶颈	潜在收益	潜在负面影响
限制捕获	通过管制降低捕捞死亡率	幼体供给	提高生殖群体的生物量	渔民的经济损失
创建产卵庇护所	为目标物种设定禁渔区	幼体供给	通过限制捕捞来保护生境，增强抗病性	极小
引入培育的幼体	孵化幼体并释放到环境中	幼体供给，降低定居后的早期死亡率	提高本地种群丰度	不利的种群遗传影响，引入疾病的风险
重植并提高幼体和成体密度	从供体点捕获目标物种并放置到移植点	幼体供给，降低定居后的早期死亡率	提高本地种群丰度	引入疾病的风险
生境保护与恢复	保护或重建海洋生境	降低定居后的早期死亡率	保护育苗场生境	极小

群得以重建。而当捕鱼造成的死亡率无法降低时（可能是公众的抵制，或者是因为所关注的物种并未被直接开发利用），就需要采用其他机制来增加种群的生物量。这种努力的成功关键在于确定现有种群的瓶颈（图 22.1）。如果该瓶颈是未知的，就应先努力解决这一问题。在这些情况下，应该使用实验来分析确定瓶颈（如 Johnson et al.，2010），特别是存在同样可能的竞争假设前提下（图 22.3）。

图 22.3　小尺度实验可用于检验种群潜在瓶颈的假设。（A）在美国阿拉斯加州威廉王子湾，标记重捕实验被用来检验是否被海獭捕食。（B）在数十年的保护之后近来海獭数量已开始增加，而海獭是太平洋荚蛏死亡的一个重要原因。（C）太平洋荚蛏（图片由 Sean Powers 提供）

在许多情况下，过去的恢复或改善策略的一个隐含假设是，补充量限制了种群。对于具有浮游幼体阶段的物种来说，补充包含两个不同的组成部分：幼体的补给（水平的平流和幼体密度的函数）和定植后的死亡率。在 20 世纪 80 年代和 90 年代，海洋生态学家对定植前与定植后过程的相对重要性曾发生过激烈争论（Caley et al.，1996）。辩论的共识是，在大多数海洋系统中，定植后的过程或密度依赖性过程占主导地位。补充产生限制作用有可能存在，但更可能是对渔业物种极度开发利用或偶然性干扰（如赤潮；Peterson et al.，1996）所造成的一种暂时性的条件。这种共识对于海洋恢复生态学具有重要意义，但却被以基于增强孵化场和恢复种群水平方法的倡导者所忽视。在进行依赖于幼体补充的恢复之前，需要先提供大量实质性的证据。对于一些濒危或受威胁物种来说，这种举证责任可能会得到履行，而且有人证明孵化场在维持高度濒危的鲑鱼种群中起到重要作用（Naish et al.，2007）。最常见的海洋物种是，在孵化场培育后再释放出来用于强化或恢复的双壳类软体动物和硬骨鱼类。这样的物种很少被证明是受补充量限制的（海湾扇贝；Peterson et al.，2006），或受产卵种群生物量急剧下降影响的［但不同看法参见：美洲帘蛤（*Mercenaria mercenaria*），Peterson，2002；蓝蟹（*Callinectes sapidus*），Lipcius and Stockhausen，2002］—在提出提高幼体供给量的方案之前，必须有关键的证据。

如果认为幼体供给是种群恢复的瓶颈问题，产卵庇护所就是一个有效的改善工具。与可以在孵化场成长期间提高定植后存活率的孵化场方法不同，产卵庇护所仅仅关注幼体供给。对于固着和很少移动的底栖无脊椎动物来说，一个范围内成体密度的增加有助于提高受精成功率（Doall et al.，2008；Tettelbach et al.，2011），从而提高幼体的供给量。如果提供的保护足够充分（见 Eggleston et al.，2009），保护产卵种群不被捕捞（Lambert et al.，2006）或不被捕食者捕食（Fegley et al.，2010），就能够产生类似于提高目标物种密度的效益。产卵庇护所功效的研究主要关注移植成体的存活率（Lambert et al.，2006；Tettelbach et al.，2011）和性腺状况（Doall et al.，2008），但移植产卵雌鱼和产卵庇护所内外补充量增加之间的联系尚不清楚。Peterson 等（1996）发现，将海湾扇贝移植到美国北卡罗来纳州博格海峡（Bouge Sound）之后，整个流域的补充量增加，然而移植的产卵雌鱼与补充量的增加是相关的。Planes 等（2009）利用 DNA 标记，提供了一个为数不多的证据，证明禁渔区与保护区之外的补充存在联系。基因标签技术（Palumbi，2003；Planes et al.，2009）和使用化学元素作为指纹（Becker et al.，2005）的进展，以及传统的幼体标记技术（Jones et al.，1999），都可用于发现更多产卵雌鱼和补充量的具体联系，这些证据对于研究产卵庇护所作为恢复工具的效率非常关键。

在缺乏这种联系的情况下，一些研究者使用局部水循环或水动力传输模型来确定幼体高驻留率的区域。考虑到已观察到的低幼体供给率通常仅在局部尺度，这类证据对于指导产卵庇护所的选址极为有用。新出现的一些海洋物种"自我补充"的证据进一步支持了这些方法（Jones et al.，1999；James et al.，2002）。在近滨地区，海湾中的水可能有足够长的时间存留，从而促进幼体供给量的局部增长（Schulte et al.，2009；Kim et al.，2013）。Sponaugle 等（2002）则提出，在更开放的水域，水流偏离单一流向且深度均匀，能够为幼体驻留提供最大的机会。未来几年可能会有更多产卵庇护所和区域补充量收益之间联系的新发现，然而，仍然需要注意的是，产卵庇护所作为恢复策略的可靠性取决于以下假设前提，幼体供给限制了种群数量，而不是定植后的死亡率。当然，这并不应妨碍禁渔区或海洋保护区的建立，因为限制保护和阻止海洋大面积退化的收益，远远不止产卵庇护所对单一种群的单一收益。

生境层面的方法

和种群层面的恢复策略一样，生境层面的恢复计划侧重于一到两个物种，然而，在这种情况下，目标物种能够为其他物种营造生境（扮演基础种的生态工程师），从而从根本上改变该生态系统（图 22.4）。许多鱼类和无脊椎动物物种的恢复，可能受到过去两个世纪以来海洋生物生境丧失和退化的瓶颈限制（Jackson et al.，2001；Airoldi and Beck，2007）。盐沼（Adam，2002）、海草床（Short and Wyllie-Echeverria，1996；Orth et al.，2006）、牡蛎礁（Beck et al.，2011；zu Ermgassen et al.，2012）、珊瑚礁（Jackson，1997；Pandolfi et al.，2003）及红树林（Alongi，2002）的减少与退化是重大的全球保护危机。对于海洋固着无脊椎动物来说，需要适宜的定居基底，而许多幼鱼和无脊椎动物幼体在缺乏庇护场所时的高定植后死亡率，都在海洋生态学文献中得到充分证实（Heck et al.，2003；Powers et al.，2009；Hixon，2011）。除了为幼鱼和无脊椎动物幼体提供生境，健康的生物生境还能从根本上改变海底—水层耦合、营养动态、捕食者—猎物动态，以及竞争性的相互作用（Grabowski，2004；Grabowski and Powers，2004；Hixon，2011）。因而，生境水平的恢复具有使多物种、多营养级、能量流、生态系统功能等都受益的能力。

绝大多数生境水平恢复的努力都侧重于近滨和河口基础种的重定居，如海草、盐沼草、牡蛎、红树和大型海藻等。这些物种是沿海和近滨生态系统不可或缺的组成部分，是许多海洋生物、鸟类和陆地生物的重要孵育场和索饵场。这些高生产力的生境具有高密度的无脊椎动物猎物，而这又反过来给鱼类、蟹类、滨鸟、水禽，以及哺乳动物等提供了觅食机会。因为许多这种近滨生境都处于潮间带，这些群落对周边生境的各种消费者都是开放的，包括各种海洋、陆生和鸟类捕食者（Leigh et al.，1987）。随着人们对结构性近滨生境在沿海食物网中重要作用的认识，在过去几十年里恢复这些生境的努力显著增加。其中最常见的理由是这些生态系统作为鸟类、鱼类和无脊椎动物等孵育场和觅食生境的重要作用，也包括一些其他同等重要的生态系统功能（如养分循环）。鱼类和无脊椎动物生产力的预期增加很少被量化（但不同看法参见 Peterson et al.，2003；Powers et al.，2003），这种生境恢复的种群水平效果也很少得到经验数据的检验，仅仅是简单地记录结构化生境中动物密度的增加。

数十年近滨生境恢复的努力揭示了一些共同点。第一，保护和修复现有生境是确保这些生境的生态系统功能得到保护最具成本—效益的办法；第二，设计和建造大规模工程和结构强调了持久性，但将恢复生态功能丢在一边，成为一个次要问题，甚至会产生一些负面影响；第三，极少恢复项目会具有特定的、可衡量的性能准则来判断它们的"成功"，甚至更少有项目能够有充分的监测来评估恢复生境的效果；第四，

图 22.4 生物生境是海洋生物群落的重要组分，通常都是生境恢复计划的目标。这里显示的是（A）美国北卡罗来纳州博格海峡的互花米草盐沼和牡蛎礁，（B）美国华盛顿州圣胡安岛的鳗草床，（C）美国路易斯安那州尚德卢尔群岛的红树林和（D）斐济的一片珊瑚礁（图片 A 和 B 由 Katharyn Boyer 提供，图片 C 由 Kenneth Heck，Jr. 提供，图片 D 由 Isabelle Côté 提供）

尽管生境恢复努力应该具有历史依据，但更需要优先考虑近期和长期气候变化来进行设计；第五，对海洋生态学在恢复中所起作用的综述中，我们发现越来越多的物种间正面相互作用的例子。这些正面相互作用应被应用于恢复设计中，以增强基础种生境和相关物种的定居和维持（Halpern et al.，2007；见图 22.2）。

盐沼

盐沼的恢复可能是所有海洋生境恢复行动中历史最悠久的，并说明了过往行动中许多值得吸取的教训。沿海湿地是绝大多数河口景观生态的重要组成部分，它们的消失是人类对海岸带开发利用以及大规模改变水文条件所造成的，这一点已得到充分的证实（Gedan and Silliman，2009a；Teal and Peterson，2009）。盐沼的恢复可能需要对系统的水体条件进行重新改造，并通过撒播、移植或自然补充来重建盐生植被。少量研究对比了已恢复盐沼和自然参照区域，而这可用于评估恢复生态功能的时间过程（图 22.5），尽管随着综合监测方案的编制（如 Neckles et al.，2002），应该有更多这样的研究出现。很明显，一些强烈影响自然盐沼功能的非生物条件会相对较快（5～15 年），而其他条件则需要花费数十年，甚至更长时间，才能在恢复点得以恢复（如土壤中的有机碳和氮；Craft et al.，2003）。此外，即便是在恢复行动开始几十年后，恢复点植物的物种丰富度可能也会比天然存留盐沼低 50%（Boyer and Thornton，2012）。一些措施的成功只要假以时日就可以实现，而其他措施则需要特定的干预，使恢复沿着既定的轨迹行进。我们建议，在确定这种干预的具体形式时，尽可能地结合生态学的知识，通过实验予以说明（如 Palmer，2009）。

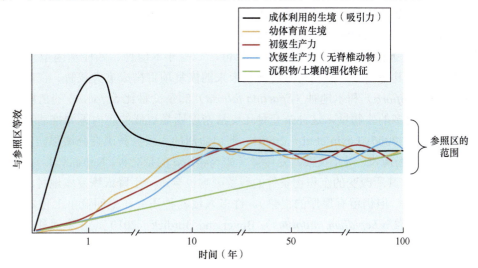

图 22.5　盐沼生境恢复后生态系统服务的广义响应时间

　　一系列生态学概念和基本理论都已被，或可以，应用于盐沼恢复方案中，以操控物种构成或功能向恢复目标转变。人们越来越认识到，盐沼中的物种间正面相互作用有利于恢复目标物种组合和功能。缓解严酷物理条件的物种能够影响盐沼生物群落的构成，而这些相互作用的知识可以在恢复方案中加以利用。例如，在新英格兰地区，灯芯草（*Juncus gerardii*）遮蔽了土壤表面，降低盐度，使菊科灌木（*Iva frutescens*）能够将其范围从陆地边缘向下延伸到盐沼中等高度位置（Bertness and Hacker，1994）。同一区域的研究表明，沼草创造的盐碱裸露斑块的恢复依赖于一些不常见的物种，这些物种能够定植并降低盐度（Bertness et al.，1992）。一些不常见的物种能够在其组织中聚氮，从而降低优势种在局部的覆盖度，进而增强物种丰富度（Sullivan et al.，2007）。此外，能够富集氮的物种在随后还会释放所含的氮，从而使其他氮需求时间不同的物种受益（Morzaria-Luna，2005）。正面相互作用对建立和维持恢复湿地的适用性评估，将依赖于对恢复方案以及考虑气候与非生物胁迫的实验检验，也可以确定促进作用和其他相互作用的强度（Bertness and Ewanchuk，2002）。

　　建立本地种的物种多样性是盐沼恢复的常见目标，这部分是为了达到历史或现在的基准条件，但也因为多种海洋和陆地生境的实验证据支持这一观点，即物种丰富度对生产力或其他生态系统功能具有正面影响（Balvanera et al.，2006；Cardinale et al.，2006）。此外，具有不同功能或对干扰具有不同响应的物种，有利于维持群落的持久性（Naeem，1998；Yachi and Lareau，1999；Elmqvist et al.，2003）。研究表明，湿地植物在其功能的类型和大小上存在差异，因此，物种丰富度最大化能够使植物组合的功能最大化，即便它没有增加植物的生产力（如 Engelhardt and Richie，2002）。在美国加利福尼亚州南部的盐沼恢复实验中，增加物种丰富度提高了冠层复杂度（Keer and Zedler，2002），以及生物量的产量和营养存留率（Callaway et al.，2003）；而且，物种丰富度使结构与功能的各种属性最大化（Sullivan et al.，2007）。此外，初级生产者的丰富度更高，可以增加高营养级生物组合的丰度、丰富度和稳定性（如 Haddad et al.，2011）。例如，Traut（2005）的研究显示，在（加利福尼亚州北部的）塔马莱斯湾（Tamales Bay），植物的物种丰富度与蜘蛛的物种丰富度相关。物种内的遗传差异也能提供重要的生态系统功能，包括提高对干扰的抵抗力（如 Hughes and Stachowicz，2004），对于在新条件下的物种恢复也很重要（Lesica and Allendorf，1999）。

　　物理特征的复杂度能够提供更多的物理空间或资源，从而提高物种丰富度（如 MacArthur，1970）。在残留的、未受破坏的盐沼以及从历史记录中发现的更为复杂的沉积物结构、溪流网络、坑塘和微地形特征等，也许是通过支持一系列广泛的栖息地要求而保证了大量物种的存在（Boyer and Thornton，2012）。与河流源头相连或是裸露沙滩被过度冲刷的盐沼具有较粗的沉积颗粒，能够为一些稀有植物物种提供最适宜的条件（Baye et al.，2000）。与邻近的平坦地带相比，沟渠、溪流和坑塘等具有更高的植物物种丰富度（Zedler et al.，1999；Sanderson et al.，2001），而且增加了鱼类的生境（Larkin et al.，2008）。盐沼表面微地形的起伏也能增加植物群落的多样性（Vivian-Smith，1997；Morzaria-Luna et al.，2004）。考虑到这些潜在收益，地形差异最大化应该成为盐沼恢复项目的常规考虑。此外，植物的多样性能够增加不常见物种在盐沼恢复点生存的机会（Armitage et al.，2006；O'Brien and Zedler，2006）。

尽管盐沼恶劣的物理条件降低了潜在入侵者的数量，一些非本地种、入侵基因型和杂交种已经在盐沼定居，并广泛地改变了其环境。这些物种对目前和未来的恢复项目构成重大威胁。在旧金山湾，入侵的互花米草（*Spartina alterniflora*）和本地种（*Spartina foliosa*）的杂交种比 *S. foliosa* 的植株茎秆更高，在更大的潮间带范围产生了更多的生物量，这种杂交种还支持密度明显更低的底内无脊椎动物，并改变营养关系（Brusati and Grosholz，2006；Levin et al.，2006）。河口盐沼的入侵物种也许会增强它们自身的维持，并通过例如沉积物堆积和花粉淹没*等正反馈四处传播（如 *Spartina* 的杂交种；Neira et al.，2006；Sloop et al.，2005），即便被移除之后，其所改变的沉积物条件的残留影响也会进一步降低恢复本地种的可能性（例如移除杂交种地上部分的组织，但仍留有厚厚的根垫）。许多入侵物种还会在空间竞争上使本地种处于竞争劣势［如多年生的宽叶独行菜（*Lepidium latifolium*）；Boyer and Burdick，2010］，在本地种是稀有种时，造成的伤害尤为严重，例如入侵旧金山湾河口的 *Lepidium latifolium* 和极稀有的 *Chloropyron molle* subsp. *molle* 和 *Cirsium hydrophilum* var. *hydrophilum*（Grewell et al.，2003；Schneider，2013）。在新英格兰地区，入侵芦苇（*Phragmites australis*）的基因型与处于地势较高的本地种盐沼植物相竞争（Bertness et al.，2002），其中就有入侵者已被移除，但其所释放的他感化合物会持续存在的原因（Rudrappa et al.，2007）。许多情况下，缺乏在区域尺度上及时地规划或投入资金来控制盐沼的物种入侵，但局部控制是一个持续的管理挑战。

近几十年来，生态学家已经认识到自上而下控制对盐沼植物生产力的重要性。野外观测和实验研究都已证明，食植者，从雪雁到螺类，都对盐沼植物中的基础种造成严重破坏（如 Silliman et al.，2005；Henry and Jefferies，2009），而在有些情况下，食植者破坏的失控与其天敌数量减少有关（Silliman and Bertness，2002）。因此，恢复项目需要考虑当地环境下捕食者和食植者的丰度以及植食可能造成的损害，特别是在新移植或撒播补充后脆弱的定居早期阶段。例如，在 2012～2013 年间，旧金山湾大规模恢复 *Spartina foliosa* 的项目中就使用围网以阻止加拿大黑雁（California State Coastal Conservancy，2013）。这些食草动物在城市化的海湾沿岸几乎没有天敌，其取食偏好本地种的互花米草而不是入侵的杂交种（Grosholz，2010），而且研究证明，在没有围栏的情况下，会大量破坏新恢复的植物（Thornton，2013）。

许多气候变化的影响有可能改变海岸带盐沼的分布及功能，因此在恢复这些生境时必须予以考虑。在很多沿海地区，海平面上升对盐沼的影响将远远超出其对内陆半咸水或潮汐淡水沼泽的影响，这是因为盐沼的垂直固结速率最低，从而难以跟上海平面上升的步伐（Craft，2007）。根据联合国政府间气候变化专门委员会（Intergovernmental Panel on Climate Change，IPCC）对海平面上升预测的最低值和最大值（Craft et al.，2009），到 2100 年，一些区域的盐沼可能会减少 20%～40%。实际的损失则取决于当地的沉积物补给，具有较高沉积物负荷的盐沼更有可能跟上海平面上升的脚步。这种能力部分与潮差有关，因为潮差越大，对盐沼的泥沙输送量就越多，与潮差微弱（<2m）被淹没的地方相比，对有机质累积的依赖就越小（Stevenson and Kearney，2009）。在海平面快速上升的时代，恢复成功与否，测量和预测固结率是决定一个地点所需工程的关键，这些工程有助于逐渐累积局部沉积物，建立和维持植被，发展沟溪网络（Williams and Orr，2002）。历史上，有些沼泽被修筑堤坝以进行耕作、日晒盐或其他用途，只要恢复它们的水文条件，与潮汐相连，沉积物的淤积就足以随着海平面的上升而增加其高程。而在其他地方，预计的沉积物补给率较低，或是盐沼表面已经沉没在水底（例如，由于区域性地抽取地下水，或干旱和多年的耕作使有机质分解；Teal and Weishar，2005），河口盐沼可能需要补充沉积物以达到适当的高度。在所有情况下，面对海平面的上升，沿海沼泽的长期维持将取决于它们随着时间推移不断抬高的能力，或随着淹没增加而向陆地方向延伸的能力。在城市化的河口地区，由于在坡上的开发或其他阻止沼泽移动的障碍，很少有沼泽或盐沼恢复点不受此影响，恢复规划也越来越多地需要考虑这些问题。

---

　　* 原文为 pollen swamping，即种间杂交（Interspecific hybridization）造成的 genetic swamping（遗传淹没）。通常指由基因流（gene flow）导致的个体数量较大种群的种与个体数量较小的（隔离）种的种间杂交而引起小种群的遗传多样性的丧失，从而使后者有灭绝的风险——译者

在海平面不断上升的同时，其他因素，包括 CO_2 浓度、温度、盐度，都对盐沼植物及相关动物群落的分布和生产力产生影响（见第 11 章）。CO_2 浓度升高能够提高生产力和水分利用效率，特别是对碳三植物，会改变群落构成的格局（Körner，2006）。随着盐度随海平面上升而增加，通常会发生耐盐物种沿河口向上分布的变化（如 Watson and Byrne，2009）。此外，除了与气候相关的变化，营养盐污染会改变物种优势模式以及植物物种的垂直分布（Bertness et al.，2002；Ryan and Boyer，2012）。具有高水分利用效率（在盐沼的干旱条件下非常重要）的植物，其光合作用的能力差异很大，碳四植物光合作用所需氮（占叶片总氮的 5%～9%）要比大多数碳三植物（20%～30%）少得多，因此能够为生长分配更多的氮（Makino et al.，2003）。由于影响植物响应存在多种不同机制，而大多数盐沼同时存在碳三植物和碳四植物，在多种重要非生物应激源同时发生变化的情况下，预测植物丰富度和优势度的模式，就成为支持特定物种组合的湿地保护和恢复规划的一个挑战。

海草床

世界上很多地方的海草床在过去 20 年里一直在加速减少（Waycott et al.，2009）。世界各地都已尝试恢复海草床以逆转这一趋势。但总体上，能够达到长期恢复效果的成功案例极少（在切萨皮克湾已超过 5 年；Orth et al.，2010）。在 2010 年的一个研讨会上，来自欧洲的研究人员和管理者分享了海草床恢复的经验，组织者得出结论，大部分项目的成功率都很低，而监测期过短（少于一年），不具有说服力（Cunha et al.，2012）。尽管困难重重，一些海草床恢复项目还是非常成功的：例如，20 世纪 30 年代的疾病曾导致了美国弗吉尼亚州沿海鳗草（*Zostera marina*）大量死亡，在沿海海湾进行了 11 年鳗草播种之后，现已恢复了 1700hm² 鳗草（Orth et al.，2012）。这种成功使人恢复信心，只要通过事先精心地规划、试验，从小规模的成功中阶段性地扩大规模，更多更大的努力就有可能抵消之前的损失，从而提高海草床所提供的各种生态系统功能和服务（Orth et al.，2006；McGlathery et al.，2007；Hughes et al.，2009）。

一般情况下，海草床恢复应该只在补充受限的地方，或是造成之前海草消失的要素（如富营养化、遮蔽、疾病等）已经被排除或极大降低的地方（Meehan and West，2002）。历史分布信息的缺失，使海草床恢复的选址成为一个难题。一些地区已经提出了确定适宜恢复地点的指南（如新英格兰地区；Short et al.，2002b），其中许多建议都适用于其他地方。此外，大多数参与海草床恢复的科学家都采用了一种谨慎的方法，包括分多个步骤来逐步理解恢复的限制因子。例如，在决定是否扩大种植面积或更大范围的撒播之前，先使用小规模（小于 1m² 到几平方米；如 Short et al.，2002a）的重复样地进行多年种植实验，以检验恢复样地的适宜性，这业已成为标准的程序。

一些科学家指出，海草床恢复工作并未充分利用以往的工作，因为有些未发表（特别是失败的案例）和难以获取（Fonsea，2011；Cunha et al.，2012）。然而，这种情况正在发生变化，新区域的恢复计划正在通过研讨会和其他论坛（如 2006 年在旧金山湾和 2010 年在欧洲的研讨会）借鉴其他项目的经验。此外，越来越多的文献提供了建立海草床的经验和测试技术（如 Paling et al.，2001；Short et al.，2002a；Pickerell et al.，2005；Marion and Orth，2010），正在帮助恢复工作避免出现"闭门造车"[*]的情况。但是，世界上不同沿海区域仍然面临特定地点的挑战，需要进行针对特定地点的调查。例如，在一些区域，植食作用和生物扰动成为恢复工作的很大障碍，而每个区域涉及的动物物种及影响类型和尺度都存在差异。近来的研究显示，这些影响形形色色，从无脊椎动物埋藏种子和幼苗的生物扰动（Valdesmarsen et al.，2011），到暴发的入侵端足目动物取食植物的花和嫩枝（Reynolds et al.，2012a），再到加拿大黑雁取食植物供体或移植（Rivers and Short，2007；Kiriakopolos，2013）。与盐沼一样，这些动物的影响及其局部丰度越来越成为海草床生境结构恢复中需要考虑的重要因素。

近年来，人们对海草遗传变异的作用有了更深入的理解，对恢复方法和结果具有实践价值。最大限度地提高遗传多样性的努力，例如在大范围供体海草床中收集用于恢复的移植物，有望提高海草床恢复的成功率（Williams，2001；Procaccini and Piazzi，2001）。在实验样地加入多种基因型表明，基因型多样性的增

---

[*] 原文是 "reinventing the wheel"，重新发明轮子，是指浪费时间重复别人的工作——译者

加提高了对如高温和黑雁植食等干扰的抵抗力（Hughes and Stachowicz，2004；Reusch et al.，2005）。最近，这一想法被应用于弗吉尼亚海湾的恢复实验之中——遗传变异知识被用于选择种源。更多多样化的播种组合，提高了生态系统功能的价值，包括生物量产力和无脊椎动物的支持（Reynolds et al.，2012b）。由于种子通过有性重组提高了多样性，所以它们天生比营养枝移植具有更多的变异来源。在海草大量开花的地方，播种是建立海草床最有效的方法（如在切萨皮克湾；Marion and Orth，2010），同时还最大限度地提高了补充的遗传多样性。在其他地方，播种可以作为整枝移植的补充，提供恢复种群的遗传多样性（如纽约的长岛湾；与 C. Pickerell 的个人交流）。对于海草床具有明显种群遗传结构的河口（如旧金山湾；Ort et al.，2012），在单一恢复点使用多个种群作为供体会更好，这样可以提高适宜该地点的基因型的概率。然而，对于任何项目来说，在选择特定供体或供体组合时，需要先了解潜在供体的遗传特征和要恢复生境的信息。

　　气候变化对海草床及其恢复的影响存在区域性差异。在一些区域，温度升高会促进海草的生长，而在其他区域则会变得有害。在切萨皮克湾，2005 年 7 月至 8 月的持续高温（>30℃），被认为是鳗草（*Zostera marina*）大规模死亡接近灭绝的主要原因（Moore and Jarvis，2008）。而在新罕布什尔州，温度在 4～5h 之内持续高于 35℃，并未对鳗草海草床造成明显损害（与新罕布什尔大学 F. Short 的个人交流）。在短期提高 CO_2 浓度的实验中（Thom，1996），鳗草的生长率增加，但 CO_2 浓度上升的长期效应却不甚清楚（Palacios and Zimmerman，2007）。与盐沼一样，海草床应对海平面上升的能力也将取决于当地和整个河口沉积物的供给，而不断增加的盐度将使海草分布沿河口向上转移。这些变化都需要纳入恢复规划的考虑范畴之中，特别是河口和海岸带的区域和地点。

牡蛎礁

　　与盐沼和海草床一样，牡蛎礁提供了复杂的三维生境，但与这些生境的不同之处在于，牡蛎礁是渔业的目标。对于被积极恢复其生态收益的海洋和河口生境来说，大量定居的双壳类软体动物所形成的相对较新的礁石（如贻贝床、牡蛎礁），体现了对河口生态系统中密集双壳类组合重要性认识的日益增加（Dame et al.，1984；Jackson et al.，2001）。美洲牡蛎（*Crassostrea virginica*）是美国大西洋和墨西哥湾沿海海洋生态系统和当地经济的重要组分（Rothschild et al.，1994；Coen and Luckenbach，2000；Lenihan et al.，2001），有着最悠久的恢复历史。近来在太平洋沿海恢复本地种欧洲平牡蛎（*Ostrea edulis*）的努力也取得了类似的生态收益（Brumbaugh and Coen，2009；Dinnel et al.，2009；Zabin et al.，2010）。牡蛎和贻贝聚集形成的生物礁为很多鱼类和无脊椎动物提供了三维生境（Peterson et al.，2003；Coen et al.，2007）。在以往的河口生态系统（Jackson et al.，2001），牡蛎还能够过滤河口水中的悬浮物，对能量流和营养盐通量进行高水平的控制（Dame et al.，1984，1989）。此外，较浅的潮下带和潮间带牡蛎礁能够促进河口系统浮出水面（Meyer et al.，1997；Meyer and Townsend，2000）和可能被淹没植被（Newell et al.，2002；Newell and Koch，2004）的维持和扩张。近滨牡蛎礁可减弱侵蚀岸线的波浪，从而使漂浮的近滨植被受益（Meyer et al.，1997；Scyphers et al.，2011），如 *Spartina patens* 和 *S. alterniflora*。

　　全球牡蛎种群数量的急剧下降（Beck et al.，2011）促使人们加大了恢复牡蛎生境的努力（图 22.6）。其中很大一部分应归咎于一个世纪的过度捕捞（Kirby，2004）、破坏性捕鱼方式（Rothschild et al.，1994；Lenihan and Micheli，2000；Lenihan and Peterson，2004）、水质的下降（Lenihan and Peterson，1998），以及病原体的感染（Ford，1996）。许多这样的过程给恢复造成了瓶颈。这些瓶颈中首要的是捕捞对硬质基底的移除。牡蛎是聚集性的固着生物，缺乏硬质基底，特别是双壳类软体动物的壳，将妨碍任何恢复活动。因此，任何恢复都需要在环境中布设硬质基底。除了硬质基底的损失，一些区域还因为捕捞衰竭导致牡蛎幼体补给的区域性减少，给可持续目标造成难以克服的瓶颈。尽管更大尺度上的瓶颈，如恶劣的水质，必须在生态系统层面上恢复才能得以解决，但牡蛎礁恢复的设计和选择能够减轻一些这样的影响。Lenihan（1999）的研究证明，增加牡蛎礁的垂直起伏度，能够提高牡蛎在低氧底层水的存活率，提高牡蛎的总体适合度，并通过增加底层基底加大牡蛎的补充量，这样，只要有水流，就会有更多的幼体补充量。提高垂直起伏度的益处在美国亚拉巴马州的莫比尔湾（Gregalis et al.，2008）和弗吉尼亚州的切萨皮克湾（Schulte et al.，2009）都已得到证实。

图22.6 小尺度恢复实验可用于确定最优设计和生境布置，并检验生态学理论。（A）恢复美国亚拉巴马州莫比尔湾的牡蛎礁。（B）旧金山湾天然互花米草的实验样地，用绳网来阻止大雁，和（C）旧金山湾岸线项目一部分的种植鳗草实验，底部一排照片展示的是牡蛎礁恢复的不同设置。（D）海草和盐沼附近。（E）无结构的泥滩，和（F）盐沼附近。对北卡罗来纳州这三个牡蛎礁恢复的监测表明，这三个不同设计的生态收益水平相异（图片A由Steven Scyphers提供，图片B由Whitney Thornton提供，图片C由Stephanie Kiriakopolos提供，图片D～F由Jon Grabowski提供）

　　过去，牡蛎礁的增强和恢复工作主要侧重于对渔业的改善（恢复高捕获压力区域的基底），或是对重大自然灾害（如飓风）的响应。尽管牡蛎业的经济损失惊人，并引起公众的广泛关注（Kirby，2004），但牡蛎礁所提供的生态服务的损失对河口生态系统的影响更大（Jackson et al.，2001；Coen et al.，2007；Grabowski and Peterson，2007），而这些服务日益成为恢复的主要缘由。与其他近滨生境一样，很少有研究跟踪牡蛎礁恢复的长期效果，量化恢复的预期收益，或提供明确的指标来衡量恢复牡蛎礁生态系统功能的效果。短期研究（2～3年）的结果表明，这些恢复的生境吸引了大量动物，并为新定植的无脊椎动物和鱼类提供庇护场所（Peterson et al.，2003；Grabowski and Peterson，2007）。Peterson等（2003）在综述中指出，每10m² 牡蛎礁能够产生2.6kg/年的附加鱼类产量。恢复计划的规模化应该成为未来假设检验的基础，并在建立判定成功准则中具有重要价值。几乎没有已发表的成功判定准则，已发表的文献中只有极少量的性能判定准则（Powers et al.，2009），或是讨论了与制定更严格目标相关的一些基本问题（Coen and Luckenbach，2000）。

对比自然和恢复牡蛎礁生态收益的研究初步证明，这些影响仅限于牡蛎礁区。文献中证实，牡蛎礁附近的叶绿素 a 浓度降低较为常见，但这种本地效应对初级生产力或水质的影响仍存在很大争议（Pomeroy et al.，2006；Newell et al.，2007；Coen et al.，2007）。Dame 等（2000），以及 Geraldi 等（2009）和 Plutchak 等（2010），使用前一后/控制一影响（BACI）设计，评估了牡蛎移除（Dame et al.，2000）或牡蛎添加（Geraldi et al.，2009；Plutchak et al.，2010）在明确定义的潮沟对各种生态参数的影响，包括初级生产力等。没有一个研究发现初级生产力有一致性的、可测量的变化，而且对转瞬即逝的移动动物只有相对较小的影响。这些研究表明，需要对恢复生境收益的前提假设进行严格的检验，并需要量化恢复规模化的效果。Geraldi 等（2009）和 Plutchak 等（2010）的结论是，这种假设是不受支持的，即恢复牡蛎礁 10% 的基底——这也是一些河口恢复的目标，能够对初级生产力产生可测量的影响。在各种恢复地点，对这种效益的检验，以及对其他生态过程的评估（如脱氮作用；Smyth et al.，2013），是很有必要的。

珊瑚礁

在过去十年，一些原创性论文都对整个热带地区珊瑚礁生态系统的濒危状态进行了综述（Jackson，1997；Jackson et al.，2001；Pandolfi，2003）。珊瑚礁面临的许多问题，如海水升温、海洋酸化等，都必须通过国际和区域性保护规划（Bellwood et al.，2004）予以解决，如过度捕捞（Jackson et al.，2001）、营养盐富集（Szmant，2002）等。这些问题也在本书的其他章节予以讨论。在本节中，我们主要关注珊瑚礁在一次又一次干扰之后的局部恢复工作。与我们已讨论的其他生物生境一样，随着对珊瑚礁破坏的加剧，在过去十年，对珊瑚礁恢复的需要与日俱增。对珊瑚礁的局部破坏可能来自大自然，从热带风暴、ENSO 事件、地震到火山喷发等，其破坏程度与事件的强度和持续时间成正比（Jaap，2000）。改变珊瑚礁物理特征的人类干扰（如沉积作用或移除珊瑚）主要包括与疏浚有关的活动（如疏通航道、采砂以用于填沙护滩）、不恰当的航运活动（如触礁或定锚造成的破坏）、捕鱼（炸鱼或拖网捕捞），以及旅游业（直接采摘珊瑚或无意中的损害）（McManus et al.，1997；Jaap，2000）。

对受干扰之后珊瑚礁的恢复工作主要侧重于修复策略。这些工作的成功与否取决于营救受损珊瑚的快速反应。根据 Jaap（2000）的研究，事件之后的反应应该注重将倾倒的珊瑚扶正，收集活珊瑚的碎片，短期培育珊瑚碎片，小心地清除硬质基底上的沉积物。这一过程极耗费人力，根据干扰的不同规模，需要数百上千小时潜入水底。对硬珊瑚的碎片，可以使用环氧树脂、不锈钢棒、混凝土或砂浆重新黏附在基底上。而软珊瑚和海绵则通常可以完整地移植到其固着的基底上。利用类似于鱼类或双壳类软体动物孵化育苗的方式，近来建立的珊瑚苗圃能够提供用于移植（Epstein et al.，2001；Shaish et al.，2008）不同生长形式的珊瑚物种（如分叉、叶状和团状等）。鉴于荒芜之处石珊瑚的补充量极低（Jaap，2000），这种"珊瑚造园"（Epstein et al.，2001）的想法让人精神为之一振。这种低补充量是低供给（幼体源种群主要是当地的）以及缺少幼体定植所必需的化学诱导素共同造成的。

与牡蛎礁的恢复一样，当对珊瑚礁进行破坏性移除或粉碎了其三维结构时，恢复工作必须将重建其垂直起伏结构作为成功恢复珊瑚礁的第一步。新的人造构造物可用于建立垂直结构，通常是用石灰岩或水泥制成的。石灰岩巨砾（直径约 1m）或预制混凝土模块是最常使用的构造物。建立一个多样化的珊瑚礁群落需要数十年之久。在被剥蚀的自然基底和预制结构上都需要很长的恢复时间，再加上高昂的恢复和修复成本，都突出了在未来减少破坏，以及采用更广泛、更综合的保护策略的重要性（图 22.7）。

红树林

红树是生长在热带和亚热带受遮蔽浅滩上的耐盐树种，共有 27 个属约 70 种（Tomlinson，1986）。对红树林的开发利用已有数百年历史，有的是作为木材，如薪材、制炭和造纸，有的则是捕获生长在其支柱根之上或之间的无脊椎动物，如蟹、对虾和软体动物等（见 Ellison，2008 的综述）。为了修建度假村和发展水产养殖，还会清除岸线上的红树林，导致其以全球每年 1%～2% 的速率消失（Alongi，2002；Spalding，2010）。这种损失率令人担忧，特别是考虑到其所具有的多种功能，包括高生产率，支撑着当地和近海的底栖与表层食物网（Mumby et al.，2004；Manson et al.，2005）；支柱根为各种无脊椎动物和鱼类提供生境，

图 22.7　恢复如珊瑚礁这样复杂和多样化的生境是一项艰巨的任务。像斐济这样保护健康珊瑚礁的努力要比恢复更具成本效益（由 Isabelle Côté 提供）

包括在一些脆弱的幼体阶段（Dorenbosch et al.，2004；MacDonald and Weis，2013）；碳的固存量，远远超过陆地森林（Mcleod et al.，2011）；以及减少岸线侵蚀，和在飓风和海啸期间对岸线提供一定程度的保护（如 Danielsen et al.，2005；但不同看法参见 Dahdouh-Guebas et al.，2005）。

种植红树林一直被用于维持林业产品的轮作收获，而这一过程也积累了大量种植和精细管理规划的经验（Watson，1928）。这些人造林通常都是一个或少数几个树种均匀种植的，因而限制了其结构复杂度和潜在的生境价值，而且持续收获限制了生境的发展（Ellison，2000）。同样地，恢复工作者也往往只种植一个或少数几个红树树种，即便当地的物种丰富度要更高（一般有 4～8 种），与均匀种植的人工林一样，低结构复杂度会限制相关动物物种的丰富度和数量（Ellison，2000，2008）。近来的研究已揭示了混合种植和密集种植对种内促进作用最大化的重要性。例如，如果密集地种植幼苗，而不是像人工林那样大间距种植，有助于缓解邻近植物的低氧条件（Gedan and Silliman，2009b；Huxham et al.，2010）。

在一些区域，红树林恢复的选址存在问题，（如在东南亚）规划中将沿着漫长的岸线种植红树，而不考虑现有地点的条件或历史上红树林的存在（Dahdouh-Guebas et al.，2005；Barbier，2006）。在之前没有植被的泥滩上种植红树往往会失败（Erftemeijer and Lewis，2000）。在许多地方，如果现场条件合适而补充量又高，人工种植似乎没有必要（Lewis，2005）。

红树林的消失与相关动物数量的减少具有相关性（Manson et al.，2005），这体现在虾等渔业物种捕获量的减少（Loneragan et al.，2005）。而且有证据表明，红树林的恢复可以逆转这种局面，一些蟹类和腹足类可以得到自然的补充（Macintosh et al.，2002；Ashton et al.，2003；Bosire et al.，2004），这也说明，底栖生物群落可作为恢复工作进展的一个有用指标，尽管还需要结合土地利用的历史和现状及环境背景（Macintosh et al.，2002；Ashton et al.，2003）。除了动物群落构成，还需要绩效指标来评估恢复进展，而对如植被动态、水文条件和营养盐生物化学特征等因子的模拟建模，也有助于评估和预测自然与已恢复红树林生境对气候变化和其他扰动的响应（Twilley and Rivera-Monroy，2005）。

捕获无脊椎动物作为食物，不仅会损害红树林生境，而且极大地降低或者完全移除了位于中间营养级的物种，如蟹类、虾类和软体动物等（Ellison，2008）。这些中间消费者的碎屑、藻类，以及活红树的组织对于物质和能量的转化和交换非常重要，因此去除它们会对生境中的群落及生态系统过程产生直接的影响（见 Ellison，2008 的综述）。此外，移除当地的无脊椎动物还会影响近海的食物网，并降低对区域内其他红树林的补充，这些后果在保护和恢复这些物种及其动态时都需予以考虑。

大多数研究动物间相互作用都侧重于红树林生境对底栖水产养殖和近海渔业的影响，而动物对红树林的影响却很少有人研究。实验研究表明，一些无脊椎动物能够促进红树的生长。例如，在加勒比海地区伯利兹的美洲红树（*Rhizophora mangle*）林中，一些生长在红树根部上的海绵物种能够给红树提供氮，并减少等足目动物对根部的钻孔，促进根部的生长（Ellison et al.，1996）。此外，在澳大利亚北昆士兰的红树林中，喜欢掘穴的方蟹能够增加土壤通气量，从而增强红树的生产力和繁殖产出（Smith et al.，1991）。不过，方蟹也会取食红树的繁殖体（Farnsworth and Ellison，1991）。因此，还需要进一步的研究，以确定操控这些物种是否能够使正面的物种间相互作用最大化，从而提高红树林恢复的成功率。

景观生态层面的方法

近海的结构化生境通常自然地镶嵌在其他结构化和非结构化生境（潮间带和潮下带的泥滩）之中。随着海洋生态学研究开始关注这些自然景观对捕食者—猎物动态、补充和竞争性相互作用的重要性（Irlandi and Crawford，1997；Micheli and Peterson，1999；Mumby et al.，2004），恢复生态学家开始研究在一个总体恢复中连通多个生境的可能性。在许多情况下，对这种恢复的期望是，一个生境会促进（*sensu* Bruno et al.，2003）其他生物生境的维持和扩张，以及提高它对鱼类和无脊椎动物提供庇护和觅食的价值（Scyphers et al.，2011）。近海景观中的一些生境与动物群落有着天然的关系或联系。与孤立的珊瑚礁相比，海草床附近的珊瑚礁（Heck et al.，2008）或红树林（Mumby et al.，2004；Olds et al.，2012）具有更高的鱼类利用率和能量流。在许多海洋恢复工作中，将生境连通度的收益最大化已经成为一个设计准则。

在河口景观中，牡蛎礁往往与海草床和盐沼相近，一些生态服务明显因为这种接近而得到增强，而没有发生变化则说明存在冗余。恢复靠近岸线的牡蛎礁能够降低波浪侵蚀作用，缓解岸线后退，并同时提高鱼类和无脊椎动物的利用率（Meyer et al.，1997；Scyphers et al.，2011）。牡蛎礁的存在还会稳定周边的沉积物，而这种稳定性能够促进海草和大型海藻的扩张（图 22.8）。如果牡蛎摄食悬浮物能够对水的清澈度或局部营养盐动态产生明显的影响，还将对海草产生进一步的促进作用（Newell and Koch，2004）。然而，对于其他一些参数，生境配对并未提高生态收益。如 Grabowski 等（2005）发现，在远离其他结构化生境（海草床和盐沼）区域恢复的牡蛎礁，牡蛎密度和鱼类利用率更高。Geraldi 等（2009）的研究也得出类似的结论，他们发现，在具有大量沼泽边缘生境的潮沟中，所恢复牡蛎礁中的鱼类利用率增强得最少。他们认为，这是两个生境的功能冗余造成了在无结构化景观中没有出现预期的恢复牡蛎礁从而促进鱼类生长的效果。

在盐沼中，从沼泽高处到陆地的过渡区支撑了相对多样的植物和动物群落，并在涨潮期间为留鸟和哺乳动物提供庇护场所（Holland et al.，1990；Baye et al.，2000；Traut，2005）。在未受干扰影响的天然沼泽中，沿着缓慢抬升的沼泽过渡带上部分布有各种稀有或不常见的沼泽植物，而在恢复的沼泽中则没有这种特征（Boyer and Thornton，2012）。恢复向陆地的逐渐过渡对于支撑这些物种，以及适应随海平面上升生境向坡上迁移都非常重要（Orson et al.，1987）。此外，由于修建道路和其他基础设施、人类或牲畜踩踏等干扰，以及非本地种的入侵，都使沼泽高处的生态过渡带特别容易受到破坏。因此，这是一个保护和恢复急需关注的一种生境（Larson，1995；Weinstein et al.，2005；Wasson and Woolfolk，2011）。一些缓解项目忽视了这种过渡带的作用，将最大限度地恢复低处湿地面积以支持特定少数动物作为缓解目标（如 Zedler，1998）。这种做法导致恢复的沼泽向陆地的过渡带非常尖锐或不自然，对于天然生境中存在的物种或功能没有任何支持作用。

生态系统层面的恢复

种群层面或生境层面恢复项目所面临的瓶颈问题更容易在大尺度上出现，而不是地方性的项目，这种认识将导致恢复工作在更大的生态系统尺度展开。流域与河口的水温条件变化、长期污染和营养盐输入、岸线开发，以及其他大规模的环境破坏都需要积极干预。解决这些问题的许多项目考虑大量的工程、施工和环境影响。这些项目的潜在优势在于其设计和实施的复杂性一样大。许多大规模恢复行动的重点是重建

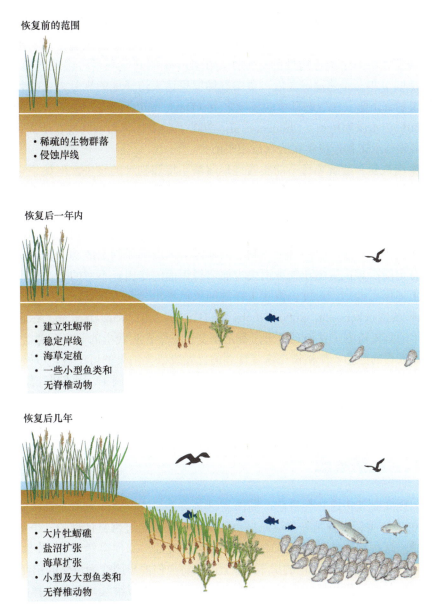

恢复前的范围

· 稀疏的生物群落
· 侵蚀岸线

恢复后一年内

· 建立牡蛎带
· 稳定岸线
· 海草定植
· 一些小型鱼类和
　无脊椎动物

恢复后几年

· 大片牡蛎礁
· 盐沼扩张
· 海草扩张
· 小型及大型鱼类和
　无脊椎动物

图 22.8 与单一生境方法相比，在景观水平恢复中将多个生境相互连接，能够提高生物收益。在这个示意图中，在岸线附近增加牡蛎礁，缓解了岸线侵蚀，增加了盐沼植被。该范围内沉积物的稳定也能够促进海草的生长

近海和河口与流域上游的连通性，或改善这些连通性的质量（如降低河流中的养分负荷）。移除或降低河流中溯河产卵鱼类的障碍是恢复野生鲑鱼洄游规划中的关键要素。在美国路易斯安那州沿海湿地，恢复淡水流入和沉积物输送是唯一有可能缓解那里湿地大量流失的补救措施（Delaune et al.，2003）。截至目前，在路易斯安那州的大部分恢复工作都侧重于实施小规模的淡水河流改道（Das et al.，2012），直到 2005 年的卡特里娜和丽塔飓风登陆之后，才开始提出大规模实施这种方法的计划。佛罗里达大沼泽地项目——美国有史以来最大、最雄心勃勃的恢复项目，也涵盖了大规模恢复淡水与河口和海洋连通性的工作（Sklar et al.，2005）。

理解河口生境水文条件变化的复杂性，对于评估生态系统层面恢复策略的有效性至关重要。路易斯安那州沿海湿地和佛罗里达大沼泽地的恢复工作所带来的预期变化就是这种环境复杂性的一个很好的例子。路易斯安那州现有沼泽生境中的植物和动物将因淡水河流改道而发生变化，而这种变化将影响所提供的生态系统产品和服务。随着淡水的补充、盐度和温度的下降，目前高盐度沼泽地区出产的褐美对虾的产量减少（Adamack et al.，2012）。牡蛎礁也会因低盐度而退化。这些变化必须与半咸水生境的收益以及咸水入侵的长期现实相平衡，而对于生活在相对狭窄盐度范围（10%～22%）的牡蛎来说，是一种严峻的考验

（Melancon et al.，1998）。许多中等和高盐度区域所提供的生态系统服务将简单地被河口生态系统所替代，这需要严格地检验和规划。例如，要恢复河口，就需要在下游恢复牡蛎礁生境。佛罗里达大沼泽地的恢复案例，说明了恢复河流和沿海生境连通性的复杂性。在数十年的开发利用将湿地转换为农业和城郊用地，以及河流改道以支撑城市和农业的发展之后，要实现佛罗里达大沼泽地的恢复，就必须移除这些水文条件上的障碍，使恢复规划真正建立在生态系统的尺度之上（Davis and Ogden，1994）。大沼泽地营养盐（特别是磷；Noe et al.，2001）、水质和植被（Childers et al.，2003）的变化将影响其现在所提供的生态系统服务和产品，而这些变化必须与承诺和最终实现的收益相平衡。

尽管小尺度的生境恢复和缓解项目不能实质性地缓解生境和物种的丧失，但如果它们在一个生态系统的目标之下相互联系，也许能够跟上现有环境退化的步伐。基于群落的海洋与河口生境恢复计划得到了一些联邦政府部门和非政府组织的资助。让利益相关者直接参与海洋生境的恢复工作具有实质性的外展收益。如果这些小规模项目是基于对恢复的现有瓶颈清晰的了解，具有严格和适当的选址和设计规划以克服这些瓶颈，相互协调以达到生态系统层面的目标，制定清晰定义的准则以判定成功与否，实施监测活动来评估绩效，那么它们将有可能在对抗生境和物种消失方面取得正面的作用。不幸的是，极少小规模甚至大规模恢复项目能够符合上述所有准则。对过去恢复工作的回顾已指出，许多恢复计划中，都缺乏清晰的目标和恢复后的监测（Coen and Luckenbach，2000；Hobbs and Harris，2001；Ruiz-Jaen and Aide，2005）。建立这些准则，然后进行多年的必要监测，并公布结果，都是恢复生态学在实践中的基本需要。作为一门应用学科，它的进展取决于从业人员的经验、严格设计恢复计划的已发表研究结果的可用性，以及对这些研究的整合。Cunha 等（2012）对欧洲海草床恢复项目的综述就是这种综合方法的例子。他们发现，尽管使用了多种恢复决策模型、框架和指导方针，过去十年实施的海草床恢复项目没有一个取得成功。他们在综述中呼吁，需要建立一个新的恢复模式，在这个模式中，海草自身的恢复并非缓解和保护规划的首选目标。

海洋恢复中的社会经济考虑

恢复以人为本，因此必须考虑社会价值，而恢复科学家必须认识到，大部分目标依赖于一定程度的社会接受度（Choi，2007）。重新安置是许多沿海城市化区域中生态足迹修复计划的一个重要组成部分，如果没有居民的普遍接受，这种将其恢复成沼泽的工作就有可能失败。即便自然灾害（如飓风）威胁着近滨居民生活的安全，居民也不会把他们与自己的房子重新迁置，将他们的家园变为自然的沼泽或沙滩。很多时候，其意愿是对其改造，使其对干扰的抵抗力更强，这样人类利用就得以继续。通常这样的项目采用工程优先的方法，即将维持构造物置于任何生态考虑之上（Scyphers et al.，2011），而不去考虑产生的负面地貌影响（加剧构造物周边的侵蚀）和生态后果（失去养分调节，减少觅食和育苗场生境；Bilkovic and Roggero，2008）。硬化城市岸线就是这种方法的产物。面对这种硬化带来的负面效果，社会的反应往往是更加工程化，如在海滩上填沙护滩以替代被侵蚀的沙子。反过来，填沙护滩过程会造成生态影响，特别是所用的沙子与之前的不一样（Schlacher et al.，2007）。如果将保护作为首选目标，并将可持续性作为定义任何恢复计划成功与否的关键要素，这种工程与再工程的螺旋式发展是可以避免的。改变社会的态度通常是困难的，但这种改变必须包括在未来的恢复项目的目标之中，迫使恢复生态学家采用真正跨学科的方法，将自然物理和社会学科综合在一起。

结语

海洋恢复生态学非常具有挑战性，因为往往需要立竿见影。在本章中，我们重点介绍了生态理论和实验可以如何帮助制定恢复工作计划，以支持海洋系统的目标群落和功能的例子。恢复的目标是超越试错，但要达成这个目标，就需要恢复工作者采用更令人鼓舞、更谨慎的方法。制定可实现的、可量化的目标，并监测实现这些目标的进展，应被纳入恢复工作的考虑范畴之中。如果用这样的观点去判断，许多过往的恢复项目都没能实现这一目标或产生了意想不到的后果。如果恢复生态学能够采用更加严谨的方法，那么从实验、预研究，以及意外结果中得到的经验教训，就可以用于提高新项目和以前恢复地点的生态功能。

最后，海洋恢复生态学必须认识到现在和未来全球变化所带来的挑战。对现有种群和生境的保护必须仍然是优先事项，但是许多近滨环境的存在和扩张需要一定程度的干预措施。未来的海洋恢复工作必须是在海洋生态实验研究的背景之下进行的。通过这种方式，恢复生态学才能从学习借鉴海洋生态学的领域，走向一个对新知识有重大贡献的新领域。未来的恢复工作可以利用许多新的大规模恢复项目来评估，小尺度恢复项目中所揭示的模式，是否也可以用在景观和生态系统尺度上。此外，在不同地点进行的并行恢复项目，也可用于检验生态和方法论模式的环境依赖性，并为未来的恢复工作提供指导信息。

致谢

作者希望感谢 Brian Silliman 编辑的协助和指导，以及两位匿名审稿人的有益评论。两位作者得到来自多个机构的资助，包括美国国家科学基金会、国家海洋渔业局和海洋基金会。作者的许多研究生和本科生参与了作者领导的一些恢复项目，而这些项目有助于作者对项目的成败形成了自己的看法。这些学生包括 Lindsey Carr、F. Joel Fodrie、Nathan Geraldi、Kevan Gregalis、Stephanie Kiriakopolos、Cassie Pinnell、Rosa Schneider、Steven Scyphers 和 Whitney Thornton。

引用文献

Adam, P. 2002. Saltmarshes in a time of change. *Environ. Conserv.* 29: 39–61.

Adamack, A. T., C. A. Stow, D. M. Mason, et al. 2012. Predicting the effects of freshwater diversions on juvenile brown shrimp growth and production: A Bayesian–based approach. *Mar. Ecol. Prog. Ser.* 444: 155–173.

Airoldi, L. and M. W. Beck. 2007. Loss, status and trends for coastal marine habitats of Europe. *Oceanogr. Mar. Biol., Annu. Rev.* 45: 345–405.

Allen, T. F. H., and T. W. Hoekstra. 1992. *Toward a Unified Ecology.* New York, NY: Columbia University Press.

Alongi, D. M. 2002. Present state and future of the world's mangrove forests. *Environ. Conserv.* 29: 331–349.

Armitage, A. R., K. E. Boyer, R. R. Vance, and R. F. Ambrose. 2006. Restoring assemblages of salt marsh halophytes in the presence of a rapidly colonizing dominant species. *Wetlands* 26: 667–676.

Aronson, J., J. N. Blignaut, S. J. Milton, et al. 2010. Are socioeconomic benefits of restoration adequately quantified? A meta-analysis of recent papers (2000–2008) in *Restor. Ecol.* and 12 other scientific journals. *Restor. Ecol.* 18: 143–154.

Ashton, E. C., P. J. Hogarth, and D. J. Macintosh. 2003. A comparison of brachyuran crab community structure at four mangrove locations under different management systems along the Melaka Straits-Andaman Sea Coast of Malaysia and Thailand. *Estuaries* 26: 1461–1471.

Balvanera, P., A. B. Pfisterer, N. Buchmann, et al. 2006. Quantifying the evidence for biodiversity effects on ecosystem functioning and services. *Ecol. Lett.* 9: 1–11.

Barbier, E. B. 2006. Natural barriers to natural disasters: Replanting mangroves after the tsunami. *Front. Ecol. Environ.* 4: 124–131.

Baye, P. R., P. M. Faber, and B. Grewell. 2000. Tidal marsh plants of the San Francisco Estuary. In, *Goals Project: Baylands Ecosystem Species and Community Profiles: Life Histories and Environmental Requirements of Key Plants, Fish and Wildlife* (P. R. Olofson, ed.), pp. 9–33. Oakland, CA: San Francisco Bay Regional Water Quality Control Board.

Beck, M. W., R. D. Brumbaugh, L. Airoldi, et al. 2011. Oyster reefs at risk and recommendations for conservation, restoration, and management. *BioScience* 61: 107–116.

Becker, B. J., F. J. Fodrie, P. A. McMillan, and L. A. Levin. 2005. Spatial and temporal variation in trace elemental fingerprints of mytilid mussel shells: A precursor to invertebrate larval tracking. *Limnol. Oceanogr.* 50: 48–61.

Bellwood, D. R., T. P. Hughes, C. Folke, and M. Nyström, 2004. Confronting the coral reef crisis *Nature* 429: 827–833.

Bertness, M. D. and P. J. Ewanchuk. 2002. Latitudinal and climate-driven variation in the strength and nature of biological interactions. *Oecolo-*

gia 132: 392–401.

Bertness, M. D. and S. D. Hacker. 1994. Physical stress and positive associations among marsh plants. *Am. Nat.* 144: 363–372.

Bertness, M. D., P. J. Ewanchuk, and B. R. Silliman. 2002. Anthropogenic modification of New England saltmarsh landscapes. *Proc. Natl. Acad. Sci. (USA)* 99: 1395–1398.

Bertness, M. D., L. Gough, and S. W. Shumway. 1992. Salt tolerances and the distribution of fugitive salt marsh plants. *Ecology* 73: 1842–1851.

Bilkovic, D. and M. Roggero. 2008. Effects of coastal development on nearshore estuarine nekton communities. *Mar. Ecol. Prog. Ser.* 358: 27–39.

Bosire, J. O., F. Dahdouh-Guebas, J. G. Kairo, et al. 2004. Spatial variations in macrobenthic fauna recolonisation in a tropical mangrove bay. *Biodivers. Conserv.* 13: 1059–1074.

Boyer, K. E. and A. P. Burdick. 2010. Control of *Lepidium latifolium* (perennial pepperweed) and recovery of native plants in tidal marshes of the San Francisco Estuary. *Wetl. Ecol. Manag.* 18: 731–743.

Boyer, K. E. and W. J. Thornton. 2012. Natural and restored tidal marsh communities. In, *Ecology, Conservation, and Restoration of Tidal Marshes: The San Francisco Estuary* (A. Palaima, ed.), pp. 233–252. Berkeley, CA: University of California Press.

Brumbaugh, R. D. and L. D. Coen. 2009. Contemporary approaches for small-scale oyster reef restoration to address substrate versus recruitment limitation: A review and comments relevant for the olympia oyster, *Ostrea lurida* Carpenter 1864. *J. Shellfish Res.* 28: 147–161.

Brumbaugh, R. D., L. A. Sorabella, C. O. Garcia, et al. 2000. Making a case for community-based oyster restoration: An example from Hampton Roads, Virginia, U.S.A. *J. Shellfish Res.* 19: 467–472.

Bruno, J. F., J. J. Stachowicz, and M. D. Bertness. 2003. Inclusion of facilitation into ecological theory. *Trends Ecol. Evol.* 18: 119–125.

Brusati, E. D. and E. D. Grosholz. 2006. Native and introduced ecosystem engineers produce contrasting effects on estuarine infaunal communities. *Biol. Invasions.* 8: 683–695.

Bullock, J. M., J. Aronson, A. C. Newton, et al. 2011. Restoration of ecosystem services and biodiversity: Conflicts and opportunities. *Trends Ecol. Evol.* 26: 541–549.

Cairns, J., Jr., and J. R. Heckman. 1996. Restoration ecology: The state of an emerging field. *Annu. Rev. Energ. Env.* 21: 167–189.

Caley, M. J., M. H. Carr, M. A. Hixon, et al. 1996. Recruitment and the local dynamics of open marine populations. *Annu. Rev. Ecol. Syst.* 27: 477–500.

California State Coastal Conservancy. 2013. San Francisco Estuary Invasive Spartina Project. www.spartina.org/project.htm

Callaway, J. C., G. Sullivan, and J. B. Zedler. 2003. Species-rich plantings increase biomass and nitrogen accumulation in a wetland restoration experiment. *Ecol. Appl.* 13: 1626–1639.

Cardinale, B. J., D. S. Srivastava, J. E. Duffy, et al. 2006. Effects of biodiversity on the functioning of trophic groups and ecosystems. *Nature* 443: 989–992.

Childers, D. L., R. F. Doren, R. Jones, et al. 2003. Decadal change in vegetation and soil phosphorus pattern across the everglades landscape. *J. Environ. Qual.* 32: 344–362.

Choi, Y. D. 2004. Theories for ecological restoration in changing environment: Toward "futuristic" restoration. *Ecol. Res.* 19: 75–81.

Choi, Y. D. 2007. Restoration ecology to the future: A call for new paradigm. *Restor. Ecol.* 15: 351–353.

Coen, L. D. and M. W. Luckenbach. 2000. Developing success criteria and goals for evaluating oyster reef restoration: Ecological functioning or resource exploitation? *Ecol. Eng.* 15: 323–343.

Coen, L. D., R. D. Brumbaugh, D. Bushek, et al. 2007. AS WE SEE IT: Ecosystem services related to oyster restoration. *Mar. Ecol. Prog. Ser.* 341: 303–307.

Craft, C., P. Megonigal, S. Broome, et al. 2003. The pace of ecosystem development of constructed *Spartina alterniflora* marshes. *Ecol. Appl.* 13: 1417–1432.

Craft, C. B. 2007. Freshwater input structures soil properties, vertical accretion and nutrient accumulation of Georgia and United States (US) tidal marshes. *Limnol. Oceanogr.* 52: 1220–30.

Craft, C., J. Clough, J. Ehman, et al. 2009. Forecasting the effects of accelerated sea-level rise on tidal marsh ecosystem services. *Front. Ecol. Environ.* 7, doi:10.1890/070219

Cunha, A. H., N. N. Marbá, M. M. van Katwijk, et al. 2012. Changing paradigms in seagrass restoration. *Restor. Ecol.* 20: 427–430.

Dahdouh-Guebas, F., L. P. Jayatissa, and D. DiNitto. 2005. How effective were mangroves as a defence against the recent tsunami? *Curr. Biol.* 15: R443–R447.

Dame, R. F., J. D. Spurrier, and T. G. Wolaver. 1989. Carbon, nitrogen, and phosphorous processing by an oyster reef. *Mar. Ecol. Prog. Ser.* 54: 249–256.

Dame, R. F., R. G. Zingmark, and E. Haskin. 1984. Oyster reefs as processors of estuarine materials. *J. Exp. Mar. Biol. Ecol.* 83: 239–247.

Dame, R., D. Bushek, D. Allen, et al. 2000. The experimental analysis of tidal creeks dominated by oyster reefs: The premanipulation year. *J. Shellfish Res.* 19: 361–369.

Danielsen, F., M. K. Sørensen, M. F. Olwig, et al. 2005. The Asian tsunami: A protective role for coastal vegetation. *Science* 310: 643.

Das, A., D. Justic, M. Inoue, et al. 2012. Impacts of Mississippi River diversions on salinity gradients in a deltaic Louisiana estuary: Ecological and management implications. *Estuar. Coast. Shelf Sci.* 111: 17–26.

Davis, A. 2000. "Restoration"—a misnomer? *Science* 287: 1203.

Davis, S. M. and J. C. Ogden. 1994. *Everglades: The ecosystem and its restoration.* Delray Beach, FL: St. Lucie Press.

DeLaune, R. D., A. Jugsujinda, G. W. Peterson, and W. H. Patrick, Jr. 2003. Impact of Mississippi River freshwater reintroduction on enhancing marsh accretionary processes in a Louisiana estuary. *Estuar. Coast. Shelf Sci.* 58: 653–662.

Dinnel, P. A., B. Peabody, and T. Peter-Contesse. 2009. Rebuilding olympia oysters, *Ostrea lurida* carpenter 1864, in Fidalgo Bay, Washington. *J. Shellfish Res.* 28: 79–85.

Doall, M. H., D. K. Padilla, C. P. Lobue, et al. 2008. Evaluating northern quahog (hard clam, *Mercenaria mercenaria* L.) restoration: Are transplanted clams spawning and reconditioning? *J. Shellfish Res.* 27: 1069–1080.

Dorenbosch, M., M. C. van Rieal, I. van der Nagelkerken, and G. Velde. 2004. The relationship of reef fish densiities to the proximity of mangrove and seagrass nurseries. *Estuar. Coast Shelf Sci.* 60: 37–48.

Eggleston, D. B., G. W. Bell, and S. P. Searcy. 2009. Do blue crab spawning sanctuaries in North Carolina protect the spawning stock? *Trans. Am. Fish. Soc.* 138: 581–592.

Ellison, A. M. 2000. Mangrove restoration: Do we know enough? *Restor. Ecol.* 8: 219–229.

Ellison, A. M. 2008. Managing mangroves with benthic biodiversity in mind: Moving beyond roving banditry. *J. Sea Res.* 59: 2–15.

Ellison, A. M., E. J. Farnsworth, and R. R. Twilley. 1996. Facultative mutualism between red mangroves and root-fouling sponges in Belizean mangal. *Ecology* 77: 2431–2444.

Elmqvist, T., C. Folke, M. Nyström, et al. 2003. Response diversity, ecosystem change, and resilience. *Front. Ecol. Environ.* 1: 488–494.

Engelhardt, K. A. M. and M. E. Ritchie. 2002. The effect of aquatic plant species richness on wetland ecosystem processes. *Ecology* 83: 2911–2924

Epstein, N., R. P. M. Bak, and B. Rinkevich. 2001. Strategies for gardening denuded coral reef areas: The applicability of using different types of coral material for reef restoration. *Restor. Ecol.* 9: 432–442.

Erftemeijer, P. L. A. and R. R. Lewis III. 2000. *Planting mangroves on intertidal mudflats: Habitat restoration or habitat conversion? Proc. Regional Seminar for East and Southeast Asian Countries: ECOTONE VIII, Ranong and Phuket, Thailand, 23–28 May, 1999,* pp. 156–165. Bangkok, Thailand: Royal Forestry Department.

Farnsworth, E. J., A. M. Ellison, 1991. Patterns of herbivory in Belizean mangrove swamps. *Biotropica* 23: 555–567.

Fegley, S. R., C. H. Peterson, N. R. Geraldi, and D. W. Gaskill. 2010. Enhancing the potential for population recovery: Restoration options for bay scallop populations, *Argopecten irradians concentricus*, in North Carolina. *J. Shellfish Res.* 28: 477–489.

Fodrie, F. J., K. L. Heck Jr., S. P. Powers, et al. 2010. Climate-related, decadal-scale assemblage changes of seagrass-associated fishes in the northern Gulf of Mexico. *Glob. Chang. Biol.* 16: 48–49.

Fonseca, M. S. 2011. Addy revisited: What has changed with seagrass restoration in the last 64 years? *Restor. Ecol.* 29: 73–81.

Ford, S. E. 1996. Range extension by the oyster parasite *Perkinsus marinus* into the Northeastern United States: Response to climate change? *Estuaries* 15: 45–56.

Gedan, K. and B. R. Silliman, 2009a. Patterns of salt marsh loss within coastal regions of North America. In, *Human Impacts on Salt Marshes: A Global Perspective* (B. R. Silliman, T. Grosholz, and M. D. Bertness, eds.), pp. 253–266. Berkeley, CA: University of California Press.

Gedan, K. and B. R. Silliman. 2009b. Using facilitation theory to enhance mangrove restoration. *Ambio* 38: 2.

Geraldi, N. R., S. P. Powers, K. L. Heck Jr., and J. Cebrian. 2009. Can habitat restoration be redundant? Response of mobile fishes and crustaceans to oyster reef restoration in marsh tidal creeks. *Mar. Ecol. Prog. Ser.* 389: 171–180.

Grabowski, J. H. 2004. Habitat complexity disrupts predator-prey interactions but not the trophic cascade on oyster reefs. *Ecology* 85: 995–1004.

Grabowski, J. H. and C. H. Peterson. 2007. Restoring Oyster Reefs to Recover Ecosystem Services. In, *Ecosystem Engineers* (K. Cuddington. J. E. Byers, W. Wilson, and A. Hastings, eds.), pp. 281–298. Burlington, MA: Elsevier Academic Press.

Grabowski, J. H. and S. P. Powers. 2004. Habitat complexity mitigates trophic transfer on oyster reefs. *Mar. Ecol. Prog. Ser.* 277: 291–295.

Grabowski, J. H., A. R. Hughes, D. L. Kimbro, and M. A. Dolan. 2005. How habitat setting influences restored oyster reef communities. *Ecology* 86: 1926–1935.

Grewell B. J., M. A. DaPratro, P. R. Hyde, and E. Rejmankova. 2003. Reintroduction of endangered soft bird's beak (*Cordylanthus mollis* ssp. *mollis*) to restored habitat in Suisun Marsh. Final Report for CALFED Ecosystem Restoration Project 99–N05.

Gregalis, K. C., S. P. Powers, and K. L. Heck, Jr. 2008. Restoration of oyster reefs along a bio-physical gradient in Mobile Bay, Alabama. *J. Shellfish Res.* 27: 1163–1169.

Grosholz, E. D. 2010. Avoidance by grazers facilitates spread of an invasive hybrid plant. *Ecol. Lett.* 13: 145–153.

Haddad, N. M., G. M. Crutinger, K. Gross, et al. 2011. Plant diversity and the stability of food webs. *Ecol. Lett.* 14: 42–46.

Halvorson, W. 2004. A response to the article (Hobbs 2004) Restoration ecology: The challenge of social values and expectation. *Front. Ecol. Environ.* 2: 46–47.

Halpern, B. S., B. R. Silliman, J. D. Olden, et al. 2007. Incorporating positive interactions in aquatic restoration and conservation. *Front. Ecol. Environ.* 5: 153–160.

Harriott, V. J., D. Davis, and S. A. Banks. 1997. Recreational diving and its impact in marine protected areas in eastern Australia. *Ambio* 26: 173–179.

Heck, K. L., Jr., G. Hays, and R. J. Orth, 2003. Critical evaluation of the nursery role hypothesis for seagrass meadows. *Mar. Ecol. Prog. Ser.* 253: 123–136.

Heck, K. L., Jr., A. R. Hughes, G. A. Kendrick, et al. 2006. A global crisis for seagrass ecosystems. *BioScience* 56: 987–996.

Heck, K. L., Jr., T. J. B. Carruthers, C. M. Duarte, et al. 2008. Trophic transfers from seagrass meadows subsidize diverse marine and terrestrial consumers. *Ecosystems* 1: 1–13.

Henry, H. A. L. and R. L. Jefferies. 2009. Opportunistic herbivores, migratory connectivity, and catastrophic shifts in arctic coastal systems. In, *Human Impacts on Salt Marshes: A Global Perspective* (B. R. Silliman, E. D. Grosholz, and M. D. Bertness, eds.), pp. 85–102. Berkeley, CA: University of California Press.

Hickling, R., D. B. Roy, J. K. Hill, and R. Fox. 2006. The distributions of a wide range of taxonomic groups are expanding polewards. *Glob. Change Biol.* 12: 450–455.

Higgs, E. S. 2003. *Nature by Design: People, Natural Process, and Ecological Restoration.* Cambridge, MA: MIT Press.

Hixon, M. A. 2011. 60 Years of coral reef fish ecology: Past, present, future. *Bull. Mar. Sci.* 87: 727–765.

Hobbs, R. J. 2004. Restoration ecology: The challenge of social values and expectations.
Front. Ecol. Environ. 2: 43–44.

Hobbs, R. J. and J. A. Harris. 2001. Restoration ecology: Repairing earth's ecosystems in the new millennium. *Restor. Ecol.* 9: 239–246.

Hobbs, R. J. and D. A. Norton. 1996. Towards a conceptual framework for restoration ecology. *Restor. Ecol.* 4: 93–110.

Holland, M. M., D. F. Whigham, and B. Gopal. 1990. The characteristics of wetland ecotones. In, *The Ecology and Management of Aquatic-Terrestrial Ecotones* (R. J. Naiman and H. Décamps, eds.), pp. 171–198. Paris, France: UNESCO.

Hughes, A. R. and J. J. Stachowicz. 2004. Genetic diversity enhances the resistance of a seagrass ecosystem to disturbance. *Proc. Natl. Acad. Sci. (USA)* 101: 8998–9002.

Hughes, A. R., S. L. Williams, C. M. Duarte, et al. 2009. Associations of concern: Declining seagrasses and threatened dependent species. *Front. Ecol. Environ.* 7: 242–246.

Huxham, M., M. P. Kumara, L. P. Jayatissa, et al. 2010. Intra-and interspecific facilitation in mangroves may increase resilience to climate change threats. *Phil. Trans. R. Soc. B.* 365: 2127–2135.

Irlandi, E. A. and M. K. Crawford. 1997. Habitat linkages: The effect of intertidal saltmarshes and adjacent subtidal habitats on abundance, movement, and growth of an estuarine fish. *Oecologia* 110: 222–230.

Jaap, W. C. 2000. Coral reef restoration. *Ecol. Eng.* 15: 345–364.

Jackson, J. B. C. 1997. Reefs since Columbus. *Coral Reefs* 16: S23–S32.

Jackson, J. B. C. 2001. What was natural in the coastal oceans? *Proc. Natl. Acad. Sci. (USA)* 98: 5411–5418.

Jackson, J. B. C., M. X. Kirby, W. H. Berger, et al. 2001. Historical overfishing and the recent collapse of coastal ecosystems. *Science* 293: 629–637.

James, M. K., P. R. Armsworth, L. B. Mason, and L. Bode. 2002. The structure of reef fish metapopulations: Modelling larval dispersal and retention patterns. *Proc. Biol. Sci.* 269: 2079–2086.

Johnson, M. W., S. P. Powers, J. Senne, and K. Park. 2009. Assessing the in situ tolerance of oysters under moderate hypoxic regimes: implications for oyster reef restoration. *J. Shellfish Res.* 28: 185–192.

Jones, G. P., M. J. Millicich, M. J. Emsile, and C. Lunow. 1999. Self-recruitment in a coral fish population. *Nature* 402: 802–804.

Jordan, W. R., III, R. L. Peters II, and E. B. Allen. 1988. Ecological restoration as a strategy for conserving biological diversity. *Environ. Manage.* 12: 55–72.

Keer, G. H. and J. B. Zedler. 2002. Salt marsh canopy architecture differs with the number and composition of species. *Ecol. Appl.* 12: 456–473.

Kirby, J. L. 1994. Gardening with J. Crew: The political economy of restoration ecology. In, *Beyond Preservation: Restoring and Inventing Landscapes* (A. D. J. Baldwin, J. De Luce, and C. Pletsch, eds.), pp. 234–240. Minneapolis, MN: University of Minnesota Press.

Kirby, M. X. 2004. Fishing down the coast: Historical expansion and collapse of oyster fisheries along the continental margins. *Proc. Natl. Acad. Sci. (USA)* 101: 13096–13099.

Kim, C. K., K. Park, and S. P. Powers. 2013. Establishing a restoration strategy for eastern oysters via a coupled biophysical transport model. *Restor. Ecol.* 21: 353–362.

Kiriakopolos, S. 2013. Herbivore-driven semelparity in a typically iteroparous plant, *Zostera marina*. San Francisco State University. Master's thesis.

Körner, C. 2006. Plant CO_2 responses: An issue of definition, time and resource supply. *New Phytol.* 172: 393–411.

Lambert, D. M., R. N. Lipcius, and J. M. Hoenig. 2006. Assessing effectiveness of the blue crab spawning stock sanctuary in Chesapeake Bay using tag-return methodology. *Mar. Ecol. Prog. Ser.* 321: 215–225.

Larkin, D. J., S. P. Madon, J. M. West, and J. B. Zedler. 2008. Topographic heterogeneity influences fish use of an experimentally-restored tidal marsh. *Ecol. Appl.* 18: 483–496.

Larson, B. L. 1995. Fragmentation of the land-water margin within the northern and central Indian River Lagoon watershed. *Bull. Mar. Sci.* 57: 267–277.

Leigh, E. G., R. T. Paine, J. F. Quinn, and T. H. Suchanek. 1987. Wave energy and intertidal productivity. *Proc. Natl. Acad. Sci. (USA)* 84: 1314–1318.

Lenihan, H. S. 1999. Physical-biological coupling on oyster reefs: How habitat structure influences individual performance. *Ecol. Monogr.* 69: 251–275.

Lenihan, H. S. and F. Micheli. 2000. Biological effects of shellfish harvesting on oyster reefs: Resolving a fishery conflict by ecological experimentation. *Fish. Bull. (Wash. D. C.)* 98: 86–95.

Lenihan, H. S. and C. H. Peterson. 1998. How habitat degradation through fishery disturbance enhances impacts of hypoxia on oyster reefs. *Ecol. Appl.* 8: 128–140.

Lenihan, H. S. and C. H. Peterson. 2004. Conserving oyster reef habitat by switching from dredging and tonging to diver-harvesting. *Fish. Bull. (Wash. D. C.)* 102: 298–305.

Lenihan, H. S., C. H. Peterson, J. E. Byers, et al. 2001. Cascading of habitat degradation: oyster reefs invaded by refugee fishes escaping stress. *Ecol. Appl.* 11: 746–782

Lesica, P. and F. W. Allendorf. 1999. Ecological genetics and the restoration of plant communities: Mix or match? *Restor. Ecol.* 7: 42–50

Levin, L. A., C. Neira, and E. Grosholz. 2006. Invasive cordgrass modifies wetland trophic function. *Ecology* 87: 419–432.

Lewis, R. R., III 2005. Ecological engineering for successful management and restoration of mangrove forests. *Ecol. Eng.* 24: 403–418.

Lipcius, R. N., W. T. Stockhausen, R. D. Seitz, and P. J. Geer. 2003. Spatial dynamics and value of a marine protected area and corridor for the blue crab spawning stock in Chesapeake Bay. *Bull. Mar. Sci.* 72: 453–469.

Lipcius, R. N. and W. T. Stockhausen. 2002. Concurrent decline of the spawning stock, recruitment, larval abundance, and size of the blue crab *Callinectes sapidus* in Chesapeake Bay. *Mar. Ecol. Prog. Ser.* 226: 45–61.

Loneragan, N. R., N. Ahmad Adnan, R. M. Connolly, and F. J. Manson. 2005. Prawn landings and their relationship with the extent of mangrove and shallow waters in western peninsular Malaysia. *Estuar. Coast Shelf Sci.* 63: 187–200.

MacArthur, R. H. 1970. Species-packing and competitive equilibrium for many species. *Theor Popul Biol.* 1: 1–11.

MacDonald, J. A. and J. S. Weis. 2013. Fish community features correlate with prop root epibionts in Caribbean mangroves. *J. Exp. Mar. Biol. Ecol.* 441: 90–98.

Macintosh, D. J., E. C. Ashton, and S. Havanon. 2002. Mangrove rehabilitation and intertidal biodiversity: A study of the Ranong mangrove ecosystem, Thailand. *Estuar. Coast. Shelf Sci.* 55: 331–345.

Makino A., H. Sakuma, E. Sudo, et al. 2003. Differences between maize and rice in N-use efficiency for photosynthesis and protein allocation. *Plant Cell Physiol.* 44: 952–6.

Manson, F. J., N. R. Loneragan, G. A. Skilleter, and S. R. Phinn. 2005. An evaluation of the evidence for linkages between mangroves and fisheries: A synthesis of the literature and identification of research directions. *Oceanogr. Mar. Biol. Ann. Rev.* 43: 483–513.

Marion S. R. and R. J. Orth, 2010. Innovative techniques for large-scale seagrass restoration using *Zostera marina* (eelgrass) seeds. *Restor. Ecol.* 18: 514–526.

McCarty, J. P. 2001. Ecological consequences of recent climate change. *Conserv. Biol.* 15: 320–331.

McGlathery, K. J., J. Sundback, and I. C. Anderson, 2007. Eutrophication in shallow coastal bays and lagoons: The role of plants in the coastal filter. *Mar. Ecol. Prog. Ser.* 348: 1–18.

Mcleod, E., G. L. Chmura, S. Bouillon, et al. 2011. A blueprint for blue carbon: Toward an improved understanding of the role of vegetated coastal habitats in sequestering CO_2. *Front. Ecol. Environ.* 9: 552–560.

McManus, J. W., R. B. Reyes, and C. L. Nanola. 1997. Effects of some destructive fishing methods on coral cover and potential rates of recovery. *Environ. Manage.* 21: 69–78.

Meehan, A. J. and R. J. West, 2002. Experimental transplanting of *Posidonia australis* seagrass in Port Hacking, Australia, to assess the feasibility of restoration. *Mar. Pollut. Bull.* 44: 25–31.

Melancon, E., Jr., T. Soniat, V. Cheramie, et al. 1998. Oyster resource zones of the Barataria and Terrebonne estuaries of Louisiana. *J. Shellfish Res.* 17: 1143–1148.

Meyer, D. L. and E. C. Townsend. 2000. Faunal utilization of created intertidal eastern oyster (*Crassostrea virginica*) reefs in the southeastern United States. *Estuaries* 23: 34–45.

Meyer, D. L., E. C. Townsend, and G. W. Thayer. 1997. Stabilization and erosion control value of oyster cultch for intertidal marsh. *Restor. Ecol.* 5: 93–99.

Micheli, F. and C. H. Peterson. 1999. Estuarine vegetated habitats as corridors for predator movements. *Conserv. Biol.* 13: 869–881.

Moore, K. A. and J. C. Jarvis. 2008. Environmental factors affecting recent summertime eelgrass diebacks in the lower Chesapeake Bay: Implications for long-term persistence. *J. Coast. Res.* 55: 135–147.

Morgan, P. and F. Short. 2002. Using functional trajectories to track constructed salt marsh development in the Great Bay Estuary, Maine/New Hampshire, USA. *Restor. Ecol.* 10: 461–473.

Morzaria-Luna, H. 2005. Determinants of plant species assemblages in the California marsh plain: Implications for restoration of ecosystem function. University of Wisconsin, Madison. Ph.D. dissertation.

Morzaria-Luna, H., J. C. Callaway, G. Sullivan, and J. B. Zedler. 2004. Relationships between topographic heterogeneity and vegetation patterns in a Californian salt marsh. *J. Veg. Sci.* 14: 523–530.

Mumby, P. J., A. J. Edwards, J. E. Arias-González, et al. 2004. Mangroves enhance the biomass of coral reef fish communities in the Caribbean. *Nature* 427: 533–536.

Myers, R. A. and B. Worm. 2003. Rapid worldwide depletion of predatory fish communities. *Nature* 423: 280–283.

Naeem, S. 1998. Species redundancy and ecosystem reliability. *Conserv. Biol.* 12: 39–45.

Naish, K. A., J. E. Taylor, P. S. Levin, et al. 2007. An evaluation of the effects of conservation and fishery enhancement hatcheries on wild populations of salmon. *Adv. Mar. Biol.* 53: 61–194.

Neckles, H. A., M. Dionne, D. M. Burdick, et al. 2002. A monitoring protocol to assess tidal restoration of salt marshes on local and regional scales. *Restor. Ecol.* 10: 556–563.

Neira, C., E. Grosholz, L. Levin, and R. Blake. 2006. Mechanisms generating modification of benthos following tidal flat invasion by a *Spartina* hybrid. *Ecol. Appl.* 16: 1391–1404.

Newell, R. I. E. and E. W. Koch. 2004. Modeling seagrass density and distribution in response to changes to turbidity stemming from bivalve filtration and seagrass sediment stabilization. *Estuaries* 27: 793–806.

Newell, R. I. E., J. C. Cornwell, and M. S. Owens. 2002. Influence of simulated bivalve biodeposition and microphytobenthos on sediment nitrogen dynamics: A laboratory study. *Limnol. Oceanogr.* 47: 1367–1379.

Newell, R. I. E., W. M. Kemp, and J. D. Hagy III, et al. 2007. Top-down control of phytoplankton by oysters in Chesapeake Bay, USA: Comment on Pomeroy et al. (2006). *Mar. Ecol. Prog. Ser.* 341: 293–298.

Noe, G. B., D. L. Childers, and R. D. Jones. 2001. Phosphorus biogeochemistry and the impact of phosphorus enrichment: Why is the Everglades so unique? *Ecosystems* 4: 603–624

NRC (National Research Council). 1992. Restoration of aquatic ecosystems: science, technology, and the public. Washington, DC: National Academy Press.

O'Brien, E. and J. B. Zedler. 2006. Accelerating the restoration of vegetation in a southern California salt marsh. *Wetl. Ecol. Manag.* 14: 269–286.

Olds, A. D., K. A. Pitt, P. S. Maxwell, and R. M. Connolly. 2012. Synergistic effects of reserves and connectivity on ecological resilience. *J. Appl. Ecol.* 49: 1195–1203.

Orson, R. A., R. S. Warren, and W. A. Niering. 1987. Development of a tidal marsh in a New England river valley. *Estuaries* 10: 20–27.

Ort, B. S., C. S. Cohen, K. E. Boyer, and S. Wyllie-Echeverria, 2012. Population structure and genetic diversity among eelgrass (*Zostera marina*) beds and depths in San Francisco Bay. *J. Hered.* 103: 533–546.

Orth, R. J., S. R. Marion, K. A. Moore, and D. J. Wilcox. 2010. Eelgrass (*Zostera marina* L.) in the Chesapeake Bay region of mid-Atlantic coast of the USA: Challenges in conservation and restoration. *Estuaries Coast.* 33: 139–150.

Orth, R. J., K. A. Moore, S. R. Marion, et al. 2012. Seed addition facilitates eelgrass recovery in a coastal bay system. *Mar. Ecol. Prog. Ser.* 448: 177–195.

Palacios, S. L. and R. C. Zimmerman, 2007. Response of eelgrass *Zostera marina* to CO$_2$ enrichment: Possible impacts of climate change and potential for remediation of coastal habitats. *Mar. Ecol. Prog. Ser.* 344: 1–13.

Paling, E. I., M. van Keulen, K. Wheeler, et al. 2001. Mechanical seagrass transplantation in Western Australia. *Ecol. Eng.* 16: 331–339.

Palmer, M. A. 2009. Reforming watershed restoration: science in need of application and applications in need of science. *Estuaries Coast* 32: 1–17.

Palumbi, S. R. 2003. Population genetics, demographic connectivity, and the design of marine reserves. *Ecol. Appl.* 13: S146–S158.

Pandolfi, J. M., R. H. Bradbury, E. Sala, et al. 2003. Global trajectories of the long-term decline of coral reef ecosystems. *Science* 301: 955–958.

Peterson, C. H. 2002. Recruitment overfishing in a bivalve mollusc fishery: Hard clams (*Mercenaria mercenaria*) in North Carolina. *Can. J. Fish. Aquat. Sci.* 59: 96–104.

Peterson, C.H. and R. N. Lipcius. 2003. Conceptual progress towards predicting quantitative ecosystem benefits of ecological restorations.

Mar. Ecol. Prog. Ser. 264: 297–307.

Peterson, C. H., J. H. Grabowski, and S. P. Powers. 2003. Estimated enhancement of fish production resulting from restoring oyster reef habitat: quantitative valuation. *Mar. Ecol. Prog. Ser.* 264: 251–266.

Peterson, C. H., H. C. Summerson, and R. A. Luettich. 1996. Response of bay scallops to spawner transplants: A test of recruitment limitation. *Mar. Ecol. Prog. Ser.* 132: 93–107.

Perry, A. L., P. J. Low, J. R. Ellis, and J. D. Reynolds. 2005. Climate change and distribution shifts in marine fishes. *Science* 308: 1912–1915.

Pickerell, C. H., S. Schott, and S. Wyllie-Echeverria. 2005. Buoy deployed seeding: A new approach to restoring seagrass. *Ecol. Eng.* 25: 127–136.

Planes, S., G. P. Jones, and S. R. Thorrold. 2009. Larval dispersal connects fish populations in a network of marine protected areas. *Proc. Natl. Acad. Sci. (USA)* 106: 5693–5697.

Plutchak, R., K. Major, J. Cebrian, et al. 2010. The impacts of oyster reef restoration on nutrient dynamics and primary productivity in tidal marsh creeks of the northern Gulf of Mexico. *Estuaries Coast.* 33: 1355–1364.

Pomeroy, L. R., C. F. D'Elia, and L. C. Schaffner. 2006. Limits to topdown control of phytoplankton by oysters in Chesapeake Bay. *Mar. Ecol. Prog. Ser.* 325: 301–309.

Powers, S. P., J. H. Grabowski, C. H. Peterson, and W. J. Lindberg. 2003. Estimating enhancement of fish production by offshore artificial reefs: Uncertainty exhibited by divergent scenarios. *Mar. Ecol. Prog. Ser.* 264: 267–279.

Powers, S. P., C. H. Peterson, J. H. Grabowski, and H. S. Lenihan. 2009. Evaluating the success of constructed oyster reefs in no-harvest sanctuaries: Implications for restoration. *Mar. Ecol. Prog. Ser.* 389: 159–170.

Procaccini, G. and L. Piazzi. 2001. Genetic polymorphism and transplantation success in the Mediterranean seagrass *Posidonia oceanica. Restor. Ecol.* 9: 332–338.

Rahmstorf, S. 2007. A semi-empirical approach to projecting future sea-level rise. *Science* 315: 368–370.

Reusch, T. B. H., A Ehlers, A. Hämmerli, and B. Worm. 2005. Ecosystem recovery after climatic extremes enhanced by genotypic diversity. *Proc. Natl. Acad. Sci. (USA)* 102: 2826–2831.

Reynolds, L. K., L. A. Carr, and K. E. Boyer. 2012a. A non-native amphipod consumes eelgrass inflorescences in San Francisco Bay. *Mar. Ecol. Prog. Ser.* 451: 107–118.

Reynolds, L. K., K. J. McGlathery, and M. Waycott, 2012b. Genetic diversity enhances restoration success by augmenting ecosystem services. *PLoS ONE* 7: e38397. doi: 10.1371/journal.pone.0038397

Rivers, D. O. and F. T. Short. 2007. Effect of grazing by Canada geese *Branta canadanensis* on an intertidal eelgrass *Zostera marina* meadow. *Mar. Ecol. Prog. Ser.* 333: 271–279.

Rothschild, B. J., J. S. Ault, P. Goulletquer, and M. Héral. 1994. Decline of the Chesapeake Bay oyster population: A century of habitat destruction and overfishing. *Mar. Ecol. Prog. Ser.* 111: 29–39.

Rudrappa, T. J., J. Bonsall, J. L. Gallagher, et al. 2007. Root-secreted allelochemical in the noxious weed *Phragmites australis* deploys a reative oxygen species response and microtubule assembly disruption to execute rhizotoxicity. *J. Chem. Ecol.* 33: 1898–1918.

Ruiz-Jaen, M. C. and T. M. Aide. 2005. Restoration success: How is it being measured? *Restor. Ecol.* 13: 569–577.

Ryan, A. B. and K. E. Boyer. 2012. Nitrogen further promotes a dominant salt marsh plant in an increasingly saline environment. *J. Plant Ecol.* 5: 429–441. doi: 10.1093/jpe/rts001

Sanderson, E. W., S. L. Ustin, and T. C. Foin. 2001. The influence of tidal channels on the distribution of salt marsh plant species in Petaluma Marsh, CA, USA. *Plant Ecol.* 146: 29–41.

Schlacher, T. A., J. Dugan, D. S. Schoeman, et al. 2007. Sandy beaches at the brink. *Divers. Distrib.* 13: 556–560.

Schneider, R. S. 2013. Investigating rarity in an endemic wetland thistle. San Francisco State University. Master's thesis.

Schulte, D. M., R. P. Burke, and R. N. Lipcius. 2009. Unprecedented restoration of a native oyster metapopulation. *Science* 325: 1124–1128.

Scyphers, S. B., S. P. Powers, K. L. Heck Jr., and D. Byron. 2011. Oyster reefs as natural breakwaters mitigate shoreline loss and facilitate fisheries. *PLoS ONE* 6: e22396.

Shaisha, L., G. Levy, E. Gomez, and B. Rinkevicha. 2008. Fixed and suspended coral nurseries in the Philippines: Establishing the first step in the "gardening concept" of reef restoration. *J. Exp. Mar. Biol. Ecol.* 358: 86–97.

Short, F. T. and S. Wyllie-Echeverria. 1996. Natural and human-induced disturbance of seagrasses. *Environ. Conserv.* 23: 17–27.

Short, F. T., B. S. Kopp, J. Gaeckle, and H. Tamaki, 2002a. Seagrass ecology and estuarine mitigation: A low cost method for eelgrass restoration. Proceedings of the International Commemorative Symposium 70th Anniversary of the Japan Society of Fisheries Science. II. *Fisheries Science.* 68: 1759–1762.

Short, F. T, R. C. Davis, B. S. Kopp, et al. 2002b. Site selection model for optimal transplantation of eelgrass *Zostera marina* in the northeastern US. *Mar. Ecol. Prog. Ser.* 227: 253–267.

Silliman, B. R. and M. D. Bertness. 2002. A trophic cascade regulates salt marsh primary production. *Proc. Natl. Acad. Sci. (USA)* 99: 10500–10505.

Silliman, B. R., J. van de Koppel, M. D. Bertness, et al. 2005. Drought, snails, and large-scale die-off of southern U.S. salt marshes. *Science* 310: 1803–1806.

Sklar, F. H., M. J. Chimney, S. Newman, et al. 2005. The ecological–societal underpinnings of Everglades restoration. *Front. Ecol. Environ.* 3: 161–169.

Sloop, C. M., H. G. McGray, M. J. Blum, and D. R. Strong. 2005. Characterization of 24 additional microsatellite loci in *Spartina* species (Poaceae). *Conserv. Gen.* 6: 1049–1052.

Smith, T. J., K. G. Boto, S. D. Frusher, and R. L. Giddins. 1991. Keystone species and mangrove forest dynamics: The influence of burrowing by crabs on soil nutrient status and forest productivity. *Estuar Coast Shelf Sci.* 33: 419–432.

Smyth, A. R., S. P. Thompson, K. N. Siporin, et al. 2013. Assessing nitrogen dynamics throughout the estuarine landscape. *Estuaries Coast.* 36: 44–55.

Spalding, M. D., M. Kainuma, and L. Collins. 2010. *World Atlas of Mangroves.* London, UK: Earthscan.

Sponaugle, S., R. K. Cowen, A. Shanks, et al. 2002. Predicting self-recruitment in marine populations: Biophysical correlates and mechanisms. *Bull. Mar. Sci.* 70: 341–375.

Stevenson J. C. and M. S. Kearney. 2009. Impacts of global climate change and sea level rise on tidal wetlands. In, *Human Impacts on Salt Marshes: A Global Perspective.* (B. R. Silliman, E. Grosholz, and M. D. Bertness, eds.), pp. 171–206. Berkeley, CA: University of California Press.

Steyer, G. D., C. E. Sasser, J. M. Visser, et al. 2003. A proposed coast-wise reference monitoring system for evaluation wetland restoration trajectories in Louisiana. *Environ. Monit. Assess.* 81: 107–117.

Sullivan, G., J. C. Callaway, and J. B. Zedler. 2007. Plant assemblage composition explains and predicts how biodiversity affects salt marsh functioning. *Ecol. Monogr.* 77: 569–590.

Szmant, A. M. 2002. Nutrient enrichment on coral reefs: Is it a major cause of coral reef decline? *Estuaries* 25: 743–766.

Teal, J. and S. Peterson. 2009. The use of science in the restoration of northeastern U.S. salt marshes. In, *Human Impacts on Salt Marshes: A Global Perspective.* (B. R. Silliman, E. Grosholz, and M. D. Bertness, eds.), pp. 267–284. Berkeley, CA: University of California Press.

Teal, J. M. and L. Weishar. 2005. Ecological engineering, adaptive management, and restoration management in Delaware Bay salt marsh restoration. *Ecol. Eng.* 25: 304–314.

Tettelbach, S. T., D. Barnes, J. Aldred, et al. 2011. Utility of high-density plantings in bay scallop, *Argopecten irradians irradians,* restoration. *Aquacult. Int.* 19: 715–739.

Thom, R. M. 1996. CO_2-Enrichment effects on eelgrass (*Zostera marina* L.) and bull kelp (*Nereocystis luetkeana* (Mert.) P. & R.). *Water Air Soil Pollut.* 88: 383–391.

Thornton, W. J. 2013. How do transplant source, restoration site constraints, and herbivory interact in reintroduction efforts of native Pacific cordgrass (*Spartina foliosa*) in the San Francisco Bay? San Francisco State University. Master's thesis.

Tomlinson, P. B. 1986. *The Botany of Mangroves.* Cambridge, UK: Cambridge University Press.

Trabucchi, M., P. Ntshotsho, P. O'Farrell, and F. A. Comín. 2012. Ecosystem service trends in basin-scale restoration initiatives: A review. *J.*

Environ. Manage. 111: 18–23.

Traut, B. H. 2005. The role of coastal ecotones: A case study of the salt marsh/upland transition zone in California. *J. Ecol.* 93: 279–290.

Twilley, R. R. and V. H. Rivera-Monroy. 2005. Developing performance measures of mangrove wetlands using simulation models of hydrology, nutrient biogeochemistry, and community dynamics. *J. Coast. Res.* 40: 79–93.

Valdemarsen, T., K. Wendelboe, J. T. Egelund, et al. 2011. Burial of seeds and seedlings by the lugworm *Arenicola marina* hampers eelgrass (*Zostera marina*) recovery. *J. Exp. Mar. Biol. Ecol.* 410: 45–52.

Vivian-Smith, G. 1997. Microtopographic heterogeneity and floristic diversity in experimental wetland communities. *J. Ecol.* 85: 71–82.

Wasson, K. and A. Woolfolk. 2011. Salt marsh-upland ecotones in central California: Vulnerability to invasions and anthropogenic stressors. *Wetlands* 31: 389–402.

Watson E. B. and R. Byrne. 2009. Abundance and diversity of tidal marsh plants along the salinity gradient of the San Francisco Estuary: Implications for global change ecology. *Plant Ecol.* 205: 113–28.

Watson, J. G. 1928. Mangrove forests of the Malay Peninsula. *Malay Forest Records* 6: 1–275.

Watling, L. and E. A. Norse. 1998. Disturbance of the seabed by mobile fishing gear: A comparison to forest clearcutting. *Conserv. Biol.* 12: 1180–1197.

Waycott, M., C. M. Duarte, T. J. B. Carruthers, et al. 2009. Acclerating loss of seagrasses across the globe threatens coastal ecosystems. *Proc. Natl. Acad. Sci. (USA)* 106: 19761–19764.

Webster, P. J., G. J. Holland, J. A. Curry, and H.-R Chang. 2005. Atmospheric science: Changes in tropical cyclone number, duration, and intensity in a warming environment. *Science* 309: 1844–1846.

Weinstein, M. P., S.Y. Litvin, and R. G. Guida. 2005. Considerations of habitat linkages, estuarine landscapes, and the trophic spectrum in wetland restoration designs. *J. Coast. Res.* 40: 51–63.

Wigand, C., R. McKinney, M. Chintala, et al. 2010. Development of a reference coastal wetland set in Southern New England (USA). *Environ. Monit. Assess.* 161: 583–598.

Williams, P. B. and M. K. Orr. 2002. Physical evolution of restored breached levee salt marshes in the San Francisco Bay estuary. *Restor. Ecol.* 10: 527–542.

Williams, S. L. 2001. Reduced genetic diversity in eelgrass transplantations affects both population growth and individual fitness. *Ecol. Appl.* 11: 1472–1488.

Yachi, S. and M. Loreau. 1999. Biodiversity and ecosystem productivity in a fluctuating environment: The insurance hypothesis. *Proc. Natl. Acad. Sci. (USA)* 96: 1463–1468.

Young, T. P., D. A. Petersen, and J. J. Clary. 2005. The ecology of restoration: historical links, emerging ssues and unexplored realms. *Ecol. Lett.* 8: 662–673.

Zabin, C. J., S. Attoe, E. D. Grosholz, and C. Coleman-Hurlbert. 2010. Shellfish conservation and restoration in San Francisco Bay: Opportunities and constraints. *San Francisco Bay Subtidal Habitat Goals Report.,* Appendix 7–1. www.sfbaysubtidal.org/report.html

Zedler, J. B. 1998. Replacing endangered species habitat: The acid test of wetland ecology. In, *Conservation Biology for the Coming Age.* (P. L. Fiedler and P. M. Kareiva, eds.), pp. 364–379. New York, NY: Chapman and Hall.

Zedler, J. B., J. C. Callaway, J. S. Desmond, et al. 1999. Californian salt-marsh vegetation: An improved model of spatial pattern. *Ecosystems* 2: 19–35.

zu Ermgassen, P., M. Spalding, B. Blake, et al. 2012. Historical ecology with real numbers: Past and present extent and biomass of an imperiled estuarine habitat. *Proc. Biol. Sci.* 279: 3393–3400.

第 23 章

海洋保护与管理的未来

Mary H. Ruckelshaus，Peter M. Kareiva 和 Larry B. Crowder

就在 50 年前，人们还认为一望无际的海洋，其资源是不可能耗竭的。事实上，人类造成的海洋系统贫瘠化和大规模的生态转变可以上溯到几百年前（Jackson et al.，2001；Lotze et al.，2006；见第 8 章和第 20 章）。例如，大量斯特拉大海牛（*Hydrodamalis gigas*）曾在日本到美国加利福尼亚州的区域活动，自从人类开始进入北太平洋沿海，这种庞然大物就随着人类足迹的遍布而消失，并在 18 世纪初就已接近灭绝（Scheffer，1973；Paine et al.，2003）。在同一个世纪，灰鲸（*Eschrichtius robustus*）也在大西洋濒临灭绝，随后是一条很长的哺乳动物、海鸟和无脊椎动物的清单（Carlton et al.，1999）。尽管有许多物种消失了，但海洋生态系统中已知的灭绝物种却远远少于陆地生态系统，我们仍然有机会恢复海洋中的种群、生态系统功能与结构。我们甚至仍有机会提高从中的收获（Costello et al.，2012）。

在本章中，我们将概述过去 20 年中海洋保护所面临的主要威胁，以及我们期待在未来 20 年中将取得的重大进展。由于海洋占地球表面积的 70%，再考虑到其所受威胁的复杂性，我们无法不从全面着手。我们之所以强调这些，是基于过去 50 多年来在海洋保护方面所汲取的经验教训。

海洋保护和管理的历史

海洋保护最初由于过度捕捞问题而声名狼藉，从而导致了到 2020 年，将占全球海洋总面积 20% 划入海洋保护区的目标。数据显示，在全球许多地方，渔获量（包括被丢弃的兼捕渔获物）已超出了渔业资源的生产能力（Worm et al.，2009；Branch et al.，2012；见第 20 章）。过度捕捞既是一个保护问题，也是人类经济发展的问题，因为渔业资源崩溃，将最终摧毁人类的生计。渔业会从根本上改变生态系统的结构与功能。如果捕获的目标是顶级捕食者，这一问题尤为尖锐，因为这些关键种本应产生自上而下的控制。我们尚无足够的证据来得出确定的结论——顶级捕食者的衰竭是否通过营养级联作用影响着大洋食物网的结构和功能（Pauly et al.，1998；Essington et al.，2006；Branch et al.，2010），但我们有强有力的证据表明，在沿海生态系统存在自上而下的控制作用，如盐沼（Silliman et al.，2005；Altieri et al.，2012）、海草床（Heithaus et al.，2013）、海藻林（Dayton et al.，1998；Estes et al.，2009）和珊瑚礁（Smith et al.，2010；Adam et al.，2011）。例如，海獭（*Enhydra lutris*）、海胆和大型海藻之间的营养级联关系是海洋生态学中教科书式的经典案例（Estes，2008）。如果海胆从海獭的捕食压力中释放出来，将会产生裸露的荒原，因为巨大数量的海胆将移除所有的大型海藻。这种生态系统转变不仅就大型海藻而言，还会进一步影响利用海藻林结构的许多鱼类和无脊椎动物。

有关海獭的研究只是众多揭示顶级捕食者作为生态系统动态关键组成部分的研究中的一个例子，这也是保护中所需要考虑的问题。例如，在 20 世纪 90 年代，在美国阿拉斯加州西部大片的海域，海獭数量急剧下降。对此最好的解释是虎鲸（*Orcinus orca*）捕食作用的增强（Estes et al.，1998）。在一个虎鲸主导的系统，海獭数量下降，海胆恢复，而海藻林消亡，与理论预期完全一样，形成一个四个营养级相连的系统。如果将曾是虎鲸猎物的大型鲸类再考虑进来，那将更加有趣。虎鲸本来进化为蓝鲸的捕食者，事实上这也是它被早期捕鲸者称为"鲸之杀手"（whale killers）的原因（Scammon，1874），在蓝鲸数量稀少之后，虎鲸才开始捕食斑海豹、海狗、海狮，最终是海獭。Springer 等（2003）提出一个有趣的营养级联的例子，从移除蓝鲸开始，然后逐级到虎鲸、大型鳍足类，最后是海獭和鲑鱼。虎鲸—海獭—海胆—大型海藻之间的相互作用链，是一个我们所熟知的营养降级的例子。Estyes 等（2011）在综述人类对地球的影响中，将营养降级作为最大的人类影响之一。起初的渔业管理主要关注最大可持续渔获量，而新的"基于生态系统的渔业管理"方法更多地关注生态系统动态，以及类似营养降级这种影响的可能性。

海洋保护科学面临的第二个主要问题是污染。在人类历史的绝大多数时间里，海洋被当作倾倒垃圾废弃物的场所，在那里，废弃物能够被稀释分解成无害的物质。如今，我们有数据表明，对海洋的污染作用不容忽视。这样的例子包括，缺氧死亡区（Diaz and Rosenberg，2008）、漂浮的"塑料冰山"（Derraik，2002；Rochman et al.，2013），以及海洋鱼类组织中残留的有毒化学物质（Mearns et al.，2012）。自 20 世纪 60 年代以来，死亡区的面积呈指数级增长，现已影响 400 多个系统，占据大量海域，超过 475 000km²。现在，海洋中的塑料垃圾极为普遍，以至于没有一个海滩上见不到塑料垃圾。这不仅仅是个美观问题：所有的海龟、45% 的海洋哺乳动物和 21% 的海鸟受到塑料垃圾的伤害（Rochman et al.，2013）。人类对海洋的持续伤害极为显著。以烟头为例，每年有 4.5 万亿个烟头被丢弃，研究人员发现（Mearns et al.，2012），将一个烟头置于一升水中，会对安芬拟银汉鱼（一种太平洋银汉鱼）幼鱼造成 96 小时死亡的影响（以半死亡浓度计）。尤其需要了解的是，进入海洋的污染物还包括人工合成化合物，如药品及难降解的有机污染物和多氯联苯（PCBs）。即便是咖啡这种日常饮料都会对海洋产生影响：拿铁爱好者的嗜好导致了西雅图普吉特海湾内咖啡因浓度的上升，而众所周知的是，咖啡因对贻贝和其他无脊椎动物会造成化学胁迫（Essington et al.，2011；Mearns et al.，2012）。

最后，在过去 10 年里，人们已开始认识到海洋保护方法需要关注海洋健康和人类健康之间的联系（Sandifer et al.，2007）。持久性污染物会在食物网中不断累积，并使其在海产品中的浓度达到损害人类健康的水平，这体现在一些地方对食用海产品的健康建议上（如 PSP，2008；Evers et al.，2013）。例如，即便是很低浓度的水银也会对婴儿造成伤害，由于环境中汞的普遍存在，许多国家都建议减少对鱼的消费（Zahir et al.，2005；Evers et al.，2013）。这是一个可以解决的问题，因为我们知道汞从哪里来，并且知道如何降低对它的排放，问题是成本和权衡。煤烟的排放是汞主要的人为来源，但也包括其他一些来源，如一些美容用品、药品和牙科产品等。

新框架：海洋保护和管理中的新问题

直到最近，现代的保护才采用"保护区"的模式，重点在于使人类的影响最小化。然而，2005 年的《千年生态系统评估》（*Millennium Ecosystem Assessment*）（MEA，2005）以及随后的讨论指出，为了自然而保护自然，使参与的社会部门极少。此外，保护区的建立无法抵御污染物，以及或从遥远海域或通过大气而引入的入侵物种。一个新出现的替代观点是，将保护和利用相结合。对于海洋来说，这意味着需要将对海洋和陆地系统的管理相结合，以实现多种收益——从维持物种多样性和保护物种自身，到提供食物安全、航线，以及人们的游憩活动。这种观点并不新鲜：它可以被追溯到 Gifford Pinchot* 以及 20 世纪早期建立的美国国家森林系统（Kareiva and Marvier，2011）。它的实际含义已不再是简单地考虑某个特定鱼类种群的丰度以满足单一的需求，也不再将海洋生境保护与经济、食品生产，以及保护沿海居民免受危害等相分隔。

新的观点需要新的科学。现在，只要开始进行保护干预的规划，保护科学家就要问干预会如何影响人类及生态系统，什么样的激励措施才会使人们更好地管理我们的海洋资源？也就是说，社会学对海洋保护

　＊吉福德·平肖（Gifford Pinchot），美国环保史上的重要人物之一，美国农林局的首任局长——译者

的影响在不断增长。例如，海洋保护区的原创性研究显示，保护区的效力取决于当地社区理解、管理这些系统所获收益的能力（McClanahan et al.，2009）。由于海洋保护不再只是自然科学家的责任，因此需要有助于决策者和利益相关者能够理解的工具。这些工具包括从提供替代管理方案的可视化，到简单地指导如何建立利益相关者群体并召开会议（如 Kareiva et al.，2011；Labrum et al.，2012）。不幸的是，实践中一个极大的困难是负责海洋保护和管理的主要政府部门缺乏社会学的能力。美国国家海洋和大气管理局（NOAA）最近的一项独立的科研综述强调了在 NOAA 内部社会学的缺失及其造成的不良后果（NOAA，2012）。由于缺乏与公众有效地沟通，即便政府部门能够提出一个有效政策或预警系统，公众也有可能忽略这个新政策。例如，我们现在已可以非常准确地预测飓风的轨迹，但准确度的提高并不能解决生活在沿海居民对飓风警报的无视问题。

海洋保护中第二个新主题是需要关注多种利用方式的影响，如海底开采、石油勘探，以及波能和风能的开发利用（如 Halpern et al.，2008；Kim et al.，2012）。最近的"深水地平线"事故反映了对化石燃料需求的日益增长，以及在严峻的海洋环境中寻找这些燃料的意愿，有时缺乏足够的安全保障。海洋作为运输走廊、食物来源和能量来源的压力只会随着资源稀缺加剧而增加（Bonini et al.，2011；Dobbs et al.，2011）。可用于解决这些多用途问题的方法包括海洋空间规划（Douvere and Ehler，2008；Lubchenco and Sutley，2010；Guerry et al.，2012；见第 21 章），以及设计综合生物多样性、生态系统服务和生计等目标的开发项目（Kiesecker et al.，2010；Jie et al.，2011）。在这里，关键的科学挑战是需要正式的方法，能够使我们研究这些权衡，并优化综合考虑的结果。这样的方法在陆地、淡水和海洋系统都已得到应用（Possingham et al.，2000；Sala et al.，2002；Sarkar et al.，2006），但其在海洋系统的应用尚处于起步阶段（如 Klein et al.，2008；White et al.，2012a）。在陆地开发项目中，有 40 个国家利用生物多样性补偿来弥补损失（Kiesecker et al.，2010）。而在海洋系统中，一些国家对湿地的破坏进行补偿或缓解，但补偿几乎从未用于沿海区域的不同生境。

正确掌握科学，甚至社会学，仍不足以实现可持续的生态系统管理。这是因为政府机构必须与系统动态的空间尺度相匹配，其运作要与鱼类种群或其他生态系统服务变化的时间同步（如 Gelcich et al.，2010）。例如，如果气候变化正导致某个商业鱼类分布范围的变化，而渔业所管理的区域却小于这个变化的范围，那么管理措施就无法应对这种变化。同样地，如果北美洲中部的养分径流会影响墨西哥湾的虾类种群，而美国农业部（USDA）管理农业，国家海洋和大气管理局（NOAA）监管虾渔业，那么这些联邦政府机构之间就没有沟通渠道可以共同合作。这并非孤例，更多时候，管理的尺度和范围与社会和生态耦合系统并不匹配，这使得科学与政策的整合极具挑战。在大部分海洋生态系统里，渔业、运输业、游憩、能源，以及其他沿海开发活动等，都由散布在国际、国家、州/省和地方政府的不同部门和机构分别监管（Crowder et al.，2006）。

在本章中，我们将从科研进展和实践中日益复杂的需求出发，探讨海洋保护科学在未来需要解决的一些问题。限于篇幅，并未包含下一代海洋保护科学家所面临的所有挑战，我们所讨论的案例大多来自渔业管理，这是因为其提供了科学和管理相结合的最成熟例子，即科学如何能够对人类在海洋的活动提供决策指导。由于对污染和多用途的研究才刚刚起步，因此仅提供了少数几个案例。

海洋保护的前景与挑战

超越单一物种的渔业管理

保护的更广泛背景——整个生态系统和人类的福祉——要求决策支持工具超越传统渔业的单一物种种群模型（Worm et al.，2009；Salomon et al.，2011；Branch et al.，2012）。渔业管理方法在不断扩展，考虑范畴需要纳入气候、生境、定义生态系统功能的食物网相互作用，以及可持续渔获量（如 Essington et al.，2006；Branch et al.，2010；Hollowed et al.，2011；Hunsicker et al.，2011；Gaichas et al.，2012）等要素。例如，Pikitch 等（2012）的研究综述发现，饵料鱼对全球渔业价值的贡献为 170 亿美元/年，约占全球所有海洋渔业总出舱价值（进入市场之前的价值）的 20%。这个研究有趣的细节是，饵料鱼的经济价值主要来自取食饵料鱼的物种的价值，约为 113 亿美元，仅有 56 亿美元来自直接捕获饵料鱼的价值。

同样地，评估捕获和生境管理有效性的方法也已开始进入非传统、多维度的模式，如生物复杂性、资产组合效应和股权评估等（如 Worm et al.，2009；Kellner et al.，2010；Fulton et al.，2011；Hobday et al.，2011；Plaganyi et al.，2011，2013；Jennings and LeQuesne，2012；Jennings et al.，2012；Halpern et al.，2013）。例如，保护和渔业科学研究就曾指出，美国阿拉斯加州布里斯托尔湾（图 23.1）红鲑（*Oncorhynchus nerka*）鱼群的生物多样性在一个多世纪气候变化动态中维持渔业捕获的重要性（Hilborn et al.，2003）。红鲑鱼群复合体是由上百个独立产卵种群组成的一个聚合体。在分散的湖泊系统中，每个种群单独发育，形成了多样化的生活史特征和对不同产卵、养育生境的局部适应。这种生物复杂性使得聚合种群能够在过去百年来气候变化影响下的淡水和海洋环境中维持其生产力。不同区域和生活史的种群，在某个气候条件下曾作为次要生产者，但在其他气候条件下却成为占优种群，这突出了生物复杂性对于维持渔业资源在环境变化中弹性所起到的关键作用。Rogers 等（2012）通过对阿拉斯加州西部红鲑育苗湖泊中沉积物岩芯的稳定同位素分析发现，在过去 500 年中，红鲑鱼群的丰度存在强烈的异质性。

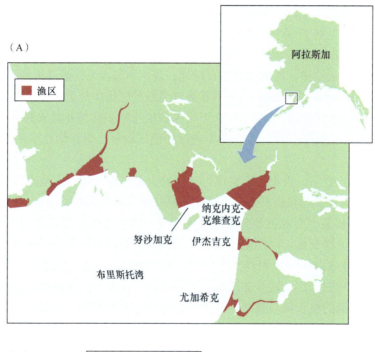

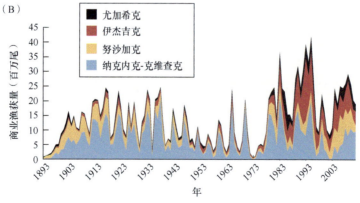

图 23.1 （A）美国阿拉斯加州布里斯托湾的地图，显示了红鲑繁殖的主要湖泊系统和相应的渔区。（B）阿拉斯加州布里斯托湾四大渔区红鲑的捕捞历史（仿自 Hilborn et al.，2003）

对鲑鱼和工业化捕捞饵料鱼的研究仅仅反映了全球海洋渔业的冰山一角。高生物多样性区域的沿海渔业散布在发展中国家中，那里的数据有限，官方或非官方的数据要么不存在，要么无效。全球 5100 万渔民中，就有 5000 万是"小规模"或手工捕鱼的人（Berkes et al., 2001），而 95% 的渔民来自发展中国家（PAO，2010）。小规模捕捞的渔民通常不使用高度专业化的现代渔船，而使用多种类型的渔具进行多样化的捕捞（Berkes et al., 2001）。对于小规模渔业，许多政府缺乏充分的资源和能力来管理和监管（如 Berkes et al., 2001）。对这些小规模渔业研究和管理的不足，应该是未来全球急需解决的首要问题。

为就业保障与保护提出的渔业捕捞份额

渔业界正在实施的一项转型创新是捕捞份额制度（catch share）。捕捞份额和其他给渔民提供所有权的机制旨在促进经济稳定，鼓励管理，降低渔业活动对环境的影响（如 Costello et al., 2008；Sanchirico et al., 2010；Costello and Kaffine, 2010）。促进海洋的所有权在一些地方是一个有争议的话题，因为人们担心这会使捕捞份额落入少数有权购买份额的人手中。但证据显示，这样的机制是值得提倡的。对北美洲 150 个捕捞份额项目的综述研究表明，这些项目能够降低捕获量和捕获率的变化，特别是随着时间推移，捕捞份额是持久不变的（Essington, 2009）。对于以渔业收入维持生计的渔民来说，每年的捕获量保持稳定是非常具有吸引力的。

在美国加利福尼亚州的渔业监管中实施创新变革的共同管理（comanagement）方法证明了，若渔民、政府监管人员，以及积极参与的非政府组织共同工作，可以同时实现渔业和环境保护的收益。从 20 世纪 80 年代初到 90 年代末，加利福尼亚州沿海的底栖鱼类渔业受到严重打击，捕获量的出舱价值减少了将近一半（Gleason et al., 2013）。这种渔业大部分使用拖网捕捞底栖生物，不仅对物种不加区分，而且破坏底栖生境。面对捕获量的下降，美国政府将这种渔业称为国家灾难，严重降低了最脆弱物种的捕获率。加利福尼亚州中部沿海的本地港口业和加工商都因渔业崩溃而遭受重创，给当地社区和渔民造成负面的社会和经济影响。

2006 年，大自然保护协会（TNC）购买了 13 个联邦拖网许可证和 6 艘渔船，正式进军捕鱼业，从协商保护渔业生境到支持可持续就业，从根本上转变其角色。随后，大自然保护协会协助建立了一个基于社区的捕鱼组织，包括渔民、渔业参与者和保护组织，其共同目标是在改善经济产出的同时，满足捕获目的与保护标准。在 2011 年，加利福尼亚州西部沿海的底栖渔业从许可证制度转型为个体捕鱼配额制（individual fishing quota，IFQ），即渔民拥有渔业总可捕获量中属于自己的一份配额。这种混合捕捞的渔业涉及 30 个物种复合体中的 90 个类群，每一个都有年度允许配额（以捕获重量计）。如果渔民对于任一物种的捕捞超出了配额（对于濒危物种或"非目标"物种会严格限制），他们将被迫停止捕捞，直到他们能够购买更多的配额。例如，在布拉格堡—加利福尼亚州中部沿海捕鱼区，29 个 IFQ 物种中的 8 个被联邦政府认为是过度捕捞物种，因此其年度配额（以重量计）就极少，从而限制了对更丰富物种群的捕捞，激励渔民加强对非目标物种意外捕捞的管理。因此，大自然保护协会和当地渔民形成了一个自愿风险池（或共同分担有限配额），以降低捕鱼限制对个体渔民的风险。意外捕获的过度捕捞物种要与总配额相比较。参与风险池的渔民同意采用旨在降低捕获过度捕捞物种的最佳渔业管理模式，并实时分享捕捞点的数据。在 2011～2012 年的渔季，这些渔民严格遵守捕鱼区和禁渔区的规定，接受建议，更换渔具，包括允许观察员在他们的船上记录捕鱼活动和渔获物的组成，并与其他渔民分享过度捕捞物种出现的位置（CCSGA et al., 2011）。

在西部沿海底栖渔业实施个体捕鱼配额制的第一年，过度捕捞物种配额的总利用率（目标是保持低渔获量）大于 30%，而布拉格堡—中部沿海风险池仅有 2%（FBGA et al., 2011；图 23.2A）。除了在避免捕获高风险物种方面做得更好，风险分担组对于捕获目标物种也更加成功（图 23.2B）。手钓极大地减少了非目标鱼类，并给海洋留下更多的幼鱼，与此同时，使脆弱的生境免受拖网的损害。更令人欣慰的是，渔民可以捕获更高价值的鱼，如黑鳕，从而获得十多年来从未有过的利润。总体而言，莫罗湾的渔业（包含在布拉格堡—加利福尼亚州中部沿海捕鱼区风险池计划中之一）从 2003 年不到 200 万美元反弹到 2010 年的超过 400 万美元（CCSGA et al., 2011；FBGA et al., 2011）。

然而，捕捞份额和风险池方法并不适用于所有的渔业，因为渔民和管理者需要长期兑现承诺。对于缺乏渔业评估的发展中国家来说，实施这些方法尤为困难，因为它需要强有力的治理、法治和监管（Costello et al., 2012）。相反，基于所有权的方法，如具有保护区或没有保护区的领域使用权渔业（territorial user right fisheries，TURFs）管理方法（Cancino et al., 2007；Costello et al., 2010）、渔业合作社（Ovando et al.,

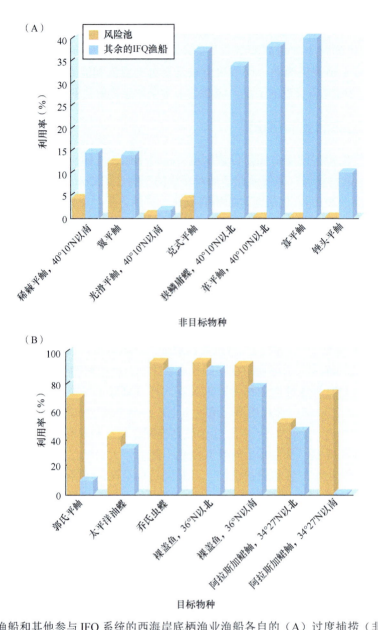

图 23.2　参与风险池的渔船和其他参与 IFQ 系统的西海岸底栖渔业渔船各自的（A）过度捕捞（非目标）物种的配额百分比，和（B）目标物种的配额利用率（百分比）（仿自 CCSGA et al.，2011）

2012），以及共同管理方法（Gutierrez et al.，2011）等，可能更适合广泛应用。这种方法一般被称为"海洋保护协定"（*Marine Conservation Agreements*）（见 www.mcatoolkit.org）。在一些国家，非政府组织和当地社区正在共同努力，使用各种海洋和沿海保护干预措施来进一步检验这些方法。

超越海洋保护区：对累积效应和陆—海相互作用的管理

如前一节所述，管理海洋系统的一个重大挑战是沿海地区能源和开采需求与渔业、运输及游憩活动之间的平衡。它们所提供的生态系统及其服务很少只受单一驱动力变化的影响，而更为常见的是受到多应激源的影响和累积效应（见第 20 章和第 21 章）。许多作为环境评估基础的法律要求对累积效应做出评估，但在实践中，这些分析仍然不够。Halpern 等（2008）提出了一种评估累积效应的方法，能够考虑多种要素，并使用专家打分法对不同生态系统服务的影响加权，然后这些效应可以求和生成一个累积影响指数。这种方法已经扩展到小尺度区域，可以使用更多和更高分辨率的数据。这种方法的效用仍有待评估，并需要在影响的经验估算基础上进行验证。尽管该方法具有良好的发展前景，但适当尺度上关键影响数据的缺失，会约束从指数得分预测影响的能力（见第 21 章）。希望对累积效应的进一步评估能够推动重要的监测，以发现和消除各种人类活动的影响。

许多调查海洋物种和沿海生境减少原因的科学研究都把矛头指向了陆地和淡水的污染源。例如，如果密西西比河及阿查法拉亚河流域的玉米产量增加，以呼应美国政府提出的生物燃料政策，那么输入墨西哥湾的溶解无机氮的年均通量就有可能增加 10%～34%（Donner and Kucharik，2008）。对位于密西西比河河口的缺氧区来说，营养负荷的增加可能会对支撑墨西哥湾最高价值的商业渔业——褐虾产生负面影响（CENR，2000；Craig et al.，2005；O'Connor and Whitall，2007）。

在更大的区域尺度，在整个珊瑚礁三角区（Coral Triangle）的热带岛国（包括印度尼西亚、菲律宾和其他西南太平洋国家），陆源活动产生的径流极大地影响周边海域的珊瑚礁系统。Klein 等（2010）对基于陆地和基于海洋的管理战略在改善珍稀珊瑚礁保护方面的投资回报进行了分析。他们通过模型模拟了保护陆地植被和海洋珊瑚礁的场景，并估算珊瑚礁生物多样性的收益与每个场景下的保护成本。对该区域珊瑚礁的主要威胁来自陆上开发利用活动（如伐木、农业等）造成的径流中的营养盐和杀虫剂，以及海洋中的商业化和手工渔业。

Klein 等估算了与保护相关的空间显式年度管理与机会成本，并计算了为降低威胁在不同地点保护投资的回报。对于每个生态区来说，在海洋环境中保护行动的投资（降低威胁的成本）回报率（降低对珊瑚礁的威胁）高于其对陆地管理策略的投资回报率（图 23.3）。投资回报率方法是一个有用的框架，能够从战略上评估在何处解决陆地及海洋威胁，以使珊瑚礁保护投资的安全性得到改善，反之，在何处对海洋自身的保护就已足够。由于分析的空间尺度粗略，以及对管理和机会成本假设的简化，需要更精细的评估以指导实际的保护投资。Klein 等（2012）发现，在斐济，保育森林对珊瑚礁保护的成本有效性在不同地点相差可达 500 倍。斐济保护区委员会正在利用这一研究，以建立斐济的国家保护区网络，旨在到 2020 年保护 20%的陆地和 30%的近滨海域（与 C. Klein 的个人交流）。

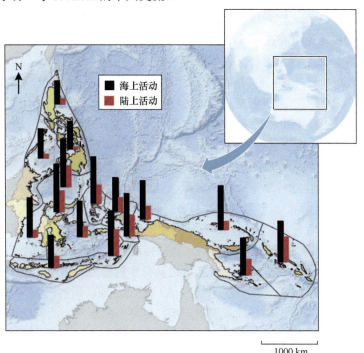

图 23.3 旨在保护珊瑚三角区珊瑚礁的海上和陆上活动投资的相对优先权。排名（条越高表示排名越高）代表陆上和海上活动对珊瑚礁保护的相对投资回报率（仿自 Klein et al.，2010）

除了珊瑚三角区，有关陆地和水资源利用策略在何处及如何影响海洋保护管理结果的研究正在不断改善。由于生物物理环境（如洋流和潮汐、海底地形、陆地地形和水温、海洋资源与陆地的远近等）的作用（Halpern et al.，2009；Samhouri and Levin，2012；Toft et al.，2014），陆地及海洋压力对海洋生境和物种总体风险的相对贡献在空间上存在差异。例如，Toft 等（2014）发现，美国华盛顿州可用于商业、本地和游憩捕捞的太平洋牡蛎会受到土地利用和土地覆盖变化的影响，因为这些变化影响了养分径流。相比之下，珍宝蟹的收成对海水升温最为敏感。缓解土地利用、过度捕捞、沉积作用和污染的局部尺度影响，能够增强海洋生态系统和依赖其的社区的弹性，特别是面对气候变化的挑战。

生态系统指标：跟踪多目标管理的进展

没有指标就无法进行管理。海洋系统的生态系统管理需要跟踪多目标的进展，无论自然系统还是人类系统。对于自然系统来说，有一整套实际的指标，使我们可以跟踪生态系统组分和过程的状态与趋势，而不仅仅是简单的渔业资源大小。对于这种情况，特定鱼群的大小或单位捕捞努力量渔获量不足以满足需要，因为我们关注的不仅仅是捕获物种，还有生境和非商业物种。动机很清楚：如果将海洋作为一个生态系统来管理，我们就必须能够评估该生态系统在应对人类活动时健康和状态的变化（Orians and Policansky，2009；Halpern et al.，2012；Samhouri et al.，2012）。然而，我们可以很轻松地列出一长串潜在指标的清单，却难以将其缩小到一个切实可行的指标子集，以准确地反映生态系统，并有力地探测与管理目标相关的变化（如 DeLuca et al.，2008；Levin et al.，2010）。在这个新模式下，选择支持基于生态系统管理的指标是最大的挑战，这是因为海洋系统的复杂性，以及可监测的物种、生境类型、水质指标和生态系统过程的数量如此繁多（IAN，2013）。

指标选择的挑战不仅仅是自然科学的问题，因为这些指标的使用必须要和管理者产生共鸣。要让管理者觉得有用，就必须诉诸常识，但也要能提供系统变化的早期预警，以便及时调整管理。经济系统的经验表明，如果管理者、政客和公众熟悉经济转型的先导和滞后指标，就能够提供一些指导。先导指标在存在临界点（如大规模的银行倒闭）的经济系统中尤为重要，这一准则同样适用于自然—人类的耦合系统（如 Liu et al.，2007）。在海洋生态系统中，先导指标可能包括"快速的"生态系统组分，能够与管理重点关注的物种产生直接联系。例如，在大洋系统，管理者可能关注的是顶级捕食者或饵料鱼，但能够指示顶级捕食者衰竭或饵料鱼增长的最迅速响应在浮游动物身上（如生物量或大小结构）。由于支撑管理的监测往往将关注点局限在所管理的物种之上，而这些又往往是寿命较长，相对"缓慢的"生态系统组分，当发现这些组分发生变化的时候，系统早已超过了临界点。

对美国华盛顿州普吉特湾生态系统恢复进行的透明和科学严谨的评估，为如何利用现有信息确定实用指标子集提供了一个良好案例（PSP，2008；Levin et al.，2010；Kershner et al.，2011）。对海洋食物网状态（政府与社会资本合作对普吉特湾恢复所确定的 6 个人类和自然系统的总体目标之一）的 48 个指标进行评估，展示了如何在严格的利益相关者过程中结合大量科学信息，以建立一整套可管理的生态系统目标的指标及目标值。与该伙伴关系合作的科学家设计了分析，以提供但不是指定指标的最终选择。他们根据现有文献并结合他们对普吉特湾的了解，根据海洋物种和食物网的关键属性（如种群大小、种群状况、群落构成，以及能量和物质流）对指标进行分类。根据科学有效性和管理相关性确定了 19 个筛选准则，使科学家得以减少指标，但又能综合反映系统的状态（图 23.4）。这套指标被称为"生命体征组合"，是定性的、启发性的，可以立即供决策者使用。决策者最终选择了一些并非最具科学说服力的指标，但出于其他原因（如社会或其他沟通收益）仍将其纳入指标体系。通过这一过程，人们也清楚地认识到，科学分析，如食物网模型评估，需要一定的时间，因此，要使科研结果与政策期限同步，尽早和频繁的交流就很重要。基于这一方法，普吉特湾合作关系组织于 2011 年创建了"指标仪表盘"报告卡（PSP，2013）。

一旦指标确定下来，下一个重要任务就是设定每个指标的目标水平，高于或低于该指标，系统将不再提供所需的自然或社会功能（如 McClanahan et al.，2011）。为此，在普吉特湾开展了进一步工作，Samhouri 等（2011）建立了一种方法，将社会偏好纳入目标设定方法。社会标准曲线（图 23.5）概念性地显示了生态系统指标（如海水水质）变化造成的社会价值（如向往）的变化。通过向该区域上百名市民展示模型和评估结果的状态，以使他们对这些指标的变化会如何影响系统有所了解，作者得出了社会偏好曲线。为了使这些受访市民对这些影响有一个直观的感受，科学家制作了一系列可视化的总结，展示了自然和社会系统指标状态替代方案的生态系统后果，包括径向图和照片（图 23.6）。这个分两步走的过程（进行"硬"科学的评估，然后将其可视化）是使公众能够确定其社会偏好的关键。

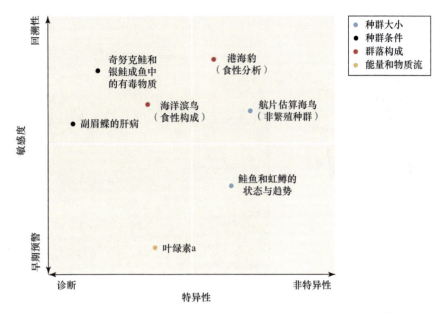

图 23.4　普吉特湾"生命体征组合"的一个例子。海洋物种和食物网状态的指标沿着两条轴排列，描述着它们可以传达给管理者的信息。特异性指标是指它们跟踪生态系统属性的程度：诊断指标能够可靠地跟踪少数属性，而非特异性指标可以跟踪许多属性。敏感度指标从对干扰快速响应（早期预警）到响应较慢（回溯性）不等（仿自 Kershner et al.，2011）

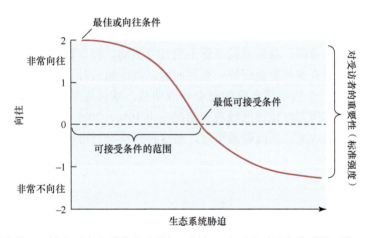

图 23.5　假设的社会标准曲线。X 轴表示生态系统胁迫增加（例如，由于水质或生境质量下降），Y 轴表示利益相关者对不同生态系统状态的向往的看法。虚线以上的区域代表社会可接受的生态系统状态，而利益相关者响应的范围代表生态系统状态对利益相关者的重要性（仿自 Samhouri et al.，2011）

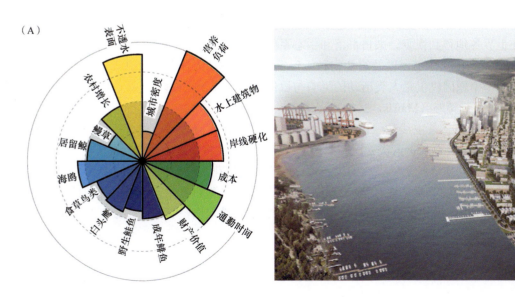

（B）

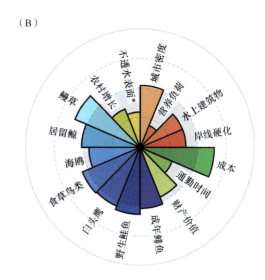

图 23.6　描述物种和食物网及社会指标（如通勤时间、财产价值等）在两种不同开发方案中价值的径向图。物种和食物网指标的大小由定量模型估算获取，而社会指标的大小由专家打分获得。通过图表和艺术家对相应的陆上开发模式的展示，使受访的利益相关者对普吉特湾区域社会价值的权衡有了更好的直观感受（图片由 P. Levin 提供）

　　为了说明这个方法的效力，有必要介绍一下作为普吉特湾仪表盘指标之一的一个物种指标——鳗草（*Zostera marina*）覆盖度。鳗草之所以被选为一个指标，是因为其对生境的重要性，并且是普吉特湾食物网中物种直接和间接的食物（Plummer et al.，2012）。除了对不同利用方案中鳗草覆盖度的定量估算，还向被调查的利益相关者展示示意图，帮助他们理解不同开发活动、鳗草覆盖度，以及对系统不同组分的影响之间的相互关系。随后，调查参与者会回答一系列问题，表达他们对不同生态系统状态的意愿，然后科学家综合他们的意见，生成一个鳗草覆盖度的社会标准曲线。通过这种方法，科学家能够告知政策领导者，普吉特湾的居民希望鳗草覆盖度比该区域现有情况高出 10%～20%。科学家用这种简化的模型可以很容易地告诉社会可以做出哪些改变，从而做得更好，而这种新模型利用科学来揭示社会偏好，也具有更好的效力。

恢复生态与经济

　　灾难有时也会带来机遇和教训。2010 年"深水地平线"的原油泄漏引起了公众对水质和底栖生境状态的极大担忧，并对生境和物种造成了一定的损害（H. White et al.，2012），但这起事故的赔偿金正在用于生境恢复。作为恢复工作的一部分，有关恢复所创造的工作机会和经济价值的数据正在收集之中。初步结果显示，经济回报是可观的，足以弥补十年恢复工作的成本（Herzog and Austin，2012）。这一墨西哥湾近滨生态系统的恢复仅仅是大规模生态恢复日益增长趋势中的一个例子。珊瑚礁被从苗圃中移植出来，海草床、红树林和盐沼等都在世界各地得到恢复。来自群落和生态系统生态学的观念，例如基础种的重要性、在移植设计中利用物种间正面的相互作用，以及避免物种入侵等都正在被纳入恢复的设计之中（见第 22 章）。这种新兴的恢复投资的一个原因仅仅是人类活动的影响与日俱增，以至于在许多地方，恢复已远远不足以成为恢复环境服务的唯一可行策略（Marris，2011）。

　　迅速发展的恢复产业的第二条主线是绿色基础设施理念。社会和政府习惯于将数十亿美元投入堤防、海堤、导堤和其他工程建筑等，以保护人类社区和财产的安全，却往往将恢复工作视为投资巨大。事实上，如果将恢复的成本和收益与修建这些基础设施的投入进行对比，它的花费并非那么令人咂舌。对生态系统服务的前沿研究使企业和政府能够辨明在什么情况下，恢复是一项明智的支出。没有已建成的基础设施，绿色基础设施很少能发挥作用。但如果盐沼恢复使得堤防只少修建 1 英尺高，就能节省数百万美元。

将气候纳入适应和减灾规划

　　全球大气中二氧化碳浓度的增加，以及海水温度、热分层、含氧量和碳酸盐等同时发生的变化都已有很好的研究（NCA，2013；见第 2 章）。由于对新环境条件的生理不耐受，扩散能力的变化，以及群落构成与物种间相互作用的变化等，生物的丰度、物候和空间分布等也在种群水平上发生转变（Brown et al.，2010；Doney et al.，2012；见第 4 章）。温度升高以及其他与气候相关的应激源使疾病暴发进一步加剧（Harvell et al.，1999，2002；NCA，2013）。气候调节功能的丧失，或生态系统功能的破坏会在依赖于这些生态系统的社会中引起连锁反应，这些生态系统本应提供野生猎物、种植的食物、游憩活动、营养盐循环、废水处理、免受自然灾害、气候调节，以及其他许多服务（Hollowed et al.，2011；NCA，2013；Pinsky and Fogarty，2012；Ruckelshaus et al.，2013）。

　　预计这些海洋生态系统的变化会对生活在发展中国家、依赖小规模渔业为生的数百万人民造成可怕的后果，如渔民、鱼类加工商和贸易商（McClanahan et al.，2008，2012）。在气候变化对 132 个国家经济体渔获量潜在影响的对比中，中非和西非国家（如马拉维、几内亚、塞内加尔和乌干达）、秘鲁和哥伦比亚，以及四个热带亚洲国家（孟加拉、柬埔寨、巴基斯坦和也门）是最脆弱的（图 23.7；Allison et al.，2009）。这种脆弱性是预计的气候变暖，渔业对国家经济和饮食的相对重要性，以及适应潜在影响和机遇的社会能力有限等因素共同造成的（Allison et al.，2009）。三分之二的最脆弱国家位于热带非洲，这些西部沿海和撒哈拉以南的国家有大量、贫穷的沿海居民，依赖于对海洋上升流渔业的开发利用生存。而脆弱的亚洲国家则被三个问题所困扰：对渔业的高度依赖性、对海洋生态系统高强度的开发利用，以及主要沿海渔业对气候变化的高度脆弱性。南美西北部相对脆弱的国家主要是因为对气候变化敏感的上升流，其富含营养盐的海水支撑着大量的凤尾鱼和沙丁鱼捕获量，主要在秘鲁和智利沿海地区。在没有能力加强应对和适应气候变化影响的情况下，渔业的破坏很可能将影响大量贫困人口，降低这些国家未来经济增长的选择，因为渔业是其食物、就业和出口换汇的重要来源。

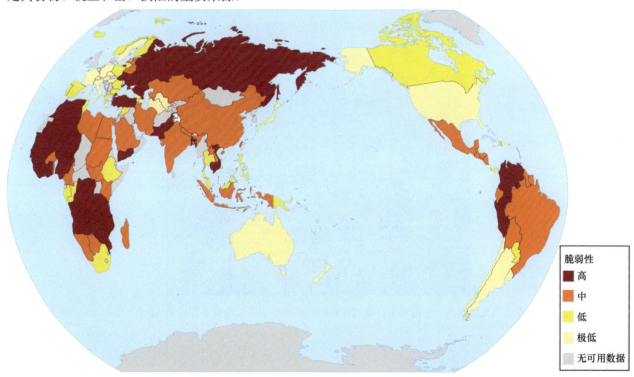

图 23.7　国民经济对气候变化对渔业潜在影响的脆弱性。脆弱性综合了一个国家对气候变化的易感性、对渔业的依赖程度，以及可适应的能力。对气候变化的易感性是根据 IPCC 情景 82（本地发展、低排放）所预测的至 2050 年的平均海面水温来衡量的。可适应能力是基于健康、教育、治理和经济规模等指标得出的。对渔业的依赖程度包括渔民数量、卸货量、依赖于渔业相关出口的收入、人均消费鱼类蛋白占总动物蛋白摄入量的比例等要素。一些最严重依赖于渔业的国家缺乏脆弱性数据（仿自 Allison et al.，2009；得到 E. Allison 和 G. Frigieri 的使用许可）（译者注：此图按照我国对地图规范规定重新绘制）

气候变化还将导致海平面上升和极端气候事件发生频率的增加，例如飓风和沿海风暴等（NCA，2013）。与气候变化和沿海开发综合影响相关的危害表现在湿地、沿海森林、红树林和珊瑚礁等所提供保护的丧失（Barbier et al.，2011；Arkema et al.，2013；Barbier et al.，2013）。沿海风暴对财产、弱势群体和基础设施的破坏令人心痛，但也激励社区将自然生境保护和恢复与海堤、重建和迁置等策略一同纳入他们对气候适应和减灾规划之中（Cutter and Emrich，2006；Tollefson，2012）。

遗传学的进展，以及对气候变化影响有抗力种群的野外观察，将是在海洋系统中关注气候适应策略的有力工具。例如，在过去几十年中，科学家已经发现一些珊瑚对热胁迫具有抗力，否则将造成毁灭性的破坏和大范围的珊瑚白化事件（West and Salm，2003；Ortiz et al.，2012；Roff and Mumby，2012）。近来，Steve Palumbi 等发现，在美属萨摩亚的一些地方，常见的造礁珊瑚——风信子鹿角珊瑚（*Acropora hyacinthus*）的一些个体能够在远远高出该物种正常耐热阈值的水温中存活，甚至生长更为繁盛（图 23.8）。如果不了解这种抗力的基础，就很难在面对气候变化时为珊瑚保护提供具体指导。Palumbi 等使用现代遗传技术，正在揭开珊瑚耐热的机制。他们发现，耐热和热敏感珊瑚对实验升温具有相似的反应：上百个参与降低和修复细胞损伤的基因改变了基因表达或基因开启机制。然而，耐热珊瑚有接近 60 个"前置"基因，在热胁迫开始之前就已经开启，并准备好开始工作（Barshis et al.，2013）。这些研究结果表明，DNA 测序技术能够对某些生物如何应对未来全球气候变化提供见解。野外观察和遗传测定相结合可能是一种有效的方法，可以确定最能抵抗气候变化的物种，以及在何处能够有助于保护和恢复努力。

图 23.8　在美属萨摩亚奥夫岛周围的一个潟湖里，珊瑚在水温较高的池中生长茂盛（图片由 Stephen Palumbi 提供）

对社会和生态系统关联动态的考虑

海洋生境和物种的状况，与管理人类与海洋间相互作用的社会机构和决策之间存在着反馈，而对这种反馈机制的科学认识正在不断增加。渔业科学早已认识到渔业资源分布和生物量会影响渔民的渔获价值，以及反之，捕捞努力量和强度会如何影响鱼类时间和空间上的生产力。几十年来，渔民与其所捕获的鱼之间的这种联系，已被纳入渔业资源评估方法和工业化捕捞控制规则之中（Hilborn and Walters，1992）。此外，几个世纪以来，全球各地的小规模渔业将渔业社区和渔业生物量之间的反馈融入了他们的社会准则和实践之中（如 Basurto，2008）。科研和实践的下一步是，在多样化策略中考虑更多驱动力的影响，以满足对物种、生境、矿物、能源，以及其他海洋收益日益增长的需求。

"人类–自然耦合系统"（或"社会生态系统"）的概念模型概括了评估生物物理和社会经济响应的目标、策略和方法，这样的模型可谓比比皆是（Adger et al.，2005；Liu et al.，2007；Carpenter et al.，2009）。人类和海洋之间的关系是复杂和多维的（Shackeroff et al.，2009）。从最广泛的层面来说，社会—生态关系是一种互惠关系，海洋生态系统和人类社会之间的关系是一种互补的相互作用。这些互补作用包括人类影响以及生态系统为沿海社会提供的产品与服务。这些联系相互串联：人类活动驱使生态系统结构与功能的改变，正如资源库和生态系统服务定义了沿海社会的结构与功能。虽然主流观点认为人类活动导致了海洋生态系统的退化，但人类活动也会对生态系统产生正面的作用，以维持保证所需产品和服务流的关键过程（Shackeroff et al.，2009）。这些互惠作用共同影响着对沿海海洋生态系统的人类行为的范围和复杂性，以及相互联系的系统在可持续性方面的轨迹。

对生物多样性的保护同样能通过扶贫和改善健康使当地社区从中受益吗？目前，对保护生物多样性这种充满诱惑力的概念却鲜有验证（Ferraro and Pattanayak，2006；Vincent，2010；Pattanayak et al.，2010；Kittinger et al.，2012）。为数不多的研究评估了生物多样性保护措施（如海洋保护区）对人类福祉的影响，没有研究表明一定会得到"双赢的"结果，而生物多样性和生态系统服务与人类福祉之间的权衡普遍存在（如 Basurto and Coleman，2010；Mascia et al.，2010；Milner-Gulland，2011）。

相互关联的社会—生态系统框架在海洋系统中的应用才刚刚开始。沿海社区对如海啸和飓风等灾难及其导致的破坏的响应，既取决于保护性生境的状态，如红树林和沼泽，也取决于管理系统的快速反应，有效动员救援和恢复努力的能力（Adger et al.，2005；见第 18 章）。对海洋的人类–自然耦合系统的其他研究包括，对海洋保护区效力的评估，以及被捕获物种的生物量如何受其所相关的社会系统中的反馈影响（Bueno and Basurto，2009；McClanahan et al.，2009；Basurto and Coleman，2010；Pollnac et al.，2010；Fox et al.，2012；McCay et al.，2014）。

对公共池塘资源的治理

渔业通常被认为是一种公共池塘资源（common-pool sources，CPR），因为它们本质上是①可占用的（一个人对资源的利用将占用其他人可利用的资源）；②不可避免地排除其他的使用者（Ostrom，1990）。所以，渔业往往与哈丁的公地悲剧[*]联系在一起（Hardin，1968），并总是试图由这两个政策去解决：加强国家控制或提高资源的私有化（Ostrom，1990）。在一个公共池塘资源系统中，渔民之间的协作和集体行动可能会导致非正式（或正式）的管理体制，从而有效地将外来者排除在渔业之外。渔民会根据自己的意愿建立可持续管理渔业的规则，从而避免公地悲剧。取决于社会规范、网络和领导者的力量，公共池塘资源机构可能是非正式的；或者，依靠法律的保护，这种机构也可以是正式的。

渔业管理中生态和社会强烈联系——公共池塘资源系统治理的一个较好案例来自美国加利福尼亚湾的一个小规模双壳类软体动物渔业，捕捞对象包括江珧（*Atrina tuberculosa*，也被称为笔贝，或 *callos de hacha*）以及其他一些物种（图 23.9）。Basurto 等想知道，为什么由塞里人[**]管理的渔业能够在 30 多年里一直维持着持续的捕获水平，而其南部的渔业却崩溃了（Basurto et al.，2012；Basurto et al.，2013）。这个地区之间自然和社会条件的一些鲜明对比也许能够说明渔业管理成功的差异。健康的塞里渔业集中于墨西哥大陆和蒂布龙（Tiburon）岛之间的一条狭长海峡（图 23.10A），这种地理条件加强了该地区文化上的紧密联系，促进了当地社区实施制定的公共财产渔业规则（Basurto，2005）。这种贝类的收获极费人工，需要潜水员使用小船上的压缩机提供的压缩空气来采集（Basurto，2006）。此外，海峡在一年中的几个月总会有大量郁郁葱葱的鳗草（*Zostera marina*），这也限制了对贝类的捕捞，因为这样会更加费力。鳗草的覆盖使贝类可

---

　[*] 公共池塘资源理论三种常见模型之一，由美国的 Garrett Hardin 于 1968 年在《公地悲剧》中首先提出——译者
　[**] 居住在加利福尼亚湾的原住民——译者

以得到季节性的庇护，从而支持贝类的生长和繁殖，为渔业提供一个补充机制（Duer-Balkind et al.，2013）。塞里人社区在捕捞活动中积极参与监督，并快速反馈村民所观察到的贝类数量的变化，以调节捕获量和捕捞压力（Basurto，2008；Basurto and Coleman，2010）。

图 23.9　墨西哥加利福尼亚湾的塞里人渔民（图片由 X. Basurto 提供）

与之相反，就在其南边的邻近村庄 Kino Viejo 的贝类业却崩溃了，尽管使用的是相同的捕捞方式，捕捞的是同一个物种。这个村庄的渔业是开放式的，对保护没有任何意识，其地理位置也不利于治理非法捕捞（图 23.10A）。此外，该处的鳗草覆盖率非常低，所以贝类种群无法从捕捞压力中获得季节性的庇护（Basurto et al.，2012）。通过一个社会—生态关联系统的模型发现，贝类收获稳定性取决于捕捞管理调整的时间点和贝类种群状态（图 23.10B）。在塞里人的渔业中，当地社区的有效控制因为繁茂的贝类种群而得到增强，这也使得捕捞管理的过程中可以进行更多的尝试（Basurto and Coleman，2010）。

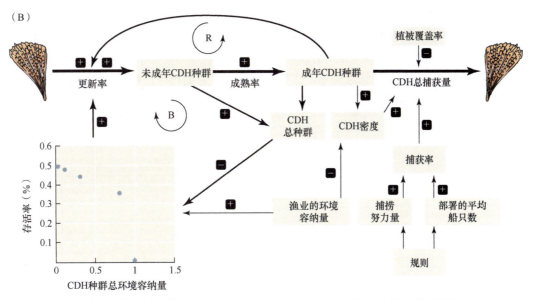

图 23.10　（A）位于墨西哥加利福尼亚湾的 Infernillo 海峡、Punta Chueca（塞里人的一个村庄）和 Kino Viejo 的位置。（B）一种双壳类动物（callos de hacha，CDH）种群动态的简单模型。捕获率是由决定捕捞努力量的制度规则和渔业中部署的平均船只数量确定的，而后者也取决于该社区所采纳的特定制度规则。正循环或自增强环（用 R 表示）描述了成年 CDH 种群的变化改变了更新率，从而改变下一阶段种群的情况；与之相反，当更新率取决于雌性 CDH 的生育率及存活率时，就会出现负循环或平衡循环（用 B 表示）。在这种情况下，随着 CDH 种群不断增长并接近环境容纳量，存活率不断下降，CDH 种群数量在下一阶段减少（A 仿自 Basurto and Coleman，2010；B 仿自 Bueno and Basurto，2009；Duer-Balkind et al.，2013）

　　塞里人渔业中的经验教训在更多文献中得以证实。根据公共池塘资源理论，流动性低、可预测、具有明确边界的资源为集体行动和自治行为提供了强有力的激励（Ostrom，1990；Ealand and Platteau，1996；McCay 996；Agrawal，2002；Gelcich et al.，2010）。同样，拥有相同规范、社会资本和领导者的资源利用者更愿意参与对自然资源的自治（Baland and Platteau，1996；Agrawal，2002；Gutierrez et al.，2011）。促进可持续的公共自治的常用制度包括当地制定的规则、规则的易实施性、监测和执行的问责、分级制裁，以及低成本裁决的可用性（Ostrom，1990；Baland and Platteau，1996；Agrawal，2002）。

多目标管理的中等复杂度模型

　　多目标生态系统管理面临的一个主要挑战是，治理和决策过程通常围绕着单一部门管理来组织。基于生态系统的多目标海洋管理需要多个利益部门参与管理决策，这样的例子包括澳大利亚的大堡礁海洋公园管理局和美国华盛顿州的普吉特湾公私合作伙伴关系组织。监管这些复杂生态系统的管理者和决策者每天都在急于对优先事项、投资和策略做出决策，来不及等待完美的科学指导（Burgman，2005）。

　　如何才能为管理者合理地估算复杂、动态变化的海洋系统？管理策略评估（Management strategy evaluation，MSE）方法能够清晰地模拟整个管理过程，从收集数据，制定捕捞和其他管理规则，到对渔业资源、生境、水质和非捕获物种的响应实施管理（如 Fulton et al.，2011；Plagányi et al.，2012a）。MSE 方法中常用的一类生态系统模型，被称为生态系统评估的中等复杂度模型（MICE），该模型通过将其重点限制在一些生态系统组分上来限制模型的复杂程度，而这些组分是研究管理策略的主要影响所必需的（Plagányi et al.，2012b）。这种模型通过拟合数据来估算模型参数，并使用统计诊断工具对模型性能进行评估，能够考虑广泛的不确定性（Plagányi et al.，2011，2012a，b）。到目前为止，大部分定量 MICE 模型已用于渔业管理，但这些模型也适用于任何海洋管理决策。

　　Plagányi 等使用 MICE 模型，对澳大利亚北部和巴布亚新几内亚之间的托雷斯海峡（图 23.11A）的多物种、数据匮乏的海参渔业进行了研究。始于 19 世纪末的海参渔业，是托雷斯海峡诸多岛屿上当地社区的一个重要经济来源，其变化较大，最近的捕获量濒临崩溃。科学家向渔业管理者提供有关几种风险的信息：

整个渔业资源的总体和局部衰竭、生态系统效应，以及较低和变动的捕获率使捕捞无利可图，造成渔业无法生存。应托雷斯海洋渔业管理者（澳大利亚渔业管理委员会和托雷斯海洋区域管委会）的要求，科学家正在使用模型结果评估气候变化对该区域所有渔业的风险，为规划调整提供信息（图 23.11B）。此外，这些 MSE 方法还被用于检验替代的共同管理策略，在托雷斯海峡，当地社区已经开始为管理和监测他们的渔业承担起一些责任（与 E. Plagányi 的个人交流）。

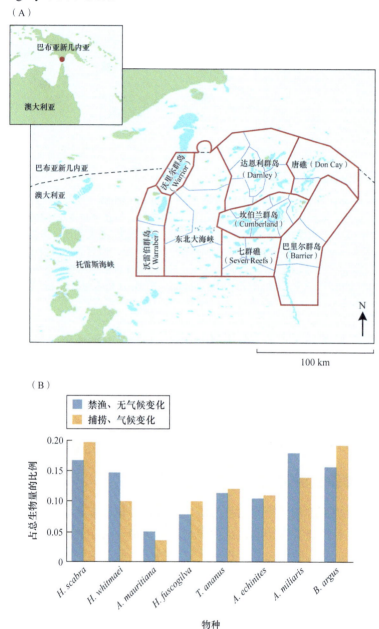

图 23.11　托雷斯海峡海参渔业的管理战略评估。（A）评估的空间分区。在关联社会和生态系统的模型中，划分了 27 个分区，这些分区又组成了 8 个大区。（B）对比禁渔、无气候变化情景与允许捕捞和气候变化情景下海参渔业的物种构成。利用生态系统模型预测了到 2030 年每个物种占总生物量的比例（仿自 Plagányi et al.，2012b）

　　Plagányi 等（2013）最近扩展了她们的 MSE 方法，对托雷斯海峡同一区域的热带岩龙虾业评估目标中的"三重基线"（生物、社会和经济）进行了评价。岩龙虾捕捞业对于原住民社区和企业来说具有重要的社会和经济价值，在澳大利亚和巴布亚新几内亚之间的条约中也有明确规定。使用定量生物经济模型和定性社会分析相结合的方法，她们的评估表明经济回报和社区公平之间存在强烈权衡。在生态系统和社区发展目标的管理实践中建立这种方法，是在决策中明确考虑社会价值的重要一步。

生态标签和渔场认证

除了污染控制、渔获量限制和沿海开发监管等对海洋保护的管制办法，市场方法也越来越受重视。一个基于市场机制的生态管理工具使用认证和生态标签方案，以突出可持续渔业和对环境的低影响。与林业前辈相比，渔场认证在成为一个成熟的、基于科学的过程方面走得较为顺利。第三方森林认证由全球森林管理委员会（Forest Stewardship Council）于 20 世纪 90 年代初首创。该委员会是由环境保护的非政府组织、木材商和社区领导者共同发起的一个合作组织，拥有 50 多个认证标准的认证体系，例如"可持续林业倡议"（Sustainable Forestry Initiative）和"森林认证认可计划"（Programme for the Endorsement of Forest Certification，PEFC）。每个标准都略有不同，以适应世界各地不同的林业和土地保有制度。行业、政府和环保组织之间为不同森林认证体系有效性的公开斗争延迟了对认证的采用，尽管认证的标准化不断取得进展，但对其合法性仍存在根本性的分歧（Moore et al.，2012）。

从森林认证中不断学习和调整，海洋渔场认证的公众和私营利益从一开始就致力于单一的认证方法和过程。海洋管理委员会（Marine Stewardship Council，MSC）于 1997 年，由世界野生生物基金会（WWF）和联合利华（Unilever）共同创立。到 1999 年，它成为一个独立的非营利组织，制定和实施可持续渔业的标准。由一组独立于渔业和 MSC 的科学家根据基于科学的 MSC 标准对渔业进行评估。海产品只有在可以通过供应链追溯到产自达到 MSC 标准并经过认证的渔场时，才能贴上蓝色的 MSC 生态标签。MSC 标准包含三个核心原则，每个渔场都必须证明其符合：①可持续渔业资源；②环境影响最小化；③有效的管理。希望获得认证许可和使用生态标签的渔场应向独立的专家团队支付费用（从 2 万到 10 万美元不等），以对渔场是否满足 MSC 标准中 31 个衡量指标进行评估，确定是否建议通过认证。在通过认证之后，渔场每年仍需交纳 7.5 万美元一次的审计费，每五年重新认证一次。为确保评估可靠，并确保评估专家获得该渔场的所有可用信息，评估过程对各利益相关者开放，允许他们的参与。这些利益相关者可以包括其他渔场、非政府组织、政府或其他团体。所有报告和评估都是公开的，可供任何人在 MSC 网站上浏览。

MSC 的一些认证决定曾受到猛烈抨击（如 Jacquet et al.，2010；Jolly，2010），但其认证过程的严谨科学和透明，以及渔场管理对其反馈的响应说明，该体系是精心设计的。对 45 个 MSC 认证渔场的渔业资源的状态和数量与 179 个未认证的渔场对比发现，74% 的认证渔场的生物量高于能够产生最大可持续渔获量所需的水平，而未认证的渔场只有 44% 能达到这一水平（Gutierrez et al.，2012）。总体上，认证渔场的生物量在过去 10 年里增加了 46%，而未认证的只有 9%（图 23.12）。从消费者的角度来看，这意味着如果以资源状态为衡量标准，MSC 认证的海产品受有害捕捞的可能性是未认证的 1/5～1/3。MSC 认证对环境影响的另一项独立评估发现了一些"水上"改善的例子，如降低南非无须鳕和南极犬牙鳕渔业中对海鸟的兼捕量，以及阿拉斯加湾狭鳕渔业对奇努克鲑的兼捕渔获量（Cambridge et al.，2011）。然而，渔业对环境的大部分影响具有很高的不确定性，分值的提高通常是由于影响较小的确定性增加的结果（通过提高研究和改善管理措施）。一般来说，这些评估认可 MSC 认证准确地识别了健康的渔业资源，并给消费者提供了资源状态的可靠信息。

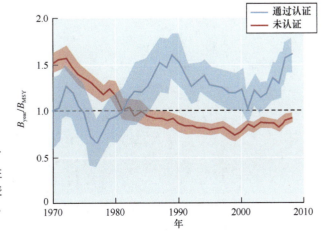

图 23.12　MSC 认证和未认证渔业的性能对比。本图显示了相对于估算生物量的生物量长期趋势（1970～2009 年），在该估算量下可以获得最大可持续渔获量（B_{MSY}，阴影部分表示中值±SE）。虚线表示 $B_{year}/B_{MSY}=1$（仿自 Gutierrez et al.，2012）

关于认证的一个担忧是，与大规模渔业相比，小规模渔业很难有机会得到评估。这种差异既反映了小规模渔业获取数据的困难，也说明了认证和管理体系成本的问题（Cambridge et al.，2011）。Costello 等（2012）开发了一种定量分析方法，对接近 1800 个数据匮乏的渔场进行了评估，他们发现，小规模、未评估的渔场通常要比大规模渔场的资源状态更差。针对 MSC 项目的一些批评，有人建议使用"分级"标签制度，以体现认证的不同程度（如 MSC+ 和 MSC–），也许更容易被人们接受（Bush et al.，2013）。在研究很少的区域，未来建立鱼类和贝类种群状态的评估方法，将提高可持续捕获这些资源的可能性。

在决策中使用生态系统服务信息

尽管生态系统服务科学已经取得爆炸式的发展（如 Sanchirico and Mumby，2009；Kareiva et al.，2011；见第 18 章），但说明该学科如何为保护决策提供实际信息的例子却很少（White et al.，2012b；Laurans et al.，2013；Ruckelshaus et al.，2013）。在海洋保护中利用多个生态系统服务的信息最成熟、最为人熟知的例子是制定大堡礁国家海洋公园的区化规划。区化的目的在于保护生物多样性，并尽可能地减少对使用者的影响，包括对商业和游憩业的渔民的影响（Day，2002；Fernandes et al.，2005；Olsson et al.，2008）。

新的伯利兹国家海岸带管理规划涵盖了更广泛的生态系统服务目标（图 23.13）。伯利兹海岸带管理局和研究所（Coastal Zone Management Authority and Institute，CZMAI）采用旅游业、龙虾渔业，以及生物生境对海岸带的保护等生态系统服务价值，设计了一套人类利用区，以实现伯利兹人民的多重收益（CZMAI，2013）。政府与公民一道，非常清楚海洋环境为他们的经济、生计和文化福祉所提供的价值。约有 3.5 亿至 4 亿伯利兹元直接从海岸带以资源为基础的经济活动中产生，其中大部分来自旅游部门。2008 年，伯利兹的旅游业创造了 2.644 亿美元的收入，接待了 842396 名游客，其中 597370 人是通过游轮进入伯利兹的

图 23.13 伯利兹的海岸线，显示波浪冲击珊瑚礁和沿海岸线分布的红树林的边缘。沿海生境，如珊瑚礁、红树林和海草床，可提供保护性服务，因为它们能够减弱可能造成侵蚀和洪水的波浪（图片由 N. Bood 提供）

（BTB，2008）。渔业则支撑着 2500 名注册渔民及其家庭，2010 年，共从龙虾、海螺和鱼类收获物中获得 2320 万伯利兹元的收入（CZMAI，2013）。

随着沿海旅游业的开发、运输业和气候变化对珊瑚礁、海草床和红树林等近海生境造成负面影响，这些生境所能提供的生态系统服务之间开始出现冲突。除了有价值的游憩景点，这些沿海生境还为渔业物种提供重要的育苗场，并通过减缓波浪降低飓风的影响而提供保护（Mumby and Hastings，2008；Barbier et al.，2011；Arkema et al.，2013）。CZMAI 与政府和当地社区的利益相关者合作，确定了人类开发利用的方案，明确在海岸带的具体位置允许进行何种活动。在海岸带管理规划中共划分了十种人类利用区，包括海岸带开发（人类定居、基础设施、经济活动等）区、运输业区、渔业区、海洋游憩区、农业径流区、疏浚（航道维护、港口、填沙护滩、建筑原材料等）区、水产养殖区、石油勘探和开采区、保护区以及文化历史和特殊利用区（CZMAI，2013）。

支撑规划过程的一组科学家建立了一个空间显式的生态系统服务模型，以量化不同区化方案下旅游业、渔业和海岸带保护价值的变化（CZMAI，2013）。该模型是一种生产函数模型（Kareiva et al.，2011；Guerry et al.，2012；Arkema et al.，2013；见第 18 章），将服务量和价值的变化作为环境属性变化的函数。每种人类利用方式的影响，都通过其对生境（如珊瑚礁、红树林和海草床等）的影响和对服务产生的作用，反映在模型之中。

对生态系统服务理论应用于政策或管理的一个常见错误印象是，相关指标必须以货币来衡量。然而，生态系统服务对人类福祉的贡献还包括改善安全、生计、健康和其他各种度量方式，无须将一切都转化成一个货币化的基线（Stiglitz et al.，2009；Ruckelshaus et al.，2013）。事实上，在生态系统服务概念为多目标海洋保护决策提供信息的少数几个例子中，货币化评估只起次要作用。在伯利兹海岸带规划过程中，信息量最大的度量指标是服务指标（龙虾的捕获量、海岸带保护面积、游客人数）和以伯利兹元体现的货币价值（图 23.14；龙虾收入、避免海岸侵蚀和淹没造成的损害，以及旅游业支出）的组合。

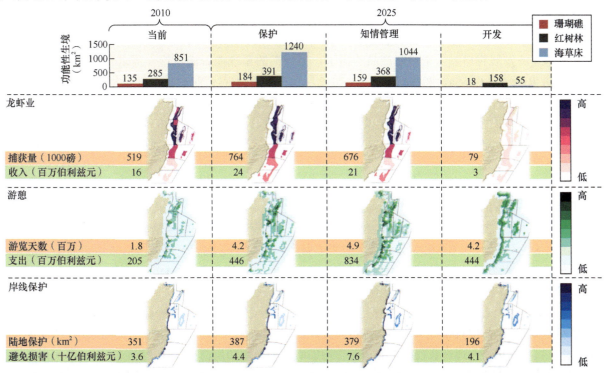

图 23.14　模型模拟了三种代表人类利用和活动变化情景下，至 2025 年，沿海生境（珊瑚礁、红树林、海草床）和三种生态系统服务（龙虾业、游憩和海岸保护）的变化。这三种情景分别代表生境保护（"保护"）、高强度的沿海开发（"开发"）和中等程度的保护与开发（"知情管理"）的假设。使用生境风险模型估算每种情景下的生境变化（km²）。根据简单的生态系统产量函数模型，即沿海生境和其他变量的函数，估算了龙虾业卸货量和价值、游客数量和游憩支出、岸线保护面积与避免损害的成本等的变化（数据引自 CZMAI，2013）

在伯利兹，由政府主导制定海岸带管理规划的过程旨在产生持久的结果，并得到广泛的社区支持。规划者考虑了广泛利益相关者联盟的利益，这些利益相关者包括区域委员会、政府机构，以及私营业主。他们采用一个反复的科学—政策过程，在经过几轮的模拟和讨论替代人类利用区方案之后，选择了"知情管理"方案（图 23.14）。最终确定的人类利用区将实现多个生态系统服务目标，给人类带来最大的总体收益，在一些地方，为了伯利兹人的渔业生计和海岸带保护，牺牲了更多的旅游收入。不同区域生态系统服务价值的空间异质性使得伯利兹人能够确定每个区特殊的宝贵价值，又在全国范围内实现了广泛和多样化的目标。

伯利兹海岸带管理规划中最后一项创新是，科学—政策过程致力于建设当地的能力，以支持未来规划的更替。在初步分析之后，往往会忽视对本地科学家的培养，使他们能够参与后续工作，这种缺失损害了严谨科学方法的持久性。在规划过程中使用的生态系统服务模型是开源的、相对容易使用的，使当地科学家能够根据新信息对规划进行修订。这个案例还提供了一个少有的例子，政府规划师能够回答海洋保护中的一个关键问题：哪种管理方案才可以实现海岸带保护、渔业、游憩和海岸带开发等多个目标？面对发展和气候变化的持续压力，他们精心设计的海岸带管理规划的愿望是否能够实现？时间将说明一切。

通过海产品改善粮食安全

世界粮食系统高度相互关联，鱼类是其中贸易量最大的商品。这意味着，任何鱼类产量的减少都将导致其他蛋白质来源的压力增加。特别是，鱼类产量的波动会增加对陆地生态系统和生物多样性的压力。例如，在西非沿海，小型远洋鱼类供应不足的年份，自然保护区狩猎的野味就会增加，导致大型陆地哺乳动物种群的下降（Brashares et al.，2004）。当然，捕鱼也会对海洋生态系统造成影响，但从海洋中获取食物，会比从陆地上获取蛋白质对环境造成的影响要小（Hilborn，2012）。最终这意味着，保护管理者需要研究整个地球的食物生产系统，综合分析海洋、淡水和陆地食物来源。

目前，海产品为世界人口提供了 15% 的动物蛋白质摄入量和必需的营养元素，超过一半的人类消费的海产品是在养殖场中养殖的（Allison et al.，2009；PAO，2010；Smith et al.，2010；Allison，2011）。全球人口增长和经济发展将增加未来对海产品的需求，但目前的系统能否满足这一需求仍不得而知（Godfray et al.，2010；Rice and Garcia，2011；Hilborn，2012）。鱼类和贝类养殖业正在不断扩大以满足这一要求，但需要对其精心设计、管理和监管，以避免出现已开始困扰该行业的问题，如废物中的污染物、外来入侵物种、洋流的扰乱和对底栖生境的干扰，以及鱼类聚集效应等（DaSilva and Soto，2009；FAO，2010）。水产养殖被一些人视为海洋的救世主，但需要通过对不同水产养殖系统及其影响更为批判性的审视来平衡这一愿望。

水产养殖造成对鱼粉和鱼油的需求与人类直接消费的野生和养殖海产品需求之间的冲突，并因此而闻名（图 23.15）。需求的增加、渔业管理不力和鱼粉价格上涨，可能会影响未来水产养殖的产量和鱼产品的供应（Naylor et al.，2000；Merino et al.，2012）。例如，小型远洋鱼类，如凤尾鱼和沙丁鱼，约占全球野生海鱼捕获量的三分之一。这些在南美西海岸捕捞的野生饵料鱼中有很大一部分被出售给鱼粉和鱼油市场，作为亚洲和欧洲动物和水产养殖的饲料（图 23.16；Mullon et al.，2009；Merino et al.，2010）。Merino 等（2012）使用消费需求模型，综合分析鱼类资源、渔业，以及对鱼油和鱼粉的市场需求，以预测到 2050 年保证现有和更高的消费率是否可行。尽管持续增长的人口、气候变化对渔业产量存在潜在影响，人类的消费需求仍可以被满足，但只有在对鱼类资源可持续地管理，动物饲料业降低对野生鱼类依赖性的前提之下。此外，对饵料鱼的捕捞会通过食物网中的相互作用影响其他渔业和生物多样性（Pinsky et al.，2011），而这些通常都未被纳入海洋满足未来食物需求能力的估算之中。令人欣慰的是，研究综述表明，全球野生鱼类渔获量与水产养殖产量的比率已不断下降，水产养殖继续使用替代饲料来源，将使海产品养殖一个可持续选项，满足日益增长的需求（Naylor et al.，2009；Klinger and Naylor，2012）。

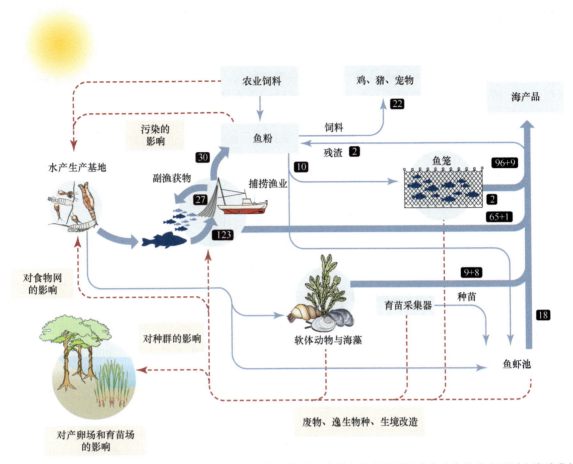

图 23.15 捕捞渔业与鱼虾养殖之间的生物物理联系。蓝色粗线表示海洋生产力通过渔业和水产养殖业再到人类消费的海产品的主要环节。蓝色细线表示海产品产量所需的额外输入。数字表示 1997 年鱼类、贝类和海藻的产量（以百万吨计）。负反馈用红色虚线表示（仿自 Naylor et al.，2000）

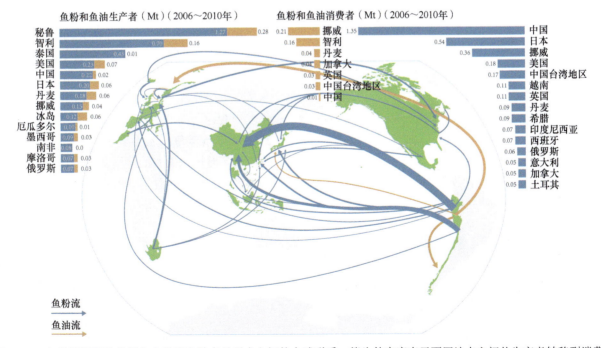

图 23.16 鱼类资源源头位置与鱼粉和鱼油产品需求之间的全球联系。箭头的宽度表示不同地点之间从生产者转移到消费者的产品规模。蓝色条带和箭头表示鱼粉流，黄色条带和箭头表示鱼油流（图片由 G. Merino 提供）（译者注：此图按照我国对地图规范规定重新绘制）

交流的科学和艺术

自然和人类的海洋保护的成功最终取决于公众对政府、非政府组织、公司或个人行动的支持。而要获得公众的支持，关键在于宣传和交流信息——海洋功能如何受人类活动的影响，而人类活动又如何反过来缓解这些作用，或提高系统的弹性。企业界和非政府组织正在结合其广泛的公关能力，讨论企业风险和利润底线如何受到生态系统健康的影响（如 CEF，2012）。不足为奇的是，一些最动人的人类如何与海洋相关联的故事来自非科学工作者或前科学家。只有兰迪·奥尔森（Randy Olson），曾经的海洋生物学教授，现在是好莱坞电影制片人、作家和传播顾问，才有资格通过一张阿诺德·施瓦辛格近乎全裸的塑身挂画照，来告诫科学家之糟糕的叙事技巧（Olson，2009）。奥尔森认为，我们在交流上悲惨地失败，是源于我们对受众期望过高，即指望他们的头脑发挥作用；相反，我们应该简单明了，从人性的本能出发，即"用身体思考"。训练科学家成为更有效力的沟通者，以促进政策的改变，这类计划正在不断增加，例如奥尔多·利奥波德领导计划（leopoldleadership.stanford.edu/）[*]和 COMPASS 计划[**]（compassonline.org；Baron，2010），这说明了人们越来越重视将海洋的状态以及人类能够如何改善其弹性的信息公之于众。

图 23.17　SharkTruth 发起的"为什么喝鱼翅汤是如此的 80 年代"活动的传单（图片由 SharkTruth.com 提供）

下一代海洋科学家将会采取更好的方式向公众传递海洋保护的信息。Nick Dulvy 教授是一位鲨鱼专家，他在加拿大不列颠哥伦比亚省温哥华市的西蒙弗雷泽大学（Simon Fraser University，SFU）向他的 Facebook 一代学生提出挑战，要求他们利用大众的力量，并证明他们能够在 12 周内（在他的海洋生物学课程期间），做出一些改变。Dulvy 的灵感来自一个 SFU 学生的商学院课程设计——"停止喝（鱼翅）汤"。该项目试图说服华裔夫妇不要在婚礼上为宾客提供鱼翅汤，这是传统的富贵象征（sharktruth.com；与 N. Dulvy 的个人交流）。商学院的学生在一张海报上采用时尚元素来描绘为什么食用鱼翅汤是"如此的 80 年代"（图 23.17），并发起了一项活动，劝说订婚的夫妇放弃在婚礼上提供鱼翅汤（Lavoie，2011）。在第一年，组织者共收到 38 对夫妇的承诺，这意味着在温哥华的华人婚礼上少食用了 4300 碗鱼翅汤。这相当于拯救了 200～400 条鲨鱼，差不多是一个濒危鲨鱼种群的数量。对这些夫妇的奖励是国际旅行，和鲨鱼一起潜水——第一对幸运的夫妇在墨西哥坎昆与鲸鲨一起浮潜（Lavoie，2011）。

下一代海洋保护科学家的机遇

从事小规模和未评估渔业的渔民约占全球渔民的 90%，大部分都很贫困。由于人力成本，无人知晓这

---

[*] 原著如此。该计划现已更名为"Earth Leadership Program"，网址也改为 https://www.earthleadership.org/。原计划是以美国著名的生态学家、野生动物生态学之父奥尔多·利奥波德（Aldo Leopold）命名——译者

[**] 原著如此。同样的，该计划原名"Communication Partnership for Science and the Sea"，于 2012 年改为现在的缩写名称，网址也变更为 https://www.compassscicomm.org/——译者

些渔业是否已远超生物影响。图 23.18A 显示了自 1950～2004 年报告的年均海鱼捕获量的全球分布，体现了全球海洋捕捞强度和报告的不均衡。图 23.18B 则显示了一些具有更详细渔业和生态系统评估信息区域的渔业状态。根据科学资源评估、研究拖网调查、小规模渔业数据，以及生态系统模型，加拿大不列颠哥伦比亚省、美国阿拉斯加州和新西兰的渔业及其所依赖的生态系统较为健康；而北海、凯尔特海和波罗的海，以及泰国湾的渔业资源则被过度捕捞。不幸的是，世界上还有很多渔场未被评估，所以没有可用于制定生态系统或渔业管理的可持续捕获量水平的相关信息（Worm et al.，2009；Costello et al.，2012）。目前尚不清楚评估的缺失是否导致了小规模未评估资源的捕获量较低，但显然，我们对如何管理数据匮乏的小规模资源的理解是不完整的。更简单的评估方法以及常识性的经验法则，有助于保护高价值的育苗场和产卵区以保护渔业资源，将大大有助于保证食物网（包括人类消费者）的生物多样性。

（A）

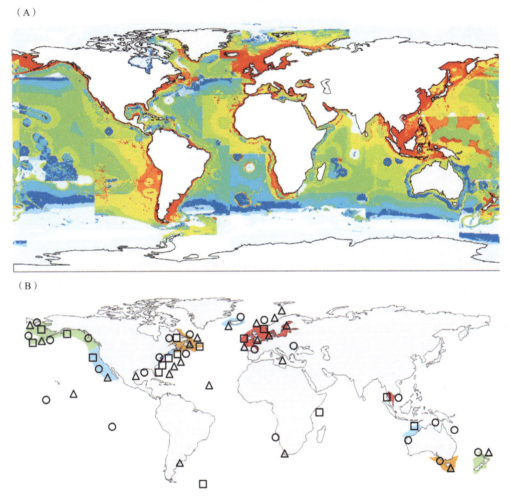

（B）

图 23.18　使用两类数据评估全球渔业。（A）1950～2004 年报告的年均海洋鱼类捕捞量的全球分布。颜色表示报告的平均渔获量的自然对数［t/(km²/年)］。（B）种群评估量化了捕捞分类群的种群状况；研究性拖网调查估计鱼类群落趋势；生态系统模型评估对捕鱼的多种反应。重点分析了一些详细的生态系统（绿色，未过度捕捞；黄色，低利用率，过度捕捞后的生物量可重建；橙色，低至中利用率，尚未重建；红色，高利用率）（更新自 Worm et al.，2009）

　　在某种意义上，每一项管理行动或保护干预都可以被视为资源管理的一个"临床试验"。但这些试验很少像真正的医学试验那样有严格的实验设计或控制，这也给综合海洋保护干预吸取经验教训提供了机遇，以便了解哪些是有效的，哪些是无效的，哪里还需要改进。系统越复杂，就越难以评估管理的变化是否对人类或自然系统产生了预期效果，以及是通过什么样的生物物理或社会过程产生的（Ferraro and Pattanayak，2006；Mascia et al.，2010；Vincent，2010；Waylen et al.，2010）。我们需要全球性的努力，尽最大可能地对待未评估渔业资源，只要有可能，进行实验以评估海洋保护干预的替代方案（Wilson et al.，2010）。没有评估与评价，不仅使海洋生态系统受到影响，还会影响生计与食物依赖于海洋资源的人类。

本书的读者也许是我们与决策者和公众沟通的最大希望，这样，最新、最重要的海洋保护科学知识就可以为影响海洋未来的政府、企业和个人提供决策信息。与传统的海洋保护相比，我们所面临的挑战要求我们进行更多的交叉学科研究。海洋保护需要综合运用经济学、社会学、自然科学和生态学来指导实践。除此之外，气候变化正在以未得到充分解决的方式影响着海洋系统。跟踪管理和保护干预结果的监测计划也有缺失，需要得到加强，特别是对空间规划而言。尽管一些空间规划考虑了多种用途，但其中一些限额仅仅基于对耐受的假设，而这还远远不够。在海洋保护中协调各种目标和战略最成功的例子往往伴随着痛苦的无限期过程，节奏缓慢得令人沮丧。

不断增长的世界人口、过量的废水、衰竭的资源，很容易使人觉得海洋的前景黯淡。不可否认，这些问题是严重和复杂的。即便如此，我们仍有理由抱有希望。世界人口在未来50年可能会稳定下来。技术的进步可以帮助我们管理海洋渔业资源和监测人类活动的影响。我们知道渔业管理和多用途管理在海洋中可以发挥作用。海岸带生态系统的恢复正在以前所未有的规模进行，甚至有希望降低农业输入造成的沿海水质退化。物种和遗传多样性，都是弹性的来源。自然系统能够从大规模退化中恢复过来（如 Kittinger et al.，2011）。全球的人们都表现出对环境的关心。对于科学家来说，需要考虑的关键问题包括累积效应、阈值，以及作为管理行动调节器的人类行为。海洋的明天一定会与现在不同，其中一些差异会导致深刻的生态转变。但这并不意味着海洋将不再是奇妙、灵感、食物和快乐的源泉。自然保护主义者哀叹基准的改变已是司空见惯。从生态系统的历史结构与功能中学习当然有助于展望未来，但我们对逝去的伤感也许是不合时宜的。也许，基准的转变仅仅反映了一个不断变化的世界，每一代人都在这个变化的世界中不断适应，走向繁荣。

致谢

作者在此感谢 Chuck Cook、Kate Labrum 和 Daniel Schindler 对西海岸风险池和布里斯托湾红鲑的故事提供新的信息，感谢 Reg Watson 提供当前全球渔业数据和彩色地图，以及其他为本章慷慨提供图表与照片的作者。我们感谢 Tim McClanahan、Ben Halpern 和一位匿名审稿人对本章初稿的有益评论。作者感谢大自然保护协会、自然资本项目和斯坦福大学的支持，使我们有时间为下一代海洋保护主义者书写他们必定会以智慧和精神应对的问题。

引用文献

Adam T. C., R. J. Schmitt, S. J. Holbrook, et al. 2011. Herbivory, connectivity, and ecosystem resilience: Response of a coral reef to a large-scale perturbation. *PLoS ONE* 6: e23717. doi:10.1371/journal.pone.0023717

Adger, W., T. Hughes, C. Folke, et al. 2005. Social-ecological resilience to coastal disasters. *Science* 309: 1036–1039.

Agrawal, A. 2002. Common resources and institutional sustainability. In, *The Drama of the Commons* (E. Ostrom, T. Dietz, N. Dolsak, et al., eds.), pp. 41–85. Washington, DC: National Academy of Science.

Allison, E. H. 2011. *Aquaculture, Fisheries, Poverty and Food Security.* Penang, Malaysia: The WorldFish Center.

Allison, E. H. A. L. Perry, M.-C. Badjeck, et al. 2009. Vulnerability of national economies to the impacts of climate change on fisheries. *Fish Fish.* 10: 173–96.

Altieri, A. H., M. D. Bertness, T. C. Coverdale, et al. 2012. A trophic cascade triggers collapse of a salt-marsh ecosystem with intensive recreational fishing. *Ecology* 93: 1402–1410.

Arkema, K. A., G. Guannel, G. Verutes, et al. 2013. People and property shielded from sea level rise and storms by coastal habitats. *Nat. Clim. Chang.* doi: 10.1038/nclimate1944.

Baland, J. M. and J. P. Platteau. 1996. *Halting Degradation of Natural Resources: Is There a Role for Communities?* Oxford, UK: Clarendon Press.

Barbier, E. B., S. D. Hacker, C. Kennedy, et al. 2011. The Value of Estuarine and Coastal Ecosystem Services. *Nature Climate Ecol. Monogr.* 81: 169–183.

Barbier, E. B., I. Y. Georgiou, B. Enchelmeyer, and D. J. Reed. 2013. The value of wetlands in protecting southeast Louisiana from hurricane storm surges. *PLoS ONE* 8: e58715. doi:10.1371/journal.pone.0058715

Barshis, D. J., J. T. Ladner, T. A. Oliver, et al. 2013. Genomic basis for coral resilience to climate change. *Proc. Natl. Acad. Sci. (USA).* doi: 10.1073/pnas.1210224110

Baron, N. 2010. *Escape from the Ivory Tower: A Guide to Making Your Science Matter.* San Francisco, CA: Island Press.

Basurto, X. 2005. How locally designed access and use controls can prevent the tragedy of the commons in a Mexican small-scale fishing community. *Soc. Nat. Resour.* 18: 643–659.

Basurto, X. 2006. Commercial diving and the Callo de Hacha fishery in Seri territory. *J. Southwest.* 48: 189–209.

Basurto, X., 2008. Biological and ecological mechanisms supporting marine self-governance: The Seri callo de hacha fishery in Mexico. *Ecol. Soc.* 13: 20. www.ecologyandsociety.org/vol13/iss2/art20/

Basurto X. and E. Coleman. 2010. Institutional and ecological interplay for successful self-governance of community-based fisheries. *Ecol. Econ.* 69: 1094–1103.

Basurto, X. A. Cinti, L. Bourillón, et al. 2012. The emergence of access controls in small-scale fisheries: A comparative analysis of individual licenses and common property-rights in two Mexican communities. *Hum. Ecol.* 40: 597–609.

Basurto, X., S. Gelcich and E. Ostrom. In press. The social-ecological system framework as a knowledge classificatory system for benthic small-scale fisheries. *Glob. Environ. Change.*

Berkes, F., R. Mahon, P. McConney, et al. 2001. *Managing Small-Scale*

Fisheries: Alternate Directions and Methods. Ottawa, Canada: International Development Research Center.

Bonini, S., N. Saran and L. Stein. 2011. *Design for Sustainable Fisheries-Modeling Fishery Economics.* McKinsey and Co. www.mckinsey.com/insights/mgi/research/natural_resources

Branch, T. A., R. Watson, E. A. Fulton, et al. 2010. The trophic fingerprint of marine fisheries. *Nature* 468: 431–435.

Branch, T. A., J. D. Austin, K. Acevedo-Whitehouse, et al. 2012. Fisheries conservation and management: Finding consensus in the midst of competing paradigms. *Anim. Conserv.* 15: 1–3. doi: 10.1111/j.1469-1795.2011.00502.x

Brashares, J. S., P. Arcese, M. K. Sam, et al. 2004. Bushmeat hunting, wildlife declines, and fish supply in West Africa. *Science* 306: 1180–1183.

Brown, C. J., E. A. Fulton, A. J. Hobday, et al. 2010. Effects of climate-driven primary production change on marine food webs: Implications for fisheries and conservation. *Glob. Chang. Biol.* 16: 1194–1212.

BTB (Belize Tourism Board). 2008. *Travel and Tourism Statistics.* Belize City, Belize: Belize Tourism Board.

Bueno, N. and X. Basurto. 2009. Resilience and collapse of artisanal fisheries: A system dynamics analysis of a shellfish fishery in the Gulf of California, Mexico. *Sust. Sci.* 4: 139–149.

Burgman, M. A. 2005. *Risks and Decisions for Conservation and Environmental Management.* Cambridge, UK: Cambridge University Press.

Bush, S. R., H. Toonen, P. Oosterveer, and A. P. J. Mol. 2013. The "devils triangle" of MSC certification: Balancing credibility, accessibility and continuous improvement. *Mar. Policy.* 37: 288–292.

Cambridge, T., S. Martin, F. Nimmo, et al. 2011. Researching the environmental impacts of the MSC certification programme. A report submitted to the MSC. www.msc.org/business-support/environmental-improvements

Cancino, J., H. Uchida, and J. E. Wilen. 2007. TURFs and ITQs: Collective vs. individual decision making. *Mar. Resour. Econ.* 22: 391–406.

Carlton, J. T., J. B. Geller, M. L. Reaka-Kudla and E. A. Norse. 1999. Historical extinctions in the sea. *Annu. Rev. Ecol. Syst.* 30: 515–538.

Carpenter, S. A., H. A. Mooney, J. Agard, et al. 2009. *Science* for managing ecosystem services: Beyond the Millennium Ecosystem Assessment. *Proc. Natl. Acad. Sci. (USA)* 106: 1305–1312.

CCSGA (Central Coast Sustainable Groundfish Association). 2011. *Fort Bragg—Central Coast Risk Pool. Summary Report 2011.* Fort Bragg Groundfish Association, and The Nature Conservancy.

CEA (California Environmental Associates). 2012. *Charting a Course to Sustainable Fisheries.* www.centerforoceansolutions.org

CEF (Corporate EcoForum) and The Nature Conservancy. 2012. *The Business Imperative.* www.corporateecoforum.com/valuingnaturalcapital.

CENR (Committee on Environment and Natural Resources). 2000. *Integrated Assessment of Hypoxia in the Northern Gulf of Mexico.* Washington, DC: National Science and Technology Council Committee on Environment and Natural Resources.

Costello, C., S. D. Gaines, and J. Lynham. 2008. Can catch shares prevent fisheries collapse? *Science* 321: 1678–1681.

Costello, C. and D. Kaffine. 2010. Marine protected areas in spatial property rights fisheries. *Aust. J. Agric. Resour. Econ.* 54: 321–341.

Costello, C., D. Ovando, R. Hilborn, et al. 2012. Status and solutions for the world's unassessed fisheries. *Science* 338: 517. doi: 10.1126/science.1223389

Craig, J. K., L. B. Crowder, and T. A. Henwood. 2005. Spatial distribution of brown shrimp (*Farfantepenaeus aztecus*) on the northwestern Gulf of Mexico shelf: Effects of abundance and hypoxia. *Can. J. Fish. Aquat. Sci.* 62: 1295–1308.

Crowder, L. B., G. Osherenko, O. R. Young, et al. 2006. Resolving mismatches in U.S. ocean governance. *Science* 313: 617–618.

Cutter, S. L. and C. T. Emrich. 2006. Moral hazard, social catastrophe: The changing face of vulnerability along the hurricane coasts. *Ann. Amer. Acad. Pol. Soc. Sci.* 604: 102–112.

CZMAI (Coastal Zone Management Authority and Institute). 2013. *Belize Integrated Coastal Zone Management Plan.* Belize City, Belize: CZMAI.

DaSilva, S. and D. Soto. 2009. Climate change and aquaculture: potential impacts, adaptation, and mitigation. In, *Climate change implications for fisheries and aquaculture: Over- view of current scientific knowledge* (K. Cochrane, C. D. Young, D. Soto, and T. Bahri, eds.), pp. 151–212. Rome, Italy: FAO.

Day, J. C. 2002. Zoning—lessons from the Great Barrier Reef Marine Park. *Ocean Coast. Manag.* 45: 139–156.

Dayton, P. K., M. J. Tegner, P. B. Edwards, and K. L. Riser 1998. Sliding baselines, ghosts, and reduced expectations in kelp forest communities. *Ecol. Appl.* 8: 309–322.

DeLuca, W. V., C. E. Studds, R. S. King, and P. P. Marra. 2008. Coastal urbanization and the integrity of estuarine waterbird communities: Threshold responses and the importance of scale. *Biol. Conserv.* 141: 2669–2678.

Derraik, J. G. B. 2002. The pollution of the marine environment by plastic debris: A review. *Mar. Pollut. Bull.* 44: 842–852.

Diaz, R. J. and R. Rosenberg. 2008. Spreading dead zones and consequences for marine ecosystems. *Science* 321: 926–929.

Dobbs, R., J. Oppenheim, F. Thompson, et al. 2011. Resource Revolution: Meeting the World's Energy, Materials, Food and Water Needs. McKinsey and Co. www.mckinsey.com/insights/mgi/research/natural_resources

Doney, S., M. Ruckelshaus, J. E. Duffy, et al. 2012. Climate change impacts on marine ecosystem structure and function. *Ann. Rev. Mar. Sci.* 4: 11–37.

Donner, S. D. and C. J. Kucharik. 2008. Corn-based ethanol production compromises goal of reducing nitrogen export by the Mississippi River. *Proc. Natl. Acad. Sci. (USA)* 105: 4513–4518.

Douvere, F. (ed.). 2008. The role of marine spatial planning in implementing ecosystem-based, sea use management. *Mar. Policy* 32: 759–843.

Duer-Balkind, M. K., R. Jacobs, B. Güneralp, and X. Basurto. In press. Resilience, social-ecological rules, and environmental variability in a multi-species artisanal fishery. *Ecol. Soc.*

Essington, T. E., A. H. Beaudreau, and J. Wiedenmann. 2006. Fishing through marine food webs. *Proc. Natl. Acad. Sci. (USA)* 103: 3171–3175.

Essington, T. E. 2009. Ecological indicators display reduced variation in North American catch share fisheries. *Proc. Natl. Acad. Sci. (USA)* doi: 10.1073/0907252107.

Essington, T., T. Klinger, T. Conway-Cranos, et al. April 2011. *The Biophysical Condition in Puget Sound. Puget Sound Science Update.* Tacoma, WA: Puget Sound Partnership.

Estes, J. A., M. T. Tinker, T. M. Williams, and D. F. Doak. 1998. Killer whale predation on sea otters linking oceanic and nearshore ecosystems. *Science* 282: 473–476.

Estes, J. A., J. Terborgh, and J. S. Brashares. 2011. Trophic downgrading of planet Earth. *Science* 333: 301–306.

Estes, J. A., D. F. Doak, A. M. Springer, and T. M. Williams. 2009. Causes and consequences of marine mammal population declines in southwest Alaska: A food web perspective. *Phil. Trans. R. Soc. B.* 364: 1647–1658.

Estes, J. A. 2008. Kelp forest food webs in the Aleutian archipelago. In, *Food webs and the dynamics of marine reefs.* (T. R. McClahanan and G.M. Branch, eds.), pp. 29–49. New York, NY: Oxford University Press.

Evers, D. C., J. DiGangi, J. Petrlík, et al. 2013. *Global mercury hotspots: New evidence reveals mercury contamination regularly exceeds health advisory levels in humans and fish worldwide.* Gorham, ME: Biodiversity Research Institute and Göteborg, Sweden: IPEN.

FAO (Food and Agriculture Organization). 2010. *The state of the world fisheries and aquaculture.* Rome, Italy: FAO.

FBGA (Fort Bragg Groundfish Association), 2011. *Fort Bragg—Central Coast Risk Pool. Summary Report 2011.* Fort Bragg Groundfish Association, and The Nature Conservancy.

Fernandes, L., J. Day, A. Lewis, et al. 2005. Establishing representative no-take areas in the Great Barrier Reef: Large-scale implementation of theory on marine protected areas. *Conserv. Biol.* 19: 1733–1744.

Ferraro, P. J., and S. Pattanayak. 2006. Money for nothing? A call for empirical investigation of biodiversity conservation investments. *PLoS Biol.* 4: 482–8.

Fox, H., M. B. Mascia, X. Basurto, et al. 2012. Reexamining the science of marine protected areas: Linking knowledge to action. *Conserv. Lett.* 5: 1–10.

Fulton, E. A., J. S. Link, I. C. Kaplan, et al. 2011. Lessons in modelling and management of marine ecosystems: The Atlantis experience. *Fish Fish.* 12: 171–188.

Gaichas S. K., A. Bundy, T. J. Miller, et al. 2012. What drives marine fisheries production? *Mar. Ecol. Prog. Ser.* 459: 159–163.

Gelcich, S., T. P. Hughes, P. Olsson, et al. 2010. Navigating transformations in governance of Chilean marine coastal resources. *Proc. Natl. Acad. Sci. (USA)* 107: 16794–16799.

Gleason, M., E. Feller, M. Merrifield, et al. In press. A transactional and collaborative approach to reducing impacts from bottom trawling. *Conserv. Biol.*

Godfray, H. C. J., I. R. Crute, L. Haddad, et al. 2010. The future of the global food system. *Phil. Trans. R. Soc. B.* 365: 2769–77.

Guerry, A., M. Ruckelshaus, K. K. Arkema, et al. 2012. Balancing benefits from nature: Using ecosystem services as the currency for coastal and marine spatial planning. *Intl. J. Biodiv. Ecosystem Serv. Manage.* 8: 107–121.

Gutiérrez, N. L., S. R. Valencia, T. A. Branch, et al. 2012. Eco-label conveys reliable information on fish stock health to seafood consumers. *PLoS ONE* 7: e43765. doi: 10.1371/journal.pone.0043765

Gutiérrez, N. L., R. Hilborn, and O. Defeo. 2011. Leadership, social capital and incentives promote successful fisheries. *Nature* 470: 386–389.

Halpern, B. S., K. A. Selkoe, C. V. Kappel, et al. 2008. A global map of human impact on marine ecosystems. *Science* 319: 948–952

Halpern, B. S., C. M. Ebert, C. V. Kappel, et al. 2009. Global priority areas for incorporating land–sea connections in marine conservation. *Conserv. Lett.* 2, 189–196.

Halpern, B. S., C. Longo, D. Hardy, et al. 2012a. An index to assess the health and benefits of the global ocean. *Nature* 488: 615–620.

Halpern, B. S., C. J. Klein, C. J. Brown, et al. 2013. Achieving the triple bottom line: Inherent tradeoffs among social equity, economic return and conservation. *Proc. Natl. Acad. Sci. (USA)* doi: 10.1073/pnas.1217689110

Hardin, G. 1968. The tragedy of the commons. *Science* 162: 1243–1248.

Harvell, C. D., K. Kim, J. M. Burkholder, et al. 1999. Emerging disease-climate links and anthropogenic factors. *Science* 285: 1505–1510.

Harvell, C. D., C. E. Mitchell, J. R. Ward, et al. 2002. Climate warming and disease risks for terrestrial and marine biota. *Science* 296: 2158–2162.

Heithaus, M. R., J. J. Vaudo, S. Kreicker, et al. In press. Apparent resource partitioning and trophic structure of large-bodied marine predators in a relatively pristine seagrass ecosystem. *Mar. Ecol. Prog. Ser.*

Herzog, A. and J. Austin. 2012. *Detailed analysis of THE RESTORE ACT, "Resources and Ecosystem Sustainability, Tourist Opportunities, and Revived Economies of the Gulf Coast States Act of 2012."* Washington, DC: Environmental Law Institute. www.eli-ocean.org/gulf/clean-water-act-restore/

Hilborn, R. and C. J. Walters. 1992. Quantitative fisheries stock assessment: Choice, dynamics and uncertainty. *Rev. Fish Biol. Fish.* 2: 177–178.

Hilborn, R. 2012. *Overfishing: What everyone needs to know.* New York, NY: Oxford University Press.

Hilborn, R., T. P. Quinn, D. E. Schindler, and D. E. Rogers. 2003. Biocomplexity and fisheries sustainability. *Proc. Natl. Acad. Sci. (USA)* 100: 6564–6568.

Hobday, A. J., A. D. M. Smith, I. C. Stobutzki, et al 2011. Ecological risk assessment for the effects of fishing. *Fish Res.* 108: 372–384.

Hollowed, A. B., M. Barange, S.- I. Ito, et al. 2011. Effects of climate change on fish and fisheries: Forecasting impacts, assessing ecosystem responses, and evaluating management strategies. *ICES J. Mar. Sci.* 68: 984–985.

Hunsicker, M. E., L. Ciannelli, K. M. Bailey, et al. 2011. Functional responses and scaling in predator–prey interactions of marine fishes: Contemporary issues and emerging concepts. *Ecol. Lett.* 14: 1288–1299.

IAN (Integration and Application Network). 2013. *EcoCheck Chesapeake Bay Report Card.* University of Maryland Center for Environmental Science. ian.umces.edu/ecocheck/report-cards/chesapeake-bay/2011/.

Jackson, J. B. C., M. X. Kirby, W. H. Berger, et al. 2001. Historical overfishing and the recent collapse of coastal ecosystems. *Science* 293: 629–638.

Jacquet, J., D. Pauly, D. Ainley, et al. 2010. Seafood stewardship in crisis. *Nature* 467: 28–29. doi:10.1038/467028a

Jennings, S., J. Lee, and J. G. Hiddink. 2012. Assessing fishery footprints and the trade-offs between landings value, habitat sensitivity, and fishing impacts to inform marine spatial planning and an ecosystem approach. *ICES J. Mar. Sci.* 69: 1053–1063.

Jennings, S. and W. J. F. Le Quesne, 2012. Integration of environmental and fisheries management in Europe. *ICES J. Mar. Sci.* 69: 1329–1332.

Jie, L., M. Feldman, L. Shuzhou, and G. Daily. 2011. Rural household income and inequality under the Sloping Land Conversion Program in western China. *Proc. Natl. Acad. Sci. (USA)* 108: 7721–7726.

Jolly, D. 23 June 2010. "Certification of Krill Harvest Upsets Conservationists." *The New York Times,* p. 6.

Kareiva, P. and M. Marvier. 2011. *Conservation Science: Balancing the Needs of People and Nature.* Greenwood Village, CO: Roberts and Co.

Kareiva, P., H. Tallis, T. Ricketts, et al. 2011. *Natural Capital: Theory and Practice of Mapping Ecosystem Services.* New York, NY: Oxford University Press.

Kellner, J., J. N. Sanchirico, A. Hastings, and P. J. Mumby. 2010. Op-timizing for multiple species and multiple values: Tradeoffs inherent in ecosystem-based fisheries management. *Conserv. Lett.* doi: 10.1111/j.1755-263X.2010.00132.x

Kershner, J., J. F. Samhouri, C. A. James, and P. S. Levin. 2011. Selecting indicator portfolios for marine species and food webs: A Puget Sound case study. *PLoS ONE* 6: e25248.

Kiesecker, J. M., H. Copeland, A. Pocewicz, and B. McKenney. 2010. Development by design: Blending landscape level planning with the mitigation hierarchy. *Front. Ecol. Environ.* 8: 261–266.

Kim, C. K., J. E. Toft, M. Papenfus, et al. 2012. Catching the right wave: Evaluating wave energy resources and potential compatibility with existing marine and coastal uses. *PLoS ONE* 7: e47598. doi: 10.1371/journal.pone.0047598

Kittinger, J. N., J. M. Pandolfi, J. H. Blodgett, et al. 2011. Historical reconstruction reveals recovery in Hawaiian coral reefs. *PLoS ONE* 6: e25460.

Kittinger, J. N., E. M. Finkbeiner, E. W. Glazier and L. B. Crowder. 2012. Human dimensions of coral reef social-ecological systems. *Ecol. Soc.* 17: 17. doi: 10.5751/ES-05115-170417

Klein, C. J., A. Chan, L. Kircher, et al. 2008. Striking a balance between biodiversity conservation and socioeconomic viability in the design of marine protected areas. *Conserv. Biol.* 1–10.

Klein, C. J., N. C. Ban, B. S. Halpern, et al. 2010. Prioritizing land and sea conservation investments to protect coral reefs. *PLoS ONE* 5: e12431. doi: 10.1371/journal.pone.0012431.

Klein, C. J., S. D. Jupiter, E. R. Selig, et al. 2012. Forest conservation delivers highly variable coral reef conservation outcomes. *Ecol Appl.* 22: 1246–1256.

Klinger, D. and R. Naylor. 2012. Searching for solutions in aquaculture: Charting a sustainable course. *Annu Rev Environ Resour.* 37: 247–76.

Labrum, K., M. Bell, J. Udelhoven, et al. 2012. Stakeholder collaboration improves fishery, livelihoods, and habitat. *EuroFish Magazine,* June: 53–56.

Laurans, Y., A. Rankovic, L. Mermet, et al. Unpublished. Actual use of ecosystem services valuation for decision-making: Questioning a literature blindspot.

Lavoie, J. 2011. Save-shark campaign cooks on persuasion. *Times Colonist,* May 15.

Levin, P. S., J. F. Samhouri, and M. Damon. 2010. Developing meaningful marine ecosystem indicators in the face of a changing climate. *Stanf. J. Law Sci. Policy* 2: 37–48.

Liu, J., T. Dietz, S. R. Carpenter, et al. 2007. Complexity of coupled human and natural systems. *Science* 317: 1513–1516.

Lotze, H. K., H. S. Lenihan, B. J. Bourque, et al. 2006. Depletion, degradation, and recovery potential of estuaries and coastal seas. *Science* 312: 1806–1809.

Lubchenco, J. and N. Sutley. 2010. Proposed U.S. policy for ocean, coast, and great lakes stewardship. *Science* 328: 1485–1486.

Marris, E. 2011. *Rambunctious Garden: Saving Nature in a Post-Wild World.* New York, NY: Bloomsbury.

Mascia M., C. A. Claus, and R. Naidoo. 2010. Impacts of marine protected areas on fishing communities. *Conserv. Biol.* 24: 1424–1429.

McCay, B. J. 1996 Common and private concerns. In, *Rights to Nature: Ecological, Economic, Cultural and Political Principles of Institutions for the Environment* (S. S. Hanna, C. Folke, and K. G. Maler, eds.), Washington, DC: Island Press.

McCay, B. J., F. Micheli, G. Ponce-Díaz, et al. In press. Community-based concessions on the Pacific coast of Mexico. *Mar Policy.*

McClanahan, T. R., J. E. Cinner, J. Maina, et al. 2008. Conservation action in a changing climate. *Conserv Lett.* 1: 53–59.

McClanahan, T. R., J. C. Castilla, A. T. White, and O. Defeo. 2009. Healing small-scale fisheries by facilitating complex socio-ecological systems. *Rev. Fish Biol. Fish.* 19: 33–47.

McClanahan, T. R., N. A. J. Graham, M. A. MacNeil, et al. 2011. Critical thresholds and tangible targets for ecosystem-based management of coral reef fisheries. *Proc. Natl. Acad. Sci. (USA)* 108: 17230–17233.

McClanahan, T. R., S. D. Donner, J. A. Maynard, et al. 2012. Prioritizing key resilience indicators to support coral reef management in a changing climate. *PLoS ONE* 7: e42884. doi: 10.1371/journal.pone.0042884

MEA (Millenium Ecosystem Assessment). 2005. Ecosystems and human well-being: The assessment series (four volumes and summary). Washington, DC: Island Press.

Mearns, A., D. J. Reish, P. S. Oshida, et al. 2012. Effects of pollution on marine organisms. *Water Environ. Res.* 84: 1737–1823.

Merino, G., M. Barange, C. Mullon, and L. Rodwell. 2010. Impacts of global environmental change and aquaculture expansion on marine ecosystems. *Glob. Environ. Change* 20: 586–96.

Merino, G., M. Barange, J. Blanchard, et al. 2012. Can marine fisheries and aquaculture meet fish demand from a growing human population in a changing climate? *Glob. Environ. Change* 22: 795–806.

Milner-Gulland, E. J. 2011. Integrating fisheries approaches and household utility models for improved resource management. *Proc. Natl. Acad. Sci. (USA)* 108: 1741–1746.

Moore, S. E., F. Cubbage, and C. Eicheldinger. 2012. Impacts of Forest Stewardship Council (FSC) and Sustainable Forestry Initiative (SFI) Forest Certification in North America. *J. Forest.* 110: 79–88.

Mullon, C., J.-F. Mittaine, O. Thébaud, et al. 2009. Modeling the global fishmeal and fish oil markets. *Nat. Resour. Model* 22: 564–609.

Mumby, P. and A. Hastings. 2008. The impact of ecosystem connectivity on coral reef resilience. *J. Appl. Ecol.* 45: 854–862.

Natural Capital Project. 2013. The Integrated Valuation of Ecosystem Services and Tradeoffs (InVEST) tool. www.naturalcapitalproject.org

Naylor, R. L., R. J. Goldburg, J. H. Primavera, et al. 2000. Effect of aquaculture on world fish supplies. *Nature* 405: 1017–1024.

Naylor, R. L., R. W. Hardy, D. P. Bureau, et al. 2009. Feeding aquaculture in an era of finite resources. *Proc. Natl. Acad. Sci. (USA)* 106: 15103–15110.

NCA (National Climate Assessment). 2013. *The National Climate of the United States.* US Global Change Research Program. ncadac.globalchange.gov/download/NCAJan11-2013-publicreviewdraft-fulldraft.pdf

NOAA (National Oceanic and Atmospheric Administration). 2012. Draft Report of the NOAA Research and Development Portfolio Review Task Force. www.sab.noaa.gov/Working_Groups/current.

O'Connor, T. and D. Whitall. 2007. Linking hypoxia to shrimp catch in the northern Gulf of Mexico. *Mar. Pollut. Bull.* 54: 460–463.

Olson, R. 2009. *Don't Be Such a Scientist: Talking Substance in an Age of Style.* San Francisco, CA: Island Press.

Olsson P. C. Folke and T. P. Hughes. 2008. Navigating the transition to ecosystem-based management of the Great Barrier Reef, Australia. *Proc. Natl. Acad. Sci. (USA)* 205: 9489–9494.

Orians, G. H. and D. Policansky. 2009. Scientific Bases of Macroenvironmental Indicators. *Annu. Rev. Environ. Resour.* 34: 375–404.

Ortiz, J. C., M. Gonzalez, and P. J. Mumby. In press. Can a thermally tolerant symbiont improve the future of Caribbean coral reefs? *Glob. Chang. Biol.*

Ostrom, E. 1990. *Governing the Commons: The Evolution of Institutions for Collective Action.* Cambridge, UK: Cambridge University Press.

Ovando, D. A., R. T. Deacon, S. E. Lester, et al. 2012. Conservation incentives and collective choices in cooperative fisheries. *Mar. Policy* 37: 132–140.

Paine, R. T., D. W. Bromley, M. A. Castellini, and colleagues (2003). *Decline of the Steller Sea Lion in Alaskan Waters: Untangling Food Webs and Fishing Nets.* Ocean Studies Board, National Research Council. Washington, DC: National Academies Press.

Pattanayak, S. K., S. Wunder, and P. J. Ferraro. 2010. *Show me the money: Do payments supply environmental services in developing countries?* Rev Env Econ Policy. 4: 254–274. doi: 10.1093/reep/req006

Pauly, D., A. Christensen, J. Dalsgaard, et al. 1998. Fishing down marine food webs. *Science* 279: 860–863.

Pikitch, E. K., K. J. Rountos, T. E. Essington, et al. 2012. The global contribution of forage fish to marine fisheries and ecosystems. *Fish Fish.* doi: 10.1111/faf.12004

Pinsky M. L. and M. Fogarty. In press. Lagged social-ecological responses to climate and range shifts in fisheries. *Clim Change.*

Pinsky, M. L., O. P. Jensen, D. Ricard, and S. R. Palumbi. 2011. *Unexpected patterns of fisheries collapse in the world's oceans.* Proc. Natl. Acad. Sci. (USA) 108: 8317–8322.

Plagányi, E., J. D. Bell, R. H. Bustamante, et al. 2011. *Modelling climate-change effects on Australian and Pacific aquatic ecosystems: A review of analytical tools and management implications. Mar. Freshw. Res.* 62, 1132–1147.

Plagányi, E. E., T. D. Skewes, N. A. Dowling and M. Haddon. 2012a. Risk management tools for sustainable fisheries management under changing climate: A sea cucumber example. *Clim. Change* doi: 10.1007/s10584-012-0596-0

Plagányi, E., A. E. Punt, R. Hillary, et al. 2012b. Multispecies fisheries management and conservation: Tactical applications using models of intermediate complexity. *Clim. Change* doi: 10.1007/s10584-012-0596-0

Plagányi, E. E., I. van Putten, T. Hutton, et al. 2013. Integrating indigenous livelihood and lifestyle objectives in managing a natural resource. *Proc. Natl. Acad. Sci. (USA)* doi/10.1073/. 1217822110

Plummer, M. L., C. J. Harvey, L. Anderson, et al. 2012. The role of eelgrass in marine community interactions and ecosystem services: Results from ecosystem-scale food web models. *Ecosystems.* doi: 10.1007/s10021-012-9609-0

Pollnac, R., P. Christie, J. E. Cinner, et al. 2010. Marine reserves as linked social-ecological systems. *Proc. Natl. Acad. Sci. (USA).* 107: 18262–18265.

Possingham, H. P., I. R. Ball, and S. Andelman. 2000. Mathematical methods for identifying representative reserve networks. In, *Quantitative methods for Conservation Biology.* (S. Ferson and M. Burgman, eds.), pp. 291–305. New York: Springer-Verlag.

PSP (Puget Sound Partnership). 2008. *Puget Sound Action Agenda: Protecting and Restoring the Puget Sound Ecosystem by 2020.* Olympia, WA: Puget Sound Partnership.

PSP. 2013. Puget Sound Partnership Dashboard of Vital Signs: Charting our Course and Measuring Our Progress. www.psp.wa.gov/pm_dashboard.php

Rice, J. C. and S. M. Garcia, 2011. Fisheries, food security, climate change, and biodiversity: Characteristics of the sector and perspectives on emerging issues. *ICES J. Mar. Sci.* 68: 1343–53.

Rochman. C. M., M. A. Browne, B. S. Halpern, et al. 2013. Policy: Classify plastic waste as hazardous. *Nature* 494: 169–171.

Roff, G. and P. J. Mumby. 2012. Global disparity in the resilience of coral reefs. *Trends Ecol. Evol.* 27: 404–413.

Rogers, L. A., D. E. Schindler, P. J. Lisi, et al. 2013. Centennial-scale fluctuations and regional complexity characterize Pacific salmon population dynamics over the past five centuries. *Proc. Natl. Acad. Sci. (USA).* doi: 10.1073/pnas.1212858110

Ruckelshaus, M., S. Doney, A. Hollowed, et al. 2013. Securing marine ecosystem services in the face of climate change. *Mar Policy.* 40: 154-159.

Ruckelshaus, M., E. McKenzie, H. Tallis, et al. 2013. Notes from the field: Lessons learned from using ecosystem services to inform real-world decisions. *Ecol. Econ.* doi: 10.1016/j.ecolecon.2013.07.009

Sala. E., O. Aburto-Oropeza, G. Paredes, et al. 2002. A general model for designing networks of marine reserves. *Science* 298: 1991–1993.

Salomon, A. S. Gaichas, O. Jensen, et al. 2011. Bridging the divide between fisheries and marine conservation science. *Bull. Mar. Sci.* 87: 251–274.

Samhouri, J. F., P. S. Levin, C. A. James, et al. Using existing scientific capacity to set targets for ecosystem-based management: A Puget Sound case study. *Mar. Policy.* 35: 508-518. doi: 10.1016/j.marpol.2010.12.002

Samhouri, J. F. and P. Levin. 2012. Linking land- and sea-based activities to risk in coastal ecosystems. *Biol. Conserv.* 145: 118–129.

Samhouri, J. F., S. E. Lester, E. R. Selig, et al. 2012. Sea sick? Setting targets to assess ocean health and ecosystem services. *Ecosphere.* 3: 41. doi: 10.1890/ES11-00366.1

Sanchirico, J. N. and P. Mumby. 2009. Mapping ecosystem functions to the valuation of ecosystem services: Implications of species-habitat associations for coastal land-use decisions. *Theor. Ecol.* 2: 67–77.

Sanchirico, J. N., J. Eagle, S. Palumbi, and B. Thompson. 2010. Comprehensive planning, dominant-use zones, and user rights: A new era in ocean governance. *Bull. Mar. Sci.* 86: 1–13.

Sandifer, P., C. Sotka, D. Garrison, and V. Fay. 2007. *Interagency Oceans and Human Health Research Implementation Plan: A Prescription for the Future.* Washington, DC: Joint Subcommittee on Ocean Science and Technology.

Sarkar, S., R. L. Pressey, D. P. Faith, et al. 2006. Biodiversity conservation planning tools: Present status and challenges for the future. *Annu. Rev. Environ. Resour.* 31: 123–59.

Scammon, C. M. 1874. *The Marine Mammals of the North-western Coast of North America Together With an Account of the American Whale Fishery.* San Francisco, California: J. H. Carmany.

Scheffer, V. B. 1973. The last days of the sea cow. *Smithsonian* 3: 64–67.

Shackeroff, J. S., E. L. Hazen, and L. B. Crowder. 2009. The oceans as peopled seascapes. In, *Ecosystem-based Management for the Oceans.* (K.L. McLeod and H. Leslie, eds.), pp. 33–54. Washington, DC: Island Press.

Silliman, B., J. van de Koppel, M. D. Bertness, et al. 2005. Drought, snails, and large-scale die-off of southern U. S. salt marshes. *Science* 310: 1803–1806

Smith, J. E., C. L. Hunter, and C. M. Smith. 2010. The effects of top-down versus bottom-up control on benthic coral reef community structure. *Oecologia* 163: 497–507.

Smith, M. D., C. A. Roheim, L. B. Crowder et al. 2010. Sustainability and global seafood. *Science* 327: 784–786.

Springer, A. M., J. A. Estes, G. B. VanVliet, et al. 2003. Sequential mega-faunal collapse in the North Pacific ocean: An ongoing legacy of industrial whaling? *Proc. Natl. Acad. Sci. (USA)* 100: 12223–12228.

Stiglitz, J. E., A. Sen, and J. P. Fitoussi. 2009. *Report by the commission on the measurement of economic performance and social progress.* The Commission on the Measurement of Economic Performance and Social Progress. www.stiglitz-sen-fitoussi.fr.

Toft, J., M. Carey, J. Burke, et al. In press. From mountains to sound: Modeling the sensitivity of Dungeness crab and Pacific oyster to land-sea interactions in Hood Canal, WA. *ICES J. Mar. Sci.*

Tollefson, J. 2012. Hurricane sweeps US into climate-adaptation debate. *Nature* 491: 167–168.

Vincent, J. R. 2010. Microeconomic analysis of innovative environmental programs in developing countries. *Rev. Environ. Econ. Policy* 4: 221–233.

Watson, R., A. Kitchingman, A. Gelchu, and D. Pauly. 2004. Mapping global fisheries: Sharpening our focus. *Fish Fish.* 5: 168–177.

Waylen, K. A., A. Fischer, P. J. K. McGowan, et al. 2010. Effect of local cultural context on the success of community-based conservation interventions. *Conserv. Biol.* 24: 1119–1129.

West, J. M. and R. V. Salm. 2003. Resistance and resilience to coral bleaching: Implications for coral reef conservation and management. *Conserv. Biol.* 17: 956–967.

White, C., B. Halpern and C. V. Kappel. 2012a. Ecosystem service trad-eoff analysis reveals the value of marine spatial planning for multiple ocean uses. *Proc. Natl. Acad. Sci. (USA)* 109: 4696–4701.

White, C., C. Costello, B. Kendall, and C. Brown. 2012b. The value of coordinated management of interacting ecosystem services. *Ecol. Lett.* 15: 509–519.

White, H. K., P.Y. Hsing, W. Cho, et al. 2012. Impact of the Deepwater Horizon oil spill on a deep-water coral community in the Gulf of Mexico. *Proc. Natl. Acad. Sci. (USA)* doi: 10.1073/118029109.

Wilson, J. R., J. D. Prince, and H. S. Lenihan. 2010. A management strategy for sedentary nearshore species that sues marine protected areas as a reference. *Mar. Coast Fish.* 2: 14–27.

Worm, B., R. Hilborn., J. K. Baum, et al. 2009. Rebuilding global fisheries. *Science* 325: 578–585.

Zahir. F., S. J. Rizwi, S. K. Haq, and R. H. Khan. 2005. Low dose mercury toxicity and human health. *Environ. Toxicol. Pharmacol.* 20: 351–60.